Gesamtverzeichnis des deutschsprachigen Schrifttums (GV) 1700 – 1910

Bearbeitet unter der Leitung von
Hilmar Schmuck und Willi Gorzny
Bibliographische und redaktionelle Beratung:
Hans Popst und Rainer Schöller

65

Hos - Hun

K · G · Saur München · New York · London · Paris 1982

CIP-Kurztitelaufnahme der Deutschen Bibliothek

Gesamtverzeichnis des deutschsprachigen Schrifttums :
(GV). – München, New York, London, Paris : Saur.
Bd. 1 – 6 bearb. unter d. Leitung von Peter Geils
u. Willi Gorzny.
ISBN 3-598-30000-X

1700 – 1910 / bearb. unter d. Leitung von Hilmar
Schmuck u. Willi Gorzny. Bibliograph. u. red.
Beratung: Hans Popst u. Rainer Schöller

NE: Schmuck, Hilmar [Bearb.]

65. Hos - Hun. - 1982.

Techn. Realisierung und Druck: Norbert Gärtner, Mainz-Kastel
Binden: Karl Schaumann, Darmstadt
Printed in the Federal Republic of Germany
ISBN 3-598-30000-X (Gesamtwerk)

Hosang, Abondius (Curia-Rhaet. [= Chur]), Vegetationem. Pro licentia summos in medicina honores et privilegia doctoralia. Strassburg (Kürsner) 11. IX. 1773. 38 S. (6.50) 16125

Hosang, Georg

Hosang, G., die Kämpfe um den Anschluss v. Graubünden an d. Schweiz v. 1797—1800. Vortrag, geh. in der histor.-antiq. Gesellschaft v. Graubünden den 24. Jan. 1895. [Aus: „24. Jahresber. d. histor.-antiq. Gesellsch. v. Graubünden".] gr. 8. (23 S.) Chur 895. Hitz. n. — 60

Hosang, G., die Kämpfe um den Anschluss v. Graubünden an die Schweiz von 1797—1803. 2 Vorträge, geh. in der historisch-antiq. Gesellschaft von Graubünden, den 24. I. 1895 u. den 20. XII. 1898. Ein Beitrag zur Calvenfeier. gr. 8. (63 S.) Chur 899. H. Bernhard. 1. 35

Hosang, G[eorg], und Andres, Hans. Der bleibende Kern und die wechselnde Form des Glaubens. Hauptreferat von Dekan G' H' ... und Votum ... von Pfarrer H' A' ... [am] Reformtag 1908 in Interlaken. Hrg. vom Volksschriftenverlag des Schweizer. Vereins für freies Christentum. 40 S. 8. Zürich, Aug. Frick. [1908]. [fr. —.20]

Hosang, J. G., die Person Jesu im Streite der Meinungen der Gegenwart, s.: Schmiedel, Paul Wilh.

Hosang, J. G. Synodalpredigt gehalten am Synodalfest in Thusis, den 3. Juli 1887. In-8°, 16 S. Chur, Jul. Rich (J. M. Albin's Nachfolger). 1887 — 25

Hosang, Johann Georg s. Hosang, Georg.

Hosanna! Kirchliches Volks-Gesangbuch f. die Diöcese Seckau. Mit e. kurzen Gebetbuche. Auf oberhirtl. Anordng. hrsg. vom Cäcilienvereine der Diöcese Seckau. 2. Aufl. gr. 16. (XX, 458 S. m. 1 Holzschn.) Graz 886. Styria. geb. n. 1. 60

Hosanna! Kirchliches Volks-Gesangbuch für die Diöcese Seckau. Mit e. kurzem Gebetbuche. Auf oberhirtl. Anordng. hrsg. vom Cäcilienvereine der Diöcese Seckau. Ausg. f. Erwachsene. 8. Ster.-Aufl. gr. 16. (XXIII, 360 S. m. Titelb.) Graz 899. Styria. Geb. in Leinw. n. — 75; Orgelbuch dazu, red. v. E. Haimásy. 6 Sectionen. qu. Fol. (XXIV, 87; 75, 77, 166, 96 u. 58 S.) 885—88. n. 28. 80; ermäß. Preis n. 18. —

— dasselbe. Ausg. f. die Jugend. 8. Ster.-Aufl. (XXIV, 423 S. m. Titelbild.) Ebd. 898. Geb. in Leinw. — 75

Hosanna dem Sohne Davids! Ein Kranz bibl. Gesänge aus dem Leben unseres Herrn und Heilandes. Von Theophil. 8. (157 S.) Cöln 866, Boisserée. geb. mit Goldschn. *

Hosanna in der Höhe! Vollständiges kathol. Gebetbuch. Von einem kathol. Geistlichen. Ausg. in Farbendr. 32. (IV und 570 S. mit 8 Stahlst. und chromolithogr. Titel.) M.-Gladbach 858, Riffarth.

Hosanna für Jungfrauen. Das ist: Gebetbuch für christliche Jungfrauen nebst Statuten u. besonderen Andachtsübungen des Marianischen Jungfrauen-Vereines in Verbindung mit dem Diöcesan-Liederbuche „Hosanna". Verfaßt von einem Priester der Diöcese Seckau. 3. umgearbeitete Auflage. 8. (VIII, 306 S.) In Leder gebunden mit Goldschnitt 1.25
Wien: Styria 1884.

Hosanna!, kleines. Auszug für die Kinder aus dem kirchl. Volks-Gesangbuch „Hosanna!" der Diöcese Seckau. Mit einem kurzen Gebetbuche. Auf oberhirtl. Anordnung hrsg. vom Cäcilien-Vereine der Diöcese Seckau. gr. 16. (VI, 270 S. mit 1 Holzschn.) Graz 887, Styria. geb. * — 60

Hosäus, A., die Ausbildung junger Landwirthe nach den Anforderungen der Neuzeit mit besond. Berücksicht. des landwirthschaftl. Mittelstandes und der bäuerl. Verhältnisse. 8. (56 S.) Jena 868, Deistung. *

Hosaeus, A., Elemente der Chemie. Ein Hilfsmittel f. den chem. Unterricht insbesondere an Gymnasien. Mit 46 Holzschn. im Text. gr. 8. (IV, 728.) Leipzig 883. Quandt & Händel. n. 1. —

Hosaeus, A., zur Entwickelung u. Reform d. landwirthschaftlichen Schulwesens. gr. 8. (VII, 36 S.) Berlin 874. Wiegandt, Hempel & Parey. n. 1. —

— Grundriß der landwirthschaftlichen Bodenkunde, s. Weidenhammer, R.

—— Grundriß der Chemie. Nach method. Grundsätzen unter Berücksicht. gewerbl. und landwirthschaftl. Verhältnisse sowie der neueren Ansichten der Wissenschaft zum Schulgebrauche zusammengestellt. Mit 62 (eingedr.) Holzschn. und zahlreichen Repetitions-Aufgaben. 2. verm. Aufl. gr. 8. (X, 352 S.) Hannover 878, Hahn'sche Buchh. *

—— Grundriß der Chemie. Nach method. Grundsätzen unter Berücksicht. gewerbl. und landwirtschaftl. Verhältnisse zum Schulgebrauche zusammengestellt. Mit 79 Holzschn. und zahlreichen Repetitions-Aufgaben. 3. Aufl. bearb. unter Berücksicht. der Ministerialverfügung vom 31. März 1882. gr. 8. (XI, 347 S.) Hannover 884, Hahn'sche Buchh. *

Hosaeus, A., Grundriß d. Chemie. Nach method. Grundsätzen unt. Berücksicht. gewerbl. u. landwirtschaftl. Verhältnisse z. Schulgebr. zusammengest. 4. Aufl., bearb. v. H. Böttger. 2 Tle. M. zahlr. Repetitionsaufgaben. gr. 8. Hannover 898. Hahn. Geb. in Leinw. n. 3. 70
I. Anorgan. Chemie. (XI, 301 S. m. 70 Holzschn.) n. 2. 80
II. Organ. Chemie. (V, 86 S. m. 10 Holzschn.) n. — 90

— Grundriß der unorganischen Chemie. Nach method. Grundsätzen unter Berücksicht. gewerbl. und landwirthschaftl. Verhältnisse sowie d. neueren Ansichten d. Wissenschaft zum Schulgebrauche zusammengestellt. Mit in den Text eingedr. Holzschn. u. zahlreichen Repetitions-Aufgaben. gr. 8. (XIV, 244 S.) Hannover 873. Hahn. 2. 40

— u. R. **Weidenhammer**, Grundriß der landwirthschaftlichen Mineralogie u. Bodenkunde. Ein Leitfaden f. den Unterricht an landwirthschaftl. Lehranstalten. 2. verb. Aufl. gr. 8. (VI, 56 S.) Ebend. 876. n. 1. 20

— u. R. **Weidenhammer**, Grundriß der landwirthschaftlichen Mineralogie u. Bodenkunde. Ein Leitfaden f. den Unterricht an landwirthschaftl. Lehr-Anstalten. 3., verb. Aufl. 8. (VIII, 59 S.) Leipzig 881. Quandt u. Händel. n. 1. 20

Hosaeus, A., und R. Weidenhammer, Grundriß der landwirtschaftlichen Mineralogie und Bodenkunde. Ein Leitfaden für den Unterricht an landwirtschaftl. Lehr-Anstalten. 4. verb. Aufl. gr. 8. (VIII, 60 S.) Leipzig 885, Quandt und Händel. * 1 20

Hosaeus, A., u. R. **Weidenhammer**, Grundriß der landwirtschaftl. Mineralogie u. Bodenkunde. Ein Leitfaden f. den Unterricht an landwirtsch. Lehr-Anstalten. 5. verb. Aufl. 8. (VIII, 60 S.) Leipzig 900. Quandt & Händel. n. 1.20

— Grundzüge der Agriculturchemie. Für den Gebrauch beim Unterricht an land- u. forstwirthschaftlichen Lehranstalten. Mit (in den Text gedr.) Holzschn. u. 2 (chromolith.) Karten. gr. 8. (IV, 156 S.) Heidelberg 878. C. Winter. n. 2. 80

— Leitfaden f. praktisch-chemische Uebungen. Unter Berücksichtg. gewerbl. u. landwirthschaftl. Verhältnisse zum Schulgebrauche zusammengestellt. gr. 8. (VII, 56 S.) Helmstedt 871. Beyer. n. 1. —

—— Leitfaden für praktisch-chemische Uebungen. Unter Berücksicht. gewerbl. und landwirthschaftl. Verhältnisse zum Schulgebrauche zusammengestellt. (2. verm. Aufl.) gr. 8. (VII, 62 S. mit eingedr. Holzschn.) Helmstedt 875, Richter's Buchh. *

— Vorschule der Chemie. Eine Anleitg. zur Ausführg. v. einfachen u. unterhalt. Experimenten nach method. Grundsätzen f. den Gebrauch in Mittelschulen, Bürger- u. Töchterschulen u. f. den Selbstunterricht. Mit 97 Holzschn. im Text. gr. 8. (VIII, 225 S.) Leipzig 876. Quandt & Händel. n. 3. 60

Hosaeus, Arwed Zur Beurteilung und Prüfung der Nahrungsmittel 16 S. u. Tabelle Progr. Rg *Eisenach* 1882

[F.] **Hosaeus,** *Arwed* [Prof. Dr.]: Einige in der Umgebung von Eisenach beobachtete Krankheiten der Bäume. Eisenach, Hofbuchdr., 1892; 1–14 S. 4.
Eisenach, grossh RG, OP 1892 (671)

Hosäus, F. W., s. a. Elisabeth, die heilige.

Hosäus, F. W., die heilige Elisabeth. Ein geistl. Spiel m. Chören. 12. (56 S.) Paderborn 887. Kleine. — 75

Hosaeus, Hans [aus Eisenach]: Beitrag zur Kenntniss der β-Oxynaphtoësäure ... Jena, Frommannsche Hof-Buchdr., 1892; 32 S. 8.
Jena, Phil. Fak., Inaug.-Diss. v. 1892

Hosaeus, Hans. Beitrag zur Kenntniss der β-Oxynaphtoësäure. Diss. gr. 8. (32 S.) Jena 892, (Pohle). — 75

Hosäus, Wilh., Absalom. Trauerspiel in 5 Aufzügen. 16. (114 S.) Paderborn 868, Kleine.

Hosäus, Wilh., Absalom. Trauerspiel in 5 Aufzügen. 2., durchgeseh. Aufl. 12. (100 S.) Paderborn 894. B. Kleine. 1. 20

Hosäus, Wilh., der Oberburggraf Ahasverus v. Lehndorff (1637—1688). Nach handschriftl. Quellen dargestellt. gr. 8. (VII und 192 S. mit 1 Tab. in qu. gr. Fol.) Dessau 867, Baumgarten und Comp.

—— der Oberburggraf Ahasverus von Lehndorff [1637—1688.] Nach handschriftl. Quellen dargestellt. 2. Aufl. gr. 8. (VII, 192 S. mit 1 Tab. in qu. Fol.) Dessau 868, Barth. *

Hosäus, Wilh., die Alterthümer Anhalts. Verzeichniß der im Herzogth. Anhalt befindl. Stätten, an denen vorgeschichtl. Alterthümer gefunden worden sind, Wüstungen, Erd- u. Steinwerke, Bau- u. Kunstdenkmäler von den frühesten Zeiten bis zur Mitte des 17. Jahrh. Unter Benutzung amtl. Berichte zusammengestellt. [Aus: „Mittheilgn. d. Vereins f. Anhalt. Geschichte u. Alterthumskde."] gr. 8. (62 S.) Dessau 879. Reißner. n. 1. 20

—— die Amazone. Trauerspiel in 1 Aufzuge. (Den Bühnen gegenüber als Mscr. gedr.) 8. (31 S.) Berlin 863, Weber. *

Hosaeus, Wilhelm. Die Woerlitzer Antiken. Dessau 1873. 8°.

—— Askania. Vaterländische Gedichte. 8. (VIII, 104 S.) Köthen 885, Schettler's Erben, Verlag. *ℳ 1.—.; geb. ** 2 —

—— die Auferstehung Christi. Ein Osterspiel. 8. (42 S.) Paderborn 886, Kleine. — 60

— die Auferstehung Christi. Ein Ostersp. in 7 Bildern. 2., durchgeseh. Aufl. 12. (44 S.) Paderborn 895. B. Kleine. — 60

—— Balladen und Elegien. 8. (111 S.) Dessau 886, Baumann's Verlagsh. * 1 80

— Ernst Wolfgang Behrisch. [1738—1809.] Ein Bild aus Goethe's Freundeskreise. [Aus: „Mitteilgn d. Vereins f. Anhalt. Geschichte u. Altertumskde."] gr. 8. (58 S.) Dessau 883. Reißner. n. 1. 20

Hosäus, Wilhelm (Hrsg.), s. a. Biographie. – Zur Biographie d. Fürsten Leopold v. Anhalt-Dessau.

Hosäus, Dr. Wilhelm, herzogl. anhalt. Hofrath etc. Zur Biographie des Fürsten Leopold von Anhalt-Dessau. Festschrift zur 2. Saecularfeier der Geburt des Fürsten Leopold von Anhalt-Dessau 3. Juli 1876. Im Auftrage des Vereines für anhaltische Geschichte und Alterthumskunde herausgegeben. (Der Vereins-Mittheilungen Bd. I, Heft 5) 8. Dessau 1876.

—— Don Sylvio's Brautfahrt. Ein Fastnachtsspiel in 7 Bildern. 16. (IV, 156 S.) Paderborn 870, Kleine.

Hosäus, Wilh. Geistliche Dichtungen. 2. veränd. u. verm. Aufl. 8. (100 S.) Dessau 890, Baumann. * 1 20

Wilhelm HOSAEUS Über die Einwirkung von Natrium auf Orthodibrombenzol Prag. Phil. Diss. 1892/93.

Hosaeus Wilhelm Über die Einwirkung von Natrium auf Orthodibrombenzol S. [illegible] [illegible] [illegible] Ngr.
Separatabdruck

Hosaeus, Wilh., Euphrosyne. Christiane Amalie Louise Becker, geb. Neumann [1778—1797.] Mit photogr. Nachbildg. d. in der herzogl. Gemäldesammlg. d. Georgiums bei Dessau befindl. Bildnisses. gr. 16. (72 S.) Dessau 871. Barth. n. 2. 25; geb. m. Goldschn. n. 3. —

—— Fragment. Oktaven. 8. (61 S.) Ebendas. 888. * 1 —

—— Die Geburt Christi, geistl. Gesänge, komponiert, s. a. Appel, Karl.

Hosäus, Wilh., die Geburt Christi, s. a. Theater, kleines.

—— die Geburt Christi. Ein Weihnachtsspiel in 7 Bildern. 8. (35 S.) Paderborn 886, Kleine. — 60

— Gedichte. gr. 8. (VIII, 148 S.) Dessau 896. C. Dünnhaupt. Geb. in Leinw. n. 3. —

—— geistliche Gesänge aus dem Weihnachtsspiel, s. Appel, K.

— Heil Askanien! Heil Wettin! Dramat. Scene zur feierl. Begrüßung d. Prinzen Eduard v. Anhalt u. d. Frau Prinzessin Eduard v. Anhalt, Prinzessin v. Sachsen-Altenburg, Herzogin zu Sachsen, im herzogl. Hoftheater zu Dessau am 11. Febr. 1895. gr. 8 (14 S.) Ebd. 895. n. – 50

— Johanna v. Castilien. Drama in 5 Aufzügen. Nach d. Span. d. Don Manuel Tamayo y Laus f. die deutsche Bühne bearb. gr. 8. (72 S.) Ebend. 871. n. 1. —

Hosäus, Wilh., Anhalts Jubel-Feier z. 25. Jahrestage d. Regierungsantritts d. Herzogs Friedrich v. Anhalt im herzogl. Hoftheater zu Dessau am 24. Mai 1896. Musik v. Aug. Klughardt gr. 8. (21 S.) Dessau 896. C. Dünnhaupt. n. 1. —

— Großherzog Carl August v. Sachsen-Weimar-Eisenach u. Goethe in ihren Beziehungen zu Herzog Leopold Friedrich Franz v. Anhalt-Dessau. [Aus: „Mittheilgn. d. Ver. f. Anhalt. Geschichte u. Alterthumskde."] gr.8. (30 S.) Dessau 877. (Leipzig, Harrassowitz.) n. — 50

—— Kriemhild. Trauerspiel in 5 Aufzügen. gr. 16. (XIV und 176 S.) Paderborn 866, Schöningh.

Hosäus, W. Johann Kaspar Lavater in seinen Beziehungen zu Herzog Franz und Herzogin Luise von Anhalt-Dessau. (Sep.-Abdr.) Gr. in-8°, 64 S. Dessau, Paul Baumanns Verlagsbuchhdlg. 1 60
1888

Hosäus, Leben Adalberts von Prag, s. Sonntags-Bibliothek, herausg. von Rische.

— Herzog Leopold Friedrich Franz v. Anhalt-Dessau u. Johann Joachim Winckelmann. [Aus: „Mittheilgn. d. Ver. f. Anhalt. Gesch. u. Alterthumskde."] gr.8. (35 S.) Dessau 878. Barth. n. — 60

Hosäus, Wilh., Arendsee'er Lieder. 8. (62 S.) Dessau 886, Baumann's Verlagsh. * 1 —

—— Prinz Louis Ferdinand. Vaterländisches Trauerspiel in 5 Aufzügen. (Den Bühnen gegenüber als Mscr. gedr.) 8 (86 S.) Berlin 865, Weber. *

Hosäus, Wilhelm [Hrsg.], s. Mitteilungen des Vereins für anhaltische Geschichte und Altertumskunde.

— Prolog u. Chor zur Feier d. Vermählg. d. Prinzessin Alexandra v. Anhalt m. d. Prinzen Sizzo v. Schwarzburg-Rudolstadt im herzogl. Hoftheater zu Dessau am 24. I 1897. Musik v. Aug. Klughardt. Lex.-8. (8 S.) Ebd. 897. Kart. n. — 50

Hosäus, Wilhelm. Friedrich Johann Rochlitz und Friedrich Schneider. Mitteilungen aus den Briefen Friedrich Johann Rochlitz' an Friedrich Schneider. (Sonderabdruck aus den Mitteilungen des Vereins für Anhaltische Geschichte und Altertumskunde.) Dessau 1884.

— Friedrich Johann Rochlitz u. Friedrich Schneider. Mitteilungen aus den Briefen Friedrich Johann Rochlitz' an Friedrich Schneider. [Aus: „Mitteilgn. d. Vereins f. anhalt. Geschichte u. Altertumskde."] gr. 8. (64 S.) Dessau 885. Baumann. n. 1. 50

—— Rosalinde oder das Turnei zu St. Johann. Romantische Humoreske. 16. (72 S.) Paderborn 867, Schöningh. geb. mit Goldschn.

— Friedrich Wilhelm Rust u. das Dessauer Musikleben 1766 – 1796. [Aus: „Mittheilgn. d. Vereins f. Anhalt. Geschichte".] gr.8. (80 S.) Ebend. 881. n. 1. 50

—— Friedrich Wilhelm Rust und das Dessauer Musikleben 1766 —1796. gr. 8. (80 S.) Dessau 882, Barth's Hofbuchh. *
aus: Mitteilungen des Vereins für Anhaltische Geschichte und Altertumskunde, besonders abgedruckt.

— der Tag der Pfingsten, s.: Bartmuß, Rich.

—— Das Wilhelm-Müller-Denkmal zu Dessau. Blätter der Erinnerg. an den 30. Septbr. 1891. Lex.-8. (32 S. m. 6 Abbildgn.) Dessau 891, Baumann. * 1 —

—— Wörlitz. Ein Handbuch für die Besucher des Wörlitzer Gartens und der Wörlitzer Kunstsammlungen. 2. verb. und verm. Aufl. Mit 1 (chromolithogr.) Karte des Wörlitzer Gartens. 8. (96 S.) Dessau 883, (Reissner.) *
1. Aufl. erschien anonym u. d. T.: Verzeichniss der in den Gebäuden des herzogl. Gartens zu Wörlitz aufbewahrten Kunstgegenstände. 8. (II, 67 S.) Dessau 879, Heybruch. * 50 Pf.

Hosäus, Wilh., Wörlitz. Ein Handbuch f. die Besucher des Wörlitzer Gartens u. der Wörlitzer Kunstsammlgn. 3. verb. u. verm. Aufl. Mit 5 Illustr. u. 1 Karte des Wörlitzer Gartens. 8. (91 S.) Dessau 902. C. Dünnhaupt. Geb. n. 1. 50

— Zur Erinnerung an Wörlitz, s. Wörlitz.

Hosbach, Friedrich, Referendar: Der Anspruch auf Auskunftserteilung und seine prozessuale Geltendmachung in Verbindung mit dem Herausgabeanspruche: ein Fall der objektiven Klagenhäufung nach § 254 der Zivilprozessordnung. Frankfurt a. M. 1909: Gätje. 110 S. 8°
Marburg, Jur Diss. v. 16. Juli 1909, Ref. Leonhard
[Geb 22 Juni 83 Preungesheim; Wohnort: Frankfurt a. M.; Staatsangeh.: Preußen; Vorbildung: Kaiser Friedrich-Gymn. Frankfurt Reife O. 02; Studium: Marburg 3, Straßburg 1, Marburg 2 S.; Rig 14. Dez 08.] [U 09. 3123

Hosch, [Friedrich]. Beitrag zur Kenntniss der angeborenen Hornhautleiden. Von Prof. Dr. H' in Basel. Mit einer Tafel. Sonder-Abdruck aus «v. Graefe's Archiv für Ophthalmologie» Band 52, Heft 3. III S. + S. 490—497. 8. Leipzig, Engelmann, 1901.

Hosch, [Friedrich]. Das Epithel der vorderen Linsenkapsel. Von Prof. Dr. H'. in Basel. Mit einer Figur im Text. Sonder-Abdruck aus «v. Graefe's Archiv für Ophthalmologie» Band 52, Heft 3. III S. + S. 484–487. 8. Leipzig, Engelmann, 1901.

Hosch, Frdr., Grundriss d. Augenheilkunde. gr. 8. (X, 504 S. m. 82 Holzschn.) Wien 897. Urban & Schwarzenberg. n. 10. —; geb. n. 12. —

Hosch, Frdr., über die therapeutische Wirkung d. Atropin auf myopische Augen. Inauguraldissertation. gr. 8. (30 S. m. 3 Tab. in qu. 4.) Basel 871. Riehm. n. — 80

Hosch, G[ustav]. Zur neuesten Theorie der progressiven Kurzsichtigkeit von Prof. Lange. Sonderabdruck aus: «v. Graefe's Archiv für Ophthalmologie» Band 61, Heft 1. *Kopftitel:* ⟨Aus der Berner Universitäts-Augenklinik ⟨Prof. Dr. A[ugust] Siegrist⟩.⟩ II S. + S. 227—236. 8. Leipzig, Wilhelm Engelmann, 1905.

Hosch, Peter Hans. Zur Lehre der Missbildungen des linken Vorhofs: 1. Ein Sehnenfaden im linken Vorhof; 2. Ein Herz mit linkem Doppelvorhof. (Mit 2 Figuren auf Tafel XIX.) Aus dem pathologisch-anatomischen Institut Basel.... Sonderabdruck aus der Frankfurter Zeitschrift für Pathologie.... Band 1. Heft 3/4.... II S. + S. 563—580. 8. Wiesbaden, J. F. Bergmann, 1907.

Hosch, Peter Hans, prakt. Arzt aus Basel, Assistent der patholog.-anatom. Anstalt: Des primäre Magensarkom mit cystischen Lebermetastasen. Klinisch-pathologisch-anatomischer Beitrag. (Mit 3 Abbildungen.) ⟨Aus der pathologisch-anatomischen Anstalt der Universität Basel. Vorsteher Prof. Kaufmann.⟩ Leipzig 1907. 38 S. 8°. S.-A. aus der Deutschen Zeitschrift für Chirurgie. Bd. 90. [März 1907.]
Basel. Med. Diss. 1907/08.

Hosch, Peter Hans. Das primäre Magensarkom mit cystischen Lebermetastasen. Klinisch-pathologisch-anatomischer Beitrag. ⟨Mit 3 Abbildungen.⟩ Diss. Med. Basel. März 1907. [Sep.-Abdr. aus: Deutsche Zeitschrift für Chirurgie, Band 90.] *Kopftitel:* Aus der pathologisch-anatomischen Anstalt der Universität Basel. ⟨Vorsteher: Prof. E[duard] Kaufmann.⟩ 38 S. 8. Leipzig, August Pries, 1907. V Bas

Hosch, Rainer, zur Jagdgesetzgebung in Steiermark. Off. Brief an Herrn Adalbert Grafen Kottulinsky, k. u. k. Kämmerer, Mitglied d. Herrenhauses d. österr. Reichsrathes, Landtagsabgeordneten f. Steiermark u. Berichterstatter d. Landes-Cultur-Ausschusses d. hohen steiermärk. Landtages üb. d. v. diesem Ausschusse vorgelegten Entwurf e. Jagdgesetzes f. Steiermark, in Graz. gr. 8. (22 S.) Neutitschein 896. R. Hosch. — 60

Hosch, Siegfried [Dr.]: Französische Flickwörter. E. Beitr. z. französ. Lexikographie. Tl I. Berlin, R. Gaertner, 1895; 32 S. 4.
Berlin, Luisenstädt. OR, OP 1895 (116)

Hosch, Siegfried [Dr.]: Französische Flickwörter. E. Beitr. z. französ. Lexikographie ([Umschlagt.:] z. französ. Stilistik u. Lexicographie). Tl II. [Forts. d. P-Beil. 1895.] Berlin, R. Gaertner, 1896; 34 S. 4.
Berlin, Luisenstädt. OR, OP 1896 (114)

Hosch, Siegfried [Dr.]: Französische Flickwörter. E. Beitr. z. französ. Lexikographie ([Umschlagt.:] ... z. französ. Stilistik u. Lexicographie). Tl III. [Forts. d. P-Beil. 1895. 96.] Berlin, R. Gaertner, 1897; 33 S. 4.
Berlin, Luisenstädt. OR, OP 1897 (115)

Hosch, Siegfr (geb. Neisse 21 2 1854). Untersuchungen über die Quellen und das Verhältniss der provençalischen und der lateinischen Lebensbeschreibung des hl. Honoratus. Berlin (1877). (61 S.) 8°
Berlin, Phil Diss. v. 1 März 1877

Hosch, Tilly, Haushaltungs-Buch f. Hausfrauen. 3 Aufl., neu bearb. (87 S.) gr. 4. Neutitschein, R. Hosch 1. —

Hosch, Wilhelm Ludwig

— Fragen über den menschl. Körper, zur bessern Kenntniß desselben u. zur Uebung im Nachdenken, für d. Jugend. 8. Stuttg. 796. 2e A. (herausg. v. Walker) 812. Steinkopf. 6 gr.

Hosch, Wilhelm Ludwig.
Fragen über den menschlichen Körper . . .
2. Aufl. O. O. 1812. H: *Walker.* (Ky)

Hosch, W. L., Fragen üb. d. menschl. Körper, z. bessern Kenntniß desselben, u. z. Uebung im Nachdenken, f. d. Jugend. 8. Stuttg., Steinkopf. 812.

Hosch, Wlh. Ldw., († d. 10. Aug. 1811.) werdet gute Rechner u. Denker! oder kurzer Unterricht in Fragen u. Beispielen. 8. Tübing. 805. (Osiander). 8 gr. Umgearb. u. verm. von Prof. Hägelein. 8. Manh. 818. (Löffler). 8 gr.

– Werdet gute Redner und Denker! – Tübingen 1805.
– – Mannheim 1818.
[-] – oder Kurzer Unterricht, Fragen und Beispielen, wie man durch Rechnen und Nachdenken das Hauswesen und die Polizey in Aufnahme bringen; das Wahre vom Halbwahren gehörig scheiden, und den Werth der Dinge richtig bestimmen; den flüchtigen Stunden die Flügel binden, und die längst erwartete bessere Zeit schneller herbeyführen könne. Von einem Freunde der praktischen Rechenkunst [d.i. Wilhelm Ludwig Hosch]. – Reutlingen Gräzinger & Enßlin 1818. 115 S.

Hoesch, Alb., Untersuchungen über die Π. Function von Gauss und verwandte Functionen. Inaugural-Dissertation. gr. 8. (61 S.) Göttingen 878, (Vandenhoeck und Ruprecht's Verlag.) *

Hoesch, Alfred, aus Königstein (Sachs.). Ueber β-Nitro- und β-Amido-Phtalhydrazid. *Heidelberg 1904: K. Rößler.* (51 S.) 8°
Heidelberg, Naturw.-math. Diss. v. 1904

Hösch, Bdkt., Versuch e. neuen Zeugungstheorie. 8. Lemgo 801. Meyer. 12 gr.

Hösch, Carl, s. Hösch, Karl

Hoesch, Emil, der landwirthschaftliche Obstbau, s. a. Handbücher f. den rheinischen Landwirth. 4. Bd.

Hoesch, Emil, der landwirthschaftliche Obstbau. Zum Unterricht an den landwirthschaftl. Schulen und zur Selbstbelehrung. Hrsg. von der Section Garten- und Obstbau des landwirthschaftl. Vereins für Rheinpreußen. 8. (130 S. mit eingedr. Holzschn.) Bonn 883, (Habicht's Buchh.) *

—— dass. — Wandtafeln. 3. verb. Aufl. gr. Fol. (18 lithogr., zum Theil color. Taf.) Ebendas. 883. *

Hoesch, Emil, der landwirthschaftliche Obstbau. Zum Unterricht an den landwirthschaftl. Schulen und zur Selbstbelehrung. Hrsg. von der Section Garten- und Obstbau des landwirthschaftl. Vereins für Rheinpreußen. 2. Aufl. gr. 8. (140 S.) Bonn 887, (Habicht.) *

Hoesch, Emil. Der landwirthschaftliche Obstbau. Zum Unterricht an den landwirthschaftl. Schulen u. zur Selbstbelehrg. Hrsg. v. d. Section Garten- u. Obstbau d. landwirthschaftl. Vereins f. Rheinpreußen. 3. Aufl. gr. 8. (140 S. m. Abbildgn.) Bonn 891, (Habicht). * — 60

[H.] Der landwirthschaftliche Obstbau. Z. Unterr. an d. landwirthschaftl. Schulen u. z. Selbstbelehrg. Vf. v. Commerzienrath Emil Hoesch zu Düren. [Nebst] Wandtafeln ... *Bonn: Dr. v. Georgi* (Wandtaf.: *Annoncen-Exp. d. Ztschr. d. landw. Ver. f. Rheinpreussen) 1898.* 1 Bd 8. 1 Bd gr. 2.
Obstbau. 4 Aufl (155 S.) Wandtaf 3 verb Aufl (18 Taf)
— Handbücher f. d. rheinischen Landwirth. Bd 4. [98. 8545 It.]

Hösch, F. C. [Farbig illustr. Einbandtitel:] *Kinder Lust in lebenden Bildern.* Laß fröhlichen Kindern dein Haus gern offen . . . [Vierzeiler]. Stuttgart, Verlag von Wilhelm Nitzschke. Erfunden von F. C. Hösch, Nürnberg [c. 1860]. 8 große Tafeln mit Ziehbildern, in handkolor. Lithographie. Gr.-4°. Illustr. Or.-Karton m. Lwdrücken. 30.—
Selten! Schönes lustiges Bilderbuch, verschied. Kinderspiele darstellend; mit Versen. Auf jeder Tafel lassen sich gewisse Teile (Arme, Beine, Schaukelpferd, Wippe usf.) durch Ziehen an einem Kartonstreifen bewegen. — Bei vier Tafeln ist der Mechanismus defekt, oder es fehlen einige Teilchen. Leichte Gebrauchsspuren u. Fleckchen, Einband etwas benutzt u. am Innendeckel repar.

Hösch, F. C., Kinder-Lust in lebendigen Bildern. gr. 4. (8 ill. Stnt. mit Text.) Stuttgart 863, Nitzschke. geb. *

—, den Kindern zu Lust und Freuden, aus allen Jahreszeiten. Ein Bilderbuch mit Verwandlungen. hoch 4. (8 ill. Stnt.) Stuttgart 867, Nitzschke. cart. *

—— heitere Ziehbilder. Mit erläut. Text von Frz. Sträßle. 4. (8 ill. Stnt. mit 10 S. Text.) Stuttgart 864, Nitzschke. cart. *

Hoesch, Fel., zur Frage der Rentabilität in der Tierzucht, s.: Momsen, Chr.

Hoesch, Fel., große u. kleine Fragen d. Schweinezucht. gr. 8. (20 S.) Leipzig 902. R. C. Schmidt & Co. n. — 60

(B) Hoesch, Fel., Fragen d. Schweinezucht. 902. Jetzt: Hannover, M. & H. Schaper.

— Die wichtigsten Fragen der Tierzucht u. Tierhaltg. in der Gegenwart. (45 S.) gr. 8. Hannover 907. M. & H. Schaper. 1.50

— Schlech, u. v. Baer, das deutsche veredelte Landschwein, s. a. Monographien landwirtschaftlicher Nutztiere. 8. Bd.

Das Deutsche veredelte Landschwein. Verf. von ... Ökonomierat Hoesch-Neukirchen, Ökonomierat Dr. [Artur] Schleh-Münster, u. Dr. v. Laer-Oberbehme. Mit 2 Taf. u. 86 Abb. Leipzig: R. C. Schmidt & Co. 1904. (VI, 104 S.) 8° [F.]
— Monographien landwirtschaftlicher Nutztiere. Bd 3. (05. 1903) 6

— Pferde-Zucht, f.: Nathusius, Simon v.

— Der Streit um die Reinzuchtfrage. (35 S.) 8. Ebd. 910. 1. —

Hoesch, Felix, appr. Arzt a. Berlin: Aus d. inneren Abt. des Städt. Krankenhauses in Charlottenburg. Die diuretischen Verhältnisse beim Typhus abdominalis und ihr Zusammenhang mit dem Verlauf desselben. Berlin (1904): G. Schade. (31 S.) 8°
Berlin, Med. Fak., Ref. Kraus, Diss. v. 22. Dez. 1904
[Geb. 28. Nov. 80 Berlin; Heimatsort: Berlin; Staatsangeh.: Preußen; Vorbildung: Gymn. z. grauen Kloster Berlin Reife O. 99; Studium: Berlin 9 S.; Coll. 20. Dez. 04; Approb. 23. März 04.]

— der Weidebetrieb in der Schweinezucht. Praktische Winke für die Weideernährg. u. e. vereinfachte, naturgemäße Haltg. der Zucht- u. Mastschweine. Mit 35 Abbildgn im Text u. 1 graph. Taf. gr. 8. (IV, 110 S.) Ebd. 902. Geb. in Leinw. n. 2. 50

— der Weidebetrieb in der Schweinezucht. Praktische Winke f. die Weideernährung u. e. vereinfachte, naturgemäße Haltung der Zucht- u. Mastschweine, sowie Ratschläge f. die Züchtg. u. Fütterg. 2., völlig umgearb. u. verm. Aufl. m. 39 Abbildgn. im Text. (VIII, 163 S.) 8. Leipzig 906. Berlin, R. C. Schmidt & Co. Geb. in Leinw. n. 3. —

Hoesch, F., der Weidebetrieb in der Schweinezucht. Jetzt: Hannover, M. u. H. Schaper, Verlag.

— wie ist die Züchtung u. Aufzucht kaltblütiger Pferde unter den deutschen Wirtschaftsverhältnissen am zweckmäßigsten vorzunehmen? Mit 8 Abbildgn. im Text, 1 graph. Taf. in Buntdr. u. 1 Tab. Preisgekrönte Arbeit. (III, 39 S.) gr. 8. Ebd. 903. n. 1. —

(S) — Züchtg. u. Aufzucht kaltblüt. Pferde. 903.
Jetzt: Hannover: M. & H. Schaper

Hoesch, Glieb., methodischer Leitfaden zum Unterrichte in den Elementen d. Rechnens. Ein Handbuch für Volksschullehrer. gr. 8. (LXX u. 570 S.; Resultate 97 S.) Hamm 852, Grote. 2 ℛ

Hoesch, Glieb., methodischer Leitfaden zum Unterrichte in den Elementen d. Rechnens. Ein Handbuch für Volksschullehrer. (2 Bde.) 2. (Titel-)Ausg. Hamm (852.) 854. Grote. gr. 8. (LIV, 136; XVI, 434 S. und Resultate 23, 64 S.) 2 ℛ.

Hoesch, Glieb., methodischer Leitfaden zum Unterrichte in den Elementen des Rechnens. Ein Handbuch für Volksschullehrer. 3. Ausg. Hamm 860. Grote. gr. 8. (LX, 674 S.) n. 1 ℛ 10 ngr.

Hösch, Gtli., Leitfaden zum ersten Unterr. in d. Kenntniß d. Vaterlandes. Berechnet f. 26 Lehrstunden. 8. (4½ B. u 4 lith. Kärtchen.) Arnsberg 837, Ritter.

Hösch, Glieb., Leitfaden zum ersten Unterricht in der Kenntniß des Vaterlandes. Berechnet für 26 Lehrstunden. 2., wohlf. (Titel-)Ausg. 8. (64 S. und 4 lithogr. und ill. Kärtchen in 4.) Arnsberg 851, Ritter.

— Rechenbuch f. Volksschulen. II Thle. à 2 Hfte. gr. 16. I. Thl. Die Elemente d. Rechnens m. einfachen u. ganzen Zahlen. 1. Hft.: Die vier Species in naturgemäßer Aufeinanderfolge (120 S.) 2. Hft. Die vier Spezies in zweckmäßiger Verbindung mit einander. (124 S.) II. Thl.: Die Elemente d. Rechnens m. zusammengesetzten u. gebrochenen Zahlen. 1. Hft.: Die vier Spezies in naturgemäßer Aufeinanderfolge. (158 S.) 2. Hft.: Die vier Spezies in zweckmäßiger Verbindung mit einander. (168 S.) Hamm 852, Grote. (I, 1: n. 4 ngr I, 2: n. ⅙ ℛ II, 1: n. 6 ngr II, 2: n. 7 ngr) n. 21 ngr

— Rechenbuch für Volksschulen. 1. Abth. Mündliches Rechnen. Die Elemente des Rechnens mit einfachen und ganzen Zahlen. — 2. Abth. Schriftliches Rechnen. Die Elemente des Rechnens mit zusammengesetzten und gebrochenen Zahlen. 2. (Titel-)Aufl. Ebend. (852.) 854. 8. n. 13 ngr
Inhalt: 1. Abth. 1. Heft. Die vier Spezies in naturgemäßer Aufeinanderfolge. (120 S.) n. 2 ngr; — 2. Heft. 1. Hälfte. Die vier Spezies in einfacher Verbindung m. einander. (62 S.) n. 2 ngr; 2. Hälfte. Die vier Spezies in mehrfacher Verbindung m. einander. (S. 63—124.) n. 2 ngr; — 2. Abth. 1. Heft. Die vier Spezies in naturgemäßer Aufeinanderfolge. (158 S.) n. 2 ngr; — 2. Heft. 1. Hälfte. Die vier Spezies in einfacher Verbindg. m. einander. (96 S.) n. 2½ ngr; 2. Hälfte. Die vier Spezies in mehrfacher Verbindg. m. einander. (S. 97—168.) n. 2½ ngr

—— Rechenbuch für Volksschulen. 1. Abthl.: Mündliches Rechnen. 2 Hefte und 2. Abthl.: Schriftliches Rechnen. 2 Hefte. 8. Aufl. Nebst Anhängen, diejenigen Abänderungen und Zusätze enthaltend, welche wegen der Einführung des neuen Landes- oder Zollgewichtes nothwendig geworden sind. gr. 16. (128, 136, 182, 199 S.) Hamm 860, Grote'sche Buchh. à Heft * 2½ Ngr. *

—— Resultate des Rechenbuches für Volksschulen. (Abdr. aus dem Handbuche.) 3. Ausg. Nebst einem Anhang, die Resultate derjenigen Abänderungen und Zusätze des Rechenbuches enthaltend, welche wegen der Einführung des neuen Landes- und Zollgewichtes nothwendig geworden sind. gr. 8. (96 S.) Hamm 860, Grote'sche Buchh. *

Hösch, Hugo, aus Illertissen: Ein Gumma im Rückenmark. *München 1899: M. Ernst.* (23 S.) 8°
München, Med. Diss. v. 1900

Hoesch, Julius (geb. Mörs 28. 7. 1853): Ueber Erkrankungen der Gefässwandungen in der Retina, insbesondere in Folge von erysipelas faciei. Berlin (1881). (35 S.) 8°
Berlin, Med. Diss. v. 10. Aug. 1881

Hösch, Karl

Hoesch, Car. (geb. Camen in Westf. 5. 4. 1820): De febri puerperali. Berolini (1845). (27 S.) 8°
Berlin, Med. Diss. v. 30. Aug. 1845

Hoesch, Carl, kurze brandenburgisch-preußische Geschichte. Für Elementarschüler. 3., verb. und verm. Aufl. 8. (56 S.) Barmen 854, Langewiesche. **

Hoesch L. Ueber eine Anordnung von elektrischen Strömen, die aus einer gegebenen Potentialfunction abgeleitet werden kann, und über den Ersatz ihrer Wirkung durch magnetische Oberflächenbelegung. Berlin 1879. 8.
Jena, Diss.

Hoesch, Leonhard. Über die Koefficienten des Ausdrucks $\Delta^n x^n$ und einige mit ihnen verwandte Zahlenverbindungen. 4 (22 S.).
Progr. G. z. grauen Kloster *Berlin* 1888

Hoesch, Leonh., über die Koefficienten des Ausdrucks $\Delta^n x^k$ und einige mit ihnen verwandte Zahlenverbindungen. gr. 4. (22 S.) Berlin 888, Gaertner's Verlag. *

Hoesch, Leopold, bacc. iur.: Die Ehrenzahlung nach dem geltenden Rechte der Wechselordnung. Leipzig: Wigand 1909. 145 S. 8°
Leipzig, Jur. Diss. v. 11. Juni 1909
[Geb. 10. Juni 81 Dresden; Wohnort: Dresden; Staatsangeh.: Sachsen; Vorbildung: Vitzthumsches Gymn. Dresden Reife O. 00; Studium: Genf 1, Heidelberg 3, München 1, Leipzig 3 S.; Rig. 18. Febr. 05.] [U 09. 3550

Hoesch, Lucy, s.: Gregor, Lucy.

— Sie haben keine Ehre! Erzählgn. u. Skizzen. 1.—3. Taus. 12. (136 S. m. Titelbild.) [Berlin 896. R. Eckstein Nachf.] Leipzig, G. Müller-Mann. n. 1.—

Hösch, Paul, appr. Arzt aus Neu-Ulm. Ueber Fibrinoid und Karnifikation bei käsiger Pneumonie. *München 1903: M. Ernst.* (22 S.) 8°
München, Med. Diss. v. 1904

Hoesch, Wilhelm [app. Arzt aus Moers]: Ueber einen Fall von reactionslosem mehrjährigen Verweilen eines ungewöhnlich grossen Messingstückes im Auge; e. casuist. Beitr. zu d. Verletzgn d. Auges durch Kupfer ... Jena, Druck v. B. Engau, 1895; 47 S. 8.
Würzburg, Med. Fak., Inaug.-Diss. v. 1895

Das Schulkind in seiner körperlichen und geistigen Entwicklung dargest. von Dr. phil. Lucy **Hoesch** Ernst u. Dr. phil. Ernst Meumann, Prof. (T. 1.) Leipzig: O. Nemnich 1906. 4°(8°) [06. 14700

Hoesch-Ernst, Lucy, anthropologisch-psychologische Untersuchgn. an Züricher Schulkindern, s. a. Schulkind, das, in seiner körperlichen u. geistigen Entwicklung.

Hoesch-Ernst, Lucy. Anthropologisch-psychologische Untersuchungen an Züricher Schulkindern. Diss. Phil. I. Univ. Zürich ... von L' H' E' aus Godesberg. [Mit 30 Tafeln und 12 Tabellen.] II + 165 + *Vita* 1 S. gr.-8. Neuwied, Heuser, 1906.
Ausg. A. — Ausg. B, im Buchh. Leipzig... 1906.

Anthropologisch-psychologische Untersuchungen an Züricher Schulkindern nebst e. Zusammenstellung d. Resultate d. wichtigsten Untersuchungen an Schulkindern in andern Ländern von Dr. phil. Lucy **Hoesch** Ernst. Leipzig: O. Nemnich 1906. (165 S.) 4°(8°)
— **Hoesch** Ernst: Das Schulkind in s. körperl. u. geistigen Entwicklung. T. 1. [06. 14700

Hoschander, Jakob, in London: Die Personennamen auf dem Obelisk des Maništusu. T. 1. Straßburg: K. J. Trübner 1907. (57 S.) 8° ¶(Aus: Zeitschrift f. Assyriologie Bd 20 S. 246—302.)
Marburg, Phil. Fak., Ref. Jensen-Justi, Diss. v. 17. April 1907
[Geb. 13. Jan. 69 Teschen in Österreichisch-Schlesien; Wohnort: London; Staatsangeh.: Österreich; Vorbildung: Rabbiner-Sch. Nagy-Magyar, Duna-Szerdahely, Galantha, Preßburg. Vorbereitungs-Sch. f. d. rabbin. Beruf in Frankfurt a. M.; Studium: Marburg 4, Berlin 2, Marburg 3 S.; Rig. 21. Juni 05.]

Hoschea, s. Hosea.

Hoscheck, Antonius *(geb. Brzezka bei Gleiwitz 7. 5. 1818)*: De indicationibus et contraindicationibus primae vulnerum reunionis nec non de remediis, quae huic sanandi methodo favent. Vratislaviae (1846). (26 S.) 8°
Breslau, Med. Diss. v. 2. Jan. 1846

Hoschek, Carl, s. Hoschek, Karl

Hoschek, Jos.: Die centrale Projectionsmethode und ihre Anwendung in der Perspective. 33 S. 8°. u. 2 Taf. – St. Pölten, RG. u. OR., Progr. 1870.

Hoschek, Karl

Hoschek, Carl, Anleitung zur praktischen Handhabung der Ortspolizei. Ein populäres Hilfsbuch für die Gemeinden, welchen nach dem neuen Gemeindegesetze die Handhabung der Ortspolizei zugewiesen ist. Nach den besteh. Gesetzen u. Verordnungen kurz u. faßlich zusammengestellt u. mit Beispielen u. Formularien versehen. (2. Aufl.) 861. n. 20 ngr u. 3. Aufl. Kremsier 866. (Gusek.) gr. 8. (175 S.) n. 16 ngr

Hoschek, Carl, Anleitung zur praktischen Handhabung der Ortspolizei. Ein populäres Hilfsbuch für die Gemeinden, welche nach dem neuen Gemeindegesetze die Handhabung der Ortspolizei zugewiesen ist. Nach den besteh. Gesetzen und Verordnungen kurz und faßlich zusammengestellt und mit Beispielen und Formularien versehen. (2. Aufl.) 1865. 20 Ngr. und 3. Aufl. gr. 8. (171 S.) Kremsier 866, (Gusek.) *

— das Heeres-Ergänzungs-Gesetz vom 29. Septbr. 1858 sammt dem provisor. Amtsunterrichte und allen bis jetzt erschien. Nachtrags-Verordnungen, dann Erläuterungen und zahlreichen Beispielen und Formularien. gr. 8. (75 S.) Kremsier 867, (Gusek.) *

— das Heimathsgesetz vom 3. Dezbr. 1863. Ergänzt durch eine populäre Erläuterung, durch Anführung der älteren Zuständigkeitsgesetze und durch prakt. Beispiele. gr. 8. (35 S.) Kremsier 867, (Gusek.) *

Hoschek, Thdr., der Abt v. Königsaal u. die Königin Elisabeth v. Böhmen, s. a. Studien, Prager, a. d. Gebiete der Geschichtswissenschaft. 5. Hft.

Der Abt von Königsaal und die Königin Elisabeth von Böhmen (1310–1330). Eine quellenkrit. Studie von Theodor **Hoschek** *Prag: Rohlíček & Sievers 1900.* (103 S.) 8°
— Studien, Prager, aus d. Geb. d. Geschichtswissenschaft. H. 5. [00. 5604

Hoschek Theodor: Das römische Reich am Ende des 2. Jahrh. nach Chr. 15. Pilsen R. 01.
Progr.

Hoscheck, Wilh., Lesevorbereitungsfibel, e. Vorbehelf f. Schule u. Haus. (Ster.-Dr.) Ausg. E. I. a. (4 S. m. Fig. auf Karton u. 1 Bl. Text.) schmal gr. 8. Breslau 905. (Groß-Strehlitz, A. Wilpert.) n.n. — 05

Höschel, Eph. Rep., († d. 23. März 1820.) Beschreib. seiner mechan. u. mathemat. Instrumente. 16 H., mit Kpf. 8. Augsb. 797. Klett. 16 gr

— kurze Beschreib. e. neuen, bei ihm verfertigten Winkel- oder Scheibe-Instruments. Mit 1 Kpf. 8. Augsb. 794. Klett. 4 gr

— Nachricht von d. katoptrischen Zirkel, als e. Zugabe zu Brander's Beschreib. d. Spiegelquadranten. Mit 1 Kpft. 8. Augsb. 783. Klett. 3 gr

Hoeschel, D. N., De studiorum cynosura ex M. T. Cicerone. Diss. 1662. 20 S. 4°.

Hoscher, Jh. Mich., († d. 12. Jan. 1809.) Beitrr. zur neuesten Geschichte d. Empörungen deutscher Unterthanen. 8. Marb. 790. Krieger. 1 rß

— s. Briefe üb. d. Verfassung d. R.-Kammergerichts.

— Jahrbücher d. kaiserl. Reichskammer-Gerichts. 1r Bd., in 2 Thlen u. 2r Bd. 8. Lemgo 789, 91. Meyer. 1 rß 8 gr

— Rechtsfälle, s. Sammlung.

— Rückerinnerungen an d. Stadt Augsburg. 8. (Augsb.) 807. v. Jenisch u. St. 7 gr

— Rückerinnerungen a. d. Stadt Augsburg. 8. Augsb. Stage. 807.

— s. a. Sammlung merkw. Rechtsfälle.

Sammlung merkwürd., am Kaiserl. Reichs-Kammergerichte entschiedener Rechtsfälle, mit ausführl. Erörterung wicht. Rechtsfragen (v. J. Mich. Hoscher.) 6 Thle. Lemgo, Meyer. 789—94. 8. (2 Thl. 18 Gr.)

— über d. Schädlichkeit d. Gerichtsgeheimnisse. gr. 8. Augsb. 804. Kranzfelder. 4 ℛ

(Hoscher, J. Mich.): Sustentationsgeschichte d. Kais. u. R. K. G. Kanzley; nebst ein. Verbesserungsvorschlägen, Frkf. a. M., Maklot. 797. 4.

— Sustentationsgeschichte der Kaiserl. Kanzley. 4. Frft. Gebhard. 798.

Hoschius

Hoschii et Wallii poëmata. 12. Augsb. Wolf. 755.

Hoschke, Heinr., die höh. Bürgerschule, Worte z. Verständigung üb. Zweck u. Bedeutung derselben. 8. (7 B.) Leipzig 838, Rein'sche Buchh.

Hoschke, Heinr., das Detaillisten-Kaufhaus. Ein Beitrag zur Detailhandelsfrage. (VIII, 100 S.) 8. Dresden (906). E. Pierson. n. 2.—; geb. n. 3.—

[Ant. u. F.] Hoschko, Franz Guido Heinrich [aus Gera]: Der Effektenterminhandel, m. bes. Berücks. d. Börsenreform ... Greifswald, Druck v. F. W. Kunike, 1896; 2 Bl., 77 S. 8. Greifswald, Phil. Fak., Inaug.-Diss. v. 1 Aug. 1896

[F.] Der Effektenterminhandel und die Börsenreform, m. bes. Berücks. d. neuen Börsengesetzes f. d. deutsche Reich v. 22. Juni 1896. Von Dr. Heinrich Hoschke. Leipzig: R. Gerhard 1896. (3 Bl., 271 S.) 1 Bd 8. [96. 7744

Hoschke, Effektenterminhandel u. Börsenreform, m. besond. Berücksicht. d. neuen Börsengesetzes f. d. deut. Reich v. 22. Juni 1896. Leipzig 897.

Hoschke, (Heinr.), Rede, zur Feier des 300jahr. Todestages unsers Luther den 18. Febr. 1846 von den Schülern des Gymnasiums gehalt. gr. 8. (1 B.) Arnstadt 846. (Meinhardt.) *

Höschl, M. A., Gedanken, veranlaßt durch das bekannte Buch: Stunden der Andacht zur Beförder. des wahren Christenthums, und geäußert in einem Schreiben an einen Freund. gr. 8. Landshut, Krüll. 820.

Höschl, M. A., Gedanken, veranlaßt durch d. bekannte Buch, „Stunden d. Andacht ꝛc.," u. geäußert in e. Schreiben an e. Freund. 2., ganz umgearb. u. verm. Aufl. gr. 8. (13 B.) Ingolstadt 831. (Regensburg, Manz.)

Hosch's Album für Postkarten.

Gr.-Oct.-Ausg. (Grösse $18^1/_2 \times 25^1/_2$ cm) Ausgabe für 50 Karten, in roth Halbleinen gebunden mit eleg. Gold- und Schwarzdruck-Decke —.60; Ausgabe für 100 Karten, in grün Ganzleinen geb. mit eleg. Gold- und Schwarzdruck-Decke 1.50; Ausgabe für 200 Karten, in reseda Ganzleinen geb. mit eleg. Gold- und Schwarzdruck-Decke 2.—

Gr.-Quart-Ausgabe. (Grösse $23 \times 27^1/_2$ cm) Ausgabe für 100 Karten, in braun Halbleinen geb. mit eleg., reicher Farbendruck-Decke 1.60; Ausgabe für 200 Karten, in roth Halbleinen geb. mit eleg. reicher Farbendruck-Decke 2.25; Ausgabe für 200 Karten, in braun Ganzleinen geb. mit eleg., reicher Farbendruck-Decke 2.60; Ausgabe für 300 Karten, in roth Ganzleinen geb. mit eleg., reicher Farbendruck-Decke 3.60; Ausgabe für 400 Karten, in chamois Ganzleinen geb. mit eleg., reicher Farbendruck-Decke sammt Schutzcarton 4.50

Neutitschein: Hosch 1897.

Hosch's Blockkalender für das Jahr 1898. Ausgaben m. vollständigem Kalendarium. Nr. 500 IV, 502/IV, 504/IV à —.60
dto. Nr. 600/IV —.50
dto. Nr. 602/III —.50

Neueste Unterlags-Kalender auf Löschcarton für das Jahr 1898. Nr. 201, Kanzlei-Ausgabe mit Leinen Ecken 1.50
dto Nr. 202, Kanzlei-Ausgabe mit Leder-Ecken 1.65
dto. Nr. 203, Kanzlei-Ausgabe mit Juchten-Leder-Ecken 2.—
dto. Nr. 101, Große Kanzlei-Ausgabe mit Leinen-Ecken 1.60
dto. Nr. 102, Große Kanzlei-Ausgabe mit Leder-Ecken 1.75
dto. Nr. 103, Große Kanzlei-Augabe mit Juchten-Leder-Ecken 2.40
dto. Nr. 401, Riesen-Unterlags-Kalender mit Leinen-Ecken. Neue Ausgabe m. Tagesmarken 2.—
Feine Schreibtisch-Ausgabe in Leinen-Holzrahmen. Nr. 303 = 51/38 cm groß 2.50
dto. Nr. 302 = 54/42 cm groß 2.80

Ebd. 1897

Hosch's neueste Unterlags-Kalender auf Löschcarton, für das Jahr 1892:
Nr. 201. Kanzlei-Ausgabe m. Leinen-Ecken 1.50
„ 101. Grosse Kanzl.-Ausg. m. Lein.-Eck. 1.60
„ 401. Riesen-Unterlags-Kalender mit Leinen-Ecken. Ganz neu! 1.60
„ 202. Kanzlei-Ausgabe mit Leder-Ecken 1.65
„ 203. Kanzl.-Ausg. m. Jucht.-Led.-Eck. 2
„ 102. Grosse Kanzl.-Ausg. m. Led.-Eck. 1.75
„ 103. Grosse Kanzlei-Ausgabe mit Juchten-Leder-Ecken 2.40.

Feine Schreibtisch-Ausgabe in Leinen-Holzrahmen:
Nr. 302 = 54/42 cm gross 2.80
„ 303 = 51/38 cm gross 2.50

Ebd. 1891

Hosch' neueste Unterlagskalender auf Lösch Carton für das Jahr 1890. Große Kanzlei Ausgabe.
Ausgabe mit Leinen Ecken 1.60
Mit Leder Ecken 1.75
Mit echt Juchten Ecken 2.40
Mit Metall Ecken 1.50

Ebd. 1889

Hosch's neueste Unterlags-Kalender auf Lösch-Carton für das Jahr 1892. II. Auflage:
Nr. 201, Kanzlei-Ausgabe mit Leinen-Ecken 1.50
Nr. 202, Kanzlei-Ausgabe mit Leder-Ecken 1.65
Nr. 203, Kanzlei-Ausgabe mit Juchten-Leder-Ecken 2.—
Feine Schreibtisch-Ausgabe in Leinen-Holzrahmen:
Nr. 303 = 51/38 *cm* gross 2.50
Ebd. 1891

Hosch's neueste Unterlags-Kalender auf Löschcarton für das Jahr 1893:
Kanzlei-Ausgabe mit Leinen-Ecken .50
Grosse Kanzlei-Ausgabe mit Leinen-Ecken 1.60
Riesen-Unterlags-Kalender mit Leinen-Ecken 1.60
Kanzlei-Ausgabe mit Leder-Ecken 1.65
Kanzlei-Ausgabe mit Juchten-Leder-Ecken 2 —
Grosse Kanzlei-Ausgabe mit Leder-Ecken 1.75
Grosse Kanzlei-Ausgabe mit Juchten-Leder-Ecken 2.40
Ebd. 1892

— — dto. Feine Schreibtisch-Ausgabe in Leinen-Holzrahmen:
54/42 *cm* gross 2.80
51/38 *cm* gross 2.50
Zu vorjährigen Hosch's Unterlags-Kalendern Lösch-Einlagen für das Jahr 1893, einzeln:
zu Nr. 101, 102, 302, 401 à 1.20
zu Nr. 201, 202, 203, 303 à 1.10
Ebd. 1892

Hosch's neueste Unterlagskalender auf Löschcarton für das Jahr 1895. Ausgabe Nr. 201. Kanzlei-Ausgabe, mit Leinenecken 1.50
— — Ausgabe 101. Grosse Kanzlei-Ausgabe, mit Leinenecken 1.60
— — Ausgabe 401. Riesen-Unterlagskalender, mit Leinenecken 2.—
Ebd. 1894

Hosch's neueste Unterlagskalender auf Löschcarton für das Jahr 1896. Ausgabe Nr. 102.
— — Grosse Kanzlei-Ausg. m. Ledereckeu 2.40
— — Nr. 203. Kanzlei-Ausgabe mit Juchten-Leder-Ecken 2.—
— Ausgabe 401. Riesen-Unterlagskalender, mit Leinen-Ecken. Neue Ausgabe m. Tagesmarken 2 —
Ebd. 1895

Hosch's neueste Unterlagskalender auf Löschcarton für das Jahr 1897. Ausgabe Nr. 101. Grosse Kanzlei-Ausgabe m. Leinen-Ecken 1.60
Ebd. 1896

— — Nr. 201. Kanzlei-Ausgabe mit Leinen-Ecken 1.50
Ebd. 1896

— — Ausgabe 401. Riesen-Unterlagskalender. mit Leinen-Ecken. Neue Ausgabe m. Tagesmarken 2.
Ebd. 1896

Hosch's Neueste Unterlags-Kalender auf Lösch-Carton für das Jahr 1899:
Nr. 101. Grosse Kanzlei-Ausgabe m. Leinen-Ecken 1.60
Nr. 102. Grosse Kanzlei-Ausgabe m. Leder-Ecken 1.75
Nr. 103. Grosse Kanzlei-Ausgabe m. Juchten-Leder-Ecken 2.40
Ebd. 1898

Hosch's Neueste Unterlags-Kalender auf Lösch-Carton für das Jahr 1899:
Nr. 201. Kanzlei-Ausgabe mit Leinen-Ecken 1.50
Nr. 202. Kanzlei-Ausg. m. Leder-Ecken 1.65
Nr. 203. Kanzlei-Ausgabe mit Juchten-Leder-Ecken 2.—
Feine Schreibtisch-Ausgabe in Leinen-Holz-Rahmen:
Nr. 303 = 51/38 *cm* gross 2.50
Nr. 302 = 54/42 *cm* gross 2.80
Nr. 401. Riesen-Unterlags-Kalender mit Leinen-Ecken. Neue Ausgabe mit Tages-Marken 2.—
Zu vorjährigen Hosch's Unterlags-Kalendern Lösch-Einlagen für das Jahr 1899 einzeln:
Zu Nr. 101, 102, 103, 302 à 1.20
Zu Nr. 201, 202, 203, 303 à 1.10
Zu Nr. 401 à 1.50
Ebd. 1898

Hose, Aug. Fr., († d. 25. Juli 1804.) äußerl. Kirchenverfassung d. Reformirten in d. Kurpfalz. 8. Heidelb. 779.

Hose, Gust., Beitrag zur Erforschg. der Grundgewalten des Weltalls. (57 u. 9 S. m. Fig.) gr. 8. Dortmund 910. C. L. Krüger. 2. —

Hose, Gust., das Weltgesetz, e. kurzgefasste Abhandlg. des gesammten Seins, auf streng wissenschaftl. Grundlagen bearb. f. Jedermann. gr. 8. (32 S.) Dortmund 899. (M. Thomas.) n. 1. —

Hose, J. H., Vorlegeblätter für Anfänger im Landschaftszeichnen. Zum Gebrauch für diejenigen, welche ohne mündliche Anleitung sich im Zeichnen zu üben wünschen ꝛc. gr. 4. Eisenach, Bärecke. 817.

Hose, (J. H.,) Vorlegeblätter f. Anfänger in Landschaftzeichnen. Mit e. Anleit. z. Gebrauch, v. F. Ch. Frenzel. 2e Aufl. gr. 4. Eisenach 825, Bärecke.

Hose, Johann Alb.

Hose, I. A., Herbar. vivum muscor. frondosor. c. descript. analyt. ad normam Hedwig. p. I. et II. 8. Lps. Graeff. 799. 800. (à 8 gr.)

— — dass. m. d. Moosen in e. Kapsel m. Futteral. 8. Ebend. 799. 800. (à 2 Rthlr.)

Hosé, Jh. Alb., († d. 8. Oct. 1800.) herbarium vivum muscor. frondosor., c. descript. analyt. ad normam Hedwigii. Prs I. et II. 8. Leipz. 799, 800. (Wienbrack). 16 gr (Unvollendet.) Dass. mit den Moosen, in e. Kapsel mit Futteral. 8. Ebd. 4 Thlr

Hose, Max Wilh., der Schlüssel im Schloß, s.: Welchert's Criminal-Bibliothek.

Hoese, Alex., u. Herm. Eichert, die Salzburger. Kurze Geschichte u. namentl. Verzeichnis der im J. 1732 in Littauen eingewanderten Salzburger. Nach amtl. Quellen bearb. gr. 8. (XI, 48 S.) Gumbinnen 902. C. Sterzel. n. 1. 25

Höse, K., Chronik der Stadt u. Grafsch. Barby. Nach Urkunden, alten Ueberliefergn., geschichtl. Aufzeichngn., sowie anderen Quellen zusammengestellt u. bearb. (VI, 344 S. m. 3 Taf. u. 1 Stammtaf.) gr. 8. Barby 901. H. Kropp. n. 2. 75; geb. in Leinw. n.n. 3. 50

Hoseas

— s. auch Propheten.

— Hoseas antiquâ Chaldaicâ Jonathanis paraphrasi ... ut & ... R. Salomonis Jizchak, R. Abrahami Aben Esrae, & R. Davidis Kimchi commentariis illustratus. Ex antiquo Roberti Stephani emendato codice Parisino recensitus ab Hermanno von der Hardt. Helmstadi 1703

Hoseas. Weissagung, neue Uebersetzung nach dem Hebräischen Text ... Frankf. u. Leipz. [Halberst.] 1769. Ü: *Struensee, Christian Gottfried.* (ML) (Ky)

-- Weissagung, neue Uebersetzung nach d. hebr Text, mit Zuziehung d. griech. Versionen, von R. D. E. (Chr. Gf. Struensee). 8. Frankf. u. Leipz. (Halberst.) 769.

— illustr. chaldaica Ionathanis versione et philolog. Rabbin. Raschi etc. 4. Goett. Vandenhök. 775.

Hoseas illustratus Chaldaica Jonathanis versione ... Norimbergae 1775. H: *Michaelis, Johann David.* (BrMm)

— v. Pfeifer, s. Pfeifer.

— neu übers., mit Anmerkk. v. A. F. Pfeifer. gr. 8. Erlang. 785. (Heyder). 6 gr

— neu übersetzt m. Anm. von Kühnöl. 8. Leipzig, Gräff. 789.

— neu übers., mit Anmerkk. von C. G. Kühnöl. 8. Leipz. 789. (Wienbrack). 4 gr

Hoseas, oracula hebr. et lat. annot. illustr. Kühnöl. 8. maj. Lps. Weidmann. 792.
Schreibpap.

Hosea, Joel, Jona, Obadja und Nahum, Die Propheten, in metrisch-deutscher Uebersetzung. Halle 1827. Ü: *Philippson, Ludwig,* **nicht**: *Philippson, Phoebus.* (Kayserling, Philippson. Leipzig 1898.)

(——) der Prophet Hoschea, treu a. d. Hebr. übers. u. mit philolog.-krit. Anmerkn. begleitet, f. kathol. höh. Lehranstalten, v. F. W. Goldwitzer. gr. 8. (5 B.) Landshut 828, Thomann.

Hoseas Propheta. Introductionem praemisit, vertit, commentatus est J. Chr. Stuck. 8maj. Leipz. 828. Reclam. 2 Thlr 16 gr

Hosea et Joel, prophetae, ad fidem codicis Babylonici Petropolitani ed. Herm. Strack. gr. Fol. (22 autogr. S.) Petropoli 875. Leipzig, Hinrichs' Verl. in Comm. n. 8. —

Grammatik der neuslavischen Sprache ⟨einer Vermittlungssprache f. d. Slaven d. österr.-ungar. Monarchie⟩. Verf. von Ignaz **Hošek**, Prof. Kremsier: Selbstverl. 1907. (131 S.) 8° [op. 17196

Hošek, Ign., Grammatik der neuslavischen Sprache (e. Vermittlungssprache f. die Slaven der österreichisch-ungarischen Monarchie). (181 S.) gr. 8. Kremsier 907. (Prag, F. Řivnáč.) 2. —

Hösel, Arthur, Kammergerichtsrefer.: Der § 830 BGB. Berlin 1910: Loewenthal. x, 85 S. 8°
Erlangen, Jur. Diss. v. 28. Juli 1910, Ref. Binder
[Geb. 28. Okt. 82 Dresden; Wohnort: Berlin; Staatsangeh.: Sachsen und Preußen; Vorbildung: Annenschule Dresden Reife O. 04; Studium: Berlin 8 S.; Rig. 27. Mai 10.] [U 10. 702

Hösel, J. A., es ist nicht gut, wenn wir überstand. Drangsale so schnell vergessen. Eine Predigt. 8. Leipz. 812. Andrä. 4 gr

Hösel, J. C., Erklärung des Propheten Jonas. 4. Lpz. 710.

Hösel, Ludwig: Studien über die geographische Verbreitung der Getreidearten Nord- und Mittelafrikas, deren Anbau und Benutzung. ... Veröffentlicht vom Verein für Erdkunde in Leipzig. Leipzig, 1890; 84 S. + 1 Bl. u. 1 Kart. 8°
Leipzig, Phil. Fak., Inaug.-Diss. v. 1. Aug. 1890

Hösel, Ludwig: Studien über die geographische Verbreitung der Getreidearten Nord- und Mittelafrikas, deren Anbau und Benutzung. mit einer Karte.
in: Mitteilungen des Vereins für Erdkunde zu Leipzig. 1889. S. 117—198. Leipzig 1890. 82 S. 8° [Z 134

Hösel, Kurt. Friedrich Brandes. Ein Rezensenten-Problem. In objectiver Darstellg. als Selbsthülfe d. öffentl. Beurtheilg. übergeben. gr. 8. (16 S.) Dresden 897. (A. Beyer.) n. — 50

Hösel, Paul, die Erziehg. zur geistigen Selbständigkeit. Mit Berücksicht. der Ansichten Diesterwegs. (Preisschriften der Diesterweg-Stiftg. des sächs. Pestalozzi-Vereins.) (22 S.) 8. Leipzig 907. J. Klinkhardt. — 50

Hosemann, A., evangelisches Predigtbuch f. die häusliche Erbauung. Evangelienpredigten f. alle Sonn- u. Festtage des Kirchenjahres nebst Anh. f. besondere kirchl., vaterländ. u. häusl. Feiern. 2. Aufl. 4. (XVI, 1088 S. m. Abbildgn. u. 8 Farbdr.) Berlin (899). Reinh. Schwarz. Geb. in Leinw. n. 13. —; m. Goldschn. 15. 50

Hosemann, A., evangel. Predigtbuch f. die häusl. Erbaug. Evangelienpredigten f. alle Sonn- u. Festtage d. Kirchenjahres nebst Anh. f. besondere kirchl., vaterländ. u. häusl. Feiern. Gesammelt u. hrsg. 3. Aufl. (IV, 1088 u. Familienchronik XII S. m. 1 Farbdr.) Lex. 8. Berlin (899). (E. Globig.) Geb. in Leinw. 10. —

Hosemann (oder Hossmann), Abraham

— — Der wahren ehelichen Liebe Beschreibung. Braunschweig 1725. 8°.
Ehestandsalmanach f. 1800. S. 261.

Hosemann, Abr., d. wahr. ehel. Liebe Beschr. 8. Braunschweig, Schröder. 725.

Hosemann, Gerhard, approb. Arzt aus Biesdorf: **Aus d. pathol. Institute zu Kiel. Über einen Fall von fulminanter Embolie nach Perityphlitis.** *Kiel 1902: H. Fiencke.* (35 S.) 8°
Kiel, Med. Diss. v. [4. Apr.] 1902

Hosemann, Gustav Christoph, s.a. Hosmann

Hosemann, G.C.: De baptismo. – Kilon. 1732.

Hosemann, Gust. C., **Chronologia sacra libror. Vet. Test.** 4. Hamb. Bohn. 734.

— hypotyposis chronologiae sacrae. 8. ibid. 727.

— Predigten üb. d. Schriftst. mehrenth. a. d. Evang. u. Epist. 8. Ebend. 728.

HOSEMANN, Johann Friedrich: Die Pflanzungen der weichen oder geschwindwachsenden Holzgattungen. Ein Wort zu seiner Zeit. - Mainz 1816. 48 S.

Hosemann, J. F., die Pflanzung der weichen oder geschwindwachsenden Holzgattungen. 8. Mainz, Kupferberg. 816.

Hosemann, Paul

Hosemann, P., mangelhafte Einrichtungen in maschinellen Anlagen f. elektrische Licht- u. Krafterzeugung, s.a. Schriften des Vereins deutscher Revisions-Ingenieure. 6.

Mangelhafte Einrichtungen in maschinellen Anlagen für elektrische Licht- und Krafterzeugung. Bearb. von P[aul] Hosemann, Techn. Aufsichtsbeamter. Mit 12 Abb. *Berlin: A. Seydel 1903.* (8 S.) 4°(8°)
Aus: Gewerbl.-Techn. Rathgeber. Jg. 2, H. 10.
— Schriften d. Vereins deutscher Revisions-Ingenieure. No 6.

Erfolge auf dem Gebiet: Schutz gegen Fingerverletzungen bei Arbeiten an Fallhämmern und Pressen aller Art. Bearb. von P[aul] Hosemann, Techn. Aufsichtsbeamter. Mit 9 Abb. *Berlin: A. Seydel 1903.* (14 S.) 4°(8°)
Aus: Gewerbl.-Techn. Rathgeber. Jg. 2, H. 19.
— Schriften d. Vereins deutscher Revisions-Ingenieure. No 8.

— u. K. Specht, die Ergebnisse des Preisausschreibens der norddeutsch. Edel- u. Unedelmetall-Industrie-Berufsgenossenschaft, betr. Schutz gegen Fingerverletzungen bei Arbeiten an Fallhämmern u. Pressen aller Art, s.a. Schriften d. Vereins deutsch. Revisions-Ingenieure. Nr. 3.

Die Ergebnisse des Preisausschreibens der Norddeutsch. Edel- u. Unedelmetall-Industrie-Berufsgenossenschaft vom Februar 1898, betr. Schutz gegen Fingerverletzungen bei Arbeiten an Fallhämmern u. Pressen aller Art. Bearb. von den Ing. P(aul) Hosemann [&] K. Specht. Mit 23 Abb. im Text. *Berlin: A. Seydel 1900.* (29 S.) 8°
— Schriften d. Vereins deutscher Revisions-Ingenieure. No 3.

Hosemann, P., über Kleinmotoren. gr. 8. (26 S. mit 7 Taf. photolithogr. Zeichnungen.) Berlin 881, Polytechn. Buchh.

— Schutz gegen Fingerverletzungen bei Arbeiten an Fallhämmern u. Pressen aller Art, s.: Schriften des Vereins deutscher Revisions-Ingenieure. 8.

— — neue Schutzvorrichtungen geg. Fingerverletzungen bei Arbeiten an Fallhämmern u. Pressen aller Art, s.a. Schriften des Vereins deutscher Revisions-Ingenieure. 3a.

Hosemann, P., und K. **Specht**: Neue Schutzvorrichtungen gegen Fingerverletzungen bei Arbeiten an Fallhämmern und Pressen aller Art. Berlin 1900. (Schriften d. Vereins Deutsch. Revisions-Jng. Nr 3a)

Hosemann, P., Schutzvorrichtungen an Scheeren, s.a. Schriften d. Ver. deutsch. Revisions-Ingenieure. 5.

Schutzvorrichtungen an Scheeren. Bearb. von P[aul] Hosemann, Techn. Aufsichtsbeamter. Mit 10 Abb. *Berlin: A. Seydel 1902.* (8 S.) 4°(8°)
Aus: Gewerbl.-Techn. Rathgeber. Jg. 1, H. 7.
— Schriften d. Vereins deutscher Revisions-Ingenieure. No 5.

— die Unfallverhütung im Dampfkesselbetriebe, s.: Heidepriem, C.

Hosemann, Siegm., Denkmal d. göttl. Regierung, bew. an d. güldnen Tafel des Klosters St. Michael in Lüneburg rc. 4. Zelle, Schröder. 733.

— schwer zu bekehrende Judenherz auf Veranl. d. Gottesläst. Jonas Meyers. 4. Ebend. 725.

Hosemann, Theodor

Hosemann, Th., sechs Aquarellen. gr. 4. Dresden 872. Meinhold & Söhne. In Mappe. 9. --

—— Bilder für artige Kinder mit Text. gr. 4. (12 Chromolithogr. mit 6 Bl. Text.) Berlin 869, Winckelmann und Söhne. cart.

Hosemann, Th., Bilder für artige Kinder mit Text. gr. 4. (12 Chromolithogr. mit 11 S. Text.) Berlin 876, Winckelmann und Söhne. geb.

Hosemann, Th., Federzeichnungen zu E. T. A. Hoffmann's gesammelten Schriften. 4 Lfgn. gr. 16. (24 Stnt. in Tondr.) Berlin 857, G. Reimer. à Lfg. * 4 Ngr.

Hosemann, Thdr., Herr Fischer als Deputirter zur preuss. National-Versammlung. 1848. 8 Federzeichnungen. 8. Berlin 848, Lassar.

[Hosemann, Theodor] Herr Fischer auf dem vereinigten Landtage von ihm selbst 1847
(Berlin) In Commission bei Carl Reimarus 1847
4 Hefte mit 32 Taf. in Lith. 8

Hosemann, Th., Gedächtnißblatt, enthalt das Portrait u. den letzten Willen Sr. Hochs. Maj. Friedrich Wilhelm III., Königs von Preußen, mit Darstellungen aus seinem Leben in Arabesken. ... Berlin 840. A. Brandenburg, A. Müller. 5/6 ₰

Hosemann, Th., Genrebilder, von ihm selbst zum Farbendruck lithographirt. 1. Heft. ½ Fol. (6 Blätter mit 7 Bildern.) Berlin 842, Cornelius. n. 3 ₰

Hosemann, Th., Genrebilder, von ihm selbst zum Farbendruck lithographirt. 1. Hft. ½ Fol. (6 Bl. m. 7 Bild.) Berlin 842. [Danz.]

— Genre-Bilder. 1. u. 2. Heft. gr. 4. (8 lith. u. col. Bl.) Berlin 844, Meyer u. Hofmann. à $1\frac{1}{3}$ ₰

—– Genrebilder. 1. u. 2. Hft. gr. 4. (8 lith. u. col. Bl.) Berlin 844. [Romolini.]

Hosemann, Theodor [111.]
s. Gerstäcker, F.: Nach Amerika! 1855.

Hosemann, Thdr., bunte Gesellschaft. 12 Bilder in Farbendr. nach Aquarellen. Mit (eingedr.) Versen von J. Trojan. 1. und 2. Aufl. gr. 4. Stuttgart 880,82, G. Weise. geb.

Hosemann, Thdr., bunte Gesellschaft. 12 Bilder in Farbendr. nach Aquarellen. Mit Versen v. J. Trojan. 2. Aufl. gr. 4. Stuttgart 881. G. Weise. geb. 5. —

— s. A. Hillert, Novellen;

Hosemann, Th., 34 Illustrationen zu den Geheimnissen von Paris. 16. Berlin 844. [Romolini.] Thlr. *

—— lachende Kinder. Mit Bildern. 3.—14. Aufl. 4. (24 color. Taf. mit eingedr. Text.) Frankfurt a. M. 852—81, Literarische Anstalt. cart.
1. und 2. Aufl. Hamburg 1850,51, Verlags Comptoir.

Hosemann, Thdr., Kinderstreiche. Mit Bildern und Text. 4. (24 ill. Stnt.) Berlin 867, Winckelmann und Söhne. cart. *

— aus meiner Mappe. Bilderbuch f. die junge Welt. 4 (10 S. m. 12 Chromolith.) Ebend. 874. geb. 5. 25

— Melechsala. Sechs Aquarellen. Dichtung v. Pauline Schanz nach Musaeus. hoch 4. (2 S.) Dresden 874. Meinhold & Söhne. In Mappe. 9. —

Th. Hosemann und F. Dörbeck. Berliner Parodien: 6 Blatt colorirte Lithographien. Berliner Tagesbegebenheiten: 6 Blatt Lithographien. Berlin. 4°.

Hosemann, Th[eodor]. [Berliner Parodien.] Berlin. Verlag von Gebr Gropius [1829]
5 Taf. in kol Lithogr 8°
1 Bl fehlt

Hosemann, Th., aus der Studienmappe. 3 Hefte. Berlin 853. Sachse u. Co. 4. (18 lith. Bl. in Farbendruck.) Jedes Heft n. 2 ℛ.; einzelne Blätter à 15 ngr.

— zur Unterhaltung für gute Kinder. 24 (lith. u. color.) Bilder m. Versen u. kleinen Erzählungen von einer alten Tante. 4. (27 S.) Berlin 877. Winckelmann & Söhne. cart. 3. —

[—, Theodor Hosemann u. a.] Berliner Witze und Anecdoten. Bildlich dargestellt. Herausgegeben von Gebruder Gropius in Berlin [um 1830]. [Umschlagtit.]
4 Hefte m. je 1 Bl Text u 4 Taf in kol. Lithogr 8°
In Heft 4 ein nicht zur Folge gehörendes Blatt, jedoch mit gleicher Darstellung. Als Kunstler waren beteiligt Franz Burchard Dorbeck Theod. Hosemann, Franz Krüger Gottfried Schadow Julius Schoppe u Karl Sturmer

Hosen, die, d. Vaters, u. andere schöne Sachen, s.: Humor, dem, o. Gasse.

Hosen, die verpfändeten, od. die wundersame Vermählung des ehrenfesten Junkers v. Schoback. 8. Leipzig, Joachim. 804.

HOSEN, Die verpfändeten, oder die wundersame Vermählung des ehrenvesten Junkers von Schobrack. Leipzig, Joachim, 1804. 8°. Selten!
496 Seiten. Ziemlich zahm.

Hoesen, J. P.: Kurze Nachricht von der Beschaffenheit und Wirkung derer parabolischen Brennspiegel so von Herrn Peter Hoesen ... verfertigt werden. Dresden 1755

Hosenfeld [Schlagwort]

Hosenfeld, s.: Preussen. Messtischblätter.

Hosenfeldt, Wilhelm [aus Stolp i. Pomm.]: Zur Theorie der abwickelbaren Flächen .... Rostock, Univ.-Buchdr. v. Adlers Erben, 1887; 71 S. 8°.
Rostock, Phil. Fak., Inaug.-Diss. v. 1. Apr. 1887.

Hosenfeldt, Wilhelm, zur Theorie der abwickelbaren Flächen. Diss. Rostock 1887, G. B. Leopolds Univ.-Buchh. 8°. 71 S.

Hosenknopf, Meister Georg, an seinen Schwager Meister Georg Pfriem über die Augsburger Kritik. Salzburg 1791. V: *Zauner, Judas Thaddäus.* (MGT)

Hosenknopfs, Meister Georg, (J. Th. Zauner), Sendschreiben an seinen Schwager Jakob Pfriem über d. Augsburg. Kritik d. Kritiker. 8. (Salzb.) 791.

Hosenspannen, d. geistige, ein kleiner Beitrag zur Beleuchtung u. Würdigung d. Schrift: d. arme Dorfschulmeister, der genug hat. 8. Stuttg. 826. Brodhag. 6 ℊ

Hosenspannen, das geistige, ein kleiner Beitrag zur Beleuchtung und Würdigung der Schrift: der arme Dorfschulmeister, der genug hat. 8. Stuttg. 826, Franckh.

Hosentuch, Johann. Johann Hosentuchs lustiges Schneiderbuchlein. Oder Witze, Anekdoten und Curiositäten aller Art nebst Liedern für die Schneiderzunft und den zehn Geboten für Schneider. Creutzburg, Franz Fischer 1846.
62 S. 8°

Hosentuchs, Joh., lustiges Schneiderbüchlein. Oder Witze, Anekdoten rc. aus meinem vielbewegten Schneiderleben. 16. (62 S.) Creutzburg 847, Fischer. (Leipzig, Beyer.)

Hoser, Conrad Friedrich, s. Hoser, Konrad Friedrich

Hoser, H.: Das Faustballspiel. Leipzig & Zürich um 1919. 70 S. (Miniaturbibl. f. Sport u. Spiel. 68.)

Hoser, H. J., Abhandl. über d. Fr.: Ob d. Recht, testamentarische Dispositionen zu machen, aus d. Naturrechte hergeleitet werden könne? 8. Heilbr. 802. (W. Rauck in Leipz.) 9 ℊ Hbg. Pr. 6 ℊ

Hoser, H., ob das Recht testamentarische Dispositionen zu machen, aus dem Naturrechte hergeleitet werden könne? 8. Heilbron, Rausch. (auch Sommer in Lpz.) 802.

Hoser, H., Gedichte und kleine prosaische Aufsätze. 8. Heilbron. (Tübingen, Laupp in Comm.) 820.
Auf Velinpapier

Hoser, (H.,) Gedichte u. kleine prosaische Aufsätze. 2e wohlf. Ausg. Mit 1 Kupf. 8. Heilbronn 825, Drechsler.

— Lieder in schwäbischer Volkssprache. 2e wohlf. Ausg. 8. Heilbronn 825, Drechsler.

— Jacob Samuel (Tübingen), Positiones inaugurales juridicae. Präs. Johann Jacob Helfferich. Tübing. (Sigmund) Mai 1735. 36 S. (6.50) 16129

Hoser, Joh., der Elbestrom, pittoresk-topograph. geschildert. Mit e. Anh. üb. d. Lage u. Umgebung v. Prag, mit e. Wasserreise v. da bis Melnik, e. Vergleichung d. Elbegegenden mit d. Rheingegenden u. e. Skizze üb. d. Schiffahrt u. Tragfahigkeit d. Elbe. gr. 8. (10 B.) Prag 811, Haase Söhne.

Hoser, Jh., Handbuch über d. Abrainungen d. Grundstücke, Herrschaften u. Güter, nach ökonom., mathemat. u. rechtl. Grundsätzen. Mit e. Grenzbeschreib. rc. u. e. Grenzkarte. gr. 8. Prag 816. Krauß. 3 ℛ 8 ℊ (Haase Söhne das.) 2 ℛ 8 ℊ

Hoser, J.: Handb. üb. d. Abraingn. d. Grundstücke, Herrschaften u. Güter, nach öconom., mathemat. u. rechtl. Grundsätzen. Mit ein. Gränzbeschreibung etc. u. ein. Gränzkarte. *Prag*, Krauss, (Haase, Söhne.) 817. gr. 8. (3 Thl. 8 Gr.)

Hoser, Prof. Josef, Grundriß der Naturlehre für Bürgerschulen. In 3 Stufen. I. Stufe. 17. Aufl. Mit 69 Holzschnitten. 8. (83 S.) Cart. —.32
— — II. Stufe. 14. Aufl. Mit 104 Holzschnitten. 8. (134 S.) Cart. —.40
— — III. Stufe. 10. Aufl. Mit 66 Holzschnitten. 8. (104 S.) Cart. —.32
Wien: Manz 1889.

Hoser. Prof. Josef, Grundriß der Naturlehre für Bürgerschulen. In 3 Stufen. I. Stufe. 18. Aufl. Mit 69 Holzschnitten. 8. (83 S.) Cart. —.32
— II. Stufe. 15. Aufl. Mit 104 Holzschnitten. 8. (134 S.) Cart. —.40
— — III. Stufe. 12. Aufl. Mit 66 Holzschnitten. 8. (104 S) Cart. —.32
Wien: Manz 1891.

— **Joseph Franziskus** (Reichstadt/Böhmen), Conspectus morborum in clinico medico Pragensi primo semestri anni scholastici 1831 tractatorum. Präs. Vinc. Julius Krombholz. Rector Max. Millauer, Direct. Ignaz v. Nadherny, Decan Franziskus Alex Wünsch. Prag (M. I. Landau) 31. V. 1834. 67 S. mit Widm. a. Präs. (6.50) 16130

Hoser, Jos. Carl E., Catalogue raisonné od. beschreibendes Verzeichniss d. im Galleriegebäude d. Gesellschaft patriot. Kunstfreunde zu Prag aufgestellten Hoser'schen Gemälde-Sammlung. gr. 8. (15 B.) Prag 846. (Ehrlich.) *

Hoser, Jos. Karl E., Catalogue raisonné, oder beschreibendes Verzeichniß der im Galleriegebäude der Gesellschaft patriotischer Kunstfreunde zu Prag aufgestellten Hoser'schen Gemälde-Sammlung. gr. 8. Prag 846. (Ehrlich, auch Credner.) n. 2/3 ₰

— Ideen üb. zweckmäßige Einrichtung von Gemälde-Gallerien u. Kabinetten. gr. 8. Prag 845. (Credner.) n. 1/6 ₰

Hoser, Josef Konrad Eduard

— — Anleitung d. Riesengebirge auf eine zweckmäßige Art zu bereisen. m. Chart. gr. 8. Ebend.
Schreibpap.

— Anmerkk. zur statist.-topograph. Uebersicht d. Riesengebirges. gr. 8. Wien, Geistinger. 12 ℊ Schrbp. 16 ℊ

Hoser. J. K. E. Mineralogische Bemerkungen über einige Gegenden des Rakonitzer Kreises. (Aus der Sammlung physikalischer Aufsätze von Meyer.) Prag. 1795. 8.

Hoser, Jos. Konr. Ed., († d. 7. Febr. 1815.) Beschreib. d. Franzensbrunnens bei Eger. Mit 2 Kpf. 8. Prag 797. Calve. 22 ℊ

— Beschreib. von Karlsbad.

— Beschreibung von Karlsbad. 8. Ebend. 797.

Hoser. J. C. Ed Beiträge zur Charakteristik des Granits. (Aus den Verhdl. der kgl. böhm. Gesellsch. der Wissensch.) Prag 1810. 4.

Der Geltsch-Berg und das Scharka-Thal Zwei physikalisch-mineralogische Monographien. (Aus d. Abh. d. kgl. böhm. Ges. d. Wiss.) Prag. 1842. 4.

Hoser, Jos. Conr. E., Naturschönheiten u. Kunstanlagen v. Baaden. s. Naturschönheiten.

— das Riesengebirge. 2 Thle. m. K. u. Chart. gr. 8. Wien, Geistinger. 803–5. (1r 1 Rthlr. 2r 2 Rthlr. 12 gr.) Schreibpap. (1r 1 Rthlr. 4 gr. 2r 3 Rthlr. 8 gr.)
Einzeln ist hiervon zu haben:

Hoser, Dr. J. K E Das Riesengebirge in einer statistisch topographischen und pittoresken Uebersicht, mit erläuternden Anmerkungen etc. (Mit Kupfern und 1 Karte) (2 Bde.)
8. Wien 1803 – 1804

Das Riesengebirge von Dr. J[osef] K[arl] E[duard] **Hoser**. Neubearb. von C. L. Harald Friedrich. Wolfenbüttel: Heckner 1908. (479 S.) 8° (08. 3101

Hoser, Jos. Karl E.: Das Riesengebirge und seine Bewohner Hrsg. von der Ges des vaterländischen Museums in Böhmen. — Prag: Ehrlich 1841. XXXIV, 292 S. mit Abb.

— d. Riesengebirge in e. statist.-topograph. u. pittoresken Uebersicht. Mit Anmerkk. u. e. Anleit., dieses Gebirge auf d. zweckmäß. Art zu bereisen. 2 Thle, mit Kpf. u. 1 Karte. gr. 8. Wien 803—5. Geistinger. 3 ₰ 12 ℊ Schrbp. 4 ₰ 12 ℊ Daraus apart: Anleit., d. Riesengebirge auf eine zweckmäß. Art zu bereisen. Mit 1 Kpf. gr. 8. Wien 805. Geistinger. 2 ₰ Schrbp. 2 ₰ 16 ℊ

Hoser, Konrad Friedrich

Hoser, Conrad Friedrich (Tübingen), De restitutione universitatis Tubingensis ex pace Westphalica. Präs. Gottfried Daniel Hoffmann. Tübing. (Schramm) Juni 1769. 32 S. (7.—) 16127

— — Observationes quasdam de tutela fructuaria personarum S. R. G. Imp. illustrium. Diss. jur. Präs. Eberhard Christoph Canz. Tübing. (Schramm) 20. VI. 1770. 38 S. (6.80) 16128

— **Paul Burckhard** (Stuttgart), De felonia domini. Diss. jur. Präs. Gabriel Schweder. Tübing. (Joh. Cunrad Reis) o. J. 22 S. (6.80) 16131

Höser, Johannes: Die syntaktischen Erscheinungen in Be Domes Daege. . . Halle a S., Druck v. Ehrhardt Karras, 1888, 1 Bl + 81 + 1 S. 8°
Leipzig, Phil. Fak., Inaug.-Diss. v. 18 Dez 1888

Höser, Johs. Die syntaktischen Erscheinungen in Be Dômes Daege. gr. 8. (VII, 76 S.) Halle 889, Niemeyer. * 2 —

[F.] Die Kaiser-Wilhelms-Universität zu Strassburg, ihr Recht und ihre Verwaltung. E. Festschr. z. 1. Mai 1897 d. Univ. Strassb. gewidm. v. ihrem ehemal. Kurator Dr. jur. et phil. Heinrich **Hoseus**, Unterstaats-Sekr. z. D. *Strassburg: F. Bull 1897.* (4 Bl., 344 S.) 1 Bd 4.(8.)
(97. 3103

Hoshino, Benzo, a. Otawara (Japan): Die Finanzen und die Finanzpolitik Japans während und nach dem russisch-japanischen Kriege (1904–1908) Halle a. S. 1908: C. A. Kaemmerer & Co. (79 S., 2 Taf.) 8° ¶ (Erscheint vollst. im Selbstverl. d. Verf.)
Halle, Phil. Fak., Ref. Waentig, Diss. v. 7. April 1908
[Geb 14 Febr 82 Otawara, Reg Bez Tochigi; Wohnort: Halle a S.; Staatsangeh: Japan, Vorbildung: Lehranstalt Keiogijuku (Japan) Reife O 03; Studium: Leipzig 4, Würzburg 2, Halle 3 S.; Rig. 17. Febr. 08]

Hosianna! Ein vollständ. Gebetbuch f. kathol. Christen. 1. Aufl. u. 2., unveränd. Abdr. (à 19⅔ B.) 835, 37., 2. verb. u. verm. A. gr. 12. (20½ B. u. 1 Stahlst.) Köln 810, [Welter.] à ⅔ Thlr., Vlnp.

—— Vollständiges Gebetbuch f. kathol. Christen. 3., verm. u. verb. Aufl. gr. 12. (20½ B. u. 1 Stahlst.) Köln 843, Welter's Buchh. Druckpap. 10 Ngr. — Vlnp. 20 Ngr. — fein Vlnp. m. Prachttl. 1 Thlr. Grob. Vlndrckp. -

—— Ein vollständ. Gebetbuch f. kath. Christen. 3., verm. u. verb. Aufl. 12. (20¾ B. u. 1 Stahlst.) Köln 846, DuMont-Schauberg'sche Buchh. 10 Ngr. — M. Stahlst. u. Ttl. in Gold- u. Farbendr.
Ausgabe à 10 Ngr. ist auch m. großen Lettern zu haben.

Hosianna! Ein Belehrungs-, Unterhaltungs-, u. Familienbuch f. Katholiken. Herausg. von einem kathol. Geistlichen. Mit Gutheißung geistl. u. weltl. Obrigkeit. 1.—4. Lfg. gr. 8. Aachen 842, Hensen u. C. n. ⅔ rf — 1844. 4 Lfg. Lex.-8. Ebend. 844. n. ⅔ rf

Hosianna. Missionsblatt für Kinder. Red.: J. C. Wallmann. Jahrg. 1859—63. à 12 Nrn. (à 1 Bgn.) Berlin. (Halle, Fricke.) 8. Jeder Jahrg. n. 8 ngr

Hosianna. Missionsblatt für Kinder. Redakt. C. H. Chr. Plath. Jahrg. 1864 und 1865. à Jahrg. 12 Nrn. (Bog.) 8. Berlin. Halle, Fricke. à Jahrg. *

—— dass. — Jahrg. 1866 und 1867. à Jahrg. 12 Nrn. (Bog.) 16. Berlin, W. Schultze. à Jahrg. * *

Hosianna. Missionsblatt für Kinder. Redact.: C. H. Chr. Plath. Jahrg. 1868—1874. à 12 Nrn. (Bog.) 16. Berlin 868, W. Schultze. Jahrg. 1868 und 1869 à **
Jahrg. 1870—1874 à **

Hosianna. Missionsblatt für Kinder. Redact.: A. Petri. Jahrg. 1875. 12 Nrn. (Bog.) gr. 16. Berlin 875, (W. Schultze's Verlag.) *

—— dass. — Jahrg. 1876 und 1877. à Jahrg. 12 Nrn. (Bog.) gr. 16. Berlin, Missionshaus. à Jahrg. *

—— dass. — Hrsgbr.: Wendland. Jahrg. 1878 und 1879. à Jahrg. 12 Hefte. (Bog.) gr. 16. Ebendas. à Jahrg. *

Hosianna. Missionsblatt für Kinder. Redact. und Hrsgbr.: Wendland. Jahrg. 1880. 12 Hefte. (Bog.) 12. Berlin, Missionshaus. *

—— dass. — Jahrg. 1881—1884. à Jahrg. 12 Hefte. (Bog.) 12. Berlin, (W. Schultze's Verlag.) à Jahrg. **

Hosianna. Missionsblatt für Kinder. Redact. und Hrsgbr.: Wendland. Jahrg. 1885—1888. à Jahrg. 12 Hefte. (Bog.) 12. Berlin, (W. Schultze.) à Jahrg. **

—— Missionsblatt f. Kinder. Redact. u. Hrsgbr.: Wendland. Jahrg. 1889—1892. à Jahrg. 12 Hefte. (Bog.) 12. Berl., (Buchh. der Berliner evangel. Missionsgesellschaft). à Jahrg. * 1 —

— Missionsblatt f. Kinder. Red. u. Hrsg.: Wendland. Jahrg. 1891—1894. à 12 Nrn. (Bog.) 12. Berlin, (Buchh. der Berliner evangel. Missionsgesellschaft). à Jahrg. n. 1. —

Hosianna. Missionsblatt für Kinder. Red. u. Hrsg.: Wendland. Jahrg. 1895—1898. à 12 Nrn. (Bog. m. Abb.) 12. Berlin (Buchh. d. Berliner evang. Missionsgesellschaft). à Jahrg. — 75

Hosianna. Missionsblatt f. Kinder. Red. u. Hrsg.: Wendland. Jahrg. 1899—1902. à 12 Nrn. 12. (à ca. 16 S. m. Abbildgn.) Berlin (Buchh. der Berliner ev. Missionsgesellschaft.) à Jahrg. — 75

— Missionsblatt f. Kinder. Red. u. Hrsg.: Wendland. Jahrg. 1903—1906. à 12 Nrn. (194, 192, 192 u. 192 S. m. Abbildgn.) kl. 8. Berlin, (Buchh. der Berliner ev. Missionsgesellschaft). à Jhrg. — 75

— Missionsblatt f. Kinder hrsg. im Auftrage der Berliner Missionsgesellsch. v. Merensky. Red.: Wendland. 50. Jahrg. 1908. 12 Nrn. (à 16 S.) kl. 8. Berlin (Berliner Missionsgesellschaft). — 75
Erscheint nicht mehr.

— Die schönsten Weihnachtslieder f. christl. Familien, Schulen u. Gemeinschaften. 8. Aufl. gr. 16. (36 S.) Hamburg 874. Agentur d. Rauhen Hauses. n. — 20

—— Eine Liedersammlung. Zum Gebrauch in christl. Vereinen u. Familien. 3. Aufl. 16. (144 S.) Elberf. 891, Schriftenverlag d. westdeutschen Jünglingsbundes. geb. * — 50

Hosianna! Ein Gebetbüchlein f. die Jugend, nebst e. Anleitg. zu früher Gottseligkeit f. Kinder. Ster.-Ausg. 16. (144 S.) Reutlingen 892, Enßlin u. Laiblin. geb. in Hlbleinw. — 40; in Leinw. — 50

— 529 Lieder f. Vereine, Gemeinschaften, Familien u. Schulen. Dargeboten vom Komitee des Westdeutschen Jünglingsbundes. (Neue Aufl.) (285 S.) kl. 8. Barmen 906. Westdeutscher Jünglingsbund. p — 40

Hosianna. Nr. 1—10. 8. Schwerin (906). F. Bahn. à n.n. — 10
Andrae, Hedw., wenn die Blätter fallen. Erzählung f. Jung u. Alt. (16 S.) (Nr. 9.)
Berg, A., eine Fahrkarte. Erzählung f. Jung u. Alt. (16 S.) (Nr. 8.)
— der Herr nimmt mich auf! Erzählung f. Jung u. Alt. (16 S.) (Nr. 10.)
Breitag, Anna, Klein Lisbeths Geschichte. Eine Kindergeschichte. (16 S.) (Nr. 6.)
Clément, Bertha, auf der Eisscholle. Erzählung f. Jung u. Alt. (16 S.) (Nr. 3.)
— Schusters Hanna. Erzählung f. Jung u. Alt. (16 S.) (Nr. 4.)
Schilling, Hans v., Schwester Hilde. Erzählung aus unseren Kolonien f. Jung u. Alt. (16 S.) (Nr. 2.)
— auf weiter See. Eine Seegeschichte f. Jung u. Alt. (16 S.) (Nr. 1.)
Was das Kätherle zu erzählen wußte. Nach dem Leben erzählt v. W. R. (16 S.) (Nr. 5.)
Winter, E. (M. Rickmeyer), dennoch fröhlich! Erzählung f. Jung u. Alt. (16 S.) (Nr. 7.)

Hosianna. (Erzählgn. f. Jung u. Alt.) Nr. 11—33. (à 16 S.) 8. Schwerin (908—11). F. Bahn. p nn — 10

— Fest- u. Reichslieder. Von H. v. R. (68 S.) 8. Neumünster (910). Vereinsbuchh. G. Ihloff & Co. — 50

Hosianna dem Sohne Davids. Dargereicht zur Confirmation und Communion. Darmstadt 1858. V: *Hunzinger, Carl.* (Russell III. 809)

—— dem Sohne Davids. Zwölf Lieder dargereicht zur Confirmation und Communion. 16. (45 S.) Darmstadt 858, Würz.

Hosianna, Das grosse, ins Hochdeutsche übersetzt. Cölln 1704. V: *Coster, Heinr. Bernh.* (Bruun, Bibl. Danica. I, 246.)

Hosianna-Lieder. 29 liebliche geistliche Lieder für gemischte Gesangchöre zum Gebrauch in Gottesdiensten und Jugendvereinen ... Zeitz [1902]. H: *Barkemeyer, Heinrich.* (Berl)

Hosianna-Lieder. 29 liebl. geistl. Lieder f. gemischte Gesangchöre zum Gebrauch in Gottesdiensten u. Jugend-Vereinen ꝛc. Zusammengestellt v. H. B. (Zumeist aus: „Himmelwärts", e. Sammlg. geistl. Lieder von C. S. Lorenz.) gr. 8. (32 S.) Zeitz (902). H. Barkemeyer & Co. — 30

Hosier, C., the Advance of the Prussian Army on Brünn, s. Collection of English Class-Books.

Hosius u. v. d. Marck, die Flora der westphälischen Kreideformation. [Aus: „Palaeontographica".] gr. 4. (117 S. m. 21 Steintaf. u. 21 Bl. Tafelerklärgn.) Kassel 880. Fischer. n. 48. —

Hosius und v. d. Marck, die Flora der westfälischen Kreideformation. gr. 4. (117 S. mit 21 Stnt. und 21 Bl. Tafelerklärungen.) [Kassel 880, Fischer.] Stuttgart, Schweizerbart'sche Verlagsh. *
Aus: Palaeontographica, besonders abgedruckt.

Hosius, Aug.: Beiträge zur Kenntnis der diluvialen und illuvialen Bildungen der Ebene des Münsterschen Beckens. 27 S. – Münster, G., Progr. 1871.

Hosius (A.). Die in der Westfaelens Kreideformations vorkomm. Pflanzenreste. Muenster, 1869. 8°.

Hosius, Augustus (geb. am 23 Okt. 1825 in Werne (Stadt) Rgbz. Münster): De Gammari speciebus, quae nostris in aquis reperiuntur ... Bonnae, form. F. P. Lechneri 1850. 2 Bl., 26 S., 1 Bl., 2 Taf. 8.
Bonn, Phil. Fak., Diss. v. 26 Juli 1850

Hosius, C., Anleitung zur evangelischen Heiligung aus dem Werke des W. Marschall. Ruhrort 868. (Andreae & Co.) 8. (34 S.) n.n. 3 ngr.

Hosius, Karl

Hosius, Carl, apparatus criticus ad Juvenalem, collegit et excussit C. H. gr. 8. (118 S.) Bonn 888, Cohen und Sohn. *

Hosius, Carl, s.: Ausonius, Decimus Magnus, Moselgedichte.

Hosius, Carolus: De imitatione scriptorum Romanorum imprimis Lucani. Greifswald 1907: F. W. Kunike. (32 S.) 8°
Greifswald, Festschrift zum Rektoratswechsel 1907

Hosius, C[arl], und **Pernice, E[rich]**: Zwei antike Motive in der Renaissancemalerei. Greifswald: Abel 1910. 24 S. 8°
Greifswald, Festschrift zum Rektoratswechsel 1910 [U 10. 1652

Hosius, Carolus [Rhenanus]: De Iuvenalis codicum recensione interpolata . Bonnae, typ. Caroli Georgi univ. typogr., 1888; 2 Bl. + 31 S. 8°
Bonn, Phil. Fak. Inaug.-Diss. v. 27 Febr. 1888

Hosii, St., epistolae, s. Acta historica res gestas Poloniae illustrantia.

Hosken-Woodward, Emma, s.a. Woodward, Emma Hosken

Hosken-Woodward, Frau Emma, Männer, Frauen u Fortschritt, s.a. Bibliothek der Frauenfrage.

Hosken-Woodward, Männer, Frauen und Fortschritt. A. d. Engl. von K. Schirmacher. »Bibliothek f. Frauenfrage.« (82 S.) Weimar 1893. Verlags-Anstalt.

Hoskins, *John* Preston [aus Amerika]: Über die Arten der Conjunctivsätze in dem Gedicht diu Klage. 1. Selbständige Conjunctivsätze ... (Erscheint vollst. im gl. Verl.) Berlin, Mayer & Müller, 1895; 2 Bl., 44 S., 1 Bl. 8.
Berlin, Phil. Fak., Inaug.-Diss. v. 5. Aug. 1895

Hoskins, John Preston, üb. d. Arten d. Conjunctivsätze in d. Gedicht die Klage. gr. 8. (III, 143 S.) Berlin 895. Mayer & Müller. n. 3. —

Hoskyns, Chandos Wren, Maulwurfs Feldweisheit aus den Lebenserfahrungen eines Landwirths. 6. Aufl. Deutsch bearb. von Carl Jessen. 8. (XI, 256 S. mit eingedr. Holzschn.) Stuttgart [Hannover] 868, Cohen und Risch.

Hoskyns-Abrahall, J. L. [aus Woodstock, England]: Über die Zusammensetzung des Apatits München, Druck v. H. Kutzner, 1889. 16 S. 8°
München, Phil. Fak. Inaug.-Diss. v. 1889

Hösl, Ig., Kardinal Jacobus Gaietani Stefaneschi, s.a. Studien, historische.

Hösl, Ignaz (Praktikant am K. Allg. Reichsarchiv in München): Kardinal Jacobus Gaietani Stefaneschi. (Teildruck.) Berlin 1908: E. Ebering. (VIII, 30 S.) 8° ¶ (Erschien vollst. als: Histor. Studien H. 61, 1908.)
München, Phil. Fak., Ref. Grauert, Diss. v. 19. Juli 1907
[Geb. 12. März 81 München; Wohnort: München; Staatsangeh.: Bayern; Vorbildung: Luitpold-Gymn. München Reife Juli 00; Studium: München Theol. 6, Phil. 6 S.; Rig. 19. Juli 07.]

Kardinal Jacobus Gaietani Stefaneschi. Ein Beitrag z. Literatur- u. Kirchengeschichte d. beginnenden 14. Jhs von Dr Ig[naz] **Hösl**. Berlin: E. Ebering 1908. (VI, 139 S.) 8°
— **Studien**, Historische. H. 61. [08. 7785 2

Hösl, Josef, Tierarzt aus Eitelbrunn (Bayern): Ueber Unterschiede in der tryptischen und peptischen Spaltung des Caseins, Paracaseins und des Paracaseinkalkes aus Kuh- und Ziegenmilch. (Aus der Akademischen Klinik für Kinderheilkunde zu Düsseldorf. Dir.: Prof. Schloßmann.) Düsseldorf, Fr. Jumpertz (Oeben & Fiedler), [1910] 32 S. 8°. [26. V. 10]
Bern, Vet.-Med. Diss. 1910 11

Hoesler, Eduard (Gera), Meditationes ad art. 170. codicis criminalis Saxonici. Diss. jur. Lpz. (Staritz) 27. III. 1848. 28 S. (6.20) 15461
Gew.: D. Eduard Friederici (Gaschwitz, Debitzdeuben).

Hoesli, Alexander [med. pract. von Netstal, Glarus]: Aus dem pathologischen Institut der Universität Zürich. Direktor: Herr Prof. Dr. Paul Ernst. Ueber einen Fall von Fibromyoma intraligamentare adenomatosum mit Tuberkulose. (Mit 2 Tafeln.) Zürich 1904. 36 + 2 S. 8°. [13. IV. 04]
Zürich Med. Diss. 1903/1904.

Hoesli, Alexander. Ueber einen Fall von Fibromyoma intraligamentare adenomatosum mit Tuberkulose. Diss. Med. Univ. Zürich. [Mit 2 Tafeln.] *Kopftitel:* Aus dem pathologischen Institut der Universität Zürich. Direktor: Herr Prof. Dr. Paul Ernst. IV + 38 S. 8. Zürich, Polygraphisches Institut A.-G., 1904.

Hösli, Aug., (Kreispost-Adjunkt in St. Gallen), Panorama vom Hohen-Kasten (1799 m.) 200 cm. lang, 20 cm. hoch. St. Gallen, Selbsverlag d. Herausg. cart. 1872 3. —

Hösli, A. Panorama vom Hohen-Kasten. Stahlstich. In-8°. St. Gallen, Busch & Co. 1872 2 50

Hœsli, Hans. Éléments de langue française. Entwurf eines Lehrmittels für die I. Klasse. Töss ... s. Jahrbuch 1910 der Sekundarlehrerkonferenz des Kantons Zürich. Töss 1910.

Höslin, Jeremias, s.a. Hößlin

Höslin, Jer. H., Abhandl. über Burgunderrüben, Zucker u. Kaffee. 8. Stuttg. 799.

Höslin, Jer. I., († d. 2. Mai 1789.) Beschreib. d. Würtemberg. Alp; mit landwirthschaftl. Bemerkk., herausg. v. J. Höslin II. 8. Tübing. 798. (Osiander). 1 fl 4 kr

Böringen, Wurtt., (Hoslin, Jeremias), Meteorologische und Witterungsbeobachtungen auf 19 Jahre, sammt einer Anweisung hierzu und den erforderlichen Tabellen Tubingen 1784

— meteorolog. Witterungsbeobachtungen. 4. Tübing. 784. v. Cotta. 1 rß 8 gl.

Hosmann, Fr., Bericht vom Selterbrunnen. 8. Basel, Schweighäuser. 737.

Hosmann, Gustav Christoph, s.a. H o s e m a n n

— Disqv. de æra Selevcidarum et regum Syriæ successione. Kilonii. 1752. 4.

— Diss. theol. de baptismo Apostolorum. Kilonii. 1732. 4. [Resp. Aug. Dietrichsen].

— Chronologia Jeremiæ, Ezechielis, Haggai, Zachariæ, Esræ et Nehemiæ, variis observationibus illustrata. Kiliæ. 1751. 4. [Resp. Car. Frid. Ipsen].

— Chronologia sacra librorum Vet. Test. observationibus exegeticis illustrata. Hamb. (Kiliæ). 1734. 4.

— Oratio inaug. de ea, quæ theologum opprime decet animi moderatione, recitata Kiliæ in Academia Christian-Albertina prid. Cal. Sept. A[1] 1730. Kiliæ. 4. P.

— Exercitationum exegeticarum ad Ss. Evangelia fasc. I—III. Kiliæ. 1746—50. 4. [Resp. I. Frid. Chr. Grot; II. Phil. Frid. Hane; III. Wilh. Ern. Christiani].

— Historia Samuelis et Davidis ad annorum rationes digesta variisque observationibus illustrata. Exercitatio exegetica. Kiliæ. 1752. 4. [Resp. Wolf Chr. Matthiæ].

Hosmann, Gust. Cph., Diss. theol. inaug. de variis vel probandi vel impugnandi modis et viribus argumentorum. Kiliæ. 1730. 4. P. [Præs. Henr. Muhlius].

— Predigt wegen des Allerdurchl. Fürsten Peter III, Kaysers und Selbsthalters aller Reussen Thron-Besteigung in der Hauptkirche zu Kiel gehalten. Kiel. 1762. 4. P.

Hosmann, Gust. Cph., Prolusio acad., qua illuminatio irregeniti passiva supernaturalis sed imperfecta adseritur et sanctæ theologiæ cultores ad audiendas prælect. dogm. invitantur. Kiliæ. U. A. [1717?]. 4. P.

— Semicenturia observationum sacrarum. Kiliæ. 1753. 4. [Resp. Lev. Geo. Seelhorst].

— Vorbereitungsrede als am Sonntage Exaudi des 1742. Jahres, wegen der Krönung der Fürstin Elisabeth der Ersten Kayserinn und Selbsthalterin aller Reussen, in der Schlosz-Kapelle zu Kiel ein Dank-Gebet verlesen werden solte. Kiel. U. A. 4. P.

Fürtreffliches *Denck-Mahl der göttlichen Regierung*, bewiesen an der uhralten höchst-berühmten *Antiquität des Klosters zu S. Michaëlis in Lüneburg*, der in dem hohen Altar daselbst gestandenen *Güldenen Taffel*, u. anderer Kostbarkeiten, wie der gerechte GOtt dero Räuber gantz wunderbarlich entdekket, zugleich viele . . . . Kirchen-Räubereyen u. Diebstähle ans Licht gebracht, u. eine fast durch gantz Teutschland zertrennete höchst-schädliche u. gefährliche *Diebes-Bande* z. Th. d. Hoch-Fürstl. Zellischen Regierung zur gerechten Straffe in die Hände geliefert. Alles aus denen . . . . IX voluminibus actorum der grossen Inquisition . . . . zusammen getragen, ..., u. mit (15) *Kupfferstücken* versehen, von M. *S. H.* (d. i. Mag. *Sigism. Hosmann*, Consistorial- u. Stadtpred. zu Celle). . . . . 3 Thle. (in 1 Bde.). Braunschweig und Hamburg, in Verlegung Hieronymus Friederich Hoffmann, Buchhändl. in Zell. 1700. 4°. Gleichzeit. Hpgmtb. m. orig. Buntpap. überz. (1 Bl. d. 1. Vorr. in Th. 1 fehlt.)

H[osmann], M[agister] S[igism.]: Fürtreffliches Denck-Mahl der göttlichen Regierung, bewiesen an der uhralten höchst-berühmten Antiquität des Klosters S. Michaëlis in Lüneburg, der in dem hohen Alter daselbst gestandenen Güldenen Taffel, u. anderer Kostbarkeiten, Wie der gerechte Gott Dero Räuber gantz wunderbarlich entdecket [usw.]. (Prozeß Schwanck.) Braunschweig u. Hamburg 1700.

— (Neue Ausg.) Cell u. Leipzig 1718.

Hosp, Chr., Dissertatio medico-chirurgica sistens diagnosin et curam radicalem Trichiasis, Districhiasis, nec non Ectropii. 8maj. (Viennae, Schaumburg et Comp. in comm.) 819.

Hosp, Frz., Geheimnisse f. Damen üb. Schönheit u. Glück. Ratschläge u. Anleitgn. f. Damen, welche schön u. glücklich werden wollen. (Umschlag: 2. Aufl.) (64 S. m. Bildnis.) 8. Innsbruck (904). F. Hosp. 1.70

Hosp, Hans, prakt. Schilder u. Schriften. Eine Sammlg. durchaus mod. Schilder f. den prakt. Gebrauch u. der gegenwärtig am meisten gebrauchten Schriften, m. Anleitg. üb. prakt. Rahmen f. Firmenschilder u. deren Befestigg. (28 Taf. m. 3 S. illustr. Text.) 37×28 cm. München (907). G. D. W. Callwey. In Mappe 10. —

Hospe, Johs., religiös-politische Enthüllungen. Heidelberg 864. (Coburg, Streit.) gr. 8. (32 S.) n. 6 ngr.

Hospice de Marsens. Rapport général administratif et relevé statistique du service médical pour l'année 1882 à la commission administrative de l'hospice de Marsens. In-8°, 44 p. Bulle, J. Ackermann, 1883.

HOSPINIANUS (ps.), Fuenf poetische Gerichte fuer humoristische Gaeste. Rudolstadt, Fröbel, 1838. Gr. 12°. 4 1/3 Bog.
A. G. Schmidt, Gallerie etc.

Hospital. A Roman Military H'. Zürich s. [Fricker, Bartholomaeus].

Das Deutsche Hospital. GvAIZ · 26. II 1889. New York, NY

Deutsche Hospital, Das, in Phila. Ein Rundschreiben an d Dten in Phila. Phila, 1850.

Das städtische **Hospital** zum hl. Geist in Schwäb. Gmünd in Vergangenheit und Gegenwart. Mit e. Abhandlung uber d. Gesch. d. Hospitäler im Altertum u. Mittelalter u. e. medic.-wiss. Anh. unter Mitw. von J. N. Denkinger hrsg. von Dr. A[lfred] Wörner. Mit 1 Titelbild, 5 Taf. u. 34 Abb. Tübingen: H. Laupp 1905. (x, 308, 205 S.) 8° los. 1490

Der Hospital Bote: 1898?—1900? Chicago, IL
Monthly.

Hospitalbrand

S(ebald) J(ustinus) Brugmans, u. J[aques] Delpech, Über den Hospitalbrand. Aus d. Holl. u. Franz. übers., u. mit Anm. u. e. Anh., diese Krankheit und die Errichtung von Zelten und Baracken bei überfüllten u. angesteckten Lazarethen betr., begleitet durch D[ietrich] G[eorg von] Kieser. Jena: Mauke 1816. XX, 280 S. 8°

[Darin 1:] Brugmans, S(ebald) J(ustinus): (Verhandeling over de gesteldheid en zamenstelling van den dampkring, in welke de zoogenaamde hospitaal-versterving bij gewonden plaats heeft. [Deutsch:]) Über die Beschaffenheit und die Bestandtheile der Atmosphäre, in welcher der sogenannte Hospitalbrand entsteht.

[Darin 2:] Delpech, J[aques]: [Complications des plaies et ulcères. Deutsch:] Über die Complication der Wunden und Geschwüre, welche unter dem Namen Hospitalfäulniß bekannt ist.

Hospitaler, J. Jac., der beschäftigte Tischgenoß bey der Gnadentafel des Herrn. 2 Thle. Zürich, Füßli. 748.

Hospitales, M., Calculus differentialis seu calculi infinitesimalis. II Partes c. fig. 4. maj. Vien. Tendler. 764. (I. 1 Rthlr. II. a Bougainville 2 Rthlr. 8 gr.)

Der Hospital- und Krankenfreund: 1902 -1921?
Lutheran bi-monthly. Organ of Die Deutsche Evangelisch-Lutherische Synode von Missouri, Ohio und anderen Staaten, Iowa Distrikt. Circulation 1921, 1200. Edited by the Rev. H. Wehking.
Sioux City, IA

Hospitali, March., et D. Bougainville, calculus differentialis seu calculi infinitesimalis. II Prts, c. fig. 4maj. Wien 764. Trattner. 3 ℔ 8 K

Hospitalier, E: Traité élémentaire de l'énergie électrique. T. 1. Paris 1890

Hospitals-Meddelelser. Tidskrift for praktisk Lægevidenskab, utgivet af Overlægerne ved Kjöbenhavns Hospitaler. 1—5. Aarg. 1848—1852. à 12 Hfte. gr. 8. (1: 644 S. u. 2 Kpfr. 2: 575 S. u. 2 Kpfr. 3: 628 S. n. 1 Holzschn. 4: 603 S. u. 2 Kpfr. 5: 624 S. u. 3 Kpfr.) Kjöbenhavn, Gyldendal in Comm. 1848: n. 1⅔ ℔ 1849—52: à n. 3⅓ ℔

Hospitalsstreit, der, zu Andernach von 1854—1861. Von einem Mitgliede der ehemal. Hospitals-Verwaltungs-Commission. 12. (85 S.) Coblenz 862, (Hölscher's Verlag.)

(Hospitium. Das H' auf dem grossen St. Bernhard.) Njbl. s. [Pestalozzi, Johannes /].

Hoss, Franc Eduard (geb. Coln a. Rh 25 2 1826) De Cannabi indica. Berolini (1851) (20 S.) 8°
Berlin, Med. Diss v 21 Nov 1851

HOSS, Josephus: Doctrina s. Thomae Aqu. de donis Spiritus sancti exponatur et illustretur iis, quae doctores coaevi de eadem re disseruerunt. — (1907) VII, 100 Bl. 4° (Handschr.) Diss. 813
Diss. Wien, Univ.

Hoss, Karl, Studien üb. das Schrifttum u. die Theologie des Athanasius auf Grund e. Echtheitsuntersuchung v. Athanasius contra gentes u. de incarnatione. gr. 8. (VIII, 180 S.) Freiburg i/B. 899. Tübingen, J. C. B. Mohr. n. 3. —

Hoß, Max, Dr. d. Staatswiss.: Die **Flugblätterpolizei** in Deutschland mit besonderer Berücksichtigung Wurttembergs. *Stuttgart 1903: C. Liebich.* (66 S.) 8°
Tübingen, Staatswiss. Diss. v. 1903

Hoss, Max, die Flugblätterpolizei in Deutschland m. besond. Berücksicht. Württembergs. (66 S.) 8. Stuttgart 904. (Tübingen, F. Fues.) n. 1. 80

Hoss, P. Annotationum in Horatii carmina specilegium. 8 S. [Carm. I. 1. 13. I, 3, 1—8. II, 1. 1—8. II. 11, 6. II, 14, 27. III, 13, 1—13. III. 21. 13. III. 24. 24. IV, 4, 24. IV, 6, 38. sq. Epod. 7. 12. Carm. saecul. 25—28.] . . . .
Köln, Fr. W., Progr. 1842

Hoß, P. (?) Lebensnachrichten über Dr. F. K. A. Grashof. 2 S. . .
Progr. Köln e. 1841

Hoss, P. Loci aliquot Hor. illustrati. (Od. III. 30. I. 18) 8 S.
Progr. Cöln e. 1827

Höß', Maria Crescz., Leben, s. Seiler, J.

Höß, ..., Anleitung zur Kenntniß d. gerichtl. Verfahrens in Dänemark; aus d. Dänischen von H. M. Bruun. gr. 8. Kiel 832, Bünsow. ½ ℔

Höß, (Frz.,) Anfangsgründe d. Naturlehre in ihrer Anwendung auf forstl. u. forst-technolog. Gegenstände, für angeh. Forstmänner, Oekonomen u. Cameralisten. gr. 8. Wien 826, Schaumburg.

Höss, Frz., gemeinfaßl. Anleitung, die Bäume u. Sträuche Oesterreichs aus d. Blättern zu erkennen. Zum Selbstunterr. entworfen. M. 10 Kpfrt. 16. (31½ B.) Wien 830, (Heubner.)

Höß, Frz., Beschreibung d. vorzüglichsten Forst-Insecten u. d. bewährtesten Mittel zu ihrer Verhüthung u. Vertilgung. gr. 8. (5 B.) Wien 835, (Gerold's Vrlgh.)

— d. morgenländ. Erdgruben z. Aufbewahrung d. Samens. Mit 1 Kpf. gr. 8. Wien, 1830. Gerold. — 7½

HÖSS, Franz: Monographie der Schwarzföhre "Pinus austriaca" in botanischer und forstlicher Beziehung. - Wien 1831. 20 S., 2 Taf.

—— das Nöthigste üb. d. innern Bau d. Organe u. deren wichtigere Verrichtungen in Holzgewächsen. gr. 8. (5½ B.) Wien 833, (Gerold.)

Höß, Frz. Ant., kurzer u. leichtfaßl. Unterricht von der Landwirthschaft in katechet. Form, bearb. zunächst f. d. Schuljugend auf dem Lande u. auch f. Erwachsene. 12. (9 B. u. 8 Stnt.) Augsburg 843, Schmid'sche Buchh. *

(Höss, J. Xav Ludw., Ldger-Assessor.) Ueber die bevorstehende *Verkleinerung der Landgerichte in Bayern.* Straubing, Schorner, 1834. 8°. 87 S. Name d. Vf. hdschriftl. auf d. Umschlag. Cart.*)

HOESS, Johann Evangelist (Brunnthal): De psoitide.- Monachii: Giesser 1859. 16 S. 7.7.1857 - Urk; F 63
Diss. Ingolst.-Landsh.-Mchn.

Höß, Joh. Nep., systemat. geord. Darstellung der in Oesterreich ob d. Enns u. in Salzburg in Wirksamkeit stehenden Gewerbs-Vorschriften, dann d. gesetzl. Bestimmn. üb. licenzirte u. freye Beschäftigungen, üb. öffentl. Märkte, üb. d. Zunftwesen, u. üb. d. Wanderung d. Handwerks-Gesellen. 2 Bde. gr. 8. (18¼ B. u. 1 Tab., Fol.) Linz 835, Eurich u. Sohn.

Höss, Karl, s.**Johann II., Fürst v. Liechtenstein, u. die bildende Kunst.**

Fürst Johann II von Liechtenstein und die bildende Kunst. (Verf.: Karl Höß.) Wien: A. Schroll & Co. in Komm. 1908. (XI, 363 S.) 8° (05. 1036)

Hoess, M., Hygienischer Reise-Begleiter. 12. (91 S.) München 898. Seitz & Schauer. n. — 80

Höß, Wilh., Rastatter Gesandtenmord u. sein Ende. (16 S.) kl. 8. Rastatt 905. (H. Greiser.) n. — 25
Sonderabdruck aus: „Rastatter Tageblatt".

Hoess, Gvilelmvs [Badensis]: De vbertate et abvndantia sermonis Isocratei observationvm capita selecta ... [= Progr. v. Pforzheim 1892.] Fribvrgi Bris., ex offic. C. A. Wagneri, 1892; 2 Bl., 56 S. 8.
Freiburg i. B., Phil. Fak., Inaug.-Diss. v. 1892

Hoess, Guilelmus [Dr.]: De vbertate et abvndantia sermonis Isocratei observationvm capita selecta. (= Inaug.-Diss. Freiburg 1892.) Fribvrgi Brisigaviae, ex offic. C. A. Wagneri, 1892; 2 Bl., 56 S. 8.
Pforzheim, G, MP 1892 (608)

Hoffann, Karl, die Heimatsidee im Unterricht der Volksschule. Mit besond. Berücksicht. ihrer prakt. Verwirklichung. (136 S.) 8. Straßburg 905. F. Bull. n. 2.50

Hoffann, Karl, die Heimatidee im Unterricht der Volksschule. Mit besond. Berücksicht. ihrer prakt. Verwirklichg. 2. verm. Aufl. m. 4 typ. Bildern. (146 S.) 8. Straßburg 910. F. Bull. 2.60; geb. in Leinw. 3. 20

Hossauer, G. Zeichnungen ächter u. plattirter Gold- u. Silber-Fabrikate. Berlin. 1 Heft. Querfol.

Hossbach, Benj. Theodorus Iohannes (geb. am 1 Juli 1834 in Berlin): Theses controversae ... ad obtinendum gradum licentiati SS. theologiae ... Bonnae, typ. C. Georgii (1857). IV S., 1 Bl. 8.
Bonn, Ev.-theol. Fak., Thes. v. 13 Juni 1857

Hossbach, Heinrich, aus Friedewald (Regbez. Cassel): Ueber einige μ-p-Tolyl-α-Phenyl-Imidazole und deren Homologe. *Rostock 1901: C. Hinstorff.* (48 S.) 8°
Rostock, Phil. Diss. v. [20. Mai] 1901

Hossbach, Theodor

Hoßbach, Th., die Aufgaben des Protestanten-Vereins. gr. 8. (17 S.) Berlin 879. Haack. n. — 20

— das Christenthum der Urgemeinde, s.: Anfänge, die, des Christenthums.

—— von der Einigkeit im Geist. Gastpredigt, gehalten in der St. Jacobi-Kirche zu Berlin am Sonntag Exaudi, den 13. Mai 1877. 1.—5. Aufl. gr. 8. (15 S.) Berlin 877, Schlester. *

Hoßbach, Th., das Gebet, s.: Vorträge, protestant.

Hoßbach, Th., Ich schäme mich des Evangeliums von Christo nicht. Antrittspredigt über Brief an die Römer I. v. 16, gehalten in der Neuen Kirche zu Berlin am 20 Febr. 1881. gr. 8. (20 S.) Berlin 881, Haack.

—— die revidirte Lutherbibel. Referat, erstattet in der Sitzung des ständ. Ausschusses des Deutschen Protestanten-Vereins am 29. April 1884. gr. 8. (16 S.) Ebendas. 884.

Hoßbach, Thdr., der Pietismus in der evangelischen Kirche. Ein Vortrag gehalten im Protestantenverein zu Elberfeld und im Unionsverein zu Berlin. gr. 8. (28 S.) Berlin 869, Geelhaar.

Hoßbach und **F. Richter,** Reden bei der Bestattung des Predigers an der Neuen Kirche Dr. theol. Gust. Lisco, am 11. Febr. 1887, am Sarge in der Neuen Kirche gehalten von H., am Grabe gehalten von F. R. 8. Berlin 887, G. Reimer.
Aus: Protestantische Kirchenzeitung, besonders abgedruckt.

—— Friedrich Daniel Ernst Schleiermacher, sein Leben und sein Wirken. Dem deutschen Volke erzählt. Eine Festschrift zur hundertsten Wiederkehr seines Geburtstages am 21. Novbr. 1868. 1.—4. Aufl. gr. 8. (78 S.) Berlin 868,69, Loewenstein. [Staude.] *

— sind wir noch Protestanten? Ein Vortrag, im Berliner Unionsverein am 6. Januar 1882 gehalten. gr. 8. (20 S.) Berlin 882. Haack. — 30

— die Sonntagsfrage, s.: Lammers, A.

—— Wann kommt das Reich Gottes? Präsentationspredigt über Ev. Lucä Cap. 17, 20—21, gehalten in der Neuen Kirche zu Berlin am 7. Novbr. 1880. gr. 8. (19 S.) Berlin 880, G. Reimer.

—— Wie steht es mit dem Glauben in der modernen Orthodoxie rc., s. Vorträge, protestantische.

Joh. Valentin Andreä und sein Zeitalter dargest. von Wilh. Hossbach. Berlin: Reimer 1819. XV, 295 S. 8°
Kl. 2419. S. 75ff. behandelt auch Andreäs Verhältnis zu den Rosenkreuzern. 23.

—— die kirchliche Eintracht. Predigt üb. Epheser 4, 1—3, am 24. Sonnt. n. Trin. gr. 8. (1 B.) Berlin 844, Dümmler.

— zur Feier d. Siege bei Leipzig u. d. 400jähr. Herrschaft d. Hohenzollerschen Fürstenhauses, d. 22. Oct. 1815. gr. 8. Berl. 815. Mittler. 3 gr.

— s. Magazin von Casual- u. kl. geistl. Amtsreden.

— Predigt am 23. Aug. 1818 im Betsaal d. königl. Cadettenhauses gehalten. gr. 8. Berl. 818. Mittler. 3 gr.

Hoßbach, W., Predigt z. Gedächtniß d. am 12. Febr. 1834 selig entschlaf. Pastors an d. Dreifaltigkeits-Kirche zu Berlin, D. u. Prof. d. Gottesgelahrtheit Hrn. Friedr. Ernst Dan. Schleiermacher vor seiner trauernden Gemeine in d. Dreifaltigkeits-Kirche gehalten am Sonnt. Oculi (2. März) 1834. gr. 8. (1¼ B.) Berlin, Reimer.

— Predigt am Sonntage Jubilate 1840. 8. Berlin 840. Wohlgemuth. 1/12 ₰

Hoßbach, (W.,) Predigten. 1e—3e Samml. gr. 8. Berlin 822—27, Dümmler. 1e S. 1 Rthl. 8 gr. 2e S. 1 Rthl. 16 gr. 3e Samml. 1 Rthl. 8 gr.

—— Predigten. 4. Samml. — A. u. d. T.: Predigten üb. d. vier ersten Kap. d. Evangel. Johannis. gr. 8. (28½ B.) Berlin 831, Dümmler.
1—3. Samml. Ebendas. 1822, 24 u. 27. 4 Thlr. 8 Gr.

Hoßbach, W., Predigten. 5. Samml. Predigten über einige Gleichnißreden d. Erlösers. gr. 8. (13½ B.) Berlin 837, Dümmler.
1—4. Samml. Ebendas. 1822—31. 6 Thlr.

Hoßbach, W., Predigten. 6. Samml. gr. 8. (28½ B.) Berlin 843, Dümmler.
1—5. Sammlg. Ebendas. 1822—37. 6 Thlr. 27½ Ngr.

—— dass. — 7. Sammlung. (Bd.) A. u. d. T.: Nachgelassene Predigten. Ein Vermächtniß an seine Gemeine. Mit einem biograph. Vorwort von F. A. Pischon. gr. 8. (XXIII und 413 S.) Potsdam 848, Riegel'sche Buchh. *
6. Sammlung (Bd.) erschien 1843 bei Dümmler in Berlin und kostet *2 Thlr.

Hoßbach, W., Predigten. Neue, wohlf. Ausg. 1—5. Bd. gr. 8. (1. Bd. XIV und 321 S.) Berlin 851, Dümmler's Vrlgsh. *

—— Rede, bei d. 50jähr. Amtsjubelfeier d. Hrn. Superint. Schroener am 21. März 1833 gehalten. gr. 8. (1 B.) Neu-Ruppin 834, Oehmigke u. Riemschneider.

— Rede bei d. Einsegnung d. Cadetten, d. 20. März 1816. 8. Berl. 816. Mittler. 3 gr

Hossbach, Wilhelm. Philipp Jacob Spener und seine Zeit . . . Berl. 1828.
H: *Schweder, Gustav.* (zu)

– , Phil. Jak. Spener u. seine Zeit. Eine kirchenhistor. Darstellung. 2 Thle. gr. 8. Berlin 828, Dümmler. [1. (23 B.) 1 Thlr. 12 Gr., 2. (24½ B.) 1 Thlr. 16 Gr.]

Hoßbach, Wilh., Philipp Jakob Spener und seine Zeit. Eine kirchenhistorische Darstellung. 2. Aufl., hrsg. und mit einem Vorwort und Anhang versehen von Gust. Schweder. 2 Thle. (in 1 Bd.) gr. 8. (LIII und 644 S.) Berlin 853, Dümmler's Verlag. *

Hoßbach, Wilh., Philipp Jakob Spener und seine Zeit. Eine kirchenhistor. Darstellung. 2 Thle. 8. (Titel-)Ausg. gr. 8. (XVII und 558 S.) Berlin (858)61, Dümmler's Verlagsh.

– Wahl- u. Antrittspredigt im J. 1821 gehalten. gr. 8. Berl. 821. Mittler. 6 gr

— wie wir in Beziehung auf das Himmelreich d. Kinder betrachten u. behandeln sollen. Eine Predigt gr. 8. Berlin 822, Dümmler.

—— Worte am Grabe Wilh. v. Humboldt, d. 12. April 1835 gesprochen. gr. 8. (¼ B.) Berlin, Dümmler.

— Worte am Grabe Wilhelms von Humboldt, den 12. April 1835 gesprochen. gr. 8. Berlin 835, Dümmler. ⅛ Thlr

Hosse, Friedr., Hiob, ein erbauliches dramat. Gedicht für unsere Zeit, nach dem hebräischen Originale bearb. gr. 12. (95 S.) Elberfeld 849, (Hassel.) *

Hosse, Friedr., Joachim Neander, der Schöpfer des deutschen reformierten Kirchenliedes, † 31. Mai 1680. Vortrag auf der M. Gladbacher Pastoral-Konferenz zum Gedächtnis seines 200jähr. Todestages, nebst einer Widmung an die Gemeinden. gr. 8. (16 S.) M. Gladbach 880. (Barmen, Klein.)

Hosse, Frideric., de notionibus providentiae praedestinationisque in ipsa scriptura sacra exhibitis. Dissertatio theologica. Bonn 866. Marcus. gr. 8. (44 S.)
n. 8 ngr

Hosse, Frideric., de notionibus providentiae praedestinationisque in ipsa scriptura sacra exhibitis. Dissertatio theologica. gr. 8. (44 S.) Bonn 868, Marcus.

Hosse, Fridericus. *De sacrarum literarum Hebraeorum originibus 50 S 8° (4°)
Halle-Wittenberg. Phil. Diss v 17 Okt 1846
Geb Elberfeld [8 2] 1825 V

— Was giebt der Herr uns bei den gegenwart. Ereignissen zu bedenken? Predigt, gehalt. zu Duisburg am 21 Octbr 1849 gr. 8. (15 S.) Duisburg 849, Bagel (jetzt: Ewich). 1/12 Thlr

—— was giebt der Herr uns bei den gegenwärt. Ereignissen zu bedenken? Predigt, gehalten zu Duisburg am 21. Octbr. 1849. gr. 8. (15 S.) Duisburg 849, [Ewich.]

Hosse, Fried., die Weissagungen des Propheten Jesaia. Prolegomena zu einem neuen Handbuch der Auslegung. gr. 8. (80 S.) Berlin 865, Wiegandt und Grieben. *

HOSSEMANN, Wolfgang (Rennertshofen): De graviditate extrauterina.- München: Schurich 1855. 20 S.
4.8.1855 - Urk; F 68
Diss. Ingolst.-Landsh. Mchn.

Hossenfelder, königl. preußische Militair-Kirchen-Ordnung vom 12. Febr. 1832, nebst allen dieselbe bis auf die neueste Zeit ergänzenden oder abändernden Verordnungen u. erläut. Anmerkungen. 8. (III, 114 S.) Berlin 879. v. Decker. cart.
n. 1. 60

Hossenfelder, Emil

Hossenfelder: Ueber die Integration einer linearen Differenzialgleichung n^{ter} Ordnung. 15 S 4° Graudenz, Progr 1871

Hossenfelder, Emil [Oberl.]: Über die Reihenfolge gewisser Grenzoperationen in der Integralrechnung. Leipzig, Druck v. B. G. Teubner, 1891; 27 S. 4°
Strasburg W Pr., k G, P 1891 (41)

Hossenfelder, E[mil], Prof Zur Theorie der trigonometrischen Reihe. *Leipzig 1900: B. G. Teubner.* (22 S.) 4°
Strasburg W-Pr, k G, P 1900 (40)

Hossens, C C.: Das Teakholz, s Busgen, Moritz

Hossous, Carl [aus Stromberg i. P.]: Beiträge zur Kenntniss des Tritolylarsins und Tritolylphosphins .. Rostock, C. Boldt'sche Hof-Buchdr., 1892; 25 S. 8.
Rostock, Phil Fak, Inaug-Diss v [5 Dez] 1892

Hossous, Carl Curt, aus Stromberg im Hals, Rheinl Über die Beeinflussung der autonomen Variationsbewegungen durch einige äußere Faktoren. *Leipzig 1903. O. Leiner.* (70 S.) 8°
Leipzig Phil Diss v [13 Nov] 1903

Hossfeld, August [ord Lehrer am Realprogymn. zu Hofgeismar.]. Das Fadenpendel, eine erweiterte Darstellung der Pendelbewegung ... Marburg 1889, 35 + 1 S 4°
Marburg Phil Fak Inaug-Diss v. [9 Jul.] 1889

Hossfeld, August: Das Fadenpendel, eine erweiterte Darstellung der Pendelbewegung. Hofgeismar, Hof-Buch- u. Steindr. v. L. Keseberg, 1889; 85 S. 4°
Hofgeismar, RPG, OP 1889 (891)

Hossfeld, C., new English-German Dictionary. Neuestes englisch-deutsches Wörterbuch. 16. (367 S.) Liverpool 874, Scholl. geb.

Hossfeld, C., new English-German Dictionary. Neuestes englisch-deutsches Wörterbuch. 16. (367 S.) [Liverpool und London 876, Scholl.] Hamburg, Glogau's Sohn.

Hossfeld, C. [illegible] Liverpool [illegible]

Hossfeld, C., new-german-english-dictionary. Neuestes deutsch-englisches Wörterbuch. 16. (397 S.) Liverpool 874. Leipzig, Twietmeyer. n. 1. 20

—— new German-English Dictionary. Neuestes deutsch-englisches Wörterbuch. 16. (397 S.) Ebendas. 876.
Beide Theile zusammen

Hossfeld's deutsch-spanischer Handels-Correspondent. Eine Anweisg., alle Arten v. Geschäfts-Briefen in Deutsch u. Spanisch durch Zusammenstellg. der in diesem Buche enthaltenen Phrasen auszuführen. M. e. Anh. v. techn. Wörtern u. Ausdrücken. 16. (400 S.) Berlin 895. S. Calvary & Co. Geb. in Leinw. n. 2.

Hossfeld, Carl, s. Hossfeld, Karl

Hoßfeld, Fr., Armaris-Perpetua, die Bulgarenfürstin, s.: Erzählungen, christliche. Nr. 17.

— Arnotraut. Kurfürstin Elisabeth v. Brandenburg. Arnd's wahres Christentum in der Praxis. s.: Erzählungen, christliche.

— Erfahrungen e. Bibelkolporteurs, s.: Erzählungen, christliche.

Hoßfeld, F., Spiridion, s.: Erzählungen, christliche.

Hossfeld, Johann Wilhelm

— vergl. Bechstein, Forst- u. Jagdwissensch. 6r Thl.

Hoßfeld, (W.,) Belehrungsschriften d. Volkswohlfahrt, oder patriot. Vorschläge z. Abhülfe d. Nothstandes u. Aufhülfe d. Wohlstandes in d. deutschen Bundesstaaten. 1s H. 8. Schmalkalden 827, Varnhagen.

Hoßfeld, Jh. Wlh., Belehrungsschriften d. Volkswohlfahrt, oder patriot. Vorschläge zur Abhülfe d. Nothstandes u. Aufhülfe des Wohlstandes in d. deutschen Bundesstaaten. 1s Hft. 8. Schmalkalden 828. (Schumann in Leipz.) 12 gr

— d. Forsttaxation in ihrem ganzen Umfange. 2 Bde à 2 Abtheill. Mit 5 Steindr. (A. u. d. T.: Bechstein, Forst- u. Jagdwissenschaft. 6r Thl. Forsttaxation. 3r u. 4r Bd.) gr. 8. Hildburgh. 823—25. Kesselring. 4 Thlr 16 gr (2r Bd., 2e Abthl. A. u. d. T.: Werthsbestimmung d. einzelnen Waldprodukte, ganzer Wälder u. d. Waldservituten. 825. 1 Thlr)

HOSSFELD, Johann Wilhelm: Die Forsttaxation nach ihrem ganzen Umfange. - Hildburghausen 1823 u 1824. 2 Bd. - Bd. 1: XVI, 352 S., 5 Taf. - Bd. 2: XI, 380 S., 4 Taf - 2. Abt. d. 2 Bd. a. u. d. T.: Werthbestimmung der einzelnen Waldprodukte und der Waldservituten nebst Ausgleichung der letzten. ebd. 1825. 199 S. - (Bd. 1 u. Bd. 2 u. d. T.: Forsttaxation = VI. Tl., 3 u 4. Bd. von Die Forst- und Jagdwissenschaft nach allen ihren Theilen für angehende und ausübende Forstmänner und Jäger. Hrsg. v. J. M. Bechstein, fortges. v. C. P. Laurop)

Hossfeld J. W.: Mathematik f. Forstmänner, Oekonomen u. Cameralisten. 4 Bd. Gotha 1819-22. 47 Tvl.
(1-2 har Tit.: Niedere allgem. M. . . . ; = Die Forst- u. Jagdwissenschaft . . . Th. 2 Bd. 1-2, Th. 6 Bd. 1-2) 574.

HOSSFELD, Johann Wilhelm: Mathematik für Forstmänner, Oekonomen und Cameralisten. - Gotha 1821 u. 1822. Bd. 3: 538 S. - Bd. 4: 472 S. - (Bd. 3 u. Bd. 4 u. d. T.: Praktische Geometrie = VI. Tl., 1. u. 2. Bd. von Die Forst- und Jagdwissenschaft nach allen ihren Theilen für angehende und ausübende Forstmänner und Jäger. Hrsg. v. J. M. Bechstein, fortges. v. C. P. Laurop)

Hoßfeld, J. W., niedere allgem. Mathematik für alle Stände rc. 1r Bd. s. a. Bechstein, J. M., Forst- und Jagdwissenschaft. II. 1.

— niedere allgem. Mathematik f. alle Stände, besonders f. Forstmänner, Cameralisten u. Kaufleute. 4 Bde. mit 46 Kpft. gr. 8. Gotha 819—22. Hennings. 11 Thlr 12 gr (A. u. d. T.: Bechstein, Forst- u. Jagdwissenschaft rc.)

HOSSFELD, Johann Wilhelm: Niedere allgemeine Mathematik für alle Stände, besonders für Forstmänner, Cameralisten und Kaufleute. - Gotha 1819 u. 1820. 2 Bd. - Bd. 1: 661 S. - Bd. 2 u. d. T.: Niedere allgemeine Mathematik. Ein Handbuch für angehende Mathematiker, bes. zum Gebrauch der Forstmänner und Cameralisten, auch Militär etc. 640 S. - (Bd. 1 u. 2 = II. Tl., 1. u. 2. Bd. v.: Die Forst- und Jagdwissenschaft nach allen ihren Teilen für angehende und ausübende Forstmänner und Jäger. Hrsg. von J. M. Bechstein, fortges. v. C. P. Laurop)

— Mathematik f. alle Stände. 4 Bde. gr. 8. Gotha Henningß.

Hoßfeld, Jh. Wlh., Mathematik für alle Stände. 4 Bde. gr. 8. Gotha ..., jetzt Hennings u. Hopf in Erfurt. $11^1/_2$ Thlr

Hossfeld, J. W.: „Reformation der Forstwissenschaft und die canonischen Lehren derselben, encyclopädisch abgefasst", Hildburghausen 1820 (Kesselring). — Vorh.: UB Würzburg.

— -- Reformation der Forstwissenschaft und die canonischen Lehren derselben, encyclopädisch abgefaßt. 8. Hildburghausen, Kesselring. 820.

— niedere u. höhere prakt. Stereometrie, oder kurze u. leichte Messung aller regel- u. unregelmäßigen Körper u. selbst d. Bäume im Walde, nebst e. gründl. Anweis. zur Taxation d. Holzgehalts einzelner Bäume u. Bestände ganzer Wälder, besond. fur Forstmänner, Bautünstler u. Techniker. Mit 8 Tabellen u. 6 Kpf. 4. Leipz. 812. Weidmann. 1 Thlr 16 gr Schrbp. 2 Thlr

— Triumph eines abgelebten Dorfschulmeisters üb. e. rüstigen Oberforstprofessor, in d. Forstwissenschaft davon getragen. 8. Hildburgh. 822, Kesselring.

— Werthsbestimmung d. einzelnen Waldprodukte, s. a. oben Forsttaxation.

Hossfeld, J. W.: „Werthbestimmung der einzelnen Waldproducte ganzer Wälder und der Waldservituten, nebst Ausgleichung der letztern", Hildburghausen 1825 (Kesselring).

Hossfeld, Karl

Hossfeld, Carl [Dr.]: Beiträge zur Theorie der Raumcurven. Eisenach, Hofbuchdr., 1896; 8 S. 4.
Eisenach, Carl Friedrich-G, OP 1896 (689)

Höhenschichtenkarte vom Elsterthal von Dr. **Carl Hoßfeld.** Maßst. 1:100,000. Nördl. [&] Südl. Theil. [Mit 1 Höhenprofil.] *Eisenach: H. Kahle [1902-1903].* (2 Kartenbl. je 36×44 cm.) 2° [kol.] [03. 16609

[Umschlagt.:] Höhenschichten-Karte des Rhöngebirges v. Dr. Carl **Hossfeld.** 2. verb. Aufl. (Masst. 1:100,000.) *Eisenach: H. Kahle [1896].* (1 Ktnbl. [illegible]) 1 Bd 8. [97. 95

Hönenschichtenkarte des Rhöngebirges von Prof. Dr. **C[arl] Hossfeld.** 3. verb. Aufl. 1:100,000. [Nebst] Wegebezeichnungen [&] Höhen-Angaben d. wichtigsten Rhon-Berge. *(Eisenach: H. Kahle)* 1905. (1 Kartenbl. 53×72 cm mit Legende, 2 Bl.) 8° [Kopit. lith.] [kol.] [04. 13879

Höhenschichtenkarte des oberen Saaletales von Prof. Dr. Carl Hoßfeld. Maßst. 1:100,000. *Eisenach: H. Kahle [1903].* (1 Kartenbl. 45×55 cm.) 8° [kol.]
[Umschlagt.:] Höhenschichtenkarte d. Oberen Saaltales. [03. 14944

Hossfeld, Karl, Jugend u. Liebe. Zierart v. H. Vogeler-Worpswede. (103 S.) 8. Leipzig 905. Modernes Verlagsbureau. n. 1. 50

Hossfeld, Carl, Construction des Kegelschnitts aus fünf zum Teil imaginären Curvenelementen. Inaugural-Dissertation. gr. 4. (27 S. mit eingedr. Holzschn.) Jena 882, (Deistung's Buchh.) *

— aus meiner Welt. (64 S.) 8. Ebd. 904. n. 1. —

Hossfeld, Max, a. Berlin: Johannes Heynlin aus Stein. Ein Kapitel aus der Frühzeit des deutschen Humanismus. T. 1. (Basel 1907: Gasser & Cie.) (64 S.) 8° ¶(Erscheint vollst. in der Basler Zeitschr. f. Geschichte u. Altertumskunde.)
Berlin, Phil. Fak., Ref. Lenz, Diss. v. 4. Mai 1907
[Geb. 11. Sept. 81 Berlin; Wohnort: Berlin; Staatsangeh.: Preußen; Vorbildung: Joachimsthalsches Gymn. Berlin Reife O. 99; Studium: Tübingen 1, Berlin 1, Straßburg 2, Berlin 6 S.; Rig. 29. Nov. 06.]

Hossfeld, Oskar

Hoßfeld, O., Denkmalpflege auf dem Lande, s.: Flugschrift. 22., des Dürer-Bundes zur ästhetischen Kultur.

Hossfeld, O., s.o. Preisbewerbung, die, um das Nationaldenkmal f. Kaiser Wilhelm I. in Berlin.

Hossfeld, O. Die Preisbewerbung um das National-Denkmal für Kaiser Wilhelm I. in Berlin. Imp.-4. (20 S. m. 7 Ansichten u. 9 Lageplänen.) Berl. 889, Ernst u. Sohn. * 3 —

Hossfeld, O., Stadt- u. Landkirchen. (139 S. m. 101 Abbildgn.) Lex.-8. Berlin 905. W. Ernst & Sohn. n. 2. 50
Erweiterter Sonderdr. aus: „Zentralblatt der Bauverwaltg."

O[skar] Hossfeld. Stadt- und Landkirchen. Mit Anh.: Kirchenausstattung. 2. Aufl., durchges. u. erw. Berlin: W. Ernst & Sohn 1907. (185 S.) 4°(8°) [07. 13671

— Stadt- u. Landkirchen. Mit Anh.: Kirchenausstattg. 3. Aufl., durchgesehen u. erweitert. (IV, 185 S. m. 376 Abbildgn.) Lex.8. Berlin 911. W. Ernst & Sohn. 9.—; geb. n 10. —
2. Aufl. (IV, 185 S. m. Abbildgn.) 907. Ebd. 5.—; geb. 6. —

Hoßfeld, O., die Trauerstraße vom 16. März 1888. [Aus: „Centralbl. der Bauverwaltg."] Fol. (30 S. m. eingedr. Illustr.) Berlin 889. Ernst & Korn. n. 3. —; geb. n. 4.—

Hossfeld, Osk., s.: Zeitschrift f. Bauwesen.

Hoßfeld, Paul, Gestalten u. Klänge. Gedichte. (IV, 162 S.) 8. Dresden 904. E. Pierson. n. 2. 50; geb. n. 3. 50

Hossinger Dr. Theodor: Ein Beitrag zur Geschichte der ersten Türkenbelagerung Wiens i. J. 1529. 15. Budweis R. 97.
Progr.

Hossinger Dr. Theodor: Über das Lernen. Winke und Ratschläge für unsere Schüler. 40. Prag. H. Ak. 04.
Progr.

Hossinger Theodor: Quellenkritische Untersuchungen zur ersten Türkenbelagerung Wiens im Jahre 1529. 1896 PN 1001 Diss. Wien, Univ. 787

Hössl, Hans, die Stadt Hof, ihre nähere u. weitere Umgebg.. s.: Tillmann, H. A.

v. Hoessle, C. H. [Assist. an d. K. S. Techn. Hochschule zu Dresden]: Die bromierten Paraoxybenzoesäuren und ihre Derivate ... Görlitz, Druck v. O. Vierling Nachf., 1893; 43 S. 8.
Rostock, Phil. Fak., Inaug.-Diss. v. [22. Juli] 1893

Hößle, Frdr. v., Geschichte der alten Papiermühlen im ehemaligen Stift Kempten u. in der Reichsstadt Kempten gr. 4. (110 S. m. Abbildgn., 4 [1 farb.] Taf. u. 1 Tab.) Kempten 900. J. Kösel. n. 4.—; geb. in Leinw. n.n 5 —

Hössle, Frdr. v., die alten Papiermühlen der freien Reichsstadt Augsburg, sowie alte Papiere u. deren Wasserzeichen im Stadt-Archiv u. der Kreis- u. Stadtbibliothek zu Augsburg. Gesammelt u. gezeichnet. (39 S. m. 37 autogr. Taf.) 32×23,5 cm. Augsburg 907. M. Rieger. 4.—; geb. n 5. —

Hössle, Johann Georg von

— Krankengeschichte d. A. M. Zettlerin, welche 10 Jahre lang ohne Speis u. Trank lebte. 8. Augsb. 780. v. Jenisch u. St. 2 gl

Hoeßle, Johann Georg von: Lehrsätze der Geburtshilfe. 408 S., gbd.

Augsburg: Rieger 1794

JB 3.934

— d. gesunde u. kranke Mensch, eine kurze Uebersicht medicin. Kenntnisse rc. 8. Augsb. 791.

— Unterricht, wie die jetzt an mehrern Orten herrschenden hitzigen Krankheiten zu heilen sind. 8. Dillingen 800. 3 gl

Hössle, Josef

Hößle, J., Abendunterhaltungen über religiöse Zeit- u. Streitfragen in Zwiegesprächen zwischen Bauersmann, Fabrikarbeiter und Pfarrer. Eine populäre Apologie. Freiburg, Herder, 1898, gr. 8°, VII, 259 S., 2. Aufl., 1,50 Mk.
1. Aufl. Offenburg, Huggle, 1896, 180 S., 1,20 Mk.

Hößle, Jos., Abendunterhaltungen zwischen Bauersmann, Fabrikarbeiter u. Pfarrer. Religiöse Zeitfragen in volkstüml. Darstellg. 3., verb. Aufl., hrsg. v. Engelb. Käser. (X, 284 S.) 8. Freiburg i/B. 906. Herder. n. 1. 60; geb. in Leinw. n. 2. —

— d. Brautexamen. Prakt. Anleitg. f. d. Curatclerus. 12. (VI, 25 S.) Ebd. 895. n. — 25

Hößle, Jos., das Brautexamen. Praktische Anleitg. f. den Kuratklerus. 2., verb. Aufl. (VI, 38 S.) 16. Freiburg i/B. 907. Herder. Kart. — 40

Hoessle, Ludwig von, Rechtskandidat a. Augsburg: Zur Auslegung des § 49a des Strafgesetzbuches. Würzburg 1906: A. Bögler. (74 S.) 8°
Würzburg, Jur. Fak., Ref. Oetker, Diss. v. 5. Okt. 1906
[Geb. 25. Aug. 80 Augsburg; Wohnort: München; Staatsangeh.: Bayern; Vorbildung: Gymn. Bayreuth Reife Juli 99; Studium: München 4, Würzburg 4 S.; Rig. 27. Juli 06.]

HOESSLE, Marq. Georg von (Binkelsoberten): Quaedam de syphilide.- Monachii: Roesl 1831; 20 S. 16.5.1831 - Urk; F 60
Diss. Ingolst.-Landsh.-Mchn.

Hössler, Conr., nothwendige geistliche Kinderpflege. 8. Ulm. 733.

Hössler, Max Albin: Zur Entstehungsgeschichte des Bauernkriegs in Südwestdeutschland, m. bes. Berücks. d. Landgrafschaften Stühlingen u. Fürstenberg ... Leipzig, Druck v. Pöschel & Trepte, 1895; VII, 70 S., 1 Bl. 8.
Leipzig, Phil. Fak., Inaug.-Diss. v. [15. Jan.] 1895

Hoessli, Ant[on]. Chronische Krankheiten und Alpenklima. Von Dr. Ant. H' in St. Moritz. Sonderabdruck aus «Therapeutische Monatshefte» [Jahrg. 18,] 1904. Heft 1 und 2. [17 S.] 4. ⟨Berlin, Julius Springer.⟩

Hoessli, Hans, St. Moritz, zweiter Assistent des patholog.-anat. Instituts in Basel: Zur Behandlung der Appendizitis mit Rücksicht auf den begleitenden und nachfolgenden Darmverschluss sowie auf die Dauer des Krankenlagers. Basel 1909. 49 S. 8°.
Basel. Med. Diss. 1909/10.

Hoessli, Hans. Zur Behandlung der Appendizitis, mit Rücksicht auf den begleitenden und nachfolgenden Darmverschluss, sowie auf die Dauer des Krankenlagers. Diss. Med. Basel. 49 S. 8. Basel, Friedrich Reinhardt, 1909.

Hoessli, Hans, das Verhalten der Streptokokken gegenüber Plasma u. Serum u. ihre Umzüchtg., s.: Mitteilungen aus den Hamburg. Staatskrankenanstalten. XI, 10.

Hössli, Heinrich

HÖSSLI, H., Eros, die Männerliebe der Griechen. Ihre Beziehungen zur Geschichte, Litteratur und Gesetzgebung aller Zeiten. Oder Forschungen über platonische Liebe, ihre Würdigung und Entwürdigung für Sitten-, Natur- und Völkerkunde. 2 Bde. Glarus 1836—38. Gr. 8°. (2 Rthl.) (36 Mk. H. Barsdorf, Berlin u. Lpz., nach 1900.) Längst vergriffene, sehr gesuchte Originalausgabe.
Erschien auch titulo: „Die Unzuverlässigkeit der äussern Kennzeichen im Geschlechtsleben des Leibes u. der Seele.“ (Auction Liman, Lpz., Novbr. 1868.)

Hössli, H. Eros. Die Männerliebe der Griechen, ihre Beziehgn. zur Geschichte, Literatur u. Gesetzgebg. aller Zeiten. Oder Forschgn. üb. platon. Liebe, ihre Würdigg. u. Entwürdigg. f. Sitten-, Natur- u. Völkerkunde. 2. Aufl. 8. (IV, 125 S.) Münster i. d. Sch. 892. (Lpz., Barsdorf.) 8 —

— — Dasselbe. 2. Aufl. Ebd. 1893. 8°. (Eleg. br. Mk. 6—.) (3 Mk. H. Barsdorf, nach 1900:)
„Diese interessante Schrift hat infolge ihres absolut neuen Standpunktes, von dem aus sie die Männerliebe der Griechen betrachtet, bei Philologen, Kultur- und Sittenschilderern, Historikern, Pädagogen, überhaupt bei jedem Gebildeten grösstes Interesse erregt.“ — Gute Buch-Ausstattung.

HÖSSLI, H., Hexenprocesse und Glauben, Pfaffen und Teufel. Als Beitrag zur Cultur- u. Sittengeschichte der Jahrhunderte. Leipzig 1892. 8°. 80 S. (1 Mk. 50 Pfg. R. Bertling, 1907; 1 Mk. 50 Pfg. Frdr. Klüber, 1897.)
Diese interessante Schrift enthält zugleich den vollständigsten deutschen Auszug aus dem berüchtigten Hexenhammer (s. malleus maleficarum) mit seinen tausend tollen, haarsträubenden Geschichten (nach Horst's Zauber-Bibliothek).

—— Hexenproceß — u. Glauben, Pfaffen u. Teufel. Als Beitrag zur Cultur- u. Sittengeschichte der Jahrhunderte. gr. 8. (80 S.) Lpz. 892, Barsdorf. * 1 50

Hößli, H., Hexenproceß — u. Glauben, Pfaffen u. Teufel. Als Beitrag zur Cultur- u. Sittengeschichte der Jahrhunderte. gr. 8. (80 S.) Leipzig 893. H. Barsdorf. n. 1. 50

Hößli, Heinr., die Unzuverlässigkeit d. äußern Kennzeichen im Geschlechtsleben d. Leibes u. d. Seele. Od.: Forschungen üb. platon. Liebe, ihre Würdigung u. Entwürdigung f. Sitten-, Natur- u. Völkerkunde. 2 Bde. — A. u. d. T.: Eros. Die Männerliebe d. Griechen; ihre Beziehn. z. Geschichte, Erzieh., Literatur u. Gesetzgeb. aller Zeiten. gr. 8. (21½ B.) Glarus 836, 38. (St. Gallen, Scheitlin u. Zollikofer.) *

Hössly, J., Einige Worte über Amerika und die Auswanderung zur Beleuchtung des Kolonialprojektes. 8°. Zürich 1848.

Hosslin, Rudolf [prakt. Arzt in Davos]: Über Ichthyodin. Ein Beitrag zur Kenntnis des Ichthyols. Basel 1900. 68 S. 4°. (S.-A. aus Jahresbericht über die Allgem. Poliklinik des Kantons Basel-Stadt i. J. 1899.)
Basel. Med. Diss. 1899/1900

Hoeßlin, E., Kloster Arkadi auf Creta. Gedicht. gr. 16. (VI, 33 S.) Athen 869, Wilberg. *

Hößlin, G. A. v., Kriegs-Erinnerungen e. Bayern als Freiwilliger im I. Württ. Jäger-Bataillon aus dem J. 1870/71. 12. (VII, 168 S.) Stuttgart 889. Kohlhammer. cart. n. 1. 20

— dasselbe. 2. Aufl. 12. (VII, 178 S.) Ebd. 889. n. 1. 20

HOESSLIN, Gustav von (München): Hydrocephalus congenitus als Geburtshinderniss.- München: Wolf 1879. 29 S.
9.4.1879 - Urk (Titel: De hydrocephalo congenito partum impediente.); Chr 1878/79,12
Diss.Ingolst.-Landsh.-Mchn.

HÖSSLIN, Hermann von (München): De secretione ferri in corpore animali. (Titel nach der Urkunde)
1.8.1877 - Urk; Chr 1877/78,9
Diss. Ingolst.-Landsh.-Mchn.

Hoeßlin, Heinrich von, approb. Arzt aus München: Experimentelle Untersuchungen über Blut-Veränderungen beim Aderlaß. *Naumburg a. S.: Lippert & Co. 1902.* (9 S.) 8°
München, Med. Diss. v. 1902

Hoesslin, Heinrich v., Dr., Assistenzarzt d. med. Klinik: Experimentelle Untersuchungen zur Physiologie und Pathologie des Kochsalzwechsels. Mit Beiträgen über die Wirkung des Kochsalzes auf den Umsatz und die Ausscheidung von Stickstoff und Phosphorsäure. München 1909: Oldenbourg. 70 S. 8° ¶ (Aus: Zeitschrift f. Biol. Bd 53.)
Halle, Med. Hab.-Schr. v. 1909 [U 10. 1815

Hößlin, Jeremias, s.a. Höslin

Hößlin, Jer., Beschreibung der Würtemberg. Alpen rc. 8 Tüb. Heerbrand. 798.

— meteorologische Witterungsbeobachtungen. 4. Tüb. Cotta. 784.

Hoeßlin, Jul. Konst. v., Figeni. Drama in 4 Aufzügen. gr. 8. (72 S.) Berlin 903. Stuttgart, A. Juncker. n. 2. —

Hoesslin, Jul. Konst. v., umsonst, s.: Eckstein's Miniatur-Bibliothek.

Julius Konst. v. **Hoesslin.** Umsonst. Schöpfungen eines Ringenden. Leipzig: Müller-Mann [1905]. 126 S. 8°
(Ecksteins Miniatur-Bibliothek. Nr 93.) [11. 1905

Hösslin, Karl von, approb. Arzt u. Assistenzarzt im allgem. Krankenhaus zu Nürnberg: Über einen Fall von Traumatischer Spätapoplexie. *München 1901: C. Wolf & Sohn.* (41 [vielm. 42] S.) 8°
München, Med. Diss. v. 1902

von Hoesslin, Konrad [cand. med.]: Ueber Verletzungen des Kindes vorzugsweise des Schädels bei spontaner Geburt mit casuistischen Beiträgen aus der Frauenklinik der Kaiser-Wilhelms-Universität Strassburg und deren Sammlungen. . . . Strassburg, Buchdr. C. Goeller, 1880; 50 S. u. 2 Taf. 8°
Strassburg, Med. Fak., Inaug.-Diss. v. 1880

Hößlin, R. von

— — Die Belagerung der Festung Neiße im Jahre 1807. Mit 1 Krt. Kattowitz 1907. 33 S.

Hößlin, R. v., u. E. Hagen, die Verteidigung v. Thorn vom 20. Jan. bis 16. Apr. 1813, s. a Darstellungen aus der bayerischen Kriegs- u. Heeresgeschichte.

Hoeßlin, R. v., u. E. Hagen. Die Verteidigung von Thorn vom 20. Jan. bis 16. April 1813. Denkschrift aus Anlaß des 75. Jahrestages der Kapitulation von Thorn. Mit 1 Abb. und 1 Krt. (Autogr.) München 1888. 52 S. 4°

Hösslin und Hagen. Die Vertheidigung von Thorn vom 20. Januar bis 16. April 1813. (Aus:) „Darstellungen aus der bayerischen Kriegs- und Heeresgeschichte." 4. Heft. — München 1894.

Hößlin, v., der Zug des Majors v. Losthin zum Entsatze v. Neiße u. Cosel. i. a. Militär-Wochenblatt. 1906. 10. Beiheft.

Der Zug des Majors v. Losthin zum Entsatze von Neiße und Cosel 10. bis 16. Mai 1807. Von [Richard] v. **Hößlin**, K. Bayer. Generallt. z. D. ⟨Mit 2 Skizzen.⟩ Berlin: E. S. Mittler & Sohn 1906. (S. 362–384.) 8° [F.] — **Militär-Wochenblatt.** 1906, Beih. 10, [1.]

Hoesslin, Rud. v., über die Behandlung der Fettleibigkeit, m. Anh. I, Nahrungsmittel-Tabelle f. Fettleibige u. Anh. II, Menus f. Fettleibige. gr. 8. (39 S.) München 900. J. F. Lehmann's Verl. n. —80

Hoesslin, Rud. v., üb. die Behandlung chronischer Rückenmarks-Krankheiten u. die Vortheile localer Kälteroize bei denselben, s.: Abhandlungen, Münchener medicinische.

Hösslin, Rud. v., s.: Bericht, ärztlicher, der Kuranstalt Neu-Wittelsbach bei München.

— s.: **Jahres-Bericht, ärztlicher, der Kuranstalt Neu-Wittelsbach.**

Hoesslin, Rud. v. Chronische Rückenmarks-Krankheiten, s. Abhandlungen, Münchener medicinische.

Hösslin, Rud. v., die Schwangerschaftslähmungen der Mütter. Mit 9 Zinkogr. u. 1 lith. Taf. (VIII, 269 S.) gr. 8. Berlin 905. A. Hirschwald. n. 7. —
Sonderabdruck aus: „Archiv f. Psychiatrie u. Nervenkrankh."

HOESSLIN, Rudolf von (München): Über den Wasser- und Fettgehalt der Organe bei verschiedenen pathologischen Zuständen.- München: Hirschfeld 1883. 1 Bl.,16 S.
2.3.1881 - Urk (Titel: Quatenus variis conditionibus pathologicis adipis et aquae quae in corporis humani visceribus insunt summa immutetur.); Chr 1880/81,15
Diss.Ingolst.-Landsh.-Mchn.

Hossmann, Abraham, s. H o s e m a n n

Hossmann, Carl, s. H o s s m a n n , Karl

Hossmann, Friedrich. Schlichte Weisen. Gedichte. [Mit Vignetten.] IV+II+115 S. 8. Bern, Gustav Grunau, 1905. [fr. 2.50]

Hossmann, Karl

Hossmann, Carl (Hrsg.), s. B l ä t t e r , Österreichische, für Faulmann'sche Stenographie.

Hoßner Karl: Die letzten Kaiser des römischen Abendlandes. Diss. Wien, Univ.
D: Selbstverlag.
1894 PN 871 762

Hoßner Dr. Karl: Die letzten Kaiser des römischen Abendlandes: Anthemius, Olybrius, Glycerius, Julius Nepos u. Romulus Augustulus. 27. Bielitz R 00.
Progr.

Hossner, Max [aus Freiburg i. B.]: Zur Geschichte der unbetonten Vocale im Alt- und Neufranzösischen. (Sprachliches und Metrisches.) . . . München, Druck v. R. Oldenbourg, 1886; 74 S. 8°.
Freiburg i. B., Phil. Fak., Inaug. Diss. v. 1886.

H o s s n e r , M a x , zur Geschichte der unbetonten Vocale im Alt- und Neufranzösischen. (Sprachliches und Metrisches) Diss. Freiburg i. B. 1886, Fr. Wagnersche Univ.-Buchh. 8°. 74 S.

Hosson, Christophorus (Ferd.) (geb. Rheine in Westf. 1. 2. 1824). Analecta ad dijudicandam trepanationis dignitatem. Berolini (1851) (27 S.) 8°
Berlin, Med. Diss. v. 20. Sept. 1851

Hößrich, A., Abriß der ebenen Trigonometrie. Für den Unterricht an höheren Lehranstalten bearb. 2. revid. Aufl. gr. 8. (III, 23 S. mit 1 lithogr. Fig.-Taf. in qu. 4.) Saalfeld 877, Wiedemann's Buchh. cart. *
Die 1. Aufl. war nicht im Handel.

Hoessrich, A. Exposé des principes du calcul différentiel et intégral. 10 S. **Progr.** *Saalfeld* 1881

Host, Jens Kragh, s. H ö s t

Host, Nikolaus Thomas

Host, (N. Th.,) flora austriaca. Vol. I. gr. 8. Wien 827, Beck.

Host, Nic. Thom., Flora Austriaca. Vol. II. 8 maj. (48¼ B.) Viennae 831, Beck. Thlr.
Vol. I. Ebendas. 1827. 3 Thlr. 8 Gr.

***Host,* Nik. Thom., flora austriaca. II Voll. 8maj. Wien 827, 32. Beck. 7 ℔ 8 gl (Der 2e Bd. apart 4 ℔)**

Host, Nikolaus Thomas: Icones et descriptiones graminum Austriacorum. Vol. 1 - 4, gbd., Abb.

Vindobonae: typ. Schmidt 1801 - 1809

JB 6.368

— icones et descript. graminum austriacorum. IV Voll., c. tabb. color. Fol. maj. Wien 802—10. Schaumburg u. Comp. 300 ℔

— synopsis plantar. in Austria provinciisque adjacentibus sponte crescentium. 8maj. Wien 797. Beck. 2 ℔ 12 gl

Host, Nikolaus Thomas: Synopsis plantarum in Austria provinciisque adjacentibus sponte crescentium. 667 S., gbd.

Vindobonae: Wappler 1797

JB 47

Höst, Georg

Höst, G., Nachrichten von Marocco u. Fez, im Lande selbst gesammelt in den J. 1760—88. Aus d. Dän., mit Kpf. gr. 4. Kopenh. 781. (Brummer). 6 Thlr. 12 gGr.

Höst, Georg. Nachrichten von Merokos und Fes, im Lande selbst gesammlet, in den Jahren 1760 bis 1768. Aus dem Dänischen ubersetzt. Kopenhagen 1781. Verlegts Christian Gottlob Proft
Vorst Tit 8 Bl 312 S 35 Taf in Kupferst 8°

— — Nachrichten von Marokos und Fetz, m. K. gr. 4. Copenhagen. 781. Ist jetzt Verlag von Brummer.

Höst, H.: Kurze Anleitung..., s. Höst, Johann Nikolaus

Entwurf einer Geschichte der dänischen Monarchie unter der Regierung Christian des VII von Jens Kragh Høst. Aus einer Handschrift des Verfassers deutsch übersetzt 8°.
Th 1 Mit den Bildnissen Christian des Siebenten und Caroline Mathilde Kopenhagen 1813
Th 2. Mit dem Bildnisse Friedrichs VI ebd 1815.

Höst, Jens Kragh, Entwurf einer Geschichte d. dänischen Monarchie unter d. Regierung Christians VII. 2 Thle, mit 3 Portr. 8. Kopenh. 813—15. Bonnier. 2 Thlr. 12 gGr. 3r u. u. letzter Thl. A. u. d. T.; d. König v. Dänemark Friedrich VI. als Kronprinz u. Mitregent. Mit 1 Portr. 8. Ebd. 816. 2 Thlr.

Entwurf einer Geschichte der dänischen Monarchie unter der Regierung Christian des VII v. Jens Kragh Høst. Aus einer Handschrift des Herrn Verfassers deutsch übersetzt. Th. 3. In zwei Abtheilungen. Kopenhagen. 1816. 8°.
Abth. 1 a. u. d. T.: Der Konig von Dänemark Friedrich VI als Kronprinz und Mitregent. Th. 2. Mit 1 Kupfer. (fehlt.) ebd. 1816.
Abth. 2 a. u. d. T.: Litterargeschichte Danemarks in den letzten Jahren der Regierung Christian VII v. Jens Kragh Höst. ebd. 1816.

— d. dänische Geheimecabinetsminister Graf J. Fr. Struensee u. sein Ministerium. Nebst Darstell. d. nächst vorhergehenden u. folgenden Begebenheiten in Dänemark. 2 Thle, m. Struensee's Bildniß. 8. Kopenh. 826 u. 27. Schubothe. 4 Thlr.

Der Konig von Dänemark Friedrich VI als Kronprinz und Mitregent. Ein Beitrag zur danischen Geschichte, nach der Handschrift des Herrn Jens Kragh Høst deutsch übersetzt. Th. 2. Kopenhagen. 1816. 8°. = desselben: Entwurf einer Geschichte der danischen Monarchie etc. Th. 3. Abth. 1.

Höst, Jens Kragh, Leben u. Schicksale d. Reichsgrafen Korfitz Ulfeld u. der Gräfin v. Schleswig-Holstein Eleonore Christine. Nach d. dän. Orig. frei ins Deutsche übertr. v. Kapitän v. Jensen. 8. (27½ B.) Schleswig 829, Taubstummen-Inst.

— Dänemarks Literärgeschichte d. neueren Zeiten. 8. Kopenh. 816. Bonnier. 1 Thlr.

Historische Nachrichten über Krönungen und Salbungen in Dänemark, nebst den damit verbundenen Feyerlichkeiten in älteren und neueren Zeiten. Gesam. v. Jens Kragh Høst. Uebers. v. Kiene. Kopenhagen. 1815. 8°.

Höst, J. K., Struensee und sein Ministerium. 2 Bde. Kopenhagen 1826. 8°. (6 Mk. Derselbe.)

Höst, Jh. Nic., kurze Anleitung zur Kenntniß des gerichtl. Verfahrens in Dänemark. Aus d. Dän. von H. M. Bruun. gr. 8. Schleswig 832. (Augustenburg, Zimmermann.) 7/12 Thlr.

Höst, H. u. Joh. Nic., kurze Anleitung z. Kenntniß d. gerichtl. Verfahrens in Dänemark. A. d. Dän. v. H. M. Bruun. gr. 8. (4½ B.) Schleswig 832. (Augustenburg, Zimmermann.)

Höst, M. Gh.

— Einladung zum Rettungsverein für Ertrinkende....

Höst, M. Gh., Diss. de uteri vaginae haemorrhagiis. 8. Kiel 809.

Hostas, Karl, der politische Bez. Klattau, s.: Vaněk, Ferd.

Hostasch, Jul., s.: Horst, Jul.

Hostato, H. St., ernste Worte an zukünftige Ehegatten, s.: Bibliothek f. Körperkultur. 1. Heft.

Hoster, F., s. Hoster, M. H.

Hoster, M. H., Kölsch Levve. Humoresken. Illustrirt von H. Hoster. 2 Abthlgn. gr. 16. Köln 878. Kreuder. à n. — 50; feinere Ausg. in 1 Hft. 1. 20
1. 3. Aufl. (48 S.) — 2. (S. 49—96.)

Hoster, H., kölsch Levve, Humoresken von Herren Antun Meis. 2 Abthlgn. 6. und 7. Aufl. Hrsg. und illustr. von H. H. 8. (96 S.) Düsseldorf 885, Mischel. à Bd. * 50 Pf. * geb. in 1 Bd. *

Hoster, H., Kölsch-Levve. Humoresken v. Herren Antun Meis. Hrsg. u. illustr. v. H. H. 2 Abthlgn. 8. Aufl. gr. 16. (96 S.) Düsseldorf 889. J. P. Mischel. à n. — 50; in 1 Bd. geb. n. 2. —

Hoster, H., Kölsch Levve. Humoresken v. Herren Antun Meis. 2 Abthlgn. 9. Aufl. Hrsg. u. illustr. v. H. 16. (96 S.) Düsseldorf 896. J. P. Mischel. à n. — 50

Hoster, H., Kölsch Levve. Humoresken v. Herren Antun Meis. Hrsg. u. illustr. v. H. 2 Bdchn. 12. u. 13. Aufl. (Je 48 u. 48 S.) 8. Düsseldorf (910). J. P. Mischel. à — 50; in 1 Bd. geh. 1. —

Herr Antun Meis, Dillekatessen-Händler und Kaufmann aus Koln, auf der Gewerbe- u. Kunst-Ausstellung in Dusseldorf 1880 Von M. H. Hoster. 5 Aufl *Koln & Leipzig: J. Püttmann [1902].* (45 S.) 8° [F.]

[F.] Humoristische Reden in kolnischer Mundart v. Herrn Antun Meis [d. i. M. H. Hoster] u And. 3. Aufl *Koln: F. Heyn [1896?].* (55 S.) 1 Bd 8.

Hoster, F., Stückelcher aus dem ländliche Lebe d. Hrn. Antun Meis for das gebilte Volk un for 50 Fennig. 1. u. 2. Bdchn. 12. (à 88 S.) Köln 893. F. Heyn. à n. — 50

[F.] Stückelcher aus dem ländliche Lebe des Herrn Antun Meis [d. i. M. H. Hoster] for das gebilte Volk un for 50 Fennig. 3 Aufl Bdch. 1 — 3. *Köln: F. Heyn [1894].* 3 Bde 8.

— Stückelcher aus dem ländliche Lebe d. Herrn Antun Meis. Illustriert v. Jos. Stolzen. 3 Bdchn. 4. Aufl. (77, 60 u. 62 S. m. Bildnis.) 8. Köln (908). Hoursch & Bechstedt. à — 50; in 1 Bd. kart. 2. —

Hoestermann, C. E., zur Erinnerung an die Feier d. 25jähr. Bestehens der Wasserheilanstalt Marienberg zu Boppard a. Rhein. gr. 8. (31 S. m. Illustr. u. e. Plan.) Boppard 889. (Richter.) n. — 75

Höstermann, Carl, s. Höstermann, Karl

Hoestermann; Gottlieb, approb. Arzt: Das primäre **Scheidensarkom der Kinder und Erwachsenen.** *Gummersbach 1901: F. Luyken.* (42 S.) 8°
Bonn, Med. Diss. v. 30. Jan. 1901

Höstermann, Gustav, aus Andernach a. Rh.: Über die **Einwirkung des** Kochsalzes auf die Vegetation von Wiesengräsern. *Merseburg 1902: F. Stollberg.* (63 S. — Ohne Taf.) 4°(8°)
Königsberg, Phil. Diss. v. 10. Mai 1902

Höstermann, Karl

Hoestermann, Carl (geb. am 2 März 1847 in Asbach Kr. Neuwied): Enchondroma haematodes ... Bonn, Druck v. C. Georgi 1868. 2 Bl., 30 S., 1 Bl., 1 Taf. 8.
Bonn, Med. Fak., Diss. v. [21 Juli] 1868

Hoestermann, Theophil. Guil. Ern. (geb. Mettmann 14. 2. 1834): Laparotomiae et laparohysterotomiae nonnulla specimina. Berolini (1858). (32 S.) 8°
Berlin, Med. Diss. v 17. Aug 1858

Hostert, Marie-Michel: Beitrag zur Geschichte des Frauenklosters Marienthal bei Ansemburg. Luxemburg: Worré-Mertens [1895]. 8 S. 8° Aus: Ons Héméc̈ht.

Hostert, M., Erzählungen u. Novellen, s.a. Volksbibliothek, katholische. 8. Bd.

Hostert, Marie-Michel: Erzählungen und Novellen. Mit 5 Illustrationen im Texte. Kempten 1900. 130, 2 S. 8°

Hostert, Marie-Michel, u. François-Charles Schmitz: Illustrirter Luxemburger Familien-Kalender. Gegründet und herausgegeben unter Mitwirkung mehrerer Freunde von Fr. K. Schmitz, Pfarrer. Mit Holzschnitten, Preisräthseln, Adress-Kalender und den Jahrmärkten von Luxemburg und der ganzen Umgegend. Luxemburg: Bück. 12°
6. Jg. 1891. 173, 37 S.
7. Jg. 1892. 174, 30 S.
8. Jg. 1893. 180, 36 S.

Hostert, Maria Michel, Kundegund, s.a. Dilettantenbühne, kathol.

Hostert, Marie-Michel: Kundegund. Geschichtliches Drama in 5 Akten. Kempten 1895. 160 S. 8° (= Kathol. Dilettantenbühne. H. 43.)

Hostert, Marie-Michel: Die Röntgen-Strahlen. Tragi-komisches Schauspiel in 3 Akten. Seiner Gnaden, dem Hochwürdigsten Herrn B. Krier, Bischöflicher General-Vikar, Rektor des Bischöflichen Conviktes etc. etc. zu Luxemburg, ehrfurchtsvoll gewidmet. Luxemburg: Worré-Mertens 1899. 51 S. 8° Aus: Ons Héméc̈ht.

Hostetter's illustrirter Vereinigte Staaten Calender: 1878? ?
Sub-title: Fur Kaufleute, Handwerker, Bergbauleute, Farmer, Pflanzer, und allgemeinen Hausgebrauch. Published by Hostetter & Smith.
Pittsburgh, PA

Hostettler, Johann. Briefe aus Nordamerika. 8. Burgdorf 1837.

[**Hostettler,** Johann.] Lied eines nach Amerika Ausgewanderten. [Neudruck.] 8 S. 8. (Thun, Eugen Stämpfli, [1906].) [fr. —. 20]

Hostien, Die heiligen, und die Juden in Deggendorf. Landshut 1866. V: *Mittermüller, Rupert.* (BMARSCH 327)

Hostien, die heiligen, u. die *Juden in Deggendorf*. (*Mittermiller* gegen *Steub*.) Landshut, Jos. Thomann'sche Buchhdlg, 1866. 12°. Cart. *)
37 S. Betrifft e. wunderbare Begeb. aus dem XIV. Jahrh.

Hostinek, Joseph, k. k. Hauptm. der Militärgrenz-Verwaltungsbranche. Die k. k. Militär-Grenze, ihre Organisation, Verfassung und Verwaltung. (2 Theile.) 8. Wien 1861.

Hostinsky, Ottokar

Hostinský, O. Herbart's Ästhetik, in ihren grundlegenden Teilen quellenmässig dargestellt u. erläutert. gr. 8. (XXV, 136 S.) Hamb. 891, Voss. * 2 40

Hostinský, O., über die Bedeutung der praktischen Ideen Herbart's für die allgemeine Aesthetik. gr. 8. (31 S.) Prag 883, Rziwnatz. *

Hostinský, Ottokar, die Lehre von den musikalischen Klängen. Ein Beitrag zur ästhetischen Begründung der Harmonielehre. gr. 8. (VII, 136 S.) Prag 879. Dominicus. n. 3. —

—— das Musikalisch-Schöne und das Gesammtkunstwerk vom Standpunkte der formalen Aesthetik. Eine Studie. gr. 8. (160 S.) Leipzig 877, Breitkopf und Härtel.

Hostmann, Christian. Zur Geschichte und Kritik des nordischen Systems der drei Culturperioden. Braunschweig, Friedrich Vieweg 1875.
39 S. 4°
Aus: Archiv f. Anthropologie Bd. 8. H. 3.

Hostmann, Chrn., über altgermanische landwirthschaft. Inauguraldissertation. gr. 4. (III und 78 S. mit 1 Stnt.) Göttingen 855, (Vandenhoeck und Ruprecht's Vrlgsb.) **

Hostmann, Chrn., Studien zur vorgeschichtlichen Archäologie. Gesammelte Abhandlgn. Mit e. Vorworte von L. Lindenschmit. gr. 8. (VII, 221 S.) Braunschweig 890. Vieweg & Sohn. n. 7. —

Hostmann, C., Zur Technik der antiken Bronzeindustrie. S.-A. 1877. 22 S. 4°. 1.—

Hostmann, Chr., der Urnenfriedhof bei Darzau in der Prov. Hannover. Mit 11 (chromolith.) Taf. Abbildgn. 4. (VI, 129 S.) Braunschweig 874. Vieweg & Sohn. n. 21. —

Hostmann. (Chr[.]. und Flueckiger. (F[riedrich] A[ugust]). Ueber Urnenharz. SA. 8. 4([Halle] 1875.)

Hostmann, F. A., († 1817.) an d. Landleute im Hochstift Hildesheim. 8. Hildesh. 800.

Hostmann, Georg [aus Celle]: Zur Kenntnis der aromatischen Thioketone nebst Anh.: Z. Kenntnis d. Resorcindimethylesters ... Rostock, C. Hinstorffs Buchdr., 1895; 39 S. 8.
Heidelberg, Naturw.-math. Fak., Inaug.-Diss. v. [15. Febr.] 1896

Hostmann, W., krit. Betrachtgn. üb. Projektirung, Bau u. Betrieb d. Kleinbahnen (Bahnen v. lokaler Bedeutung). gr. 8. (VI, 42 S.) Wiesbaden 895. (J. F. Bergmann.) n. 1. 60

Hostmann, W., Bau und Betrieb der Schmalspurbahnen und deren volkswirthschaftliche Bedeutung für das Deutsche Reich. gr. 8. (XII, 96 S. mit 7 autogr. Taf.) Wiesbaden 881, Bergmann. *

Die wirthschaftliche Erschliessung des Riesen- und Isergebirges. Von W[ilhelm] **Hostmann,** Baurath. Mit 1 Taf. Wiesbaden: Bergmann 1897. 17 S. 8°
A 17.4191

— d. wirthschaftl. Erschliessung d. Riesen- u. Isergebirges. [Aus: „Zeitschrift f. Local- u. Strassenbahnwesen".] hoch 4. (17 S. m. 1 farb. Karte.) Ebd. 897. n. 1. 20

Hostmann, W., das Harzbahn-Project Gernrode-Harzgerode-Berga-Quedlinburg-Nordhausen. Ein Beitrag zur Förderg. d. Baues v. Schmalspurbahnen in gebirg. Terrain. Mit 1 lith. Taf. hoch 4. (VIII, 22 S.) Wiesbaden 884. Bergmann. n. 2. 70

— d. Kleinbahn-Project f. d. Rheingau. [Aus: „Zeitschr. f. Local- u. Strassenbahnwesen".] hoch 4. (15 S. m. 4 Abb. u. 3 Taf.) Ebd. 896. n. 1. 20

Hostmann, W., die Kleinbahn-Projecte im Kreise Soest. Ein Beitrag zur Förderg. des Baues v. Kleinbahnen. [Aus: „Zeitschr. f. Local- u. Strassenbahnen".] hoch 4. (III, 16 S. m. 1 farb. Karte.) Wiesbaden 898. J. F. Bergmann. n. 2. 40

Die Localbahn von Altona nach Kaltenkirchen v. **W. Hostmann.** Mit 1 lithogr. Tafel. (Separat-Abdruck aus der Zeitschrift für das gesammte Local- und Strassen-Bahnwesen. 1881.) 4°.

Hostmann, Wilhelm [Hrsg.], s. Mittheilungen über Localbahnen . . .

— Rückblicke auf die Feldabahn. (1877—1893.) Ein Beitrag zur Förderg. des Kleinbahnwesens. [Aus: „Zeitschr. f. Local- u. Strassenbahnwesen".] hoch 4. (14 S.) Ebd. 894. n.n. 1. 30

Hostmann, W. Über Transportmittel für den Localverkehr in Deutschland. Halle 1883. 8°.

—— die Vorzüge und Nachtheile der Schmalspurbahnen, insbesondere der schmalspurigen Straßen-Bahnen gegenüber den normalspurigen Secundär-Bahnen. Ein Beitrag zur Förderung des Baues von Localbahnen. gr. 8. (31 S. mit 4 autogr. Taf.) Berlin 880, Polytechn. Buchhandlung. *

Hostmann, W. (Hrsg.), s. Zeitschrift für das gesammte Local - & Strassen - Bahnwesen.

Hostombe, L. Coup d'œil sur l'origine et le développement de la langue française. Würzburg, St. A., 1865. 31 S. 4. Progr.

Hostrup, C., Eva, s. Universal-Bibliothek Nr. 1430.

Hosstrup, Gerh. v., literar. Blätter d. Börsen-Halle, s. Blätter.

v. Hosstrup, Gerh. u. Sohn, s. Börsen-Halle.

Hoszowski, Constantin, De re nummaria in Polonia. Diss. histor. jurid. Krakau (Gebr. Gieszkovsci) 1828. 44 S. (6.50) 16136
Gew.: Joseph Graf Zaluski.

Hoszpotzky, Alois, die Wirkung der Eisernen Thor-Regulirungs-Arbeiten v. Standpunkte der Schiffahrt, s. Verbands-Schriften des deutsch-österr.-ungar. Verbandes f. Binnenschiffahrt. Nr. 50.

Die Wirkung der Eisernen Thor-Regulirungs-Arbeiten vom Standpunkte der Schiffahrt. Von Alois **Hoszpotzky.** *Berlin: Siemenroth & Troschel 1899.* (40 S.) 8°
= Mittheilungen über d. derzeit. u. angestrebte Schiffbarkeit d. Hauptströme u. ihrer Nebenflüsse. II. 8.
= Deutsch-Oesterr.-Ung. Verband f. Binnenschiffahrt. Verbands-Schriften. No 50.

Hotby, Joh., Calliopea d. Chorals. Calliopea legale per Maestro Giovanni Anglico Octobi Carmelita. Nach der Copie d. Herrn E. de Coussemaker [Histoire de l'harmonie au moyen age p. 295], übers. u. m. krit. sowohl als erläut. Anmerkgn. versehen v. Raymund Schlecht. [Aus: „Caecilia."] gr. 4. (34 S.) Trier 875. Lintz. n. 2. —

Hôtel Baur. Diplomatisches Heldenstück in vier gereimten Conferenzen. 16. (48 S.) Hamburg 859, Hoffmann und Campe.

Hôtel. Grand H' et H' des Alpes. Territet. Suisse. [Prospectus illustré, avec 1 carte et 1 panorama.] 8-obl. (Zurich [1900].)

Hôtel. Grand H' Curhaus Davos, Curanstalt Holsboer. Davos-Platz ‹Schweiz›. [2., neu bearbeitete Aufl. Mit Illustrationen und 1 Karte.] (Europäische Wanderbilder. No. 253.) 8. Zürich 1899.
1. Aufl. s. Curanstalt. Die K' W. J. Holsboer... Davos. Zürich 1890.

Hôtel Grand H' and Curhaus Davos. Establishment (° *Umschlag:* Curanstalt) Holsboer at Davos-Platz ‹Switzerland›. [2d Ed., revised. With Illustrations and 1 Map.] (Illustrated Europe. No. 174.) 8. Zurich 1899.
1st Ed. s. Curanstalt. The K' W. J. Holsboer... Davos. Zurich 1890.

Hôtel. Grand H' et Curhaus Davos, Etablissement Holsboer. Davos-Platz ‹Suisse›. [2me éd., remaniée. Avec des illustrations et 1 carte.] (L'Europe illustrée. No. 189.) 8. Zurich 1899. P
1re éd. r. Etablissement. L'Et' Holsboer. . Davos. Zurich 1890.

Hotel. Grand H' Macolin..., au pied du Chasseral.... ([Description de] M' et ses alentours. [Avec des illustrations, 1 planche et 1 carte.]) 8. (Bienne) *s. d.* [1876/90].

Hotel. Grand H' Macolin..., situated at the Foot of the Chasseral.... ([Description of] M' and its Environs. [With Illustrations and 1 Plate.]) 8. [Bienne] *s. d.* [1877/90].

Hôtel. Grand H' des Salines et ses bains. Bex, Vallée du Rhône, Suisse. Guide-Souvenir offert par La Direction. [Illustré.] 8. (Zurich) *s. d.* [1890/99].

Hôtel. Le Grand H' des Salines et son Etablissement de Bains à Bex-les-Bains, Vallée du Rhône.... (Guide-Souvenir offert par la Direction.) [Avec 4 planches, 1 carte et couverture illustrée.] IV + 20 p. 8. Vevey, Säuberlin & Pfeiffer, 1907.

Hôtel de l'Ile à Constance au lac. Métamorphoses d'un ancien couvent dominicain. ([Illustré. Publié par] La direction de l'hôtel: M Brunner.) IV + 31 p. 8. Zürich, Orell Füssli, [1905]. (*par numéro* fr. —. 50)
(L'Europe Illustrée. No. 197.)

(Aktiengesellschaft) Hôtel du Lac in St. Moritz. 26. Bericht. 1900. [7 S.] 4. Samaden, Simon Tanner, 1901. V⁴ Gr

Hotel, Pension & Soolbad zum Falken (° *Nachtitel:* Der Kurort Liestal. Schweiz). [Mit 1 Karte und illustriertem Umschlag.] 8. Liestal *o. J.* [1886/90].

Hotel u. Kurhaus Rothenbrunnen, Kanton Graubünden.... Altberühmtes Mineralbad, 620 Meter über dem Meeresspiegel. [Illustrierter Prospekt.] II + 32 S. 8. (Chur, H. Fiebig, [1908].)

Hôtel, the, du Petit St. Jean, s.: Collection of brit. authors.

Hôtel-Adressbuch 1876. 16. (96 S.) Altstrelitz. (Leipzig, Schulze und Comp.) cart. * 50 Pf.; geb. * — 75
Nicht weiter erschienen.

Hotel-Adressbuch, allgem., f. Deutschland, Oesterreich-Ungarn, Schweiz u. die Donaustaaten f. d. J. 1899. Hrsg.: Erste internationale Adressen-Verlagsanstalt Zürich. 8. (VI, 16, 22, 183, 4 u. 15 S.) Zürich (Aarau, E. Wirz). Kart. n. 4. —

— **Hallesches.** Geschäfts-Anzeiger. Praktischer Führer durch die Sehenswürdigkeiten u. zuverläss. Wegweiser durch die ersten u. empfehlenswerthesten Geschäfts-Magazine der Universitätsstadt der Provinz Sachsen Halle a/S. 1. Jahrg. April 1873. Lex.-8. (16 S.) Leipzig 874. Matzerath. geb. n. 2. —

Internationales Hôtel-Adressbuch. 8°. (31 S.) K 1.–
Wien: Steckler 1903.

— **Lübeck-Travemünder,** Geschäfts-Anzeiger. Practischer Führer durch die Sehenswürdigkeiten u. zuverläss. Wegweiser durch die ersten u. empfehlenswerthesten Geschäfts-Magazine der freien Reichstadt Lübeck. 1. Jahrg. gr. 8. (XVI, 11 S.) Ebend. 874. geb. n. 1. 70

Hôtel-Adressbuch v. Oesterreich-Ungarn, s. Lehnert, A.

— von Oesterreich-Ungarn. Hrsg. von A. Lehnert. 8. (VI, 95 S.) Wien 882. (Leipzig, Serbe.) n. 4. —

Hotel-Adressbuch, prakt., f. die Reise, s. a. Grieben's Reisebücher.

Hotel-Adressbuch, praktisches, f. die Reise. 1889–1892. Nachweis empfehlensw. Hotels in Mittel-Europa. 12. (IV, 138; IV, 138; IV, 199; IV, 199 S.) Berl., A. Goldschmidt. à Jahrg. * — 60

Hotel-Adressbuch, praktisches, f. die Reise. 1893. Nachweis empfehlenswerther Hotels in Mittel-Europa. 12. (IV, 201 S.) Berlin 893. A. Goldschmidt. n. — 60

— prakt., f. die Reise. 1898. 9. Aufl. Nachweis empfehlenswerter Hotels in Deutschland, Oesterreich-Ungarn, Schweiz etc. (Grieben's Reisebücher, 85. Bd.) 12. (IV, 288 S.) Berlin, A. Goldschmidt. n. 1. —

— sämmtlicher Städte, Bäder und besuchteren Orte von Deutschland, Oesterreich-Ungarn, Schweiz, sowie der wichtigsten Städte der Erde. Auf Grund officieller und authent. Quellen bearb. von P. Münchhoff. 1. Jahrg. Lex.-8. (XVI, 648 S. mit lithogr. Eisenbahnkarte.) Reichenbach i. V. 878, Münchhoff.
Ausg. A. geb. * 30 —
Ausg. B. * ℳ 16.; geb. * 18 —
Nicht weiter erschienen.

— I. vollst., f. d. Deutsche Reich m. Anh.: Hôtels europ. Staaten. Ausg. 1897/98. gr. 8. (V, 924 S.) Dresden (Johann Georgen-Allee 9), H. Poppe & P. Neumann. Geb. in Leinw. 20. —

Hotel- u. Gasthof-Adressen-Buch v. Oesterreich-Ungarn, Bosnien u. d. Herzegowina, nach amtl. Daten zusammengest. Nebst e. Anh.: Hotels bedeut. Städte u. Orte d. europ. Staaten. Hrsg. v. Leop. Seiler. Ausg. 1896—97. 8. (XLIX, 311 S.) Wien (II/2, Hotel Kronprinz), L. Seiler. Geb. in Leinw. n. 7. —

Hôtel- u. Gasthof-Adressenbuch v. Oesterreich-Ungarn, Bosnien u. der Herzegowina, nach amtl. Daten zusammengestellt, m. e. illustr. Hôtel-Anh. u. e. Anh.: Hôtels der bedeutendsten Städte u. Orte der europ. Staaten. Hrsg. v. Leop. Seiler. Ausg. 1901—1902. 8. (VII, 340 S.) Wien (II/2, Asperngasse 4—6, Hotel Kronprinz), L. Seiler. Geb. in Leinw. n.n. 6. —

Hotelbuch, bayerisches. Mit Anh.: Die Bäder, Heilanstalten, Kurorte, Sommerfrischen u. Wintersport-Plätze in Bayern. (Ein zuverläss. Führer f. alle Bayern-Reisenden.) Ausg. 1907. (46 S. m. Abbildgn.) 8. München, C. Teubert. (Nur direkt.) — 30

Hôtel- und Bahnhofs-Courskarte von Mittel-Europa. Nach amtl. Quellen. 176 zu 212 Cent. 9 Bl. Vierfacher Farbendr. Imp.-Fol. Weimar 878, Geographisches Institut. * Zusammengeklebt * ℳ 11., auf Leinw. mit Stäben ** Lackirt **

Hôtel- und Bahnhofs-Courskarte von Mittel-Europa. Nach amtl. Quellen 176.212 cm. Weimar, Geogr. Inst., 1881. Imp.-Fol. 9 Bll. in 4fachem Farbendruck
——, —— 4. Aufl. Weimar, Geogr. Inst., 1889. Imp.-Fol. 9 Bll. Chromolith. M 10

Hotelführer, deutscher, m. Städte-Bildern u. -Wappen. Reiseführer. Empfehlenswerte Hotels aller wicht. Plätze f. den Reiseverkehr, Bäder u. Kurorte des Deutschen Reiches, nebst Anh. des Auslandes etc. Internation. Hotel-Telegraphen-Schlüssel f. Zimmer-Bestellungen. Ausg. 1905. (IV, 432 S.) 4. Stuttgart (Hermannstr. 14), Carl Bezner & Co. Geb. in Leinw. n. 30. —

Praktischer Hotel-Führer für die Reise. Nachweis empfehlenswerter Hotels in Mitteleuropa. 11. Aufl. Berlin, A. Goldschmidt 1902 03 (140 S.) 8°.
Reisebücher, Griebens Bd 85 [illegible]

Hotelführer. Praktischer H'-F' für die Reise (*Umschlag:* für das reisende Publikum). Nachweis empfehlenswerter Hotels in Mittel-Europa. 12. Aufl. 148 + *Annoncen* 12 S. 8. Berlin, Albert Goldschmidt, 1904-1905. (M. 1. —)
Griebens Reiseführer. Band 85.

Hotelführer durch die Schweiz. Supplement zu Bädecker, Berlepsch, Tschudi, sowie allen andern Reiseführern. Neue umgearb. Auflage. Kl. in-8°, 3 Bog. Leipzig, Ed. Kummer. 1886 1 35

Hotelier, der, der Gastwirt, der Cafetier u. die übrigen Schankgewerbe-Inhaber; ihre Rechte u. Pflichten. Ein prakt. Berater in allen f. diese konzessionierten Gewerbe gelt. gesetzl. Bestimmgn. Mit Formularien. (IV, 110 S.) 8. Wien (904). L. Weiß. n. 1, 35

Hotel-Industrie und Kochkunst. Illustrierte Monatsschrift. [Red.: H. Bieder.] Luzern: Union Helvetia 1899 (1902). 8°

Hotel-Revue. Gasthof-Zeitung. Zeitschrift üb. Gasthaus-Gewerbe u. Kochkunst. Schriftleiter: A. Möller. 21. Jahrg. 1898. 52 Nrn. (à ca. 8 S.) Fol. Leipzig, P. M. Blüher. n. 10. —
Kann auch vierteljährlich bezogen werden.

— dasselbe, s. a.: Restaurant-Hotel-Revue.

Hotel-Revue. Gasthof-Zeitung. Zeitschrift üb. Gasthaus-Gewerbe u. Kochkunst. Schriftleiter: A. Möller. 22.—25. Jahrg. 1899—1902. à 52 Nrn. gr. Fol. (à ca. 8 S.) Leipzig, P. M. Blüher. à Jahrg. n. 10. —

Hotel-Revue, Gasthof-Zeitung. Zeitschrift üb. Gasthaus-Gewerbe u. Kochkunst. Genossenschafts-Zeitg. des deutschen Kellner-Bundes Union Ganymed. Schriftleiter: A. Möller. 26.—29. Jahrg. 1903—1906. à 52 Nrn. (à ca. 8 S.) gr. Fol. Leipzig, P. M. Blüher. à Jhrg. n. 10. —

Hotel-Revue, Gasthof-Zeitung. Zeitschrift üb. Gasthaus-Gewerbe u. Kochkunst. Genossenschafts-Zeitg. d. deutschen Kellner-Bundes Union Ganymed. Schriftleiter: A. Möller. 30. u. 31. Jahrg. 1907 u. 1908. à 52 Nrn. (à ca. 8 S.) 47,5×32 cm. Leipzig [P. M. Blüher]. Deutscher Kellner-Bund. à Jahrg. 10. —

Schweizer Hotel-Revue. [Red.: Otto Amsler.] Basel: Administration 1892 (1902). 8°

Hôtels, les, de Baden-Baden. qu. 16. (43 Stnt. in Tondr.) Baden 858. (Carlsruhe 858, Gessner'sche Buchh.) *

Hôtels et Cafés; Commerce de boissons alcooliques. Publié par le Bureau de la Commission centrale pour la Bibliographie suisse. Rédigé par le Bureau de la C' c'. VIII + 166 p. 8. Berne, K.-J. Wyss, 1907. [fr. 2.—] Lesesaal

Ausg. B mit französ. Titeln. — Bibliographie nationale suisse... Fascicule V9g.)

Hotels, Kurhäuser, Pensionen und Gasthäuser im Glarnerland. Hrg. vom Verband der Kur- und Gasthausbesitzer des Kantons Glarus. [Illustriert.] IV + 20 S. 8. Schwanden, Dl. Tschudy-Aebly, 1904.

Hotels, Kurhäuser, Pensionen und Gasthäuser im Glarnerland. [Illustriertes Verzeichnis mit kurzen Ortsbeschreibungen.] Hrg. vom Verband der Kur- und Gasthausbesitzer des Kantons Glarus. IV + 20 S. 8. Schwanden, Dl. Tschudy-Aebly, 1906.

Hotels, Die, der Schweiz; ein Führer und Rathgeber für Touristen. Basel 1896. V: *Guyer-Freuler, Ed.* (ZZ)

Die **Hotels** der Schweiz. Ein Führer u. Ratgeber für Touristen. Herausg. vom Schweizer. Hotelier-Verein durch dessen offizielles Centralbureau in Basel. (Selbstverlag.) Mit zahlr. Abbild. und 1 Karte. In-8°. XXIV, 150 S. Basel, Druck der Schweiz. Verlags-Druckerei. 1896 — 50

*** Auch in französ. und engl Sprache erschienen.

— dasselbe. 2. Ausg. 1898. 8. (236 S. m. Abb. u. 1 Karte.) Kart. Ebd. Unentgeltlich f. d. Mitgl. d. Hotelier-Vereins. In englischer u. französischer Sprache zu gleichem Preise.

Hotels. Die Hotels der Schweiz. Anhang: Bodensee, Italienische Seen und Chamonix. Ein zuverlässiger Führer für Reisende. Hrg. vom Schweizer Hotelier-Verein im Verlag von dessen officiellem Centralbureau in Basel. 3. Ausg. Serie 1901. [Mit Ansichten und 1 Karte.] 174 S. 8. Basel, Schweizer. Verlags-Druckerei, 1901.

(In den Buchhandlungen fr. —.50, Durch die Post fr. —.30, Auf persönl. Verlangen gratis.)

Hotels. Die Hotels der Schweiz. Anhang: Bodensee, Italienische Seen und Chamonix. Ein zuverlässiger Führer für Reisende. Hrg. vom Schweizer Hotelier-Verein im Verlag von dessen officiellem Centralbureau in Basel. 3. Aufl. Serie 1902. Revidiert und ergänzt. [Mit Ansichten und 1 Karte.] 182 S. 8. Basel, Schweizer. Verlags-Druckerei, 1902.

(In den Buchhandlungen fr. —.50, Durch die Post fr. —.30, Auf persönl. Verlangen gratis)

Hotels, die, der Schweiz. Anh.: Bodensee, italien. Seen u. Chamonix. Ein zuverläss. Führer f. Reisende. Hrsg vom schweizer Hotelier-Verein durch dessen officielles Centralbureau in Basel. 3. Aufl. Serie 1902. Rev. u. ergänzt. 8. (182 S. m. Abbildgn. u. 1 farb. Karte) Basel. (Genf, Ch. Eggimann & Co.) In Leinw. kart. — 50

Hotels. Die H' der Schweiz. Mit Anhang: Bodensee (rechtes Ufer), Genfersee (linkes Ufer), Italienische Seen und Chamonix. Hrg. vom Schweizer Hotelier-Verein im Verlag von dessen offiziellem Centralbureau in Basel. Ausg. 1904/06. Serie 1904. Revidiert und ergänzt. [Mit Ansichten und 1 Karte.] 174 S. 8. Basel, Schweizer. Verlags-Druckerei, 1904.

(In den Buchhandlungen fr. —.50, Durch die Post fr. —.30, Auf persönl. Verlangen gratis)

Hotels. Die H' der Schweiz. Mit Anhang: Bodensee (rechtes Ufer), Genfersee (linkes Ufer), Italienische Seen und Chamonix. Hrg. vom Schweizer Hotelier-Verein im Verlag von dessen offiziellem Centralbureau in Basel. Erscheint jährlich, im März..., deutsch, französisch und englisch. 11. Ausgabe 1906. (Enthält die Ansichten, Preise & übrigen Details von 750 Hotels....) [Mit 1 Karte.] 206 S. 8. Basel, G. Böhm. (Im Buchh. fr. —.50, In Verkehrsbureaus *etc.* Gratis)

Frühere Ausgaben 1901, 1902, 1904: N 262, N 1433, N 2962

Hotels, die, der Schweiz. Mit Anh.: Bodensee (rechtes Ufer), Genfer See (linkes Ufer), italien. Seen u. Chamonix. Hrsg. v. Schweizer Hotelier-Verein. 11. Ausg. 1906. (206 S. m. Abbildgn. u. 1 Karte.) 8. Basel, (Leipzig, G. Hedeler.) n. — 40; engl. u. franz. Ausg. à n. — 40

Hotels. Die H' der Schweiz Mit Anhang: Bodensee (deutsches Ufer), Genfersee (franz. Ufer), Oberitalienische Seen und Chamonix. Hrg. vom Schweizer Hotelier-Verein im Verlag von dessen Zentralbureau in Basel. Erscheint jährlich..., deutsch, französisch und englisch. 12. Ausgabe. (Enthält die Ansichten und Preise von 800 Hotels.) Gültig vom 1. April 1907 bis 1. April 1908. [Mit 1 Karte.] 214 S. 8. Basel, G. Böhm, (1907). (Im Buchh. fr. —.50, In Verkehrsbureaus *etc.* gratis)

Hotels. Die H' der Schweiz. Mit Anhang: Oberitalienische Seen, Chamonix-Tal und Bodensee (deutsches Ufer). Hrg. vom Schweizer Hotelier-Verein im Verlag von dessen Zentralbureau in Basel. Erscheint jährlich..., deutsch, französisch und englisch. 13. u. 14. Ausgabe.... 8. Basel, G. Böhm. (Im Buchh. *je* fr. —.50, In Verkehrsbureaus *etc.* gratis) Q

13. Ausgabe. (Enthält die Ansichten und Preise von 800 Hotels.) Gültig vom 1. April 1908 bis 1. April 1909. [Mit 1 Karte.] 222 S. (1908.)
14. Ausgabe. Gültig vom 1. April 1909 bis 1. April 1910. [Mit Illustrationen und 1 Karte.] 223 S. (1909.)

Hotels, die, der Schweiz. Mit Anh.: Oberitalienische Seen, Chamonix-Tal u. Bodensee [deutsches Ufer]. Hrsg. vom Schweizer Hotelier-Verein. 14. Ausg. Gültig vom 1. IV. 1910 bis 1. IV. 1911. (220 S. m. Abb. u. 1 farb. Karte.) 8. Basel (Georg & Co.) — 40; engl. u. französ. Ausg. à — 40

Hotels. Les H' de la Suisse. [Avec] Annexe: Lacs italiens. Lac de Constance et Chamonix. Guide pour les voyageurs. Publié au nom de la Société suisse des Hôteliers par l'intermédiaire de son Bureau central officiel à Bâle (2e Éd.) [Avec des illustrations et 1 carte.] 8 Bâle 1898.

Hôtels. Les Hôtels de la Suisse. Annexe: Lac de Constance, Lacs italiens et Chamonix. Guide de Voyage. Publié au nom de la Société Suisse des Hôteliers par l'intermédiaire de son Bureau central officiel à Bâle. 3e éd. Série 1901. [Avec des vues et 1 carte.] 174 p. 8. Bâle, Schweizerische Verlags-Druckerei, 1901.

(Dans les librairies fr. —.50, Par la poste fr. —.30, Sur demande personnelle gratis.)

Hôtels. Les Hôtels de la Suisse. Annexe: Lac de Constance, Lacs italiens et Chamonix. Guide de Voyage. Publié au nom de la Société Suisse des Hôteliers par l'intermédiaire de son Bureau central officiel à Bâle. 3e éd. Série 1902. Revue et complétée. [Avec des vues et 1 carte.] 182 p. 8. Bâle, Schweizerische Verlags-Druckerei, 1902.

(Dans les librairies fr. —.50, Par la poste fr — 30, Sur demande personnelle gratis)

Hôtels. Les H' de la Suisse. Avec Annexe: Lac de Constance ⟨rive droite⟩, Lac Léman ⟨rive gauche⟩, Lacs italiens et Chamonix. Publié au nom de la Société Suisse des Hôteliers par l'intermédiaire de son Bureau central officiel à Bâle. (4e éd.:) Éd. 1904/06. Série 1904. Revue et complétée. [Avec des vues et 1 carte.] 174 p. 8. Bâle, Schweizerische Verlags-Druckerei, 1904.

(Dans les librairies fr. —.50, Par la poste fr. —.80, Sur demande personnelle gratis)

Hôtels. Les H' de la Suisse. Avec Annexe: Lac de Constance ⟨rive droite⟩, Lac Léman ⟨rive gauche⟩, Lacs italiens et Chamonix. Publié au nom de la Société Suisse des Hôteliers par l'intermédiaire de son Bureau central officiel à Bâle. Paraît chaque année, en avril. (10e) Éd. 1905. (Contient les Vues, les Prix etc. de 700 Hôtels et Pensions.) [Avec 1 carte.] 182 p. 8. Bâle, Schweiz. Verlags-Druckerei G. Bœhm, 1905. (Dans les libr. fr. —. 50, Aux Bureaux de renseignements *etc.* Gratuit)

Hôtels. Les H' de la Suisse. Avec Annexe: Lac de Constance ⟨rive droite⟩, Lac Léman ⟨rive gauche⟩, Lacs italiens et Chamonix. Publié au nom de la Société suisse des hôteliers par l'intermédiaire de son Bureau central à Bâle. Paraît chaque année, en mars..., en français, anglais et allemand. 11e éd. 1906. (Contient les Vues, les Prix et autres Détails de 750 Hôtels....) [Avec 1 carte.] 206 p. 8. Bâle, G. Bœhm. (Dans les libr. fr. —. 50, Aux Bureaux de renseignements *etc.* Gratuit)

Hôtels. Les H' de la Suisse. Avec Annexe: Lac de Constance ⟨côte allem.⟩, Lac Léman ⟨côte franç.⟩. Lacs italiens et la Vallée de Chamonix. Publié au nom de la Société Suisse des Hôteliers par l'intermédiaire de son Bureau central à Bâle. Paraît chaque année..., en français, anglais et allemand. 12e éd. (Contient les Vues et les Prix de 800 Hôtels.) Valable du 1er avril 1907 au 1er avril 1908. [Avec 1 carte.] 214 p. 8. Bâle, G. Bœhm, (1907). (Dans les libr. fr. —. 50, Aux Bureaux de renseignements *etc.* Gratuit)

Hôtels. Les H' de la Suisse. Avec Annexe: Lacs italiens, Vallée de Chamonix et Lac de Constance ⟨côte allemande⟩. Publié au nom de la Société Suisse des Hôteliers par l'intermédiaire de son Bureau central à Bâle. Paraît chaque année..., en français, anglais et allemand. 13e *et* 14e éd. ... . 8. Bale, G. Bœhm. (Dans les libr. d fr. —. 50, Aux Bureaux de renseignements *etc.* Gratuit) Q

13e éd. (Contient les Vues et les Prix de 800 Hôtels.) Valable du 1er avril 1908 au 1er avril 1909. [Avec 1 carte.] 222 p. (1908.)
14e éd. Valable du 1er avril 1909 au 1er avril 1910. [Avec des illustrations et 1 carte.] 223 p. (1909.)

Hotels. The H' of Switzerland. A Tourists' Guide. Published by the Association of Swiss Hotel Proprietors... at their Central office in Basle. (1st Ed.) [With Illustrations and 1 Map.] 8. Basle 1896.

Hotels. The Hotels of Switzerland. Appendix: The Italian Lakes, Lake of Constance, and Chamonix. A reliable Travellers' Guide. Published by the Association of Swiss Hotel Proprietors at their Central Office in Basle. 3. ed. Serie 1901. [With views and 1 map.] 174 p. 8. Basle, Swiss Publishing and Printing Office, 1901.

(At Booksellers' 5 pence, By post 8 pence, By personal receipt gratuitous.)

Hotels. The Hotels of Switzerland. Appendix: The Italian Lakes, Lake of Constance, and Chamonix. A reliable Travellers' Guide. Published by the Association of Swiss Hotel Proprietors at their Central Office in Basle. 3. ed. Serie 1902. Revised and completed. [With views and 1 map.] 182 p. 8. Basle, Swiss Publishing and Printing Office, 1902.

(At Booksellers' 5 pence, By post 8 pence, By personal receipt gratuitous)

Hotels. The H' of Switzerland. With Appendix: Lake of Constance ⟨right shore⟩, Lake of Geneva ⟨left shore⟩, Italian Lakes and Chamonix. Published by the Swiss Society of Hotel Proprietors at their Central Office in Basle. (4th ed.:) Ed. 1904/06. Issue 1904. Revised and completed. [With views and 1 map.] 174 p. 8. Basle, Swiss Publishing and Printing Office, 1904.

(At Bookseller's 5 pence, By post 8 pence, On personal application gratuitous)

Hotels. The H' of Switzerland. With Appendix: Lake of Constance ⟨right shore⟩, Lake of Geneva ⟨left shore⟩, Italian Lakes and Chamonix. Published by the Swiss Society of Hotel Proprietors at their Central Office in Basle. Appears every year, in March..., in English, French and German. 11th Ed. 1906. (Contains Views, Price-Lists and other Details of 750 Hotels....) [With 1 Map.] 206 p. 8. Basle, G. Bœhm. (At the booksellers fr. —. 50, At General Enquiry Offices *etc.* gratis)

Previous editions, 1901, 1902, 1904: N 264, N 1435, N 2963

Hotels. The H' of Switzerland. With Appendix: Lake of Constance ⟨German shore⟩, Lake of Geneva ⟨French shore⟩, Italian Lakes and Chamonix. Published by the Swiss Society of Hotel Proprietors at their Central Office in Basle. Appears every year..., in English, French and German. 12th Ed. (Contains Price-lists and Views of 800 Hotels.) Available from 1st April 1907 to 1st April 1908. [With 1 Map.] 214 p. 8. Basle, G. Bœhm, (1907). (At the booksellers fr. —. 50, At General Enquiry Offices *etc.* gratis)

Hotels. The H' of Switzerland. With Appendix: Italian Lakes, Valley of Chamonix and Lake of Constance ⟨German shore⟩. Published by the Swiss Society of Hotel Proprietors at their Central Office in Basle. Appears every year..., in English, French and German. 13th *and* 14th Ed. ... . 8. Basle, G. Bœhm. [At the booksellers *each* fr. —. 50, At General Enquiry Offices *etc.* gratis) Q

13th Ed. (Contains Price-lists and Views of 800 Hotels.) Available from 1st April 1908 to 1st April 1909. [With 1 Map.] 222 p. (1908.)
14th Ed. Available from 1st April 1909 to 1st April 1910. [With Illustrations and 1 Map] 223 p. (1909.)

Hoteltelegraphenschlüssel. Internationaler H'-T'-Sch' für Zimmer-Bestellungen. Aufgestellt vom Internationalen und vom Schweizer Hotelier-Verein = International Hotel-Telegraph-Code for engaging Rooms... = Code télégraphique international des hôtels pour les commandes de chambres... = Codice telegrafico internazionale degli alberghi per ordinazioni di camere.... [4 S. 8 + 1 S. fol.,] *zus.-gefaltet* 8. [Basel, Verlagsdruckerei, 1905.]

Hotel-(Gasthofs)-Zeitung. Organ für die Interessen des gesammten Gasthofswesen, sowie officielles Anzeigeblatt des Vereins deutscher Gasthofsbesitzer. Redakt.: L. Heyne. Jahrg. 1865. 52 Nrn. (Bog.) gr. Fol. Magdeburg, (Schäfer.) *

Hotel-Zeitung, allgemeine europäische. Journal zur angenehmen, interessanten und nützl. Unterhaltung. Redakt.: B. Hermanni. Jahrg. 1863. 52 Nrn. (Bog.) Mit Beilagen. gr. 4. Stuttgart, (Roth.) *

Hotel- u. Gastwirths-Zeitung, allgemeine. Fach-Zeitschrift f. die Gesammt-Interessen d. Hotel-, Gastwirths- u. Restaurations-Wesens. Hrsg. u. red. v. E. Max Hegebarth u. L. Oldenburg. Jahrg. 1868. 52 Nrn. ($1\frac{1}{2}$ B.) gr. 4. Berlin, Hegebarth. n. 8.—
Fortsetzg. s.: Central-Zeitung f. Hoteliers u. Gastwirthe.

Hötensleben [Schlagwort]

Hötensleben, s.: Preussen. Messtischblätter.

Hötensleben [Verfasser]

Hoetensleben, Carl Wilhelm (Wriezen a./Oder), De tussi convulsiva. Diss. med. Bln. (Brüschck) 4. IX. 1828. 36 S. mit Biogr. (M.: M. Thielek.) (6.50) 15462
Oppon.: C. Donop, E. Gabler, J. Fromm.

Hotes, Heinr., Plan der grossherzogl. Haupt- und Residenz-Stadt Oldenburg. Mit Genehmigung des Vermessungs-Directors Frhrn. v. Schrenck nach den Landesvermessungs-Karten bearb. 1:5000. Fol. Oldenburg 867, (Schmidt.) *

Hotes, Paul, appr. Arzt: Ein Fall von primärem Sarkom der Gallenblase. Borna-Leipzig 1910: Noske. 42 S. 8°
Leipzig, Med. Diss. v. 20. März 1910, Ref. Marchand
[Geb. 15. Dez. 77 Krefeld; Wohnort: Berlin; Staatsangeh.: Preußen; Vorbildung: Kgl. Gymn. Düsseldorf Reife M. 00; Studium: München 3, Berlin 8, Kiel 3 S.; Coll. 23. März 10; Approb. 21. Mai 09.] [U 10. 2986

Hoth, Bernhard. Ein Beitrag zur Lehre der Ausblutung bei verschiedenen Schlachtmethoden. Diss. Vet.-Med. Bern. Separatabdruck aus Freytag, «Abhandlungen» Heft 1, Band 1. *Kopftitel:* Aus dem bakteriologischen Laboratorium des Schlachthofes zu Berlin.... 36 S. 8. Magdeburg, Leistner & Drewfs, 1908.

Hoth, Friedrich, appr. Arzt: Ein Fall von kongenitalem partiellen Ulnadefekt. Freiburg 1909: (Hamel). 16 S. 8°
Freiburg i. B., Med. Diss. v. 1910, Ref. Kraske
[Geb. 2 Sept. 81 Neu-Ruppin; Wohnort: Berlin; Staatsangeh.: Preußen; Vorbildung: Landessch. Pforta Reife M. 01; Studium: Berlin 5, Gießen 1, Berlin 3, Freiburg i. B. 2 S.; Coll. 28. Juni 07.] [U 10. 974

Hoth, Fritz, Arzt a. Rostock: Statistischer Beitrag zur Dementia praecox. ⟨Jugend-Irresein⟩. Rostock 1906: Adlers Erben. (118 S.) 8°
Rostock, Med. Fak., Ref. Schuchardt, Diss. v. 20. Aug. 1906
[Geb. 1. Juli 78 Rostock; Wohnort: Osnabrück; Staatsangeh.: Preußen; Vorbildung: Gymn. Rostock Reife O. 97; Studium: Rostock 9 S.; Coll. 12. Juli 06; Approb. 30. April 02.]

Hoth. Georg [approb. Arzt aus Garbeningken (Ostpreussen)]: Ueber Spermatocele .... Würzburg, Paul Scheiner's Buchdr., 1887; 26 S. 8°.
Würzburg, Med. Fak., Inaug.-Diss. v. 1887.

Hoth, Georg, über Spermatocele. Diss. Würzburg 1887, Stahelsche Univ.-Buchh. 8°. 26 S.

Hotho, H. G., Geschichte der christlichen Malerei in ihrem Entwicklungsgange dargestellt. (In 3 Lfgn.) 1. Lfg. gr. 8. (VIII und 238 S.) Stuttgart 867, Ebner und Seubert. *

Hotho, H. G., Geschichte der christlichen Malerei in ihrem Entwicklungsgang dargestellt. 2. und 3. Lfg. gr. 8. (S. 239—534.) Stuttgart 869,72, Ebner und Seubert.
à Lfg. *ℳ 3. *
1. Lfg. Ebendas. 1867. *ℳ 3.

— s. Hegel, G. W. Fr., Werke.

Hotho, H. G., die Malerschule Huberts van Eyck nebst deutschen Vorgängern und Zeitgenossen. Oeffentliche Vorlesung. I. Thl.: Geschichte der deutschen Malerei bis 1450. gr. 8. (XVII und 490 S.) Berlin 855, Veit und Comp. *

Hotho, H. G., die Malerschule Hubert's van Eyck nebst deutschen Vorgängern und Zeitgenossen. Oeffentliche Vorlesung. 2. Thl.: Die flandrische Malerei des 15. Jahrh. 1. Lfg. gr. 8. (XI und 244 S.) Berlin 858. [Leipzig,] Veit und Comp. *
1. Thl. Ebendas. 1855. * 2 Thlr.

—— die Meisterwerke der Malerei vom Ende des 3. bis Anfang des 18. Jahrh. in photo- und photolithogr. Nachbildungen entwickelt. 1. Lfg. gr. 4. (41 S. mit 5 Photogr. und 2 Photolithogr.) Berlin 865, G. Schauer.

Hotho, (Bothe?) H. G., Don Ramiro. Trspl. in 5 Aufz. 8. Berl. 825. Maurers B. 16 gr

Hotho, H. G., öffentliche Vorlesungen üb. Gegenstände der Literatur u. Kunst, an der kgl. Friedrich-Wilhelms-Universität zu Berlin gehalten. 2 Thle. A. u. d. Ttln.: Geschichte der deutschen u. niederländ. Malerei. 2 Bde. gr. 8. Berlin, Simion. [1. (25½ B.) 842. * 1 Thlr. 20 Ngr., 2. (17⅞ B.) 43. * 1 Thlr. 10 Ngr.] *

Hotho, H. G., Vorstudien f. Leben u. Kunst. 8. (28½ B.) Stuttgart 835, Cotta'sche Buchh. Thlr.

Hotho, Heinrich Gustav (Berlin), De philosophia Cartesiana. Diss. philos. Bln. (Johann Friedrich Starck) 2. IX. 1826. 62 S. mit Biogr. (7.—) 16137
Oppon.: C. Michelet, G. Baum, H. Stieglitz.

Hothorn, Theophil. Ern. (geb. Ermsleben 5. 4. 1822): De infantes lactandi per nutrices injuria et noxis. Berolini (1850). (22 S.) 8°
Berlin, Med. Diss. v. 16. Aug. 1850

Hotibius, L., s.a. Hottibius

Hotibii, **Ludov. Rigensis, lectiones Aristophaneae. Edit. curavit Fr. Hnr. Bothe. 8maj. Berl. 808. Weiss. 20 gr Schrbp. 1 rß 4 gr Velinp. 1 rß 12 gr**

Höting, 4 Schulreden. Osnabrück
Schul-/Univ.-Schrift 1867

Höting. Ueber den geschichtlichen Unterricht an Gymnasien. 28 S.
Kempen, Progr. 1857

Hoeting, üb. d. Versetzungen d. Schule. Osnabrück. 4. 14 p.
Schul-/Univ.-Schrift 1864

Hoting, üb. d. Vorbereitungs-Unterr. auf Gymn. Osnabr. 1863
Schul-/Univ.-Schrift

Hoeting: Üb. den Zweck d. Schulgesetze u. d. Bedingungen ihrer Wirksamkeit. Osnabrück, Schul-/Univ.-Schrift 1865.

Geschichte und Rechtsverhaltnisse des Oratoriums auf Nordstrand [v. Bernhard **Höting**]. Als Manuscript gedruckt Osnabrück. 1888. 4°.

Hoeting, Bernard. (geb. 18. 7. 1821): Vita S. Eberhardi archiepiscopi Salisburgensis. Particula I. Berolini (1854). (35 S.) 8° *, Fortsetzung bis 1899 nicht erschienen.
Berlin, Phil. Diss. v. 2. Juni 1854

Hotlau, Siegm., s. L. Fleury, die in ihren Blößen dargestellte Homöopathie.

Hotmann u. Pibrac, zweier berühmten Augenzeugen wahrhafte Erzählung d. französ. Bluthochzeit, aller ihrer Greuel u. Grausamkeiten. 2 Bde. 8. Prag 794. N. A. (A. u. d. T.: d. Pariser Bluthochzeit rc.) Herrl. (Joachim in Leipz.) 20 gr

Hotomannus, Frc.: Prima jur. civ. et antiquitatt. ad illud pertinentium elementa, quae una cum ej. auct. ICto praemissa „de antiquitatt. jpdtiae studio" praef. recudi cur. *Eph. Gerhard. Jen* 716. 8.

— — Succincta commentatio de pactis, denuo recusa. Nürnberg (Jo. Dan. Tauber's Erb.) 1716. 64 S. mit Tit.-Vign. u. Verlagsverzeichnis. (7.—) 16139

Hotomann, Franz, Formularum antiquarum reliquiae aliquot ex veterum monimentis collectae. Lemgo (Meyer) o. J. (S. 739—74.) (4.—) 16138

Hotop, Augustus: De Eustathii proverbiis.... (Aus: Jahrb. f. class. Philologie, Suppl.-Bd. 16). Lipsiae, typ. B. G. Teubneri, 1888; 2 Bl. + S. 251—318 + 1 S. + 1 Bl. 8°
Leipzig, Phil. Fak., Inaug.-Diss. v. 8. Febr. 1888

Hotop, A., de Eustathii proverbiis. [Aus: „Jahrbb. f. class. Philol. 16. Suppl.-Bd."] gr. 8. (64 S.) Leipzig 888. Teubner. n. 1. 60

Deutschlands Braunkohle, ihre Gewinnung, Verwertung u. wirtschaftl. Bedeutung mit bes. Berücks. der in d. Praxis bewährten Verbrennungs- u. Vergasungs-Einrichtungen. ⟨Mit 33 Abb.⟩ Der deutschen Braunkohlen-Industrie gewidmet von Ernst **Hotop,** Ing., u. Dr. Hch. Wiesenthal, Red. *Berlin: A. Seidel in Komm. 1902.* (67 S.) 8° (03. 337

Hotop, E., der Brennofen in der Ziegelei u. Thonwaarenfabrik, der Kalk- u. Cement-Industrie. [Aus: „Ziegel u. Cement".] gr. 8. (68 S. m. 80 Holzschn.) Berlin 890. (Polytechn. Buchhandlg.) n.n. 2. 60

Denkschrift zur Berliner Gewerbe-Ausstellung 1896 v. Ernst Hotop, Special-Ingen. f. Ziegelei-Anlagen *Berlin: ([Dr. v.] J. Sittenfeld 1896).* (32 S., 1 Pl.) 1 Bd 8. [97. 7333]

Hotop, G., u. W. Vorbrodt, Erläuterungen deutscher Lesestücke. In Anlehng. an das Lesebuch v. Steger u. Wohlrabe. 3 Tle. gr. 8. Halle, G. Schroedel. n. 10.50; geb. n.n. 12.—
I. Unterstufe. Bearb. v. W. Vorbrodt. (XII, 288 S.) 899. n. 3.—; geb. n. 3.50
II. Mittelstufe. Bearb. v. W. Vorbrodt. (XVI, 288 S.) 900. n. 3.—; geb. n. 3.50
III. Oberstufe. Bearb. v. G. Hotop. (XXIV, 422 S.) 899. n. 4.50; geb. n.n. 5.—

Hotop, G., Lehrbuch der deutschen Litteratur. 1. u. 2. Bd. gr. 8. Halle 897. H. Schroedel. n. 3.80; geb. n.n. 4.70
1. F. d. Zwecke d. Lehrerbildg. verf. 2., verm. u. verb. Aufl. (VII, 286 S.) n. 2.80; geb. n.n. 3.30
2. Für Lehrer u. Seminaristen. Beispielsammlg. z. deutschen Jugendlitteratur. (VIII, 104 S.) n. 1.—; geb. n. 1.40

Lehrbuch der deutschen Litteratur. Für d. Zwecke d. Lehrerbildung verf. von G. Hotop, Kreisschulinsp. 3. gänzl. umgearb. Aufl. (Rechtschreibung nach d. minist. Verfüg. v. 1902.) T. 1. 2. *Halle a. S.: H. Schroedel 1903.* 2 Bde 8° [13.]
1. Für Präparanden-Anstalten. 2. Für Lehrerseminare. Zur Weiterbildung. [03. 13773 3]

Hotop, G., Lehrbuch der deutschen Literatur. Für die Zwecke der Lehrerbildg. verf. 1. Tl. Für Präparanden-Anstalten. 4. verb. Aufl. (VIII, 180 S.) gr. 8. Halle 906. H. Schroedel. n.n. 1.75; geb. n. 2.25

Hotop, G., Lehrbuch der deutschen Literatur. Für die Zwecke der Lehrerbildg. verf. 2. Tl. Für Lehrerseminare. Zur Weiterbildg. 4. Aufl. (VIII, 336 S.) 8. Halle 908. H. Schroedel. 3.50; geb. n 4.—

Hotop, G., s. Salon, der. Wochenschrift.

Hotop, Heinr., Was dem Handels- und Gewerbsstande Noth thut. (Mit besond. Beziehung auf Kurhessen.) (Abdr. aus den „Blättern aus Cassel".) 8°. Cassel, Hotop, 1848.

Hotop, Heinr., was dem Handels- und Gewerbsstande Noth thut. (Mit besond. Beziehung auf Kurhessen.) 8. (23 S.) Cassel 848, Hotop. *

Hotop, Luise, do servo arbitrio. Novelle. 8 (77 S.) Leipzig 897. R. Maeder. n. 1.—

— der Tote. Novelle. 8. (48 S.) Ebd. 897. n. —75

Hotop, M., s.: Koche auf Vorrat.

Hotopf, Friedr. Aug. Gtl., wie unrecht Diejenigen thun, die sich von d. öffentl. Kirchengemeinschaft absondern, darum, weil sie auch Unwürdige in ihrem Schooße dulde. Eine Pred. 8. (1½ B.) Glogau 839, Flemming.

Hotopp, Ludw., Vorträge üb. Elastizitäts-Lehre, s.: Keck, Wilh.

— Vorträge üb. Mechanik, s.: Keck, Wilh.

Hotschick, Georg Geschichtsbilder aus Wis. Milwaukee, 1898

(JULIUS HOTTE), Geschichte der Geburtshülflichen Gesellschaft zu Hamburg von 1858 bis 1883 Der Gesellschaft und ihren Freunden zur Erinnerung an das 25jährige Stiftungsfest am 7. Oktober 1883 gewidmet. Als Manuscript gedruckt. Hamburg. 1883. 8°.

Hötte, B.: Einwirkung von Phenylhydrazin auf Anhydride zweibasischer Säuren insbesondere Phtalsäureanhydrid Leipzig, Druck v. Metzger & Wittig, 1887; 36 S. 8°
Rostock, Phil. Fak. Inaug.-Diss. v. 13. Dez. 1886

Hötte, B., Einwirkung von Phenylhydrazin auf Anhydride zweibasischer Säuren insbesondere Phtalsäureanhydrid. Diss. Rostock 1886, G. B. Leopolds Univ.-Buchh. 8°. 36 S.

Hötte, Clemens [aus Münster]: Aus d. med. Universitätsklinik zu Bonn. Ueber Complicationen bei Dystrophia muscularis progressiva ... Bonn, Buchdr. J. Bach Wwe, 1893; 33 S., 1 Bl. 8.
Bonn, Med. Fak., Inaug.-Diss. v. [4. März] 1893

Hoettel, Johann Gottlieb (Nürnberg), De permissa in jure circa actus et negotia quaedam poenitentia. Diss. jur. Altdorf (Jod. Wilh. Kohles) März 1728. 64 S. (8.—) 15463

— **Johann Paul** (Nürnberg), De antiqua ac hodierna forma jurisdictionis. Diss. jur. Altdorf (Meyer) Juni 1737. 48 S. (7.50) 15464

Hotten, Pet., neuer Kräuterschatz. 4. Nrnb. Schneider u. W. 738.

Hottenbach [Schlagwort]

Hottenbach, s.: Geologische Karten. Preussen. 79

Hottenbach, s.: Preussen. Messtischblätter.

Hottendorf, Georg [app. Arzt aus Soest]: Zwei Fälle von primären Medullar-Carcinom der Harnblase. ... München, Buchdr. v. M. Ernst, 1889; 37 S. 8°
München, Med. Fak., Inaug.-Diss. v. 1889

Hottenroth, Bruno Herm., der Klosterbruder v. St. Michael. Erzählung aus dem alten Lobbengau. (108 S.) 8. Straßburg 910. J. Singer. 1.50

Hottenroth, Carl Napoleon, s. Hottenroth, Karl Napoleon

Hottenroth, Ernst, Bauplastik. Künstlerischer Nachlass. Ausgewählt v. Karl Gross m. Vorwort v. Paul Schumann. (40 Taf. u. 4 S. Text m. Bildnis.) 39×30 cm. Berlin (909). O. Baumgärtel. In Mappe 25.—

Hottenroth, Ernst, ausgeführte dekorative Bildhauer-Arbeiten. (25 Lichtdr.-Taf. m. III S. Text.) Fol. Leipzig (903). C. Scholtze. In Mappe n. 20.—

Hottenroth E, Ausgeführte dekorative Bildhauerarbeiten. (25 T) fol Leipzig (1904)

Neue Bildhauer-Arbeiten dekorativer Art von Ernst Hottenroth. 20 Taf. Berlin: Kanter & Mohr [1904]. (26 Taf.) 2° [05. 13090]

Hottenroth, Friedrich

Hottenroth, F., die verschiedenen Instrumente f. Vermessungen u. Nivellements zum prakt. Gebrauch f. Bauaufseher, Werkmeister, Geometergehülfen etc. u. Schüler v. Baugewerkschulen. Mit 3 (lith.) Fig.-Taf. (in qu. gr. 4.) gr. 8. (IV, 39 S.) Wiesbaden 876. Limbarth. n. 1.80

Hottenroth, Friedr., die verschiedenen Instrumente für Vermessungen und Nivellements zum praktischen Gebrauch für Bauaufseher, Werkmeister, Geometergehülfen etc. und Schüler von Baugewerkschulen. 2. (Titel-)Aufl. gr. 8. (IV, 39 S. mit 3 lithogr. Fig.-Taf.) Wiesbaden 880, Limbarth. *

Hottenroth, Fr., Handbuch der deutschen Tracht. 1.—11. Lfg. gr. 8. (S. 1—704 m. Textbildern u. 22 farb. Taf.) Stuttgart 892—894. G. Weise. à n. 2. — (1. Halbbd.: n. 16. —)

Hottenroth, Frdr., Handbuch d. deutschen Tracht. M. 1631 ganzen Fig. u. 1391 Teilfig. in 271 schwarzen Textillustr., 30 Farbentaf. u. e. Titelvignette. 12.—15. (Schluss-) Lfg. gr. 8. (VI u. S. 705—983 m. 8 farb. Taf.) Stuttgart 895—896. G. Weise. à n. 2. — (kplt.: n. 30. —; geb. in Segeltuch m. Medaillon n. 35.—)

— Trachten, Haus-, Feld- und Kriegsgeräthschaften der Völker alter und neuer Zeit. Gezeichnet und beschrieben. (In ca. 16 Lfgn.) 1.—3. Lfg. gr. 4. (S. 1—48 mit eingedr. Holzschn. und 36 Stnt.) Stuttgart 879, G. Weise. à Lfg. * ℳ 3,50. * 10 50
Ausg. mit Taf. in Farbendr. à Heft * ℳ 5. * 15 —

—— Trachten, Haus-, Feld- und Kriegsgeräthschaften der Völker alter und neuer Zeit. 4.—11. Lfg. 1. und 2. Aufl. gr. 4. (1. Bd. V, S. 49—186 mit eingedr. Holzschn. und 84 Stnt.; 2. Bd. S. 1—16 mit eingedr. Holzschn. und 12 Stnt.) Stuttgart 880—84, G. Weise. à Lfg. * ℳ 3,50. *
Ausg. mit Taf. in Farbendr. à Lfg. * ℳ 5. *
1.—3. Lfg. Ebendas. 1879. à * ℳ 3,50; Ausg. mit Taf. in Farbendr. à * ℳ 5.

Hottenroth, Friedrich. Trachten, Haus, Feld- und Kriegsgerathschaften der Volker alter und neuer Zeit Stuttgart, Gustav Weise 1884—1891
2 Bde. 4°
1 1884. 2 Aufl 186 S m 78 Abb. 120 farb. Taf
2. 1891 217 S m. 45 Abb 120 farb Taf

— dasselbe. 2. Aufl. 1—8. Lfg. gr. 4. (S. 1—128 m. eingedr. Holzschn. u. je 12 Steintaf.) Ebend. 882. à n. 3. 50; Ausg. m. Taf. in Farbendr. à n. 5. —

Hottenroth, Frdr., Trachten, Haus-, Feld- u. Kriegsgeräthschaften der Völker alter u. neuer Zeit. Gezeichnet u. beschrieben. 2. Aufl. 9—14. Lfg. gr. 4. (1. Bd. V u. S. 129—186 u. 2. Bd. S. 1—76 m. eingedr. Holzschn. u. je 12 Steintaf.) Stuttgart 883—86. G. Weise. à n. 3. 50;
Ausg. m. Taf. in Farbendr. à n. 5. —

Hottenroth, F., Trachten, Haus-, Feld- u. Kriegsgeräthschaften der Völker alter u. neuer Zeit. Gezeichnet u. beschrieben. 2. Aufl. 15.—19. Lfg. gr. 4. (2. Bd. S. 77—180 m. eingedr. Holzschn. u. 60 Steintaf.) Stuttgart 887—890. G. Weise. à Lfg. n. 3. 50; Ausg. m. Taf. in Farbendr. à n. 5. —

— Trachten, Haus-, Feld- u. Kriegsgeräthschaften der Völker alter u. neuer Zeit. Gezeichnet u. beschrieben. 2. Aufl. 20. (Schluss-)Lfg. gr. 4. (2. Bd. III u. S. 181—217 m. eingedr. Holzschn. u. 12 Steintaf.) Ebd. 891. n. 3. 50; Ausg. m. Taf. in Farbendr. n. 5. — (kplt.: n. 70. —; Ausg. m. Taf. in Farbendr. n. 100. —; Ausg. m. Taf. in Farbendr. geb. n. 120. —)

—— dass. — Neue Subscription. (In 50 Lfgn.) Lfg. 1—36. (à Lfg. 1 Bog. und 4—5 Taf.) gr. 4. Ebendas. 885—88. à Lfg. * ℳ 2.—. *

Hottenroth, Friedr. Trachten, Haus-, Feld- u. Kriegsgeräthschaften der Völker alter u. neuer Zeit. 2. Aufl. Neue Subscription. 37.—50. (Schluss-)Lfg. gr. 4. (à Lfg. 1 Bog. u. 4—5 Taf.) Stuttg. 889—91, G. Weise. à Lfg. * 2 —; * 28 —
1 36. Lfg. Ebd. 1885—88. * 72 —.

— deutsche Volkstrachten — städtische u. ländl. — v. 16. Jahrh. an b. zum Anfange d. 19. Jahrh. Volkstrachten aus Süd- u. Südwest-Deutschland. 4. (VIII, 224 S. m. Abb. u. 48 farb. Taf.) Frankfurt a/M. 898. H. Keller. n. 24. —; Probeheft n. 4. —

Hottenroth, Frdr., deutsche Volkstrachten — städtische u. ländliche — vom XVI. Jahrh. an bis um die Mitte des XIX. Jahrh. (II u. III.) gr. 8. Frankfurt a/M., H. Keller. à n. 24. —; geb. à n. 27. 50
II. Volkstrachten aus West- u. Nordwest-Deutschland. (VIII, 220 S. m. 52 Abbildgn. u. 48 farb. Taf.) 900.
III. Volkstrachten aus Nord- u. Nordost-Deutschland sowie aus Deutsch-Böhmen. (IX, 244 S. m. Abbildgn. u. 48 farb. Taf.) 902.

Hottenroth, Frdr., die nassauischen Volkstrachten. Auf Grund des vom Amtsgerichtsrat a. D. Düssel gesammelten Materials bearb. Hrsg. vom Verein f. nass. Altertumskunde u. Geschichtsforschg. Mit 29 farb. Taf., 39 Trachtenabbildgn. u. 1 Religionskarte im Text sowie 1 Trachtentypen-Karte. (XII, 225 S.) gr. 8. Wiesbaden 905. (Moritz & Münzel. — H. Römer.) n. 10. —; geb. n. 11. —

Die nassauischen Volkstrachten auf Grund des vom † Amtsger.R. a. D. Düssell gesammelten Materials bearb. von Friedrich **Hottenroth.** Hrsg. v. Ver. f. nass. Altertumskunde u. Geschichtsforsch. Mit 29 Taf., 39 Trachtenabb. u. 1 Religionskarte sowie 1 Trachtentypenkarte. Wiesbaden: Ver. f. nass. Altertumskunde 1905. (XII, 225 S.) 8° (o4. 5917 4

Hottenroth, Joh., Wertheim am Main. Ein Führer durch die Stadt u. ihre nächste Umgebung, nebst geschichtlicher Darstellung über die Abtei Brombach, Propstei Triefenstein u. Karthause Grünau. 8. (157 S.) Wertheim 878. Nemnich. cart. n. 2. —

Hottenroth, Joh. Edm., Geschichte der sächsischen Fahnen u. Standarten. Im Auftrage des königl. sächs. Kriegsministeriums bearb. 15 bunte Bildertaf. nach Zeichngn. v. H. Dietrich, 13 Textbilder nach Zeichngn., Photographien u. Originalen, u. 18 Zierleisten nach Orig.-Stickereien. (XII, 172 S.) Lex. 8. Dresden 910. G. A. Kaufmann's Buchh. 14.—; geb. in Leinw. 16. —

Hottenroth, Karl Napoleon

Hottenroth, Carl Nap., († d. 2. Febr. 1851), s.: Gentleman. — Müller, Edwin. (Pseud.)

Hottenroth, Carl Napoleon (Marienstern), De aluminis usu therapeutico. Diss. med. Lpz. (Gust. Naumann) 6. III. 1838. 24 S. (6.—) 16140
Gew.: Ignaz Bernhard Mauermann, Wilhelm Friedrich.

Hottenroth, Valentin, a. Johannisberg a. Rhein: Über Disubstitutionsprodukte der Essigsäure und Malonsäure. Kaiserslautern [1905]: Ph. Rohr. (74 S.) 8°
München, Phil. Fak., Ref. Willstätter, Diss. v. 15. Apr. 1905
[Geb. 21. Okt. 78 Johannisberg a. Rh.; Wohnort: Johannisberg; Staatsangeh.: Preußen; Vorbildung: Kaiser Wilhelms-Gymn. Montabaur Reife O. 98; Studium: München 13 S.; Rig. 18. Juli 04.]

Hottenrott, A., praktischer Rechts-Beistand, s.: Hasenstrauch, W.

— Rechtshülfe f. den Verkehr m. Verwaltungsbehörden nebst Eingabe-Mustern. (VII, 238 S.) 8. Düsseldorf 910. L. Schwann. Geb. in Leinw. 3. —

Hottenrott, Carl, s. Hottenrott, Karl

Hottenrott, H.

Hottenrott. Die wesentlichsten Ausgaben und Einnahmen für den Staatsschatz bei den Römern. (Erste Periode bis zum Aufhören des tributum ex censu 167 v. Chr.) 17 S.
Emmerich, Progr. 1855

Hottenrott, H. Ueber den Geschichtsunterricht auf Gymn. 17 S. . . .
Progr. Emmerich 1837

Hottenrott. Wem stand im römischen Staate das Recht der Besteuerung und der Verfügung über die Staatsgelder zu? 4°. Emmerich 1861.

Hottenrott: Wem stand im römischen Staate das Recht der Besteuerung und die Verfügung über die Staatsgelder zu? 16 S.–Emmerich, Progr. 1862

Hottenrott, Heinr., Aufgaben zum Uebersetzen aus d. Deutschen in's Lateinische. 4. Thl. f. Tertia. 2., verm. Aufl. gr. 8. (11 1/4 B.) Leipzig 846, Fr. Fleischer.
Vgl. 9. Bd. 1. Abthl. S. 432.

Hottenrott, Heinr., Aufgaben zum Uebersetzen aus dem Deutschen in's Lateinische, zu den latein. Grammatiken von Zumpt, Meiring, Putsche, Siberti, Berger. Für die Tertia eines Gymnasiums. 3., verm. Aufl. gr. 8. (IV und 180 S.) Leipzig 858. Fr. Fleischer.

Hottenrott, Heinr., Aufgaben zum Übersetzen aus dem Deutschen in's Lateinische, zu den lateinischen Grammatiken von Zumpt, Meiring, Putsche, Siberti, Berger. Für die Tertia eines Gymnasium's. 4. Aufl. gr. 8. (VI und 182 S.) Leipzig 865, F. Fleischer.

Hottenrott, Heinr., Aufgaben z. Uebersetzen aus d. Latein. in's Deutsche u. aus d. Deutschen in's Lateinische. 3. u. 4. Thl. gr. 8. Emmerich, Romen.
Thl. 3. Für die Quarta ein. Gymnasiums. 1. Aufl. (9 3/4 B.) 836., 2. A. (10 B.) 839. à 8 Gr.
» 4. Für die Tertia ein. Gymnasiums. (7 B.) 837. 7 Gr.
1. Thl. Düsseldorf 833, Schreiner; 2. Thl. Emmerich 834, Romen. à 14 Gr.

Hottenrott, Heinr., Aufgaben zur allgemeinen Wiederholung und zusammenhängende Stücke für Quinta. 8. Berlin 870, Habel. *

Hottenrott, Heinr., Beispiele z. Uebersetzen aus d. Latein. in's Deutsche u. a. d. Deutschen in's Latein., nach Zumpt's „kleiner Grammatik„ geord. 1. Thl. Für d. Sexta e. Gymnasiums. gr. 8. (17 1/2 B.) Düsseldorf 833, Schreiner.

—— dass. 2. Thl. Für d. Quinta e. Gymnas. gr. 8. (15 B.) Emmerich 834. (Wesel, Bagel.)

Hottenrott, Heinr., Aufgaben z. Uebersetzen aus d. Latein. in's Deutsche u. aus d. Deutschen in's Lateinische. 3. u. 4. Thl. gr. 8. Emmerich, Romen. — 15
Thl. 3. Für die Quarta ein. Gymnasiums. 1. Aufl. (9 3/4 B.) 836., 2. A. (10 B.) 839. à 8 Gr.
» 4. Für die Tertia ein. Gymnasiums. (7 B.) 837. 7 Gr.
1. Thl. Düsseldorf 833, Schreiner; 2. Thl. Emmerich 834, Romen. à 14 Gr.

Hottenrott, Heinr., Sammlung von Aufgaben zum Übersetzen aus dem Deutschen in's Lateinische, mit Hinweisungen auf die Lateinischen Grammatiken von Zumpt, Meiring, Ferd. Schultz u. Geist [Krebs]. Für die Unter- u. Obersecunda eines Gymnasium's. Leipzig 859. Fr. Fleischer. gr. 8. (IV, 332 S.) 21 ngr.

— Übungsbuch zum Übersetzen aus dem Deutschen in's Lateinische, zu den lateinischen Grammatiken von Siberti-Meiring, Putsche, Berger u. Schultz. Für die Quarta eines Gymnasium's. 5. Aufl. Emmerich 862. Romen. gr. 8. (VII, 163 S.) 12 1/2 ngr.

—— Uebungsbuch rc. für die Quarta eines Gymnasiums. 6. Aufl. 8. Ebendas. 868. *

Hottenrott, Heinr., Übungsbuch zum Übersetzen aus dem Deutschen ins Lateinische, zu den latein. Grammatiken von Siberti-Meiring, Putsche, Berger und Schultz. Für die Quarta eines Gymnasiums. 7. verb. Aufl., hrsg. von J. Hemmerling. gr. 8. (VIII, 192 S.) Berlin 884, Habel. *

Hottenrott, Heinr., Uebungsbuch z. Uebersetzen aus d. Latein. ins Deutsche u. a. d. Deutschen ins Lateinische. 2. Thl. Für die Quinta e. Gymnasiums. gr. 8. (IV u. 176 S.) Emmerich 847, Romen. 12 ngr.

— Übungsbuch zum Übersetzen aus dem Lateinischen in's Deutsche und aus dem Deutschen in's Lateinische. 2. Thl. Für die Quinta eines Gymnasiums. 3. Aufl. Emmerich 856. Romen. gr. 8. (2 Bl., 202 S.) 12 ngr.

— Ubungsbuch zum Ubersetzen aus dem Lateinischen in's Deutsche und aus dem Deutschen in's Lateinische. Für die Quinta eines Gymnasiums. 4. Aufl. Ebend. 862. gr. 8. (IV, 220 S.) 15 ngr.

—— Uebungsbuch zum Uebersetzen aus dem Lateinischen in's Deutsche und aus dem Deutschen in's Lateinische. Für die Quinta eines Gymnasiums. 5. Aufl. 8. Ebendas. 868. *

Hottenrott, Heinr., Uebungsbuch zum Uebersetzen aus dem Lateinischen in's Deutsche und aus dem Deutschen in's Lateinische. Für die Quinta eines Gymnasium's. 6. Aufl. gr. 8. (VII, 200 S.) Berlin 876, Habel. * 1 60

—— Übungsbuch zum Übersetzen aus dem Lateinischen ins Deutsche und aus dem Deutschen ins Lateinische. Für die Quinta eines Gymnasiums. 7. verb. Aufl., hrsg. J. Hemmerling. gr. 8. (VIII, 200 S.) Ebendas. 884. *

— Uebungsbuch für den ersten Unterricht in der Griechischen Sprache. Köln 855. DuMont-Schauberg. gr. 8. (VI, 126 S.) n. 12 ngr.

—— Uebungsbuch für den ersten Unterricht in der griechischen Sprache. 2. und 3. Thl. Für die Tertia eines Gymnasiums. gr. 8. Köln 857, Du Mont-Schauberg'sche Buchh. *
Inhalt:
Thl. 2. Aufgaben zum Uebersetzen aus dem Griechischen in's Deutsche. (VI und 200 S.) * 18 Ngr.
» 3. Aufgaben zum Uebersetzen aus dem Deutschen in's Griechische. (115 S.) * 10 Ngr.
1. Thl. Ebendas. 1855. * 12 Ngr.

—— Uebungsbuch f. den ersten Unterricht in der latein. Sprache. gr. 8. (7 3/4 B.) Emmerich 845, Romen. (Leipzig, Hermann.)

—— dass. 2. Thl. Für die Quinta eines Gymnasiums. gr. 8. (11 1/2 B.) Ebds. 846.

—— Uebungsbuch für den ersten Unterricht in der lateinischen Sprache. 2. Aufl. gr. 8. (VII und 127 S.) Emmerich 853, Romen.

—— Uebungsbuch für den ersten Unterricht in der lateinischen Sprache. 3. Aufl. gr. 8. (VII und 135 S.) Emmerich 857, Romen.

—— Uebungsbuch für den ersten Unterricht in der Lateinischen Sprache (für Sexta). 6. Aufl. 8. Ebendas. 871. *

—— Übungsbuch für den ersten Unterricht in der lateinischen Sprache. Für die Sexta eines Gymnasiums. 7. und 8. verb. Aufl., hrsg. von J. Hemmerling. gr. 8. (VIII, 164 S.) Ebendas. 880,84. *

Hottenrott, Karl

Hottenrott, O. Aperçu de l'histoire de la formation de la langue française jusqu'à l'époque où l'on peut la regarder comme essentiellement fixée. Spremberg, R., 1868. 14 S. 4. **Progr.**

Hottenrott, Karl Über germanische Wörter im Französischen. 15 S. **Progr.** Rg. *Cöln* 1876.

Hottenrott, Max. Fest-Schrift f. das 1. Elsaß-Lothringische Sänger-Bundes-Fest am 17. u. 18. Mai [Pfingsten] 1891, zu Straßburg. 2. Aufl. 8. (72 S. m. 2 Grundrissen u. 1 lithogr. Plan.) Straßb. i. E. 1891, Straßb. Druckerei u. Verlagsanstalt. * — 50

Hottenrott, Max, Festschrift f. d. 4. elsaß-lothring. Sänger-Bundes-Fest am 3. u. 4. VI. (Pfingsten) 1900 zu Mülhausen i. E. Mit e. Führer durch die Feststadt. Hrsg. im Auftrage des Fest-Ausschusses. 8. (124 S. m. 2 Taf. u. 1 Plan.) Mülhausen i/E. (900). (C. Ehrmann.) n. 1.70

— Gedenkblätter an d. 1. Elsaß Lothr. Sängerbundesfest, s. Flake, Fel.

Hottensauers Lebensgeschichte. 8. Hamb. 815. Herold. 18 g.

Hottentottenstaat, e. christl., s.: Missionsschriften, neue.

Hotter, Ant., Eichstätt, Geschichte der Stadt und des Bezirksamtes, für die Schule zusammengestellt. gr. 8. (IV und 204 S.) Ingolstadt 866, (Krüll'sche Buchh.) *

Hotter, Ant., das Bezirks-Amt Eichstätt. [Der Geschichte der Stadt und des Bez.-Amtes Eichstätt 2. Thl.] 1. und 2. Aufl. 8. (III, 80 S.) Eichstätt 875, Krüll'sche Buchh. * — 40

Hotter, Eduard

Hotter E.: Beiträge z. Obstweinbereitung. Wien 1902. 63 S. 1 Tab (Sartr.). P.

HOTTER Eduard
(F) Bodenkunde. Von Dr. Eduard Hotter. Graz. 1899. Selbstverlag der Landes-Versuchsstation. [In Comm. Leuschner & Lubensky.] 8°. 56 S. fl. —.24

Hotter, Ed., Düngungslehre. D. Wissenswerteste v. d. Bodendüngg. m. bes. Berücksicht. d. künstl. Düngemittel. 8. (89 S.) Graz 898. (Leuschner & Lubensky.) n. — 40

Hotter E.: Der Einfluss d. amerikanischen Unterlagsreben auf die Qualität d. Weines. Wien 1905. 7 S. (Sartr.). P.

Hotter. Eduard [aus Graz in Steiermark]: Ueber die Phenacetursäure und ihre Derivate. Leipzig Johann Ambrosius Barth. 1888. 24 S. Bl. u. 1 Taf.
Münster, Phil. Fak. Inaug.-Diss. v. 11. Aug. 1888

HOTTER, Eduard
(F) **Die wichtigsten Pilzkrankheiten der landwirtschaftlichen Culturgewächse und ihre Bekämpfung.** Von Ingenieur Dr. Eduard Hotter. Graz. 1900. Selbstverlag der Landes-Versuchs-Station in Graz. [In Comm. Leuschner & Lubensky.] Gr.-8°. 60 S. K —.60

Hotter, Hans, was e. Imker vor 70 Jahren erleben mußte. Ein Beitrag zur Geschichte der Bienenzucht nach mündl. u. gedruckten Quellen. Zugleich e. geschichtl. Ergänzg. e. hierauf bezügl., auf der internationalen Bienenzucht-Ausstellg. der 34. Wanderversammlg. deutscher u. österreichisch-ungar. Bienenzüchter in Regensburg ausgestellt gewesenen Kupferstiches. gr. 8. (7 S. m. 1 Bild.) Regensburg 891. H. Hotter. n. — 80

Höttermann, Ernst: Die Polemik Platons im Phaidros. Landsberg a. W. 1909: Dermietzel & Schmidt. S. 12—36. 8°
Landsberg a. W., k. G u. R, in Festschr. z. 50j. Jubil. T. 2. OP 1909 (93)** [S 09. 201

Höttermann, F. A., Schulfeier des 400jähr. Jubiläums von Luthers Geburtstage. Festansprache, Gesänge und Deklamationen. Mit dem (Holzschn.-)Bilde Luthers. 1.—8. Aufl. gr. 8. (22 S.) Leipzig 883, Siegismund und Volkening. *
Ausg. für Schüler. 1.—11. Aufl. (16 S.) *

Hottes, Charles F., aus Champaign, U. S. A.: **Ueber den Einfluss von Druckwirkungen auf die Wurzel von Vicia Faba.** Mit 1 Taf. *Bonn 1901: C. Georgi.* (56 S.) 8°
Bonn, Phil. Diss. v. 23. Mai 1901

Hottibius, L., s.a. Hotibius

Hottibii, L., Rigensis, Lectiones Aristophaneae, curav. F. H. Bothe. 8. maj. Berl. Weiss. 808.
Schreibpap.
Velinpap.

Hottineanus, Mich. (Joan.) (geb. Husi in Rumänien 2. 10. 1846): De pignore nominis. Berolini (1875). (99 S.) 8°
Berlin, Jur. Diss. v. 12. Mai 1875

Hottingen. Bericht über die Gemeinde-Verwaltung Hottingen im Jahr 1884, nebst Auszügen aus den Gemeinde-Rechnungen. In-8°, 31 S. Zürich, Druck von Schiller & Cie. 1885

Hottinger, Joh. Heinr., der Zürcher Professor, s. **Steiner, H.**

Hottinger, J. Jacob. [Zürich 1831.] V: *Escher, Hnr.* (Cat. d. Stadtbibl. Zürich. Zürich 1864—97.)

Hottinger, Johann Jacob, erster Grossmeister der Alpina. Zürich 1860. V: *Furrer, Conr.* (Cat. d. Stadtbibl. Zürich. Zürich 1864—97.)

Hottinger. Vide: Kommissionalbericht.

Hottinger, Abel Adam, integritas sacerdotum Aaronicor. ac. mysterium. 8. Frft. Orell. 735.

— integritates Germaniae Helvetiae etc. 8. ibid. 737.

Hottinger, Ch., Zur socialen Frage. 8°. Karlsruhe 1871.

Die Bibel in Bildern. 240 Darstellungen, erfunden u. auf Holz gez. von Julius Schnorr v. Carolsfeld. In kleinerem Maßstabe hrsg. von Prof. Dr. Chr[istlieb] G[otthold] Hottinger. *Südende Berlin: Ch. G. Hottinger 1903.* (128 S.) 8° [F.]

Hottinger, Chr. G., die königl. Bibliothek in Berlin. Vorschläge. 8. (16 S.) Berlin 899. Prof. Dr. Ch. G. Hottinger's Schriftenverlag. n. — 60

Hottinger, Chr[istlieb] G[otthold]: Die Bibliothekarin. o. O. 1903. 4 S. 8°

Hottinger, Christlieb Gthold, Bilderbuch f. kleine u. große Leute. 2. verm. Aufl. (24 S. m. Abbildgn.) 32×24,5 cm. Südende-Berlin 908. Prof. Dr. Ch. G. Hottinger. Kart. 2.

1. Aufl. (16 S. m. Abb.) 908. — 50

[F.] Bildnisse und Selbstschriften. Hrsg. v. Prof. Dr. Chr[istlieb] G[otthold] **Hottinger.** Vorbereitendes Heft. 4. Aufl. *Berlin: Selbstv.; f. d. Buchh.: C. Fernau, Leipzig 1898.* (32 S.) 1 Bd 4.

Bio-Icono-Bibliographia universalis. Angeregt von Prof. Dr. Chr[istlieb] G[otthold] **Hottinger,** K. Bibliothekar a. D. Südende-Berlin. *(Berlin 1901: Lutze & Vogt.)* (16 S.) 8° [Kopft.]

Hottinger, Christlieb Ghold., Deutschland in Bild u. Wort. 16. (79 S. m. eingedr. Holzschn.) Straßburg 878. Strohmeyer. cart. n. 1. —

Hottinger, Christlieb Ghold., Deutschland in Bild und Wort. 16. (79 S. mit eingedr. Holzschn.) Straßburg 878, Volksblatt-Verlag. cart. * 1 —

Hottinger, Christlieb Ghold., Elsaß-Lothringen. 8. (336 S. mit eingedr. Illustr.) Straßburg 883, (Strohmeyer.) * geb. * ℳ 3.; mit Goldschn. *

Hottinger, Chr[istlieb] G[otthold] Elsass-Lothringen [Illustriert.] 8. Strassburg im Elsass 1884.

[Umschlagt.:] [F.] Eine Frauenhochschule in Hamburg. E. Vorschlag v. Prof. Dr. Chr[istlieb] G[otthold] **Hottinger,** Berlin. *(Berlin): Selbstv.; (Dr. v. L. Schneider & C.) 1898.* (4 Bl.) 1 Bd 8.

Eine Frauenhochschule. Zunächst f. Bibliotheks-, Museums-, Zeitungswesen. Begründet u. beschrieben von Prof. Dr. Chr[istlieb] G[otthold] **Hottinger.** *Südende-Berlin: Selbstv. 1899.* (15 S.) 8° [F.]

Hottinger, Chr. G., Friedrich Großherzog von Baden. Zur Erinnerung an seinen 60. Geburtstag. 8. (33 S. mit Illustr.) Heidelberg 886, C. Winter's Universitäts-Buchh. * *

—— **Friedrich Wilhelm, Kronprinz des Deutschen Reichs und Kronprinz von Preußen.** Lex.-8. (31 S. mit 8 Abbild. und 2 Handschrift-Nachbildungen.) Straßburg 888, Dr. Hottinger's Schriften-Verlag. *

—— **die evangelischen Geistlichen des Deutschen Reichs und zu deren Gunsten errichtete Stiftungen.** 12. (VI, 498 S. mit 123 Holzschn.-Taf. und 100 Handschrift-Nachbildungen.) Straßburg 880, [Volksblatt-Verlag.] Strohmeyer. *

—— **das Geld, seine Erwerbung, Anlage, Vermehrung.** Ein Versuch zur Anleitung für Unerfahrene. 1. und 2. Aufl. 8. (75 S.) Ebendas. 875,80. cart. *

—— **das bürgerliche Gesetzbuch samt Einführungsgesetz. Mit Einleitg., Register, Bildnissen u. Selbstschriften. 4. Aufl. Ausg. m. Formularen. 8. (170 u. 75 S.) Ebd. 899.** Kart. n 1 —

—— **l'empereur Guillaume I.** Pensées et portraits. 1e et 2e édit. 8. (40 S.) Ebendas. 887,88. *

—— s. Hausbücherei.

—— **Jesus Christus.** Wort und Bild. 1. und 2. Aufl. 8. (31 S. mit 25 eingedr. Holzschn.) Straßburg 881, Strohmeyer. *

—— **Jesus Christus und seine Kirche.** Bilder. 3. und 4. Aufl. 8. (80 S.) Ebendas. 884. *

Eine Insel des Friedens. Ziele, Wege, Hoffnungen, dargelegt von Prof. Dr. Chr[istlieb] G[otthold] **Hottinger.** Südende-Berlin: Ch. G. Hottinger 1908. (3 Bl.) 8° [F.]

—— **das deutsche Kaiserhaus.** Kaiser Wilhelm I. — Kaiser Friedrich III. — Kaiser Wilhelm II. Wort und Bild. 2. Aufl. 8. (94 S.) Ebendas. 888.

—— **die Kirche Christi in Bild und Wort.** 2. Aufl. gr. 8. (80 S. mit eingedr. Holzschn.) Ebendas. 878. cart. * 1 —
Die 1. Aufl. erschien 1877 im Selbstverlag u. d. T.: Jesus Christus und seine Kirche.

—— **die Kirche Christi in Wort und Bild.** 4. Aufl. (128 S.) Ebendas. 884.

Hottinger, Chr. G. Der deutsch-französische Krieg 1870–1871. (164) 8. Strassburg 1876. 2.00

—— **der deutsch-französische Krieg 1870—71.** 2. Aufl. 8. (164 S. mit 49 Holzschntaf. und Facs.) Ebendas. 877. cart. * 2 —
Die 1. Aufl. erschien im Selbstverlag.

—— **der deutsch-französische Krieg 1870—71.** 3. Aufl. 8. (154 S. mit 48 Holzschntaf. und 1 Karte.) Straßburg 880, Volksblatt-Verlag. cart. *
Prachtausg. *

—— dass. — 4. Aufl. 8. (219 S. mit eingedr. Holzschn. und Facs.) Straßburg 884, (Strohmeyer.) cart. *

Der deutsch-französische Krieg 1870–71. Von Prof. Dr. Chr[istlieb] G[otthold] **Hottinger.** 15. Aufl. Südende-Berlin: Hottinger 1910. 160 S. 8°

—— **Kunstgeschichte in einem kurzen Abriß.** Für Schul- und Unterrichtszwecke. 1. und 2. Aufl. 8. (48 S. mit 102 eingedr. Holzschn.-Abbild.) Ebendas. 881. * 50 Pf.; cart. *

Königin Luise von Preußen. Von Prof. Dr. Chr[istlieb] G[otthold] **Hottinger.** 2. Aufl. Südende-Berlin: Hottinger 1910. 32 S. 8° [Kopft.]

Hottinger, Christlieb Ghold., Dr. Martin Luther. (1. und 2. verm. Aufl.) Feinere Ausg. 8. (64 S. mit Illustr.) Straßburg 883, (Strohmeyer.)

—— **Dr. Martin Luther.** 3. Aufl. 8. (80 S.) Ebendas. 884. *

[Umschlagt.:] Philipp Melanchthon. Von Prof. Dr. Chr[istlieb] G[otthold] **Hottinger** .. *Berlin: Selbstv.; ([Dr. v.] W. Köhler) 1896.* (22 S.) 1 Bd 8.

—— **Nimm mich mit!** Ein Taschenbuch für 1888. 8. (160 S.) Ebendas. *

Hottinger, Ch. G., Präparation zur Genesis. Versuch e. Anleitg. f. Anfänger. 8. (IV, 105 S.) Nördlingen 875. Beck in Comm. n. 1. 60

Schiller-Denkschrift. Aus Anlaß d. 100. Wiederkehr seines Todestages, hrsg. von Prof. Dr. Chr[istlieb] G[otthold] **Hottinger.** Südende-Berlin: Selbstverl. 1905. (29 S.) 4° [Umschlagt. F.]

Dr. Georg Wilhelm Schulze. Erinnerungsblätter zu s. 70. Geburtst. u. Proben aus s. Gedichten, hrsg. von Prof. Dr. Chr[istlieb] G[otthold] **Hottinger.** *Südende-Berlin: Selbstverl. 1899.* (4 Bl.) 8° [F.]

—— **der Sedantag 1870.** 8. (82 S. mit eingedr. Holzschn. und Facs.) (Ebendas.) 883. *

—— **Straßburg in Wort und Bild.** 8. (32 S. mit eingedr. Holzschn.) (Ebendas.) 883. *

Hottinger, Chr. G., Suchbuch. Ein Nachschlagebuch für den tägl. Gebrauch [Konversationslexikon]. 3. Aufl. 8. (640 S. mit Illustr.) Straßburg 887, Dr. Hottingers Schriften Verlag. geb. *

—— dass. — 4. Aufl. 8. (574, 235 S. mit Karten und Illustr.-Anhang.) Ebendas. 888. geb. *

Tituli librorum e bibliotheca sua electorum, quos photo-chemigraphice reproductos in usum rei bibliothecalis studiosorum ed. Christlieb Gotthold Hottinger Südende-Berlin. Ch. G. Hottinger 1908. (32 S.) 4° 108.12.03

— die kaiserliche Universitäts- u. Landesbibliothek in Straßburg. Ein Vortrag. gr. 8. (IV, 32 S.) Straßburg 872. Trübner. n. — 80

—— die Welt in Bildern. [Orbis pictus.] Für Schul- und Unterrichtszwecke. hoch 4. (200 S. mit eingedr. Holzschn.) (Ebendas.) 881. *ℳ 4,50.; geb. mit Goldschn. *

[F.] Die Welt in Bildern '(Orbis pictus)'. Hrsg. v. Dr. Chr[istlieb] G[ottlob] Hottinger ... 2. Aufl. ... *Berlin: A. W. Hayn's Erben 1895.* (158 S., 1 Bl.) 1 Bd 2. [97 6..

Hottinger, Chr. G. Die Welt in Wort u. Bild. gr. 4. (372, 1068 S.) Straßb. i. E. 890, Hottinger's Schriften-Verlag. geb. * 20 —

Johann Hinrich Wichern Von Prof Dr Chr[istlieb] G[otthold] Hottinger Kleine Ausg. Südende-Berlin: Ch G. Hottinger 1908. (32 S.) 4°(8°) [F.] 108. 8146

—— Kaiser Wilhelm I. in Wort und Bild. 8. (62 S. mit eingedr. Holzschn.) (Ebendas.) 884. *

—— Kaiser Wilhelm I. Wort und Bild. 7. Aufl. 8. (32 S.) Ebendas. 887. *

—— Kaiser Wilhelm. — Kaiser Friedrich. — Kronprinz Wilhelm. Wort und Bild. 8. (80 S.) Ebendas. 888. *

— Kaiser Wilhelm I. Wort und Bild. 7. Aufl. 8. (32 S.) Ebd. 18?c n. — 20

[Umschlagt.] [F.] Kaiser Wilhelm I. Von Prof. Dr. Chr[istlieb] G[otthold] Hottinger .. *Berlin: Selbstv. d. Vfs; (Dr. v. C. Wattenberg) 1897.* (32 S.) 1 Bd 8. [97. 1167

Womit kann ich meinen Mitmenschen dienen? 1. Jedem Hause eine Büchersammlung! 2. Jedem Menschen körperstärkende, geistbildende und herzerwärmende Erholung! 3. Jedem Menschen ein Wohnzimmer, für ihn ganz allein! Ein Anerbieten, e. Bitte u. e. Hoffnung von Prof. Dr. Chr[istlieb] G[otthold] Hottinger, Südende-Berlin. *Berlin: Chr. G. Hottinger 1903.* (16 S.) 8° [Kopft. F.] [04. 1095

— Zeitgenossen. Bildn. u. Selbstschriften. Schul-Ausg. qu. 12. (16 S.) Ebd. 895. n. — 20

[Umschlagt :] [F.] Zeitgenossen. Bildnisse u. Selbstschriften. Hrsg. v. Prof. Dr. Chr[istlieb] G[otthold] Hottinger. Schul-Ausg. 2. Aufl. ... *Berlin: Selbstv. d. Hrsg. 1896.* (16 S.) 1 Bd 8. [95. 101

Hottinger, David. Numi bracteati Tigurini Recensiti, explicati & ad vivum delineati Auctore David Hottingero. 8. Tiguri 1702.
Mit 1 Vignette und 1 Tafel

Hottinger, Ferd., die Lustfeuerwerkerei, s. a. Schauplatz, neuer, der Künste und Handwerke. 92. Bd.

Lustfeuerwerkerei. Angabe d. vorzügl Bereitungsweise farbiger Flammen. 9. Aufl. Herausgeg v. F. Hottinger 1864. 1.35

Hottinger, F., Die Lustfeuerwerkerei zur Verschönerung öffentlicher und häuslicher Feste. 9. Aufl. Mit 3 Tfln. v. 55 Abbild. Weimar 1864. 8°.

Hottinger. Heinrich. Predigt zur Einweihung der neuen Kirchenglocken in Lindau [Ct. Zürich]. Gehalten den 14. Heumonat 1861. 8. ([Zürich] 1862.)

Hottinger, J. C., de ritu dimittendi a vinculis reum festo paschatis. Tiguri 1718. 4; rep. in Iken. thes. 2. p. 352 ss.

Hottinger J. H. Über den Zustand des Armenwesens im Kanton Zürich während dem Jahre 1842. Zürich 1844.

Hottinger, I. Conr., de Decimis Iudaeorum exercitationes X. 4. Leid. 713.

Hottinger, Johann Heinrich

Hottinger, I. H., antiquitates Germ.-Turicenses. 12. Zürich, Orell, Füsli et Comp. 737.

— v. d. christl. Barmherzigkeit. 8. Frankfurt, Sander. 715.

Hottinger, Joh. Heinrich (Präs.), s. Hermann, Joh. Christoph Daniel: Specimen praelectionum publicarum analytico-philologico-theologicum concisum in caput VI. Exodi, ...

Hottinger. (Joh[ann]) Heinrich H' (1620–1667). Njbl. *s.* [Hirzel. Heinrich 7].

Hottinger, Jh. Hnr., († d. 7. April 1750.) ministerium solennis explicationum diei etc. (Herausg. von seinem Sohne.) 4. Zürich 754. Orell. 2 ℳ

Hottingerus, Johannes Henricus, Exercitationes Anti-Morinianae. de Pentateucho Samaritano, ejusque udentica αὐθεντίᾳ: oppositae canonicae ejusdem αὐθεντίᾳ à Johanne Morino ... temere assertae. ... Accedit Epitome omnium capitum libri Josuae, h. e. Chronici illius Samaritani, quod ... in ... Leidensi bibliotheca Arabicè contextum ... asservatur Tiguri 1644.

— exercitat. de poenitentia. 4. Zürich, Orell. 706.

— typus doctrinae christ. 8. Frft, Sander. 714.

— typus pastoralis evangel. 8. Bas. Imhof. 741.

— typus studiosi theolog. 8. ibid. 74

— typus vitae christ. etc. 8. Zürich, Orell, Füssli et Comp. 748.

Hottinger, J. H., (Marb. 1718. 4.) Schickedanz, J. H., (Servest. 1738. 4.) de usu salis in cultu sacro.

Hottinger, J. J., de Joannis B. annuntiatione et conceptione; curriculo vitae et obitu; ἀνάλεξις. I—III. Tigur. 1717—19. 4.

Hottinger, Jh. Jak. I., († d. 4. Febr. 1819.) acroama de J. J. Bodmero. 8. Zürich 783. Orell. 6 𝔤

— acroama de J. J. Steinbrychelio. 8. Zürich 796. Gessner. 5 𝔤

Hottinger, J. J., de annunciatione conceptionis Joannis. Tigur. 1717. 4.

— s. Archiv d. Schweitzer. Geschichte.

Hottinger, J. J., Aristokratie u. Demokratie in der alten Zeit, Kirche u. Staat in der neuen. Zwei akadem. Vorlesungen. gr. 8. (3¾ B.) Zürich 843, Meyer u. Zeller.

Hottinger, Jh. Jak. II., Arnold v. Winkelried. Schspl. in 4 A. 16. Winterth. 810. Steiner. 12 𝔤

Hottinger, J. J., die Aufgabe der schweizerischen Eidgenossenschaft insoweit dieselbe durch ihre Geschichte bestimmt wird. Ein Vortrag gehalten in der Jahressitzung der allgem. schweiz. geschichtforschenden Gesellschaft zu Baden den 4. Octbr. 1849. gr. 8. (37 S.) Zürich 850, Höhr.

— de S. Joannis baptismo. Tigur. 1727. 4.

— Zürcherische Beyträge, s. a. Beyträge.

Hottinger, J., J. J. Stolz und J. J. Horner. Zürcherische Beyträge zur wissenschaftlichen und geselligen Unterhaltung. Mit Kupfern. (3 Bde.) 8. Zürich 1815—1816.

Hottinger, Joh. Jak., Bericht üb. d. Zustand d. Landschulwesens im Canton Zürich, nebst Vorschlägen zu dess. Verbesserung. gr. 8. (6¼ B. u. 1 Tab.) Zürich 830, Orell, Füßli u. Comp.

— ein Blick auf einige neuere Verbesserungsversuche d. Unterrichts. 8. Zürich 809. Geßner. 4 gr

Hottinger, Johann Jacob III s. Bluntschli. [Johann Caspar]. Geschichte der Republik Zürich. Band 3. Zurich 1856 — Bluntschli, Johann Caspar, und Hottinger. Johann Jacob III — Kriegsgeschichte. Schweizerische K' bis an das Ende des Fünfzehnten Jahrhunderts. [Zurich.]

—· Jo. Jac., Oratio de caute oppugnandis opinionibus vulgi religiosis. Zürich (Orell, Geßner, Fueßli & Socc.) 19. IV. 1794. 43 S. (6.20) 16142
Gew.: Jo. Rod. Huldrico (Zürich).

- s. Cicero, de divinatione – eclogae – von d. Pflichten.

Hottinger, J. J., de J. C. in deserto cum Satana congressu et reportata de hoste victoria. I—III. Turic. 1709—10. 4.

Hottinger, J. J., Hans Conrad Escher von der Linth. Charakterbild eines Republikaners. gr. 8. (VIII und 415 S. mit lithogr. Portr. und 2 lithogr. Karten in qu. gr. 4. und Fol.) Zürich 852, Orell, Füßli und Comp.

Hottinger, J. J. Jean Conrad Escher de la Linth. Genève 1852.

— Etwas über d. neuesten Uebersetzerfabriken d. Griechen u. Römer in Deutschland. 8. Zürich 782. Ziegler u. S. 8 gr

Hottinger, I. Iac., fata doctrinae de praedestinatione etc. 4. ibid. 727.

Hottinger, J.J.: De genealogia J.Christi. P.1.2.– Tigur 1711-1713.

— Geschichte d. Eidgenossen, s. a. Jh. v. Müller, Geschichte d. Eidgenossenschaft. 6r Thl.

Hottinger, Johann Jakob. Geschichte der Eidgenossen während der Zeiten der Kirchentrennung. 2 Bde. Zürich 1825—1829. 8°.

—— Geschichten schweizerischer Eidgenossenschaft, s. Müller, J. v.

— Sal. Geßner. 8. Zürich 796. Geßner. 8 gr Mit latein. Lett. u. Bildn. Schrbp. 1 ₰

— Heldensinn u. Heldenstärke; vaterländ. Schspl. in 5 A. 16. Winterthur 814. Steiner. 12 gr

— Historie der Reformation in d. Eidgenossenschaft. 4. Ebend. 708.

Hottinger, J[ohann] J[acob] III. Histoire des Suisses a l'époque de la Réformation. Continuation de J(ean) de Muller par J. J. H', traduite en Français par L[ouis] Vulliemin 2 Tomes. 8. Paris, Zurich 1833.

Hottinger, J. J., histoire des Suisses à l'époque de la Réformation. Continuation de Jean de Müller. Traduite en français par L. Vulliemin. 2 Vol. gr. in-8. Zürich 833. Orell et Comp. 2⅓ ₰

– s. Jacobi epist. Petri I.

Hottinger, J. J., de J. Chr. ad Jordanem baptizato. Tur. 1708. 4.

— de J. Chr. ad Jordanem glorificato. Ibid. 1709. 4.

Hottinger, Jh. Jak. I., de nonnullis in oppugnanda relig. ineptiis. 8maj Leyd. 774. Luchtmans. 16 gr

—— die Kirche in ihrer richt. Stellung bey d. Veränderungen d. Zeit. 8. (1½ B.) Zürich 832, Orell, Füßli u. Comp.

— helvetische Kirchengeschichte m. Anmerk. &c. 4 Thle. Zürich, Orell, F. u. C. 708–29.

HOTTINGER, JAK. *Die Knabengesellschaft.* Eine Jugendschrift. Herausgegeben von Jakob Hottinger, dem jüngern. Erstes [& Zweites] Bändchen [in einem Bande, alles was erschienen]. Winterthur, Steinersche Buchhandlung, 1812, 1814. 4 Bl. 192 S., 2 Bl. 176 S. Kl.-8°. Grüner Pbd. d. Z. 28.—
Sehr selten! Kraut 86. Erzählungen, Reiseberichte, Anekdoten, ein kleines Schauspiel — Gut erhalten, nur der Einbandrücken beschäd., wenige Fleckchen.

— d. Knabengesellschaft, eine Jugendschrift. 2 Bdchen. gr. 8. Winterth. 813, 14. Steiner. 1 ₰ 8 gr Hbg. Pr. 16 gr

[Hottinger, Johann Jacob III.] Lebensub -- des Burgermeisters Johann Heinrich Waser (1600–1669). [Mit 1 Tafel.] Njbl. Stadtbibl. Zürich 1835. 4. Zürich.

Hottinger, Jh. Jak. II., Rüdger Maneß. Vaterländ. Schspl. in 3 A., u. die Ueberraschung; Nachspl. in 1 A. 16. Winterthur 811. Steiner. 12 gr

[Hottinger, Johann Jacob III.] (Ferdinand Meier, geb. 7. März 1799. gest. 11. Mai 1840. [Mit 1 Porträt-Tafel.]) Njbl. Waisenh. Zürich 1849. 4. [Zürich.]

Hottinger, J. J., Menschen, Thiere u. Goethe, s.: Bibliothek litterarischer u. kulturhistorischer Seltenheiten. Nr. 4. 5.

[Hottinger, Johann Jacob III.] (Johann Ludwig Meyer, Kirchenrath. geb. 1782 – gest. 1852. [Mit 1 Porträt-Tafel.]) Njbl. Hülfsges. Zürich 1854. 4. [Zürich.]

— diatribe philosophico-theologica de miraculis. 8. Zürich 770. Orell. 4 gr

– s. Monatschronik, Schweitzer.

– s.a. Museum, Neues attisches.

— — neues. Herausgegeben von Hottinger und F. Jacobs. Zürich 805. folg. 3 Bde. (9 Hefte.) Jedes Heft 16gr.

– s. Museum, Schweizerisches, für historische Wissenschaften.

— Museum Turicense, s. a. Museum.

Hottingeri, Museum Turicense. Turic. 782. Vol. I. 8. 20gr

—— Neuenburg in seinen geschichtlichen und Rechts-Verhältnissen zu der Schweiz und zu Preussen. gr. 8. (84 S.) Zürich 853, Höhr. •
Aus: Archiv für schweizer. Geschichte. 9. Bd., besonders abgedruckt.

— opuscula oratoria. 8maj. Zürich 816. Orell. 1 ₰ 8 ℊ Velinp. 1 ₰ 20 ℊ

— opuscula philologica, critica atque hermeneutica. 8maj. Leipz. 817. Weidmann. 1 ₰ 12 ℊ Schrbp. 2 ₰ Velinp. 2 ₰ 16 ℊ

— — Idem liber. Charta script. gall.

– s. Opusculorum quae in certam.

[Hottinger. Johann Jacob *III.*] (Hans Caspar Ott. 1764–1820 [Mit 1 Porträt-Tafel.]) Njbl. Hulfsges. Zurich 1822 4 [Zurich.]

Hottinger, J. J., de poenitentia primitivae et romanae ecclesiae. Tigur. 1706. 4.

[Hottinger. Johann Jacob *III.*] ([Der Process des] Kilian Kesselring [Mit 1 Tafel.]) Njbl. Stadtbibl. Zürich 1834. 4. [Zürich.] P⁹

Hottinger. J[ohann] J[acob] *III* Rede. gehalten bei der Gedächtnissfeier [Joh[ann] Heinrich Pestalozzi's. den 12. Januar 1846... in Zürich. 8. Zürich 1846.

Rede des Br.·. [Joh. Jak.] Hottinger gehalten am Schwestern-Fest gefeiert in der g. u. v. St. Joh. □ zur Bescheidenheit a. M. zu Zürich 30. 1. 5836. [Zürich 1836] 7 S. 4⁰ [Kopftit.]

[Dasselbe.] Den verehrten Schwestern in der g. u. v. St. Joh. □ Die Freunde zur Eintracht im O. v. Mainz vorgetragen am 10. Nov. 1839. Mainz [1839]: Wirth. 15 S. 8⁰ [Umschlagtit.]
Kl. 1263. Üb. Wesen u. Zweck d. Mrei.
1836 in 65; 1839 in 193.

—— und H. H. Vögeli, Heinr. Bullingers Reformationsgeschichte, s. Bullinger, H.

— Rektoratsreden. 8. Zürich 813. Ziegler u. S. 18 ℊ

—— Religion und Politik in ihrer historischen Wechselwirkung auf die Zustände der Eidgenossenschaft, s. Vorträge, akademische.

Hottinger. J[ohann] J[acob] *III.* Religion und Politik in ihrer historischen Wechselwirkung auf die Zustände der Eidgenossenschaft (Oeffentlicher Vortrag.) 8. Zürich 1854.
Akademische Vorträge von Zürcherischen Dozenten Wintersemester 1853–1854.

— — Rückblick auf die dritte Säcularfeyer der Schweizerischen Glaubensverbesserung. (A. d. Schweizer. Monatschronik bes. abgedr.) 4. Zürich, Ulrich. (Winterthur, Steiner in Comm.) 819.

Rückblicke auf die Vergangenheit und Aussichten in die Zukunft nebst einigen Worten über die Freimaurerei. Ein Vortrag, gehalten in der Freimaurerloge zur Bescheidenheit in Zürich von J[oh.] J[ak.] Hottinger am 24. Juni 1848. Zürich: Höhr 1848. 28 S. 8⁰
Recens: A. 14 (1849) S. 309—313.
cf. FZ. 2 (1848) S. 326—327; Bh. 1 (1858) S. 190.
Tt. 2072. Betr. d. Aufgabe d. Mrei. 26.

– s. Sallustii opera.

Hottingeri, J. J., Progr. I–IV. Schola philologica de Pythagora Ovidiano. Tigur. 782–87. 4 Part. 4. Sie stehen in seinen *Opusculis*.

—— Schauspiele f. d. Jugend. 2. Ausg. 8. (20⅛ B.) Winterthur 815, Steiner'sche Buchh.
Inhalt: Arnold von Winkelried. Die Schlacht bei St. Jakob. Rüdger Manes. Die Ueberraschungen.

Hottinger, J. J., die Schweiz in ihren Ritterburgen, s. Schweiz.

— Streitsätze zu d. summar. Glaubensbekenntniß d. Orthodoxen, Chiliasten, Mystiker, Herrnhuter ꝛc. 8. Zürich 822. Orell. 9 ℊ

Hottinger, Jo., Disp. de sensu honesto. Tur. 8°. 1776

— disput. Stoiciana de sensu honesti c. animadvers. Ehlers. 8. Zürich 776. Orell. 8 ℊ

— — ead. c. animadv. Ehlers. 8. ibid. 776.

Hottinger, J. J., der Staatshaushalt der schweizerischen Eidgenossenschaft und ihrer einzelnen Republiken. gr. 8. (VIII und 155 S.) Zürich 847, Schultheß.

Hottinger, Jo[ha]nnes] Jac[obus]. Turicensis a Waedenschweil: De chlorosis verae idiopathicae symptomatibus et causis. Tur. ex offic. Kulla 1846. 14 S., 1 Bl. 8°.
Zürich. Med. Diss v. 14. März 1846.

– s. Theophrast, Charakterschilderungen.

—— Vorlesungen üb. die Geschichte des Untergangs der schweizerischen Eidgenossenschaft der dreizehn Orte u. der Umbildung derselben in eine helvetische Republik. gr. 8. (11 B.) Zürich 844, Höhr. (Meyer u. Zeller.)

—— Vorlesungen über die Geschichte des Untergangs der schweizer. Eidgenossenschaft der 13 Orte und die Umbildung derselben in eine helvet. Republik. gr. 8. (IV und 400 S.) Zürich 846, Höhr.

Versuch der Geschichte der Zürcherischen Logen. Von Joh. Jak. Hottinger. 1836.
[L. 26 (1868) S. 110.]

Hottinger, J. J., Versuch einer Vergleichung der Deutschen Dichter mit den Griechen und Römern. Eine Preisschrift. Mannh. 789. 8.

— Versuch einer Vergleichung d. deutschen Dichter mit den Griechen u. Römern. 8. Manh., Schwan u. G. (Frankf. a. M., Körner). 18 gr Schrbp. 1 ₰ 8 gr (A. u. d. T.: Schriften d. deutschen Gesellschaft. 5r Thl.)

Vortrag beim Schwesternfeste in der Loge Modestia cum libertate zu Zürich v. [Joh. Jak.] **Hottinger.** (30. Jan. 1841.) Zürich 1841: Orell, Füssli & Co. 16 S. 8⁰
Deutung der mrischen Symbole: Bibel, Winkelmass, Zirkel. 23.

—— Vortrag über die Systemverhältnisse und die Angriffe auf die Maurerei gehalten in der Freimaurerloge zur Bescheidenheit in Zürich am Sommer-Johannisfeste 1854. gr. 8. (15 S.) St. Gallen 854, Scheitlin und Zollikofer.

Vortrag über die Systemverhältnisse und die Angriffe auf die Maurerei, gehalten in der Freimaurerloge zur Bescheidenheit in Zürich am Sommer-Johannisfeste 1854 von J[oh.] J[ak.] **Hottinger.** St. Gallen: Scheitlin & Zollikofer. Zürich: Höhr 1854. 15 S. 8⁰ [Umschlagtit.]
Recens: Bh. 1 (1858) S. 190.
cf. FZ. 58 (1904) S. 226.
Tt. 2073. Widerlegung von Beschuldigungen. Verhältnis der Johmrei zu den Logen des schottischen Systems.

Vortrag gehalten bei der Versammlung der Grossloge Alpina zu La Chaux-de-Fonds 27. Juli 1846 von J[oh.] J[ak.] **Hottinger.** Dem Druck übergeben auf einmüthigen Beschluss des schweizerischen Logenvereins. Zürich 1846: Orell, Füssli & Co. 21 S. 8⁰
Üb. die Angriffe auf die schweizerische Frmrei u. die Erfordernisse, um die Mrei vor dem gesamten Volke zu rechtfertigen. 23. 25.

Vorträge gehalten [von Joh. Jak. **Hottinger,** Ernst Friedr. Gelpke, Jos. **Wieland**] bei der Versammlung der Grossloge Alpina zu Bern 4. Oct. 1850. Dem Druck übergeben auf Beschluss des schweizerischen Logenvereins. Zürich 1850: Orell, Füssli & Co. 55 S. 8⁰ 193. 358a.
[Franz. Ausg. u. d. Tit.:]
Discours prononcés dans la réunion de la Grande-Loge Alpina à Berne, le 4. Oct. 1850. Imprimés par décision de l'union des loges suisses. Zürich 1850: Orell, Fussli [!] & Co. 58 S. 8⁰
Tt. 1985. 23. 25.

Hottinger, J. J., das Wiedererwachen der wissenschaftlichen Bestrebungen in der Schweiz während der Mediations- und der Restaurations-Periode. Einladungsschrift der Hochschule Zürich zur Feier ihres Stiftungstages d. 29. April 1858. Zürich 858. (Höhr.) gr. 4. (IV, 38 S.) n. 14 ngr.

— ein Wort an Hrn. Prof. Schulthes über dessen genauere Einsicht d. neuesten Versuche einer bessern Erziehung u. Bildung d. Jugend. 8. Zürich 810. Geßner. 8 gr

(Hottinger, J[ohann] J[acob] *III.*) Ein Wort an das Schweizervolk von einem Manne, der nicht aufhören kann, an dasselbe zu glauben. 8. Zürich 1845.

— s. Xenophon's Denkwürdigkeiten.

Hottinger, J. J., u. G. v. Escher, das alte und das neue Zürich, historisch-topographisch beschrieben, mit einem Wegweiser durch die Stadt und ihre nächsten Umgebungen. Mit vielen (eingedr.) Holzschn. Zürich 859. Schultheß. 16. (XCIII, 158 S. u. 1 Holzschntaf.) n. 20 ngr.

—— die Stadt Zürich in historisch-topographischer Darstellung. Hrsg. und mit Abbildungen begleitet von Lips und Spalinger. 16. (V und 260 S. mit eingedr. Holzschn. und 17 Holzschnt.) Zürich 854, Höhr. *

— die Stadt Zürich in historisch-topograph. Darstellung. Herausg. u. m. Abbildgn. begleitet von Lips und Spalinger. Zürich (855.) Höhr. 16. (III, 260 S. m. Holzschn. im Text u. 17 Holzschn.) n. 1 ₰. 2 ngr.

— Zürichs religiöser u. literar. Zustand im 18. Jahrh. 8. Zürich 801. Orell. 5 gr

——, Huldreich Zwingli u. seine Zeit. Dargest. f. d. Volk. (8 Lfgn.) 16. (41 B. u. 11 Stnt.) Zürich 841, 42, Orell, Füßli u. Comp.

Hottinger, J[ohann] J[acob] *III.* Huldreich Zwingli und seine Zeit dem Volke dargestellt. Mit historischen Abbildungen [11 Tafeln], gezeichnet von Franz Hegi 8. Zurich 1842.

[Hottinger, Johann Jacob *III.*] ([Ulrich] Zwingli und seine Genossen. [Mit 1 Tafel.]) Njbl. Hulfsges. Zurich 1844 4. [Zürich.] P⁰

— s Zwingli, Ulr., Gutachten über den Eid.

Hottinger, Marcus s. Beschreibung. Heinrich Bullingers B' des Klosters Kappel .... Leipzig ... 1892.

Hottinger, M., H. Zeller-Werdmüller u. J. R. Rahn, Heinr Bullingers Beschreibung d. Klosters Kappel u. sein heutiger Bestand, s.: Mittheilungen der antiquarischen Gesellschaft in Zürich.

Hottinger, Max, Lüftungseinrichtungen in schweizer. Schulhäusern. (11 S. m. Abbild.) 32,5×24 cm. Zürich 909. Rascher & Co. 1. —
Sonderabdruck aus: „Schweiz. Bauzeitg."

Hottinger, Robert

[F.] Henri Dunant. E. Abriss s. Lebens u. Wirkens. Entstanden aus e. ... Vortr. ... Vf. v. R. **Hottinger,** Pfarrer in Stallikon b. Zürich. *Zürich: F. Schulthess 1897.* (38 S.) 1 Bd 8. (57 1899

Hottinger, Robert, von Zürich: Über die Leberverfettung nach experimentellen Infektionen mit Bac. Sanarelli und Bac. suipestifer. Ein Beitrag zur Frage und Kenntnis der Fettinfiltration und fettigen Degeneration. [Mit e. Taf.] Zürich 1904. 79 S. 8⁰. [10. XII. 04.]
Zürich. Vet.-med. Diss. 1904/1905.

Hottinger, Robert. Über die Leberverfettung nach experimentellen Infektionen mit Bac. Sanarelli und Bac. suipestifer. Ein Beitrag zur Frage und Kenntnis der Fettinfiltration und fettigen Degeneration. Diss. Vet.-Med. Univ. Zürich. [Mit 1 Tafel.] 79 S. 8. Zürich, Orell Füssli, 1904.

Hottinger, siehe: *Zeitung f. Gemeinnützigkeit.*

Hottinger, Rudolf, med. pract. aus Zürich: Aus dem Kinderspital in Zürich. Beitrag zur operativen Behandlung des Empyems im Kindesalter. Zür.-Aussersihl A. Bopp Dr. 1892. 115 S., 5 Tab., 1 Bl., 1 Taf., 1 Bl. 8°.
Zürich, Med. Diss. [v. 2. Juli 1892].

Hottinger, R[udolf]. Zur Diagnose der Nierentuberkulose. [Habilitationsschr. Med. Univ. Zürich. Mit 1 Figur.] Sonderabdruck aus: Centralblatt für die Krankheiten der Harn- und Sexualorgane. Band 17, Heft 8, ausgegeben am 16. August 1906. II S. + S. 409–452. 8. Leipzig, Georg Thieme, 1906.

Hottinger, Salomon

Hottinger S. Brontologia physica sacra. Tiguri 1698—1700. 4

Hottinger, Salomon Οινολογία [Oinologia], seu dissertationum de vino prima, sistens hujus causam efficientem, primam, secundam, instrumentalem; item materiam & sic naturam vitium, uvarum atque musti. ... Tiguri: Gessner 1707. 46 S. Zürich, Phil. Diss. 1707 -- 7°

--- Ders.: Οινολογία [Oinologia], seu dissertationum de vino secunda, sistens vini causam formalem, id est, naturam & essentiam. ... Tiguri: Gessner 1710. 40 S. Zürich, Phil. Diss. 1710 -- 7°

--- Ders.: Οινολογία [Oinologia], seu dissertationum de vino tertia, continens hujus causam finalem, perse & per accidens, seu varium, legitimum vini usum, cum opposito & noxio ejusdem abusu. Tiguri Gessner 1712. 56 S. Zürich, Phil. Diss. 1712 -- 7°

Hottinger S. Physica generalis et specialis. Tiguri 1706. 4.

Hottinger, Salomon. Thermæ Argoviæ-Badenses. Das ist. Eigentliche Beschreibung Der Warmen Bädern ins gemein; Deß herrlichen in dem Aergöw gelegenen warmen Bads zu Baden insbesonder.. auffgesetzt Durch Sal' H'.... 8. Baden 1702.

Hottinguer *s.* Hottinger.

Hottmann, Paul, im Zeichen des Antichristen. (62 S.) gr. 8. Stuttgart 906. Literanda-Verlag. n. — 75

Hottner-Grefe, A., dunkle Gewalten. Die Wilde, s.: Kürschner's Bücherschatz.

Dunkle Gewalten. Die Wila. Erzählungen von A(nna) Hottner-Grefe. Mit Ill. von A. Lewin. Berlin, Leipzig: Hillger [1910]. 112 S. 8°
(Kürschners Bücherschatz. Nr 730.) [11. 14570

Hottomann, Fr., prima juris civ. elementa, 8. Ienae, Hartung. 716.

Hotton, Franz Kurka: Tubarabortus und Tubarruptur. Heidelberg 1906: J. Hörning. (42 S.) 8°
Heidelberg, Med. Fak., Ref. v. Rosthorn, Diss. v. 1906
[Geb. 11. Dez. 65 Prag; Wohnort: Porto Allegre, Brasilien; Staatsangeh.: Brasilien; Vorbildung: Normalsch. Porto Allegre Reife M. 90; Studium: Medizinische Schule Porto Allegre 10, Heidelberg 1 S.; Rig. 23. Nov. 06.]

Hotton, Pet., thesaurus phytologicus, d. i. Kräuterschatz. in 2 Thln. 4. Nrnb. 738.

Hottot, Alfr., Hélène, s. Fullerton, Georgina, Rose Leblanc.

Hotz. Johann Konrad Hotz .... Zürich 1853 s.a. [Meyer, Wilhelm].

Hotz, Johann Conrad, später Friedrich Freiherr von Hotze, k. k. Feldmarschall-Lieutenant ... Zürich 1853. V: *Meyer-Ott, Wilhelm.* (Doubletten-Anzeiger 1903. 6.) (CatZür) (ADB 13, 209) nicht: *Schönhals, Carl v.* (PT)

Hotz, Johann Konrad, später Friedrich Freiherr von Hotze, K. K. Feldmarschallieutenant. Von dem Verfasser der „kriegerischen Ereignisse in Italien". Zürich 853. Schultheß. 8. (4 Bl., 403 S.) 1 ₰. 12 ngr.

Hotz, C. W., Rugbyfußball (Fußball m. Aufnehmen d. Balles), m. Abb., Leipzig, 83 S., 8°.

Hotz, Carl Ferdinand, s. Hotz, Karl Ferdinand

Hotz, Eugen: Zur Kenntniss der Gelenkneurosen. Kritisch-historische Zusammenstellungen der verschiedenen Ansichten über Gelenkneurosen Casuistik derselben. *Würzburg [1895]: A. Stamoni.* (116 S.) 8°
Würzburg, Med. Diss. v. 1895

Hotz, G[erhard], Dr., Universitätsassist. d. chir. Klinik Würzburg: Beiträge zur Pathologie der Darmbewegungen. Hierzu 3 Abb. sowie 9 Kurven im Texte. Jena: Fischer 1909. 64 S. 8° ¶ (Aus: Mitteilungen aus d. Grenzgebieten d. Med. u. Chirurgie. Bd 20, H. 2.)
Würzburg, Med. Hab.-Schr. v. 1909 [U 09. 4183

Hotz, Gerhard, Assistenzarzt der chirurgischen Klinik des Basler Bürgerspitals: Phosphorsäure- und Kalkstoffwechsel bei Osteomalacie unter dem Einfluss der Phosphortherapie. Berlin 1906. 32 S. 8°. S.-A. a. d. Zeitschrift f. exp. Pathologie u. Therapie Bd. 3.
Basel. Med Diss. 1906/1907.

Hotz, Gerhard. Phosphorsäure- und Kalkstoffwechsel bei Osteomalacie unter dem Einfluss der Phosphortherapie. Diss. Med. Basel. [Mit 2 Figuren.] (Sonder-Abdruck aus der Zeitschrift f. exp[erimentelle] Pathologie u. Therapie. Band 3.) 32 S. gr.-8. Berlin, L. Schumacher, 1906.

Hotz, Gerh., die Skopolamin-Morphin-Narkose, s. a. Sammlung klinischer Vorträge.

Hotz, Gerhard. Die Skopolamin-Morphium-Narkose. II S. + S. 149—170 (22 S.). gr.-8. Leipzig, Johann Ambrosius Barth, 1908. Subskr. M. —. 50, Einzelpreis —. 75 N 7250*
Sammlung Klinischer Vorträge, begründet von Richard von Volkmann. Neue Folge.... Nr. 471 (Serie XVI, Heft 21). Chirurgie Nr. 184.

Hotz, Gerold, of Oberrieden ([Kt.] Zürich): On the use of the subjunctive mood in Anglo-Saxon and its further history in Old English. Zür. S. Höhr 1892. 2 Bl., 116 S. 8°.
Zürich, Phil. Diss. [v. 4. März 1882].

Hotz, Gerold, Dr. Zusammenstellung von weniger geläufigen deutschen Wörtern und Ausdrücken für Schule und Haus. In-8°, 49 S. Zürich, Orell Füssli & Cie. *1888* 1 50

Hotz, Heinrich, iuris utr. jur.: Strafrechtlicher Schutz der Energie. *Uster 1902: Gschwend & Didierjean.* (67 S.) 8°
Leipzig, Jur. Diss. v. 1902

Hotz, Heinrich [med. pract. von Wetzikon, Zürich]: Aus dem Laboratorium der Kinderpoliklinik des Herrn Privatdocenten Dr. H. Kœppe in Giessen. Physikalisch-chemische Untersuchungen über Kuhmilch. Zürich 1902. 74 S. 8°.
Zürich. Med. Diss. 1902/1903.

Hotz, Heinrich. Physikalisch-chemische Untersuchungen über Kuhmilch. Diss. Med. Univ. Zürich. *Kopftitel:* Aus dem Laboratorium der Kinderpoliklinik des Herrn Privatdocenten Dr. H[ans] Koeppe in Giessen. — [Mit 1 Tabelle.] IV + 74 S. 8. Zürich, A. Markwalder, 1902.

[Hotz. Jacob.] Beschreibung Deß Walterschweyler Badts etc. [Gedicht.] 8. o. O. [1654].

Hotz, Johann Heinrich

Hotz, J. H., historisch-juristische Beiträge zur Geschichte der Stadt Winterthur, des Gemeindegutes und der Nutzungen nach urkundl. Quellen. gr. 4. (151 S.) Winterthur 868, Bleuler-Hausheer und Comp. *

Hotz. J[ohann] H[einrich]. Zur Geschichte W[ernher] Stauffachers und der Waldstätte. Von Dr. J. H. H-Osterwald [A.] fol. (Augsburg 1877.)

Hotz, J. H., Leitfaden für Geschworne enthld. eine populäre u. durch praktische Beispiele erläuterte Anleitung die Pflichten eines Geschwornen gehörig zu erfüllen. Mit Erklärungen der nothwendigsten Rechtsbegriffe und Kunstausdrücke und allgem. Regeln über den Beweis. Zürich 853. Orell, Füßli u. Co. 8. (XII, 272 S.) 1 ℳ.

Hotz. J[ohann] H[einrich]. Das alte Raetien und Rom. Von Dr. J. H. H-Osterwald.... [A.] 4. (Bern 1880.)

H[otz, Johann Heinrich]. Zur Tellenfrage. Von H[otz-]O[sterwald]. [A.] 4. (Bern 1878.)

Hotz, Karl Ferdinand

Hotz, Carl Ferd., neues prakt. u. fachwissenschaftl. Zuschneide-System. 1. Thl.: Herrenrock-, Soutane- u. Westen-Schnitt. Z. Selbsterlerng. bearb. u. hrsg. Als eig. System anerkannt v. hohen Ministerium d. Großherzogth. Baden. gr. 4. (15 S. m. 15 Taf.) Freiburg i. B. 896. Lorenz & Waetzel. n.n. 3. —

Hotz, Matthäus, das Telegraphenwege-Gesetz vom 18. XII. 1899, unter besond. Berücksicht. der f. das Königr. Bayern gültigen verwaltungsrechtlichen Vorschriften erläutert. (VI, 139 S.) kl. 8. München 910. J. Schweitzer. Geb. in Leinw. 8. —

Hotz, Otto, der Nachlassvertrag des schweiz. Bundesgesetzes üb. Schuldbetreibung u. Konkurs, s.: Sammlung schweizerischer Gesetze.

Hotz, Otto [Komm.], s. Sammlung schweizerischer Gesetze.

Hotz, O. Verzeichniss der ganz oder theilweise in Kraft stehenden, in die eidg. amtlichen Sammlungen aufgenommenen Bundesgesetze u. Verordnungen der schweizer. Eidgenossenschaft. Fortgeführt bis 1. Februar 1885. In-8°, 356 S. Oberrieden, Selbstverlag d. Verfassers. 3 50
1885

Hotz, O. Verzeichniss der ganz oder theilweise in Kraft stehenden in die eidg. amtlichen Sammlungen aufgenommenen Bundesgesetze und Verordnungen der schweiz. Eidgenossenschaft, fortgeführt bis 1. Februar 1885. In-8°. Zürich, Meyer & Zeller. 1885

Hotz, O., Advokat. Verzeichniss der am 14. Okt. 1886 ganz oder theilweise in Kraft stehenden in die kantonal-zürch. offiziellen Sammlungen aufgenommenen Gesetze, Beschlüsse und Verordnungen des Kantons Zürich, mit alphabetischem Register hiezu, sowie zum Supplement und zu den wichtigern gültigen Erlassen im Amtsblatt und in der Bundesgesetzsammlung. In-8°, 189 S. Oberrieden am Zürichsee, im Verlag des Verfassers. 1886 2 60

Hotz, O., Verzeichniss der am 14. Oktbr. 1886 ganz od. theilweise in Kraft stehenden, in die kantonal-zürch. offiziellen Sammlungen aufgenommenen Gesetze, Beschlüsse u. Verordnungen d. Kantons Zürich, m. alphabet. Register hiezu, sowie zum Supplement u. zu den wichtigeren gült. Erlassen im Amtsblatt u. in der Bundesgesetzsammlg. gr. 8. (189 S.) Oberrieden 886. (Zürich, Rudolphi & Klemm.) n. 2. 60

Hotz, Rud., Basel. Eine Schilderg. f. Einheimische u. Fremde. 16. (88 S. m. eingedr. Holzschn. u. 1 Steintaf.) Basel 883. Birkhäuser. n. 1. —

Hotz, R., Schweizer Bürgerkunde. Kleines Handbuch des f. den Schweizerbürger politisch Wissenswerten. (VI, 274 S.) Zürich, Schulthess & Co
1909 Geb. 3. 20.

Hotz, Rud., Schweizer Bürgerkunde. Kleines Handbuch des f. den Schweizerbürger politisch Wissenswerten. (VI, 274 S.) 8. Zürich 910. Schultheß & Co. Geb. 3. 20

Hotz, Rud., Économie politique de la Suisse, s.: Geering, T.

Hotz, R., die Erschliessung Central-Afrika's, s. Vorträge, öffentliche, gehalten in der Schweiz.

Hotz, R. Die Erschliessung Central-Afrika's. In-8°. Basel, Schweighauser's Verlag. 1 20

Hotz, R. Die Erschliessung Central-Afrika's. Vortrag gehalten im Bernoullianum zu Basel. (Oeffentliche Vorträge, gehalten in der Schweiz. Bd. 6. Heft 11.) Basel 1881. 32 S. 8°. J 5608

Hotz. Rudolf. Der Geographieunterricht am schweiz. Gymnasium. Vortrag. [S.A.] 8. Aarau [1895].

Hotz, Rudolf. Deutscher Gottesdienst in welschen Landen. (I—V.) *3 Artikel.* (aus. 11 S.) 4.
Sonderabdruck aus Heft 3 u. Heft 4 der «Deutschen Erde» [Jahrg. 2,] 1903 u. in Deutsche Erde. 1903, Heft 5. Gotha, Justus Perthes.

Hotz, R. Basels Lage und ihr Einfluss auf die Entwicklung u. die Geschichte der Stadt. Wissensch. Beilage zum Bericht des Gymnasiums 1893/94. In-4°. 28 S. Basel (Georg & Co.). 1 —
1894

Hotz, R. Leitfaden für den Geographieunterricht an Sekundar- und Mittelschulen. In-8°. VI, 174 S. Basel, R. Reich vorm. C. Detloff's Buchh.
1891 1 20; gebd. 1 40

Hotz, Rud., Leitfaden f. den Geographieunterricht an Sekundar- u. Mittelschulen. 2. Aufl. 8. (VI, 175 S.) Basel 893. R. Reich. Geb. n. 1. 60

Hotz, R. Leitfaden für den Geographie-Unterricht an Sekundarschulen. 4. Aufl. In-8°. VI, 172 S. Basel, R. Reich. 1897 Gebd. 1 50

Hotz, R. Leitfaden für den Geographie-Unterricht an Sekundarschulen. 5. Aufl. 8°. VI, 175 S. Basel. R. Reich, 1899 Geb. 1 50

Hotz, Rud., Leitfaden f. den Geographieunterricht an Sekundarschulen. 6. Aufl. 8. (VI, 175 S.) Basel 901. Helbing & Lichtenhahn. Geb. in Leinw. n. 1. 20

Hotz, Rudolf. Leitfaden für den Geographieunterricht an Sekundarschulen. 8. Aufl. VI + 175 S. 8. Basel, Helbing & Lichtenhahn, 1905. [geb. fr. 1. 50]

Hotz, Rudolf. Leitfaden für den Unterricht in der Geographie der Schweiz. Mit 26 Illustrationen. 72 S. 8. Basel, R. Reich, 1902. [geb. fr. —.65]

Hotz, Rudolf. Leitfaden für den Unterricht in der Geographie der Schweiz. 8. Basel, Helbing & Lichtenhahn. [geb. fr. —. 65]
2. unveränderte Aufl. Mit 26 Illustrationen. 72 S. 1904.
3. Aufl. Mit 32 Illustrationen. 80 S. 1906.

Hotz, Rud(olf). Leitfaden für den Unterricht in der Geographie der Schweiz. Mit 42 Illustrationen. 4., umgearbeitete und erweiterte Aufl. VI + 115 S. 8. Basel, Helbing & Lichtenhahn, 1907. [geb. fr. —.80]

Hotz, Rud., Lesebuch für Elementar- und Volksschulen, in sachgemäßer und method. Anordnung für den Lese- und Sprachunterricht bearb. Mit einem Vorwort von Wilh. Wackernagel. 1. und 2. Thl. br. 8. Basel 866, Bahnmaier's Verlag. [1. Thl. (VIII und 152 S.) * 8 Ngr., 2. Thl. (VIII und 216 S.) * 10 Ngr.] cart. *

Hotz, Rud., Lesebuch für Elementar- und Volksschulen, in sachgemäßer und method. Anordnung für den Lese- und Sprachunterricht bearb. Mit einem Vorwort von Wilh. Wackernagel. 1. Thl. 2. verb.—5. Aufl. 8. (VIII, 152 S.) Basel 869—75, Bahnmaier's Verlag. geb. *

Hotz, Rud., Lesebuch f. Elementar- u. Volksschulen, in sachgemäßer u. method. Anordng. f. den Lese- u. Sprachunterricht bearb. Mit e. Vorw. v. Wilh. Wackernagel. 1. Thl. 5. Aufl. 8. (VIII, 152 S.) Basel 875. Bahnmaier. geb. n. — 80

Hotz, Rud., Lesebuch für Elementar- und Volksschulen, in sachgemäßer und method. Anordnung für den Lese- und Sprachunterricht bearb. Mit einem Vorwort von Wilh. Wackernagel. 2 Thle. 8. Basel, Bahnmaier's Verlag. [1. Thl. 6. und 7. Aufl. (VIII, 152 S.) 877,79. geb. * M 1.; 2. Thl. 3. Aufl. (224 S.) 879. geb. * M 1,20.] geb. * 2 20

—— Lesebuch für Elementar- und Volksschulen, in sachgemäßer und method. Anordnung für den Lese- und Sprachunterricht bearb. Mit einem Vorwort von Wilh. Wackernagel. 2 Thle. 8. Basel, Detloff's Verlag. [1. Thl. 8. Aufl. (VIII, 152 S.) 880; 2. Thl. 4. und 5. Aufl. (VIII, 224 S.) 884.] geb. à Thl. * M 1. *

— Lesebuch f. Elementar- u. Volksschulen, in sachgemäßer u. method. Anordng. f. den Lese- u. Sprachunterricht bearb. Mit e. Vorwort v. Wilh. Wackernagel. 2. Thl. 5. Aufl. gr. 8. (VIII, 224 S.) Basel 884. Detloff. geb. n. 1. —

Hotz, R., Lesebuch f. Elementar- u. Volksschulen, in sachgemäßer u. method. Anordng. f. den Lese- u. Sprachunterricht bearb. Mit e. Vorwort v. W. Wackernagel. 2. Thl. 7. Aufl. 8. (VIII, 224 S.) Basel 889. [Detloff.] R. Reich. geb. n. 1. —

—— Lesebuch f. Elementar- u. Volksschulen, in sachgemäßer u. method. Anordng. f. den Lese- u. Sprachunterricht bearb. Mit e. Vorwort v. Wilh. Wackernagel. 2. Thl. 8. Aufl. 8. (VIII, 224 S.) Basel 891, [Detloff.] Reich. geb. * 1 —
1. Thl. Ebd. 1890. geb. * 1 —.

Hotz, R., siehe: ***Nachrichten, Geographische.***

Hotz, Rud[olf]. Die Schiffahrt auf dem Ober-Rhein. Von Rud. H'-Linder [Basel]. Sonderabdruck aus der Geographischen Zeitschrift. Band 12. Heft 10. 11 S. + S. 578—584. 8. Leipzig, B. G. Teubner, (1906).

Hotz, Rud[olf]. Schweizer Schulkartographie. Vortrag, gehalten am Internationalen Geographenkongress in Genf, Juli 1908. Von Dr. Rud. H'-Linder-Basel. 4.
In: Geographischer Anzeiger. [Jahrg. 11.] März u. April 1910. [Gotha, Justus Perthes.] S. 56—59 u. 82—85.

Hotz, Rudolf. Ueber Tiefe, Temperatur und Strömungen des Meeres. Einladungsschrift zu den Prüfungen der beiden Gymnasien und der Realschule, 1880. In-8°, 32 S. Basel, Druck von Schweighauser.

Hotz, Rud[olf]. Das schweizerische Unterrichtswesen. (Nebst Verzeichnis der Privat-Institute.) Ein Ueberblick über die bedeutenderen öffentlichen und privaten Unterrichts- und Erziehungsanstalten der Schweiz, verfasst von Dr. Rud. H'..., hrg. vom Verband schweizerischer Verkehrsvereine ⟨Vorort: Basel⟩. 128 S. 8. Basel (Universitätsbuchdr. Friedrich Reinhardt — *Umschlag:* Verlag von Georg & Co. —,) 1904. [geb. fr. 1. 50]

Hotz, R., s. Geering, Wirtschaftskunde d. Schweiz.

Hotz, W., s.: **Leben, gesundes.**

— **Licht, Luft u. Wasser** u. deren Wirkung auf den menschlichen Körper. (32 S. m. Abbildgn.) 8. Mellenbach (908). Geschäftsstelle „Gesundes Leben". — 50

— **Winterkuren.** Ein Ratgeber f. alle, welche die kältere Jahreszeit methodisch f. ihre Gesundheit nutzbar machen wollen. (2. Aufl.) (VII, 36 S. m. Abbildgn.) 8. Ebd. (908). — 50

Hotz, Walter

Hotz, W., die wirtschaftliche Bedeutung der Blei-Zinkerzlagerstätten der Welt im J. 1907, s. **Zeitfragen, bergwirtschaftliche.** 2. Heft.

Hotz, W[alter]. Die wirtschaftliche Bedeutung der Blei-Zinkerzlagerstätten der Welt im Jahre 1907, mit besonderer Berücksichtigung der genetischen Lagerstättengruppen. Mit französischem und englischem Resümee. Hierzu 2 Tafeln. 36 S. 4. Berlin, Max Krahmann, 1910. (M. 2. —)
Bergwirtschaftliche Zeitfragen.... Hrg. von Max Krahmann.... Heft 2.

Hotz, Walter, aus Basel: Die Magneteisenerzlagerstätten von Vaspatak im Komitat Hunyad, Ungarn. Mit neun Textfiguren. Wien 1909. VI + 57 S. und zwei Tafeln. S.-A. aus den Mitteilungen der geologischen Gesellschaft in Wien. Bd. 2, Heft 1. [30. IV. 08.]
Basel Phil Diss 1908 09

Hotz, Walter. Die Magnetiterzlagerstätten von Vaspatak im Komitat Hunyad, Ungarn. Diss. Phil. Basel. Mit 2 Tafeln und 9 Textfiguren. (Separatabdruck aus den »Mitteilungen der Geologischen Gesellschaft in Wien«, Band 2, Heft 1.) VIII S. + S. 25—81. 8. Wien, Bruno Bartelt, 1909. V Bas

Hessische Vereinigung f. Volkskunde. Die Flurnamen der Grafschaft Schlitz, gesammelt von Wilhelm **Hotz.** Als Werbeschrift f. d. geplante Sammlung d. Flurnamen d. Großherzogtums Hessen mit e. Einl. versehen u. hrsg. von J[ulius] R[einhard] Dieterich. Darmstadt 1910: Winter. XXXVI, 16 S. 8° [10. 1904]

Hotz-Osterwald, J. H., das Dogma in der Wissenschaft, s.a. Vorträge, öffentliche, geh. in der Schweiz.

Hotz-Osterwald. Das Dogma in der Wissenschaft. In-8°, Basel, Schweighauser. 1880 1 25

Hotz-Osterwald, J. H., der Reichthum u. das Himmelreich, s.a. Vorträge, öffentliche, geh. in der Schweiz.

Hotz-Osterwald JH, der Reichtum und das Himmelreich. (Vorträge, Öffentliche VII, 1) Basel 1883

Hotz-Osterwald, J. H. Der Reichthum und das Himmelreich. In-8°. Basel, Schwabe. 1883 1 50

Hötz, Mt. W.: Rechtl. Entscheidd. d. jurid. Facultät zu Altdorf. *Nürnberg*, Wessner. 808. gr. 8. (1 Thl.)

Hotze, Franz Conrad (Neuburg-Celle), De libello injuriarum. Disp. jur. Rector Johann Philipp Streit. Erfurt (Grosch) 4. XI. 1702. 28 S., tlws. dtsch. (7.—) 16143
Gew.: David Hotze (Vater). — Widm. v. Präs., Johann Hermann v. Sode, Joh. Heinr. Meier, Johann Matthias Wincop, Philipp Sigismund Müller (dtsch.), Georg Adam Behrmann (Wiehe/Thür.), David Hotze (Goslar; Bruder), P. Heinrich Gräfe (Rhoden/Waldeck), Christian Valent. Fleischhauer (Aschersleben), Moritz Hoffmann (dtsch.).

Hotze, Friedrich, k. k. Oberstlieut., Reserve Commandant des Herzog Wilhelm von Württemberg 73. Inft.-Reg Gesammelte taktische Aufsätze. (Reglement-Studien.) (1. Bd.) Mit 1 Taf. und 50 Figuren. (2. Bd.) Mit 1 Taf. und 22 Figuren. (2 Bde.) gr. 8. Wien 1878—1884.

Hotze, Frdr., gesammelte taktische Aufsätze [Reglement-Studien]. Mit einer (lith.) Taf. u. 50 (eingedr. Holzschn.-)Fig. gr. 8. (III, 372 S.) Wien 878. Seidel & Sohn. n. 5. —

Hotze, Friedr., gesammelte taktische Aufsätze [Reglement-Studien]. 2. Bd. 1879 und 1880. gr. 8. (179 S. mit 1 lithogr. Taf. und 22 eingedr. Fig.) Wien 881, Seidel und Sohn. *
1. Bd. Ebendas. 1878. (*ℳ 5.) *ℳ 3,20.

Hotze, Friedr., der Dienst der Vorposten im Sinne des neuen Dienst-Reglements. Vorlesung im k. k. Central-Infanterie-Curs. Erläutert durch mit den Herrn Frequentanten des Curses an Ort und Stelle bearb. Beispiele. gr. 8. (113 S. mit lithogr. Karte in qu. Fol. und Holzschn.) Teschen 874, Prochaska. *

Hotze, Friedr., der Dienst der Vorposten im Sinne d. neuen Dienst-Reglements. Vorlesung im k. k. Central-Infanterie-Curs. Erläutert durch m. den Herrn Frequentanten d. Curses an Ort u. Stelle bearb. Beispiele. Mit (lith.) Karte (in qu. Fol.) u. Holzschn. 2. Aufl. gr. 8. (113 S.) Teschen 876. Prochaska. n. 2. 40; geb. n. 3. —

Hotze, (F.) Die taktischen Reglements der drei Waffen. Wien 1887. 8°.
Dass. 3. Aufl. 1889.

Hotze. Die taktischen Reglements der drei Waffen. Im Auszuge bearb. 2. u. 3. Aufl. 8. (116 S.) Wien 889,90, Seidel u. Sohn. * 1 60
geb. * 2 —

Hotze, die taktischen Reglements der drei Waffen. Im Auszuge bearb. 3. Aufl. gr. 8. (116 S.) Wien 889. Seidel & Sohn. n. 1. 60; geb. n. 2. —

Hotze, F.-M.-Lt., Die taktischen Reglements der drei Waffen. 4. Auflage. Kl.-8. (116 S) — 80
Gebunden 1. —
Wien: Seidel & Sohn 1893.

— Studie üb. Vereinfachungen u. Veränderungen in den takt. Reglements der Infanterie. gr. 8. (23 S.) Wien 873. Seidel & Sohn. n. 1. —

—— die Veränderungen in der Taktik der Infanterie vom Standpunkte der neuesten Militär-Literatur. gr. 8. (23 S.) Ebendas. 873. *
Aus: Oesterreich. militär. Zeitschrift, besonders abgedruckt.

— die theoretisch-praktischen Winterarbeiten der Truppen-Offiziere. Mit 2 Plänen u. 3 Uebersichtskarten (auf 3 Steintaf. in gr. Fol.) gr. 8. (77 S.) Ebend. 875. n. 2. 40

— dasselbe. 2. verm. Aufl. gr. 8. (101 S.) Ebend. 876. n. 3. —

—— die theoretisch-taktischen Winter- und Sommer-Arbeiten der Truppen-Offiziere. 3. verm. Aufl. und 4. unveränd. Aufl. gr. 8. (VI, 149 S. mit 4 lithogr. Plänen.) Ebendas. 877,78. * 4 —

Hotze, Heinrich, approb. Arzt aus Wettbergen (Hann.). Aus d. pathol. Institut zu Kiel. Ein **Fall** von Achsendrehung des ganzen Jejunum und des oberen Ileumabschnittes bis zum Ansatz des Meckel'schen Divertikels um die eigene Mesenterialachse. *Kiel 1901: H. Fiencke.* (17 S.) 8°
Kiel, Med. Diss. v. [17. Febr.] 1901

Hotzel, s.a. Hötzel

Hotzel. Die seelsorg. Behandlung der Prostituirten während der Haft, s. Jahrbuch der Gefängnis-Gesellschaft.

Hotzel, A[lfred]: Die Lehrstoffe der zweiten Realschulklasse im Lichte der Konzentration. *Quedlinburg (1900): Gessler & Strauss.* (20 S.) 8°
Quedlinburg, st. R, OP 1900 (291)

Hotzel, Arno [app. Arzt aus Weimar] Ueber Bradycardie Berlin, Buchdr. v. G. Schade, 1890: 1 Bl., 26 S. 8°
Würzburg, Med. Fak., Inaug.-Diss. v. 1890

Hotzel, F.

Hotzel. Der normannische Dialekt und die französische Schriftsprache. Eisenach, Rg., 1869. 32 S. Progr.

Hotzel, F. Die altfranzösischen Gesetze Wilhelms des Eroberers; grammatische Abhandlung. Eisenach, Rg., 1859. 28 S. Progr.

Hotzel, J. Chr., anderweite Bedenken in dem wegen boshafter Brandstiftung gegen Johanne Begeholdt aus Oberheldrungen stattgefundenen Strafverfahren. gr. 8. (87 S.) Jena 857, Frommann. *

Hotzel, J. C., Statistik der Rechtspflege im J. 1864 für die Herzogth. Sachsen-Coburg-Gotha 2c., s. Statistik.

—— über die literarische und staatsmännische Wirksamkeit Dr. Christian Wilh. Schweitzer's, weil. weimar. wirkl. Geheimenraths und Staatsministers. Eine biograph. Skizze. (Beilageheft 8 der Blätter für Rechtspflege in Thüringen und Anhalt.) gr. 8. (48 S.) Jena 857, Frommann. *

Hötzel, s.a. Hotzel

Hötzel, die Prostitution. [Aus: „8. Jahrb. der Gefängnis-Gesellsch. f. d. Prov. Sachsen u. d. Herzogt. Anhalt".] gr. 8. (17 S.) Halle a/S. 893. (A. Kogel.) n. — 25

Hötzel, Max, Medizinalpraktikant: Ueber Oesophagus-Tuberkulose. München 1907: Kastner & Callwey. (40 S.) 8°
München, Med. Fak., Ref. v. Bauer, Diss. v. 21. Jan. 1908
[Geb. 19. Okt. 81 Ellwangen a. I.; Wohnort: Ellwangen a. I.; Staatsangeh.: Württemberg; Vorbildung: Gymn. Ellwangen Reife Juli 00; Studium: Phil. Lyzeum Dillingen 2, Med. München 3, Würzburg 1, München 6 S.; Coll. 21. Jan. 08; Approb. 31. Dez. 07.]

Hözel, Mor. Fd., († d. 11. April 1814.) Freiheitsblüthen. (Gedichte.) 8. Leipz. 814.

Hötzel, Wilhelm, Rechtsanwalt in Stuttgart-Untertürkheim: Die Präjudizialität von richterlichen Zivilprozeßakten und Akten der freiwilligen Gerichtsbarkeit für einen nachfolgenden Strafprozeß. Borna-Leipzig 1907: R. Noske. (VI, 75 S.) 8°
Tübingen, Jur. Fak., Ref. Beling, Diss. v. 19. März 1907
[Geb. 14. Apr. 79 Stuttgart; Wohnort: Stuttgart; Staatsangeh.: Württemberg; Vorbildung: Eberhard-Ludwigs-Gymn. Stuttgart Reife M. 98; Studium: Tübingen 2, Berlin 1, Leipzig 2, Tübingen 2 S.; Rig. 14. Febr. 07.]

Hotzen und D. Klopp, Geschichte und Beschreibung der Stiftskirche St. Materniani zu Bücken, s. Klopp, D.

Hotzen, Adelbert, das Kaiserhaus zu Goslar. Vortrag gehalten in der IV. Hauptversammlung des Harz Vereins für Geschichte und Alterthumskunde am 30. Mai 1871 zu Goslar von dem die Restauration des Kaiserhauses leit. Architekten. gr. 8. (28 S. mit 1 Steinzeichnung und 5 in den Text gedr. Holzschn.) Halle 872, Buchh. des Waisenhauses. *

Hotzen, Emil [app. Arzt aus Münder]: Aus d. Patholog. Institute zu Kiel. Beitrag zur Lehre von der Verhornung innerer Epithelien. Kiel, Druck d. „Nord-Ostsee-Zeitung", 1880: 14 S. + 1 Bl. 8°
Kiel, Med. Fak., Inaug.-Diss. v. 8. Jun. 1880

Hotzen, Emil, Beitrag zur Lehre v. der Verhornung innerer Epithelien. Aus dem pathologischen Institute zu Kiel. Inaug.-Diss. gr. 8. (14 S.) Kiel 890. (Lipsius & Tischer.) n. — 80

Hotzen, Friedrich [app. Arzt aus Celle]: Retinitis haemorrhagica ... Kiel, Druck v. P. Peters, 1897; 21 S., 1 Bl. 8.
Kiel, Med. Fak., Inaug.-Diss. v. [20. März] 1897

Hotzen, Otto, eine Pilgerfahrt. 12. (399 S.) Stuttgart 883, Benz und Comp. *M 5.; geb. *

Hotzen, O., Wichmann der Kreuzfahrer. Eine altbrem. Geschichte. Mit 4 Typogravuren. 12. (39 S.) Bremen 893. C. Schünemann. n. 1. 20

Hötzendorf, Frz. Conrad v., s.a. Conrad v. Hötzendorf.

Hötzendorf, Franz Conrad von, Einiges über den südhercegowinischen Karst in militärischer Hinsicht. gr. 8. (46 S. mit 8 Tafeln) geh. 50 kr.
Wien: Seidel & Sohn 1882.

Infanteristische Fragen u. die Erscheinungen des Boerenkrieges (1899—1902) v. F. C. v. H(oetzendorff). Mit Taf. Wien 1903. 101 S.

C(onrad) v. H(ötzendorf), F. Die Gefechtsausbildung der Infanterie. 3. Aufl. Wien 1906. 8°. (1. Aufl. 1900.)

Gefechtsausbildung der Infanterie von F. C. v. H. (Hoetzendorff.) Mit Beil. 4. unveränd. Aufl. Wien 1907. 256 S.

Zum Studium der Taktik. Von F. C. v. H(oetzendorff). T. 1. 2. Mit Beil. u. 1 Atl. Wien 1891. 814 S.

Taktik-Aufgaben von F. C. v. H(oetzendorff). H. 1 3. Mit 3 Krtbd. Wien 1892. 1896.

Vorgang beim Studium unserer taktischen Reglements. Von F. C. v. H(oetzendorff). Mit Taf. Wien 1893. 54 S.

Hötzer, Emil, Wandergrüße. Gedichte. 8. (80 S.) Balingen 897. (Ebingen, U. Nefflen.) Geb. in Leinw. m. Goldschn. n. 1. 60

Hoetzer, Frz. X., pharmaca simpl. mineralia Bohem. indigena. 8. maj. Prag, Gerle. 778. ½ thlr.

Hötzl: Die Bedeutung der Sophokles-Lektüre an den k.k. österreichischen Gymnasien. 16 S. 8° – Triest, Progr. 1862.

Hötzl, J., die Münzensammlung am Staats-Gymnasium zu Linz. Linz 4 10 p.
Schul-/Univ.-Schrift 1867

Hötzl, Jos., Gedichte. 8. (IV und 91 S.) Triest 864, Schimpff. *

Hötzl, Petr. Alf., zum Gedächtniß J. E. Riblinger's. Rede gehalten den 8. Mai 1867 am Grabe desselben. gr. 8. (8 S.) München 867, Lentner'sche Buchh.

Hötzl, P. Petrus (o. S. F.), Gedächtnisworte am Grabe des hochgeb. Hrn. Otto Frhrn. v. Lerchenfeld-Aham, kgl. Kämmerer, Oberst-Stallmeister a. D., Grosskreuz u. Commandeur hoher Orden. München, Lentner'sche Buchh., 1884. 8°. Cart.
7 S. (incl. Tit. m. Trauerrand).

Hötzl, P. Petr. (o. S. F.), Geschichte der Klosterpfarrkirche St. Anna in München, dargest. für die Angehörigen u. Freunde derselben. Mit Titelbild u. Titelvign. München. Druck von Ernst Stahl. 1879. 8°. Cart.
VII + 86 S. Die Kirche wurde am 19. Sept. 1737 als Klosterkirche eingeweiht; seit 1809 Pfarrkirche, seit 1827 Klosterpfarrkirche.

Hötzl, Petrus, Jakob und Esau, Typik und Kasuistik. Eine historisch-dogmatische Untersuchung (über Gen. 27). München, Stahl, 1881, 8°, VI, 64 S., 1 Mk.
Recens. von Schenz, Litt. Handw. 1882, S. 39—40. Sehr eingehend in Form einer längern Abhandlung von Linsenmann, (Tüb.) Theol. Quartalschr. 1883, S. 122—136.

— Ist Döllinger Häretiker? s. a. Stimmen aus der katholischen Kirche.

Hoetzl, Petrus, Ist Döllinger Häretiker? München, Oldenbourg, 1870, 8°, 26 S., 3. Aufl., 50 Pf. (Stimmen a. d. kath. Kirche, Bd. 1 Nr. 3.)
Zur Verteidigung von Döllingers Rechtgläubigkeit. Vgl. Ökum. Konzil. Stimmen ꝛc. Heft 10, S. 83—4. Litt. Handw. 1870, S. 97—8. Scheebens Ökum. Konzil Bd. 2, S. 65—7: P. Petrus Hoetzl als Advokat Döllingers

Hötzl, Petr., das Missionswerk der Kirche. Predigt gehalten den 3. Decbr. 1869 zu München. gr. 8. (20 S.) Regensburg 870, Pustet.

Hötzl, Petrus, das kleine Officium U. L. Frau f. Verständniß u. Betrachtung ausgelegt. 8. (VI, 289 S.) München 876. Stahl. 2. 50

Hötzl, Petrus. Das kleine Officium U. L. Frau, f. Verständniß u. Betrachtung ausgelegt. 2. (Titel-)Ausg. gr. 8. (VI, 292 S.) Münch. 892. — Stuttg., Jos. Roth. * 2 50

Hötzsch, Otto, die dringendste Aufgabe der Polenpolitik, s. a. Flugschriften des alldeutschen Verbandes.

Hoetzsch, Otto. Die dringendste Aufgabe der Polenpolitik. Vortr. München 1907. 8°
(Flugschriften d. Alldeutschen Verbandes. H. 27.)

— s.: Beiträge zur russischen Geschichte.

— s.: Bülow's, Fürst, Reden.

Hötzsch, Otto, die wirtschaftl. u. soziale Gliederung vornehmlich d. ländlichen Bevölkerung im meissnisch-erzgebirg. Kreise Kursachsens, s. a. Studien, Leipziger, aus d. Gebiet der Geschichte. VI. 4.

Hötzsch, Otto: Die wirtschaftliche u. soziale Gliederung vornehmlich der ländlichen Bevölkerung im meissnisch-erzgebirg. Kreise Kursachsens. Auf Grund eines Landsteuerregisters aus d. zweiten Hälfte d. XVI. Jahrh. dargestellt. *Leipzig 1900: B. G. Teubner.* (48 S.) 8° ¶ [Erschien vollst. 1900 in: Leipziger Studien aus d. Gebiete d. Geschichte, Bd 6, H 4.]
Leipzig, Phil. Diss. v. [28. Juni] 1900

Die wirtschaftliche und soziale Gliederung vornehmlich der ländlichen Bevölkerung im meissnisch-erzgebirg. Kreise Kursachsens. Auf Grund e. Landsteuerregisters aus d. 2. Hälfte d. XVI Jhs. Dargest. von Otto Hötzsch. Mit 52 Tab. *Leipzig: B. G. Teubner 1900.* (VIII, 130 S.) 8°
= Studien, Leipziger, aus d. Geb. d. Geschichte. Bd 6, H. 4. [00. 10385

Hötzsch, Otto [Hrsg.], s. Meyendorff, Peter von: Politischer und privater Briefwechsel.

Hötzsch, Otto [Hrsg.], s. Monatsschrift, Deutsche.

— die Vereinigten Staaten v. Nordamerika, s. a. Monographien zur Weltgeschichte. XX.

Die Vereinigten Staaten von Nordamerika. Von Dr. Otto Hötzsch. Mit 111 Abb. u. 1 Karte. *Bielefeld & Leipzig: Velhagen & Klasing 1904.* (180 S.) 4°(8°) [F.]
= Monographien z. Weltgeschichte. 20. [04. 3383

— Stände u. Verwaltung v. Cleve u. Mark in der Zeit von 1666 bis 1697, s. a. Urkunden u. Aktenstücke zur Geschichte der innern Politik des Kurfürsten Friedrich Wilhelm v. Brandenburg. II.

Stände und Verwaltung von Cleve und Mark in der Zeit von 1666 bis 1697. Von Otto Hötzsch. Leipzig: Duncker & Humblot 1908. (XXX, 1061 S.) 8°
= Urkunden u. Aktenstücke z. Geschichte d. inneren Politik d. Kurf. Friedrich Wilhelm v. Brandenburg. T. 2. [08. 15690

Hötzsch, Otto, s. a. Taschenbuch f. den Kyffhäuser-Verband der Vereine deutscher Studenten.

Taschenbuch für den Kyffhäuser-Verband der Vereine Deutscher Studenten. In 4. erw. u. erg. Aufl. hrsg. im Auftr. d. Verbands-Tagungen von 1901 u. 1902 durch Dr. Otto Hötzsch. Berlin: Akad. Blätter 1903. (164 S.) 8° [F.] [03. 10319

— s.: Wollen, deutsches.

— s.: Zeitschrift f. osteuropäische Geschichte.

Houard, C., Hilfsbuch f. das Sammeln der Zoocecidien, s.: Darboux, G.

Houbé, Wilhelm (geb. am 3 Juli 1844 in Stolberg (Rheinl.)): Die Leukämie … Bonn, Druck v. C. Georgi 1868. 25 S., 1 Bl. 8.
Bonn, Med. Fak., Diss. v. 8 Aug. 1868

Houben H. Kirchl. Schreiner- u Holzbildhauerarbeiten (24 T) fol Ravensburg (1904)

Des Rekruten Abschied. Dramat. Episode in 1 Akt von Heinrich Houben. *Kempen (Rhein): Klöckner & Mausberg [1903].* (23 S.) 8° [F.]
= [Theater-Bibliothek.] H. 28 [04. 2735

Alarm im Bivouac. Lustspiel in 1 Aufz. von Heinrich Houben. *Kempen (Rh.): Klöckner & Mausberg [1901].* (19 S.) 8° [F.]
— Theater-Bibliothek. H. 15. [01. 5544 b

Houben, Heinr., Bethlehem. Ein Bühnenspiel f. die Weihnachtszeit m. Gesang in 4 Aufzügen u. 2 Bildern. (68 S.) 8. Kempen (906). Thomasdruckerei u. Buchh. n. 1. 25

Das Burgunder-Bankett. Lustspiel in 1 Aufz. von Heinrich Houben. *Kempen (Rh.): Klöckner & Mausberg [1900].* (28 S.) 8° [F.]
— Theater-Bibliothek. H. 13. [01. 5542 b

Das Burgunder-Bankett. Lustspiel in 1 Aufz. von Heinrich Houben. 2. Aufl. *Kempen (Rh.): Klöckner & Mausberg [1902].* (30 S.) 8° [F.]
— Theater-Bibliothek. H. 13. [03. 15948

Houben, Heinrich [Prof.]: Der Chor in den Tragödien des Racine. Düsseldorf, gedr. bei L. Voss & C., Kgl. Hofbuchdr., 1894; 28 S. 4.
Düsseldorf, k. G., P. 1894 (458)

Houben, Heinr. De comparationibus vergilianis. 17 S.
Progr. G. *Düsseldorf* 1876.

Dasselbe, s.a. Houben, J. A.

Houben, Heinr., „Lord Dämon". Detektiv-Komödie in 5 Aufzügen. (79 S.) 8. Kempen (909). Thomasdruckerei u. Buchh. 1. 25

'Lord Damon'. Detektiv-Komödie in 5 Aufz. von Heinrich Houben. 2. Aufl. Kempen (Rhein): Thomasdr. [1909]. 79 S. 8°
(Theater-Bibliothek H. 50.) [10. 4343

Dunkle Existenzen. Ein Bild aus d. großstadt. Hochstaplerwelt in 5 Aufz. von Heinrich Houben. Kempen (Rh.): Klöckner & Mausberg [1904]. (76 S.) 8° [F.]
— Theater-Bibliothek. H. 24 [vielm. 34]. [06. 5404

— Frei ist der Bursch. Studentenschwank in 1 Akt. (22 S.) 8. Ebd. (908). 1. —

Die Freibeuter. Schauspiel in 4 Aufz. von Heinrich Houben. *Kempen (Rhein): Klöckner & Mausberg (1901).* (67 S.) 8° [F.]
= [Theaterbibliothek.] H. 20. [01. 4373 b

— der Freibeuter. Schauspiel in 4 Aufzügen. 4. Aufl. (67 S.) 8. Ebd. (906). n. 1. 25

Der Freischütz. Nach d. gleichnamigen Weber'schen Oper als Romant. Schauspiel mit Gesang in 5 Aufz. f. d. Dilettantenbühne frei bearb. von Heinrich Houben. *Kempen (Rh.): Klöckner & Mausberg [1903].* (65 S.) 8° [F.]
— Theater-Bibliothek. H. 22. Ausg. A. [03. 15143

[F.] Der Gelegenheits-Dichter. Schwank in 1 Aufz. v. Heinrich Houben. *Kempen (Rhein): Klöckner & Mausberg [1896?].* (38 S.) 1 Bd 8.
— Theater-Bibliothek. H. 3. [97. 9047

— Dasselbe, s.a. Theater-Bibliothek.

— dasselbe. Schausp. in 5 Aufzgn. f. Vereine u. Gesellschaften. 8. (70 S.) Kempen 896. Klöckner & Mausberg. n. 1. 25

Die Jagd nach dem Adelstitel. Lustspiel in 4 Aufz. von Heinrich Houben. *Kempen (Rhein): Klöckner & Mausberg [1901].* (65 S.) 8° [F.]
= Theaterbibliothek. H. 19. [01. 4372 b

— die Jagd nach dem Adelstitel. Lustspiel in 4 Aufzügen. 2. Aufl. (65 S.) 8. Ebd. (905). n. 1. 25

In flagranti. Schwank in 1 Aufz. von Heinrich Houben. *Kempen (Rh.): Klöckner & Mausberg [1899].* (16 S.) 8° [Ant. u. F.]
— Theater-Bibliothek. H. 9. [01. 5538 5

Houben, Heinr., der Kampf m. dem Drachen, s.a. Theater-Bibliothek. 26.

Der Kampf mit dem Drachen. Schwank in 5 Aufz. von Heinrich Houben. *Kempen (Rh.): Klöckner & Mausberg [1903].* (78 S.) 8° [F.]
— [Theater-Bibliothek.] H. 26. [04. 7833

— der Kampf m. dem Drachen. Schwank in 5 Aufzügen. 2. Aufl. (78 S.) 8. Ebd. (906). n. 1.25

Der Kerkermeister von Kuhnfels. Schauspiel aus d. Zeit d. Raubrittertums in 5 Aufz. von Heinrich Houben. 2. Aufl. Kempen (Rhein): Selbstverl. [1905]. (125 S.) 8° [F.]
— [Theater-Bibliothek.] H. 42. [06. 5754

— der Kerkermeister v. Kuhnfels. Schauspiel aus der Zeit des Raubrittertums in 5 Aufzügen. 3. Aufl. (125 S.) 8. Kempen (906). Thomasdruckerei u. Buchh. n. 1.50

— Die Klosterstürmer. Schauspiel in 5 Aufzügen. (85 S.) 8. Ebd. (908). 1.25

Houben, Heinr., Konstantinus, der christliche Heldenjüngling, s.: Paglia, Francesco.

Jakob Kümmelhofer. Ländl. humorist. Episches Gedicht in 15 Gesängen von Heinrich Houben. *Kempen a. Rh.: Klöckner & Mausberg 1899.* (110 S.) 8° [F.] [01. 4824 5

— Leitfaden zum Krämerlatein, genannt Henese-Fleck. gr. 16. (39 S.) Bregell 888. J. Giskes. n. —40

— In der Luftschiffkabine. Eine Tragikomödie üb. den Wolken in 1 Aufzug. (20 S.) 8. München (910). V. Höfling. 1.—

Mit Zeppelin nach England. Lustspiel in 1 Aufz. von Heinrich Houben. 3. Aufl. Kempen (Rhein): Thomasdr. [1909]. 20 S. 8°
(Theater-Bibliothek. H. 57.) [10. 4346

— Mummenschanz. Lustspiel in 4 Aufzügen. (84 S.) 8. Ebd. (904). n. 1.25

— Der Ölgötze v. Ninive. Schwank in 1 Aufzuge. (18 S.) 8. Ebd. (910). 1.—

Bei der Quacksalberin. Schwank in 1 Aufz. von Heinrich Houben. *Kempen (Rh.): Klöckner & Mausberg [1899].* (20 S.) 8° [F.]
— Theater-Bibliothek. H. 10. [01. 5539 5

— bei der Quacksalberin. Schwank in 1 Aufzuge. 2. Aufl. (27 S.) 8. Ebd. (904). n. 1.—

— Reserve hat Ruh'! s.a. Theater-Bibliothek. 21. Hft.

Reserve hat Ruh'! Lustspiel in 1 Aufzug von Heinrich Houben. 2. Aufl. *Kempen (Rhein): Klöckner & Mausberg [1903].* (30 S.) 8° [F.]
— [Theater-Bibliothek.] H. 21. [04. 7830

'Rheinzauber'. Schauspiel in 4 Aufz. von Heinrich Houben. Kempen (Rh.): Klöckner & Mausberg [1904]. (104 S.) 8° [F.]
— [Theater-Bibliothek]. H. 35. [06. 5405

— „Rheinzauber". Schauspiel in 4 Aufzügen. (104 S.) 8. Kempen (904). Thomasdruckerei u. Buchh. n. 1.25

Der schwarze Ritter. Schauspiel in 5 Aufz. von Heinrich Houben. *Kempen (Rh.): Klöckner & Mausberg [1900].* (77 S.) 8° [F.]
— Theater-Bibliothek. H. 14. [01. 5543 5

Der schwarze Ritter. Schauspiel in 5 Aufz. von Heinrich Houben. 3. Aufl. *Kempen (Rh.): Klöckner & Mausberg [1902].* (81 S.) 8° [F.]
— Theater-Bibliothek. H. 14. [03. 15640

— der schwarze Ritter. Schauspiel in 5 Aufzügen. 7. Aufl. (72 S.) 8. Ebd. (906). n. 1.25

— Schatten der Schuld. Schauspiel in 4 Akten. (72 S.) 8. Ebd. (906). n. 1.25

— Die Schauspiel-Kandidatin, s. Jügelt's neue Theater-Bibliothek.

— Eine Schwiegermutter in spe, s.a. Theater-Bibliothek.

Eine Schwiegermutter in spe. Dialektposse in 1 Akt f. Vereine u. Gesellschaften von Heinrich Houben. *Kempen (Rh.): Klöckner & Mausberg [1897].* (26 S.) 8° [F.]
— Theater-Bibliothek. H. 5. [01. 5537 5

— s.: Theater-Bibliothek.

— Thermopylä. Drama aus der Geschichte des griech. Heldenzeitalters in 4 Akten. (99 S.) 8. Kempen (908). Thomasdruckerei u. Buchh. 1.25

Der Turmgeist v. Grauenburg, s.a. Theater-Bibliothek.

[F.] Der Turmgeist von Grauenburg. Schausp. in 5 Aufz. v. Heinrich Houben '(Vf. v. 'Des Räubers Umkehr' ...)' *Kempen '(Rhein)': Klöckner & Mausberg [1896?].* (70 S.) 1 Bd 8.
— Theater-Bibliothek. H. 4. [97. 9048

— der Turmgeist v. Grauenburg. Schauspiel in 5 Aufzügen f. Vereine u. Gesellschaften. 10. Aufl. (71 S.) 8. Ebd. (906). n. 1.25

Ueber die Liebe die Pflicht. Schauspiel in 3 Akten von Heinrich Houben. *Kempen (Rhein): Klöckner & Mausberg [1903].* (62 S.) 8° [F.]
— [Theater-Bibliothek.] H. 27. [04. 7834

Houben, Heinr.: Des Räubers Umkehr, s. Jügelt's neue Theater-Bibliothek.

In vorschriftswidriger Uniform. Schwank in 1 Aufz. von Heinrich Houben. *Kempen (Rh.): Klöckner & Mausberg [1901].* (27 S.) 8° [F.]
— Theater-Bibliothek. H. 16. [01. 5545 5

— die Unverwüstlichen (1. u. 5. Aufzug: „Im Cachot"), s.a. Theater-Bibliothek.

[F.] Die Unverwüstlichen. Lustspiel in 5 Aufz. f. Vereine ... v. Heinrich Houben. 1. u. 5. Aufz. für sich allein auch unter d. T.: Im Cachot ... *Kempen (Rh.): Klöckner & Mausberg [1898].* (84 S.) 1 Bd 8.
— Theater-Bibliothek. H. 6.

Die Unverwüstlichen. Lustspiel in 5 Aufz. f. Vereine u. Gesellschaften von Heinrich Houben. 1. u. 5. Aufz. f. sich allein auch u. d. T.: Im Cachot als Schwank in 2 Aufz. zu spielen. 3. Aufl. *Kempen (Rh.): Klöckner & Mausberg [1902].* (86 S.) 8° [F.]
— Theater-Bibliothek H. 6. [03. 15640

— die Unverwüstlichen. Lustspiel in 5 Aufzügen f. Vereine u. Gesellschaften. 1. u. 5. Aufzug f. sich allein u. d. T.: „Im Cachot" als Schwank in 2 Aufzügen zu spielen. 8. Aufl. (78 S.) 8. Ebd. (906). n. 1.25

— Fahrendes Volk. 4 Ensemble-Possen. (1. Die Schwedenkapelle. Musikalische Ensemblescene f. 7 Herren. 2. Schmierenkünstler. Ensemblespiel f. 6 Herren u. 2 Damen. [Eventuell auch nur f. 6 Herren.] 3. Zirkusleute. Soloscenen f. 9 Herren. 4. Die Zigeuner. Bühnenspiel f. 6 Herren u. 2 Damen.) (64 S.) 8. Ebd. (908). 1.50

Zwei Wege. Lebensbild in 4 Aufz. f. Arbeiterinnen-, Dienstmädchen-Vereine .. Von Heinrich Houben. *Kempen (Rhein): Klöckner & Mausberg [190.]* (51 S.) 8° [F.]
= [Theator-Bibliothek] H. 29. [04. 1816

— Zapfenstreich. Lustspiel in 1 Aufzug. (28 S.) 8. Ebd. (906). n. 1. —

[S.] Die Zerstorung Karthago's. Lustsp. mit Aufz. v. Heinrich Houben. *Kempen (Rh.): Klöckner & Mausberg [1899]* (25 S.) 1 Bd 8.
= Theater-Bibliothek. H 8

Die Zerstorung Karthago's. Lustspiel in 1 Aufz. von Heinrich Houben. 3. Aufl. Kempen (Rh.): Thomas Dr. u. Buchh. [1906]. 24 S. 8°
(Theater-Bibliothek. H. 8) [09. 1711

Houben, Heinr. Hub., Emil Devrient. Sein Leben, sein Wirken, sein Nachlass. Ein Gedenkbuch. (XI, 498 S. m. 11 Taf.) gr. 8. Frankfurt a/M. 903. Literar. Anstalt. n. 9. —; geb. in Leinw. n. 10. —

Houben, Heinrich Hubert. Emil Devrient. Sein Leben, sein Wirken, sein Nachlass. Ein Gedenkbuch. [Mit Illustrationen und 11 Tafeln.] XII + 493 S. 8. Frankfurt a/M., Rütten & Loening, 1903. [M. 9. —, geb. 10. —]
Darin S. 104. 107 109 199 f. 213. 246. 455 f. 472 etc. Zürich *und die* Schweiz, *S. 123 126. 135 f. 386 f. etc.* Schillers Tell *betr.; S. 197 f. 205 8. 215/7 Briefe von* Charlotte Birch-Pfeiffer *aus* Zürich 1841—42.

Houben, Heinrich Hub[ert]. Entwurf zu einer Deutschen Bibliographie. In Verbindung mit Herrn Dr. Gustav Karpeles-Berlin bearbeitet. 24 S. 8. Leipzig, Felix Dietrich, 1902. [M. —.50]

— s.: Fuhr, Lina, v. Sorgen u. Sonne.

— Gutzkow-Funde. Beiträge zur Litteratur- u. Kulturgeschichte des 19. Jahrh. gr. 8. (XI, 568 S.) Berlin 901. A. L. Wolff. n. 10. —; geb in Leinw. n. 11. 50

Houben, Heinrich Hubert [Hrsg.], s. Laube, Heinrich: Gesammelte Werke

Houben, Heinr. Hub., Karl Gutzkows Leben u. Schaffen. Mit 3 Bildnissen u. e. Briefe als Handschriftprobe. [Aus: „Karl Gutzkows ausgewählte Werke in 12 Bdn. Hrsg. v. Heinr. Hub. Houben".] (126 S.) kl. 8. Leipzig (908). Hesse & Becker Verl. 1. 50

— Heinrich Laubes Leben u. Schriften. Mit 2 Bildnissen u. e. Briefe als Handschriftprobe. [Aus: „Heinr. Laubes ausgewählte Werke in 10 Bdn. Hrsg. v. H. H. Houben".] (275 S.) kl. 8. Ebd. (906). 1.50; geb. 2. —

— die Sonntagsbeilage der Vossischen Zeitung 1858—1903, s.a. Repertorium. bibliographisches. II.

Die Sonntagsbeilage der Vossischen Zeitung. 1858—1903. Das Neueste aus d. Reiche d. Witzes 1751. Bibliogr. Repertorium. (Verf.: Dr. Heinrich Hubert Houben, Mitarb. Prof. Dr. Franz Muncker.) *Berlin: B. Behr (1904).* (XIX S., 1074 Sp.) 4°
— Repertorium, Bibliographisches. Bd 2. [04 ....

Die Sonntagsbeilage der Vossischen Zeitung. 1858—1903. Das Neueste aus d. Reiche d. Witzes 1751. Hrsg. von Dr. Heinr. Hub. Houben (Berlin). (Mitarb. Prof. Dr. Franz Muncker.) Berlin: B. Behr 1904. (XXIII S., 1074 Sp.) 4°
= Repertorium, Bibliographisches. 2.
= Veröffentlichungen d. Deutschen Bibliogr. Gesellschaft. Bd 2. [05. 1037

Houben, Heinrich, aus Aachen: **Studien über die Dramen Karl Gutzkows. 1. Hinterlassene Dramen-Entwürfe. 2. 'Ein weisses Blatt'.** *Düsseldorf 1898: Gebr. Tönnes.* (V, 144 S.) 8°
Greifswald, Phil. Diss. v. 12. Nov. 1898

— Studien üb. die Dramen Carl Gutzkows. I. Hinterlassene Dramen-Entwürfe. II. Ein weisses Blatt. gr. 8. (V, 144 S.) Jena 899. Berlin, H. Costenoble. n. 2. 50

— Zeitschriften des jungen Deutschlands, s.a. Repertorium, bibliographisches. III.

— Zeitschriften des jungen Deutschlands, s.a. Repertorium, bibliographisches. 4. Bd.

Zeitschriften des jungen Deutschlands. Hrsg. von Dr. Heinrich Hubert Houben (Berlin). (1. 1. 2.) Berlin: Behr 1906—09. 4°
1. 1906. 2. (Nebst Reg. z. 1. u. 2. T.) 1909.
(Bibliographisches Repertorium. Bd 3. 4.)
(Veröffentlichungen d. Deutschen Bibliogr. Gesellschaft. Bd 1. 5.) [09. 17611

— u. Osk. F. Walzel, Zeitschriften der Romantik, s.a. Repertorium, bibliographisches. I.

Zeitschriften der Romantik. In Verbindung mit Prof. Dr. Oskar F[elix] Walzel (Bern) hrsg. von Dr. Heinr. Hub. Houben (Berlin). Berlin: B. Behr 1904. (18", XX S., 524 Sp.) 4°(8°)
= Repertorium, Bibliographisches. Bd 1.
→ Veröffentlichungen d. Deutschen Bibliogr. Gesellschaft. 1. [05 ...6

Houben, Herm., kirchliche Schreiner- u. Holzbildhauer-Arbeiten. 45 Vorlagen auf 24 Taf. Fol. Ravensburg (904). O. Maier. In Mappe n. 12. 60; auch in 6 Lfgn. à n. 2. —

Houben, J. A., De comparationibus Vergilianis. Pr. 1876. 17 S. 4°. 3.50

– Dasselbe, s.a. Houben, Heinrich

Houben. Euripidis Iphigenia in Aulide tragoedia cum Racinii comparata. Trier, G., 1850. 10 S. 4

Houben, J.: Qualem Homerus in Iliade finxerit Ulixem. 16 S.– Trier, Progr. 1869.

Houben, J. A. Qualem Homerus in Odyssea finxerit Ulyssem. 15 S. — Pars II. 13 S.
Trier, Progr. 1856, 1860

Houben, Josef: **Über Chlorcamphersäureester und über Dehydrocamphersäure.** *Bonn 1898: C. Georgi.* (74 S.) 8°
Bonn, Phil. Diss. v. 5. Aug. 1898

Houben, Jos., praktischer Lehrgang zur Erlernung der französischen Sprache. 1. u. 2. Kursus. Trier 859, 61. Braun. gr. 8. (IV, 120; IV, 170 S.) 1.: n. 10 ngr; 2.: n. 15 ngr.

— — Ausgabe für höhere Töchterschulen. 1. Kursus. Ebend. 859. gr. 8. (IV, 120 S.) n. 10 ngr.

Houben, Jos., praktischer Lehrgang zur Erlernung der französischen Sprache. 1. Kursus. 2. Aufl. 8. (IV, 89 S.) Leipzig 871. Braun. n. — 85

Houben, Jos., praktischer Lehrgang zur Erlernung der französischen Sprache. 1. Kursus. 2. Aufl. 8. (IV, 89 S.) Trier 871, Braun'sche Buchh. *

— dasselbe. 2. Kurs. 2. verb. Aufl. gr. 8. (IV, 185 S.) Trier 876. Groppe. n. 1. 60

Houben, L. F., Betrachtungen über das Rheinische Hypothekengesetz veranlaßt durch den Entwurf eines neuen Hypothekengesetzes. Köln 863. (Moers, Spaarmann.) gr. 8. (IV, 67 S.) n. 10 ngr.

Houben, L. F., Subhastat und Drittbesitzer im rheinischen Subhastations-Verfahren. 8. (32 S.) Moers 865, (Spaarmann.) *

Houben, Pet. Jos., Betrachtungen üb. das Leiden u. Sterben Jesu Christi. Bearb. nach den Betrachtungen von Mohren. 12. (14½ B., 1 Stahlst. u. Ttl. in Golddr.) Köln 845, Bachem. *

Houben, Pet. Jos., Betrachtungen über das Leiden und Sterben Jesu Christi. Bearb. nach den Betrachtungen des frommen Canon. Mohren. Nebst einem vollständ. kurzen Gebetbuche rc. 2. verm. Aufl. Mit 1 Stahlst. Köln 856. Bachem. 12. (4 Bl., 392 S.) n. 16 ngr.

— s. Mohren, J., Piae Meditationes.

Houben, Phil.

— — Antike erotische Bildwerke in Houbens röm. Antiquarium zu Xanten, abgebildet auf 5 Steindrucktafeln und erläutert von Dr. Fiedler. Ebenda 1839. Folio 28 S.
Sehr selten mit dem erotischen Teil.

Houben und **Fiedler**, Denkmäler von Castra vetera und Colonia Trajana. [In Houbens Antiquarium von Xanten] Xanten. 1839. 8.

Houben, Phil., Denkmäler von Castra vetera u. Colonia Trajana in Ph. Houben's Antiquarium zu Xanten abgebildet auf XLVIII col. Steindr.-Taf. nebst ein. topograph. Charte. M. Erläuterungen v. Frz. Fiedler. Roy.-4. (9¾ B.) Xanten 830. (Wesel, Bagel.) **
Vgl. Bildwerke.

Jeder sein eigener Rechtsbeistand. Unentbehrl. Ratgeber u. Lehrer f. Jedermann z. selbständ. Bearb. sämtl. gerichtl. Angelegenheiten. Mit e. Anh.: Das Mietrecht u. d. landwirtschaftl. Pachtrecht von R[udolf] **Houben**, Landger.Sekr. 1.–5. Taus. (Dortmund): Selbstverl. [1900]. (62 S.) 8° [F.] [o8. 10797

Jeder sein eigener Rechtsbeistand. Unentbehrl. Ratgeber u. Lehrer f. Jedermann z. selbständ. Bearbeitung sämtl. gerichtl. Angelegenheiten, mite Anh.: Das Mietrecht u. d. landwirtschaftl. Pachtrecht von R[udolf] **Houben**, Landger.Sekr. 2. (vervollst. u.) erw. Aufl. Dortmund: Selbstverl. (1907). (71 S.) 8° [F.] [o8. 5430

Houben, R., Jeder sein eigener Rechtsbeistand. Unentbehrlicher Ratgeber u. Lehrer f. jedermann zur selbständ. Bearbeitg. sämtl. gerichtl. Angelegenheiten, m. e. Anh.: Das Mietrecht u. das landwirtschaftl. Pachtrecht. 3. erweit. Aufl. 11.—15. Taus. (Umschlag: 3. vervollständ. u. erweit. Aufl. unter Berücksicht. der am 1. IV. 1910 in Kraft tret. Andergn. der Zivilprozeßordng. usw.) (72 S.) 8. Dortmund (910). (F. W. Ruhfus.) p 1.—

Houbigant, Charles François. Notae criticae in universos Vet. Test. libros . . . Francof. ad M. 1777. Ü: *Plitt, Johann Ludwig Christian.* (ML) (Ky)

Houbigant, Carol. Franc., Notae criticae in universos Vet. Test. libros cum Hebraice tum Graece scriptos cum integris eiusdem prolegomenis ad exemplar Parisiense denuo recusae. Frankfurt, Varrentrapp, 1777, 4°, 2 Bde, 15 Mk.

Houbraken's, A., grosse Schouburgh der niederländischen Maler u. Malerinnen, s.a. Quellenschriften für Kunstgeschichte u. Kunsttechnik des Mittelalters u. der Renaissance.

Houbraken's, Arnold (geb. 28. März 1660 zu Dordrecht, † 14. Octob. 1719), *grosse Schouburgh der niederländischen Maler u. Malerinnen.* Uebers. u. m. Einleit., Anmerkgn. u. Inhalts-Verz. versehen von Dr. *Alfr. v. Wurzbach* Bd. 1: Uebersetzung d. Textes nebst 3 Inh.-Verz. (Auch m. d. Tit.: Quellenschriften f. Kunstgeschichte u. Kunsttechnik d. Mittelalters u. d. Renaissance, hrsg. v. *R. Eitelberger v. Edelberg.* Bd. XIV. 1.) Wien, G. Braumüller, 1880. Gr. 8°. Hlwdb.
XVI—495 S. — Das holländ. Orig erschien in 3 Thln.' Amsterd. 1718, 19, 21, m. 40 Kpfrn. von Iacob Houbraken Sohn d. obigen); 2. Aufl. Haag 1753

Houck, Friedrich (Präs.): Theses miscellaneae med., s. Beck, Joh. Friedrich (Resp.)

Houck, Friedrich Gottfried (Steinfurt/Westf.), De rationibus veterum Ictorum falso suspectis. Disp. jur. Rector Jacob Voorda. Utrecht (Alexander van Megen) 5. XI. 1734. 48 S. (7.—) 16144
Gew.: Everard Otto, Arnold Drakenborg, Car. Andr. Duker, Johann Barbeyrach, Arnold Rotgers, Joh. Bern. Grimmel (Steinfurt), Georg Gerl. Roth, Simon Gerl. Ebel, C. F. M. Weitzel (Steinfurt).

— — Dasselbe. Neudruck o. O. u. J. (S. 319—66) ohne Widm. (6.80) 16145

Houdin Sohn, Rob., die Kunst Taschen- u. Pendeluhren nach ihrem Werth zu schätzen, sie in Gang zu erhalten u. denselben zu reguliren. Aus dem Französ. übers. von D—r. Zürich 865. Verlags-Magazin. 16. (IV, 60 S.) 6 ngr.

Houdin, Rob., die Kunstgriffe des falschen Spiels. Enthüllt und erläutert. Die Kunst, in jedem Spiel zu gewinnen. 16. (IV und 176 S. mit eingedr. Holzschn.) Berlin (861)62. Schlingmann. *

Houdini, Harry, mein Training u. meine Tricks. (77 S. m. Abbildgn. u. Bildnis.) 8. Leipzig (909). Grethlein & Co. 1.—

Houdon's Leben und Werke, s. Dierks, H.

Houdry, Vinzenz: Bibliotheka

— — concionat. V Tmi. 8. maj. Budae, Typ.

— bibliotheca concionat. complect. panegyr. orat., e Gallico in Latin. translata et in Tom. V divisa etc. V T. 8maj. Ofen 757. Typogr. Soc. 4 ℛ 8 ℊ

Houdry, Vincent. S. J., bibliotheca concionatoria ethices christ., praecipua continens argumenta ordine alphabet. digesta. V Tom. Fol. Augsb. 775. Wolff. 12 ℛ

— — concionat. in festa sanctor. V Tmi. fol. ibid. 777.

— — concionat. de mysteriis I. Christi et B. Virginis. VI Tmi. fol. ibid. 764.

Houdoy, J.: Verreries à la façon de Venise. Paris, Lille et Bruxelles 1873

Houel, histoire naturelle de deux éléphans, mâle et femelle, de Muséum de Paris. Tom. I. 4. maj. Strasbourg, Treuttel et W.

Houël, G. Jules

Hoüel, J. Cours de calcul infinitesimal. Paris 1878–81 4 vol.

Hoüel, G. J., Essai d'une exposition rationelle des principes fondamentaux de la géométrie élémentaire. gr. 8. (41 S. mit 1 Stnt.) Greifswald 863, Koch's Verlag.

— fünfstellige Logarithmentafeln der Zahlen und der trigonometrischen Functionen nebst den Gaussischen Additions- und Subtractionslogarithmen und verschied. Hülfstaf. 2., durchgeseh. und verm. Ausg. gr. 8. (XLVI und 118 S.) Berlin 864, Asher und Comp. *

Hoüel, Dr. G. H. J., Fünfstellige Logarithmentafeln der Zahlen und der trigonom. Funktionen. Nebst den Gauss'schen Additions- und Subtraktionslogarithmen und versch. Hülfstafeln. 3. Aufl. Paris und Berlin 1874. 8°.

Houel, G. J., fünfstellige Logarithmentafeln der Zahlen u. der trigonometrischen Functionen, nebst den Gaussischen Additions- u. Subtractionslogarithmen u. verschiedenen Hülfstafeln. 4. durchgeseh. u. verm. Ausg. gr. 8. (XLVI, 118 S.) Paris 876. Berlin, Alb. Cohn. n. 2. —

Houel, G. J., fünfstellige Logarithmentafeln der Zahlen u. der trigonometrischen Functionen, nebst den Gaussischen Additions- u. Subtractionslogarithmen u. verschiedenen Hülfstafeln. 5., durchgeseh. u. vermehrte Ausg. gr. 8. (XLVI, 118 S.) Berlin 877. Alb. Cohn. 2. —

Houel, G. J., fünfstellige Logarithmentafeln der Zahlen und der trigonometrischen Functionen, nebst den Gaussischen Additions- und Subtractionslogarithmen und verschiedenen Hülfstafeln. Neue durchgeseh. und verm. Ausg. gr. 8. (XLVI, 118 S.) Paris 887. (Berlin, Alb. Cohn.) *

Houel, G. J. Fünfstellige Logarithmentafeln der Zahlen u. der trigonometrischen Funktionen, nebst den Gaussischen Additions- u. Subtractionslogarithmen u. verschiedenen Hülfstafeln. Neue durchgeseh. u. verm. Ausg. gr. 8. (XLVI, 118 S.) Paris 891. — (Berl., Cohn). † 2 —

Houel, G. J., fünfstellige Logarithmentafeln der Zahlen u. der trigonometrischen Functionen, nebst den Gaussischen Additions- u. Subtractionslogarithmen u. verschiedenen Hülfstafeln. Neue durchgeseh. u. verm. Ausg. (XLVI, 118 S.) gr. 8. Berlin 905. W. Prausnitz. Kart. n. 2. 60

Funfstellige Logarithmentafeln der Zahlen und der trigonometrischen Functionen nebst den Gaussischen Additions- u Subtractionslogarithmen u verschied Hulfst d, von Dr G [Jules] Houel Neue durchges u verm (31.) Aufl Berlin Prausnitz 1907 XLVI, 118 S 8° (09 1073)

—— **Tables pour la réduction du temps en parties décimales du jour.** Publication der astronom. Gesellschaft IV. gr. 4. (27 S.) Leipzig 866, Engelmann. *

(Houel, Jean): Houels Reisen durch Sizilien, Malta und die Liparischen Inseln. Eine Uebersetzung aus dem grossen und kostbaren französischen Originalwerke von J H Keerl Mit Kupfern Th 1 6 Gotha 1797–1809 6 Bde 8° [F 6766

Houel, ..., Reise durch Sicilien, Malta u. d. liparischen Inseln; aus d. Französ. v. J. H. Keerl. 1r bis 6r Bd., mit Kpf. gr. 8. Gotha 797—809. Ettinger. 8 ₰

— Reisen d. Sicilien, Malta u. d. liparischen Inseln. a. d. Franz. v. Keerl. 1r–4r Th. m. K. gr. 8. Gotha, Ettinger. 797–805. (4 1 Rthlr. 8 gr.)

Houet, A. L', s.a. L'Houet

l'Houet, A., Bauerntum u. Parthenon. Ein soziolog. Vergleich. (20 S.) 8. Hannover 910. E. Geibel. — 60 Sonderabdruck aus: „Jahresber. d. Männer v. Morgenstern".

l'Houet, A. (Wilh. Borée), zur Psychologie des Bauerntums. Ein Beitrag. Im Anschluß an synodale Verhandlungen, sowie in Verbindg. m. dem „Ausschuß f. Wohlfahrtspflege auf dem Lande" zusammengestellt. (VIII, 806 S.) gr. 8. Tübingen 905. J. C. B. Mohr. n. 4. —; geb. n.n. 5. —

— **Zur Psychologie der Kultur.** Briefe an die Großstadt. (VIII, 870 S.) gr. 8. Bremen 910. C. Schünemann. 5.—; geb. 6. —

Houf, A., Predigten, s. Bartmann, G.

Houf, Jos. Ant., Predigten auf einige Sonn- u. Festtage d. Kirchenjahres. gr. 8. (12 B.) Berlin 838, [Burmeister.]

Houf, Jos. Ant., Predigten auf einige Sonn- und Festtage des Kirchenjahres. 2. Ausg. gr. 8. (186 S.) Regensburg 847, Manz.

HOUGBERG, WILH. (autor). Diss. acad. inaug. de Lovisa, urbe Fenniae meridionalis. Kiliae. 1824. 4. P.

Hougberg, Wilhelmus. De Lovisa, urbe Fenniae meridionalis — Kiliae 1824: Mohr. 28 S. 8" (4")

Houghes, T. M., s.a. Hughes.

Houghes, T. M., Jenseit der Pyrenäen, s.: **Bibliothek,** historische, 1 u. 2. Bd.

Hought, Jos., d. Sicherheitsschlösser, nach den neuesten Erfindungen, für Schlösser, Mechaniker, Baumeister ꝛc. Aus d. Engl., mit Abbildd. 8. Quedlinb. 825. Basse. 10 ₰

Houghton M^iss

Die feindlichen Stammhäupter oder Liebe und Ritterthum. Roman. Nach dem Englischen. Th. 1.2. Jena: Schmid 1817. 8°

Houghton, Miß, die feindl. Stammhäupter; aus d. Engl. (v. Elise Wesselhöft). 2 Thle. 8. Jena 817. Schmid. 2 ₰ 12 ₰

Houghton et Mungo-Park, voyages et découvertes dans l'intérieur de l'Afrique; trad. de l'Anglais, avec chartes géograph. gr. 4. Leipz 798. (W. Nauck). 2 ₰

• **Hougthon et Mungo-Park,** Voyages et découvertes dans l'interieur de l'Afrique: trad. de l'Anglois, av. Chartes geograph. gr. 4. Leips. Sommer. 798.

— s. Länder- u. Reisebeschreibb., Neue. 5r Bd.

Houghton, W Das Geheimnis der Kraft im täglichen Leben. Von W. Houghton. Aus dem Englischen. 85 S. 8. Basel, Kober, 1901. [fr. 1. —]

Houllion, Constant [médecin praticien, ex-interne de l'hôpital civil de Strasbourg]: Contributions à l'étude de l'angine de Ludwig. Strasbourg, imprimerie R. Schultz et Cie., succ. de Berger-Levrault. 1875. 8. 50 S.

Houlston, Thom., Bemerkungen üb. d. Gifte und d. Gebrauch des Quecksilbers b. d. Cur hartnäck. rother Ruhren. 8. Altenb. (Academ. Buchhdl. in Jena) 786.

Houlston, Thom., Bemerkk. über d. Gifte u. den Gebrauch des Quecksilbers bei d. Kur hartnäckiger rother Ruhren. 8. Altenb. 786. (Hennigs in Neisse). 4 ₰

Houlston, Will., s. J. O. Justamond, prakt. chirurg. Werke.

Houmark, Christian, Peter Lund. Eine Kleinstadtgeschichte. (Autoris. Übersetzg. aus dem Dän. v. Helene Klepetar.) (143 S.) 8. Frankfurt a/M. 910. Literar. Anstalt. 2.—; geb. in Leinw. 3. —

Houpt, Frdr., s.a. Katalog der Bibliothek des historischen Vereins f. Dortmund u. die Grafsch. Mark.

Katalog der Bibliothek des Historischen Vereins für Dortmund und die Grafschaft Mark. Bearb. von Friedrich **Houpt**, Assist Dortmund: Hist. Ver. Dortmund 1908. (103 S.) 8° [F.] (08. 33..)

H[ouriet-Wuille, Mme] J[ulie]. Blanche et Pierrine. Dialogue ou Petite Comédie pour jeunes filles en 1 Acte et 2 Tableaux. II + 11 p. 8. La Chaux-de-Fonds, Alb. Jucker & Cie [*actuellement:* Neuchâtel, James Guinchard], 1908. (fr. —.75)

Kölsche Krätzcher. Gesammelt von A[ugust] **Hoursch**. Ill. von Hans Schwartz. Köln: Hoursch & Bechstedt (1907). (62 S.) 8° [Umschlagt.]
10a. 9870 ❶

Hoursch, A., Kölsche Krätzcher. 1.—5. Bdchn. Gesammelt u. teilweise wiedererzählt. (42, 40, 40, 40 u. 40 S.) 8. Köln 908—10. Hoursch & Bechstedt. à — 50

— dasselbe. (I. Bdchn.) Illustriert v. Hans Schwartz. (62 S.) 2. Aufl. (64 S.) 8. Ebd. (908). — 80

— dasselbe. Illustriert v. Jos. Stolzen. Mit e. Geleitwort v. Wilh. Schneider-Clauß. (Gesamtausg.) (151 S.) 8. Ebd. 908. Kart. 2. —

Hoursch's Opern-Führer. Nr. 1—16, 18—21 u. 24. 12. Köln (902). Hoursch & Bechstedt. à — 15

Inhaltsübersicht in alphabetischer Ordnung:
Schlang, Wilh., Götterdämmerung. III. Tag aus der Trilogie: Der Ring des Nibelungen v. Richard Wagner. (18 S.) (Nr. 10.)
— der fliegende Holländer. Romantische Oper in 3 Aufzügen v. Richard Wagner. (14 S.) (Nr. 2.)
— Lohengrin. Romantische Oper in 3 Akten v. Richard Wagner. (15 S.) (Nr. 4.)
— die Meistersinger v. Nürnberg. Oper in 3 Akten v. Richard Wagner. (15 S.) (Nr. 6.)
— Parsival. Bühnenweihfestspiel in 3 Aufzügen v. Richard Wagner. (15 S.) (Nr. 11.)
— das Rheingold. Vorspiel zu der Trilogie: Der Ring des Nibelungen v. Richard Wagner. (15 S.) (Nr. 7.)
— Rienzi, der Letzte der Tribunen. Grosse trag. Oper in 5 Akten v. Richard Wagner. (15 S.) (Nr. 1.)
— Siegfried. II. Tag aus der Trilogie: Der Ring des Nibelungen v. Richard Wagner. (18 S.) (Nr. 9.)
— Tannhäuser od. der Sängerkrieg auf der Wartburg. Grosse romant. Oper in 3 Akten v. Richard Wagner. (14 S.) (Nr. 3.)
— Tristan u. Isolde. In 3 Aufzügen v. Richard Wagner. (19 S.) (Nr. 5.)
— die Walküre. I. Tag aus der Trilogie: Der Ring des Nibelungen v. Richard Wagner. (18 S.) (Nr. 8.)
Thiel, Pet., die Bajazzi. (I Pagliacci.) Drama in 2 Akten u. e. Prolog v. Ruggiero Leoncavallo. (15 S.) (Nr. 16.)
— Carmen. Oper in 4 Akten v. Georges Bizet. (Text v. Henry Meilhac u. Ludovic Halévy. (15 S.) (Nr. 14.)
— Cavalleria rusticana. (Sicilianische Bauernehre.) Oper in 1 Aufzug v. Pietro Mascagni. Text nach dem gleichnam. Volksstück v. G. Verga bearb. v. G. Targioni-Tozzetti u. G. Menasci. (13 S.) (Nr. 13.)
— Fidelio. Grosse Oper in 2 Abtheilgn. Text v. F. Treitschke. Musik v. L. van Beethoven. (14 S.) (Nr. 18.)
— Margarethe (Faust). Oper in 5 Akten v. Ch. Gounod. Text nach Goethes Faust 1. Tl. v. Jules Barbier u. Michel Carré. (15 S.) (Nr. 15.)
— Mignon. Oper in 3 Akten v. C. L. Ambroise Thomas. Text nach Goethes Wilhelm Meister v. M. Carré u. J. Barbier. (15 S.) (Nr. 12.)
Wolff-Köln, Karl, die versunkene Glocke. Musikdrama in 5 Aufzügen v. Heinr. Zoellner. (18 S.) (Nr. 24.)
— der polnische Jude v. Karl Weis. (14 S.) (Nr. 19.)
— Louise. Musikroman in 4 Akten v. Gustave Charpentier. (15 S.) (Nr. 20.)
— Rymond. Oper in 3 Akten von Raoul v. Koczalski. (14 S.) (Nr. 21.)

Hoursch's Opernführer. Nr. 17, 22, 23, 25—38 u. 40. 12. Köln (903). Hoursch & Bechstedt. à — 15

Hohemann, Max, Fra Diavolo. Komische Oper in 3 Aufzügen v. D. F. E. Auber. Dichtung v. E. Scribe. (15 S.) (Nr. 31.)
— Rigoletto. Oper in 4 Aufzügen v. Giuseppe Verdi. Text nach Victor Hugo v. F. M. Piave. (15 S.) (Nr. 34.)
— die Stumme v. Portici. Grosse histor. Oper in 5 Aufzügen v. D. F. E. Auber. Dichtung v. Scribe u. Delavigne. (15 S.) (Nr. 30.)
— der Troubadour. Oper in 4 Aufzügen v. Giuseppe Verdi. Dichtung v. Salvatore Cammarano. (15 S.) (Nr. 33.)
Schlang, Wilh., Aida. Oper in 4 Akten v. Giuseppe Verdi. (15 S.) (Nr. 32.)
— Don Juan v. Wolfgang Amadeus Mozart. (15 S.) (Nr. 35.)
Schlang, Wilh., der Evangelimann. Musikalisches Schauspiel in 2 Aufzügen v. Wilhelm Kienzl. (14 S.) (Nr. 38.)
— der Freischütz. Romantische Oper in 3 Akten von Karl Maria v. Weber. Text v. Johann Friedrich Kind. (15 S.) (Nr. 25.)
— die Zauberflöte. Oper in 2 Akten v. Wolfgang Amadeus Mozart. (14 S.) (Nr. 36.)
Thiel, Pet., der Barbier v. Sevilla. Komische Oper in 2 Akten v. Gioachimo Antonio Rossini. Nach dem gleichnam. französ. Lustspiele v. Beaumarchais bearb. v. Cesare Sterbini. (14 S.) (Nr. 29.)
— Martha od. Der Markt zu Richmond. Romantisch-kom. Oper in 4 Akten von Friedrich v. Flotow. Text von W. Friedrich. (15 S.) (Nr. 28.)
Urgiss, Jul., der Barbier v. Bagdad. Komische Oper in 2 Aufzügen. Dichtung u. Musik v. Peter Cornelius. (14 S.) (Nr. 37.)
— der Bärenhäuter. In 3 Akten v. Siegfried Wagner. (16 S.) (Nr. 22.)
— die Jüdin. Oper in 5 Aufzügen v. Eugène Scribe. Musik v. Jacques Fromental Halévy. (15 S.) (Nr. 27.)
— der Postillon v. Lonjumeau. Komische Oper in 3 Akten v. Adolphe Adam. Text v. de Leuven u. Brunswick. (14 S.) (Nr. 40.)
— die lustigen Weiber v. Windsor. Komisch-phantast. Oper in 3 Akten nach Shakespeares gleichnam. Lustspiel von H. S. v. Mosenthal. Musik v. O. Nicolai. (14 S.) (Nr. 26.)
Wolff, Karl, die Königin v. Saba. Oper v. Karl Goldmark. (14 S.) (Nr. 17.)
— Samson u. Delila. Oper in 3 Akten v. Camille Saint-Saëns. (14 S.) (Nr. 23.)

Housel, J. A., kurze Seelenreden. 8. Augsb. Doll. 807.

Houseman, Percy Alfred, a. London: Zur Kenntnis des Isopurons. Würzburg 1906: F. Staudenraus. (52 S.) 8°
Würzburg, Phil. Fak., Ref. Tafel, Diss. v. 19. Aug. 1906
[Geb. 13. Dez. 84 London; Wohnort: London; Staatsangeh.: England; Vorbildung: St. John's School Battersea Reife 03; Studium: Technical College Finsbury 6, Univ. Würzburg 6 S.; Rig. 27. Juli 06.]

Houska, Josef V.

Houska, J. V., Grundriss der formalen Logik. Zum Gebrauche für Oberrealschulen verfasst. 8. (80 S.) Olmütz 870, Grosse. *

Houska, J. V., Grundriss der formalen Logik. Zum Gebrauche f. Oberrealschulen verfasst. 8. (80 S.) Olmütz 871. Grosse. n. 1. —

Houska, Jos.: In wie ferne hängt die Blüte der Kunst und Literatur mit dem Verfalle des Staatslebens zusammen. 18 S.–Olmütz OR., Progr. 1858

Houschka: Hans Sachs, ein Vortrag an der Ober-R. 11S. –Olmütz OR., Progr. 1857

Housmann's, J., Reise durch d. nördl. Gegenden von England, s. n. Bibliothek d. Reisebeschreibb. 43r Bd.

Houssay, Frédéric, Tiere als Arbeiter. (Les industries des animaux.) Aus dem Franz. übers. u. m. Anmerkgn. hrsg. v. William Marshall. Autoris. Ausg. gr. 8. (196 S.) Leipzig 901. H. Seemann Nachf. n. 3. —; geb. n. 4. —

Ⓖ **Houssay,** Fr., Tiere als Arbeiter. 901. Jetzt: Leipzig, Carl Köhler.

Houssaye, A. N. Amelot de la, erläut. Tacitus v. Kais. Tiberius, eine Staatsabhl. a. d. Franz. 8. Augsb. Rieger. 777.

Houssaye, Arsène, Mademoiselle Cléopatre. Histoire Parisienne. 3 Vols. (Bibliothèque choisie. Vol. 719—721.) 16. (478 S.) Naumburg 864, Pätz.

—— Mademoiselle Cleopatra. Pariser Sitten-Roman. 2 Bde. 8. (335 S. mit 1 Photogr.) Wien 865, Last. *

Houssaye, Arsène. Evastöchter, s. Don Juan-Serie.

Houssaye, Arsène, Geschichte d. flamänd. u. holländ. Malerei. Nebst e. Anhange üb. die Malerschulen d. neuern Zeit u. m. Kupferst. nach van Eyck, Rubens, van Dyk, Teniers, Rembrandt u. andern Meistern. Deutsch v. A. Diezmann. 1—19. Lfg. (38 B. u. 38 Kpfrst.) Roy.-Fol. Leipzig 846, 47, Teubner. à *

Houssaye, Arsène, Geschichte der flamändischen und holländ. Malerei. 20—25. (letzte) Lfg. Fol. (Bog. 39—54 und 12 Kpfrt.) Leipzig 847, Teubner. à Lfg. * 1 Thlr. 10 Ngr. *
1—19. Lfg. Ebendas. 1846. 47. à Lfg. * 1 Thlr. 10 Ngr. Der Preis des vollständ. Werkes ist * 33 Thlr. 10 Ngr.

Houssaye, Arsène, Geschichte d. flamänd. u. holländ. Malerei. Nebst e. Anhange üb. die Malerschulen der neuern Zeit u. mit Kupferst. nach van Eyck, Rubens, van Dyk, Teniers, Rembrandt und andern Meistern. Deutsch von A. Diezmann. 1. Liefg. Bog. 1. u. 2. u. Titel. Kupferst.: „Der Tanz der Nymphen" u. „das flamänd. Paradies." Roy.-Fol. Leipzig (846) 847, Teubner. n. 1⅓ ℛ

Houssaye, Arsène, la recherche du bonheur, s. Féval, Paul, Mad. Gil Blas.

— les romans Parisiens. Mademoiselle Mariani. 2 Vols. (Bibliothèque choisie. Vol. 287 et 288.) 16. (208 S. und Miss Alda par Louis Fortoul. 96 S.) Paris 859. [Naumburg, Paetz.]

Houssaye, Henry, 1815. Waterloo. Übers. v. Ostermeyer. gr. 8. (VIII, 448 S. m. 8 Karten.) Hannover 900. Hahn. n. 6.50

1815. Von Henry Houssaye. Waterloo. Übersetzt von Ostermeyer, Oberst z. D. *Hannover & Leipzig: Hahn 1900.* (VIII 448 S.) 8° [illegible]

Houssaye, H. 1814. Paris 1888. 8°. Dass. 8. Aufl. 1889.

Houssaye, J. G., der Thee. Eine Monographie, enthalt.: die Geschichte des Thee's u. die Statistik seines Gebrauchs, seit Einführung desselben in Europa, bis jetzt; die botanische Beschreibung des ihn liefernden Strauchs; Belehrungen üb. d. Anbau, die Lese u. die verschied. Arten des Thee's rc. Nebst chem. Analyse der verschied. Theearten, v. Peligot u. einer Abhandlung über die diätet. u. arzneil. Wirkungen ders. v. Trousseau. Aus d. Französ. gr. 8. (7 B. u. 5 Stnt.) Quedlinburg 844, Basse. Thlr.

Housse, Louis: Ueber die Bedeutung und den Nutzen der philosophischen Studien. Festrede, gehalten bei der Preise-Vertheilung und Schlussfeier des Studienjahres 1869–1870 am Kgl. Groszherzogl. Athenäum zu Luxemburg. Luxemburg Brück 1870. 16 S. 8°

Housse, Louis: Ueber die Bedeutung unserer Progymnasien. Schlussrede, gehalten bei der Preise-Vertheilung am Königl.-Grossherzogl. Progymnasium zu Diekirch, (1872). S. I–IV. Diekirch, Progymn., Progr. 1871/72

Housse, Louis: Zur Erinnerung an Ernst Koch. Ein biographisches Vorwort zu der Sammlung seiner hinterlassenen Gedichte. Separat-Abdruck aus Ernst Koch's Gedichte etc. Luxemburg: Bück 1859. XXIV S. 12°

Housse, Louis: Die Faustsage und der historische Faust Eine Untersuchung und Beleuchtung nach positiv-christlichen Principien. S. 3–50. Luxemburg, Athénée, Progr 1861/62

Housse, Ludw., die Faustsage und der historische Faust. Eine Untersuchung und Beleuchtung nach positiv-christl. Principien. gr. 8. (148 S.) Luxemburg 862, Brück.

Housse, Louis: Festgesang. Luxemburg. Bück [1861]. 1 S. 4°
Gedicht, vorgetragen bei dem 50jährigen Amtsjubiläum des Hrn. Michel Nicolaus Muller, Direktors des Athenäums in Luxemburg.

Housse, Louis: Die Jubelfeier des hundertjährigen Geburtstages Friedrich von Schiller's am königl.-grossherzogl. Athenäum zu Luxemburg. Luxemburg: Bück 1859. 11 S. 8°

Housse, Louis. Die Katakomben oder das unterirdische Rom. In gemeinfasslichem Vortrag dargestellt. Mit lithographischen Abbildungen. Luxemburg: Brück 1867. 40 S. 8°

— die **Katakomben** oder das unterirdische Rom. In gemeinfaßl. Vortrage dargestellt. 2., unveränd. Aufl. gr. 8. (40 S. mit 10 Taf. lithogr. Abbild.) Luxemburg 867, Brück.

Housse, Louis. Die Convention vom 15. Sept. 1864 und die päpstliche Encyclica vom 8 Dezember 1864 von Msgr Dupanloup, Bischof von Orleans, Mitglied der französischen Akademie. Mit Autorisation des hochw. Verfassers übersetzt. Leipzig, Luxemburg: Brück 1865. VI, 1, 142, 2 S. 8°

Housse, Louis: Prolog zu Friedrich von Schiller's hundertjähriger Geburtsfeier, vorgetragen in der grossen Aula des Athenäums zu Luxemburg, in Gegenwart Ihrer Kgl. Hoheiten des Prinzen von Oranien-Nassau und Sr. fürstlichen Gemahlin der durchlauchten Enkelin Grossherzog's Karl August von Sachsen-Weimar. Luxemburg: Bück [1859]. 2 S. 4°

Housse, Louis: Die neuklassischen Sprachen im Gymnasial-Unterricht. Rede, gehalten bei der Preise-Vertheilung am Progymnasium (zu Diekirch. 1877.) Diekirch: Schroell [1877]. 4 S. 4°

Housse, Louis: Trost in Thränen. Grablied auf Professor Koch. Luxemburg: Bück [1858]. 2 S. 8°

Housse, [illegible] Ein Wort an das [illegible]
Schul-/Univ.-Schrift 1867

Housse, Louis. Zur Universitätsfrage. Ein Wort an das katholische Deutschland. Zweiter Abdruck Luxemburg: Bruck 1867. 14 S. 8°
(Zuerst in „Luxemburger Wort fur Wahrheit und Recht", Jg 1867)

— Dass. Dritte Auflage. Ebd. 1867. 15 S. 8°

Housse, Louis: Werth der Gymnasialbildung. Rede, gehalten bei der Jahresschlussfeier des Progymnasiums (zu Diekirch. 1873). [Luxemburg: Brück] 1873. IV S. 4°

Housselle, Bau- u. Civil-Ingenieurwesen, s.: Bericht, amtlicher, üb. die Wiener Weltausstellung.

Housselle. Brückenbau, s. Handbuch der Baukunde.

Housselle, u. P. Hillmann, die Vererbung des ländl. Grundbesitzes in d. Prov. Pommern, s.: Vererbung, die, des ländl. Grundbesitzes im Königr Preussen. X.

Karl Housselle

Descriptio duorum craniorum rariorum e gentℓ puriana. Berolini (1822:) Brueschcke. 18 S. 8°
Berlin, Med. Diss. v. 5. Aug. 1822

Houstoun, Robert Alexander, a. Glasgow: Untersuchungen über den Einfluß der Temperatur auf die Absorption des Lichtes in isotropen Korpern. Mit zwei Tafeln Leipzig J. A. Barth 1900. (53 S.) 8°
Gottingen, Phil. Fak., Ref. Voigt, Diss. v. 3. Aug. 1900
[Geb 23 Mai 83 Glasgow; Wohnort. Glasgow; Staatsangeh. Großbritannien, Vorbildung. Hillhead High School Glasgow M. 99; Studium. Glasgow 7 Gottingen 1, Glasgow 1, Gottingen 3 S.; Rig 7. Febr 06]

Houstoun (W.): Reliquiae Houstonianae. Lond. 1781. 4°. Also Norimb. 1794. 8°.

Hout, v. d., De vi atque usu pronominis αὐτός adjecti ad reflexiva. Pr. 1878 21 S 4°

Hout, *Ferdinand* van *Antrittsrede*. 4 (S 15–19 der Schuln.) Progr. Kath. G. *Gleiwitz* 1888 (172).

Hout, Ferd. van Zum Briefwechsel des älteren Hieronymus Baumgartner. 29 S. Progr. G. *Bonn* 1877.

van Hout, Ferdinandus (geb. 1844 in Brühl bei Bonn): De chronico Magdeburgensi ... Bonnae, typ. Carthausianis (1867). 2 Bl., 45 S., 1 Bl. 8.
Bonn, Phil. Fak., Diss. v. 14 Mai 1867

van der **Hout**, J., B. e. hyster. Krankh., welche außer besonderen krampfhaften Zufällen mit e. völligen Stumpfheit verknüpft war. A. d. Holl. Lpz. 8°.
1784

Hout, L., Aufmunterung zur Seidenzucht in Deutschland, besond. im Großhrzgth. Baden. Eine Schrift, worin d. Behandl. dieses vortheilh. Erwerbzweiges nicht blos, wie bisher gewöhnlich war, nach italien. u. französ. Art gelehrt, sond. aus langer Erfahr. gezeigt wird 2c. Nebst 1 Bog. Abbild. (qu. kl. Fol.) u. 1 Probebl. (Proben v. badischer roher Seide u. d. daraus gewebten Sammet.) 832. 16 Gr., 2. Ausg. (à 6 B.) gr. 8. Mannheim 834, Schwan u. Götz.

— s. Hamilton, die Menschen und die Sitten in Nord-Amerika.

—— Handbuch d. Gemüs- u. Obstgärtnerei, besond. f. jene, welche d. Erzeugnisse dies. Kunst in jed. Jahreszeit liefern wollen. Nach d. Manuel du jardinier des primeurs p. Noisette et Boitard u. nach eig. Erfahrn hrsg. M. 3 lith. Taf. (gr. 4.) gr. 12. ($12\frac{1}{2}$ B.) Mannheim 834, Schwan u. Götz.

Hout, L., Handbuch d. Gemüs- u. Obstgärtnerei, besond. f. jene, welche d. Erzeugnisse dies. Kunst in jed. Jahreszeit liefern wollen. Nach d. Manuel du jardinier des primeurs p. Noisette et Boitard u. nach eigenen Erfahrn. hrsg. 2. Ausg. (13 B. u. 3 Stnt.) 836., u. 3. Aufl. gr. 12. ($12\frac{1}{2}$ B. u. 3 Stnt.) Mannheim 838, Schwan- u. Götz'sche Hofbuchh.

Houten, S. van, das Causalitäts-Gesetz in der Socialwissenschaft. gr. 8. (76 S.) Zwolle 888. (Harlem, Tjeenk Willink.) **

Houtermans, Elise [illegible] zwischen der [illegible] und der [illegible] S. 121 [illegible] - 1 50
Separatabdruck

Houtermans, Otto Oskar, Referendar in Danzig: **Die Voraussetzungen** und der Inhalt der Restitutionspflicht eines Nichtberechtigten, der eine dem Berechtigten gegenüber wirksame Leistung angenommen hat, nach der Lehre des B.G.B. § 816 II, B.G.B. *Borna-Leipzig 1902: R. Noske.* (VIII, 38 S.) 8°
Leipzig, Jur. Diss. v. 1902

Houteville, Claudius Franz, Die Wahrheit der christlichen Religion, durch die Geschichte erwiesen. Ins Deutsche übersetzt von Joh. Ernst Philippi. Frankf. u. Leipzig, bei Chr. H. Cuno, (auch Jena,) 1745, 4°.

Houteville, Wahrheit der christlichen Religion, durch Geschichte erwiesen. 4. Jena, (C. W. Vogel in Lpz.) 745.

Houth

— s. a. **Huth.**

Houth, M. F. (Steinfurt), De vera sanitatis humanae notione. Diss. med. Präs. Georg Matthiae. Götting. (Schulz / F. A. Rosenbusch) 12. VII. 1765. 22 S. mit Widm. v. Präs. (6.80) 16118

— Pannajota Friedrich (Steinfurt), Tentamen de succis corporis humani accuratius definiendis et ordinandis. Diss. med. Rector Walther van Doeveren. Leyden (Abraham Honkoop) 15. VIII. 1778. 84 S. (8.—) 16149
Gew.: Adolph Heinrich Houth, Johann David Hahn.

Houth-Weber, F., der Zollverein seit seiner Erweiterung durch den Steuerverein. Eine Sammlung der betreffenden Zoll- u. Steuer-Verträge, nebst einem darauf bezüglichen Anhange. Hannover 861. C. Rümpler. Lex.-8. (XXV, 429 S. u. 1 lith. Taf.) n. 2 *ℛ* 20 *ngr.*

Houtrouw, O. G., tabellarischer Geschäfts-Kalender f. Geistliche u. Volksschullehrer Ostfrieslands. 4. (52 S.) Emden 880. Haynel. n. 1. —

Houtrouw, O. G., Ostfriesland. Eine geschichtlich-ortskundige Wanderg. gegen Ende der Fürstenzeit. Mit Abbildgn. u. Karten. (In ca. 10 Lfgn.) 1.—5. Lfg. gr. 8. (1. Bd. S. 1—448.) Aurich 889. 890. Dunkmann. à n. 1.—

Houtrouw, O. G., Ostfriesland. Eine geschichtlich-ortskundige Wanderg. gegen Ende der Fürstenzeit. Mit Abbildgn. u. Karten. 6.—12. (Schluß-)Lfg. gr. 8. (1. Bd. S. 449—588; 2. Bd. 458 S.) Aurich 891. 892. A. F. Dunkmann. n. 6. 50 (kplt.: n. 11. 50; geb. n.n. 15. —)

Houtrouw, O. G. Ostfriesland. Eine geschichtlich-ortskundige Wanderg. gegen Ende der Fürstenzeit. Mit Abbildgn. u. Karten. 12 Lfgn. od. 2 Bde. gr. 8. (538; 458 S.) Aurich 889—93, Dunkmann.
Lfg. 1—10 à * 1 —; Lfg. 11 u. 12 * 1 50; * 11 50; geb. ** 15 —

Houtsma, E. O., Lexicon rhetoricum Cantabrigiense. *Diss.* 1870. 79 S. 1.20

Houtmsa, Martin Theodor

Houtsma, M. Th., s. **Abu Bekr** ibno-'l-Anbârî etc.

Houtsma, M. Th., s. Catalogus codicum orientalium bibliothecae academiae Lugduno-Batavae.

Houtsma, M. Th., catalogus codicum arabicorum bibliothecae academiae Lugduno-Batavae, s.: Goeje, M. J. de.

Houtsma, Martin Theodor (Hrsg.), s. Encyklopädie des Islam.

Houtsma, M. Th., e. türkisch-arabisches Glossar. Nach der Leidener Handschrift hrsg. u. erläutert. gr. 8. (V, 114 u. 60 S.) Leiden 894. E. J. Brill. n.n. 4. 50

HOUTTUYN, Martinus: Abbildung in- und ausländischer Hölzer. Icones lignorum exoticorum et nostratium. - Nürnberg 1773-1778

Houtz, Wilhelm Freie Gedanken 8th ed. Milwaukee, n. d.

Houtz, Wilh., freie Gedanken. (Gedichte.) 7. Aufl. 12. (92 S.) Magdeburg 887, Verlag des neuen freireligiösen Sonntagsblattes.

Houtz, Wilh. Freie Gedanken. Lieder u. Balladen. 8. Aufl. gr. 16. (87 S.) Magdeb. 889, Hesse u. Comp. — 75

—— Freie Gedanken. Der Ring der Ewigkeit. Vergehen u. Entstehen im Weltall. 16. (104 S.) Stuttg. 892, Dietz. * 1 50

Houtz, Wilh., freie Gedanken. — Der Ring der Ewigkeit. Vergehen u. Entstehen im Weltall. 10. Aufl. 8. (104 S.) Leipzig 900. M. Uhlig. Geb. in Leinw. n. 2. —

— Schelmenstreiche. Humoristische Gedichte. 12. (78 S.) Leipzig 894. Th. Thomas. n. 1. —; geb. n. 2. —

Houtz, Wilh., mein Thüringen! Scherz u. Ernst. (III, 79 S.) 8. Gera (904). [M. Ruckdeschel.] P. Stößner. Geb. in Leinw. n. 1. 60

Houwald, Albr. Frhr. v., Stammbaum der Familie v. Houwald in Deutschland u. Russisch-Polen. Nebst geschichtl. Einleitg. Nach urkundl. Quellen zusammengestellt. gr. 4. (40 S. m. 1 Stammtaf.) Berlin 894. J. A. Stargardt. n. 12. —

Houwald, Anna v. Blätter u. Blüthen. (8 farb.) Studienvorlagen. gr. 4. Lpz. 892, Baldamus, Sep.-Cto. * 8 —; einz. Blätter * 1 50

Houwald, C. A. F. von: Das Schicksals-Drama, s. Müllner, Adolf Werner

Houwald, Ernst von

v. Houwald, Ritter (Eph.) Er., Abendunterhaltungen für Kinder. 1s Bdchen. (Enthält: d. Abend-Gruß [statt einer Vorrede]. Ophelia. Der neue Schullehrer. Der Erbe, ein Drama in 2 Akten. Der Bohnen-König. Die Zaubergaben, ein Mährchen). Mit 4 Kpf. 8. Leipz. 833. (832.) Göschen. 1 ₰

v. Houwald, (Eph.) Er., romant. Akkorde, herausgg. v. K. W. Contessa. 1r Bd. 8. Berl. 817. Dümmler. 20 Gr

Houwald, Ernst v., das Bild, s. Universal-Bibliothek Nr. 739.

v. Houwald, (Eph.) Er., das Bild. Trspl. in 5 Aufz. 8. Leipz. ... N. A. 822. Göschen. geb. in allegor. Umschlag 1 ₰ 8 Gr daff auf Velinp. in Seide 2 ₰ 16 Gr

v. Houwald, Ritter (Eph.) Er., Bilder für d. Jugend. 3 Bde., mit 32 Kpf. 8. Leipz. 828—32. Göschen. 5 ₰ 4 Gr

—— Bilder f. d. Jugend. 3 Bde. M. 32 Kpfr. u. 1 Musikbeil. 8. Leipzig, Göschen. [1. (15 B. u. 13 Kpfr.) 829., 2. (21 B. u. 12 Kpfr.) 830. à 1 Thlr. 20 Gr., 3. (21¼ B., 7 Kpfr u. Musikbeil.) 832. 1 Thlr. 12 Gr.]

Houwald, Ernst v., Bilder f. d. Jugend. 2 Bde. (Neue Aufl.) 16. (43 B., 24 Kpfrt. u. 1 Musikbeil.) Leipzig 839, [Göschensche Vrlgh.]

Houwald, Ernst v., Bilder für die Jugend. (Neue Ausg.) gr. 16. (IV und 428 S.) Leipzig 863, Göschen'sche Verlagsh. cart.

Houwald, Ernst v., Bilder für die Jugend. Erzählungen. Neuer Abdruck. 8. (194 S. mit 8 Holzschntaf.) Stuttgart 874, Göschen'sche Verlagsh. cart.

Houwald, E. v.: Die Brandhexe, s. Hausbibliothek, kleine, für die Jugend.

— Buch f. Kinder. 3 Bdchen, Schauspiele u. Erzählungen 2c. Mit 15 Kpf. 8. Leipz. 819—24. (1s, 2e u. 3e A. 825.) Göschen. 5 ₰ 4 Gr

v. Houwald, (E.,) Buch f. Kinder. 1s—3s Bdchn. Schausp. u. Erzählungen. Mit 5 Kpfrn. 8. Leipz. 824, G. J. Göschen.

– s. Buch, ein, für kleiner Kinder

Houwald, E. von, Buch für Kinder gebild. Stände. 1s u. 2tes Bdchen. Mit Kpfrn. nach Ramberg. 8. Leipzig, Göschen. 819 und 820. (1tes 1 Thlr. 12 Gr. 2tes 1 Thlr. 16 Gr.) Rthlr.

—— Buch f. Kinder gebild. Stände. 2 Bde. Schauspiele, Mährchen, Romanzen, Erzähln., Romane, Charaden u. Räthsel. Neue, verb. Ausg. M. 16 ill. Kpfrn. 8. (45 B.) Leipzig 833, Göschen. à 2 Thlr.

—— Buch für Kinder gebildeter Stände. Neue Ausg. mit 60 Holzschn. 8. (III und 502 S.) Leipzig 849, Göschensche Vrlgsh.

Houwald, Ernst v., Buch für Kinder gebildeter Stände. Neue Ausg. mit 60 (eingedr.) Holzschn. Stuttgart 869. Göschen. br. 8. (VI, 404 S.) cart. 2 ₰

—— Buch für Kinder gebildeter Stände und Bilder für die Jugend. Märchen. — Erzählungen. — Schauspiele. Ausgewählt und durchgesehen von Max Moltke. Mit 4 Bildern in Farbendr. nach Aquarellen von C. Offterdinger. 8. (VII, 432 S.) Leipzig 877, Gebhardt's Verlag. cart. 5 —

— Erzählungen. 8. Dresd. 819. Arnold. 1 ₰ 4 Gr

—— kleine Erzählungen u. Schauspiele, aus d. Bildern f. d. Jugend. 8. (21¾ B., Titkpfr. u. 1 Musikbeil.) Leipzig 839, [Göschensche Vrlgh.]

– Zwei Erzählungen, s. Hausbibliothek, kleine, für die Jugend.

— die Feinde. Trspl. in 3 Aufz. 8. Leipz. 825. Göschen. 1 ₰ 4 Gr

— Fluch u. Seegen. Drama in 2 Akt. 8. Leipz. 821. Göschen. 12 Gr

— die Freistatt, s. A. Müllner, Almanach für Privatbühnen. 36 Bdchen.

— der Fürst u. Bürger. Drama in 3 Akt. 8. Leipz. 823. Göschen. geb. 1 ₰ auf Druckp. in 12. ungeb. 16 Gr

Houwald, Ernst v., düstere Geschichten, s. u. Aus Vergangenheit u. Gegenwart.

Dustere Geschichten. 4 Erzahlungen von Ernst v. **Houwald**. (Hrsg.: Laurenz Kiesgen.) Kevelaer: Butzon & Bercker [1907]. (95 S.) 8° [J.]
— **Vergangenheit**, Aus, u. Gegenwart. Bdch. 79. [08. 6 ₰ 5

— die Heimkehr, s.: Universal-Bibliothek.

– Der Leuchtthurm, s.a. Universal-Bibliothek.

— der Leuchtthurm. — Die Heimkehr. Zwei Trspl. 8. Leipz. 821. Göschen. 1 ₰

—— klassische Märchen. gr. 16. (187 S.) Leipzig 877 Berndt's Verlag. cart 1 —

[J.] Die Ohrfeige oder Seinem Schicksal kann Niemand entgehen. Ein lustiger Schwank in 1 Aufz. v. E[rnst] v. **Houwald**. *Hamm i. W.: Breer & Thiemann [1897].* (31 S.) 1 Bd 8. [97. 4434

— gefundene Perlen, s.: Köhler's illustr. Jugend- u. Volksbibliothek.

– Die Reise in das Riesengebirge, s. Hausbibliothek, kleine, für die Jugend.

Houwald, Ernst v., Rübezal, s. Klassiker, deutsche.

– Rübezahl unter den Menschen, s. Hausbibliothek, kleine, für die Jugend.

– Rübezahl u. seine Schwestern, s.a. Hausbibliothek, kleine, für die Jugend.

Houwald, Ernst v., Rübezahl und seine Schwestern. Ein Märchen für Kinder gebildeter Stände. kl. 8°. (63 S.) Wien, Carl Fritz. fl. —.30.

— die Schlacht bei Malplaquet; die Todtenhand, s.: Novellen=Bibliothek, klassische.

v. Houwald, (E.,) vermischte Schriften. 1s u. 2s Bdchn. 8. Leipz. 826, G. J. Göschen. Rthlr.

—— die Seeräuber. Ein Trauersp. in 5 Act. (Mit Titvign. v. Fr. Fleischmann.) gr. 12. (10 B.) Leipzig 830, Göschen.

— die alten Spielkameraden. Lstspl. in 2 A. 8. Weimar 823. Hoffmann. 12 gl.

—— die Todtenhand, s. Volksbibliothek, neue.

Houwald, E. v., sämmtliche Werke, s. Volksbibliothek, deutsche.

Houwald's Ernst v., sämmtliche Werke. 5 Bde. gr. 8. Leipzig, Göschensche Vrlgsh. [1. 2. (LXXXV und 712 S.) 3. (V und 312 S.) 851., 4. 5. (XI und 825 S.) 852. à Bd. 1 Thlr.]

Houwald-Thielau, Marie v., Klein und Groß oder das Buch der Großmutter für ihre Enkel. 2 Bde. Lex.-8. (XIV und 424 S. mit 16 ill. Stnt. in Tondr.) Braunschweig 852, Vieweg und Sohn. [1. Bd. * 1 Thlr. 10 Ngr., 2. Bd. * 1 Thlr. 20 Ngr.] Thlr. *

Houwald-Thielau, Marie v., die Wandernden. Für Jung und Alt aus Reiseblättern gesammelt. 2 Thle. br. 12. (VI und 415 S.) Braunschweig 855, Vieweg und Sohn. *

[Art. u. Z.] Houwing, Gerhard [Arts. Aus Amsterdam, Holland]: Beitrag zur operativen Behandlung der Pylorusstenose mittelst Gastroenterostomie. Amsterdam, Buchdr. v. J. Clausen, 1892; 52 S. 8.
Freiburg i. B., Med. Fak., Inaug.-Diss. v. 1892

Houx-Marc, Eug., i giuochi dell' infanzia. Scene e storielle puerili. gr. 8. (44 S. mit 18 Chromolithogr.) Triest 864, Coen. cart. *

Houy, L., Geheimnis der Schönschrift. Leicht faßl., method. Anleitg. zur dauernden Verbesserg. d. Handschrift f. den Selbstunterricht. Nach langjähr., prakt. Erfahrg. hrsg. Ausg. B. (4 S. m. 5 Fig., 32 S. Schreibvorlagen, Linienbl. u. 3 Durchschreibhefte.) 24×15,5 cm. Erfurt (909). O. Wittnebert. 1. 90

Houy, Reinhard: Beiträge zur Kenntnis der Haftscheibe von Echeneis. Gießen 1909: (Lippert, Naumburg a. S.). 30 S. 8° * (Aus: Zool. Jahrbücher. Bd 29. Abt. f. Anat.)
Gießen, Phil. Diss. v. 17. Febr. 1910. Ref. Spengel
[Geb. 21 Nov. 81 Hanau; Wohnort: Gießen; Staatsangeh.: Preußen; Vorbildung: Gymn. Laubach Reife Aug. 03; Studium: Gießen 3, München 1, Berlin 1, Gießen 6 S.; Rig. 18 Dez. 08.] [U 10. 1283

Houy, Reinhard: Aus d. anat. Inst. zu Giessen. Über die Entwickelung der Rückendrüse von Dicotyles. Wiesbaden: Bergmann 1909. 26 S., 2 Taf. 8° ¶ (Aus: Anatom. Hefte. Abt. 1. Bd 40.)
Gießen, Med. Diss. v. 15. Okt. 1910, Ref. Strahl
[Geb. 21 Nov. 81 Hanau; Wohnort: Gießen; Staatsangeh.: Preußen; Vorbildung: Gymn. Laubach Reife Aug. 03; Studium: Gießen 3, München 1, Berlin 1, Gießen 6 S.; Coll. 14. Juli 09; Approb. 2. Sept. 10.] [U 11. 1238

L'Aryen et l'anthroposociologie. Étude crit. par le Dr Émile Houzé. Bruxelles & Leipzig: Misch & Thron 1906. 117 S. 4°
(Inst. Solvay. Travaux de l'Institut de sociologie. 1. Notes et mémoires. Fasc. 5.)
[10. 1834

Houzeau, J. C., Klima und Boden. Die Lehre von der Witterung, die Veränderungen des Wetters und die Gestaltung der Erde, sowie die wechselseitigen Beziehungen zwischen dieser und der Atmosphäre. Frei bearb. nach der französ. Ausg. 8. (VIII und 208 S. mit 54 eingedr. Holzschn. und 1 lithogr. Isothermen-Karte in 4.) Leipzig 861, Abel. *

Hovallik, R., die verbesserte, mathematisch-geometrische Zuschneidekunst, s. Diete, H.

HOVANYI, Franciscus: De conversione Hungarorum ad religionem christianam. — (1838) 100 S. 4° (Handschr.) Diss. 14
Diss.Wien, Univ.

Hoványi. Fensöbb Katholicismus elemei. II. Bécsben, Schweiger Antal nyomdájában. 1853. 8. (262 pag.) (Hoványi. Elemente des höheren Katholicismus. 2. Wien. In der Buchdruckerei des Anton Schweiger. 1853.

Hoványi Ujabb levelek a fensőbb katholicismusról. Irta — — I—II. Bécsben, 1855. Schweiger Antal nyomdájában. (VIII. 365 S. VIII. 307. Jegyzetek. 116 S. 4.) (Neuere Briefe über den höhern Katholicismus. Von Hoványi. I—II. Wien, 1855. Druck von Anton Schweiger.)

Hovard Isfjordings-Sage, die. Aus dem altisländischen Urtexte übers. von Willib. Leo. 16. (XV, 142 S.) Heilbronn, Gebr. Henninger. * 2 —

Hove, F. B. van, Autographie, od. d. Verfahren, jede auf autograph. Papier verfert. Zeichn. od. Schrift auf Stein überzutragen u. schnell zu vervielfält. 16. (2 B.) Hamburg 828, (Hoffmann u. Campe.)

van Hove, F. B., Autographie, oder d. Verfahren, jede auf autograph. Papier verfertigte Zeichnung oder Schrift auf Stein überzutragen u. schnell zu vervielfältigen. 16. Hamb. 828. (Meeder u. Müller). 14 gl.

—— der Steindruck nach d. sichersten u. untrügl. Grundsätzen u. allen bis heute in d. Lithographie gemachten Fortschritten u. Verbessern. faßl. dargest., nebst e. Anweis. zu seiner pract. Behandl. auf 10jähr. Erfahr. gegründet. 8. Hamburg 828, (Hoffmann u. Campe.)

— d. Steindruck nach den sichersten u. untrüglichsten Grundsätzen u. allen bis heute in d. Lithographie gemachten Fortschritten u. Verbesserungen faßl. dargestellt, nebst e. Anweis. zu seiner prakt. Behandl. auf 10jähr. Erfahrung gegründet. 8. Hdmb. 828. Hoffmann u. Campe; (a. Meeder u. Müller). Versiegelt 3. 2ß 12 gl.

Hove-de Heusch, van den, die Abrichtung d. Remonte-Pferdes in 30 Lectionen. Nebst e. pract. Lehrgang der hohen Schule. Autoris. Uebersetzg. gr. 8. (XIII, 202 S. m. 1 Taf. Abbildgn.) Dresden 890. v. Grumbkow. n. 6. —

Hove-de Heusch, van den, die Abrichtg. des Remonte-Pferdes in 30 Lectionen. Nebst e. pract. Lehrgang d. hohen Schule. Autor. Uebersetzg. 2. [Titel-] Ausg. gr. 8. (XIII, 202 S. m. 1 Taf.) Dresden-Blasewitz (890) 898. R. v. Grumbkow. n. 6. —

Hovedissen, Hermann [aus Lüdenhausen]: König Albrechts I. Verhältnis zu Böhmen ... Nordhausen a. H., Druck v. C. Kirchner's Buchdr., *1891;* 73 S. 8.
Erlangen, Phil. Fak., Inaug.-Diss. v. 30. Juni 1891

Hoevemeyer L, das Neueste in der Dekorationsmalerei. (36 T) fol München

Hövel, Carl Ludwig, s. Hövel, Karl Ludwig

Hövel, Chrn., kleine Möbel in gotischem Stil. (In 10 Lfgn.) 1.—5. Lfg. hoch 4. (à 4 Taf. m. Text S. 1—4.) Ravensburg 897. O. Maier. à n. — 70

Hövel, Chrn., kleine Möbel in gotischem Stil. 6.—10. Lfg. hoch 4. (20 Taf. m. 4 S. Text) Ravensburg 899. O. Maier. à n. — 70; (kplt. in Mappe n. 7. 50)

— **Eduard** (Düsseldorf), De trepanationis indicationibus. Diss. med.-chir. Bln. (Nietack) 7. IX. 1833. 52 S. mit Biogr. (M.: M. Scheuten.) (6.50) 15467
Oppon.: E. Lexis, O. Fischer, C. v. Weys. — Gew.: C. H. Hoevel (Vater).

Hoevel, Ernst, Paradigmen und Tabellen zur regelmäßigen und unregelmäßigen Formenbildung des französischen Zeitworts. Zum Gebrauch für Gymnasium und Realschule hrsg. gr. 8. (IV, 28 S.) Göttingen 869, Vandenhoeck und Ruprecht's Verlag. * geb. *

Hövel, Friedrich von: „Geognostische Bemerkungen über die Gebirge in der Grafschaft Mark. Nebst einem Durchschnitt der Gebirgslagen, welche das dortige Kohlengebirge mit der Grauwacke verbinden", Hannover 1806. — Vorh.: Preuß. Oberbergamt Dortmund — M. I. 147.

v. Hövel, Fr., geognost. Bemerkk. über d. Gebirge in d. Grafschaft Mark rc. Mit Kpf. gr. 8. (Hannov. 806. Hahn). 1 ℳ

Hövel, Friedr. v., hinterlass. Schriften, gesamm. u. hrsg. v. Friedr. Harkort u. Aug. Rauschenbusch. 1. Thl. gr. 8. (23¾ B.) Elberfeld 832, Schönian.
Landwirthschaftl. forstwissenschaftl. u. mineralogischen Inhalts.

Hoevel, Fritz: Über die Komplikation von Herzfehlern mit den Generationsvorgängen des Weibes. Emmendingen: Dölter 1908. 30 S. 8°
Freiburg i. B., Med. Diss. v. 1908, Ref. Krönig
[Geb. 27. Nov. 82 Wesel; Wohnort: Freiburg i. B.; Staatsangeh.: Preußen; Vorbildung: Gymn. Wesel Reife O. 02; Studium: Tübingen 2, Freiburg i. B. 1, Tübingen 2, Berlin 5 S.; Coll. 6. März 08; Approb. 13. Juli 07.] [U 09. 918

Hövel, G. A. [Red.], s. Z e i t u n g , Deutsche Kademische.

von der Hövel, Henriette, unentbehrl. Rathgeber für Damen jedes Standes u. Alters. Enthalt.: Allgem. Bemerkungen über weibliche Erziehung u. Sitten; Mittel zur Erhaltung u. Verschönerung des Körpers; Beseitigung körperlicher Uebelstände; Wirthschaftsregeln u. Recepte; Wäsche verschiedener Stoffe; Fleckenreinigung; Arrangement bei festlichen Gelegenheiten rc. Nebst e. Wirthschaftstabelle auf alle Tage im Jahre u. Abbild. gr. 16. Berlin 836. Lewent's Verlagsbuchh. 5/12 ℳ

Hövel's, J. V., repetitor. Examensfragen. Nr. 1—3. 8. Leipzig, Helios-Verlag. 3.—; geb. 9. 30
1. Examensfragen der Physik. Ein Repetitorium f. Chemiker, Mediziner, Pharmazeuten u. Techniker. (144 S.) (908.) 2.60; geb. 3. —
2. Examensfragen der organischen Chemie. Ein Repetitorium f. Chemiker, Mediziner, Pharmazeuten u. Techniker. (156 S.) (908). 2.80; geb. 3. 30
3. Examensfragen der anorganischen Chemie. Ein Repetitorium f. Chemiker, Mediziner, Pharmazeuten u. Techniker. (135 S.) (909.) 2.60; geb. 3. —
Nr. 4 u. ff. s.: Examensfragen.

Hövel, Karl Ludwig

Hoevel, Carl Ludwig (Verches./Mittelmark), De *ANAMAPTHΣIA* Christi ejusdemque necessitate. Diss. theol. Präs. Sigismund Jacob Baumgarten. Halle (Joh. Christ. Grunert) 6. IV. 1740. 40 S. (7.—) 15466
Gew.: Johann Caspar Carsted, Andreas Thal, Georg Christian Adler, Joachim Friedrich Hoevel, Gottfried Braun. — Widm. v.: Präs., Bernhard Hermann Ottorff (Gerlsdorff/Neumark). Joh. Fridr. Schröner (Colberg: dtsch.).

Hövel, Ludwig, Referendar: Die **Gewährleistungspflicht** des Erbschaftsverkäufers. *Stendal 1903: Franzen & Große.* (63 S.) 8° [J.]
Rostock, Jur. Diss. v. [12. Juli] 1903

Die Landarbeiterfrage im Kreise Gerdauen und ihre Lösung im Wege der Seßhaftmachung ländlicher Arbeiter durch den Kreisverband. Von Reg.Ref. Paul v. **Hövel**. Gerdauen 1907: R. Lach Nachf. (24 S.) 4° [J. u. Ant.] (07. 1808) 10

Hövel, Paul von, Referendar in St. Goar: **Worin unterscheidet sich die stille Gesellschaft des Handelsgesetzbuchs von der offenen Handelsgesellschaft und der Gesellschaft des Bürgerlichen Gesetzbuchs?** *Borna-Leipzig 1903: R. Noske.* (VIII, 80 S.) 8°
Leipzig, Jur. Diss. v. 1903

Hövel, Paul v., worin unterscheidet sich die stille Gesellschaft des Handelsgesetzbuchs von der offenen Handelsgesellschaft u. der Gesellschaft des bürgerlichen Gesetzbuchs? Diss. (VIII, 80 S.) 8. Borna 903. (Bonn, L. Röhrscheid.) n. 1. 60

Hövel, Paul Clemens, approb. Arzt, aus Perleberg: **Über Ulcus serpens corneae, seine Ursachen und seine Folgen.** *Halle a. S. 1902: C. A. Kaemmerer & Co.* (65 S.) 8°
Halle, Med. Diss. v. 15. Aug. 1902

Hövel, Wilhelm

Hoevel, Guil. (Augustus Ludov.) (geb. Rohrbeck in d. Neum. 2. 2. 1821)
De diagnosi atque exstirpatione polyporum uteri. Berolini (1844). (31 S.) 8°
Berlin, Med. Diss. v. 19. März 1844

Höveler, Joh[ann] Jos., Direktor Dr.: Bericht über die Feier der Anerkennung der Anstalt als Gymnasium am 23. und 24. März 1904. Andernach 1905: P. Brandts. (S. 3—11.) 4°
Andernach, G P 1905 (506)

Hoeveler, Johann Joseph Die Excerpta Latina Barbari. 4 (S. 193—214).
In: Festschrift d. 43. Versammlung d. Phil. u. Schulmänner dargeboten von d. höh. Lehranstalten Kölns. *Bonn* 1895 (Kgl. Kaiser Wilhelm-G.)
Progr.

Hoeveler, Johann Joseph [Dr.]: Die Excerpta Latina Barbari. II. Tl: Die Sprache d. Barbarus. [Th. 1 in: Festschrift der 43. Versammlg deutscher Philologen u. Schulmänner dargeboten v. d. höh. Lehranstalten Kölns. Bonn 1895.] Köln, gedr. bei J. P. Bachem, Verlagsbuchh. u. Buchdr., 1896; 1-29 S, 4.
Köln, k. Kaiser Wilhelm-G, OP 1896 (443)

Höveler, Johann Joseph, Dir. Dr.: Joannes Guinterius Andernacus (Johann Günther von Andernach), (ein berühmter Arzt und Gelehrter des 16. Jahrhunderts). *Andernach 1899: C. Weigt.* (S. 3—21.) 4°
Andernach, PG, P 1899 (449)

Höveler, Johann Joseph, Dir. Dr.: Gymnasium zu Andernach. Geschichte der Anstalt von ihrer Gründung bis zur Gegenwart (1573—1904). Festschrift zur Feier der Anerkennung des Gymnasiums Ostern 1904. Andernach 1904: Conr. Weigt. (78 S.) 8°
Andernach, G i. E. OP 1904 (494)

Hoeveler, Johann Joseph [Dr.]: Mitteilungen über den in den Pfingstferien 1890 in Bonn und Trier stattgehabten archäologischen Kursus. Köln, gedr. bei J. P. Bachem, 1891; S. 1—24, 1 Taf. 4°
Köln, k. Kaiser Wilhelm-G, OP 1891 (429)

Höveler, Johann Joseph, Dir. Dr.: **Iacobus Omphalius Andernacus** (Jacob Omphal von Andernach). (Umschlagt.: ... ein berühmter Humanist und Staatsmann des 16. Jahrhunderts.) *Andernach 1900: C. Weigt.* (S. 3—28.) 4°
Andernach, PG, P 1900 (455)

Hoeveler, J., De Heraclidarum Euripidis scaena et tempore. Diss. 1878. 52 S.

Höveler, Peter

Hoeveler, P., die **Aufgabe** des Gesanges beim hl. Opfer, an der Missa in hon. S. Joannis Chrysostomi von Frdr. Koenen practisch dargelegt. Vortrag, geh. in der Bezirksversammlung des Cölner Cäcilienvereins am Feste der h. Cäcilia. gr. 8. (16 S.) Düsseldorf 880. Schwann. n. — 50

Höveler, P[eter]. In den Bergen. Reisebilder aus dem Schwarzwald und der Schweiz. [Mit 1 Vignette und illustriertem Umschlag.] II + 74 S. 8. Köln, Heinrich Theissing, 1906.

Peter **Höveler.** Zum päpstlichen Dekret über die Kinder-Kommunion vom 8. August 1910. Düsseldorf: Schwann 1910. 35 S. 8° [11. 1907]

Hoeveler, Pet[er]. Erinnerungen an Flüeli in der Schweiz. Herrn Domkapellmeister Fr. Koenen gewidmet. 8. Sarnen 1882.

— musikalisch-ästhetische **Erklärung** d. „Stabat mater" v. Franz Witt. Vortrag, geh. am Schmerzensfreitag 1881. gr. 8. (31 S.) Regensburg 881. Pustet. n. — 50

Höveler, P., Professor A. Harnack u. die kathol. Ascese. gr. 8. (60 S) Düsseldorf 902. L. Schwann. n. — 80

Adolf Kolping als katholischer Volksschriftsteller. Eine bescheidene Festgabe. Von P[eter] Höveler, Rekt. zu Köln-Melaten. *Düsseldorf: L. Schwann 1899.* (18 S.) 8° [A] [illegible]

Höveler, P., Kardinal Erzbischof Philippus Krementz, Generalvikar Dr. Kleinheidt, Domkapellmeister Fr. Koenen u. Professor Dr. Scheeben. Vier Charakterbilder aus der jüngsten Kölner Kirchengeschichte. gr. 8. (64 S. m. 4 Portr.) Düsseldorf 899. L. Schwann. n. — 80

Hövelor, *Johann* Wilhelm [Apotheker aus Papenburg in Hannover]: Ueber die Verwerthung des Humus bei der Ernährung der chlorophyllführenden Pflanzen ... M. 2 Taf. (Aus: Pringsheim's Jahrb. f. wiss. Bot., Bd XXIV Heft 2.) Berlin, Gebr. Borntraeger, 1892; 4 Bl., 34 S., 2 Taf. 8.
Erlangen, Phil. Fak., Inaug.-Diss. v. 1892

Hoeveler, Wilhelm: Aus der medizinischen Klinik und Poliklinik zu Greifswald. Welche Umwandlung hat die Serumtherapie in der Behandlung der Diphtherie geschaffen? *Greifswald 1898: J. Abel.* (26 S.) 8°
Greifswald, Med. Diss. v. 7. März 1898

HÖVELL, Hermann von (Berlin): Zur Kasuistik der subkutanen Rupturen der Bauchwand und des Peritoneums mit Prolaps der Baucheingeweide.- München: Steinicke 1910. 14 S.
28.4.1911 - Chr 1910/11,26; U 11.3645
Diss. Ingolst.-Landsh.-**Mchn.**

Hoevelmann, Kurt, aus Dortmund: Zum **Konsonantismus** der altfranzösischen Lehnwörter in der mittelenglischen Dichtung des 14. und 15. Jahrhunderts. *Kiel 1903: Schmidt & Klaunig.* (121 S.) 8°
Kiel, Phil. Diss. v. [10. Dez.] 1903

Hövelmann, Richard, approb. Arzt aus Hammerbruch b. Sonsbeck, Rheinl.: Aus d. Kgl. Psychiatr. u. Nervenklinik zu Kiel. Klinische und pathologisch-anatomische Untersuchung eines Falles von Wirbelfraktur und Compressionsmyelitis. *Kiel 1902: P. Peters.* (23 S.) 8°
Kiel, Med. Diss. v. [6. Mai] 1902

Hövelmann, Wilh., **Ecce Homo!** Die Feier der heil. Charwoche. Nach dem röm. Missale in latein. und deutscher Sprache bearb., mit Erklärung der kirchl. Ceremonien und einigen Gebeten der Heiligen hrsg. 16. (227 S.) Paderborn 862, Junfermann'sche Buchh. *

—— **Exaudi, Domine! Preces.** 16. (XVI und 400 S. mit 1 Stahlst.) Paderborn 863, Junfermann'sche Buchh.

—— biblische **Geschichte** des alten und neuen Testaments für die untern Klassen kathol. Gymnasien und anderer höherer Unterrichts-Anstalten. 8. (272 S.) Paderborn 865, Junfermann'sche Buchh. *

Hövelmann, W., biblische Geschichte des alten und neuen Testaments für die unteren Klassen kathol. Gymnasien und anderer höherer Unterrichts-Anstalten. 2. durchgeseh. Aufl. 8. (272 S.) Paderborn 877, Junfermann'sche Buchh. * 1 —

—— **Sursum corda.** Ein vollständ. Gebetbuch in latein. und deutscher Sprache für die studirende Jugend, sowie für alle, die gern in der Sprache der Kirche und der Heiligen beten. 32. (VIII und 400 S. mit 1 Stahlst.) Paderborn 862, Junfermann'sche Buchh.

Deutsche Maurerei im vorigen Jahrhundert bis zur Stiftung der Loge zur biederen Vereinigung in Glogau. Vortrag, gehalten am Stiftungsfeste den 2. Mai 1865 von v. Hoven. Mit Genehmigung des Hochw. Bundes-Directorii. Glogau [1865]: Flemming. 24 S. 8° [Umschlagtit.]
Insbes. Gesch. der Frmrei in Schlesien u. der Loge zur biedern Vereinigung, Glogau. 358 a.

Carte des communications télégraphiques du régime européen dressée d'après des documents off. par le Bureau Internat. des Administrations Télégr. Dessinée et gravée par C. v. **Hoven**, Berne. [Mit 3 Nebenkarten.] *Berne 1898: F. Lips.* (4 Kartenbl. je 73 × 44 cm.) quer-2° [kol.] [03. 1016]

v. **Hoven**, C. Officielle Postkarte der Schweiz mit Angabe der Telegraphenbüreaux und Eisenbahnen. Hrsg. von der Schweizerischen Postverwaltung. 1 : 250 000. Bern 1884 und 1893. Je 4 Bl. c. L.

Hoven, F. v., Frühlingsblüthen. Novellen u. Erzählungen. 8. (15 B.) Glogau 835, Flemming

Hoven, Fr. v., Kristalle. Histor. Novellen. gr. 12. (13⅞ B.) Heidelberg 842. [Frankfurt a. M., Jos. Baer.] —

v. Hoven, Fr., Kristalle. Historische Novellen. gr. 12. Heidelberg 842, Engelmann. (Leipzig, Barth.) 2¼ n.ℛ

Hoven, Friedrich Wilhelm von. Biographie von ihm selbst geschrieben . . . Nürnb. 1840. H: *Merkel.* (Ky) (EngM) (Mn)

Hoven's, Königl. Baier'scher Ober-Medicinalrath rc., Doct. Friedr. Wilh. van, Biographie. Von ihm selbst geschr. u. wenige Tage vor sein. Tode noch beendiget, hrsg. von e. seiner Freunde u. Verehrer (Merkel). Mit e. Anh. v. 18 Briefen Fr. Schillers. gr. 8. (25¼ B., H's. Bildn. u. Facsim.) Nürnberg 840, Schrag.

— prattische Fieberlehre. gr. 8. Nürnberg, Schrag. 810.

Hoven, Friedrich Wilhelm von: Geschichte eines epidemischen Fiebers, welches in den Jahren 1792 und 1793 in dem Wirtembergischen Marktflecken Asperg geherrscht hat; nebst Bemerkungen über die Natur dieses Fiebers. 274 S., gbd.

Jena: Göpferdt 1795

JB 4.908

— Geschichte eines epidem. Fiebers, welches in d. J. 1792, 93 in Asperg im Württemberg. geherrscht hat. 8. Jena 795. Göpfert. (Taubert: a. Central-Compt. in Leipz.) 18 gr

Hoven, Friedrich Wilhelm von: Grundsätze der Heilkunde. Neueste Auflage. 164 S., gbd.

Rothenburg ob der Tauber: (Classen) 1808

JB 2.279

— Grundſ d. neuern Heilkunde. gr. 8. Heilb. Claß. 807.

— Grundsätze d. neüern Heilkunde. gr. 8. Rothenb. (u. Heilbr.) 807. Claß. 1 rthl

— Handbuch d. prakt. Heilkunde. 2 Bde. gr. 8. Rothenb. (u. Heilbr.) 805. Claß. 4 rthl Bei Löffler in Manh. 2 rthl

Hoven, Friedrich Wilhelm von: Handbuch der practischen Heilkunde. Neueste Aufl. Bd 1-2, gbd.

Heilbronn: 1806

JB 2.278

— neues medicinisches Handbuch. 2 Bde. gr. 8. Heilbr. Claß 801.

— — daſſ. in e. wohlfeilen Ausgabe. 2 Thle. gr. 8. Ebend. 808.

——, Hiltebold v. Schwangau, romant. Gemälde a. d. Mittelalter. gr. 8. München 830, Lentner.

v. Hoven, (Fr. Wilh.) Ideen üb. sittl. Kultur u. Erziehung. 8. Nürnb. 822, Riegel u. W.

von Hoven, F. W. Ideen über die sittliche Besserung der Verbrecher. 8. *Nürnberg und Altorf, Monath und Kußler.* 1822

Hoven, Friedrich Wilhelm von (Übers.u.Comm.):

s.: Schwediauer, F(ranz Xaver): Vollständige Abhandlung über die Zufälle, die Wirkungen, die Natur und die Behandlung der syphilitischen Krankheiten. (Traité complet sur les symptomes, la nature et le traitement des maladies syphilitiques. Dt.) Th.1 - 2. Ludwigsburg: 1799

JB 4.652

Hoven, Friedrich Wilhelm von: Versuch einer praktischen Fieberlehre. 447 S., gbd.

Nürnberg: Schrag 1810

JB 2.280

Hoven, Friedrich Wilhelm von: Versuch über die Nervenkrankheiten. 364 S., gbd.

Nürnberg: Schrag 1813

JB 4.501

— Versuch üb. d. gegenw. Rindviehseuche. 8. Tübingen, Heerbrand. 797.

Hoven, Fr. Wilh. v., Versuch über die gegenwärtig herrschende Rindviehseuche. Tübingen 797. Osiander.

Hoven, Friedrich Wilhelm von: Versuch über das Wechselfieber und seine Heilung, besonders durch die Chinarinde. Th.1, 380 S., gbd.

Winterthur: Steiner 1789

JB 2.277

— Verſ. üb. das Wechselfieber ꝛc. 2 Bde. gr. 8. Winterth. Steiner. 789-90. (à 1 Rthlr.)

— Vertheidigung d. Erregungstheorie ꝛc. 8. Ludwigsb. 803. v. Cotta. 1 rthl 16 gr

Friedrich Wilhelm von Hoven

Die Vorzüge der Brownschen Praxis vor der nichtbrownschen. Dargest. von Friedrich Wilhelm von Hoven. Ludwigsburg: Cotta 1803. XIV,208 S. 8°

Hoven, G. Ch. v., siehe: *Halder, A.*

Hoven, Gust. van, Scherz u. Ernst. Dramatische Spiegelbilder modernen Lebens. gr. 8. (340 S.) Wien 872. Gerold's Sohn in Comm. n. 5. —

Hoven, Hans v., auch e. Rezept gegen Schwiegermütter. Lustspiel in 1 Aufzug. (16 S.) 8. Graz 903. J. Pechel. n. — 60

Hoven, Hubert Gerhard (geb. am 27 Apr. 1850 in Güsten Kr. Jülich): Die subconjunctivale Linsenluxation ... Bonn, Univ.-Buchdr. v. C. Georgi 1879. 26 S., 1 Bl. 8.
Bonn, Med. Fak., Diss. v. 19 März 1879

Hoven, J., s. †Vesque v. Püttlingen, J.

Hoven, Johann Daniel von

— Campensia, s. spicilegia critico-antiquaria. III Fasc. 8. Amsterd. 766—79.

Hoven, J. D. ab, Campensia sive Spicilegia critica antiqua. Campis 766. 2 Fasc. 4. 1 rthl. 4 gr.

Hoven, J. Dan. van, Entw. e. Friedensgeschichte d. evang. Kirche in Deutschland. 2 Thle. 8. Lemgo, Meyer. 756. (à 4 gr.)

v. Hoven, Jh. Dn., († 1793.) Entwurf einer pragmat. Friedensgeschichte d. evangel. Kirche in Deutschland. 2 Thle. 8. Lemgo 750. Meyer. 8 gr

— hist. ecclesiasticae N. T. specim. 8. maj. Brem. 748.

— otia liter. ad Isalam s. spicil. hist. crit. III pts. 4. Amst. Schreuder. 761.

— otia literar. ad Isalam, spicileg. hist. crit.-sacra et profana. III Pts. 4. Camp. 763, 64. Schreuder. 1 ⁄ 8 ℛ

— praeludia s. theses theologiae. 8. Brem. 748.

— Vereinigung d. Vernunft mit d. Glauben. 8. Frankf. 753. Stock. 3 ℛ

Hoven, Theodor [pract. Arzt aus Schlebusch]: Beitrag zur Anatomie der cerebralen Kinderlähmung .... Strassburg, Univ.-Buchdr. v. J. H. Ed. Heitz (Heitz u. Mündel), 1887, 31 S. 8°
Strassburg, Med. Fak., Inaug.-Diss. v. 1887

v. d. Höven, s. v. d. Hoeven.

Hoeven, Paul, Formenlehre d. franz. Sprache, s.: Rahn, H.

Hoeven, Paul, Lehrgang d. französ. Sprache, s.: Rahn.

Hövener, Otto [app. Arzt aus Werne a. d. Lippe]: Aus d. patholog. Institute zu Kiel. Sectionsbefunde bei tuberculösen nach Koch'scher Methode Behandelten. ... Kiel, Druck v. L. Handorff, 1891; 30 S., 1 Bl. 8°
Kiel, Med. Fak., Inaug.-Diss. v. [23. Febr.] 1891

Hövener, Otto. Sectionsbefunde bei tuberculösen nach Koch'scher Methode Behandelten. Diss. gr. 8. (30 S.) Kiel 891, (Gnevkow u. v. Gellhorn). * 1 50

Der Polnische Aufstand des Jahres 1863 im Lichte neuerer Erfahrungen. Von Eugen Hover. Mit 1 Kartenbeilage. *Berlin: K. Siegismund 1904.* (40 S.) 8° [F.] [c. 76

[F.] Der selige Pater Johannes Höver und seine Stiftung: Die Genossenschaft der Armen Brüder v. hl. Franziskus. Der Genossenschaft ... gewidm. v. e. Freunde ders. M. d. Bildn. d. Stifters ... *Aachen: Cremer 1896.* (VI S., 1 Bl., 143 S., 1 Taf.) 1 Bd 8. [96. 1036

Höver, Carl, s. Höver, Karl

Höver, Ferdinand

—— der heilige Peter Claver, Apostel der Neger und Carthagenas. Festgabe zur Heiligsprechungs-Feier. gr. 8. (IV, 224 S.) Ebendas. 888.

Der heilige Peter Claver, Apostel der Neger. Von Ferdinand Höver S. J. 2. Aufl. Von Martin Hagen S. J. Dülmen i. W.: A. Laumann 1905. (172 S.) 8° [F.] [06. 9033

Höver, Ferd., Leben des heil. Johannes Berchmans aus der Gesellschaft Jesu, besondern Patrons der Jugend. Festgabe zur Heiligsprechungs-Feier. gr. 8. (VIII, 244 S.) Dülmen 888, Laumann'sche Verlagsb. *

Leben des heiligen Johannes Berchmans aus der Gesellschaft Jesu, besondern Patrons der Jugend. Von Ferdinand Höver, Priester ders. Ges. 2. Aufl. besorgt von P. Franz Miller, S. J. *Dülmen: A. Laumann 1901.* (VI, 220 S.) 8° [F.] [01. 4694

Höver, Ferd. Ein Wunderwerk unserer Tage. 16. (63 S.) Dülmen i. W. 891, Laumann. * — 20

Höver, Karl

Höver, Carl, Referendar: Verlust der Zugehörigkeit zu einer Gesellschaft nach römischem Rechte und Bürgerlichem Gesetzbuche. Gottingen 1905: Dieterich. (82 S.) 8°
Göttingen, Jur. Fak., Ref. Merkel, Diss. v. 15. Mai 1905
[Geb. 7 Nov. 82 Bremerhaven; Wohnort. Bremen; Staatsangeh.: Bremen; Vorbildung: Gymn. Bremen Reife O. 01; Studium: Freiburg i. B. 1, Berlin 1, Gottingen 2, Kiel 2 S.; Rlg. 31. Jan. 05.]

Höver, M. J., d. Leseunterricht n. d. sog. Normalwörtermethode, s. a. Aus d. Schule f. d. Schule.

[F.] Der Leseunterricht nach der sog. Normalwörtermethode. Nebst 2 vollständ. Lehrproben v. M. J. Höver. *Neuwied & Leipzig: Heuser 1895.* (17 S.) 1 Bd 8.
— Schule, Aus der, für die Schule. II. 64. [96. 9637

Höver, M. J., die Tonkunst, e. hervorrag. Bildungs- u. Erziehungsmittel, s. a. Abhandlungen, pädagog.

[F.] Die Tonkunst, e. hervorragendes Bildgs- u. Erziehgsmittel. Von M. J. Höver. *Bielefeld: A. Helmich [1896].* (21 S.) 1 Bd 8.
— Abhandlungen, Pädagogische. II. 28. [96. 1318

Hoever, Nikolaus: Über das Verhältnis des pignus nominis zu der cessio in securitatem nach gemeinem Recht. *Münstereifel 1898: F. Schulte.* (42 S.) 8°
Erlangen, Jur. Diss. v. 7. Apr. 1898

Höver, Otto, approb. Arzt, aus Hilchenbach i. W.: Ein seltener Fall von Magenkrebs mit sekundärer Lungengangrän. *München 1901: Kastner & Lossen.* (27 S.) 8°
München, Med. Diss. v. 1901

Höver, P., das Mikroskop und die Untersuchung des Schweinefleisches auf Trichinen und Finnen. Beschreibung des Mikroskopes, Erklärung seiner Wirkungen und Leistungen; Vorkommen und Entwickelung der Trichinen und Finnen, durch Abbildungen erläut. Dargestellt nach Erfahrungen beim Unterricht und in der Praxis zum Zwecke als Ratgeber für bestallte und angehende Fleischbeschauer zur Vorbereitung auf das Fleischbeschauer-Examen, nebst den Examinationsfragen. Mit vielen (eingedr. Holzschn.-)Abbild. und einem Anhang, enthaltend: Verfügungen der königl. Ministerien des Innern und der geistl. rc. rc. Angelegenheiten, betr. die Behandlung trichinösen und finnigen Fleisches, nebst den Polizeiverordnungen der königl. Regierungen über die zwangsweise uneingeschränkte mikroskop. Untersuchung des Schweinefleisches, nebst den Ausführungsverordnungen. 8. (63 S.) [Neuwied 881, Heuser's Verlag.] Leipzig, O. Weigel. *

Höver, P., das Mikroskop u. die Untersuchung d. Schweinefleisches auf Trichinen u. Finnen. Beschreibung des Mikroskopes, Erklärung seiner Wirkungen u. Leistungen; Vorkommen u. Entwickelung der Trichinen u. Finnen, durch Abbildungen erläutert. Dargestellt nach Erfahrungen beim Unterricht u. in der Praxis zum Zwecke als Ratgeber für bestallte u. angeh. Fleischbeschauer zur Vorbereitung auf das Fleischbeschauer-Examen, nebst den Examinationsfragen. Mit vielen (eingedr. Holzschn.-)Abbildungen u. einem Anh., enth.: Verfügungen der königl. Ministerien des Innern u. der geistl. rc. rc. Angelegenheiten, betr. die Behandlung trichinösen u. finnigen Fleisches, nebst den Polizeiverordnungen der königlichen Regierungen über die zwangsweise uneingeschränkte mikroskop. Untersuchung des Schweinefleisches, nebst den Ausführungsverordnungen. 8. (63 S.) Neuwied 881. Heuser's Verl. n. — 80

Höver, P. Stellung, Aufgabe und Wirksamkeit der Schule überhaupt.
Wipperfürth, Progr. 1858

Höver, P., die Trichinenschau, nebst Beschreibung d. Mikroskopes. Ratgeber f. bestallte u. angeh. Fleischbeschauer zur Vorbereitg. auf das Fleischbeschauer-Examen, nebst den Examinationsfragen. 2. Aufl. Mit vielen Abbildgn. u. e. Anh., enth.: Verfügungen der Königl. Ministerien d. Innern u. der geistl. Angelegenheiten, nebst den Polizeiverordngn. der Königl. Regiergn. 8. (63 S.) Leipzig 885. G. Weigel. cart. n. — 80

Höver, P., die Trichinenschau, nebst Beschreibung des Mikroskopes. Ratgeber für bestallte und angehende Fleischbeschauer zur Vorbereitung auf das Fleischbeschauer-Examen, nebst den Examinationsfragen. 2. Aufl. Mit einem Anhang, enthaltend: Verfügungen der Königl. Ministerien des Innern und der geistl. Angelegenheiten, nebst den Polizeiverordnungen der Königl. Regierungen. 8. (63 S. mit vielen Abbild.) Neuwied 885. Heuser's Verlag. cart. *

Höver, P., Trichinenschau u. Nahrungsmittel-Untersuchung. Ausführl. Anleitg. zur mikroskop. Untersuchg. d. Fleisches auf Trichinen u. Finnen, sowie der wichtigsten Nahrungsmittel u. Verbrauchsgegenstände auf ihren Wert u. ihre Beschaffenheit, nebst Erklärg. d. Mikroskops u. seiner Wirkgn. Zugleich e. Ratgeber f. Fleischbeschauer zur Vorbereitg. auf das Fleischbeschauer-Examen, nebst den Examinationsfragen. 3. Aufl. 8. (VIII. 114 S. m. Abbildgn.) Leipzig 894. G. Weigel. n. 1. 50

Hoever, Robert, prakt. Zahnarzt: Ueber die Beziehungen zwischen Kau-Muskulatur, Kiefergelenk und Zahnsystem der Säugetiere. Folge 1. Monotremata, Edentata u Marsupialia. Stolberg Rhld (1910): Fischer 42 S. 8° ¶(Nur T. 3, ersch vollst. in e. anat.-zool. Zeitschr.)

Bonn, Phil. Diss. v 23. Febr. 1910, Ref. Ludwig

[Geb. 17. Feb 77 Düren, Wohnort Stolberg Rhl; Staatsangeh. Preußen; Vorbildung: Eidgenöss Maturitätsprüf. f. Ärzte, Zahnärzte M 02; Studium: Zürich, Heidelberg, Berlin, Heidelberg, Bonn, Rig 19 Jan 10.] [U 10 383

Hoverbeck, C. E. B. d. preußische National-Schach. m. K. gr. 8. Bresl. Barth. 806.

v. **Hoverbeck**, Frhr. C. E. B., d. preuß. National-Schach. Mit Kpf. gr. 8. Bresl. 806. Graß, B. u. C. 2 ꝑ

v. **Hoverbeck**, J. H., interessante Züge u. Anekdoten aus d. Geschichte u. d. Leben tugendhafter u. lasterhafter Menschen. 8. Magdeb. 804. Creutz. 12 ℊ (Bildet auch d. 3ten Theil „des neuen Gesellschafters." Ebd.)

Geschichte des 2. Garde-Dragoner-Regiments Kaiserin Alexandra von Russland 1860–1902. Auf Befehl d. Regimentskommand. bearb. von [Paul] Frh. v. **Hoverbeck** gen. v. Schoenaich, Rittm. Mit Bildn., Abb. u. Kartenbeil. *Berlin: E. S. Mittler & Sohn 1902.* (IV, 192 S.) 8° [F.] [03-1987

Hoverbeck gen. v. Schoenaich, Frhr. v., Geschichte des 2. Garde-Dragoner-Regiments Kaiserin Alexandra v. Rußland. Von 1902 an fortgeführt von v. Löbbecke. 2. Aufl. (VI, 297 S. m. Abbild., 21 Taf. u. 8 [2 farb.] Karten.) gr. 8. Berlin 910. E. S. Mittler & Sohn. 5.—; geb. n 6. 50

(Hoverbeck gen. v.) Schoenaich, Frhr v. General v. Rüchel in der Schlacht bei Jena. Eine Rekonstruktion und kritische Untersuchung. (Berlin 1907.) 8°. (Aus: Bh. z. M. W. B.)

Hoverden, Graf v., meine Meinung in dem schlesischen Gesangbuch-Streite, s. Meinung.

Hoverden, Gr., u. Schulz, Mittheilungen a. d. Verhandlungen u. Arbeiten schles. ökonom. Vereine, s. Mittheilungen.

—— zur Wappen-Symbolik. Ueber die Bedeutung der Herold-Stücke. In der Sitzung des histor. Vereins von und für Oberbayern den 1. März 1870 vorgetragen. Lex.-8. (17 S.) München 870. (Berlin, Mitscher und Röstell.) *

Aus: Oberbayer. Archiv, besonders abgedruckt.

Hoverden-Plencken, Adrian Joseph Graf. Joseph **Kögler's** historische Nachrichten von den Herrschaften Pischkowitz und Coritau in der Grafschaft Glatz. Als Beitrag zur deutschen Landeskunde nach der Handschrift des Verfassers vom Jahre 1795, nebst einem Lebensbilde desselben herausgegeben. 4 Breslau 1869.

Zur Reform des Etats-, Kassen- und Rechnungswesens einschließlich der Verhältnisse der Rechnungs- und Kassen-Beamten. Versuch e. krit. Besprechung u. e. Entwicklung von Abänderungs-Vorschlägen. Von Otto **Hövermann**. Bonn: F. Cohen 1905 (100 S.) 8° [G] [05.3675

(Hövern, Veg. Grat :) Ein vertrautes Schreiben an Montanum, in welchem die bejahende Meinung, dass ein Christl. Fürst im Fall der Noth mit Ungläubigen sich wohl könne in ein Bündnis einlassen, auf die Bahn gebracht. *Catana.* 711.

Zugleich lat.: Epistola familiaris ad Montanum etc. *Ebend.* 4.

Hovestadt, Ant., Wechselräderberechnungen zu allen auf Leitspindeldrehbänken vorkommenden Gewindesteigungen [Zoll und Millimeter]. Ein Hand- und Hilfsbuch für Metalldreher. Nach selbstständiger Erfahrung bearb. 8. (139 S.) Wien 880, Perles. *

Hovestadt, A., Wechselräderberechnungen zu allen auf Leitspindeldrehbänken vorkommenden Gewindesteigungen auf rheinl., engl., österr. u. Meter-Maass u. 41 Tabellen. Nach eigener Erfahrg. bearb 2., umgearb. Aufl. 8. (IV, 124 S.) Wien 889. Perles. n. 1. 60

Hovestadt, Ant., Wechselräderberechnung zu allen auf Leitspindeldrehbänken vorkommenden Gewindesteigungen auf rheinl.-, engl.-, österr.- u. Meter-Maass u. 41 Tabellen. Nach eigener Erfahrg. bearb. 3. Aufl. (IV, 124 S.) kl. 8. Wien 905. M. Perles. n. 1. 60

Hovestadt, Heinrich (geb. am 12 Jan. 1850 in Burgsteinfurt Westf.): Ueber eine mit dem Probleme der kleinen Schwingungen verwandte Aufgabe ... Bonn, Druck v. C. Georgi 1873. 29 S., 1 Bl. 8.

Bonn, Phil. Fak., Diss. v. 8 [nach d. Akten v. 7] Juli 1873

Hovestadt, Heinr. Beitrag zur Krümmungstheorie 16 S. Rg *Münster* 1880. Progr.

Hovestadt, Heinrich: [Bericht über die Feier anläßlich des Ausscheidens des zum Vortragenden Rate im Ministerium ernannten Direktors Dr. Karl Jansen.] S. 20—22. 4.

Progr. Realgymn. u. Gymn. der Stadt *Münster i. Westf.* 1905 (442).

Hovestadt, H., Jenaer Glas u. seine Verwendung in Wissenschaft u. Technik. gr. 8. (XII, 429 S. m. 29 Abb.) Jena 900. G. Fischer. n. 9. —; geb. n. 10. —

Hovestadt, H., Handbuch des mathemat. Unterrichts, s.: Killing, W.

Hovestadt, H., Lehrbuch der anorgan. Chemie, s.: Lorscheid, J.

Hovestadt, H., Lehrbuch der absoluten Masse u. Dimensionen der physikalischen Grössen. Mit 352 Fragen, 545 Erklärgn. u. e. Sammlg. v. 561 gelösten u ungelösten Aufgaben, nebst den Ergebnissen der ungelösten Aufgaben. Für das Selbststudium u. zum Gebrauche an Lehranstalten, sowie zum Nachschlagen für Fachleute bearb. nach System Kleyer. gr. 8. (XVI, 231 S.) Stuttgart 892. J. Maier. n. 6. —

Hovestadt, H., Lehrbuch der angewandten Potentialtheorie. Mit 588 Erklärgn. u. 47 in den Text gedr. Fig., nebst e. Sammlg. v. erläut. Beispielen u. Uebungsaufgaben. Für das Selbststudium u. zum Gebrauche an Lehranstalten, sowie zum Nachschlagen f. Fachleute bearb. nach System Kleyer. gr. 8. (VIII, 319 S.) Stuttgart 890. J. Maier. n. 7. —

Hövet. Aug., Sammlung aller bibl. Namen im Alt. Test. 8. Rost. Berger. 757.

— — — im N. Test. 8. Lüb. Koppe. 749.

Hovey, Alvah, Ursprung u. Auslegg. d. Bibel, s. a. Sonntagsschul-Lehrer-Bibliothek.

[A.] Ursprung und Auslegung der Bibel. Von Dr Alvah Hovey. Ins Deutsche übertr. v. [illegible] J. G. Lehmann(?) [illegible]. *Hamburg: Verl. d. Traktat-Ges. 1897* (… S.) [illegible]
- Sonntagsschul-Lehrer-Bibliothek. No 2. [illegible] 4

Hövker, Rob., Anleitung zum Vortrag Beethovenscher Klavierwerke, s.: **Marx**, Adf. Bernh.

Hövker, [Robert]: Die unterrichtliche Behandlung der Sonatenform an der Hand von Formenbildern. *Cöthen 1899: P. Dünnhaupt.* (S. 12—20.) 8° [F.]
Cöthen, herz. Landes-Sm, OP 1899**

Hövker, [Robert]: Die graphische Darstellung als Mittel der Erziehung zum musikalischen Hören. *Cöthen 1898: P. Dünnhaupt.* (S. 1—19) 8° [F.]
Cöthen, herz. Landes-Sm, OP 1898**

Hövker, Rob., die graphische Darstellung als Mittel der Erziehung zum musikalischen Hören. Nebst 4 Taf. zum Nachlesen bei der unterrichtl. Behandlg. der musikal. Formen (Fuge u. Sonate) u. zur Ausbildg. e. verständnisvollen polyphonen Hörens. 2., verm. Aufl. gr. 8. (31 S.) Cöthen 899. O. Schulze Verl. n. 2. —

(B) **Hövker**, Rob., d. graphische Darstellung. 899. Jetzt: Gr.-Lichterfelde, C. F. Vieweg.

— Fis-Ges? Eine gemeinverständl. Abhandlg. üb. die f. die musikal. Praxis in Betracht komm. Unterschiede gleichnam. u. enharmon. Töne. (VIII, 56 S.) gr. 8. Cöthen 903. [O. Schulze.] Gr.-Lichterfelde, C. F. Vieweg. n. 1. 60

— Geschichte der Musik, s.: **Brendel**, Frz.

Hövker, Rob., d. Klavierunterricht nach d. Fordergn. der modern-wissenschaftl. Pädagogik. Für Seminare, Musikinstitute u. Lehrer d. Klavierspiels. 8. (IV, 43 S.) Leipzig 896. M. Hesse. n. — 60

Hovorka Edler v. Zderas, Osk., die äussere **Nase**. Eine anatomisch-anthropolog. Studie. gr. 8. (VIII, 154 S. m. 46 Fig.) Wien 893. A. Hölder. n. 4. 80

Hovorka, O. v., üb. den Neigungswinkel der Stammbronchi, s.: **Kobler**, G.

Verstümmelungen des männlichen Gliedes bei einigen Völkern des Alterthums und der Jetztzeit mit bes. Berücks. d. sogenannten Infibulation u. Kynodesme. Von Dr. Oskar **Hovorka**, Edler von Zderas. Mit 12 Text-Ill. Vortrag, geh. in d. Wiener Anthrop. Gesellsch. 1894. Wien: Selbstverl. d. Anthrop. Ges. 1894. (S. 131—143.) 4° [Umschlagt.]
Aus: Mittheilungen d. Anthrop. Ges. in Wien. Bd 24. [illegible] 10

Hovorka, O. v., u. A. **Kronfeld**, vergleichende Volksmedizin. Eine Darstellg. volksmedizin. Sitten u. Gebräuche, Anschaugn. u. Heilfaktoren, d. Aberglaubens u. d. Zaubermedizin. Unter Mitwirkg. v. Fachgelehrten hrsg. Mit e. Einleitg. v. M. Neuburger. Mit 28 Taf. u. etwa 500 Abb. im Text. 2 Bde. (XXIII, 459 u. IX, 864 S.) Lex. 8. Stuttgart 908. 09. Strecker & Schröder. à Bd. 11.20; geb. in Halbfrz. 14.—; auch in 28 Lfgn. à — 80

How the French make War. A contribution to the history of civilization and moral progress in the 19th century. Translated from the German. gr. 8. (76 S.) Berlin 871, C. Duncker. *

How to be happy though married, s. Collection of British Authors.

Die Gesellschaft zu Schiffleuten in Bern. Mit illum. Abbildung des Wappens der Gesellschaft. (Von Not. **Howald**.) 61 Stn. 8. Bern, Druck v. B. F. Haller. 1874

Howald, Carl, s. **Howald**, Karl

Howald, **Ernst**, aus Bern: Die Anfänge der literarischen Kritik bei den Griechen. Kirchhain N.-L. IV + 91 S. 8°. [29. X. 09.]
Zürich, Univ., Phil. Diss. 1 S. 1909/10

Howald, Ernst. Die Anfänge der literarischen Kritik bei den Griechen. Diss. Phil. I. Univ. Zürich. IV + 91 S. 8. Kirchhain N.-L., Max Schmersow, [1909].

Howald, E., Unters. zur Technik der euripideischen Tragödien. Hab. Schr. 1914. 75 S. 2.—

Howald, Eug. Ueber die Aethernarkose in der Geburtshülfe u. Gynäkologie. Diss. gr. 8. (16 S. m. 2 Tab.) Bern 890, (Körber). * — 40

Howald, E. Ueber die Aethernarkose in der Geburtshülfe und Gynäkologie. Mit 3 Tab. Gr. in-8°. 16 S. Bern [Huber & Co. (Hans Koerber)]. 1890 — 50

Howald, J(ohann). Erinnerungen an Herrn Pfr. Friedrich Gerber, Seminardirektor, † 3. Juli 1905. [Mit Porträt-Tafel.] 8.
In: 30. Jahresbericht des Evangelischen Seminars auf dem Muristalden bei Bern… 1905-1906. Bern, Buchdr. des Berner Tagblatt, 1906. S. 3—23.

Howald, J., Konrad Frauenfelder. Erfahrgn. u. Bewahrgn. aus seinem Leben. (IV, 145 S. m. 1 Bildnis u. eingedr. Bildnissen.) kl. 8. Zürich 910. Buchh. der evang. Gesellschaft. Geb. 1. 20

Howald, J[ohann]. Geschichte der deutschen Literatur. Von J. Howald (Bern). 1. bis 10. Tausend. [Mit Noten, Illustrationen und 102 Tafeln.] XIV + 906 S. 8. Konstanz [und Emmishofen], Carl Hirsch, (1903). [geb. M. 6. —]

Howald, Joh., Geschichte der deutschen Literatur. 1.—10. Taus. (XIII, 906 S. m. Abbildgn. u. Taf.) gr. 8. Konstanz (904). C. Hirsch. Geb. in Leinw. n. 10. —; in Halbfrz. n. 12. —; auf stärkerem Pap., geb. in Halbfrz. m. Goldschn. n. 16. —

Howald, J[ohann]. (Johann Wolfgang von) Goethe und (Friedrich) Schiller. Eine Monographie. Aus der Geschichte der deutschen Literatur, von J. Howald (Bern). [Mit vielen Illustr. und 15 Tafeln.] VI + 169 S. 8. Konstanz, Carl Hirsch, (1903). [M. 2. —]

Howald, J., siehe: *Schulblatt, Schweizer. evangel.*

Sonnenschein ins Herz hinein! Gedichte von Johann **Howald**. Bern: W. Kaiser 1894. (XII, 259 S.) 8° [F.] 107. 8700

Howald, Joh., Sonnenschein ins Herz hinein! Gedichte. 8. (XII, 257 S.) Bern 894. (Leipzig, K. F. Koehler's Sort.) n.n. 3. —

Howald, Johann. Sonnenschein ins Herz hinein. Gedichte. 2., durchgesehene und vermehrte Aufl. XVI + 282 S. 8. Konstanz, Carl Hirsch, (1905). [geb. M. 4. —]

Howald, K., siehe: *Gründungsfeier.*

[Howald, Carl Z.] Der Armbrustschütze auf dem Aarbergergassbrunnen. Den Wehrmännern des Vaterlandes geweiht. [Mit 2 Tafeln.] 8. Bern 1848.

Howald, C[arl] H [1834-1904]. Dr. Thuring Fricker's Aufzeichnungen über bernische Finanzen und Bauten. Mitgetheilt von K. H' [SA.] 8 [Bern 1877.]

Howald, Car Z. Theobald Baselwind († 1360). Leutpriester zu Bern. (Pro memoria!) Von K' H'.... Neujahrsgruss für das Jahr 1860. gewidmet vom Herausgeber den alten Stadtbernern.. und den drei Waldstatten .. 8 (Biel.)

Howald, Karl, Theobald Baselwind, Leutpriester zu Bern. Neujahrsgruß für das Jahr 1860. Biel 861. (Detloff.) 16. (30 S.) n. 8 ngr

Howald, C[arl] H. Beitrag zu einer topographischen Geschichte der Stadt Bern. (Die Staldencorrectionen...) [SA.] 8. [Bern 1872.]

[Howald, Carl Z] Berchtold V Herzog von Zahringen, der Erbauer Berns. Hrg. bei Anlass der Enthüllung seines ehernen Standbildes auf der Munsterterrasse [zu Bern] am 6 Mai 1847. Mit einer Abbildung [Tafel]. 8. Bern 1847.

Howald, C[arl] H. Das alte Bern. Commentar zu dem Stadtplan von 1583. 8. Bern 1872.

[Howald, Carl Z.] David und Goliath. Darstellungen und Vergleichungen aus der Geschichte und der in Bern befindlichen Denkmäler alter Zeit: dem Davidsbrunnen, Goliath (Christoffel), und der hl. Geistkirche, mit dem ... Kampfe des Berner-Volkes im Jahre .. 1850, wider den Lugen-Goliath unserer Tage (*Umschlag: Der Berner Ehrentag 25. März 1850) Mit Abbildungen [5 Tafeln. und illustriertem Umschlag]. 8. Bern 1851

[Howald, Carl Z, und Studer, Gottlieb.] Das Dominikaner-Kloster in Bern von 1269-1400. [Mit 1 Tafel.] Njbl. [Bern] 1857. 4. Bern.

Howald, Carl Z. Der Dudelsackpfeifer auf dem Storchenbrunnen in Bern, nebst einigen Mittheilungen über bernische Kulturzustände aus früherer Zeit. Aus dem handschriftlichen Nachlasse seines Vaters, Karl H'. gewes Pfarrers zu Sigriswyl, mitgetheilt von K' H'. [Mit 1 Tafel.] (SA.) 8. [Bern 1871.]

[Howald, Carl Z.] Der Gerechtigkeitsbrunnen zu Bern. 8. Bern. [1 Aufl. Mit 1 Tafel] 1845.
2 unveränderte Aufl Mit einer Abbildung [Tafel] 1845 (*Umschlag: 1847)

(**Howald, Carl H, und Sterchi, J[acob].) Karl Howald, gew. Pfarrer in Sigriswyl, 1796—1869 (von K' H', Sohn). — Karl Howald, gew. Kirchmeier in Bern, 1834—1904 (von J. St', Oberlehrer). [Mit Porträt-Tafel.] Sonderabdruck aus der »Sammlung bernischer Biographien«.... [Band 5, Liefg. 4.] II + 20 S. 8. (Bern, K. J. Wyss, 1904.)** N 7450[10]

[Howald, Carl Z.] Der Kindlemfresser auf dem Kornhausplatz. Mit einer Abbildung [Tafel]. 8. Bern 1847.

[Howald, Carl Z.] Der Laufer oder Stadt-Herold des alten Berns im 46ster Jahr des XIXten Jahrhunderts. Mit einer Abbildung [Tafel]. 8. Bern 1846.

[Howald, Carl Z.] Der Mosesbrunnen auf dem Kirchplatz. Mit einer Abbildung [Tafel]. 8. Bern 1847.

Howald, Karl. Ausgewählte Predigten aus dem Nachlasse von Karl Howald, gew. Pfarrer in Sigriswyl. 170 S. gr. 8. Bern, Huber & C. 2.50 1871

[Howald, Carl Z: 1796-1869.] Frau Anna (Seiler), ihr Standbild an der Marktgasse und die Stiftung des Inselspitals in Bern. Zum Gedachtniss an das Notjahr 1846/1847 (*Umschlag. Ehre den Frauen. Ein Angedenken.) [Mit 1 Vignette. 1 Tafel und illustriertem Umschlag.] 8. Bern 1847.

[Howald, Carl H.] Der Simsonbrunnen an der Kramgasse in Bern. Eine Erinnerung an die Zeiten der Burgunderkriege. [SA] 8. (Bern [1875].)

Howald, Carl Z. Standrede auf der Richtstatte bey der Enthauptung der Kindsmörderinn Anna Barbara Liechti, von Landswyl.... alt 34 Jahre. Gehalten den 26sten Brachmonat 1827 8. Bern.

Howald, Max, das primäre Carcinom d. Ductus hepaticus u. choledochus. Inaug.-Diss. gr. 8. (32 S. m. 1 Taf.) Bern 890. (Huber & Co.) n. — 60

Howald, Max. Das primäre Carcinom d. Ductus hepaticus u. choledochus. Diss. gr. 8. (32 S. m. 1 Taf.) Bern 890, (Körber). * — 60

Howald, Walther

Howald, W. Über Dimethylxanthone und Methyloxyxanthone. In-8°. 33 S. Bern. Diss. 1893

Kurze Geschäfts-Uebersicht bei Ablieferung der Maschine Nr. 250 den Freunden des Geschäftes v. Gebrüder [Bernhard und George] **Howaldt**. (Mit 2 photographischen Blättern.) Kiel. 1883. Nebst Verzeichniss der von Georg Howaldt auf der Kieler Schiffswerft zu Diedrichsdorf bei Kiel im Jahre 1883 und vom 1. Januar – 30. Juni 1884 erbauten und abgelieferten Dampfschiffe (Schiffe). ebd. 1884.
Bei: Rückblick auf die Thätigkeit der Kieler Schiffswerft v. [George Howaldt]. Kiel. 1883. 4°.

Rückblick auf die Thätigkeit der Kieler Schiffswerft bis zur Vollendung des hundertsten Schiffes den Freunden des Werks . . . gewidmet von dem Gründer und Leiter derselben [George **Howaldt**].
(Mit 2 photographischen Ansichten.) Kiel. 1883. 4°.

Howaldt, James [aus Kiel]: Ueber Vanadylverbindungen. **Bern 1904. 38 + 1 S. 8°.** [20. V. 03.]
Bern. Phil. Diss. 1903/1904.

Howaldt, James. Ueber Vanadylverbindungen. Diss. Phil. Bern. II + 39 S. 8. Bern, Neukomm & Zimmermann, 1904.

Howaldtswerke, (Schiffswerft, Kiel). 25 Jahre an der Swentine und der Kieler Föhrde. 1876—1901. [Mit Phot.] (Hannover: Roerts 1901.) 32 S. quer-8°

Howaldtswerke Kiel. Geschichte des Werkes. Berlin 1905.

Howalt, Rob., Tropfen. (61 S.) 8. Leipzig 909. Modernes Verlagsbureau. 1.50

Robert Howalt. Tropfen. Berlin-Leipzig: C. Wigand 1909. 61 S. 8°
[09. 14816]

Howanski, E., der Politiker. Gliederung des österreich. Herrenhauses, des Abgeordnetenhauses, des niederösterr. Landtages, des Wiener Gemeinderathes, sowie der Wiener Bezirks-Ausschüsse nach Parteien, Gruppen u. Wahlkörpern, sammt deren polit. Programmen. Auf Grund authent. Daten nach dem Stande vom 22. III. 1900 zusammengestellt. 12. (80, 5, 1, 8, 3, 7, 3, 4, 3, 20, 3, 6, 1, 4, 3, 3, 4, 18 u. 5 S.) Wien 900. B. Thiel. n. 1.70

(F) Der Politiker. Gliederung des österreichischen Herrenhauses, des Abgeordnetenhauses, des niederösterreichischen Landtages, des Wiener Gemeinderathes, sowie der Wiener Bezirks-Ausschüsse nach Parteien, Gruppen und Wahlkörpern, sammt deren politischen Programmen. Auf Grund authentischer Daten nach dem Stande vom 22. März 1900 zusammengestellt von E. Howanski. 7. Auflage. Wien. 1900. Thiel. 8°. 80, 5, 4, 7, 3, 20, 4, 3, 4, 18, 5 S. K 2.—

HOWANSKI, E.
(F) Der politische Verwaltungsdienst in Oesterreich. Dargestellt von E. Howanski. 7. Auflage (gekürzt und berichtigt.) Wien. 1899. Thiel. Gr.-8°. 92, 63, 66, 202, 230, 180, 162 S. Geb. fl. 5.—
Sieben Hefte in einem Band. Einige eingeschobene Seiten.

Howard, Blanche Willis. The open door, s. Collection of British authors.

—— and William Sharp. A fellowe and his wife, s.a.Collection of British authors.

A Fellowe and his wife. By Blanche Willis **Howard**, and William Sharp. Copyright ed. Leipzig: Tauchnitz 1892. 271 S. 8°
(Collection of British authors. Tauchnitz Ed. Vol. 2813.) [91. 7879]

Howard, B. W., Guenn, s.: Collection of British authors.

— Guenn, s.: Sternbanner-Serie.

Howard, B. W., aunt Serena, s.: Collection of british authors.

Howard, B. W., one Summer, s. Collection of British Authors.

Howard, Blanche Willis, Toni, die Kammerjungfer, s.a. Bibliothek, kleine.

Toni, die Kammerjungfer. Humoreske nach d. Amerikan. der Blanche Willis **Howard**. Frei übers. von Alice Salzbrunn. *Hamm i. W.: Breer & Thiemann [1900].* (128 S.) 8° [J.]
= Bibliothek, Kleine. No 51/52. [00. 11838]

Howard, B. W., Tony, the maid, and other stories, s. Collection of British Authors.

Howard, Burt Estes, das amerikanische Bürgerrecht, s.a.Abhandlungen, staats- u. völkerrechtliche. IV. 3.

Howard, Burt Estes: Das amerikanische Bürgerrecht. *Heidelberg 1903: (Pierer in Altenburg).* (VII, 155 S.) 8°
Heidelberg, Phil. Diss. v. 1903

Das amerikanische Bürgerrecht. Von Dr. Burt Estes **Howard**. *Leipzig: Duncker & Humblot 1904.* (IX, 155 S.) 8°
= Abhandlungen, Staats- u. völkerrechtliche. Bd 4, H. 3. [04. 1461]

Howard, E

Ardent Troughton der verunglückte Kaufmann. Aus dem Engl. von C. Richard. Bd 1-3.
Aachen, Leipzig: Mayer 1837. 8°

Howard, E., der olle Kommedore. Roman. Aus d. Engl. von C. Richard. 3 Bde. 8. Aachen 838. Mayer. (Brüssel, Mayer u. Sommerhausen.) 3 ℛ

Ebenezer **Howard**. Gartenstädte in Sicht [Garden cities of to-morrow]. Autor. Ausg. Mit 15 Illustr. (Ins Deutsche übertr. von Maria Wallroth-Unterilp, mit Geleitwort von Franz Oppenheimer u. Anh. von Bernhard Kampffmeyer: Zur Gartenstadtbewegung in Deutschland.) Jena: E. Diederichs 1907. (V, 223 S.) 8° [06. 14996]

Howard, Edward, Versuche und Bemerkungen über Stein- und Metallmassen, die zu verschiedenen Zeiten auf die Erde gefallen seyn sollen, und über die gediegnen Eisenmassen. (Aus den „Philos. Transact. of the Roy. Soc. of London" for 1802.) (Ann. der Physik, Bd. 13, St. 3, J. 1803, St. 3.) (S. 5310)

LONDON. — Die Mysterien der Büssersekte in London. Mit Titelbild versehene Ausgabe von *Helen Howard*. Privatdruck. OO.. (Budapest, Schneider) u. J. (c. 1907). (Mk. 2—.)

HOVVARD, Helen. Die Myfterien der fchwarzen Büßer-Sekte in London U. S. Luxemburg, Freier Buchverlag (um 1905). 8°.
Verb. d. Ldg. Leipzig 4 A. 345/07.

HOWARD, Helen, Sklavenwonnen; der Leidenschaft erlegen. Luxemburg (1906). 8°. 69 S. (2 Mk. Taussig, 1906.)

Howard, John

—s.a. Bemerkk. u. Anekdoten, d. Bastille betreffend.

Howard, John. Bemerkungen und Anekdoten, die Bastille betreffend; a. d. Engl. Berlin 1789. Ü: *Hartmann, Joh. David.* (MGT)

Howard, J., hist. Bemerkk. und Anekdoten d. Bastille betr. 8. Berlin, (Vieweg in Braunschweig.) 789.

— prakt. Bemerkk. über d. Geschichte u. Kur d. Lustseuche; aus d. Engl. v. Chr. Fr. Michaelis II. 3 Thle, mit Kpf. gr. 8. Leipz. 790—98. (Brockhaus). 1 ℛ 20 𝒦

— Bemerk. über d. Gesch. und Cur d. Lustseuche, a. dem Engl. v. Michaelis. 3 Thle. m. K. gr. 8. Lpz. Gleditsch 790-98. (1r 2r 1 Rthlr. 8 gr. 3r 12 gr.)

John Howard

John Howard's [Practical Observations on the natural history and cure of the venereal disease. Deutsch:] praktische Bemerkungen über die Lustseuche. Aus d. Engl. übers. von Christian Friedrich Michaelis [1727 - 1804]. Th. 1-3. Leipzig: Junius (3: Feind) 1789 - 98. 8°

Th.1: 1790.
Th.2: 1789.
Th.3: 1798.

Howard, John, über Gefängnisse u. Zuchthäuser; ein Auszug aus d. Engl., mit Anmerkk. v. Köster. 8. Leipz. 780. Weygand. 20 Ꝁ

– Dasselbe, s.a. Howard, William

Howard, John. Ueber Gefängnisse und Zuchthäuser. *Paris* 1793

Howard, J. Nachrichten von den vorzüglichsten Kranken- und Pesthäusern in Europa . . . Leipzig 1791. Ü: *Ludwig, Christian Friedrich.* (MGT) (AarF) (Ky) (EngM)

Howard, John: Nachrichten von den vorzüglichsten Krankenhäusern und Pesthäusern in Europa. Nebst einigen Beobachtungen über die Pest und fortgesezten Bemerkungen über Gefängnisse und Krankenhäuser. (An Account of the principal lazarettos in Europe; with various papers relative to the plague: together with further observations on some foreign prisons and hospitals... Dt.) (Übers.und hrsg.von Christian Friedrich Ludwig). 616 S., gbd., Abb.

Leipzig: Göschen 1791

JB 5.374

— prakt. System, auf d. Gefängnisse in Philadelphia angewandt; aus d. Engl. 8. Leipz. 797. Compt. f. Liter. 12 Ꝁ

Howard, John. Praktisches System, auf die Gefängnisse in Philadelphia angewandt. Aus dem Englischen. *Leipzig, Hilscher.* 1797

Visitation of England and Wales. Ed. by Joseph Jackson Howard, and Frederick Arthur Crisp. Vol. 1. *o. O. 1893: Privately printed.* 4°

Howard, Luke, on the modifications of clouds, s.a. Neudrucke v. Schriften u. Karten üb. Meteorologie u. Magnetismus.

Howard, Luke, On the Modifications of Clouds. London 1803. [Neudrucke von Schriften u. Karten über Meteorologie und Erdmagnetismus. Herausgegeben von Prof Dr G Hellmann No 3] Berlin 1894 (16995)

Howard, Nik., Beiträge zum Ausgleich zwischen alttestamentlicher Geschichtserzählung, Zeitrechnung und Prophetie einerseits und assyrischen nebst babylonischen Keilinschriften andrerseits. Dargeboten zu Nutz der Gemeinde des Herrn. gr. 8. (XXIX, 290 S.) Gotha 887, F. A. Perthes. *

Neue Berechnungen über die Chronologie des Alten Testaments und ihr Verhältnis zu der Altertumskunde. Von Nikolas **Howard**, Pastor in Ziegenrück. Mit e. Vorw von Eduard Rupprecht, Kirchenrat. Bonn: J Schergens 1904. (XIV, 412 S.) 8° [F.]

Howard, Nikolas, Grundriss f. d. Gesammtentwicklung d. Menschengeschlechts, wie sie im Lichte göttl. Offenbarungen sich darst. u. bezeugt wird durch d. Geschichte. 3. Aufl., 4. u. 5. Taus, erschein. z. Erinnerg. daran, dass der 1. I. 1897 d. Eintritt d. 20sten Jahrhunderts nach d. wirkl. Zeitpunkt d. Geburt Christi bezeichnet. gr. 8. (8 S.) Ziegenrück 896 u. 97. (Frankfurt a/M, Schergens.) n. — 15; m. 1 Blättchen Ergänzgn. n. — 20; auf starkem Pap. n. — 30

Howard, Niklas, das Leben Jesu, des Menschensohnes auf Erden. In einer [gemäß der Zeitfolge geordneten] Evangelien-Harmonie dargestellt. gr. 8. (VI, 202 S.) Bautzen 868, (Rühl.) *

—— Zeittafeln zur Geschichte der Menschheit. Aus dem reichsgeschichtl. Standpunkt angeordnet und mit zusammenfass. Andeutungen über den Gang der Geschichte versehen. gr. 8. (198 S.) Gnadau 869. (Barmen, Buchh. der evangelischen Gesellschaft.) *

· Zeittafeln zur Geschichte der Menschheit. Aus dem reichsgeschichtl. Standpunkt angeordnet u. mit zusammenfass. Andeutgn. über den Gang der Geschichte versehen. Gnadau 869. (Barmen, Klein.) gr. 8. (198 S.) n. 20 ngr.

Philip Howard

Geschichte der Erde und des Menschengeschlechtes nach der Bibel, verglichen mit den Kosmogonien, Chronologien und Volkssagen älterer Zeiten, nebst einem und dem andern neuern Systeme, in mehren Briefen...von Philip Howard. ...aus dem Engl. ins Deutsche übers. von Joachim Friedrich Lehzen. Hannover: Hahn 1799. 392 S. 8°

Howard, R. S., Predigt zum Gedächtniß des Herrn Pastor Joh. Heinr. Blaß gehalten am 23. Septbr. 1866 in der reform. Kirche zu Leipzig. gr. 8. (14 S.) Leipzig 866, Hirzel.

Howard, S. R., das heil. Abendmahl. Vorbereitungsreden. 8. (VII und 183 S.) Leipzig 849, Weidmann'sche Buchh. –

Howard, S. R., das heil. Abendmahl. Vorbereitungsreden. 8. (VIII u. 183 S.) Leipzig 850, Weidmann. In Engl. Einb. m. Goldschn. 3/4 ß

Howard, S. R., Predigten. gr. 8. (23 1/8 B.) Leipzig 846, Weidmann'sche Buchh.

Howard, S. R., Predigten. 2 Bde. gr. 8. (VI, 330; IV, 338 S.) Leipzig 868, Brauns. *

Howard, S. R., Predigten. gr. 8. (IV, 304 S.) Leipzig 885, Hirzel. *ℳ 5.—; geb. **

Howard, Waldo, der Irrthum einer Lebenszeit oder der Räuber des Rheinthales. Eine Geschichte von den Geheimnissen der Küste und den Abenteuern zur See. Aus dem Engl. ins Deutsche übertr. durch J. F. Wisnewsky. 1. Lfg. 8. (S. 1—80.) Cincinnati 850. (Philadelphia, E. Schäfer.) *

Howard, Walter L., a. Columbia, Missouri, U. S. A.: Untersuchung über die Winterruheperiode der Pflanzen. Halle a. S. 1906: C. A. Kaemmerer & Co. (111 S.) 8°
Halle, Phil. Fak., Ref. Klebs, Diss. v. 19. Sept. 1906
[Geb. 12. Mai 72 Springfield, Missouri, Ver. St.; Wohnort: Halle a. S.; Staatsangeh.: Vereinigte Staaten; Vorbildung: Bach. a. Master of Science Univ. Missouri 03; Studium: Columbia 3, Missouri 16, Leipzig 1, Halle 2 S.; Rig. 4. Aug. 06.]

Howard, Wilhelm Hermann

Howard. W. H., landwirtschaftliche Buchführung m. vollständigem ganzjährigem Ausführungsbeispiel, Unterlagen u. Abschluß aus der Praxis. Zum Selbststudium. 2 Bde. (X, 123 S. u. 323 autogr. S.) Lex.-8. Leipzig 903. Berlin, R. C. Schmidt & Co. n. 12 —; geb. in Leinw. n. 14 —

Ⓑ **Howard, W. H.,** landwirtschaftl. Buchführung. 903. Jetzt: Hannover, M. & H. Schaper.

[F.] Freiherr von der Goltz und Graf zur Lippe und deren Ermittelung von Productionskosten und Reinertrag im landwirthschaftlichen Betriebe v. Dr. (H[ermann]) Howard, a. o. Prof. an d. Univ. Leipzig. *Schöneberg Berlin: F. Telge [1891].* (31 S.) 1 Bd 8. [92. 5311]

Howard, W. H., die Produktionskosten unserer wichtigsten Feldfrüchte. Auf Grund der Ergebnisse v. 140 Wirtschaften während der letzten 3 bis 5 Jahre bearb. Hrsg. vom Buchführungs-Interessenten-Verein zu Leipzig. 1. u. 2. Aufl. gr. 8. (à 84 S.) Berlin 901. 902. P. Parey. n. 1. 50

Die Produktionskosten unserer wichtigsten Feldfrüchte. Auf Grund d. Ergebnisse von 140 Wirtschaften während d. letzten 3 bis 5 Jahre, bearb. von Dr. phil. W[ilhelm] H[ermann] **Howard**, Prof. Hrsg. v. Buchführungs-Interessenten-Ver. zu Leipzig. 3. Aufl. Berlin: P. Parey 1908. (84 S.) 8° [08. 3320]

— Produktionskostenrechnung u. Ertragsermittelung. Vortrag, geh. in d. ökonom. Gesellschaft im Königr. Sachsen zu Dresden am 4. III. 1910. (16 S.) gr. 8. Leipzig 910. Fritzsche & Schmidt. — 60

Howard, Herm., landwirthschaftliche Rentabilitäts-Berechnungen m. Rücksicht auf Brauchbarkeit doppelter Buchhaltung in der Landwirthschaft. gr. 8. (80 S.) Leipzig 873 Breitkopf & Härtel. 2. —

Howard, W. H., Vorlagen zur landwirthschaftlichen Buchführung. 1. Aufl. (38 S.) 1877; 2. verm. und verb. Aufl. Fol. (55 S.) Leipzig 878, Hungar. geb. * 10 —

Howard, W. H., Vorlagen zu landwirthschaftlicher Buchführung. 3. verm. und verb. Aufl. Wohlf. Ausg. Fol. (55 S.) Leipzig 883, Hungar. cart.

-- Vorlagen zu landwirthschaftl. Buchführg. 4., verm. u. verb. Aufl. hoch 4. (68 S.) Leipzig 892. P. Hungar. n. 4. —

Howard, Herm., die Währungsfrage. Wie gelangt man zu e. Urteil? gr. 8. (24 S.) Leipzig 894. C. L. Hirschfeld. n. — 50

— was vermag e. gute Buchführung d. Landwirthe zu lehren? [Aus: „Fühling's landwirthschaftl. Zeitg."] gr. 8. (37 S.) Leipzig 898. H. Voigt. n. — 80

Howard, Dr. Herm. Wie hat sich der Landwirt zur progressiven Einkommensteuer zu verhalten? gr. 8°. Leipzig, Duncker u. Humblot, 1889.

Howard, Will. Ueber Gefängnisse u. Zuchthäuser. Ein Auszug aus dem Engl. von Gottl. Ludolf Wilh. Köster. Leipzig 1780. 8.

– Dasselbe, s.a. Howard, John

HOWARD William. Revision des peinlichen Gesetzbuches Leopold II. Wien 1790.

HOWARD, WILLIAM CREWDSON. Ueber Thebaïn. Marburg, 1885.

Howard-Douglas,
— — Versuch über Grundsätze und Erbauung von Kriegsbrücken und Flussübergänge im Felde. 8. Stuttgart 1828.

Howard-Howe, W., an introductory course of English Reading, with remarks for the use of Germans. 8. (8 B.) Frankfort o. M. 831, Fr. Wilmans.

—— *Gems of Fiction*, s. Gems.

Howards, George, ideale Körpergestalt, höchste Muskelkraft u. wie man sie erlangt, ohne die geringsten Ausgaben f. Geräte usw. zu haben. (45 S. m. 44 Abb.) 8. Leipzig (910). F. W. Gloeckner & Co. 1. —

Howardy, G., Clavis cuneorum sive lexicon signorum assyriorum, linguis latina, britannica, germanica sumptibus instituti Carlsbergici Hauniensis compositum. (In etwa 4 Lfgn.) Pars I. (97 S.) gr. 8. Hauniae 904. Leipzig, A. Harrassowitz. n.n. 5. —

Howardy, G., clavis cuneorum sive lexicon signorum assyriorum, linguis latina, britannica, germanica sumptibus instituti Carlsbergici Hauniensis compositum. Pars. II. (S. 97—177.) gr. 8. Hauniae 907. Leipzig, O. Harrassowitz. nn 5. —
Pars I. Ebd. 904. nn 5. —.

Howath, Gust., Schlüssel zur schnellen und genauen Berechnung der auf den Steuergulden entfallenden Landes-, Bezirks-, Gemeinde- und sonstigen Kosten. Zusammengestellt für k. k. Aemter, Landes-, Bezirks- und Gemeindevertretungen, Anstalten &c. gr. 16. (IV, 101 S.) Leoben 875, (Prost.) * 1 32

Pilgerreise zur seligen Ewigkeit. Neue Folge. John Bunyans berühmtes Werk [The pilgrim's progress] f. unsere Zeit dargest. von Rev. J[ames] Reid **Howatt** (Bunyans folk of to-day). Autor. Übers. von E. Roller. Mit Bild. u. Buchschmuck von Eugen Bahus. Barmen: Wuppertaler Traktat-Gesellsch. [1906]. (202 S.) 8° [F.] [07. 11045]

Howe, Allen B. [Troy, N. Y.]: On the ethocrotonic acid and the mono- and dibromdiethacetic acids. Troy, N. Y., Wm. H. Young, 1879. 8. 44 S.

Howe, C., Zusammenstellung von Erd-Transport-Preis-Tabellen, wie sie bei den Neu- und Erweiterungs-Bauten verschiedener Bahnen in jüngerer Zeit [1865 bis Ende 1877] zur Anwendung gelangt sind, unter zu Grundelegung des Meter-Maasses und der Mark-Währung. Hierzu 5 Anlagen. Nach amtl. Quellen bearb. gr. 8. (23 S.) Berlin 878, (Polytechnische Buchh.) * 2 —

Howe, C., Zusammenstellung von Erd-Transport-Preis-Tabellen, wie sie bei den Neu- u. Erweiterungsbauten verschiedener Bahnen in jüngerer Zeit [1865 bis Ende 1877] zur Anwendung gelangt sind, unter zu Grundelegung des Meter-Maasses u. der Mark-Währung. Hierzu 5 Anlagen. Nach amtlichen Quellen bearb. gr. 8. (32 S. m. 1 Tabelle u. 1 Steintaf.) Berlin 878. (Mittler & Sohn.) n. 2. —

Howe, F. W., die Rentenbriefe des preussischen Staates, ihr gegenwärtiger und künftiger Werth, ihre Tilgung und Vergleichung mit den wichtigsten europäischen Prämien-Anleihen, nebst Anhang, betr. die Eichsfelder und Paderborner Tilgungs-Kasse. Lex.-8. (68 S.) Berlin 871, Mittler und Sohn. (*ℳ 1,50.) *

Howe, F. W., der gegenwärtige u. zukünftige Werth der wichtigsten europäischen Prämien-Anleihen. 1. u. 2. Thl. Berlin 867. Mittler & Sohn. Lex.-8. Jeder Thl. n. 24 sgr.
1. Deutsche verzinsl. u. unverzinsl. Prämien-Anleihen. (80 S.)
2. Verzinsliche u. unverzinsl. Prämien-Anleihen europäischer Staaten excl. Deutschland. (92 S.)

— der gegenwärtige u. zukünftige Werth der wichtigsten europäischen Prämien-Anleihen. 3. Thl. Lex.-8 Ebend. 870. n. 5. 40 (1—3.: n. 10. 20
Verzinsliche u. unverzinsliche Prämien-Anleihen grösserer europäischer Städte u. Gesellschaften. (110 S. m. 61 Tab

—— der gegenwartige und zukünftige Werth der wichtigsten europäischen Prämien-Anleihen. 3 Thle. Lex.-8. Berlin, Mittler und Sohn. *

Inhalt:

Thl. 1. Deutsche verzinsl. und unverzinsl. Prämien-Anleihen. (86 S.) 870. *.*ℳ* 2,40.

» 2. Verzinsliche und unverzinsl. Prämien-Anleihen europäischer Staaten, excl. Deutschland. (92 S.) 870. *.*ℳ* 2,40.

» 3. Verzinsliche und unverzinsl. Prämien-Anleihen grösserer europäischer Städte und Gesellschaften. (110 S. mit 61 Tab.) 871. *.*ℳ* 5,40.

Howe, *Friedrich August Georg* Über den vermeintlichen Wechsel in Schillers Ansicht vom Verhältnis des Ästhetischen zum Sittlichen 4 (31 S) **Progr.** Kprg *Dirschau* 1886 (17)

Howe, G., Leitfaden der Kunstgeschichte, s.: **Buchner.**

Howe, Georgius, Americanus Carolinensis: **Fasti sacerdotum P. R. publicorum aetatis imperatoriae.** P. 1. *Halis Sax. 1903: (B. G. Teubner, Lipsiae).* (29 S.) 8°
Halle, Phil. Diss. v. 1903

Fasti sacerdotum P. R. publicorum aetatis imperatoriae scripsit Georgius **Howe.** *Lipsiae: B. G. Teubner 1904.* (90 S.) 8° [04. 1415]

Howe, Gustav [pr. Arzt aus Zadelow in Pomm.]: Beitrag zur Casuistik der kryptogenetischen Septikopyämie ... Jena, G. Neuenhahn Univ.-Buchdr., 1893; 45 S. 8.
Jena, Med. Fak., Inaug.-Diss. v. [14. Sept.] 1893

Howe, H. E., die beiden Urkräfte der Natur. Ein Beitrag zur Physik und Astronomie. gr. 8. (98 S.) Lübeck 876, Seelig's Buchh. * 1 60

Howe, H. M: A systematic nomenclature for minerals. Boston 1883

Howe, Jas. Lewis. Ueber die Aethylderivate des Anhydrobenzdiamidobenzols und über ein Nitril desselben. Göttingen, 1882.

Howe, J. Lewis, über die Aethylderivate des Anhydrobenzdiamidobenzols und über ein Nitril desselben. Inaugural-Dissertation. gr. 8. (31 S.) Göttingen 882, (Vandenhoeck und Ruprecht's Verlag.) *

Howe J W, sex and education. A reply tho Clarke's „Sex in education" Boston 1874

Howe, S. G., über das Gemeinschafts- und Vereinzelungssystem in der Gefängnißdisciplin. Bericht an die Gesellschaft für Gefängnißdisciplin zu Boston. Aus dem Engl. von K. A. Diez. gr. 8. (XIV und 98 S.) Karlsruhe 847, Groos.

Howe, W., s **Boileau** a Key to the German Language.

Siemens & Halske (Berlin). Ein Rückblick am Tage des 50jähr. Bestehens der Firma. Von W. Howe. — Berlin: Springer 1897. 33 S. 8° Aus: Elektrotechn. Zeitschrift. Jg. 18. 1897. 1. 38 A.

Howe, Willy [aus Frankfurt a. O.]: Die Rotations-Flächen welche bei vorgeschriebener Flächengrösse ein möglichst grosses oder kleines Volumen enthalten .... Berlin, Carl Koepsel's Buchdr. (1887); 24 S. + 1 Bl. u. 1 Taf. 4°.
Berlin, Phil. Fak., Inaug.-Diss. v. 18. Aug. 1887.

Howe-Breitschet, Martha, das Wesen des wahren Judentums, des Semitismus od. Sozialismus. Zur Klärg. der Geister des Bibel- u. Babel-Streites. Bedeutungsvoller Faktor zur Frauenfrage. (16 S.) gr. 8. Wandsbek (Langereihe 53). 903. Selbstverlag. n. — 40

Howel, Thomas: Tagebuch seiner Reise von Indien durch Mesopotamien, Armenien und Natolien oder Kleinasien nach England. [A. d. Englischen: A journal of the passage from India London. Uebersetzt von J. G. Forster.]
in: Neue Beiträge zur Völker- und Länderkunde. Th. 3. S. 3—58; Th. 5. S. 109—172. Leipzig 1790 u. 1791. 8°. [A 7326

Ver. Danziger Künstler in d. Peinkammer. Verzeichnis der Bilder und Skizzen aus den Jahren 1806–1813, darstellend Kriegserlebnisse in Danzig, nach Augenzeugnis gemalt u. gezeichnet von Karl v. Höwel. Ausgestellt in d. Peinkammer ... 1909. (Vorr.: Friedrich Dietert-Dembowski.) Danzig (1909): Bäcker. 24 S. 8°
[Umschlagt:] Karl v. Höwel. Kriegserlebnisse e. Danzigers aus d. J. 1806–1813 in Skizzen u. Bildern.

Howell, C. R., Jesus Alles u. in Allen. Mit einem Vorwort v. Sam. Martin. Autoris. Uebersetzung der 4. Aufl. d. engl. Orig. v. Hansen. 8. (VIII, 176 S.) Breklum 882. Christl. Buchh. cart. n. 1. —

— der **Omnibus.** Ein Buch für Alle. Autoris. Uebersetzung von H. Hansen. 8. (IV, 40 S.) Ebend. 882. n. — 60

Howell, Frederick John. Zur Kenntniss der Phen-α-Methyl-β-Alkylmiazine. (Bern) Zürich, 1893

Howell, G.

Howell, the conflicts of capital and labour, deutsche Bearbeitg., s.: **Hugo, C.**, d. engl. Gewerkvereins-Bewegung.

Howell, G., 1. Die englische Gewerkvereins-Bewegung. Deutsch von C. Hugo. 8°. Stuttgart 1897.

Howell, W., deutsch-englisch, s.: **Seidel's** kaufmännische Sprachführer. II.

Howells, George, Jesus College, Oxford: The Bhagavad Gita and the New Testament. The Internal Relations of their Fundamental Doctrines. Cuttack 1907: Orissa Mission Press. (58 S.) 8°
Tübingen, Phil. Fak., Ref. Garbe, Diss. v. 18. Jan. 1908
[Geb. 11. Mai 71 Crom (Wales); Wohnort: Serampore (Bengalen); Staatsangeh.: England; Vorbildung: Regent's Park College London Reife 89; Studium: London, Oxford, Cambridge, zus. 16, Tübingen 3 S.; Coll. 10. Jan. 07.]

Howells, Vincent Allen, aus New-York (U. S. A.): Ueber **as-Jodoso-** und Jodiniumverbindungen aus m-Xylol. *Freiburg i. B. 1899: Ch. Lehmann's Nachf.* (42 S.) 8°
Freiburg i. B., Phil. Diss. v. 1899

Howells, William Dean: A chance acquaintance, s. Collection of British authors.

— **Dean,** Bühnenspiel ohne Coulissen. Roman. Deutsch von **Heichen-Abenheim.** 8. (443 S.) Berlin 878. Abenheim. n. 3. —

Howells, Will. Dean, Bühnenspiel ohne Coulissen. Roman. Deutsch von Heichen-Abenheim. 8. (443 S.) Stuttgart 878, Abenheim'sche Verlagsb. *

Howells, W. D., Tuscan cities, s.: **Library,** the English.

Howells, W. D., a foregone conclusion, s.: Collection of british authors.

– The undiscovered country, s. Collection of British authors.

Howells, W. D., Miss Bellard's inspiration, s.a.Collection of British authors.

Miss Bellard's Inspiration. A novel. By W[illiam] D[ean] **Howells.** Copyright ed. Leipzig: Tauchnitz 1905. 263 S. 8°
(Collection of British authors. Tauchnitz Ed. Vol. 3830.)

—— a modern Instance, s. Collection of British Authors.

– Their wedding journey, s. Collection of British authors.

– Italian journeys, s. Collection of British authors.

— the Lady of the Aroostook, s.: Collection of british authors.

– Venetian life, s. Collection of British authors.

Howells, William D., a pair of patient lovers, s.: Collection of British authors.

A Pair of patient lovers. By William D[ean] **Howells.** Copyright ed. Leipzig: Tauchnitz 1901. 286 S. 8°
(Collection of British authors. Tauchnitz Ed. Vol. 3534.)

Howells, William Dean, Pflichtgefühl, s.: Engelhorn's Romanbibliothek.

– Dr. Breen's practice, s. Collection of British authors.

– A women's reason, s. Collection of British authors.

– A fearful responsibility and Tonelli's marriage, s. Collection of British authors.

Howells, W. D., the rise of Silas Lapham, s. Collection of British Authors.

– the shadow of a dream, s.: Library the English.

Howells, W. D., voreilige Schlüsse, s.: Roman-Bibliothek, transatlantische.

Hower, Heinr., aus der Welt des Wassertropfens, s.: Jugend- u. Volksbibliothek, naturwissenschaftliche. 26. Bdchn.

—— voreilige Schlüsse, s. Roman-Bibliothek, transatlantische.

Lieder zum heiligen Wendelinus 4stimmig f. gemischten u. Männerchor von [Jak.] **Hower**, Pfarrer. *Trier: Paulinus-Dr. [1899].* (14 S.) 8° [J.]

Hower, J., H. Laven u. J. W. Weber. Katechetische Skizzen im Anschluß an den neuen kathol. Katechismus f. die Diözesen Breslau, Köln, Münster u. Trier. 2 Tle. 8. Trier, Paulinus-Druckerei. [1. Tl. (IV, 254 S.) 889. * 1 80; 2. Tl. (IV, 140 S.) 891. * 1 —.] * 2 80

Hower, J., H. Laven, J. W. Weber, katechetische Skizzen im Anschluß an den neuen katholischen Katechismus f. die Diözesen Breslau, Köln, Münster u. Trier. 2. Tl. 8. (IV, 140 S.) Trier 891. Paulinus-Druckerei. n. 1. —
(1 u. 2.: n. 2. 80)

Hower, J., H. Laven, J. W. Weber, katechetische Skizzen im Anschluß an d. neuen kathol. Katechismus für die Diözesen Breslau, Köln, Münster u. Trier. 3. (Schluß-)Tl. 8. (III, 169 S.) Trier 897. Paulinus-Druckerei. n. 1. 50 (kplt.: n. 4. 30)

Katechetische Skizzen im Anschl. an d. neuen kath. Katechismus f. d. Diözesen Breslau, Köln, Münster u. Trier. Hrsg. von d. Pfarrern J[akob] **Hower**, H[ermann] Laven, J[osef] W[ilhelm] Weber. 2., umgearb. Aufl. T. 1. *Trier: Paulinus-Dr. 1900.* 8° [J.]

Hower, J. A., katechetische Skizzen im Anschluß an den neuen katholischen Katechismus f. die Diözesen Breslau, Köln, Münster u. Trier. II. Tl. 2. Aufl. erweitert u. umgearb. (IV, 244 S.) gr. 8. Trier 903. Paulinus-Druckerei. n. 2. —

Höwig, Julius: Zur Tilgung der Staatsanleihen ... Karlsruhe, Druck d. G. Braun'schen Hofbuchdr., 1897; 2 Bl., 60 S., 1 Bl. 8.
Heidelberg, Phil. Fak., Inaug.-Diss. v. [20. Juni] 1897

Höwig, J. Zur Tilgung der Staatsanleihe. 8°. Karlsruhe 1897.

Howilli, B., ut Wilmken Ossenswidt's Saldotenliewen. 2. Aufl. gr. 8. (24 S.) Minden 883, Bruns' Verlag. *

Howison, John Skizzen v Ober-Canada in häuslicher, örtlicher u volkstümlicher Hinsicht . u Ruckerinngen an die VSA Jena, 1822.

Howison, John, Skizzen von Ober-Canada, in häusl., örtl. u. volksthümlicher Hinsicht rc. Aus d. Engl. gr. 8. Jena 823. Bran. 1 ₰

Howitt, Margaret, Friedrich Overbeck. Sein Leben und Schaffen. Nach seinen Briefen und andern Documenten des handschriftl. Nachlasses geschildert. Hrsg. von Frz. Binder. 2 Bde. 8. (XV, 562; VII, 451 S. mit 2 Bildnissen Overbecks, 1 Facs. und 7 Stichen.) Freiburg i. Br. 886, Herder'sche Verlagsh.
à Bd. * M 6.—. * 12 —
geb. à Bd. * M 8.—. * 16 —

Howitt, Mary

Howitt, Arbeit u. Lohn oder Leben im Dienst, s. Schilderungen aus dem Engl. Familienleben.

Howitt, Mary, der standhafte Gabriel. Eine Erzählung für die Jugend. Aus dem Engl. von J. Walburg. 16. (215 S. mit 2 Stnt., wovon 1 ill.) Berlin 855, Besser'sche Vrlgsh.

Howitt, Mary, wenig Geld, viel Sorge oder wie die Armen leben, s. Schilderungen aus dem Engl. Familienleben.

Howitt, M., Wenig Geld, viel Sorge, oder wie die Armen leben, übersetzt von J. Gambihler. 8°. Nürnberg 1845.

Howitt, William, Abenteuer in den Wildnissen von Australien. Aus dem Engl. von H. Sebald. 8. (X und 358 S. mit 1 Holzschnt.) Berlin 855(56,) Janke.

Howitt, William, Abenteuer in den Wildnissen von Australien. Aus dem Engl. von H. Sebald. Berlin 856. Janke. 16. (X, 358 S. u. 1 Holzschn.) 15 ngr.; mit 5 Holzschn. 22½ ngr.

Howitt, autumnal excursions through the Odenwald, s. Titmarsh.

Howitt, Will., the rural and domestic life of Germany. 18. (12 B.) Frankfort o. M. 843, Jugel. *

—— australischer Robinson. Erzählungen eines Knaben aus den Wildnissen Australiens. 2., illustr. Weihnachts-Ausg. gr. 16. (X und 358 S. mit 6 Stnt.) Berlin 856(57,) Janke. –

— Australischer Robinson. Erzählungen eines Knaben aus den Wildnissen Australiens. 2. reich illustr. Weihnachts-Ausg. Berlin 857. Janke. 16. (X, 358 S. u. 6 Lithogr.) 22½ ngr.

Howitt, William. Visits to remarkable places. Für den Schulgebrauch hrsg. v. Heinr. Hoffmann. (156 S. m. 8 Abbildgn. u 2 Karten) 8. Leipzig 905. G. Freytag. — Wien, F. Tempsky. Geb. n. 1.50

HOWITZ, HANS. Beiträge zur Kenntniss der Alkylaniline sowie über Einwirkung von Natrium und Natrium-Propylbromid auf p- Bromdimethylanilin in ätherischer Lösung. (Freiburg im Breisgau) Freiburg in Baden, 1884.

Howitz Hans [pract. Arzt aus Pommern]: Über Enchondrome mit besonderer Berücksichtigung eines Falles von Enchondroma humeri .... Greifswald, Druck v. Carl Sell, 1886; 27+1 S.+1 Bl. 8°. Greifswald, Med. Fak., Inaug.-Diss. v. 14. Dez. 1886.

Howitz, Hans, über Enchondrome mit besonderer Berücksichtigung eines Falles von Enchondroma humeri. Diss. Greifswald 1886, Jul. Bindewald. 8°. 27 S.

Howitz, warum leiden unsere Frauen? Beitrag zu e. Gesundheitslehre f. Frauen. Autoris. Uebersetzg. aus dem Dän. gr. 8. (VII, 47 S. m. 6 Fig.) Dresden 893. Druckerei Glöß. n. 1. —

HOWITZ, J. C. G.
Anleitung für Gasconsumenten. Uebersetzt von F. P. Willien. Flensburg, 1860. 8vo.

Howland, Leroy A[lbert]: Anwendung binarer Invarianten zur Bestimmung der Wendetangenten einer Kurve dritter Ordnung. Munchen 1908: Straub. 64 S. 8°
Munchen, Phil. Diss. v. 6. Juli 1908, Ref. Lindemann
[Geb. 6. Juli 79 Acushnet, Vorort von New Bedford, Mass., Wohnort: New Bedford, Staatsangeh: Vereinigte Staaten, Vorbildung: Wesleyan Coll. Middletown B. A. Juni 00, St. 1900 Havard Univ. 4, Munchen 4 S.; Rig. 6. Juli 08.] [U 09 3468

Howorka, C., Erläuterungen u. Vorschläge zu den im Zuge befindlichen Gewerbereformen. 8°. Wien 1892.

Howorka W.: Die Fische und Fischereiverhältnisse des Egergebietes. 40. Kaaden 88
Progr.

Howorth, Henry H., das Mammut u. die Flut. Nach dem Engl. „The Mammoth and the flood" bearb. v. E. A. Ehemann. gr. 8. (VIII, 200 S.) London 893. A. Siegle. n. 4. 50

Ховра (Howra) [Golowin], s. Благонамѣренный.

Bibel, der echte Kommentar der Bibel. Erwiderung an Herrn Prof. Delitzsch von Michel **Howscha**, Rabbiner. Königsberg i. Pr.: Ostpr. Dr. & Verlagsanst. 1905. (78 S.) 8° [05. 10530 10

Howship, John. Praktische Bemerkungen über die Krankheiten der Harnwerkzeuge ... A. d. Engl. Pest 1819. Ü: *Kilian, Herm. Frdr.* (Ky).

Howship, John: Practische Bemerkungen über die Krankheiten der Harnwerkzeuge, vorzüglich über die der Blase, Vorsteherdrüse und Harnröhre. (Practical Observations on the diseases of the urinary organs... Dt.) 132 S., gbd., 4 Taf.

Leipzig: Hartleben 1819

JB 3.764

Howship, J., praktische Bemerkungen über die Krankheiten der Harnwerkzeuge, vorzüglich über die der Blase, Vorsteherdrüse und Harnröhre. Aus dem Engl. (von H. F. Kilian.) Mit 4 Kpf. gr. 8. Pesth, Hartleben. 819.

— prakt. Bemerkk. üb. d. Zufälle, d. Erkenntniß u. d. Behandlung e. d. wicht. Krankheiten d. untern Gedärme u. d. Afters. A. d. Engl. übers. u. mit Anmerkk. v. E. Wolf. gr. 8. Frankf. a. M. 824, Guilhaumann.

Howship, (J.) Beobachtt. üb. d. gesunden u. krankhaften Bau d. Knochen, u. Versuch, d. Krankheiten derselben zu ordnen. Aus d. Engl. v. C. Cerrutti. Mit 14 lithogr. Abbild. gr. 8. Leipz. 822, Mag. f. Ind.

Howship, John: Beobachtungen über den gesunden und krankhaften Bau der Knochen und Versuch die Krankheiten derselben zu ordnen. Mit 14 lithogr. Abb. Aus d. Engl. von Ludwig Cerutti. Leipzig [1823]. IV, 142 S.

— prakt. Beobachtt. aus d. Wundarzneikunst u. Krankheitszergliederungskunde, durch Krankenfälle erklärt, nebst Zergliederungsberichten u. Zeichnungen; übers. v. J. E. F. Schulze. Mit 8 Kpf. gr. 8. Halberst. 819. (Vogler in Potsdam). 2 rthl 16 gr

Howship, J., prakt. Beobachtungen aus der Wundarzneikunst und Krankheitszergliederungskunde, durch Krankenfälle erklärt ic. Aus d. Engl. übersetzt von Schulze. Mit 8 Kpfrn. gr. 8. Halberstadt 819, jetzt G. Vetter in Berlin. 2⅔ rthl

Howwjanz, Simon: Über die Anwendung der Hydroxylkohlensäurereaktion. Rötha b. Leipzig 1909: Apitz. 84 S. 8°
Leipzig, Phil. Diss. v. 5. Juli 1909, Ref. Beckmann, Hantzsch
[Geb. 15. Jan a. S. 69 Ardwi, Russ. Armenien, Wohnort: Leipzig; Staatsangeh.: Rußland, Vorbildung: Akad. Etschmiadsin Dipl. 90; Studium: Halle 5, Leipzig 8 S.; Rig. 29. April 09.] [U 09 2987

v. Hoxar, A., s. Andacht zum Herzen Jesu. — Brokmann, J. H., Pastoralanweisung. — Darup, Fr., Handpostille.

Hoxar, A. v., seid Thäter d. Wortes, u. nicht bloß Hörer. Jak. I, 22. — Predigten üb. verschied. Gegenstände z. Beförder. e. christl. Sinnes u. Wandels d. Gläubigen. Größtenth. geh. in d. kathol. Kirche zu Duisburg u. zunächst z. frommen Andenken f. seine früh. Zuhörer hrsg. (Im Anh.: Predigt üb. d. Missionen nebst d. Statuten d. Missions-Vereins.) gr. 8. (11½ B.) Münster 841, Deiters. Thlr.

Hoxar. Gertr. v., s.: **Bücherei**, deutsche.

Im Garten des Todes. Die Blutbuche. Krähenstein. Der Geiger im See. Die Kreuzspinne. 5 Märchen f. Jung u. Alt. Von Gertrud v. **Hoxar.** Berlin: H. Neelmeyer [1905]. (130 S.) 8° [J.]
= **Bücherei,** Deutsche. Bd 34. [06. 6074

[J.] Prinzess **Grete**. Geschichten a. d. Tanzstunde v. Gertrud Freifrau v. **Hoxar.** (*Wesel: W. Dums [1897].*) (200 S.) 1 Bd 8. [97 4595

Hoxar, Gertr. Freifrau v., Prinzeß Grete. Geschichten aus der Tanzstunde. Mit (4) Tonbildern v. M. Barascudts. (200 S.) 8. Wesel (910). W. Düms. Geb. in Leinw. 2. 25

Irrlichter. Die Kastanie. Auf d. Meereswiese. Sonnenvogel. Die Zwergenburg. 5 neue Märchen f. Jung u. Alt. Von Gertrud v. Hoxar. Berlin: H. Neelmeyer [1905]. (126 S.) 8° [J.]
-- Bücherei, Deutsche. Bd 35.

Mit dem Winde. Der Bergsee. 2 Märchen f. Jung u. Alt. Von Gertrud v. Hoxar. Berlin: H. Neelmeyer [1905]. (105 S.) 8° [J.]
-- Bücherei, Deutsche. Bd 33.

Hoxie, George Howard [aus Cambridge, New-York U. S. A.]: Aus der chirurg. Klinik des Herrn Prof. Dr. Krönlein in Zürich. Bericht über die in der Züricher chirurgischen Klinik in den Jahren 1881—1900 behandelten Fälle von offenen Wunden des Abdomens. (S.-A. aus Beiträge zur klinischen Chirurgie XXXI Bd 2. Heft.) Tübingen 1901. 54 S. 8°.
Zürich, Med. Diss. 1901/1902

Hoxie, George Howard. Bericht über die in der Züricher chirurgischen Klinik in den Jahren 1881—1900 behandelten Fälle von offenen Wunden des Abdomens. Diss. Med. Univ. Zürich. *Kopftitel:* Aus der chirurgischen Klinik des Herrn Prof. Dr. [Ulrich] Krönlein in Zürich. — (Sonderabzug aus Beiträge zur klinischen Chirurgie. Band 31, Heft 2.) IV + 54 S. 8. Tübingen, H. Laupp Jr. 1901.

Höxter [Sachliches OW]

Höxter. Ein Führer durch die nähere und weitere Umgebung. Mit 1 (chromolithogr.) Karte. 32. (48 S.) Höxter 883, Buchholtz's Buchh.

Höxter [Schlagwort]

Höxter, s: Deutschland. Karte. (Abt. Preussen.)

Höxter. Gerbig, C., Karte d. Kreises Höxter. 1:32,000. 4 Blatt. Farbendr. u. kolor. à 62×52,5 cm. Höxter a/W. 892. O. Buchholtz. n. 10. —; auf Leinw. m. Stäben n. 15. —

Höxter. Plan der Stadt Höxter. 1 : 7500. 33,5×44 cm. Lith. Höxter (901). O. Buchholtz. — 75
— s. a.: Deutschland. Karte. (Abt. Preussen.) — Minden, Reg.-Bez. — Westfalen. Wegekarte.

Höxter [Verfasser]

Höxter, Julius, aus Treysa (Rgbz. Cassel): Die Vorgeschichte und die beiden ersten Jahre des 'immerwährenden' Reichstags zu Regensburg. *Heidelberg 1901: C. Pfeffer.* (71 S.) 8°
Heidelberg, Phil. Diss. v. 1901

Höxter, L., Leitfaden zur Vorbereitung f. die Barmizwah. s. a. Garbatti, A.

Höxter, L. Leitfaden zur Vorbereitung f. die Bar Mizwoh. 8. (16 S.) Berl. 891, H. Engel. — 40

Höxter, Oscar [aus Cassel]: Beiträge zur quantitativen Harnanalyse bei Osteomalacie .... Würzburg, Druck d. Ferdinand Rohrl'schen Buchdr., 1888; 29 S. 8°
Würzburg, Med. Fak., Inaug. Diss. v. 1888

Höxter, Robert, Referendar am Kgl. Amtsgericht zu Frankfurt a. M.: Die Rechte der Nachlassgläubiger gegenüber dem einzelnen Miterben vor der Teilung des Nachlasses. *Frankfurt a. M. 1902: R. Mahlau.* (56 S.) 8°
Marburg, Jur. Diss. v. 1902

Hoy, Bernhard Rupert

Hoy, R., Einfluß der geoffenbarten Religion auf das Wohl der Staaten; ein Wort, daß nie oft genug, besonders in unsern Tagen, wiederholt werden kann. Passau, Pustet.

— Einfluß d. geoffenbarten Religion auf d. Wohl d. Staaten; e. Wort, das nie oft genug, besonders in unsern Tagen, wiederholt werden kann. 8. Passau 181.. Pustet. 8 gr. 2e Aufl. 8. Passau ... Ambrosi. 8 gr.

Hoy, Rupert, Einfluß der geoffenbarten Religion auf das Wohl der Staaten. Passau, 1820, 8°. — 2. Aufl.: 1821.

— pädagogische Schriften, s.: Sammlung der bedeutendsten pädagog. Schriften aus alter u. neuer Zeit.

Hoy, (B. R.,) Wahrheiten f. alle Stände, besond. f. Studierende. 2 Lieferg. gr. 8. Sulzb. 825—27. v. Seidel. à 12 gr.

— noch ein Wort zu d. Worte: Einfluß d. geoffenbarten Religion rc. 8. Landsh. 823.

Hoy, Otc., die Gefahren e. uneingeschränkten Volksvermehrung. (20 S.) gr. 8. München (Türkenstr. 78) 903. Selbstverlag. — 30

Hoy, Senna (Joh. Holzmann), s.: Kampf.

— goldene Kätte. Eine Künstlernovelle. (98 S.) 8. Berlin-Steglitz 904. Deutsch-Eylau, H. Priebe & Co. n. 2. —

Hoy, William. Die Hässlichkeit, a. d. Engl. Breslau 1759. Ü: *Neufville, Robert von.* (ML) (Ky)

Hoy, Wlh., d. Häßlichkeit, ein Versuch. Aus d. Engl. (von R. v. Neufville). 8. Bresl. 759.

Hoya [Schlagwort]

Hoya, s.: Preussen. Messtischblätter.

Hoya, Hans, Chaine anglaise. Beschlagnahmt.

Hoya [Verfasser]

Über den Elementarunterricht des Violinspiels, wie solcher in Lehranstalten und privatim im allgemeinen erteilt wird. E. kritische Beleuchtg desselben unter Darlegg seiner Unzulänglichkeit v. Amadeo v. der Hoya, Grossh. S. Konzertmeister ... *Berlin: Raabe & Plothow 1897.* (31 S.) 1 Bd 8.

Die Grundlagen der Technik des Violinspieles. Eine Darlegung d. Gesetze u. Mittel d. techn. Schulung von Amadeo v. der Hoya, Konzertmeister. T. 1. *Leipzig: M. Hesse [1904].* 8°

Die Grundlagen der Technik des Violinspieles. Eine Darlegung d. Gesetze u. Mittel d. techn. Schulung von Amadeo v. der Hoya, Konzertmeister. T. 1. 2 [nebst] Anh. zu T. 2. Leipzig: M. Hesse 1904-05. 1 Bd 8°, 3 Bde 4°
2. Abt. 1. Theoret.-prakt. Elementarlehre. 1904. Abt. 2. Prakt.-techn. Elementarlehre. 1905.
Anh. [u. d. T.:] A. v. d. Hoya, Tonleiter-Akkord- u. Intervall-Studien (Elementarstufe). 1905.

Tonleiter-Akkord- und Intervall-Studien (Elementarstufe). Eingerichtet f. d. Gebr. an Lehranst. ... Von A[madeo] v. der Hoya, Konzertmeister. Leipzig: M. Hesse 1905. (72 S.) 4°
-- Hoya: Die Grundlagen d. Technik d. Violinspieles. T. 2. Anh.

Hoya, Anton von

v. *Hoya*, A., de variis mercurium sublimatum corrosiv. mitigandi et mercurium dulc. parandi modis hujusque genuinis not. 4. Götting. 791. Brose. 5 gl

Hoya, Anton von (Dammia/Westf.), De variis mercurium sublimatum corrosivum mitigandi et mercurium dulcem parandi modis hujusque genuini notis. Diss. med. Götting. (Henn. Mart. Grape) 4. IV. 1791. 33 S. (5.50) 16155

Hoya, Hans, chaine anglaise. 6 Dialoge. (132 S.) 8. Budapest 910. G. Grimm. 2. —

Hoya, L. v., junger Sang aus alten Tagen. 2. verm. Aufl. 8. (111 S.) Berlin (900). C. Hofmann & Co. n. 1.25; geb. 2. —

HOYDAR, Franz: Statistisch-topografische Beschreibung der hochfürstlich Schwarzenberg'schen Domaine Frauenberg mit besonderer Beziehung auf ihre Forste. - Prag 1876. 59 S., 2 Kt.

Hoyeau, Entwurf zu einem Museum in 4 Blatt, Entwurf zu einem Monument in 1 Blatt. Zusammen 5 Blatt Photographien. (Aus der Exposition du Salon 1866.)

Hoyen, N., über Thorwaldsen und sein Museum, mit Bezug auf d. erlass. Einladung. Aus d. Dän. übers. v. G. F. v. Jenssen. gr. 8. Hamb. 837. Perthes, Besser u. Mauke. n. 1/6 rf

Höyen, N., über Thorwaldsen u. sein Museum, mit Bezug auf d. erlass. Einladung. Mit Genehmigung d. Verf. a. d. Dän. übers. v. G. F. v. Jenssen. gr. 8. (2¾ B.) Hamburg 837, Perthes-Besser u. Mauke. *

Hoyer, Andr. Leben und Geschichte König Friedrichs IV. 8. Kopenhagen 1732. — N. A: König Friedrichs IV. glorwürdigstes Leben. 2 Bde. 8. ib. 1829.

Hoyer, [Aug. G. W.], Predigt zum Gedächtniß des Heimgangs Sr. Majestät des Königs Georg V. von Hannover, gehalten in dem Trauergottesdienst der Christuskirche am 16. Juni 1878. 1. und 2. Aufl. 8. (13 S.) Hannover 878, (Brandes.) *

Auf nach Schwarz-Deutschland! Wer reist mit? Von **Auguste Hoyer**. *Grossenhain & Leipzig: Baumert & Ronge 1896.* (169 S.) 8° [F.] [illegible]

Hoyer dicti Schirmer, Bartholomaei, cellerarii 1462—69, registrum procurationis rei domesticae pro familia Reicherspergrg. Mitgetheilt von Konr. Meindl. Lex.-8. (56 S.) Wien 880, (Gerold's Sohn.) *
Aus: Archiv für österreichische Geschichte, besonders abgedruckt.

Hoyer, Benjamin Carl H. Abhandlung über die philosophische Construction, als Einleitung zu Vorlesungen in der Philosophie ... A. d. Schwed. Stockholm 1801. Ü: *Leffler, Sven Peter.* (Bygdén, Svenskt anon. och pseud. lex. Upsala 1898 ff. I.)

– Dasselbe, s.a. H ö y e r

Hoyer, B. C. H., über d. philos. Construction. gr. 8. Stockh. (Kummer in Lpz. auch Perthes in Hamb.) 801.

Hoyer, C.E. (Resp.): Diss. de curationibus sympatheticis, s. A l b e r t i, M. (Praes.)

Hoyer, Carl ..., s. H o y e r, Karl ...

Hoyer, Eph. Fr., d. Kinderfreund auf d. Lande, eine Wochenschr. 1r, 2r Jahrg. 8 Hefte, mit Kpf. 8. Altenb. 804, 5. Schnuphase. (à 8 gl) 2 rß 16 gl

Hoyer, Chr. Hch., fröhl. Morgen e. Christen am Tage d. Auferstehung. 8. Lpz. Hertel. 779.

Hoyer, Egbert von

H o y e r E, Bericht über die mechanisch-technologische Abteilung der Wiener Weltausstellung 1873. (Bericht der Riga'schen Delegation II) Riga 1874

Hoyer E. Die Bewegung 2er mater. Punkte in 2 parall. Ebenen. 1883. 8.

— — Egbert v., ingénieur, professeur de technologie mécanique et Franz **Kreuter,** ingénieur des ponts et chaussées, professeur à l'université technique royale de Munich Dictionnaire technologique Français-allemand-anglais. Contenant les termes techniques employés dans les arts et métiers; l'architecture civile et militaire; l'artillerie; la construction des machines; les chemins de fer; les ponts et chaussées; l'architecture hydraulique; la mécanique; la construction navale et la navigation; la métallurgie, les mines et les usines; les mathématiques; la physique; l'electrotechnique; la chimie; la minéralogie etc. Cinquième édition. 8 Wiesbaden Paris London 1904.

Hoyer, Egb., über **Entstehung** und Bedeutung der Papiernormalien, sowie deren Einfluss auf die Fabrikation des Papiers. gr. 8. (56 S. mit 9 Textfig.) München 888, Literarisch-artist. Anstalt. * 2 —

—— die Fabrikation des Papiers, s. Handbuch der chemischen Technologie.

H o y e r E, die Fabrikation des Papiers. (Handbuch der chemischen Technologie von Bolley VI, 5. 1) Braunschweig 1887

HOYER, Egbert: Die Fabrikation des Papiers nebst Gewinnung der Fasern aus Ersatzstoffen, insbesondere aus Holz, Stroh und Alfa, sowie die Fabrikation der Pappe, des Buntpapiers, des Pergamentpapiers, der Tapeten... - Braunschweig 1886. 495 S. - (Bolleys Technologie Bd VI, 5, 1. Abt.)

Hoyer, Egb., die medizinischen Geheimmittel. Ihr Zweck, ihre Verwerflichkeit und die Mittel zur Beseitigung des damit getriebenen Schwindels. Nebst einer Zusammenstellung von etwa 70 Geheimmittelenthüllungen. gr. 8. (40 S.) Hannover 866, Schmorl und v. Seefeld. *

Hoyer, Egbert v., Grundriß d. mechan. Technologie, s.: Kraft, Max.

— kurzes **Handbuch** der Maschinenkunde. (In 9—10 Lfgn.) 1. Lfg. gr. 8. (96 S. m. Abbildgn.) München 891. Th. Ackermann's Verl. n. 2. 40

— kurzes **Handbuch** der Maschinenkunde. 2.—6. Lfg. gr. 8. (S. 97—576 m. Abbildgn.) München 891—894. Th. Ackermann. à n 2. 40 (1—4. = 1. Hälfte n. 9. 60)

— kurzes Handbuch d. **Maschinenkunde.** Mit 922 eingedr. Abb. 7.—10. (Schluss-) Lfg. gr. 8. (XII u. S. 577—998.) München 895—898. Th. Ackermann. n. 10. 60 (kplt.: n. 25. —; geb. in Halbfrz. n. 27. —)

—— s. Karmarsch, Karl. Ein Lebensbild.

Hoyer, Egb., Karl Karmarsch. Ein Lebensbild gezeichnet nach dessen „Erinnerungen aus meinem Leben". Mit Ergänzungen. Mit dem Bildniss des Verstorbenen. Hannover 1880. 8°.

Hoyer, Egbert, Lehrbuch der mechanischen Technologie. Mit zahlreichen Holzschn. im Texte. (In ca. 8 Lfgn.) 1—5. Lfg. gr. 8. (S. 1—432.) Wiesbaden 875. 76. Kreidel. à n. 1. 60

Hoyer, Egbert, Lehrbuch der vergleichenden mechanischen Technologie. Mit 561 Holzschn. im Texte u. 4 lith. Taf. Schluss-Lfg. gr. 8. (XVI u. S. 433—900.) Wiesbaden 878. Kreidel. n. 12. — (cplt.: n. 20. —)

—— Lehrbuch der vergleichenden mechanischen Technologie. 2. neu bearb. Aufl. 2 Bde. gr. 8. Wiesbaden 888, Kreidel. à Bd. *ℳ 10.—. * 20 —
geb. à Bd. *ℳ 11.20. * 22 40

Inhalt:
Bd. 1. Verarbeitung der Metalle und des Holzes. (X, 478 S. mit 393 Holzschn. im Texte.)
„ 2. Verarbeitung der Faserstoffe [Spinnerei, Weberei, Papierfabrikation]. (V, 480 S. mit 259 Holzschn. im Texte und 4 Taf.)

— Lehrbuch d. vergleich. mechanischen Technologie. 1. Bd. D. Verarbeitg. d. Metalle u. d. Holzes. 3, neu bearb. Aufl. gr. 8. (XIV, 515 S.) Wiesbaden 897. C. W. Kreidel. n. 12. —

Hoyer, Egb. v., Lehrbuch der vergleichenden mechan. Technologie. 2. Bd. Die Verarbeitg. der Faserstoffe (Spinnerei, Weberei, Papierfabrikation). 3. neu bearb. Aufl. gr. 8. (X, 499 S. m. 247 Fig. u. 4 Taf.) Wiesbaden 900. C. W. Kreidel. n. 12. —

— Lehrbuch der vergleichenden mechanischen Technologie. 1. Bd. Die Verarbeitg. der Metalle u. des Holzes. 4. neu bearb. Aufl. Mit 442 Textfig. (XVI, 554 S.) gr. 8. Wiesbaden 906. C. W. Kreidel. n. 12. —

Hoyer, Egbert, technologisches Lexikon, s. Brelow, G.

—— das Papier, seine Beschaffenheit und deren Prüfung. Lex.-8. (VIII, 54 S. mit 3 [2 lithogr. und 1 Lichtdr.-]Taf. Abbild.) München 882, Th. Ackermann.

—— über Papiernormalien und neue Papiermaschinen. Lex.-8. (26 S.) München 887, (Literarisch-artist. Anstalt.) * 1 —
Aus: Bayerisches Industrie- und Gewerbeblatt, besonders abgedruckt.
Vergriffen.

Hoyer, E., Skizzen aus der Maschinenkunde. 2 Theile à 25 Tfln. in 1 Bd. Riga 1874. q. Fol.

– Die mechanische Technologie, s. Berichte der Riga'schen Delegation über die Wiener Weltausstellung.

—— Mechan. Technologie, s. Kraft, Max.

Verarbeitung der Faserstoffe (Spinnerei, Weberei, Papierfabrikation) von Egbert v. **Hoyer**, Prof. zu Munchen. 3. neu bearb. Aufl. Mit 247 Textfig u. 4 Taf. *Wiesbaden: C. W. Kreidel 1900.* (X, 499 S.) 8°
= **Hoyer**: Lehrbuch d. vergleich. mechan. Technologie. Bd 2. [00. 11647

Die Verarbeitung der Metalle und des Holzes von Egbert v. **Hoyer**, Prof. zu Munchen. 3. neu bearb. Aufl. Mit 421 Textfig. *Wiesbaden: C. W. Kreidel 1897.* (XIV, 515 S.) 8°
= **Hoyer**: Lehrbuch d. vergleich. mechan. Technologie. Bd 1. [00. 11647

Die Verarbeitung der Metalle und des Holzes. Von Egbert v. **Hoyer.** Mit 442 Textfig. 4. neu bearb. Aufl. Wiesbaden: Kreidel 1906. XVI, 554 S. 8°
(Hoyer. Lehrbuch d. vergl. mechan. Technologie Bd 1.) A 12. 3951

—— Der technische Verein u. die Bestrebungen f. das Wohl der gewerbl. Arbeiter zu Augsburg. gr. 8. (40 S. m. 2 eingedr. Fig.) Münch. 890, (Literarisch-artist. Anstalt). * 1 —
Aus: Bayer. Industrie- u. Gewerbebl., besonders abgedruckt.

— s.a. Wörterbuch, technologisches.

Technologisches Wörterbuch. Deutsch – Englisch – Französisch. Gewerbe & Industrie, Civil- & Militär-Baukunst ... u. a. m. umfassend. Neu bearb. u. hrsg. von Egbert v. Hoyer, Prof., u. Franz Kreuter, Prof. in München. 5. Aufl. Bd 1–3. *Wiesbaden: J. F. Bergmann 1902–04.* 3 Bde 4°
1. Deutsch – englisch – französisch. 1902.
2. [Mit Sondert.:] Technological dictionary – Engl. – German – French. 1903.
3. [Mit Sondert.:] Dictionnaire technologique. Franç. – allemand – anglais. 1904. [03. 13507

– Die königl. württembergische Zentralstelle für Gewerbe und Handel, s.a. Berichte der Riga'schen Delegation über die Wiener Weltausstellung.

Hoyer E, die Königlich württembergische Zentralstelle für Gewerbe und Handel. (Berichte der Rigaschen Delegation über die Wiener Weltausstellung 1873) Riga 1874

Hoyer, Emil: I. Ueber einige Abkömmlinge des 2.3-Dibrom-α-Naphtochinons. II. Ueber einige Abkömmlinge des Anhydrobisdiketohydrindens ⟨Biindons⟩. 1901. 43 S. 8°
¶ Vgl. Berichte d. Deutschen Chem. Gesellschaft. Jg. 34.
Berlin, Dr.-Ing.-Diss. v. 14. 6. 1901

Hoyer, (Ernst), Dr.: Andreas Gärtner, 'der sächsische Archimedes'. *Dresden 1902: A. Hille.* (S. I—XXI.) 4°
Dresden-Johannstadt, st. R, OP 1902 (625)

Hoyer, Ernst-Fritz, s.: Allianz-Haus, d., i. Blankenburg.

Hoyer, Ernst Fritz, Das Allinghaus in Blankenburg (Schwarzathal) u. seine Gründerin Anna v. Welung. (26 S. m. Abbildung u. 1 Bildnis.) Blankenburg i. Th. 1900. Verlag des evang. Allianzblattes.

Hoyer's, G., Volks-Kalender f. 1911. 25. Jahrg. (102 S. m. Abbild., 1 Oeldr.-Bilde u. 1 Wand-Kalender.) kl. 8. Breslau, P. Förster. —10

Hoyer, Georg Friedrich (Oschatz), De poenis inficiationum in specie vero requisitis ad illas infligendas necessariis, occasione nov. proc. Sax. elect. ord. tit. XVI. §. 3. Diss. jur. I. Präs. Johann Friedrich Wernher. Wittbg. (Schroeder) 21. VII. 1725. 26 S. (7.—) 16156

— **Georg Leopold** (Mühlhausen/Thür.), De rerum uxoriarum marito traditarum favore, et quibusdam cautionibus earum causa attendendis. Diss. jur. Präs. Tobias Jac. Reinharth. Erfurt (Joh. Christoph Hering) 13. VIII. 1732. 38 S. (7.—) 16157
Gew.: Christoph Thoelden (Gangloff-Soemmern). — Widm. v.: Präs., D. Ernst Tenzell, Conrad Wilh. Strecker, Hieronymus Friedr. Schorch.

Hoyer, Georg Wilhelm, Referendar: Die Haftung des Kommanditisten gegenüber den Gesellschaftsgläubigern. Borna-Leipzig 1910: Noske. VI, 34 S. 8°
Leipzig, Jur. Diss. v. 28. Nov. 1910
[Geb. 1. Mai 84 Weißenfels; Wohnort: Leipzig; Staatsangeh.: Sachsen; Vorbildung: Kgl. Gymn. Dresden Reife O. 04; Studium: Freiburg i. B. 1, Berlin 1, Halle 1, Leipzig 5 S.; Rig. 21. Jan. 08.] [U 11. 3867

Hoyer, H., Grundlinien des Wechselrechts. gr. 8. (IV und 138 S.) Posen 867, Merzbach.

Hoyer, H., das x, y u. z der asiatischen Cholera. Ein Beitrag zur Lösg. der Cholerafrage. Offener Brief an alle prakt. Ärzte. gr. 8. (24 S.) Cassel 893. Th. G. Fisher & Co. n. — 40

Hoyer, Hans, Referendar in Leipzig: Die Voraussetzungen des Wahlrechts nach § 326 BGB. Leipzig: O. Wigand 1908. (99 S.) 8°
Leipzig, Jur. Fak., Diss. v. 18. Jan. 1908
[Geb. 15. Juni 79 Leipzig; Wohnort: Leipzig; Staatsangeh.: Sachsen; Vorbildung: Thomassch. Leipzig Reife O. 98; Studium: Leipzig 10 S.; Rig. 2. März 03.]

Hoyer, Heinrich [aus Warschau]: Ueber den feineren Bau der Milz von Fischen, Amphibien, Reptilien und Vögeln ... Strassburg, Buchdr. C. Goeller, 1892; 42 S., 1 Bl. 8.
Strassburg, Med. Fak., Inaug.-Diss. v. 1892

Hoyer, Heinr., der Gewerbestand u. die höhere Bürgerschule. Ein Wort an meine Mitbürger. gr. 8. (1½ B.) Oldenburg 844. (Stalling.)

Hoyer, Heinrich: Über Homopiperonylamin und seine Kondensationsprodukte. 1910. 38 S. 8° ¶ Vgl. J. Liebig's Annalen d. Chemie. Bd 395. 1913.
Hannover, Dr.-Ing.-Diss. v. 31. 10. 1910

Hoyer, Henr (Frid.) (geb. Inowrazlaw 26 4 1834) De tunicae mucosae narium structura. Berolini (1857) (44 S.) 8°
Berlin, Med. Diss. v. 12 Aug. 1857

Hoyer, Herrm., die Ehescheidungsfrage. Ein Versuch zur Ausgleichung der Differenzen zwischen Staat und Kirche. gr. 8. (28 S.) Berlin 859, Th. Chr. Friedr. Enslin. *

Hoyer, J. G., Choral-Melodien z. Gebrauch in Schulen. 8. (2 B.) Aschersleben 845, Laue.

Hoyer, J. R., Anleitung zur Lösung algebraischer Aufgaben ersten und zweiten Grades mit einer oder mehreren unbekannten Größen, auch für Solche, welche in die Lehre von den 4 Species in allgemeinen Ausdrücken, in die Lehre von den Wurzeln und Potenzen u. s. w. wissenschaftlich nicht eingeweiht sind. gr. 8. (68 S.) Brandenburg 867, Ballien's Selbstverlag. *

Hoyer, Ian., de religione Groenlandorum naturali, III pts. 4. Coph. Pelt. 756.

Hoyer, Johann [approb. Arzt aus Gerolsheim]: Der Epicanthus ein Bildungsfehler der menschlichen Gesichtshaut .... München, M. Pössenbacher'sche Buchdr. (Eigenthümer Max Franz), 1887; 16 S. 8°.
München, Med. Fak., Inaug.-Diss. v. 1887.

Hoyer, Johann, der Epicanthus ein Bildungsfehler der menschlichen Gesichtshaut. Diss. München 1887, A. Buchholz. 8°. 16 S.

Hoyer, Joh. [Praes.], s. Falck, Christoph: De rogatione testium in testamentis.

Hoyer, Johann Friedrich, s. Hoyer, Johann Gottfried von

Hoyer, Johann Gottfried von

— Anfangsgründe d. Kriegswissenschaften, als Leitfaden f. d. Elementar-Unterricht in Divisionsschulen. gr. 8. Halle 827, Waisenhaus B.

Hoyer, Joh. Gtfr. v., Befestigungs-Kunst, s. a. Handbibliothek f. Offiziere, IV. Bd. 1. Abthl

v. **Hoyer**, J. G. Befestigungskunst und Pionnierdienst. I Abth Permanente Befestigungskunst, begründet auf den Angriff und die Vertheidigung. [Handbibliothek für Offiziere IV, 1] (VIII 483) 8 M. 3 Taf. Berlin 1832. 4,50.

v. **Hoyer**, J. G. Befestigungskunst und Pionnierdienst. II. Abthl Eigentlicher Pionnierdienst. [Handbibliothek für Offiziere IV 2 (VIII. 485—1190) 8 Berlin 1834 6,75

— Bestimmung des todten Winkels im Profile d. Wälle u. Brustwehren, zur Berichtigung d. wirklichen oder blos eingebildeten Bestreichung d. Festungswerke u. Feldschanzen. gr. 8. Berl. 820. Sander. 3 gr.

Hoyer, (J. G.) v., die alten Burgen und Ritter-Schlösser in Deutschland vom XI. bis XVII. Jahrh. Mit Bemerkung der Jahre, wo sie zuerst und zuletzt in den Urkunden vorkommen. gr. 8. (VIII und 63 S.) Halle 847. (Braunschweig, Schwetschke und Sohn.) *

— s. Element, Versuch über d. reit. Artillerie.

— s. Emmerich, Andr.: Partheigänger.

Hoyer, J. G., d. Franzose in Spanien. gr. 8. Dresd. Arnold. 809.

Hoyer, J. G., K. S. Pontonnier-Hauptm. Die Franzosen in Spanien. Ein histor. Versuch nach den besten gleichzeitigen Quellen.
8. Dresden 1809.

Hoyer, Joh. Gtfr. v., Gedenk- u. Notizenbuch f. Ingenieure. In Bezieh. auf ihre Dienstverrichtungen im Frieden u. Kriege. gr. 12. (14 B.) Leipzig 840, Einhorn.

Hoyer, Johann Gottfried. Geschichte der Kriegskunst, seit der ersten Anwendung des Schiesspulvers zum Kriegsgebrauch bis an das Ende des XVIII. Jahrhunderts. (2. Th. aus der 7. Abth. [Geschichte der Mathematik] der Geschichte der Künste und Wissenschaften seit der Wiederherstellung derselben bis an das Ende des XVIII. Jahrhunderts.) (2 Bde.) 8. Gottingen 1797—1800

Hoyer, Joh. Gottfr. Geschichte der Kriegskunst seit der ersten Anwendung des Pulvers zum Kriegsgebrauch bis zum Ende des 18. Jahrhunderts 4 Bde. 8. (Göttingen 1797—1800) 18,00

— Geschichte der Kriegskunst. 1r u. 2r Bd. (ist Geschichte der Künste u. Wissenschaften 7r u. 8r.) gr. 8. Gött. Röwer 798—801. (1r 1ste Abthl. 20 gr. 2te 1 Rthlr. 4 gr. 2r 1ste Abthl. 1 Rthlr. 6 gr. 2te 2 Rthlr. 18 gr.)

— s.a. **Pragmatische** Geschichte der Chursächsischen Truppen.

(v. **Hoyer**.) Pragmatische Geschichte der chursächsischen Truppen. 12 Leipzig 1792 6,00

—— Geschichte Siciliens in d. früh. Zeit u. im Mittelalter, s. a. Geschichte d. Staaten d. Alterthums rc., 3. Bd.

Hoyer, Dr. J. G. v., k. preuss. General-Major a. D. etc. Geschichte Siciliens in der früheren Zeit und im Mittelalter.
8. Quedlinburg und Leipzig 1838.

— s. Handbuch f. Müller u. Bäcker.

v. **Hoyer**, J. G. Handbuch der Pontonnierwissenschaften in Absicht ihrer Anwendung zum Feldgebrauch 3 Bde 8. M Taf Leipzig 1793. 94. — 2. verm. Ausg. 2 Bde (XL 1034) 8. M 26 Taf. ib. 1830. 22,50

Hoyer, Joh. Gtfr. v., Handbuch d. Pontonnier-Wissenschaften in Absicht ihrer Anwendung z. Feldgebrauch. 2., verm. Ausg. 2 Bde. M. 26 Kpfrt. (gr. Fol. u. gr. 4.) gr. 8. (69 B. u. 1 Tab.) Leipzig 830, Barth. Thlr.

– s. Handbuch f. Soldaten.

Hoyer. Französisch-deutsches und deutsch französisches Handwörterbuch aller Kunstausdrücke in der Kriegswissenschaft etc Ein Taschenbuch für Officiere. 8. Dresden 1808.

— französisch-deutsch und deutsch-französisches Handwörterbuch aller Kunstausdrücke in der Kriegswissenschaft. 8. Dresd. Arnold. 809.

Hoyer, J. G., französisch-deutsch u. deutsch-französisches Handwörterbuch aller Kunstausdrücke in d. Kriegswissenschaft ꝛc. Ein Taschenbuch f. Offiziere. 2te verm. Aufl. Hat auch d. Titel:
Dictionnaire portatif français-allemand et allemand-franc. cont. tous les termes techn. de l'art militaire, les dénominations des parties, etc. long. 8 Dresd. Arnold. 812.

Hoyer, J. G., K. S. Obristlieutenant und Commandeur der Pontoniers etc Französisch-deutsches und Deutsch französisches Handwörterbuch aller Kunstausdrücke in der Kriegswissenschaft, der Benennungen aller Theile der Geschütze und ihrer Laffeten, des Feuer und Seitengewehres, der Wagen- und Artilleriegeräthschaften, der Befestigungskunst und der Minen, so wie der Commandowörter zu den Uebungen und Bewegungen der Truppen Ein Taschenbuch für Offiziere. 2. stark vermehrte Auflage.
8. Paris und Strassburg 1812.

v. Hoyer, J. G. Können grosse und Handelsstädte Festungen seyn? 8. Berlin 1815.

—— Lehrbuch f. d. Elementar-Unterr. in d. Kriegswissenschaften. Den Divisions-Schulen d. Kgl. Preuß. Armee gewidmet. 2 Thle. gr. 8. (55½ B. u. 3 Stammt.) Halle 823, Buchh. d. Waisenhauses.

Hoyer, J. G. von: „Lehrbuch der Kriegsbaukunst", Berlin 1816 (Sander).

Hoyer, J G. v, Königl. Preuss. General Major im Ingenieur Korps; Brigadier der Märkisch-Pommerschen Festungen. Lehrbuch der Kriegsbaukunst. Zum Behuf der Vorlesungen in Kriegs- und Ingenieur-Schulen. (1. Theil. Kriegsbaukunst. Mit 2 Tafeln.) – 2. Theil den Angriff und die Vertheidigung der Festungen enthaltend. (Mit 2 Plänen.) (2 Bde. Text und 1 Atlas mit 26 Tafeln.) (Donation Liechtenstein.) 8. Berlin 1816—1818.

— — Lehrbuch der Kriegsbaukunst. Zum Behuf der Vorlesungen in Kriegs- und Ingenieurschulen. 1r u. 2r Theil. Mit Kupf. gr. 8. Berlin, Sandersche Buchh. 818. jeder 1 Thlr. 16 Gr.

—— Literatur d. Kriegswissenschaft u. Kriegsgesch., s. Handbibliothek f. Offiziere, II. Bd.

Hoyer, J. G. v. Litteratur der Kriegswissenschaft und Kriegsgeschichte. (Mit) Suppl. Berlin 1832—40. 8°. (Bd 50—2)

— n. milit. Magazin, s. Magazin.

Hoyer, Johann Friedrich. Neues militärisches Magazin, historischen und scientifischen Inhalts. Mit Plänen und Karten. (4 Bde.) 4. Leipzig 1801—1808.

— neues Magazin für Befestigungskunst u. Artillerie, 3 Hefte mit Kpf. gr. 4. Berl. 820—22. Reimer. 3 Thlr 12 gr

– s. Montalembert v.: Vertheidigung.

– s. Morla, Th.: Lehrbuch.

– s. Pertusier, K.: Befestigungsart.

—— Pionnierdienst, s. Handbibliothek f. Offiziere, IV. Bd. 2. Abthl.

– s. Raynal: Übersicht.

– s. Rumpf, H. F.: Kriegswörterbuch.

– s. Scharnhorst, G. v.: Handbuch.

Hoyer, J. G. v., Franz Sforza I. Visconti durch Tapferkeit u. Klugheit Herzog v. Mailand. Darstellung des Kriegslebens im Mittelalter. Aus gleichzeit. Quellen. 2 Thle. gr. 8. (21¼ B.) Magdeburg 846, Falckenberg u. Comp.

v. Hoyer, Jh. Gf., d. Stellung d. neuern geschichtl. Aphorismen u. takt. Paradoxen in Beziehung auf d. vorherrschende Princip beid. Stellung zum Gefecht. 8. Halle 826. Anton. 8 gr

v. Hoyer, J. G. Die Stellung der Neuern Geschichtliche Aphorismen u. taktische Paradoxen in Beziehung auf das vorherrschende Prinzip bei der Stellung zum Gefecht (1½ B.) 8 Halle 1826
1,00

- s. Struensee, K. A. v.: Anfangsgr. d. Artillerie.

— System d. Brandraketen nach Congreve u. Andern. Mit e. Anh. üb. Perkins Dampfgeschütz. Mit 3 Kupf. 8. Leipz. 827, Baumgärtner.

— Taschenbuch für Ingenieurs u. Artilleristen, d. nöthigen Maße, Formeln u. Notizen enthaltend. Mit 3 Kpf. gr. 12. Berl. 818. Reimer. 1 Thlr

— Taschenbuch für Soldaten für die Jahre 1803. 4. 5. 12. Tüb. Cotta. (à 20 gr.)

– s.a. Übersicht der Befestigungsmanieren.

(v. Hoyer, J. G.) Uebersicht der Befestigungsmanieren seit Einführung der Feuergeschütze 8 Berlin 1815

Hoyer, J. G. v. Allgemeine übersicht der Befestigungsmanieren seit der Einführung der Feuergeschütze; in einer Tabelle. Mit einer histor. Einleitung. Berlin 1815. 25 S.

— Versuch e. Handbuchs d. Pontonirwissenschaften. 3 Bde, mit Kpf. gr. 8. Leipz. 793, 94. Barth. 5 Thlr 8 gr 2e verm. Ausg 2 Bde, mit 26 Kpf. gr. 8. Ebd. 830. 7 Thlr 12 gr

– s. Versuch, junger Offiziere ...

Hoyer, J. G., churfürstlich sächsischer Pontonier-Hauptm. Allgemeines Wörterbuch der Artillerie, welches die Erklärung aller verschiedenen Kunstwörter, Begriffe und Lehrsätze der Geschützkunst in theoretischer und praktischer Hinsicht, nebst der Geschichte der wichtigsten Erfindungen in derselben, enthält I. Th. (1. Abschnitt) A—E mit (7) Kupfertaf. I. Th. (2. Abschnitt) F—J mit 6 Kupfertaf. — II. Th. (1. Abschnitt) K—O mit 5 Kupfertaf. II. Th. (2. Abschnitt) P—Z mit 6 Kupfertaf. Supplementband A—Z mit 7 Taf. (5 Bde.) 8. Tübingen 1804—1831.

— allgemeines Wörterbuch d. Artillerie. 2 Bde. jeder in 2 Abtheil. gr. 8. Tübing. Cotta. 804—12.

v. Hoyer, J. G. Allgemeines Wörterbuch der Artillerie, ins Russische übersetzt von General Gogel 8 Ss Pjetjerburg 1810

—— allgem. Wörterbuch d. Artillerie, welches d. Erklär. aller verschied. Kunstwörter, Begriffe u. Lehrsätze d. Geschützkunst in theoret. u. prakt. Hinsicht, nebst d. Geschichte d. wichtigsten Erfindungen in ders. enthält. Supplementbd A—Z. Mit Taf. XXVI—XXXII. (Fol.) gr. 8. (30½ B.) Stuttgart 831, Cotta.
Dess. „Wörterbuch rc." 2 Bde. 4 Abthln. Ebendas. 1804—12. 8 Thlr.

— — — dass. d. Kriegsbaukunst, mit K. 3 Thle. gr. 8. Berl. Realschulbuchh. 815.

— — Allgemeines Wörterbuch der Kriegsbaukunst, welches die theoretische und praktische Darstellung aller Grundsätze und Lehren des Festungsbaues, des Angriffs und der Vertheidigung befestigter Oerter und des Minenbaues enthält. Mit Kupfern. (3 Bde.) 8. Berlin 1815—1817.

(**Hoyer, J. G. v.**) Allgemeines Wörterbuch der Kriegsbaukunst. T. 1—3. Berlin 1815—17. 8°. (Verm. Jähns.)

— — allgem. Wörterbuch der Kriegsbaukunst. Mit 26 Kupf. 3 Theile. gr. 8. Berlin, Reimer. 815 bis 817.

— allgem. Wörterbuch d. Kriegskunst. 3 Thle, mit 26 Kpf. gr. 8. Berl. 815—17. Reimer. 9 ₰

Hoyer, Johann Heinrich: Vires vini medicinales cvm viribvs opii comparatae, additis de vini in febribvs vsv praeceptis generalioribvs. Erfordiae 1799: Goerling. 30 S. Erfurt, Med. Diss. v. 3.4.1799 -- 15°

1745. * *Joh. Caspar Hoyer's* geschwinder Interessen-Rechner. (Die erste Ausgabe ist mir unbekannt.) 2te Aufl. Nürnb. 8. 1 Alph.

Hoyer, Johannes, a. Lautzschen: Schleiermachers Erkenntnistheorie in ihrem Verhältnis zur Erkenntnistheorie Kants. Lommatzsch 1905: F. Hobein. (99 S.) 8°
Leipzig, Phil. Fak., Ref. Heinze, Wundt, Diss. v. 20. Okt. 1905
[Geb. 13. Okt. 81 Lautzschen, Sachsen; Wohnort: Lautzschen; Staatsangeh.: Sachsen; Vorbildung: Albertgymn. Leipzig Reife O. 02; Studium: Leipzig 7 S.; Rig. 1. Aug 05.]

Hoyer, Johannes: Die apokryphischen Evangelien, auch ein Beweis für die Glaubwürdigkeit der kanonischen. *Halberstadt (1898): H. Meyer.* (3—30 S.) 4° ¶(Theil 1.) [F.]
Halberstadt, OR, OP 1898 (281)

Hoyer, Johannes: Die apokryphischen Evangelien, auch ein Beweis für die Glaubwürdigkeit der kanonischen. ⟨T. 2.⟩ *Halberstadt (1899): H. Meyer.* (S. 3—28.) 4° [F.] ¶(Forts. d. P-Beil. 1898.)
Halberstadt, OR, OP 1899 (283)

Hoyer, Joh(annes): Ausgewählte Psalmen, erklärt zum Gebrauche an höheren Schulen. *Halberstadt 1903: H. Meyer.* (S. 3—17.) 4°
Halberstadt, OR, OP 1903 (308)

Hoyer, Johannes, Prof.: Ausgewählte Psalmen, erklärt zum Gebrauche an höheren Schulen. [T. 2.] Halberstadt 1906: H. Meyer. (S. 3—19.) 4° [F.] ¶[Forts. d. P-Beil. 1903.]
Halberstadt, OR OP 1906 (326)

Hoyer, Joh[annes]: Ausgewählte Psalmen, erklärt zum Gebrauche an höheren Schulen. ⟨Forts. 2.⟩. Halberstadt (1910): Hoerling. 24 S. 4° ¶(Forts. d. P-Beil. 1903. 06.)
Halberstadt, OR OP 1910 (367) [S 10. 195

Historischer Bericht von der Stadt Flensburg, welchen ein Rahtverwandter derselben (Jonas **Hoyer**), zur Zeit des Kaiserlichen Krieges in seinem Exilio zu Malmoe Ao. 1628 zusammen getragen hat: Nebst einem Anhang von verschiedenen Gegenden und Freygutern des Herzogthums Schleswig: Wie auch einem Vorbericht von den Vorfahren, dem Leben und den Schriften des Verfassers, ans Licht gestellet v. Olavs Henricvs Moller. Flensburg. 1767. 1° k.

Hoyer, Jos. A., Deutsche u. Tschechen im Kampfe f. ihr Volkstum. 5. Aufl. (15.—20. Taus. der Gesamtausg.) (16 S.) 8. Zittau 905. H. Liftenoder. n. — 15
1.—4. Aufl. (à 20 S.) 904. 905. n. — 25.

Hoyer, Karl, zur Einführung in die Goethe-Literatur. (III, 71 S.) gr. 8. Gelsenkirchen 904 E. Kannengießer. n. 1.60

Hoyer, Karl, Prof.: Zur Einführung in die Goethe-Literatur. Lübeck 1904: Max Schmidt. (71 S.) 8° [F.]
Lübeck, RG i. E. u. R OP 1904 (840)

Hoyer, Karl: Das ländliche Gastwirtsgewerbe im deutschen Mittelalter nach den Weistumern. Oldenburg i. Gr. 1910: Littmann. 63, VI S. 8°
Freiburg i. B., Phil. Diss. v. 1910, Ref. v. Below
[Geb. 27. Jan 85 Oldenburg i. Gr.; Wohnort: Oldenburg; Staatsangeh.: Oldenburg; Vorbildung: Gymn. Oldenburg Reife M. 06; Studium: Freiburg i. B. 3, München 1, Berlin 1, Freiburg i. B. 3 S.; Rig. 15. Juli 10.] [U 11. 1137

Hoyer, Karl (Übers.):

s.: Small, (Matthew): Thierarzneiliche Tabelle; eine Übersicht der Krankheiten der Pferde, des Rindviehes und der Hunde, mit ihrer Ursache, Symptomen und Heilung. (Veterinary Tablet; being a synopsis of the diseases of horses, cattle, and dogs, with their cause, symptoms, and cure. Eighth edition. Dt.) Minden: o.J.

JB 5.932

— s. J. Stewart Rath für Pferdekäufer.

Hoyer, Karl A. H.

Hoyer, K. H. A., ausführl. Abhandl. über den Nutzen u. Gebr. des Alkoholometers nach Procenten für Chemiker, Apotheker, Kaufleute, Branntweinbrenner u. Alle, die mit Spiritus handeln. 8. Pyrmont 816. (Uslar). 2 ₰

Hoyer, Carl A. H., Flora d. Grafschaft Schaumburg u. d. Umgegend, mit besond. Rücksicht auf Arzneikunde, den Haushalt, die Landwirthschaft u. die Gewerbe bearb. 8. (34½ B.) Rinteln 839, (Osterwald.)

—— Grundzüge einer auf Natur u. Erfahr. gegründ. Bienenzucht, in möglichster Kürze dargestellt. 8. (3½ B. u. 4 Abbild.) Minden 835, Eßmann.

Hoyer, Carl H. A., Kurzer, aber deutlicher und vollständiger Inbegriff der Obstbaumzucht, der Behandlung des Weinstocks, des verbesserten Wiesenbaues ud des Tabacksbaues. Minden: Eßmann 1837. VIII, 48 S., 2 Figuren. -- 3°. B 1.

Hoyer, Carl H. A., die Kartoffel und deren Krankheit. Ein Beitrag zum rationalen Bau der Kartoffeln. gr. 8. (26 S.) Lemgo 852, Meyer'sche Hofbuchh.

— **Martin** (Kellinghusen/Holstein), De exploratione suae ipsius fidei, inprimis ex 2. Cor. XIII. v. 5. Präs. Gottlieb Wernsdorf. Wittbg. (Christian Kreusig), 3. II. 1701. 48 S. (7.—) 16162

Hoyer, N., Bericht über den Stand der Erziehungshaussache in Oldenburg, der General-Versammlung der Mitglieder des Vereins f. Errichtung von Erziehungshäusern erstattet, nebst d. Statuten d. Vereins. 8. Oldenburg 846, Schulze. 1/12 ₰

Hoyer, N., Bericht über den Stand der Erziehungshaussache in Oldenburg, der General-Versammlung der Mitglieder des Vereins für Errichtung von Erziehungshäusern erstattet, nebst den Statuten des Vereins. 8. (10 S.) Oldenburg 847, Schulze'sche Buchh. Thlr.

— Gedichte. gr. 8. (90 S.) Oldenburg 847, Stalling. n. 1/2 ₰

— s. Lebensschicksale des Husaren C. D....

Hoyer, N. Chr.

Hoyer. Bericht über die Thätigkeit des Oldenburger Vereins für verwundete Krieger. 8. Oldenburg 1867.

Hoyer, [N. Chr.], die Grabstätten der bayerischen Kämpfer aus den J. 1870 und 1871, welche sich in Norddeutschland befinden. gr. 8. (60 S.) Hannover 876, Cruse's Buchh. *

Hoyer. Die Grabstätten der Kämpfer des Oldenburg. Infant.-Reg. Nr. 91, des Oldenburg. Drag.-Reg. Nr. 19 u. der 1. Feldabth. des Hannov. Feld-Artill.-Reg. Nr. 10 aus d. J. 1870 u. 1871, welche auf deutschem Boden sich befinden. 2. Aufl. (50) 8. Oldenburg 1875. 1.00.

— die Grabstätten der Kämpfer d. Oldenburgischen Infanterie-Regiments Nr. 91, d. Oldenburg. Dragoner-Regiments Nr. 19 u. der 1. Feld-Abtheilg. d. hannoverschen Feld-Artillerie-Regiments Nr. 10 aus den J. 1870 u. 71. welche auf deutschem Boden sich befinden. 2. Aufl. gr. 8. (50 S. m. 1 Photogr.) Oldenburg 876. Schulze. n. 1. —

Hoyer, die Grabstätten der deutschen Kämpfer aus den J. 1870/71 in Belgien. 8. (46 S.) Oldenburg 882, Schulze'sche Hofbuchh. * 60 Pf.; geb. *

Hoyer, [Paul], Dr.: Über arithmetische Bestimmung der endlichen Gruppen. Burg 1904: A. Hopfer. (S. 1—12.) 4°
Burg, k. Victoria-G P 1904 (275)

Hoyer, Paul (geb. Magdeburg 4. 7. 1856). Ueber die Integration eines Differentialgleichungssystems von der Form

$$\frac{dx_1}{dt} = a_1 x_2 x_3 + a_2 x_3 x_1 + a_3 x_1 x_2$$
$$\frac{dx_2}{dt} = b_1 x_2 x_3 + b_2 x_3 x_1 + b_3 x_1 x_2$$
$$\frac{dx_3}{dt} = c_1 x_2 x_3 + c_2 x_3 x_1 + c_3 x_1 x_2$$

durch elliptische Functionen. Berlin 1879. (37 S.) 4°
Berlin, Phil. Diss. v. [28. Juli] 1879

Hoyer, Paul [Dr.]: Über Reihen, Liniengebilde und Substitutionen. (Th. 1.) Burg, Druck v. A. Hopfer, 1897 3—23 S. 4.
Burg, k. Viktoria-G, P 1897 (237)

Hoyer, Richard: Das Auftreten der Geste Garin de Monglane in den Chansons der anderen Gesten. *Halle a. S. 1900: Waisenhaus.* (41 S.) 4° ¶ [= Progr. Halle a. S., Oberrealsch. d. Francke'schen Stift. 1901.]
Halle, Phil. Diss. v. 1900

Hoyer, Richard, Dr.: Das Auftreten der Geste Garin de Monglane in den Chansons der anderen Gesten. *Halle a. S. 1901: Waisenhaus.* (41 S.) 4° ¶ [= Phil. Diss. Halle 1900.]
Halle a. S., OR d. Franckeschen Stiftungen, OP 1901 (288)

*Hoyer, Richard: Über die angeblichen Interpolationen im Coronement Loois. S. 23—48. 8.
In: Festschrift zur Begrüßung der ... 47. Versammlung deutscher Philologen und Schulmänner ... Oberrealschule in den Progr. Franckeschen Stiftungen *Halle a. S.* 1903.

Hoyer, Rvdolfvs (geb. am 14 Febr. 1860 in Donnerschwee bei Oldenburg): De Antiocho Ascalonita ... Bonnae, typ. C. Georgi 1883. 4 Bl. 8. ¶ Nur Titel- u. Widmungsbl., Vita u. Thesen.
Bonn, Phil. Fak., Thes. v. 4 Aug. 1883

Hoyer, Rvdolfvs (geb. am 14 Febr. 1860 in Donnerschwee bei Oldenburg): De Antiocho Ascalonita ... Bonnae, typ. C. Georgi 1883. 2 Bl., 56 S. 8. ¶ In Komm. bei Behrendt in Bonn.
Bonn, Phil. Fak., Diss. v. 4 Aug. 1883

Die Heilslehre. D. Abschluss Sokratischer Philosophie u. d. wissenschaftl. Grundlage späterer Religionssysteme. Von Dr. R[udolf] **Hoyer.** *Bonn: F. Cohen 1897.* (190 S., 1 Bl.) 1 Bd 8. [97. 6919

Hoyer, R., griechischer Philosoph u. geschichtl. Heiland. (16 S.) gr. 8. Frankfurt a/M. 910. Neuer Frankfurter Verlag. — 50

Hoyer, Rudolf Alkibiades Vater und Sohn in der Rhetorenschule. 8 (20 S.). Progr. G. *Kreuznach* 1887 (415)

Hoyer, Rudolf: Die Urschrift von Cicero de officiis I—III. *Kreuznach 1898: F. Wohlleben.* (24 S.) 4°
Kreuznach, k. G, OP 1898 (471)

Hoyer, Rud., d. Urschrift v. Cicero de officiis I—III. Progr. gr. 4. (24 S.) Kreuznach 898. Leipzig, Buchh. G. Fock. n. 1. —

Hoyer, Th. s.a. Hoyer, Viktor

Hoyer, [Th.]: Das Deutsche Reichsgesetz über die Wechselstempelsteuer vom 10. Juni 1869 mit den Bundes- resp. Reichs- und Landesbestimmungen, den Motiven und Reichstagsverhandlungen u. d. Wechselstempel-Tarif. Berlin 1871.

(Deutsche Reichsgesetzgebung. Text-Ausg. m. Anm.)

Hoyer, [Th.]: Die gesammten Reichs-Stempelgesetze, enth.: 1. Wechsel- etc. Stempel. 2. Spielkartenstempel. 3. Statistische Gebühr. 4. Stempel von Inhaberpapieren mit Prämien. 5. Die Reichsstempelabgaben nach dem Gesetz vom 1. 7. 1881. Mit Kommentar. Berlin 1882.

Hoyer. [Th.]: Die Preußische Stempelgesetzgebung für die alten und neuen Landestheile. Kommentar für den prakt. Gebrauch. Bd 1. 2. Berlin 1869. 73.
2 Bde

— 2. Aufl. 1875.

— 3. Aufl. hrsg. von [B.] Gaupp. Berlin u. Leipzig 1881.

— 4. Aufl. [Nebst] Nachträge u. Berichtigungen. 1887.

— 5. Aufl.... und das Preußische Erbschaftssteuergesetz nebst den beiden Reichsgesetzen über die Wechselstempelsteuer und den Spielkartenstempel. 1895.

Hoyer, [Vict.], die Erbschaftssteuer und der Werthstempel von Schenkungen unter Lebenden. Gesetz vom 30. Mai 1873. Mit Commentar hrsg. gr. 8. (72 S.) Berlin 875, Guttentag. *

Hoyer, [Vict.], das deutsche Reichsgesetz über die Wechselstempelsteuer, s. a. Borchardt, S., allgemeine deutsche Wechselordnung.

Hoyer, das deutsche Reichsgesetz üb. die Wechselstempelsteuer vom 10. Juni 1869 m. den Bundes- resp. Reichs- u. Landesbestimmgn., den Motiven u. Reichstagsverhandlgn. u. dem Wechselstempel-Tarif hrsg. 16. (VIII, 187 S. m. e. Tabelle in qu. Fol.) Berlin 871. Guttentag. geb. n. 1. —

—— das deutsche Reichsgesetz über die Wechselstempelsteuer vom 10. Juni 1869, nebst den Bundes-, resp. Reichs- und preuß. Landesbestimmungen, den Entscheidungen des Ober-Tribunals und dem Wechselstempel-Tarif. 2. Aufl. 16. (VIII, 80 S. mit 1 Tab. in qu. Fol.) Ebendas. 876. cart. *

— die gesammten Reichsstempelgesetze, enth.: I. Wechsel- rc. Stempel — II. Spielkartenstempel — III. Statistische Gebühr — IV. Stempel von Inhaberpapieren mit Prämien — V. Die Reichsstempelabgaben nach dem Gesetz vom 1. Juli 1881 [Aktien, Renten- u. Schuldverschreibungen, Schlußnoten, Rechnungen u. Lotterieloose]. Mit Kommentar hrsg. 8. (XIV, 143 S.) Berlin 882. H. W. Müller. cart. n. 2. —

Hoyer, Vict., die preußische Stempelgesetzgebung für die alten u. neuen Landestheile. Kommentar für den pract. Gebrauch mit Tabellen zur Berechng. des Stempels. Berlin 869. Guttentag. Lex.-8. (VI, 659 S.) n. 4 ₰ 10 ngr.

— die preußische Stempelgesetzgebung f. die alten u. neuen Landestheile. Kommentar f. den prakt. Gebrauch. 2. Bd. Lex.-8. (VI, 474 S. m. e. Tab. in qu. Fol.) Ebend. 873. n. 9. — (1. u. 2.: n. 22. —)

— dasselbe. 2. umgearb. Aufl. (VII, 132 S.) Ebend. 874. n. 15. —

—— dass. — 2. umgearb. Aufl. 5 Lfgn. Lex.-8. (VIII, 732 S.) Ebendas. 874,75. [1. und 2. Lfg. à *ℳ 2,40.; 3. Lfg. *ℳ 4.; 4. und 5. Lfg. *ℳ 6,20.] *

— die preußische Stempelgesetzgebung für die alten u. neuen Landestheile. Kommentar für den praktischen Gebrauch. 3., neu bearbeitete u. verm. Aufl., hrsg. von Gaupp. Lex.-8. (VIII, 862 S.) Berlin 881. Guttentag. n. 18. —; geb. n. 20. 50

Hoyer [Victor], die preußische Stempelgesetzgebung für die alten und neuen Landestheile. Kommentar für den prakt. Gebrauch. Neu bearb. und bis auf die Gegenwart fortgeführt von Gaupp. 4. verm. und verb. Aufl. Lex.-8. (VIII, 988 S.) Berlin 887, Guttentag. * 20 —

Hoyer, die preußische Stempelgesetzgebung für die alten u neuen Landestheile. Kommentar f. den praktischen Gebrauch. Neu bearb. u. bis auf die Gegenwart fortgeführt v. Gaupp. 4., verm. Aufl., nachtragsweise ergänzt bis zum J. 1889. gr. 8. (VIII, 1058 S.) Berlin 889. Guttentag. n. 20. —; geb. n. 22. 50; Ergänzungsheft allein (III u. S. 1033—1058) n. — 60

Hoyer, die preuss. Stempelgesetzgebung f. die alten u. neuen Landestheile. Kommentar v. Gaupp. 4. Aufl. Berlin 890.

Hoyer, die preußische Stempelgesetzgebung f. die alten u. neuen Landestheile. Kommentar f. für den prakt. Gebrauch, früher hrsg. v. H. Neu bearb. u. bis auf die Gegenwart fortgeführt v. Gaupp. 5., verm. u. verb. Aufl. 1.—4. Lfg. gr. 8. (S. 1—820.) Berlin 893. 894. J. Guttentag. à n. 4. —

Hoyer, die preußische Stempelgesetzgebung f. d. alten u. neuen Landestheile u. d. preuß. Erbschaftssteuergesetz, nebst d. beiden Reichsgesetzen üb. d. Wechselstempelsteuer u. d. Spielkartenstempel. Kommentar f. d. prakt. Gebr., früher hrsg. v. H. Neu bearb. u. bis auf d. Gegenwart fortgef. v. Gaupp. 5., verm. u. verb. Aufl. 5. u. 6. Lfg. gr. 8. (S. 821—1253.) Berlin 895. Guttentag. n. 8. — (kplt.: n. 24. —; geb. in Halbfrz. n.n. 26. —; erm. Pr. n. 10. —; geb. n.n. 12. —)

—— Territorial-Geschichte und statistische Beschreibung des Cösliner Regierungsbezirks. Im Auftrage der königl. Regierung nach amtl. Quellen bearb. Lex.-8. (XI, 247 S.) Cöslin 868. (Berlin, v. Decker'sche Geh. Ober-Hofbuchdr.) *

—— das deutsche Wechselstempelsteuergesetz, s. a. Borchardt, S., allgemeine deutsche Wechselordnung.

Hoyer, d. deut. Wechselstempelsteuerges. 2. Aufl. Berlin 876.

Hoyer, *Wilhelm* [app. Arzt]: Beitrag zur Lehre der angeborenen epithelialen Fisteln u. Cysten des Halses ... Göttingen, Druck d. Dieterich'schen Univ.-Buchdr., 1895; 55 S. 8.
Göttingen, Med. Fak., Inaug.-Diss. v. [7. Dez.] 1894

Hoyer, W., Beitrag z. Lehre d. angebor. epithelialen Fisteln u. Cysten des Halses. Diss. gr. 8. (55 S.) Göttingen 895. (Vandenhoeck & Ruprecht.) n. 1. 60

Bj. K. Höyer's Abh. üb. die philosoph. Construction, als Einleit. zu Vorless. über d. Philosophie. A. d. Schwed. *Stockh. u. Hamb.*, Perthes. 801. 8° 18gl

– Dasselbe, s.a. Hoyer

Hoyerswerda [Schlagwort]

— s. a.: Kreiskarten.

Kreis Hoyorswerda. Maßst. 1:150,000 (1. Aufl.) *Glogau: C. Flemming [1905].* (1 Kartenbl. 41×24 cm mit Legende.) 8° [kol.]
— Kreiskarten, Carl Flemmings Neue. Bl 05

Hoyerswerda, Kreis. **Entfernungskarte, amtliche,** des Kreises Hoyerswerda. Auf Grund amtl. Unterlagen angefertigt im Katasteramte zu Hoyerswerda, rev. im Katasterbureau der königl. Regierung zu Liegnitz. Hrsg. 1904. 1 : 75,000. 52,5×90,5 cm. Farbdr. Glogau. Berlin, C. Flemming. n. 2. —

Hoyermann, F., Grammatik der spanischen Sprache nebst einem Übungsbuche, für den Gebrauch in Schulen, wie auch für den Selbstunterricht. gr. 8. (IV, 352 S.) Bremen 886, Heinsius Nachf. * 4 50

Hoyermann, F., und F. Uhlemann, spanisches Lesebuch mit kurzen biograph. Notizen und einem vollständ. Wörterbuch. gr. 8. (365 S.) Bremen 871, Kühtmann und Comp. *

Hoyermann, F., u. F. **Uhlemann,** spanisches Lesebuch z. Schul- u. Privatgebr., nebst e. Überblick üb. d. span. Litteratur u. e. vollständ. Wörterbuche. 2., vollständ. umgearb. Aufl. gr. 8. (XVI, 288 u. 69 S.) Dresden 895. G. Kühtmann. n. 7. —; geb. n.n. 7. 50

Hoyermann, F., geographisch-historischer Wegweiser. Mittelalter und Neuzeit. gr. 8. (III und 143 S.) Altona 858, Mentzel. *

Hoyking, A. Baron, Zwei brennende Fragen für den ländlichen Grundbesitz Kurlands, statistisch beleuchtet. 8°. Mitau 1864.

Hoyle im Kleinen, oder kurze Regeln beim Whistspiel, mit d. Gesetzen dieses Spiels, übers. v. A. F. Thölden. 8. Leipz. 793. 2e A. 794. Baumgärtner. 6 gl.

Hoyle, Edmund

— s. auch Abhandl. über d. Whistspiel rc.

— Anweis. zum Whistspiel; aus d. Engl. 16. Gotha 768. (Dieterich in Götting.) 4 gl.

Hoyle, Edm., traité du jeu de Whist, trad. de l'angl. 8. Wien 776. Ghelen. 8 gl.

Hoyle, Wm. C., Molluscar, a) Cephalopoda v. westlichen u. zentral. Südafrika, s.: Denkschriften der medizinisch-naturwissenschaftl. Gesellschaft zu Jena. XVI, 1.

— **Eduard August Anton von** (Braunschweiger Adel), Vindiciae justitiae judicii recuperatorii a sereniss. princ. Guelphicis Lud. Rudolpho coepti et a Ferdin. Alberto rerum, juriumque domanialium Helmstadii anno 1735 exerciti publico eruditor. exam. expos. Präs. Johann Paul Kress. Helmstedt (Buchholtz) 1736. 285 S., z. Tl. dtsch., mit Widm. v. Präs. (15.—) 16165

— **H. E. S. von** (Magdeburg), De jure detractus in genere et in specie secundum leges prutenicas. Rostock u Leipzig (Joh. Christ. Kopp) 1783. 27 Seiten. (5.50) 16166
Gew.: Johann Heinrich Casimir Freih. v. Carmer.

Hoym, H. E. S. Frh. v.: Versuch über die Klassifikation der Vorstands-Gelder bey entstehendem Konkurse des Verpächters. Rostock u. Leipzig 1781.

v. Hoym, Frhr. H. E. S., († 1790.) Versuch über Classifikation d. Vorstandsgelder bei entstandenem Concurse d. Pächter. 8. Rostock 781. Koppe. 1 gl.

[F.] Ein Denkmal Wilhelms des Grossen. Allegor. Traumgemälde in 3 Bildern v. Hans Magnus Graf v. Hoym. *Danzig. Dr. v. A. W. Kafemann 1897* (16 S.) 1 Bd 8.

Vom Fels zum Meer. Szenen aus d. Geschichte d. Grenadier-Regiments 'Kronprinz'. Festspiel z. Feier s. 250j. Bestehens. Hans Magnus Graf **Hoym.** (Königsberg [1905]: Ostpr. Dr.) (49 S.) 8° [F.] 10

Hoym, Paul v., Geschlechts- u. Wappenbuch d. blühenden u. ausgestorbenen Adels in dem ehemaligen Königr. u. der jetzigen Prov. Hannover, sowie dem Herzogth. Braunschweig. Hrsg. u. m. historisch-geolog. Text versehen. (In ca. 35 Lfgn.) gr. 4. Braunschweig 892. R. Sattler.
Angekündigt, wird jedoch nicht erscheinen.

Höynck, Franz Anton

Hoeynck, A., Geschichte des Frauenklosters in Kaufbeuren, mit besonderer Berücksichtigung der Zeit der ehrw. Crescentia. gr. 8. (VI, 170 S.) Kaufbeuren 880. Mayr. n. 2. —

Hoeynck, A., Geschichte des Frauenklosters in Kaufbeuren mit besond. Berucksichtigung der *Zeit* der Ehrwurd. Crescentia. Mit lithogr. Titel-Ansicht Kaufbeuren, G. Mayr, 1881. 8°. Hlwbd.
VI—170 S Am Schl. Abbild. des alten Klostersiegels

Hoeynck, F. A. Geschichte der kirchlichen Liturgie d. Bisth. Augsburg. Mit Beilagen: Monumenta liturgiae Augustanae. gr. 8. (VIII. 110 S.) Augsb. 889 Lit. Institut v. Huttler. * 8 —; geb. ** 10 —

Geschichte der Pfarreien des Dekanats Arnsberg. Hrsg von F[ranz] A[nton] **Höynck.** Mit 6 Abb. Husten: E. Severin [1907]. (648 S.) 8° [F.]

Höynck, F. A., Geschichte der Pfarreien d. Dekanats Arnsberg. (648 S. m. 6 Taf.) gr. 8. Hüsten (908). E. Severin. nn 5.—; geb. nn 6. —

Höynck, F. A., Geschichte des Dekanats Siegen, Bist. Paderborn. Mit Titelbild u. 4 Beilagen. (IV, 327 S.) gr. 8. 904. Paderborn, Bonifacius-Druckerei. n. 3. —

— Das Officium defunctorum, nach dem Wortsinn u. f. das liturgische Verständniss erklärt. gr. 8. (IV, 206 S.) Kempten 892, Kösel. * 2 80

Hoeynck, Hugo: De carcinomate cerebri Halis Saxonum (1866): Gebauer-Schwetschke. 35 S. 8°
Halle-Wittenberg, Med Diss. v. 28. Febr. 1866
Geb. Bielstein (Westf.) 12. 5. 1841. V

Höynck, Paul, approb. Arzt aus Wattenscheid: Ein Fall von ischämischer Lähmung nach Arterienverschluss mit anatomischen Untersuchungen der Nerven und Muskeln. *Bonn 1902: C. Georgi.* (32 S.) 8°
Bonn, Med. Diss. v. 27. Juni 1902

Hoynigg, Joh., alphabetisches Repertorium zum k. k. Armee Verordnungsblatte für die Jahrgänge 1850— einschlüssig 1860, mittelst welchem jedes darin enthaltene Gesetz u. jede Circular-Verordnung rc. schnell u. vollständig aufgefunden werden kann. Wien 862. Dirnböck. gr. 4. (IV, 116 S.) 1 $\mathit{r\!\!\!\!/}$ 10 ngr.

Hoynigg, alphabetisches Repertorium zum Reichsgesetzblatte des Kaiserth. Oesterreich und Landesregierungsblatte des Königr. Ungarn für die J. 1850 bis einschließlich 1858. (Ofen.) 4. (208 S.) Pest 860, (Lauffer und Stolp.)

Hoyningen-Huene, Frhr. A. v., zur Biologie d. estländ. Dachses, Meles taxus Schreb. Mit besond. Berücksicht. seines Nutzens u. Schadens. Nebst Anh. Mit 14 Illustrat. (auf 14 Taf.) nach photograph. Aufnahm. nebst 1 Plan. (106 S.) Lex. 8. Reval 910. Cordes & Schenk. 9. —

Hoyningen-Huene, Friedrich Baron, aus Basel: Die silurischen **Craniaden** der Ostseeländer mit Ausschluss Gotlands. Mit 6 Taf. u. 18 Textfig. *St. Petersburg 1899: C. Birkenfeld.* (S. I—II, 181—359.) 8° [Umschlagt.] ¶ (Aus: Verhandlungen d. Kais. Russ. Mineralog. Gesellschaft zu St. Petersburg, Serie 2, Bd 30, No 2.)
Tübingen, Naturw. Diss. v. 1899

Hoyningen-Huene, A. Frhr. v., Mädchen-Opfer der Sklavenhändler. Erzählung. (75 S.) 8. Hamburg (905). W. Digel. n. 1. 50

Hoyningen-Huene, A. Frhr. v., ein Opfer der Sklavenhändler. Erzählung. 12. (86 S.) Berlin (900). A. Frhr. v. Hoyningen-Huene. n. 1. —

Hoyns, Geo., Geschichte der s. g. dreissig Tyrannen, hauptsächlich des Odenathus und der Zenobia. Nach dem Zeugnisse der alten Schriftsteller, Münzen und Inschriften dargestellt. gr. 8. (62 S.) Göttingen 852, Dieterichsche Buchh. *

Hoyns, Geo., Geschichte des deutschen Volkes in Staat, Religion, Literatur und Kunst von der ältesten Zeit bis zur Gegenwart. 1. Bd.: Bis zur Regierung Otto's des Großen. gr. 8. (XVI, 500 S.) Leipzig 884, Brockhaus. *
geb. *

Hoyns, Geo. Dissertatio de Zenobiae atque Odenathi rebus. 8. Heidelbergae 1847.

Hoyns, G., die alte Welt in ihrem Bildungsgange als Grundlage der Kultur der Gegenwart, s.: Verein, allgemeiner, f. deutsche Literatur.

Hoyns, Geo., die Zurücknahme von Elsaß und Lothringen. Ein Wort über den Karakter der Franzosen und seine Entwickelung an die Gegner jener Zurücknahme. gr. 8. (15 S.) Hannover 870, Schmorl und v. Seefeld.

Hoyoll, Johann Conrad Daniel, De affectibus. Demonstratio philos. Präs. M. Gottfried Profe. Halle (Hendel) Okt. 1739. 28 S. (6.50) 16168
Gew.: Johann Erdmann Graf v. Promnitz (Pless. . ., Klitschdorff . .) — Widm. v.: Präs., Matthias Hermann Bolte (dtsch.), Ludovici.

Hoyos jun., Ernst Graf, zu den Aulihan. Reise- u. Jagderlebnisse im Somâlilande. gr. 8. (IV, 192 S. m. 10 Lichtdr.-Bild. u. 1 Karte.) Wien 895. Gerold & Co. n. 10. —; geb. in Leinw. n. 12. —

Hoyos, Rud. Graf, Gedichte. gr. 8. (288 S.) Wien 887, Gerold's Sohn. * 6 —

Hoyos, Rud. Graf. Neue Gedichte. 8. (IX, 190 S.) Dresd. 892, Pierson. * 2 50

Hoyos, Rudolf [Hrsg.], s. Villers: Briefe eines Unbekannten.

Hoyt, Charles O., Ypsilanti, Michigan U. S. A.: Die **Schulverwaltung** der Vereinigten Staaten mit besonderer Beziehung auf die städtische Verwaltung. *Jena 1903: A. Kämpfe.* (IV, 49 S.) 8°
Jena, Phil. Diss. v. (25. Juli) 1903

Hoz, Heinrich Adolf, aus Aadorf (Thurgau): 1. Untersuchungen über Diphenylamindicarbonsäuren. 2. Über 2-Aminonaphtalin-8-merkaptan. Zürich 1907. 53 + 3 S. 8°. [28. XI 06.]
Basel Phil. Diss. 1906/1907

Hoz, Heinrich Adolf. 1. Untersuchungen über Diphenylamindicarbonsäuren; 2. Über 2-Aminonaphtalin-8-merkaptan. Diss. Phil. Basel. 55 S. 8. Zürich, W. Coradi-Maag, 1907.

Hozakowski, Vladislaus *J. C.* [Presb. archidioec. Gnesn. et Posn.]: De chronographia Clementis Alexandrini. 1. De chronologia Novi Testamenti a Clemente Alexandrino proposita. Commentatio theolog. et crit. Monasterii Guestf., ex typogr. Aschendorffiana, 1896; 32 S., 2 Bl. 8.
Münster, Kath.-theol. Fak., Inaug.-Diss. v. [6. Aug.] 1896

[F.] **Hözel**, *Karl* Emil [Oberl. am Kgl. Sem. zu Dresden-Friedrichstadt]: Das geographische Individuum bei Karl Ritter und seine Bedeutung für den Begriff des Naturgebietes und der Naturgrenze ... (Aus d. Geogr. Zeitschr.) Leipzig, Druck v. B. G. Teubner, 1896; 33 S. 8.
Leipzig, Phil. Fak., Inaug.-Diss. v. [4. Juni] 1896

Hözel, Emil, Übungen im Kartenlesen. Eine Aufgabensammlg. f. höhere Schulen. 1. u. 2. Hft gr. 8. Leipzig, H. Wagner & E. Debes. n.n. 1. 10
1. Die Erdteile außer Europa. (VI, 60 S.) 892. n.n. — 60
2. Europa ohne die german. Mitte. (IV, 50 S.) 894. n.n. — 50

Hözel, Emil, Übungen im Kartenlesen. E. Aufgabensammlg. f. höh. Schulen. 3. Hft. D. german. Mitteleuropa. gr. 8. (IV, 56 S.) Leipzig 895. H. Wagner & E. Debes. n.n. — 60 (1—3: n.n. 1. 70)

Hözel, E., Übungen im Kartenlesen, 2. Aufl., s.: Mahler, Rich., Länderkunde auf heuristischer Grundlage.

Hözelin, L., das Nibelungenlied in seiner ursprünglichen Form. Nach einer alten Runenhandschrift ins Neuhochdeutsche übertr. und mit einem gelehrten Vorwort versehen. 12. (32 S.) Leipzig 881, Ehrlich. *

Hozen (F. van). Physiologie des Lemnacées. Gand, 1869. 8°.

Hoezer, Frz. Xav., († ...) pharmaca simpl. mineralia Bohem. indigena. 8maj. Prag 778. Gerle. 5 K

Hozhevar, Joh., s.: Raff, Johs.

Hozier, Henry M.

Hozier, Capt. Die britische Expedition nach Abyssinien. Autor. Uebers. (227.) 8. Berlin 1870. 4.00.

Hozier, H. M. Der Feldzug in Böhmen und Mähren. Berichte und Schilderungen des Correspondenten der „Times" im H.-Qu. der I. Armee. Deutsch von D. Born. 1.—4. Aufl. (V. 212.) 8. Berlin 1866. 1.00.

Hozier, der Feldzug in Böhmen und Mähren. Berichte und Schilderungen des Correspondenten „der Times" im Hauptquartier der ersten Armee. Autoris. Uebersetzung. Deutsch von D. Born. 1.—4., verb. Aufl. gr. 8. (V und 212 S.) Berlin 866,67, F. Duncker. *

Hozier, Henry M., der britische Feldzug nach Abessinien. Aus officiellen Aktenstücken. Autorisirte Uebersetzung. gr. 8. (227 S.) Berlin 870, F. Duncker. [Stuttgart, Krabbe.] *

Hozier, H. M., Europa's Kampffähigkeit. Befugte deutsche Ausg. v. Mart. Waldeck. gr. 8. (28 S.) Berlin 876. Liepmannsohn. n. 1. —

Der Einfluss des Ahnenkultus auf das japanische Recht. Von Prof. Dr. Nobushige **Hozumi** Aus d. Engl übers. von Dr. jur. Paul Brunn. *Berlin: Kisak Tamai 1901.* (51 S.) 8° [01. 5053]

Hrabe, A., die Lüftg. u. Heizg. der Schulen, s.: Kabrhel, Gust.

Hrabák, Jos., über die Anwendung der variablen Expansion bei Schachtförderungs-Dampfmaschinen mit u. ohne Wasserhebung. Nebst e. Anleitg. zur schnellen Berechng. dieser Maschinen. [Aus dem berg- u. hüttenmänn. Jahrb. der k. k. Bergakad.] Prag 868. Linnekogel & Funk. gr. 8 (51 S. mit 1 Steintaf. in Fol.) n. 12 ngr.

Hrabák, Jos., über die Anwendung der variablen Expansion bei Schachtförderungs-Dampfmaschinen mit und ohne Wasserhebung. Nebst einer Anleitung zur schnellen Berechnung dieser Maschinen. gr. 8. (51 S. mit 1 Stnt. in Fol.) Prag 868, (Mercy's Verlag.) *

Aus: Berg- und hüttenmännisches Jahrbuch der k. k. Bergakademie, besonders abgedruckt.

Hrabák, Jos., Berechnung der Förderseile. — Wie wird man aus Tiefen über 1000 m bis selbst 2000 m fördern können? — Flachseile für möglichste Seilgewichts-Ausgleichung. 3 Hefte. gr. 8. (40; 24; 65 S.) Wien 881,84. (Prag, Calve'sche Universitäts-Buchh.)

Aus: Oesterreichische Zeitschrift für Berg- und Hüttenwesen, besonders abgedruckt.

Hrabák, Jos., die Dampfmaschinen-Berechnung mittelst praktischer Tabellen und Regeln zur leichten, schnellen und sicheren Anwendung auf alle Gattungen doppelt wirk. Dampfmaschinen, sammt zugehör. Schwungrädern, Dampfkesseln, Heizungen, Anschaffungs- und Betriebskosten, mit Zugrundelegung der neuen, auf Völker's Indicator- und Bremsversuche gestützten Dampfmaschinentheorie. Nebst einem Grundriss der Dampfmaschinentheorie und Constructionsregeln für die wichtigsten Expansions-Schiebesteuerungen. 2. wesentlich verm. Aufl. gr. 8. (XII, 184 S.) Ebendas. 869. *

Hrabák, Jos., Die Dampfmaschinenberechnung mittelst prakt. Tabellen u. Regeln etc. 2. Ausg. Prag 1869. 8°.

Hrabák, Jos., die Dampfmaschinen-Berechnung mittelst praktischer Tabellen u. Regeln auf wissenschaftlicher Grundlage. Zur leichten, schnellen u. sicheren Anwendg. auf alle Gattgn. [doppelt wirk.] Dampfmaschinen m. Kurbelbewegg. Mit e. „tabellar. Theile" in besond. Hefte. 3. wesentlich bereich. u. gänzlich umgearb. Aufl. Mit 28 in den Text eingedr. Holzschn. gr. 8. (XVIII, 334 u. IV, 115 S.) Prag 877 Mercy. n. 7. 20

Hrabák, Jos., die Drahtseile. Alles Nothwendige zur richt. Beurtheilg., Construction u. Berechng. derselben. Eine der Praxis angepasste wissenschaftl. Abhandlg. gr. 8. (XV, 220 S. m. 72 Fig. u. 14 Taf.) Berlin 902. J. Springer. Geb. in Leinw. n. 10. —

— — Flachseile f. möglichste Seilgewichts-Ausgleichung. Supplem. zu des Verfassers „Berechnung d. Förderseile". 8. (65 S.) Ebds. 40 kr. 1884

Hrabák, Jos., Gedenkbuch zur Feier des 25jährigen Bestandes der k. k. Bergakademie Příbram 1849—1899. Lex.-8. (V, 265 S. m. eingedr. Plänen u. 1 Taf.) Příbram 899. (Prag, J. G. Calve.) n. 5. —

—— Hilfsbuch für Dampfmaschinen-Techniker mit einer theoretischen Beilage. Unter Mitwirkung von Adb. Káš hrsg. Mit eingedr. Diagrammen in Holzschn. Lex.-8. (XXVIII, 159; VII, 220 S.) Berlin 883, Springer. geb. *

Hrabák, Jos., Hilfsbuch f. Dampfmaschinen-Techniker. Unter Mitwirkg. v. Adb. Káš verf. u. hrsg. 2., wesentlich verm. u. verb. Aufl. Lex.-8. (XV, 28, 192; VIII, 261 u. 83 S. m. Fig.) Berlin 891. J. Springer. Geb. in Leinw. n. 16. —

Hilfsbuch für Dampfmaschinen-Techniker. Unt. Mitw. v. Adalbert Káš, Prof. ... in Příbram vf. u. hrsg. v. Josef **Hrabák**, Oberbergr. ... in Příbram. 3. Aufl. M. in d. Text gedr. Fig. Bd 1. 2. *Berlin: J. Springer 1897.* 2 Bde 4.(8.)

1. Pract. Th. (XVII, 30 S., 1 Bl., 212 S.)
2. Theoret. Th. (VIII S., 1 Bl., 262, 85 S.) [97. 9371]

Hilfsbuch für Dampfmaschinen-Techniker. Hrsg. von Josef **Hrabák**, Prof. 4. Aufl. Mit Fig. Bd 1–3. Berlin: J. Springer 1906. 3 Bde 4°

1. Pract. T. 2 Theoret. T. 3 Ergänz. T. [07. 4949]

— pract. Hilfstabellen f. logarithm. u. and. Zahlenrechnungen. 3., abgekürzte Ausg. gr. 8. (V, 253 S.) Leipzig 895. B. G. Teubner. Geb. n. 3. —

Hilfstabellen f. Rechngn. m. u. ohne Logarithmen. Nebst zeitentsprech. Maass-, Gewichts- u. Geldrechnungs-Tabellen insbesondere f. das metr. u. engl., oesterreich. u. preuss. Maass- u. Gewichts-System. 2. Ster.-Ausg. Lex.-8. (VIII, 445 S.) Leipzig 876. Teubner. n. 8. —

— vollständige Mass-, Gewichts- u. Preis-Reductions-Tabellen f. die Anwendung d. metrischen Systems in Oesterreich. 7 Hfte. gr. 8. Prag 875. Tempsky. à n. 1. 40; cplt. n. 7. 20

Einleitender Theil. (45 S.)

1. Längen-Masse. [1. Tabellen-Gruppe.] (41 S.)
2. Flächen- u. kubische Masse m. Einschluss d. Riemen- u. Schichtmasses nebst dem Holzmasse. [2. u. 3. Tabellen-Gruppe.] (51 S.)
3. Trocken- u. Flüssigkeits-Hohlmasse. [4. u. 5. Tabellen-Gruppe.] (39 S.)
4. Handels- u. Apotheker-Gewicht. [6. u. 7. Tabellen-Gruppe.] (53 S.)
5. Silber-[Mark-], Gold- u. Juwelen-Gewicht. [8. u. 9. Tabellen-Gruppe.] (39 S.)
6. Englische Masse u. Gewichte. [10. Tabellen-Gruppe.] (41 S.)

— dasselbe. Taschen-Ausg. qu. 16. (XXV, 143 S.) Ebend. 875. n. 2. —

— dasselbe. Volks-Ausg. 8. (XLI, 127 S.) Ebend. 875. n. 2. —

Hrabák, Jos., Gemeinnütziges mathem.-technisches Tabellenwerk. Eine möglichst vollständige Sammlung von Hülfstabellen für Rechnungen mit und ohne Logarithmen. Nebst zeitentsprechenden Maass- Gewichts- und Geldrechnungstabellen, insbesondere für das metrische und englische, österreichische und preussische Maass- und Gewichtssystem. Leipzig 1873. 8°.

—— gemeinnütziges, mathematisch-technisches Tabellenwerk. Eine möglichst vollständ. Sammlung von Hilfstabellen für Rechnungen mit und ohne Logarithmen. Nebst zeitentsprech. Maass-, Gewichts- und Geldrechnungs-Tabellen insbesond. für das metr. und engl., oesterreich. und preuss. Maass- und Gewichts-System. Ster.-Ausg. Lex.-8. (VIII, 445 S.) Leipzig 874, Teubner. *

—— gemeinnütziges, mathematisch-technisches Tabellenwerk. Eine möglichst vollständige Sammlung von Hilfstabellen für Rechnungen mit und ohne Logarithmen. Nebst zeitentsprechenden Maass-, Gewichts- und Geldrechnungs-Tabellen insbesondere für das metr. und engl., österreich. und preuss. Maass- und Gewichts-System. 2. Ster.-Aufl. gr. 8. (VIII, 445 S.) Leipzig 876, Teubner. *

Hrabák, Jos., Theorie u. practische Berechnung der Heissdampfmaschinen. Mit e. Anh. üb. die Zweicylinder-Condensations-Maschinen m. hohem Dampfdruck. (VII, 100 S.) Lex.-8. Berlin 904. J. Springer. Geb. in Leinw. n. 7. —

Hrabák, J. Wie wird man aus Tiefen über 1000 m bis selbst 2000 m fördern können? Abdruck. Wien. 1884.

Hrabanus Maurus, s.a. Rabanus Maurus.

Rabani [Hrabani] Mauri de institutione clericorum libri tres. Textum rec., adnot. crit. et exeget. illustravit, introd. atque indicem addidit Dr. Aloisius Knoepfler, prof. *Monachii: Lentner 1900.* (XXIX, 300 S.) 8°
— Veröffentlichungen a. d. Kirchenhist. Seminar München. No 5.

Hrabanus Maurus. Schriften, s. Bibliothek der kathol. Pädag.

Hrabanus Maurus, ausgewählte Schriften, s.: Bibliothek der katholischen Pädagogik.

Hrabanus Maurus, des, pädagog. Schriften, s. a. Sammlung der bedeutendsten pädagog. Schriften. 5. Bd.

Des Hrabanus Maurus pädagogische Schriften. Übers., bearb. u. mit e. Einl. vers. von Joseph Freundgen. 2. Aufl. Paderborn: Schöningh 1909. V, 230 S. 8°
(Sammlung d. bedeutendsten pädag. Schriften. Bd 5.) [10. 3792]

Hrabar, Vladimir E., s.: De legatis et legationibus tractatus varii.

Hrabe, Johann (Hrsg.), s. Groß-Wien, 's lustige.

Hraběnka, Žebrácká, aneb Osudy dcery z rodu hraběcího. Roman ze života. Sešit 84., 85. (Die Bettelgräfin oder Schicksale einer Grafentochter. Roman aus dem Leben.) Gr.-8. (S. 2657—2715 u. II. 1—32) à * —.15
Wien: Daberkow 1898.

Hrabina, Genewefa, s. Zywot.

Hrabowski, Heinr., Christenthum aufgefaßt im Geiste als wahrer Protestantismus. Vortrag in der Versammlung der protestant. Freunde zu Königsberg, am 20. Mai 1845. gr. 8. (2 B.) Königsberg 845, Universitäts-Buchh.

— Der Christkatholicismus noch excommunicirt von der königl. evangelischen Landes-Universität. 4 meine Entlassung betreffende Documente. Leipzig, R. Friese 1846. 18 S. 8.

Hrabowski, (Heinr.,) der Christkatholicismus noch excommunicirt von der k. evangel. Landes-Universität. Vier meine Entlassung betreff. Documente. gr. 8. (20 S.) Leipzig 847, Friese. *

—— die von Dr. Behnsch über den Christkatholicismus aufgestellten 21 Sätze mit Beziehung auf Dr. Rupps offenen Brief an Dr. Behnsch, geprüft. gr. 8. (54 S.) Berlin 847, (Strikker.) *

—— freies christl. Zeugniß v. d. christkath. Gemeinde in Königsberg ausgesprochen. gr. 8. (1 B.) Königsberg 846. (Bornträger's Sortbuchh.) *

Hrabowski, Max (Gross-Glogau / Schles.), Ueber **penetrirende Brustschusswunden. Diss. med.-chir. Bln. (M. Niethe) 16. VIII. 1877. 38 S. mit Biogr. (4.80)** 16169
Oppon.: Bruno Stort, Carl Lesser, Wilhelm Schnitzer.

Hrach, Ferd., die Feuersicherheit in uns. Häusern. Vortrag, geh. am 15. Novbr. 1894 im mähr. Gewerbevereine in Brünn. gr. 8. (21 S.) Brünn 895. R. M. Rohrer. n. 1.—

HRACH, Ferdinand
(F) Die Brünner Stadtregulierung und manches Andere. Vortrag gehalten am 23. November 1899 im Mährischen Gewerbeverein in Brünn von Ferdinand Hrach. Brünn. 1900. Mährischer Gewerbeverein. [In Comm. Winkler.] Gr.-8°. 24 S. K —.25

Hrachowina, Karl

Hrachowina, Carl, Initialen, Alphabete und Randleisten verschiedener Kunstepochen. [Publication des k. k. österreichischen Museums für Kunst und Industrie.] 6 Lfgn. Fol. (48 Taf. und 7 S. Text.) Wien 883,84, Graeser. à Lfg. ℳ 4.; In Mappe

Hrachowina, Karl, Initialen, Alphabete und Randleisten verschiedener Kunstepochen. 2. Auflage. K. k. österreichisches Museum für Kunst und Industrie. Wien 1897. Verlag von Karl Graeser. (Min.-Erl. v. 9. Juli 1897, Z. 9197.) In Mappe 15.—

Hrachowina, Relief-Ornamente. Mustergiltige Vorlagen für das ornamentale Zeichnen. Lieferung 1, 4 Blatt, Lichtdruck. gr. Fol. Wien, Graeser. fl. 3.60. Aufbewahrungsmappe dazu (für das ganze Werk, 6 Lieferungen) fl. -.90. 1886

Hrachowina, Carl, Vorlagen für das Kunstgewerbe. 1. Bd.: Künstliches Alphabet von J. Th. de Bry. [XVI. Jahrh.] 4. (24 Bl.) Wien 886, Graeser. In Mappe * 4 —

Hrachowina, Prof. Carl, Vorlagen für das Kunstgewerbe. 1. Bd. 4°. Wien, Graeser. In Mappe fl. 2.40.
Inh.: Künstliches Alphabet v. J. Th. de Bry. [XVI. Jahrh.] (24 Bl.)

Hrachowina, Karl. Wappenbuchlein fur Kunstjunger und Kunsthandwerker. Gezeichnet, autographiert und herausgegeben von Karl Hrachowina. Wien, Verlag von Karl Graeser MDCCCLXXXIII [1883].
12 S., 28 Taf. 4°

—— Wappenbüchlein für Kunstjünger und Kunsthandwerker. Gezeichnet, autogr. und hrsg. [Publication des k. k. österreich. Museums für Kunst und Industrie.] 4. (12 S. mit 28 Taf.) Ebendas. 883. In Mappe *

Hradec, Heinr., Nationalitäten- u. Sprachenstreit in Oesterreich. Randbemerkgn. zur gleichnam. Broschüre des Grafen Rudolf Czernin. gr. 8. (75 S.) Prag 901. F. Řivnáč. n. 1.40

Hradecky, Karl, Praktischer Lehrgang zur Erlernung der böhmischen Sprache; auf Grundlage des in der Fibel enthaltenen Anschauungs-Unterrichtes für Volksschulen entworfen. 8. (IV. 74 S.) Prag, Tempsky. 1864 20 kr.

Hradecký, Karl, praktischer Lehrgang zur Erlernung der böhmischen Sprache auf Grundlage des in der Fibel enthaltenen Anschauungs-Unterrichtes für Volksschulen. 3., verb. u. verm. Aufl. Prag 864. Tempsky. gr. 8. (VI, 74 S.) 7½ ngr.

Hradecky, Karl, Praktischer Lehrgang zur Erlernung der böhmischen Sprache auf Grundlage des in der Fibel enthaltenen Anschauungs-Unterrichtes für Volksschulen. 4. verbesserte und vermehrte Auflage. 8. (83 S.) Prag, Tempsky. 1868 24 kr.

Hradelovics, Frz., die wunderbare Medaille. (83 S. m. Abb.) 16. Wien 909. „Austria" F. Doll. — 30

Hradil Guido, Dr. Der Granitzug der Rensenspitze bei Mauls in Tirol (mit 1 Taf., 1 Karte und 1 Textfigur). S. 121 1 [illegible] . . . 1 70
Separatabdruck

Hradil, Ign.: Nachrichten über das k.k. Theresianum und über die Entstehung der daselbst befindlichen Bibliothek. – Wien Ther., Progr. 1866.

Hradil, Ig., Nachrichten über das k. k. Theresianum und über die Entstehung der daselbst befindlichen Bibliothek. gr. 8. (22 S.) Wien 866, Beck'sche Universitäts-Buchh. *

Hradil, Paul, Untersuchgn. zur spätmittelalterlichen Ehegüterrechtsbildung. Nach bayr.-österr. Rechtsquellen. 1. Tl.: Das Heiratsgut. (VIII, 110 S.) gr. 8. Wien 908. Manz. 3. 40

Hradisch, Johann von —. Der Bienenkorb. Gedenkbuch der türkisch-russischen Kriegsereignisse der Gegenwart. Herausgegeben von — —. (Mit Illustrationen.) Neutitschein, 1855. Schnellpressendruck und Verlag von J. N. Enders. Mit dem Titelbild: Abdul Medschid, der jetzt regierende türkische Sultan. (63 S. 8.)

Hradisch, Joh. v., schönste Blumensprache od. vollständige Deutg. der Blumen in Versen u. Prosa, nebst Kränzchen u. Sträußchen f. Liebe u. Freundschaft, dann e. Blumenorakel u. eine allegor. Bezeichnung der Stunden. Ein Toiletten-Geschenk. 3., viel verm. Aufl. 8. (98 S.) Thorn 890. E. Lambeck. — 90

Hradisch, Johann von — Huldigung! Prämien-Album in Wort und Bild. Herausgegeben von — —. (Mit vielen Bildern und Text-Illustrationen. Neutitschein, 1856. Schnellpressendruck und Verlag von J. N. Enders. (148 S. 4. Als Titelbild das Porträt des Ludwig Bowitsch. Artist. Anstalt von Reiffenstein und Rösch in Wien.)

Hradisch, Joh. v., immerwährender Jagd-Kalender für Jäger u. Jagdfreunde. 6. Aufl. qu. gr. 4. (14 Bl. u. 20 S.) Wien 878. Enders. cart. n. 1. 60

Hradisch Jagdkalender, früher L. V. Enders in Neutitschein, nun Wien, H. Winkler. 60 kr.

Hradisch, Joh. v., der heil. Kreuzweg, od. die Nachfolge Jesu auf dem schmerzhaften Kreuzwege. Ein Gebet-, Erbauungs- u. Betrachtungsbuch f. alle frommen Christen. Mit Abbild. der 14 Stationen. 12. (2⅝ B.) Wien 844, Jasper's Verl. *

Hradisch, Johann von — — Novellen-Album. Herausgegeben und den P. T. Abonnenten der „Biene" für das Jahr 1855 freundlichst gewidmet von — — Mit einem Titelbild: Die Verfolgten. Neutitschein, 1855. Druck und Verlag von J. N. Enders.

Hradisch, Johann von [Hrsg.], s. Reichs-Bote, Illustrierter.

Hrana evangelskih naukov. Na svetlo dal A. Slomšek. 2. pomnoshen natis. V' Zelovzi, Leon, 1845. 3 Tle. (1. Aufl. in Graz gedruckt.)

Hrase, J. K.: Die heidnischen Nekropolen im südl. Böhmen. S. 19–23. – Leitmeritz, OR, Progr. 1865.

Hruše, Joh., die Pflege der Geisteskranken. Leitfaden f. Irrenpfleger. (155 S. m. 1 Taf.) gr. 8. Prag (908). Bursik & Kohout. 2. 10

Hrásky, J. Vlad., über die Einheitlichkeit der techn. Lösung f. Wasserstrassen u. die Bodenmelioration des anlieg. Geländes, s. a. Verbands-Schriften des deutsch-österr.-ungar. Verbandes f. Binnenschiffahrt. N. F. 10.

Ueber die Einheitlichkeit der technischen Lösung für Wasserstraßen und die Bodenmelioration des anliegenden Geländes. Von J[an] Vlad[imir] **Hrásky**, Prof. in Prag. *Berlin-Grunewald: A. Troschel 1903.* (10 S.) 8°
— Deutsch-Oesterr.-Ung. Verband f. Binnenschiffahrt. Verbands-Schriften. N. F. No 10. [04. 4687

HRAST, Johannes: Doctrina s. Irenaei de scriptura. — (1858) 52 S. 8° (Handschr.) Diss. 183
Diss. Wien, Univ.

Hrastilek, K. Ueber Addisons „Cato". Kremsier, R., 1881. 17 S. Progr.

[Armen.] Khnnakan **hratarakouthiun** matenagrouthean eu thargmanouthean nahneaç Hajoç. Knnouthiunkh eu bnagirkh hratarakeal i wiennakan mhitharean miabanouthenē. Hator 1. *Wien 1897: Mhitharean.* 4°
[Krit. Publikation von Werken u. Übersetzungen d. armenischen Classiker. Untersuchungen u. Texte, hrsg. von d. Wiener Mhitharisten-Congreg. Bd 1.] [03. 3004

Hrázký Josef: Die Lehre von den „passions de l'ame" bei Gassendi, Descartes und Malebranche. II. 1907 PN 2367 Diss. Wien, Univ. 121

Hrba, A.: Die Lüftung und Heizung der Schulen, s. Kabrhel, G.

2486. **Hrdina, Ernst**. Gmunden und seine Umgebungen. Ein Wegweiser für Fremde beim Besuche dieser herrlichen Gegend. *Wels* 1858. Druck und Verl. v. *Joh. Haas.* VIII, 79 S., 1 Bl. 8°. 30 kr.

Hrdina, Joh. Nep., Geschichte der wieliczkaer Saline. Nach dessen Tode hrsg. u. m. einer geognost. Beschreibung der Salzformationen, techn. Erklärung der Gruben-Manipulation, u. Anleitung f. Fremde bei der unterird. Befahrung der Gasttour vermehrt durch Ludw. Eman. Hrdina. gr. 8. (18 B. u. 3 Kart.) Wien 842, Gerold, Verl. *

HRDINA, Johannes: Ansichten der Kirchenväter über klassische Studien mit besonderer Berücksichtigung des hl. Basilius. — (1907) 52 S. 8° (Handschr.) Diss. 772
Diss. Wien, Univ.

Hrdina, Ludwig E.

Hrdina, Ludw., pittoreske Ansichten einiger der vorzügl. Parthien des Steinsalzwerkes in Wieliczka. Lith. gr. 4. Wien 842, Gerold, Verl. *

Geognostischer Durchschnitt des Karpathen-Gebirges aus der Lomnitzer Spitze bis zu dem Weichsel-Thal. (Aus dem Werke: Hrdina, Geschichte der Wieliczkaer Saline.) Wien. 1841. Fol.

Hrdina, L. E. Geognostischer Durchschnitt der Wieliczkaer Saline, zur allgemeinen Uebersicht der Salzformation. (Aus dem Werke: Hrdina, Geschichte der Wieliczkner Saline.) Wien. 1841. Fol. lithographirt.

Hrdina, L. E. Gruben-Karte von dem oberen Theile der Wieliczkaer Saline zur Uebersicht des Streckenbetriebes und besonders der durch Fremde befahrenen Gasttour. Ein grosses Folioblatt. Wien. 1841.

— s. **Hrdina, Jh. Nep.**, Geschichte der Wieliczkaer Saline.

HRDINA, Wenzeslaus: Utrum praxis ecclesiae catholicae, qua in s. liturgia linguam magna ex parte fidelibus incognitam puta latinam servat possit approbari. — (1841) 64 S. 8° (Handschr.) Diss. 131
Diss. Wien, Univ.

Hrdliczka, Alex. Joh., Erbauungs-Worte. 8. (65 S.) Königgrätz 875. (Olmütz, Žákovský.) n. 1. —

— fromme Gedanken. 8. (50 S.) Ebend. 875. n. — 60

Hrdlička J. Entwürfe für moderne Spitzen (30 T) fol Stuttgart (1901)

Hrdlička, J., Entwürfe f. moderne Spitzen. gr. Fol. (30 Taf. m. III S. Text.) Stuttgart (902). J. Hoffmann. In Mappe n. 35. —

Hrdlička, V., Vr. Lhota, Fr. Vahala, Klein- u. Luxusmöbel. Entwürfe. (30 Farbdr. m. III S. Text.) 41×31 cm. Wien (908). A. Schroll & Co. In Mappe 15. —

Hrdy, Joh., aus dem Isergebirge. Ein Beitrag z. Geschichte der Gablonzer, Tannwald-Morchensterner Gegend u. d. oberen Kamnitztales. Allen Freunden der Heimatkunde gewidmet. (144 S. m. Abb.) gr. 8. Gablonz 907. H. Rößler. 2. 50

Hrehorowicz, Thaddäus

Hrehorowicz, Grundbegriffe d. Strafrechts. 2. Aufl. Dorpat 880.

Hrehorowicz, Thaddaeus, Grundbegriffe des Strafrechts. 2. (Titel-)Aufl. gr. 8. (XX, 375 S.) Dorpat 882. Schnakenburg. n. 6. —

—— Grundfragen und Grundbegriffe des Strafrechts. [I. Die Willensfreiheit. II. Die Strafe. III. Das Verbrechen.] gr. 8. (XX, 375 S.) (Ebendas.) 880.

Hrehorowicz, Thadaeus, die Willensfreiheit und die Strafe. 8. (V, 143 S.) Dorpat 878, Schnakenburg's Verlag.

Hrib, W. F., s. Brünn.

Hribar, Emil. Elemente der ebenen Trigonometrie. Zum Schulgebrauch u. zum Selbststudium dargestellt. gr. 8. (VII, 99 S. m. 44 Abbildgn.) Freib. i. Br. 892, Herder. * 1 20; geb. ** 1 50

Hribernig Aem.: Taquet's Theorie der Ringe. I. Th. Inhalt der Ringe (15.) II. Th. Oberfläche der Ringe. (15.) St. Paul 87. 88.
Progr.

Hrimaly, Adalb., 30 Jahre Musik in der Bukowina. Erinnerungen vom J. 1874 bis 1904. (36 S.) 8. Czernowitz 904. (H. Pardini.) n. — 20

Hřimaly, Adb., d. königl. böhmische Nationaltheater u. d. böhm. Componisten. E. Wort an d. böhm. Journalistik. Zur freundl. Beachtg. u. Erwägg. unterbreitet. gr. 8. (20 S.) Czernowitz 895. (Prag, H. Dominicus.) n. — 40

Hrkal Eduard: Etudes sur le patois de Démuin. 25. Krems R. 95.
Progr.

— Die Mundart von Clairvaux. 24. Neutitschein R 98.
Progr.

Hrkal Eduard: Le Patois de Démuin.
1895 PN 925 Diss. Wien, Univ.

Hrkal, Ed., Supplemento nautico al libro di lettura inglese. Compilato ed annotato. gr. 8. (117 S.) Triest 902. (F. H. Schimpff.) n.n. — 80

Hrólfssaga Kraka, s. Geschichte, Die, von Hrolfkraki.

Hromada. Recueil oukraïnien rédigé par M. Dragomanov. No. 5. In-8°, 272 p. Genève, Bâle, Lyon, H. Georg. *1882* 4 —

Hromada. Revue oukraïnienne, rédigée par M. Dragomanov, M. Pavlik et S. Podolinskiy (en petit-russe). Année V, N° 1 et 2. In-8°, 136 et 104 p. Genève, Bâle et Lyon, H. Georg. *1881*

Briefe uber den naturhistorischen Unterricht an der medicinischen Facultät u. am Gymnasium. E. Beitr. z. Reform des Studiums d. Medicin u. d. Gymnasiallehrplanes. Von Med. u. Phil. Dr. Adolf Hromoda, k. k. Prof. *Wien: C. Gerold's Sohn 1897.* (1 Bl, 90 S.) 1 Bd 8. (9) 601

Hromada, Adolf Die Krankheiten des Willens. Vorbereitender Teil· Psychologie und Physiologie des Willens a) Psychologie. (Umschlagtitel· . . . Willens. I. Psychologie des Willens.) S. 11 bis 35. 8. b) Physiologie. (Umschlagtitel Die Krankheiten des Willens.) S. 16—52, 2 Taf. 8.
K. k. Staats-Gymn. mit deutscher Unterrichtssprache *Prag-Neustadt*, Graben 1902. 1904.
Progr

Hromada Dr.. A.: Die Crinoiden der Gegenwart. 26. m. 2 Taf. Prag R. II. 87.
Progr.

Hromada Dr. A.: Die vorsokratische Naturphilosophie der Griechen und die moderne Naturwissenschaft. 48. 47. Prag R. II. 78. 79.
Progr.

Hromada Dr. A.: Die Cellularphysiologie und ihre Bedeutung für die Begrenzung des Thier- u. Pflanzenbegriffes. 13. Prag R. II. 76.
Progr.

Hromada, F., Das Hausiergewerbe in Südböhmen (Handelskammerbezirk Budweis). Schriften d. Vereins f. Sozialpol., Bd. 82. gr. 8°. Leipzig 1899.

Hromada, J. Ed. Plan von Klgft. Klgft., Liegel, 1863 Folio.

Hromádko, Fr., physikalische Wandtafeln. Für Volks- und Bürgerschulen. 12 chromolithogr. Taf. in Imp.-Fol. Mit Text: Bilder aus der Physik. Gemeinfassliche Darstellung der wichtigsten Naturerscheinungen. Deutsche Ausg., bearb. von Karl Nečásek. gr. 8. (VII, 152 S. mit 39 in den Text gedr. Holzschn.-Abbild.) Tabor 877, Janský. In Mappe *

Hromádko, Fr., physikalische Wandtafeln. Für Volks- u. Bürgerschulen. 2. Serie. 6 chromolith. Taf. in Imp.-Fol. Mit Text: Bilder aus der Physik. 2. Folge. gr. 8. (58 S.) Tabor 880. Janský. In Mappe. n. 7. 60

HROMADKA, Johannes: Quae sit natura et efficacia donorum Spiritus sancti iuxta mentem theologorum scholasticorum imprimis s. Thonae et s. Bonaventurae exponatur. — (1888) 97 S. 4° (Handschr.) Diss. 411
Diss. Wien, Univ.

Hron, Karl, Abrüstung, Panslavismus u. Deutschthum. gr. 8. (119 S.) Wien 898. F. Schalk. n. 1. 60

— Ägypten u. d. ägypt. Frage. gr. 8. (VII, 278 S. m. 1 Stammtaf.) Leipzig 896. Renger. n. 4. —

HRON, Karl
(F) Der Ausgang des Transvaalkrieges von Karl Hron. Wien. 1900. Schalk. Gr.-8° 31 S. K —.50

— Deutschfeinde in Oesterreich. Kathol. Weltherrschaft u. Bruderkrieg? Ein Alarmruf. gr. 8. (40 S.) Ebd. 897. n. 1. —

HRON, Karl
(F) Der Kampf um Südafrika. Eine militärisch-politische Studie von Karl Hron. (Mit einer Karte des Kriegsschauplatzes.) Wien. 1899. Schalk. Gr.-8°. 27 S. fl. —.40

HRON, Karl
(F) Habsburgische „Los von Rom" Kaiser. Eine Studie über die antiösterreichischen Tendenzen des ultramontanen Klerikalismus von Karl Hron. Wien. 1901. Schalk. 8°. 132, XXVII, S. K 1.20

Hron, Karl, der Parteigänger-Krieg. gr. 8. (62 S.) Wien 885, Seidel und Sohn. * 1 —

Hron, Karl, Deutschnationale Politik. Eine zeitgemäße Studie. Gr.-8. (100 S.) —.50
Wien: Schalk 1897.

Hron, Karl, Deutschnationale Politik. Eine zeitgemäße Studie. I. Theil: Die Logik des deutschnationalen Programmes. 2. Auflage. Gr.-8. (72 S.) —.60
Wien: Schalk 1898.

Hron, Karl, Deutschnationale Politik. Eine zeitgemäße Studie. II. Theil: Die deutsche Weltpolitik. 1. Das Weltstaaten-System. Gr.-8. (160 S.) —.90
Wien: Schalk 1898.

HRON, Karl
Deutschnationale Politik. Zeitgemässe Studien von Karl Hron. Der deutsche Ausgleich mit dem Staate Österreich. Wien. 1899. Schalk. Gr.-8°. XII, 207 S. fl. 1.50

HRON, Karl
(F) Russland oder England? Ein Mahnruf von Karl Hron. Wien. 1900. Schalk. Gr.-8°. 107 S. mit 1 Tafel. K 3.—

Hron, Karl, in zwölfter Stunde! Die Wahrheit üb. die Wiener Orientpolitik. Ein Mahn- u. Warnungsruf an die freiheitl. Deutschen Österreichs geg. die Machenschaften der Christlich-Sozialen. (94 S.) gr. 8. Graz (909). Deutsche Vereins-Druck. u. Verlagsanst. 1. —

HRON, Karl
(F) Der Transvaalkrieg und die deutsche Reichspolitik. Eine kritische Erörterung der bisherigen Ereignisse am Kriegsschauplatze und in der europäischen Politik von Karl Hron. Mit einer Karte des Kriegsschauplatzes und einer Operationsskizze. Wien. 1899. Schalk. Gr.-8°. 37 S fl. —.45

Hron, K., Der Transvaalkrieg u. die deutsche Reichspolitik. Eine krit. Erörterg. der bisher. Ereignisse am Kriegsschauplatze u. in der europ. Politik. Mit e. Karte des Kriegsschauplatzes u. e. Operationsskizze. gr. 8. (37 S.) Wien, F. Schalk. 1900 —. 75.

Hron, Karl: Das Volksthum der Slaven Makedoniens. Ein Beitrag zur Klärung der Orientfrage Wien 1890 25 S. 8° [F 7438

— Bruder Straubinger's Wandererinnergn. aus d. Orient. gr. 8. (V, 104 S.) Wien 896. F. Schalk. n. 1. —

Hrotsuitha s.a Roswitha.

Hrotsvithae Gandeshemensis, virginis et monialis Germanicae, gente Saxon. ortae, comoedias VI ad fidem cod. Emmeranensis typis expressas edidit, praefationem poetriae et ejus epistolam ad quosdam sapientes hujus libri fautores praemisit, versiculos quosdam Hrotsvithae, nondum antea editos, eodem ex codice iis adjunxit J. Bendixen. Lübecae 857. Dittmer. 16. (XIX, 152 S.) n. 22½ ngr.

Das alteste Drama in Deutschland: oder: die Comodien der Nonne Hrotswitha von Gandersheim, ubers. u. erlaut. v. Jacob Bendixen 1. Halfte: Gallicanus, Dulcitius, Callimachus Altona 1850. Forts und Schluss: Abraham, Paphnutius, Sapientia ebd. 1853 8° Gymn.-Progr.

Hrotsuitha, Gedicht über Gandersheims Gründung und die Thaten Kaiser Oddo I., s. Geschichtschreiber, die, der deuschen Vorzeit in deutscher Bearbeitung.

Hrotswitha. Comödien, s. Drama, das älteste, in Deutschland.

Hrotsvithae opera, recensuit Paul. de Winterfeld, s.q. Scriptores rerum germanicarum.

Hrotsvithae Opera. Rec. et emend Paulus de Winterfeld Berolini: Weidmann 1902. (XXIV, 552 S.) 8°
(Scriptores rer German . ex Mon Germ hist separatim editi) [illegible]

Hrotsvithae opera. Ed. Karolus Strecker. Lipsiae: B. G. Teubner 1906. (VI, 272 S.) 8°
(Bibliotheca scriptorum medii aevi Teubneriana.) [illegible]

Hrotsvitha's Otto-Lied, s.: Heldenlieder der deutschen Kaiserzeit.

Hrotsvitha, Werke. Hrsg. von O. A. Barack. gr. 8. (LXXIII und 862 S.) Nürnberg 858, Bauer und Raspe.

Hrovat, casp slovie lat. jezika. Neust.
Schul-/Univ.-Schrift 1863

Hrovat, Florentin. Franc Pirec. V Celovcu, St. Hermagoras-Druck., 1887. 112 S.

Hrovat, Ladislaus

Hrovat, L.: Über das aoristische Perfekt in Folgesätzen nach einem Tempus hist. im Hauptsatze. 14 S.- Rudolfswert.. Progr. 1858.

Hrovat, Ladisl. Slovenski dom. 32 S. 8. Rudolfswert 1878
Progr.

Hrozný Friedrich: Felsgrafitti der Chaulâner.
1901 PN 1376 Diss. Wien, Univ.

Hrozny Friedrich, Dr. Das Getreide im alten Babylonien. Ein Beitrag zur Kultur- und Wirtschaftsgeschichte des alten Orients. I. Teil. Mit einem botanischen Beitrage von Dr Franz von Frimmel: „Über einige antike Samen aus dem Orient" (mit 2 Taf.). S. 173 1 . . . . 5.80
Separatabdruck

— die neugefundenen Keilschrifttexte v. Ta'annek, s.: Sellin, Ernst, e. Nachlese auf dem Tell Ta'annek in Palästina.

— Sumerisch-babylon. Mythen v. dem Gotte Ninrag (Ninib) s.: Mitteilungen der vorderasiat. Gesellschaft. VIII. 5.

Sumerisch-babylonische **Mythen** von dem Gotte Ninrag (Ninib). Hrsg., umschrieben, übers. u. erkl. von Dr. Friedrich **Hrozný**. Mit 13 autogr. Taf. *Berlin: W. Peiser [1903].* (127 S., XIII Taf.) 8°
— **Mitteilungen** d. Vorderasiatischen Gesellschaft. 1903, 5 [03. 11908

Hrozný, Heinrich, cand. theol.: Die Abweichungen des Codex Vaticanus vom hebräischen Texte in den Königsbüchern. Leipzig 1909: Drugulin. 73 S. 8°
Tübingen, Phil. Diss. v. 19. Okt. 1909, Ref. Seybold
[Geb. 14. Sept. 85 Lissa, Böhmen; Wohnort: Kolin; Staatsangeh.: Österreich; Vorbildung: Gymn. Kolin Reife Sommer 04; Studium: Wien 2, Halle 4, Berlin 3, Tübingen 1 S.; Coll. 22. Juli 09.] [U 10. 4183

Hrubant, Jaroslav: Heines Nordseebilder (Eine Studie zur Heines-Forschung)
Prag, Phil. Diss. 1905/06.

Hruby, Carl, s. Hruby, Karl

Hruby, J[ohann]: Flora des Mähr.-Trübauer Berglandes. Beiträge zur Geschichte der Flora dieses Gebietes vom Ausgange des Tertiärs bis zur Gegenwart. S. 3—21. 8.
Progr. K. k. Staats-Gymn. *Mähr.-Trübau* 1906.

Hrubý, Joh. E., Anleitung zum Unterrichte in der Naturlehre an ein-, zwei- und dreiclassigen Volksschulen. Auf Grundlage der Lehrpläne und des Lesebuches bearb. und hrsg. gr. 8. (VIII, 160 S. mit 42 in den Text eingedr. Abbild.) Wien 882, Perles. *

Hruby, J. E., detaillierter Lehrplan in Form e. vollständigen Wochenbuches f. die 1. Classe, 1. Schulj. Mit genauer Einhaltg. d. Normallehrplanes f. das 1. Schulj. österreich. Volksschulen zusammengestellt. Fol. (27 S.) Korneuburg 889. Kühkopf. n. 1.—

Hruby, Joh. E., Lehrstoff-Verteilung (m. Stundenplan) f. die I. Klasse e. zweiklassigen od. f. die Unterstufe e. einklassigen geteilten Volksschule m. drei Schuljahren, v. denen das 1. Schulj. die 1. Abteilung, das 2. u. 3. Schulj. die 2. Abteilung bilden. Die Lehrstoffverteilg. f. das 1. Schulj. kann überhaupt v. jeder Schulkategorie als Wochenbuch benützt werden. (40 S.) gr. 8. Sternberg 905. A. R. Hitschfeld. n. —82; kart. n. 1.—

Hruby, Joh. E., Wochenbuch und Stunden-Pläne. In Wochenlectionen detaillierter Lehrstoff für 3-, auch 2- und 1class. Volksschulen mit Zugrundelegung der diesbezügl. neuen Normallehrpläne. 13 Stunden-Pläne für 1-, 2- und 3class. Volksschulen mit Beachtung aller auf dieselben sich beziehenden ämtl. Vorschriften. gr. 8. (53 S. und 15 S. Beilagen in 4.) Znaim 887, Fournier und Haberler. * 1 50

Hruby, Karl

Meine Erinnerungen an Anton Bruckner. Von Carl Hruby. Wien: Schalk 1901. 42 S. 8° [01. 7868

Hrubý, Karl, Peter Tschaikowsky. Eine monograph. Studie. (Moderne Musiker.) gr. 8. (57 S. m. 1 Bildnis.) Leipzig 902. H. Seemann Nachf. n. 1.—

(B) Hrubý, K., Peter Tschaikowsky. 902. Jetzt: Berlin, Harmonie.

Hruby, T, Z elegii Tibullových. Pr. 1888. 86 S. 1.—

Hrubý, V., vergleichende Grammatik d. slavischen Sprachen, s. a. Kunst, die, der Polyglottie.

Vergleichende Grammatik der slavischen Sprachen. Ein prakt. Behelf, alle slavischen Sprachen in Wort u. Schrift zu verstehen. Von V. **Hrubý** Wien & Leipzig: Hartleben [1909]. VII, 184 S. 8°
(Die Kunst d. Polyglottie. T. 98)
(Bibliothek d. Sprachenkunde) [09. 5080

HRUDA, Franciscus: De privilegio in iure ecclesiastico notione de privilegiorum usu. — (1905) V, 116 S. 4° (Handschr.) Diss. 761
Diss Wien, Univ.

Hrusa, Josef: De Terenti Heautontimorumens
Prag, Phil. Diss. 1906/1907.

Hruschauer, Frz., Elemente d. medizin. Chemie u. Botanik, z. Gebr. f. Candidaten d. medizin.-chirurg. Studien. gr. 8. (30¼ B.) Grätz 839, Kienreich.

—— Elemente d. Naturlehre in ihrer Anwend. auf d. Heilkunde, z. Gebr. f. Candidaten d. medicin.-chirurg. Studien. gr. 8. (19¾ B. u. Holzschnn. im Texte.) Grätz 840, Kienreich.

Hruschauer, F., und F. Unger, über die im Salzberge zu Hallstatt vorkommenden Pflanzentrümmer, s. Unger, F.

Hruschka Alois: Prof. Karl Breuer. 1. Wien VII. R. 08.
Progr.

Hruschka Alois: Franz Grillparzer. (Ein Vortrag). 11. Prag I. St. R. 91.
Progr.

Hruschka Al.: Zur angelsächsischen Namensforschung. 48, 38. Prag R. I. 84, 85. **Progr.**

Hruschka, A., das deutsche Räthsel, s. a. Sammlung gemeinnütziger Vorträge.

Hruschka, Alois, Das deutsche Räthsel. Berlin 1884. 8.
Ist: Sammlung gemeinnutz. Vorträge. H. 91.

Hruschka, Alois, über deutsche Ortsnamen, s. a. Sammlung gemeinnütziger Vorträge.

Hruschka, Alois, Uber deutsche Ortsnamen. Berlin 1880. 8.
Ist Samml. gemeinnütz. Vorträge. Heft 56.

Hruschka, A., die deutschen Personen- und Familiennamen, s. a. Sammlung gemeinnütziger Vorträge.

Hruschka, Alois, Die deutschen Personen- u. Familiennamen. Prag 1879. 8.
Ist Sammlung gemeinnutz. Vorträge. Nr. 50.

Des Martinus Hayneccius Übersetzung der 'Captivi' des Plautus. Von Alois **Hruschka**, k. k. Prof. Wien: C. Schneid 1906. (29 S.) 4°
Aus: 55. Jahresbericht d. k. k. Staatsrealschule im 7. Bez. in Wien. [06. 19798

Hruschka, Alois, s. Volkslieder, deutsche, aus Böhmen.

Hruschka, Frau Annie, s. a.: Ebenstein, Erich.

Das Erbe des Kommandanten. Ein Kriminalroman von Erich Ebenstein [d. i. Annie **Hruschka**]. Mit Ill. von Th. Volz. Berlin, Leipzig, Wien: Vobach (1909). 147 S. 8°
(Vobachs Illustrierte Roman-Bibliothek. Ser. 5, Bd 7.) [10. 13888

Hruschka, A., im Lande der Samurai, Das Kreuz im Osten, s.: Hausschatz-Bibliothek. 7. Bd.

— Ins Leben hinaus, s. a. Wildrosenzeit. 4. Bd.

Hruschka, Annie. Ins Leben hinaus. Erzählung. Mit Einschaltbildern [4 Tafeln] von M[elchior] Annen und Buchschmuck von F[ritz] Mock. 270 S. 8. Einsiedeln..., Benziger & Co. A. G., 1909. [geb. fr. 3. 75] R
(Wildrosenzeit. Bücherei für erwachsene Töchter. Band 4....)

Hruschka, Annie. Lehrmeisterin Leben. Erzählung. Mit Einschaltbildern [4 Tafeln] von M[elchior] Annen und Buchschmuck von G[adso] Weiland. 241 S. 8. Einsiedeln ..., Benziger & Co. A. G., 1910. [geb. fr. 3. 75]
(Wildrosenzeit. Bücherei für erwachsene Töchter. Band 6 ....)

— Das lockende Licht, s.: Pohl's allgemeine Volksbücherei deutsch-österreichischer Schriftsteller.

Konigin Liebe. Novellen. Von Erich Ebenstein (Annie Hruschka. Breslau: S. Schottlaender 1903. (315 S.) 8° [F.] 04. 180

Der Pfarrer von Gamsegg. Kriminal-Roman von Erich Ebenstein [d. i. Annie Hruschka]. Ill. von Th. Volz. Berlin, Leipzig, Wien: Vobach (1907). 181 S. 8°
(Vobachs Illustrierte Roman-Bibliothek Ser 4, Bd 5.) 10. 13313

Die Prinzessin von Lanka. Roman von A[nnie] Hruschka. Einsiedeln [usw.]: Benziger 1910. 286 S. 8° 11. 1453

— Traumland, s.: Pohl's allgemeine Volksbücherei deutsch-österreichischer Schriftsteller.

Das Weiber-Schloß oder Der Mann mit d. drei Schwiegermuttern von Erich Ebenstein [d. i. Annie Hruschka]. Berlin: Berliner Roman-Verl. [1905]. (48 S.) 8° [F.]
— Geschichten, Intime. 68. 05. 7530

Hruschka, [Frau] A[nnie]. Weltmenschen. Roman. [Mit Porträt-Tafel und illustriertem Umschlag.] 287 S. 8. Einsiedeln etc., Benziger & Co. A. G., 1906. [fr. 4. —, geb. 5. —]

Hruschka, Artur: Grundlagen der Zugförderung beim elektrischen Betriebe der k. k. österreichischen Staatsbahnen. München 1912. (Aus »Elektr. Kraftbetriebe und Bahnen« 1910)

Hruschka, Ella, im goldenen Licht. Gedichte. (VII, 162 S.) kl. 8. Leipzig 910. Verl. f. Lit., Kunst u. Musik. 2. —

Hruschka, Ella, Mira. Eine erzähl. Dichtg. a. d. Meraner Bergen. 8. (203 S.) Dresden 895. E. Pierson. n. 2. 50; geb. in Leinw. m. Goldschn. n. 3. 50

— Ferdinand Raimund. Bilder aus e. Dichterleben in 4 Akten u. 1 Vorspiel. (152 S.) 8. Leipzig 907. Modernes Verlagsbureau. 2. —

Ferdinand Raimund. Bilder aus e. Dichterleben in 4 Akten u. 1 Vorspiel von Ella Hruschka. Berlin-Leipzig: C. Wigand 1907. (150 S.) 8° [F.] 08. 3905

Hruschka, Ella, Der Wirkungskreis des Weibes. Ein Beitrag zur Lösung der Frauenfrage. 8. (39 S.) —. 50
Wien: Sallmeyer 1892.

Hruschka, Ella: Der Wirkungskreis des Weibes. Ein Beitr. z. Lösung d. Frauenfrage. — Wien: Verl. v. „Schule u. Haus" 1892. 39 S. 8°

HRUSCHKA, Johannes, Joannis Hus fata et doctrina. — (1839) 153 S. 4° (Handschr.) Diss. 21
Diss. Wien, Univ.

Hruševskyj, Michael, s.a. G r u š e v s k i j, Michail.

Hruševkyj, Mich., Geschichte des ukrainischen (ruthenischen) Volkes. 1. Bd. Urgeschichte des Landes u. des Volkes. Anfänge des Kijever Staates. Autoris. Uebersetzg. aus der 2. ukrain. Ausg. (XVIII, 754 S. m. 1 Karte.) gr. 8. Leipzig 906. (B. G. Teubner.) n. 18. —

(Hrusik, A.,) deutsche Grammatik f. Polen, nebst Regeln zur gegenseit. Anpassung beider Sprachen. 8. Oppeln 838. [Graß, Barth u. Comp.] Thlr.

Hrusik, A., der einzige unfehlbar zum Ziele führ. Weg, die deutsche Sprache unt. d. Polnischsprechenden im Verlaufe eines einzigen Menschenalters allgem. einzuführen. gr. 8. (2 B.) Oppeln 838. (Breslau, Weinhold.) *

Hruška, Ign. Egon, kaufmänn. Correspondenz, s.: Engler.

Hrussoczy, Marie Edle v., s.: Tenger, Mariam.

Hruza, Ernst

Hruza, E., Beiträge zur Geschichte des griech. u. röm. Familienrechts. I. Die Ehebegründung nach att. Rechte. II. Polygamie u. Pellikat nach griech. Rechte. (145, 190 S.) Leipzig 1892. A. Deichert Nachfolg. 8. —.

Hruza, Ernst, Beiträge zur Geschichte des griechischen u. römischen Familienrechtes. I. II. gr. 8. Leipzig, A. Deichert Nachf. n. 6. 60
I. Die Ehebegründung nach attischem Rechte. (V, 145 S.) 892. n. 3.
II. Polygamie u. Pellikat nach griech. Rechte. (V, 190 S.) 894. n. 3. 60

Beiträge zur Geschichte des griechischen und römischen Familienrechtes von Dr. Ernst Hruza, Prof. 1. 2. Erlangen & Leipzig: Deichert 1892–94. 8°
1. Hruza Die Ehebegründung nach attischem Rechte. 1892.
2. Hruza. Polygamie u. Pellikat nach griech. Rechte. 1894. 11. 10799

Hruza, Geschichte d. griech. u. röm. Familienrechts. I. Die Ehebegründg. nach att. Rechte. Leipz. 892.

Hruza, Geschichte des griech. u. röm. Familienrechtes. II. Polygamie u. Pellikat nach griech. Rechte. Leipzig 893.
(I. II. 6.60.)

Hruza, Ernst, Korrealobligation u. Verwandtes nach d. 2. Lesg. d. Entwurfes e. bürgerl. Gesetzbuches. [Aus: „Sächs. Archiv f. bürgerl. Recht u. Prozeß".] gr. 8. (93 S.) Leipzig 895. Roßberg. n. 2. —

Hruza, Ernst, über das „lege agere pro tutela". Rechtsgeschichtl. Untersuchung. gr. 8. (III, 79 S.) Erlangen 887, Deichert'sche Verlagsh. Nachf. * 2 —

Hruza, E., über das lege agere pro tutela. Rechtsgeschichtliche Untersuchung. gr. 8. (III, 79 S.) Leipzig 887. Deichert Nachf. n. 2. —

Hruza, Ernst, zur Lehre von der Novation nach österreichischem und gemeinem Recht. gr. 8. (VI, 178 S.) Erlangen 881, Deichert. *

— der romanistische Rechtsunterricht in Oesterreich. Ein Beitrag zur Reform der jurist. Studienordnung. gr. 8. (30 S.) Czernowitz 886, Pardini. * — 60

Hrycay Ilarion: Quellenuntersuchung über „Das Kreuz an der Ostsee“ (I. Teil: Die Brautnacht), ein Trauerspiel.
II. 1909 PN 2702 Diss Wien, Univ. 300

[Russ. u. Am.] Izslědovanja nad reotropizmom kornej. B. Grinevecky, Priv.-doc. Jurevsk. Univ. S 3 tabl. i 9 ris. v tekstě. Untersuchungen über d. Rheotropismus d. Wurzeln von B[olesław] Hryniewiecki. Jurjew: Kohler, Leipzig in Komm. 1908: Mattiesen. 140 S. 4°
(Trudy Obščestva estestvoispytatelej pri Imp. Jurevskom Universitete 19.) [illegible]

Hryszkiewicz, A., Przyjaciel domu homeopata, udzielający dobrą poradę we wszelkich chorobach i dolegliwościach ludzkich ułożony szczególnie dla wieśniaków. gr. 8. (III und 268 S.) Leipzig 862, Brockhaus' Sortiment und Antiquarium. *

Hsi ngan fu [Schlagwort]

Hsi ngan fu, s.: China. Karte.

Hsüan'hua fu [Schlagwort]

Hsüan 'hua fu, s.: Tschili.

Hsüeh Chi Tscheng. Guide de la conversation allemande, française, chinoise, s.: Kunst, die, der Polyglottie. 83. Tl.

Hsüeh Chi, Tscheng, Konversationsbuch für die Reise und den Selbstunterricht in drei Sprachen: Deutsch, Französisch, Chinesisch. [Die Kunst der Polyglottie. 83. Teil.] 8°. (VIII, 160 S.) geb. K 2.20
Wien: Hartleben 1904.

'Huái an hsiën [Schlagwort]

'Huái an hsiën, s.: Tschili.

Huard, Charles. Berlin comme je l'ai vu. Texte et dessins. Paris 1907. 8°.

Huard-Bessinieres, Reise in Senegambien, s. Welt-panorama, 87.—90. Bd.

Huart, Augustine Baronne d', Lettres et compositions pour faciliter le style à la jeunesse. 2 parties. — Briefe und Compositionen zur Erleichterung des Styles für die Jugend. 2 Thle. 8. (175 und 180 S.) Pest 864, Lauffer's Verlag. à Thl. * 20 Ngr. *

Huart, Émile d': Uebersetzung des erstatteten Berichtes in Sachen des öffentlichen Ministeriums, Kläger, gegen Louis Stiefel & Cie und T. David, Branntwein-Handlungen in Luxemburg, Beklagte. Luxemburg: Bourg-Bourger [1892]. 4 S. 4°

Huart, Jh., Prüfung d. Köpfe zu den Wissenschaften; aus d. Span. v. G. E. Lessing. 8. Wittenb.... 2e verb. A., mit Anmerk. u. Zusätzen von J. J. Ebert. 785. Zimmermann. 1 rthl

Huart, L., Parodie des ewigen Juden, s. Philipon.

Huasser, s. Hwasser

Hub [Schlagwort]

Hub, s.: Baden. Woerl, J. E.

Hub [Verf.]

Hub, Heinrich

Hub, H. La chanson de Heruis de Mes. Inhaltsangabe und Klassifikation der Handschriften. Diss. Marburg 1879. 74 S.

Hub, Heinr., Inhalt und Hss.-Classification der Chanson de Geste Heruis de Mes. gr. 8. (74 S.) Heilbronn 879, (Gebr. Henninger.) *

Hub, H., latein. Sprachlehre z. Unterr. in Schulen. 8. Bamb. Gobhard. 806.

Hub, Hnr., latein. Sprachlehre zum Unterricht in Schulen. 8. Bamb. 806. (Wesché in Frankf.) 12 gl

Hub, Ignaz, Deutschlands Balladen-Dichter u. Lyriker der Gegenwart. Ein Hülfsbuch zur Wissenschaft der neuesten Literatur. Mit den Lebensabrissen u. Charakteristiken der Dichter, auch e. Auswahl d. Schönsten u. Eigenthümlichsten aus ihren Werken. Lex.-8. (728 S.) Karlsruhe 874. Creuzbauer in Comm. n. 7. 20

Hub, Ignaz, Deutschland's Balladen-Dichter und Lyriker der Gegenwart. Ein Hülfsbuch zur Wissenschaft der neuesten Literatur. Mit den Lebensabrissen und Charakteristiken der Dichter, auch einer Auswahl des Schönsten und Eigenthümlichsten aus ihren Werken. Neue (Titel-)Ausg. 10 Lfgn. gr. 8. (VII, 728 S.) Karlsruhe 884,85, Bielefeld's Verlag. à Lfg. 60 Pf.

Hub, Ign., Deutschland's Balladen- und Romanzen-Dichter, s.a. Deutschland.

Hub, Ign., Deutschlands Balladen- u. Romanzen-Dichter. Von G. A. Bürger bis auf die neueste Zeit. Eine Auswahl des Schönsten und charakteristisch Werthvollsten aus dem Schatze d. lyrischen Epik in Balladen u. Romanzen, Märchen, Legenden, Sagen u. poet. Erzählungen, nebst Biographieen und Charakteristiken der Dichter etc. kl. 4. Karlsruhe 846, Creuzbauer u. Hasper. 2 rthl 13½ ngl

Hub, Ign., Deutschland's Balladen- und Romanzen-Dichter. Von G. A. Bürger bis auf die neueste Zeit. Eine Auswahl des Schönsten u. charakteristisch Werthvollsten aus dem Schatze der lyrischen Epik, in Balladen u. Romanzen, Mären, Legenden u. Erzählungen, nebst Biographien u. Charakteristiken der Dichter, unter Berücksichtigung der namhaftesten kritischen Stimmen. In 2 Abthlgn. 3., gänzlich umgearb. Aufl. Karlsruhe 853. Creuzbauer. Lex.-8. (VIII, 940 S.) n. 3 rthl. 25 ngr.

Hub, Ign., Deutschlands Balladen- u. Romanzen-Dichter. Eine Auswahl des Schönsten u. Eigenthümlichsten aus dem Schatze der lyr. Epik, nebst Biographien u. Charakteristiken der Dichter, unter Berücksichtigung der namhaften krit. Stimmen. 4., neu bearb. u. verm. Aufl. 1. u. 2. Bd. Karlsruhe 864,65. (Creuzbauer'sche Buchh.) hoch 4. (XX, 859 S.) Jeder Bd. 1 rthl 12 ngr.

— — 3. Bd. 1. Abth. Die Gegenwart. 4., neu bearb. u. stark verm. Aufl. Ebend. 870. hoch 4. (308 S.) 1 rthl.

— Deutschlands Balladen- u. Romanzen-Dichter. Eine Auswahl d. Schönsten u. Eigenthümlichsten aus dem Schatze der lyr. Epik nebst Biographieen u. Charakteristiken der Dichter unter Berücksicht. der namhaften krit. Stimmen. 3. Bd. 2. Abth. Die Gegenwart. 4., neu bearb. u. stark verm. Aufl. hoch 4. (VII, u. S. 307—728.) Ebend. 873. 3. —; (I—III, 2.: 14. 40)

—— die deutschen Dichter der Neuzeit. Auswahl aus den Quellen. Mit biographisch-literar. Einleitungen. gr. 8. (IV und 864 S.) München 851(52,) Palm's Vrlgsh.

—— die deutsche komische und humoristische Dichtung seit Beginn des 16. Jahrhunderts bis auf unsere Zeit. Auswahl aus den Quellen. In 5 Büchern. Mit biographisch-literar. Notizen, Worterklärungen und einer geschichtl. Einleitung. 1. und 2. Bd. und 3. Bd. 1. Hälfte. Lex.-8. Nürnberg, v. Ebner'sche Buchh., [Verlags-Conto.] [1. (IV und 548 S.) * 1 Thlr. 18 Ngr., 2. (754 S.) 855. * 2 Thlr., 3. Bd. 1. Hälfte (S. 1—448.) 856(57,) * 1 Thlr. 10 Ngr.] *

— die deutsche komische u. humoristische Dichtung seit Beginn des 16. Jahrh. bis auf unsere Zeit. Auswahl aus den Quellen. In 5 Büchern. Mit biographisch-literar. Notizen, Worterklärungen u. einer geschichtl. Einleitung. 3. Bd. 2. Hälfte. München 866. Weydner. Lex.-8. (XXXI u. S. 449—776.) 26 ℳ

—— die komische und humoristische Literatur der deutschen Prosaisten des 16. Jahrhunderts. Auswahl aus den Quellen und seltenen Ausgaben. Mit biographisch-literar. Einleitungen, sprachl. und sachl. Notizen. 1. Buch. Lex.-8. (VIII und 260 S.) Nürnberg 856, v. Ebner'sche Buchh., [Verlags-Conto.] *

—— dass. — 2. Buch. A. u. d. T.: Die deutschen Volksbücher und Schwänke des 16. Jahrhunderts. Nebst Proben aus den Gesprächen des Desiderius Erasmus, aus dem Traktat: Von den losen Füchsen, dem Mayenlob des Caspar Scheidt und dem Theatrum Diabolorum. Lex.-8. (XII und 376 S.) Ebds. 856(57.)

HUB, Ignaz, Die komische und humoristische Literatur der deutschen Prosaisten des sechzehnten Jahrhunderts bis auf die neuere Zeit. Auswahl aus den Quellen und seltenen Ausgaben. Mit biographisch-literarischen Einleitungen, sprachlichen und sachlichen Notizen. 3 Thle. in 4 Bdn. Nürnberg 1856, 57, 68 Gr. 8°. VIII—260 u. XII—376 S. (Th. 3 lag nicht vor.) (1—2: Mk. 12,50 E. Frensdorff, 1909.)
Interessantes u. seltenes Werk. Enthält u. a. über: Geiler von Kaisersberg, Thomas Murner, Martin Luther, Ulrich von Hutten, Agricola, Seb. Franck, Des. Erasmus, Andr. Musculus, Spangenberg, Fortunatus, Rollwagenbüchlein, Katzipori, Rastbüchlein, Nachtbüchlein, Buch der Liebe, Doktor Faust, Schildbürger, Melander's Joco-Seria, Finckenritter etc.
Th. 2 auch titulo: Die deutschen Volksbücher und Schwänke des 16. Jahrh. Nebst Proben aus den Gesprächen des Desiderius Erasmus, aus dem Tractat: Von den losen Füchsen, dem Mayenlob des Caspar Scheit und dem Theatrum Diabolorum. (Th. 2 apart 5 Mk. Frdr. Kluber, 1904.)

Hub, J., s. Odeum, Rheinisches.

Hubacher, Karl, von Bern: Synthetische Versuche in der Thiazolreihe. [S. 6—36 auch in: Liebig's Annalen der Chemie u. Pharm., Bd 259. S. 228—253]. Uster-Zür. A. Diggelmann Dr. 1889. 39 S. 8°.
Zürich, Phil. Diss. [v. 20. Jan. 1890].

Hubacher, O., Alpen-Panorama vom Stanserhorn 1900 m üb. Meer. 21,5×222,5 cm. Farbendr. Aarau 893. (Luzern, A. Gobhardt.) In Karton. n. 3. —

Hubad F.: Der erste Alkibiades. 34. Pettau 76.
Progr.

Hubad, Fr.: Čitanka za obče ljudske šole, s. Schreiner, Henrik.

Hubad, Frz., slovenisch-deutsches Handwörterbuch, s.: Janežič, Ant.

Hubad, *Josepi* O račji kugi. 8 (S 15—23).
Progr. K. k. Staats-Unterg. *Laibach* 1894.
Die Krebsseuche.

Hubaine, M. Em., die weltliche Herrschaft der Päpste. Beurtheilt von der französ. Diplomatie. Eine Sammlung von Actenstücken. Nach der 2. französ. Orig.-Ausg. übers. und hrsg. von M. C. gr. 8. (III und 108 S.) Coburg 863, Streit's Verlag.

Hubaleck, Max, aus Coblenz: Die Einwirkung von Amidosulfonsäure auf Pseudocumidin und Piperidin. *Neuwied 1901: Strüder.* (32 S.) 8°
Erlangen, Phil. Diss. v. 21. Mai 1901

Hubard, Ernst, Die Verwerthung der Holzabfälle. Eingehende Darstellung der rationellen Verarbeitung aller Holzabfälle, namentlich der Sagespäne, ausgenützten Farbhölzer und Gerberrinden als Heizungsmaterialien, zu chemischen Producten, zu künstlichen Holzmassen, Explosivstoffen, in der Landwirthschaft als Düngemittel und zu vielen anderen technischen Zwecken. Ein Handbuch für Waldbesitzer, Holzindustrielle, Landwirthe etc. Mit 35 Abbildungen. 8°. (XXII, 183 S.) (Chemisch-technische Bibliothek, Band 144.) Wien, Hartleben. fl. 1.65.

Hubatka, C., allerlei Garn, gesponnen v. C. H. 8. (211 S. m. Abbildgn.) Wien 893. Verlagsanstalt „Reichswehr". n. 2. 50; geb. n. 4. —

Hubatsch, Sammlung der Lokal-Polizei-Verordnungen für Altona, s. Eichholtz.

Hubatsch, *Oskar* [Dir. Dr.]: *Professor Dr. Felix Buka, gest. am 3. Dez. 1896.* Charlottenburg, Druck v. A. Gertz, 1897; 13—14 S. 4.
Charlottenburg, st. RG, P 1897 (100)

Hubatsch, Osk., Gespräche über die Herbart-Ziller'sche Pädagogik. gr. 8. (VII, 216 S.) Wiesbaden 888, Kunze's Nachf. * 3 —

Hubatsch, Osk, s.: Homer's Odyssee im Auszuge.

Hubatsch, Oskar Statistische Mitteilungen über das Martineum zu Halberstadt aus dem ersten Vierteljahrhundert seit seiner Erhebung zur Realschule I O 4 (36 S, 1 Taf)
Progr. Rg *Halberstadt* 1888 (246).

Hubatsch, [Oskar]. [Aus der bei der Trauerfeier für den am 23. Oktober 1909 verstorbenen Oberlehrer Dr. Meyer gehaltenen Rede.] S. 16—17. 4. **Progr.** Schiller-Realgymn. *Charlottenburg* 1910 (120).

Das Reformgymnasium. Nach e. 1898 im Berliner Gymnasiallehrer-Ver. geh. Vortrage von Dr. [Oskar] **Hubatsch**, Dir. in Charlottenburg. (Berlin 1898: C. H. Müller.) (16 S.) 8° [F.] [c4. nr. 10

Hubatsch, die Reformschulen. Vortrag, geh. im Isabellensaale des Gürzenich zu Köln am 4. X. 1901. gr. 8. (22 S.) Köln 901. J. G. Schmitz. n. — 30

Hubatsch, Osc., die lateinischen Vagantenlieder des Mittelalters. gr. 8. (V, 100 S.) Görlitz 870, Remer. *

Hubatsch, *Oskar*: *Worte, gesprochen am Sarge des am 3. Dezember 1896 gestorbenen Prof. Dr. Felix Buka* 4 (S 13—14 d. Schuln.). **Progr.** Städt Rg *Charlottenburg* 1897

Hubatsch, Otto Das deutsche Lesebuch auf höheren Schulen. 19 S. **Progr.** *Trarbach* 1877.

Hubatschek, Joh., die bautechnischen Aufgaben e. modernen Stadt. Vortrag, geh. im Vereine der Hausbesitzer der Landeshauptstadt Linz a. D., 28. I. 1904. Hrsg. auf Veranlassg. des Vereines der Hausbesitzer der Landeshauptstadt Linz. (52 S.) 8. Linz 905. Zentraldruckerei vorm. C. Marreis. n. 1. —

Die bautechnischen Aufgaben einer modernen Stadt. Vortrag geh. von Johann **Hubatscheck**, Bauwerkschul-Dir. a. D. (2. Aufl.) Linz: Mareis (1905). 52 S. 8° [n. 1.10]

Hubatschek, Johann (Red.), s. Bau- und Submissions-Anzeiger, Allgemeiner.

Hubasy, Georg, illustrirter Katalog über landwirthschaftliche Maschinen, s. Katalog.

Hubbard, Elbert, eine Botschaft an Garcia. (Deutsche Ausg.) gr. 8. (13 S.) Leipzig 901. Pöschel & Trepte. n. — 40

Hubbard, Ernst, die Verwerthung der Holzabfälle. Eingehende Darstellg. der rationellen Verarbeitg. aller Holzabfälle, namentlich der Sägespäne, ausgenützten Farbhölzer u. Gerberrinden als Heizungsmaterialien, zu chem. Producten, zu künstl. Holzmassen, Explosivstoffen, in der Landwirthschaft als Düngemittel u. zu vielen anderen techn. Zwecken. Ein Handbuch f. Holzindustrielle, Waldbesitzer, Landwirthe rc. Mit 36 Abbildgn. 8. (VIII, 183 S.) Wien 887. Hartleben. n. 3. —

HUBBARD, Ernst
(F) Die Verwerthung der Holzabfälle. Eingehende Darstellung der rationellen Verarbeitung aller Holzabfälle, namentlich der Sägespäne, ausgenützter Farbhölzer und Gerberrinden als Heizungsmaterialien, zu chemischen Producten, zu künstlichen Holzmassen, Explosivstoffen, in der Landwirthschaft als Düngemittel und zu vielen anderen technischen Zwecken. Ein Handbuch für Holzindustrielle, Waldbesitzer, Landwirthe etc. etc. von Ernst Hubbard. Mit 50 Abbildungen. 2., vollständig umgearbeitete, vermehrte Auflage. [Chemisch-technische Bibliothek, Bd 141.] Wien. Pest. Leipzig. 1900. Hartleben. 8°. XIII, 208 S. K 3.20

Hubbard, Lucius L. [aus Cambridge, Mass.]: Beiträge zur Kenntnis der Nosean-führenden Auswürflinge des Laacher Sees .... Wien, Alfr. Hölder, K. K. Hof- u. Univ.-Buchh., 1887; 48 S. + 1 Bl. 8°.
Bonn, Phil. Fak., Inaug.-Diss. v. 19. Nov. 1886.

Hubbauer, Jos., († 1792.) frei verdeutschter Bourdaloue. 4 Bde, s. Bourdaloue, Predigten.

Hubbauer, Josef [app. Arzt aus Burghausen a/Salzach]: (Die Prophylaxe der Ophthalmoblennorrhoea neonatorum seit 1880.) ... München, Druck v. H. Kutzner, 1893; 58 S. 8.
München, Med. Fak., Inaug.-Diss. v. 1893

Hubbauer, Ludwig, a. Vilshofen, Rechtsprakt. am Kgl. Bezirksamt Landsberg a. L., Leutnant a. D.: Die geschichtliche Entwicklung des bayerischen Landtagswahlrechts mit Beschränkung auf die Kammer der Abgeordneten. Borna-Leipzig 1908: R. Noske. (86 S.) 8° [F.]
Erlangen, Jur. Fak., Ref. Rieker, Diss. v. 13. Juli 1908
[Geb. 19. Aug. 79 Vilshofen; Wohnort: Landsberg; Staatsangeh.: Bayern; Vorbildung: Gymn. Passau Reife 00; Studium: Erlangen 6 S.; Rig. 4. Juni 08.]

Hubbe, Edwin: Das gesetzliche Pfandrecht des Gastwirts nach dem Bürgerlichen Gesetzbuch für das Deutsche Reich. Borna-Leipzig 1908: Noske. 35 S. 8°
Heidelberg, Jur. Diss. v. 1908, Ref. Endemann
[Geb. 16. Nov. 82 Neuhaldensleben; Wohnort: Neuhaldensleben; Staatsangeh.: Preußen; Vorbildung: Gymn. Neuhaldensleben Reife O. 01, Studium: München 1, Bonn 3, Berlin 1, Halle 3, Heidelberg 1 S.; Rig. 5 Aug. 08.]
[illegible]

Hübbe, Heinrich Wilhelm Clemens

Hübbe, Heinr., fünf Abhandlungen über das Fahrwasser der Unter-Elbe. Zuerst veröffentlicht im J. 1845, als Beiträge zur Kunde des Fluthgebietes der Elbe. 2. (Titel-)Ausg. gr. 8. (V und 76 S.) Hamburg 854, Nestler und Melle. *

Hübbe, H. W. C., Beiträge z. Geschichte d. Stadt Hamburg u. ihrer Umgegend. 1. Hft. m. 2 Karten. (1. Hamburgs Gegend z. Zeit f. Gründg., m. Karte 800—1100. — 2. Die älteste Ratsverfassg. in Hamburg. — 3. Die Elbinsel Finkenwärder, m. Karte um 1168.) gr. 8. (VIII, 136 S.) Hamburg 897. O. Meißner's Verlag. n. 4. —

Hübbe, Hnr., Beiträge zur Kunde des Fluthgebietes der Elbe. (Abgedruckt nach den in den Neuen Hamb. Blättern erschienenen Aufsätzen, betit. „Das Fahrwasser der Elbe betreff.") Nebst einer lithogr. Darstellung des Winterlagers der Schiffe zu Cuxhafen, im Januar 1845. gr. 8. Hamburg 845, Nestler u. Melle. n. 1/2 ℛ

Hübbe, H. W. C., zur topographischen Entwicklung der Stadt Parchim. Nach e. v. ihm im Verein f. mecklenburg. Geschichte u. Altertumskunde im Januar, u. sodann verkürzt in der Aula des Friedrich Franz-Gymnasiums zu Parchim im Febr. 1899 geh. Vortrage. gr. 8. (34 S. m. 1 farb. Plan.) Parchim 899. H. Wehdemann. — 75

—— Erfahrungen und Beobachtungen im Gebiete der Strombaukunst. 1. Thl. gr. 4. (X und 93 S. mit 12 Stnt. in qu. Fol.) Hamburg 853, Perthes-Besser und Mauke. *

Hübbe, H. W. C., einige Erläuterungen zur historisch-topographischen Ausbildung des Elbstroms und der Marschinseln bei Hamburg. Lex.-8. (48 S. mit 3 histor. chromolithogr. Karten in qu. Fol.) Hamburg 869, Grüning. cart. *

Erläuterungsbericht und Kostenüberschlag für die Anlage eines Seehafens auf der Insel Röm in der Provinz Schleswig-Holstein. Gefertigt d. 1. Dec. 1867 vom Inspector **H. W. C. Hübbe.** Als Manuscript in Druck gegeben durch Graf A. Baudissin. o. O. u. J 8°

Grundriss von **Cuxhaven** mit dem Spülbassin und der Umgebung in zwei Sectionen, nach den vom Wasserbau-Inspector Kerner gelieferten Daten v. **Heinrich Hübbe.** (1 : 2500) Hamburg. März 1854 Lithographie. 2 Bl. Imp.-Fol., 78/61 cm.

Grundriß von Hamburg's Häfen und ihrer Umgebung im Jahre 1839. **H[einrich] Hübbe.** In Stein graviert von Eduard Ritter. — Hamburg 1839: Speckter. 44,5×82,5 cm [Lith.]
Zu: Soetbeer's „Ueber Hamburgs Handel".

[Historische Karte des Elbufers bei der Insel Neuwerk v. Heinrich **Hübbe.** 1852.] Handzeichnung. 1 Bl. Quer-Fol., 31/52 cm.

—— die kaiserlichen Commissionen in Hamburg. gr. 8. (VI und 324 S.) Hamburg 856, Nestler und Melle. *

Messungen, Beobachtungen und Rechnungs-Resultate, nebst lithographirten Darstellungen, in Bezug auf hydraulische Verhältnisse des Elbstroms bei Hamburg. Von Heinrich **Hübbe.** Hamburg. 1853.

Hübbe, H. W. C. Des Ochsenwärder Kirchspiels vier Lande Ochsenwärder, Spadenland, Moorwärder u. Tatenberg im Hamburgischen Marschgebiet. Geschichtliche Mittheilgn. gr. 8. (V, 126 S.) Hamb. 889, (Gräfe u. Sillem). * 1 20
Aus: Bergedorfer Zeitg., besonders abgedruckt.

Hübbe, H., über den Plan des Herrn Lindley zur Anlage eines Sielsystems in Hamburg. 2 Hefte. 8. Hamburg. 1843. 12½ Sgr.

—— über den Plan des Hrn. Ingenieur W. Lindley zur Anlage eines Sielsystems für Hamburg. 2., mit e. Nachtrage vers. Ausg. gr. 8. (3¼ B.) Hamburg 843, Riemeyer.

—— dass. 2. Thl. mit Berücksichtig. der, unterm 5. Juli 1843 veröffentlichten, Erläuterungen des Verf. gr. 8. (9 B.) Hamburg 843, Riemeyer.

— Reisebemerkungen, hydrotechnischen Inhalts. Mit 13 lith. Taf. gr. 4. Hamburg 811, Perthes-Besser u. M. n. 1½ ℛ

Ritzebütteler Ufer v. Heinrich Hübbe und R. Kerner. Hamburg 1856—57. Lithographie. 7 Bl. Imp.-Fol., 42 × 46,61 cm., enthaltend die Sectionen
Cuxhaven, Schlickdeich, Osterhorn, Neufeld, Baumronne, Groden und Altenbruch

Hübbe, Herm., die strafrechtl. Behandlg. der vermind. Zurechnungsfähigkeit, s.a. Abhandlungen, strafrechtl. 48 Hft.

Hübbe, Herman, Referendar in Hamburg: Die strafrechtliche Behandlung der verminderten Zurechnungsfähigkeit. *Breslau: Schletter 1902.* (40 S.) 8°
Göttingen, Jur. Diss. v. [29. Sept.] 1902

Hübbe, Hugo, Industrialismus oder sogenannte Gewerbefreiheit, Philanthropie und Zunftverfassung. Ein Sendschreiben an den deutschen Handwerkertag in Weimar. 8. (29 S.) Berlin 862, (Rahn.) *

Hübbe, John, Referendar zu Hamburg: Die Verwertung gepfändeter Orderwechsel nach geltendem Reichsrecht. Leipzig 1907: O. Wigand. (51 S.) 8° [F.]
Leipzig, Jur. Fak., Diss. v. 21. Okt. 1907
[Geb. 11. Juni 84 Schanghai (China); Wohnort: Hamburg; Staatsangeh.: Hamburg; Vorbildung: Gelehrtensch. d. Johanneums Hamburg Reife O. 03; Studium: Grenoble 1, München 2, Leipzig 1, Berlin 2 S.; Rig. 27. Nov. 06.]

Hübbe, Karl Friedrich Wilhelm

Hübbe, Carl Fried. Wilhelm (Otterndorf/Hannover), De paralysi casu singulari illustrata. Diss. med. Jena (Fiedler) 20. X. 1800. 38 S. (6.80) 16193
Gew.: Frh. Christian Ludwig Hake (Ohr. Bodenwerder, Hanstedt).

Hübbe, Karl Johann Heinrich, s.a. Ansichten von Hamburg.

Hübbe, (K. J. H.,) Ansichten d. freien Hansestadt Hamburg u. ihrer Umgebungen. 2 Thle. Mit 18 Kpfrn. gr. 8. Frankf. 824, Fr. Wilmanns. Velinp. 13 Rthlr. 12 gr. Schreibp.

— Antwort auf E. Erklärung über meine Schrift vom Schulwesen ꝛc. 8. Ebd. 799.

Hübbe, Karl Johann Heinrich (Hrsg.), s. Aufhebung, Über die, alles Land- u. Seehandels mit Frankreich.

– s. Dümourier, Denkwürdigkeiten.

– s. Lasteyrie, Über Schafzucht.

Hübbe, Karl Jh. Hnr., († im Febr. 1830.) Predigten bei Gelegenheit sr. Amtsveränderung u. am Friedensfeste. gr. 8. Hamb. 816. Perthes u. B. 12 gr

— über d. Schulwesen im Hamburg. Waisenhause; herausg. von J. L. Ewald. 8. Hamb. 799.

Hübbe, U., Bauernrechts- u. Gerichts-Ordnung der alten Mark Brandenburg. gr. 8. Berlin 835. (Thome.) ½ ℛ

Hübbe, Ulr., s. Pilger, der lutherische.

Brahms in Hamburg v. Walter Hübbe. (Als Manuscript gedruckt.) Hamburgische Liebhaberbibliothek. (Mit 2 Bildnissen.) Hamburg. 1902. 8°.

Hübbe, Walter, biblische Geschichte in zwölf Büchern. Hamburg 871. Grüning. 8. (IX, 566 S.) n. 1 ℛ 10 ngr

Hübbe, Walt., s.a. Gudrunlied, das, in Auswahl u. Übertragg.

Hübbe, W., Das Gudrunlied in Auswahl und Übertragung [Freytags Schulausgaben und Hilfsbücher f. d. deutschen Unterricht]. 8°. (112 S.) geb. K —.72
Wien: Tempsky 1905.

Wilhelm Mumßen. Ein Gedenkbuch. Von Freunden — für Freunde. [Verf.: (Walter Hübbe).] ⟨Als Manuscript gedruckt.⟩ Hamburg. 1885. 8°

Hübbe, Walter. Das Nibelungenlied in neuhochdeutscher Bearbeitung. gr. 4. (42 S.) Hamb. 889, (Herold's Verlag). ** 2 50

Hübbe, Walter: Das Nibelungenlied in neuhochdeutscher Bearbeitung. Hamburg, gedr. bei Lütcke & Wulff, 1889; 1 Bl., 42 S. 4°
Hamburg, Gelehrten-S d. Johanneums, OP 1889 (688)

— **Wilhelm** (Hamburg), De exceptione rei judicatae. Diss. jur. Jena (Friedrich Frommann) 25. IX. 1827. 86 S. (7.—) 16194
Gew.: Christoph Reinh. Theod. Martin, Carl Johann Heinrich Hübbe (Vater).

Hübbe, Wlh., das Hammerbröker Recht, aus den Findungen des Landgerichts von 1486 bis 1645 zusammengestellt u. erläutert. gr. 8. Hamburg 843, Perthes-Besser u. M. 1 ℛ

Hübbe-Schleiden, Wilhelm

Hübbe-Schleiden, die geistige u. die geschichtliche Bedeutung der theosophischen Bewegung, s.: Schriften, theosophische.

— das Dasein als Lust, Leid u. Liebe. Die altind. Weltanschaug. in neuzeitl. Darstellg. Ein Beitrag zum Darwinismus. 4. Taus. Mit Titelbild, 2 Tondr., 24 Zeichngn. u. 10 Tab. Lex.-8. (VIII, 159 S.) Braunschweig 891. C. A. Schwetschke & Sohn. n. 3.—

Hübbe-Schleiden, s.: Diene dem Ewigen.

Hübbe-Schleiden, Ethiopien. Studien über West-Afrika, mit einer neu entworfenen (chromolithogr.) Special-Karte (in gr. Fol.) gr. 8. (XVI, 412 S.) Hamburg 879, Friederichsen und Comp. *

—— Die Flucht aus dem brennenden Cirkus, s. Koeber, Raph. v. Leo Tolstoi u. sein unkirchliches Christentum.

— Hellenbach, der Vorkämpfer f. Wahrheit u. Menschlichkeit. Skizzen. Lex.-8. (III, 82 S. m. Abbildgn.) Leipzig 891. M. Spohr. n. 1. 80

—— Jesus, e. Buddhist? Eine unkirchl. Betrachtg. gr. 8. (28 S.) Braunschw. 890, Schwetschke u. Sohn. — 50
Aus: Sphinx, besonders abgedruckt.

Hübbe-Schleiden, Indien u. d. Indier, kulturell, wirthschaftl. u. politisch betrachtet. [Aus: „Mitteilgn. d. geograph. Gesellsch. in Hamburg".] gr. 8. (III, 268 S.) Hamburg 898. L. Friederichsen & Co. n. 7. 50

– Karma. Die theosoph. Begründg. der Ethik, s. Schriften, Theosophische.

– Karma im Christentum, s. Schriften, Theosophische.

Hibbe-Schleiden, deutsche Colonisation. Eine Replik auf das Referat des Hrn. Dr. Friedr. Kapp über Colonisation und Auswanderung. gr. 8. (X, 122 S.) Hamburg 881, Friederichsen und Comp. *

– Die Lehre der Wiederverkörperung im Christentum, s. Schriften, Theosophische.

—— überseeische Politik. Eine culturwissenschaftl. Studie mit Zahlenbildern. gr. 8. (XV, 257 S.) Ebendas. 881. *
Ausg. ohne Anhang (XV, 147 S.) *
Anhang allein (VIII, S. 145—252.) *

—— überseeische Politik. Culturwissenschaftl. Studien mit Zahlenbildern. 2. Thl.: Colonisations-Politik und Colonisations-Technik. Eine Studie über Wirksamkeit und Rentabilität von Colonisations-Gesellschaften, im Auftrage des „Westdeutschen Vereins für Colonisation und Export" ausgearb. gr. 8. (XII, 205 S) Ebendas. 883. *

Hübbe-Schleiden, über das Problem der Wiederverkörperung, s.: **Deinhard,** Ludw., das Mysterium d. Menschen.

— s.: Sphinx.

— das Streben nach Vollendung u. dessen Voraussetzung. Glückseligkeit. Empirischer, eth. u. religiöser Optimismus. 8. (48 S.) Hamburg 900. C. Boysen. n. — 60

Hübbe-Schleiden, warum Weltmacht? Der Sinn unserer Kolonialpolitik. Vortrag, geh. zum 10jähr. Stiftungsfeste in der Abtlg. Hamburg der deutschen Kolonialgesellschaft am 13 II. 1906. (42 S.) gr. 8. Hamburg 906. L. Friederichsen & Co. n. 1. —

—— Weltwirthschaft und die sie treibende Kraft. Vortrag, gehalten in der General-Versammlung des „Westdeutschen Vereins für Colonisation und Export" zu Köln, am 4. März 1882. gr. 8. (30 S.) Ebendas. 882. *

Horace Mann in Ohio. A study of the application of his public school ideals to college administration. By George Allen **Hubbell,** Prof. *New York: The Macmillan Co.; Berlin: Mayer & Müller 1900.* (70 S.) 8°
— Columbia University contributions to philosophy, psychology and education. Vol. 7, No 4. [04. 9905]

Hubbelspöhn. En droll. Vertell öwer un in Möll'msch Platt van em Möll'msche Jung. (96 S.) gr. 8. Mülheim a/R. 904. Mülheimer Verlagsanstalt M. Hegner. n. 1. —

Hübbenet, Ant., Disquisitiones de succo gastrico. Dissertatio inauguralis physiologica. 8maj. (53 S.) Mitaviae 850, libr. Reyher.

Hübbenet, C.

—— de acido arsenicoso maximeque ejus cum toxicologia et medicina publica ratione. 8maj. (VI und 50 S.) Dorpati 847, (Gläser's Verlag.) *

Hübbenet, C. v., die Beobachtung und das Experiment in der Syphilis. Beiträge zur Pathologie dieser Krankheit. Lex.-8. (VI und 81 S. mit 5 lithogr. und chromolithogr. Taf.) Leipzig 859, (Haessel.) *

Hübbenet, C. v., Bericht über die im kiew'schen Militärhospitale im J. 1848 beobachtete Cholera-Epidemie. gr. 8. (XII und 143 S. mit 4 Tab. und 1 Stnt. in Fol., Abbildungen patholog. Präparate.) Riga 850, Kymmel. (Berlin, Förstner'sche Buchh.) *

Hübbenet, C. v., Sanitätsverhältnisse der russischen Verwundeten während d. Krimkrieges in den Jahren 1854—1856. gr. 8. (VI, 190 S.) Berlin 871. Hirschwald. n. 3. —

Hubbes, Fritz, die Erkrankungen des Ohres, ihre Diagnose u. Therapie. Ein Wegweiser f. allgemeine Praxis ausüb. Aerzte. (VIII, 176 S.) Lex.-8. Brassó-Kronstadt 906. (W. Hiemesch.) n.n. 8, 50

Hubbes, Fritz, die Geschlechtskrankheiten. Vortrag, geh. am 12. II. 1908 im Verein der Kronstädter Naturfreunde. (16 S.) gr. 8. Kronstadt 908. (H. Zeidner.) — 40

Einer-Addo-Multiplikation im Zahlenraum von 1–100 für junge Kopfrechner. Aus d. Orig.-Werk: 'Kopfrechnen mit u. ohne Hand-Rechenmaschine' von Johann **Hubbes.** Kronstadt-Brassó 1908: Brüder Schneider & Feminger. (10 S.) 8° [08. 13177 9]

Hubbes, Joh., Einführung in die Chemie. Unorganische Chemie. Die Metalloide. gr. 8. (83 S.) Kronstadt 889. (H. Zeidner.) n.n. — 80

Hubbes, Joh., Einführung in e. eigenartiges, leichtes u. rasches Kopfrechnen. Bei nur einiger Übg. überrasch. Erfolge. 3. erweit. Aufl. [Aus: „Kopfrechnen mit u. ohne Hand-Rechenmaschine".] (VI, 75 S.) 8. Kronstadt-Brassó 910. (Leipzig, G. Hedeler.) 1. —

— s. a. Konfirmanden-Katechismus.

Hubbes, Joh., Konfirmanden-Katechismus, wie er aus e. vieljähr. Unterricht herausgewachsen. 4. Aufl. (115 S.) kl. 8. Brassó (Kronstadt) 903. (H. Zeidner.) n.n. — 60

Kopf-Rechnen mit und ohne Hand-Rechenmaschine. Eine arithmet. Studie von Johann **Hubbes.** Kronstadt-Brassó 1908: J. Gött's Sohn [illegible] (89 S.) 8° [08. 13577 3]

HUBBIGS letzte Sprünge. Floh-Memoiren mit 100 Bildern. (Mk. 2—.) (Alfons Grünfeld, Berlin, 1908:)
„Riesig pikant in Reim und Bild, nur für ganz fidele Herrenkreise."

Hubbuch, F. A., s.: Schriften d. Vereins f. Socialpolitik.

Hube, die einheitliche Reit- und Fahr-Ausbildung der Feld-Artillerie. gr. 8. (132 S.) Berlin 885, Voßische Buchh. * 2 50

Hube, die einheitliche Reit- u. Fahr-Ausbildung der Feld-Artillerie. (Neue [Titel-]Ausg.) gr. 8. (132 S.) Berlin [885.] 901. Vossische Buchh. n. 2. 50

Hube, Aug., Handfibel, s. Alberts, Gottfr.

Hube, C. A., einfache Bau- und Möbelrisse, für den Unterricht entw. und 30 Stnt. nebst (8 S.) Text. gr. 8. Greifswald 852, (Bamberg.) Thlr. *

Hube, F., Denkwürdigkeiten S. kgl. Hoheit des hochsel. Prinzen August v. Preußen. Eine Gedächtnißschrift an das ganze deutsche Volk. 8. (1 B. u. Bildn.) Berlin 843, C. H. Schultze.

Hube, F., Denkwürdigkeiten Seiner Königl. Hoheit des Hochseligen Prinzen August von Preußen. Eine Gedächtnißschrift an das ganze deutsche Volk. Mit Bildniß. 8. Berlin 843. (Wolff u. Comp.) 3 ngl

Hube, Ferd., Heldenbuch. Ein Denkmal v. Großthaten aus der Preuß. u. Deutschen Geschichte. Der Deutschen Jugend gewidmet. Mit 5 (lith. u.) fein color. Bildern. 8. (348 S.) Potsdam 849, (Berlin) Janke. 1 ℛ

JOHANN MICHAEL HUBE, Abhandlung über die Aufgabe aus der Haushaltungskunst »auf was für eine Art, kann ein festerer und stärkerer Damm, als sonsten gebräuchlich gewesen aufgeführet werden. u. s. w.« die von der Naturforschenden Gesellschaft in Danzig 1766 den 19 Merz mit dem Fürstl. Jablonowskischen Preise ist gekrönet worden. — JO. MICHAELIS HUBE, Solutio problematis oeconomici »Quanam methodo solidiori ac durabiliori, quam communiter fit, fundus muniendus sit? &c. cui praemium Jablonovianum Societas Physica Gedanensis adjudicavit 1766 d. 19. Martii. Ab autore ex lingua germanica in latinam translata. (Mit 1 Tafel.) Danzig 1767. Bey Daniel Ludewig Wedel.

Hube, Jh. Mich., († d. 16. Juni 1807.) über d. Ausdünstung u. ihre Wirkungen in d. Atmosphäre; in 2 Büchern. gr. 8. Leipz. 790. Göschen. 1 ℛ 12 gl

Johann Michael Hube

Iohannis Michaelis Hubii [Hube] De figura telluris. Ad Antonium Fridericum Busching epistola. Gottingae [1761]: Schulz. 36 S. 8°

— de telluris forma. gr. 8. Dresd. Gröll. 780.

— de telluris forma liber singularis. gr. 8. Warschau 780. Gröll. 8 gl

— reflexions sur l'architecture. 8. Königsb. 765. Kanter. (Hartknoch in Leipz.) 3 gl

— von den Kometen. 8. (Thorn) 769.

— der Landwirth, eine periodische Schrift. 2 Bde. gr. 8. Dresd. Gröll. 779—80.

— d. Landwirth, oder Entwickelung d. allgem. Grundsätze d. Ackerbaues. 2 Bde. gr. 8. Warschau 779—82. Gröll. 2 ℛ 16 gl

— vollständ. Unterricht in d. Naturlehre, in Briefen. 3 Bde. gr. 8. Leipz. 793, 94. Neu umgearb., mit d. neuesten Entdeckungen u. d. nöthigen Mathematik verm. Aufl. in 4 Bden, mit Kpf. gr. 8. Leipz. 801. Göschen. 7 ℛ 12 gl

Johann Michael Hube

Versuch einer analytischen Abhandlung von den Kegelschnitten. [Verf.: Johann Michael Hube.] Nebst e. Vorr. von Abraham Gotthelf Kästner. Göttingen: Boßigel 1759. 121 S. 8°

— v. Kegelschnitten. 8. Götting. Bossiegel. 760.

— s. Voltaire, Geschichte d. ruß. Reichs.

Hube, Jos., geschichtl. Darstellung der Erbfolgerechte der Slaven. Zum Druck befördert u. mit einem Nachtrage verm. von Romuald Hube. In's Deutsche übertragen von Jo. Const. Zupanski. Eine von der Warschauer Universitat gekrönte Schrift. gr. 8. Posen 836. Scherk. 1/2 ℛ

Hube, Jos., Empfehlung der öfteren Communion. Mit Genehmigung des Verf. übers. 18. (VIII und 140 S.) Köln 861, Bachem.

Hube, Michael, s. H u b e , Johann Michael

Hube, Romuald, s. Jos. Hube, Darstell. der Erbfolgerechte rc.

Hube, Xaver (Pilae/Posen), De morbo scrofuloso. Diss. med. Bln. (Friedlaender) 11. V. 1837. 44 S. mit Biogr. (M.: W. Mueller.) (6.50) 16170
Oppon.: A. v. Bentkowski, F. Jablonowski, B. Rosenblum. — Gew.: Dr. med. Barez.

Hubel, Henni. Belauscht, Gedichte und Sprüche. New York, 1908. UC

Blätter und Blüten. Gedichte u. Sprüche. Von Henni Hubel. New York. Brentano's [um 1909]. 60 S. 8° A 11 3436

Hubel, Karl, aus Nördlingen: Die Brieffragmente der Cornelia, der Mutter der Gracchen. *Erlangen 1900: E. Th. Jacob.*

Hübel

— **s. a. Hubel, Huibel.**

Hübel Adolf: De Flavii Philostrati vitis sophistarum. II. 1908 PN 2474 Diss. Wien, Univ. 1640

Hübel, Amalie, Berta Jank, Gabriele Walter, neues Schnittbuch f. allgemeine Volks- u. Bürgerschulen. Unter Leitung u. Mitwirkung v. Alois Fellner hrsg. 1.—7. Aufl. (82 S. m. Abbildgn.) 81×23,5 cm. Wien 910. 11. A. Pichler's Wwe. & Sohn. —40;
Massstab dazu —08

— — — Ausgeführte Schnittmuster des neuen Schnittbuches f. allgemeine Volks- u. Bürgerschulen. Unter Leitg. u. Mitwirkg. v. Alois Fellner hrsg. (82 S. m. Abbildgn.) 81×28,5 cm. Ebd. 910. 2.50

— — — Unterricht in den weiblichen Handarbeiten. Anleitung zur Durchführg. des Lehrplanes u. Lehrganges f. weibl. Handarbeiten an den Volks- u. Bürgerschulen f. Mädchen in Wien. Hrsg. unter der Leitg. u. Mitwirkg. v. Alois Fellner. (181 S.) gr. 8. Ebd. 911. 4.—

Hübel, Ant. Eman., tři sta látek k předpisům při cwičeni se w krasopsani. Přeložil arozmnožil Jos. Wenc. Wlasák. 3., rozmnožené wydáni — 300 Stoffe zu Vorschriften bei Schönschreib-Uebungen. Uebers. und verm. von Jos. Steph. Wlasák. 3., verm. Aufl. (Böhmisch und deutsch.) 8. (123 S.) Prag 848, Heß.

Hübel, Fel., Apostel. Ein Schausp. in 4 Aufzgn. 8. (VII, 56 S.) Dresden 898. E. Pierson. n. 1.—

— C-moll. Eine Künstlerlaufbahn. 8. (92 S.) Ebd. 898. n. 1.50

Hübel, Fel., C-moll. Eine Künstlerlaufbahn. 2. Aufl. 8. (92 S.) Dresden 900. E. Pierson. n. 1.50; geb. n. 2. 50

— Gespenstergeschichten. I u. II. 12. Leipzig, H. Haessel Verlag. Geb. à n. 1. —
I. Herrenrügen. (95 S.) 899.
II. Hans Seyboldts Hochzeit. (85 S.) 899.

Hübel, Fel., Gespenstergeschichten. 3. Bd. In e. Winternacht. schmal 8. (116 S.) Leipzig (901). H. Seemann Nachf. n. 2. —; geb. n. 3. —

— Eva Gönneborg. Roman. 2. Aufl. (350 S.) 8. München 910. G. Müller. 4.—; geb. n 5.50

— die kleine Königin. 12. (70 S.) Ebd. 902. n. 1.50

— Pariser Novellen. 1. u. 2. Aufl. 12. (à 160 S.) Leipzig 900. H. Haessel Verlag. n. 2. 40; geb. in Leinw. n. 3. —

— La Paloma. Ein Liebesspiel in 4 Aufzügen. (125 S.) 8. Leipzig (907). O. Wigand. 2.80; geb. 4. —

— der Schmetterlingskuss. Aus dem Tagebuche eines Zwanzigjährigen. 8. (104 S.) Leipzig 902. H. Seemann Nachf. n. 2. —; geb. n. 3. —

— die grosse Sehnsucht. Ein Roman. (266 S.) 8. Leipzig (903). Berlin, H. Seemann Nachf. n. 3.—

Die große Sehnsucht. Ein Roman von Felix Hübel 2. Aufl. Leipzig & Berlin: H. Seemann Nachf. [1905] (265 S.) 8° [illegible]

Hübel, Fel., neue Sehnsucht. Gedichte. (77 S.) 8. Leipzig (905). F. Marschner. n. 3. —; geb. in Leinw. n. 4. 50

Hübel, Fel., Eros Thanatos. Gedichte. (85 S.) 8. Leipzig (907). O. Wigand. 2.—; geb. 3.—; Liebhaberausg. geb. n 10. —

— und hätte der Liebe nicht. Ein Roman. 8. (166 S.) Ebd. 901. n. 4. —; geb. n. 5. —

Hübel, Fel., vor Liebe sterben. 3 Novellen. (81 S.) kl. 8. Leipzig (905). F. Marschner. n. 2. —; geb. in Leinw. n. 3. —

Hübel, Gustav Ludwig (Dresden), Reus stipulandi num paciscendo et novando correo noceat? Ad L. 27. pr. d. de pactis, L. 34. pr. d. de receptis, L. 31. §. 1. d. de novat. et delegat. Diss. jur. Lpz. (Johann Friedrich Glück) 7. II. 1822. 50 S. (6.80) 16195
Gew.: Wilhelm Frh. v. Gutschmid (Klein-Wolmsdorf), Georg August Ernst Frh. v. Manteuffel.

Hübel Ignaz: Geschichte des Handelsweges von der Donau bei Wien bis zur oberen Oder.
H. 1908 PN 2409 Diss. Wien, Univ. 985

Hübel, Leop., die Gestaltung des landwirtschaftl. Betriebes m. Rücksicht auf den herrschenden Arbeitermangel. Mit dem Reuning-Preise gekrönte Preisschrift. gr. 8. (IV, 128 S. m. 1 Taf.) Dresden 902. v. Zahn & Jaensch. n. 3. —

Hübel, L., Winke f. Gartenbesitzer. M. belgef. Gartenkalender. Als Handbuch d. Selbstvorrichten d. Gartens. 8. (IV, 92 S.) Leipzig 898. W. Nadestock. 1. —

Hübel, Leopold [aus Zwickau i/S.]: Der Zustand der Viehhaltung im Regierungsbezirke Zwickau in d. Jahren 1853 und 1883.... (Dresden, Druck v. Reinhold u. S., 1886); 81 + 1 S. 8°.
Leipzig, Phil. Fak., Inaug.-Diss. v. 1. Mai 1886.

Hübel, Leopold, der Zustand der Viehhaltung im Regierungsbezirke Zwickau in d. Jahren 1853 und 1883. Diss. Leipzig 1886, Gustav Fock. 8°. 84 S.

— **Moritz Ludwig**, De optione uxori ejusque haeredibus in bonis mariti defuncti, praesertim ex jure Saxonico, competente. Diss. jur. Leipzig (Sommer) 5. XII. 1782. 36 S. (6.50) 16196
Gew.: Christian Gotthelf Frh. v. Gutschmid (Klein-Wolmsdorf).

Hübel, Paul, Führer durch die Materialien der in Bayern geltenden Gesetze üb. das Justizwesen. Ein Handbuch f. den Gebrauch der amtl. Drucksachen des Reichstags, Landtags u. der Reichsratskammer. (V, 108 S.) 8. München 909. J. Lindauer. 1. 20

Huben und Druben Jahrgang 1, 1904 ?
Published as supplement to weekly and daily editions of Argentinisches Wochenblatt und Tageblatt, and usually bound with either edition. Small folio, each issue 8 pages
Buenos Aires

Hüben, Vict. v., mein Dresden lob ich mir. Federzeichnungen. 2. vollständig erneuerte Aufl., m. e. Beitrage v. Frau Toni Preller. (65 S. m. 1 Taf.) gr. 8. Dresden (908). F. E. Boden. 1. —

Hübener

— s. a. Hubner, Hübner.

Hübener, die Diphtheritis und ihre Behandlung. Nach eigenen Erfahrungen am Krankenbett. (V, 20 S.); 2. Aufl. gr. 8. (III, 20 S.) Berlin 883, F. Luckhardt. *

Hübener, die Gewerbeinspektionen im Königr. Sachsen. (16 S.) gr. 8. Dresden 903. Bleyl & Kaemmerer. n. — 50

(Hübener): Etwas von Panisbriefen für das des Staatsrechts nicht kundige Publikum. *Braunschw.* 783. 8.

Hübener, Adolf (Moest Kr. Bitterfeld), Ueber Albuminurie bei Infectionskrankheiten. Diss. med.-chir. Bln. (Gustav Schade [Otto Francke]) 6. VIII. 1892. 31 S. mit Biogr. (5.—) 16197
Oppon.: Wagner, Müller, Eyle.

Hübener, Adph., nonulla de lienis functione. Dissertatio inauguralis. 4maj. (7 S.) Kiliae 854, (Libr. academica.) *

Hübener, Carl August, s. Hübener, Karl August

Hübener, Chrph. Gottl.: Miscellaneae de jure asyli ecclesiis competente observationes. Peinae 1752.

Hübener, E.

— Experimentelle Untersuchungen üb. Dourine, s.: Uhlenhuth, P.

— Untersuchungen über das Wesen u. die Bekämpfung der Schweinepest, s.: Uhlenhuth.

— Weitere Untersuchungen üb. das Wesen u. die Bekämpfung der Schweinepest, s.: Uhlenhuth, P.

Hübener, E(mil), aus Frankfurt a. O.: Der Einfluss von Marlowe's Tamburlaine auf die zeitgenössischen und folgenden Dramatiker. *Halle a. S. 1901: (A. Schmidt, Frankfurt a. O.).* (74 S.) 8°
Halle, Phil. Diss. v. 4. Nov 1901

Hübener, Erhard, die deutsche Wirtschaftskrisis v. 1873, s. Studien, rechts- u. staatswissenschaftliche. 30.

Hübener, Erhard, a. Tacken: Die deutsche Wirtschaftskrisis von 1873 ⟨T. 1⟩. (Berlin 1905: E. Ebering.) (57 S.) 8° ¶ (Ersch. vollst. als: Rechts- u. Staatswissensch. Studien, H. 30.)
Berlin, Phil. Fak., Ref. Wagner, Schmoller, Diss. v. 2. Juni 1905
[Geb. 4 Aug. 81 Tacken in der Priegnitz; Heimatsort. Berlin; Staatsangeh.: Preußen; Vorbildung: Landesschule Pforta Reife O. 01; Studium: Berlin 1, Kiel 2, Berlin 6 S.; Rig. 23 Febr 05.]

Fleischvergiftungen und Paratyphusinfektionen. Ihre Entstehung u. Verhütung. Von Stabsarzt Dr. E[rich] Hübener, Berlin. Mit 3 Taf., 2 Fig. u. 10 Kurven im Text. Jena: Fischer 1910. VIII, 204 S. 8°
(10. 4672

Hübener, Erich, a. Magdeburg: Das Scheckwesen. Banktechnische Untersuchungen, zugleich ein Beitrag zur Frage der gesetzlichen Regelung des Scheckverkehrs in Deutschland. Halle a. S. 1906: (C. Friese, Magdeburg). (54 S.) 8°
Halle, Phil. Fak., Ref. Conrad, Diss. v. 9. März 1906
[Geb. 13. Okt. 80 Magdeburg; Wohnort: Magdeburg; Staatsangeh.: Preußen; Vorbildung. Guericke-Schule Magdeburg Reife O. 99; Studium: Halle 6 S.; Rig. 1. Aug. u. 11. Dez. 05.]

Hübener, *August* Erich [aus Möst, Kr. Bitterfeld]: Ueber die Unterscheidung von Hautverbrennungen und ihnen ähnlichen Hautkrankheiten in gerichtlich-medicinischer Beziehung ... Berlin, C. Vogts Buchdr., *1891;* 33 S., 1 Bl. 8.
Berlin, Med. Fak., Inaug.-Diss. v. 10. Aug. 1891

Hübener, Erich, aus Zeit u. Leben. Gedichte. (VIII, 92 S.) kl. 8. Magdeburg (908). Magdeburger Verlags-Anstalt. Geb. in Leinw. 2. —

Aus Zeit und Leben. Gedichte von Erich Hübener. Magdeburg: Magdeb. Verl.-Anst. [1909]. 92 S. 8°
(09. 6311 3

Hübener, Ernst August Ludwig

— Erkenntniss und Cur der sogenannten Dithmarsischen Krankheit. Altona (Itzehoe). 1835.

Hübener, E. A. L., Erkenntniß u. Cur d. sogen. dithmarsischen Krankheit. gr. 8. (7½ B.) Altona 835, [Dessau,] Aue.

Hübener, Ernst Aug. Ludw., die Kindestödtung in gerichtsärztl. Beziehung. gr. 8. (9 B.) Erlangen 846, Enke, Verl. *

—— die gastrischen Krankheiten monographisch dargestellt. 2 Thle. Die chronischen gastr. Zustände. Die acuten gastrischen Zustände. gr. 8. (50¼ B.) Leipzig 844, Brockhaus.

Hübener, Er. Aug. Ldw., die Lehre von der Ansteckung, mit besond. Beziehung auf die sanitätspolizeil. Seite derselben. gr. 8. Leipzig 842, Brockhaus. 3 ℳ

***Hübener,* E.A.L., de morbi dithmarsici natura ac indole. 8. Kiel 821. (Hamb., Perthes u. B.) 10 gr.**

Hübener, Ernst Aug. Ludw., specielle Pathologie und Therapie. 1. und 2. (letzter) Bd. gr. Lex.-8. Erlangen 850, Enke's Vrlgsh. [1. (XVI und 599 S.) 850. * 3 Thlr. 6 Ngr., 2. (XIII und 542 S.) 852. * 3 Thlr.] *

Hübener, E. A. L., Pathologie und Therapie der Scropheln. gr. 8. (VIII und 184 S.) Wien 860, Braumüller's Verlags-Conto.

Hübener, Fanny, die Gouvernante. Roman. (163 S.) 8. Leipzig 906. Thüring. Verlagsanstalt. n. 2. —

Hübener, Friedr., Sprichwörter für Kinder von 6 bis 9 Jahren in Fabeln und kleinen Erzählungen, auch Schilderungen aus dem Leben des Robinson Crusoe. gr. 8. (87 S.) Stendal 859, (Franzen und Große.)

Hübener, Friedrich Adam

Hübener, (Fr. A.,) das Gelübde, oder die Schlacht bei Hemmingstedt; ein National-Schauspiel in 4 Aufz. gr. 8. Altona 824. Hammerich.

Hübener, Heinrich, Assistenzarzt b. Inf.-Reg. Nr. 96: Untersuchungen über die Bakterienflora auf Geldstücken unter besonderer Berücksichtigung des Bakterium coli commune als Indikator für fäkale Verunreinigungen. Auma 1909: Jügelt. 20 S. 8°
Berlin, Med. Diss. v. 14. Okt. 1909, Ref. Rubner
[Geb. 12. März 83 Pohl, Sachsen; Wohnort: Gera; Staatsangeh.: Sachsen; Vorbildung: Gymn. Gera Reife O. 02; Studium: Berlin K. W. A. 10 S.; Coll. 2. Sept 09, Approb. 20 Mai 08.]
[U 10. 48

HUEBENER, HENR. GUIL., De psoitide diss. inaug. chirurgico-medica. Kiliæ. 1819. 4. P.

Hübener, Helene, unter e. Dach. Erzählg. 8. (279 S.) Stuttgart 897. D. Gundert. Geb. n. 2. —; eleg. geb. n. 2. 70

Hübener, H., es muß doch Frühling werden, s. Familienbibliothek, Calwer.

— es muß doch Frühling werden. Erzählung. 2. Aufl. 12. (320 S.) Ebd. 891. n. 1. 80; geb. in Leinw. n. 2. —; eleg. n. 2. 70

— es muß doch Frühling werden! Erzählg. 3. Aufl. 8. (320 S.) Ebd. 898. Geb. in Leinw. n. 2. —

Hübener, Helene, die drei Freundinnen. Erzählung. 12. (287 S.) Stuttgart 894. D. Gundert. Geb. in Leinw. n. 2. —; eleg. n. 2. 70; geh. n. 1. 80

— d. drei Freundinnen. Erzählg. 2. Aufl. 12. (288 S.) Ebd. 899. Geb. in Leinw. n. 2. —

Hübener, Helene, Großmütterchen. Erzählung. 8. (264 S.) Stuttgart 902. D. Gundert. Geb. n. 2. —

Hübener, Helene, Tante Hedwig. Erzählung. (263 S) kl. 8. Stuttgart 905. D. Gundert. Geb. n. 2. —

— die silberne Kette. Erzählung f. meine jungen Freundinnen. (352 S. m. Titelbild.) kl. 8. Ebd. (906). Geb. in Leinw. n. 3. —

— Licht u. Schatten, s.: Sonntagsbibliothek. 22.

— Maria u. Lisa. Fortsetzung v. „Reich in Gott". Erzählung. (248 S.) 8. Ebd. 904. Geb. in Leinw. n. 2. —

Hübener, Helene, Olga u. ihre Schwestern. Erzählung. (368 S. m. Titelbild.) kl. 8. Stuttgart 909. D. Gundert. Geb. in Leinw. 3. —

— Reich in Gott. Eine Erzählung für meine jungen Freundinnen, insbesondere f. Konfirmandinnen. 8. (344 S. m. Titelbild.) Stuttgart 900. D. Gundert. Geb. in Leinw. n. 3. —; m. Goldschn. n. 3. 60

— Reich in Gott. Eine Erzählg. f. meine jungen Freundinnen, insbesondere f. Konfirmandinnen. 2. Aufl. (344 S. m. Titelbild.) kl. 8. Ebd. (905). Geb. in Leinw. n. 3. —

— Im Rosenhaus. Erzählung. (344 S.) kl. 8. Ebd. 910. Geb. in Leinw. 3. —

— gesühnte Schuld, s.: Sonntagsbibliothek.

— nur treu. 4 Erzählgn. 12. (272 S) Stuttgart 896. D. Gundert. Geb. in Leinw. n. 2. —

Hübener, J., d. Gefühl in seiner Eigenart u. Selbständigkeit, m. bes. Beziehg. auf Herbart u. Lotze. Eine psycholog. Untersuchg. im pädagog. Interesse. gr. 8. (VIII, 139 S.) Dresden 898. Bleyl & Kaemmerer. n. 2. 80

Hübener, J., das kirchliche Gewissen, s.: Hefte zum „Alten Glauben". 5.

— Jo. Ernst (Berlin), Jura primatus Germaniae. Präs. Jo. Peter Ludewig. Halle (Stephan Orban) 23. XI. 1707. 48 S. (7.—) 16201
Gew.: Johann Casimir Graf v. Wartenberg. — Widm. v. Präs.

Hübener, Johann Wilhelm Peter

Hübener, J. W. P., theoret. Anfangsgründe d. wissenschaftl. Pflanzenkunde. Als Anleit. z. Selbststud. f. Anfänger. 1. Bdchn. — A. u. d. T.: Handbuch d. Terminologie u. Organographie d. Pflanzenreichs. Nebst d. Grundzügen z. Eingehen in d. Wissenschaft, den Gesetzen üb. d. Benennungen d. Pflanzen, u. der Kunst sie zu beschreiben. gr. 12. (16¾ B.) Mainz 835, Kupferberg.

Hübener, J. W. P., Beiträge zur Agronomie. Enthaltend: Das Vorkommen mehrerer dem Landbaue nachtheiliger Pflanzen, ihre Naturgeschichte, nebst Mittel, die man anwendet, ihrer Vermehrung entgegen zu wirken. Besonders aber über den Duwock oder Schachtelhalm (Equisetum L.). — A. u. d. T.: Sendschreiben an die Hamburgische Gesellschaft zur Beförderung der Künste und nützlichen Gewerbe. Veranlaßt durch die Preisaufgabe über den Duwock, nebst einer krit. Beurtheilung der darüber erschien. Schriften des Hrn. Prof. Dr. Lehmann u. des Hrn. Pachter Staudinger. gr. 8. Hamburg 841. (Bödecker.) n. $^{1}/_{3}$ ℛ

— Einleitung in das Studium der Pflanzenkunde. Enthaltend die Kunstsprache, die Grundzüge zum Eingehen in die Wissenschaft, eine kurze Uebersicht vom Baue d. Gewächse, Systemkunde, nebst einer Anleitung, Pflanzen zu bestimmen, zu zerlegen u. für das Herbarium zu bereiten. gr. 12. Mannheim 834. Schwan u. Götz. $^{1}/_{2}$ ℛ — 2e A. gr. 12. Ebd. 836. $^{1}/_{2}$ ℛ

— Einleitungen in das Studium der Pflanzenkunde. 3. Ausg. gr. 12. Mannheim 841, Götz. Schwan- u. Götz'sche Hof-Buchh. $^{1}/_{2}$ ℛ

— Flora d. Umgegend v. Hamburg, städtischen Gebiets, Holstein-Lauenburgischen u. Lüneburgischen Antheils, enth. d. Gewächse, welche in diesem Bezirke wild wachsen od. z. ökonom. u. techn. Bedarf gebaut werden. gr. 8. Hamburg 846, Meißner. n. $2^{2}/_{3}$ ℛ Schrbp. n. $3^{1}/_{3}$ ℛ

Hübener, J. W. P., Hepaticologia Germanica, oder Beschreibung der Deutschen Lebermoose. Im erweiterten Umfange nach d. jetzigen Stande d. Wissenschaft, nebst Erörterung der Standörter und ihrer Entdecker, kritisch u. mit erläut. Anmerkk. bearb. gr. 8. Mannheim 834. Schwan u. Götz. 1⅔ ℛ

—— Deutschlands Laubmoose in getrockn. Exemplaren. I. Lfg. (No. 1—25.) gr. 8. (¼ B. Text.) Mainz 839, (Kupferberg.) *

Hübener, J. W P., u. C. F. F. Genth, Deutschlands Lebermoose in getrockn. Exemplaren. I—V. Lfg. (No. 1—125.) gr. 8. (à ¼ B.) Mainz 836—39, (Kupferberg.) à 1. *
Vgl. Hübner.

—— Muscologia Germanica, od. Beschreib. d. Deutschen Laubmoose. Im erweit. Umfange nach d. jetz. Stande d. Wissenschaft, nebst Erörterung d. Standörter u. ihrer Entdecker, d. Synonyme seit Hoffmann u. Roth, mit erläut. Anmerkn. bearb. gr. 8. (46½ B.) Leipzig 833, Hofmeister.
Vgl. Hübner.

Hübener, Johannes

Hübener, Joh. Die Kleinkinderpflege, s.: Zimmer's Handbibliothek d. prakt. Theologie.

— Die Kleinkinderpflege. (98 S.) Ebd. 1890.

Hübener, Johs., die christliche Kleinkinderschule, ihre Geschichte und ihr gegenwärtiger Stand. gr. 8. (VI, 328 S.) Gotha 888, F. A. Perthes. * 1 80

Hübener, K., Herr, bleibe bei uns; denn es will Abend werden, u. d. Tag hat sich geneiget. Letzte Predigt in d. alten Kirche zu Pampow, geh. am 2. hl. Ostertage 1896. 8. (16 S.) Schwerin 896. F. Bahn. n. — 20

Hübener, Karl August

— Carl August (Meerspurgensis [= Merseburg] Saxo), Historicus falso suspectus. Präs. M. Andreas Julius Dornmeier. Halle (Chr. Henckel) März 1706. 32 S. (7.—) 16198

— — (Breitenhayn. Merseburg), De honorariis. Disp. jur. Rector Philipp Wilhelm Graf v. Boineburg. Präs. Ernst Tenzell. Erfurt (Joh. Heinrich Grosch) 27. III. 1714. 32 S. (7.—) 16199

Hübener, R. Th., Bestimmungen üb. Anlegg. u. Betrieb der Dampfkessel im Königr. Sachsen nach den Bekanntmachungen des Bundesrates vom 17. XII. 1908 u. der kgl. sächs. Ausführungsverordng. vom 10. XII. 1909. Handbuch zum Gebrauche f. Kesselbesitzer, Ingenieure u. Aufsichtsbeamte. Hrsg. m. Anmerkgn. u. Sachregister versehen. (XIV, 236 S. m. Fig.) kl. 8. Dresden 910. C. Heinrich. Geb. in Leinw. 4. —

Hübener, Thdr., s. Schulze's, Frz., Lehrbuch der Chemie für Landwirthe.

Hübener, Wilhelm

Hübener, W., das zertrümmerte Babel, das unfehlbare Gotteswort u. die ewige Gottesstadt. Ein Vortrag. 1. u. 2. Aufl. (à 28 S.) gr. 8. Zwickau (903). Schriften-Verein. n. — 30

Hübener, W., Erinnerungen an Pastor Albert Karl Brauer. [Aus: „Ev.-Luth. Freikirche".] gr. 8. (50 S.) Zwickau 892. Schriftenverein. n. — 50

Hübener, Wilh., die dritte allgemeine lutherische Conferenz beleuchtet. gr. 8. (42 S.) Dresden 879. (H. J. Naumann.) *
Aus: Die evangelisch-lutherische Freikirche, besonders abgedruckt.

Natur und Gnade. Ein Referat auf e. kirchl. Versammlung in Kolberg geh. von W[ilhelm] **Hübener**, Pastor. Kolberg: Selbstverl. [um 1911]. 71 S. 8° [Umschlagt.]
Aus Gideon [11. 15765 9

Hübener, W., der Pietismus, geschichtlich u. dogmatisch beleuchtet. gr. 8. (IV, 140 S.) Zwickau 901. Schriften-Verein. n. 1. —
Sonderabdruck aus: „Verhandlungen der 26. Jahresversammlg. der Synode der ev.-luth. Freikirche".

Hübener, Wilhelm [aus Moringen (Hannover)]: Ueber Sublimat- und Carbolausspülungen des puerperalen Uterus [nebst einigen Bemerkungen über die Verwendung des Creolins zu diesem Zwecke]. . . . Berlin, Buchdr. v. Gustav Schade (Otto Francke) (1890); 30 S. + 1 Bl. 8°
Berlin, Med. Fak. Inaug.-Diss. v. 21. März 1890

Hübener, W., Wem gehört eigentlich das Recht des Kirchenregiments? Wider Hrn. Past. Gerhold in Verden. gr. 8. (32 S.) Zwickau 884. (Dresden, H. J. Naumann.) *

Hübener, W.: Das W e s e n des Glaubens in der Rechtfertigung oder: kann d. Hauptartikel d. christl. Glaubens, von d. Rechtfertigung, noch rein bleiben, wenn der Sauerteig majoristischer u. reformierter Lehre v. Wesen d. rechtfertigenden Glaubens als e. Werkes des Menschen in eigentl. Sinne immer mehr um sich greift? Eine zeitgemässe Frage beantw. von W. Hübener, Pastor. Kolberg: Selbstverl. 1906. 71 S. 8°

Hubeney, Jgn., moral. Lesebuch für Kinder u. Kinderfreunde. 8. Prag 803. Widtmann. 10 gr.

— neue Unterhaltungen für Kinder u. Kinderfreunde. 8. Prag 802. Widtmann. 10 gr.

Hubenthal, Joh. Christ., s.a. H ü b e n t h a l , Joh. Christ.

Hubenthal, Joh. Christ. (Rector), De sollemni fecialium, bellum indicendi, foedera ineundi, pacemque restituendi ritu. Frankfurt a. O. Juli 1763. 8 S. (5.—) 16172

Hübenthal, Adph., die Gerichte der preußischen Monarchie [einschließlich der neuen Landestheile] u. die bei denselben angestellten Rechtsanwalte u. Notarien. Hamburg 868. Glogau's Antiqu. in Comm. gr. 16. (VIII, 47 S.) 7½ ngr.

Hübenthal, Bernh., Zuckerformen oder das Lackiren, Behandeln und in Stand halten der Blechformen, so wie Vermeidung und Ursache der gelben Flecke an Broden. Ein unentbehrl. Wegweiser für Zuckersiedereien. Nach prakt. Erfahrungen bearb. gr. 8. (8 S.) Berlin 854, Springer. *

Hübenthal, Carl, s. H ü b e n t h a l , Karl

Hübenthal, [Ernst] [Festrede zur Feier des Geburtstages Sr. Hoheit des Herzogs.] S. 19–22. 4.
Herz. Friedrichsgymn. nebst Vorschule des Fridericianums
Progr. (Gymn. u. Ober-Realschule) *Dessau* 1910 (938).

Huebenthal, Ernestus, Servestanus: **Quomodo** Demosthenes in lite Ctesiphontea de secunda iuris quaestione responderit. *Jenae 1904: G. Neuenhahn.* (67 S.) 8°
Jena, Phil. Diss. v. (16. Dez.) 1903

Hübenthal, J. A. L., Todtenfeier der in den jüngst verfloss. Jahren gefallenen Vaterlandshelden. Eine Predigt am 4. Juli 1816 zu Elversdorf gehalten. gr. 8. Stendal, Franzen u. Gr. 2 gr.

Hübenthal, Joh. Christ., s.a. H u b e n t h a l , Joh. Christ.

Hübenthal, Joh. Christ. (Rector), De maxima ingenuae liberorum in scholis publicis educationis utilitate. Meditationes morales I/II. Frankfurt a. O. (Joh. Christ. Winter) 1760. 11 u. 11 S. (6.—) 16202

Hübenthal, Karl

Huebenthal, Carolus: Quaestiones de usu infinitivi historici apud Sallustium et Tacitum. Halis Saxonum 1881: Gebauer-Schwetschke. 56 S. 8°
Halle-Wittenberg, Phil. Diss. v. [28. Jan.] 1881
Geb. Zerbst 3. 10. 1852. V.

HUBENY, Josef: Anleitung zur Bindung und Cultur des Flugsandes in Ungarn, mit Rücksicht auf die Landesverhältnisse. - Pesth 1835

Hubeny, Jos., *k. k. Bergdir.-Assessor u. Oberwaldmeister in Pension etc.* Praktische Anleitung zur Commassation der Grundstücke, Hutweide-Absonderung, Hotterregulirung und Regelung der Waldnutzungen in Ungarn, Croatien u. Slavonien, Wojwodschaft Serbien und Temeser-Banate. Auf Grund der kais. Patente v. 2. März 1853 und 17. Mai 1857 etc. I. Abth.: Die Commassation und Hutweide-Absonderung. *Wien* 1858. *Mechitaristen.* 56 S., 2 Bl. 4°.

Hubeny, Jos., praktische **Anleitung** zur Commassation der Grundstücke, Hutweide-Absonderung, Hotterregulirung und Regelung der Waldnutzungen in Ungarn, Croatien und Slavonien, Wojwodschaft Serbien und temeser Banat. Auf Grund der kaiserl. Patente vom 2. März 1853 und 17. Mai 1857. Für Gutsbesitzer, ihre Bevollmächtigte und Beamten, Gemeinden etc. Mit einem Anhang von der Colonisirung in Ungarn nebst dem neuen Colonisations-Gesetze. Winke nach Erfahrung für Ansiedler und Gutsbesitzer. gr. 8. (XV und 244 S.) Prag 859, Bellmann's Verlag. *

HUBENY, Joseph: Auf Erfahrungen begründete Anweisung zur schnellen Holzerziehung. Mit besonderer Rücksicht auf Ungarns holzarme Gegenden. - Pesth 1836. 119 S.

HUBENY, Joseph: Entwurf einer Waldpolizei- und Waldstrafordnung für Ungarn und die Nebenländer. Oder auf welche Art kann der IX. Gesetzartikel des ungarischen Reichstages vom Jahre 1839-1840, welcher von der Feldpolizei handelt, bezüglich der Waldungen dem Zwecke entsprechen? - Pest 1843. 119 S., 3 Tab.

Hubeny, Jos., Entwurf einer Waldpolizei- u. Waldstrafordnung für Ungarn u. die Nebenländer rc. gr. 8. (Mit 3 Tab.) Pesth 843, Hartleben. (Leipz., Frohberg. Sep.-Conto.) 3/4 ₰

— die Feldpolizei für die österreichischen Kronländer, oder die „Verordnung der Ministerien des Innern und der Justiz vom 30. Jänner 1860, wirksam für alle Kronländer mit Ausnahme des venetian. Verwaltungsgebietes, des Königr. Dalmatien und der Militärgrenze, betreffend die Bestellung eines beeideten Feldschutzpersonals und das Verfahren über Feldfrevel." Mit einer auf Grund dieser Verordnung entworfenen prakt. Instruction für Feldhüter und Ortsvorstände. gr. 8. (XVIII und 71 S.) Prag 861, Bellmann's Verlag. *

Hubeny, Jos., Forstdienst-Instruktion f. die erzherzogliche Herrschaft Kiss-Jenö. Mit 14 Formularen. gr. 8. Temeswar 836. (Heckenast in Pesth.) 1 1/4 ₰

— von der Colonisirung in Ungarn nebst dem neuen Colonisations-Gesetze. Winke nach Erfahrung für die Ansiedler und Gutsbesitzer. gr. 8. (48 S.) Prag 859, Bellmann's Verlag. *

Aus: Praktische Anleitung zur Commassation der Grundstücke etc., besonders abgedruckt.

Hubeny, J.: „Forstwissenschaftliche Mittheilungen; eine Zeitschrift in zwanglosen Heften", 1. (einziges) Heft, Pesth 1835 (Hartleben).

— die vorzüglichsten Ursachen d. schlechten Zustandes von vielen ungarischen Forsten, nebst Vorschlägen z. Abhülfe. 1. Hft. Die Urbarialholzung. 8. (7 B.) Pesth 835, Hartleben.

Hubeny, Jos., die Waldanlagen von Mezöhegyes. Als ein merkwürd. Beitr. z. neuern Waldbaulehre, aus d. „allgem. Forst- u. Jagdjournal" abgedr. gr. 12. (2½ B.) Prag 834, Haase, Söhne.

HUBENY, Josef: Über die Wichtigkeit und das Wesen der Forstregulierung. - Pesth 1835

Hubeny, L. Sprachliches über den Modus. Braunau, U.G., 1858. 14 S. Progr.

Huber, Jacob. Sein Leben u. Wirken, s. Graf, J. H.

Frhr. v. Huber, Abhandlung von dem Reichthume eines Staates durch die Viehzucht, etc.
Rede zum Geburtstag des Kurfürsten. Verf. „Kurf. Kammerer und Reg. Rat zu Burghausen, Mitgl. der kurb. l. Gesellsch. zu Altötting".
Burghausen 1771

Huber, der Denkprozeß v. Mensch u. Tier. Als Schluß der Darwinschen Theorie. Neue, m. mathemat. Genauigkeit bewiesene Theorie des positiven u. negativen Denkprozesses, der Projektion der Gedankenbilder, der elektr. Apparate in Gehirn u. Körper, der elektr. Seele v. Mensch u. Tier, des Schlafes, Traumes, Fiebers, Todes usw. Rev. v. Malten. 2. verb. Aufl. (120 S.) gr. 8. Leipzig (905). J. H. Robolsky. n. 2. —

1. Aufl. (108 S.) (905.) n. 1. 50.

Huber, üb. d. Einfluß der neuern so wie d. praktischen Philosophie überhaupt. 8. Lpz. Graff. •

Huber, ..., Fingerordnung für d. Flöte. Regensb., Reitmayr. 3 ₰

Huber (Abbé). Geschichte von Hollenburg in Kaernten. Klgft., Leon. 1814. 31 S.

Huber's Geschichtsfreund. 1. Bd. 1—3. Heft. gr. 8. (S. 1—240.) Berlin 854, Huber's Vrlgsh. à Heft 5 Ngr.

Huber, d. Gesetzentwurf betr. d. Regelung d. Innungwes. Stuttg. 881.

Huber (Hrsg.), s. Goldwährungs-Korrespondenz. – Aus der Goldwährungs-Korrespondenz. 1895–97.

HUBER, Einige Hauptpunkte der Währungs- frage. (Ohne bes. Titelbl. o. O. o. J.) 8°.

Huber's Kochbücher. 4 Bde. kl. 8. München 910. Piloty & Loehle. Geb. 4.50

1. Österreich. Mehlspeisenküche f. 2—3 Personen. 1. Bd. Mehlspeisen verschiedener Art, Schmarren, Regenwürmer, Schlupfnudeln, Semmelspeisen, Nocken, Fleckerln, Spatzen, Klöße, aufgezogene Speisen od. Muse, Pfannenkuchen, Omeletten, Hefenspeisen, Schmalzgebackenes, Schwämme, Krebsgerichte, Eierspeisen, Eierfärben u. Behandlg. der Eier. (XVI, 116 S.) Geb. 1. —
2. Feinste österreich. Mehlspeisenküche f. 2—3 Personen. 2. Bd. Feinste Mehlspeisen, Aufläufe, Puddings, Obstpasteten, Flameris, Crêmes, süße Saucen, Kuchen usw. (XII, 120 S.) Geb. 1. —
3. Österreich. Fastenküche f. 2—3 Personen. Suppen u. Suppeneinlagen, Fische, feine Saucen, Tunken u. Mayonnaisen, Mehlspeisen. (XVI, 140 S.) Geb. 1. —
4. Die gesamte Konditorei m. Einschluß der Weihnachts- u. Teegebäcke, belegten Brote usw. zur Ausstattung v. Tee- u. Frühstückstischen einfacher u. besserer Art. Nur erprobte u. zuverläss. Orig.-Rezepte. (XXIII, 200 S.) Geb. 1. 50

Huber u. Meßmer, die Corruption in der römischen Kirche. Vorträge, geh. in Essen, am 20. März 1874. gr. 8. (19 S.) Essen 874. Silkrodt in Comm. n. — 50

Huber, Landschaften, s.: Album, Berliner, f. Zeichner.

Huber, ..., Musenbund in Manna's Hain. 8. Wien ... (Gastl in Brünn). 8 ₰

Huber: Über das Realschulwesen in Tirol. 20 S.– Innsbruck OR., Progr. 1862.

Huber, (Pastor) ..., Rettung v. d. Cholera. Tagebuch aus Saratow vom 10. bis 31. Aug. 1830. 8. Dessau 831. Ackermann. 4 ₰

Huber, die Reise der ersten Missionskinder von Indien nach Europa, s.: Missionstraktate, kleine.

Huber, ... Gebrüder, s. Samml. religiöser Gesänge.

Huber, ausgewählte Schriften üb. Socialreform u. Genossenschaftswesen. Bearbeitg. v. Munding. Berlin 894.

– ein Sturm im Hafen v. Bombay, s. Missions-Traktate, Kleine.

— die Vereinheitlichung des schweizerischen Erbrechts. Basel 895.

— Vereinheitlichung u. Reform des schweizerischen Grundpfandrechtes. Basel 898.

— Versuch in Reden mit Gott. 8. Tübing. Schramm. (Metzler in Stuttgart.) 787. –

— Versuch mit Gott zu reden. 8. Stuttg. Steinkopf. 775.

Frhr. v. Huber, Über den Viezügel.
Aus den Schriften der Burghausener Akademie.
Burghausen 1775

Huber und F Thorwart, die Währungsfrage (33 S) (Augsburg 1895)

Huber, ..., (Pfarrer), wie verhält sich d. vernünftige Christ, wenn er krank wird? 8. Linz 802. Eurich. 3 K

Huber, ..., die neuesten Wiener-Wagen u. Pferdegeschirre. 1 u. 2s Hft. ... 3s Hft. (Wägen.) 4s Hft. (Pferdegeschirr.) 5s — 9s Hft. Mit Kpfr. qu. gr. 4. Wien 834—39. Müller. (3s Hft. $2\frac{1}{3}$ ℳ 4s H. $1\frac{1}{6}$ ℳ 5s—7s H. à $1\frac{1}{2}$ ℳ 8s H. $\frac{7}{6}$ ℳ 9s H. $1\frac{1}{2}$ ℳ)

Huber, pädagogische Winke f. die Präfekten u. Professoren an kathol. Lehr- u. Erziehungsanstalten, s.: **Barrelle.**

Hulber, A. Bericht über Gruppe 25 der Schweiz. Landesausstellung in Zürich: Nahrungs- und Genußmittel. 25 S. 8° Basel. 1884

Huber, A. Die Entwicklung des eidg. Zollwesens vom Beginn der ersten Tarife bis zur Bundesverfassung des Jahres 1848. Gr. in-8°. VII, 213 S. Bern, Stämpfli'sche Buchdr. (Comm.-Verlag von W. Kaiser), 1890. 4 —

Huber, A. Die Entwickelung des eidgenössischen Zollwesens vom Beginn der ersten Tarife bis zur Bundesverfassung d. J. 1848. gr. 8°. Bern, W. Kaiser, 1891.

Huber, A., Liqueure, Limonaden, Wermuth etc., s. **Bericht** über Gruppe 25 der schweizerischen Landesausstellung Zürich 1883.

Huber, A., über Zwerchfellbruch. Nebst der Beschreibung eines Falles dieser Krankheit. Inaug.-Dissertation. gr. 4. (15 S.) Basel 852, Neukirch.

Huber, Adolf, a. Rhina: Beiträge zur Kenntnis der Glazialerscheinungen im südöstlichen Schwarzwald. M. 3 Taf. Stuttgart: E. Schweizerbart 1905. (S. 397—446.) 8°
¶ [Aus: N. Jahrbuch für Mineralogie Beil.-Bd. 21.]
Freiburg i. B., Phil. Fak., Ref. Steinmann, Diss. v. 1905
[Geb 25. März 79 Rhina, Amt Säckingen; Wohnort: Freiburg i. B.; Staatsangeh.: Baden; Vorbildung: Oberrealsch. Freiburg i. B. Reife Mai 01; Studium: Freiburg i. B 8 S; Rig. 26 Mai 05.]

Huber, Adf., Friedrich Schlegels „Romanze v. Licht", s. a. „**Festschrift** d. deutschen akadem. Philologen-Vereins zu Graz.

Huber, stud. phil. Adolf, Friedrich Schlegel's „Romanze vom Licht". Gr.-8. (10 S.) —.25
Graz: Leuscher & Lubensky 1896.

Huber, Adf., u. Gust. Streicher, die Schürze. Politische Komödie in 3 Aufzügen. (86 S.) 8. Wien 904. Wiener Verlag. n. 2. — ; geb. n.n. 3. —

Huber's, Adf., gesammelte Werke. Hrsg. von Maurice Rhold. v. Stern. (410 S. m. Bildnis.) 8. Leipzig 909. Verlag des literar. Bulletin. Geb. in Leinw. 6. —

Huber, Albert. Stadtrat Johann Kaspar Grob 1841—1901. Eine biographische Skizze. Separat-Abdruck aus dem Jahrbuch des Unterrichtswesens in der Schweiz für das Jahr 1900. [Mit Porträt-Tafel.] II + 88 S. 8. Zürich, Buchdr. des Schweiz. Grütlivereins, 1902.

Huber, Alb., Jahrbuch d. Erziehungswesens in der Schweiz, s.: **Grob.**

Huber, Alb., s.: **Jahrbuch des Unterrichtswesens in der Schweiz.**

Huber, Alb., Jahrbuch d. Unterrichtswesens in der Schweiz, s.: **Grob, C.**

Huber, Albert, Referendar a. Oldenburg: Die Sammlung im BGB. Jena 1909: Frommann. 72 S. 8°
Jena, Jur. Diss. v. 25. Mai 1909, Ref. Thon
[Geb. 26. Aug. 64 Notzfelden; Wohnort: Jena; Staatsangeh.: Oldenburg; Vorbildung: Gymn. Oldenburg Reife O. 94; Studium: Freiburg i. B. 3, Jena 4 S.; Rig. 5. Jan. 09.] [U 09. 2093

— **schweizerische Schulstatistik.** 1894/95. Bearb. im Auftr. d. schweizer. Departements d. Innern in Bern f. d. Landesausstellg in Genf 1896. (Deutsch u. französisch.) 8 Bde. gr. 8. (XXVIII, 407; XX, 213; XV, 148; XIX, 95; XXX, 531; VIII, 103; X, 113 u. XXI, 1340 S.) Zürich 896. 97. (Bern, Schmid & Francke.) n. 25. —

Schweizerische Schulstatistik. Statistique des écoles suisses. 1894/95 v. Dr. jur. **Albert Huber,** Sekr. d. Erziehgswesens d. Kantons Zürich. Bearb. im Auftr. d. schweiz. Departements d. Innern in Bern f. d. Landesausstellg in Genf 1896. Travail exécuté ... p. ordre du Départem. ... Bd I—VIII ... *(Zürich: Dr. d. Buchdr. d. Schweiz. Grütlivereins* (V: *Buchdr. Berichthaus) 1896. 97.)* 8 Bde 8.
I. Organisationsverhältnisse d. Primarschulen (Schuldauer, Schulerverhältnisse etc.) 1894/95. Organisation des écoles primaires [1896] (XXVIII, 332. 407 S.)
II. Die schweiz. Primarlehrerschaft 1895 [1896] (XX, 212. 213 S.)
III. Die Arbeitsschulen f. Mädchen in d. Schweiz auf d. Primarschulstufe 1894/95. [1896] (XV, 66, 148 S.)
IV. Ökonom. Verhältnisse d. Schweiz. Primarschulen 1894 [1896] (XIX 60, 95 S.)
V. Sekundarschulen, Mittelschulen, Fortbildgsschulen, Berufsschulen, Hochschulen, Musikschulen (1894/95). (1896) (XXX, 487 S., 1 Bl., 531 S.)
VI. Kindergarten, Kleinkinderschulen, Privat-Primar-, Sekundar- u. Mittelschulen (Rettgsanstalten etc.) [1896] (XI, 38, 104 S.)
VII. Zsfassende Übersichten nach Bezirken u. Kantonen [1896.] (X, 113 S.)
VIII. Die Schulgesetzgebung d. Schweiz. Kantone 1896. 1897. (XXI S., 1 Bl., 1340 S.) [98. 4172

Huber, Albert. Die Zentralisierung in der Beschaffung von Bureau-Materialien, Druck- u. Buchbinderarbeiten für die Staatsverwaltung. Referat an der 6. Konferenz der schweiz. Staatsschreiber am 28. August 1905. (Separat-Abdruck aus dem Schweizerischen Zentralblatte für Staats- und Gemeinde-Verwaltung. Jahrg. 6, 1905/06 [Nr. 17 u. 18].) II + 36 S. 8. Zürich, Orell Füssli, 1905.

Huber, Alex. Die schädlichen Wirkungen d. Dachreiters. Eine Ventilations-Studie. gr. 8. (32 S. m. 11 Illustr.) Köln 892, (Neubner). * 1 50

Huber, Alfons

— **Österreichs diplomat.** Beziehgn. **zur Pforte. 1658 —1664.** [Aus: „Archiv f. österr. Gesch."] gr. 8. (79 S.) Wien 898. (C. Gerold's Sohn). n. 1. 80

Huber, Alf., Biographie d. Appellationsgerichtsraths Ignaz Beidtel, s.: **Beidtel, Ign.,** Geschichte d. österr. Staatsverwaltg.

—— s. **Böhmer, J. Fr.,** regesta imperii.

Huber, Al., die Ecclesia Petena der Salzburger Urkunden als Einleitung zur Geschichte der Verbreitung des Christenthums in Südostdeutschland. Lex.-8. (103 S.) Wien 866. (Gerold's Sohn.) 4
Aus: Archiv für Kunde österreichischer Geschichtsquellen, besonders abgedruckt.

Huber, Alf., die Entstehung der weltlichen Territorien der Hochstifter Trient und Brixen, nebst Untersuchungen über die ältesten Glieder der Grafen v. Eppan und Tirol. Lex.-8. (46 S.) Wien 882, (Gerold's Sohn.) **
Aus: Archiv für österreichische Geschichte, besonders abgedruckt.

Huber, Alfons, über die Entstehungszeit der österreichischen Freiheitsbriefe. Lex.-8. (42 S.) Wien 860, (Gerold's Sohn.) **
Aus: Sitzungsberichte der k. Akademie der Wissenschaften, Jahrg. 1860, besonders abgedruckt.

Huber, A., die Erwerbung Siebenbürgens durch König Ferdinand I. im Jahre 1551 u. Bruder Georg's Ende. [Aus: „Archiv f. österr. Geschichte".] Lex.-8. (65 S.) Wien 889. (Tempsky.) n. 1. 20

Huber, Alf., die Gefangennehmung der Königinnen Elisabeth und Maria von Ungarn und die Kämpfe König Sigismunds gegen die neapolitanische Partei und die übrigen Reichsfeinde in den J. 1386—1395. Lex.-8. (42 S.) Wien 885, (Gerold's Sohn.) * — 60
Aus: Archiv für österreichische Geschichte, besonders abgedruckt.

Huber Alfons Dr. Geschichte der Einführung und Verbreitung des Christentums in Südost-Deutschland. Band I. Salzburg 1873 . . . .

— Geschichte d. Gründg. u. d. Wirksamkeit d. kaiserl. Akademie d. Wissenschaften während d. ersten 50 Jahre ihres Bestandes. gr. 8. (176 S.) Wien 897. (C. Gerold's Sohn.) n. 2. 80

Huber, Alfons, Geschichte der Margaretha Maultasch und der Vereinigung Tirols mit Oesterreich. 8. (72 S. mit 1 Stnt.) Innsbruck 863, Wagner'sche Universitäts-Buchh. *

— Geschichte Österreichs, s.a. Geschichte d. europ. Staaten.

Huber, Dr. Alfons, Prof. an der k. k. Universität in Wien. Geschichte Oesterreichs. (Aus: „Geschichte der europäischen Staaten. Herausgegeben von Heeren, Ukert und Giesebrecht") (Bis zum Jahre 1609.) (4 Bde.) 8. Gotha 1885—1892.

— Geschichte des Herzogs Rudolf IV. von Oesterreich. gr. 8. (XI und 223 S.) Innsbruck 865, Wagner'sche Universitäts-Buchh. *

— Geschichte der Vereinigung Tirols mit Oesterreich und der vorbereitenden Ereignisse. Lex.-8. (XI und 276 S.) Innsbruck 864, Wagner'sche Universitäts-Buchh. *

— Geschichte der österreichischen Verwaltungsorganisation bis zum Ausgange des 18. Jahrh. Rede, bei Gelegenheit der Kundmachung der gelösten Preisaufgaben gehalten am 13. Decbr. 1883. 8. (40 S.) Innsbruck 884, Wagner'sche Universitäts-Buchh. *

— das Grab des heiligen Rupert. Ein Beitrag zur Erledigg. der Frage: Ob der heil. Rupert zu Worms oder zu Salzburg gestorben sei? [Aus dem Archiv für Kunde oesterreich. Geschichtsquellen.] Wien 869. (Gerold's Sohn). Lex.-8. (49 S.) n. 6 ngr.

— Heinricus de Diessenhofen, s. Fontes rerum austriacarum.

— die Kriege zwischen Ungarn und den Türken 1440—1443. Kritisch untersucht. Lex.-8. (49 S.) Wien 886, (Gerold's Sohn.) * — 80

Huber, Alfons. Aus dem Leben e. Professors d. Medicin im 15. Jahrh., s. Taschenbuch, historisches.

— Ludwig I. von Ungarn und die ungarischen Vasallenländer. Lex.-8. (44 S.) Wien 884, (Gerold's Sohn.) **

— Matthias von Neuenburg und Jakob von Mainz. Lex.-8. (34 S.) (Ebendas.) 882. **

Huber, Alf. v., die Politik Kaiser Josephs II. beurtheilt von seinem Bruder Leopold von Toscana. Rede, bei Gelegenheit der feierl. Kundmachung der Preisaufgaben gehalten. gr. 8. (55 S.) Innsbruck 877, Wagner'sche Universitäts-Buchh. *

— österreichische Reichsgeschichte. Geschichte der Staatsbildg. u. des öffentl. Rechts. gr. 8 (VIII, 280 S.) Wien u. Prag 895. F. Tempsky. — Leipzig, G. Freytag. n. 6. —; geb. in Halbfrz. n. 8. —

Huber, Alfons, österreichische Reichsgeschichte. Geschichte der Staatsbildg. u. des öffentl. Rechts. 2. erweit. u. verb. Aufl., aus dessen Nachlass hrsg. u. bearb. v. Alfons Dopsch. gr. 8. (X, 372 S.) Wien 901. F. Tempsky. — Leipzig, G. Freytag. n. 8. —; geb. in Halbfrz. n. 11. —

— Rudolf v. Habsburg vor seiner Thronbesteigung. Vortrag geh. bei der feierl. Sitzg. der k. Akad. der Wiss. am 23. Mai 1873. 8. (17 S.) Ebend. 873. n. — 40

— das kirchliche Strafverfahren gegen Margaretha von Tirol wegen der Verjagung ihres ersten Gemahls und ihrer Verheiratung mit Ludwig dem Brandenburger. Lex.-8. (28 S.) Wien 888, (Tempsky.) * — 50
Vorstehende Schrift aus: Archiv für österreichische Geschichte, besonders abgedruckt.

— Studien über die Geschichte Ungarns im Zeitalter der Arpaden. Lex.-8. (78 S.) (Ebendas.) 883. *
Vorstehende Schrift aus: Archiv für österreichische Geschichte, besonders abgedruckt.

— Studien üb. d. Correspondenz d. Generale Gallas, Aldringen u. Piccolomini im Febr. 1634. [Aus: „Archiv f. österr. Geschichte".] Lex.-8. (24 S.) Ebd. 895. n. — 50

Huber, A. Studien über die finanziellen Verhältnisse Oesterreichs unter Ferdinand I. Mitth. d. Instit. f. österr. Geschichtsforschung, 4. Erg.-Bd.. 1893.

— Untersuchungen üb. die Münzgeschichte Oesterreichs im 13. u. 14. Jahrh. [Aus d. Sitzungsber. d. k. Akad. d. Wiss.] Lex.-8. (26 S.) Ebend. 871. n. — 40

— die Waldstätte Uri, Schwyz, Unterwalden bis zur festen Begründung ihrer Eidgenossenschaft. Mit einem Anhange über die geschichtl. Bedeutung des Wilhelm Tell. gr. 8. (VIII und 128 S.) Innsbruck 861, Wagner'sche Universitäts-Buchh. *

— Die Verhandlungen Ferdinands I. m. Isabella v. Siebenbürgen 1551—1555. Lex.-8. (39 S.) Wien 891, (Tempsky). * — 80
Aus: Archiv f. österreich. Geschichte, besonders abgedruckt

Huber, Alf., üb. das Vorleben Arno's, 1. Erzbischofes v. Salzburg. [Aus „Archiv f. österreich. Gesch."] gr. 8. (21 S.) Wien 871. Gerold's Sohn in Comm. n. — 40

—— die Zeit der ersten Habsburger, s. Geschichte, österreich., für das Volk.

Huber, Aloys, der Kindheit erstes Erwachen, od. leichte u. angenehme Unterhaltn. mit Kindern von 3—8 Jahren z. Uebung d. Sinne. Ein Wegweiser f. Lehrer zc. Nebst e. Samml. v. Spielen, Sprüchen, Gebeten u. Liedern f. d. zarteste Jugend. Mit e. Vorw. v. M. Desaga. gr. 8. (10½ B.) Heidelberg 840, Groos.

Huber, Alois. Geschichte der Einführung und Verbreitung des Christenthums in Südostdeutschland. Bd. 1—4. Salzburg 1874—75. 8. . . . . (10)

Huber, [Alois] Geschichte des landwirtschaftlichen Genossenschaftswesens im Kantone Luzern und dessen Entwicklung. Separatabdruck aus der 1. Liefg. der «Zeitschrift für schweizerische Statistik», Jahrg. 39, 1903. 12 S. 4. [Bern, Stämpfli & Cie.]

— Hat denn die königl. baier Haupt- u. Residenzstadt München wirklich einen solchen Mangel an Brunnenwasser, dass er nur durch einen schmutzigen Bach aus der Ferne gedeckt werden kann? München im Juny 1820. 8°. 16 S.

Huber, A., München im J. 1819. 1s—5s Heft, nebst Plan u. Ansicht d. Stadt. 8. (Münch. 819 u. 20. Fleischmann). 4 ℳ 8 gr.

Huber, Alois, München im Jahre 1819. Heft I–V (so viel erschienen) (Nebst) *Anhang* Darstellung der neuesten Numerirung. (2 voll.) (München) Gedr. bey J. Zängl u. J. (1819—21). 8°. Eleg. Hfrzbde.
432 u. 485 S. Nicht häufig. Die auf d. Titel erwähnte Ansicht von München ist vorhanden, nicht aber der ... Grundriss der Stadt.

Huber, Amalie

—— die Festtage im Pfarrhause zu Kirchheim. Ein Geschenk f. fromme Kinder. M. 6 (ill.) Kpfr. 8. (8 B.) Nürnberg (831), Rötter.

— häusl. Gemälde in Briefen. 8. Nürnb. 829. Riegel u. W. 18 gr.

Huber, Amalie, Claudinens Geschichtenspende, für d. erwachsene Jugend. 8. Nürnberg 829. Riegel u. W. 14 gr.

Huber, Frau Anna, s. a. Cador, A. — Huber-Cador, A.

Huber, Anna, D. Einmachkunst, s. a. Schandri's, Marie, berühmtes Regensburger Kochbuch.

Huber, Anna, die Einmachekunst. 288 Orig.-Recepte zum Einmachen der Früchte; zur Bereitung der Früchtensäfte, Crêmen, Compote und Sulzen, dann zur Herstellung des Gefrorenen und der feineren kalten und warmen Getränke. Gesammelt, erprobt und hrsg. 8. (XII, 97 S.) Regensburg 883, Coppenrath.

Huber, Anna, die Einmachkunst. 288 Orig.-Recepte zum Einmachen der Früchte; zur Bereitung der Früchtensäfte, Crêmen, Compote und Sulzen, dann zur Herstellung des Gefrornen und der feineren kalten und warmen Getränke. Gesammelt, erprobt und hrsg. 3. Aufl. gr. 8. (XII, 97 S.) Regensburg 888, Coppenrath's Verlag. — 75

Huber, Anna. Die Einmachkunst. 4. Aufl. gr. 8. (XII, 100 S.) Regensb. 890, Coppenrath's Verlag. — 75

Huber, Anna, die Einmachkunst. 288 Orig.-Recepte zum Einmachen der Früchte; zur Bereitg. der Früchtensäfte, Crêmen, Compote u. Sulzen, dann zur Herstellg. des Gefrornen u. der feineren kalten und warmen Getränke. 5., verm. Aufl. gr. 8. (IV, 108 u. XI S.) Regensburg 891. A. Coppenrath's Verl. — 75

Huber, Anna, die Einmachkunst. Orig.-Recepte zum Einmachen der Früchte; zur Bereitg. der Früchtensäfte, Cremen, Kompote u. Sulzen, dann zur Herstellg. des Gefrorenen u. der feineren kalten u. warmen Getränke. Gesammelt, erprobt u. hrsg. (XI, 98 S.) 8. Regensburg 904. A. Coppenrath's Verl. n. — 75

Huber, geb. Cador, Frau Anna s. Familienbibliothek, Schweizer. Nr. 78.

— die vollständige Fastenküche, s. a. Schandri, Marie, Regensburger Kochbuch.

Huber, Anna, die vollständige Fastenküche oder prakt. Anleitung zur Bereitung von Fastenspeisen. Zugleich ein Anhang zu jedem Kochbuche. 1.—4. verm. und verb. Aufl. 8. (122 S.) Regensburg 870—75, Coppenrath.

Huber, Anna, die vollständige Fastenküche oder praktische Anleitung zur Bereitung von Fastenspeisen. Zugleich ein Anhang zu jedem Kochbuche. 5.—8. Aufl. gr. 8. (122 S.) Regensburg 876—79, Coppenrath.

—— die vollständige Fastenküche oder prakt. Anleitung zur Bereitung von Fastenspeisen. Zugleich ein Anhang zu jedem Kochbuche. 11. und 12. Aufl. gr. 8. (122 S.) Ebendas. 881. 75 Pf.; cart. *

—— die vollständige Fastenküche oder prakt. Anleitung zur Bereitung von Fastenspeisen. Zugleich ein Anhang zu jedem Kochbuche. 20. Aufl. gr. 8. (IV, 118 S.) Ebendas. 888. * 75 Pf.; cart. * 95 Pf.; geb. ** 1 35

— die vollständige Fastenküche od. prakt. Anleitg. zur Bereitg. v. Fastenspeisen. 26. verb. u. verm. Aufl. (II, 132 S.) gr. 8. Ebd. 903. n. — 75

— praktische Kartoffelküche. 154 Orig.-Recepte zur Bereitung der mannigfachsten Kartoffelspeisen. Gesammelt u. erprobt. 1.—20. Tausend. 8. (IV, 83 S.) Regensburg 890. Coppenrath's Verl. — 50

— praktische Kartoffelküche 154 Orig.-Recepte zur Bereitg. der mannigfachsten Kartoffelspeisen. Gesammelt u. erprobt. 6. u. 7. Taus. (IV, 83 S.) 8. Regensburg (905). A. Coppenrath's Verl. n. — 50

— Klärchen od. die Romanheldin. Lustspiel in 1 Akt. Frei nach dem Franz. 8. (47 S.) Glarus 892. J. Vogel. — 60

Huber, Anna, die Zerstreute. Lustspiel in 2 Aufzügen. 8. (36 S.) Glarus 892. J. Vogel. — 60

Huber, Ant., d. Arbeiten d. Bautischlers im Style d. deutschen Renaissance, Zimmerthüren, Hausthüren, Wandverkleidungen, Holzplafonds, Ladenvorbaue, Laden- u. Restaurationseinrichtgn. u. alle sonst. Holzarbeiten d. innern Ausbaues. 2. [Titel-] Aufl. (Zugl. „Allerlei Schreinwerk". 4. Serie.) gr. Fol. (60 Lichtdr.-Taf.) Berlin (888. 89) 896. B. Hessling. In Mappe n. 60. —

Huber, Ant., kleine Architekturen zur Ausführung in Holz, Lauben, Pavillons, Hallen, Parkbrücken, Parkthore, Brunnenhäuschen, Schutzhütten, Winzerhäuschen, Gondelhäuschen, Taubenhäuser, Badeanlagen, Balkons, Giebel, Thürme, Musiktribünen, Kegelbahnen, Colonnaden, Trinkbuden, Zeitungskioske, Ehrenpforten etc. 6 Lfgn. gr. Fol. (à 10 Lichtdr.-Taf.) Berlin 891. 892. Hessling & Spielmeyer à n. 10. —; auch in 2 Halbbdn. in Mappe . . . 30 —

— kleine Architekturen in Holz. 2. Serie. Einzelheiten f. Holzbauten. Verzierte Balken u. Träger, Holzzäune u. Gartenthüren, Fenster- u. Pilasterverkleidgn., Balkonfüllgn., Zierbretter, Giebelverziergn., Sparrenköpfe, Zier- u. Stirn-Bretter, Treppengeländer, Dacherker, Lauben u. and. Details. (In 6 Lfgn.) 1 u. 2. Lfg. Fol. (à 10 Lichtdr.-Taf.) Ebd. 897. à n. 10. — (I. u. II. ... 896.)

Huber, Ant., kleine Architekturen in Holz. 2. Serie. Einzelheiten f. Holzbauten. Verzierte Balken u. Träger Holzzäune u. Gartenthüren, Fenster- u. Pilasterverkleidgn., Balkonfüllgn., Zierbretter, Giebelverziergn. Sparrenköpfe, Zier- u. Stirn-Bretter, Treppengeländer, Dacherker, Lauben u. andere Details. 3. Lfg Fol. (10 Lichtdr.-Taf.) Berlin 899. M. Spielmeyer. n. 10. –

— einfache Bautischlerarbeiten. Entwürfe für Schule u. Praxis. 1. Thl.: D. innere Ausbau, Zimmerthüren aller Art, Decken, Täfelgn., Windfänge, Stoss- u. Abschlussthüren, Glasthüren f. Balkon u. Vorplatz etc. Fol. (18 lith. Taf. m. 1 Bl. Text.) Berlin 896—897. B. Hessling. In Mappe n. 24. —
Erschien auch in 8 Hftn. à n. 3. —.

Huber, Ant., gothische Bautischlerarbeiten. Thüren, Wandverkleidgn., Plafonds, Erker, Geländer u. alle sonstigen Holzarbeiten d. inneren Ausbaues. 1. Serie. 30 (lith.) Taf. hoch 4. (1 Bl. Text.) Ebd. 898. In Mappe n. 18. —

⑧ **Huber, Ant.,** gothische Bautischlerarbeiten. 898. (KBl 29.) Erm. Pr 6

Huber, A[nton] Die poetische Bearbeitung der Vita S. Martini des Sulpicius Severus durch Paulinus von Périgueux. 40 S. 8. **Progr.** Kgl. hum. Gymn. Kempten 1901.
Enthält von S. 32 ab auch Verbesserungen zu Halms Ausgabe des Sulp. der Vita Mart.

Huber, Anton, Gymnasialassist. in Kempten. Die poetische Bearbeitung der Vita S. Martini des Sulpicius Severus durch Paulinus von Périgueux. *Kempten 1901: J. Kösel.* (40 S.) 8°
München, Phil. Diss. v. 1901

Huber, Ant., die Behandlung der Tonkunst am Ausgange d. 19. Jahrh., s.: Studien, kleine

Huber, Ant., u. Jos. Pressl, 107 prakt. Beispiele u. Übungsaufgaben zur allgem. Musiklehre gr. 8. (54 S.) Wien 900. C. Graeser & Co. n. 1.20

— Einzelheiten für Holzarchitektur. Deutsche Renaissance. (Allerlei Schreinwerk III) (48 T.) fol Berlin 1890

— Einzelheiten f. Holzarchitektur im Style d. deutschen Renaissance. Gesimse, Pilaster, Säulen, Stützen, Füsse, Konsolen, Füllgn., Spitzen, Kartuschen, Flachornamente, Profile u. sonst. Motive in natürl. Grösse zu directer Verwerthg. (Zugl. Allerlei Schreinwerk. III. Serie.) 48 (lith.) Taf. 2. [Titel-] Aufl. 2 Halbbde. gr. Fol. Ebd. (890) 896. In Mappe n. 60. —

— — 2. Serie: Einzelheiten für Holzbauten. Lfg 1-3. Berlin 1897

— Entwürfe f. moderne Bautischlerarbeiten in verschiedenen Stylarten. 1.—4. Lfg. Fol. (à 10 Lichtdr.-Taf.) Ebd. 893. 894. à n. 10. —

— Entwürfe f. moderne Bautischlerarbeiten in verschied. Stylarten. 5. u. 6. (Schluss-) Lfg. Fol. (à 10 Lichtdrucktaf.) Berlin 895. 96. M. Spielmeyer. à n. 10. —

— Entwurfe moderner Möbel im Style deutscher Renaissance. 1. Thl. (Zugl. Allerlei Schreinwerk. 1. Serie.) 4. Aufl. gr. Fol. (60 Lichtdr.-Taf.) Berlin 898. B. Hessling. In Mappe n. 60. —

— geometrische Formenlehre. Vorlagen f. d. Unterr. im geometr. Zeichnen u. Wasserfarb-Malen. Enth. 50 Taf. in Tondr., 17 Konstruktions-Zeichnungen u. 2 kolor. Vorlagen. gr. Fol. (3 Bl. Text.) Stuttgart 895. K. Wittwer. In Mappe n. 24. —

— Grabsteine. Entwürfe. 4. (60 lith. Taf.) Ebd. 896. 897. In Mappe n. 12. —
Erschien auch in 6 Lfgn. à n. 2. —.

—— u. Jos. Pressl. Grundzüge der Theorie der Tonkunst. Ein Lehrbuch, auf wissenschaftl. Grundlage verf. gr. 8. (XII, 148 S.) Hannov. 890, Bacmeister. * 3 —

— Hausthore. Entwürfe in d. Stylarten d. Gothik, deutsche u. italien. Renaissance, Barock u. Rococo. gr. Fol. (10 Lichtdr.-Taf.) Berlin 898. M. Spielmeyer. n. 10. —

— Moderne Haus- u. Zimmertüren. Entwürfe z. Ausführung in Holz. (24 Lichtdr.-Taf.) 39,5×26,5 cm. Berlin (907). [B. Hessling.] Ornament-Verlag. In Mappe 18. —

Huber jun., Ant., das Holzwerk im modernen Wohn- u. Geschäfts-Haus. I. Serie. gr. Fol. (30 Lichtdr.-Taf.) Berlin (902). M. Spielmeyer. In Mappe n. 30. —
Erschien auch in 3 Lfgn. à n. 10. —.

— Ladeneinrichtungen. Entwürfe in d. Stilarten Renaissance, Rococo, Louis XVI., Empire u. modern Englisch. gr. Fol. (10 Lichtdr.-Taf.) Berlin 898. B. Hessling. n. 10. —

Huber, Anton [Dr.]: Das Leben des Lebid mit einem Theile seiner noch nicht veröffentlichten Gedichte . . . Leiden, Druck v. E. J. Brill, 1887: 1 Bl. | 30 S. | 9 Bl. 8°.
Leipzig, Phil. Fak., Hab.-Schr. v. 2. März 1887.

Huber, Anton, das Leben des Lebid mit einem Theile seiner noch nicht veröffentlichten Gedichte. Hab.-Schr. Leipzig 1887, Gustav Fock. 8°. 30 S. und 9 Blatt.

Huber, A., s.: Lebîd, d., Gedichte.

Huber, Ant., Lehr- u. Andachtsbuch nach d. Sinne d. röm.-kathol. Kirche; zunächst f. jugendl. Seelen. 12. (14 B. incl. 15 Holzschn.) Luzern 839. (Regensburg, Manz.) •

— moderne englische Möbel. Entwürfe v. Salonmöbeln, Speise- u. Schlafzimmer-Einrichtgn., sow. f. kleine Fantasie- u. Luxusmöbel im engl. Geschmacke d. Neuzeit. gr. 4. (30 Taf. m. 1 Bl. Text.) Ebd. 896. In Mappe n. 18. —
Erschien auch in 3 Lfgn. à n. 6. —.

— moderne gothische Möbel. Entwürfe v. Salon-Möbel, Speise-, Schlafzimmereinrichtgn., Herrenzimmermöbel etc., sowie kleine Fantasie- u. Luxusmöbel. 1. Serie. 30 Taf. gr. 4. Ebd. 897. In Mappe n. 18. —

(18) — mod. gothische Möbel. 897. (KBL 29.) Erm. Pr. 6. —

— d. neue prakt. Möbeltischler. Entwürfe u. Zeichnungen z. einf. Möbeln jeder Art in allen zur Zeit herrsch. Stilgattgn. m. Detailzeichngn. in natürl. Grösse u. Angabe d. ungefähren Herstellungskosten. 1. Ser. gr. Fol. (40 Taf. m. 18 Bl. Details u. 3 Bl. Text.) Stuttgart 895—896. K. Wittwer.
In Mappe 22. 50
Erschien auch in 10 Lfgn. à 2. —.

—— Möbel-Vorlagen im engl. Style. (In 3 Lfgn.) 1. Lfg. gr. Fol. (5 Lichtdr.-Taf.) Ebd. 891. * 5 -

– Möbel-Vorlagen im englichen Style. Buffets, Bücher- u. Salon-Schränke, Schreib-Tische, Stühle, Sophas, Tische, Etagèren, Consolen, Bettstellen etc. 3 Lfgn. gr. Fol. (15 Lichtdr.-Taf.) Ebd. 893. a n. 5.– (kplt. in Mappe: n. 15.–)

— Styl Modern. Entwürfe f. Möbel aller Art in der Geschmacksrichtg. d. Neuzeit. 60 Taf. 1.—3. Lfg. Fol. (à 10 Taf.) Berlin 896—897. B. Hessling. à n. 8. —
(I. Serie kplt. in Mappe n. 24. —)

(61) — Styl Modern. (KBL 81.) Erm. Pr. à Ser. 12. —

— Styl Modern. Entwürfe f. Möbel aller Art in der Geschmacksrichtg. der Neuzeit. II. Serie. (30 Lichtdr.-Taf.) Fol. Berlin (901). B. Hessling. In Mappe n. 24.—

— dasselbe. III. Serie. Fol. (30 Lichtdr.-Taf.) Ebd. (902). In Mappe n. 24. —

Allgemeine Musiklehre. Ein Lehrbuch für den theoretischen Musik-Unterricht von Anton Huber und Josef Pressl. Wien und Leipzig. 1898. Graeser. Gr.-8°. VI, 232 S. fl. 1.60

—— Perlen aus d. Vorzeit, od. Gebethe der Heiligen. Ein ausserl. Gebeth- u. Andachtsbuch. 12. (11 B. u. 15 Stnt.) Luzern 835. (Augsburg, Kollmann'sche Buchh.) *

Huber Ant.: Die auswärtige Politik Österreichs nach dem Aachener Frieden und die Ursachen des 7jährigen Krieges. 27. Pilsen R. 87. Progr

Huber, Ant., Rococo-Möbel. Entwürfe zur Ausführg. moderner Möbel im Style d. 18. Jahrh. (In 6 Lfgn.) 1. u. 2. Lfg. gr. Fol. (à 5 Taf.) Berlin 890. Claesen & Co. à n. 5. —

— Rococo-Möbel. Entwürfe zur Ausführg. moderner Möbel im Style d. 18. Jahrh. 3. u. 4. Lfg. gr. Fol. (à 5 Taf.) Ebd. 891. 893. à n. 5.—
(kplt. in Mappe: n. 20 —)

Huber, Ant., allerlei Schreinerwerk für den Gebrauch in bürgerlichen Wohnungen. I. Serie. 5 Lfgn. Fol. (à Lfg. 2 Bl.) Berlin 884, Claesen und Comp.
à Lfg. *M 1,20.; in Mappe *

Huber, Ant., allerlei Schreinerwerk für den Gebrauch in bürgerl. Wohnungen. 2.—6. (Schluss-)Serie. Fol. (à Serie 10 Lichtdr.-Taf.) Berlin 884—86, Claesen und Comp.
à Serie in Mappe *M 6.—. * 30 —
1. Serie. Ebendas. 1884. *M 6.—.
Das ganze Werk ist vergriffen.

Huber, Ant., allerlei Schreinerwerk f. den Gebrauch in bürgerlichen Wohnungen. 7 Serien à 10 Bl. Fol. (à 10 Lichtdr.-Taf.) Berlin 884—86. Claesen & Co. In Mappe. à n. 6. —

—— allerlei Schreinwerk. Entwürfe moderner Möbel in deutscher Renaissance. [In 4 Serien, à 6 Lfgn.] 1. Serie 1.—6. Lfg; 2. Serie 1.—3. Lfg.; 3. Serie 1. und 2. Lfg.; 4. Serie 1—4. Lfg. Fol. Ebendas. 886—88. à Lfg. * 10 —
Inhalt:
Serie 1 Entwürfe moderner Möbel im Style der deutschen Renaissance. 1 Thl. 2. und 3. Aufl. (60 Taf. in Lichtdr.) In Mappe.
" 2 — — dass. — 2. Thl. 1.—3. Lfg. (30 Taf. in Lichtdr.)
3. Einzelheiten für Holzarchitektur im Style der deutschen Renaissance. Gesimse, Pilaster, Säulen, Stützen, Füsse, Konsolen, Füllungen, Spitzen, Kartuschen, Flachornamente, Profile und sonstige Motive in natürlicher Grösse zu directer Verwerthung. Entwürfe für Möbeltischler, Bautischler, Architekten und Baumeister. 1. und 2. Lfg. (20 Taf. in Lichtdr.)
4. Die Arbeiten des Bautischlers im Style der deutschen Renaissance. Zimmerthüren, Hausthüren, Wandverkleidungen, Holzplafonds und alle sonstigen Holzarbeiten des inneren Ausbaues. Entwürfe für Architekten, Baumeister und Bautischler. 1.—4. Lfg. (40 Taf. in Lichtdr.)

— Allerlei Schreinwerk. [In 4 Serien à 6 Lfgn.] II. Serie, 4–6. (Schluss-)Lfg.; III. Serie, 3.—6. (Schluss-)Lfg.; IV. Serie, 5. u 6. (Schluss-)Lfg. Fol. Ebd. 889—92. à Lfg. * 10 —
II. Entwürfe moderner Möbel im Style deutscher Renaissance. 4.—6. Lfg. (à Lfg. 10 Lichtdr.-Taf.) In Mappen * 30 —
1.—3. Lfg. Ebd. 1886—88 * 30 —.
III. Einzelheiten f. Holzarchitektur im Style der deutschen Renaissance, Gesimse, Pilaster, Säulen etc. In natürl. Grösse zu directer Verwerthg. 48 Taf. 3.–6. Lfg. (à Lfg. 8 Taf.) In Mappen * 40 —.
1. u. 2 Lfg. Ebd. 1886—88 * 20 —.
IV. Die Arbeiten d. Bautischlers im Style der deutschen Renaissance. 5. u. 6. Lfg. (à Lfg. 10 Lichtdr.-Taf.) In Mappen * 20 —.
1.—4. Lfg. Ebd. 1886–88 * 40 —. — 1. Serie. Ebd. 1886—88. * 60 —.

—— moderne Sitzmöbel. 1. Abthl.: Polster-Möbel ohne sichtbare Holztheile. 1. und 2. Serie. à Serie 4 Lfgn. gr. 4. (à Lfg. 5 Taf. in Farbenlichtdr. auf Carton.) Ebendas. 886,88 In Mappe à Lfg. * 6 25
compl. in Mappe à Serie *M 25.—. * 50 —

Huber, Ant., moderne Sitzmöbel. 2. Abthl.: Sitzmöbel mit sichtbaren Holztheilen. 1. Serie. Fol. (24 Taf. in Farbenlichtdr. auf Carton. Berlin 887, Claesen und Comp.
In Mappe *

Huber, Anton (München), Über das „Meisir" genannte Spiel der heidnischen Araber. Diss. philos. Lpz. (Breitkopf & Härtel) 1883. 63 S. mit Biogr. (6.80) 16173

Huber, Ant. (Il.): Die Tonkunst am Ausg. d. 19. Jahrh., s. Studien, Kleine

Huber, A. f. Unterweisung, christliche, in Lehren und Beispielen.

Huber, Ant., ornamentale Vorlagen f. Schule u. Werkstatt. (24 Taf. m. 4 S. Text.) Fol. Frankfurt a/M. 904. H. Keller. In Mappe n. 15. —

Huber, Armin, von Wallenstadt [Kt. St. Gallen]. Secundararzt der medicinischen Klinik in Zürich: Aus der medicinischen Klinik in Zürich. Myographische Studien bei Paralysis agitans. Mit zwei Tafeln. (S. A. aus: Virchow's Archiv f. pathol. Anatomie u. Physiologie. Bd 108 S. 45—66]). Berl. (G. Reimer) 1887. 26 S., Taf. II, III. 8°.
Zürich. Med. Diss. [v. 19. April 1887].

Ueber sexuelle Aufklärung. Von Dr. theol. A[ugust] Huber. 1.–3. Taus. Münster i. W.: H. Schöningh 1906. (84 S.) 8° [F.]
Aus: Katholische Monatsschrift [07. 3830

Huber, August: Priester der Erzdiözese Freiburg: Die Hemmnisse der Willensfreiheit. Münster, Westf. [1904]: Westfäl. Vereinsdruckerei. (X, 101 S.) 8° ¶ (Erschien vollst. im Verlag von H. Schöningh, Münster.)
Münster, Theol. Fak., Ref. Mausbach, Diss. v. 20. Okt. 1904
[Geb. 2. Sep. 72 Hornberg bei Säckingen; Wohnort: Münster i. W.; Staatsangeh.: Baden; Vorbildung: Gymn. Freiburg i. B. Reife O. 93; Studium: Freiburg i. B. 6, Münster 3 S.; Rig. 17. Okt. 04.]

Die Hemmnisse der Willensfreiheit. Von August Huber, Dr. d. Theol. Münster i.W.: H. Schöningh 1904. (XII, 355 S.) 8° [05. 1137

Huber, Aug., die Hemmnisse der Willensfreiheit. 2. verb. u. verm. Aufl. (XVI, 368 S.) gr. 8. Münster 908. H. Schöningh. 4.50

Huber, Aug., s.: Jahrbuch, Basler.

Huber, Aug., d. Refugianten in Basel, s.a. Neujahrsblatt, hrsg. v. d. Gesellschaft z. Beförderg. d. Guten u. Gemeinnützigen.

[S.] Die Refugianten in Basel. Von August **Huber**. *Basel: In Komm. b. R. Reich; (Buchdr. Baur) 1896.* (54 S., 1 Bl., 1 Taf.) 1 Bd 4.
= Neujahrsblatt hrsg. v. d. Gesellschaft z. Beförderung d. Guten u. Gemeinnützigen. 1897. [No] 75. (97 ##

— s.: Urkundenbuch der Stadt Basel.

Huber, August: Ein Wort zum Kampfe gegen die Schundliteratur und für eine gute Schülerbibliothek. ... Anh.... Verzeichnis e. guten fertigen Bibliothek f. 6 Klassen höh. Schulen. Ein Wegweiser f. Volksschulbibliotheken. Bischweiler 1910: Posth. 64 S. 8°
Bischweiler, R P 1910 (733) [S 10. 196

Huber, Aug., ein Wort zum Kampfe gegen die Schundliteratur u. f. e. gute Schülerbibliothek. Als Anh. folgt das Verzeichnis e. guten fert. Bibliothek f. 6 Klassen höherer Schulen. Ein Wegweiser f. Volksschulbibliotheken. (64 S.) gr. 8. Straßburg 910. C. F. Schmidt. 1.25

Huber, P. Bonifacius. Einfluss der Selbstinduktion auf die Spektren von Metallen und besonders von Legierungen. Diss. Math.-Naturw. Freiburg ⟨Schweiz⟩. [Mit 13 Tabellen.] 41 S. 8. Altdorf, Huber, 1909.

Huber, Bonif. (o. Ben.), Otto v. Freising. sein Charakter, seine Weltanschauung, s. Verhältniss zu s. Zeit u. s. Zeitgenossen als ihr Geschichtschreiber, aus ihm selbst dargestellt. Eine von der philosoph. Fakultät der Ludwigs-Maximilians-Universität zu München gekrönte Preisschrift. München, Chrn. Kaiser, 1847. 8°. Ppb. IV 303 S., 1 S. Err.

Huberus, C.: De miro... consensu,
s. Rahn, Jo. Henr. (Praes.)

Huber, C. Panorama v. Axenstein, s: *Osenbrüggen.*

Huber, C., ein Rundgang in Wort u. Bild durch unsere Ausstellung. Beschreibender Text v. H. Illustrationen nach Photographien v. J. Moegle. qu. gr. 8. (31 S.) Thun 899. (E. Stämpfli.) n. 1.—

Huber, C., und **H. Keller**, auf dem Züricher See. Drei Ansichten. Stablst. Fol. Zürich 872. Keller. In Mappe

Huber CF, zur Frage der Einrichtung eines Gross-Schiffahrtsweges auf dem Neckar (Mannheim-Esslingen). (143 S) Stuttgart 1900

Huber CF, die Kartelle. Ihre Bedeutung für die Sozial-, Zoll- und Wirtschaftspolitik. (163 S) Stuttgart 1903

Huber, C. F. W., Stammbaum der Familie Weckherlin. Stuttgart 1857. Nicht im Handel.

Huber, Candidus

[**Huber, Karl**,] Erläuterungen zu Huber's Holzcabinet, oder Naturgeschichte der vorzüglich ... Holzarten, in Tabellen kurz dargestellt. Tab. 1—3. Tab. 1. Landshut 1801. Tab. 2—3. München 1805. 4.

HUBER, Candidus: Die Ebersberger Holzbibliothek, bestehend aus 100 hohlen Holzbüchern mit Rinde, Blättern, Saamen und Winterzweigen. - München 1792. - Erläuterungen dazu oder Naturgeschichte der vorzüglichsten deutschen Holzarten in Tabellen kurz dargestellt. Landshut 1801. Tab. 1. - Tab. 2 u. 3: München 1805

— s. Naturgeschichte d. verschied. Holzarten.

Huber, Naturgeschichte der verschiedenen Holzarten in Tabellen. 16 Hft. 4. Landshut. Weber. 804. Rthlr. -

HUBER, Candidus: Kurzgefaßte Naturgeschichte der vorzüglichsten Holzarten, nach ihrem verschiedenen Gebrauche in der Landwirthschaft, bey Gewerben und in Officinen, als Handbuch für jeden Liebhaber der Forstwissenschaft so wol als für die Besitzer der Ebersbergischen Holzbibliothek. - München 1793. 187 S

Huber, Kandidus, († d. 15. Juni 1813.) vollst. Naturgeschichte aller in Deutschland einheim. u. einiger nationalisirten Bau- u. Baumhölzer etc. 2 Bde. gr. 4. Münch. 803. J. Lindauer. 3 ℛ

Huber, Carl, s. Huber, Karl

Huber, Christian s. Haltmeyer, Marx, und Huber, Christian.

Huber, Christian Wilhelm (Hrsg.), s. Zeitschrift, Numismatische.

Huber, Christine. Zwölf Jahre Winterwacht auf dem Pilatus. Skizzen aus dem Leben des Wächters auf Pilatus-Kulm. Von Frau Christine Huber. Mit Einleitung und Ergänzungen von R[obert] W[inkler]. Separat-Abdruck aus dem «Luzerner Tagblatt» 1901. [Illustriert.] 30 S. 8. [Luzern. H. Keller.]

Huber, Clemens, s. Huber, Klemens

Huber, D. Lateinische Schulgrammatik. I. Theil. Formenlehre. In-8°, 124 S. Bern, K. J. Wyss. 1887 1 —

Huber, D., lateinische Schul-Grammatik. 2. Tl.: Syntax. gr. 8. (VII, 295 S.) Bern 888, Wyß. **

Huber, Daniel

– s. Adet, Grundzüge d. Chemie.

– s. Doussin-Dubreuil, Selbstbeflecken.

Freies Gymnasium in Bern. 32. Programm auf Mai 1902. [Darin:] ... Zur Erinnerung an den Gründer der Schule, Hrn. Dir. Th(eodor) von Lerber †, von Daniel Huber.... 79 S. 8. Bern, Buchdr. des Berner Tagblatt, 1902.

Huber, Dr. Dn., († d. 2. Dec. 1829.) Erklärung von d. Wirkart d. Kuhpocken, als Schutzmittel gegen d. Blattern. 8. Basel... (Neukirch). 1 ℊℊ

— Joh. Heinr. Lambert nach seinem Leben u. Wirken. In 3 Abtheill. dargestellt. Mit 1 Bildn. u. Facsimile. gr. 8. Basel 829. Schweighäuser. 22 ℊℊ

Huber, Daniel / [1768–1829]. Johann Heinrich Lambert (1728–1777) nach seinem Leben und Wirken, aus Anlass der zu seinem Andenken begangenen Secularfeier in drei Abhandlungen dargestellt. Hrg. von Dr H.... 8. Basel 1829.
[1. Abh.] Johann Heinrich Lambert's Leben. von Matthias Graf...
[2. Abh.] Lambert's Verdienste um die theoretische Philosophie. von Dr Simon Erhardt....
[3. Abh.] Versuch über die Verdienste Lambert's in den mathematischen und physischen Wissenschaften. entworfen von Dr H.

Huber, Dan., Joh. Heinr. Lamberts Leben, s. Lambert.

— üb. Galls Lehre und das Gesetz der Gewohnheit. 8. Basel, Flick. 808.

— über Gall's Lehre u. d. Gesetz d. Gewohnheit. 8. Basel 808. (Neukirch). 8 ℊℊ

— Omega, od. Reise ans Ende d. Beschwerden. 8. Basel, Flick. 812.

— Omega, oder Reise ans Ende d. Beschwerden. 8. Basel 813. Neukirch. 6 gl.

Huber, Daniel, aus Coswig: Ueber ein Peritheliom des Peritoneums mit hyaliner Degeneration. *Würzburg 1897: A. Boegler.* (34 S.) 8°
Würzburg, Med. Diss. v. 1897

Huber D. Specimen thesium mathemat. Basileae 1790. 4

Huberi, Dan., Tentamen observationum in Manilii Astronomica. Basil. 789. 4.

— nova theoria parallelarum rectarum proprietatibus. 8maj. Basel 823. Schweighäuser. 8 gl.

Huber, Dan., über Ursprung u. Entwicklung der Sprache. Progr. 2 Tle. gr. 8. (48 u. 60 S.) Bern 900. 901. (A. Francke.) à n. — 80

Huber, Daniel. Ueber Ursprung und Entwicklung der Sprache. 2 Teile. Beilage zum ... Programm des Freien Gymnasiums (in Bern auf Mai...) 8. (Bern, Buchdr. des Berner Tagblatt, 1900 u. 1901.)
Teil 1. Beilage zum 30. Programm — — Mai 1900.) 48 S. [fr. —. 80]
Teil 2. Beilage zum 31. Programm — — Mai 1901.) 60 S.

— wie man sich bei dem ansteckenden Nervenfieber, Lazarethfieber u. allen Fiebern dieser Klasse zu verhalten habe. 8. Basel 813. 2e verb. Aufl. 814. Neukirch. 6 gl.

Huber, Dr., wie man sich bei d. ansteckend. Nervenfieber, Lazarethfieber u. allen Fiebern dieser Klasse zu verhalten habe. 2te Aufl. 8. Basel, Flick. 814.

Huber, Dominik — Wallfahrt zu der allerheiligsten Dreieinigkeit nach Lainz. Abgehalten von der löblichen Innung der bürgerl. Fleischhauer Wiens zum 153sten Male am Feste Mariä Verkündigung 1856. Von — —. Wien. Druck von A. Dorfmeister. (47 S. 8)

Huber, Dominik — Wallfahrt zu der allerheiligsten Dreieinigkeit nach Lainz. Abgehalten von der Innung der bürgerl. Fleischhauer Wiens zum 154. Male am Feste Mariä Verkündigung 1857. Von — —. Wien. Mechitharisten-Buchdr. (35 S. 8.)

Huber, C. W., (Pfarrer), Rede bei d. feierl. Einweihung d. neuerbauten Schul- u. Rathhauses zu Oberbebingen, Oberamts Gmünd, Decanats Aalen, d. 4. Dec. 1828, nebst einigen Liedern. 8. Ellwang. 829. Schönbrod. 1½ gl.

Huber, Ed., „audiatur et altera pars!" Erwiderung auf Prof. Dr. Th. Jürgensen's Angriff der Homöopathie in R. Volkmann's Sammlung klin. Vorträge Nr. 106: „Die wissenschaftl. Heilkunde und ihre Widersacher." gr. 8. (49 S.) Wien 877, (Gerold's Sohn.) *

Huber, Frl. Else v., s.: **Heiden,** Else v. der.

Huber, Emil, Tierarzt, Assist. am Veterinärinst.: Aus d. Veterinärinst. d. Univ. Leipzig. Beiträge zur Bakteriologie des normalen Pferdedarmes mit besonderer Berücksichtigung der Bakterien der Coli-Typhus-Gruppe. Leipzig 1910: Gerhardt. 119 S. 8°
Leipzig, Veterinär-Med. Diss. v. 21. Juni 1910, Ref. Eber
[Geb. 3. Aug. 85 Diersburg; Wohnort: Leipzig; Staatsangeh.: Baden; Vorbildung: Oberrealsch. Karlsruhe Reife Juli 04; Studium: Tierarztl. Hochschulen Stuttgart 4, Berlin 3 S.; Coll. 30. Juni 10; Approb. 18. Dez. 08.] [U 10. 2987

Huber, E[mil]. Über den elektrischen Betrieb von Normalbahnen. Vortrag von Ingenieur E. H', Direktor der Maschinenfabrik Örlikon, gehalten an der Generalversammlung des Vereins schweizerischer Maschinen-Industrieller in Zürich am 29. Juni 1904. [Hrg. vom] Verein schw' M'-I'. 39 S. 8. [Zürich, Berichthaus, 1904.]

Huber, Emil, die Fischerei-Gesetze Elsaß-Lothringens. gr. 8. (IV, 75 S.) Mannheim 877, Bensheimer. *
Aus: Die Wasser-Gesetze Elsaß-Lothringens, besonders abgedruckt.

— die Forst- u. Jagd-Gesetze Elsaß-Lothringens zusammengestellt u. erläutert. 1. Lfg. gr. 8. (96 S.) Ebend. 880. n. 2. —

Huber, Emil, über den Gebrauch der Weintraubenkur zu Neustadt an der Hardt und über die Anwendung der Weintraubenkuren überhaupt. gr. 8. (24 S. mit 1 Stahlst.) Neustadt a. H. 853, H. Gottschick's Buchh.

Huber, Emil, die Jagdgesetze Elsaß-Lothringens, zusammengestellt und erläutert. gr. 8. (IV, 269; Register XXIX S.) Straßburg 881, [Heinrich und Schmittner.] Heinrich. *

Huber, Emil, d. Jagdgesetze Elsaß-Lothringens, zusammengest. u. erläut. 2., vollst. umgearb. Aufl. gr. 8. (III, 204 S.) Straßburg 895. W. Heinrich. n. 5. —

Huber, Emil. Die Klagbarkeit der Börsentermin- und Differenzgeschäfte. VIII + 120 S. 8. Zürich, Conzett & Wirz, 1904.
Ausg. A: Diss. Staatsw. Univ. Zürich... von E' H' von Jonen...
Ausg. B: Von Dr. jur. E' H'.

Huber, Emil. Der Credit ⟨Creditanwartschaft⟩ als selbständiges Rechtsgut. Diss. Rechtsw. Univ. Zürich. VI+81 S. 8. Pfäffikon, J. Peter, 1905.

Huber, (E[mil]). Elektrische Maschinen für chemische und elektrometallurgische Zwecke. Vortrag. 8.
Schweizerische Gesellschaft für chemische Industrie. Protokoll der 26. ordentlichen Generalversammlung vom 26. Mai 1907 .... Beilage 1: S. 14 – 22.

Huber, E[mil]. Neue Stromzuführungsanlage für elektrische Eisenbahnen. System Oerlikon. [Veröffentlicht durch die] Maschinenfabrik Œrlikon, Œrlikon bei Zürich. [Illustriert.] 67 S. 4. (Zürich, Fritz Amberger,) 1904.

Huber, Emil, neue Stromzuführungsanlage f. elektrisch betriebene Eisenbahnen, s.: Abhandlungen, technische, aus Wissenschaft u. Praxis.

Huber, Emil. Neue Stromzuführungsanlage für elektrisch betriebene Eisenbahnen. System Oerlikon. Von Ingenieur E' H', Direktor der Maschinenfabrik Oerlikon. Mit 52 Abbildungen. 68 S. 8. Zürich, Albert Raustein, 1904. [fr. 3. —]
Technische Abhandlungen aus Wissenschaft und Praxis. Hrg. von Siegfried Herzog.... Heft 1.

— über die neue Stromzuführungsanlage, System Oerlikon, s.: Thomann, E.

Huber, E[mil]. Elektrische Traktion auf normalen Eisenbahnen. Ausführung eines Vortrages, gehalten am 27. Februar 1902 im Zürcher Ingenieur- und Architekten-Verein von Ingenieur E. Huber, Direktor der Maschinenfabrik Oerlikon. Sonderabdruck aus der Schweizerischen Bauzeitung, Bd. 39 Nr. 10, 11 und 12. [Veröffentlicht durch die] Maschinenfabrik Oerlikon. II + 16 S. 8. Zürich, Zürcher & Furrer, 1902.

—— die Wasser-Gesetze Elsaß-Lothringens zusammengestellt und erläutert. 6 Lfgn. gr. 8. (VI, IV, 426 und XXXVI S.) Ebendas. 877. à Lfg. * M 2. *

Huber, Emil. Die Wasser-Gesetze Elsaß-Lothringens. 2. gänzlich umgeänd. Aufl. gr. 8. (422 S.) Mannh. 892, Bensheimer's Verlag. * 10 —; geb. ** 12 —

Huber, Emil, s.: Zeitschrift f. deutsches bürgerl. Recht.

— s.: Zeitschrift f. franz. Civilrecht.

Huber, Engelb., O. F. M., die Personennamen in den Keilschrifturkunden aus der Zeit der Könige v. Ur u. Nisin, s.a. Bibliothek, assyriologische. XXI.

Die Personennamen in den Keilschrifturkunden aus der Zeit der Könige von Ur und Nisin von Dr. P. Engelbert **Huber,** O. F. M. Leipzig: J. C. Hinrichs 1907. (208 S.) 4°
— **Bibliothek,** Assyriologische. Bd 21. [07. 9438]

Huber, Engelbert, P., O. F. M.: Die theophoren Personennamen in den Keilschrifturkunden aus der Zeit der Könige von Ur. Leipzig 1906: A. Pries. (28 S.) 4° ¶ (Soll vollst. u. d. T.: Die Personennamen in den Keilschrifturkunden aus der Zeit der Könige von Ur und Nisin als Bd 21 der Assyriologischen Bibliothek bei J. C. Hinrichs in Leipzig erscheinen.)
München, Phil. Fak., Ref. Hommel, Diss. v. 6. März 1905
[Geb. 7. Mai 73 Rulzheim, Pfalz; Wohnort: Rulzheim; Staatsangeh.: Bayern; Vorbildung: Gymn. Landshut Reife Juli 92; Studium: Lyzeum Bamberg 4, München 5 S.; Rig. 6. März 05.]

Huber, Ernst, appr. Arzt aus Karlsruhe in Baden: Über die Erfahrungen in der Behandlung der Hydrocele. Erlangen 1905: Junge & Sohn. (41 S.) 8°
Erlangen, Med. Fak., Ref. Penzoldt, Diss. 1. Dez. 1904
[Geb. 29. Juli 76 Karlsruhe i. B.; Staatsangeh.: Baden; Vorbildung: Gymn. Karlsruhe Reife 96; Studium: Erlangen, Freiburg, Berlin, München, Erlangen 15 S.; Approb. 21. Aug. 04.]

Huber, Ernst, auf Irrwegen, s.a. Theater f. d. weibl. Jugend.

[F.] Auf Irrwegen. Lebensbild aus unserer Zeit in 5 Akten v. Ernst Huber. *Paderborn: F. Schöningh 1898.* (48 S.) 1 Bd 8.
— Theater f. d. weibliche Jugend. [H.] 16. [98. 1694]

Auf Irrwegen. Lebensbild aus unserer Zeit in 5 Akten von Ernst **Huber.** 2. Aufl. Paderborn: F. Schöningh [1906]. (48 S.) 8° [F.]
— **Theater** f. d. weibliche Jugend. 16. [07. 14131]

Huber, Ernst. Das Recht der Urkundspersonen in den schweizerischen Kantonen. Diss. Staatsw. Univ. Zürich. VIII + XIV + 180 S. 8. Affoltern a. A., J. Weiss, 1910.

Huber, Ernst. Die Störungen der Rotationsaxe der Erde. Inaugural-Dissertation zur Erlangung der philosophischen Doctorwürde an der k. k. Universität Wien. In-4°, 28 S. Mit 1 Tafel. Luzern, Meyer'sche Buchdruckerei (H. Keller).
1880

Huber, Eug., die Bedeutung der Gewere im deutschen Sachenrecht. Festschrift (zum Jubiläum der Friedrichs-Universität in Halle), im Namen u. Auftrag der Universität Bern verf. gr. 8. (84 S.) Bern 894. Schmid, Francke & Co. n. 2. —

[Huber, Eugen.] Die Bedeutung der Vereinheitlichung des schweizerischen Civilrechts für die Landwirtschaft. [Sep.-Abdr. aus: Mitteilungen des Schweizerischen Bauernsekretariates. Nr. 11. Protokoll der Delegiertenversammlung des Schweizer. Bauernverbandes Samstag, den 9. März 1901....] 14 S. 8. (Bern, K. J. Wyss, [1901].)

Huber, Eug., Betrachtgn. üb. d. Vereinheitlichung d. schweiz. Erbrechts. gr. 8. (IV, 89 S.) Basel 895. R. Reich. n. 1. 60

— Betrachtgn. üb. d. Vereinheitlichg. u. Reform d. schweiz. Grundpfandrechtes. gr. 8. (VII, 104 S.) Ebd. 898. n. 1. 60

— s.a. Code civil suisse.

(Huber, Eugen.) Code civil suisse. Exposé des motifs de l'avant-projet du Département fédéral de Justice et Police. Tome 1er: Introduction. Droit des personnes et de la famille. IV + 282 p. 8. Berne, Büchler & Co [Comm. Schmid & Francke], 1901. [fr. 2. —]

(Huber, Eugen.) Code civil suisse. Exposé des motifs de l'avant-projet du Département fédéral de Justice et Police. Tome 2e: Des successions. IV + 138 p. 8. Berne, Büchler & Co, 1901. [fr. 1. —]

(Huber, Eugen.) Code civil suisse. Exposé des motifs de l'avant-projet du Département fédéral de Justice et de Police. Tome 3e: Droits réels. IV + 351 p. 8. Berne, Büchler & Co, 1902. [fr. 3. —]

Huber, Eugen. Die Ehrlich'sche Diazoreaktion. Eine Monographie mit Beiträgen über den Ausfall der Reaktion bei gesunden und kranken Tieren. Aus der medizinischen Klinik der Kgl. Tierärztlichen Hochschule zu Stuttgart.... Diss. Vet.-Med. Bern. IV + IV + 84 S. 8. Stuttgart, Decker & Hardt, 1909.

— die Eigentümerdienstbarkeit. Ein Beitrag zu ihrer Rechtfertigg. Festschrift, dem Geheimen Justizrat Herrn Professor Dr. Hermann Fitting zur Feier des 50jähr. Doktorjubiläums am 27. X. 1902 dargebracht von der jurist. Fakultät der Universität Bern. gr. 8. (74 S.) Bern 902. (A. Francke.) n. 1. 60

Festschrift dem Geh. Justizr. Herrn Prof. Dr. Hermann Fitting z. Feier d. 50jähr. Doktorjub. am 27 Okt 1902 dargebr. von d. jur. Fak. d. Univ. Bern. Die Eigentümerdienstbarkeit. Ein Beitrag zu ihrer Rechtfertigung von Eugen Huber. *Bern 1902: Stämpfli & Co.* [illegible]

Huber, Eug., die Entwicklung des Religionsbegriffs bei Schleiermacher, s.a. Studien zur Geschichte der Theologie u. der Kirche. VII. 3.

Die Entwicklung des Religionsbegriffs bei Schleiermacher. Von Eugen Huber. *Leipzig: Dieterich 1901.* (315 S.) 8°
— Studien z. Geschichte d. Theologie u. d. Kirche. Bd 7, H 3. [01. 8356]

Huber, Eugen, von Altstetten [Kt. Zürich]: Die Schweizerischen Erbrechte in ihrer Entwicklung seit der Ablösung des alten Bundes vom deutschen Reich. Zür. Zürcher u. Furrer Dr. 1872. VIII, 1 Bl., 122 S., 1 Bl. Thesen. 8°.
Zürich, Jur. Diss. [v. 9. März 1872].

— Erläuterungen zum schweizerischen Zivilgesetzbuche. Vorentwurf des eidgenössischen Justiz- und Polizeidepartements. Motive zum Familienrechte 272 8°. Schmid & Franke Bern. 1901.

Huber, Eug., das Friedensrichteramt und die gewerblichen Schiedsgerichte im schweizerischen Recht. gr. 8. (62 S.) Basel 886, Schwabe. *

Huber, Eug., die historische Grundlage des ehelichen Güterrechts der Berner Handfeste. gr. 4. (62 S.) Basel 884, (Detloff's Verlag.) *

Huber, Eugen. Die historische Grundlage des ehelichen Güterrechts der Berner Handfeste. (Festschrift zur Feier des 50jährigen Bestehens der Univ. Bern.) In-4°, 62 S. Basel, Schultze'sche Univ.-Buchdruckerei (L. Reinhardt).
1893

Zwei Gutachten über die Rechtsfragen, die sich aus dem Rückkaufe der schweizerischen Hauptbahnen für deren Obligationenanleihen ergeben. Im Auftr. d. eidg. Post- u. Eisenbahndepartementes erstattet von Dr. Eugen **Huber,** Prof., u. Dr. Paul Laband, Prof. Bern 1900: Stämpfli. 40 S. 4° [A 12. 4390]

Huber, E., Der Credit (Creditanwartschaft) als selbständiges Rechtsgut. Diss. VI, 81 S. 8. Pfäffikon '05, J. Peter.

Huber, Eugen. Bewährte Lehre. Eine Betrachtung über die Wissenschaft als Rechtsquelle. (Separatabzug aus dem »Politischen Jahrbuch der schweizerischen Eidgenossenschaft.« Jahrg. 25, 1911.) IV + 59 S. 8. Bern, K. J. Wyss, 1910.

Über die Notwendigkeit der Rechtseinheit. Ein Mahnruf ans Schweizervolk. [Verf.: Eugen **Huber**] Bern 1898: Michel & Büchler. 60 S. 8° [Umschlagt.] [11. 9931 3

— Die Stellung der Frau i. Entwurf e. schweiz. Civilgesetzbuches. Vortrag, geh. i. d. Jahresversammlg. d. Schweiz. gemeinnütz. Frauenvereins a. 20. Juni 1901 i. Bern. »Schweizer Bl. f. Wirtschafts- u. Sozialpolitik. II. Jahrg. 1901, Heft 10.« Bern 1901. C. Sturzenegger.

Huber, Eugen. Die Stellung der Frau im Entwurf eines Schweizerischen Civilgesetzbuches. Vortrag ..., gehalten an der Jahresversammlung des Schweiz. gemeinnützigen Frauenvereins den 20. Juni 1901 in Bern. 8 S. 8. [Lenzburg, Buchdr. Müller, 1901.] [fr. —.05, per Hundert fr. 2.—]

Huber, Eug., Studien über das eheliche Güterrecht der Schweiz. Nach den Notizen zu einem Vortrag, gehalten an der schweizer. Juristenversammlung zu Luzern [1872], aus dem Nachlaß des verstorb. Prof. Dr. W. Munzinger. gr. 8. (48 S.) Bern 874, Fiala. *

Aus: Zeitschrift des berner Juristenvereins, besonders abgedruckt.

—— System und Geschichte des schweizerischen Privatrechtes. 1. und 2. Bd. gr. 8. Basel, Detloff's Verlag. [1. Bd. (XVIII, 767 S.) 886. *M 10.—.; geb. *M 13.—.; 2. Bd. (XVI, 552 S.) 888. *M 7.20.; geb. *M 10.—.] *

geb. *

Huber, Eug. System u. Geschichte d. schweizerischen Privatrechtes. 3. Bd. gr. 8. (XIX, 779 S.) Basel 889, [Detloff.] Reich. * 10 —

geb. * 13 —

1 u 2 Bd Ebd. 1886,88 * 17 20, geb. * 23 —.

— **System u. Geschichte des schweizerischen Privatrechts.** 4. Bd. gr. 8. (XXII, 980 S.) Basel 893. R. Reich. n. 12. 60; geb. n. 16. 60 (kplt.: n. 89. 80; geb. n. 51. 60)

Huber, E., siehe: *Thun.*

Huber, Eugen. Die Vereinheitlichung des schweizerischen Civilrechtes in ihrer Bedeutung für Handel und Industrie. Vortrag..., gehalten in der ausserordentlichen Versammlung der Kaufmännischen Gesellschaft Zürich vom 14. Dezember 1900. [Sep.-Abdr. aus: Bericht über Handel und Industrie im Kanton Zürich für das Jahr 1900....] 17 S. 4. [Zürich, Druckerei der Neuen Zürcher Zeitung, 1901.]

Huber, E., s.: Zeitschrift f. schweiz. Recht.

Huber, Eug., s.a. Civilgesetzbuch, schweizerisches.

Huber, E.: Schweizerisches Zivilgesetzbuch, Vorentwurf des eidgenössischen Justiz- und Polizeidepartements. Art. 397 (Bevormundung). 8° 93 S. Schmidt & Franke. Bern. 1900.

(Huber, Eugen.) Schweizerisches Civilgesetzbuch. Erläuterungen zum Vorentwurf des Eidgenössischen Justiz- und Polizeidepartements. Heft 1: Einleitung. Personen- und Familienrecht. IV + 306 S. 8. Bern, Büchler & Co., 1901. [fr. 2.—]

(Huber, Eugen.) Schweizerisches Civilgesetzbuch. Erläuterungen zum Vorentwurf des Eidgenössischen Justiz- und Polizeidepartements. Heft 2: Das Erbrecht. IV + 152 S. 8. Bern, Büchler & Co., 1901. [fr. 1.—]

(Huber, Eugen.) Schweizerisches Civilgesetzbuch. Erläuterungen zum Vorentwurf des Eidgenössischen Justiz- und Polizeidepartements. Heft 3: Das Sachenrecht. IV + 425 S. 8. Bern, Büchler & Co., 1902. [fr. 3.—]

Huber, F. u. Senebier, Bemerkung über den Einfluß d. Luft einiger gasartigen Stoffe auf d. Keimung verschied. Saamenkörner. Aus d. Französ. übers. von Th. Riem. 8. Hannov. 806. Hahn. 12 gl.

Huber F. Bericht, erstattet aus Veranlass. d. Ind.-Ausst. zu Warschau. Stuttgart 1858

— zur Frage der Einrichtung e. Gross-Schiffahrtweges auf dem Neckar (Mannheim-Esslingen). Denkschrift, hrsg. v. dem Komite f. die Hebg. der Neckarschiffahrt. gr. 8. (VIII, 148 S.) Stuttgart 900. (H. Lindemann.) n.n. 3. —

F. K. Huber, Agrikole und agronomische Statistik oder Beschreibung über Reichenhall. Reichenhall 1842

Huber, F. L., Briefwechsel, s.: Schiller, Frdr. v.

Huber, F. P., dogmenlose Sittenlehre f. Schule u. Haus. 1. u. 2. Tausf. 8. (VII, 165 S.) Berlin 892. Bibliograph. Bureau. n. 1. 50

— in letzter Stunde. Offenes Sendschreiben bezüglich d. Volksschulgesetzentwurfes an Ihre Excellenzen die Herren Grafen v. Caprivi u. v. Zedlitz-Trützschler. 1.—4. Aufl. gr. 8. (III, 86 S.) Ebd. 892. n. 1. —

Huber, F. P., mein letztes Wort üb. d. Jesuitenorden an Kaiser u. Reich. 8. (III, 100 S.) Leipzig 895. Berlin, J. Gnadenfeld & Co. n. 1. 30

Huber, Felix. Gedichte. Nebst der Schilderung seines Lebens und Karakters. St. Gallen 1811. H: *Scheitlin*, *Peter.* (GGr VI, 499)

Huber, Felix, († d. 23. Febr. 1810.) Gedichte, nebst d. Schilderung seines Charakters u. Lebens. 8. St. Gallen 811. Huber u. C. 1 ₰ 6 ℊ

Huber, Ferd., 6 fünfstimmige Kuhreihen. Lex.-8. (2⅞ B.) St. Gallen 845. (Scheitlin u. Zollikofer.) *

Huber, Ferd., Lieder für vier Männerstimmen. br. 8. (102 S.) Schaffhausen 860, Brodtmann'sche Buchh.

[Huber, Fernand.] Offener Brief von Wurzelsepp an Schlunegger. Bergchilbi der Sektion Bern des S(chweizer) A(lpen-) C(lub). (16. März 1901.) 8 S. 8. (Berne, J. Martin & Cie.) (fr. —. 20)

Huber, F[ernand]. Nigritellen. Zwei Novellen aus schönen Erdenwinkeln. 208 S. 8. Bern, Comm. Hans Körber, 1901. [fr. 2.—]

Huber, Florence, Licht u. Schatten. Gedichte. 12. (30 S.) Frankfurt a/M. 897. C. Blažek. n. — 50

Huber, (Fr.,) die Reiche d. Natur. Ein umfassendes Handbuch d. Naturgeschichte. 8 Thle. M. 17 Kpfrn. 8. Wien 823, Bauer.

Huber, Franz

Huber, Frz., Abriss der Kunstgeschichte. Mit besond. Rücksichtnahme auf die Entwicklung der Kunst in der Erzdiöcese München-Freising. 8. (VIII, 166 S. m. 8 Abb.) Freising 901. (J. Plenagl.) Geb. in Leinw. n. 2.—

Huber, Frz., neue Beobachtungen über d. Bienen, in Briefen an Bonnet; aus d. Französ., mit Zusätzen von J. Riem. Mit Kpf. gr. 8. Dresd. 793. Walther. 1 ℛ 20 gl

Huber, Frz. (I.), neue Beobachtungen an den Bienen. Nach der 2. Ausg. Deutsch mit Anmerkungen hrsg. von Geo. Kleine. 1. und 2. Heft. (Von der Befruchtung der Bienen. — Bienenleben und Bienenzucht.) gr. 8. (XVIII und 309 S. mit 4 Stahlsticht.) Einbeck 856, Ehlers. à Heft * 1 Thlr. *

Huber's, Frz., neue Beobachtungen an den Bienen. Nach der 2. Ausg. deutsch mit Anmerkungen. Hrsg. von Geo. Kleine. 2 Bde. gr. 8. (XXII und 592 S. mit 16 Stahlst.) Einbeck 859, Ehlers. Thlr. *

Huber's, Frz., neue Beobachtungen an den Bienen. Deutsch mit Anmerkungen von Geo. Kleine. 2., durch Zusätze und Register erweit. Ausg. (In 12 Lfgn.) 1.—7. Lfg. gr. 8. (1. Bd. XIV und 328 S., 2. Bd. S. 1—48 mit 5 Stahlst.) Einbeck 867, Ehlers. à Lfg. * 10 Ngr. *

Huber, Frz. (I.), neue Beobachtungen an den Bienen. Nach der 2. Ausg. deutsch mit Anmerkungen hrsg. von Geo. Kleine. 2. durch Zusätze und Register verm. Aufl. 8.—12. (Schluß-) Heft. gr. 8. (2. Bd. XXI, 49—306 S. mit 11 Stahlst.) Einbeck 869, Ehlers. à Heft * ℳ 1. *
1.—7. Heft. Ebendas. 1867.68. * ℳ 7.

Huber, Frz., drei Briefe an Se. Durchlaucht den Fürsten v. Bismarck-Schönhausen, Kanzler d. deutschen Reiches, üb. die polit. u. sociale Gefährlichkeit der ultramontanen Propaganda. gr. 8. (38 S.) Leipzig 874. Krüger & Roskoschny. n. 1. —

Huber, P. Franz. Katholisches Gebetbuch. 12°. 112 S. Wetzikon, H. Bebie. Geb. m. Goldsch. 1 35
1899

Mein Glaubensbekenntnis als Mensch und Staatsbürger. Für Alle, die zwischen den deutsch- und dänischen Klippen das rechte Fahrwasser finden wollen v. Franz **Huber.** Flensburg. 1846. 8°.

HUBER, Fr., Jesuitenmoral. Bern 1870. 8°. Vergriffen! (4 fr. 50 cts. Georg & Co., Basel, 1908.)

Huber, d. Jesuiten-Orden nach s. Verfassg. u. Doctrin, Wirksamkeit u. Geschichte charakterisirt. Berl. 873.

HUBER, Fr., Die Klerisei im Sonnenlicht. Bern 1874. Gr. 8°. (1 Mk. 50 Pfg. A. Bielefeld, 1891.)
Auf dem Titelblatt tanzende Nonnen u. Mönche. — Sehr derbe Schrift gegen das Pfaffenthum und die Jesuiten.

—— die Lateranische Kreuzspinne, oder das Papstthum als Hemmschuh der Völkerwohlfahrt. Eine volksthüml. Studie. 2 Bde. gr. 8. Ebendas. *
Inhalt:
Bd. 1. Die Päpste als Menschenschlächter. 1. und 2. Aufl. (X, 146 S.) 869. * ℳ 1,60.
» 2. Die Papstkönige des Orients. (XX, 212 S.) 871. * ℳ 2,40.

Huber, Frz., Bernhard Lamotte. Histor.-romant. Gemälde aus den Zeiten d. ersten französ. Revolution. 2 Thle. 8. (20 B.) Gotha 836, [Gläser.]

– Bernhard Lamotte. Histor.-romant. Gemälde aus den Zeiten der ersten franz. Revolution. 2 Thle. 8° Gotha 1836. Neumann. (Leipzig, Fr. Fleischer.)

Huber, Frz., Lebensbilder. I. 8. Flensburg 843, Bünsow u. K. 3/4 ℛ

Huber, Frz., Lebensbilder. I. 8. (12 B.) Flensburg 843, [Kastrup.?]

Huber, Frz., Lehrbuch, zugleich Hilfs- u. Handbuch f. Zimmer- u. Dekorationsmaler, s.: Fritsch, Vinzenz.

—— Lob und Schimpf des Jesuiten-Ordens, im Interesse der bürgerl. Wohlfahrt historisch dargelegt. gr. 8. (IV, 148 S.) Bern 870, Haller'sche Verlagsh. *

— — Lob und Schimpf des Jesuiten-Ordens. Ebd. 1871. 8°.

Huber, Frz., Novellen. Herausg. v. Ludw. Storch. 1r u. 2r Bd. gr. 12. Gotha 834. Neumann. (Leipzig, Fr. Fleischer.) 3 ℛ

Huber, Frz. (II.), Robert und Ludmilla. Eine Idylle. 16. (171 S.) Augsburg 854, (v. Jenisch und Stage'sche Buchh.) *

Huber, Frz., O. S. B., Sursum corda. Kathol. Gebetbuch in vereinf. deutscher Stenographie (Einigungssystem Stolze-Schrey). 3., umgearb. Aufl. 16. (113 S. m. 1 Stahlst.) Wetzikon 898. (Leipzig, J. H. Robolsky.) Geb. in Leinw. m. Goldschn. n. 1. 50

Huber, Frz., O. S. B., Sursum corda. Katholisches Gebetbuch in vereinfachter deutscher Stenographie (Einigungssystem Stolze-Schrey). 4. Aufl. 16. (112 S. m. 1 Stahlst.) Wetzikon 901. (Leipzig, J. H. Robolsky.) Geb. in Leinw. m. Goldschn. n.n. 1. 80

Huber, Franz. Sursum Corda. Katholisches Gebetbuch in vereinfachter deutscher Stenographie ⟨Einigungssystem Stolze-Schrey⟩. Mit Erlaubnis der geistlichen Obern hrg. von P. F' Huber O. S. B. Capitular des Stiftes Engelberg. 5. Aufl. [Mit Vignetten und 3 Tafeln.] 127 S. 8. Wetzikon bei Zürich, ⟨Hermann Bebie⟩, 1904. [geb. fr. 1. 70]
4. Aufl. 1902. [fr. 1. 60]

Huber, Frz., O. S. B., Sursum corda. Katholisches Gebetbuch in vereinfachter deutscher Stenographie (Einigungssystem Stolze-Schrey). 5. Aufl. (127 S. m. Titelbild.) 16. Wetzikon 904. (Leipzig, J. H. Robolsky.) Geb. in Leinw. m. Goldschn. n.n. 1. 40

Huber, Frz., Tarok u. andere Kartenspiele. Ein Lehrbuch zur schnellen Erlernung von Tarok, Préférence, Piquet, Tartl, Klabrias, Mariage, Imperial, Elfer-Spiel oder Elfmandeln u. Casino. 8. (105 S.) Berlin (901). Neufeld & Henius. 1. —

Huber, Frz., Tarok u. andere Kartenspiele. Ein Lehrbuch zur schnellen Erlerng. v. Tarok, Préférenze, Piquet, Tartl, Klabrias, Mariage, Imperial, Elfer-Spiel od. Elfmandeln u. Casino. 2. Aufl. (105 S.) 8. Berlin (910). Neufeld & Henius. 1. —

Huber, Franz C.

Huber, F. C., der Abschluß der württembergischen Steuerreform. gr. 8. (52 S.) Stuttgart 887, Metzler'sche Buchh., Verlag. *

Huber, F. C., der gesetzgeberische Ausbau des Deutschen Reiches u. seine Wirtschaftspolitik. (79 S.) Lex.-8. Stuttgart 906. (F. Krais.) n. 1. 25

—— Ausbau und Reform des Krankenversicherungs-Gesetzes, s. a. Zeitfragen, soziale.

Huber F C, der Ausbau und die Reform des Krankenversicherungsgesetzes. (Zeitfragen, soziale II, 17) Minden 1888

—— die Ausstellungen und unsere Exportindustrie. gr. 8. (XV, 384 S. mit 2 Taf.) Stuttgart 886, Neff. *

Huber F C, Auswanderung und Auswand.-Politik im Kgr. Württbg. Stuttgart 1892

Huber, F. C., Deutschland als Industriestaat. gr. 8. (XIX, 512 S.) Stuttgart 901. J. G. Cotta Nachf. n. 10. —; geb. n. 11. —

Huber, F. C., die geschichtliche Entwickelung des modernen Verkehrs. gr. 8. (VII, 232 S.) Tübingen 893. H. Laupp. n. 4. 40

Festschrift zur Feier des 50jährigen Bestehens der württembergischen Handelskammern Im Auftr. d. Württemberg. Handelskammertags verf. von Prof. Dr. F[ranz] C. Huber. T. [1.] 2. Stuttgart 1906–10: Hoffmann. 4°(8°)
2. Großindustrie u. Großhandel in Württemberg.
[Umschlagt.:] Die württembergischen Handelskammern 1850–1906
(10. 10334 11

Huber F C, Festschrift zur Feier des 50jährigen Bestehens der württembergischen Handelskammern. (255 S) Stuttgart 1906

Huber F C, Festschrift zur Feier des 50jährigen Bestehens der Württembergischen Handelskammern. II. (100, 376 S) Stuttgart 1910

Huber, F. C., Der Getreidezoll und die deutsche Handelspolitik. gr. 8°. Stuttgart 1900.

— s.a. Handels- u. Gewerbe-Adressbuch f. Württemberg u. Hohenzollern.

— Handels- u Gewerbe-Adressbuch f. Württemb u Hohenzoll. (391 S) Stuttgart 1903

Huber, d. neue Handelsgesetzb. im Vergleich z. d. bisherig. Recht. (16 S) Stuttgart 1897

— die Handelskammern, ihre Entwicklung u. ihre künftigen Aufgaben f. Verwaltung u. Volkswirtschaft. (IV u. S. 3—111.) Lex.-8. Stuttgart 906. (F. Krais.) n. 1. 50
Sonderabdruck aus: „Festschrift d. württ. Handelskammern".

Huber, F. C., zur Handwerkerfrage. gr. 8. (48 S.) Stuttgart 896. C. Grüninger. n. — 80
— d. Handwerkskammer. gr. 8. (31 S.) Ebd. 897. n. 1. —

Fünfzig Jahre Deutschen Wirtschaftslebens. Von Prof. Dr. F[ranz] C. Huber. Stuttgart: C. Grüninger 1906. (136 S.) 4°(8°) [F.] [14. 11964

— 50 Jahre deutschen Wirtschaftslebens. (136 S.) Lex.-8. Stuttgart 906. (F. Krais.) n. 2. —

— die schweizerische Industrie und ihre Beziehungen zu Deutschland. 8. (55 S.) Stuttgart 886, (Metzler'sche Sortiments-Buchh.) **

Huber, Dr. F. C.,
— Die Invaliditäts-Versicherung der Arbeiter. 8°. Stuttgart, Kohlhammer, 1889.

— die Kartelle. Ihre Bedeutg. f. die Sozial-, Zoll- u. Wirtschaftspolitik. Erweiterte Ausg. e. dem II. württ. Handelskammertag erstatteten Referats. (163 S.) gr. 8. Stuttgart 903. Deutsche Verlagsanstalt. n. 2. —

Huber F C, Stuttgarter Konferenz der internationalen Gesellschaft zur Förderung des kaufmännischen Unterrichtswesens. (45 S) Stuttgart (1906)

— der Reichs-Gesetz-Entwurf, betr. die Neuregelung des Innungswesens. gr. 8. (158 S.) Stuttgart 881, Grüninger. *

Huber, F. C., die Reform des Submissionswesens. Lex.-8. (27 S.) Berlin 882, Burmester und Stempell. *

— die Rettung des Mittelstandes, s.a. Festgaben f. Friedrich Julius Neumann.

Huber, F. C., Die Rettung des Mittelstandes. gr. 8°. Tübingen, H. Laupp, 1905. (Festgaben für Friedr. Julius Neumann.)

— das Submissionswesen. gr. 8. (XXIV, 475 S.) Tübingen 885, Laupp'sche Buchh. *

Huber F C, der Transport. (Sonderdruck) (24 S) Jena 1901

— der Unfallversicherungszwang u. dessen geplante Ausdehnung auf Handel u. Kleingewerbe. gr. 8. (36 S.) Stuttgart 884. Strecker & Moser. n. — 60

Huber, F. C.: Die Unterschlagung. (Preisschrift.) Neresheim 1875.

Huber, F. C., die Unterschlagung. Eine v. der Tübinger Juristenfakultät gekrönte Preisaufgabe. 4. (VI, 127 S.) Schw. Hall 875. Staib in Comm. n. 2. —

— Warenhaus u. Kleinhandel. gr. 8. (90 S.) Berlin 899. J. Guttentag. n. 1. 50

— auf dem Wege zur Eisenbahngemeinschaft. Denkschrift, im Auftrage des württemberg. Handelskammertages vom 27. IX. 1901 verf. gr. 8. (X, 263 S.) Stuttgart 902. C. Grüninger. n. 2. —

Huber F C, Wege fur den Landtransport. Jena 1894

— die Zukunft d. süddeutschen Weinbaus. gr. 8. (V, 114 S.) Stuttgart 892. W. Kohlhammer. [1. 50] ermäßigt auf n. 1. —

Huber, Franz Josef, Lehramtsassist.: Die Anfänge der alpinen Forschung in den Ostalpen und im Karstgebiete <bis 1800>. 1906. 123 S. 8°
München, Dr.-Ing.-Diss. v. 12. 2. 1906

Huber, Frz. Ludw., Predigt am Feste Mariä Empfängniß, gehalten Samstag Abends d. 8. Dez. 1838 in d. Loretto-Capelle zu Landshut. Mit e. Uebersicht d. kathol. Missionen in Asien u. Afrika, Amerika u. Australien. gr. 8. (15 B.) Landshut 839, Thomann'sche Buchh. *

Huber, Franz v. Paula, Gedichte. 12. (VI und 230 S.) München 848, (Kaiser.) *

Huber, Franz Seraph [aus Kötzting im bayer. Wald]: Ein Beitrag zur Physiologie des Blutes ... Würzburg, Druck d. Stahel'schen k. Hofbuchdr., 1893; 24 S. 8.
Würzburg, Med. Fak., Inaug.-Diss. v. 1893

Huber, Franz Xaver

— zum Andenken d. seligen Menschenfreundes Sigmund Hafner von Imbachhausen. 8. Salzb. 787, Mayr. 2 K

Huber, Frz., Xav., Beitrag zur Casuistik der Schussverletzungen. Inaugural-Dissertation. gr. 8. (19 S.) Kempten 876. (Kösel.) — 50

Huber (II.), Beschreibung d. Huber-Reichenbachischen Meß-Instruments; nebst Anweis. z. Manipulation dess. bei d. Horizontal- u. Vertikal-Winkelmessen. M. 2 Abbild. (Fol.) gr. 8. (2 B.) Gotha 834, Hennings u. Hopf.

Huber, Forstinspektor: „Beschreibung des Huber-Reichenbachschen Messinstruments, nebst Anweisung zur Manipulation desselben bei dem Horizontal- und Vertical-Winkelmessen", Gotha 1844 (Hennings & Hopf).

– s. Bettelstudent, Der.

– s. Casparis, J. B.: Geschichte.

Huber, Frz. Xav., die unvermuthete Entdeckung. Origin.-Lstspl. in 5 A. 8. Wien 795. Wallishausser. 8 K

Huber, Frz. Xaver, s.a. Esel, Der blaue.

* **ESEL**, Der blaue. Eine Geschichte von einem gelehrten Maulthiere beschrieben, hrsg. vom Verf. des Herrn Schlendrian. (Verfaßt von *Franz Xaver Huber*.) 2 Bde. Mit 2 TVign. Berlin u. Leipzig (Wien, Mößle) 1786. 8°. (In Berlin: Yw 8° 2476.) (30 Kr. Gilhofer & Ranschburg, 1909.)
Erste seltene Ausgabe dieses freien satyr. Romans, voller Liebesgeschichten. 431 u. 361 S. (excl. Inh.-Verz.). Vorr. d. Herausg. (Autors) ist unterz.: H. f. r. n. b. z. r. x. v. r. a. u. e. a. n. (d. i. Franz Xaver Huber).

— — Dasselbe. 2. Aufl. Mit 2 drast. TKpfrn. u. 2 TVignn. Wien u. Leipzig, bei Joh. Geo. Mössle, 1789. 8°. (4 Mk., mit nur 1 Titelkpf., C. G. Boerner, Lpz., 1907.)
I: 368 SS. u. 8 SS. Inh.-Verz. II: 335 SS. u. 7 SS. Inh.-Verz. — Goedeke IV, 228, 3.

– s. Feliciens Reise.

Huber, Frz. Xav. I., d. oberdeutsche Freund d. Wahrheit u. Sittlichkeit. 2 Jahrgg. à 4 Hefte. 8. Salzb. 787, 88. Mayer. 16 K

— zwei Gedichte auf den Tod König Friedrich II. v. Preußen. 4. Salzb. 786. Duyle. 1 K

— Geschichte Josephs II. ꝛc. 2 Thle. 8. Wien 792. v. Mößle. 1 ß

– s. Glaubensbekenntniß e. Christen.

Huber, Frz. X. II., Hülfstafeln für Bedienteste des Forst- u. Baufaches, zunächst zur leichten u. schnellen Berechnung des Massengehaltes roher Holzstämme u. d. Theile desselben. gr. 8. Münch. 828. Fleischmann. 12 K

Huber, Frz. Xav., Hilfs-Tafeln für Bedienstete des Forst- und Baufaches, und auch für Oekonomen, zur leichten u. schnellen Bestimmung u. Berechnung des Massengehaltes roher Holzstämme u. der Theile derselben, nebst mehreren andern Tafeln, als der Tangenten, Cosinuße u. Sehnen der Winkel, dann der nöthigsten Formeln nebst Berechnungs-Beispielen aus der Arithmetik, Geometrie u. Stereometrie. Verbessert u. ergänzt u. mit einer Zugabe versehen, enthaltend die Bestimmung der Kubikmassen-Gehalte stehender Stämme von 1 bis 40 Dezimalzoll Durchmesser u. 10 bis 130 Fuß Höhe. gr. 8. München 839. (Fleischmann.) n. 1/2 ß

– s. Hueter, Franz Xaver: Von d. Verfalle d. Weltpriester.

— Julchen, oder liebe Mädchen spiegelt euch. Lstspl. in 5 Aufz. 8. Wien 793. Wallishausser. 8 K

– s. Laudon's Leben u. Heldenthaten.

§ LEBENSBESCHREIBUNG des weiland hochgeehrten ehrengeachteten, u. kunstreichen Herrn Jodokus Rusch, Philosophiä Kandidatus, u. gewesenen Bettelrichter (von *Franz Xaver Huber*, 1760 bis 1810). Mit (unsign.) Titelvignette (Kneipgesellschaft von 6 Mannern u. 2 Frauen an einem Tische, wobei ein Mönch einen Toast ausbringt). Wien u. Leipzig (München, Strobl) 1788. 8°. (In München: P. o. germ. 8° 808.)

– s. Luftball, Der.

– s. Opferfest, D. unterbrochene.

Huber, F. X., das unterbrochene Opferfest, s.: Mode's Opern-Text-Bibliothek.

* **FELIZIANS**, Frater, merkwürdige Reise zum Kaiser Karl im Untersberge nächst Salzburg (von *Franz Xaver Huber*). Mit TVign. O. O. (Munchen) 1787. 8°. (3 Mk., unbeschn. Expl., L. Rosenthal, 1907.) Selten!
Stellenw. derb! — Haydinger's Bibl. I. 1. Wien 1876, no. 441; Anon.-Lex. IV. p. 361 (nach Kayser, Meusel u. Hittmair).

– s.a. Schlendrian, Herr.

SCHLENDRIAN, Herr, oder der Richter nach den neuen Gesetzen (und der allgemeinen Gerichtsordnung). Komischer Roman. 3 Bändchen in 1 Bande. Berlin 1787.
Goedeke IV, 1, 621, 105, 3, ist der 3. Bd. unbekannt. (Verfasser: F. X. Huber.)

— — Herr Schlendrian oder der Richter nach den neuen Kriminalgesezen (!). Ein komischer Roman. Zweites Bändchen (vom vorigen Vf.). Berlin (Wien). 1787. 8°. 96 S. (incl. Tit.).

— — Herr Schlendrian oder der Richter nach den neuen Gesezen (!) und der allgemeinen Gerichtsordnung. Ein komischer Roman. Drittes Bändchen (vom vorigen Vf.). Berlin (Wien), 1787. — *A. E.*: Ende des dritten und lezten (!) Bändchens. 8°. 78 S. (incl. Tit.).

Herr Schlendrian, oder der Richter nach den neuen Gesezen (!). Ein komischer (stellenw. derbsatyr.) Roman (von *Franz Xaver Huber*, 1760—1810). Vierte Auflage. Berlin (Wien) 1787. 8°. 155 S. (incl. Tit.). (In Carlsruhe: Qb 1254.) (5 Mk., mit den beiden folg., E. Geibel, Hannover, 1909.)

— Solimann der II, oder die 3 Sultaninnen; Sgspl. in 2 Aufz.; nach d. Französ. 8. Wien 807. Wallishausser. 6 K

– s. Stahremberg v., Rüdiger.

— das Sternenmädchen im Maidlinger Walde: in 3 A. 8. Wien 807. Wallishausser. 6 K

– s. Todtenfackel, Die, oder die Höhle d. Siebenschläfer.

[HUBER Franz Xaver]. Franklins freier Wille, ein Wink fur denkende Menschen uber die Macht des Zufalls [von –]. Moßle, Leipzig 1787. 1 vol. 252 S. 2. Aufl. o. V, Leipzig o. J 2. Aufl. Moßle, Leipzig u. Wien 1789.

Huber, Franz Xaver (Hrsg.), s. Wochenblatt f. d. Bürger u. Landmann.

Huber, Franz Xaver Friedrich

Huber, Fr. X. Friedr., Handbuch d. Naturgeschichte in leichtfaßlicher systemat. Darstell. f. d. reif. Jugend beiderley Geschlechtes. Ein Hülfsb. z. Bild. d. Geistes, Belebung d. sittl.-religiösen Gefühls u. Erkenntniß d. Naturproducte in besond. Hinsicht auf Brauchbarkeit im bürgerl. Leben. 1. u. 2. Thl. gr. 8. (29¼ B., 5 Tab. u. 2 Stnt.) Salzurg 837, Oberer'sche Buchh.
Thl. 1. Das Thierreich.
" 2. Das Pflanzenreich.

Huber, Fr. X. Friedr., Handbuch der Naturgeschichte in leichtfaßl. systemat. Darstellung f. d. reifere Jugend beiderlei Geschlechts. 3 Thle. (in 1 Bde.) m. 6 Uebersichtstab. Neue wohlf. Ausg. gr. 8. (37¾ B. u. 3 Stnt.) Wien 845, Wallishausser.

Huber, Fridol., Antwort an den Beurtheiler d. Schrift: „Wessenberg u. d. päpst. Breve." 8. Tübing. 818. Laupp. 8 gr.

Huber, Fr., Bekehrungsgeschichte d. Philipp Luchs eines Gauners. Freyburg, Herder. 806.

— Bekehrungsgeschichte d. Philipp Luchs, eines Gauners, welcher 1799 durch den Strang hingerichtet wurde. 8. Rotweil 806. Herder. 9 gr.

— — vollst. Beleuchtung der Denkschrift über das Verfahren des röm. Hofes bey der Ernennung des Generalvikars Freyh. v. Wessenberg zum Nachfolger im Bißthum Konstanz ꝛc. 8. Rotweil, Herder. 819.
Schreibpap.

Huber, Fridol., d. Bild e. würdigen Jubelpriesters in d. Person ꝛc d. Hr. Fr. J. Werdich ꝛc. bei seiner feierl. Secundiz ꝛc. 8. Rotweil 826. Herder. 6 gr. Hbg. Pr. 2 gr.

— Biographie des sel. Fr. J. Maier, Schul-Inspektor zu Rotweil. 8. Rotweil 822, Herder. 6 gr.

— s. Darstell. d. Ursachen d. Mangels an kathol. Geistlichen.

— de emancipatione catholicis, Hyberniensibus adhuc semper denegata. Secundum cath. principia examinata 8. Rotweil 828. Herder. 8 gr.

— — Entwickelung der Begriffe der Didaktik und Pädagogik. 8. Freyburg, Herder. 810.

— Entwickelung d. Begriffe d. Didaktik u. Pädagogik. 8. Rotwei (810.) Herder. 4 gr.

— Ermahnungsrede an gerührte Herzen auf d. Richtstätte, nach d Enthauptung eines Mörders. 8. Frburg 812. (Herder in Rotweil). 3 gr.

Huber, Fridol., die neue kathol. Gottesdienst-Ordnung für das Bisthum Rottenburg. Mit Beil. gr. 8. Stuttg. 8.18. Netf. 1 Thlr.

— Handbuch d. christ-kathol. Religion. 2 Thle. 8. Ebend. 810.

— Handbuch d. christkathol. Religion ꝛc. 2te Ausg. 8. Rotweil 825. Herder.

— Handbuch über d. Religion, für d. erwachsene christkathol. Volk 2 Thle. 8. Meersburg 810. 2e A. 8. Rotweil 828. Herder 2 Thlr. 8 gr.

— Dass., im Auszuge. 8. Ebd. ... 2e A. 825. Ebd. 1 Thlr.

— Leitfaden zu dem christl. Unterricht über den Eid, zum Gebrauch bei d. pfarramtl. Belehrung vor d. Ablegung d. Eide. Eine gekrönte Preisschrift. Mit 1 Vign. 8. Constanz 823. 2e Orig.-Ausg. 826. Wallis. 9 gr.

— Leitfaden d. christl. religiös. Unterrichts f. d. Sonntagsschüler ...

— Rede über d. Annehmlichkeiten d. Bauerstandes. 8. Meersb. u. Rotweil 804.

— Rede auf d. Feierlichkeit wegen d. Volksschlacht bei Leipzig. 8. Frburg 815. Herder. 3 gr.

— s. Rücktritt, über den, kathol. Geistlichen.

—— über den Rücktritt kathol. Geistlichen ꝛc., s. Ueber.

— Trostgründe für christl. Mütter, die wegen d. Schicksal ihrer todtgebornen Kinder in d. andern Welt geängstigt werden. 8. Rotweil ... 2e A. 827. Herder. 6 gr.

— über d. Verhalten d. weisen Christen in unverschuldeten Leiden u. Trübsalen im Bilde d. heil. Nepomuk. Eine Rede. 8. Augsb. 827. Doll. 2 gr.

— Vertheidigung d. kathol. Religion gegen Angriffe neuerer Zeit. gr. 8. Frankf. 826, Andreä.

Huber, Fridol., Vertheidigung der katholischen Religion gegen Angriffe neuerer Zeit. Neue (Titel-)Ausg. gr. 8. (XVI und 493 S.) Trier 850, Lintz'sche Buchh.

Huber, Fridol., Was hätte eine deutsche Fürstin auf das, wie öffentliche Nachrichten behaupten, von einem Souverain an sie gerichtete Schreiben wegen ihrem Übertritte (!) zur kath. Konfession antworten können? Rottweil, Herder, 1826, 8°.
Katholik 1826, Bd. 22 S. 208. — B. Berends, De Redenen van mijnen Overgang tot de R. K. Kerk etc. Te's Gravenhage 1826. Über diesen holländ. Konvertiten s. Rosenthal a. a. O. I, 1, 414—9.

— was hätte eine deutsche Fürstin auf das von einem Souverain an sie gerichtete Schreiben, wegen ihres Uebertrittes zur kathol. Confession, antworten können? 8. Rotweil ... 2e Aufl. 826 Herder. 9 gr.

— über d. Preisfr.: Welche Ursachen sind es vorzügl., die d. heilsamen Wirksamkeit d. Bußanstalten nach den Pastoralerfahr. Abbruch thun? u. welche Mittel sind anwendbar, um den wichtigen Zweck ihrer Einsetzung zu befordern? 8. Meersb. u. Rotweil 806.

— Wessenberg u. d. päpstl. Breve. gr. 8. Tüb. 818. Laupp. 9 gr.

Huber, Frdr., Anleitg. z. Buchführung f. Molkerei-Genossenschaften. Hrsg. im Auftr. d. Verbandes bad. Centrifugen-Molkereien. gr. 8. (VII, 116 S.) Karlsruhe 898. J. J. Reiff. Geb. n. 4. 50

Huber, Frdr., der Anwärter f. den Polizei- u. Sicherheitsdienst in Bayern. (43 S.) kl. 8. Nürnberg 908. C. Koch. — 50

Huber, Friedrich, Tierarzt, Assist. an d. Chir. Klinik f. gr. Haustiere: Aus d. Anat. Inst. d. Tierärztl. Hochsch. zu Dresden. Der Ductus thoracicus von Pferd, Rind, Hund und Schwein. Mit 20 Abb. Dresden 1909: (Schönfeld). 66 S. 8°
Leipzig, Veterinär-Med. Diss. v. 13. Dez. 1909, Ref. Baum
[Geb. 25. April 84 München; Wohnort: Dresden; Staatsangeh.: Bayern; Vorbildung: Realgymn. am Kadettenkorps München Reife Sommer 01; Studium: München Tierärztl. Hochsch. 8 S.; Coll. 18 Dez. 09; Approb. 24 Nov. 07.]
[U 10. 2988

Huber, Frdr., Erklärungen deutscher Sprichwörter. Ein Beitrag zur Belebg. des deutschen Unterrichts an Volks- u. Mittelschulen. 1. u. 2. Aufl. (32 S.) 8. Bühl 904. Kenzingen (Baden), Prof. F. Huber. — 50

Huber, Frdr., Gedichte aus der badischen Heimat. Heimatklänge, patriot. Gedichte, Sagen. (IV, 58 S.) 8. Bühl (Baden), 909. Prof. Frdr. Huber. —80

— s.: Polizei- u. Gendarmerie-Kalender.

Huber, Friedrich: Weingärtnereigenossenschaften. Stuttgart 1891.

Huber, Fritz, Pfarrer, aus Contwig: Grundlinien einer Religionsphilosophie bei Giordano Bruno. *Neustadt a. d. Hdt.: Pfälzische Verlagsanst. 1902.* (85 S.) 8°
Erlangen, Phil. Diss. v. 10. Dez. 1902

Huber, Fritz. Johann Salomo Semler, seine Bedeutung f. die Theologie, sein Streit m. Gotthold Ephraim Lessing. (80 S.) gr. 8. Berlin 906. R. Trenkel. n. 2. —

Huber, Fritz. Über Spätresultate der Myopieoperation. Diss. Med. Univ. Zürich. [Mit Figuren.] (Sonderabdruck von «Beiträge zur Augenheilkunde», Heft 64.) IV + 58 S. 8. Hamburg und Leipzig, Leopold Voss, 1905.

Huber, G. Anwendungen der conformen Abbildung. Zürich 1883.

Huber, G. Geschichte Hüningens von 1679—1698. In-8°. 138 S. Basel (Georg & Co). These. 1894

HUBER, Georg (Netting): De fracturis.- Ratisbonae: Pustet 1835. 20 S.
20.2.1835 - Urk; P 62
Diss. Ingolst.-Landsh.-Mchn.

Huber, Geo., Benedikt Stattler u. sein Anti-Kant. Ein Beitrag zur Geschichte der kant. Philosophie u. zur hundertjährig. Gedächtnisfeier des Todestages Kants. I. Tl.: Stattler u. seine Kritik der transzendentalen Aesthetik u. Kategorienlehre Kants. Diss. (XII, 109 S.) gr. 8. München 904. J. J. Lentner. n. 2. —
München, Phil. Diss. v. 1902.

Huber, Gottfried. Monographische Studien im Gebiete der Montigglerseen ⟨Südtirol⟩, mit besonderer Berücksichtigung ihrer Biologie. Diss. Phil. [II.] Univ. Zürich. [Mit Figuren.] (Arbeit aus dem Botanischen Museum des Eidgenössischen Polytechnikums in Zürich. — Separatabdruck aus «Archiv für Hydrobiologie und Planktonkunde». Bd. 1. 1905.) VIII + 180 S. 8. Stuttgart, Erwin Nägele, 1905.

Huber, G[ottlieb]. Der Astronom Tycho Brahe (1546—1601). Ein Lebensbild zum Andenken an die dreihundertste Wiederkehr seines Todestages. Separatabdruck aus den «Mitteilungen der Naturforschenden Gesellschaft in Bern». [Mit 4 Abbildungen.] 28 S. 8. Bern, K. J. Wyss, 1902. [fr. 1.—]

Huber, G[ottlieb]. Die Doppel- und mehrfachen Sterne. Beilage zum Jahresbericht des städtischen Gymnasiums in Bern, 1905. [Mit Figuren.] 58 S. 8. Bern, Stämpfli & Cie., 1905.

Huber, G., Forschungen auf dem Gebiete der Spektralanalyse. [Aus: „Mittheilgn. d. naturforsch. Gesellsch. in Bern".] gr. 8. (41 S.) Bern 891. K. J. Wyss. n. —80

— **die Kegelfokalen.** gr. 4. (56 S. m. 3 Taf.) Ebd. 893. n. 1. 60

Huber, G., die kleinen Planeten des Asteroidenringes. [Aus: „Mitteilgn. d. naturforsch. Gesellsch. in Bern".] gr. 8. (27 S.) Bern 896. (K. J. Wyss.) n. —60

— **Sternschnuppen, Feuerkugeln, Meteorite u. Meteorschwärme.** [Aus: „Mittheilgn. d. naturforsch. Gesellsch. in Bern".] gr. 8. (47 S. m. Fig.) Ebd. 894. n. 1. -

Huber, H.

— Die Brunnenwässer in Bielitz nebst einigen Wässern von Biala u. 5 Quellen der Umgebung. 32. Bielitz R. 84. **Progr.**

Huber H.: Disulfobenzoësäure und einige Abkömmlinge derselben. 12. Wien U.-R. II. 83. **Progr.**

Huber. Die schweizerische Industrie und ihre Beziehungen zu Deutschland. In-8°, 55 S. Stuttgart, Commissionsverlag der J. B. Metzler'schen Sortim.-Buchhandlung. 1886 1 35

Huber, Hans

Huber, H., Aufgabensammlung für den geometrischen Unterricht in der Volksschule. 5 Hefte. 8. (Mit eingedr. Fig.) Zürich 882, Orell, Füssli und Comp. [1., 2. und 3. Heft. Für das 4., 5. und 6. Schuljahr. (à Heft 20 S.) à Heft 20 Pf.; 4. und 5. Heft. Für das 7. und 8. Schujahr. (24; 28 S.) à Heft * 25 Pf.] *

—— dass. — Resultate. 8. (23 S.) Ebendas. 884. *

Eine Bergnovelle. ⟨Nach E. Zahn's Bergvolk.⟩ Trio ⟨No 4, B⟩ f. Pianoforte, Violine u. Violoncell komp. von Hans Huber. Op. 120. [Partitur u. Stimmen.] *Leipzig: F. Kistner 1903.* (61, 11, 11 S.) 4° [Ant. u. Z.] [illegible]

Huber, Hans. Der Basler Bund 1501. Festspiel zur Gedenkfeier 1901 von Rudolf Wackernagel, in Musik gesetzt von Hans Huber. Vollständiger Klavierauszug vom Komponisten. ([Mit illustriertem Umschlag von] E[mil] Beurmann.) 115 S. 4. Basel und Leipzig *etc.*, Gebr. Hug & Co. M. 6. 50; fr. 8. —

Huber Hans: Zur Geschichte der Anstalt in den ersten 28 Jahren. 31. Wien V. R. 03.
Progr.

Huber, Hans, Gewichtstabellen f. Walzeisen aus Flusseisen. Hauptsächl. verwendbar im Brückenbau, Schiffbau u. Hüttenfache. (30 S. m. Fig.) gr. 8. Friedek 903. (J. Jeitner.) Kart. n. 3. —

Huber, Hans, Grundlehren der Chemie u. Mineralogie f. d. 4. Klasse d. Gymnasien u. Realgymnasien. (IV, 127 S. m. 66 Abbild.) gr. 8. Wien 910. A. Hölder. Geb. 1. 20

Ein Hoch der Deutschen Flotte. Marsch. H. Huber. [Für] Zither. *(Leipzig [1901]: C. G. Röder.)* (4 S.) quer-8° [Kopft.] [illegible]

Huber, Hans. Die evangelisch-christlichen Jünglingsvereine. Ein Wort an solche, welche unsere evangelische Kirche und die Jugend lieb haben. 2. durchgesehene Aufl. (Hrg. vom Bundeskomitee der deutsch-schweizerischen e'-ch' Jünglings- und Männervereine.) [Mit Vignetten.] II + 32 S. 8. (Basel, Friedrich Reinhardt, 1903.)

Huber, Hans, Leitfaden der anorganischen Chemie für die fünfte Classe der Realschulen, mit 36 Abbildungen und einer Spectraltafel im Farbendruck. Innsbruck 1895. Wagner's Universitäts-Buchhandlung. (Min. Erl. vom 1. Mai 1895, Z. 8971.) Geheftet 1.—, gebunden 1.12

Huber Hans, Leitfaden der anorganischen Chemie für die V. Klasse der Realschulen. 2., verbesserte Auflage. Innsbruck 1907. Wagnersche Universitätsbuchhandlung. Geh. K 2.50, geb. K 2.80.

Huber, Hans, Leitfaden der organischen Chemie f. die 6. Classe der Realschulen. gr. 8. (IV, 171 S. m. Abbildgn.) Innsbruck 893. Wagner. n. 1. 56; geb. n. n. 1. 90

Huber Hans. Leitfaden der organischen Chemie für die VI. Klasse der Realschulen. 2., verbesserte Auflage. Innsbruck 1907. Wagner'sche Universitätsbuchhandlung. Geh. K 2 —, geb. K 2.30.

Huber, Hans, Leitfaden der Chemie u. Mineralogie f. die 4. Classe der Realschulen. gr. 8. (IV, 150 S. m. 63 Abb.) Innsbruck 900. Wagner. n. 2. —; geb. n. 2.40

Huber, Hans, Leitfaden der Chemie u. Mineralogie f. die 4. Klasse der Realschulen. 2., verb. Aufl. (IV, 151 S. m 64 Abbildgn.) gr. 8. Innsbruck 905. Wagner. n 2. —; geb n 2. 40

Huber, Hans. Mirza-Schaffy-Album. 13 Lieder des Mirza Schaffy in Musik gesetzt. Op. 13. In-4⁰, 45 S. Basel, Benno Schwabe. Eleg. geb. 8 --

— Der Neubau der k. k. St. R. im V. Wiener Gemeindebezirke und dessen feierliche Eröffnung. 20. ibd. 04. Progr.

Huber, Hans. Am See. Sechs kleine Poesieen für das Pianoforte komponiert. [Mit illustriertem Titel.] 15 S. 4. Langensalza, Hermann Beyer & Söhne, [1901]. M. 2. —
Für's Haus. (Sammlung gediegener Kompositionen moderner Meister.) Heft 92

Huber, Hans [app. Arzt u. Assistenzarzt am Krankenhaus zu Augsburg]: Über die Sehnenreflexe der oberen Extremität bei Gesunden ... Augsburg. Druck d. J. P. Himmerschen Buchdr., [illegible]. 17 S. 8.
[illegible]

Huber, (Hans). Sonata appassionata ⟨No. 6⟩. Op. 116. Für Violine und Pianoforte. 2 *Stimmen: Pianoforte (resp. Partitur) u.* Violine. *Pianof.* II + 53 *u. Violine* II + 12 S. 4. Leipzig *etc.*, Breitkopf & Härtel, (1901). Pianoforte M. 6. —, (Violine —. 90)

Huber, Hans. Sonata graziosa ⟨Nº 7. G[dur]⟩ für Pianoforte und Violine komponiert von H' H'. Op. 119. *Partitur (resp. Klavier-Stimme) u. Violin-Stimme. Part.* 41 *u. Violine* 12 S. 4. Leipzig, Fr. Kistner, 1903. M. 7. 50

Huber, Hans. Weitere Versuche mit photodynamischen, sensibilisierenden Farbstoffen. ⟨Eosin. Erythrosin.⟩ Prüfung der Wirkung des Tageslichtes auf Lebensfähigkeit und Virulenz von Bakterien, auf Toxine und Antitoxine und auf das Labferment. Diss. Med. Univ Zürich. [Sep.-Abdr. aus: Archiv für Hygiene, Band 54.] *Kopftitel:* ⟨Aus der bakteriolog. Abteilung des Hygiene-Institutes der Universität Zürich. Abteilungsvorstand: Privatdozent Dr. W[illiam] Silberschmidt.⟩ II + 36 S. 8. München, R. Oldenbourg, 1905.

Huber, Hans Max, s. Huber, Max

Huber, Heinrich, Rechtspraktikant a. Regensburg: Bilder aus der Regensburger Industrie. Borna-Leipzig 1906: R. Noske. (98 S.) 8° [J.]
Würzburg, Jur. Fak., Ref. Schanz, Diss. v. 7. Dez. 1906
[Geb. 27. Apr. 82 Regensburg; Wohnort: Regensburg; Staatsangeh.: Bayern; Vorbildung: Gymn. Regensburg Reife Juli 00; Studium: Berlin 1, München 3, Würzburg 4 S.; Rig. 7. Nov. 06.]

Huber, Heinrich. Ueber soziale Jugendfürsorge. Rede, gehalten am Schulfest in Olten, den 21. Juli 1907. Separatabdruck aus dem «Oltner Tagblatt». 20 S. 8. [Olten, Buchdr. des «O' T'», 1907.]

Huber, Heinr., Thinda. Ein deutsches Lied. 16. (IV u. 431 S.) München 851, Lentner. 1 ½ ℛ

Huber, Heinr., Ritter Toggenburg. Das ist die Mär', wie Mannes Kraft auch Demuth sich zum Schmucke schafft. 32. (V und 136 S.) St. Gallen 856, Köppel.

HUBER, Heinrich: Wirthschafts-Regeln des k. Forstrevieres Neuessing zum Operate einer umfassenden Waldstands-Revision Terminus a quo 1883, entworfen von dem Forstrathe Heinrich Huber im k. Staatsministerium der Finanzen und genehmigt durch höchste Entschließung vom 1. Mai 1886 No 4044. (Nebst)Graph. Darst. des Saumhieb-Verfahrens in sehr stark geneigtem Terrain. - o.O. 1886. 15 S., 4 S.

Huber, Hermann

Huber, H. Zum Begriff der höhern Gewalt (vis major). Dissertation. In-8⁰, 69 S. Aarau, Sauerländer. 1885

Huber, Herm. Zum Begriff der Pressfreiheit nach schweizerischem Rechte. gr. 8. (71 S.) Bern 891, Wyss. * 1 50

Huber, Hermann, med. pract. von Uesslingen [Kt. Thurgau]: Klinische Beiträge zur Lehre von den Orbital-Tumoren. Hottingen-Zür. H. Steiner Dr. 1882. 59 S., 1 Bl. 8°.
Zürich, Med. Diss. [v. 24. Febr. 1882].

Huber, [Hermann]. Referat des Herrn Dr. H' ([im Grossen Rat] des Kantons Aargau über den Entwurf zu einem Ergänzungsgesetz betr. die Strafrechtspflege). [4 S.] 4. [Aarau, H. R. Sauerländer & Co., 1904.]

Huber, Hermann von, aus Alexandria (Aegypten): Aus d. chemischen Institut d. Universität Breslau. Ueber **Pyrophtalon** und seine Derivate. *Breslau 1903: H. Fleischmann.* (66 S.) 8°
Breslau, Phil. Diss. v. 16. Juni 1903

Huber, Hermann. Aargauische Straf-Gesetze. Hrg. von Dr. H' H'.... 208 S. 8. Wohlen, Kasimir Meyer, 1904. [cart. fr. 3. —]

Huber, Hugo, die Beamten-Klassen der Zivilstaatsverwaltung (einschließlich der K. Bank, der K. Versicherungskammer, des K. Wasserversorgungsbureaus, der Kreise usw.) des Königr. Bayern. In alphabet. Reihenfolge sowohl nach ihrer nunmehr. wie bisher. Bezeichnung tabellarisch dargestellt unter Angabe der Etatsnummern, der vorgesetzten Stellen u. Behörden (auch Staatsministerien), der Klassen der Rangordng. sowie der allgemeinen u. besond. Gehaltsordngn., ferner der Gehalte, der Normal-Taggelder bei auswärt. Dienstgeschäften, der jetz. wie künft. Stellenzahl, der Zeit des Eintritts der Unwiderruflichkeit usw. (239 S.) gr. 8. Straubing (909). C. Attenkofer's Verl. Geb. in Leinw. nn 3. 50

Huber, Hugo, die Beamtenklassen d. Zivilstaatsverwaltung. Ladenpr. aufgehoben.

Huber, Hugo, die reichsgesetzlichen Bestimmungen f. den deutschen Gerichtsvollzieher in der ab 1. I. 1900 geltenden Fassung. Zusammengestellt u. mit erläut. Anmerkgn., Beispielen, alphabet. Gebührentarif sowie Sachregister versehen. gr. 8. (VIII, 332 S.) Leipzig 900. C. L. Hirschfeld. n. 5. 80; geb. n. 7. —

(S) — Bestimmungen f. die deutschen Gerichtsvollzieher. 900. (KBL 31.) Rezt: Tübingen. A. C. B. Mohr.

— Deckblätter (Zettel-Ausgabe) zu den infolge d. Landes- u. Reichs-Gesetzgebung 1907/08 aufgehobenen, überholten, abgeänderten bezw. ergänzten Bestimmungen bayerischer Landesgesetze. Angefertigt behufs Entbehrlichmachg. handschriftl. Einträge u. eingerichtet zum sofort. Einkleben f. jedwede Ausg. bayer. Gesetze (Gesetzblatt, Gesetz- u. Verordnungsblatt, Sammlgn., Text- od. Handausgaben, Kommentare 2c.) gleichviel welchen Formats. (50 Bl.) 16. München 909. H. Huber. — 80

— dasselbe. (Ziff. II) 1909/10. Bearb. u. eingerichtet zum sofort. Gebrauche f. jedwede Ausg. bayer. Landesgesetze (Gesetzblatt, Gesetz- u. Verordnungsblatt, Sammlgn., Text- od. Handausgaben, Kommentare 2c.) gleichviel welchen Formats. (27 Bl.) 16. Ebd. (910). — 60

— Deckblätter (Zettelausgabe Nr. 1—3) zu den infolge der Reichsgesetzgebung 1907/08, 1908/09 u. 1909/10 aufgehobenen, überholten, abgeänderten, beziehungsweise ergänzten Bestimmungen deutscher Reichsgesetze. Angefertigt behufs Entbehrlichmachg. handschriftl. Einträge u. eingerichtet zum sofort. Einkleben in jedwede Ausg. v. Reichsgesetzen (Bundes- bezw. Reichsgesetzblatt, Sammlgn., Text- od. Handausgaben, Kommentare 2c. 2c.) gleichviel welchen Formats. 16. Ebd. In Umschlag nn 2. 40
1. 1907/08. (81 einseit. bedr. S.) 908. nn —60
2. 1908/09. (114 Bl.) 910. 1.20
3. 1909/10. (34 Bl.) 910. —60

Huber, Hugo, chronologisch-alphabetisches Haupt-Register zum Bundes- bezw. Reichs-Gesetzblatt (1867—1870 bezw. 1871—1901). Nach dem Stande der Gegenwart bearb. (IV, 308 S.) gr. 4. Stuttgart 902 W. Kohlhammer. n. 5. —; geb. n 6. —

Huber, Hugo, alphabet. Haupt-Sachregister, s. a. Justizministerialblatt f. d. Königr. Bayern.

— alphabetisches Haupt-Sachregister z. Justizministerialblatt (Jahrg. 1896 bis 1901 einschließlich) für das Königr. Bayern, nach dem Stande der Gegenwart bearb. gr. 8. (81 S.) München 902. J. Schweitzer Verl. n. 2. 50; kart. n. 3. —

— alphabetisches Haupt-Sachregister zum Regierungsblatt (Jahrg. 1806 m. 1873), sowie Gesetzblatt (Jahrg. 1818 m. 1871/72) u. Gesetz- u. Verordnungsblatt (Jahrg. 1874 m 1903), für das Königreich Bayern. Nach dem Stande der Gegenwart bearb. 2. Aufl. (343 S.) gr. 8. München (Görresstr. 18/II) 904. Landger.-Sekr. Huber. n.n. 5. —

Huber, J., voir: *Chodat, R.*

— J. Contributions à la connaissance des Chaetophorées épiphytes et endophytes et de leurs affinités. Av. 11 pl. In-8°. 95 p. Bâle. Dissert. 1894.

Huber, J., chronolog. Gemälde d. Geschichte d. Schweizer. Eidsgenossenschaft. Als Ergänzungsbl. zu A. Lesage's (Grafen v. Las Cases) „histor.-genealog.-chronolog.-geograph. Atlas." Ein z. Theil ill. Bl. Imp.-Fol. (Bern 832, Jenni, Sohn.)

Huber, J., Geschichte der Realschule zu Oberursel. Oberursel
Schul-/Univ.-Schrift 1867

Huber's, J., Hand-Atlas über alle Theile der Erde. 1. Lfg. Imp.-Fol. (27 in Kpfr. gest. und ill. Blatt.) Nürnberg 860, Beyerlein. *

Huber, J., Hermann der Cherusker. Deutsches Heldengedicht z. 2000-Jahr-Jubiläum. Dramat. Schauspiel in 6 Aufzügen, 1 Vorspiel u. 1 Prolog. (277 S.) 8. Emmendingen 909. Druck- u. Verlagsgesellschaft vorm. Dölter. 2. —

Huber, J., Newton und das von ihm entdeckte Gesetz der Schwere. Ein populärer Vortrag gehalten im Stadt-Casino zu Basel den 18. Decbr. 1861. gr. 8. (28 S.) Basel 862, Bahnmaier's Verlag. *

Huber, J., recherches expérimentales sur le Pediastrum Boryanum, s.: Chodat, R.

Huber, J., Neueste Schul- u. Reise-Karte vom südwestlichen Deutschland enthaltend die Königreiche Bayern, Würtemberg, das Grossherzogthum Baden u. die Fürstenthümer Hohenzollern. Nürnberg, Beyerlein, 1856 Imp.-Fol Kupferstich u kolor.
— —, —— Ebenda 1859, 1867, 1870. . . . . (Br. Mus. 1867.)

Huber, J., neueste Schul- und Reise-Karte vom Südwestlichen Deutschland enth. die Königr. Bayern, Württemberg, das Grossherzogth. Baden und die Fürstenth. Hohenzollern. 1868. *M 1,60., und 1870. Fol. Nürnberg, Beyerlein. In Carton *

Huber, J. B., Kilometer-Postzonenzeiger u. Frachten-Tarif f. Bayern. (IV, 81 S.) hoch 4. München (903). (E. Reinhardt.) n. 1. 50

Huber, J. F.

— s.: Handbuch der gesammten Handelswissenschaften.

Huber, J. F., Handbuch der Contor-Praxis. [Aus: „Handbuch der gesammten Handelswissenschaften".] gr. 8. (VIII, 378 S.) Stuttgart 879. Maier. n. 5. —

Huber, J. J., Schloß Wildenstein im Aargau. Mitteilgn. a. d. Geschichte dieses Schlosses. Ges. u. geordnet. 8. (70 S. m. 2 Abb.) Brugg 894. „Effingerhof". n. 1. 20

Huber, J. M., s. Boussiron, üb. die Wirkung d. Tabaks 2c.

Huber, J. M., die Todtenbeschau nach dem Standpunkte der neuern Wissenschaft zur Verhütung d. Lebendigbegrabenwerdens. gr. 8. (152 S.) Innsbruck 852, Wagner. 18 ngr

Huber, J. N., Geschichte u. gegenwärtiger Zustand d. k. Schullehrer-Seminars zu Würzburg. Zur Jubelfeier d. 100jähr. Bestehens der Anstalt hrsg. unter Benützg. der amtl. Quellen. gr. 8. (V, 131 S.) Würzburg 871. Staudinger. n. 1. 30

Zu den Platonischen Gleichnissen. — Von J. P. Huber, Stdl. — 1879, Passau, Keppler. — S. 3—22⁴.
Progr. Passau, K. Gymn.

Huber, J. W., — Catalogus libror. J. W. Huberi. Basil. 789. 8.

Huber, J[acques]. Arboretum Amazonicum. [Publication du] Museu Paraense de Historia Natural e Ethnographia. Iconographie des plantes spontanées et cultivées les plus importantes de la région Amazonienne. Organisée par le Dr J. Huber, chef de la section botanique du musée. 1re et 2e décade. — Iconographia dos mais importantes vegetaes espontaneos e cultivados da região Amazonica. Organisada pelo Dr J. Huber.... 1^a e 2ª decada. *chaque décade* II p. + 10 feuilles de texte et 10 planches. 4. Pará 1900; impressão do Instituto Polygraphico A. G. Zürich (Suissa) 1901. [*à* fr. 10. —]

Huber, J[acques]. Arboretum Amazonicum. [Publication du] Museu Goeldi ⟨Museu Paraense de Historia Natural e Ethnographia⟩. Iconographie des plantes spontanées et cultivées les plus importantes de la région Amazonienne. Organisée par le Dr. J. H', chef de la section botanique du Musée. 3e *et* 4e décade = Iconographia dos mais importantes vegetaes espontaneos e cultivados da região Amazonica. Organisada pelo Dr. J. H'.... 3^a *e* 4ª decada. *à* II p. + feuilles 21—40 + planches 21—40. 4. Pará 1906; impressão do Instituto Polygraphico A. G. Zürich ⟨Suissa⟩, 1906. [*à* fr. 10. —]
3e décade avec supplément · Arb' Am'. Einige Urteile der Presse über die beiden ersten Dekaden. [7 S.]

Huber, J[acques]. Der schweizerische Buchhandel. Sonderabdruck aus dem Handwörterbuch der schweiz. Volkswirtschaft, Socialpolitik und Verwaltung hrg. von Prof. Dr. jur. N[aum] Reichesberg [Band 1, Liefg. 20]. 15 S. 8. Bern, C. Sturzenegger, 1903.

H[uber], J[acques]. Erinnerungen an 1799. Nach neuerer französischer Darstellung für das Sonntagsblatt der «Thurgauer Zeitung» bearb. von Dr. J. H.: 1. Das Gefecht bei Frauenfeld am 25. Mai; 2. Die zweite Schlacht bei Zürich am 25./26. September. Sonderabdruck aus dem Sonnt' der «Th' Z» 1904/5 [Jahrg. 15, N° 41 u. 16, N° 18—24]. II + 64 S. 8. Frauenfeld, Huber & Co., 1905.

Huber, Johann, s.a. Huber, Johann Bonifaz

Huber, J., Anleitung zum Mostklären. Leitfaden f. Landwirthe u. Klärkurs-Teilnehmer. gr. 8. (II, 34 S.) Aarau 894. E. Wirz. n. — 60

Huber, J[ohann]: Anleitung zum Mostklären. Leitfaden für Landwirte und Klärkurs-Teilnehmer. 2., verb. Aufl. Aarau: Wirz 1901. 23 S. -- Schweizerische Landesbibliothek Bern*

Rebhu, Jan (d.i.: Johann Huber)

— — Der kurzweilige Bruder Blaumantel ....
O. O. 1700, 12⁰. Rariss.
Weller, Lex. Ps.; Wiener Cat. (1774) verbotener Bücher.

— **M. Johann** (Strassburg), De contemtoribus verbi divini, oder von denen Verächtern des Göttlichen Worts. Disp. theol. I ad locum Johan. XII. 48. Präs. Bernhard Wagner Mai 1701. Neudruck: Andreas Heber 1713. 24 S. (6.80) 16176

Humber, Joh., Die Freiheiten der französischen Kirche. München, Oldenbourg, 1870, 8°, 36 S., 50 Pf. (Stimmen a. d. kath. Kirche. Bd. 1 Heft 5.)

Huber, J[ohann] Z. Der Stift Zurzach niedere Gerichtsherrlichkeit in Kadelburg, vom Jahre 1541 (d. i. 1451)–1803. Nach 57 Urkunden dargestellt von J. H'.... SA. 8. Aarau 1866.

Huber, Joh., Geschichte des Stifts Zurzach. Ein Beitrag zur schweizer. Kirchengeschichte. gr. 8. (IV, 304 S.) Klingnau 869. (Basel, Schneider.) *

Huber, Joh., Gesundheitslehre. E. Leitfaden f. d. Unterricht i. d. Fortbildungsschule. I. Stoffauswahl f. d. Fortbildungsschule. II. Begründg. u. Beleuchtg. d. Stoffauswahl. Lösg. e. Preisaufgabe. V. hohen Erziehungsrat d. Kantons Zürich m. e. 1. Preise ausgezeichnet. gr. 8. (III, 116 S.) Zürich u. Leipzig 895. Th. Schröter. n. 1. —

Huber, Johann Z. Die Gotteshöfe in Rekingen im Aargau. SA. 8. Luzern 1877.

Huber, J., die schweizerische Güllenwirtschaft. Kurzgefaßte Darstellg. der modernen Güllenwirtschaft aus d. Praxis u. f. die Praxis. (IV, 115 S. m. 56 Abb.) gr. 8. Aarau 911. E. Wirz. Geb. in Leinw. 2. —

—— die Kollaturpfarreien und Gotteshäuser des Stifts Zurzach. gr. 8. (IV, 226 S. mit 2 Tab. in 4.) Klingnau 868. (Aarau, Sauerländer's Verlag.) *

—— Leben und Gedichte des hochwürd. Herrn Philipp Sarer, gewesenen Chorherrn zu St. Verena in Zurzach. Ein Denkmal der Freundschaft auf das Grab des Verewigten. gr. 8. (VIII, 290 S. mit lithogr. Portr. in Tondr.) Aarau 870, Christen. *

Huber, J., die Mostbereitung u. Mostbehandlg. Anleitg. z. verbess. Fabrikation, Behandlg. u. Klärg. v. Obstwein f. Landwirte, Wirte, Küfer u. Händler. gr. 8. (V, 163 S. m. 35 Abb.) Aarau 896. E. Wirz. n. 2. —

— die Mostbereitung u. Mostbehandlung. Anleitung zur verbesserten Fabrikation, Behandlg. u. Klärg. von Obstwein f. Landwirte, Wirte, Küfer u. Händler. 2. vielverm. u. verb. m. 40 Abbildgn. verseh. Aufl. gr. 8. (V, 192 S.) Ebd. 901. n. 2. —

Huber, J., die Mostbereitung u. Mostbehandlung. Anleitung zur verbesserten Fabrikation, Behandlg. u. Klärg. v. Obstwein f. Landwirte, Wirte, Küfer u. Händler. 3., verb., u. m. ca. 60 Abbildgn. verseh. Aufl. (V, 218 S) gr. 8. Aarau 905. E. Wirz. n. 2. —

— Die Mostbereitung u. Mostbehandlung. Anleitung z. verbesserten Fabrikation, Behandlg. u. Klärg. v. Obstwein f. Landwirte, Wirte, Küfer, Fabrikanten. 4., verb., m. ca. 60 Abb. verseh. Aufl. (VIII, 239 S. m. Titelbild.) gr. 8. Ebd. 909. 2.50; geb. in Leinw. 3. —

Rebhu, Jan (d.i. Johann Huber)

— — Der verliebte Oesterreicher; oder die Liebs- und Lebensgeschicht mit der an Tugend und Schönheit unvergleichlichen Sorona durch —. O. O. (Wien.) Gedruckt 1704. 12⁰. 2 Bll. u. 248 S. (7 Mk. L. Rosenthal, 1906.)
Bibl. J. J. Schwabii II. p. 281.

Huber, Joh., die Regesten der ehemaligen Sanktblasier Propsteien Klingnau und Wislikofen im Aargau. Ein Beitrag zur Kirchen- und Landesgeschichte der alten Grafschaft Baden. gr. 8. (VII, 160 S.) Luzern 878, Gebr. Räber. *

—— des Stiftes Zurzach Schicksale. Festschrift zur Erinnerung an die 600jähr. Gründungsfeier des Collegiatstiftes zur heil. Verena in Zurzach im J. 1879. gr. 8. (IV, 91 S.) Ebendas. 879. *

Huber, Johann I.: Ein Schreiben des Cardinal-Erzbischofs von Mailand Karl Borromäus an Propst und Kapitel in Zurzach, die Zurückführung der Einwohner von Kadelburg zur katholischen Kirche betreffend. Mitgetheilt von J. H... [A.] 8. Freiburg im Breisgau 1877.

Huber, Joh., die Urkunden d. Stiftes Zurzach. Beigabe: Ergänzungen zu d. Verf. früheren Druckschriften üb. das Chorstift. gr. 8. (VIII, 456 S. m. 1 Steintaf.) Aarau 873. Christen. n. 6. —

Huber, Johann Albrecht

Huber, J. A., s. Fr. J. Bertuch, Elfriede.

Huber, Jh. Albr., (+ ..) Lehrsätze aus d. polit. Wissenschaften. 8. Wien 772.

Huber, Johann Christoph

Huber, J. Ch., Bibliographie der klinischen Entomologie. (Hexapoden, Acarinen.) Jena 99. Frommann.

Huber J. C.: Bibliographie d. klinischen Entomologie. (Hexapoden, Acarinen). H. 1—4 (1 Vol.). Jena 1899—1900. (100) S.
— [Særtryk]. P.
(Ueber den *Echinococcus* d. Milz. Münch. 1890. 4 S. — Bibliographie d. klinischen Helminthologie. H. 1.: *Echinococcus cysticus* bes. v. 1877—1890. Münch. 1891. 39 S. — Zur älteren Geschichte d. klinischen Helminthologie. [1—2]. U. St. [1891?]).

Huber, J. Ch., Bibliographia der klinischen Entomologie (Hexapoden, Acariden). 4 Hfte. gr. 8. Jena. Memmingen, Selbstverlag. à n. 1. —
1. Sarcopsylla, Pulex, Acanthia, Pediculidae. (24 S.) 899.
2. Demodex, Leptus, Dermanyssus, Argas, Ixodes, Pediculoides, Tetranychus, Tyroglyphus u. diverse Pseudoparasiten. (24 S.) 899.
3. Diptera (Musciden u. Oestriden), Sarcophila, Sarcophaga, Calliphora, Anthomyia, Musca, Lucilia, Teichomyza, Compsomyia, Hypoderma, Dermotobia, Ochromyia. (25 S.) 899.
4. Sarcoptes scabiei (v. Wichmann bis 1899). Deutschland, England, Nordamerika, Niederlande, Scandinavien, Italien etc. — Synonymik, Etymologie, Iconographie. Norwegische Krätze. Psorae bestiarum. Anh. (Symbiotes felis). (27 S.) 900.

Huber, J. Ch., Bibliographie der klinischen Helminthologie. 1.—8. Hft. gr. 8. München, J. F. Lehmann's Verl. n. 18. 80
1. Echinococcus cysticus bes. von 1877—1890. (39 S.) 891. n. 1. 50
2. Cysticercus cellulosae Rud. (S. 41—63.) 891. n. 1. 50
3. 4. Die Darmcestoden d. Menschen. [Geschichte u. Litteratur der Taenien u. Bothriocephalen.] (S. 65—150.) 892. n. 3. 60
5. 6. Ascaris, Oxyuris, Trichocephalus, Ankylostomum. (S. 151—239.) 893. n. 3. 60
7. 8. Dracunculus Persarum Kämpfer, Filaria sanguinis hominis Lewis u. Trematoden. (IV u. S. 245—305.) 894. n. 3. 60

Huber, J. Ch., Bibliographie d. klinischen Helminthologie. 9. (Schluss-)Hft. gr. 8. München 895. J. F. Lehmann's Verl. n. 3. 60 (kplt.: n. 10. --)
Eustrongylus Gigas Diesing. Trichina spiralis R. Owen. (IV u. S. 307—381.)

— Bibliographie d. klinischen Helminthologie. Suppl.-Hft.: Filaria (excl. F. sanguinis hominis), Strongylus, Gnathostoma, Strongyloides, Rhabditis, Pentastomum. gr. 8. (22 S.) Ebd. 898. Unberechnet für Abnehmer der Bibliographie der klin. Entomologie.

— s.: Bibliothek medicinischer Klassiker.

Huber J. C.: Die Blutegel im Alterthum ... U. St. [1891?]. 10 S. (Særtr.). P.

Huber J. C.: Zur Litteraturgeschichte d. Leberegelkrankheit. U. St [1891?]. (3) S. (Særtr.). P.

Huber J. C.: Historische Notiz üb. den Lathyrismus. U. St. [ca. 1884] (3) S. (Særtr.). P.

—— Zur Onomatologia medico-historica. gr. 8. (27 S.) Münch. 890, (J. A. Finsterlin). * 1 20
Aus. Münch. medicin. Wochenschr., besonders abgedruckt.

Huber, J. Ch., und J. Rehm, Uebersicht der Flora von Memmingen. gr. 8. (XL und 80 S.) Memmingen 860, (Besemfelder'sche Buchh.)

Huber J. C.: Ueber die Verbreitung d. Cestoden in Schwaben. [1887?]. [Krabbes Saml.].

Huber, Jh. Evang., Predigt über die Zeitanwendung, gehalt. am Neujahrtage 1844 in der Stadtpfarrkirche St. Jacob in Straubing. 8. Straubing 844, Schorner. 1 3/4 ngl

Huber, Joh. G. Der kleine Katechismus. Katechesen üb. den kleinen Katechismus in Fragen u. Antworten f. die kathol. Volksschulen im Kaiserth. Oesterreich. [Für das 2., bezw. 3. Schulj.] Als Handbuch f. Katecheten bearb. 2. durchgeseh. Aufl. gr. 8. (XVI, 209 S.) Linz 889, Haslinger. * 2 80

Huber, Johann Georg Bonifaz, s.a. Huber, Johann

Huber, Joh. Geo. Bonif., Geschichte der Stadt Burghausen in Oberbayern. Aus urkundl. und andern Quellen bearb. gr. 8. (XXXIV und 405 S. mit der lithogr. Ansicht in Tondr., dem lithogr. und ill. Plane und Wappen der Grafen von Burghausen und dem ältesten Stadt-Siegel von 1290.) Burghausen 862, (Lutzenberger.)

— die Geschichte der deutschen Literatur nach F. A. Pischon's Leitfaden mnemon. bearb. nach Reventlow's Grundsätzen. 8. (55 S.) Augsburg 848, Kollmann. 1/4 ngl

Huber, Joh. Geo. Bonifac., Otto v. Freising, s. Charakter, s. Weltanschauung, s. Verhältniß zu s. Zeit u. seinen Zeitgenossen als ihr Geschichtschreiber, aus ihm selber dargestellt. Eine v. d. philosoph. Facultät zu München gekrönte Preisschrift. gr. 8. (IV u. 203 S.) München 848, Kaiser. n. 2/3 ngl

—— Universalgeschichte der christl. Kirche. Zunächst zum Gebrauche bei akadem. Vorlesungen auf deutschen theolog. Lehranstalten. Mnemonisch bearb. 8. (IV und 79 S.) Salzburg 850, Oberer's sel. Witwe.

Huber, Jh. Gli., († ...) Abhandl. von d. allerhöchsten Grundsatz aller wahren menschl. Erkenntniß. 8. Frankf. u. Lpz. 750. 4 gl

— Bestätigung einiger Hauptwahrheiten d. neueren Philosophie. 8. Jena, Fischer. 756.

Johann Jakob Huber

Joh[annes] Jac[obus] Huberus [Huber:] Animadversiones non nullas anatomicae. Cassellis 1763: Estienne. 24 S. 8°

Kassel, Carolinum, P 1763

Huber, Joh. Jac., Basel: Dissertatio inauguralis medica de bile.
Basel; med. Diss. 1733.

Huber, J. J., Obs. anat. de cerebro. I prol. 32 pp. II prol. 24 pp. Lps. 4°.

1750

Huber, Jo. Jac., Pr. de miris vis externae ac imprimis imaginationis in mulierem gravidam, indeque in embryonem effectibus. Cassell. 4°. Haller, Bibl. anat. II, 263.
1742

Huber, Jo. Jac., De modulla spinali. 28 pp. Gött. 4°. 1739

Johann Jakob Huber

Io[annis] Jacob[i] Huber De Medulla spinali speciatim de nervis ab ea provenientibus commentatio cum adiunctis iconibus. Gottingae 1741: Schultz. 76 S. 8°

Huber, Jo(hann) Jakob: De medulla spinali speciatim de nervis ab ea provenientibus commentatio. 80 S., gbd., 1 Taf.

Gottingae: Vandenhoeck 1741

— Joh. Jac. (Basel. Prorector), Memoriam instaurati athenaei nostri. Cassel (D. Estienne) 6./7. III. 1769. 10 S. (4.80) 16177

Huber, Joh.Jakob: De negotiis gestis. 11 S.-
Basel, Jur Diss.v. 10.Juni 1794.

Johann Jakob Huber

Epistola anatomica de nervo intercostali de nervis octavi et noni paris deque accessorio nonnulla tradens ad... Wolrath Wigand Ioh[anni] Iacobi Huberi [Huber]. Gottingae: Vandenhoeck (1744). 27 S. 8°

Johann Jakob Huber

Joh[annes] Jac[obus] Huber: Observationes aliquot anatomicae. Cassellis (1760:) Schmiedt. 42 S. 8°

Kassel, Carolinum, P 1760

Huber, Joh.Jakob: De officiis erga inimicos. (Resp.: Joh. Jakob Socin). 10 S. -
Basel, Jur.Diss.v. 31.Jan.1749.

Huber, Joh. Jac., Basel, als Bewerber um die anatom. bot. Professur: Positiones anatomico-botanicae.
Basel, Med. Diss. 1733.

Huber, Jo(hann) Jakob: De vaginae uteri structura rugosa nec non de hymene commentatio. 52 S., gbd., 1 Taf.

Gottingae: Vandenhoeck (1739)

Johann Jakob Huber

Io[annes] Iac[obus] Huber, De vagina uteri Structura rugosa nec non de hymene commentatio. Gottingae: Vandenhoeck [1746]. 52 S. 8°

v. Huber, Jh. Jos., Abhandl: über d. Abweichung d. Augsburg. Statuten vom gemeinen Rechte ꝛc. 8. Augsb. 821. (Leipz., Kummer). (Riegel u. W. in Nürnb.) 1 ₰ 16 gGr

— Abriß d. Augsb. Statutarrechts. 8. Augsb. 821.

Huber, J. Jos., Gottes Allmacht, Güte u. Weisheit, dargestellt durch naturgeschichtl. Betrachtt. d. Großen u. Schönen in d. Natur. 3e A., mit 1 Kpf. 8. Grätz 823. Ferstl. 8 gGr

— Beschreib. seiner Gemäldesammlung. 8. Augsb. 814. v. Jenisch u. St. (Lemgo, Meyer). 4 gGr

Huber, J. J. von, Beschreibung sein. Gemälde-Samml z. Augsb. Stage. (Lemgo, Meyer in Comm.) 814.

Huber, Jh. Jos., Biographien der berühmtesten Maler aller Schulen und Zeiten, mit ihren wohlgetroff. Bildnissen und e. Verzeichnisse ihrer Werke. 2e Ausg 1r Bd. 1e … Lfrg. Mit 46 Bildnissen. 8. Augsburg 837, 38. v. Jenisch u. Stagesche Verlagsb. 3½ ₰

- s. Cicero : Tusculan. Untersuchung.

— Erklärung d. zwei Gebote d. Liebe v. A. Jais: Liebe Gott über Alles, u. d. Nächsten wie dich selbst. Für Katholiken. 2 Thle. 3te Aufl. M. 2 Kpf. 8. Grätz 823, Ferstl.

— ausgewählte Erzählungen von guten u. fehlerhaften Mädchen. 2 Thle. A. u. d. T.: ausgewählte Erzähll. u. Beispiele ꝛc. 4e A., mit Kpf. 8. Grätz 828. Ferstl. 6 gGr

— neues Fleiß-Lohnbuch, mit Bildern für Kinder. Erzähll. aus d. Lebensgeschichte tugendhafter u. christl.-religiöser Menschen. Mit 8 Kpf. 8. Grätz 832. Ferstl. 8 gGr

Huber, J. Jos., Isidors, Bauers zu Ried, Gleichnisse, wie er sie seinen Kindern u. Hausgenossen erzählte. 2 Bdchen. 8. Grätz … 3e A. 819. N. A. 823. 6e A. 830. Ferstl. 5 gGr

— Dass., in 150 neu gesamm. Gleichnissen. 12. Ebd. 830. 5 gGr

Huber, J. Jos.: „Isidors, Bauers zu Ried, Gleichnisse, wie er sie seinen Kindern und Hausgenossen erzählte", 2 Bändchen, Grätz o. J.; 3. Auflage ebenda 1819; 4. Auflage ebenda 1823; 5. Auflage, in 150 neu gesammelten Gleichnissen, ebenda 1830; 6. Auflage u. d. T.: „Isidor, Bauer in Ried, eine Geschichte für das Landvolk, wie auch für unsere Bürger und Städter. Mit einer Vorrede von weiland Bischof J. M. von Sailer", 2 Teile in 1 Bande, München 1839 (Lentner), (Leipzig, Volkmann).

Huber, J. J., v., Handbuch für Künstler und Freunde der Kunst, enth. st das Leben von 50 berühmten Malern aus allen Schulen ꝛc. 2 Bde. 8. Augsburg, v. Jenisch u. St. 810.

— s. A. Jais, d. zwei Gebote d. Liebe.

— Isidor, Bauer zu Ried, e. Geschichte für d. Landvolk, wie auch f. Bürger in Städten. Mit e. Vorrede v. J. M. Sailer, 2 Thle. 8. München 797. 2e Aufl. 802. 3e Aufl. 816. Lentner. 19 gGr

Josef Huber, Isidor, Bauer in Ried. Eine Geschichte für das Landvolk, wie auch für unsere Bürger in den Städten.
Verf. „gewester Pfarrer in Au bei Ebersberg". Mit Vorrede von Bischof Joh. Mich. v. Sailer. (5. Auflage 1832!) Besprochen in Nr. 1068.
München 1796

- Isidor, Bauer in Ried. Eine Geschichte für das Landvolk, wie auch für unsere Bürger in Städten. Mit e. Vorrede von Jh. Mich. v. Sailer. 2 Thle. in 1 Bde. 6e Aufl. gr. 8. München 836. Lentner. (Leipzig, Volckmar.) ⅔ ₰

— Isidor, Bauer in Ried. Eine Geschichte f. das Landvolk, wie auch für unsere Bürger in Städten. M. e. Vorrede v. Joh. Mich. v. Sailer. 2 Thle. in 1 Bde. 7. Aufl. gr. 8. (Mit Holzschn.) München 846, Lentner'sche Buchh. 24 ngr

Huber, Jos., Isidor, Bauer in Ried. Eine Geschichte für das Landvolk, wie auch für unsere Bürger in Städten. Mit einer Vorrede begleitet von Joh. Mich. v. Sailer. 2 Thle. in 1 Bde. 9. Aufl. München 865. Lentner'sche Buchh. gr. 8. (XVI, 368 S. mit eingedr. Holzschn.) 24 ngr

Huber, Jos., Isidor, Bauer in Ried. E. Geschichte f. d. Landvolk wie auch f. uns. Bürger in Märkten u. Städten. Jubiläumsausg., veranst. v. Centralausschusse d. kathol. Büchervereins in München. 8. (XI, 212 S. m. Titelbild.) München 897. J. J. Lentner.
Geb. in Leinw. n. 1. 60

— d. kostbare Kleinod der Menschen: ein reines Gewissen; lehrreiche u. unterhalt. Geschichte aus d. Menschenleben. 3e Aufl. Mit 1 Kpf. 8. Grätz 823. Ferstl. 7 gGr

——, Isidors, Bauer zu Ried, Lehr- u. Exempelbuch. Erbaul. u. anmuth., lehrr. u. warnende Geschichten aus seinem Leben, od. aus guten Büchern gesamm., wie er sie seinen erwachs. Kindern u. Hausgenossen erzählte, nebst angehängt. Anwendungslehren. 2 Thle. 8. Grätz 828, Ferstl. Zusamm. genomm.
Thl. 1. Lehr- u. Exempelb. v. gebess., klugen u. tugendhaften Menschen. (15 B. u. 1 Kpfr.) 10 Gr.
: 2. Lehr- u. Exempelb. v. schwachen, fehlerhaften u. bösen Menschen. (14 B. u. 1 Kpfr.) 9 Gr.

Huber, Jh. Jos. l., Sappho, ein Melodrama, nebst andern Gedichten. 8. Frankf. u. Leipz. 791. Augsb. 804. Bürglen. 3 gGr

— Taschenbuch zum Vergnügen, für Dichterfreunde. 8. Augsb. 805. Bürglen. 18 gGr

Huber, Johann Ludwig, s. Denkmal E. v. Gemmingen.

— Etwas von meinem Lebenslauf und meiner Muse auf d. Festung. 8. Stuttg. Steinkopf. (a. Gräff in Lpz.) 798. -

– s.a. Gedichte, verm.

— vermischte Gedichte. 8. Erlang. Palm. 783.

Huber, Jh. Ldw., s. Lotto, das, ꝛc.

– s.a. Oden, Lieder u. Erzählungen.

Oden, Lieder und Erzehlungen (von *Joh. Ludw. Huber*, 1723—1800). Frankfurt und Leipzig (Tübingen) 1751. 8°. (In Stuttgart u. im British Museum.)
S. 111, Nr. 37: Die Frauen u. Mägde (15 Verss., mit Bezug auf Troja, Penelope, die griech. u. heutigen Stutzer). — Anon.-Lex. III. p. 231 (nach Meusel u. Kayser).

— Johann Ludwig, De pictura principali, scriptura accessorio. Diss. jur. Präs. Ludwig Conrad Smalcalder. Tübing. (Christian Gottfried Cotta) Sept. 1747. 24 S. (6.50) **16178**

– s. Schreiben e. Predigers üb. Tischgebete.

– s. Versuche, mit Gott zu reden.

Huber, Joh. Nep., der Anthropologism des Dr. Carl Prantl und seine jüngste Bevorwortung. Kritisch beleuchtet. gr. 8. (48 S.) München 853, Rieger'sche Buchh. *

— die cartesischen Beweise vom Dasein Gottes. Eine philosoph. Abhandlung. Augsburg 854. (München, Rieger.) gr. 8. (55 S.) 6 ngr.

— Gesangunterricht f. Elementar-Schulen z. Beförderung d. religiösen Jugendbildung. gr. 8. Carlsruhe 846, Herder'sche Buchh. n. 16 ngr.

Huber, Joh. Nep., Katechesen für die unteren Klassen der Volksschule, s.: Handbibliothek, katechetische. 34. Bdchn.

Huber, Joh. Nep., Clavier-Unterricht nach der heuristischen Methode, zum Behufe der Musiklehrer u. ihrer Schüler. gr. 4. (14¼ B.) Carlsruhe 842. [Creuzbauer.]

Huber, Joh. Nep., Clavier-Unterricht nach der heuristischen Methode zum Behufe der Musiklehrer und ihrer Schüler. 2. Aufl. 3 Hefte. gr. 4. (IV und 213 S.) Lahr 863, Schauenburg. [1. Heft 21 Ngr., 2. und 3. Heft à 1 Thlr.]

Huber, Johann Rudolf

— christl. Blätter; eine Wochenschrift. 8. Basel 802. Schweighäuser. 1 ℳ

Huber, Jh. Rud., († d. 8. März 1806.) Einleit. in die sämmtl. Bücher d. heil. Schrift. 2e Aufl. 8. Basel 812. Schweighäuser. 9 ℳ

Huber, J. R., Einleitung in die sämmtl. Bücher d. heil. Schrift. Ein Handbuch zur Erleichterung des Bibellesens. 3e Aufl., verm. u. verb. v. J. J. Huber. 8. Basel 840. Schweighäuser. 7/8 ℳ

Huber, Jh. Rud., Einleitung in die sämmtlichen Bücher der heiligen Schrift zur Beförderung eines fruchtbaren Bibel-Lesens. 3., nach dem Tode des Verfassers von dessen Sohn besorgte Aufl. gr. 12. Basel 841, Schweighauser'sche B. 7/8 ℳ

— Geschenk f. Christenkinder, ...

Huber, Johann Rudolf: L e i c h e n - R e d e , gehalten bey der Beerdigung der . . . Jungfrau Ursula Schneider . . . in Basel . . . den 29. Nov. 1815 . . . 8. [Basel.]

Huber, Johann Rudolf: L e i c h - P r e d i g t , gehalten . . . [zu Basel] . . . den 7. Weinmonats 1800 bei der Beerdigung B. Werner Delacneral . . . Professors der Anatomie und Botanik. 8. Basel.

— christl. Sonntagsblatt nach den Bedürfnissen d. Zeit. 8. Basel 798 — 1800.

Huber, Joh. Werner: D i s p u t a t i o pro Hugone Grotio adversus Henricum Coccejum, sive animadversiones ad monita quaedam H. Cocceji de ipsius „Prodromo justitiae gentium" decerpta (Prodromus, prolegom. §5-10). 17 S. – Basel, Jur. Diss. v. 28. April 1724.

Huber, Johanna, Uns. täglich Brot, s.: Cleß, Marie.

Huber, Johannes

— —, der Anthropologism des Dr. C. Prantl. München 1853. 8.

— —, die cartesischen Beweise vom Dasein Gottes. Augsburg 1854. 8.

Huber's, Johs., Biographie, s.: Zirngiebl, E.

Huber, Johs., offener Brief an Professor Stöckl in Münster. Ein weiterer Beitrag zur Characteristik neuscholast. Wissenschaftlichkeit. München 865. Lentner'sche Buchh. gr. 8. (52 S.) 6 ngr.

— u. Rémi **Dumont**, die einfache u. doppelte Buchhaltung in französischer u. deutscher Sprache, leicht verständlich f. Alle. Ausserdem enth.: Wechselkunde, Handelscorrespondenz, Contocorrente u. andere Geschäftsformulare. — La tenue des livres en partie simple et en partie double en langues française et allemande. — 2. Aufl. Lex.-8. (XVI, 463 S.) Leipzig 875. Arnold. n. 6. --

Huber, Johs., Johannes Scotus Erigena. Ein Beitrag zur Geschichte der Philosophie und Theologie im Mittelalter. gr. 8. (XV und 443 S.) München 861, Lentner'sche Buchh.

Huber, Johs., die Forschung nach der Materie. gr. 8. (109 S.) München 877, Th. Ackermann.

Huber, Johs., die ethische Frage. gr. 8. (45 S.) München 875. Th. Ackermann. n. — 60

— die religiöse Frage. Wider Eduard v. Hartmann. gr. 8. (40 S.) Ebend. 875. n. — 60

—— die Freiheiten der französischen Kirche, s. Stimmen aus der katholischen Kirche.

—, das *Gedächtniss.* (Psycholog. Studien. Heft 2.) Ibid. 1878. 8°. 93 S. Cart.

— der alte u. der neue Glaube. Ein Bekenntniß v. Dav. Frdr. Strauß kritisch gewürdigt. [Aus „Augsburger allgem. Zeitg."] 8. (96 S.) Nördlingen 873. Beck. n. 1. 20

— u. James **Liston**, die Handelscorrespondenz in deutscher u. englischer Sprache. Mit Anmerkgn., Formularen u. e. kaufmänn. Terminologie. In 2 Thln. 2. Aufl. 8. Leipzig 872. Arnold. à — 75

1. Deutsch-englischer Thl. (VIII, 144 S.)
2. Englisch-deutscher Thl. (VIII, 154 S.)

Huber, Johs., die Idee der Unsterblichkeit. München 864. Lentner. 8. (VII, 164 S.) 20 ngr.

— die Idee der Unsterblichkeit. n. 2., verm. u. verb. Aufl. München 86.. Lentner'sche Buchh. 8. (VII, 192 S.) 20 ngr.

—— die Idee der Unsterblichkeit. 3. verm. und verb. Aufl. 8. (IV, 192 S.) München 878, Stahl.

— der Jesuiten-Orden nach seiner Verfassung u. Doctrin, Wirksamkeit u. Geschichte characterisirt. gr. 8. (XVI, 564 S.) Berlin 873. Habel. n. 9. —

—— zur Kritik moderner Schöpfungslehren mit besond. Rücksicht auf Häckel's „natürl. Schöpfungsgeschichte". gr. 8. (60 S.) München 875, Th. Ackermann.

— die Lehre Darwins kritisch betrachtet. 8. (VII, 296 S.) München 871. Stahl. n. 3. 20

- das Papstthum u. der Staat, s. Stimmen aus der kathol. Kirche.

Huber, Joh., Das Papsttum u. der Staat. Wider den Anti-Janus München, Oldenbourg, 1870, III, 86 S., 1,20 Mk.
Bd. 1 Heft 1 der „Stimmen aus der kath. Kirche über d. Kirchenfragen der Gegenwart" Das.)

— der Pessimismus. gr. 8. (119 S.) München 876. Th. Ackermann. n 2 —

— zur Philosophie der Astronomie. gr. 8. (69 S.) München 878. Th. Ackermann. n. 1. 40

— die Philosophie der Kirchenväter. gr. 8. (XV und 362 S.) München 859, Literarisch-artistische Anstalt. *

Huber, J., die Philosophie in der Sozialdemokratie, s.a. Sammlung gesellschaftswissenschaftlicher Aufsätze.

Huber, Johs. (I.), die Philosophie der Socialdemokratie. gr. 8. (33 S.) München 884, Th. Ackermann's Verlag. *

Huber, J., die Philosophie der Socialdemokratie. gr. 8. (33 S.) München 887. Th. Ackermann's Verl. n. — 60

Huber, Philosophie in d. Sozialdemokratie. München 895.

— der Proletarier drei Vorlesungen zur Orientirung in der socialen Frage. München 865. Lentner'sche Buchh. 8. (159 S.) 15 nr.

— —, die Republik im Monarchismus. Halle 1848. 8.

— Kleine Schriften. gr. 8. (V, 447 S.) Leipzig 871, Duncker und Humblot. [Moderne Antiquariatsbuchh.]
(*ℳ 7,20.) *
geb. (*ℳ 8,75.) *
Inhalt:
Lamennais. — Jacob Böhme. — Spinoza. — Communismus und Socialismus. — Die Nachtseiten von London. — Deutsches Studentenleben.

— Biographische Skizzen und kulturhistorische Aufsätze. Der „Kleinen Schriften" 2. Ausg. gr. 8. (III, 447 S.) Leipzig 872, Duncker und Humblot. *ℳ 6.; geb. *

Huber, Johs., s.a. Sammlung gesellschaftswissenschaftl. Aufsätze.
— d. Sozialismus,

Huber, J., Der Sozialismus. Rückblick a. d. Alterthum. (71 S.) München 1895. M. Ernst.

— Professor Stöckl in Münster. Ein Beitrag zur Charakteristik neuscholast. Wissenschaftlichkeit. gr. 8. (III und 24 S.) München 865, Lentner'sche Buchh.

— Studien. Philosoph. Schriften. 8. (X und 376 S.) München 867, Lentner'sche Buchh.

— psychologische Studien. 2. Heft. A. u. d. T.: Das Gedächtniß. gr. 8. (93 S.) München 878, Stahl. * 1 80
Das 1. Heft bildet: Huber, Johs., Studien. Philosophische Schriften. (376 S.) Ebendas. 1867. *ℳ 4,40. — Vgl.: XIV. Bd. 1. Abthl. S. 594.

Huber, Johs. (II.), die Ursachen der Verbannung des Ovid. gr. 8. (35 S.) Regensburg 888, (Coppenrath's Verlag.)

Die Ursachen der Verbannung des Ovid. Von Joh. Huber, Stdl. 1888, Stadtamhof, ebenda. — S. 3 35.
Progr Regensburg, K. Altes Gymn

— das Verhältniß der deutschen Philosophie zur nationalen Erhebung. Vortrag gehalten am 15. Dezbr. 1870 in der Westendhalle. gr. 8. (24 S.) München 871, (Fritsch.) **
— dass. — s.a. Sammlung gemeinverständlicher wissenschaftlicher Vorträge.

— —, das Verhältniß der deutschen Philosophie zur nationalen Erhebung. Berlin 1873. 8.

Huber, Johs., welche Mängel zeigt der gegenwärtige Religionsunterricht u. wie ist ihnen entgegenzutreten? Eine Antwort auf die Preisfrage d. Diesterwegstiftg. in Berlin. (76 S.) gr. 8. Zürich 909. Rascher & Co. 1.50

— Über das Wesen der Dinge. Neue Grundleggn. der monist. Philosophie. (60 S. m. Fig.) gr. 8. Zürich 910. A. Bürdeke. 1.60

Huber, Dr. Johannes (Docent, dann Prof. d. Philosophie an d. Univers. München, einer der verdientesten Führer der bayer. Altkatholiken, geb. 18. Aug. 1830 in München, † ebd. d. 20. März 1879), über die *Willensfreiheit*. München 1851. In Commission der literar.-artist. Anstalt der J. G. Cotta'schen Buchh. Gr. 8°. Cart. *)
66 S. — Frdr. v. Thiersch z. s. 50jähr. Doctor-Jubiläum gewidmet.

— über die Willensfreiheit. Lex.-8. (66 S.) München 858, (Literarisch-artistische Anstalt.) *

— die kirchlich-politische Wirksamkeit des Jesuiten-Ordens, s.a. Zeit- und Streitfragen, deutsche.

Huber J, die kirchlich-politische Wirksamkeit des Jesuiten-Ordens. (Zeit- und Streitfragen 23-24) Berlin 1873

Huber, Jos. II., († 1801.) Bemerk. üb. d. v. Jacob, einer Schrift Kiesewetters, in Ansehung d. Freiheit des menschl. Willens beigedruckte Abhandl, Nebst Nachtr. 8, Grätz 795. Tusch. 20 gr

— Bemerkk üb. d. Einfluß der neuen, so wie d. prakt. Philosophie überhaupt d. zweckmäßigen Zustand d. Menschen. 8. Grätz 796. Tusch; (a. Wienbrack in Leipz.) 3 gr

Huber, Joseph Erlebnisse zweier Luzerner ([Josef Huber und] Josef Schmidlin) als Bürger und Soldaten in den Vereinigten Staaten und Indianer-Territorien von Nord-Amerika 1805–1849. 8. Luzern.
[1. Aufl.] 1888. – 2. Aufl. 1890.

FINESSEN-MANN, Der aufrichtige (von *Joseph Huber*). 2. Ausgabe, München 1818. (Bibl. d. histor. Ver. von u. für Oberbayern.)
Anon.-Lex. VI. p. 179 (nach d. Cat. genannter Bibl.). — Sehr selten!

Huber, Jos., kurzgefaßte Heimatkunde d. Erzherzogth. Oesterreich. 1. Bdchn. Der Heimatort: Wien. 8. (IV, 24 S. m. e. lith. Plan in 4.) Wien 871 Gronemeyer. n. 1. —

Huber, Josef, Kurzgefaßte Heimatkunde des Erzherzogthumes Oesterreich. 1. Bändchen. Der Heimatsort Wien. Für die unteren Klassen der Wiener Volks- und Bürgerschulen. 1871. kl. 8. (122 S.) Wien, Gronemeyer. (Braudel's B.) 48 kr.

HUBER, Joseph (Geiselhöring): Jahresbericht der II. medizinischen Abtheilung des allgemeinen Krankenhauses zu München im Etatsjahre 1865/66.- München: Stahl (1866). 2 Bl.,28 S.
25.7.1866 - Urk (Titel: De clinico tirocinio.); F 71
Diss. Ingolst.-Landsh.-Mchn.

Huber, Jos., Jesus meine Liebe, mein Glaube, meine Hoffnung. Ein Gebetb. f. kathol. Christen. 16. (16½ B. u. Titlbild.) München 839, Jaquet.

Huber, Jos. I., († 1817.) s. Katechismus, größerer röm.-kathol.

(——) Moritz, s. Moritz.

Huber, Joseph, cand. med. aus Geiselhöring (Niederbayern): Intraligamentäres Myom in seinem Verhältnisse, cavernös zu werden. *München 1899: B. Heller.* (24 S.) 8°
München, Med. Diss. v. 1899

HUBER, Joseph (Altenburg): Nonnulla de arthritide.- Bonachii: Wild 1838. 15 S.
26.2.1836 - Urk (Titel: De arthritide.); P 69
Diss. Ingolst.-Landsh.-Mchn.

(——) Peter u. Paul, s. Peter.

Huber, Jos., Sprachgeographie. Ein Rückblick u. Ausblick. (S. 87—117.) gr. 8. Bruxelles (909). Halle a/S. (Rich. Wagnerstr. 43), (Société internationale de dialectologie romane.) 1.60
Sonderabdruck aus „Bulletin de dialectol. romane".

Huber, (Schreibmeister) Jos. IV., Vorschriften zur gründl. Erlernung der latein. u. deutschen Kurrent-Schrift. Gestochen v. A. Benedict in Wien. (10 Blätter.) schmal qu.-gr. 4. Lpz. 882. (Weygand). 8 ℳ

— s. Weg, sicherer, zu Gott.

(——) sicherer Weg zu Gott f. fromme Kinder. Andachts-Uebungen, Gebethe u. Gesänge z. häusl. u. kirchl., vor- u. nachmittäg. Gottesdienste, auf alle Zeiten u. Feste d. ganzen Jahres, nebst d. heil. Oehlbergs- u. Kreuzwegs-Andacht. 12. (13 B. u. viele Holzschn.) Grätz 835, Ferstl'sche Buchh.
A. u. d. Titn.: Sicherer Weg zum Himmel ꝛc. — Sicherer Weg zur Seligkeit ꝛc. (à 4 Gr.)

Huber, Jos., der verhängnißvolle Zwanziger u. andere ausgew. Erzählungen, s.: Für Hütte u. Palast. 19. Bd.

Hueber, Jos. Bdkt., s. topographische Beschreib. d. Landschaft Lungau.

Huber, Jos. C., wie? macht man e. Buchdruckerei, Buchbinderei, lithographische Anstalt, Schreibwaaren-Handlg., Provinzdruckerei rentabel? Prakt. Rathschläge. schmal Lex.-8. (45 S.) Diessen (896). (Leipzig, G. Wimmer.) n. 2.—

Huber, Jos. G., die heilige Nacht. Weihnachtsspiel für Kinder. In 3 Abthlgn. gr. 16. (51 S.) Linz 885, (Haslinger.) *

Huber, Josephine, eine vollständige Kartoffel-Küche. 369 Orig.-Rezepte. (128 S.) kl. 8. Straubing (908). C. Attenkofer. Kart. —80

Huber, Josephine, e. vollständige Kartoffelküche. — Neues illustr. Universal-Kochbuch. Jetzt: München, Piloty & Löhle.

Huber, Josefine, Kochbuch f. junge Mädchen. 394 Orig.-Recepte, nach vieljähr. prakt. Erfahrgn. hrsg. 12. (IV, 208 S. m. 12 Abbildgn. u. Titelbild.) Regensburg 901. (Verlagsanstalt vorm. G. J. Manz.) Geb. n. 1.80

Ⓢ — Kochbuch. 901. — Mehlspeisen-Kochbuch. 901. (KBD 81.) Jetzt: Berlin, Schall & Rentel.

Kochbuch für junge Mädchen. 394 Orig.-Recepte nach vieljähr. prakt. Erfahrungen hrsg. von Josefine **Huber**. Mit 1 Titelbild u. 12 Textill. Regensburg: Verlagsanst. vorm. G. J. Manz in Komm.; [übergekl.: Berlin: Schall & Rentel] [1904]. (IV, 208 S.) 8° [F.] 105. 14674

— Mehlspeisen-Kochbuch f. bürgerliche u. feine Küche. 1058 Orig.-Recepte, nach vieljähr. prakt. Erfahrgn. hrsg. 8. (III, 468 S.) Ebd. 901. Geb. in Leinw. n. 3.50

Mehlspeisen-Kochbuch für bürgerliche und feine Küche. 1058 Orig.-Recepte, nach vieljähr. prakt. Erfahrungen hrsg. von Josefine **Huber**. Regensburg: Verlagsanst. vorm. G. J. Manz in Komm. [übergekl.: Berlin: Schall & Rentel] [1904]. (468 S.) 8° [F.] 105. 14675

— Universal-Haushaltungsbuch. Goldene Ratschläge f. das eigene Heim. (XVI, 296 S. m. Bildnis.) gr. 8. Straubing (908). C. Attenkofer's Verl. Geb. in Leinw. 3.—

Huber, Josephine, neues illustr. Universal-Kochbuch f. bürgerl. u. herrschaftl. Haushaltgn., m. bes. Berücksicht. d. altbayer. u. österr. Küche. 1877 Orig.-Recepte nach vieljähr. prakt. Erfahrgn. 8. (III, 726 S.) Regensburg 898. J. Habbel. Geb. in Leinw. n. 3.—
Erschien auch in 22 Lfgn. à n. —10.

— neues illustrirtes Universal-Kochbuch f. bürgerliche u. herrschaftliche Haushaltungen, m. besond. Berücksicht. der altbayerischen u. österreichischen Küche. 2. verb. u. verm. Aufl. 1911 Orig.-Recepte nach vieljähr. prakt. Erfahrgn. 8. (III, 728 S.) Regensburg 899. J. Habbel. Geb. in Leinw. 3.—

Huber, Josephine, neues illustr. Universal-Kochbuch f. bürgerl. u. herrschaftl. Haushaltgn., m. besond. Berücksicht. der altbayer. u. österreich. Küche. 3. verb. u. verm. Aufl. 1911 Orig.-Recepte nach vieljähr. prakt. Erfahrgn. (III, 728 S.) 8. Regensburg (903). J. Habbel. Geb. in Leinw. n. 3.—

— Neues illustriertes Universal-Kochbuch f. bürgerl. u. herrschaftl. Haushaltungen, m. besond. Berücksicht. der altbayerischen u. österreichischen Küche. 4. verb. u. bedeutend verm. Aufl. 2280 Orig.-Rezepte, nach vieljähr. prakt. Erfahrgn. hrsg. (III, 819 S. m. Abb. u. Titelbild.) 8. Straubing (907). C. Attenkofer's Verl. Geb. in Leinw. 3.—

Huber K.: Experimentelle Studien üb. Milzbrand. (Berl. 1881). 12 S. (Særtr.). P.

Huber, Karl, s.a. Huber, Candidus

Huber, Karl, Bericht der Obstbau-Anstalt der Landwirtschaftskammer für den Regierungsbez. Cassel zu Oberzwehren über ihre Tätigkeit in d. J. 1902—1907. Cassel 1908. 8°.

Huber, Karl. Bericht der Obstbau-Anstalt der Landwirtschaftskammer für den Reg.-Bez. Cassel zu Oberzwehren über ihre Tätigkeit *[Wird fortges.]*

Huber, Karl, Rechtspraktikant aus Waldshut: Die Berufung im heutigen Strafprozeß mit besonderer Berücksichtigung der Rechtsprechung. *Freiburg i. B. 1901: Charitas Druckerei.* (75 S.) 8° [F.]
Freiburg i. B., Rechts- u. staatswiss. Diss. v. 1901

Huber, Carl. Praktische Bürgerkunde oder Anschauliche, mit über 100 Beispielen aus dem wirklichen Amtsleben versehene Darstellung der Wirksamkeit unserer Behörden in: Gemeinde, Bezirk, Kanton und Bund. Für die Jungbürgerschaft dargestellt. 2., neugestaltete Aufl. [Illustriert.] 144 S. 8. St. Gallen, Huber-Mäder, (1908). [fr. 1.80]

Huber, Carl. Anschauliche Bürgerschule.... 2 Teile. 8. St. Gallen, Selbstverlag.

Teil 1: .. Materialien zur elementaren Verfassungs- und Gesetzeskunde. Berechnet für die Hand angehender Bürger, sowie für Fortbildungsschüler, Realschüler und Rekruten. Teil 1: Die Gemeinde. ⟨Mit einem Kärtchen und vielen Protokollen etc.⟩ Nach amtlichen Quellen gesammelt und methodisch geordnet. (5. Tausend.) 127 S. (1899[—1903].) (fr. 1.40)

Teil 2: ... Praktische Verfassungs- und Gesetzeskunde. Teil 2: Behörden im Bezirk, Kanton und Bund und ihre Funktionen. Mit zahlreichen Beispielen aus dem wirklichen Amtsleben. Dargestellt für jeden Bürger (unter Mitwirkung mehrerer Beamter). [Mit Illustrationen und 2 Tafeln.] (1. Tausend.) IV + 208 S. (1903.) [fr. 1.80]

Huber, Carl s. Cuttat, C[harles-] A[lbert]. Thoune et ses environs. Thoune 1899

Huber, Carl, populäre Darstellung v. Schuldbetreibung u. Konkurs. Schweizerischer Rechtsfreund in Konkurs- u. Betreibungsfragen zum Selbststudium u. Schulgebrauch. Formulare v. der Kanzlei des schweizer. Bundesgerichts. 7 graph. Tab. u. 40 Briefe. Einige gerichtl. Urteile (61 S.) gr. 4. St. Gallen (904). (Fehr.) n. 3.—

HUBER, Carl (Schönberg): De febribus et inprimis de typhis.- Landshut: Storno 1818, 16 S.
6.4.1816 - Pe 352; F 57

Diss. Ingolst.-Landsh.-Mchn.

Huber, Karl: Zur Frage der Erweiterung der relativen Indikation der Sectio caesarea bei engem Becken. *Heidelberg 1898: Ph. Wiese.* (38 S.) 8°

Erlangen, Med. Diss. v. 1898

HUBER, Carl (Speyer): Ueber den Gebrauch der Carbolsäure als Verbandmittel.- Berlin: Reimer 1868. 17 S.
30.7.1867 - Urk (Titel: De acido carbolico.); F 71; Chr 1867/68,13

Diss. Ingolst.-Landsh.-Mchn.

Huber, Carl, Gedichte. Kempten 869. (Kösel.) 8. (VIII, 88 S.) In engl. Einb. n. 20 ngr.

Huber, Karl, des Landmanns Hausgarten. 8. (III, 68 S.) Wiesbaden 891. Bechtold & Co. n. 1.—

(Red.), s. Jahrbuch, Pädagogisches, 1888.

Huber, Karl (II.), über Jugendschriften und Schülerbibliotheken. gr. 8. (67 S.) Wien 886, Manz'sche Hof-Verlags- und Universitäts-Buchh. *

Obst und Obsterzeugnisse. Bearb. im Auftr. d. Vorstandes d. Deutschen Landwirtschafts-Gesellschaft von Karl Huber. 3. Aufl. Berlin: Landwirtsch.-Gesellsch. 1907. 37 S. 8°
(Flugblätter d. Deutsch. Landwirtsch. Gesellschaft. 5.) Ing. 0516.4

Huber K.: Obst u. Obsterzeugnisse . . . 4. Aufl. Berl. 1908. 36 S.
(Flugblätter d. deutschen Landwirtschafts-Gesellschaft. Blatt 5). 373.

Obst und Obsterzeugnisse. Bearb. von Karl Huber, Garteninsp. 8. Aufl. Berlin: Deutsche Landwirtsch.-Ges. 1910. 30 S. 8°
(Flugblätter d. Deutschen Landwirtschafts-Gesellschaft. Bl. 5.) A 12.1096

Huber, Karl, die Obstverwertung, s. a. Thaer-Bibliothek.

Die Obstverwertung. Von Karl Huber, Garteninsp. Mit 67 Textabb. Berlin: P. Parey 1906. (VII, 195 S.) 8°
— Thaer-Bibliothek. Bd 108. Ley. 11310

Huber, Karl, über den Rechtsmissbrauch (Schweiz. ZGB Art. 2), s. a. Abhandlungen zum schweizer. Recht.

Huber, Carl. Über den Rechtsmissbrauch. ⟨Schweiz. ZGB Art. 2.⟩ VIII + 132 S. 8. Bern, Stämpfli & Cie.

Ausg. A: Diss. Jur. Bern von K' H'.... 1909.

Ausg. B: Von Dr. K'H' (Basel.) 1910. [fr. 2.80] — Abhandlungen zum schweizerischen Recht.... Heft 37.

Huber, Karl, Schulz v. Strassnitzki. Ein Lehrerleben aus Oesterreichs Sturm- und Drangzeit. Mit dem (Holzschn.-) Bildniss Schulz' v. Strassnitzki. gr. 8. (VI, 48 S.) Wien 879, Klinkhardt. * — 60

– s. Schulzeitung, Niederösterreichische.

– s. Schulzeitung, Österreichische.

Huber, Karl: Über die Sprache des Roman du Mont Saint-Michel von Guillaume de Saint-Paier .... Braunschweig, Druck v. George Westermann, 1890; 2 Bl. + 111 S. 8°.

Strassburg, Phil. Fak., Inaug.-Diss. v. 1890.

Huber, C[arl]. Thun and its Environs. Guide Published by the Society for the promotion of intercourse with (*Umschlag:* Association „Verkehrs- & Kurverein") Thun, revised by Dr. phil. C. H'. Appendix: Notes on climate and sanatory advantages of Thun by Dr. med. E[mil] Mory. Numerous illustrations, a topographical map and a plan of the different routes to Thun. 8. Thun 1898.

Huber, C[arl]. Thun und seine Umgebung. Führer Hrg. vom Verkehrs- und Kurverein Thun. Bearb. von Dr. phil. C. H'. Anhang: Klimatologisch-Medizinisches von Dr. med. E[mil] Mory. Mit vielen Illustrationen, einer topographischen Karte und einem Routennetz. 8. Thun 1898.

— u. E. Mory, Thun u. seine Umgebg. 2. Aufl., s.: Kocher, F. W.

Huber, Karl (I.), und Arno Becker, die pathologisch-histologischen und bacteriologischen Untersuchungs-Methoden, mit einer Darstellung der wichtigsten Bacterien. gr. 8. (VIII, 122 S. mit 13 Abbild. im Text und 2 farb. Taf.) Leipzig 886, F. C. W. Vogel. *
Aus: Birch-Hirschfeld's Lehrbuch der allgemeinen pathologischen Anatomie, besonders abgedruckt.

Huber, Carl. Schweizerisches Verkehrs-Heft zur Selbstbelehrung und für den Schulgebrauch ⟨Ober-, Real- und Fortbildungsschulen⟩. [Mit 1 Abbildung und 27 Formular-Beilagen.] 60 S. 4. St. Gallen, Verlag C. Huber-Mäder; (Buchdr. A. Maeder, Lichtensteig, 1906). [fr. 2.20]

Inhalt: Alle wichtigsten Formulare mit Erklärungen aus dem Post-, Eisenbahn-, Telegraphen- und Zollverkehr; Check und Giro inbegriffen. — Die Formulare lieferten die betreffenden Amtsstellen in Bern. (— Der Abschnitt Check- und Giro-Verkehr ist durchgesehen von der tit. Oberpostdirektion Bern.)

Huber, Karl, am Vorabend des Unterganges der alten Eidgenossenschaft. 1798—1898. Ein. Gedenkblätter, d. schweizer. Jugend u. ihren Freunden gewidmet. Illustr. v. K. Jauslin. 8. (99 S.) St. Gallen 898. (F. B. Müller.) n.n. 1.—

Huber, Carl. Praktische Vorbereitung auf die Schweizerische Rekrutenprüfung, mit besonderer Berücksichtigung der Verfassungskunde. ⟨Auch zum Gebrauch an Fortbildungsschulen.⟩ Mit [1 Tafel, sowie, auf 1 Blatt,] einer stummen und einer ausgeführten Schweizerkarte. 168 S. 8. Frauenfeld, Huber & Co., [1908]. [fr. 1.50]

Huber, Carl, praktische Vorbereitung auf die schweizer. Rekrutenprüfung m. besond. Berücksicht. der Verfassungskunde. (Auch zum Gebrauch an Fortbildungsschulen.) Mit 1 stummen (farb.) u. 1 ausgeführten (farb.) Schweizerkarte. (161 S.) kl. 8. Frauenfeld (910). Huber & Co. 1.20

Huber, Karl Jos., († d. 13. Mai 1784.) Abendgespräche üb. die Messmesse u. and. kirchl. Gegenstände. 3 Thle. 8. Wien 784, 85. Hörling. 1 thl.

— — dieselben. 3 Theile. gr. 8. Wien, Camesina.

— Herzjesuandacht, nach Gründen geprüft. 8. Ebend. 782.

— Rechtfertigung seiner Lehre vom päpstl. Seegen. 8. Wien 783. Camesina. 4 gl.

— Schreiben an seine Freunde üb. das 11te Stück der Fast'schen Prüfungen v. der Herzjesuandacht, 8. Wien 782. Camesina. 6 gl.

Huber, K. Jos., Vorstellungen an die Religion wider die Halbguldenmesse. gr. 8. Wien, Hörling. 783. Rthlr.

— — dasselbe. gr. 8. Wien, Camesina. 783.

— Vorstellungen an die Religion wider die Halbguldenmesse u. Priestermiethe. Nach d. Französ. des K. Guyard. gr. 8. Wien ... 2e Aufl. 783. (Heubner). 18 gl.

Huber Karoline: Ueber Gustav Freytags „Bilder aus der deutschen Vergangenheit".
H. 1906 PN 2027 Diss. Wien, Univ. 177

Huber, Klemens

Huber, Clemens, Liederbuch. Sammlung ein- u. mehrstimm. Lieder. Für den Stimmumfang der Schüler der unteren Klassen an den Mittelschulen eingerichtet u. hrsg. 2., verm. u. verb. Aufl. (IV, 164 S.) 8. München 904. M. Kellerer. Kart. n. 1. —

Huber, Clemens, Liederbuch. Sammlung ein- u. mehrstimm. Lieder. Für den Stimmumfang der Schüler der unteren Klassen an den Mittelschulen eingerichtet u. hrsg. 3., verb. Aufl. (IV, 164 S.) 8. München 908. M. Kellerer. Kart. 1. —

Huber, Clem. Liederbuch f. Knaben. Sammlung 1-, 2- u. 3-stimm. Lieder. Für den Stimmumfang der Knaben an den Mittelschulen u. den oberen Klassen der Volksschule eingerichtet. 8. (144 S.) Kempten 889, Kösel. ** — 50; cart. ** — 60

Huber, L., Verzeichnis der katholischen Arbeitervereine Deutschlands, Oesterreichs und der Schweiz. kl. 8°. München, Verlag des „Arbeiters" 1897.

Huber, L. F., die kaufmännische Arithmetik oder das praktische Rechnen im merkantilen Verkehr. Mit Berücksicht. der neuesten Münz-, Maß- und Gewichts-Verhältnisse. Zum Gebrauche für Handelszöglinge, Fortbildungsschulen, Lehrer rc. Mit dem neuen deutschen Münzgesetze und einem Abriß der Münz-, Maß- und Gewichtskunde. gr. 8. (IV, 180 S.) Stuttgart 874, Metzler's Verlag. *

— s. Bleibtreu, L. C., Handbuch der Münz-, Mass-, Gewichts- und Usanzen-Kunde.

– u. Rémi Dumont

—— —— die einfache und doppelte Buchhaltung in französischer und deutscher Sprache, leicht verständlich für Alle. Ausserdem enth.: Wechselkunde, Handelscorrespondenz, Contocorrente und andere Geschäftsformulare. — La tenue des livres en partie simple et en partie double en langues française et allemande. 2. Aufl. Lex.-8. (XVI, 463 S.) Ebendas. 875. *

Huber, L. F., das kaufmännische Examen. Belehrungen über die gesammte Handelswissenschaft in Fragen und Antworten. Die Lehre vom Metall- und Papiergeld; gründliche Anleitung zu Waaren-Calkulationen, zur Contocorrent-Stellung und zu dem damit verbundenen kaufmännischen Rechnen. Mit einer einleitenden Abhandlung über Handel im Allgemeinen. 1. und 2., unveränd. Aufl. gr. 8. (VIII und 235 S.) Stuttgart 854, Hallberger'sche Vrlgsb.

Huber, L. F., das kaufmännische Examen. Belehrungen über die gesammte Handelswissenschaft in Fragen und Antworten. Formulare zu schriftl. Comptoirarbeiten; die Lehre vom Metall- und Papiergeld; die Wechselkunde und das deutsche Wechselrecht rc. Mit einer einleitenden Abhandlung über Handel im Allgemeinen. 3. und wesentlich verb. Aufl. gr. 8. (VIII und 256 S.) Stuttgart 861, Hallberger'sche Verlagsb.

—— s. Fort, Ludw., Hand-Lexicon der gesammten kaufmänn. Wissenschaften.

—— s. Handbuch der gesammten Handelswissenschaften.

Huber, L. F., Handbuch der gesammten Handelswissenschaften, s.: Maier-Rothschild.

Huber, L. F., Handbuch der Contor-Praxis. gr. 8. (VIII, 378 S.) Stuttgart 879, Maier. 5 —
Aus: Handbuch der gesammten Handelswissenschaften, besonders abgedruckt.

Huber, L. F., Handbuch der Kontor-Praxis. 2. neubearb. Aufl. gr. 8. (VI, 361 S.) Stuttgart 884, Maier. geb. **

Huber, L. F., u. J. Fr. Schär, Handbuch der Kontorpraxis. 3., neu bearb. Aufl. v. „Huber, Kontorpraxis". gr. 8. (IV, 360 S.) Berlin 895. Verlag f. Sprach- u. Handelswissenschaft. n. 5. —; geb. n. 6. —

Huber, L. F., und James Liston, die Handelscorrespondenz in deutscher und englischer Sprache. Mit Anmerkungen, Formularen und einer kaufmännischen Terminologie. 2 Thle. 1. Aufl. 1869. à Thl. M 1,50., und 2. Aufl. 8. Leipzig 872, Arnoldische Buchh. à Thl. 75 Pf.
Inhalt:
Thl. 1. Deutsch-englischer Theil. (VIII, 144 S.)
„ 2. English-German Part. (VIII, 134 S.)

Huber, L. F., Haus- und Geschäftshandbuch. Ein unentbehrl. Hilfs- und Musterbuch für den deutschen Gewerbe- und Bürgerstand. 8. (VI, 336 S.) Eßlingen 888, Langguth. geb. *

—— und Rémi Dumont, die Contorwissenschaft in französischer und deutscher Sprache, nämlich: Buchhaltung, Handelskorrespondenz, Geschäftsformulare etc. Für junge deutsche Kaufleute, welche sich nach Frankreich zu begeben wünschen. 6 Lfgn. Lex.-8. (XVI, 463 S.) Leipzig 869,70, Arnoldische Buchh. à Lfg. * M 1. *

—— und Rémi Dumont, die Contorwissenschaft und die einfache und doppelte Buchhaltung in französischer und deutscher Sprache, leicht verständlich für Alle. 3. (Titel-) Aufl. gr. 8. (XVI, 463 S.) Leipzig 883, Arnoldische Buchh. *

—— der Korrespondent. Anleitung zu einem musterhaften kaufmännischen Briefstil durch systematische Aufgaben über Geschäftsvorfälle jeder Art zur selbstständigen Ausarbeitung, nebst vielen Musterbriefen rc. Mit Eingangs- und Schlußformeln bei Handelsbriefen. Als Anhang: Erklärung und Anwendung der bei der Korrespondenz am häufigsten vorkommenden Fremdwörter und Kunstausdrücke. gr. 8. (XII und 334 S.) Stuttgart 861, Metzler'sche Buchh. Verlags-Conto.

— s.: Maier-Rothschild.

—— die Quinteſſenz der Handels- und Contorwiſſenſchaft. Ein vollſtändiges und umfaſſendes Handbuch für jeden Kaufmann, insbeſondere aber für Commis und Lehrlinge. (In 10—11 Lfgn.) 1—4. Lfg. Lex.-8. (IV und S. 1—256.) Stuttgart 856(57,) Metzler'ſche Buchh. à Lfg. 10 Ngr.

—— die Quinteſſenz der Handels- und Contorwiſſenſchaft. Ein vollſtänd. und umfaſſendes Handbuch für jeden Kaufmann ꝛc. 5—11. (letzte) Lfg. Lex.-8. (S. 257—716.) Stuttgart 857, Metzler'ſche Buchh. Verlags-Conto. à Lfg. 10 Ngr.
1—4. Lfg. Ebendaſ. 1856. * 1 Thlr. 10 Ngr.

—— daſſ. — 2. Aufl. 1858. und 3., durchaus verb. und verm. Aufl. 10 Lfgn. Lex.-8. (IV und 675 S.) Ebendaſ. 861. à Lfg. 10 Ngr.

—— die Quinteſſenz der Handels- und Contorwiſſenſchaft. Ein vollſtänd. und umfaſſ. Handbuch für jeden Kaufmann, insbeſondere für Fortbildungsſchulen, Commis und Lehrlinge. 4. neu bearb. Aufl. in 10 Lfgn. à * 60 Pf. (660 S.) 1872, und 5. neu bearb. Aufl. gr. 8. (VIII, 636 S.) Ebendaſ. 875. *
geb. *

Huber, L. F., ſ.: Rothſchild's Schatzkäſtlein d. kaufmänn. Wiſſens.

Huber, Leberecht, Das Frauenturnen, Feſtſp. f. Frauen-Turnabtlgn., Krefeld 1904, 15 S., 16°.

Huber, Leberecht, Huldigung Jahns, s.: Bilder, lebende, f. Turnvereine. Nr. 3.

Huber, Leberecht, in der Riesengebirgsbaude od. Deutsches Volkstum, s.: Festspiele, turnerische. Nr. 1.

— Knecht Rupprecht u. die Liebe. Weihnachts-Prolog zur Eröffnung v. Weihnachtsfeiern in Vereinen. (3 S.) 8. Leipzig (904). Rauh & Pohle. n. — 50

Huber, Leber., Turnerin Selma, ſ.a. Feſtſpiele, turneriſche.

— Turnerin Selma. Feſtſpiel in 3 Akten. (20 S.) kl. 8. Ebd. (904). n. 1. —

— das Waiſenkind in der Chriſtnacht. Weihnachtsmärchen aus Text u. leb. Bildern. (8 S.) 8. Ebd. (904). n. 1. —

— ein ſelig Wohlgefallen, ſ.: Bilder, lebende, f. Turnvereine. Nr. 2.

Huber, Leopold

Huber, L., die Teufelsmühle am Wienerberg, ſ. Theater-Repertoir, Wiener.

Huber, Leop., die Teufelsmühle am Wienerberge. Oeſterreich. Volksmährchen mit Geſang in 4 Aufz. Nach einer Sage der Vorzeit. Für die k. k. pr. Marinelliſche Schaubühne bearbeitet von Karl Fr. Hensler. Neue Aufl. 8. Wien 834. Wallishauſer. 1/3 ꝑ

Die Kirche in Pietzing von Huber Lorenz. Rosenheim: Berchtenbreiter 1908. 27 S. 8°
(Die Kirchen d. Gegend um Rosenheim. Heftchen 3.) [11. 2606

Die Kirche in Sölhuben. Von e. Sims-See Freunde [Verf.: Lorenz Huber]. Rosenheim: Berchtenbreiter 1907. 27 S. 8°
(Die Kirchen d. Gegend bei Rosenheim. Heftchen 2.) [11. 2605

Huber, Lor., die Kirchen der Gegend um Rosenheim. 1.—5. Hftchn. kl. 8. Rosenheim (Oberbayern), L. Berchtenbreiter. (Nur direkt.) à — 30
1. Eine Landkirche (Hirnsberg). Verſuch e. kurzen Geſchichte u. Beſchreibg. Zuſammengeſtellt auf grund der Kunſtdenkmale des Königreich Bayern u. archival. Urkunden v. e. Simſeefreunde. (21 S.) 905.
2. Die Kirche in Sölhuben. Von e. Sims-See-Freunde. (27 S. m. e eingedr. Grundriß u. Titelbild.) 907.
3. Die Kirche in Pietzing. (27 S. m. 1 eingedr. Grundriß u. 2 Taf.) 908.
4. Die Wallfahrtskirche in Neukirchen. Gedenkſchrift z. 200jähr. Wallfahrtsjubiläum am 1. II. 1910. (24 S. m. 1 eingedr. Grundriß u. Titelbild.) 910.
5. Die Kloſterkirche in Reiſach bei Oberaudorf, v. Redemptus a Kruze. (33 S. m. 6 Vollbildern.) 910.

Eine Landkirche. (Hirnsberg.) Versuch e. kurzen Geschichte u. Beschreibung. Zsgest. auf grund d. Kunstdenkmale d. Königreiches Bayern u. archival. Urkunden von e. Simsseefreunde (Verf.: Lorenz Huber). Rosenheim: Selbstverl.; Berchtenbreiter in Komm.) 1905. 21 S. 8°
(Die Kirchen d. Gegend um Rosenheim. Heftchen 1.) [11. 2604

Dr. Lorenz Huber. Die Landwirtschaft der Gegend um Rosenheim, umfassend die Bezirke Rosenheim, Aibling u. Prien, sowie die unmittelbare Stadt Rosenheim, mit e. Gebirgsansicht, 2 Kt. u. zahlr. Ill., sowie mit e. vollst. Ortschaften-Verz. Rosenheim: Selbstverl. d. Verf.; Berchtenbreiter in Komm. 1909. 137 S. 8°
(Huber: Studien über soziale u. wirtschaftliche Verhältnisse d. Gegend um Rosenheim. Bd 2.) [10. 00]

Huber, Lorenz: Studien über soziale und wirtschaftliche Verhältnisse der Gegend um Rosenheim. Rosenheim 1908: (Wild, München.) VIII, 88 S. 8° ¶ (Ersch. vollst. als Buch b. Berchtenbreiter, Rosenheim in Komm.)
München, Staatswirtsch. Diss. v. 24. Juli 1908, Ref. v. Mayr
[Geb. 4. Dez. 82 Ackersdorf, Gem. Pietzing; Wohnort: Ackersdorf; Staatsangeh.: Bayern; Vorbildung: Gymn. Rosenheim Reife Juli 03; Studium: Theol. Freising Lyz. 2, München 6, Staatsw. München 2 S.; Rig. 24. Juli 08.]
[U 09. 3204

— Studien üb. ſoziale u. wirtſchaftliche Verhältniſſe der Gegend um Roſenheim. 1. u. 2. Bd. Lex. 8. Roſenheim, E. Bachmann. 9. 50
1. Die Bevölkerg. u. die öffentl. Fürſorge. Mit 12 Diagr., 1 Karte u. mehreren Illuſtr. (158 S.) 908. 4. 50
2. Die Landwirtſchaft der Gegend um Roſenheim, umfaſſend d. Bezz. Roſenheim, Aibling u. Prien ſowie d. unmittelbare Stadt Roſenheim, m. 1 Gebirgsanſicht, 2 Karten u. zahlr. Illuſtr., ſowie m. e. vollſtänd. Ortſchaften-Verzeichniſſe. (VIII, 138 S.) 909. 5. —

Die Wallfahrtskirche in Neukirchen. Gedenkschrift z. 200jähr. Wallfahrtsjubiläum am 1. Februar 1910 von Dr. Lorenz Huber. Rosenheim: Selbstverl.; Berchtenbreiter in Komm. 1910. 24 S. 8°
(Die Kirchen d. Gegend um Rosenheim. Heftchen 4.) [11. 2607

Huber, Ludw., Bienenzucht, ſ.a. Bilderbogen, landwirthſchaftliche.

Huber, Bienen-Zucht. (Landwirthſchaftliche Bilderbogen Nr. 7.) 1 Bog. in Imp.-Fol. mit eingedr. Holzſchn. Lahr 856, Geiger.

Huber, Ludw., die neue, nützliche Bienenzucht oder der Dzierzonſtock, deſſen Zweckmäßigkeit zur Honiggewinnung und Vermehrung der Bienen; die Erbauung, Einrichtung und Behandlung dieſes Stockes, nebſt einer Einleitung gegen das Tödten der Bienen. Alles genau nach von Berlepſch'ſchen Grundſätzen bearb. und durch eigene Erfahrung garantirt. Lahr 857. Geiger. 12. (IV, 54 S. mit Holzſchn. im Text.) n. 5 ngr.

Huber, Ludw., die neue, nützlichſte Bienenzucht oder der Dzierzonſtock, deſſen Zweckmäßigkeit zur Honiggewinnung und zur Vermehrung der Bienen, nebſt vielen Beigaben mit kleinem Drucke auch für den Strohkorbbienenzüchter. 1. Aufl. (IV und 54 S. mit eingedr. Holzſchn.) 1857. * 5 Ngr. und 2., bedeutend verm. und verb. Aufl. gr. 8. (VII und 83 S. mit eingedr. Holzſchn.) Lahr 860, Geiger. *

Huber, Ludw., die neue, nützlichste Bienenzucht oder der Dzierzonstock, dessen Zweckmäßigkeit zur Honiggewinnung und zur Vermehrung der Bienen, nebst dem Nothwendigsten auch für den Strohkorbbienenzüchter. 3., bedeutend verm. und verb. Aufl. gr. 8. (X und 111 S. mit eingedr. Holzschn.) Lahr 863, Geiger. *

Huber, Ludw., die neue, nützlichste Bienenzucht oder der Dzierzonstock, dessen Zweckmäßigkeit zur Honiggewinnung und zur Vermehrung der Bienen, nebst allem Nothwendigen auch für den Bienenzüchter in Stöcken mit unbewegl. Baue. 4. Aufl. (XII, 220 S.) 1869; 5. Aufl. (VI, 236 S.) 1873, und 6. sehr verm. und verb. Aufl. gr. 8. (VIII, 238 S. mit eingedr. Holzschn.) Lahr 875, Schauenburg.

Huber, Ludw., die neue, nützlichste Bienenzucht oder der Dzierzonstock, dessen Zweckmäßigkeit zur Honiggewinnung und zur Vermehrung der Bienen, nebst allem Nothwendigen auch für den Bienenzüchter in Stöcken mit unbeweglichem Baue. Mit (eingedr.) Holzschn. 7. sehr verm. und verb. Aufl. (IX, 256 S.) 1880; 8. sehr verm. und verb. Aufl. 8. (IX, 274 S.) Lahr 884, Schauenburg.

Huber, Ludw., die neue, nützlichste Bienenzucht oder der Dzierzonstock, dessen Zweckmäßigkeit zur Honiggewinnung und zur Vermehrung der Bienen, nebst allem Notwendigen auch für die Bienenzüchter, welche Stöcke mit unbewegl. Bau besitzen. 9. wiederholt verm. und verb. Aufl. 8. (VIII, 279 S. mit eingedr. Holzschn.) Lahr 886, Schauenburg.

Huber, Ludw. Die neue, nützlichste Bienenzucht od. der Dzierzonstock, dessen Zweckmäßigkeit zur Honiggewinng. u. zur Vermehrg. der Bienen, nebst allem Notwendigen auch f. die Bienenzüchter, welche Stöcke m. unbewegl. Baue besitzen. 11. verb. Aufl. 8. (XII, 312 S. m. Abbildgn. u. 1 Bildnis.) Lahr 892, Schauenburg. 1 80

Huber, Ludw., d. neue, nützlichste Bienenzucht. 12., verb. Aufl. 8. (XIV, 298 S. m. Abb. u. Bildn.) Lahr 896. M. Schauenburg. 1. 80; geb. in Leinw. n. 2. 80

Huber, Ludw., die neue, nützlichste Bienenzucht. 13., verb. Aufl. 8. (XIV, 303 S. m. Abbildgn. u. Bildnis.) Lahr 900. M. Schauenburg. 1. 80; geb. in Leinw. n. 2. 80

Huber, Ludw., die neue, nützlichste Bienenzucht. 14., verm. u. verb. Aufl. (XIV, 346 S. m. Abbildgn. u. Bildnis.) 8. Lahr 905. M. Schauenburg. Geb. in Leinw. n. 2. 50

Huber, Ludwig [Kais. Marine-Assistenzarzt 2. Kl. aus München] Ein Fall von primärem Nierensarkom . . München, k. Hof- u. Univ. Buchdr. v. Dr. C. Wolf & Sohn. 1890; 27 S. 8°
München, Med. Fak., Inaug.-Diss. v. 1890

—— die größte Kunst eines Bienenzüchters oder die zweckmäßigste Ueberwinterung der Bienen. Sodann Angabe von Mitteln zur Hebung der Bienenzucht und kurze Berührung zweier anderen Fragen. Eine Beantwortung der vier Fragen über die Bienenzucht bei der 22. Versammlung deutscher Land- und Forstwirthe zu Heidelberg vom 16—22. Septbr. 1860 im Auftrage des bad. Bienenvereins. gr. 8. (15 S.) Lahr 861, Geiger. *

Huber, Ludwig, aus Mannheim: **Pseudophenole aus Salicylaldehyd und Salicylsäure.** *Greifswald 1902: F. W. Kunike.* (42 S.) 8°
Greifswald, Phil. Diss. v. 15. Febr. 1902

— der badische Vereinsstock, s.: Roth, J. M.

Huber, Ludwig, Dr. phil.: **Vergleichung des Hylobates- und Menschenschädels.** *München 1902: Kuß & Dirnehl.* (82 S.) 8°
¶ Gekr. Preisschr.
München, Phil. Diss. v. 1902

Huber, Ludwig Ferdinand

— die Abentheuer einer Nacht; Lstspl. in 3 A., aus d. Französ. 8. Berl. 789. Unger. 8 gr.

— dass. Lstspl. in 3 A. gr. 8. Manh. 789. Schwan u. G. 5 gr.

– s. Adele de Senange.

s. Th. Agr. d'Aubigne: Leben.

– s. v. Beaumarchais: Der tolle Tag etc.

Huber, Ludwig Ferdinand [Übers.]
s. Charrière, I.A.E.: Honorine von Userche ... 1819.

Huber, Ludwig Ferdinand [Übers.]
s. Charrière, I.A.E.: Drei Weiber. 1795.

— Du und Du; Lstspl. in 3 A. 8. Leipz. 795. Schmidt. 6 gr.

– s. K. Duclas: Memoiren.

Huber, Ludwig Ferdinand [Übers.]
s. Ducos, Angélique Caze de La Bove: Marie von Sinclaire. 1819.

— Eitelkeit u. Liebe; Lstspl. in 3 A. Leipz. 795. Schmidt. 8 gr. N. Aufl. 8. Frankf. 819. Sauerländer. 10 gr.

Huber, Ldw. Fd., Emilie. 2 Thle. 8. Leipz. 801. Schmidt. 2 rthl. 8 gr.

– s. Emiliens Unterredd.

— Erzählungen. 3 Thle. 8. (Braunschw.) 800 u. 802. Vieweg. 3 rthl. 20 gr.

– s. Ethelwolf etc.

— die offne Fehde; Lstspl. nach d. Französ. des Dumaniant. gr. 8. Manh. 788. Schwan u. G., 6 gr.

– s. Flora, Deutschlands Töchtern gew.

– s. Friedenspräliminarien.

— das heimliche Gericht. 8. Leipz. 790. Göschen. N. A., s. oben: Schauspiele.

– s. Granir, Geschichte.

– s. Güte rettet.

— neue Klio, s. Klio.

– s. de Latour, Honorine Ueserche.

– s. Lezary: Üb. die Ursachen.

– s. M.R. Roche: Die Erben.

– s. Rolland: Leben.

Huber, Ldw. Ferd., Schauspiele. Enth.: das heimliche Gericht. N. A. 795. 22 gr. Juliane 794. 18 gr. 8. Berl., Voß. 1 Rthl. 16 gr.

– s. Schriften, vermischte.

– s. Schweizersinn.

Huber, der württemberg. Secretär, s. Lautenschlager, C.

Dass., s. Sekretär, der württembergische.

— die Familie Seldorf. 2 Thle. 8. Tübing. 795, 96. v. Cotta. 1 Rthl. 20 gr.

– s. Marie v. Sinclair.

– s. Susettens Aussteuer.

— Zamira; Drama. 8. Tübing. 791. v. Cotta. 8 gr.

– s. Taschenbuch f. Damen.

– s. Taschenbuch f. 1807.

– s. Telesus.

— neueres franz. Theater. 3 Bde. s. a. Theater.

— neues französ. Theater. 3 Bde. 8. Leipz. 795—97. N. Aufl. 8. Frankf. 819. Sauerländer. 4 Rthl. Daraus apart: 1) Der verliebte Briefwechsel; Lstspl. in 5 A. N. A. 8. Ebd. 819. 8 gr. 2) Du u. Sie; Lstspl. in 3 A. N. A. 8. Ebd. 819. 7 gr. 3) Emilie, oder die Spieler; Lstspl. in 5 A., nach Montesquieu. 8. Ebd. N. A. 819. 12 gr. 1e Aufl. s. Montesquieu. 4) Der Friedensstifter; Lstspl. in 5 A., nach de Moustier. 8. Leipz. 796. N. A. Frankf. 819. Sauerländer. 10 gr. 5) Die ungeladenen Gäste; Posse in 1 A. 8. Leipz. 797. Schmidt. 4 gr. N. A. 8. Frankf. 819. Sauerländer. 6 gr. 6) Der alte Junggeselle; Lustsp. nach Collin d'Harleville. 8. Leipz. 797. N. A. Frkf. 819. Sauerländer. 12 gr. 7) Mißtrauen u. Liebe; Lstspl. in 3 A. N. A. 8. Ebd. 819. 8 gr. 8) Zwei Poststationen; Posse in 3 A., n. d. Französ. N. A. 8. Ebd. 819. 7 gr. 9) Selbstsucht; Schspl. in 5 A. N. A. 8. Ebd. 819. 8 gr. 10) Tartüffe d. zweite, oder die schuldige Mutter; Schspl. in 5 A., nach Beaumarchais. 8. Ebd. 795. N. A. 819. 12 gr. 11) Die Verdächtigen; Lstspl. in 1 A. N. A. 8. Ebd. 819. 4 gr. 12) Die Weiber; Lstspl. in 3 A., nach K. A. de Moustier. 8. Leipz. 797. N. A. Frankf. 819. Sauerländer. 8 gr.

– s. Trostlose, Der.

— vierteljährige Unterhaltungen. 3 Jahrgänge, s. Unterhaltungen.

Huber, L. J., Das Urtheil der Welt. Eine herrenhutische Erzählung. Straßburg 1805. 8°. Zahm. (6 Mk., unbeschn. Expl., Edm. Meyer, Berlin, 1908.)

— das Urtheil d. Welt, e. Herrnhut. Erzählung. 8. Wien 805. Al. Doll. 8 gr. bei K. Haas das. 10 gr.

Huber, Ldw. Fd., Urtheil d. Welt rc., hat auch Central-Compt. f. Literatur in Leipzig. Vgl. Thl. VI. Romane. S. 66.

– s. Emilie v. Varmont.

– s. Volney: Das natürl. Gesetz.

– s. Weiber, Drei.

Huber, Ludwig Ferdinand.

Sämmtliche Werke . . . Tübingen 1806. H: ***Huber, Therese geb. Heyne.*** **(schl)**

— sämmtliche Werke, seit d. J. 1802, nebst seiner Biographie. 1r 2r Thl. 8. Tübing. Cotta. 806—10. (I. 1 Rthlr. 12 gr. II. 2 Rthlr.)

— — sämmtl. Werke. 3r u. 4r Bd. 8. Stuttgart, Cotta, 819. (3r Bd. 1 Thlr. 16 Gr. 4r Bd. 2 Thlr.)

– s. H. M. Williams Briefe.

– s. Wunderkraft.

Huber, Lucas, Reductions-Tabellen, enthaltend: theils Verwandlungen der Münzen-, Maaße- u. Gewichtstheile in Decimalbrüche, theils Uebertragung früher gebräuchlich gewesener Flächenmaaße in das neue württemberg. Maaß rc., nebst e. kurzen Anleitung zur Decimal Rechnung. gr. 8. Stuttgart 813, Beck u. Fränkel. n. 5/12 Rthl.

Huber, M., religiöser Hausschatz, s. Hausschatz, religiöser.

– (Red.), s. Repertorium, Katholisches.

Huber, M., Übungsstoffe zum Rechnen m. ganzen Zahlen, f. die Hand der Schüler zusammengestellt. 2., erweit. Aufl. 8. (24 S.) Stuttgart 891. R. Lutz. n.n. — 15

Huber, M., Übungsstoffe z. Rechnen m. ganzen Zahlen, f. d. Hand d. Schüler zusammengest. 3., erweit. Aufl. 8. (24 S.) Stuttgart 896. R. Lutz. n. — 15

Huber, M., Uebungsstoffe zum Rechnen m. ganzen Zahlen. Für die Hand der Schüler zusammengestellt. 4. unveränd. Aufl. 21.—35. Taus. (24 S.) 8. Stuttgart (904). R. Lutz. n.n. — 15

— dasselbe. (Lehrerausg.) Andeutungen üb. den Gebrauch derselben u. Resultate zu den schriftl. Aufgaben. 2., erweit. Aufl. 8. (32 S.) Ebd. 891. n.n. — 35

— dasselbe. Lehrerausg. m. Andeutgn. zum Gebrauche derselben u. d. Resultaten zu d. schriftl. Aufgaben. 3., erweit. Aufl. 8. (76 S.) Ebd. 896. Kart. n.n. — 75

Huber, M. Übungsstoffe zum Rechnen m. reinen od. einfach benannten ganzen Zahlen. 2. Aufl. 12. (11 S.) Stuttg. 891, R. Lutz. ** — 8
—— dass. — Nebst Bemerkgn. üb. den Wert u. den Gebrauch derselben. 2. Aufl. 12. (28 S.) Ebd. 891. cart. ** — 35

Huber, Frau, Marie. s.: Döbeli, Marie.

– Welt

— —, Die thörichte, der weisen fürgezogen, in 24 Spaziergängen dreyer Freunde, Criton eines Philosophen, Philon eines Advokaten u. Erasten eines Kaufmanns. Aus d. Frantzösischen (des *Marie Huber*). Franckfurt 1736. 8°. (6 Mk. L. Rosenthal, 1906.)
Orig. (in Wolfenbüttel), anon.: Le monde fou préféré au monde sage, en 24 promenades de trois amis, Criton Philosophe, Philon Avocat, Eraste Negociant. Nouv. ed., augm. de deux Lettres. 2 tomes.

LUISE. Ein Beitrag zur Geschichte der Konvenienz (von *Marie Therese Huber*, geb. *Heyne*). Leipzig, Pet. Phil. Wolf, 1796. 8°. XXIV u. 224 Seiten. Zahm.

— — Dasselbe. Neue Aufl. Frankfurt a. M., Sauerländer, 1819. 8°.

Citirt Kayser. — Anon.-Lex III. p. 87 (nach Meusel, Kayser, Schindel) hat nur „1796".

Huber, Martinus, Beitrag zur Verständigung über das österreichische Concordat. gr. 8. (II und 487 S.) Innsbruck 857, (Wagner'sche Universitäts-Buchh.) *

Huber, Max. Beiträge zur Kenntnis der soziologischen Grundlagen des Völkerrechts und der Staatengesellschaft. (Separat-Abdruck aus dem Jahrbuch des Oeffentlichen Rechts der Gegenwart. Band 4, 1910.) II S. + S. 56—134. 8. (Tübingen, J. C. B. Mohr, 1910.)

Huber, Hans Max [aus Zürich]: Beiträge zu einer Lehre von der Staatensuccession ... (Soll vollst. ersch.) Gräfenhainichen, Druck v. C. H. Schulze & C., 1897; VIII, 40 S., 1 Bl. 8.

Berlin, Jur. Fak., Inaug.-Diss. v. 5. Aug. 1897

— s.: **Beiträge, rechtswissenschaftliche.**

Huber, Max, s.: **Beiträge, Zürcher, z. Rechtswissenschaft.**

Huber, Max. Bericht über die Möglichkeit der Erweiterung der Handelsbeziehungen der Schweiz mit Australien und mit China. Erstattet von Dr. M' H'. ⟨Datiert Dampfer Kasuga Maru, Juli 1901, und Chicago, November 1901.⟩ Mit Erlaubnis des Verfassers als Manuskript hrg. vom Vorort des Schweizerischen Handels- und Industrie-Vereins. IV + 59 S. 4. Zürich, Berichthaus, 1902.

Huber, Max. Bericht über die Möglichkeit der Erweiterung der Handelsbeziehungen der Schweiz mit Ostasien, insbesondere Japan, Hongkong, Cochinchina, Siam, Straits Settlements und Niederländisch Indien. Erstattet von Dr. M' H'. ⟨Datiert Melbourne, April 1901.⟩ Mit Erlaubnis des Verfassers als Manuskript hrg. vom Vorort des Schweizerischen Handels- und Industrie-Vereins. IV + 52 S. 4. Zürich, Berichthaus, 1901.

Huber, Max. Bericht über die Möglichkeit schweizerischen Exports nach Russland insbesondere Sibirien. Erstattet von Dr. jur. M' H'. ⟨Datiert Jokohama, September 1900.⟩ Mit Erlaubnis des Verfassers als Manuskript hrg. vom Vorort des Schweizerischen Handels- und Industrie-Vereins. 25 S. 4. Zürich, Berichthaus, 1901.

Huber, Max: Die staatsrechtliche Entwickelung der australischen Kolonien bis zur Begründung des Commonwealth of Australia. Berlin 1905.
(In: Festgabe z. 70. Geburtstage f. Hübler.)

Huber, Max. Die Entwicklungsstufen des Staatsbegriffs. Akademische Antrittsrede, gehalten von Dr. jur. M' H', a. o. Professor an der Universität Zürich. Separatabdruck aus der Zeitschrift für schweizer. Recht, N. F. Bd 23 [1903]. II + 22 S. 8. Basel, Helbing & Lichtenhahn, 1903.

Huber, Max. Die Fortbildung des Völkerrechts auf dem Gebiete des Prozess- und Landkriegsrechts durch die II. internationale Friedenskonferenz im Haag 1907. Von Professor Dr. M' H', Zürich. (Separat-Abdruck aus dem Jahrbuch des Oeffentlichen Rechts der Gegenwart.... Band 2. 1908:) [Abschnitt] Völkerrecht. II + X S. + S. 470—649. 8. (Tübingen, J. C. B. Mohr, 1908.)

Huber, Max, die Gemeinderschaften der Schweiz, s.a. **Untersuchungen z. deutschen Staats- u. Rechtsgeschichte.**

Die Gemeinderschaften der Schweiz auf Grundlage der Quellen dargest. v. Max **Huber.** *Breslau: M. & H. Marcus 1897.* (XIV, 100 S.) 1 Bd 8.
— **Untersuchungen** z. Deutschen Staats- u. Rechtsgeschichte. H. 54.

Huber, Max. Die Gleichheit der Staaten. Sonderabdruck aus «Juristische Festgabe des Auslandes zu Josef Kohlers 60. Geburtstag». Hrg. von Dr. F[ritz] Berolzheimer. II S. + S. 88—118. gr.-8. Stuttgart, Ferdinand Enke, [1909].

Huber, Max. Das Neutralitätsrecht in seiner neuesten Gestaltung. [Separatabdruck aus: Festgabe, dem Schweizer Juristenverein bei seiner 46. Versammlung... 1908 in Zürich, überreicht von der rechts- und staatswissenschaftlichen Fakultät der Universität Zürich.] 40 S. 8. [Zürich, Schulthess & Co., 1908.]

Huber, Max. Rechtsgutachten über die Frage: Ist die sogenannte Bürgergemeinde nach zürcherischem Recht ein selbständiges Rechtssubjekt, und wenn ja, ist sie ein solches des öffentlichen Rechts oder des Privatrechts? Dem Stadtrate von Zürich erstattet. 46 S. 8. Zürich, Buchdr. des Schweiz. Grütlivereins, 1907.

Huber, Max. Rechtsgutachten über die Gebietshoheit an längsgeteilten Grenzflüssen, speziell über die Rechte der Kantone Zürich und Schaffhausen am Rhein zwischen Urwerf und Nohl, erstattet im Auftrage der h. Direktion der öffentlichen Bauten des Kantons Zürich. IV + 119 S. 8. Zürich, Gebrüder Fretz, 1905.

Die Staatensuccession. Völkerrechtl. u. staatsrechtl. Praxis im XIX. Jh. v. Max **Huber.** *Leipzig: Duncker & Humblot 1898.* (Erweit. Diss.) (XXI, 319 S.) 1 Bd 8. 98. 9801

Huber, Max. Das Staatsrecht der Republik Zürich vor dem Jahr 1798. ⟨Separatabdruck aus dem Schweizerischen Geschlechterbuch.⟩ 34 S. 8. Basel, Gasser & Cie., 1904.

Huber, Max, S. J., das Streben der Ordenspersonen nach der Vollkommenheit ihres Standes, s.: Bayma, Jos.

Huber, Max, Tagebuchblätter aus Sibirien, Japan, Hinter-Indien, Australien, China, Korea. Mit 100 Autotyp. nach Aufnahmen des Verf. u. einer Routenkarte. (XIX, 504 S.) gr. 8. Zürich 906. Schultheß & Co.
Geb. in Leinw. n. 10.—

— Verfassung u. Verwaltungsorganisation der Städte der Schweiz, s.: Escher, C.

— die Wasserrechte im Entwurf e. schweiz. Zivilgesetzbuches, s.a. **Beiträge, Zürcher, zur Rechtswissenschaft. XII.**

Max **Huber:** Die Wasserrechte. Zürich: Schulthess & Co. 1906. (S. 125–184.) 8°
— Vorträge über d. Entwurf e. schweiz. Zivilgesetzbuches geh. ... im Winter 1905/6. H. 2, [3.]
— **Beiträge,** Zürcher, z. Rechtswissenschaft. 12, [3.] 06. 10646

Huber, Max. Schweizerische Wasserwirtschaft und internationales Recht. Separat-Abdruck aus der «Schweizerischen Wasserwirtschaft», [Jahrg. 1, 1908/09, №. 4—6]. 25 S. 8. Zürich, Buchdr. Züricher Post, 1909.

Huber, Melchior, [Basel]. Dissertatio inauguralis medica sistens cogitata quaedam de vaccinis.
Basel, Med. Diss. 1801.

Huber, P. Michael, O.S.B.: Beitrag zur Siebenschläferlegende des Mittelalters. Eine literargeschichtliche Untersuchung. T. II.: Griechische Texte. (Metten: 1905.) (VIII, 70 S.) 8°
¶ [Forts. d. P-Beil. 1903.]
Metten, human. G P 1905*

Huber, Michael: Beitrag zur Siebenschläferlegende des Mittelalters. Eine literargeschichtl. Untersuchung. T. 3. Zur Überlieferungsgeschichte d. Legende. Die syr. Texte m. bes. Berücks. ihrer Vertreter. Landshut (1908): Thomann. VII, 72 S. 8° ¶ [Forts. d. P-Beil. 1903. 05.]
Metten, G P 1908* [S 08. 205

Huber, Michael: Beitrag zur Visionsliteratur und Siebenschläferlegende des Mittelalters. Eine literargeschichtliche Untersuchung. I. Teil: Texte. X, 78 S. 8. Beitrag zur Siebenschläferlegende des Mittelalters. Eine ... II. Teil: Griechische Texte. VIII, 70 S., 1 Bl. 8. Beitrag zur ... III. Teil: Zur Überlieferungsgeschichte der Legende. Die syrischen Texte mit besonderer Berücksichtigung ihrer Vertreter. VII, 72 S. 8.
Progr. Hum. Gymn. *Metten* 1903. 1905. 1908.

Huber, Mich., O. S. B., zur Georgslegende. (60 S.) Lex. 8. Erlangen 906. F. Junge. 2.—
Sonderabdr. a.: „Festschr. z. 12. deut. Neuphilologentag 1906".

— dreifacher Jahrgang prakt. Müttervereinsvorträge, s. Vorträge f. christl. Müttervereine. III.

S. Swithunus, Miracula Metrica auctore Wulfstano monacho. Beitrag zur altenglischen Geschichte und Literatur. I. Text. -- Von P. Michael Huber, O. S. B., G.-L. -- 1906, Landshut, Jos. Thomann. — P. III—V und 1—105.
Progr. Metten, Benediktiner-Gymn.

Huber, Mich., O. S. B., s.: Visio Monachi de Eynsham.

Huber, Mich., s.: Vorträge f. christliche Müttervereine.

Huber, Michael: Die Wanderlegende von den Siebenschläfern. Eine literargeschichtl. Untersuchung. Leipzig: Harrassowitz 1910. XXI, 574, 32 S. 8° *(Ersch. auch als Buch ebd.)
Metten, h. G. P 1910* [S 10. 197

Huber, Mich., dreifacher Cyklus v. je zwölf Vorträgen f christl. Müttervereine, s.: Vorträge f. christl. Müttervereine. II.

Huber, Michel

— catalogue raisonné de Cabinet d'Estampes de feu M. Brandes. 2 Tms. gr. 8. Lpz. Rost. 793-94.

— choix de poesies allemandes, IV Tmes. gr. 12. Zürich 766. Orell. 3 ₰

- s. Sal. Gessner: Œuvres u. dess. Nacht.

– s. Chr. L. v. Hagedorn: Betrachtt. üb. Malerei.

Huber, Rost u. Martini Handbuch f. Kunstliebhaber rc. s. a. Handbuch.

Huber, Mich., Handbuch für Kunstliebhaber u. Sammler, üb. die vornehmsten Kupferstecher u. ihre Werke, vom Anfange d. Kunst bis jetzt, chronolog. u. in Schulen geordnet, nach d. französ. Handschr. (1r--4r Bd.) v. K. Chr. H. Rost u. (5r—9r) v. C. G. Martini (u. Rost). 9 Bde. 8. Zürich 796—804. Orell. 12 ₰ 12 K

Huber, Michel: Handbuch für Kunstliebhaber und Sammler über die vornehmsten Kupferstecher und ihre Werke. Vom Anfange dieser Kunst bis auf gegenwärtige Zeit. Chronologisch und in Schulen geordnet nach der französischen Handschrift des Herrn M. H'... 9 Bände. 8. Zürich 1796–1808.
Band 1 u. 2. . . . bearb. von C[arl] C[hristian] H[einrich] Bast. Deutsche Schule. 1796.
Band 3 u. 4. . . . von C. C. H. R'. Italienische Schule. 1799.
Band 5. . . . von C. C. R'. Niederländische Schule. 1801.
Band 6. . . . bearb. von C. G. Martini. Nied' Sch'. Fortsetzung 1812.
Band 7 u. 8. . . . von C. G. M'. Französische Schule. 1814.
Band 9. . . . von C. G. M'. Die englische Schule enthaltend. (Mit Haupt-Register.) 1808.

Huber, Michel, die Clericalen, s. a. Flugschriften, zeitgemäße.

Huber, Michel, Die Clericalen. Eine Aufklärung für das Volk. Gr.-8. (35 S.) —.25
Znaim: Fournier & Haberler 1897.

– s. v. Manstein: Histor. Nachrr.

— manuel des curieux, s. a. Handbuch f. Kunstliebhaber französisch.

— manuel des curieux et des amateurs de l'art, contenant une notice abrégé des Graveurs. IX Vols. 8. Zurich 797—808. Orell. 10 ₰ 12 K

— notices generales des graveurs divises par nations, et des peintres rangés par ecoles, précédées de l'histoire de la gravure et de la peinture depuis l'origine de ces arts jusqu'à nos jours et suivies d'un catalogue raisonné d'une collection choisie d'estampes. gr. 8. Lps. Breitkopf et H. 787.

– s. J. Winckelmann: Histoire.

– s. Chr. H. Wolcke: Méthode.

Huber, Nik., die Literatur der Salzburger Mundart. Eine bibliograph. Skizze. gr. 8. (31 S.) Salzburg 878, (Dieter.) * 1 —

Huber, Nik., die Literatur der Salzburger Mundarten Eine bibliograph. Skizze. Verb. u. verm. in 2. Aufl durch Herm. F. Wagner. gr. 8. (36 S.) Salzburg (900) (H. Dieter.) n. 1. —
Sonderabdruck aus: „Mittheilgn. der Gesellsch. f. Salzburger Landeskunde".

Huber, Nic., fromme Sagen und Legenden aus Salzburg. 8. (116 S.) Salzburg 880, Mittermüller. geb. *

Huber, Nic., die Sagen vom Untersberg. 12. (64 S.) Salzburg 897. H. Dieter. n. — 90

— die Sagen vom Untersberg. Gesammelt u. m. erläut Anmerkgn. versehen. 90 Sagen in 14 Abtheilgn. Mit Titelbild v. Ed. Gehbe. 2. Aufl. 16. (48 S.) Ebd. 901 n. — 60

Huber, Nikol., die Sagen vom Untersberg. Gesammelt u m. erläut. Anmerkungen versehen. 90 Sagen in 14 Abtheilgn. Mit Titelbild: Der Untersberg nach e. Gemälde v. Eduard Gehbe. 3. Aufl. (48 S.) kl. 8. Salzburg 904. H. Dieter. n. — 60

Huber, Nikol., die Sagen vom Untersberg. Gesammelt u. m. erläut. Anmerkgn. versehen. 90 Sagen in 14 Abthlgn. Mit Titelbild: Der Untersberg nach e. Gemälde v. Eduard Gehbe. 4.—6. Aufl. (48 S.) kl. 8. Salzburg 907—09. H. Dieter. —50

Huber, Oscar [aus Stuttgart]: Zur pathologischen Anatomie der multiplen Sklerose des Rückenmarkes ... Berlin, C. Vogts Buchdr., *1891;* 35 S. 8.
Berlin, Med. Fak., Inaug.-Diss. v. 13. Juli 1894

Huber, Oskar, von Bülach [Kt. Zürich]: Die Concessionsertheilung für Strassen-Eisenbahn- und Tramway-Unternehmungen unter besonderer Berucksichtigung der schweizerischen Verhältnisse. Bülach F. Scheuchzer Dr. 1888. 176 S. 8°.
Zürich, Jur. Diss. [v. 15. Dez. 1888].

Huber, Oscar. Die Kopulationsglieder der Selachier. Diss. Phil. Basel. Mit 2 lithographirten Tafeln und 12 Figuren im Text. (Separat-Abdruck aus: «Zeitschrift f. wissensch[aftliche] Zoologie». Bd. 70, Heft 4.) 88 S. 8. Leipzig, Wilhelm Engelmann. 1901.

Huber, Osc., deutsches Taschen-Liederbuch. Charlottenburg 867. Huber. 32. (192 S.) n. 2 ngr.

Huber, O., das Tramwayrecht. Allgemeiner Tl., unter besond. Berücksicht. der schweiz. Verhältnisse. gr. 8. (176 S.) Zürich 889. Meyer & Zeller. n. 2. 40

Huber, Otto [aus Stuttgart]. Beitrag zur Kenntnis der hereditären und congenitalen Krankheiten des Nervensystems . . . Berlin, Buchdr. v. Gustav Schade (Otto Francke) 1888. 31 (1) S. 8°
Berlin, Med. Fak., Inaug.-Diss. v. 28. März 1888

Huber, Otto, 150 geometrische Berechnungsaufgaben aus dem Gewerbsleben f. gewerbliche Fortbildungsschulen gr. 8. (32 S. m. Abbildgn.) München 902. M. Kellerer
n. — 30

Huber, Otto, Sammlg. v. arithmetischen Aufgaben m. ausgef. Beispielen f. Fortbildungsschulen, höhere Bürgerschulen u. ähnl. Lehranst., sow. auch für die Unterklassen v. Mittelschulen. 2 Tle. gr. 8. (V, 76 u. III, 83 S.) München 898. R. Oldenbourg.
à n.n. 1. 15; kart. n.n. 1. 25

— Sammlung v. geometrischen Berechnungsaufgaben f. Tagesfortbildungsschulen u. ähnliche Lehranstalten. gr. 8 (80 S. m. Fig.) Ebd. 901. n. 1. 20; kart. n. 1. 40

Huber, Otto, Sammlung von geometrischen Berechnungsaufgaben f. Tagesfortbildungsschulen u. ähnliche Lehranstalten. Lösungen. (35 autogr. S.) gr. 8. München (904). M. Kellerer. n. — 50

Huber, Otto, Sammlung v. geometrischen Berechnungsaufgaben f. Tagesfortbildungsschulen, Bürgerschulen u. ähnliche Lehranstalten. 2. abgeänd. Aufl. (VIII, 92 S. m. Fig.) 8. München 911. M. Kellerer. 1.60

Huber, P. E., Bericht über Strassenbahnen, Tramways und deren Einführung in Zürich, s. Mittheilungen, technische.

Huber, P. K., Versuch einer Uebersetzung der Psalmen Davids rc. 8. Landshut, Weber, 810.

Huber, Paul, der Haushalt der Stadt Hildesheim am Ende des 14. u. in d. 1. Hälfte d. 15. Jahrh., s. a. Abhandlungen, volkswirtsch. u. wirtschaftsgesch. 1

Huber, Paul: Der Haushalt der Stadt Hildesheim am Ende des 14. und in der ersten Hälfte des 15. Jahrhunderts. *Kempten: J. Kosel 1901.* (VI, 148 S.) 8°
Leipzig, Phil. Diss. v. [27. Juli] 1901

Der Haushalt der Stadt Hildesheim am Ende des 14. und in der ersten Hälfte des 15. Jahrhunderts. Von Dr. Paul Huber. *Leipzig: Jäh & Schunke 1901.* (VI, 148 S.) 8°
= Abhandlungen, Volkswirtschaftl. u. wirtschaftsgesch. H. 1. [M. 10.60

Huber, P. Paulus, der Parnassus Boicus. Ein Beitrag zur Kulturgeschichte Baierns während der 1. Hälfte d. XVIII. Jahrh. (Progr. d. k. Ludwigs-Gymnas.) München 1868. 4°. Cart.
80 S. — Der „Parnassus Boicus" (deutsch) erschien in 6 Bdn., u. zwar 1—4 München bei J. Straub 1722—27, 5—6 an verschied. Orten 1737—40. (Cplte. Expl. sind nicht häufig.)

Huber, Paul. Die Scyphoide, eine Kurve 4. Ordnung. Diss. Phil. Bern. [Mit Figuren und 5 Tafeln.] IV + 52 S. 8. Bern, N. Dürrenmatt-Egger, 1910.

Huber, Peter: **Achaica.** *Monachii 1900: A. Paul, Günzburg.* (44 S.) 8°
München, Phil. Diss. v. 1900

Huber, Peter, Dr.: **Achaica.** *Günzburg (1901): Paul.* (44 S.) 8° ¶[= Phil. Diss. München 1901.]
Günzburg, k. humanist. G, P 1901*

Huber, Peter, Dr.: Geschichtliche Streitfragen. T. 1. Griechische Geschichte bis 449. München 1907: F. Straub. (67 S.) 8°
München, k. Ludwigs-G P 1907*

Huber, Peter: Geschichtliche Streitfragen. T. 2. Griech. Geschichte von 449 bis z. Eingreifen d. Römer. München 1908: Straub. 71 S. 8° ¶[Forts. d. P-Beil. 1907.]
München, k. Ludwigs-G P 1908* [S 08. 206

Huber, Peter: Geschichtliche Streitfragen. T. 3. Römische Geschichte bis 300 v. Chr. München 1910: Straub. 70 S. 8° ¶(Forts. d. P-Beil. 1907. 08.)
München k. Ludwigs-G. P 1910* [S 10. 198

Huber, Pet., lateinisches Übungsbuch f. die vierte Klasse d. humanist. Gymnasiums. (VIII, 146 S.) 8. München 907. J. Lindauer. 1.60; geb. 2. —

Huber, Pet., zusammenhängende Uebungsstücke zum Uebersetzen ins Griechische aus dem Lehrstoff der 4. Klasse. (Mit angefügter Uebersetzg.) (55 S.) 8. München 906. J. Lindauer. Kart. n. 1. —

— Zusammenhängende Übungsstücke z. Übersetzen ins Griechische. II. Tl. (Lehrstoff der 5. Klasse.) (Mit angefügter Übersetzg.) (68 S.) 8. Ebd. 910. 1.20; kart. 1. 35

Huber, Ph., Grundzüge der technischen Naturlehre. br. 8. (26 S.) Pforzheim 856, Flammer. •

Huber, Ph., Grundzüge der technischen Naturlehre oder die Grundlehren der Physik, Chemie und Mechanik, mit Bezugnahme auf ihre allgemeine und spezifisch technische Anwendung, gemeinfaßlich und als Leitfaden für den Unterricht an niederen gewerbl. Schulanstalten dargestellt. 2., verm. Aufl. gr. 8. (X und 216 S. mit 272 eingedr. Holzschn.) Stuttgart 860, [Engelhorn.]

Huber, Ph., Handbuch der Mechanik. 8. Aufl. Den Fortschritten der Technik entsprechend neu bearb. v. Walt. Lange. (XIV, 291 S. m. 233 Abb.) kl. 8. Leipzig 910. J. J. Weber. Geb. in Leinw. 3. 50

Huber, Ph., Katechismus der Mechanik, s. a. Weber's, J. J., illustr. Katechismen.

Huber, Ph., Katechismus der Mechanik. Mit 139 Abbild. i. Text Leipzig 1872. 8°.

Huber, Ph., Katechismus der Mechanik. 2., verm. Aufl. Mit 152 in den Text gedr. Abbildungen. 8. (X, 190 S.) Leipzig 879. Weber. geb. n. 2. —

Huber, Ph., Katechismus der Mechanik. Mit 156 in den Text gedr. Abbildgn. 3. Aufl. 8. (XII, 206 S.) Leipzig 885. Weber. geb. n. 2. —

Huber, Ph., Katechismus der Mechanik. Mit 181 in den Text gedr. Abbildgn. 4., verm. Aufl. 8. (XII, 234 S.) Leipzig 889. J. J. Weber. geb. n. 2. 50

Huber, Ph., Katechismus der Mechanik. 5., wesentlich verm. u. verb. Aufl. 12. (X, 268 S. m. 207 Abbildgn.) Leipzig 892. J. J. Weber. Geb. in Leinw. n. 3. —

Huber, Ph., Katechismus der Mechanik. 7. Aufl. v. Walth. Lange, s. a. Weber's illustr. Katechismen.

Huber Ph, Katechismus der Mechanik. 7. Auflage von W Lange. (269 S) (Webers illustrierte Katechismen 70) Leipzig 1902

Huber, Ph. Mechanik, s. a. Weber's J. J., illustr. Katechismen Nr. 70.

Huber Ph, Mechanik. 1. und 2. Auflage. (Weber's Katechism. 70) Leipzig 1872. 92

— Mechanik für Gewerbe- und Handwerkerschulen sowie zum Gebrauche in Realschulen und zum Selbstunterricht. gr. 8. (XVI und 412 S. mit 387 in den Text eingedr. Holzschn.) Stuttgart 854, Krais und Hoffmann.

—— Mechanik für Gewerb- und Handwerkerschulen sowie zum Gebrauche in Realschulen und zum Selbstunterricht. 2., wesentlich verm. und verb. Aufl. gr. 8. (XX und 520 S. mit 470 eingedr. Holzschn.) Stuttgart 860, [Engelhorn.]

—— Mechanik für Gewerbe- und Handwerkerschulen sowie zum Gebrauche in Realschulen und zum Selbstunterricht. 3. verm. und verb. Aufl. gr. 8. (XVI, 576 S. mit 505 eingedr. Holzschn.) Stuttgart 871, Engelhorn. *

—— Mechanik für Gewerbe- und Handwerkerschulen sowie zum Gebrauche in Realschulen und zum Selbstunterricht. 4. verm. und verb. Aufl. gr. 8. (XVI, 623 S. mit 535 eingedr. Holzschn.) Stuttgart 879, Engelhorn. 6 —

Huber, R., prakt. Anleitung für alle Holzarbeiter, die der Politur bedürfen, um alle und jede Gegenstände von Holz zu schleifen u. zu politiren, und denselben einen dauerhaften, geschwinden u. festen Glanz zu geben; nebst der Auflösung dreier dazu brauchender Polituren. 8. Zürich 835. Schultheß. 1/6 ß

Huber, R., Die vier ersten Schöpfungstage. Eine naturwissenschaftlich-religiöse Betrachtung. Muri 1885.
Progr.

R. M. Huber. Blätter und Blüten. Eine Sammlung loser Verse u. Gedanken. Leipzig, Verl. f. Lit., Kunst u. Mus. 1909. 205 S. 8°

Huber, Richard, (Dr.), appr. Arzt aus Gesellbüng: Über die Entstehung der freien Gelenkkörper. *Kitzingen a. M. 1901: Meschett & Hunger.* (14 S.) 8°
Würzburg, Med. Diss. v. 1901

Huber, Rob. [aus Luzern]: Zwei Fälle von Ellenbogenankylose. Ein Beitrag zur Kenntnis der funktionellen Anpassung des Knochensystems. Zürich 1898. 40 S. 1 Taf. 8°.
Zürich, Med. Diss. 1898/99.

Huber, Rob[ert]. Zur Stickstoff-Frage. Eine Studie. Beilage zum Jahresbericht des städtischen Gymnasiums in Bern, 1908. IV + 116 S. 8. Bern, Stämpfli & Cie., 1908. [fr. 3.—]

Huber, Robert. Untersuchungen über sterische Reaktionsverhinderungen. Diss. Phil. [II.] Univ. Zürich. 92 S. 8. Zürich, Buchdr. des Schweiz. Grütlivereins, 1903.

Huber, Rud., Schaffhausen. Dissertatio inauguralis medico chirurgica exhibens ... de glandulis et tumorem scrophulosum maxillae inferioris a retro pulsa gonorrhoea virulenta oriundum.
Basel, Med. Diss. 1713

HUBER, Rudolph („Diener am h. Wort Gottes"), Florilegium Historicum, Oder Historischer Lust- u. Blumen-Garten, darinnen zu finden viel schöne liebliche und nuzliche Blumen merkwurdiger Geschichten, scharffsinniger Reden und wolerfundener Gleichnussen, auss undertschiedlichen glaubwurdigen und beruhmten Authoren. Schaffhausen 1665. 8°. (3 Mk. Paul Neubner, 1892; jetzt theurer!)
Die Historien in alphabet. Reihenfolge — Selten!

Huber, Rudolf. Die Niederschlagsverhältnisse im Kanton Basel in ihrer Beziehung zu den orographischen Verhältnissen. [Diss. Phil. Basel.] 4. Zürich 1894.

Huber, Rud. Wilh., die Wolke. Eine Künstlerkomödie in 5 Akten. (III, 140 S.) kl. 8. Frauenfeld 905. Huber & Co. n. 1.60

Huber, Sebastian [Doz. d. Theol. u. Präfekt im erzbisch. Klerikalsem. zu Freising]: Die Glückseligkeitslehre des Aristoteles und hl. Thomas v. A. Ein histor.-krit. Vergleich. (Wird fortges.) Freising, Dr. F. P. Datterer, Buchdr., 1893; 2 Bl., 96 S. 8.
Münster, Phil. Fak., Inaug.-Diss. v. [5. Juni] 1893

Huber, Seb., die Glückseligkeitslehre des Aristoteles u. hl. Thomas v. A. Ein historisch-krit. Vergleich. gr. 8. (IV, 96 S.) Freising 893. (J. G. Wölfle.) n.n. 2. —

Huber, Seb., Grundzüge der Logik u. Noëtik im Geiste des hl. Thomas v. Aquin. (VIII, 168 S. m. 12 Fig.) gr. 8. Paderborn 906. F. Schöningh. n. 2.50

Huber, Th., s. Ign. Moffer, über d. Einfluß rc.

Huber, Theodor

— Die verbesserte amerikanische od. die kombinierte Buchhaltung. (18 S. u. Liniatur-Muster 8 Taf. u. 7 S.) 8. Stuttgart (910). (Tübingen, Osiander.) 1. —

Huber, Thdr., s.: Rothschild's Schatzkästlein des kaufmänn. Wissens.

— Schatzkästlein f. junge Kaufleute, s.: Rothschild.

Huber, Theodor. Das Verhalten des Gedächtnisses nach traumatischen Kopfverletzungen. Diss. Med. Basel. 80 S. 8. Basel, Schweizer. Verlags-Druckerei, 1901

Huber, Thdr., wie liest man e. Bilanz? Leicht faßl. Einführg. in das Verständnis der Bilanzen, nebst e. Anleitg., das Geschäftsergebnis am Ende jedes Monats ohne Bilanz u. Gewinn- u. Verlustrechng. zu ermitteln. Mit den nötigen Bilanzmaterialien in Mappe. (1.—22. Taus.) (28 S.) gr. 8. Stuttgart 904—907. Muth. n. 1. —

Huber, Thdr., wie liest man e. Bilanz? Leicht faßl. Einführg. in das Verständnis der Bilanzen, nebst e. Anleitg., d. Geschäftsergebnis am Ende jedes Monats ohne Bilanz u. Gewinn- u. Verlustrechng. zu ermitteln. Mit d. nöt. Bilanzmaterialien in Mappe. 6.—8. Neudr. (23.—34. Taus.) (28 S.) gr. 8. Stuttgart 908. 11. Muth. 1. —

Huber, Theorilde, s. Huber, Therese.

Huber, Therese

(Huber, Theorilde (?),) die Blumenwelt, s. Blumenwelt.

Huber, Therese, die Blumenwelt. Eine Sammlung unterhaltender Erzählungen für die Kindheit u. Jugend. 2. Ausg. Mit 5 color. Kpfrn. kl. 8. Leipzig 842, Krappe. geb. 3/4 ß

(——), Joh. Geo. Forster's Briefwechsel, s. Forster.

Huber, Therese, die Ehelosen. 2 Bde. 8. (44¼ B.) Leipzig 829, Brockhaus.

Huber, Therese. Erzählungen . . . Gesammelt und herausgegeben . . . Leipzig 1830—33. H: *Huber, Victor Aimé.* (BrMm)

—— Erzählungen. Gesammelt u. hrsg. v. V. A. H(uber). 6 Thle. 8. (150¼ B.) Leipzig 1830—33, Brockhaus.

—— die Geschichte d. Cevennen-Kriegs. Ein Lesebuch f. Ungelehrte. Nach Memoiren u. geschichtl. Nachrichten erzählt. 8. (18½ B.) Stuttgart 834, Cotta.

— Hannah, die Herrnhuterin Devorah Händling. 8. Leipz. 821. Brockhaus. 2 ℛ

— Jugendmuth, eine Erzählung. 2 Thle. 8. Leipz. 824. Brockhaus. 3 ℛ 12 gℛ

– s. Lagarde: Reise v. Moskau nach Wien.

— s. Louise, ein Beitrag z. Geschichte rc.

—— die zwölf Monate. Eine unterhalt. Erzähl. f. d. leselust. Jugendwelt. M. 12 ill. Kpfr. qu. 16. (13 B.) Nürnberg 834. [Berlin, Bade.]

Huber, Thorilde, die zwölf Monate. Eine unterhaltende Erzählung für die leselustige Jugendwelt. Mit 12 ill. Kpfrn. qu. 16. Nürnberg 834. Haubenstricker. 1 ℛ

—— die zwölf Monate. Eine unterhalt. Erzähl. f. d. leselust. Jugendwelt. qu. 16. (13 B. u. 12 ill. Kpfrt.) Neuhaldensleben 839, Eyraud.

— Ellen Percy, od. Erziehung durch Schicksal. 2 Thle. 8. Leipz. 822. Brockhaus. 3 ℛ 12 gℛ

– s. Stille, Karol.: Erzähll.

– (Hrsg.), s. Taschenbuch für Damen auf das Jahr . . .

Huber, Therese

s. Thiesen, Charlotte: Kleine Erzählungen. 1822.

—— die Weihe d. Jungfrau bei d. Eintritt in d. größere Welt. 8. (15¼ B.) Leipzig 831, [Günz.] 1 Thlr. 3 Gr., Vlnp. Ist fälschlich f. eine Schrift von Therese H. ausgegeben worden.

Ther. Huber: d. Weihe d. Jungfr. b. ihrem Eintr. in d. gröss. Welt. *Lpz.*, Hartmann. B. 831. 8° 1 ℛ

Huber, Therese, geb. Heyne, († d. 15. Juni 1829.) die Weihe der Jungfrau bei dem Eintritt in die größere Welt. 8. Leipz. 831. Volckmar. 1 ℛ 3 gℛ Velinp. 1 ℛ 12 gℛ

— die Weihe der Jungfrau bei dem Eintritt in die größere Welt. 8. Leipzig 837. Güns. geb. ⅚ ℛ

Huber, Thorilde, s. Huber, Therese

Huber, U., prakt. Arbeits-Kalender für den Gemüse-Garten. 8. (30 S.) Frauenfeld 897. (Aarau, E. Wirz.) n. — 50

Huber, Ulr.: De jure civitatis libri III, novam juris publ. universalis disciplinam continentes. Ed. II. *Franequerae.* (672.) 694. 4. — Ed. IV. cum novis adnotationibus in usum auditorii Thomasian. *Frcof.* et *Lips.* 708. — Ed. IV. variis locis ab auctore aucta et recognita. *Traj. ad Rhen.* 740. 4. — cum comment. Chr. Thomasii et N. Lynkeri. cura J. C. Fischer. *Francof.* et *Lips.* 752. (*Jen.*, Fischer.) 4. (2 Thl. 12 Gr.)

Huber, Ulr.: Praelectiones jur. civ. P. I—III. sec. Instit. et Dig. Justiniani. Acc. scholia praecipua Chr. Thomasii. (*Francf.* 686. 689. *Franeq.* 701.) et Ludov. Menckenii, remissiones ad jur. Saxon. Ed. IV., in qua paratitla ex noviss. jur. Saxon. etc. *Francf.* et *Lips.* 749. 4. (2 Thl. 12 Gr.)

— praelection. juris civil. III Tmi. secund. institut. et digesta Iustiniani. c. addit. C. Thomasii et Menkii. 4. Lps. Gleditsch. 749.

Huber, Victor Aimé

Huber, V. A., die Arbeiter und ihre Rathgeber. gr. 8. (IV und 46 S.) Berlin 863, Rauh.

Huber, V. A., über die cooperativen Arbeiterassociationen in England. Ein Vortrag, veranstaltet von dem Central-Verein für das Wohl der arbeitenden Klassen, gehalten am 23. Febr. 1852. gr. 8. (IV und 35 S.) Berlin 852, Hertz.

Huber, V. A., über Arbeiter-Coalitionen. Ein der Coalitions-Commission nicht vorgelegtes Gutachten. Berlin 865. Hertz. gr. 8. (51 S.) n. 8 ngr

V. A. HUBER, Ueber Association mit besonderer Beziehung auf England. 4. Vortrag, veranstaltet von dem Centralverein für das Wohl der arbeitenden Klassen. Berlin 1851 (Druck von F. W. Bande) 8°.

Huber, Viktor Aimé: Die latente Association. Nordhausen 18[illegible]. = Soziale Fragen. 4.

—— über Association und deren Verhältniß zur innern Mission. Ein Vortrag gehalten am frankfurter Kirchentag. 16. (XIV und 66 S.) Halle 855, Mühlmann.

Huber, Vict. Aimé, Beiträge zur Kritik der neuesten Literatur. 1s Hft. Ueber: Fr. von Raumer's England im Jahre 1835. gr. 8. Rostock 837. Oeberg. (Leipzig, Hermann.) n. ½ ℛ

Huber, V.A.: Bemerkungen über die Geschichte und Behandlung der venerischen Krankheiten. 124 S., gbd.

Stuttgart u.Tübingen: Cotta 1825

JB 4.689

– s.a. Berlin, Erfurt, Paris.

(Huber, Viktor Aimé), Berlin. Erfurt. Paris. Berlin, W. Hertz, 1850. IV, 46 S. 8°.

— s. Blane, Elemente.

—— mecklenburgische Blätter, s. Blätter.

H u b e r, Viktor Aimé: Genossenschaftliche Briefe aus Belgien, Frankreich und England. Bd 1,2. Hamburg 1855.

—— sieben Briefe über englisches Revival, s. Briefe.

—— Bruch mit der Revolution und Ritterschaft, s.a. Bruch.

(Huber, Victor Aimé) Bruch mit der Revolution und Ritterschaft. Berlin, W. Hertz (Besser) 1852. XII 56 S. 8.

s. Chronica del famoso Cavallero Cid Ruydiez Campeador.

Huber, V. A., Concordia, s.a. Concordia.

— Concordia. Beiträge zur Lösung der socialen Fragen in zwanglosen Heften. 8 Hefte. Altona. 861. Haendte & Lehmkuhl. gr. 8. (412 S.) n. 1 ₰ 22 ngr.
1. 5 u. 7. à n. 8 ngr.; 2. 3 u. 6. à n. 6 ngr.; 4. u. 8. à n. 5 ngr.

H u b e r, Viktor Aimé. Concordia. Beiträge zur Lösung der socialen Fragen in zwanglosen Heften. H.1-8. Leipzig: G.Mayer 1861. DGK

——, Joh. Spangenberg und Harms, Erbauliches in hoch- und plattdeutscher Sprache. Betrachtungen und Predigten. 8. (88 S.) Halle 860, Petersen. *

Huber, V[ict.] A[imé]. De primitiva cantilenarum popularum epicarum vulgo romances, apud Hispanos forma. Berolini 1844 (27 S.) 4°.
Berlin Phil Fak Antrittsprogr v 15 Febr 1844

Huber, V. A., zur Schleswig-Holsteinischen Frage. gr. 8. (33 S.) Nordhausen 863, Förstemann's Verlag.

—— sociale Fragen. I.—VI. gr. 8. Nordhausen, Förstemann's Verlag.

Inhalt:
I. Das Genossenschaftswesen und die ländlichen Tagelöhner. (36 S.) 863. 4 Ngr.
II. Die nordamerikanische Sclaverei. (74 S.) 864. 7½ Ngr.
III. Die innere Mission. (120 S.) 864. * 10 Ngr.
IV. Die latente Association. (36 S.) 866. * 5 Ngr.
V. Die Rochdaler Pioniers. (42 S.) 866. * 6 Ngr.
VI. Handwerkerbund und Handwerkernoth. (31 S.) 867. 3 Ngr.

Huber, V. A., sociale Fragen. VII. Die Arbeiterfrage in England. gr. 8. (XVI, 139 S.) Nordhausen 869, Förstemann's Verlag. *
I.—VI. Ebendas. 1863—67. * ℳ 3,55.

— Die wahren und die falschen Freunde der Arbeiter. 14 pp. 8°. (ohne Titelblatt.) Datirt: Wernigerode im Febr. 1869.

H u b e r, Viktor Aimé: Das Genossenschaftswesen und die ländlichen Tagearbeiter. Nordhausen 1863.

— Geschichte des Cid Ruy Diaz Campeador von Bivar. Nach d. Quellen bearb. 8. Bremen 829. Heyse. 1 ₰ 12 gr.

Huber, Vikt. Amnd., Handwerkerbund und Handwerkernoth. Nordhausen 1867.

Huber, Viktor Aimé [Hrsg.]
s. Huber, Th.: Erzählungen. 1833.

-- (Hrsg.), s. Janus.

— Ueber innere Colonisation. (Aus dem Janus, Heft 7, 8, besonders abgedruckt.) 8°. Berlin 1846.

— über akademische Convikte. Zur innern Mission auf den Universitäten. gr. 8. (23 S.) Berlin 852, Wiegandt & Grieben. 3 ngr.

Huber, V. A. Leben des Cid. 8. Marburg 1844.

— engl. Lesebuch für höhere Schulklassen. 1e Abthl. Handbuch der engl. Poesie, mit einer Einleitung über die historische Entwickelung d. engl. Poesie. gr. 8. Bremen 833. Kaiser. 2 ₰

— spanisches Lesebuch. Auswahl aus der classischen Literatur der Spanier in Prosa u. in Versen, nebst kurzen biograph. u. literar. Nachr. u. einem vollständ. (spanisch-deutschen) Wörterbuche. Zum Gebrauch f. Schulen u. zum Privatunterricht. gr. 8. Bremen 832. Heyse. 2 ₰

— V. A. (Stuttgart), De lingua et osse hyoideo pici viridis. Diss. anatom. compar. Stuttgart 1821. 22 S. u. 2 Tfln. Abb. (6.—) 16180
Gew.: J. F. Blumenbach.

Huber, V. A., innere Mission und Association, s.a. Mission, innere.

H u b e r, Viktor Aimé: Innere Mission und Assoziation. Berlin 1853.

—— über spanische Nationalität und Kunst im 16. und 17. Jahrhundert. Ein Vortrag am 9. Febr. 1852 gehalten. gr. 8. (III und 28 S.) Berlin 852, Wiegandt und Grieben. Thlr. *

—— Noth und Hülfe unter den Fabrikarbeitern auf Anlaß der Baumwollensperre in England. gr. 8. (56 S.) Hamburg 863, Agentur des Rauhen Hauses.

(Huber, Victor Aimé). Die Opposition. Ein Nachtrag zu der conservativen Parthei. Halle, (Anton) 1842. 66 S. 8.

—— das Pflegeramt der innern Mission, s. Pflegeramt.

— d. Rochdaler Pioniers. Nordhausen 866.

— die neuromantische Poesie in Frankreich und ihr Verhältniß zu der geistigen Entwickelung des franz. Volkes. gr. 12. Leipzig 833. Brockhaus. ⅚ ₰

(Huber, Viktor Aimé), Recht, Ehre, Vortheil in der deutschen Frage. Berlin, W. Hertz, 1850. V, 38 S. 8°.

— zur Reform des Armenwesens. Schaffhausen 867. Hurter'sche Buchh. gr. 8. (VIII, 68 S.) 9 ngr.

— Reisebriefe aus Belgien, Frankreich und England im Sommer 854. 2 Bde. Hamburg 855. Agentur des Rauhen Hauses. 12. (LI, 364; XVII, 556 S.) 3 ₰.
Inhalt: 1. Bd.: Reisebriefe aus Belgien und Frankreich 2c. — 2. Bd.: Reisebriefe aus England 2c.

Huber's, V. A., ausgewählte Schriften üb. Socialreform u. Genossenschaftswesen. In freier Bearbeitg. hrsg. v. K. Munding. Mit 3 Bildern Hubers. gr. 8. (CXVIII, 1204 S.) Berlin 894. A.-G. Pionier. n. 18 —; geb. n. 20. —

— Vide a. Selbsthilfe (Die) der arbeitenden Klassen.

Huber, Viktor Aimé: Die Selbsthülfe der arbeitenden Klassen durch Wirtschaftsvereine und innere Ansiedlung. Berlin 1848.

Huber, V[ictor] A[ime]: Die genossenschaftliche Selbsthülfe der arbeitenden Klassen Langenberg (1864). 8°

— die genossenschaftliche Selbsthülfe der arbeitenden Klassen. Elberfeld 865. Friderichs. gr. 8. (VIII, 67 S.) 6 ngr.

—— Skizzen aus Ireland, s. Skizzen.

— Skizzen aus Spanien. 16. Götting. 828. Vandenhöck u. R. Belinp. 2 ℛ

— Skizzen aus Spanien. 2r Thl. A. u. d. T.: Jaime Alfonso, genannt el Bärbudo. — Skizzen aus Valencia und Murcia. gr. 16. Göttingen 833. Vandenhöck u. Ruprecht. 2¾ ℛ (NB. Der 1e Thl. kostet 2 ℛ Vergl. Thl. III. S. 204.) — 3r Thl. 1e — 3e Abthl. A. u. d. T.: Madrid, Lisboa u. die Refugiados in London. Skizzen aus der Geschichte unserer Zeit. 1e u. 2e Abthl.: Manuel. Skizzen aus Madrid. 2⅝ ℛ 3e Abthl.: Lisboa u. die Refugiados in London. 1½ ℛ gr. 16. Bremen 833. Schünemann. 4⅛ ℛ

Huber, V. A., Skizzen aus Spanien. 1. Thl. 2. Aufl. A. u. d. T.: Dolores. 12. Mit 1 Musikbeilage. Göttingen 845, Vandenhöck u. R. 2 ℛ

—— Skizzen aus der Vendée und Bretagne, s. Skizzen.

—— Staatshilfe, Selbsthilfe und Sparen, s. a. Flugblätter, hrsg. vom Verein für volkswirthschaftl. Fortschritt.

— Staatshilfe, Selbsthilfe u. Sparen. Ein offenes Sendschreiben an die deutschen Arbeiter. 8°. Wien, Comm. Braumüller, 1868. (Heft 4 der Flugblätter, hrsg. vom Verein für volkswirthschaftlichen Fortschritt in Wien.)

Huber, V. A. Eine Stimme der wirklichen Reaktion. Ende November 1848. Druck von J. Petsch 2 Bl. Fol.
Flugblatt. Berlin, 28. Nov. 1848.

– s. a. Suum cuique.

(Huber, Viktor Aimé), Suum cuique in der deutschen Frage. Berlin, W. Hertz, 1850. 43 S. 8°.

Huber, Vict. Aimé, die englischen Universitäten. Eine Vorarbeit zur engl. Literaturgeschichte. 1r u. 2r Bd. gr. 8. Kassel 1839, 40. Krieger's Verlags-Buchh. 5⅓ ℛ

—— die Wohnungsnoth der kleinen Leute in großen Städten. gr. 8. (56 S.) Leipzig 857. [Schrag's Verlag.] Thlr.
Aus der „Deutschen Gewerbezeitung" besonders abgedruckt.

— einige Zweifel u. Bemerkungen gegen einige Ansichten über die teutschen Universitäten, deren Verfall und Reform. kl. 8. Hamburg 834. Hoffmann u. Campe. ⅔ ℛ

Huber, W., Führer durch das Gebiet zwischen der unteren Ruhr u. dem Rhein südlich bis Kaiserswerth-Ratingen-Angerthal, östlich bis Werden u. Heisingen. 12. (125 S. m. 1 farb. Karte.) Duisburg 901. Fr. Lochmann. 1. 50

Huber, Walter, s. Alpenbahnen, Schweizerische.

Huber, Walt., Feuerbestattung. Vortrag, geh. im Einwohnerverein Aarau, Samstag den 25. II. 1905. (56 S.) 8. Aarau 905. (E. Wirz). n. — 50
Sonderabdruck aus: „Aargauer Nachrichten".

— die Feuerbestattung, e. Postulat kultureller Entwicklung u. das St. Galler Krematorium. (72 S. m. Abbildgn.) gr. 8. St. Gallen 903. (Scheitlin.) n. 1. 50

Huber, Walter. Die Ostalpenbahn. Separatabdruck aus dem «Tagblatt der Stadt St. Gallen» [1905, № 304—306, Dezember 27—29]. II + 22 S. 8. St. Gallen, Zollikofer & Cie., 1906. [fr. —. 70]

Huber, Werner: De conditionibus quibus nascuntur respublicae. s. Harscher, Nikolaus (Praes.)

Huber, Wernh., Funken v. Heerde fr. Laren d. Freundschaft, der Wahrheit, d. Scherze. Mit Kpf. 8. Basel 787. (Ettinger in Gotha; a. Rein in Leipz.) 1 ℛ

— s. S. A. D. Tissot, Mittel.

Huber, Wilhelm

Huber, W., üb. Abortbehandlg., s. a. Sammlung zwangloser Abhandlgn. aus d. Gebiete d. Frauenheilkunde u. Geburtshilfe.

Ueber Abortbehandlung v. Dr. med. W[ilh.] Huber in Leipzig ... *Halle a. S.: K. Marhold 1896.* (35 S.) 8.
= Sammlung zwangl. Abhandlungen a. d. Gebiete d. Frauenheilkunde u. Geburtshilfe. Bd 1. H. 5.
197 ...

Huber, Wilh., die junge Frau. Betrachtgn. u. Gedanken üb. Schwangerschaft, Geburt u. Wochenbett. (IX, 207 S.) kl. 8. Leipzig 910. J. J. Weber. Geb. in Leinw. 3.—; in Geschenkbd. n 4. —

Huber, Wilh., die Frauenkrankheiten, ihre Entstehg. u. Verhütg. 4. Aufl. Eine populär-wissenschaftl. Studie. 8. (XVI, 254 S. m. 40 Abb.) Leipzig 895. J. J. Weber. n. 3. 50; geb. n. 4. 50

Huber, Wilh., Rococo. Ornamente und Decorationsmotive. (In 4 Lfgn.) 1. Lfg. Fol. (5 Lichtdr.-Taf.) Berlin 886, Claesen und Comp. In Mappe *
1. Aufl. nicht weiter erschienen.

—— dass. — 2. Aufl. Fol. (7 Taf.) Ebendas. 888. In Mappe *

Huber, Wilh., Rococo. Ornamente u. Decorationsmotive. 5. Aufl. gr. Fol. (6 Lichtdr.-Taf.) Berlin 893. Hessling & Spielmeyer. In Mappe. n. 8. —

Huber, Zach., dissertat. libri III. quib. selecta cap. juris publ., sacri, privatiq. codicis illustr. 4. Traj. 738.

Huber-Brederis, Ant., Tilli Schroffenstein. Roman. (228 S.) 8. Innsbruck 910. (Brixen, Buchh. der Verlagsanstalt Tyrolia) 2.50

Huber-Burckhardt, A[lbert]. Zur Dienstbotenfrage. Separat-Abdruck aus dem Schweiz. Familien-Wochenblatt [Jahrg. 21, 1901/1902, Nr. 3 ff.]. II + 27 S. 8. Zürich und Leipzig, Th. Schröter, 1901. [fr. —. 60]

Huber-Cador, Anna, weiße Nelken. Ein unverwelkl. Kranz auf Dr. Lueger's Grab. (31 S. m. 2 Bildnissen u. 1 Taf.) 8. Dresden-Blasewitz (910). E. Leonhardi. — 85

Das Problem der Heirat von Anna Huber-Cador. Berlin-Charlottenburg: A. Mehlhorn [1907]. (81 S.) 8° [J.] fol. 0309

— Das Problem der Heirat. (82 S.) kl. 8. Charlottenburg (909). A. Mehlhorn. 1.50

Seelenkämpfe. Novellen von Anna Huber-Cador. Berlin-Charlottenburg: A. Mehlhorn [1907]. (100 S.) 8° [J.] fol. 1879

Huber-Liebenau, Thdr. v., das deutsche Haus zur Zeit der Renaissance, s. a. Sammlung gemeinverständlicher wissenschaftlicher Vorträge.

Huber-Liebenau Tv, das deutsche Haus zur Zeit der Renaissance. (Sammlung gemeinverständlicher wissenschaftlicher Vorträge 386) Berlin 1882

—— über das Kunstgewerbe der alten und neuen Zeit, s. a. Zeit- und Streit-Fragen, deutsche.

Huber-Liebenau v, über das Kunstgewerbe der alten und neuen Zeit. (Zeit- und Streitfragen, deutsche 136-37) Berlin 1880

—— alte und neue Renaissance an und in unserer Wohnung, s. Sammlung von Vorträgen.

Huber-Liebenau, v., über den Verfall des Zunftthumes und dessen Ersatz im deutschen Gewerbewesen, s. a. Zeit- und Streit-Fragen, deutsche.

— Über den Verfall des Zunfttums und dessen Ersatz im deutschen Gewerbewesen. (Zeit- und Streitfragen 121-22) Berlin 1879

— das deutsche Zunftwesen im Mittelalter, s. a. Sammlung gemeinverständlicher wissenschaftlicher Vorträge.

Huber-Liebenau v, das deutsche Zunftwesen im Mittelalter. (Sammlung gemeinverständlicher wissenschaftlicher Vorträge 312) Berlin 1878

v. Huber zu Maurn, Frhr. Wlh. Adm. Hubert, († 1796.) Abhandlung von dem Reichthum e. Staats durch die Viehzucht. 4. Burghaus. 771.

Huber-Schär, Handbuch ... s. a. Schär, J[ohann] Fr[iedrich], und Huber, L[udwig] F(r[iedrich]).

Huber-Schär, Handbuch der Kontorpraxis. 3. Auflage. (360 S) Berlin 1895

Huber-Weissenbach, das Staatsbedarfsdeckungswesen [Steuerwesen], in seinen realen Grundlagen wissenschaftlich entwickelt, mit besond. Rücksicht auf deutsche Verhältnisse und deutsche Finanzreform. gr. 8. (VIII, 313 S.) München 886, Kellerer. *

Hüber s. a. Huber.

Hueber, Diss. compendiosa famosi, quod hypochondria vexat, mali theoria et therapia. Wirceb. 4°.

1745

Hüber. D. Typhusepidemie i. d. Deutschhauskaserne z. Ulm 1881/82. Würzburg 1884.

Hueber, A., s.: Thätigkeitsbericht der Gewerkschafts-Kommission Oesterreichs.

Hueber Adr., († d. 27. Jan. 1767.) Tractatus historicus missae Romano-Catholicae. Fol. Münch. 758.

Hueber, Adf., üb. Heribert v. Salurn. Beitrag zur Kunde deutscher Sprache am Ende d. 17. Jahrh. gr. 8. (47 S.) Innsbruck 872. Wagner. n. — 80

— St. R.: Katalog der Lehrerbibl. 98. v. Dr. Adolf Hueber. 74. Progr.

Hueber, Ad.: Von sand Katreinen. Legende aus dem Wintertheil des Lebens der Heiligen. 38 S. 8°.– Innsbruck OR., Progr. 1873.

Hueber, Adf., Michael Pfurtscheller v. Fulpmes, e. Tiroler Schützenhauptmann aus d. J. 1809. gr. 8. (47 S. m. 1 Bildnis.) Innsbruck 891. Wagner. n. — 60

Hueber, Adf., Michael Pfurtscheller, s. a. Anno Neun.

Hueber, Adolf: Michael Pfurtscheller von Dr. Adolf Hueber, Prof. Innsbruck: Vereinsbuchh. 1909. 67 S., 8°
(Anno Neun. Bdch. 11.)

Hüber, Alph., himml. Ariadne der a. d. Labyrinth dieser Welt nach ihrem Vaterland reisend. od. Predigten a. d. Feste Mariä. 4. Nürnb. Stein. 732.

Hueber, M. Ed., du role de l'armée dans l'état et des principes de l'institution militaire. Ouvrage posthume. 8. (XXII, 394 S. m. 1 Steintaf.) Nancy 872. Berger-Levrault & Co. n. 4. —

Hueber, Ferd., Flores poetico-rhetorici, tum sacri, tum scholast. II pts. 4. Ing. Krüll. 748.

— marianisch. Hof- und Lustgarten. 4. Ebend. 746.

— offertoria XII. fol. ibid. 740.

— S. und F. Predigten. 1 — 5r Jahrg. Fol. Ebendas. 739 — 50.

— der 2te Jahrg. auch unt. d. Tit. Fevert. Predigten. Fol. Augsb. Wolf. 743.

Hueber, P. Fr. Fortunatus („von Neustatt, der Mindern Brüder Ordens S. Francisci, in der Reformierten Bayrischen Provintz Priester vnd heiliger Schrifft Lector"), zeitiger Granatapfel der allerscheinbaristen Wunderzierden in denen wunderthätigen Bildsaulen Vnser L. Frawen, der allerheiligisten Jungfräwlichen Mutter Gottes MARIA, bey zweyen hoch-ansehentlichen Völckern der Bayrn vnd Böhamen. Besonders von der *Blutfleissenden Bildsaulen* der gnadenreichisten Himmelkönigin vnd Tröster in aller Betrübten, *zu Newkirchen in Chur-Bayrn, am Ober Böhamer-Wald* gelegen. 3 Thle. (in 1). Mit Kayserl. Freyheit ohne Erlaubnuss der Oberen nicht nachzutrucken. München, getruckt durch Lucas Straub, gem: loblichen Landschafft in Bayrn Buchtruckern. Im Jahr 1671. (Nebst Kpftit., *Matthias V. Sommeren* [sic] sc.). 8. Titel etw. beschrieb. Gleichzeit. Pgmtb. m. Schl. (aus d. Bibl. d. Franziskaner-Klosters in München).

8 Bll. Vorst., 421 num. Bll., 7 Bll. Reg., 1 S. Err., 1 S. Wiederholung der Druckanzeige (mit Signet). Dem Bischof zu Freising u. Regensburg, Albert Sigismund, Herzog in Ober- u. Nieder-Bayern etc., gewidmet. — Mit Liedern u. mit 4 Kpfrn. von M. V. Sommeren. — Selten!

HUEBER, GEORG: Buss-Predig Bey allgemeiner Andacht Da aus gnädigste Verordnung Ihro Durchleuchtigen Eminenz Cardinaln von Sachsen-Zeiz, Des Königreich Ungarn Primatis, und Ertz-Bischoffen zu Gran Christiani Augustii in der Königl Frey-Stadt Presburg zu Abwendung der angethrothen Straff-Gottes, und an unterschidlichen Orthen einreissenden Seuch, in einen solennen Bittgang, der unversehrte Leychnam dess H. Joannis Eleemosynarii Stadt-Patrons rings herumb dero Mauern getragen wurde den 18. Julii 1710. In Gegenwart Höchstgedachter Durchleucht Eminenz vieler Hoch-Adelich, geistlich und weltlichen Stands-Personen, wie auch einer zahlreichen Christenmenge verfasset durch R. Georgium Hueber Soc. Jesu Ordinarii Dom-Prediger allda bey St. Martin. Gedruckt zu Tÿrnau 1710. 22 S. - 4°

Hueber (Georgius Ludov.), Lithographiae Wirceburgensis ducentis lapidum figuratorum, a potiori insectiformium, prodigiosis imaginibus exornatae Specimen I. — Dissert. inaug. Wirceburgi 1726. Fol.

Hüber. Epaminondas. Versuch einer Darstellung seines Lebens und seines Wirkens. 2 Th. (..., 43) 4. Rastenburg 1874.

Hüber, J., Epaminondas. Versuch einer Darstell. s. Lebens u. Wirkens. I u. II. Pr. 1874/75. 4°. 48 S. 2.50

Hueber, J., Observationes de metonymiae apud poetas Latinos usu. Ps. I. Diss. 1818. 42 S. 6.50
Regimonti.

Hüber, Ign., Ferienlust. Eine Reise in die französ. Schweiz z. Studium d. französ. Sprache. gr. 8. (25 S.) Wien 892. (Sallmayer'sche Buchh.) n.n. — 40

Hüber, Ig., Ferienlust. Eine Reise in die französische Schweiz zum Studium der französischen Sprache. Gr.-8. (25 S.) .20
Wien: Sallmeyer (Schellbach) 1897.

Jo. Hüber diss. inaug. moris disputandi et disserendi originem, successum et fata, speciatim in (Facultate medica in) Universitate Vindobonensi recensens. Vindob. 1811. 8. (Josephus II. imperator morem disputandi et disputationes conscribendi in Fac. med. defenderat per decretum d. 25. Januar. 1785 et clinicum cursum loco disputationum instituerat, sed redux factus est mos disputandi in hac Facultate decreto Francisci II. d. 10. Febr. 1810; ita ut Hüberi disp. prima esset post 25 annos.)

Huober, Jo. Bapt., Diss. de casibus improvisis. Vienn. 8°.
Eyerel, Coll. IV, 372.
1782

HUEBER, Johann Evangelist (Regensburg): De sanguine arterioso pulli gallinacei. (Titel nach der Urkunde)
11.2.1831 - Urk; F 60
Diss. Ingolst.-Landsh.-Mchn.

HUEBER Johann Georg. Standesliste der . . . adelichen Arciern-Leibgarde pro anno 1784. Zum neuen Jahr verehret von –. Ghelen, Wien o. J. (1784) 1 vol., 12 Bl.

HUEBER, JOHANNES: Cithera Dei. Die Harpfen Gottes, an welcher tres sunt, qui testimonium dant: pater, verbum et spiritus sanctus, et hi tres unum sunt. Drey seynd, die Zeugniss geben, der Vatter, das Wort, und der heilige Geist, und diese drey seynd eins Oder Allerhöchst jährlich verpflichte Lob- und Ehren-Rede, in welcher das unergründliche, Anbettens, und verehrungswürdigste Fron-Geheimnuss der hochheiligen Drey-Einigen Gottheit dem eingeschränkten menschlichen Gemüths-Aug Johannes Hueber aus Preßburg, Grammatikschüler vorgetragen. Raab 1747. Gedr. b. Georg Joh. Streibig
9 f. - 160 mm

HUEBER, Max (Schrobenhausen): Der Typhus abdominalis im Jahre 1876 auf der ersten medicinischen Abtheilung des allgemeinen Krankenhauses München l/I.- München: Weiss (1877). 28 S.
30.7.1877 - Urk (Titel: De typho abdominali.); Chr 1877/78,9
Diss. Ingolst.-Landsh.-Mchn.

Hüber, P. K., s. Bemerkk. über Holland. — Denkwürdigkeiten d. Kapit. Landolph. — Jh. G. A. Forster's Briefwechsel. — Psalmen Davids.

Hueber, Philibertus. Austria ex Archivis Melicensibus illustrata, libri III. Fol. Lipsia 1722.

Hueber, Philibert, Austria ex Archivis Melicensib. illustrata. lib. i III. c. fig. fol. Lps. Gleditsch. 724.

Huber, Robert, Zur Histologie der pathologischen Verknöcherung. Diss. Dorpat. 8°. 59 pp. mit einer lithographirten Tafel
1873

Hüber, Serv. Isid., Sonn- Feyert.- und Buß-Predigten. 2 Jahrg. 4. Augsburg, Wolf. 709.

Hueber, Vikt., die Organisierung der Intelligenz. Mit e. Einführg. v. Ernst Mach. 3., erweit. Aufl. (VII, 234 S.) 8. Leipzig 910. J. A. Barth. geb. 3.60

Hueber, Vikt., Kaisertum Ungarn. Ein Wort zur Entwirrg. der polit. Lage im heut. Oesterreich-Ungarn. (Umschlag: 2. Aufl.) (28 S.) gr. 8. Prag (903). (Budapest, Grill). n. 1.—

Huberdt, A., Lehrbuch d. Brandenburg.-Preuß. Geschichte, für Schulen. 8. Berl. 830. Logier. 8 gr.

Huberdt, Aug., Elemente d. ebenen Trigonometrie, nebst prakt. Aufgaben f. Gymnasien u. höh. Bürger- u. Militär-Schulen. gr. 8. (4 B. u. 1 Figtaf.) Berlin 841, Duncker u. Humblot.

— Lehrbuch d. ebenen Geometrie, nebst vielen Aufgaben f. Gymnasien u. höh. Bürger- u. Militair-Schulen. gr. 8. (14 B. u. 4 Figtaf.) Berlin 841, Jonas Verlagsbuchh.

— Lehrbuch der Stereometrie für Schulen. Mit 1 Figurentaf. gr. 8. Berlin 844, Duncker u. Humblot. n. 1/3 Thlr.

Huberdt, A. Die Prinzipien der Wahrscheinlichkeits-Rechnung. 45 S.
Berlin, R. Sch., Progr. 1845

Huberdt, Aug., Sammlung von prakt. Aufgaben über die verschied. Rechnungsarten des bürgerlichen Verkehrs. Für Schulen. Mit e. Anhange, enthaltend: 5 Tabellen über Münzen, Maaße u. Gewichte etc. gr. 8. Berlin 843, Jonas Verlagsbuchh. n. 2/3 Thlr.

Hubergritz, M., Ichthyol u. seine Anwendung. [Aus: „Allg. med. Centralzeitg."] gr. 8. (6 S.) Berlin 893. O. Coblentz. n. 1.—

Huberich, A. R., s. Samml. von Gebeten f. die Schulen.

Huberich, Charles Henry, a. Austin, Texas, Verein. Staaten: Die Haftpflicht für Betriebsunfälle nach englisch-amerikanischem Recht. Heidelberg 1905: J. Horning. (XI, 36 S.) 8°
Heidelberg, Jur. Fak., Ref. Jellinek, Diss. v. 17. Juli 1905
[Geb. 18 Febr. 7, Toledo, Ohio; Wohnort: Palo Alto, Leland Stanford Univ.; Staatsangeh.: Ver. St.; Vorbildung: Privatunterricht; Studium: Univ. of Texas 6, Yale Univ. 2, Berlin 1, Heidelberg 1 S.; Rig. 17 Juli 05.]

The commercial Law of Australia and New Zealand. Das Handelsrecht von Australien und Neu-Seeland bearb. von Charles Henry **Huberich**, Prof. Ins Deutsche übers. von e. Anzahl deutscher Juristen. (1.) Berlin: v. Decker [1910]. 4°(8°)
(Brit. Besitzungen u. Schutzgebiete. T. 5.)
(Die Handelsgesetze d. Erdballs. Ausg. D. Bd 11, [2.]) in. 4097 4

Huberich, K.

— u. **C. Fischer**, gewerbl. Freihandzeichnen. 40 (farb.) Ornamentvorlagen im modernen Stil f. die verschiedensten Gewerbe. Zum Gebrauch an Gewerbeschulen, Fortbildungs-, Real- u. Volksschulen sowie an and. Lehranstalten. gr. Fol. (1 Bl. Text.) Ebd. 901.
In Mappe n. 20.—

Huberich, K., Handbuch d. modernen Zeichenunterrichts f. die Mittel- u. Oberstufe (Mittelstufe der höh. Schulen). Methodische Anleitg. m. Lehrgang u. Lehrstoffsammlg. f. den Unterricht im freien Zeichnen an Volks-, Mittel- u. höh. Schulen. Mit zahlreichen Abb. im Text u. auf 15 [1 farb.] Taf. (VI, 70 S.) Lex. 8. Stuttgart (909). Union. Kart. 4. —

Huberich, K., elementarer Lehrgang f. den modernen Zeichenunterricht. Zum Gebrauch für die Unterstufe des Freihandzeichnens an Real- u. Volksschulen, Gymnasien u. höheren Mädchenschulen. Mit vielen Abb auf 17 Taf. u. Textillustr. (VIII, 68 S.) gr. 8. Stuttgart 904. [W. Effenberger.] K. Wittwer. n. 2. 50

Huberich K, Elementarer Lehrgang für den modernen Zeichenunterricht (68 S 17 T) und 2. Auflage (83 S 17 T) Stuttgart 1904. 07

— Elementarer Lehrgang f. den modernen Zeichenunterricht. Zum Gebrauch f. die Unterstufe des Freihandzeichnens an Real- u. Volksschulen, Gymnasien u. höh. Mädchenschulen. Mit zahlr. Abb. im Text u. auf 17 Taf. 3., durchgeseh. u. verm. Aufl. (IV, 84 S.) gr. 8. Stuttgart 908. K. Wittwer. 2.50; geb. in Leinw. 3. —

— Ilustrierte Lehrstoff-Sammlung f. d. Zeichenunterricht d. Unterstufe nebst amtlichen Lehrplänen u. Lehr- u. Lernmittelverzeichn. Suppl. zu Huberichs elementarem Lehrgang f. d. mod. Zeichenunterricht. (24 S. m. 8 Taf.) Lex. 8. Stuttgart (908). Union. 1. 60

Huberich, K., die erste Stufe des Freihandzeichnens nach der Natur. Vorschläge zu e. Behandlung des elementaren Freihandzeichnens an höh. Lehranstalten. Mittel- u. Volksschulen, als Vorstufe f. das perspektiv. Freihand-Körperzeichnen. gr. 8. (26 S. m. 9 Taf.) Stuttgart 900. W. Effenberger. n. 1. 20

Huberich, Karl Anton, Einleitung in die christl. Religionslehre. Auch u. d. Titel: Die Schriften der göttlichen Offenbarungen, deren Ursprung, wesentlicher Inhalt und Einfluß auf den Bildungsgang der Menschheit. Ein biblisches Lehrbuch für Schullehrerseminare, Real- und Gymnasial-Anstalten rc. Nebst 6 Zeit- und Geschichtstabellen in gr. 4°. Stuttgart, Ebner und Seubert, 1844, gr. 8°, 15½ Bg., 3 Mk.

— deutsche Messe f. 4stimm. Männerchor mit beliebiger Begleitung eines Violoncells u. Contraviolons. Lex.-8. Stuttgart 816, Wagner. ¼ Thlr

Huberin, J. M., baierisches Kochbuch f. Fleisch- u. Fasttage. (A. u. d. T.: Kunst, e. geschickte Köchin u. Haushälterin zu werden.) 8. ... 810. (Liebeskind in Leipz.) 1 Thlr

Huberinus, Kaspar

— **Joh. Spangenberg u. Harms**, Erbauliches in hoch- u. plattdeutscher Sprache. Betrachtungen u. Predigten. Halle 860. Petersen. 8. (88 S.) n. 6 ngr.

Huberinus, Casp., vom Zorn und von der Güte Gottes. Zum ersten Male gedruckt 1529. Mit Vorrede Dr. Mart. Luthers. Wieder hrsg. von Ernst Hesse. 4 Hefte. 16. (286 S.) Mansfeld 860. (Halle, Petersen.) à Heft * 4 Ngr.

Hubers, Jos., u. Alb. L. Mond, das englische Patentrecht u. seine Praxis. (152 S.) kl. 8. Berlin 909. C. Heymann. In Leinw. kart. 3. —

HUBERS, Wernhard, Funken vom Heerde seiner Laren (Gedichte u. Aufsätze), der Freundschaft (,) der Wahrheit, dem Scherze. (Französ. Motto, 2 Verszeilen, unterz. Bridel.) Mit (5) Kupfern in getuschter Manier (incl. Portr. d. Verf. als Titelkpf., Marquard Wocher fec.) u. Melodien (Musiknoten). Basel, bey Joh. Jacob Thurneysen, 1787. 8° (25 Mk, Hfrz. d. Zeit m. grün. Schnitt u. goldgepr. Super-Exlibris, Jos. Baer & Co., 1910.)

322 S. (incl. Titelkpf. u. Titel), 1 Bl. Druckf. Enth. C Nrn. — Nr. 87: Ritter(s) v. Scheideck Geschichte. Nach einer alten Bauern-Sage von den verwüsteten Schlössern Scheideck u. Oedenburg im Basel-Gebiet, in (Bänkelsänger-) Reime gebracht. (66 vierzeil. Str., stellenweise frei, mit ebensolchem Kupfer, S. 271—284). Zu Nr. 4 „St. Jacob bey Basel. Eine Vergleichung." hübsches Kupfer (Abbildg. einer Gartenwirthschaft)

Hübers, Heinrich

Hübers, H., allgemeiner Frachten-Tarif f. die Eisenartikel des Special-Tarifs II in Ladungen v. mindestens 10 000 kg per Wagen. Verkehr in Deutschland. Nach amtl. Quellen m. Nachweisg. aller vortheilhaften Umkartirgn., bearb. 4. Ausg. Juni 1893. gr. 8. (385 S.) Dortmund 893. Humboldtstr. 11, H. Hübers. 8. —

Hübers, H., allgem. Frachten-Tarif f. d. Eisenartikel d. Special-Tarifs II in Ladgn. v. mindestens 10 000 kg per Wagen. Verkehr in Deutschland. Nach amtl. Quellen, m. Nachweisg. aller vortheilhaften Umkartirgn. 6. Ausg. Jan. 1898. Lex.-8. (444 S.) Dortmund (Amalienstr. 23), Selbstverlag. n.n. 10. —; Nachtrag I. v. 15/III. 1898. (16 S.) n.n. — 70

Hübers, H., allgem. Frachten-Tarif f. die Eisenartikel d. Specialtarifs II in Ladgn. v. mindestens 10 000 kg per Wagen. Verkehr in Deutschland. Nach amtl. Quellen, m. Nachweisg. aller vortheilhaften Umkartirgn. 7. Aufl. Mai 1900. Lex.-8. (496 S.) Dortmund (Amalienstr. 23) 900. Selbstverlag. n.n. 12. —

Hübers, H., allgemeiner Frachten-Tarif für die Eisenartikel des Spezialtarifs II in Ladungen v. mindestens 10000 kg per Wagen. Verkehr in Deutschland. Nach amtl. Quellen, m. Nachweisg. aller vorteilhaften Umkartierg. 9. Aufl. Juni 1905. (521 S.) Lex.-8. Dortmund (Amalienstr. 23) 905. Selbstverlag. n. 12. —

Hubert [Sachliches OW]

Hubert, Graf von Calw, Scenen aus seinem Leben, zwölftes Jahrhundert, 8. Offenbach, 794. Brede. 8 ggl.

Hubert von Calw, Graf, od. die Klausner auf Wildkirchlein. Eine Sage. Seitenstück zur Beatushöhle. gr. 12. (7 B. u. Ttlbld.) Reutlingen 843, Fleischhauer u. Spohn.

Hubert, der Projectmacher, od. Abentheuer, Fatalitäten, Luftschlösser, Wagestücke e. jungen Parisers, e. kom. Geschichte. 4 Bdchen. gr. 12. Leipz. 824. Centr.-Compt. 3 Thlr

Hubert, der Projektmacher rc., ist nach d. Französischen des Pigault la Brün von Dr. Frieswinkel in Paris

Hubert, Sanct, und and. Erzählungen v. d. Verfn. d. Erna rc. (Charl. Soph. Luise Wilh. v. Ahlefeld.) 8. (14½ B.) Leipzig 828, Kollmann.

Hubert [Verfasser]

Aufmunterung zur Wohlthätigkeit von den Brrn **Hubert** [Komp.] und Kaufmann. o. O. u. J. 1 Bl. 8° [Kopftit.]

Lied ohne Noten: „Lasst uns hier der Erde Güter nützen, . . ." 193.

Hubert, Charakterzüge aus dem Volksleben. Zwei kleine Erzählungen. 8. (88 S.) Salzburg 882, Mittermüller.

Hubert. L'esclavage du riche. 1845.

Lied am Johannistage 1806 von Hubert u. Kaufmann. o. O. [1806]. 1 Bl. 8° [Kopftit.]
Ohne Noten: „Lasst am heut'gen Tage . . ." 232.

HUBERT, ALOYS VON.
Anleitung durch Colorimetrie den Kupferhalt von Erzen und Hütten-Producten schnell und genau zu ermitteln. Wien, 1852. pp. xvi–58, 8vo.

Hubert Alois v. Anleitung durch Colorimetrie den Kupfergehalt von Erzprodukten zu ermitteln. Wien, C. Gerold u. S. 1852. 8.

Hubert, Alois v., Anleitung durch Colorimetrie den Kupferhalt von Erzen- und Hütten-Produkten schnell und genau zu ermitteln. gr. 8. (XVI und 59 S. mit 1 Kpfrt. in qu. Fol.) Wien 853, Gerold's Sohn.

Hubert, Ant., der rationelle Hopfenbau nach den Verfahrungsarten derjenigen Gegenden und Länder, insbesondere Böhmens, Bayerns und Englands, wo gegenwärtig der beste und feinste Hopfen gebaut wird, nebst Andeutungen über den Hopfenhandel. gr. 8. (VI und 119 S.) Weimar 861, Voigt.

Hubert, Bernh., Abrégé systématique de la grammaire française, s.: Bierbaum, F. Jul.

Hubert, Bernh. [aus Dresden]: De arbitris Atticis et privatis et publicis . . . Lipsiae, Jul. Klinkhardt, 1885: 57 (1) S. 8°.
Leipzig, Phil. Fak., Inaug. Diss. v. 10. Dez. 1885.

Hubert, Bernh., de arbitris atticis et privatis et publicis. gr. 8. (58 S.) Leipzig 885, Fock.

Hubert, Bernh., Heimatkunde der Prov. Schleswig-Holstein, s.: Blümer, Haupt u. Bachmann, dtschs. Lesebuch f. höhere Mädchenschulen.

Hubert, [Bernhard]: Zur Neuordnung des höheren Mädchenschulwesens in Preußen. Kiel 1909: Handorff. S. 11—18. 4°
Kiel, st. HM 1 P 1909 [152] [S 09. 215

— s.: Nouvelles, 4, modernes.

Hubert, B. Die Plaideurs Racines. Eine litterarhistorische Studie. Leipzig, städt. H. M., 1893. 24 S. Progr.

— s.: Reformbibliothek, neusprachliche.

Hubert, Bernh., systemat. Repetitions- u. Ergänzungs-Grammatik zu J. Bierbaums französ. Lehrbüchern, s.: Bierbaum, Jul.

Hubert, Bernhard (Hrsg.), s. Rückert, Friedrich: Gedichte. Auswahl.

— Sammlg. deutscher Übungsstücke z. Übersetzen ins Französische, s.: Bierbaum, Jul.

— der französische Unterricht nach d. analyt.-direkten Methode u. nach d. preuß. Bestimmgn. üb. d. Mädchenschulwesen v. 31. V. 1894. Vortrag, geh. am 25. VI. 1898 im Leipziger Lehrerinnenverein. 8. (16 S.) Leipzig 898. Roßberg. n. — 40

Hubert, C. A., s. Hubert, Karl August.

v. Hubert, C. J., Gallerie merkwürd. Personen aus d. alten u. fabelhaften Geschichte. Ein interessantes Lesebuch f. die Jugend, französ. u. deutsch mit 37 Kpf. 4. Wien 819. Al. Doll. 1 ₰ 8 ℊ

— s. Sentenzen u. Denksprüche.

Hubert, (E.,) Blumen, s. a. Blumen.

Hubert, E., Blumen z. Erhebung u. Erheiterung des Gemüths, z. Gebrauch f. Stammbücher. 16. Bonn 826. 2e Aufl. 829. Habicht. 14 ℊ

Hubert, E., Blumen zur Erhebung u. Erheiterung d. Geistes u. Gemüthes, auch z. Gebr. f. Stammbücher. Aus d. Werken d. vorzügl. Dichter d. klass. Alterthums, u. d. beliebt., deutschen, engl., span., portugies., italiän. u. franz. Schriftsteller. 2. Ausg. 16. (11 B.) Bonn 829, Habicht.

— Blumendeutung. Geschenk d. Liebe u. Freundschaft. 16. Bonn 829. Habicht. 6 ℊ

Hubert Ed, illustr. Prachtalbum d. Weltausstell. 1889. 3. Aufl. (128 S) fol Paris 1890

Hubert, Ed., s. a. Pracht-Album, illustr., d. Weltausstellung 1889.

Hubert, Eg. Urban, neuer Führer durch die Kreishauptstadt Würzburg u. ihre Umgebgn. Unter Benützg. der besten Quellen bearb. 16. (151 S.) Würzburg 875. Stuber. n. 1. 50

Hubert, Eg. Urban, neuer Führer durch die Kreishauptstadt Würzburg u. ihre Umgebungen. Unter Benützung der besten Quellen bearb. 2., verb. u. verm. Aufl. 16. (158 S. m. 1 chromolith. Stadtplan.) Würzburg 882. Stuber's Verl. cart. n. 1. 50; ohne Plan n. 1. 20

Hubert, E. Urban, Führer durch Würzburg's Umgebung. Verb. Sep.-Abdr. aus dem Führer durch Würzburg. 2. Aufl. 16. (VIII, 45 S.) Würzburg 883, Stuber's Verlagsh.

Hubert, F. C. Die Einführung der englischen Tabaksteuer in Deutschland. 8°. Tübingen 1874.

Hubert, Franz, s.a. Huberti, Franz.

Hubert, Frz., Beruf. Roman. 8. (126 S.) Leipzig 897. W. Friedrich. n. 2. —

Hubert, Frdr., die Strassburger liturgischen Ordnungen im Zeitalter der Reformation, nebst e. Bibliographie der Strassburger Gesangbücher, gesammelt u. hrsg. gr. 8. (LXXXIV, 154 S. m. 8 Taf.) Göttingen 900. Vandenhoeck & Ruprecht. n. 8. —

Hubert, Friedrich *Hermann Viktor Eduard:* Vergerios publizistische Thätigkeit nebst e. bibliograph. Übersicht. 1. Tl . . . [Erschien vollst. 1893 bei Vandenhoeck & Ruprecht in Göttingen.] Breslau, Druck d. Kgl. Univ.-Buchdr., Grafs, Barth & C., 1893; 122 S., 1 Bl. 8.
Strassburg, Phil. Fak., Inaug.-Diss. v. 1893

Hubert, Frdr., Vergerio's publizistische Thätigkeit, nebst e. bibliograph. Übersicht. gr. 8. (XV, 323 S.) Göttingen 893. Vandenhoeck & Ruprecht. n. 6. —

Hubert, Friedrich Gotthard

Hubert, F. G., Geschichte d. griech. Literatur, s.: Kopp, W.

— Geschichte der römischen Literatur, s.: Kopp, W.

Hubert, F. G., römische Staatsalterthümer. In kurzer Übersicht zusammengestellt. [Umarbeitung der 3. Aufl. von W. Kopp, römische Litteraturgeschichte und Alterthümer, 2. und 3. Heft.] 8. (X, 256 S. mit 18 in den Text gedr. Abbild. und 1 Plan.) Berlin 886, Springer.

—— über den Vortrag der Homerischen Gedichte ἐξ ὑποβολῆς. gr. 4. (13 S.) Rawitsch 885. (Posen, Jolowicz.)

Hubert, G., Coniunctivi usus in sermone Graeco comparatur cum eiusdem modi usu in sermone Latino Part I. Pr. 1869. 12 S. 4°. —.90

Hubert, H., d. Verwendg d. Hochofen-Gichtgase zur Erzeugg. motorischer Kraft. Uebers. v. F. Toldt, Uebersetzg. aus d. „Annales de mines de Belgique". [Aus: „Oesterr. Zeitschr. f. Berg- u. Hüttenwesen".] gr. 8. (32 S. m. 15 Fig. u. 1 Taf.) Leoben 897. (L. Nüssler.) n. 1. 50

Hubert's, Hans, Bauernbriefe. gr. 8. (216 S.) Frankfurt a. O. 886, Trowitzsch und Sohn. geb. *

Hubert's, Hans, Bauernbriefe. 1. Sammlg. 2. Aufl. u. 2. Sammlg. gr. 8. (IV, 210; IV, 151 S.) Frankf. a. O. 890, Trowitzsch u. Sohn. cart. à Sammlg. * 2 —; * 4 —

Hubert's, Hans, Bauernbriefe. 1. Sammlg. 2. Aufl. gr. 8. (IV, 210 S.) Frankfurt a/O. 891. Trowitzsch & Sohn. Kart. n. 2. —

—— Frankfurter Bauernkalender f. d. J. 1890/91. Hrsg. v. E. Michelsen. 8 (à Jahrg. ca. 200 S.) Ebd. à Jahrg. * 1 —
Auch u. d. T.: H.'s norddeutscher Bauernkalender. — Erscheint nicht mehr.

Hubert, J. C., s. Huberti.

Hubert, Iacobus (geb. am 27 Apr. 1820 in Neuerburg): De discrimine choreae St. Viti a motu convulsivo musculari ... Bonnae, typ. C. & F. Krüger 1848. 2 Bl., 22 S., 2 Bl. 8.
Bonn, Med. Fak., Diss v. 12 Aug. 1848

Hubert, Johs., ein Fall von Tracheostenose durch eine verkäste, verkalkte und gelöste Bronchialdrüse, durch Tracheotomie gerettet. Inaugural-Dissertation. gr. 8. (19 S.) Kiel 885, (Lipsius und Tischer.)

Hubert, Johann Friedrich Karl (auch: Joh. Karl Friedrich)

Hubert, Joh. Carl Frdr., der heilige Adventsruf. Predigt über Evang. St. Matthäi 21, 5, am 1. Advents-Sonntage 1852. gr. 8. (12 S.) Berlin 852, Decker. 1/12 ℛ

—— Anweisung zur Anwendung einer einfachen Methode beim ersten Unterricht im Lesen und Schreiben nebst Erläuterungen zur preuß. Handfibel für Christenkinder. gr. 8. (15 S.) Berlin 856, Deckersche geheime Ober-Hofbuchdr.

— große und kleine Deutsche Buchstaben zum Gebrauch beim ersten Unterricht im Lesen. Ebend. (856.) (4 Bgn. in gr. Fol.) n. 3 ngr.

Hubert, J. F. K., drei brennende Fragen für Zeit und Ewigkeit, aus dem Worte Gottes beantwortet. 8. (69 S.) Freienwalde a. O. 885, (Dräseke.)

Hubert, Joh. Frdr. Carl, der christliche Glaube u. die Einsprüche seiner Gegner. Apologetische Abhandlgn. 8. (XI, 144 S.) Berlin 872. Beck. n. 1. 50

— Handbüchlein für Lehrer und Schulinspectoren beim Religionsunterricht in ein- und zweiklassigen Volksschulen. 86 Wochenpensa in zwei Jahrgängen. In genauer Uebereinstimmung mit dem preuß. Regulativ für die evangel. Elementarschulen vom 3. Octbr. 1854 herausg. 854. (XVI, 98 S.) — 2. verb. Aufl. Ebend. 855. 16. (XVI, 112 S.) 7½ ngr.

—— Handbüchlein für Lehrer und Schulinspectoren beim Religionsunterricht in ein- und zweiklassigen Volksschulen. 86 Wochenpensa in zwei Jahrgängen. In genauer Uebereinstimmung mit dem preuß. Regulativ für die evangel. Elementarschule vom 3. Octbr. 1854 hrsg. 1. Aufl. 16. (XVI und 98 S.) 1855. und 2., verb. Aufl. gr. 16. (XVI und 112 S.) Berlin 855, Deckersche geheime Ober-Hofbuchdr.

Hubert, J. C. F., Handbüchlein für Lehrer und Schulinspectoren beim Religionsunterricht in 1- und 2klassigen Volksschulen. 86 Wochenpensa in 2 Jahrgängen. In genauer Uebereinstimmung mit dem preuß. Regulativ für die evangel. Elementarschule vom 3. Octbr. 1854 hrsg. 3., verb. Aufl. 16. (XVI und 112 S.) Berlin 863, v. Decker'sche geheime Ober-Hofbuchdruckerei.

—— preußische Hand-Fibel mit 60 Bildern (in eingedr. Holzschn.) für Christenkinder. 1. Thl.: Ein einfacher, methodischer Lehrgang für den ersten Unterricht im Lesen und Schreiben. 2. Aufl. 8. (80 S. mit 1 Holzschnt.) Berlin 850, Deckersche geheime Ober-Hofbuchdr. *
Vlnp. 6. Aufl.

Hubert, J. C. F., preußische Hand-Fibel mit 60 Bildern (in eingedr. Holzschn.) 1. Thl.: Ein einfacher, method. Lehrgang für den ersten Unterricht im Lesen und Schreiben. 10. Aufl. 1858. und 11. Aufl. 8. (80 S. mit 1 Holzschnt.) Berlin 860, Decker'sche geheime Ober-Hofbuchdruckerei.
Vlnp.

—— preußische Hand-Fibel mit 60 Bildern (in eingedr. Holzschn.) 1. Thl. Mit 3 Titelbildern (in Holzschn.) Ein einfacher, method. Lehrgang für den ersten Unterricht im Lesen und Schreiben. 12.—17. Aufl. 8. (80 S.) Berlin 863—68, v. Decker'sche geheime Ober-Hofbuchdruckerei.
Velinp. cart.

Hubert, J. K. F., preußische Hand-Fibel mit 60 Bildern. 1. Thl.: Ein einfacher, method. Lehrgang für den ersten Unterricht im Lesen und Schreiben. 18.—22. Aufl. 8. (80 S.) Berlin 869—77, v. Decker's Verlag. * 20 Pf.; geb. **

Hubert, J. K. F., preußische Hand-Fibel mit 60 Bildern. 1. Thl. Ein einfacher, methodischer Lehrgang für den ersten Unterricht im Lesen u. Schreiben. 21. Aufl. 8. (80 S.) Berlin 877. v. Decker. n. — 20; geb. n.n. — 30

—— Hand-Fibel mit 60 Bildern. 1. Tl.: Ein einfacher, method. Lehrgang für den ersten Unterricht im Lesen und Schreiben ausgearb. und hrsg. 24. Aufl. 8. (80 S.) Berlin 885, v. Decker's Verlag. * 20 Pf.; geb. *

— — 2. Thl. Ein Buch für die Kinder zur Uebung im Lesen und eine Handreichung für die Lehrer beim ersten Unterricht in den Realien, in der Muttersprache u. in der Religion ausgearb. ꝛc. 2. Aufl. Ebend. 856. gr. 8. (IV, 116 S.) n. 2 ngr.; Velinp. 6. Aufl. 7½ ngr.

—— dass. — 2. Thl.: Ein Buch für die Kinder zur Uebung im Lesen und eine Handreichung für die Lehrer beim ersten Unterricht in den Realien, in der Muttersprache und in der Religion. 9. Aufl. 8. (IV und 116 S.) Ebendas. 860.
Vlnp.

—— dass. — 2. Thl. Ein Buch für die Kinder zur Uebung im Lesen und einer Handreichung für die Lehrer beim ersten Unterricht in den Realien, in der Muttersprache und in der Religion. 10. Aufl. 1863. und 11. Aufl. 8. (IV und 120 S.) Berlin 866, v. Decker'sche geheime Ober-Hofbuchdruckerei.
Velinp. cart.

— dass. — 2. Thl.: Ein Buch für die Kinder zur Uebung im Lesen und eine Handreichung für die Lehrer beim ersten Unterricht in den Realien, in der Muttersprache und in der Religion. 12. und 13. Aufl. gr. 8. (IV, 120 S.) Ebendas. 869,73. * — 20
geb. ** — 30

Hubert, J. K. F., preußische Hand-Fibel. 2. Thl. Ein Buch für die Kinder zur Übung im Lesen und eine Handreichung für die Lehrer beim ersten Unterricht in den Realien, in der Muttersprache und in der Religion. 14. und 15. Aufl. 8. (IV, 128 S.) Berlin 879,81, v. Decker's Verlag.
geb.

—— die Rosenkranz-Encyklica des römischen Papstes vom 1. Septbr. 1883, mit dem Licht des göttl. Wortes beleuchtet. 8. (22 S.) Freienwalde a. O. 885, (Dräseke.)

—— Spruchbuch für die liebe Schuljugend mit Dr. M. Luthers kleinem Catechismus und einigen Gebeten. Vollständiger Abdr. der in dem Handbüchlein für Lehrer rc. angegebenen rc. Bibelsprüche. 16. (IV und 108 S.) Berlin 855, Deckersche geheime Ober-Hofbuchdr.

—— Spruchbuch für die liebe Schuljugend mit Dr. M. Luthers kleinem Catechismus und einigen Gebeten. Vollständ. Abdr. der in dem Handbüchlein für Lehrer und Schulinspectoren beim Religionsunterricht angegebenen und für die einzelnen Schüler-Abtheilungen zum Auswendiglernen bestimmten Bibelsprüche. 2., verb. Aufl. 16. (IV und 108 S.) Berlin 863, v. Decker'sche geheime Ober-Hofbuchdruckerei.

—— preußische Wandfibel. 45 Bog. mit eingedr. Holzschn. in Imp.-Fol. Berlin 856, Deckersche geheime Ober-Hofbuchdr.

Hubert, J. F. Karl, der Kaiser u. König Wilhelm II. u. seine Socialreform-Bestrebungen als Monarch u. Summepiskopus. Eine wohlgemeinte Geburtstagsgabe. gr. 8. (48 S.) Freienwalde a/O. 891. F. Draeseke. — 50

Hubert, Karl August

— Abhandl. von d. Stallfütterung. 8. Dresd. 792. Walther. 5 𝒢

HUBERT, Karl August: Grundsätze über die Bedeckung und Urbarmachung des Flugsandes, oder vielmehr der Sandschollen, nach welchen ihre Behandlung sowohl im Allgemeinen, als in besonderer Beziehung auf die Kurmark Brandenburg beurtheilt, und diese Bedeckung nach der hier beigefügten ausführlichen Anweisung am zweckmäßigsten ausgeführt werden kann. - Berlin 1824. 255 S., 1 Steintaf.

Hubert, (C. A.,) Grundsätze üb. d. Bedeckung u. Urbarmachung d. Flugsandes od. vielmehr d. Sandschellen. Eine gekrönte Preisschrift. Mit 1 Steintaf. gr. 8. Berl. 824, Cawitzel.

Hubert, Karl Aug., Grundsätze üb. die Bedeckung u. Urbarmachung d. Flugsandes od. vielmehr d. Sandschellen. Eine gekrönte Preisschrift. Mit 1 Steintaf. gr. 8. Berl. 824. (Rücker). 1 ℛ 6 𝒢

— üb. Koppelwirthschaft, s. Preisschrift.

— üb. den schwarzen Kornwurm (Curculio granarius) u. über dessen, auf Grundsätzen d. Natur beruhende radicale Vertilgung. 8. Potsd. 828. Horvath. 4 𝒢

— üb. Veredlung d. Schaafzucht in d. Preuß. Landen. gr. 8. Potsdam 797. Horvath. 3 𝒢

Hubert K. A.: Ueber die Veredlung d. Schafzucht in den königl. preussischen Ländern ... Potsdam 1797. 30 S. P.

Hubert, Carl Aug., die Wartung, Zucht u. Pflege d. Schafe rc., s. Bibliothek, kleine, f. prakt. Landwirthe, 10., 11. Lfg.

— die Wartung, Zucht u. Pflege d. Schaafe, ihre Benutzung u. Veredlung, oder Dienstanweisung f. meinen Schäfer. Mit 3 Kpf. 8. Berl. 814. Maurers B. 22 𝒢 Schrbp. 1 ℛ 4 𝒢 (Vergl. J. N. Rohlwes, Receptbuch f. Schäfer.)

Hubert, Karl Aug., die Wartung, Zucht u. Pflege der Schafe, ihre Benutzung und Veredlung rc. Mit 3 Kpfrtaf. 8. 1814. Jetzt Heymann in Berlin. 11/12 ℛ

Hubert C. A.: Die Wartung, Zucht u. Pflege d. Schafe, ihre Benutzung u. Veredelung ... Berl. 1814. (16) 320 S.
— Th. 2. Receptbuch f. Schäfer, v. J. N. Rohlwes. Sst. 1813. 154 S. (Indb. m. foreg.).

Hubert, Carl Ferdinand, Kammergerichtsrefer.: Vorerbe und Nacherbe in ihrem rechtlichen Verhältnisse zueinander. Borna-Leipzig 1910: Noske. VIII, 48 S. 8°
Leipzig, Jur. Diss. v. 10. Okt. 1910
[Geb. 19. Febr 85 Berlin; Wohnort: Berlin; Staatsangeh.: Preußen; Vorbildung: Gymn Klausthal Reife M 04; Studium: Berlin 1, Jena 2, Gießen 1, Berlin 1, Jena 5 S.; Rig. 20. Juli 10.] [U 11. 2868

Hubert, Curtius, Posnaniensis: De Plutarchi **Amatorio.** *Kirchhainii Lusat. 1903: M. Schmersow.* (98 S.) 8°
Berlin, Phil. Diss. v. 11. Nov. 1903

Hubert, Curt, de Plutarchi amatorio. Diss. (98 S.) gr. 8. Kirchhainii 903. (Leipzig, Buchh. G. Fock.) n. 2.—

Hubert, Lucien, Französisch-Westafrika. Vortrag, geh. im Oberlichtsaale der Philharmonie am 15. III. 1907. Hrsg. v. der deutschen Kolonialgesellschaft. (85 S.) gr. 8. Berlin 907. D. Reimer. — 50

Hubert, Michel. Catalogue raisonné du Cabinet d'estampes de feu Monsieur Winckler à Leipzig. 1 Bde. Leipzig 1802. 8°.

Hubert, Otto: Zur Geschichte des Deutschtums im Elsass. Eine litterarhistorische Studie. Landsberg a. d. W. 1904: Dermietzel & Schmidt. (32 S.) 4°
Landsberg a. d. W., k. G nebst R OP 1904 (88)

Hubert, R.

— u. T. Kellen, prakt. Ratgeber f. Stellesuchende in kaufmänn., gewerbl. u. anderen Berufen. Vollst. Anleitg., sich geschickt u. in der richt. Form u. m. Erfolg um offene Stellen zu bewerben u. seine erworbene Stellg. sich dauernd zu sichern, zugleich enth. Muster zu Bewerbungsschreiben u. Verträgen sowie die gesetzl. Vorschriften üb. die Rechtsverhältnisse zwischen Prinzipal u. Handlungsgehülfen, zwischen Lehrherrn u. Lehrlingen u. zwischen Arbeitgebern u. Gesellen od. Gehülfen u. s. w. nach den Bestimmgn. des neuen Handelsgesetzbuchs u. der Gewerbeordng. (Dr. Ludw. Huberti's moderne kaufmänn. Bibliothek.) gr. 8. (X, 175 S.) Leipzig (900). Dr. L. Huberti.
Geb. in Leinw. n. 2. 75

Hubert, R., was muß man v. der Mineralogie u. Gesteinskunde wissen? Allgemeinverst. dargestellt. gr. 8. (118 S. m. Abbildgn.) Berlin (901). H. Steinitz. n. 1. 50

Hubert, Rudolf, approb. Arzt aus Köln-Deutz: **Aus d. pathol. Institut zu Giessen. Über Ovarialgeschwülste bei Kindern.** *Giessen 1901: v. Münchow.* (41 S.) 8°
Giessen, Med. Diss. v. 1901

Hubert, W. E., Lebensbilder katholischer Erzieher. I und II. 8. Mainz, Kirchheim.
Inhalt:
I. Der heilige Joseph Calasanza, Stifter der frommen Schulen. (XVI, 193 S.) 886 M 2. –.
II. Der ehrwürd. Johann Baptist de la Salle als Erzieher. (XI, 151 S.) 887. M 1.50.

Hubert, W. E. Lebensbilder kathol. Erzieher. III. Die heil. Angela Merici, Stifterin der Ursulinerinnen. 8. (VIII, 163 S.) Mainz 891, Kirchheim. 1 50
I u. II. Ebd. 1886,87. 3 50.

Hubert, W. E., Lebensbilder katholischer Erzieher. IV. D. hl. Hieronymus Aemiliani, Stifter d. Kongregation v. Somasca. 8. (XI, 172 S.) Mainz 895 F. Kirchheim. 2. — (I.—IV.: 7. —)

— dasselbe, Fortsetzg., s.: Lebensbilder kathol. Erzieher.

Hubert, Wilh., die Grundregeln der deutschen Sprache. Ein gemeinfaßl. Hülfsbuch zur Selbsterlerng. d. richt. Schreibens u. Sprechens namentlich f. diejenigen, die in ihrer Schulbildg. zurückgeblieben sind. 8. (VIII, 130 S.) Berlin 871. Cronbach. 1. 25

Hubert, Wilh. Die Grundregeln der deutschen Sprache. Ein gemeinfaßl. Hülfsbuch zur Selbsterlerng. d. richt. Schreibens u. Sprechens, namentlich f. diejenigen, die in ihrer Schulbildg. zurückgeblieben sind. 2. (Titel-)Aufl. 12. (VIII, 130 S.) Berl. 891, Cronbach. cart. * 1 25

Hubert, Wilhelm, über die Verkrümmungen der Nasenscheidewand und deren Behandlung. Diss. Heidelberg 1886. München. Jos. Ant. Finsterlin. 8⁰. 30 S.

Hubert-Valleroux, Marcellin Émile

— essai théorique et pratique sur les maladies de l'oreille. gr. 8. Paris 846, Fortin, Masson et C. (Leipzig, W. Gerhard.) n. 2 ℳ

Hubert-Valleroux, M(arcellin) É(mile): Ein neues Mittel gegen Schwerhörigkeit, Mitgetheilt in einer Sitzung der Société médico-pratique zu Paris. (Mémoire sur le catarrhe de l'oreille moyenne...avec l'indication d'un nouveau mode de traitement. Dt.) 84 S., gbd.

Wien: Haas 1843

JB 4.337

Huberta, die Lichtfreundinn. Skizzen aus der Provinz. 8. Berlin 846, Morin. 1 ℳ

Huberti, Jh. Ant., üb. Pflichten der Geistl., s. Pflichten.

Huberti: Eine botanische Excursion. – Progr. Siegburg 1860.

Huberti: Statistisch-geschichtlicher Ueberblick des Progymnasiums, resp. der höhern Lehranstalten in den letzten 30 Jahren. – Siegburg, Progr. 1857.

Huberti, B., Doktor Jans, off: Seh'n Sie, das ist e. Geschäft, off: Se würd't nich alle. Graute Burensängerie met Singsank aohne Akten in tein Up- un annre Tritte. (24 S.) 8. Münster (910). G. W. Visarius. — 40

Huberti, Franz

— compendium arithmeticae elementaris vulgaris. 8. Fulda 751.

Prima mechanicae elementa, demonstrationibus suis roborata, quae publica exercitatione exponenda et demonstranda sibi sumpsit Praeside P. *Franc. Huberti* . . . ornatus et eruditus D. *Fridericus Josephus König* Fuldensis. . . . Fuldae in aula academica MDCCLII. die XXI. Aprilis, Medio 2. Pomeridianae, Typis Stephani Antonii Küfler. 8. 48 S. m. 1 Kupft. 1752.

— epitome geometriae. 8. Fulda 751.

— Gedanken üb. den Nutzen u. die Möglichkeit e. einförm. Fruchtgemaßes im Reich od. den vordern Reichskreisen. 8. Mainz 771.

Franc. Huberti institutionum mathematicarum, opusculum I. arithmetica, Francof., Varrentrapp. 8. 1753.
1754. — opuscul. II. geometria ibid. 8. (12 gr.)
1756. — opuscul. III. Mechanica, ibid. 8. (8 gr.)
1758. — opuscul. IV. hydrodynamica, ibid. 8. (8 gr.)

— rudimenta algebrae. 8. Würzb. 762.

Huberti, Frz., († d. 2. Febr. 1789.) rudimenta algebrae in us. tyron. conscr. 8 Würzb. 766. Stahel. 6 K

Huberti, Fr.: „Vergleichung der würzburgischen und mehrerer andern fremdherrischen Fruchtmaasse gegen das würzburger Stadtmaass", Würzburg 1777 (Köl).

— Vergleich d. Würzburg. u. mehr. and. fremder Fruchtmaße gegen das Würzb. Stadtmaß. 4. Würzb. 777. Stahel. 1 ℳ 8 K

Huberti, Franz Carl Joseph (Ebera [= Ebrach] Herpolitanus, Huepstadt/Eichsfeld), De damno e nimia hominum ad lectum aegri frequentia. Diss. med. Erfurt (Goerling) 1792. 20 Seiten. (6.—) 16183

HUBERTI, J. C: Abhandlungen von dem allgemeinen Holzmangel und von den Mitteln solchem Mangel zu steuern. - Frankfurt, Leipzig 1765. 264 S.

Huberti, J. E., († ...) Abhandl. v. dem allgem. Holzmangel u. von d. Mitteln, solchem zu steuern. 8. Frankf. a. M. 765. (Schäfer). 8 K

—— J. E., v. d. allgem. Holzmangel. 8. Frft. Eßlinger. 765.

Huberti, Ludwig

— u. P. Ch. Martens, internationales Buchführungs-Recht. Die gesetzl. Bestimmgn. des Erdballs über Buchführg. Für den Hand-Gebrauch zusammengest. (Sammlung kaufmänn. Rechtsbücher.) gr. 8. (176 S.) Ebd. 900. Geb. in Leinw. n. 2. 75

Huberti, Ludwig [Rechtspraktikant beim k. Landger.]: Die Entwicklung des Gottesfriedens in Frankreich. Erste Hälfte. . . (Vorarbeit zu: „Studien z. Rechtsgesch. d. Gottesfrieden u. Landfrieden".) *Ansbach, Druck v. C. Brügel u. Sohn,* 1891; 101 S., 1 Bl. 8⁰
Würzburg, Jur. Fak., Inaug.-Diss. v. 1891

Huberti, Ludw., Gottesfrieden u. Landfrieden. Rechtsgeschichtl. Studien. 1. Buch: Die Friedensordngn. in Frankreich. Mit (farb.) Karte u. Urkunden. gr. 8. (XVI, 598 S.) Ansbach 892. C. Brügel & Sohn. n. 10. —

Huberti, Ludw., s.: Handels-Akademie.

— was heisst u. zu welchem Ende besucht man die Handels-Akademie?, s.: Randglossen z. modernen kaufmänn. Bildung.

Huberti, Ludwig (Hrsg.), s. Zeit- u. Streitfragen aus der Buchhaltungswissenschaft.

Huberti, Peter Franz: Die geometrische Analysis der Aufgaben. Siegburg 1867.
Schul-/Univ.-Schrift

Huberti, Pet. Frz., rein geometrische Lösungen systematisch geordneter Aufgaben. Ein Uebungsbuch zu jedem Lehrbuche der Planimetrie besonders zu dem von J. R. Boyman. Zum Selbstunterricht bestimmt. 1. Thl. Aufgabe 1—733. Mit 150 Figuren auf 6 (lith.) Taf. (in qu. Fol.) gr. 8. (IV, 131 S.) Bonn 872. Cohen & Sohn. 2. 70

— dasselbe. 2. Thl. Aufgabe 734 –1186. Mit 239 Fig. auf 10 (lith.) Taf. (in qu. Fol.) gr. 8. (III, 108 S.) Ebend. 875. 3. 75

Hüberts, Ludwig, a. Schapen in Hannover: Beiträge zur Geschichte der französischen Wörter lateinisch-plebejischer Herkunft. Kiel 1905: Lüdtke & Martens. (68 S.) 8°
Kiel, Phil. Fak., Ref. Körting, Diss. v. 25. Febr. 1905
[Geb. 11. Okt. 81 Schapen, Bez. Osnabrück; Wohnort: Schapen; Staatsangeh.: Preußen; Vorbildung: Gymn. Meppen Reife 01; Studium: Freiburg i. B. 1, München 1, Paris 1, Göttingen 1, Kiel 3 S.; Rig. 17. Dez. 04.]

„Hubertus". Kalender f. Jagd u. Fischerei. 1894. Hrsg. v. Otto Grashey. Illustr. v. Hugo Engl. gr. 4. (98 S. m. 12 farb. Monatsbildern.) Nürnberg, Th. Stroefer. Kart. n. 3. 50; in Leinw. geb. n. 4. 50

„Hubertus". Schußbuch u. immerwähr. Kalender f. Jagd u. Fischerei. Illustr. v. Hugo Engl. gr. 4. (94 S. m. Abb. u. 12 farb. Monatsbildern.) Nürnberg 895. Th. Stroefer. Geb. in Leinw. 5. 50

Hubertus, einige Beherzigungen über die Vortheile der öfteren heil. Kommunion. 12. (VII, 88 S.) Mainz 888. Kirchheim. — 60

Hubertus, Rosenkranz u. Communion. 1. u. 2. Aufl. 12. (61 S.) Wien 891. 895. H. Kirsch. n. — 60

Hubertus, (Pseud.), Salon-Novellen. 8. (IV u. 339 S.) Cassel 851, Hotop. 5/6 ℳ

Hubertus, O. Cap. Sursum corda! Mai-Konferenzen. (IV, 298 S.) 8. Wien 905. H. Kirsch. n. 3. —

Hubertus, Gamaliel. — Der Wunderbahre und wohlgewanderte Passagier, Oder Weltberühmte Reiffen-Rock, Welcher Bisshero in erwünschter Freiheit gelebet, und bey allem Frauenzimmer in grossem Ansehen gewesen. Nunmehro aber in Franckreich Seine Zinsen richtig liefern soll. Vollkommen nach allen Tugenden und Lastern in deutschen Versen beschrieben. Von *Gamaliele Huberto.* Leipzig, Bauch. O. J. (Zuschrift dat. 1727.) 4°. 24 S. Sehr rar!

Hubertus, Jos., die Heiligthumsfahrt zu Cornelimünster. Eine Festgabe für die frommen Wallfahrer zu derselben. 8. (16 S. mit 2 Holzschn.) Aachen 881, Schweitzer.

Hubertus, Jos., die Heiligtumsfahrt in Kornelimünster. Eine Festgabe f. die frommen Wallfahrer zu derselben. 16. (16 S. m. 1 Abb.) Aachen 902. J. Schweitzer. — 15

Hubertus, Jos., das heilige Jubiläum im J. der Gnade 1881. Unterricht und Gebete für Gewinnung des von Sr. Heil. Papst Leo XIII. für die Zeit vom 19. März bis zum 1. Novbr. 1881 bewilligten Jubiläums-Ablasses. 16. (23 S. mit eingedr. Holzschn.) Aachen 881, Schweitzer. *

Hubertus-Kapelle die, oder die Klausner auf Wildkirchlein. Seitenstück zur Beatushöhle v. Christoph Schmid. Mit Titelkpfr. gr. 12. Freiburg 837. Waizenegger. 1/3 ℳ

Hubertus-Schreibkalender. 1891. In Rococo-Ausstattg. m. Jagd-Scenen u. Versen. hoch 4. (12 S.) München, (Hergl). n. 1. 80

Hubertusstock [Schlagwort]

Hubertusstock, Jagdschloss, s.: Eberswalde, Kiessling, A.

Huberty, Emil (geb. 1855 in Malmedy): Ueber die Knochenbrüchigkeit bei Krebskranken . . . Bonn, Druck v. J. F. Carthaus (1878). 45 S., 1 Bl. 8.
Bonn, Med. Fak., Diss. v. 13 Apr. 1878

Huberty, François: Die Behandlung des Ciders während der Gährung und im Stich. S. 106–110. Ettelbrück, École agricole de l'État, Progr. 1894/95

Huberty, François: Die den Obstbäumen schädlichen Insekten. S. 47–52. Ettelbrück, École agricole de l'État, Progr. 1889/90

Huberty, François: Der Obstbau. S. 48–53. Ettelbrück, École agricole d l'État, Progr. 1887/88

Huberty, François: Die Obstbaumzucht. S. 43–45 u. 46–49. Ettelbrück, École agricole de l'État, Progr. 1885/86 u. 1886/87

Huberty, François: Der Obstgarten. S. 46–48. Ettelbrück, École agricole de l'État, Progr. 1888/89

Huberty, François: Der Schnitt des Fruchtholzes an den Spalierbäumen. S. 97–106. Ettelbrück, École agricole de l'État, Progr. 1894/95

Huberty, François: Die Unkrautpflanzen. S. 56–81. Ettelbrück, École agricole de l'État, Progr. 1892/93

Hübertz, J. R., de Sindssyge i Danmark, efter Undersøgelsen af 1. Juli 1847. gr. 4. (VI u. 26 S. mit 1 lith. u. col. Charte in Fol.) Kjøbenhavn 851. (Leipzig, T. O. Weigel.) n. 1/2 ℳ

— siehe: Urkunden zur Geschichte der Insel Bornholm.

Huberwald, Herm., Diarrhöe und Cholera. gr. 8. (IV, 96 S.) München 869, A. Ackermann. *

Huberwald, Herm., Diarrhöe u. Cholera. München 869. Fleischmann. gr. 8. (IV, 96 S.) n. 14 ngr.

Hubi, Vinc., Uebung der Liebe Gottes u. U. H. Jesu Christi. Aus d. Französ. übers. von Jos. Stark. 8. Augsb. 794. 4e A. 819. Doll. 5 Kr

Hubl, V., uber die Liebe Gottes und J. Chr. 8. Augsb. Doll. 795.

Hubik Karl: Quae ratio inter Varronis Rerum Divinarum Antiquitates et Ciceronis De Natura Deorum libros intercedat.
1900 PN 1332 Diss. Wien, Univ.

Hubin, Julien. Uebung der vornehmsten aus den dreyen göttlichen Tugenden der Liebe Gottes und Jesu Christi . . . A. d. Franz. Augsburg 1779. Ü: *Starck, Joseph.* (50)

Hübinger, Anton, aus Montabaur: **Die Verfassung der Stadt Paderborn im Mittelalter.** *Marburg i. H. 1899.* (83 S.) 8° [F.] ¶ [Erschien vollst. 1899 bei Regensberg in Münster.] Marburg, Phil. Diss. v. [27. Febr.] 1899

Hübinger, Ant., die Verfassung der Stadt Paderborn im Mittelalter. Mit e. Plane der Stadt. gr. 8. (IV, 210 S.) Münster 899. Regensberg. 3. —

Hubka von Czerneczitz, Gustav Ritter, Oberlieut. u. Rgts.-Adjutant: Geschichte des k. und k. Infanterie-Regiments Graf von Lacy Nr. 22 von seiner Errichtung bis zur Gegenwart. Im Auftrage des Regiments-Commandos bearbeitet. (Mit 4 Karten, 2 Abbildungen und 13 Portraits.) 8 Zara 1902.

Hubka, Gust., die österreichisch-ungarische Offiziersmission in Makedonien 1903—1909. Im Auftrage des letzten k. u. k. Militäradjoints, Oberst im Generalstabskorps August Urbański v. Ostrymiecz u. m. Genehmigg. des k. u. k. Reichs-Kriegsministeriums bearb. (154 S. m. 71 Abbildgn. u. 6 farb. Karten.) Lex. 8. Wien 910. F. Tempsky. 8. —

Hubl, Ant., [illegible], Militär-Erziehung [illegible] gr. 8. (60 S.) [illegible] F. Pechel. n. 1.30

Hubl, Anton, Die Kritik in ihrer Anwendung auf das Studium der Kriegsgeschichte und auf die militärische Praxis. 8. (44 S.) —.50
Graz: Pechel 1893.

— Le Mans. Vorträge u. applicator. Besprechgn., geh. vor dem Officiers-Corps d. Infanterie-Regiments Freiherr v. Catty Nr. 102 zu Prag im Jänner u. Feber 1892. gr. 8. (95 S. m. 4 Karten.) Prag 892. (F. Ehrlich.) n.n. 2. —

— dasselbe. 2. (Titel-)Aufl. gr. 8. (95 S. m. 4 Kartenbeilagen.) Graz 892. F. Pechel. n. 2.50

Hübl, Alb., s.: Abteien u. Klöster in Österreich.

— Catalogus codicum manuscriptorum, qui in bibliotheca monasterii B. M. V. ad Scotos Vindobonae servantur. Ex mandato reverendissimi domini Ernest. Hauswirth ed. H. gr. 8. (X, 610 S.) Wien 899. W. Braumüller. n. 12. —

(—: Zur Erinnerung an die Jahrhundertfeier des k. k. Schottengymnasiums in Wien. 60 S. 8.
Progr. K. k. Ober-Gymn. zu den Schotten *Wien* 1908.

Hübl, Albert: Geschichte des Unterrichtes im Stifte Schotten in Wien. Herausgegeben anläßlich der Zentenarfeier des k. k. Schottengymnasiums. *Wien: C. Fromme* 1907. XI, 335 S. 8.
Progr. K. k. Ober-Gymn. zu den Schotten *Wien* 1907.

— Das Gymnasium bei St. Anna in Wien (1775—1807). (52 S.) Lex. 8. Ebd. 909. 1. —

Hübl, Alb., die Inkunabeln der Bibliothek des Stiftes Schotten in Wien. (X, 271 S.) gr. 8. Wien 904. W. Braumüller. n. 6. —

Die Münzensammlung des Stiftes Schotten in Wien. Von Dr. Albert **Hübl,** Prof. Bd 1. Wien & Leipzig: Fromme 1910. 4°(8°) (10. 16??

— Die Münzensammlung des Stiftes Schotten in Wien. 1. Bd. Römische Münzen. (XII, 342 S.) 30,5×22,5 cm. Ebd. 910. 17. —

Hübl Artur Freiherr von: Die stereophotogrammetrische Aufnahme des Goldberggletschers im August des Jahres 1909 (mit 1 Karte und 1 Textfigur). D 87 153 . . . . 2.—
Separatabdruck

Hübl, Arth. Frhr. v., Beiträge zur Technik d. Kartenerzeugung. I. u. II. [Aus: „Mittheilgn. d. k. u. k. militär-geograph. Institutes".] gr. 8. Wien (R. Lechner's Sort.). n.n. 1.40
I. (12 S. m. 1 Fig. u. 1 Taf.) 897. n.n. — 80
II. (10 S. m. 1 Taf.) 898. n.n. — 60

HÜBL, Arthur Freiherr von

Beiträge zur Technik der Kartenerzeugung. IV. Die Aluminium-Druckplatte. Von Arthur Freiherrn von Hübl. Separat-Abdruck aus den „Mittheilungen des k. u. k. militär-geographischen Institutes", XX. Bd. Wien. 1901. Verlag des k. u. k. militär-geographischen Institutes. In Comm. R. Lechner (Wilh. Müller). Gr.-8°. Pag. 180—190 S. K —.32

Hübl, Arth. Frhr. v., die Collodium-Emulsion u. ihre Anwendung f. die photographische Aufnahme v. Oelgemälden, Aquarellen, photographischen Copien u. Halbton-Originalen jeder Art, s. Encyklopädie der Photographie.

Hübl, Arthur v: Die Collodium-Emulsion und ihre Anwendung für die photographische Aufnahme von Oelgemälden, Aquarellen, photographischen Copien und Halbton-Originalen jeder Art. Halle a. S. 1894. (Enzyklopädie d. Photographie H. 3)

Die Dreifarbenphotographie m. bes. Berücks. d. Dreifarbendruckes u. d. photogr. Pigmentbilder in natürl. Farben. Von Arthur F^rh. v. **Hübl,** k. u. k. Major . . . in Wien. M. 30 in d. Text gedr. Abb. u. 4 Taf. *Halle a. S.: W. Knapp 1897.* (VIII, 159 S., 4 Taf.) 1 Bd 8.
— **Encyklopädie** d. Photographie. H. 26. (97. 7??)

Die Dreifarbenphotographie mit bes. Berücks. d. Dreifarbendruckes u. d. photogr. Pigmentbilder in natürl. Farben. Von Arthur F^rh. v. **Hübl,** Oberst. 2., umgearb. Aufl. Mit 33 Abb. u. 4 Taf. *Halle a. S.: W. Knapp 1902.* (VIII, 195 S.) 8°
— **Encyklopädie** d. Photographie. H. 26. (03. 1988

Hübl, A. Frhr. v., u. A. v. Obermayer, üb. einige elektrische Entladungserscheinungen u. ihre photographische Fixirung. [Mit 2 Taf.] [Aus: „Sitzungsber. d. k. Akad. d. Wiss."] Lex.-8. (12 S.) Wien 889. (Tempsky.) n. — 70

Die Entwicklung der photographischen Bromsilber-Gelatineplatten bei zweifelhaft richtiger Exposition. Von Arthur F^rh. v. **Hübl** . . *Halle a. S.: W. Knapp 1898.* (4 Bl., 61 S.) 1 Bd 8.
— **Encyklopaedie** d. Photographie. H. 31. (98. 11??6 H.

Hübl, Arthur v: Die Entwicklung der photographischen Bromsilber-Gelatineplatte bei zweifelhaft richtiger Exposition. 2. Aufl. Halle a. S. 1901 (Encyklopädie d. Photographie, H. 31)

Die Entwicklung der photographischen Bromsilber-Gelatineplatte bei zweifelhaft richtiger Exposition. Von Arthur F^rh. v. **Hübl.** Mit 1 Taf. 3., umgearb. Aufl. Halle a. S.: W. Knapp 1907. (VI, 73 S.) 8°
— **Encyklopädie** d. Photographie. H. 31. (07. 1??? 3

HÜBL, Arthur Freiherr von

Karlseisfeld-Forschungen der k. k. geographischen Gesellschaft. I. Theil: Die topographische Aufnahme des Karlseisfeldes in den Jahren 1899 und 1900 von Arthur Freiherrn von Hübl. Mit 2 Karten, 2 Tafeln und 2 Abbildungen im Texte. Abhandlungen der k. k. geographischen Gesellschaft in Wien. III. Bd. 1901. Nr. 1. Wien. 1901. R. Lechner (Wilh. Müller.) Gr.-8°. 25 S. K 3.—

Das Kopieren bei elektrischem Licht. Von Arthur F^rh. v. **Hübl,** Oberst. Mit 20 Abb. u. 2 Taf. Halle: W. Knapp 1908. (56 S.) 8°
— **Encyklopädie** d. Photographie. H. 59. (08. 7??0 3

Die photographischen Lichtfilter. Von Arthur Frh. v. **Hübl**, Gen.-Major. Mit 5 Beil. u. 18 Abb. Halle a. S.: Knapp 1910. VIII, 109 S. 8°
(Encyklopädie d. Photographie. H. 74.) [illegible]

Hübl, Arthur von: Die Ozotypie. Ein Verfahren z. Herstellung von Pigmentkopien ohne Übertragung, von Arthur Frh. v. Hübl. Halle a. S.: W. Knapp 1903. (VI, 44 S.) 8°
= Encyklopädie d. Photographie. H. 47.

— der Platindruck, s. a. Encyklopädie d. Photographie

Hübl, Arthur v: Der Platindruck. Halle a. S. 1895 (Encyklopädie d. Photographie, H. 13)

Hübl, Arthur v: Der Platindruck. 2. Aufl. Halle a. S. 1902 (Encyklopädie d. Photographie, H. 13)

Hübl, A., Baron, die Platinotypie, s.: Pizzighelli, J.

Die photographischen Reproductionsverfahren. Hrsg. v. Arthur Frh. v. **Hübl** ... M. 12 Taf. u. 14 in d. Text gedr. Abb. *Halle a. S.: W. Knapp 1898.* (VIII, 132 S., 12 Taf.) 1 Bd 8. [illegible]

Der Silberdruck auf Salzpapier v. Arthur Frh. v. **Hübl**, k. u. k. Major ... *Halle a. S.: W. Knapp 1896.* (VIII, 88 S.) 1 Bd 8.
= Encyklopädie d. Photographie. H. 18.

HÜBL, Arthur, Freiherr von
Die photogrammetrische Terrain-Aufnahme. Von Arthur Freiherrn von Hübl. (Hiezu Tafel 8 bis 11) Separat-Abdruck aus den „Mittheilungen des k. u. k. militär-geographischen Institutes". XIX. Bd. Wien. 1900. Verlag des k. u. k. militär-geographischen Institutes. In Comm. R. Lechner (Wilh. Müller). Gr.-8°. Paginirt: 79—144. K 1.20

Die Theorie und Praxis der Farbenphotographie mit Autochromplatten. Von Arthur Frh. v. **Hübl**, Oberst. Mit 5 Abb. Halle: W. Knapp 1908. (VI, 57 S.) 8°
— **Encyklopädie** d. Photographie. H. 60. [illegible] 3

Hübl, Arthur v: Die Theorie und Praxis der Farbenphotographie mit Autochromplatten. 2. Aufl. Halle a. S. 1909 (Encyklopädie d. Photographie, H. 60)

Hübl, Franz

Hübl F.: Einiges zum Lehrplane und den schriftlichen Haus- und Schularbeiten am Gymn. 22. Brüx. 79. (Beilage: Tabellarischer Lehrplan für die obligaten Lehrgegenstände am Gymn.) **Progr.**

Hübl, Frz., Handbuch f. Direktoren, Professoren u. Lehrer der österr. Gymnasien, Realschulen u. verwandte Anstalten [Lehrerbildungsanstalten, Handelsmittelschulen u. a.] gr. 8. (VIII, 271 S.) Brüx 875. Kunz. n. 5. 60

— **Handbuch für Direktoren, Professoren und Lehramtskandidaten der österreichischen Gymnasien, Realschulen und verwandten Anstalten [Lehrerbildungsanstalten und Mittelschulen für Handel, Gewerbe, Nautik und Bodencultur]. 2. Aufl.** Geschlossen Ende Novbr. 1877. gr. 8. (VIII, 384 S.) Prag 878, Mercy. * 8 —

— Lehrbuch für den ersten Unterricht im Latein an Gymnasien und Realgymnasien. gr. 8. (VI, 161 S.) Brüx 876, Kunz'sche Buchh. * 1 70

Hübl, Frz., Normalien-Index für die österreichischen Mittelschulen. [Geschlossen Ende Juni 1888.] gr. 8. (IV, 169 S.) Brüx 888, (Kunz.) *M 2.50.; cart. *

Hübl, Fr.: Die Rollenvertheilung im Sophokleischen „Aias" nebst einer kurzen Geschichte der Entwickelung des griechischen Dramas. 17 S. 8° – St. Pölten RG. u. OR., Progr. 1873.

Hübl Fr.: **Edmund Smetana O. S. P. Eine biogr. Skizze mit einer größeren Anzahl von Gedichten desselben in latein., griech. u. deutscher Sprache. 32. 10. Brüx 76. 77. Progr.**

— Uebungsbuch für den Latein-Unterricht in den unteren Klassen der Gymnasien. 1. Thl. für die 1. Klasse. gr. 8. (IV, 123 S.) Wien 878, Graeser. * 1 10
— dass. — 1. Thl. für die 1. Klasse. Neue Aufl. gr. 8. (115 S.) Wien 879, Klinkhardt. * 1 10

Hübl, Frz., Ubungsbuch für den Latein-Unterricht in den unteren Klassen der Gymnasien [mit einem latein. und deutschen Wörterverzeichnisse]. 2 Thle. gr. 8. Leipzig 880, Klinkhardt. [1. Thl. Für Sexta. (115 S.) *M 1.; 2. Thl. Für Quinta. (IV, 166 S.) *M 1,50.] *

Hübl, Franz. Systematisch-geordnetes Verzeichnis derjenigen Abhandlungen, Reden, Gedichte u. d. g., welche in den Mittelschulprogrammen Oesterreich-Ungarns seit d. J. 1850 – 1869 und in jenen von Preussen seit 1852 und von Baiern seit 1863—1868 enthalten sind. Czernowitz 1869. Im Selbstverlage des Herausgebers. (Der Titel auf dem Umschlage ist etwas abweichend und trägt die Jahreszahl 1870.) **Progr.** (Pardini in Form.)

Hübl, Frz., systematisch geordnetes Verzeichnis derjenigen Abhandlungen, Reden und Gedichte, welche die an den inländ. Mittelschulen vorhandenen österreich., preuß. und baier. Schulprogramme enthalten, mit einem Vorworte und einem Anhang. 4. (240 S.) Czernowitz 869. (Wien, Hölder.) *
— dass. — 2. Thl. Mit einem auch den 1. Thl. umfass. Sachregister versehen. 4. (128 S.) Wien 874, (Hölder.) *

Hübl, Franz. Systematisch-geordnetes Verzeichnis derjenigen Abhandlungen, Reden und Gedichte, welche in den Mittelschulprogrammen Oesterreichs seit 1870—1873 und in jenen von Preussen und Baiern seit 1869—1872 enthalten sind. II. Theil. Wien, Alfred Hölder, 1874. (Der Titel auf dem Umschlage lautet auch hier etwas abweichend.)

Hübl, Hugo, über das Chorio-Epitheliom in d. Vagina bei sonst gesundem Genitale. Lex.-8. (41 S. m. 3 Fig. u. 4 farb. Taf.) Wien 903. J. Šafář. n. 4. 20

Hübl, Joh., über Zahlen-Bilder und deren Verwertung zur Veranschaulichung der Zahlenverhältnisse, welche beim Vervielfachen, Messen und Theilen innerhalb des Zahlenraumes von 1/10 bis 100 zur Vorstellung gelangen. 8. (55 S. mit 20 Taf.) Wien 879, Klinkhardt. * 1 —

Hübl Karl: Die Pläne Cäsars bei Abfassung seiner Commentarien über den Bürgerkrieg.
1893 PN 784 Diss. Wien, Univ.

Hubler, Frdr., Hansjoggeli der Erbvetter, s. a. Volkstheater, schweizerisches.

Hubler, Friedr. Schweizerisches Volkstheater. XXIV. Bdch.: Hansjoggeli der Erbvetter. Fünf Bilder für die Volksbühne. Nach einer Erzählung von Jeremias Gotthelf. 8°. 36 S. Bern, Suter & Lierow. 1900. 1 —

Hubler, Fr[iedrich]. Der Mattenbauer. Volksstück in drei Akten. [Mit illustriertem Umschlag.] IV+42 S. 8. Bern, Selbstverlag des Verfassers (Buchdr. W. Wälchli), 1901. (fr. 1. —)

— **der Sattlerfranz od. Durch Nacht zum Licht. Volksstück m. Gesang in 3 Akten. 8. (55 S.) Grüningen 900. J. Wirz.** n. 1. 20

Hübler, des Malers, Marschroute nach d. Heirathstempel. 12. Leipz. H. Richter. 806.

Hübler, u. A. v. Stellberg, neuer Gesundheitswegweiser f. Kranke, die gesund u. f. Gesunde, die nicht krank werden wollen. Heilmittel f. allerlei Krankheiten. Verhaltungsmaßregeln bei Unglücksfällen. Ratschläge zu vernünft. Lebensweise. (VI, 403 S.) 8. Würzburg 911. F. X. Bucher. 4.20; geb. in Leinw. 5. —

Hübler, Bernh., Eheschließung und gemischte Ehen in Preußen nach Recht und Brauch der Katholiken. gr. 8. (IV, 110 S.) Berlin 883, Hertz. *

Hübler, Bernh., der Eigenthümer des Kirchenguts. Eine civilist. Antwort auf eine kanonist. Frage. gr. 8. (XII, 155 S.) Leipzig 868, B. Tauchnitz. *

Hübler, Bernh., die religiöse Erziehung der Kinder aus gemischten Ehen im Gebiet des preussischen allgemeinen Landrechts. Lex.-8. (30 S.) Berlin 888, Springer. *
Aus: Festgabe für Rud. v. Gneist, besonders abgedruckt.

Grundriß zu Vorlesungen über deutsches und preußisches Staats- und Verwaltungsrecht. Von Dr. [Bernhard] Hübler, [Berlin]. (Gräfenhainichen) 1893: (C. H. Schulze & Co.). (12 S.) 8° [Kopft. F.] [06. 10391

Hübler, Bernh., Kirchenrechtsquellen. Urkundenbuch zu Vorlesgn. üb. Kirchenrecht. 3., verstärkte Aufl. gr. 8. (X, 114 S.) Berlin 898. (Puttkammer & Mühlbrecht.) n. 2. 40

Hübler, Bernh., Kirchenrechtsquellen. Urkundenbuch zu Vorlesgn. über Kirchenrecht. 4. bericht. u. verstärkte Aufl. gr. 8. (X, 130 S.) Berlin 902. Puttkammer & Mühlbrecht. n. 2. 40

Die Magistraturen des völkerrechtlichen Verkehrs und die Exterritorialität. Als Ms. gedr. f. Vorlesungen über Völkerrecht u. Politik Von Dr. Bernhard Hübler. *Berlin 1895: C. H. Schulze & Co. in Gräfenhainichen.* (IV, 78 S.) 8° [F.] [94. 677 6

Die Magistraturen des völkerrechtlichen Verkehrs (Gesandtschafts- u. Konsularrecht) und die Exterritorialität. Zum Gebr. f. Vorlesungen. Von Dr. Bernhard Hübler, Prof., Berlin. *Berlin: Puttkammer & Mühlbrecht 1900.* (108 S.) 8° [F.] [00. 10818

Huebler, Bernhardus (*geb. Kotthus 25. 5. 1835*): De natura ac jure concordatorum. Vratislaviae (1863). (43 S.) 8°
Breslau, Jur. Diss. v. 26. Juni 1863

Die Organisation der Verwaltung in Preußen (alte Lande) und im Deutschen Reich. Als Ms. gedr. f. Vorlesungen über Staats- u. Verwaltungsrecht. Von Dr. Bernhard Hübler, Prof., Berlin. *Berlin 1894: C. H. Schulze & Co. in Gräfenhainichen.* (IV, 67 S.) 8° [F.] [94. 1.97 6

[F.] Die Organisation der Verwaltung in Preussen (alte Lande) und im Deutschen Reiche. Z. Gebr. f. Vorlesgn üb. Staats- u. Verwaltgsrecht. Von Dr. Bernhard Hübler, ord. Prof. ... an d. Univ. Berlin ... *Berlin: Puttkammer & Mühlbrecht 1898.* (V, 87 S.) 1 Bd 8. [98. 5063

—— kirchliche Rechtsquellen. Grundriß mit ausgewählten Belagstellen. gr. 8. (VIII, 74 S.) Berlin 888, Puttkammer und Mühlbrecht.

Hübler, Bernh., kirchliche Rechtsquellen. Urkundenbuch zu Vorlesgn. üb. Kirchenrecht. 2., umgestalt. u. verstärkte Aufl. gr. 8. (VIII, 93 S.) Berlin 893. (Puttkammer & Mühlbrecht) n. 2. 40

Hübler, Bernh., die Constanzer Reformation und die Concordate von 1418. gr. 8. (XXIV und 409 S.) Leipzig 867, B. Tauchnitz.

—— zur Revision der Lehre von der rechtlichen Natur der Concordate. gr. 8. (65 S.) Tübingen 865, (Laupp'sche Buchh.)
Aus: Zeitschrift für Kirchenrecht, besonders abgedruckt.

Hübler, Chr. Gl., völlig ausgesetzte Beweißgründe, über Starckens Ordnung des Heils. 8. Altenb. (Academ. Buchhl. in Jena.) 747.

Hübler, Daniel Gotthold Josef

— **M. Dan. Gotthold Joseph** (Conr.), De accuratione interpretis. Freyberg (Barthel) Mai 1776. 4 Bl. (4.—) 16205
Franz Ludw. Brunnemann (Freyberg), Christian Gottlieb Rothe (Berthelsdorf).

Hübler, Dn. Ghold. Jos., († d. 4. April 1805.) Beitrr. z. Bibliopöie in prakt. Anmerkk. für Schriftsteller u. Verleger. 8. Leipz. 803. Kühn. 10 gl.

— — **Betrachtung über ein bey Verbesserung des Schulwesens wenig bemerktes Hinderniß. Freyberg (Barthel) 16. X. 1777. 4 Bl. (3.50)** 16206
Christian Gottlieb Weise (Freyberg).

— — **Dasselbe. Fortgesetzte Betrachtung. Freyberg (Barthel) 8. X. 1778. 5 Bl. (4.—)** 16207
Carl Gottlob Hofmann (Freyberg), Christian Gottlob Hörnig (Colmnitz).

— — Dasselbe. Schluss der Betrachtung. Freyberg (Barthel) 20. V. 1779. 4 Bl. (4.—) 16208
Johann Friedrich Christian Kühn (Martinrode in Henneberg), Johann Christian Gottlieb Kori (Frauenstein).

Hübler, Daniel Gotthold Josef, s. Cicero: Vom Alter.

— de Ciceronis definitione amicitiae. 4. Frberg 774.

— — **Die Erlernung der griechischen und lateinischen Sprache auf Schulen nach ihrer wahren Absicht und eigentlichen Nutzen vorgestellt. Freyberg (Barthel) 11. VII. 1782. 4 Bl. (3.50)** 16211
Johann Christian Wagemann (Freyberg).

— — Dasselbe. 1. Ftsg. Freyberg (Barthel) 10. VII. 1783. 4 Bl. (3.50) 16212
Johann Gottfried Fleischmann (Freyberg).

— — **Dasselbe. 2. Ftsg. Freyberg (Barthel) 18. XI. 1784. 4 Bl. (3.50)** 16213
Christlieb Lebrecht Richter (Freyberg).

— — **Dasselbe. 3. Ftsg. Freyberg (Barthel) 21. IV. 1785. 4 Bl. (3.50)** 16214
Johann Traugott Samuel Becker (Freyberg).

— — **Dasselbe. 4 Ftsg. Freyberg (Barthel) 18. V. 1786. 4 Bl. (3.50)** 16215
Christian Friedrich Dentler (Freyberg).

— — Dasselbe. 5 Ftsg. Freyberg (Barthel) 26. IV. 1787. 4 Bl. (3.50) 16216
Johann Gottlieb Becker (Freyberg), Christian Leberecht Koch (Tuttendorf).

— — Dasselbe. 6. Ftsg. Freyberg (Samuel Friedrich Barthel) 24. IV. 1788. 4 Bl. (3.50) 16217
Salomon Friedrich Hell (Freyberg), Karl Traugott Schmidt (Schönfeld), August Gottlieb Thieme (Freyberg).

— — Dasselbe. 7. Ftsg. Freyberg (Barthel) 16. IV. 1790. 4 Bl. (3.50) 16218
Carl Samuel Tzschöckel (Freyberg), Carl Friedrich Richter (Freyberg).

— — Die Erlernung der griechischen Sprache als eine allgemeine Lection auf öffentlichen Schulen betrachtet. Freyberg (Johann Christoph Friedrich Gerlach) 5. III. 1795. 4 Bl. (4.—) 16220
Carl Gottlob Beyer (Eppendorf), Friedrich Ferdinand Flemming (Neuhausen).

– s. Chr. G. F l a d e : Leben etc.

— Geschichte der Römer unter d. Imperatoren, wie auch d. gleichzeitigen Völker, bis zur großen Völkerwanderung; (als Fortsetzung ss. Handbuchs der Völkergeschichte &c.) 4 Thle., (4r Thl. fortges. v. Chr. G. Flade). gr. 8. Frberg 803—7. Craz u. G. 5 ℛ 3 gr

Hübler, Daniel Gotthold Joseph. Geschichte der Römer unter den Imperatoren... Freiberg 1803—7. V (Th. 4): *Flade, Christian Gottlob.* (Ky)

— Handbuch der allgem. Völkergeschichte bis zu Ende der römischen Republik. Freyb. 798-802. 5 Bde. 8. 5 rthl. 12 gr. Wohlfeilere Ausg. Eb. 814. 2 Bde. 8. 1 rthl. 12 gr.

— Handbuch d. allgem. Völkergeschichte. 5 Bde. (1r—3r Bd. 2e A. 813, 14, 16.) gr. 8. Frberg 798—802. Craz u. G. 4 ℛ 16 gr (Auch u. d. T.: Vorles. über die synchronist. Tabellen d. Völkergeschichte.)

Hübler, G. J., Handbuch der allgemeinen Völkergeschichte alter Zeiten vom Anfange der Staaten bis zum Ende der römischen Republik. 3r Bd. 2te wohlf. Aufl. gr. 8. Freyberg, Craz u. Gerlach. 816.

— — Horaz gegen Mercier vertheidigt. Freyberg (Barthel) 30. IV. 1789. 4 Bl. (3.50) 16219
Johann Samuel Carl Erler (Freyberg).

s. L a m b e r t , . . . : Geschichte Ludwig XIV.

— — De methodo mathematica. Freyberg (Barthel) Mai 1780. 4 Bl. (3.50) 16209
Gotthelf Benjamin Becker (Freyberg).

— — Dasselbe. II. Freyberg (Barthel) 16. VII. 1781. 4 Bl. (3.50) 16210
Gottlieb Friedr. Voigt (Freyberg).

- s. S a i n t f o i x : Versuche.

-- Synchronistische Tabellen über die neue Geschichte der europäischen Reiche. 1501—1786 und 3 einleitenden Tabellen, Alterthum bis 1500. Nebst A n h a n g, enthaltend synchronist. geograph. Tabellen über die vornehmsten Kriege des XVIII Jahrhunderts. qu. Fol. Freyburg 1802.

— synchronist. Tabellen der neuen Geschichte der europ. Staaten, in 2 Liefer. qu. 4. Frberg 802 ? 804. Craz u. G. 2 ℛ

— synchronist. Tabellen der Völkergeschichte. 1e — 3e Liefer. Fol. Frberg 796—802. (1e Liefer., 2e Aufl. 802. 3e Aufl. 804. 2e Liefer., 2e Aufl. 804. 3e Liefer. 802.) Craz u. G. 1 ℛ 12 gr

Hübler, Daniel Gotthold Joseph. Synchronistische Tabellen der Völkergeschichte, hauptsächlich nach Herrn Hofrath Gatterer's Versuch einer allgemeinen Weltgeschichte. 1 Lieferung: vom Ursprunge der Staaten bis zum Ende der römischen Republik. 3. Ausg. 2 Lieferung: vom Anfange der römischen Monarchie bis gegen die Mitte des XI. Jahrhunderts. 3. und letzte Lieferung: vom Jahre 1040—1453. (In 1 Bd.) Fol. Freiburg 1798—1802.

— Vorlesungen üb. die synchronist. Tabb., s. oben Handbuch &c.

s. W e r t h d. Bergbaues.

Werth (Der verkannte) des Sächsischen Bergbaues und dessen gute Sache (von D. G. J. Hübler). gr. 8°. Leipzig, W. Vogel, 1781.

— der verkannte Werth der classischen Schriftsteller. 8. Bresl. 800. J. F. Korn. 8 gr

Hübler, Elisabeth, Anleitung zur Holzmalerei, s. Arnold's Vorlagen-Mappen.

—— Anleitung zur Malerei auf Holz, Terracotta und Stein, sowie zur Aetzung auf Stein. Erweiterter Sep.-Abdr. aus dem Musterbuche „Hausschatz". gr. 16. (IV, 28 S.) Leipzig 878, Arnoldische Buchh. * — 50

Hübler, Elis., Anleitung zur Malerei auf Holz, Terracotta und Stein, sowie zur Ätzung auf Stein und Metall. Erweit. Abdr. aus den Musterbüchern „Hausschatz", und „Vorlagen für Ätzarbeit und Holzmalerei". 2. Aufl. 8. (30 S.) Leipzig 885, Zehl.

—— Hausschatz. Musterblätter für Malerei auf Holz, Marmor und Terracotta, Steinätzung etc., den Freunden häusl. Kunstarbeit gewidmet und unter Mitwirkung von E. Högg, O. Fischbach, A. Gruner etc. hrsg. 2 Lfgn. gr. Fol. (12 lithogr. und chromolithogr. Taf. mit 6 S. Text.) Ebendas. 877,78.
à Lfg. * M 5. * 10 —
compl. in Mappe * 12 —

Hübler, E., Muster-Ornamente, s.: Zahn, A. v.

Hübler, Elisabeth, Vorlagen für Aetzarbeiten. Musterblätter für häusl. Kunstarbeit, nebst einer Anleitung zum Aetzen von Stein, Metallen etc. Nach deren Tode hrsg. von Hilda Kunkel. 2 Lfgn. Fol. (12 Chromolithogr. mit 5 S. Text.) Leipzig 883,85, [Arnoldische Buchh.] Zehl's Verlag.
à Lfg. * M 4. *

—— Vorlagen für Ornamentmalerei. Motive aller Stylarten von der Antike bis zur neuesten Zeit. Neue Folge im Anschluss an Dr. A. v. Zahn's gleichnam. Werk hrsg. 1. und 2. Heft. Der ganzen Reihe Heft B. III und IV. gr. 4. (12 Chromolithogr. mit 3 S. Text.) Ebendas. 876,77.
à Lfg. * M 4. * 8 —

—— Vorlagen für Ornamentmalerei. Motive aller Stylarten von der Antike bis zur neuesten Zeit. Neue Folge, im Anschluss an A. v. Zahn's gleichnam. Werk hrsg. 3. und 4. Heft. [Der ganzen Reihe A. 3. und 4. Heft.] Fol. (à Heft 6 zum Theil color. Stnt.) Ebendas. 881,82.
à Heft * M 6. *

—— dass. — (Neue Ausg.) 2 Hefte. [Der ganzen Reihe B. 3. und 4. Heft.] Fol. (à Heft 6 zum Theil color. Stnt.) Ebendas. 882.
à Heft * M 4. *
Reihe A. und B. compl. (48 Taf.) in Mappe *
cf.: Zahn, A.

Hübler, Franz, wirkl. k. k. Ober-Kriegs-Commissär und ökonom. Referent des Nieder-Oesterreichischen General-Commando. Abhandlung über die Militär-Oekonomie-Beobachtungen der bey den Truppen und Branchen angestellten Generalität der k. k. oesterreichischen Armee. 8. Wien 1821.
139 S.

— Abhandl. üb. die Militair-Oekonomie-Beobachtt. der bei d. Truppen u. Branchen angestellten Generalität der k. k. österr. Armee. gr. 8. Wien 821. (Gerold). 1 Thlr 4 gr Hbg. Pr. 16 gr

— die Absentirung u. Beurlaubung. kl. Fol. Wien 824, Gelstinger. (Leipz., Wilh. Vogel.)

— d. Absentirung u. Beurlaubung. kl. Fol. Wien 824. (Gerold). 16 gr

— die Bildungs-Anstalten bei d. k. k. österr. Armee. kl. Fol. Ebendas. 823, Ebend. (Landsh., Krüll.)

Hubler, Fr., [illegible] Einrichtung stenographischer [illegible] graphie [illegible] werden? gr. 8. [illegible] Leipzig [illegible]

Hübler, Frz., Führer durch das Jeschken- u. Isergebirge, Theile des Lausitzer u. Mittelgebirges, durch Reichenberg u. Umgebung. 2., gänzlich umgearb. u stark verm. Aufl. Hrsg. vom deutschen Gebirgsvereine f. das Jeschken- u. Isergebirge. 12. (XX, 582 S.) Reichenberg 902. P. Sollors. Geb. in Leinw. n.n. 2.75

Hübler, Frz., Führer durch Reichenberg und Umgebung [Iser-Jeschkengebirge]. Hrsg. vom Vereine der Naturfreunde in Reichenberg. Mit 1 (lithogr. und color.) Karte (in Futteral) und dem (chromolithogr.) Plane von Reichenberg. 12. (VIII, 353 S.) Reichenberg 883, (Schöpfer's Sortiment.) geb.

Zur 50-jährigen Gedenkfeier der Reichenberger St.-M.-Sch. Geschichtl. Skizze v. Fr. Hübler. 19. 1887.
Progr.

Hübler, Frz., Geschichte, Bedeutung und praktischer Wert der Stenographie Gabelsberger's. Hrsg. vom Reichenberger Gabelsberger Stenographen-Vereine. 2. verb. und verm. Aufl. gr. 8. (24 S. mit 1 stenograph. Taf.) Reichenberg 887, (Fritsche.) *

Hübler Franz: Die Gründer der Reichenberger Realschule. 8. Reichenberg R. 04.
Progr.

Handbuch über die Militär-Oekonomie-Obliegenheiten der Ober-Offiziere der k. k. österr. Armee. Wien 1822. 25? S.

— Handbuch üb. die Militair-Oekonomie-Obliegenheiten d. Ober-Offiziere der k. k. österr. Armee. gr. 8. Wien 822. (Gerold). 1 Thlr 16 gr Hbg. Pr. 20 gr

Hübler, F., der Handel in alter u. neuer Zeit, u. sein Einfluß auf die Verbreitung der Cultur u. die Ausbreitung der Völker, s.: Sammlung gemeinnütziger Vorträge.

Hübler, Frz, s.: Jahrbuch des deutschen Gebirgsvereines f. das Jeschken- u. Isergebirge.

— die Conscription u. Werbbezirks-Eintheilung bei d. k. k. österr. Armee. kl. Fol. Ebd. 823. Ebd. 21 gr

Hibler, F.: Constantin als Alleinherrscher. (324–337.) Seine Reformen. 21 S. – Reichenberg, Progr. 1877.

Leitfaden über das Militär-Oekonomie-Verfahren der Stabs-Offiziere der k. k. österreich. Armee. Wien 1821. 246 S.

— Leitfaden üb. das Militair-Oekonomie-Verfahren der Staabs-Offiziere d. k. k. österr. Armee. gr. 8. Wien 821. (Gerold). 1 Thlr 16 gr Hbg. Pr. 20 gr

— die Marine bei d. k. k. österr. Armee. kl. Fol. Ebd. 823. Ebd. 16 gr

— die Militair-Adjustirung u. das Montur- u. Rüstungswesen d. General-, Staabs- u. Oberoffiziere bei d. k. k. österr. Armee. kl. Fol. Ebd. 823. Ebd. 2 Thlr 16 gr

— d. Militair-Administration u. d. Administrations-Personale bei d. k. k. österr. Armee. kl. Fol. Ebd. 823. Ebd. 2 Thlr

Die Militär-Administration u. das Administrations-Personal. Wien 1821. 296 S. 4°

— d. Militair-Bauwesen in d. k. k. Erblanden mit Einschluß der Grenze. Ebd. 824. Ebd. 12 gr

— d. Militair-Belohnungen bei d. k. k. österr. Armee. kl. Fol. Ebd. 823. Ebd. 16 gr

— Militair-Eingaben bei d. k. k. österr. Armee. kl. Fol. Ebd. 823. Ebd. 1 Thlr

— d. Militair-Fuhrwesen u. das Regiment-Packwesen bei d. k. k. österr. Armee. kl. Fol. Ebd. 823. Ebd. 1 Thlr 8 gr

— d. Militair-Geistlichkeit u. Religions-Kirchensachen bei d. k. k. österr. Armee. kl. Fol. Ebd. 823. Ebd. 16 gr

— d. Militair-Geld- u. Naturalien-Gebühr bei d. k. k. österr. Armee. kl. Fol. Ebd. 823. Ebd. 2 Thlr

— d. Militair-Grenz-Verwaltungen bei d. k. k. österr. Armee. kl. Fol. 2 Bde. Ebd. 823. Ebd. 4 Thlr

— d. Militair-Hirathen bei d. k. k. österr. Armee. kl. Fol. Ebd. 823. Ebd. 8 gr

— d. Militair-Kassawesen bei d. k. k. österreich. Armee. kl. Fol. Ebd. 823. Ebd. 1 Thlr 8 gr

— d. Militair-Licitationen u. Kontrakte bei d. k. k. österr. Armee. kl. Fol. Ebd. 823. Ebd. 12 gr

Hübler, F., Militairökonomiesystem der K. K. österreichischen Armee. 1r u. 2r Band mit dem Bildniß des Verf. gr. 4. Wien, Geistinger. (Leipz., W. Vogel.) 820. Rthlr.

Hübler, Franz (Bearb.):

s.: Militär-Oekonomie-System der kaiserlichen königlichen österreichischen Armee. Bd 2. Wien: 1820

— — — 3r bis 6r Bd. gr. 4. Ebend. (Ebend.) 820.

Hübler, Franz, wirklicher kaiserl. königl. Kriegs-Commissär und ökonomischer Referent des niederösterreichischen General-Commando. Militär-Oeconomie-System der k. k. österreichischen Armee. Mit dem Portrait des Verfassers. 1–17. Bd. Der letzte enthalt das Repertorium über den 1. bis 16. Bd. (17 Bde.) Fol. Wien 1820–1823.

Hübler, Frz., Militair-Oekonomie-System d. k. k. österr. Armee. Nebst Register, in 17 Bden. kl. Fol. Wien 820—24. (Gerold). 64 ℛ Hbg. Pr. 15 ℛ Schrbp. 20 ℛ

— d. Militair-Sanitäts-Anstalten bei d. k. k. österr. Armee. kl. Fol. Ebd. 823. Ebd. 1 ℛ 16 gr

— d. Militair-Verpflegswesen bei d. k. k. österr. Armee. kl. Fol. Ebd. 823. Ebd. 3 ℛ 8 gr

— d. Militair-Versorgungs-Anstalten bei d. k. k. österr. Armee. kl. Fol. Ebd. 823. Ebd. 1 ℛ 20 gr

Hübler Franz: Milton und Klopstock, mit bes. Berücksichtigung des „Paradise lost" und des „Messias". (78. 52. 42). Reichenberg 93–95. Progr.

— d. Montur u. Rüstung der Mannschaft u. Pferde bei d. k. k. österr. Armee. kl. Fol. Ebd. 823. Ebd. 1 ℛ 8 gr

— d. Montur-Commissionen u. Monturs-Milizen bei d. k. k. österreich. Armee. kl. Fol. Ebd. 823. Ebd. 2 ℛ 16 gr

— Musterung der Leibgarden u. Truppen bei d. k. k. österr. Armee. kl. Fol. Ebd. 823. Ebd. 2 ℛ

—— über die sogenannten Opfersteine des Isergebirges. Eine archäologisch-geolog. Untersuchung. gr. 8. (54 S. mit 11 Stnt.) Reichenberg 882, (Jannasch.)
Aus: Mittheilungen des Vereins der Naturfreunde, besonders abgedruckt.

— Perlen deutscher Redezeichenkunst, s.: Klar, Max.

Hübler, Frz., Marco Polo, der größte Landreisende des Mittelalters. s.: Sammlung gemeinnütziger Vorträge.

Hübler F.: Die Reformen Diocletians u. Constantin des Großen im röm. Reiche. 20. Reichenberg 76. Progr.

Hübler Franz: Zwei Reisen nach Griechenland und Kleinasien. (50). Reichenberg R. 05. Progr.

Hübler, F., Zwei Reisen nach Griechenland und Kleinasien. 2. Tle. Pr. 1905 u. 1906. 128 S. 2.50

— d. Rekrutirungs-System in Friedens- u. Kriegszeiten bei d. k. k. österr. Armee. kl. Fol. Ebd. 823. Ebd. 2 ℛ

Hübler, Frz., d. Remontirung u. das ganze Pferdewesen bei d. k. k. österr. Armee. kl. Fol. Ebd. 823. 2 ℛ

Vorlesebuch über die Militär-Ökonomie-Kontrolle der k. k. österreich. Armee. Wien 1821. 437 S. 4°

— Vorlesebuch über die Militairökonomiecontrolle der k. k. österr. Armee. gr. 4. Wien, Geistinger. 821.

— Vorlesebuch üb. die Militairökonomiecontrole der k. k. österr. Armee. gr. 4. Wien 821. ((Gerold). 6 ℛ Hbg. Pr. 2 ℛ

— Vorlesungen über die Militär-Oeconomie-Controle der k. k. österreichischen Armee. Fol. Wien 1821.

Hübler

— **Friedrich Balthasar** (Chemnitz), Actionem tutelae adversus magistratus. Präs. Georg Christian Gebauer. Lpz. (Titius) April 1726. 44 S. mit Widm. v. Präs. (7.—) 16222
Gew.: Gottlob Hieronymus v. Leipziger (Heyde), Adam Friedrich v. Schoenberg (Boernichen, Hohenlinda). — Widm. v. Präs.

Hübler, Friedrich Balthasar (Präs.), s. Hübler, Karl Balthasar: De eo, quod sec. naturalis aequitatis principia nemo tertio valide possit stipulari.

— — De marito hereditatem uxoris in fraudem creditorum repudiante. Diss. jur. Präs. Augustin Leyser. Helmstedt (Paul Dietrich Schnorr) 1729. 34 S. (7.—) 16223
Gew.: Esaias Pufendorf. — Widm. v.: Präs., Esaias u. Frid. Esaias Pufendorf, M. Martin Hübler (Freiberg).

Hübler, Fritz: Zur Kasuistik der traumatischen Blutungen im Conus medullaris. Leipzig 1910: Lehmann. 40 S. 8°
Leipzig, Med. Diss. v. 5. Dez. 1910, Ref. v. Strümpell
[Geb. 29. Jan. 86 Dresden; Wohnort: Leipzig; Staatsangeh.: Sachsen; Vorbildung: Kgl. Gymn. Dresden Reife O. 05; Studium: Jena 5, Kiel 1, Leipzig 4 S.; Coll. 19. Dez. 10.] [U 11. 3034

Vier schöne neue Lieder. (1) Das Lied vom Geld. 2) Rheinlied, oder die deutsche Normandie. 3) Liebes Duett. 4) Lied von der Crinoline.
Kol.: Der Verfasser: G. Hübler. ; Druck von J. Boehrer in Altkirch.
o. J. (1867), 1 Bl. zweiseitig, zweispaltig bedruckt, 285 × 220.
BNP 4° Z. 77.

Hübler, Gerh., die Trennungsbefugnis des Civilrichters nach § 145 der Reichs-Civilprozessordnung. Diss. gr. 8. (IV, 120 S.) Leipzig 902. Veit & Co. n. 3.—

Hübler, Gottfried

Hübler, Gttfr., Handbuch der Nachtrags- u. Ergänzungs-Vorschriften zur Zoll- u. Staats-Monopols-Ordnung. gr. 8. Wien 844, Braumüller u. Seidel. 1 1/3 ℛ

Hübler, Heinr., Röntgen-Atlas. Zum Gebrauche f. Ärzte u. Studierende. (In deutscher, engl. u. französ. Sprache.) 6 Lfgn. gr. Fol. (48 Lichtdr.-Taf. m. III S. Text.) Dresden (901—903.) G. Kühtmann. In Mappe n. 48.—; einzelne Lfgn. n. 8.—; Subskr.-Pr. n. 36.—

Hübler, Johannes Edmund [pr. Arzt aus Altenburg]: Die Oberschenkelbrüche und ihre Behandlungsmethoden m. bes. Berücks. d. Schenkelhalsbrüche ... Altenburg, Druck v. R. Hiller, *1895*; 46 S. 8.
Jena, Med. Fak., Inaug.-Diss. v. [2. Juli] 1895

— **Johann Friedrich** (Leipzig), De jure conferendi. Exercit. jurid. Präs. Friedrich Gottlieb Zoller. Lpz. (Langenheim) 26. X. 1765. 15 S. (5.50) 16225

Hübler, J[ohann] M[ichael]. Bayerisch Schwaben und Neuburg und seine Nachbargebiete. Eine Landes- und Volkskunde. Mit 63 Abbildungen und einer grossen, vom Kgl. Bayer. Topographischen Bureau zusammengestellten Karte im Massstabe 1:250000. VIII + 326 S. 8. Stuttgart, Hobbing & Büchle, 1901. [M. 7.—]
Deutsches Land und Leben in Einzelschilderungen. Landschaftskunden und Städtegeschichten. I. Landschaftskunden...

(B) Hübler, J. M., bayer. Schwaben u. Neuburg. 901. Jetzt: Stuttgart, A. Zimmer.

Hübler, Carl Balthasar (Chemnitz), De eo quod secundum naturalis aequitatis principia nemo tertio valide possit stipulari. Diss. philos. Präs. M. Friedrich Balthasar Hübler (Bruder). Lpz. (Breitkopf) 1. V. 1728. 26 S. (7.—) 16203
Gew.: Heinrich v. Bünau (Domsen).

— — De gestis per debitorem obaeratum tam ratis quam irritis. Diss. jur. Präs. Augustin Leyser. Wittbg. (Jo. Christian Gerdes) Febr. 1731. 54 S., tlws. dtsch. (7.—) 16204
Gew.: Johann Dam v. Schoenberg (Nauendorf). — Widm. v.: Präs., M. Martin Hübler (Freiberg).

— **Martin** (Chemnitz), Oratio de Jano, hujusque templo Romae olim alibique terrarum famosissimo. Altdorf (Heinrich Meyer) Jan. 1702. 4 Bl., 16 S. (6.50) 16226
Gew.: Carl Gottlieb Harsdörfer, Carl Sigismund Grundherr in Altenthann & Weyerhaus, Jacob Wilibald Haller v. Hallerstein, Christoph Fürer v. Haymendorf in Wolkersdorf. — Progr.: Magnus Daniel Omeis. — Widm. v.: Joh. Mich. Lang, Joh. Christoph Sturm, Erhard Reusch (Coburg).

Hübler, Meta: Die Bedeutung der Individualität in Wilhelm von Humboldts Lebensauffassung. Dresden 1910: Franke. 110 S. 8°
Leipzig, Phil. Diss. v. 24. Mai 1910, Ref. Volkelt, Barth
[Geb. 13 Jan 83 Dresden; Wohnort. Dresden; Staatsangeh.: Sachsen; Vorbildung. Lehrerinnensem. Dresden bis O. 02, Dispens v. 22 Juli 09; Studium: Leipzig 6 S., Rig. 1. März 10.] [U 10. 3161

Hübler, Michael, aus Nördlingen (Baiern): Zur Klimatographie von Kamerun. (Erschien als N. 1 von: Münchener geographische Studien hg. v. Sgm. Günther. IV, 88 S.). München Th. Ackermann 1896. 1 Bl., 88 S. 8°
Zürich, Phil. Diss. [v. 19. März 1896].

Zur Klimatographie von Kamerun. Von (Dr.) Michael **Hübler**, (Hauptlehrer ... zu Nördlingen). (Vorr.: Siegmund Günther.) *München: Th. Ackermann 1896.* (Erschien als Züricher Diss. 1895.) (1 Bl., IV, 88 S.) 1 Bd 8.
— **Studien**, Münchener geographische. Stück 1.

Hübler, Paul [cand. min., Präparanden-Lehrer aus Genthin]: Friedrich der Grosse als Pädagog ... Leipzig, Druck v. C. W. Vollrath, *1897*; 106 S., 1 Bl. 8.
Leipzig, Phil. Fak., Inaug.-Diss. v. [11. März] 1897

Hübler, Paul, Friedrich der Große als Pädagog. 2. neubearb. Aufl. gr. 8. (114 S.) Göttingen 900. Vandenhoeck & Ruprecht. n. 2.—; geb. n. 2. 50

Hübler, Paul: Über die kubischen Reste. Dresden 1871. 8°
Diss. Jena.

Hübler, Paul, zur Theorie elastischer Platten. gr. 8. (42 S.) Dresden 875. (v. Zahn.) n. 1. —

Hübler, G., s. Beiträge, Berner, zur Geschichte der schweizerischen Reformationskirchen.

Hübler, Wilhelm [app. Arzt aus München]: Ein Fall von Morvan'scher Krankheit ... München, Buchdr. v. J. Fuller, *1894*; 20 S., 2 Taf. 8.
Würzburg, Med. Fak., Inaug.-Diss. v. 1894

Hublocher, Johann Baptist

Hublocher, J. B.: Enarravit Petrus Langen C. Valerii Flacci Argonauticon libros octo. Recensuit J. B. Hublocher. Landshut 1904: Jos. Thomann. (35 S.) 8°
Landshut, k. humanist. G P 1904*

Hubmann, G., Chronik der Oberpfalz. 1. Bd. I. Chronik von Schwandorf. gr. 8. (VI und 157 S.) Amberg 865, Pohl. *

— **dass. — 1. Bd. II. Chronik der Stadt Bärnau. gr. 8. (102 S.) Ebendas. 865.** *

Hubmann, G., Chronik der Oberpfalz. 1. Bd. III. Babenbergische Markgrafen des Nordgaus. gr. 8. (75 S.) Amberg 866, Pohl. *
I. und II. Ebendas. 1865. *ℳ 3,20.

Hubmann, J., ein Blick auf England, das wirkliche, u. Rußland des Marquis Custine im Jahre 1839. gr. 8. Dresden u. Leipzig 844, Arnoldische Buchh. n. 1/3 ₰

Hubmann, Johann Georg

Hubmann, J. G., Herakleitos des Ephesiers Ansichten über die Natur des Weltalls. Programm zum Jahresschlusse an der Studienanstalt zu Amberg im J. 1850. gr. 4. (8 S.) Amberg 850. (Regensburg, Manz.) Thlr.

De Comoedia graeca et romana item de Terentii comoediis. Acroasis, qua Terentii fabulas discipulis suis commendat Dr J. G. Hubmann, histor., philolog. et archaeolog. prof. — Ambergae 1830. Sumt. Jo. Christiani Schmidt bibliopolae — 32 S. in 8.
Progr. Amberg

Hubmann, J. G., Compendium Philologiae. In usum praelect. suarum exhibuit. 8maj. (2½ B.) Ambergae 846. (Regensburg, Manz.)

Hubmann, J. G., Diokles, Gesetzgeber der Syrakusier. Pr. 1842. 8 S. 4°. —.90

[illegible] Conscripsit Dr J. G. Hubmann, histor. ac philolog. prof. — 1838. Druck der J. E. von Seidel'schen Offizin — S. 3–10
Progr. Amberg

Huebmer, Ant., Harmonielehre. Zunächst für Lehrerbildungsanstalten bearb. gr. 8. (III, 151 S.) Leipzig 879, Leuckart. * 3 —

Hübmer, Frz. Seraph., Erinnerungen an Sokrates; nach dem Französ. 8. Linz 806. Eurich. 12 ℊ

Hübmer, Erinner. an Sokrates. 8. Linz. (Eurich, Lpz.) 806.

HUBMERHOFFER Joseph Joachim –'s ... Prüfung aus der allgemein. kais. königl. Gerichts und Konkursordnung und aus den nachgefolgten höchsten kaiserl. königl. Rechtsverordnungen . . Kleinmayer, Klagenfurt 1788 1 vol. 4 Bl. + 612 S. + 2 Bl. Druckfehler

Hubmerhofer, Jos. Jh., Prüfung aus der allgem. k. k. Gerichts- u. Concursordnung rc. 8. Klagenf. 788. Kleinmayr. 1 ₰ 12 ℊ

Hubner, Alois Wilhelm, k. k. ordentlicher Prof. an der technischen Militär-Akademie, etc., und Dr Ferdinand **Lentner**, k. k. Hofkonzipist, Lehrer des Staats- und Völkerrechtes an der k. k. Kriegsschule, Docent an der Wiener Universität, etc. **Lehrbuch des privaten und öffentlichen Rechtes** der österreichisch-ungarischen Monarchie. (Mit Einschluss der Elemente des Völkerrechtes.) Bearbeitet im Auftrage des k. k. Reichs-Kriegsministeriums, zum Gebrauche in den Militär-Bildungsanstalten. 8. Wien 1877.

—— und Ferd. Lentner, Grundriß des privaten und öffentlichen Rechtes der österreichisch-ungarischen Monarchie. [Mit Einschluß der Elemente des Völkerrechtes.] Bearb. im Auftrage des k. k. Reichs-Kriegs-Ministeriums, als Lehrbehelf für die Militär-Bildungs-Anstalten 2. wesentlich vervollständ. Aufl. gr. 8. (IX, 162 S.) Ebendas. 880.

Hubner, Alois Wilh., Lehrbuch für den Unterricht über die Militär-Strafgesetze. Bearb. im Auftrage des k. k. Reichs-Kriegs-Ministeriums, zum Gebrauche in den Militär-Bildungs-Anstalten. (VII, 164 S.) 1876; 2. durchgeseh. Aufl. gr. 8. (VII, 163 S.) Wien 878, Seidel und Sohn. * 2 40

Hubner, Alois Wilh., Lehrbuch für den Unterricht über die Militär-Strafgesetze. Bearb. im Auftrage des k. k. Reichs-Kriegs-Ministeriums, zum Gebrauche in den Militär-Bildungs-Anstalten. 3. nach den neuesten Gesetzen und Vorschriften ergänzte Aufl. gr. 8. (VIII, 183 S.) Wien 884, Seidel und Sohn.

Hübner, Martin, s.: Volks-Bibliothek, christliche.

Hübner, s.a. Hübener.

Hübner, Frau, u. George Paul Sylvester Cabanis, die Aufführung v. Devrients Luther in Berlin, neues kgl. Operntheater (Kroll), Oktbr., Novbr., Dezbr. 1901. Eine Schilderg. in Wort u. Bild, im Auftrage des Arbeits-ausschusses hrsg. qu. gr. 4. (48 S.) Berlin 901. G. Nauck. Part. n. 3. —

Die Aufführung von Devrients Luther in Berlin, Neues Kgl Operntheater (Kroll), Oktober, November, Dezember 1901 Eine Schilderung in Wort u. Bild im Auftr. d. Arbeitsausschusses hrsg von Frau Superint Huebner u George Paul Sylvester Cabanis. *Berlin. F. Ruhe 1901* (48 S) quer-8°

Über die Bedeutung der frühzeitigen Erkennung des Lupus für die Heilung. Von Privat-dozent Professor Dr HÜBNER, Marburg. Herausgegeben vom Deutschen Zentral-Komitee zur Bekämpfung der Tuberkulose, Berlin. kl. 8°

Huebner, das regelmässige Dodekaeder u. Ikosaeder, s.: Reim.

Hübner, *Doutes et Questiones proposees p. Montanus à Batavus sur les droits de la naturalité.* gr. 8. Vien. Tendler. 781.

Hübner: Einiges zur Charakteristik des Chors in der alten griechischen Tragödie mit besonderer Berücksichtigung des Sophokles. 16 S. 8°–B.Leipa, Progr. 1863

Der wahre Freymaurer unter seinen Feinden, eine Rede, in der ger. und vollk. Loge F[erdinand] z[ur] g[ekrönten] S[äule in Hildesheim] gehalten, von H[uebner]. [Hildesheim] 1775. 11 S. 4° [Umschlagtit.]
Auszug in: Almanach od. Taschen-Buch f. Frmr. 2 (1777) Bl. 68—69; Taschen-Buch f. Frmr. 2 (1777) Bl. 58—59.
Kl. 915. Selten. 215.

Zur Geschichte der Entstehung der Anstalt (Städtische Realschule zu Heide i. Holstein) v. Hübner. Siehe in: Jahresbericht über das Schuljahr 1903/04. Heide i. H. 1904. 4°

Hübner u. Baude, Klaviatur-Lehrtabelle. 2. Aufl. 121,5 ×14 cm. Breslau 906. (V. Zimmer.) — 75

Hübner, ..., (Prof.) Lobrede auf die heil. Elisabeth, gehalten in d. Kirche d. Elisabethinerjungfrauen zu Breslau. 8. Bresl. 795. W. G. Korn. 4 gr.

Hübner, A. Der Bergbau bei den Alten. Abdruck. Halle a/S.. 1888.

— L.-OR.: Chronik der Anstalt unter Hinblick auf den 25-jährigen Bestand derselben v. A. Hübner. 13. 1887.
Progr. Iglau.

Hübner, A., durchgehende Träger m. Querkraft-Nullfeldern. Vortrag, geh. im Architekten- u. Ingenieur-Verein zu Hamburg am 8. April 1891. [Aus: „Zeitschr. f. Bauwesen".] Lex.-8. (26 S. m. 31 Holzschn.) Berlin 891. W. Ernst & Sohn. n. 1. 60

Hübner, A., das 2. u. 3. Turnjahr der Mädchen, s.: Porsche, E.

Hübner, Adalb., wie erhält man e. gutes Gedächtnis? Die Gedächtniskunst f. d. Selbstunterricht bearb. 8. (III, 152 S.) Leipzig (902). Ernst. 1. 50

HÜBNER, Adeodat (Landau/Isar): De thoracis paracentesi. (Titel nach der Urkunde) 29.7.1877 – Urk; Chr 1871/72,21
Diss. Ingolst.-Landsh.-Mchn.

Hübner, Adolf Die sudafrikanischen Diamantenfelder Eine geologische Untersuchung
in Mohr Nach den Victoriafällen des Zambesi Bd 2 S 193–211 Leipzig 1875 22 S. 8°

Hübner, Adf., Rückblicke auf das Wirtschaftsj. 1904. Eine Plauderei f. meinen Freund jenseits des Ozeans. (34 S.) gr. 8. Dresden 905. (C. L. Ungelenk.) n. — 50

— dasselbe. 1905. (63 S.) gr. 8. Ebd. 906. n. 1. —

Hübner, Adrian. Hygiene der Geisteskrankheiten. Lex.-8. (64 S.) Berl. 891. [Fried u. Comp.] H. Steinitz Verlag. * 2

Erlebnisse zweier Brüder während der Belagerung von Paris und des Aufstandes der Kommune 1870–71. Vom Feldmarschall-Lt. Alexander Grafen **Hübner**. Berlin: Gebr. Paetel 1906. (VIII, 216 S.) 8° [J.] [06. 10396]

Hübner, Alex. Graf v. Ein Jahr meines Lebens. 1848—1849. gr. 8. (XII, 379 S.) Lpz. 891, Brockhaus. * 6 —; geb. * 7 50

Neun Jahre der Erinnerungen eines österreichischen Botschafters in Paris unter dem zweiten Kaiserreich 1851–1859 [Neuf Ans de souvenirs d'un ambassadeur]. Von Graf Joseph Alexander v. **Hübner** (Hrsg von s. Sohn FML Graf Alexander Hübner.) Bd 1. 2. Berlin: Gebr. Paetel 1904 8° [04. 18313 B]

Hübner, Graf (Jos.) Alex. v., neun Jahre der Erinnergn. e. österreichischen Botschafters in Paris unt. dem zweiten Kaiserreich 1851—1859. 2 Bde. (VIII, 274 u. 277 S.) gr. 8. Berlin 904. Gebr. Paetel. n. 14. —; geb. in Leinw. n. 16. —

Hübner, Alex. Frhr. v., Rede, gehalten in der cisleithan. Delegation zu Budapest am 4. Novbr. 1880. 8. (31 S.) Leipzig 880, T. O. Weigel.

Hübner, Alex. Frhr. v., durch das Britische Reich. Südafrika — Neuseeland — Australien — Indien — Oceanien — Canada. 2 Bde. Mit 1 Karte. gr. 8. (XI, 329; VII, 377 S.) Leipzig 886, Brockhaus. * ℳ 12.—; geb.

—— Durch das Britische Reich. Südafrika — Neuseeland — Australien — Indien — Oceanien — Canada. Mit e. Anh.: Der Brand d. Packetschiffes „France". 2. Aufl. gr. 8. (X, 488 S. m. 1 Karte.) Ebd. 891. * 6 —; geb. * 7 50

Hübner, Alex. Frhr. v., Sixtus der Fünfte. Deutsche Ausg. vom Verf. autor. 2 Bde. Leipzig 871. T. O. Weigel. gr. 8. (III, 352 u. III, 396 S.) 4 ℳ

Hübner, Alex. Freih. v., e. Spaziergang um die Welt. Deutsche Ausgabe vom Verf. 2 Bde. gr. 8. (396 u. 433 S.) Leipzig 874. T. O. Weigel. 12. —

—— dass. — 2. Aufl. 3 Bde. 8. (352; 384; 365 S.) Ebendas. 875.

Hübner, Alex. Frhr. v., ein Spaziergang um die Welt. Deutsche Ausg. vom Verf. 3. Aufl. 3 Bde. 8. (VII, 352; 384; 365 S.) Leipzig 875, T. O. Weigel. M. 7,50.; geb. * 10 50

—— dass. — Mit 317 (Holzschn.-)Abbild. und dem (Lichtdr.-) Portr. des Verf. 39 Lfgn. Fol. (IX, 459 S.) Leipzig 880—82. Schmidt und Günther. à Lfg. M 1,50.; geb. *

—— ein Spaziergang um die Welt. Wohlf. Ausg. in 1 Bde. Mit dem (Holzschn.-)Bildnisse des Verf. 4. unveränd. Aufl. gr. 8. (VIII, 556 S.) Ebendas. 882. * M 6.; geb. **

— ein Spaziergang um die Welt. 5. Aufl. Ausg. in 1 Bde. Mit 3 (chromolith.) Abtheilungstitelbildern v. Rud. Cronau. 12. (VII, 481 S.) Leipzig 885. T. O. Weigel. geb. n. 5. —; in 3 Thln. cart. à n. 1. 80
1. Amerika. (156 S.) — 2. Japan. (S. 157—324.) — 3. China. (S. 325—481.)

—— dass. — Deutsche Ausg. vom Verf. 2 Bde. 6. Abdr. 12. (VI, 833 S. mit dem Bildniß des Verf. und 3 farb. Titelbl. von Rud. Cronau.) Ebendas. 887. *
geb. *

Hübner, Alex Frhr. v., ein Spaziergang um die Welt. 2. unveränd. Aufl. (In 40 Lfgn.) 1.—18. Lfg. gr. 4. (S. 1—220 mit 317 Abbild.) Leipzig 888, Schmidt und Günther. à Lfg. * 50 Pf. * 9 —

—— Ein Spaziergang um die Welt. Mit 317 Abbildgn. 2. unveränd. Aufl. 19.—40. (Schluss.)Lfg. gr. 4. (S. 221—462.) Lpz. 889, Schmidt u. Günther. à Lfg. * — 50; * 11 —
1—18. Lfg Ebd. 888 9 —. compl. geb. * 28 — geb. in 3 Bde. à * 12 —, 36 —

—— Ein Spaziergang um die Welt. Amerika — Japan — China. In Wort u. Bild. 3. unveränd. Aufl. 40 Lfgn. gr. 4. (IV, IV, IV, 462 S.) Ebd. 891. à Lfg. * — 50; * 20 —; geb. * 28 —

—— Ein Spaziergang um die Welt. Deutsche Ausg. vom Verf. Mit 1 Portr. in Stahlst. u. 3 farb. Titelblättern v. Rud. Cronau. 7. Aufl. 2 Bde. 8. (VII, 753 S.) Lpz. 891, T. O. Weigel Nachf.
* 9 —; geb. in 1 Leinw. Bd. * 10 20; in 2 Leinw.-Bde. * 11 40

— dasselbe. Mit ca. 340 Abbildgn. u. Titel-Tafeln in Farbendr. Colportage-(Titel-)Ausg. (In 60 Lfgn.) 1. u. 2. Lfg. gr. 4. (16 S.) Ebd. 894. à — 30

Hübner, Alex. Graf v., e. Spaziergang um d. Welt. M. ca. 340 Abb. u. Titel-Taf. in Farbendr. Colportage-Ausg. 3.—60 Lfg. gr. 4. (IV, IV, IV u. S. 17—464.) Leipzig 895—896. H. Schmidt & C. Günther. à — 30; (Kplt. in 3 Bde. geb.: n. 28. —)

—— Vortrag über Reisen in den Südsee-Inseln, gehalten im Oriental. Museum am 25. Febr. 1885. gr. 8. (28 S.) Wien 885, Verlag des Oriental. Museums. ** — 75

Hübner, Alexander Johannes Augustus (Resp.): De nuptiis senum secundis raro secundis, s. A l b e r t i, Michael (Praes.)

Huebner, Alfred: Das erste deutsche Schäferidyll und seine Quellen. Königsberg i. P. 1910: Hartung. 119 S. 8°
Königsberg, Phil. Diss. v. 20. Juli 1910, Ref. Baumgart
[Geb. 3. Juli 84 Memel; Wohnort: Königsberg i. P.; Staatsangeh.: Preußen; Vorbildung: Friedrichs-Koll. Königsberg Reife M. 02; Studium: Königsberg 2, Freiburg i. B. 1, Königsberg 3, München 2, Königsberg 8 S.; Rig. 25 Mai 10.] [U 10. 1607

Hübner, Anton

Hübner, (A.,) vollst. theoret.-prakt. Anleit. z. Firm-Unterrichte. 8. Breslau 825, Max u. C. Rthlr.

Hübner, Ant., Denkwürdigkeiten der königl. Stadt Znaim. Nach dem hinterlassenen Mscr. hrsg. von Vict. Hübner und Mich. Netoliczka. In 20 Lfgn. gr. 8. (VII, 978 S.) Znaim 869, Fournier und Haberler. à Lfg. * 60 Pf. *

Hübner, A., Katechese über die Oekonomie des kathol. Kirchenjahres, als Grundlage des katechet. Unterrichts. 8. Breslau 835. Max u. Comp. n 1 Rthlr.

— über d. Methode beim Religionsunterricht in Kirche u. Schule. 12. Breslau 830. Max u. Comp. 1/8 Rthlr.

Hübner, Anton J. (auch: J. Anton)

Hübner, Ant. J., Hausandachten e. kathol. Christen, od. Stunden d. Andacht, f. Freunde d. Christenthumes aus d. gebild. Ständen. 16. (15 B. u. Titkpfr.) Prag 830, Enders.

Hübner, Arnold Camillus, Funken u. Flammen. Gedichte. 8. (IX, 190 S.) Dresden 900. E. Pierson. n. 2. 50; geb. n. 3. 50

Hübner, Arthur, aus Gnesen: Aus d. Pathol.-anat. Institut d. Universität Breslau. (Direktor: Geh. Medizinalrat Prof. Dr. Ponfick.) Ein Beitrag zur Lehre von der primären Tubentuberkulose. *Breslau 1903: Th. Schatzky.* (27 S.) 8°
Würzburg, Med. Diss. v. 1903

Hübner, Arthur: Daniel, eine Deutschordensdichtung. (Kap. 1 bis 3.) (Berlin: Mayer & Müller 1910.) 69 S. 8° ¶(Ersch. vollst. als: Palaestra. Bd 101.)
Berlin, Phil. Diss. v. 15. Juni 1910, Ref. Roethe
[Geb. 17. Sept. 85 Neudamm; Wohnort: Schöneberg b. Berlin; Staatsangeh.: Preußen; Vorbildung: Prinz Heinrichs-Gymn. Schöneberg Reife M. 04; Studium: Graz 1, Berlin 11 S.; Rig. 15. Juli 09.] [U 10. 180

Die Sonntagsruhe im Handelsgewerbe ... bearb. von Arthur **Hübner**. Leipzig: Verband Deutscher Handlungsgehülfen 1907. (43 S.) 8° [J.]
— Hübner: Kommunale Sozialpolitik. 1.
— **Schrift** d. Verbandes Deutscher Handlungsgehülfen zu Leipzig. 14.
[07 1133 2

Hübner, A., Kommunale Sozialpolitik II. Der Achtuhr-Ladenschluss. Im Auftrage des Vorstandes bearb. (84 S.) gr. 8. Leipzig, Verband Deutscher Handlungsgehülfen 1908. —. 25.
22. Schrift des Verbandes deutscher Handlungsgehülfen zu Leipzig.

— dasselbe. II. Der Achtuhr-Ladenschluß, s. a. Schrift, 22., des Verbandes deutscher Handlungsgehülfen zu Leipzig.

Hübner, Arthur H.

Hübner, A. H., über den Selbstmord. Eine klin. u. versicherungsrechtl. Studie f. Ärzte, Juristen u. Beamte der staatl. Arbeiterversicherg. (Aus der Klinik f. psychisch u. Nervenkranke zu Bonn [Prof. Dr. A. Westphal].) (IV, 113 S.) gr. 8. Jena 910. G. Fischer. 2. 80

— Trauma u. Neurosen im Kindesalter. (Ein klin. Vortrag.) (8 S.) gr. 8. Leipzig 910. B. Konegen. 1. —
Sonderabdruck aus: „Reichs-Med.-Anz."

Hübner, Aug. (Hrsg.), s. A r a t o r, De Actibus . . .

Hübner, A., Fischwirtschaft. Gesammelte Arbeiten aus 25-jähr. öffentl. Tätigkeit u. 40jähr. Praxis. (XI, 868 S.) 8. Bautzen 905. E. Hübner. n. 6.—; geb. in Leinw. n. 7.50

Hübner, August *(geb. Zuckmantel in Österr.-Schles. 3. 11. 1834)*: Dreissig unter antiseptischen Cautelen ausgeführte Laparotomien aus der königl. gynäkologischen Klinik zu Breslau. Breslau (1881). (57 S.) 8° *[Im Buchhandel 1881 bei Köhler in Breslau.]*
Breslau, Med. Diss. v. 21 März 1881

Hübner, August, *Handelskammerkanzlist in Reichenberg.* Die Ueberschwemmung vom 1. u. 2. August 1858 im nordöstlichen Böhmen in ihrer Entstehung und ihren verheerenden Folgen, mit Angabe der betr. Flüsse, Bäche und sonstigen Gewässer, deren Ursprung, Lauf etc. Durch Berichte und theilweisen Augenschein zusammengestellt. *Reichenberg. Heinr. T. Stiepel.* 45 S. kl. 8°. 6 kr.

Hübner, August Nathanael, Gründliche Anweisung // zum // Deutschen STILO, // Wie man denselben // Durch gewisse Regeln gründlich // erlernen, manierlich brauchen, geschickt // verändern, und so dann der besten und // berühmtesten Autorum Schrifften // glücklich imitiren könne. // Nebst einer Vorrede // Von // Verbesserung der Methoden, // und in wie weit diese gegenwartige Anweisung // dazu nützlich kan gebrauchet werden; // Zum besten der studierenden Jugend // dem öffentlichen Druck übergeben // Von // M. August Nathanael Hübnern, // der Philosophischen Facultät in Halle Adjuncto, // und des Stadischen Gymnasii // Con-Rectore. // Verlegts Nicolaus Förster, // Hoff=Buchhandler in Hanover // 1720. - 23 Blatt (nicht paginiert) Titelkupfer, Titelblatt, Widmung und Vorrede. - 613 S. und noch 14 Blatt (nicht paginiert) Register und Druckfehler.

Hübner, Aug. Nath., gründliche Anleit. z. deutsch Styl. 8. Hannover, Helwing 720.

Hübner, Aug. Nathanael [Praes.], s. Cramer, Phil. Friedr.: De amore sui.

Hübner, A. N., de genuflexione. Hal. 1711. 4.

Hübner, A. Nathan, et M. F. Blumler, Amuletorum historia eorumque censura. Hal. 710. 4.

Hübner, August Nathanael (Halle), De propagatione philosophiae sub contemptu. Diss. philos. Präs. Johann Fridemann Schneider. Halle (Joh. Christian Zahn) 1708. 26 Bl. mit Widm. v. Präs. (7.—) 16185

Hübner, B. (Red.), s. Zeitschrift für die Paraffin-, Mineraloel- und Braunkohlen-Industrie mit besonderer Berücksichtigung der Petroleum-Industrie.

Hübner, Beda, vollst. Anleit. zur Pflanzung, Verbreitung u. Benutzung d. Erdapfels, oder der Kartoffeln. 1r Thl. gr. 8. Salzburg 807. Mayr. 6 gl.

Hübner, Benjamin Traugott: Historiae legum Rom. ad sepulturas pertinentium ... spec. I., s. Hübner, Christian Gotthelf.

Huebner, Bernhard [Dr.]: Die kleineren Dichtungen und Dramen des Prodromus Poeticus von Aug. Ad. von Haugwitz. E. Beitr. z. Gesch. d. Kunstdramas im XVII. Jh. (Umschlagt.: Zum Kunstdrama d. 16. Jhs.) Neuwied, L. Heusers Buchdr., 1893; 35 S. 4.
Neuwied, L. G. m. RPG, OP 1893 (455)

Huebner, B[ernhard], Prof. Dr.: Zur **Goethefeier.** Prolog (zur Aufführung d. Tasso im Stadttheater). *Köln (1900): Gebr. Brocker.* (1 S.) 4° [F.]
Köln, K. Friedrich-Wilhelms-G, P 1900 (480)

Huebner, Bernh. Der Lausitzer Dichter Aug. Ad. von Haugwitz. Ein Beitrag zur Litteraturgeschichte des XVII. Jahrh. 26 S. Progr. *Trarbach* 1885.

Huebner, Bernhardus: De temporum, qua Aeschylus utitur praesentis praecipue et aoristi varietate Halis Saxonum 1879: Karras. 36 S. 8°
Halle-Wittenberg, Phil Diss. v. [19. Dez.] 1879
Geb Erdmannsdorf (Kr. Hirschberg, Schles.) 23. 2. 1847. V
Ersch auch in Dissertationes philologicae Halenses. Vol 4 Halis Sax. 1880. S. 109–146.

Hübner, Bruno, Turners Richtschnur, Gedichte u. Erzählungen, Meuselwitz (S.-Altenb.), 30 S., 16°.

Hübner, C. F., Wegweiser zum vertraulichen Umgange mit Gott. 12. Halle, Gruners. 756.

Hübner, Carl, s. Hübner, Karl.

Hübner, Chr. Fr.

— de aneurysmatibus. 4. Götting. 807. Brose. 3 gl.

Hübner, Chr. Fr., comment. de Coenaesthesi. 8 maj. Halle 794 (Laue in Berl.) 4 gl.

Hübner, C. F., de Caenaesthesi. 8. maj. Halae, Curt. 794.

Hübner

— **M. Christian** (Zittau) u. (Respond.) **Johann Georg Sorger** (Merseburg), Fridericus Bellicosus academiae Lipsiensis ante hos trecentos annos fundator historice descriptus. Halle (Christian Henckel) Nov. 1709. 72 S. (7.50) 16229
Gew.: Johann Olearius. — Verz. d. Rectoren, Ergänz.-Verz. d. Decane usw.

— — u. (Respond.) **Johann Thoma** (Perleberg / Mark), De studio geographico in genere. Diss. philos. Halle (Christian Henckel) Jan. 1710. 52 Seiten. (7.—) 16230
Gew.: Nicolaus Bartholomäus Frh. v. Danckelman, Friedrich Thoma (Vater d. Respond.).

Novi prorectoratus auspicia rite captacivibus indicit academia Jenensis. — Memoria **Christiani Gotthelf Hübneri** antecessoris nuper Jenensis. Jena (Goepferdt) 6. VIII. 1808. 8 S. mit Schriftenverz. u. Biogr. H.'s. (M.: Ch. D. Hanf.) (4.50) 16239

Hübner, Christian Gotthelf

(Hübner, Ch. Ghlf.): Berichtigungen und Zusätze zu den Institutionen d. röm. Rechts; als Anhang zu *Höpfners* Commentar, und als Materialiensamml. zu einem künft. neuen Institutionen-Commentar zu gebrauchen. *Lpz.*, Heinsius (Brockhaus.) 801. 8. (14 Gr.)

— Bibliothek kleiner juristischer Schriften, s. K. A. Tittmann.

Hübner, Ch. Ghf., u. Tittmann, K. A.: Biblioth. kl. jurist. Schriften. *Lpz.*, Schiegg u. Tauchnitz. 799—802. 3 Bde. gr. 8. (6 Thl. 4 Gr.)

— ad tit. digestor. de rebus dub. comment. 8. Leipz. 802. Göthe. 12 gl.

— — De conditione difficili, ultimis voluntatibus adscripta. Disputat. super thesibus indicendarum causa. Lpz. (Carl Tauchnitz) 1798. 24 S. (4.50) 16234

— — De natura obligationum quae quasi ex contractu et quae quasi ex delicto nascuntur conjecturae. Lpz. (G. L. Goethe) o. J. [1802]. 88 S. (6.80) 16237
Gew.: von Friedrich Christian Hübner (!): Johann Christian Hübner (Vater). — S.a.: Hübner, Friedr. Christian.

— conjecturae de natura obligationum, quae quasi ex contractu et quae quasi ex delicto nascuntur. 8 maj. Leipz. 803. Göthe. 8 gl.

Hübner, Christian Gotthelf (Präs.), s. Constantin, Friedrich Heinrich: De juris civilis objectis.

— — Disputationum juris civilis liber primus. — Insunt disputationes testamentariae. Jena (Croeker) 1806. 169 S. (7.—) 16238

Hübner, Chr. Gtthlf.: Ueb. Ehre, Ehrlosigkeit, Ehrenstrafen u. Injurien, ein Beitrag zur Berichtigung der positiven Rechtswissenschaft. *Leipzig*, Tauchnitz. 800. 8. (20 Gr.)

Hübner, Christian Gotthelf (Präs.), s. Fiedler, Karl Gottlob Immanuel: Verisimilium juris civilis specimen.

— — u. **Benjamin Traugott Hübner,** Historiae legum Romanarum ad sepulturas pertinentium adjuncta earum comparatione cum patriis institutis specim. I. Lpz. (Sommer) 30. VII. 1794. 50 S. (6.80) 16232

— — Dasselbe. II: De minuendis funerum sumtibus. Lpz. (Sommer) 24. IX. 1795. 80 Seiten. (6.80) 16233

— Diss. historica legum romanorum ad sepulturas pertinent. etc. II Specim. 4. Leipz. 794. 95. (List in Berl.) 12 gl. erhöhter Pr. 18 gl.

Hübner, Christian Gotthelf (Präs.), s. Hübner, Friedrich Christian: De obligationum quae quasi ex contractu et quae quasi ex delicto nascuntur natura conjecturae.

— **Christian Gotthelf** (Chemnitz), Meditationes quomodo juvenes jurisprudentiae se destinantes jam in scholis ad studiorum rationem recte instituendam sint praeparandi. Lpz. (Sommer) 1793. 51 S. (6.80) 16231

— meditation., quomodo juvenes jurisprudentiae se destinantes etc. 8 maj. Lpz. 793. (List in Berl.) 3 gl. erhöhter Pr. 5 gl.

— — Observationes edicto viario aedilium curulium adspersae. Lpz. (Carl Tauchnitz) 26. IX. 1798. 24 S. (6.—) 16235

Hübner, Chr. Gtth.: Ordo judicior. Elector. Saxon. ad leges judicior. recent. paucis tabulis brevibusque thesibus adumbratus. *Lipsiae*, Goethe. 795. 4. (14 Gr.)

Hübner, Ch. Ghf.: Principia processus inquis. max. ex sententia legum morumque in Sax. elect. obtin., in us. scholae suae. *Lpz.*, Göthe. 790. gr. 8. (12 Gr.)

— — Principia processus inquisitorii maxime ex sententia legum morumque in Saxonia electorali obtinentium. Lpz. (Goethe) März 1799. 128 S. (7.—) 16236

— prolegomena ad tit. digestor. de diversis regulis juris antiqui. 4 maj. Leipz. 803. Göthe. 6 gl.

— quaestionum iuris metallici saxon. biga. 8. maj. Lips. Klaubarth. 802.

— — idem liber. 8. maj. Lips. Göthe.

Hübner, Chr. Gtthlf., († d. 16. Mai 1808.) Versuch üb. die Anwendbarkeit der Bergbaustrafe. 8. Leipz. 796. Göthe. 6 gl.

— **Christoph** (Breslau), De puncto morali. Exercit. acad. Präs. M. Michael Gottlieb Hansch (Danzig). Lpz. (Christian Goez) 27. IV. 1703. 12 Bl. (6.80) 16240
Widm. (a. d. Präs.) v.: D. Gottlob Friedrich Seligmann.

Von dem Verhalten des rechtschaffenen Maurers gegen den Tod sprach in der ger. und vollk. Loge F[erdinand] z[ur] g[ekrönten] S[äule in Hildesheim] der Br Redener [d. i. Christoph Gottlieb **Hübner.**] den 3ten Dec. 1776. [Hildesheim 1776.] 8 S. 4° [Umschlagtit.]
Kl. 1334. Selten. 232.

Hübner, Curt, s. Hübner, Kurt.

Hübner, D., s. P. Ph. Gudin, Nachtrag zu Rousseau's Gesellschafts-Vertrag.

Hübner, E., Römische Bergwerksverwaltung. o. O. u. J. 18 S.

Hübner, E. A., Der Bauernstand in Preussen, oder die Rechte und Pflichten der Gutsherrschaften und der Dorfbewohner gegen einander, sowie dem Staate gegenüber, desgleichen der Dorfgemeinden u. Dorfgerichte, nach dem gegenwärt. Stande der Gesetzgebung und mit Berücksichtigung provincieller Verhältnisse. gr. 8°. Liegnitz, Gerschel, 1847. XVI, 344 S.

Hübner, E. A., das Gesetz über die Erwerbung u. den Verlust der Eigenschaft als Preuß. Unterthan, so wie über den Eintritt in fremde Staatsdienste vom 31. Decbr. 1842, nebst Erläuter. u. Ergänz. rc. gr. 8. Liegnitz 843, Reisner. 1/6 ℛ

Hübner, E. A., die preußische Gesetzgebung in Betreff derjenigen gewerblichen Anlagen, welche einer besondern polizeilichen Genehmigung bedürfen, oder sonst mit Rücksicht auf die örtliche Lage einer besondern Beschränkung unterworfen sind, in Verbindung mit den damit im Zusammenhange stehenden gewerbpolizeilichen Vorschriften und den bezüglichen Strafbestimmungen. Systematisch bearb. 8. (IV und 143 S.) Liegnitz 856, Gerschel. *—

— die Preuß. Gesetzgebung in Betreff des Groß- und Klein-Handels m. geistigen Getränken, des Gast- u. Schankwirthschaft-Betriebes rc. Nebst e. Anhange enth. die Verordnungen wegen gewisser Lustbarkeiten, welche v. Gast- u. Schankwirthen veranstaltet zu werden pflegen. gr. 8. Liegnitz 846, Gerschel. 1/12 ℛ

Hübner, E. A., die preußische Gesetzgebung in Betreff des Groß- und Klein-Handels mit geistigen Getränken, des Gast- und Schankwirthschafts-Betriebes und der Zulassung von Speisewirthschaften, Restaurationen, Kaffeehäusern, Konditoreien und ähnlichen Anlagen, nebst einem Anhange, enthaltend die Verordnungen wegen gewisser Lustbarkeiten, welche von Gast- und Schankwirthen veranstaltet zu werden pflegen und die dergl. Gewerbetreibende insbesondere angehenden Strafbestimmungen. 2., verm. und verb. Ausg. 8. (XII und 138 S.) Liegnitz 856, Gerschel. Thlr.

Hübner, E. A., die preußische Gesetzgebung in Betreff des Kleinhandels mit geistigen Getränken sowie des Gast- und Schankwirthschaft-Betriebes, nebst einem Anhang, enthaltend die Verordnungen wegen gewisser Lustbarkeiten, welche von Gast- und Schankwirthen veranstaltet zu werden pflegen, und die dergleichen Gewerbetreibende insbesondere angehenden Straf-Bestimmungen. 3., verm. und verb. Ausg. gr. 8. (VI und 196 S.) Berlin 860, Gerschel.

— das Recht zu Mühlen-Anlagen jeder Art und zu Mühlen-Veränderungen nach Preuß. Gesetzen. Nebst e. Anhange, betreff. die Mühlen-Gesetzgebung in den vormals Sächs. Landestheilen rc. gr. 8. (Mit 3 Tab.) Liegnitz 843, Reisner. 1 ℛ

—— die Städte-Ordnung vom 30. Mai 1853, s. Städte-Ordnung.

Hübner EA, die Städteordnung für die 6 östlichen Provinzen der preussischen Monarchie vom 30. Mai 1853 etc. Berlin 1854

—— die Städte-Ordnung für die sechs östlichen Provinzen der preußischen Monarchie vom 30. Mai 1853, mit deren Ergänzungen und Erläuterungen systematisch zusammengestellt, und das Gesetz, betreffend die Verfassung der Städte in Neu-Vorpommern und Rügen, vom 31. Mai 1853 nebst Zusätzen. Unter Benutzung der Akten des königl. Ministeriums des Innern bearb. und hrsg. gr. 8. (XII und 479 S.) Berlin 859, Gerschel.

Hübner, Eberhard Friedrich, s. Beschreibung des Vorgebirgs der guten Hoffnung.

Hübner, Eberh. Fr. († d. 22. Apr. 1790.) vermischte Gedichte. 1e, 2e Samml. 8. Stuttg. 788—91. Erhard. 1 ℛ

Hübner, Eberhard Friedrich, s. Geschichte d. holländ. Unruhen.

— de salvis imperatoris imperiique in Ital. et Romam juribus. 4. Stuttg. Erhard. 790.

— Diss. de salvis imperat. imperiique in Ital. et Roman. juribus. 4. Stuttg. 790. (Hofmann). 4 ℛ

— **Eberhard Friedrich,** De salvis imperatoris imperiique in Italiam et Romam juribus. Disquis. histor.-jurid. Stuttgart 1791. 40 S. (6.50) 16241

— Klaggesang, dem Andenken Joseph II. u. Elisens geheiligt. 8. Stuttg. 790.

– s. Ovid's Verwandl.

— Skizze des 18ten Jahrh. Vollendet u. herausg. v. P. W. Hausleutner. Mit 1 Kpf. 8. Braunschw. 801. Vieweg. 20 ℛ

– s. J. Mt. Spasser.

– s. Frz. v. d. Trenk.

Franz von der Trenck, Pandurenobrist dargestellt (v. E. F. Hübner); mit einer Familiengeschichte und Vorrede von C. F. D. Schubart. 3 Bde. Stuttgart 1788–89. 8.

Hübner, Eberh. Frdr. Franz von Trenk, Pandurenobrist. Mit Vorrede von Chr. Fr. Dan. Schubart. 3 Bde. 8. Stuttgart 1788–96.

Hübner, Edm., das Vaterhaus, das droben ist, die Heimat aller selig Vollendeten. Predigt üb. Offenbarg. Johannis 21, 1—5, geh. am 8. Sonntag nach Trinitatis, den 2. VIII. 1903, vor der ev.-luth. St. Johannis-Gemeinde zu Niederplanitz in Sachsen. 1. u. 2. Aufl. (15 S.) kl. 8. Zwickau (904. 905). (Schriften-Verein.) n. — 10

Huebner, Eduard, Prof.: **Auswahl** mathematischer Aufgaben für Prima. T. 1. *Königsberg i. Pr. 1902: Hartung.* (60 S.) 8°
Königsberg i. Pr., Kneiphöfisches G, OP 1902 (9)

Huebner, Eduard, Prof.: **Auswahl** mathematischer Aufgaben für Prima. T. 2. *Königsberg i. Pr. 1903: Hartung.* (23 S.) 8° ¶ [Forts. d. P-Beil. 1902.]
Königsberg i. Pr., Kneiphöfisches G, OP 1903 (9)

Huebner, Eduard [Oberl.]: Über die Umformung unendlicher Reihen und Produkte mit Beziehung auf die Theorie der elliptischen Funktionen. (Th. I.) Königsberg, Hartungsche Buchdr., 1891; S. 1–41; 4°
Königsberg in Pr., Kneiphöfisches Stadt-G, OP 1891 (10)

Huebner, Eduard Über die Umformung unendlicher Reihen und Produkte mit Beziehung auf die Theorie der elliptischen Funktionen. (Umschlagtitel: . . auf elliptische Funktionen). 4 (41 S). **Progr.** Kneiphöfisches Stadt-G *Königsberg i. Pr* 1891 (10)

Hübner Eduard Über das Verhalten der Kalksalze einiger aromatischer Äthersäuren bei der trockenen Destillation S 103. Hb. 607 . . . . [illegible]
Separatabdruck

Eduard HÜBNER Über das Verhalten der Salze einiger aromatischer Äthersäuren bei der trockenen Destillation
Phil.Diss.Prag 1893/94.

Hübner, Emil, de senatus populique Romani actis. (Commentatio ex annalium philolog. suppl. III. edita.) gr. 8. (76 S.) Leipzig 860, Teubner.

Hübner, Emil, Augustus, Marmorstatue des Berliner Museums. 4. (17 S. nebst 2 lithogr. Taf.) Berlin 868, (Hertz.) *

Hübner, E[mil, I.]. Bibliographie der klass. Alterthumswissenschaft. Grundriss zu Vorlesgn. üb. die Geschichte u. Encyklopädie der klass. Philologie. 2. verm. Aufl. gr. 8. (XIV, 434 S.) Berl. 889, Hertz. * 15 —

Hübner, E., Bildniss e. Römerin. **Marmorbüste d. britt. Museums. [Die sogenannte Clytia.] Nebst 3 (lith.) Taf. u. e. (eingedr.) Holzschnittvignette. gr. 4. (30 S.) Berlin 873. Herz. n. 3. —**

Hübner, Emil, die antiken Bildwerke in Madrid. Nebst einem Anh., enth. die übrigen antiken Bildwerke in Spanien und Portugal. gr. 8. (X und 856 S. mit 2 Taf., wovon 1 in Kpfrst. und 1 lithogr., in gr. 8. und qu. Fol.) Berlin 862, G. Reimer. *

Hübner, Emil *Otto Heinrich* [aus Schwedt a. Oder]: **Über den Einfluss der** Halogensäuren auf die Pepsinverdauung . . . Halle a. S., Hofbuchdr. v. C. A. Kaemmerer & C., 1893; 26 S., 1 Bl. 8.
Halle, Med. Fak., Inaug.-Diss. v. 17. Juli 1893

Hübner, E., Das Epicedion Drusi. S.-A. O. J. 100 S.

Hübner, Emil, römische Epigraphik, s.: Handbuch der klassischen Altertums-Wissenschaft.

Hübner, Emil, exempla scripturae epigraphicae latinae a Caesaris dictatoris morte ad aetatem Justiniani. Consilio et auctoritate academiae litterarum regiae borussicae edita. Auctarium corporis inscriptionum latinarum. Fol. (LXXXIV, 458 S.) Berlin 885, G. Reimer. cart. * 46 —

Hübner, Emil (II.), s. Feronelle, M. René. Mémoire sur les travaux d'E. H., ses peigneuses etc.

Hübner, Emil, Grundriss zu Vorlesungen über die Geschichte und Encyklopädie der classischen Philologie. gr. 8. (V, 162 S.) Berlin 876, Weidmann'sche Buchh. * 4 —

— Grundriss zu Vorlesungen üb. die lateinische Grammatik. gr. 8. (VII, 95 S.) Berlin 876. Weidmann. n. 2. 40

—— Grundriss zu Vorlesungen über die lateinische Grammatik. 2. verm. Aufl. gr. 8. (VI, 113 S.) Ebendas. 881. *

— Grundriss zu Vorlesungen über die römische Litteraturgeschichte [bis auf Hadrian], Berlin 869. Weidmann. gr. 8 (III, 61 S.) n. 10 ngr

— — 2. verm. Aufl. Ebend. 869. gr. 8. (IV, 91 S.) n. 12 ngr

—— dass. — 3. verm. Aufl. gr. 8. (VIII, 125 S.) Ebendas. 872. (*ℳ 1,50.) *

—— Grundriss zu Vorlesungen über die römische Litteraturgeschichte. 4. verm. Aufl. 8. (IV, 348 S.) Ebendas. 878. * 8 —

—— Grundriss zu Vorlesungen über die griechische Syntax. gr. 8. (IV, 112 S.) Berlin 883, Hertz. *

Hübner, E. Die römischen Heeresabtheilungen in Britannien 8 Frankfurt a M 1858

Hübner, E[mil, I.]. Römische Herrschaft in Westeuropa. gr. 8. (V, 296 S.) Berl. 890, Hertz. * 6 —; geb. * 7 —

— inscriptiones Britanniae christianae. Adjectae sunt tabulae (lith.) geographicae II. Accedit supplementum inscriptionum christianarum Hispaniae. gr. 4. (XXIV, 107 S. m. eingedr. Holzschn.) Berlin 876. G. Reimer. n. 14. —

—— s. Inscriptiones Britanniae christianae.

—— Inscriptiones Hispaniae Christianae. Adjecta est tabula geographica in lapide inc. (in gr. Fol.). gr. 4. (XVI, 120 S.) Berlin 871, G. Reimer. geb.

Hübner, Emil (Aemil.), Inscriptionum Hispaniae christianarum supplementum. gr. 4. (XVI, 162 S. Abbildgn.) Berlin 900. G. Reimer. n. 24. — (Hauptwerk u. Suppl. n. 33. —)

Hübner, Emil, inscriptiones Hispaniae latinae, s.: Corpus inscriptionum latinarum.

Hübner, E., Iscrizioni esistenti sui sedili di teatri ed anfiteatri antichi. Gel. 1857. 32 S u 1 Taf 4°. 1.25

Hübner, E., Juvenal, der röm. Satiriker. S.-A. 1889. 24 S.

Hübner, E., über mechanische Copieen von Inschriften. gr. 8. (28 S.) Berlin 881, [Weidmann'sche Buchh.] Hertz. *

– Laokoon. S.-A. 1879. 19 S.
— — Fortsetz. S.-A. 1886. 28 S.

Hübner, E., Lex metalli Vipascensis. Additamentum ad corporis vol. II. Mit Nachwort von Th. Mommsen. o. O. u. J. 25 S.

— Minerva Senza Elmo. tratt. S.-A. 1865. 17 S. u. 1 Taf.

— monumenta linguae ibericae. gr. 4. (X, CXLIV, 264 S. m. Abbildgn. u. 1 Karte.) Berlin 893. G. Reimer. Kart. n. 48. —

Hübner, E., Musaico di Barcellona. S.-A. 1868. 88 S. u. 1 Taf.

— Il ponte d'Alcántara. S. A. 1863 22 S. u. 3 Taf.

Hvebner, Aemilivs (geb. am 7 Juli 1834 in Düsseldorf): Qvaestiones onomatologicae Latinae ... Bonnae, form. C. Georgii (1854). 1 Bl., 46 S. 8.
Bonn, Phil. Fak., Diss. v. 4 Aug. 1854

Hübner E. Quaest. onomatologicae Lat. Diss. 1854. 44 S.
— – S.-A. 1874. 68 S.

Hübner, Emil, Relief eines römischen Kriegers im Museum zu Berlin. gr. 4. (19 S. mit 1 lithogr. Abbild.) Berlin 866, (Hertz.) *

Hübner, E., Römisches in Deutschland. I. II. S.-A. 1879—86. 16, 23 S.

Hübner, E.. Neue Studien über den römischen Grenzwall in Deutschland. Bonn 1885. 4°. (Aus: Jahrbücher d. Vereins v. Alterthumsfreunden im Rheinlande.) (Verm. Jähns.)

Hübner, Emil, a. Wiebelskirchen (Reg.-Bez. Trier): Untersuchungen über 1,2-Methylnaphtol. Marburg 1905: R. Friedrich. (44 S.) 8°
Marburg, Phil. Fak., Ref. Zincke, Diss. v. 5. Sept. 1905
[Geb. 6. April 80 Wiebelskirchen; Wohnort: Wiebelskirchen; Staatsangeh.: Preußen; Vorbildung: Gymn. Marburg Reife O. 99; Studium: Gießen 2, Marburg 11 S.; Rig. 21. Juni 05.]

Hübner, Erich F[ritz], Rechtskandidat: Die rechtliche Stellung des Kapitäns zur Schiffsmannschaft. Borna-Leipzig 1906: R. Noske. (IX, 45 S.) 8°
Leipzig, Jur. Fak., Diss. v. 30. Nov. 1906
[Geb. 29. Mai 83 Thorn i. W.-Pr.; Wohnort: Berlin; Staatsangeh.: Preußen; Vorbildung: Kgl. Gymn. Thorn Reife M. 01; Studium: Berlin 6 S.; Rig. 30. Nov. 06.]

Hübner, Ernst, Avifauna v. Vorpommern u. Rügen. (XIX, 156 S.) gr. 8. Leipzig 908. Th. O. Weigel. 10.—; geb. n 12. —

Hübner, Ernst: Die Begründung der Sexualtheorie und des Generationswechsels kryptogamischer Gewächse. Ein Beitrag zur Geschichte d. Botanik, von d. Anfängen d. Kryptogamenkunde bis zum Jahre 1851. *Stralsund 1902: k. Regierungs-Buchdr.* (S. 3 -21.) 4° [F.]
Stralsund, RG, P 1902 (169)

Hübner, *Ernst (Friedrich Wilhelm)* Englenaceen-Flora von Stralsund. 4 (20 S., 1 Taf.). Rg. *Stralsund* 1886 (136).
Progr.

Wetterlagen und Vogelzug. Die Rotkehlchen-Wanderungen an d. deutschen Ostseeküste u. über d. europ. Kontinent. Von Prof. Ernst **Hübner**, Stralsund. Mit 4 Taf. Halle, Leipzig: W. Engelmann in Komm. 1905. (101 S.) 4°
— **Acta, Nova, Academiae Caes. Leopoldino-Carolinae.** T. 84, No 4. 1-4. 343 3

Hübner, F: Jll. Katalog über landwirthschaftliche Maschinen und Mühlenbau. Liegnitz 1895/1896

Hübner, F: Neuer ill. Katalog der Maschinen-Fabrik und Eisengießerei. Liegnitz 1893

Hübner F. Wandtafeln für Maschinenlehre und mechanische Technologie. 1: Dampfmaschine, liegend, variable Expansion n. Farcot. auf Lwd m St. Nürnberg 1871

Hübner, F. E., Ferdinand's Erfahrungen in seiner Jugend, Erzählungen f. Kinder. kl. 8. Eisleben 833 (832). Reichardt. 6 gr

Hübner, F. E., Ferdinands Erfahrungen in seiner Jugend. Erzählungen für Kinder. 8 1833. Jetzt Hermes in Berlin. 1/4 rf

Hübner, F. E., Gesellschaftsspiele, s. Commerce-Lieder.

Huebner, Felix, aus Estland. Biostatik der Stadt Dorpat und ihrer Landgemeinde in den Jahren 1834—1859. Diss. Dorpat. 4°. 53 pp. 1861.

Hübner, Ferdinand: De morbo scrofuloso. Berolini (1849). (27 S.) 8°
Berlin, Med. Diss. v. 24. Aug. 1849.

Hübner, Fr.: Ueber die Regula falsi. 21 S. 8° – Waidhofen a/Th., RG., Progr. 1870.

[J.] **Hübner,** Franz [pr. Arzt in Passau]: Die „dritte linke" Stirnwindung bei verschiedenen Racen ... Passau, Druck d. Aktienges. Passavia, 1895; 42 S., 2 Taf. 8.
Würzburg, Med. Fak., Inaug.-Diss. v. 1895

Hübner, Frz., die Vorschriften, betr. den Transport explosiver u. denselben ähnlicher Gegenstände, s.: Buschmann, Max Frhr. v.

Hübner, Friedrich: Paul Bourget als Psycholog. Dresden: Holze & Pahl 1910. 83 S. 8° ¶ (Ersch. auch als Buch ebd.)
Heidelberg, Phil. Diss. v. 14. Juni 1910, Ref. Neumann
[Geb. 12 April 86 Dresden; Wohnort: Dresden; Staatsangeh.: Sachsen; Vorbildung: Dreikönigsch. Dresden Reife O 06; Studium: Lausanne 1, Berlin 1, Straßburg 3, Heidelberg 2 S.; Rig. 21. Okt. 09.] [U 10. 2139

Hübner, Frdr., Paul Bourget als Psycholog. (83 S.) gr. 8. Dresden 910. Holze & Pahl. 1. 20

Hübner, Friedrich: Zur Lage des Kleinhandels. Heidelberg 1902: K. Rößler. (VIII, 155 S.) 8°
Heidelberg, Phil. Diss. v. 1902.

Hübner, Friedrich *Franz Gottfried* [aus Misburg Kr. Hannover]: Ueber die Reduktion α,β-ungesättigter Ketone ... Berlin, Druck v. E. Ebering, *1897;* 55 S. 8.
Berlin, Phil. Fak., Inaug.-Diss. v. 26. Juni 1897

— **Friedrich Christian,** De obligationum quae quasi ex contractu et quae quasi ex delicto nascuntur natura conjecturae. Diss. jur. Präs. Christian Gotthelf Hübner. Lpz. (G. L. Goethe) 29. VII. 1802. 88 S. (7.—) 16242
Gew.: Johann Christian Hübner (Vater). — S. a. Hübner, Christian Gotth.

Friedrich Ludwig Huebner

De Organis motoriis boae caninae. Berolini 1815: Platen. 39 S. 4°
Berlin, Med. Diss. v. 25. Juli 1815

Huebner, Frid. Ludov.: De organis motoriis Boae caninae. Berolini 1816. (39 S.) 4°
Berlin, Med. Diss. v. [1 Aug.] 1815

Hübner, Friedrich Otto, s. Hübner, Otto.

— **Friedrich Wilhelm** (Chemnitz), Nonnulla de macie corporis humani. Lpz. (Glück) 10. IX. 1824. 33 S. (6.50) 16243
Gew.: Johann Friedrich, Theophil Benjamin, Christian Wilhelm u. Johann Friedrich Huebner (sämtl. Chemnitz).

Hübner, Georg

Hübner, Geo., der homöopathische Haus-Thierarzt. Ein prakt. Rathgeber für alle Vieh-Besitzer, welche die Krankheiten ihrer Pferde, Rinder, Schafe etc. schnell, sicher und wohlfeil selbst heilen wollen. Nach langjähr. eigenen Erfahrungen und unter Benutzung der besten Hilfsmittel bearb. 1.—3. Aufl. gr. 8. (IV und 310 S. mit 5 eingedr. Holzschn.) Berlin 864, 65, Schotte und Comp.

Hübner's, Geo., illustr. homöopath. Haus-Thierarzt od. d. homöopath. Behandlg. u. Verhütg. d. Krankheiten d. Pferde, Rinder, Schafe, Ziegen, Schweine, Hunde, Katzen u. Edelkaninchen, sow. d. Geflügels u. d. einheim. u. ausländ. Stubenvögel. Nach d. Verf. Tode neu bearb. u. verb., sow. m. 31 Abb. vers. 9. Aufl. gr. 8. (XI, 326 S.) Leipzig 892. Täschner & Co. Kart. n. 3. —; geb. in Leinw. n. 3. 75

Hübner's illustrirter homöopathischer Haus-Thierarzt, od. die homöopath. Behandlg. u. Verhütg. der Krankheiten der Pferde, Rinder, Schafe, Ziegen, Schweine, Hunde, Katzen u. Edelkaninchen, sowie d. Geflügels u. der einheim. u. ausländ. Stubenvögel. Nach d. Verf. Tode neu bearb. u. verb. v. Geo. Hübner, sowie m. 31 Abbildgn. versehen. 9. Aufl. gr. 8. (XI, 326 S.) Leipzig 892. Dr. W. Schwabe. Kart. n. 3. —; geb. n. 3. 75

— d. Krankheiten d. Pferde. Deren homöopath. Behandlg. u. Verhütg. 9. Aufl. gr. 8. (IV, 136 S.) Ebd. (892) 895. n. 1. 20; geb. in Leinw. n. 1. 60

Hübner, Geo., der homöopathische Pferdearzt. Ein unentbehrl. Rathgeber für alle Pferdebesitzer, um alle Krankheiten leicht, sicher, schnell und wohlfeil selbst zu heilen. Nach langjähr. eigenen Erfahrungen und unter Benutzung der besten Hülfsmittel bearb. 2. Ausg. gr. 8. (128 S. mit Abbildung in eingedr. Holzschn.) Berlin 875, Schotte und Voigt. [Leipzig, H. Voigt.] geb.

— — Der homöop. Pferdearzt. (II.) M. Abb. (128 S.) Ebd. 92. Geb. M. 1.60

—— die Pferde-Krankheiten und deren homöopathische Heilung. Ein unentbehrl. Rathgeber für alle Pferdebesitzer, um alle Krankheiten leicht, sicher, schnell, und wohlfeil selbst zu heilen. Nach langjähr. eigenen Erfahrungen und unter Benutzung der besten Hülfsmittel bearb. gr. 8. (128 S. mit 1 Abbild. in Holzschn.) Berlin 867, Schotte und Comp.

— die Rinderpest oder Löserdürre. Ihre Entstehung, Ursachen, Kennzeichen, Verbreitung, Verhütung u. Heilbarkeit auf homöopath. Wege. Leipzig 866. Reichenbach'sche Buchh. 8. (32 S.) 6 ngr

— Der homöopathische Thierarzt. Ein prakt. Rathgeber für alle Vieh-Besitzer, welche die Krankheiten ihrer Pferde, Rinder, Schafe etc. schnell, sicher u. wohlfeil selbst heilen wollen. Nach langjähr. eigenen Erfahrungen u. unter Benutzung der besten Hülfsmittel bearb. 3. Aufl. 866. u. 4., gänzlich umgearb. Aufl. Berlin 867. Schotte & Co. gr. 8. (280 S. mit 6 eingedr. Holzschn.) 1 rf

—— der homöopathische Thierarzt. Ein prakt. Rathgeber für alle Viehbesitzer, welche die Krankheiten ihrer Pferde, Rinder, Schafe, Schweine, Ziegen, Hunde leicht, sicher, schnell und wohlfeil selbst heilen wollen. Nach langjähr. eigenen Erfahrungen und unter Benutzung der besten Hülfsmittel. 6. Aufl. gr. 8. (336 S. mit 5 eingedr. Holzschn.) [Ebendas.] 874. cart. ℳ 3.; geb.

Hübner, Geo., der homöopathische Thierarzt. Ein prakt. Rathgeber für alle Viehbesitzer, welche die Krankheiten ihrer Pferde, Rinder, Schafe, Schweine, Ziegen, Hunde leicht, sicher, schnell und wohlfeil selbst heilen wollen. Nach langjähr. eigenen Erfahrungen und unter Benutzung der besten Hülfsmittel bearb. 7. Aufl. gr. 8. (331 S. mit 5 eingedr. Holzschn.) Leipzig 876, H. Voigt. cart. ℳ 3.; geb. 3 75

Hübner, Geo., der homöopathische Thierarzt. Ein prakt. Rathgeber für alle Viehbesitzer, welche die Krankheiten ihrer Pferde, Rinder, Schafe, Schweine, Ziegen, Hunde leicht, sicher, schnell und wohlfeil selbst heilen wollen. Nach langjähr. eigenen Erfahrungen und unter Benutzung der besten Hülfsmittel bearb. 8. Aufl. gr. 8. (331 S. mit 5 eingedr. Holzschn.) Leipzig 878, H. Voigt. cart. ℳ 3.; geb.

Georg Friedrich Huebner

De Erosœrese nigro. Berolini (1826:) Petsch. 31 S. 8°

Berlin, Med. Diss. v. 1. Apr. 1826

Hübner, Georg Wilhelm: Okens Naturphilosophie prinzipiell und kritisch bearbeitet. Borna-Leipzig 1909: Noske. 197 S. 8°
Leipzig, Phil. Diss. v. 8. April 1909, Ref. M. Heinze, Chun
[Geb. 15 Sept. 83 Dresden; Wohnort: Dresden; Staatsangeh.: Sachsen; Vorbildung: Kreuz-Gymn. Dresden Reife O. 02; Studium: Leipzig 9 S.; Rig. 18. Dez. 08.] [U 09. 2988

Hübner, Gotthard, Beiträge zur Geschichte des modernen Theaters. gr. 8. (256 S.) Leipzig 877, Wölfert's Buchh. * 1 50

Hübner, Gotthard, theatergeschichtliche Feuilletons gr. 8. (256 S.) Leipzig 875. Wölfert. n. 3. —

Hübner, Ghard, Theater-Regulative. Beiträge zur Organisation des deutschen Theaters. gr. 8. (IV und 44 S.) Wien 867. Berlin, Lassar's Buchh.

Hübner, Gust., Günther v. Schwarzburg. Historisches Trauerspiel in 5 Akten. gr. 8. (109 S.) Leipzig 874. Leiner in Comm. n. 2. —

Hübner, H.

Hübner, Handbuch für Offiziere, Feldwebel und Unteroffiziere, betreffend die Geld- und Natural-Verpflegung, den Servis und die Bekleidung der Compagnieen, sowie die Competenzen der Offiziere und Aerzte in gewöhnlichen und außergewöhnlichen Friedens-Verhältnissen, sowie nach erfolgter Mobilmachung. gr. 8. (XXIII und 425 S.) Berlin 853, Mittler's Sortiments.

Hübner, H. Leitfaden für die Compagnien und Schwadronen bei Ausführung der Instruktionen ... über die Abfindung der Mannschaften mit ihren Gebührnissen. Berlin 1855. 8°.

— Quellenbuch z. Kirchengesch., s.: Barckhausen, H.

Hübner, H., Religionsbuch f. evangel. höh. Mädchenschulen, s.: Barckhausen, H.

Hübner, H., über den Fermat'schen Satz. (40 S.) gr. 8. Erlangen 908. F. Junge. 1. 50

Hübner, H., Friedrich Wöhler†. [Geb. den 31. Juli 1800, gest. den 23. Septbr. 1882.] Rede, gehalten in der öffentl. Sitzung der k. Gesellschaft der Wissenschaften am 9. Decbr. 1882. gr. 4. (11 S.) Göttingen 882, Dieterich'sche Verlagsh. *
Aus: Abhandlungen der k. Gesellschaft der Wissenschaften zu Göttingen, besonders abgedruckt.

Hübner, H. (Hrsg.), s. Zeitschrift, Kritische, f. Chemie, Physik u. Mathematik.

Hübner, Hans, über das Acrolein. Inaug.-Dissert. Göttingen 859. (Vandenhoeck & Ruprecht.) gr. 8. (29 S.) n. 6 ngr.

Hübner, Hans, Dr.: Aus d. Hautklinik d. städt. Krankenh. (Dir. Herxheimer) u. d. Dr. Senkenbergischen Anatom. Inst. (Dir. weil. Prof. Albrecht) zu Frankfurt a. M. Beitrag zur Histologie der normalen Urethra und der chronischen Urethritis des Mannes. Mit 3 Fig. auf Taf. 1. Würzburg 1909: Stürtz. 31 S. 8° ¶ (Aus: Frankfurter Zeitschr. f. Pathol. Bd 2, H. 4.)
Marburg, Med. Hab.-Schr. v. 1909 [U 09. 3227

Hübner, Hans: Ein Fall von Hämatonephrose. *Erlangen 1897: F. Junge.* (27 S.) 8°
Erlangen, Med. Diss. v. 8. März 1897

Hübner, Hans: Geisteskrankheiten nach Bleivergiftung. Berlin (1904): G. Schade. (44 S.) 8°
Berlin, Med. Diss. v. 29. Juli 1904.

Hübner, Hans: Ueber Hautemphysem bei Phthise. Leipzig 1901: B. Georgi. (31 S.) 8°
Leipzig, Med. Diss. v. (19. Jan.) 1901.

Hübner, Hans: Das charakteristische Kurvennetz der Ventilatoren im Zusammenhang mit dem Widerstandskurvennetz verzweigter Rohrleitungen. 1911. 17 S., 5 Taf. 4° ¶ Aus: Zeitschrift f. d. gesamte Turbinenwesen. Jg. 8.
München, Dr.-Ing.-Diss. v. 2. 6. 1910

Hübner, Offizier-Stammliste des 2. oberrheinischen Infanterie-Regiments Nr. 99. Abgeschlossen am 18. VIII. 1906. Im Auftrage des Regiments zusammengestellt. (XIII, 111 S.) gr. 8. Berlin 906. E. S. Mittler & Sohn. n. 4. —; geb. n. 5. 25

Hübner, [Hans(Richard)]: [Rede bei seiner Einführung als Leiter der Anstalt.] S. 27—30. 4. Realprogymn. i. E. *Schwiebus* 1907 (129)
Progr.

Hübner, Hans *Richard* [aus Potsdam]: Syntaktische Studien über den bestimmten Artikel bei Eigennamen im Alt- und Neufranzösischen ... Kiel, Druck v. L. Handorff, 1892; XIV, 149 S., 2 Bl. 8.
Kiel, Phil. Fak., Inaug.-Diss. v. [15. Aug.] 1892

Hübner, Hans, syntaktische Studien üb. den bestimmten Artikel bei Eigennamen im Alt- u. Neufranzösischen. Diss. gr. 8. (XIV, 154 S.) Kiel 892. (Leipzig, G. Fock.) n. 3. —

Moderne Syphilisforschungen. Vortrag, geh. 1906 in d. Ortsgruppe Frankfurt a. M. d. Deutschen Gesellsch. z. Bekämpfung d. Geschlechtskrankh. Von Dr. Hans **Hübner**, Sekundärarzt. Leipzig: J. A. Barth 1907. (16 S.) 8°
— **Flugschriften** d. Deutschen Gesellschaft z. Bekämpfung d. Geschlechtskrankheiten. H. 7. [07. 3690

Hübner, Heinr., Paul Gerhardt. Ein Lebens- u. Zeitbild. Mit zahlreichen Illustr. (144 S.) kl. 8. Elberfeld 907. Luther. Bücherverein. — 60

— Philipp Nicolai, e. Sänger, Tröster u. Wächter der luther. Kirche. (124 S. m. Abbildgn.) 8. Ebd. 908. p 1. 25

Hübner, Heinrich (Hrsg.), s. Nicolai, Philipp: Vom Baum des Lebens.

D. Rudolf Rocholl. Ein Lebens- u. Charakterbild auf Grund s. schriftl. Nachlasses u. anderer erster Quellen dargest. von Heinrich **Hübner**, Pastor. Ill. von Theodor Rocholl. Elberfeld: Luth. Bücherverein 1910. VIII, 390 S. 8° [11. 1990

Was der kleine Katechismus für ein grosser Schatz ist. Von Heinrich **Hübner**, Pastor. 2., verm. Aufl. Elberfeld: Luth. Bücherverein [1907]. (93 S.) 8° [F.] [07. 17671 6

Wie läßt sich der Katechismusunterricht möglichst einfach, interessant und fruchtbar gestalten? Zugleich e. Beitrag z. Verständnis d. Struktur d. kleinen Katechismus. Von H[einrich] **Hübner**, Pastor. Elberfeld: Luth. Bücherverein 1907. (35 S.) 8° [F.] [08. 4373 6

Hübner, Heinrich (Red.), s. Zeitschrift des Central-Vereins in Preußen f. d. Wohl d. arbeitenden Klassen.

Hübner's (Heinr.) deutscher Zeitungs-Katalog. 1862. Verzeichniss von 2700 in Deutschland u. den angrenzenden Ländern erscheinenden periodischen Schriften mit Einschluss der politischen Zeitungen, Tage-, Wochen- u. Intelligenzblätter. Herausg. von Heinr. Hübner und G. Wuttig. Leipzig 862. Hübner. gr. 8. (VII, 151 S.) n. 1 ℛ 10 ngr
Vergl.: Zeitungs-Katalog, deutscher.

Hübner, Heinrich Gustav (Hrsg.), s. Diogenes Laertius.

Hübner, Henr. Emilie, (geb. Hermann) u. K. F. Herrmann, Erinnerungen u. Versuche. Gedichte. 8. Leipz. 824. (Klinkhardt). 1 ℛ 8 gr

Hübner, (geb. Hermann E. u. C.,) Hermann, Erinnerungen u. Versuche, Gedichte. 8. Leipz. 824, Sühring.

Huebner, Henry, Einj.-freiw. Arzt im Gren.-Reg. König Friedr. Wilh. I. (2. Ostpr.) No. 3: Die subkutanen Verletzungen der Leber und des Gallensystems. *Königsberg i. Pr. 1904: O. Kümmel.* (77 S.) 8°
Königsberg, Med. Diss. v. 7. März 1904

Schulgesangbuch. Eine Auswahl von Liedern aus d. ev. Gesangbuch f. d. Prov. Sachsen. Zsgest. von H[ermann] **Hübner**, Dir. zu Burg. *Burg b. Magdeburg: A. Hopfer 1904.* (VIII, 132 S.) 8° [F.] [05. 1329

Hübner, Hugo, a. Mosbach in Baden: Über in β-Stellung phenylierte Abkömmlinge des Chinolins. (Berlin 1907: A. W. Schade.) (39 S.) 8°
Berlin, Phil. Fak., Ref. Gabriel, Diss. v. 26. Okt. 1907
[Geb. 2. Febr. 82 Mosbach; Wohnort: Mosbach; Staatsangeh.: Baden; Vorbildung: Realgymn. Mannheim Reife M. 02; Studium: Techn. Hochsch. Karlsruhe 5, Univ. Berlin 3 S.; Rig. 6. Mai 07.]

Hübner, Hugo: Die Auskunftspflichten des BGB. *Rostock 1904: C. Hinstorff.* (96 S.) 8°
Rostock, Jur. Diss. v. [31. März] 1904

Huebner, J. Üb. eine häufig herrschende u. lebensgefährl. Krankheitsform. Prag 1827.

Hübner, J., nicht f. die Schule, sondern f. das Leben!, s.: Lehrer-Prüfungs- u. Informations-Arbeiten. 33. Heft.

Hübner, J. A., Hausandachten e. kathol. Christen oder Stunden d. Andacht für Freunde d. Christenthums aus d. gebildeten Ständen. 16. Prag 830. Enders. 16 gr
Vgl. Hübner, Anton J.

Hübner, J. A., Katechismus der Seidenraupenzucht. gr. 8. (100 S. mit 1 Stnt. in 4.) Prag 865, (Silber und Schenk.) *

Hübner, J. C., kleine Erdbeschreibung für die liebe Jugend. 8. Glatz 841, Pompejus. 1/8 ℛ

— kleine Formenlehre mit 2 Figurentaf. 8. Ebd. 841. 1/8 ℛ

— kleine Naturgeschichte f. d. liebe Jugend in d. Stadt- u. Landschulen. 3. Aufl. 8. Ebend. 841. 1/8 ℛ

— wöchentl. Schulandacht od. ausgewählte Gebete u. leichte Gesänge vor u. nach d. Unterrichte. 8. Ebend. 841. 1/12 ℛ

— Schulgesetze z. Gebr. d. Schuljugend. 8. Ebd. 841. 1/24 ℛ

Hübner, J. G., Pflanzen-Atlas. Auf 32 (chromolithogr.) Taf. enthaltend: gegen 400 Pflanzenarten und 2000 Fig.; nebst Begleitwort (32 S. in gr. 8.) qu. gr. 4. Köpenick 861. (Potsdam, Riegel'sche Buchh. Berlin, Mertens.) * *

Hübner, J. G., Pflanzen-Atlas. 2., verb. Aufl. Auf 32 Stnt. enth.: gegen 400 Pflanzenarten und 2000 Fig. Nebst Begleitwort (34 S. in gr. 8.). qu. gr. 4. Berlin 863, Th. Grieben. * 1 Thlr.; ill. * geb. *

Hübner, J. G., Pflanzen-Atlas. 3. Aufl. Auf 32 (lithogr. und color.) Taf. enth. gegen 400 Pflanzenarten und 2000 Fig. Nebst (34 S.) Begleitwort (in gr. 8.). qu. gr. 4. Berlin 869, Grieben.

Hübner, J. G., Pflanzen-Atlas. 4. Aufl. Auf. 32 (lith. u. color.) Taf. enth.: gegen 400 Pflanzenarten u. 2000 Fig. qu. gr. 4. Nebst Begleitwort. gr. 8. (31 S.) Heilbronn 875. Henninger. n. 5. —

Hübner, J. G., Pflanzen-Atlas. 5. Aufl. Auf 32 (lithogr. und color.) Taf. enth.: gegen 400 Pflanzenarten und 2000 Fig. qu. gr. 4. Nebst Begleitwort. gr. 8. (31 S.) Heilbronn 877, Gebr. Henninger.

Hübner, J. G., Pflanzen-Atlas. 6. Aufl. Auf 32 (chromolithogr.) Taf., enthaltend: gegen 400 Pflanzenarten und 2000 Fig. qu. 4. Nebst Begleitwort. 8. (32 S.) Heilbronn 881, Gebr. Henninger.

Hübner, J. G., Pflanzen-Atlas. 6. Aufl., neue Ausg. Auf 32 color. Taf. enth.: gegen 400 Pflanzenarten und 2000 Fig. qu. gr. 4. Nebst Begleitwort. gr. 8. (32 S.) Stuttgart 887, Weisert. cart. * 4 50

—— praktische Pflanzenkunde. Zum Gebrauche beim Selbstunterrichte, in Schulen und auf Excursionen; besonders für Elementarlehrer, Seminaristen und Präparanden bearb. gr. 8. (188 S.) Potsdam 857, Riegel'sche Buchh.

—— Pflanzenkunde. Zum Gebrauche beim Selbstunterrichte, in Schulen und auf Excursionen; für Lehrer, Seminaristen und Präparanden. 2., verb. und sehr verm. Aufl. gr. 8. (VIII und 414 S. mit vielen in den Text gedr. Abbild. in Holzschn.) Potsdam 867, Riegel'sche Buchh. *

Hübner, J. W. P.

—— Hepaticologia Germanica, oder Beschreibung der deutschen Lebermoose. Im erweiterten Umfange nach dem jetzigen Stande der Wissenschaft, nebst Erörterung der Standörter und ihrer Entdecker, kritisch und mit erläuternden Anmerkungen bearbeitet. Mannheim 1834. 8.

Hübner, J. W. P., Deutschlands Laubmoose in getrockn. Exemplaren. Liefr. 1. (Nr. 1—25.) Mainz 1839. 8.

—— u. C. F. F. Genth, Deutschlands Lebermoose in getrockneten Exemplaren. Lfg. I—V. (Nr. 1—125.) Mainz 1836—1839. gr. 8.

Hübner, J. W. P., Muscologia germanica, oder Beschreibung d. deutschen Laubmoose. Im erweiterten Umfange nach dem jetzigen Stande der Wissenschaft, nebst Erörterung der Standörter und ihrer Entdecker, der Synonyme seit Hoffmann u. Roth, mit erläuternden Anmerkungen bearbeitet. Leipzig 1833. gr. 8.

Hübner, Jakob

Hübner, Jak., Beitr. zur Geschichte d. Schmetterlinge. 8 Hfte., in 2 Bden. Mit Kpf. 8. Augsb. 787—90. Klett. 12 ₰

Hübner, Jac., Beytr. z. Gesch. d. Schmetterlinge. 8 Hfte. in 2 Bdn. m. K. 8. Augsb. Klett. 787-92. (à Heft 1 Rthlr. 12 gr.)

— Monographie v. Testaceen, Baier. Landschnecken, Cobravien, beschrieben u. abgebildet. Mit ill. Kpf. 4. Augsb. 810.

Sammlung europäischer Schmetterlinge, errichtet von Jacob Hübner. [Vol. 1-6.]
Augsburg (1796-) 1830. 4°

[Vol. 1:] (Lepidoptera 1: Papiliones. [Taf.] 1-207.)
[Vol. 2:] (Lepidoptera 2: Sphinges. [Taf.] 1-38.)
(Lepidoptera 3: Bombyces. [Taf.] 1-83.)
[Vol. 3:] (Lepidoptera 4: Noctuae. [Taf.] 1-85.)
[Vol. 4:] (Lepidoptera 5: Geometrae. [Taf.] 1-113.)
[Vol. 5:] (Lepidoptera 6: Pyralides. [Taf.] 1-32.)
(Lepidoptera 7: Tortrices. [Taf.] 1-53.)
(Lepidoptera 8: Tineae. [Taf.] 1-71.)
(Lepidoptera 9: Alucitae. [Taf.] 1-7.)
[Vol. 6: Text, enthalt:]
[1:] Horde 2: Die Schwärmer; (Sphinges Linnei) ... Augsburg: Auf Kosten der Liebhaber, aufgelegt von dem Verf. 1796. 5 Bl., S. 11-32, 2 Bl.
[2:] Horde 6: Die Zünsler; (Pyralides Linnei).. Augsburg: Auf Kosten der Liebhaber, aufgelegt von dem Verf. 1796. 5 Bl., 30 S., 2 Bl.
[3:] Horde 8: Die Schaben; (Tineae Linnei)... Augsburg: Auf Kosten der Liebhaber, aufgelegt vom dem Verf. 1796. 6 Bl., S. 13-70, 4 Bl.
[4: Ohne Titelbl.:] Der Liefer 4. Heer. Insectorum ordo 4. Die Schmetterlinge; Lepidoptera Linnéi, Glossata Fabricii.
Horde 1: Falter; Papiliones. S. 1-74. [Am Ende:] 1. Bandes Ende.
[4:]
Horde 2: Schwärmer; Sphinges. [2., erw. Aufl.] S. 75-100.
Horde 3: Spinner; Bombyces. S. 101-154.
Horde 4: Eulen; Noctuae. S. 155-194.
[5:] Horde 7: Die Wickler. Tortrices Linn. Fortges. von C(arl) Geyer. Mit Beschreibungen von [Fr] v. Frolich. Augsburg: Geyer 1830. IV, 16 S. [Text lat. u. deutsch.]
[Unvollst., vergl. Hagen, Herm. Aug.: Bibliotheca entomologica. S. 388.]

— Samml. exot. Schmetterlinge. gr. 4. Augsb. 806, 7. Verf.

Hübner, J., exotische Schmetterlinge (Lépidoptères exotiques. — Exotic butterflies.) Nouvelle éd., revue, corrigée et augmentée par W. F. Kirby, F. L. S. 1—6. livr. gr. 4. (à 10 kolor. Kpfrtaf.) Bruxelles 894. (Leipzig, E. Heyne.) à n. 8. —

— Samml. auserles. Vögel u. Schmetterlinge. 8 Hfte. 8. Augsb. 793. Verf.

— die europ. Schmetterlinge. Mit 20 Kpf. gr. 4. Augsb. 796. Verfasser.

Hübner, Jak., europäische Schmetterlinge. Supplement, s. Fischer, Edler von Röslerstamm.

Hübner, Jac., europ. Schmetterlinge. Supplement, s. Herrich-Schäffer.

— Verzeichniß bekannter Schmetterlinge. (Vermehrt mit e. „Anzeiger der angenommenen Benennungen ihrer Horden, Rotten, Stämme, Familien, Vereine u. Gattungen.") gr. 8. Augsb. 816 (u. 1827, Wolff). 3 ₰

Hübner, Ignaz: „Abhandlung von der unentbehrlichen Nothwendigkeit der sämmtlichen Cameralwissenschaften in einem weisen Staate", Burghausen und München 1777. — Vorh.: UB Göttingen. — Signatur: Oecon. 30 e.

Hübner, Ign. Abhandlung von der Nothwendigkeit der Cameralwissenschaft in einem weisen Staate. 4°. Burghausen 1777. Stein in Nürnberg.

— — dasselbe u. F. Hartmanns Abhandl. von Krankheiten d. Pferde rc. 4. München, Lentner. 777.

— Denkmal J. Deggl's, Stadtpfarrers in Ingolstadt, gefeiert in e. Rede. 4. Ingolst. 806.

Hübner, Ignatz: „Grundriss des Kameralwesens", Halle 1781.

Hübner, Ign., der Lohn d. Freundschaft; ein trag. Schspl. in 5 Aufz. 8. Ingolst. 775.

— Merkwürdigkeiten der Stadt Ingolstadt, aus Urkunden zur Beleuchtung der vaterländ. Geschichte. 2 Hefte. gr. 8. Ingolst. 804 u. (808). Krüll. 10 ɣ

Hübner, Ignaz, s. Nachrichten, Literar.

– s. Sammlung baier. Gesetze.

Hübner, J., chronologisch-statist. Uebersicht d. baierschen Gesetze. 8. Ingolstadt. (Leipz. Schmidt.) 801. Rthlr.

Hübner, Ign., dem Verdienste des Joh. Nepomuk Mederer, Dr. philos. u. theol., k. b. wirkl. geistl. Raths, Universitäts-Prokanzlers, Prof. der Vaterlandsgesch., Schulkommissärs, Stadt- u. Garnisonspfarrers z. hl. Moritz zu Ingolstadt, dann d. Kgl. Akad. d. Wiss. in München o. Mitgliedes. Ingolst., Alois Attenkover, 1808. 4°. Ppb. Mit 3 Beibdn.
16 S. Auf d. letzten Bl. „Anzeige der litterär. Arbeiten des Joh. Nep. Mederer".

— dem Verdienste des J. N. Mederer geweihet. 4. Landsh. 808. Krüll. 2 ɣ

— die Verführung; ein Schspl. in 3 Aufz. 8. Augsb. 775. v. Jenisch u St. 3 ɣ

HÜBNER, D. J. Die Verführung. Schauspiel in 3 Akten. Augsburg 1775. 8°. 68 S.

— Versuch deutscher Briefe, Sinngedichte u. Idyllen. 8. Ingolstadt 771.

Hübner, Joachim Lud. Gottl.

— das Amt d. Notarien im Königr. Westphalen. gr. 8. Hannov. 810. Hahn. 5 ɣ

Hübner, J. L. G., Anweis. für d. Huisiers oder Gerichtsboten im Königr. Westphalen. 8. Hildesh. 810. Gerstenberg. 12 gr.

Hübner, J. L. G., Bemerkungen, veranlaßt durch die Proceß-Ordn. f. d. Unter-Gerichte im Königr. Hannover, s. Zeitung, jurist., Ergänzungshft. Nr. 5.

— rechtliche Beurtheilung d. Gültigkeit d. Hypotheken, auf das unbewegl. Vermögen d. Ehefrauen. 8. Hildesh. 811. Gerstenberg. 6 gr.

— Fragen u. Zweifel über Notariatsordnung. 8. Hildesh. 809. Gerstenberg. 2 gr.

— d. Fichte'sche Naturrecht im Ausz., s. J. G. Fichte.

Hübner, J. L. G., d. Fichtesche Naturrecht im Ausz. 8. Hildesh. Gerstenberg. 802.

Hübner, Joach. Lud. Gottl.: System des allgemeinen Landrechts für die Preussischen Staaten, mit Ausschluß des peinlichen Rechts. Hildesheim 1806. 2 Bde.

Bd 1, Abth. 1. Allgemeiner Theil.
„ 2. Besonderer Theil. Regierungsrecht.
„ 2. Privatrecht. Kirchenrecht. Lehnrecht u. Civilrecht.

Hübner, J. L. G.: System des allgem. Landrechts f. d. Preuss. Staaten, mit Ausschluss des peinl. Rechts nach Anleit. v. Thibaut's System des Pandectenrechts entworfen. 2 Bde. *Hildesheim*, Gerstenberg. 806. gr. 8. (3 Thl. 20 Gr.)

Der Vernunft-Staat ist das Ideal aller Staaten. Eine Rede, gehalten in der Loge Pforte zur Ewigkeit in Hildesheim am Geburtstage Seiner Königlichen Majestät den 3ten Aug. 1803 vom Br [J. L. G.] H[übne]r. Hildesheim [1803]: Katthagen. 8 S. 4° [Umschlagtit.] Kl. 1141.

Hübner, Johann

Magistro Johanni Hubnero, Augiæ stabuli, quod Merseburgi olet, expurgatori strenuissimo . . . Vespasianus, Valpius, Beanorum et Archi-Beanorum hosti tot optat salutes, quot canis diebus caniocularibus habet publico. Datum raptim ex Kieliæ anno 1710. 4.

Hübner, Joh., Biblioth genealogica. od. Verzeichniß all. geneal. Büch. 8. Hamb. Brand. 729.

— hamburg. Bibliotheca hist. in 10 Centur. m. Register. 12. Hamb. 721–29.

Hübner, Joh., Christ-Comödie, s.: Litteraturdenkmale, deutsche, des 18. u. 19. Jahrh. Nr. 82.

Hübner, [Joh.]. Ein Hundert und vier biblische Darstellungen aus dem Alten und Neuen Testamente. In Iamben usw. Nürnberg 1821/2. II. V: *Königsthal, Elise v. verw. Frfr. v. Löffelholz-Colberg.* Vgl. Schindel 2, 160, der die Verf. nur unter ihrem Decknamen Constanze Reinhold aufführt. (DARP)

— 104 bibl. Darstell. aus d. Alten u. Neuen Testamente, in Jamben. 2r Thl. 8. Nürnb. 822, Monath u. K.

Hübner, Johs., Denkmale des lebendigen Gottes. Eine Sammlung geschichtl. Thatsachen. gr. 8. (VIII, 418 S.) [Berlin 882, L. R. Schwarz.] Hannover, Norddeutsche Verlagsanstalt. *M 3,60.; geb.

Hübner, J., Denkmale d. lebendigen Gottes. Eine Sammlg. geschichtl. Thatsachen. 2., verm. Aufl. gr. 8. (VIII, 448 S.) Leipzig 891. G. Fock. n. 3. —; geb. in Leinw. n. 4. —

Hübner, Johs., Denkmale d. lebendigen Gottes. Eine Sammlg. geschichtl. Thatsachen. 4. [Titel-] Aufl. gr. 8. (VIII, 448 S.) Leipzig (891) 895. G. Fock, Verlag. Geb. in Leinw. 3. —

Hübner, Johs., Denkmale des lebendigen Gottes. Eine Sammlung geschichtl. Thatsachen. 5. durchgeseh. Aufl. Mit e. Anh. gr. 8. (VIII, 472 S.) Leipzig (895). G. Fock Verl. Geb. in Leinw. 4. —

— Einl. z. Sittenlehre. 8. Leipz. Clanner. 744.

— s. lr. Elteste Hubnerns enuoleatus.

Hübner, Johs., Erzählungen und Lebensbilder von Jünglingen und Männern. 8. (VIII, 488 S.) Hamburg 877. Koch. *M 2,50.; cart. *M 3.; geb. * 3 50

Hübner, Johs., Erzählungen aus dem Reiche Gottes. Zum Unterrichte und zur Erbauung in Schule, Kirche und Haus. Nach Luthers kleinem Katechismus geordnet. 2 Bde. 8. (751 S.) Berlin 858, W. Schultze.

Hübner, J(oh.), zweimal 52 biblische Erzählungen, s. Küster, S. Ch. G.

—— der Familienfreund. Sammlung von christl. Grüßen und Wünschen für Freuden- und Scheidetage, nebst einer reichen Auswahl von Denk- und Wahlsprüchen, Bibel-, Haus-, und Grab-Inschriften. 1. Aufl. 1865. 22⅓ Ngr. und 2. (Titel-)Aufl. gr. 16. (VIII und 256 S.) Berlin 868, Neumann.

—— dass. — gr. 16. (VIII und 256 S.) Hamburg 868, Agentur des Rauhen Hauses. geb. *

Hübner, Johs., der Familienfreund. Sammlung v. christl. Grüßen u. Wünschen f. Freuden- u. Scheidetage, nebst e. reichen Auswahl v. Denk- u. Wahlsprüchen, Bibel-, Haus- u. Grab-Inschriften. 2. verm. u. verb. Aufl. 8. (VIII, 277 S.) Hamburg 875. Agentur d. Rauhen Hauses. n. 1. 20

Hübner, J., der Familienfreund. Sammlung von christl. Grüßen u. Wünschen f. Freuden- u. Scheidetage, nebst e. reichen Auswahl v. Denk- u. Wahlsprüchen, Bibel-, Haus- u. Grab-Inschriften. 3., verm. Aufl. 8. (VIII, 286 S.) Hamburg 890. Agentur d. Rauhen Hauses. n. 1. 50

Hübner, Joh., liturgische Festandachten für das Kirchenjahr, mit einem Anhange, enthaltend die Gebete dazu. Zum Gebrauch und zur Erbauung in Kirche und Haus. gr. 8. (VIII und 190 S.) Berlin 856(57,) A. Duncker. *

Hübner, Joh., Finsterniß und Licht. Schilderungen und Erzählungen aus der Heidenwelt. 2 Bde. gr. 8. Berlin 860, W. Schultze. [1. Bd. (VI und 447 S.) * 1 Thlr. 5 Ngr., 2. Bd. (560 S.) * 1 Thlr. 15 Ngr.] *

Hübner, J. Kurze Fragen aus der neuen und alten Geographie. Neue Aufl. Regensburg u. Wien 1755. H: *Katerfeld, Paul Andreas.* (ML)

Hübner, Jh. I., († vor 1750.) kurze Fragen aus d. alten u. neuen Geographie. 12. Leipz.... N. Ausg., verm. von G. F. Krebel 764. Gleditsch. 20 ngr

— kurze Frag. aus d. alten u. neuen Geographie. 8. Leipz. (Montag u. Weiß, Regensb.) 767.

— Kurtze Fragen aus der Politischen Historia Biß auf gegenwärtige Zeit continuiret Und mit einer nutzlichen Einleitung vor die Anfänger. Bd. X, VIII (= neue Aufl.), & X in 3 Bdn. [Leipzig] J. F. Gleditsch, 1702 – 27 Kl. 8°. *Mit 3 kuriosen Frontispizen.* Etw. berieb. starke Ldbde. d. Z. 65.—

Hübner, Joh. Kurtze Fragen aus der Politischen Historia Biß auf gegenwärtige Zeit continuiret ... Anderer Theil Neue Auflage. Leipzig, J. F Gleditsch Sohn, 1731. Kl.8°. *Allegor Titelkupfer*, 3 Bl 1336 S 24 Bl. Leicht fleck. Pgt. d. Z.
Die einzelnen Teile dieses großen Serienwerkes erschienen als in sich abgeschlossene Bände.

— Fragen aus d. polit. Historie. 10 Thle. 12. Leipz. Gleditsch. 741.

— — Supplemente dazu 48 Thle. von 1708 bis 1744. 12. Ebend.

Kurtze Fragen aus der Oratoria, Zu Erleichterung der Information abgefasset, Und mit einem Anhange ... vermehret, von Johann Hübnern ... Die fünffte Auflage ... Leipzig, bey Johann Friedrich Gleditschen. Im Jahr 1709.

— Fragen a. d. Oratorie. 5 Thle. 12. Leipz. Gleditsch. 726 – 30.

Hübner, Johannes: Die christliche Frau in ihrem Leben und Wirken. — Berlin: Schwarz (1882). VIII, 475 S. 8°

— Gebetbüchlein f. Jung u. Alt. Eine Sammlg. v. Gebeten u. Gebetsliedern. gr. 16. (VII, 112 S.) Hamburg 874. Koch. n. — 40; cart. n. — 60

Hübner, Jh. II., († d. 26. März 1758.) allgem. Geographie aller 4 Welttheile. 3 Thle. in 4 Bdn. 8. Leipz. 721 — 36. N. A. 736—743. 745. Ganz neue Ausg. fortgesetzt, verb. u. verm. v. J. K. Krebel. 8. Dresd. 773. Walther. 3 Thlr 12 ngr

Huebner, Johann. Allgemeine Geographie aller vier Welttheile ... Dresden 1761. 1763. H: *Krebel, Gottlieb Frdr.* (ML)

HÜBNER, Johann 1688 - 1731
Johann Hübners Allgemeine Geographie aller vier Welt-Theile, bey dieser neuen Auflage durch und durch verbessert, vielfältig vermehret, und bis auf gegenwärtige Zeiten fortgesetzt [von J. K. Krebel].
Erster [- Dritter] Theil ...
Dresden: Walther. 1773. 4 Bde. 8°.
Sächsische Landesbibliothek Dresden
1. Aufl. 1721-1736.

Hübner, Johann: La géographie universelle. Trad. de l'allemand. Basle 1746. 6 vol.

— la Géographie univers. VI Tom. 8. Basle, Imhof. 761.

Johann **Hübners** Vollständige Geographie. Th. 2. — Hamburg: König 1756. 8°
2. Von Dänemarck, Norwegen, Schweden, Preußen, Polen, Rußland, Ungarn, Türckey, Asia, Africa, America, u. von den unbekannten Ländern. 8. u. verb. Aufl.

—— Gesänge zu den liturgischen Festandachten für das Kirchenjahr. 16. (80 S.) Berlin 856(57,) A. Duncker. *

—— Geschichte der christlichen Kirche, für das allgemeine religiöse Bildungsbedürfniß dargestellt. gr. 8. (XVI und 888 S.) Neu-Ruppin 863, Oehmigke.

Hübner, Jh., biblische Geschichten für Schule und Haus, durchgängig verb., großen Theils umgearb. u. mit ganz neuen nützl. Lehren versehen von B. C. F. Steiner. 8. Rudolstadt 840. Frobel. (Leipzig, Engelmann.) n. 5 ngr

— biblische Geschichten für Schule u. Haus, durchgängig verbessert, großentheils umgearbeitet u. mit ganz neuen nützlichen Lehren versehen von B. C. F. Steiner. 2. Aufl. 8. Rudolstadt 842. (Leipzig, Bohme.) n. 6¼ ngr

Hübner's biblische Geschichte f. Schule u. Haus, durchgängig verb., großen Theils umgearb. u. m. ganz neuen nützl. Lehren verseh. v. B. C. F. Steiner 4. Aufl. gr. 8. (IV, 224 S.) Rudolstadt 874. Froebel. n. — 70

— Glockenklänge aus dem Diesseits u. Jenseits. Berlin 865. (Matthies. — W. Schultze. C. Bd.) 8. (XVI, 510 S.) cart. n. 1 Thlr; geb. n. 1 Thlr 6 ngr; geb. mit Goldschn. n.n. 1 Thlr 15 ngr.

— — Hamburg 868. Agentur des Rauhen Hauses. gr. 16. (VIII, 256 S.) geb. n. 12 ngr.

Hübner, Joh.
Neu-vermehrtes Poetisches Hand-Buch, Das ist, Eine kurtzgefaste Anleitung zur Deutschen Poesie, Nebst Einem vollständigen Reim-Register ... (2 Teile). Leipzig, Gleditsch, 1712. 4 Bl. 220 & 620 S

HÜBNER, JOH. Neu-vermehrtes Poetisches Hand-Buch, Das ist, eine kurtzgefaste Anleitung zur Deutschen Poesie, Nebst einem vollständigen Reim-Register ... Leipzig, J. F. Gleditsch's Sohn, 1720. Kl. 8°. 4 Bl. 220 u. 620 S. Neuerer Hldbd. 240.—
Wichtiges vielbenutztes Werk, das in zahlreichen Auflagen erschien. G. III. 26. 62 kennt nur spätere Drucke, Fd F 1525b zitiert die Erstausgabe von 1696

— Neu-vermehrtes Poetisches Hand-Buch, Das ist eine kurzgefaste Anleitung zur Deutschen Poesie, Nebst einem vollständigen Reim-Register, Den Anfängern zum besten zusammen getragen. Leipzig, J. F. Gleditsch, 1743. 8°. 4 Bl. 236 & 620 S. Fleckiger und leicht beschäd. Pgtbd d. Z.
G. III. 26, 62. Dieses sehr beliebte Handbuch, das quasi jedem, „der zur Deutschen Poesie Lust hat", das Dichten beibringen will, erschien in zahlr. Auflagen (seit 1696) und ist mit vielen längeren und kürzeren poetischen Beispielen ausgestattet, die wohl meist von Hübner selbst verfaßt sind. Sehr bemerkenswert ist das ausführliche, in dieser Auflage offenbar nochmals vermehrte Reimregister.

— centum quatuor Historiae sacrae. 8. Lipsiae, Gleditsch.

— Historie d. Reformation in 50 Reden. 12. Hamb. 730.

— bibl. Historien. 12. Leipz. 777.

— biblische Historien, mit möglichster Anschließung an das Original herausg. von C. Frick u. W. Baug. gr. 8. Kassel 846, Luckhardt. 1/4 ℛ

— Dies., herausg. von A. W. Knauer. 2e Aufl. 8. Celle 827. 3e Aufl. 831. Schulze. 6 ℊ

— auserlesene bibl. Historien aus dem Alten u. Neuen Testamente. F. Stadt- u. Landschulen aufs Neue durchgesehen v. A. W. Knauer. 8. Aufl. 8. Celle 846, Ernst Schulze. 1/4 ℛ

— auserlesene biblische Historien aus d. Alten u. Neuen Test. f. Stadt- u. Landschulen. Auf's Neue durchgesehen von A. W. Knauer. 9. Aufl. 8. (IV u. 224 S.) Celle 848, Schultze. — 10. m. 4 Bildern (in Holzschn.) verm. Aufl. 8. (VI u. 222 S.) Ebd. 851. 1/4 ℛ

— dass. m. neuen Lehren u. Liederversen v. G. Paulmann. Mit 5 Bildern (in Holzschn.) 8. (IV u. 236 S.) Ebd. 851. 1/4 ℛ

—— auserlesene biblische Historien aus dem alten und neuen Testamente für Stadt- und Landschulen. Auf's Neue durchges. von A. W. Knauer. 11., revid. Aufl. 8. (VI und 222 S.) Celle 854, Schulze'sche Buchh.

Hübner's, Joh., auserlesene biblische Historien aus dem Alten und Neuen Testamente für Stadt- und Landschulen. Hrsg. und durchgesehen von A. W. Knauer. 12., unveränd. Aufl. 8. (VI und 222 S. mit eingedr. Holzschn.) Celle 860, Schulze'sche Buchh.

— bibl. Historien, zum Gebrauch f. die Jugend u. Volksschulen. Herausg. v. Fr. Chr. Adler, 2 Thle. gr. 8. Lpz. 803. 7e verb., umgearb. u. durch e. kurze Religionsgeschichte verm. Aufl. Mit 2 Titelkpf. gr. 8. Leipz. 827. Hinrichs. 8 ℊ Mit 104 Kpfrn. nach den besten Meisterwerken. 20 ℊ Ausgabe f. Armenschulen ohne Kupfer u. ohne die Religionsgeschichte, gr. 8. 25 Exempl. 6 ℛ

— — dieselben, s. Adler.

— — dieselben umgearb. u. herausgegeb. v. Adler. 2 Thle. mit 104 K. gr. 8. Leipz. Hinrichs. 811.

Hübner, Joh., biblische Historien, umgearbeitet und herausg. v. Adler. 2 Thle. 4te mit e. Anh. kurzer Geschichte d. Religion u. Kirche verm. Aufl. gr. 8. Leipz. Hinrichs. 813.

geb.

— — dasselbe Werk mit 104 K. Ebend.

geb.

Dieselbe Ausgabe f. Armenschulen. ord. Pap. ohne K. u. Anh. 25 Exempl.

Die Kupfersammlung besond. mit Erklärung.

— biblische Historien zum Gebrauch für die Jugend und Volksschulen. 2 Thle. 6te verb. umgearb. und durch eine kurze Religionsgeschichte verm. Aufl. Mit Titelkpf. gr. 8. Leipzig, Hinrichs. 820.

geb.

— biblische Historien, zum Gebrauche für die Jugend u. in Volksschulen. Umgearb. u. herausg. von Friedr. Christ. Adler. 2 Thle. 8e, durchaus verb. u. wohlfeilere Aufl. gr. 8. Leipzig 837. Hinrichs. n. 1/4 ℛ

—— dass. und Engel's kurze Geschichte d. christl. Religion u. Kirche. gr. 8. (18 B. u. 2 Titkpfr.) Ebds. 837.

—— dass. — gr. 8. (18 B. u. 104 Kpfr.) Ebds. 837.

—— bibl. Historien aus d. alten u. neuen Testamente. Für d. Jugend u. Volksschulen nach d. Anforderung uns. Zeit aufs Neue bearb. mit leicht faßl. Fragen unt. d. Texte, e. kurzen Gesch. d. christl. Religion, 51 Stndr. u. 1 Kärtchen v. Palästina. 8. (24 B.) (Reutlingen.) Tübingen 831, (Osiander.)
(Leipz., Herbig)

—— bibl. Historien aus d. alt. u. neu. Testam. Für d. Jugend u. Volksschulen nach d. Anforderung uns. Zeit aufs Neue bearb. mit leichtfaßl. Fragen unt. d. Texte, e. kurzen Gesch. d. christl. Religion rc. 8. (24 B., 51 Stnt. u. 1 Kärtchen.) Reutlingen 834, Kurtz. 3/4 Thlr., col.

—— auserles. bibl. Historien aus d. alt. u. neu. Testamente. Zum Besten d. Jugend abgefaßt. Neue, nach d. Anforderungen d. Zeit bericht., m. 1 Titbild. u. 103 Holzschn. verm. Ausg. gr. 12. (19 B.) Reutlingen 836, Fischer.

Hübner, Joh., bibl. Historien aus d. alt. u. neuen Testamente. Für die Jugend u. Volksschulen nach der Anforderung uns. Zeit aufs Neue bearb. v. C. A. Körner. 2. Ausg. 8. (25 B. u. 52 Kpfr.) Reutlingen 843, Kurtz. (Leipzig, Herbig.) Thlr. *

—— biblische Historien aus dem alten und neuen Testamente. Für die Jugend und Volksschulen nach der Anforderung unserer Zeit auf's Neue bearb. von C. A. Körner. Mit leicht faßlichen Fragen unter dem Texte, einer kurzen Geschichte der christlichen Religion. 3. Aufl. 8. (VIII und 392 S.) Reutlingen 852, Kurtz'sche Buchh. *

Mit 52 Lithogr. * 23 Ngr. ill. *

— zweymal 52 bibl. Historien, m. K. 8. Nürnb. Monath u. Kusler.

— — dies. 8. Dresd. Löwe.

— Zweymal zwey und fünfzig auserlesene Biblische Historien aus dem Alten und Neuen Testament, der Jugend zum Besten abgefasset ... Nebst einer Vorrede. Gedruckt zu Zion, auf Kosten christlicher Eltern für die Jugend. Neueste Auflage. [Hamburg?] 1791. 8°. Titel (in Rot und Schwarz), 8 Bl. 412 S. 3 Bl. HLd. d. Z. mit Rsch.

Die Originalausgabe war 1714 erschienen. Die zahlreichen Auflagen — die vorliegende scheint die letzte zu sein — zeugen für die Beliebtheit und den pädagogisch-literar. Wert dieser Erzählungen, deren barocker Charakter am besten an dem Unterschied zu den knapp 30 Jahre später erschienenen Biblischen Geschichten Hebels offenbar wird. Jeder Erzählung folgen „Nützliche Lehren" und „Gottselige Gedanken" in Gedichtform, die dann auch jeweils in 6 latein. Distichen übersetzt sind. In verschiedenen Frakturgrößen gedruckt.

— — dies. 8. Nürnb. Schneider u. W. 792.

— 2mal 52 auserlesene bibl. Historien, aus dem alten u. neuen Testam. d. Jugend zum Besten abgef. aufs neue revid. v. J. G. Fleck. 8. Leipz. Gleditsch. 811.

— 2mal 52 auserles. bibl. Historien, aus dem Alt. u. N. Testam., d. Jugend z. Besten abgefaßt, aufs Neue revid. von J. G. Fleck. 8. Leipz. 811. 89ste Aufl. 825. (Brockhaus). 8 ℊ Aufs Neue durchges. u. für unsre Zeit angemessen bearb. v. Dav. Jonath. Lindner. Mit Stereotypen gedruckt. Die 100ste d. Alten u. die 1ste d. neuen Ausg. 8. Leipz. 828. 101e od. 2e neue Ausg. 8. Ebd. 833. Brockhaus. 8 ℊ

— Dies. in 12. N. A. Ebd. 818. (Brockhaus). 4 ℊ

Hübner, J., 2mal 52 auserlesene biblische Historien. Neue Originalauflage. 8. Leipzig. Gleditsch. 820.

Hübner, (J.,) 2 mal 52 auserles. bibl. Historien aus d. A. u. N. Testamente, d. Jugend z. Besten abgefaßt. Aufs Neue revidirt. v. J. G. Fleck. 89ste Aufl. 8. Leipz. 825, Gleditsch.

Hübner, Joh., zwei Mal 52 auserles. bibl. Historien aus d. Alten u. Neuen Testamente, zum Besten d. Jugend abgefaßt. Aufs neue durchges. u. für uns. Zeit angemessen verb. v. Dav. Jonath. Lindner. Die 100—102. der alten, od. d. 1—3. d. neuen verm. u. ganz umgearb. u. verb. (Orig.-) Aufl. (à 25 B.) 8. Leipzig (830—35), Brockhaus. à

Hübner, Joh., zwei Mal 52 auserles. bibl. Historien aus d. Alt. u. Neu. Testam., z. Besten d. Jugend abgefaßt. Aufs neue durchges. u. f. uns. Zeit angemessen verbess. v. Dav. Jonathan Lindner. Die 103. d. alten, od. d. 4. d. neuen verm. u. ganz umgearb. u. verb. Aufl. 8. (25 B.) Leipzig 837, Brockhaus.

Hübner, Joh., zwei Mal zweiundfunfzig auserlesene bibl. Historien aus dem alten u. neuen Testamente. Aufs neue durchgesehen u. f. unsere Zeit angemessen verbessert v. Dav. Jon. Lindner. Die 104. der alten, od. die 5. der neuen, verm. u. ganz umgearb. Aufl. 8. (25 B.) Leipzig 844, Brockhaus. *

— zweimal zwei und funfzig auserlesene biblische Historien aus dem alten und neuen Testament. Aufs neue verb. von Dav. Jonath. Lindner. Die 105. der alten, oder die 6. der neuen Aufl. 8. (XVI und 376 S.) Leipzig 848, Brockhaus. *

- zweimal 52 auserlesene biblische Historien aus dem Alten u. Neuen Testamente, der Jugend zum Besten abgefasset. 12. (321 S.) New-York 851. (Philadelphia, Schäfer & Koradi.) n. 12 ngr

Hübner, Joh., zwei Mal 52 auserlesene biblische Historien aus dem alten und neuen Testamente, zum Besten der Jugend abgefaßt. Aufs neue durchges. und für unsere Zeit angemessen verb. von Dav. Jonath. Lindner. Die 106., der alten, oder die 7., der neuen verm. und verb. Aufl. 8. (XXIV und 376 S.) Leipzig 853, Brockhaus.

— zwei Mal 52 auserlesene biblische Historien aus dem Alten und Neuen Testamente, zum Besten der Jugend abgefaßt. Aufs Neue durchgesehen und für unsere Zeit angemessen verb. von Dav. Jonath. Lindner. 107. Aufl. 8. Abdr. der umgearb. Aufl. 8. (XXIV und 376 S.) Leipzig 859, Brockhaus.

Hübner, Joh., zweimal zwei und fünfzig auserlesene biblische Historien aus dem alten und neuen Testamente. Schul-Ausg. 8. (490 S. mit 52 Bildern in Holzschntaf.) Philadelphia 867, Schäfer und Koradi. geb.

Hübner, Joh., zweimal zwei und fünfzig auserlesene biblische Historien aus dem alten u. neuen Testamente. Schul-Ausg. Philadelphia 867. Schäfer & Koradi. 8. (430 S. mit 52 Bildern in Holzschntaf.) geb. 15 ngr

— s. a. Küster, S. Ch. G., bibl. Erzählungen. — Rauschenbusch, A. E., bibl. Historien.

— dass. (Hrsg. v. A. E. Rauschenbusch.), s. a. Historien.

— bibl. Historien; französ. 8. Basel 781. Serini.

— — dies. ital. v. Meintel. 8. Schwabach. 744.

— — dies. lat. v. Kriegel. 8. Leipz. 754.

— Dies., neugriechisch. Mit 104 Kpf. 8. Leipz., Sommer. 4 ß

— bibl. Historien, Einhundert und vier Bilder dazu. siehe Bilder.

Hübner, Johs., Jungfrauenspiegel. Erzählungen und Lebensbilder von Jungfrauen. 8. (VIII, 488 S.) Hamburg 876, Koch.

— Kinderspiegel. Nr. 1—12. 16. (à Nr. 32 S.) Ebendas. 874. à Nr. * 10 Pf. *

— dass. — Eine Sammlung von Denksprüchen, Sprichwörtern, Liedern und Geschichten für die liebe Jugend. 1. und 2. Bdchn. gr. 16. (VII, 192; IV, 192 S., mit je 2 Chromolithogr.) Ebendas. 874. cart. à Bdchn. ℳ 1.

— Kinderspiegel. Eine Sammlung von Denksprüchen, Sprüchwörtern, Liedern und Geschichten für die liebe Jugend. Nr. 13—42. 16. (à 32 S.) Ebendas. 875—79. à Nr. * 10 Pf. * à Bd. (6 Nrn.) cart. *

Nr. 1—12. Ebendas. 1874. à * 10 Pf.

— Kinderspiegel. Eine Sammlung von Denksprüchen, Sprichwörtern, Liedern und Geschichten für die liebe Jugend. Nr. 43—48. 12. (à Nr. 32 S.) Hamburg 880, Koch. à Nr. * 10 Pf. *

Nr. 1—42. Ebendas. 1874—79. à * 10 Pf.

Hübner, J., Kinderspiegel. Eine Sammlg. v. Erzählgn. f. d. Jugend. Neu hrsg. v. E. Evers. 1.—6. Hft. 12. (à 16 S.) Berlin 898. Buchh. d. Berliner Stadtmission. à — 05

Hübner, J., Kinderspiegel. Eine Sammlung v. Erzählgn. f. die Jugend. Neu hrsg. v. E. Evers. 7.—10. (Schluß-) Hft. 12. (à 16 S.) Berlin 899. Vaterländ. Verlags- & Kunstanstalt. à — 05

— s. die Kinderstube. Ein Büchlein f. Mutter u. Kinder. Eine Sammlg. v. Wiegenliedern, Kindergebeten u. Versen, nebst e. Auswahl v. Denkversen, Sprichwörtern u. Bibelsprüchen. 12. (XII, 161 S.) Berlin 894. Hauptverein f. christl. Erbauungsschriften. Kart.

— Lebensbeschreibungen frommer Frauen u. Jungfrauen aus allen Ständen in älterer u. neuerer Zeit. Hrsg. vom christl. Vereine im nördl. Deutschland. gr. 8. (479 S.) Leipzig 873. Verl. d. christl. Vereins im nördl. Deutschland. 2. —

— Lebensbeschreibgn. frommer Männer a. all. Ständen in älterer u. neuerer Zeit. 2 Thle. gr. 8. (V, 224 u. III, 307 S.) Eisleben 870. Christl. Verein im nördl. Deutschland. In 1 Bd. geb. n. 1. 35; in Leinw. n. 1. 65

— Lebensbilder bekehrter Heiden, gesammelt und bearb. 8. (V, 208 S.) Eisleben 880, Christl. Verein. geb.

— Lexicon genealogicum. 2e Aufl. 8. Hamb. 729. 7e A. 744. N. A. 751.... 12 K

— — idem. 8. Lips. 744.

— lexicon genealog. 8. Hamb. 751.

Hübner, H., Museum geographicum, d. i. ein Verzeichniss der besten Landcharten so in Deutschland, Frankreich, England und Holland von den besten Künstlern sind gestochen worden. Hamburg (1726). 8. . . . . (D.)

Hübner, Johann Museum geographicum, d. i. ein Verzeichniss der besten Landcharten, so in Deutschland, Frankreich, England und Holland von den besten Künstlern sind gestochen worden. 8. Hamburg 1746.

Hübner, Joh., museum geogr. oder Verzeichniß der besten Landcharten 2c. 8. Hamburg, Brand, 746. ½ thlr.

HÜBNER, Johann: Curieuses und reales Natur-Kunst Berg-Gewerck- und Handlungs-Lexicon. - Leipzig 1712. - Weitere Ausg. ebd. 1727. 2144 S. - ebd. 1741. - ebd. 1746. ebd. 1762. 2352 S. - ebd. 1776. 2538 S. - ebd. 1792. 1262 S.

— Natur-, Kunst 2c. u. Handlungslexikon. gr. 8. Leipz. 791. Gleditsch. 2 ß

Hübner, J. Curiöses und reales Natur- Kunst- Berg- Gewerk- und Handlungs-Lexicon . . . Leipzig 1792. V: *Volkmann, Joh. Jac.* (EBHN) (WÖ) (Ky)

Johann Hübners Oratoria Zur Erleichterung der Information abgefaffet. 5ter Theil. Leipz. 1730 *Enthalt*: **Die Bekehrung der Sachsen** zum Chriftenthum in einem Schau-Spiele vorgeftellet. 12o
Nach Gottsched I. S. 291 u. Koch I. S. 309 erschien dies Schauspiel zuerst 1720.

— recueil des histoires de la sainte écriture, tant de l'ancien que du nouv. Test. 8. Hof 761. Grau. 6 gr

Reales Staats-Zeitungs- und Conversations-Lexikon, Darinnen so wohl Die Religionen und geistlichen Orden, die Reiche und Staaten, Meere, Seen, Flüsse, Städte, Festungen, Schlösser, Häfen, Berge, Vorgeburge, Pässe ... Als auch Andere in Zeitungen und täglicher Conversation vorkommende aus fremden Sprachen entlehnte Wörter ... klar und deutlich beschrieben werden. Die vierdte Auflage, darinnen die Geographischen Beschreibungen ... rectificiret ... und das gantze Werck ... bisz auf 20.000. Artickeln ist augiret worden. Nebst vollständigen Registern und einer erneuerten Vorrede Herrn Johannes Hübners ... Verlegts Johann Friedrich Gleditsch, und Sohn, Buchhändl. in Leipzig, Anno 1709

— reales Staats-, Zeitungs- u. Conversations-Lexikon. Mit e. Vorr. herausg. v. Gli. Schumann. 2 Abthll. gr. 8. Leipz. 760. N. A. 804. Gleditsch. 2 ℛ 16 gr 3e Aufl. unt. d. T.: Zeitungs- u. Conversationslexikon. Ausgearb. v. F. A. Rüder. 4 Bde. Mit 150 Portraits. gr. 8. Leipz. 823—27. (Brockhaus). 13 ℛ 12 gr Hbg. Pr. 5 ℛ

HÜBNER, Johann
Johann Hübners reales Staats- Zeitungs- und Conversations-Lexicon, darinn so wohl die Religionen, die Reiche und Staaten, Meere, Seen, Inseln, Flüsse, Städte, Festungen, Schlösser, Häfen, Berge, Vorgebirge, Pässe und Wälder ...; Als auch andere in Zeitungen und täglichem Umgang vorkommende, ingleichen juristische und Kunstwörter beschrieben werden.
Nebst acht Kupfertafeln.
Neue verbesserte und vermehrte Auflage.
Leipzig: Gleditsch. 1777. 10 S., 2734 Sp. 8°
Universitätsbibliothek Münster
1. Aufl. 1704.

HÜBNER, Johann
Johann Hübners neu vermehrtes und verbessertes reales Staats- Zeitungs- und Conversations-Lexikon, darinnen sowohl die Religionen und geistlichen Orden, die Reiche und Staaten, Meere, Seen, Inseln, Flüsse, Städte, Festungen, Schlösser, Häfen, Berge, Vorgebirge, Pässe und Wälder ... als auch andere in Zeitungen und täglichem Umgange vorkommende aus fremden Sprachen entlehnte Wörter, nebst den alltäglichen juridischen und andern Kunstwörtern, Gelehrten und Ungelehrten zu sonderbarem Nutzen klar und deutlich beschrieben werden.
Die allerneueste und mit vielen wesentlichen Zusätzen verbesserte Auflage, worinnen alle Staats- Länder- und Familienveränderungen, bis auf gegenwärtige Zeit, auf das fleißigste angemerkt zu finden sind.
Nebst einem angehängten brauchbaren Register, auch nützlichen und zur Erläuterung dienenden Kupfern.
Wien: Kurzböck. 1780. 6, 1586 S. 8°.
St. Vincent College and Archabbey Library Latrobe, Pa.

HÜBNER, Johann
Johann Hübners reales Staats- Zeitungs- und Conversations-Lexicon, darinn so wohl die Religionen, die Reiche und Staaten, Meere, Seen, Inseln, Flüsse, Städte, Festungen, Schlösser, Häfen, Berge, Vorgebirge, Pässe und Wälder Als auch andere in Zeitungen und täglichem Umgang vorkommende, ingleichen juristische und Kunstwörter beschrieben werden.
Nebst acht Kupfertafeln.
Neue verbesserte und stark vermehrte Ausgabe.
Leipzig: Gleditsch. 1782. 3046 Sp. 8°.
Universitäts- und Stadtbibliothek Köln

HÜBNER, Johann
Johann Hübners reales Staats- Zeitungs- und Conversations-Lexicon, darinn so wohl die Religionen, die Reiche und Staaten, Meere, Seen, Inseln, Flüsse, Städte, Festungen, Schlösser, Häfen, Berge, Vorgebirge, Pässe und Wälder . Als auch andere in Zeitungen und täglichem Umgang vorkommende, ingleichen juristische und Kunstwörter beschrieben werden.
Nebst acht Kupfertafeln.
Neue verbesserte Ausgabe.
Leipzig: Gleditsch. 1789. 10 S., 3046 Sp. 8°.
Stadtbibliothek Trier

HÜBNER, Johann
Johann Hübners reales Staats- Zeitungs- und Conversations-Lexicon, darin so wohl die Religionen, die Reiche und Staaten, Meere, Seen, Inseln, Flüsse, Städte, Festungen, Schlösser, Häfen, Berge, Vorgebirge, Pässe und Wälder ... Als auch andere in Zeitungen und täglichem Umgang vorkommende, ingleichen juristische und Kunstwörter beschrieben werden.
Nebst acht Kupfertafeln.
Neue verbesserte Ausgabe.
Leipzig: Gleditsch. 1795. VI S., 2820 Sp. 8°.
Landes- und Stadtbibliothek Düsseldorf

— —, reales Staats-, Zeitungs und Conversations Lexikon. Darin sowohl die Religionen, die Reiche und Staaten, Meere, Seen, Inseln Flusse, Städte, Festungen, Schlosser, Flecken, Weiler, Häfen, Berge, Vorgebirge, Pässe und Wälder, Ritterorden, Wappen, gelehrte Societäten, Gerichte, Civil- und Militärchargen zu Wasser und zu Lande, die zur Kriegsbaukunst, Artillerie, Feldjägern, Schlachtordnungen, Belagerungen, Schifffahrten, Unterschied der Schiffe und der dazu gehorigen Sachen gebräuchliche Benennungen, als auch andere in Zeitungen und täglichem Umgange vorkommenden, ingleichen juristische und Kunstwörter beschrieben werden, in 2 Abtheilungen nebst 8 Kupfertafeln. Neue verbesserte und vermehrte Ausgabe. Mit churfürstl. sächsischer gnädigster Freyheit (2 Bde.) gr 8 Leipzig 1806.

Huebner, Joh, Drey hundert und drey und dreyssig genealogische Tabellen nebst denen **darzu gehörigen genealogischen** Fragen, zur Erl. d. politischen Historie Mit **sonderbahrem Fleisse zus. getr.** und vom **Anfange** d. **Welt** bis **auff diesen** Tag continuiret. **Nebst darzu** dienlichen **Registern.** Leipzig 1708. 8° (qu. 4°).

Hübner, Joh Genealogische Tabellen zur Erlauterung der Politischen Historie. 4 Bde Tabellen und 2 Bde Text zu 1 u 2 u d Tit Kurtze Fragen aus der Genealogie 1708; Kurtze Einleitung zum 2 Theile seiner genealog Tabellen. 1727 Leipzig. Gleditsch 1708, 1727 1733.

Johann **Hübners** Genealogische Tabellen, nebst denen dazu gehorigen genealogischen Fragen, zur Erlauterung der Politischen Historie Th 1 (5 Aufl.) Leipzig. 1719 Quer-Fol k

Hübner, J. **Genealogische Tabellen . . . Leipz. 1725—28; bis auf die gegenwärtige Zeit fortgesetzt. 1737—1766. Supplementtafeln. Kopenhagen 1822—24. V (Fortsetzung):** ***Krebel, Gottlob Friedrich.*** **V (Suppl.):** ***Maria Sophia Königin v. Dänemark.*** **(Dn)**

Johann **Hübners** Genealogische Tabellen. Nebst denen darzu gehorigen Genealogischen Fragen. Zur Erlauterung Der Politischen Historie, zusammen getragen und bis auf diesen Tag fortgesetzet (continuiret). Th. 1. (5 Aufl.) Leipzig 1737. Th 2 (2. Aufl.) ebd 1741; Th. 3. ebd. 1728; Th. 4. ebd 1733. Quer-Fol

— genealog. Tabellen in Folio, nebst d. dazu gehör. Fragen in 12. 4 Thle. Leipz. 737—44. (3r Thl., verb. v. G. F. Krebel. 766.) u. Einleitung zum 2ten Thle. (Brockhaus). 10 ℛ 12 gr

— Supplement-Tafeln zu J. Hübners genealog. Tabellen. 1—6e Liefer. gr. Qu. Fol. Kopenhag. 823. (Gyldendal.)

Hübner, Joh. Totius Marchionatus Lusatiae, tam superioris, quam inferioris tabula specialis. Nürnberg. 1 Bl. c. K. v

Hübner, Johann (Übers.), s. T h o m a s von Kempen: Büchlein von der Nachfolge Jesu Christi.

Vita Christiani III., Daniae et Norvegiae regis gloriosissimi, olim a Joanne Isacio Pontano conscripta, nunc autem primum in lucem edita curante J o h a n n e H u b n e r o. — Hannoverae: Foerster (1729). 104 S. 8° (4°)

— vita Christiani III. Daniae regis. 4. Hannov. Helwing 729.

— vita Edzerti I. comit. Frisiae orient. 4. Hamburg. 730

— Weihnachtsklänge. Eine Sammlg. v. Liedern, Wünschen u. Gesprächen nebst Dankversen u. liturg. Andachten f. Weihnachten. 8. (VIII, 174 S.) Berlin 876. Hauptverein f. christl. Erbauungsschriften. 1. 50

— Weihnachtsklänge. Eine Sammlg. v. Liedern, Wünschen u. Gesprächen nebst Dankversen u. liturg. Andachten f. Weihnachten. 2., verm. Aufl. 8. (VIII, 227 S.) Ebd. 893. Kart. n. 1. 20

Hübner, J. Zeitungs-Lexicon. Regensburg u. Wien 1759. H: *Katerfeld, Paul Andreas.* (ML)

— Zeitungs- u. Conversations-Lexicon. 31e Aufl. Ausgearb. v. F. A. Rüder. 4 Bde. Mit vielen Portraits. gr. 8. Leipzig 823—27, Gleditsch.

Huebner, Joan. August. (geb. Löwenberg in Schles. 1793): De nervorum morbis generatim. Berolini (1819). (20 S.) 8°
Berlin, Med. Diss. v. 27. März 1819

Hübner, Johann Baptist

— s. Frz. X. v. Hartmann, Formeln.

Hübner, Jh. Bapt., Versuch e. neuen Entwickelung d. Naturrechts. 1r Thl. 8. Bamb. 799.

Hübner, Johann Christian: Gründliche Meynung von den wahrhafften Element, Eigenschafft, Ursprung, Zusammenwachs...des in den menschlichen Cörper befindlichen Steines. (Observationes et cautiones practicae in curatione calculi. Dt.) Durch verschiedene Experimenta bestätiget, nebst einigen Anmerckungen und Behutsamkeiten, auf was Arth die Steinbeschwerniß zu verhüten sey... 63 S., gbd.

Halle: Hendel 1726

JB 3.212

— Johann Christian (Chemnitz), De obligatione ad custodiam. Disp. jur. Präs. Johann Tobias Richter. Lpz. (Langenheim) 13. XI. 1773. 16 S. mit Widm. v. Präs. (5.—) 16244

Hübner, Johann Gottfried

Hübner J. G.: Gedanken üb die beste Art die schädlichen Raupen zu vertilgen ... Dessau 1781. 52 S. P.

Hübner, Joh. Gottfr., Gedanken üb. d. beste Art, d. schädl. Raupen z. vertilgen. 8. Dessau, 1781. (Gelehrt. Buchhdlg.) — 3/4

Hübner, Jh. Gfr., († d. 7. Jan. 1812.) Gedanken v. d. Verbesser. d. Magnetnadel. 8. Halle 772. Schwetschke u. S. 2 gr.

Hübner, J. Gf., Gedank. v. d. Magnetnadel. 8. Halle, Hemmerde. 772.

— Johann Wilhelm (Kunzendorf/Ob.-Schles.), De febribus puerperarum. Diss. med. Bln. (Schade) 28. IV. 1826. 34 S. mit Biogr. (M.: Sperlich.) (6.50) 16248
Oppon.: Goebel, Lindenthal, Fessel. — Gew.: G. Koenig.

Hübner, Johannes, s. Hübner, Johann.

Hübner, Jos., unterhaltend. Museum d. Natur-, Welt- u. Menschenkenntniß, oder interess. Nachrr. von d. sonderbaren Erscheinungen u. d. wundervollen Kräften in d. Natur ꝛc. Mit 12 ill. Kpf. 4. Pesth 812. Hartleben. 2 rthl 16 gr.

Hübner, Jos., unterhaltendes Museum f. Natur-, Welt- u. Menschenkenntniß, od. interessante Nachrichten v. den sonderb. Erscheinungen u. den wundervollen Kräften in d. Natur ꝛc. mit 12 illum. Kupf. Pesth, Hartleben. 814.

Hübner, J[osef], approb. Arzt aus Herzogswaldau: **Zur Pharmakologie** des Kobalts mit besonderer Berücksichtigung seiner Verwendung als Gegengift bei Blausäurevergiftung. *Rostock 1901: C. Hinstorff.* (37 S.) 8°
Rostock, Med. Diss. v. [20. Mai] 1901

— Joseph Christoph (Stuttg.), De processu unilaterali ex qualitate causae. Diss. jur. Präs. Wolffgang Adam Schoepff. Tübing. (Schramm) Mai 1732. 24 S. (7.—) 16249
Widm. v.: Carl Friedrich Schoepff (Schweinfurt/Frk.), Joh. Chrst. Commerel, Paul Pintzger (Cassov/Ungarn).

Hübner, Julius

Hübner, Jul., kleine Beiträge zur Kunstgeschichte. Dresden 860. Burdach. Lex.-8. (15 S. mit 1 Photogr.) n. 1 rthl

Hübner, Jul., Bilder-Brevier der dresdner Gallerie. Mit (26) Original-Radirungen von H. Bürkner u. A. 1. und 2. Aufl. gr. 8. (28 Bl. Text mit in Holz geschn. Titel.) Dresden 857, Kuntze. geb. *

Hübner, Jul., Bilder-Brevier der dresdner Gallerie. Mit (26) Original-Radirungen von H. Bürkner u. A. 2. Folge. 8. (29 Bl. Text mit Titel in Holzschn.) Dresden 859, Kuntze. geb. Thlr. *
Ausg. in Lex.-8. und geb. **

Hübner, Jul., Catalogue de la galérie royale de Dresde. Avec une introduction historique et des notices spéciales sur l'acquisition des tableaux dont se compose cette collection. Traduction de J. Grangier. Revue par A. Maillard et Ch. Sevin. 4. éd. considérablement augmentée. 8. (VIII, 428 S.) Dresden 872. Burdach. n. 4. —

Hübner, Jules, Catalogue de la Galerie royale de Dresde. Avec une introduction historique et des notices spéciales sur l'acquisition des tableaux dont se compose cette collection. Traduction et révision de Charles Sevin. 5e édit. considérablement augmentée. 8. (VIII, 483 S. mit 1 Plan.) Dresden 880, (Warnatz und Lehmann.) cart. *

—— Catalogue of the Royal Picture Gallery in Dresden. With an historical introduction and notices concerning the acquisition and signatures of the paintings. Translated from the 4th edit. by J. Pond. Revised for this edit. by B. S. Ward. 5th edit. greatly enlarged. 8. (VII, 482 S. mit 1 Plan.) (Ebendas.) 880. cart. *

Hübner, Jul., Albrecht Dürer, s. Gallerie, illustrirte, berühmter Männer und Frauen.

Hübner, Jul. (I.), das Ehe-Gesetz nebst Glossen zur Beleuchtung desselben und zur Erörterung anderer Zeitfragen. gr. 8. (III und 90 S.) Mühlhausen 855. (Halle, Mühlmann.) *

Hübner, Jul., s.: Galerie, d. Dresdener.

— Helldunkel. Aus dem poetischen Tagebuch e. Malers. Sonette u. Lieder. br. 8. (XII, 436 S.) Braunschweig 871. Westermann. n. 5. —

— dasselbe. 2. Folge. gr. 8. (VIII, 312 S.) Dresden 876. Th. Meinhold. n. 4. —

— Landschafts-Album der dresdner Gallerie, s. Landschafts-Album.

— Rafael von Urbino, s. Gallerie, illustrirte, berühmter Männer und Frauen.

— Reliquien Friedrichs des Großen. 24 Sonette. Mit 1 Zeichnung nach der Todtenmaske Friedrichs des Großen (in Lichtdr.). gr. 8. (IV, 24 S.) Berlin 883, Hertz.

— — Schadow u. seine Schule. Festrede gesprochen bei Enthüllg. des Schadow-Denkmals am 2. Tage der Semi-Säcular-Feier der königl. Kunst-Akademie zu Düsseldorf, den 24. Juni 1869. Bonn 869. Cohen & Sohn 8. (36 S.) n. 5 ngr.

— Tintoretto, s. Bücherei, deutsche.

Hübner, Jul. (II.), Verzeichniss der königl. Gemälde-Gallerie zu Dresden. Mit einer histor. Einleitung und Notizen über die Erwerbung der einzelnen Bilder. 8. (XXII und 302 S. mit 1 Tab. in 4.) Dresden 856, (Schönfeld's Buchh.)

Hübner, Julius. Verzeichniss der Königlichen Gemälde-Gallerie. Zweite Auflage. Dresden 1862. 8°.

— Verzeichniss der koeniglichen Gemälde-Gallerie zu Dresden. Mit e. histor. Einleitg., Notizen üb. die Erwerbg. u. Angabe der Bezeichng. der einzelnen Bilder. 4. wesentlich verm. Aufl. 8. (VIII, 417 S.) Dresden 872. Burdach. n. 4. —

— Verzeichniss der königl. Gemälde-Gallerie zu Dresden. Mit einer histor. Einleitung, Notizen über die Erwerbung und Angabe der Bezeichnung der einzelnen Bilder. Auf hohe Veranlassung verf. 5. wesentlich verm. Aufl. 8. (VIII, 533 S. mit 1 Plan.) Dresden 880, (Warnatz und Lehmann.) cart. * *

Hübner, Julius, Verzeichniss der königl. Gemälde-Gallerie zu Dresden. Mit einer histor. Einleitung, Notizen über die Erwerbung und Angabe der Bezeichnung der einzelnen Bilder und ein Preisverzeichniss der verkäufl. Kupferstiche nach Gemälden der Gallerie. Auf Hohe Veranlassung verf. Neudr. der 5. wesentlich verm. Aufl., nebst einem Nachtrag von K. Woermann. 8. (VIII, 525 S.) Dresden 884, (Warnatz und Lehmann.) cart. * *

Hübner, Jul., über das Wesen der Farbe und ihre Hauptrepräsentanten in den verschiedenen Malerschulen. Ein Vortrag gehalten am 15. Febr. 1868. 8. (44 S.) Dresden 868, E. Arnold.

— Zeitspiegel. Des deutschen Reiches Krieg, Sieg u. Frieden. Sonette u. Lieder. gr. 8. (VII, 85 S. m. e. Holzschntaf.) Dresden 871. Meinhold & Söhne. 1. 20; geb. n. 1. 80

Hübner Karl: Die Archidiakonats-Verfassung in der ehemaligen Diözese Salzburg. Diss. Wien, Univ.
D: Mitteilungen der Gesellschaft f. Salzburger Landeskunde.

1904 PN 1718

Hübner, Karl (August Gotthard): Zur Geschichte der kursächsischen Politik beim Ausbruche des österreichischen Erbfolgestreites . . . Leipzig-Reudnitz, Druck v. O. Schmidt, 1892; 114 S., 1 Bl. 8°
Leipzig, Phil. Fak., Inaug.-Diss. v. [22. Nov.] 1892.

Hübner, Karl, approb. Arzt aus Liegnitz: Hat das Fett einen Einfluß auf die Zuckerausscheidung beim Diabetes mellitus? *Halle a. S. 1903: Wischan & Wettengel.* (24 S.) 8°
Halle, Med. Diss. v. 10. Juli 1903

Hübner, Carl, und Jos. Edler v. Kendler, Orts-Lexikon von Oesterreich, mit Benützung der neuesten amtl. Quellen bearb. zum Gebrauche für Advocaten, Notare, Beamte, Kaufleute etc. 8. (294 S.) Wien 885, Perles. cart. * 3 60

Hübner, Karl, die Reformen auf dem Gebiete des Immobiliar-Sachenrechts nach dem Entwurfe e. Gesetzes „über den Eigenthumserwerb u. die dingl. Belastg. der Grundstücke, Bergwerke u. selbstständ. Gerechtigkeiten", in Verbindg. mit dem Entwurfe e. Hypothekenordng. Systematisch dargestellt u. erörtert. Breslau 869. Gosohorsky. gr. 8. (VI, 75 S.) n. 12 ngr.

Hübner, Carl Jos., blumistische Bemerkungen vorzügl. f. Nelkenliebhaber, v. d. Jahren 1800 u. 1801. 8. Breslau, 1801 u. 2. Korn. — 10

Hübner, Karl Jos., († d. 26. März 1810.) blumistische Bemerkk. von d. J. 1801 u. 2. 8. Bresl., J. Fr. Korn. (à J. 4 gr) 8 gr

— vollst. Charakteristik d. Gartennelke, od. Grasblume rc. 8. Ebend. 804.

— s. Siriso, ... Charakteristik d. Gartennelke.

— d. Stammbaum oder d. System d. Nelken, deren Zeichnung regelmäßig nach d. Natur gemahlt rc. Nebst einem gemahlten Stammbaum d. Nelken. 8. Bresl. 801. J. F. Korn. 1 rß

Hübner, Curt, aus Halle a. S.: 1. Beiträge zur Kenntnis der Schweelkohle. 2. Untersuchungen über amerikanisches Terpentinöl. *Halle a. S. 1903: E. Karras.* (46 S.) 8°
Halle, Phil. Diss. v. 1903

Hübner, *Georg Friedrich Leonhard* [pr. Arzt aus Inowrazlaw]: Aus d. patholog. Institut zu Greifswald. Beitrag zur Histologie der papillären Hauttumoren. . . . Greifswald, Druck v. C. Soll, 1891; 87 S. 1 Bl. 8°
Greifswald, Med. Fak., Inaug.-Diss. v. 19. Jun. 1891

HÜBNER, Lorenz, Abhandlung vom Luxus oder schädlichen Pracht. (In den Burghausischen gesellschaftlichen Schriften. Burghausen 1776. 4°.)

Hübner, Lor., († d. 9. Febr. 1807.) über Analogie d. Elektricität u. Magnetismus. 4. München, (G. Franz). 5 gr

Hübner, Lor. (1753—1807). Beschreibung d. kurbaier. Haupt- u. Residenzstadt München, u. ihrer Umgebungen, verbunden mit ihrer Geschichte. 2 Bde. Mit 1 Grundrisse d. Stadt. München, 1803—5. Im Verlage, u. aus den Pressen d. kurfl. privil. Zeitungs-Comtoirs. 8°. Schönes Expl. in weiss. Hpgtbdn. m. roth. Schnitt.
I: Topogr. XVI—648 S. II Statistik. 5 Bll., 608 S., X S. Inh. u. Err., 1 Bl. Nachschr. — Neue Ausg. ibid. 1808. II. 8°.

— Beschreib. der Haupt- u. Residenzstadt München u. ihren Umgebungen, verbunden mit ihrer Geschichte. 2 Thle. Mit 1 Grundr. gr. 8. Münch. 803, 5. J. Lindauer. 2 rß

— Beschreib. d. Residenz München u. ihre Umgebungen. 2 Thle. gr. 8. München, Lindauer. 807.

— kurzgefaßte Beschreib. d. Residenz München. gr. 8. München 808. J. Lindauer. 1 rß

— Beschreibung des Erzstiftes und Reichsfürstenthumes Salzburg, in Hinsicht auf Topographie und Statistik. (3 Bde.) 8. Salzburg 1796.

— Beschr. d. Erzstifts u. Reichsfürstenth. Salzburg. 3 Thle. gr. 8. Salzb. 796. Mayr. (a. Duyle). 1 rß 16 kr

Hübner, L. Beschreibung der hochfürstlich erzbischöflichen Haupt- und Residenzstadt Salzburg und ihrer Gegenden verbunden mit ihrer ältesten Geschichte. 1 Bd. Topographie. Nebst 2 Kupfertafeln. 2 Bd. Statistik. Nebst 1 Kupfertafel, welche die Stadt Salzburg aus dem XV. Jahrhundert vorstellet (2 Bde.) 8. Salzburg 1792—1793.

— Beschreib. d. Stadt Salzburg u. ihren Gegenden rc. 2 Bde. Mit 2 Kpft. gr. 8. Salzb. 792, 93. Mayr. 2 rß 16 kr Dies. im Auszuge. Mit 1 Grundriß. gr. 8. Ebd. 794. 1 rß

BLICKE, Freymüthige, des Philosophen in's Mönchswesen (von *Lorenz Hübner*). Frankfurt u. Leipzig 1779. 8°.
Anon.-Lex. I. p. 247 hat: O. O. 1779. (nach Meusel).

— Blumenlese, Salzburger, auf 1787, 88. Salzb., Mayr. 16 kr

Hübner, Lor., Camma, die Heldin Bojariens. Schspl. 8. München 784. Fleischmann. 9 kr

Hübner, Lorenz, s. Censor, D. dramat.

– s. Charons wahre Weisheit.

— Gedanken über d. Brand im Getraide, s. L. v. Hartmann, Ebbe u. Fluth.

- s. Geist, D. philosoph. unsres Jahrhunderts.

Hübner, Lor., d. philos. Geist uns. Jahrh. gr. 8. Münch. Lentner. 791.

– s. Geschichte d. Baumwollenarten.

– s. Grundlehren v. d. Münzen.

Hübner, Lorenz, s. Hainz von Stein.

(*Hübner*, Lor., geb. 2. Aug. 1753 zu Donauwörth, † 9. Febr. 1807 zu München) *Hainz von Stain der Wilde*, ein vaterländisches Schauspiel (in 5 Aufzügen). Aufgef. auf dem *kurfürstl. Nationaltheater*. München, bey Joh. Bapt. Strobel (sic). 1782. 8°. Beihd.
118 S. –

— Lebensgesch. Joseph II., oder Rosen auf dessen Grab. 2 Bdchn. gr. 8. Salzb. 790.

— oberdeutsche Literaturzeitung, siehe Literaturzeitung rc.

— räsonnirendes Magazin des Wichtigsten d. Zeitgeschichte. gr. 8. Salzb. 791—93.

— Salzburgischer Musenalmanach, siehe Musenalmanach.

— Salzburg. Musenalmanach für d. J. 1787, 88. 12. Salzb., Duyle. à 8 kr

– s. Rechtschreibung, Deutsche.

— deutsche Rechtschreibung. 8. München, Lindauer. 782.

— Reise durch d. Erzstift Salzburg. 8. Salzb. 796. Mayr. 11 kr

— Rosen auf d. Grab Friedrichs d. Einzigen. 12 Körbe oder 2 Bde. gr. 8. Salzb. 788. Mayr. 1 rß 16 kr

— Semiranis; ein musikal. Schspl. 8. Münch. 781.

TAGBUCH Physikalisches – fur Freunde der Natur Hrsg von Lorenz Hubner . . . Waisenhausbuchhandlung, Salzburg. 1 Jg. 1784. 2. Jg. 1785.

— physikal. Tagebuch für Freunde d. Natur. 4 Jahrgg. in 7 Bdn. oder 14 Stücke. gr. 8. Salzb. 784—88. Duyle. 5 rß

– s. Tancred.

— Untersuchung verschiedener Wassersorten, s. J. B. Edler v. Speckner, Rede v. d. wahren Patriot.

– s. Verführer u. Verführte.

— Verzeichniß d. sämmtl. Hausbesitzer u. ihres Burgfriedens. gr. 8. München 803. J. Lindauer. 6 kr

– s. Vorstellung über Aufhebung.

Huebner, Louis: Behandlung des Problems der Bewegung der Knoten auf 3 Planetenbahnen durch Einführung ellipt. Functionen. 1878. 4°. Diss. Königsberg.

Huebner, L. Behandlung des Lagrangeschen Problems der Bewegung der Knoten der Planetenbahnen durch elliptische Funktionen. 50 S. u. Taf. Progr. G *Marienwerder* 1876.

Huebner, L. [Oberl. Dr.]: Beitrag zur Entwickelungsgeschichte der Lehre von der Capillarität. Schweidnitz, Buchdr. v. O. Maisel (1889); S. 1—10; 4°
Schweidnitz, ev. G, OP 1889 (190)

Huebner, L. Neue Darstellung der Elemente der höheren Analysis. 52 S Progr. *Schweidnitz* 1885.

Huebner, L., d. Elemente d. Kegelschnitte, s.: **Erler, W.**

Huebner, *Louis* *Direktor August Friede* †. 4 (S. 15—19 der Schuln.). Progr. Ev G *Schweidnitz* 1889 (196)

Huebner, L., ebene und räumliche Geometrie des Maasses in organischer Verbindung mit der Lehre von den Kreis- und Hyperbelfunktionen. Neu dargestellt. gr. 8. (XVI, 340 S. mit Illustr.) Leipzig 888, Teubner. * 8 —

Ebene u. räuml. Geometrie des Masses in organ. Verbindg m. d. Lehre v. den Kreis- u. Hyperbelfunktionen neu dargest. von Dr. L[ouis] **Huebner**, Prof. . . . zu Schweidnitz. 2. Ausg. *Leipzig: B. G. Teubner 1895.* (XVI, 340 S.) 1 Bd 8. [97. 7004

Comenius unser Vorbild und Meister bei unserer Arbeit am Menschheitsbau. Vortrag gehalten in der Loge zur wahren Eintracht im Or. Schweidnitz von Ludw. Huebner. [Berlin: Wunder 1905.] 10 S. 8° [Umschlagtit.]
Aus: ArSt. 2 (1905) S. 59—66. 25.

Hübner, M., Buchführg. f. landwirtschaftl Betriebe, s. Reune, Fr.

Hübner, (M.), s.: Frankreichs Schlachtschwert, schartig zwar, doch scharf.

Hübner, Marie, Frauen-Liebe u. Leben. Lieder u. Blumen. 1. u. 2. (Titel-)Aufl. Königsberg 867. Hübner u. Matz. gr. 4. (144 S. mit 10 Chromolithogr.) geb. mit Goldschn. u. in Carton n. 11 ~~n.~~ 10 ~~nor.~~

Hübner, Max, Abriß der schlesischen Geschichte. Für die Oberstufe der Volksschule bearb. [Aus: „H., Heimatkde".] gr. 8. (24 S.) Breslau 899. F. Goerlich. n. — 15

Hübner, Max, d. Apparate f. instrumentales Rechnen u. d. wichtigsten Rechenapparate f. d. Schulgebr., nach ihrer inn. Zusammengehörigkeit betrachtet. E. Führer durch d. Rechengruppe d. städt. Schulmuseums (zu Breslau). 8. (VII, 48 S.) Breslau 898. (V. Zimmer.) n. — 40

Hübner, Max, neuere Bestrebungen auf dem Gebiete d. Geschichtsunterrichts. Mit e. Anh.: Ueber die Verwertg. der „Ergänzgn. zum Seminarlesebuch" [1] in der Volksschule. gr. 8. (50 S.) Breslau 891. F. Goerlich. — 60

Hübner, Max, militärische u. militärgeographische Betrachtungen üb. Marokko. Ein Beitrag zur aktuellen Frage. Mit 5 Kartenskizzen. (IV, 99 S.) 8. Berlin 905. D. Reimer. n. 2. —

— geograph. Bilder f. d. Oberstufe mehrklass. Schulen. In anschaulich-ausführl. Darstellg. bearb. 7. Aufl. (18. —21. Taus.) (Hübner u. Richter, Realienbuch. Ausg. B. I. Tl.) gr. 8. (96 S.) Breslau 898. F. Goerlich. n. — 30

Hübner, Max, geographische Bilder f. die Oberstufe mehrklassiger Schulen. In anschaulich-ausführl. Darstellg. bearb. 9. Aufl. (Hübner u. Richter, Realienbuch. Ausg. B. I. Tl.) gr. 8. (96 S.) Breslau (900). F. Goerlich. n. — 30

Geographische Bilder für die Oberstufe mehrklassiger Schulen. In anschaulich-ausführl. Darstellung bearb. von Max Hübner, Sem.Dir. 11. Aufl. Breslau: F. Görlich [1904]. (96 S.) 8° [F.]
Aus: Hübner u. Richter: Realienbuch. Ausg. B. T. 1. [07. 16530 2]

Geographische Bilder für die Oberstufe mehrklassiger Schulen. In anschaul.-ausführl. Darstellung bearb. von Max Hübner, Sem.Dir. 12. Aufl. Breslau: F. Goerlich [1906]. (96 S.) 8° [F.]
Aus: Hübner u. Richter: Realienbuch. Ausg. B. T. 1. [07. 9850 2]

Geographische Bilder für die Oberstufe mehrklassiger Schulen. In anschaulich-ausführl. Darstellung bearb. von Max Hübner, Sem.Dir. 12. Aufl. Breslau: F. Goerlich [1907]. (98 S.) 8° [F.]
— Hübner: Realienbuch. Ausg. B. T. 1. [08. 6370 2]

— Geographische Bilder f. die Oberstufe mehrklassiger Schulen. In anschaulich-ausführl. Darstellg. hrsg. 13. Aufl. (Hübner u. Richter, Realienbuch. Ausg. B. 1. Tl.) (98 S.) 8. Ebd. (909). —30; geb. n — 40

— Bilder aus der vaterländischen Geschichte f. die Oberstufe. Mit Berücksicht. d. kaiserl. Erlasses vom 1. Mai 1889 in anschaulich-ausführl. Darstellg. 3. u. 4. Aufl. [7. bis 12. Taus.] (Hübner u. Richter, kleines Realienbuch. Ausg. A. II. Tl.] gr. 8. (52 S.) Ebd. 892. * — 25; geb. * — 30

— Bilder aus d. vaterländ Geschichte f. d. Oberstufe. M. Berücksicht. d. kaiserl. Erlasses v. 1. V. 1889 in anschaulich-ausführl. Darstellg. 6. Aufl. (16.—18. Taus.) (Hübner u. Richter, kleines Realienbuch. Ausg. A. II. Tl.) gr. 8. (52 S.) Ebd. 897. n. — 25

— Bilder aus der vaterländischen Geschichte f. die Oberstufe. Mit Berücksicht. d. kaiserl. Erlasses vom 1. V. 1889 in anschaulich-ausführl. Darstellg. 9. Aufl. (Hübner u. Richter, kleines Realienbuch. Ausg. A. II. Tl.) gr. 8. (52 S.) Ebd. (901). n. — 25

Bilder aus der vaterländischen Geschichte für die Oberstufe. Mit Berücks. d. kais. Erlasses v. 1. Mai 1889 in anschaul.-ausführl. Darstellung Von Max Hübner, Sem.Dir. 9. Aufl. Breslau: F. Goerlich [1903]. (52 S.) 8° [F.]
Aus: Hübner u. Richter: Kleines Realienbuch. Ausg. A. T. 2. [07. 16531 2]

Hübner, Max, Bilder aus der vaterländischen Geschichte für die Oberstufe. Mit Berücksicht. des kaiserl. Erlasses vom 1. V. 1889 in anschaulich-ausführl. Darstellung. 10. Aufl. (Hübner & Richter, kleines Realienbuch. Ausgabe A. II. Tl.) (52 S.) 8. Breslau (904). F. Goerlich. n. — 25; geb. n. — 30

Bilder aus der vaterländischen Geschichte für die Oberstufe. Mit Berücks. d. kais. Erlasses v. 1. Mai 1889 in anschaul.-ausführl. Darstellung. Von Max Hübner, Kgl. Sem.Dir. 10. Aufl. Breslau: F. Goerlich [1905]. (52 S.) 8° [F.]
Aus Hübner Kleines Realienbuch. Ausg. A. T 2. [06. 10867 2]

Hübner, Max, Bilder aus der vaterländischen Geschichte f. die Oberstufe. Mit Berücksicht. des kaiserl. Erlasses v. 1. V. 1889 in anschaulich-ausführl. Darstellg. 12. Aufl. (Hübner u. Richter, Kleines Realienbuch. Ausg. A. II. Tl.) (52 S.) 8. Breslau (910). F. Goerlich. — 25

Hübner, Max, kleine Chemie. Ein Merk- u. Wiederholungsbuch. gr. 8. (48 S. m. 12 Abbildgn.) Breslau 894. E. Morgenstern, Verl. n. — 25

— kleine Chemie. Ein Merk- u. Wiederholungsbuch. 2. Aufl. gr. 8. (48 S. m. 12 Abb.) Breslau 896. E. Morgenstern, Verl. n. — 25; kart. n.n. — 30

Hübner, Max, kleine Chemie. Ein Merk- u. Wiederholungsbuch. 4. Aufl. gr. 8. (48 S. m. 12 Abb.) Breslau 901. E. Morgenstern, Verl. n. — 25; kart. n n. — 30

Hübner, Max, kleine Chemie. Ein Merk- u. Wiederholungsbuch. 5. Aufl. Gedruckt in neuer Rechtschreibg. (48 S. m. 12 Abbildgn.) gr. 8. Breslau 903. E. Morgenstern, Verl. n. — 25; kart. n.n. — 30

Kleine Chemie. Ein Merk- u. Wiederholungsbuch von Max Hübner, Rektor in Breslau. Mit 12 Abb. 5. Aufl. 3. unveränd. Abdr Breslau: E. Morgenstern 1907. (48 S.) 8° [F.] [08. 3993]

Kleine Chemie. Ein Merk- u. Wiederholungsbuch von Max Hübner, Rektor in Breslau. Mit 12 Abb. 6. Aufl. Breslau: E. Morgenstern 1908. (48 S.) 8° [F.] [08. 8147 2]

Hübner, Max, kleine Chemie. Ein Merk- u. Wiederholungsbuch. 7. Aufl. (48 S. m. 12 Abbildgn.) 8. Breslau 910. E. Morgenstern, Verl. —30; geb. n — 35

— kleine Erdbeschreibung. In anschaulich-ausführl. Darstellung. (Hübner u. Richter, kleines Realienbuch. [Ausg. A.] I. Tl.) (13.—16. Taus.) gr. 8. (52 S.) Breslau 897. F. Goerlich. n. — 25

— kleine Erdbeschreibung. In anschaulich-ausführl. Darstellg. (Hübner u. Richter, kleines Realienbuch. [Ausg. A.] I. Tl.) 2. Aufl. gr. 8. (52 S.) Ebd. (900). n. — 25

Kleine Erdbeschreibung. In anschaulich-ausführl. Darstellung bearb. von Max Hübner, Kreisschulinsp. 3. Aufl. Breslau: F. Görlich [1904]. (52 S.) 8° [F.]
Aus: Hübner u. Richter: Kleines Realienbuch. Ausg. A. T. 1. [07. 16532 2]

Kleine Erdbeschreibung. In anschaul.-ausführl. Darstellung bearb. von Max Hübner, Sem.Dir. 9. Aufl. Breslau: F. Goerlich [1906]. (52 S.) 8° [F.]
Aus: Hübner u. Richter: Kleines Realienbuch. Ausg. A. T. 1. [07. 9860 2]

— Festreden u. Schulfeiern verschiedener Art. Vaterländische Gedenktage in der Schule. IV. Heft: Ansprachen, Entwürfe u. Gedichte zu Schulfeierlichkeiten am Sedantage u. bei sonst. festl. Anlässen. 2., neubearb. u. verm. Aufl., hrsg. v. Frz. Hochheiser. (III, 112 S.) gr. 8. Ebd. (906). n. — 80

— Festreden u. Schulfeiern verschiedener Art. Vaterländische Gedenktage in der Schule. IV. Heft. Ansprachen, Entwürfe u. Gedichte zu Schulfeierlichkeiten am Sedantage u. bei sonst. festl. Anlässen. In neuer Bearbeitg. hrsg. v. Frz. Hochheiser. 3. Aufl. (III, 112 S.) gr. 8. Ebd. (910). — 80

König Friedrich I. und König Friedrich Wilhelm I. Erzählungen u. Schilderungen aus deren Leben. Von Max **Hübner**. 3. Aufl. Breslau: F. Goerlich [1904]. (140 S.) 8° [F.]
— **Hübner**: Im Glanze d. Königskrone. Bd 1.

Friedrich der Große und Friedrich Wilhelm II. Erzählungen u. Schilderungen aus deren Leben. Von Max **Hübner**. 3. Aufl. Breslau: F. Goerlich [1904]. (168 S.) 8° [F.]
— **Hübner**: Im Glanze d. Königskrone. Bd 2.

Friedrich Wilhelm III., Königin Luise u. Friedrich Wilhelm IV. Erzählungen u. Schilderungen aus deren Leben. Von Max **Hübner**. 3. Aufl. Breslau: F. Goerlich [1903]. (144 S.) 8° [F.]
— **Hübner**: Im Glanze d. Königskrone. Bd 3

Friedrich Wilhelm III., Königin Luise und Friedrich Wilhelm IV. Erzählungen u. Schilderungen aus deren Leben. Von Max **Hübner** 4. Aufl. Breslau: F. Goerlich [1906]. (144 S.) 8° [F.]
— **Hübner**: Im Glanze d. Königskrone. Bd. 3. [07 418]

Friedrich Wilhelm III., Königin Luise und Friedrich Wilhelm IV. Erzählungen u. Schilderungen aus deren Leben Von Max **Hübner**. 5. Aufl. Breslau: Goerlich [1910]. 144 S. 8°
(Hübner Im Glanze d Königskrone Bd 3.) [11. 581

Unbekannte Gebiete Marokko's. Von Max **Hübner**, Oberstlt. z. D. Berlin: W. Baensch 1905. (64 S.) 8° [F.] [05. 13090

— **unbekannte Gebiete Marokko's.** (III, 64 S. m. Fig. u. 8 Karten.) gr. 8. Berlin 905. E. Nagel. n. 1. 60

Hübner, M., vaterländische Gedenktage in der Schule. 1.—4. Hft. gr. 8. Breslau 889. Goerlich. n. 3. —

1. Ansprachen u. Entwürfe zu Schulfeierlichkeiten am Geburtstage Sr. Maj. d. Kaisers Wilhelm II. u. Ihrer Majestät der Kaiserin Augusta Viktoria. (56 S. m. 2 Bildern.) n. — 60
2. Ansprachen u. Entwürfe zu Schulfeierlichkeiten am Geburts- u. Todestage weil. Sr. Maj. d. Kaisers Wilhelm I. [22. u. 9. März] u. am Geburtstage J. Maj. d. Kaiserin Augusta [30 Septbr.]. (76 S.) n. — 80
3. Ansprachen, Entwürfe u. Gedichte zu Schulfeierlichkeiten am Geburts- u. Todestage weil. Sr. Maj. d. Kaisers Friedrich III. [18. Oktbr. u. 15. Juni], nebst e. Lebens- u. Charakterbilde Ihrer Maj. der Kaiserin Viktoria. (80 S.) n. — 80
4. Ansprachen, Entwürfe u. Gedichte zu Schulfeierlichkeiten am Sedantage, nebst Fest- u. Gelegenheits-Schulreden. (78 S.) n. — 80

— **dasselbe.** 1. Hft. 2., verm. Aufl. gr. 8. (64 S. m. Portr.) Ebd. 890. n. — 60

— Vaterländ. Gedenktage in d. Schule. 1. Hft. Kaiser Wilhelm II. u. Kaiserin Auguste Viktoria. Ansprachen, Entwürfe u. Gedichte zu Schulfeierlichkeiten am Geburtstage d. Kaisers Wilhelm II. u. d. Kaiserin Auguste Viktoria. 3., umgearb. u. verm. Aufl. gr. 8. (VIII, 103 S m. 2 Bildn.) Ebd. 897. n. 1. —

— unter d. Geißel d. Korsen. Bilder aus d. Zeit d. Erniedrigg. u. d. Erhebg. Deutschlands. Nach d. Erinnergn. s. Großvaters erzählt. M. vielen Abb. n. Zeichngn. v. A. v. Roeßler. 2., unveränd. Aufl. gr. 8. (190 S.) Leipzig 898. F. Hirt & Sohn. 3. 50; geb. in Leinw. 5. —

— Geschichtsbilder f. die Oberstufe mehrklassiger Schulen. Mit Berücksicht. d. kaiserl. Erlasses vom 1. Mai 1889 in anschaulich-ausführl. Darstellung bearb. 7. Aufl. [Hübner u. Richter, Realienbuch. Ausg. B. 2. Tl.] gr. 8. (96 S.) Ebd. 892. * — 40; geb. * — 50

— Geschichtsbilder f. die Oberstufe mehrklassiger Schulen. Mit Berücksicht. des kaiserl. Erlasses vom 1. Mai 1889 in anschaulich-ausführl. Darstellg. Nebst e. Anh. aus der Gesellschaftskunde. 8. Aufl. (19.—21. Tausf.) (Hübner u. Richter, Realienbuch. Ausg. B. II. Tl.) gr. 8. (96 S.) Ebd. 894. n. — 40

— Geschichtsbilder f. d. Oberstufe mehrklass. Schulen. M. Berücksicht. d. kaiserl. Erlasses v. 1. V. 1889 in anschaulich-ausführl. Darstellg. (Nebst e. Anh. aus d. Gesellschaftskunde.) 12. Aufl. (84.—86. Tausf.) (Hübner u. Richter, Realienbuch. Ausg. B. II. Tl.) gr. 8. (96 S.) Breslau 898. F. Goerlich. n. — 40

Geschichtsbilder für die Oberstufe mehrklassiger Schulen. Mit Berücks. d. Kais. Erlasses v. 1. Mai 1889 in anschaulich-ausführl. Darstellung. ⟨Nebst e. Anh. aus d. Gesellschaftskunde.⟩ Bearb. von **Max Hübner**, Sem.Dir. 15. Aufl. *Breslau: F. Goerlich [1900]*. (96 S.) 8° [F.]
— **Hübner**: Realienbuch. Ausg. B. T. 2. [04. 4861 2

— Geschichtsbilder f. die Oberstufe mehrklassiger Schulen. Mit Berücksicht. des kaiserl. Erlasses vom 1. V. 1889 in anschaulich-ausführl. Darstellg. (Nebst e. Anh. aus der Gesellschaftskunde.) 16. Aufl. (Hübner u. Richter, Realienbuch. Ausg. B. II. Tl.) gr. 8. (96 S.) Ebd. (901). n. — 40; geb. n. — 50

Geschichtsbilder für die Oberstufe mehrklassiger Schulen. Mit Berücks. d. kais. Erlasses v. 1. Mai 1889 in anschaul.-ausführl. Darst. ⟨Nebst e. Anh. aus d. Gesellschaftskunde.⟩ Bearb. von Max **Hübner**, Sem.Dir. 18. Aufl. Breslau: F. Goerlich [1903]. (96 S.) 8° [F.]
Aus: Hübner u. Richter: Realienbuch. Ausg. B. T. 2. [07. 16533 2

Geschichtsbilder für die Oberstufe mehrklassiger Schulen. Mit Berücks. d. kais. Erlasses v. 1. Mai 1889 in anschaul.-ausführl. Darst. ⟨Nebst e. Anh. aus d. Gesellschaftskunde.⟩ Bearb. von Max **Hübner**, Sem.Dir. 19. Aufl. Breslau: F. Goerlich [1904]. (96 S.) 8° [F.]
Aus: Hübner u. Richter: Realienbuch. Ausg. B. T. 2. [07. 16534 2

Geschichtsbilder für die Oberstufe mehrklassiger Schulen. Mit Berücks. d. kais. Erlasses v. 1. Mai 1889 in anschaul.-ausführl. Darstellung. ⟨Nebst e. Anh. aus d. Gesellschaftskunde.⟩ Bearb. von Max **Hübner**, Kgl. Sem.Dir. 20. Aufl. Breslau: F. Goerlich [1905]. (96 S.) 8° [F.]
Aus: Hübner Realienbuch. Ausg. B. T. 2. [06. 10868 2

Geschichtsbilder für die Oberstufe mehrklassiger Schulen. Mit Berücks. d. kais. Erlasses v. 1. Mai 1889 in anschaul.-ausführl. Darstellung. ⟨Nebst e. Anh. aus d. Gesellschaftskunde.⟩ Bearb. von Max **Hübner**, Sem.Dir. 21. Aufl. Breslau: F. Goerlich [1906]. (96 S.) 8° [F.]
Aus: Hübner u. Richter: Realienbuch. Ausg. B. T. 2. [07. 9861 2

Geschichtsbilder für die Oberstufe mehrklassiger Schulen. Mit Berücks. d. kais. Erlasses v. 1. Mai 1889 in anschaulich-ausführl. Darstellung. ⟨Nebst e. Anh. aus d. Gesellschaftskunde.⟩ Bearb. von Max **Hübner**. 22. Aufl. Breslau: F. Goerlich [1907]. (96 S.) 8° [F.]
Aus: Hübner u. Richter: Realienbuch. Ausg. B. T. 2. [07. 19980 2

— Geschichtsbilder f. die Oberstufe mehrklassiger Schulen. Mit Berücksicht. des kaiserl. Erlasses vom 1. V. 1889 in anschaulich-ausführl. Darstellg. (Nebst e. Anh. aus der Gesellschaftskunde.) 24. Aufl. (Hübner u. Richter, Realienbuch. Ausg. B. II. Tl.) (96 S.) 8. Breslau (909). F. Goerlich. — 40; geb. — 50

— der erste Geschichtsunterricht. Hilfsbuch f. den ersten Unterricht in der Geschichte. Ausg. B. in fortschreit. (progressiver) Darstellg. Mit Berücksicht. des kaiserl. Erlasses vom 1. Mai 1889 u. der Lehrpläne der königl. Regiergn. hrsg. gr. 8. (72 S.) Ebd. 893. n. — 80

— der erste Geschichtsunterricht. Hilfsbuch f. d. ersten Unterricht in d. Geschichte. Ausg. B in fortschreit. (progressiver) Darstellg. M. Berücksicht. d. kaiserl. Erlasses v. 1. V. 1889 u. der Lehrpläne d. kgl. Regiergn. hrsg. 8. Aufl. (7.—9. Taus.) gr. 8. (72 S.) Ebd. 897. n. — 30; geb. in Halbleinw. n. — 40

— der erste Geschichtsunterricht. Hilfsbuch f. den ersten Unterricht in der Geschichte. Ausg. B. in fortschreit. (progressiver) Darstellg. Mit Berücksicht. des kaiserl. Erlasses vom 1. V. 1889 u. der Lehrpläne der königl. Regiergn. hrsg. 5. Aufl. (13.—15. Taus.) gr. 8. (72 S.) Ebd. (901). n. — 30; geb. in Halbleinw. n.n. — 40

Der erste Geschichtsunterricht. Hilfsbuch f. d. ersten Unterr. in d. Geschichte. Ausgabe B in fortschreitender ⟨progressiver⟩ Darstellung. Mit Berucks. d. kais. Erlasses v. 1. Mai 1889 u. d. Lehrpläne d. kgl. Regierungen hrsg. v. Max Hübner, Sem.Dir. 6. Aufl. *Breslau: F. Goerlich [1904].* (72 S.) 8° [F.]

Der erste Geschichtsunterricht. Hilfsbuch f. d. ersten Unterr. in d. Geschichte. Ausg. B. in fortschreitender ⟨progressiver⟩ Darst. Mit Berücks. d. kais. Erlasses v. 1. Mai 1889 u. d. Lehrpläne d. kgl. Regierungen hrsg. von Max Hübner, Sem.Dir. 7. Aufl. Breslau: F. Goerlich [1906]. (72 S.) 8° [F.]

Der erste Geschichtsunterricht. Hilfsbuch f. d. ersten Unterricht in d. Geschichte. Ausg. B in fortschreitender ⟨progressiver⟩ Darstellung. Mit Berücks. d. kais. Erlasses v. 1. Mai 1889 u. d. Lehrpläne d. kgl. Regierung hrsg. von Max Hübner. 8. Aufl. Breslau: F. Goerlich [1907]. (70 S.) 8° [F.]

Hübner, Max, der erste Geschichtsunterricht. Hilfsbuch f. den ersten Unterricht in der Geschichte. Ausg. B in fortschreit. (progressiver) Darstellg. Mit Berücksicht. des kaiserl. Erlasses vom 1. V. 1889 u. der Lehrpläne der königl. Regiergn. hrsg. 9. Aufl. (25.—27. Taus.) (72 S.) 8. Breslau (910). F. Goerlich. — 30; geb. n — 40

— der Geschichtsunterricht in der Volksschule, s.: Volksschulunterricht, der. I.

Gesetze und Verordnungen, betreffend das preussische Volksschulwesen ⟨Schulverfassung, Schulverwaltung u. d. persönl. Verhältnisse d. Lehrers⟩ sowie d. Wesentlichste über d. schriftl. Verkehr d. Lehrers mit d. Behörden. Zsgest. von Max Hübner, Sem.Dir. *Breslau: F. Goerlich [1900].* (296 S.) 8° [F.]

— Volksschulunterricht, Der. 3.

— im Glanze der Königskrone. Erzählungen u. Schildergn. 3 Bde. 8. Ebd. 891. à n. 1. —; geb. à n. 1. 20; in 1 Leinw.-Bd. geb. n. 4. —
1. Aus dem Leben König Friedrichs I. u. König Friedrich Wilhelms I. (III, 140 S.)
2. Aus dem Leben Friedrichs d. Großen u. Friedrich Wilhelms II. (III, 168 S.)
3. Aus dem Leben König Friedrich Wilhelms III., der Königin Luise u. König Friedrich Wilhelms IV. (III, 144 S.)

[F.] Im Glanze der Königskrone ... Von Max Hübner. 2. Aufl. Bd I—III. *Breslau: F. Goerlich [1897].* 3 Bde 8.
I. Erzählungen u. Schilderungen aus d. Leben König Friedrichs I. u. König Friedrich Wilhelms I. (4 Bl., 140 S.)
II. ... a. d. Leben Friedrichs d. Gr. u. Friedrich Wilhelms II. (4 Bl., 168 S.)
III. ... a. d. Leben König Friedrich Wilhelms III., der Königin Luise u. König Friedrich Wilhelms IV. (4 Bl., 144 S.)

— im Glanze der Königskrone. 1.—3. Bd. 8. Ebd. à n. 1. —; geb. in Bibliotheksbd. à n. 1. 25; in Leinw. à n. 1. 50
1. König Friedrich I. u. König Friedrich Wilhelm I. Erzählungen u. Schilderungen aus deren Leben. 3. Aufl. (V, 140 S. m. 2 Bildnissen) (904.)
2. Friedrich der Große u. Friedrich Wilhelm II. Erzählgn. u. Schildergn. aus deren Leben. 3. Aufl. (168 S. m. 2 Bildnissen.) (904.)
3. Erzählgn. u. Schildergn. a. d. Leben König Friedr. Wilh. III., der Königin Luise u. König Friedrich Wilhelms IV. 3. u. 4. Aufl. (à VII, 144 S. m. 3 Bildnissen.) (903. 906.)

— Im Glanze der Königskrone. III. Bd. Erzählungen u. Schildergn. aus d. Leben König Friedrich Wilhelms III., der Königin Luise u. König Friedrich Wilhelms IV. 5. Aufl. (VII, 144 S. m. 3 Bildnissen.) 8. Ebd. (910). 1. —; geb. in Bibliotheksbd. 1.25; in Leinw. 1. 50

Hübner, M., in der Großstadt!, } s.: Wigand's, Geo., neue Volks- u. Jugend-Bibliothek.

— Grundzüge der Kranken-, Unfall- u. Invaliden-Versicherung, s.: Heinze, Leop.

— Grundzüge der Physik. Ein Merk- u. Wiederholungsbuch f. Schüler mehrklass. Volksschulen. Mit 100 Abbildgn. gr. 8. (IV, 100 S.) Breslau 889. Morgenstern's Verl. n. — 50

— Grundzüge der Physik. Ein Merk- u. Wiederholungsbuch. 2. Aufl. (12.—16. Taus.) gr. 8. (IV, 104 S. m. 100 Abbildgn.) Ebd. 891. Kart. n.n. — 60

— Grundzüge d. Physik. Ein Merk- u. Wiederholungsbuch. 5. Aufl. gr. 8 (IV, 104 S. m. 100 Abb.) Breslau 898. E. Morgenstern's Verl. Kart. n.n. — 55

— Grundzüge der Physik. Ein Merk- u. Wiederholungsbuch. 7. Aufl. gr. 8. (IV, 104 S. m. 100 Abbildgn.) Ebd. 902. Kart. n.n. — 55

Grundzüge der Physik. Ein Merk- u. Wiederholungsbuch von Max Hübner, Rektor in Breslau. Mit 100 Abb. 8. Aufl. Breslau: E. Morgenstern 1907. (104 S.) 8° [F.]

Grundzuge der Physik. Ein Merk- u. Wiederholungsbuch von Max Hübner, Rektor in Breslau. Mit 100 Abb. 9. Aufl. Breslau: E. Morgenstern 1908. (104 S.) 8° [F.]

[F.] Theoretisch-praktisches Handbuch für den Geschichtsunterricht in preussischen Volksschulen. Von Max Hübner, Rektor. Tl I—III. *Breslau: F. Goerlich [1892—96].* 3 Bde 8.
I Methodik d. Geschichtsunterr. m bes. Berücks. d. Kaiserl. Erlasses u. d neueren Bestrebgn. [1892.] (2 Bl., 170 S.)
II ... [1894.] [A. T.:] Handb. d. brandenburg.-preuss. Gesch. In ausgeführten Lektionen u. Lektionsentwürfen ... Von M. Hübner. M. 3 in den Text gedr. Kt. ... (XII 177—676 S.)
III [1896]. [A. T.:] Handbuch d. deutschen Geschichte. In ausgef. Lektionen u. Lektionsentw. ... M. 8 Abb. ... (VIII, 200 S.)

— theoret.-prakt. Handbuch f. d. Geschichtsunterricht in preuß. Volksschulen. III. gr. 8. Breslau 895. F. Goerlich. n. 2. 40; geb. n.n. 2. 80 (kplt. n. 9. —; geb. n.n. 10. 45)
Handb. d. deutschen Geschichte. In ausgef. Lektionen u. Lektionsentwürfen. M. bes. Berücksicht. d. Kulturgeschichte u. d. Quellen. (VIII, 260 S. m. 8 Abb.)

— theoretisch-praktisches Handbuch f. den Geschichtsunterricht in preußischen Volksschulen. I u. II. gr. 8. Breslau, F. Goerlich. n. 6. 80; geb. n.n. 7. 80
I. Methodik des Geschichtsunterrichtes. Mit besond. Berücksicht. des kaiserl. Erlasses u. der neueren Bestrebgn. 2. Aufl., durchgeseh. u. ergänzt v. Frz. Hochheiser. (VIII, 188 S.) (905.) n. 1. 80; geb. n.n. 2. 20
II. Handbuch der brandenb.-preuß. Geschichte. In ausgeführten Lektionen u. Lektionsentwürfen. Mit besonderer Berücksicht. des kaiserl. Erlasses u. der neueren Bestrebgn. 2. verb. Aufl. Von der Wiederherstellung des Deutschen Reiches bis zur Gegenwart, unter besond. Betong. der Volkswirtschaftslehre u. Gesetzeskunde bearb. v. Frz. Hochheiser. (XI, 557 S. m. 3 eingedr. Karten.) (903.) n. 5. —; geb. n.n. 5. 60

— Theoretisch-praktisches Handbuch f. den Geschichtsunterricht in preußischen Volksschulen. III. Handbuch der deutschen Geschichte. In ausgeführten Lektionen u. Lektionsentwürfen. Mit besond. Berücksicht. der Kulturgeschichte u. der Quellenberichte. 2., verb. Aufl. (VIII, 260 S. m. 8 Abbildgn.) gr. 8. Ebd. (909). 2.40; geb. n 2. 80

— Handfibel, s.: Hinke, Ernst.

Hübner, Max, Heimatskunde von Schlesien. Geographie und Geschichte. Für die Mittelklasse kathol. Volksschulen anschaulich und ausführlich dargestellt. gr. 8. (48 S.) Breslau 885, Goerlich's Verlag. * 25 Pf.; geb. ** —30

— - Heimatkunde v. Schlesien. Geographie u. Geschichte. Für die Mittelklasse kathol. Volksschulen anschaulich u. ausführlich dargestellt. 3. Aufl. gr. 8. (48 S.) Bresl. 891, Goerlich. * — 25; cart. * — 30

— Heimatkunde v. Schlesien. Geographie u. Geschichte. Für die Mittelklasse kathol. Volksschulen anschaulich u. ausführlich dargestellt. 4. Aufl. gr. 8. (48 S.) Breslau 893. F. Goerlich. n. — 25

– Heimatkunde v. Schlesien. Geographie u. Geschichte. Für d. Mittelklasse kathol. Volksschulen anschaulich u. ausführl. dargest. 8. Aufl. gr. 8. (48 S.) Ebd. 898. n. — 25

Heimatkunde von Schlesien. Geographie u. Geschichte. In anschaulich-ausführl. Darstellung bearb. von Max Hübner, Kreis-Schulinsp. 9. umgearb. u. verm. Aufl. *Breslau: F. Görlich [1899].* (56 S.) 8° [F.] [00. 6.66 2

— Heimatkunde v. Schlesien. Geographie u. Geschichte. In anschaulich-ausführl. Darstellung bearb. 10. Aufl. (18.—20. Taus.) gr. 8. (56 S.) Breslau (901). F. Goerlich. n. — 30; geb. n.n. — 40

Heimatkunde von Schlesien. Geographie u. Geschichte. In anschaulich-ausführl. Darstellung bearb. von Max Hübner, Sem.Dir. 11. Aufl. *Breslau: F. Goerlich [1904].* (56 S.) 8° [F.]

Heimatkunde von Schlesien. Geographie u. Geschichte. In anschaulich-ausführl. Darstellung bearb. von Max Hübner, Kgl.Sem.Dir. 12. Aufl. Breslau: F. Goerlich [1905]. (56 S.) 8° [F.]

— Heimatkunde v. Schlesien. Geographie u. Geschichte. In anschaulich-ausführl. Darstellg. bearb 12. Aufl. (23. u. 24. Taus.) (56 S.) 8. Ebd. (906). n. — 30; geb. n.n. — 40

Heimatkunde von Schlesien. Geographie u. Geschichte. In anschaulich-ausführl. Darst. bearb. von Max Hübner, Sem.Dir. 13. Aufl. Breslau: F. Goerlich [1907]. (56 S.) 8° [F.] [08. 3381

— Heimatkunde v. Schlesien. Geographie u. Geschichte. In anschaulich-ausführl. Darstellg. bearb. 14. Aufl. (27. u. 28. Taus.) (56 S.) 8. Ebd. (909). —30; geb. n — 40

— Hilfsbuch f. den ersten Unterricht in der vaterländischen Geschichte. gr. 8. (46 S.) Breslau 889. Goerlich. n. — 20

—— Hilfsbuch f. den ersten Unterricht in der vaterländischen Geschichte. Mit Berücksicht. d. kaiserl. Erlasses vom 1. Mai 1889 hrsg. 7. Aufl. gr. 8. (48 S.) Ebd. 892. * — 25; cart. * — 30

— Hilfsbuch f. den ersten Unterricht in der vaterländischen Geschichte. Mit Berücksicht. des kaiserl. Erlasses vom 1. Mai 1889 hrsg. 12. Aufl. gr. 8. (48 S.) Ebd. 894. n. — 25

– Hilfsbuch f. d. 1. Unterricht in d. vaterländ. Geschichte. M. Berücksicht. d. kaiserl. Erlasses v. 1. V. 1889 hrsg. Ausg. A. 28. Aufl. (136.—140. Taus.) gr. 8. (48 S.) Ebd. 898. n. — 25; kart. n. — 30

Hübner, Max: Hilfsbuch für den ersten Unterricht in der vaterländischen Geschichte. Ausg. A. 29. Aufl. Breslau: F. Goerlich 1899. (48 S.) 8°

— Hilfsbuch f. den Unterricht in der vaterländischen Geschichte. Ausg. A. 39. Aufl. 191.—195. Taus. gr. 8. (48 S.) Ebd. (901). n. — 25; kart. n. — 30

Hilfsbuch für den ersten Unterricht in der vaterländischen Geschichte. Von Max Hübner, Sem.Dir. Ausg. A. (44. Aufl.) Breslau: F. Goerlich [1904]. (47 S.) 8° [F.] [07. 16535 2

Hilfsbuch für den ersten Unterricht in der vaterländischen Geschichte. Von Max Hübner, Kgl. Sem.Dir. Ausg. A. 251.–260. Taus. Breslau: F. Goerlich [1905]. (47 S.) 8° [F.] [06. 11896 2

Hilfsbuch für den ersten Unterricht in der vaterländischen Geschichte. Von Max Hübner, Sem.Dir. Ausg. A. 271.–280. Taus. Breslau: F. Goerlich [1906]. (46 S.) 8° [F.] [07. 4184

Hilfsbuch für den ersten Unterricht in der vaterländischen Geschichte. Von Max Hübner. Ausg. A. 281.–300. Taus. Breslau: F. Goerlich [1907]. (46 S.) 8° [F.] [07. 11980 2

— Hilfsbuch f. den ersten Unterricht in der vaterländischen Geschichte. Ausg. A. 331.—340. Taus. (48 S.) 8. Ebd. (910). —25; geb. — 30

— u. H. Schwochow, Klassenlektüre. Sammlg. v. Erzählgn. u. Schildergn. aus d. Geschichte, Geographie, Naturkunde ꝛc. Ausgew. f. e. planmäß. Massenlektüre. 1. u. 2. Bd.: V. Kurhut b. z. Kaiserkrone. 1. u. 2. Tl. Ein Lesebuch z. preuß. Geschichte. 8. (VI, 232 u. VI, 231 S. m. Abb. u. je 1 Bildn.) Ebd. 896. à n. 1. 50; geb. in Halbleinw. à n. 1. 75: in Leinw. à n. 2. —

– u. H. Schwochow, Klassenlektüre. Sammlung von Erzählgn. u. Schildergn. aus der Geschichte, Geographie, Naturkunde ꝛc. 1.—4. Bd. Vom Kurhut bis zur Kaiserkrone. Ein Lesebuch zur preuß. Geschichte. 1. bis 4. Tl. 2. Aufl. (V. 120 S., VI u. S. 121—232, VI. 136 S. u. VII u. S. 137—264. m. Abbildgn.) 8. Ebd. (905. 906). à n. — 75; geb. à n. 1. —

— Kornblumen. Erzählgn. u. Schildergn. aus d. Leben Kaiser Wilhelms I., d. Großen, u. d. Kaiserin Augusta. Für d. deutsche Jugend gesammelt. 8., verm. Aufl. 8. (143 S. m. 14 Abb.) Ebd. 898. n. 1. —

— Kornblumen. Erzählungen u. Schildergn. aus dem Leben Kaiser Wilhelms I., des Großen, u. der Kaiserin Augusta. Für die deutsche Jugend gesammelt. 4. Aufl. 8. (143 S. m. 14 Abbildgn.) Ebd. (900). n. 1. —; geb. in Halbldr. n. 1. 25; in Prachtbd. n. 1. 50

— Kornblumen. Erzählungen u. Schildergn. aus dem Leben Kaiser Wilhelms I., des Großen, u. der Kaiserin Augusta. 7. Aufl. (143 S. m. 14 Abbildgn. u. 1 Bildnis.) 8. Ebd. (910). 1. —

— die Kranken-, Unfall-, Invaliditäts- u. Altersversicherung, s.: Heinze, L.

Hübner, Max, der große Kurfürst. Erzählungen u. Schildergn. aus dem Leben d. großen Kurfürsten u. der Kurfürstin Luise Henriette. 8. (III, 172 S.) Breslau 891. F. Goerlich n. 1. —; geb. n. 1. 20

— d. große Kurfürst. Erzählgn. u. Schildergn. aus d. Leben d. groß. Kurfürsten u. d. Kurfürstin Luise Henriette. (Neue [Titel-]Ausg.) 8. (III, 172 S. m. Bildn.) Ebd. (891) 895. Geb. in Leinw. n. 1. 50

— der große Kurfürst. Erzählungen u. Schildergn. aus dem Leben des großen Kurfürsten u. der Kurfürstin Luise Henriette. 2. [Titel-]Aufl. 8. (IV, 172 S.) Ebd. [895.] (899). n. 1. —; geb. in Halbldr. n. 1. 25; in Prachtbd. n. 1. 50

Hübner, Max, Kurfürst u. Ritter. Nach Karl Frdr. v. Klödens „D. Quitzows u. ihre Zeit" erzählt. 8. (V, 144 S. m. 1 Bildn.) Breslau 897. F. Goerlich. n. 1. —; geb. in Halbleinw. n. 1. 20; in Bibliotheksbd. n. 1. 25; in Prachtleinwbd. n. 1. 50

— u. **Schwochow**, deutsches Lesebuch f. mehrklassige Volks- u. Bürgerschulen. 1.—5. Tl. (1. u. 2. Tl. m. sprachl. Anh.) gr. 8. Posen 898. J. Jolowicz. n. 4. 15
1. Schule u. Vaterhaus. (Obere Abteilg. der Unterstufe.) (VI, 138 S.) n. — 55; ohne Anh. (VI, 134 S.) n. — 50
2. Die Heimat. (Untere Abteilg. der Mittelstufe.) (V, 150 S.) n. — 60; ohne Anh. (V, 140 S.) n. — 55
3. Das Vaterland. (Obere Abteilg. der Mittelstufe.) (VI, 224 S.) n. — 80
4. Heimat u. Fremde. (Untere Abteilg. der Oberstufe.) (VI, 280 S.) n. 1. —
5. Der Mensch u. die menschliche Gesellschaft. (Obere Abteilg. der Oberstufe u. Unterstufe v. Fortbildungsschulen.) Ausg. f. Knaben. (VII, 326 S.) n. 1. 20

— — deutsches **Lesebuch** f. mehrklass. Volks- u. Bürgerschulen. 1., 2. u. 5. Tl. gr. 8. Posen, J. Jolowicz. n. 3. 05
1. Schule u. Vaterhaus. (Obere Abtlg. d. Unterstufe.) 2. Aufl. (VI, 138 S. u. 2 Bl.) 895. Geb. n. — 70
2. D. Heimat. (Unt. Abtlg. d. Mittelstufe.) 2. Aufl. (V, 150 S. m. 1 Karte u. 1 Plan.) 897. Geb. n. — 85
5. D. Mensch u. d. menschliche Gesellschaft. Obere Abtlg. d. Oberstufe. Ausg. f. Mädchen. (VII, 326 S. u. 2 Bl.) 893. n. 1. 50

— u. H. **Schwochow**, deutsches Lesebuch f. mehrklassige Volks- u. Bürgerschulen. 1.—4. Tl. gr. 8. Posen, J. Jolowicz. Geb. n.n. 3. 95
1. Schule u. Vaterhaus. (Obere Abtlg. der Unterstufe.) 4. Aufl. (VI, 138 S.) 901. n. — 75
2. Die Heimat. (Untere Abtlg. der Mittelschule.) 4. Aufl. (V, 152 S. m. 1 Karte u. 1 Plan.) 902. n.n. — 90
3. Das Vaterland. (Obere Abtlg. der Mittelstufe.) 2. verb. Aufl. (VI, 216 S.) 899. n.n. 1. 05
4. Heimat u. Fremde. (Untere Abtlg. der Oberstufe.) 2. Aufl. (VI, 280 S.) 899. n.n. 1. 30

— — deutsches **Lesebuch** f. mehrklassige Volks- u. Bürgerschulen. 1., 2. u. 5. Tl. 8. Posen, J. Jolowicz. Geb. n.n. 3. 25
1. Schule u. Vaterhaus. (Obere Abtlg der Unterstufe.) 5. Aufl. (VI, 134 S.) 904. Geb. n.n. — 75
2. Die Heimat. (Untere Abteilg. der Mittelstufe.) 5., umgearb. Aufl. (V, 170 S. m. 1 farb. Karte u. 1 farb. Plan.) 904. Geb. n.n. — 90
5. Der Mensch u. die menschliche Gesellschaft. Obere Abtlg. der Oberstufe. 2., umgearb. Aufl. Ausg. f. Knaben. (VIII, 400 S.) 904. Geb. n.n. 1. 60.
Ausg. f. Mädchen. (VIII, 400 S.) 903. Geb. n.n. 1. 60

— u. **Schwochow**, deutsches Lesebuch f. mehrklassige Volks- u. Bürgerschulen. 1.—3. Tl. 8. Posen, J. Jolowicz. Geb. nn 2. 90
1. Schule u. Vaterhaus. (Obere Abteilg. der Unterstufe.) 9. Aufl. (VI, 134 S.) 911. Geb. — 75
2. Die Heimat. (Untere Abtlg. der Mittelstufe.) 6. Aufl. (V, 170 S. m. 1 Karte u. 1 Plan.) 907. Geb. nn — 90
3. Das Vaterland. (Obere Abteilg. d. Mittelstufe.) 4., umgearb. Aufl. (VI, 253 S.) 908. Geb. nn 1. 25

— **Maiglöckchen**, Veilchen u. Kornblumen. Erzählungen u. Schildergn. aus dem Leben unseres Kaiserhauses. Für die deutsche Jugend gesammelt. 3 Tle. 8. Ebd. 889. à n. — 80; geb. à n. 1. —; in 1 Bd. geb. 3. —
1. Maiglöckchen. Kaiser Wilhelm II. u. die Kaiserin Augusta Viktoria. (112 S. m. 14 Abbildgn.)
2. Veilchen. Kaiser Friedrich III. u. die Kaiserin Viktoria. (128 S. m. 13 Abbildgn.)
3. Kornblumen. Kaiser Wilhelm I. u. die Kaiserin Augusta. (112 S. m. 13 Abbildgn.)

— **Maiglöckchen**, Veilchen u. Kornblumen. Erzählungen u. Schildergn. aus dem Leben unseres Kaiserhauses. Für die deutsche Jugend gesammelt. 3 Tle. 2. Aufl. 8. Ebd. 892. n. 2. 60; geb. n. 3. 20; zus. geb. n. 3. 20
1. Maiglöckchen. Erzählungen u. Schildergn. aus dem Leben Kaiser Wilhelm II. u. der Kaiserin Augusta Viktoria. (152 S. m. 14 Abbildgn.) n. 1. —; geb. n. 1. 30
2. Veilchen. Kaiser Friedrich III. u. die Kaiserin Viktoria. (128 S. m. 13 Abbildgn.) n. — 80; geb. n. 1. —
3. Kornblumen. Kaiser Wilhelm I. u. die Kaiserin Augusta. (112 S. m. 13 Abbildgn.) n. — 80; geb. n. 1. —

Maiglöckchen, Veilchen und Kornblumen. Erzählungen u. Schilderungen aus d. Leben unseres Kaiserhauses. Für die deutsche Jugend gesammelt von Max **Hübner**. Mit Abb. 3. Aufl. Breslau: F. Goerlich [1895 1898.] 3 Bde 8° [F.]
1. Maiglöckchen. Kaiser Wilhelm II u. d. Kaiserin Auguste Viktoria. 1895.
2. Veilchen. Kaiser Friedrich u. Kaiserin Viktoria. 1897
3. Kornblumen. Kaiser Wilhelm I, d. Große, u. d. Kaiserin Augusta. 1898. [07. 5418

— **Maiglöckchen**. Erzählgn. u. Schildergn. aus d. Leben Kaiser Wilhelms II. u. d. Kaiserin Auguste Viktoria. F. d. deutsche Jugend gesammelt. 3. Aufl. 8. (152 S. m. 15 Abb.) Ebd. 895. Geb. in Leinw. n. 1. 50

— **Maiglöckchen**, Veilchen u. Kornblumen. Erzählgn. u. Schildergn. aus dem Leben unseres Kaiserhauses. Für die deutsche Jugend gesammelt. 1. Tl.: Maiglöckchen. Kaiser Wilhelm II. u. die Kaiserin Auguste Viktoria. Mit 16 Abb. 4., verm. Aufl. 8. (168 S.) Ebd. (899). n. 1. —; geb. in Halbldr. n. 1. 25; in Prachtbd. n. 1. 50

— **Maiglöckchen**, Veilchen u. Kornblumen. Erzählungen u. Schilderungen aus dem Leben unseres Kaiserhauses. Für die deutsche Jugend gesammelt. 1.—3. Bd. 8. Ebd. à n. 1. —; geb. in Bibliotheksbd. à n. 1. 25; in Leinw. à n. 1. 50
1. Maiglöckchen. Kaiser Wilhelm II. u. die Kaiserin Auguste Viktoria. Mit 16 Abbildgn. 5. Aufl. (168 S.) (903.)
2. Veilchen. Kaiser Friedrich u. Kaiserin Viktoria. Mit 14 Abbildgn. 4.—6. Aufl. (à 152 S.) (903—906.)
3. Kornblumen. Kaiser Wilhelm I., der Große, u. die Kaiserin Augusta. Mit 14 Abbildgn. 6. Aufl. (143 S.) (906.)

Maiglöchchen, Veilchen und Kornblumen. Erzählungen u. Schilderungen aus d. Leben unseres Kaiserhauses. Für d. deutsche Jugend gesammelt von Max **Hübner**. 5. Aufl. Bd 2. Breslau: F. Goerlich [1904]. 8° [F.] [07. 5419

— **Maiglöckchen**. Erzählungen u. Schildergn. aus dem Leben Kaiser Wilhelms II. u. der Kaiserin Auguste Viktoria. Für die deutsche Jugend gesammelt. 6., neu durchgesch. Aufl., besorgt v. Frz. Hochheiser. (172 S. m. 17 Abb.) 8. Ebd. (909). 1. —; geb. in Bibliotheksbd. 1. 25

— deutsche Märchen, s.: **Wigand's**, Geo., neue Volks- u. Jugend-Bibliothek. 1.—3. Bd.

Marokko. Eine militärische Studie. Von [Max] **Hübner**, Oberstleutn. z. D. Berlin: E. S. Mittler & Sohn 1907. (S. 153-192.) 8° [F.]
— **Militär-Wochenblatt**. 1907, Beih. 5. [07. 7020

Methodik des Geschichtsunterrichts in preußischen Volksschulen. Mit besond. Berücks. d. Kais. Erlasses u. d. neueren Bestrebungen. Von Max **Hübner**, Kgl. Sem.Dir. 2. Aufl. durchges. u. erg. von Franz Hochheiser, Kgl. Sem.Lehrer. Breslau: F. Goerlich [1905]. (188 S.) 8° [F.]
— **Hübner**: Theoret.-prakt. Handbuch f. d. Geschichtsunterr. in preuß. Volksschulen. 1.

— Methodik des Rechnens, s.: **Heinze**, Leop.

— Militärpolitik, s.a. **Politik**, die, des Deutschen Reiches in Einzeldarstellungen. 5.

…ärpolitik. Von M[ax] **Hübner**, Oberstlt. z. D. Leipzig: G. H. Wigand 1908. (VII, 186 S.) 8° [F.]
— **Politik**, Die, d. Deutschen Reiches. Bd 5. [08. 11496

— eine **Pforte** zum schwarzen Erdteil. Die Gestade, Steppen u. Wüsten Französisch-Nordafrikas. Moderne Wanderziele zwischen Marokkos Ostgrenze u. Tripolitanien. Mit 42 (meist Orig.-)Photographien u. 1 Karte im Text, 8 farb. Bildertaf. u. 1 Orig.-Kartenskizze des Gesamtgebietes. (VII, 318 S.) gr. 8. Halle 904. Gebauer-Schwetschke. Geb. in Leinw. n. 7. —

— Raumlehre, s.: **Heinze**, Leop.

Hübner, Max u. Eugen Richter

—— —— kleines Realienbuch für katholische Schulen. In anschaulich-ausführl. Darstellung hrsg. Ausg. A. für einfache Schulverhältnisse. 3 Tle. gr. 8. Ebendas. 887. à Tl. * — 20
In 1 Bd. * 50 Pf.; geb. ** — 60

Inhalt:
Tl. 1. Geographie. (48 S.)
" 2. Geschichte. (48 S.)
" 3. Naturgeschichte und Naturlehre. (56 S.)

—— u. Richter. Kleines Realienbuch f. kathol. Schulen. In anschaulich-ausführl. Darstellg. hrsg. Ausg. A. f. einfache Schulverhältnisse. 2. Aufl. 3 Tle. gr. 8. Bresl. 890, Goerlich. à Tl. * — 20
in 1 Bd. geb. * — 60
I. Geographie. (48 S.) — II. Geschichte. (50 S.) — III. Naturgeschichte. (56 S.)

— u. Richter, kleines Realienbuch f. einfache Schulverhältnisse. Ausg. A. 4. Aufl. 3 Thle. gr. 8. Ebd. Geb. in 1 Bd. n. — 60
1. Geographie. (48 S.) n. — 20. — 2. Geschichte. (52 S.) n. — 20. — 3. Naturgeschichte. (56 S.) n. — 20.

— kleines Realienbuch. In anschaul.-ausführl. Darstellg. 5. Aufl. Ausg. A. gr. 8. (48, 52 u. 56 S.) Breslau 895. F. Goerlich. Geb. n. — 60

— dasselbe. Ausg. A. 1. u. 3. Tl. gr. 8. Ebd. 896. à n. — 20
1. Geographie. (48 S.)
3. Naturgeschichte u. Naturlehre. (7.–9. Taus.) (56 S.)

— — kleines Realienbuch. In anschaulich-ausführl. Darstellg. hrsg. (Ausg. A.) 6. Aufl. gr 8. (52, 52 u. 56 S.) Ebd. 897. Geb. n. — 60

Kleines Realienbuch In anschaulich-ausführlicher Darstellung hrsg. von [Max] Hübner, Kgl Kreisschulinsp., u. [E.] Richter, Kgl. Seminarl. 7. Aufl. Ausg A. *Breslau: F. Goerlich [1899].* (52, 52, 56 S.) 8° [F.] [00. 7450 2

Kleines Realienbuch. In anschaulich-ausführl. Darstellung hrsg. von [Max] Hübner, Sem.Dir., u [Eugen] Richter, Seminarl. 11. Aufl. Ausg. A. Breslau: F. Goerlich [1906]. (52, 52, 68 S.) 8° [F.] [07. 4187

— — Kleines Realienbuch. In anschaulich-ausführl. Darstellg. hrsg. 13. Aufl. Ausg. A. (52, 52 u. 68 S.) 8. Ebd. (909). Geb. — 60

—— und Richter, Realienbuch für katholische Schulen. In anschaulich-ausführl. Darstellung hrsg. Ausg. B. für mehrklass. Schulen. 4 Hefte. gr. 8. Ebendas. 886. geb. in 1 Bd. * 1 20

Daraus einzeln:
Heft 1. Geographie. (88 S.) * 30 Pf.
" 2. Geschichte. (80 S.) * 30 Pf.
" 3. Naturgeschichte. (104 S.) * 40 Pf.
" 4. Naturlehre und Chemie. (44 S.) * 20 Pf.

— u. Richter, Realienbuch f. katholische Schulen. In anschaulich-ausführl. Darstellg. hrsg. Ausg. B. f. mehrklass. Schulen. 3. Aufl. 4 Tle. gr. 8. Ebd. 890. n. 1. 20;
in 1 Bd. geb. n. 1. 20
I. Geographische Bilder. (88 S.) n. — 30. — II. Geschichtsbilder. (88 S.) n. — 30. — III. Naturgeschichtliche Bilder. (104 S.) n. — 40. — IV. Naturlehre u. Chemie. (44 S.) n. — 20.

—— —— Realienbuch f. mehrklassige Schulen. In anschaulich-ausführl. Darstellg. hrsg. Ausg. B. 5. Aufl. 4 Tle. gr. 8. Ebd. 890.
* 1 30; in 1 Bd. geb. * 1 20
I. Geographische Bilder. (88 S.) * — 30. — II. Geschichtsbilder. (96 S.) * — 40. — III. Naturgeschichtliche Bilder. (104 S.) * — 40. — IV. Naturlehre u. Chemie. (44 S.) * — 20.

— — Realienbuch f. mehrklassige Schulen. Ausg. B. 6. Aufl. 4 Thle. gr. 8. Ebd. 894. Geb. n. 1. 20
Einzeln:
1. Geographische Bilder. (88 S.) n. — 30; geb. n. — 40
2. Geschichtsbilder. (96 S.) n. — 40; geb. n. — 60
3. Naturgeschichtliche Bilder. (104 S.) n. — 40; geb. n. — 60
4. Naturlehre u. Chemie. (44 S.) n. — 20; geb. n. — 30

— u. Richter, Realienbuch f. mehrklass. Schulen. In anschaulich-ausführl. Darstellg. hrsg. (Ausg. B.) 8. Aufl. gr. 8. (96, 96, 104 u. 44 S.) Breslau 897. F. Goerlich.
Geb. n. 1. 20

Realienbuch für mehrklassige Schulen. In anschaulich-ausführl. Darstell. hrsg. von [Max] Hübner, Kgl. Kreis-Schulinsp., u. [E.] Richter, Kgl. Seminarl. 9. Aufl. Ausg. B. *Breslau: F. Goerlich [1899].* (Getr. Pag.) 8° [F.] [00. 7451 2

— u. E. Richter, Realienbuch f. mehrklassige Schulen. In anschaulich-ausführl. Darstellg. hrsg. Ausg. B. 10. Aufl. gr. 8. (96, 96, 104 u. 44 S.) Ebd. (901). Geb. n.n. 1. 25

— u. E. Richter, Realienbuch für mehrklassige Schulen. In anschaulich-ausführl. Darstellung hrsg. Ausg. B. 13. Aufl. (96, 96, 112 u. 56 S.) 8. Ebd. (905).
Geb. n.n. 1. 25

— u. Richter, Realienbuch f. mehrklassige Schulen. In anschaulich-ausführl. Darstellg. hrsg. 15. Aufl. Ausg. B. (98, 96, 112 u. 56 S.) 8. Ebd. (909). Geb. 1. 25

— — Realienbuch f. einfache Schulverhältnisse. In anschaulich-ausführl. Darstellg. hrsg. Ausg. C. gr. 8. (141 S.) Ebd. 894. Geb. n. — 60

— — dasselbe. f. einfache Schulverhältnisse. In anschaulich-ausführl. Darstellg. hrsg. Ausg. C. 2., verm. u. verb. Aufl. (152 S. m. 2 Fig.) 8. Ebd. (906). Geb. n. — 60

— — Realienbuch f. einfache Schulverhältnisse. In anschaulich-ausführl. Darstellg. hrsg. Ausg. C. 3., durchgeseh. u. verb. Aufl. (152 S.) 8. Ebd. (909). Geb. — 60

— Rechenbuch f. Stadt- u. Landschulen, s.: Heinze, Leop.

— der Rechenunterricht in der Volksschule, s. a. Volksschulunterricht, der. II.

Hübner, Max: Der Rechenunterricht von —. Breslau: F. Goerlich [1898]. (2 Bl., 179 S.) 8°
= Volksschulunterricht, Der. [Bd] II.

Hübner, Max: Deutsche Sagen, s. Wigand's, Geo., neue Volks- u. Jugendbibliothek.

Die französische Sahara. Versuch e. geogr.-wirtschaftl. Studie. Mit 1 Kartenskizze u. 2 kleineren Skizzen. Von Oberstlt. z. D. [Max] Hübner. Leipzig: Dieterich 1907. (76 S.) 8° [07. 7933

Hübner, Max u. H. Schwochow

— — Sammlung deutscher Gedichte u. Lieder als Anh. zu dem deutschen Lesebuch. (V, 58 S.) gr. 8. Ebd. 909.
— 25

Empfehlenswerte Schulgeräte und Lehrmittel für Volksschulen. Zsgest. von Max Hübner, Rektor in Breslau. Mit 25 Abb. *Breslau: C. Dülfer 1900.* (47 S.) 8° [F.] [01. 4802

Die Ausländischen Schulmuseen Von Max Hübner, Breslau. Mit 1 Abb. d. Schulmuseums in Tokio. Breslau: F. Hirt 1906. (X, 258 S.) 8°
= Veröffentlichungen d. Städt. Schulmuseums zu Breslau. No 6. [07. 4930

Die Deutschen Schulmuseen. Von Max Hübner, Leiter d. Breslauer Schulmuseums. Nebst 1 Karte u. 2 Tab. *Breslau: F. Hirt 1904.* (VI, 125 S.) 8°
= Veröffentlichungen d. Städtischen Schulmuseums zu Breslau. No 5.

Das Städtische Schulmuseum zu Breslau. Seine Einrichtung, Verwaltung u. Entwicklung in d. ersten 10 Jahren s. Bestehens, von 1891 bis 1901. Im Auftr. d. Städt. Schuldeput. hrsg. von (Rektor) Max Hübner, Museumsverwalter. *Breslau: F. Hirt 1902.* (31 S.) 8°
— Veröffentlichungen d. Städtischen Schulmuseums zu Breslau. No 3.

Das Schulmuseum zu Tokio. Ein Beitrag z. Geschichte d. Schulmuseen. Unter Mitw. von Prof. Dr. Yoshihiro Miwa, Stabsarzt Dr. E. Hadano u. Reg.R. U. Ouchi hrsg. von Max Hübner, Leiter d. Breslauer Schulmus. Nebst e. Orig. d. Führers durch d. japan. Schulmus. Gemalt von Shokoku im Mai d. J. 31. Mëidji (1898) u. 1 Situationspl. d. Mus. *Breslau: F. Hirt 1903.* (14 S.) 8°
— Veröffentlichungen d. Städtischen Schulmuseums zu Breslau. No 4.

—— Sprachbuch. Regeln und Aufgaben zur Sprach-, Rechtschreibungs- und Aufsatzlehre. Im Anschlusse ans Lesebuch und unter Berücksicht. der Kernschen Reformvorschläge bearb. Ausg. A. in 4 Heften. gr. 8. (48; 78; 62; 68 S.) Breslau 888, Goerlich's Verlag. à Heft * — 30

— Sprachbuch. Regeln u. Aufgaben zur Sprach-, Rechtschreibungs- u. Aufsatzlehre. Im Anschlusse ans Lesebuch u. unter Berücksicht. der Kernschen Reformvorschläge bearb. Ausg. A in 4 Hftn. 1.—3. Hft. 2. Aufl. (4.—6. Tauf.) gr. 8. Breslau, F. Goerlich. à n. — 30
1. Unterstufe (II. u. III. Schulj.). (48 S.) 894.
2. Mittelstufe (IV. u. V. Schulj.). (78 S.) 893.
3. Sprachlehre f. die Oberstufe (VI. bis VIII. Schulj.). (61 S.) 893.

— Sprachbuch. Regeln u. Aufgaben zur Sprach-, Rechtschreibungs- u. Aufsatzlehre. Im Anschlusse ans Lesebuch u. unter Berücksicht. der Kernschen Reformvorschläge bearb. Ausg. A in 4 Hftn. 2. Hft. Mittelstufe (IV. u. V. Schulj.) 3. Aufl. (7.—9. Tauf.) gr. 8. (80 S.) Breslau (900). F. Goerlich. n. — 30

— Sprachbuch. Regeln u. Aufgaben zur Sprach-, Rechtschreibungs- u. Aufsatzlehre. Im Anschlusse ans Lesebuch u. unter Berücksicht. der Kernschen Reformvorschläge bearb. Ausg. A in 4 Heften. gr. 8. Breslau (903). F. Goerlich. à n. — 30
1. Unterstufe (II u. III. Schulj.) 3. Aufl. (IV, 48 S.)
2. Mittelstufe (IV. u. V. Schulj.). 4. Aufl. (80 S.)
3. Sprachlehre f. die Oberstufe. 4. Aufl. (64 S.)
4. Rechtschreibungs- u. Aufsatzlehre f. die Oberstufe. 3. Aufl. (7.—9. Tauf.) (68 S.)

— Sprachbuch. Regeln u. Aufgaben zur Sprach-, Rechtschreibungs- u. Aufsatzlehre. Im Anschlusse ans Lesebuch u. unter Berücksicht. der Kernschen Reformvorschläge bearb. Ausg. A in 4 Heften. 2. Heft: Mittelstufe. (IV. u. V. Schulj.) 5. Aufl. (80 S.) 8. Breslau (910). F. Goerlich. — 30

—— Sprachbuch. Regeln u. Aufgaben zur Sprach-, Rechtschreibungs- u. Aufsatzlehre. Im Anschlusse ans Lesebuch u. unter Berücksicht. der Kernschen Reformvorschläge bearb. Ausg. B. in 2 Heften. gr. 8. (à Heft 64 S.) Bresl. 889, Goerlich. à Heft * — 30; * — 60

— Sprachbuch. Regeln u. Aufgaben z. Sprach-, Rechtschreibungs- u. Aufsatzlehre. Im Anschl. ans Lesebuch u. unt. Berücksicht. d. Kernschen Reformvorschläge bearb. Ausg. B. In 2 Hftn. Mittelstufe u. Oberstufe. 2. Aufl. gr. 8. (à 64 S.) Breslau 897. F. Goerlich. à n. — 30

— dasselbe. Ausg. B in 2 Heften. gr. 8. Ebd. (903). à n. — 30
I. Mittelstufe. 3. Aufl. (II, 64 S.)
II. Oberstufe. 3. Aufl. (II, 62 S.)

— dasselbe. Ausg. B in 2 Heften. 8. Ebd. à — 30
1. Mittelstufe. 4. Aufl. (II, 64 S.) (910.)
2. Oberstufe. 6. Aufl. (II, 62 S.) (910.)

Hübner, Max. Sprachbuch. Regeln u. Aufgaben zur Sprach-, Rechtschreibungs- u. Aufsatzlehre. Im Anschlusse ans Lesebuch u. unter Berücksicht. der Kernschen Reformvorschläge bearb. Ausg. C. in 2 Heften. gr. 8. (à Heft 32 S.) Bresl. 889, Goerlich. à Heft * — 15; * — 30
Ausg. A. 4 Hefte. Ebd. 1888. à * — 30.

Hübner, Max. Sprachbuch. Regeln u. Aufgaben zur Sprach-, Rechtschreibungs- u. Aufsatzlehre. Im Anschlusse ans Lesebuch u. unter Berücksicht. der Kernschen Reformvorschläge bearb. Ausg. C in 2 Heften. II. Heft. Oberstufe. 2. Aufl. (32 S.) gr. 8. Breslau (903). F. Goerlich. n. — 15

Deutsche Treue. Erzählungen aus d. deutschen Sage u. Geschichte von Max Hübner. *Breslau: F. Goerlich (1903).* (179 S.) 8° [F.]

— d. Unterricht in d. Geschichte, s.: Volksschulunterricht, der.

— Veilchen. Erzählgn. u. Schildergn. aus d. Leben Kaiser Friedrichs u. d. Kaiserin Viktoria. F. d. deutsche Jugend gesammelt. 3., verm. Aufl. 8. (152 S. m. 14 Abb.) Breslau 897. F. Goerlich. n. 1.—

— Veilchen. Erzählungen u. Schildergn. aus dem Leben Kaiser Friedrichs u. der Kaiserin Viktoria. Für die deutsche Jugend gesammelt. 7. Aufl. (152 S. m. 14 Abbildgn. u. 1 Bildnis.) 8. Ebd. (910). 1.—

[F.] Der Volksschulunterricht. Theoret.-prakt. Handb. d. Method. des Volksschulunterr. z. Fortbildg d. Lehrers im Amte u. z. Vorbereitg auf d. zweite Prüfg. Unt. Mitw. namhafter Schulmänner hrsg. v. Max Hübner, Kgl. Kreisschulinsp. [T] 1. *Breslau: F. Goerlich [1898].* 8.

[F.] Vom Kurhut bis zur Kaiserkrone. E. Leseb. z. preuss. Gesch. Von Max Hübner, Kgl. Kreisschulinsp., u. H. Schwochow, Rektor. Th. 1. 2. *Breslau: F. Goerlich [1896].* 2 Bde 8.
1 [A T] (1640—1840.) (4 Bl. einschl. Port., 232 S.)
2 [A T] M. vielen Abb. (4 Bl. einschl. Port., 231 S.)
= Klassenlektüre. Samml̈g v. Erzählgn .. Bd 1. 2.

Vom Kurhut bis zur Kaiserkrone. Ein Lesebuch z. preuß. Geschichte von Max Hübner. Sem.Dir., u. H[ermann] Schwochow, Rektor. 2. Aufl. T. 1–4. Breslau: F. Goerlich [1905]. 4 Bde 8° [F.]
— Hübner: Klassenlektüre. Bd 1–4.

[F.] Chemische Vorgänge in der Natur, in wichtigen Gewerbszweigen und im Haushalt des Menschen. E. Merk- u. Wiederholgsb. f. Schulen. Von Max Hübner. M. 13 Abb. *Breslau: E. Morgenstern 1898.* (64 S.) 1 Bd 8.

— chemische Vorgänge in d. Natur, in wichtigen Gewerbszweigen u. im Haushalt des Menschen. Ein Merk- u. Wiederholungsbuch f. Schulen. 2. Aufl. gr. 8. (64 S. m. 13 Abb.) Breslau 902. E. Morgenstern Verl. Kart. n. — 40

Chemische Vorgänge in der Natur, in wichtigen Gewerbszweigen und im Haushalt des Menschen. Ein Merk- u. Wiederholungsbuch f. Schulen. Von Max Hübner. Mit 13 Abb. 3. Aufl. Breslau: E. Morgenstern 1907. (64 S.) 8° [F.]

— die Wandbilder f. den Religionsunterricht, s. a. Veröffentlichungen d. städt. Schulmuseums z. Breslau.

Die Wandbilder für den Religionsunterricht. Ein Beitrag z. Gesch. d. religiösen Anschauungsbilder, zugleich ein Führer durch die gleichnamige Gruppe d. Breslauer Schulmuseums. Von Max Hübner, Museumsverwalter. *Breslau: F. Hirt 1901* (32 S.) 8°
— Veröffentlichungen d. Städtischen Schulmuseums zu Breslau. No 2.

Weihnachtsbuch. Erzählungen von Max Hübner. *Breslau: F. Goerlich (1903).* (152 S.) 8° [F.]

[F.] Kaiser Wilhelm II. und Kaiserin Auguste Viktoria ... Ansprachen, Entwürfe u. Gedichte zu Schulfeierlichkeiten ... Von Max Hübner. 3., umgearb. u. verm. Aufl. *Breslau: F. Goerlich [1897].* (VIII, 103 S.) 1 Bd 8.
— Hübner, M.: Vaterländ. Gedenktage in d. Schule. H. 1.

— Kaiser Wilhelm II. u. Kaiserin Auguste Viktoria. Vaterländische Gedenktage in der Schule. I. Heft: Ansprachen, Entwürfe u. Gedichte zu Schulfeierlichkeiten am Geburtstage Sr. Maj. des Kaisers Wilhelm II. und Ihrer Maj. der Kaiserin Auguste Viktoria. 4., verb. Aufl., hrsg. v. Frz. Hochheiser. (VII, 102 S. m. 1 Bildnis.) gr. 8. Ebd. (908). 1. —

Im steinernen Meer. Großstadtgedichte. Ausgew. von Oskar Hübner u. Johannes Moegelin, mit e. Vorw. von dem Hrsg. u. von Theodor Heuß. Deckelzeichn. v. Richard Grimm. Berlin-Schöneberg: Hilfe 1910. XVIII, 200 S. 8° [10. 1066, 11

Hübner, Oskar [app. Arzt aus Altstadt-Lüben]: Aus d. medicin. Poliklinik zu Rostock. Untersuchungen über 44 Fälle von Magencarcinom m. bes. Berücks. d. Milchsäurefrage ... Rostock, Univ.-Buchdr. v. Adler's Erben, 1895; 31 S. 8. Rostock, Med Fak., Inaug.-Diss. v. [28. Juni] 1895

Hübner, Otto. Die öffentlichen Abgaben in Grossbrittannien und Irland. fol. Leipzig, Hübner, 1858. (2. Heft der Berichte des Statistischen Central-Archives zu Berlin.)

Hübner, Otto, die Arbeiter u. die Maschinen. Abdruck aus der „Deutschen Reform" Nr. 903. 907. 908 u. 919. Ein Aufsatz. gr. 8. (15 S.) Berlin 850, Decker. 1½ ngr

Hübner, (F.) O., die Banken. Nach den neuesten statistischen Notizen u. Berichten. Lex.-8. Leipzig 846, Schäfer. ¾ ℔

Hübner, Otto, die Banken. (In 2 Liefgn.) Leipzig 853, 54. Hübner. Lex.-8. (VII, S. 1—368; IX, 128 S. u. S. 369—477.) n. 3 ℔

Hübner, Otto [aus Wilkersdorf (Prov. Brandenb.)]: Über Behandlung von deform geheilten Frakturen m. bes. Berücks. v. 4 Fällen aus d. Greifswalder chirurg. Klinik ... Greifswald, Buchdr. C. Sell, 1897; 27 S., 1 Bl. 8. Greifswald, Med. Fak., Inaug.-Diss v 3. Aug 1897

—. Berichte des Statistischen Central-Archives zu Berlin. Nr. 1. Amtliche Mittheilungen über Grossbritannien und Irland. Leipzig 858. Hübner. Fol. (2 Bl., 21 S.) n. 20 ngr

— — Nr. 2. Die öffentlichen Abgaben in Grossbrittannien u. Irland. Ebend. 858. Fol. (1 Bl., 43 S.) n. 1 ℔

Hübner, Otto, Berichte des statistischen Central-Archives in Berlin. Leipzig, Hübner. Fol.
Nr. 3.: Finanzen, Bankwesen, Eisenbahnen u. Industrie in Grossbritannien u. Irland. 859. (52 S.) n. 1 ℔ 22½ ngr
Nr. 4. Finanzstatistik Oesterreichs. A. Übersicht der Finanzen von 1831—1857. 859. (22 S.) n. 20 ngr
Nr. 5. Finanzstatistik Oesterreichs. B. Geschichte u. Statistik der directen Steuern. 859. (24 S.) n. 20 ngr
Nr. 6.: Finanzstatistik Oesterreichs. C. Geschichte u. Statistik der indirecten Steuern. 860. (57 S.) n. 1 ℔ 7½ ngr
Nr. 7.: Zollgesetzgebung u. Handel Frankreichs nach den amtlichen Quellen. 861. (89 S.) n. 3 ℔

Hübner, Otto. Das Einkommensteuer-Gesetz vom 29. Oct. 1849. Gemeinfasslich erklärt. 8°. Wien 1850. (Leipzig, Hübner.) 68 S.
Inhalt: Geschichte und Wesen der Einkommensteuer. — Gesetz vom 29. Oct. 1894 und Erläuterung der einzelnen Paragraphen.

Hübner, Otto, appr. Apotheker: Über die Einwirkung von Halogen auf Morphinderivate. Jena 1907: B. Vopelius. (36 S.) 8°
Jena, Phil. Fak., Ref. Vongerichten, Diss. v. 5. Aug. 1907
[Geb. 9. Jan. 81 Erfurt; Wohnort: Erfurt; Staatsangeh.: Preußen; Vorbildung: Realgym. Hannover Einj.-Freiw.-Zeugn. O. 96; Studium: München 6, Jena 4 S.; Rig. 13. Juli 07.]

— Oesterreichs Finanzlage u. seine Hilfsquellen. Mit vielen statist. Tabellen. gr. 8. (VI u. 228 S.) Wien 849, Jasper, Hügel & Manz. 1½ ℔

Hübner, Otto. Finanzstatistik Oesterreichs. 3 Hefte. fol. Leipzig, Hübner, 1859, 1860. (Berichte des statist. Central-Archives in Berlin, No. 4, 5, 6.)
A. Uebersicht der Finanzen von 1831—1837.
B. Geschichte und Statistik der directen Steuern,
C. Geschichte und Statistik der indirecten Steuern.

Hübner, Otto, Jahrbuch für Volkswirthschaft und Statistik, s. Jahrbuch.

— die Irrthümer d. Schutz-Systems. Beleuchtung der Rede des Hrn. Thiers. 8. (109 S.) Leipzig 851, Hübner. ½ ℔

Hübner, Otto, aus Berlin: Zur Kenntnis der aromatischen Aldehyde. *Freiburg i. B. 1902: Ch. Lehmann's Nachf.* (33 S.) 8° Freiburg i. B., Phil. Diss. v. 1902

Hübner Otto: Th. L. Beddoes Leben und dramatische Werke.
1909 PN 2814 Diss. Innsbruck, Univ.

—— Materialien zur Beurtheilung der Zwischzollfrage. Für den volkswirthschaftl. Congreß zusammengestellt. Lex.-8. (82 S.) Leipzig 861, Hübner. *

Hübner, Otto, Obstbau im Hausgarten, s. a. Vorort-Bibliothek.

Hübner, Otto: Obstbau im Hausgarten. Mit 13 Taf. u. 6 Textbild. ... Berlin: Baedeker & Moeller 1908. 117 S. 8°
(Vorortbibliothek. Bd 6.)

Hübner, Otto, appr. Arzt a. Straßburg: Ueber die Schussverletzungen der Lunge im Kriege inbezug auf die verschiedenen Kaliber und ihre Behandlung. Leipzig 1907: B. Georgi. (41 S.) 8°
Leipzig, Med. Fak., Ref. Trendelenburg, Diss. v. 9. Mai 1907
[Geb. 16. Apr. 79 Straßburg i. E.; Wohnort: Straßburg; Staatsangeh.: Elsaß-Lothringen u. Preußen; Vorbildung: Gymn. Mülhausen Els. Reife M. 99; Studium: Berlin K. W. A. 9 S.; Coll. 17. Mai 07; Approb. 27. März 00.]

—— Schutzzoll und Handelsfreiheit, s. a. Belehrungen, unterhaltende.

Hübner, O.: „Schutzzoll und Handelsfreiheit", Leipzig 1853. — Vorh.: Com. Bibl. Hamburg.

Hübner, (Friedrich) Otto. Die Sprache der Schlagbäume. 8°. Berlin, Brandis, 1850.

Hübner, Otto (Hrsg.), s. Stolle, Ed.: Die einheim. u. ausländ. Patentgesetzgebung ...

— statistical survey of all nations. Territories in □ miles, sovereigns, form of government; population, expenditure etc. 1 Bog. in Imp. Fol. Leipzig 852, Hübner. ½ ℔

Hübner, Otto, geographisch-statistische Tabellen aller Länder der Erde. 1880—1883. qu. 16. (64; 64; 63; 65 S.) Frankfurt a. M., Rommel. cart. à Jahrg. *
—— dass. — Jahrg. 1884. Vollständig umgearb. und bedeutend erweitert von Fr. v. Juraschek. qu. gr. 16. (96 S.) Ebendas. geb. *

Hübner's, Otto, geographisch-statistische Tabellen aller Länder der Erde. Jahrg. 1885—1888. Hrsg. von Fr. v. Juraschek. qu. gr. 16. (95; IV, 95; V, 95; V, 91 S.) Frankfurt a. M., Rommel. geb. à Jahrg. * 1 —

Hübner's, Otto, geographisch-statistische Tabellen aller Länder der Erde. [38.]—41. Ausg. f. d. J. 1889, 1890, 1891/92 u. 1892. Hrsg. von Fr. v. Juraschek. qu. 8. (V, 91; V, 91; V, 91; VII, 91 S.) Frankf. a. M., Keller. [38.]—[40.] Jahrg. geb. à 1 — 41. Jahrg. cart. * 1 20

Die Jahrgänge 38—40 sind in Fraktur gedruckt u. erschienen ursprünglich bei Rommel in Frankfurt a. M.

(Hübner, Otto): Otto Hübners geographisch-statistische Tabellen aller Länder der Erde. Herausgegeben von Franz von Juraschek. Ausgabe 42—44. 1893—1895. 46—49. 1897—1900. 50. Jubiläums-Ausgabe. 1901. Frankfurt a. M.

Hübner's, Otto, geographisch-statistische Tabellen aller Länder der Erde. 43. Ausg. f. d. J. 1894. Hrsg. v. Fr. v. Juraschek. qu. 8. (VII, 92 S.) Frankfurt a/M. 894. H. Keller. Kart. n. 1. 20

Hübner's, Otto, geographisch-statistische Tabellen aller Länder d. Erde. 47. Ausg. f. d. J. 1898. Hrsg. v. Fr. v. Juraschek. qu. 8. (VII, 96 S.) Frankfurt a/M., H. Keller. Kart. n. 1. 20

Hübner, Otto. Otto Hübner's Geographisch-statistische Tabellen aller Länder der Erde. Jubiläums-Ausgabe (50.) für das Jahr 1901. Mit einer graphischen Beilage: Die Volkszunahme im XIX. Jahrhundert. Hrg. von Universitäts-Professor Dr. Fr[anz] v[on] Juraschek.... I + VII + 97 S. 8. Frankfurt a. M., Heinrich Keller. [cart. M. 1. 50]

Hübner, Otto. Otto Hübner's Geographisch-statistische Tabellen aller Länder der Erde. 51. Ausgabe für das Jahr 1902. Hrg. von Universitäts-Professor Dr. Fr[anz] v(on) Juraschek.... VII + 96 S. 8. Frankfurt a. M., Heinrich Keller. [cart. M. 1. 50]

Hübner, Otto. O' Hübner's Geographisch-statistische Tabellen aller Länder der Erde. 52. u. 53. Ausgabe für das Jahr 1903 u. 1904. Hrg. von Universitäts-Professor Dr. Fr[anz] v(on) Juraschek.... *je* VII + 99 S. quer-8. Frankfurt a. M., Heinrich Keller. [*je* cart. M. 1. 50]

Hübner, Otto. O' Hübner's Geographisch-statistische Tabellen aller Länder der Erde. 54. Ausgabe für das Jahr 1905. Hrg. von Universitäts-Professor Dr. Fr[anz] v(on) Juraschek.... VII + 102 S. quer-8. Frankfurt a. M., Heinrich Keller. [cart. M. 1. 50]

Hübner, Otto. O' Hübners Geographisch-statistische Tabellen aller Länder der Erde. 55. u. 56. Ausgabe für das Jahr 1906 u. 1907. Hrg. von Dr. Franz von Juraschek.... *je* VII + 102 S. quer-8. Frankfurt a. M., Heinrich Keller. [*je* cart. M. 1. 50]

— O., geographisch-statistische Tabellen aller Länder der Erde. 57. Ausg. f. d. J. 1908. Hrsg. von Frz. v. Juraschek. (VII, 102 S.) Frankfurt a/M., H. Keller. Kart. 1. 50.

Hübner's, Otto, geographisch-statistische Tabellen aller Länder der Erde. Fortgeführt u. ausgestaltet v. Frz. v. Juraschek. 59. Ausg. f. d. J. 1910. (IX, 103 S.) 14×20 cm. Frankfurt a/M., H. Keller. Geb. 1. 50

— universal statistic table. Imp.-Fol. Ebend. 877. n. 1. 50

Hübner, Otto, Tableau statistique de tous les pays du monde. Contenant des notices sur leur étendue, leur population, leurs finances, armées, marine, chemins de fer, commerce, monnaies, poids et mesures etc. 1871 et 1872. Imp.-Fol. (1 Bl.) Frankfurt a. M. 872, Rommel. *

—— Tableau statistique universel. 1 Bog. in Imp.-Fol. Leipzig 854, Hübner.

— statistische Tafel aller Länder der Erde. Enthält: Größe, Regierungsform, Staatsoberhaupt ꝛc. Imp. Fol. Leipzig 851, Hübner. 3 ngl — 2. Aufl. Imp. Fol. Ebd. 851. 4 ngl — 3. Aufl. Imp. Fol. Ebd. 852. 4 ngl

Hübner, Dr. Otto, Director des statistischen Centralarchives und der preuss. Hypothekenversich.-Aktien-Gesellschaft in Berlin. Statistische Tafel aller Länder der Erde. (Beilage zu Hübner's Jahrbuch. 1852[a].) Fol. Leipzig 1852.

— — 7., verbess. und verm. Auflage. Fol. Leipzig 1857.

— — 13., verbess. und verm. Auflage der deutschen Ausgabe. Fol. Leipzig 1864.

—— statistische Tafel aller Länder der Erde. Enthält: Größe, Regierungsform, Staatsoberhaupt ꝛc. 5. Aufl. 1854. und 6., verb. und verm. Aufl. der deutschen Ausg. 2. Ausg. in österreich. Valuten. 1 Bog. in Imp.-Fol. Leipzig 855, Hübner. *

—— statistische Tafel aller Länder der Erde. 8—11., verb. und verm. Aufl. der deutschen Ausg. 1 Bog. in Imp.-Fol. Leipzig 858—61, Hübner.

—— statistische Tafeln aller Länder der Erde. Enth.: Größe, Regierungsform, Staatsoberhaupt ꝛc. 12. und 13. Aufl. 1863,64. * 4 Ngr. und 14.—16., völlig umgeänd. und verm. Aufl. Imp.-Fol. Frankfurt a/M. 865—67, Boselli'sche Buchh.

—— statistische Tafel aller Länder der Erde. Enthält: Grösse, Regierungsform, Staatsoberhaupt, Bevölkerung, Ausgaben, Schulden, Papiergeld und Banknotenumlauf, stehendes Heer, Kriegs- und Handelsflotte, Ein- und Ausfuhr, Zolleinnahmen, Haupterzeugnisse, Münze und deren Silberwerth, Gewicht, Ellenmass, Hohlmass für Wein und Getreide, Eisenbahnen, Telegrafen, Hauptstädte und die wichtigsten Orte (mit Einwohnerzahl) aller Länder der Erde. 17.—24. Aufl. Fol. Ebendas. 868—75.

Vgl.: Otto-Reventlow.

Hübner, Otto, statistische Tafel aller Länder der Erde. 25.—28. Aufl. Imp.-Fol. Frankfurt a. M. 876—79, Rommel.

— dasselbe. Ausg. f. Oesterreich-Ungarn. Imp.-Fol. Ebend. 876. — 50

—— statistische Tafel aller Länder der Erde. 29.—32. Aufl. Imp.-Fol. Ebendas. 880—83. *

—— dass. — 33. Aufl. für 1884. Vollständig umgearb. von Fr. v. Juraschek. Imp.-Fol. Ebendas. *

—— statistische Tafel aller Länder der Erde. 34. Aufl. für 1885. Hrsg. von Fr. v. Juraschek. Imp.-Fol. Ebendas. * — 50

—— dass. — 35.—37. Aufl. für 1886—1888. Hrsg. von Fr. v. Juraschek. Imp.-Fol. Ebendas. à Jahrg. * — 50

—— Statistische Tafel aller Länder der Erde. 38.—41. Aufl. f. 1889—1892. Hrsg. von Fr. v. Juraschek. Imp.-Fol. Ebd. à Jahrg. * — 60

38.—40. Aufl. erschienen ursprünglich bei Rommel in Frankfurt a. M.

— statistische Tafel aller Länder der Erde. 43. Aufl. f. 1894. Hrsg. v. Fr. v. Juraschek. Imp.-Fol. Ebd. 894. n. — 60

— statistische Tafel aller Länder d. Erde. 47. Aufl. f. 1898. Hrsg. von Fr. v. Juraschek. Imp.-Fol. Ebd. n. — 60

Hübner's, O., statistische Tafel aller Länder der Erde. Jubiläums-Aufl. (50.) f. 1900 u. 1901. Hrsg. von F. v. Juraschek. Imp. Fol. Frankfurt a/M, H. Keller. à —. 60

Hübner's, Otto, statistische Tafel aller Länder der Erde. 51. Aufl. f. 1902. Hrsg. von Fr. v. Juraschek. Imp.-Fol. Frankfurt a/M., H. Keller. n. — 60

— statistische Tafel aller Länder der Erde. 52. Aufl. f. 1904. Hrsg. von Fr. v. Juraschek. 107 72,5 cm. Ebd. —. 60.

— statistische Tafel aller Länder der Erde. 54 Aufl. f. 1905. Hrsg. von Fr. v. Juraschek. 107×72,5 cm. Ebd. —. 60.

Hübner's, O., statistische Tafel aller Länder der Erde. 55. Aufl. f. 1906. Hrsg. von Fr. v. Juraschek. 107 × 72,5 cm. Frankfurt a/M., H. Keller. —. 60.

Hübner's, Otto, statistische Tafel aller Länder der Erde. 56. Aufl. f. 1907. Hrsg. von Fr. v. Juraschek. Frankfurt a/M., H. Keller. —. 60.

Hübner's, O, statistische Tafel aller Länder der Erde. 57. Aufl. f. 1908. Hrsg. von Fr. v. Juraschek. Frankfurt a/M., H. Keller. —. 60.

Hübner's, O., statistische Tafel aller Länder der Erde. 58. Aufl. f. 1909. Hrsg. v. F. v. Juraschek. Frankfurt a/M., H. Keller. —. 60.

— Statistische Tafel aller Länder der Erde. Fortgeführt von Frz. v. Juraschek. 59. Aufl. f. 1910. 107×72,5 cm. Ebd. — 60

Hübner, *Friedrich* Otto (app. Arzt): Therapie und Heilerfolge bei Cataracta zonularis m. bes. Berücks. der in d. letzten Jahren in d. Augenheilanstalt zu Leipzig operirten Fälle ... Leipzig, Druck v. A. Edelmann, Univ.-Buchdr., *1896;* 26 S., 1 Bl. 8.
Leipzig, Med. Fak., Inaug.-Diss. v. 26 Juni 1896

Hübner, Otto, aus Braunschweig: Aus d. Zool. Institut d. Universität Freiburg i. B. Neue Versuche aus dem Gebiete der Regeneration und ihre Beziehungen zu Anpassungserscheinungen. Mit 2 Taf. *Jena: G. Fischer 1902.* (S. 461—498.) 8° *(Aus Zool. Jahrbücher, Bd 15, Abth. f. Syst.)
Freiburg i. B., Phil. Diss. v. 1902

— der kleine Volkswirth. Ein Büchlein f. den Elementarunterricht m. einem Vorwort an die deutschen Lehrer 16. (79 S.) Leipzig 852, G. Mayer. 1/4 ₰

Hübner, Otto. Die Zolleinigung und die Industrie des Zollvereins und Oesterreichs. Berlin, Decker 1850. 75 S. 8.

— der britische Zolltarif. Lex. 8. (15 S.) Leipzig 852, Hübner. 1/4 ₰

—— der französische Zolltarif. Lex.-8. (16 S.) Leipzig 852, Hübner.

—— die Zolltarife aller Länder gesammelt, übersetzt, geordnet. Mit Angabe des Silberwerthes der verschiedenen Zollwährungen in Thalern und Gulden, mit Berechnung der fremden Maasse und Gewichte in österreich., preuss., bayr. Maasse und deutsches Zollgewicht und mit einer vergleichenden Tafel der wichtigsten Zollsätze der grösseren Handelsstaaten. 2 Lfgn. Lex.-8. (VIII und 256 S. mit 2 Tab. in Fol.) Leipzig 852, Hübner. Thlr. *

—— die Zolltarife aller Länder gesammelt, übers., geordnet. Mit Angabe des Silberwerthes der verschied. Zollwährungen in Thalern und Gulden und mit Berechnung der fremden Maasse und Gewichte in oesterreich., preuss., bayr. Maasse und deutsches Zollgewicht. 2., verb. und verm. Aufl. (1. Abthl.) 3 Lfgn. gr. 8. (IV und 390 S.) Iserlohn 865, Baedeker. à Lfg. * 1 Thlr.

—— die Zolltarife aller Länder gesammelt, übers., geordnet. Mit Angabe des Silberwerthes der verschied. Zollwährungen in Thalern und Gulden und mit Berechnung der fremden Maasse und Gewichte in oesterreich., preuss., bayr. Maasse und deutsches Zollgewicht. 2. verb. und verm. Aufl. 2. Abthl. 1. Lfg. gr. 8. (IV, 72 S.) Iserlohn 869, Baedeker.
1. Abthl. 2. Aufl. Ebendas. 1866. *M 9.

Hübner, Otto R, Deutschland voran! Ein Mahnruf in ernster Zeit an alle, die noch deutschen Herzens. Vaterländische Dichtgn. (42 u. 4 S.) 8. Dresden 906. (Holze & Pahl.) n. — 60

Das Lied des deutschen Volkes im Spiegel einer Künstlerseele. Ein Vortrag, bei Einführung d. neuen Volksklaviers, Pianetto genannt, geh. von Otto R. **Hübner.** Breslau: Hannauer 1907. 32 S. 8°

Hübner, Otto R., das Lied d. deutsch. Volkes im Spiegel e. Künstlerseele. Ein Vortrag, bei Einführg. des neuen Volksklaviers, Pianetto genannt, geh. (32 S.) 8. Breslau 907. (Leipzig, P. Pabst.) — 75

Liliencron der Dichter, in seiner Bedeutung für das deutsche Lied. Einige Beziehungen unserer Wortkunst zur Tonkunst im Liede dargest. von Otto R. **Hübner.** Leipzig: Pabst [1909]. 16 S. 8°

— Liliencron der Dichter, in seiner Bedeutung f. das deutsche Lied. Einige Beziehgn. unserer Wortkunst zur Tonkunst im Liede. (16 S.) gr. 8. Leipzig (910). P. Pabst. — 50

Lichte Sommertage. Eine neue Sammlung dichterischer Gebilde von Otto R. **Hübner.** Dresden & Leipzig: Koch 1907. 120 S. 8°

R. Strauß und das Musikdrama. Betrachtungen über d. Wert oder Unwert gewisser Opernmusiken von Otto R. **Hübner,** (Blasewitz). 2. Aufl. Leipzig: Pabst [1910]. 10 S. 8°

— „Vom Tasten zum Denken“. Ein Versuch, die großen Rätsel des Lebens in e. neuen Anschauung zu deuten. (57 S.) 8. Dresden 908. Holze & Pahl. 1. —

Hübner, Paul

Hübner, P., Abälard u. Heloise, s.: Kühling's, A., Album f. Liebhaber-Bühnen.

— alles für's Kind, s.: Kühling's. A., Album f. Liebhaberbühnen.

Alles für's Kind. Original-Posse mit Gesang in 1 Akt von **Paul Hübner.** Musik von C. Arndt. *Mühlhausen i. Th.: G. Danner [1900].* (32 S.) 8° [J.]
= Vereinstheater 92.

—— u. R. Stange. Café chantant, s. Spezialitäten Theater.

— u. R. Stange, Café chantant. Komische Gesangs-Vorträge, Soloscenen, Burlesken rc. 1. Soirée. Berlin 867. Lassar's Buchh. gr. 16. (56 S.) n. 10 ngr

Hübner, P., unglückliche Familienverhältnisse, s. Bloch's Dilettanten-Bühne.

Hübner, P., Kaffeeklatsch, s.: Bloch's, E., Theater-Correspondenz.

— Kaffeeklatsch, s.: Bloch's E., Theater-Gartenlaube.

Hübner, Paul [aus Herzogswaldau in Schles.]: Zur Casuistik der Lymphosarcome des Rachens ... Greifswald, Druck v. J. Abel, 1895; 32 S. 8.
Greifswald, Med Fak., Inaug.-Diss v 28. Nov. 1895

— eine gebildete Köchin, s.: Bloch's, E., Dilletantenbühne.

Hübner, Paul, ein Lügner, der die Wahrheit spricht, s. Bloch's, Ed., Dilettanten-Bühne.

— Metamorphosen, s.: Kühling's, A., Album für Liebhaber-Bühnen.

Hübner, P. Ein Pistolen-Duell od.: Auf Tod u. Leben, s.a. Bloch's, Ed., Theater-Gartenlaube.

[F.] Ein Pistolen-Duell oder: Auf Tod und Leben. Schwank m. Gesang in 1 Akt v. P. Hübner. *Berlin: E. Bloch [1894].* (16 S.) 1 Bd 8.
— Theater-Gartenlaube, Eduard Blochs. No 102. [94. 8371

Unter Polizei-Aufsicht. Orig.-Posse mit Gesang in 1 Akt von Paul Hübner. Musik von Richard Thiele. *Mühlhausen i. Th.: G. Danner [1900].* (32 S.) 8° [F.]
— Vereinstheater. 96. [00. 8604

— ein Testament m. Hindernissen, — unter Polizei-Aufsicht, } s.a. Kühling's, A., Album f. Liebhaberbühnen.

Ein Testament mit Hindernissen. Orig.-Schwank mit Gesang in 1 Akt von Paul Hübner Musik von Richard Thiele. *Mühlhausen i. Th.: G. Danner [1900].* (32 S.) 8° [F.]
— Vereinstheater. 94. [00. 8602

Hübner, Paul, a. Neisse, Referendar am Kgl. Amtsgericht in Ziegenhals: Die Theorie von der Einheitlichkeit der Reise in Bezug auf die Kriegskontrebande. Eine völkerrechtliche Studie. Neisse 1908: F. Bär. (VIII, 47 S.) 8°
Erlangen, Jur. Fak., Ref. Allfeld, Diss. v. 17. März 1908
[Geb. 26. Juli 84 Neiße (Schlesien); Wohnort: Ziegenhals (Schlesien); Staatsangeh.: Preußen; Vorbildung: Gymn. Neiße Reife O. 04; Studium: Freiburg i. B. 1, Berlin 2, Jena 3 S.; Rig 8. Febr. 08.]

Hübner, Paul, s.: Vereinstheater.

Hübner, Paul Fleck Hermann, Referendar in Leipzig: Die Verwendung des Eigentumsindossaments zu Inkassozwecken. Zschopau, Sa. 1905: F. A. Raschke. (X, 62 S.) 8° [F.]
Leipzig, Jur. Fak., Diss. v. 6. Juli 1905
[Geb. 19. Aug. 80 Zschopau i. Sa.; Wohnort: Zschopau; Staatsangeh.: Sachsen: Vorbildung. Gymn. Dresden-N. Reife O 00; Studium: Kiel 1, Leipzig 2, Tübingen 1, Leipzig 2 S.; Rig. 3. Juli 03.]

Hübner, Philipp Georg

Hübner, P. G., Auszug aus Newtons Chronologie der alten Königreiche. Meiningen 745. 8. 4 gr.

— Beschr. u. Antiquit. v. Palmyra od. Tadmor. m. K. 8. Frankf. Sande. 716.

Hübner, Philipp Georg (Übers.), s. Caradoc of Llancarvan.

Das vergnügte Land- und beschwerliche Hof-Leben, Worinnen sowohl die Anmuthigkeiten des einem (!), als auch die Mühseligkeiten des andern auf das artigste abgebildet werden ... Von Antonio de Guevarra, Bischoffen zu Mondognedo, Kath, Beicht-Vatern und Historiographo Kayser Carls des V. ... Leipzig und Hildburghausen, In Verlegung Joh. Geo. g Schleffel, 1725.

Hübner, Richard. Ueber einige Abkömmlinge der Isäthionsäure (Hydroxyläthansulfonsäure). Jena, 1884

Hübner, Richard [aus Gross-Strehlitz]. Beitrag zur Therapie der Uterusruptur. . . . Gross-Strehlitz, Druck v. Marie verw Hübner, 1880; 36 S 8°
Halle, Med. Fak., Inaug.-Diss. v 22 Febr 1880

Hübner Richard: Ueber die Sprache des Epos Fierabras.
II. 1908 PN 2503 Diss. Wien, Univ

Hübner, Rudolf. Beiträge zur Kenntnis von Oxydationen aromatischer Amine. Reduktion von Ortho-Nitroazokörpern. Diss. Phil. [II.] Univ. Zürich. 125 S. 8. Zürich, J. Frank, 1902.

Hübner, Rudolf: Die donationes post obitum und die Schenkungen mit Vorbehalt des Niessbrauchs im älteren deutschen Recht ... (Aus: „Untersuchungen z. Deutsch. Staats- u. Rechtsgesch., H. 26".) Breslau, Wilhelm Koebner, 1888; 1 Bl. + 45 S. 8°
Berlin, Jur. Fak., Inaug.-Diss. v. 31. Jul. 1888.

Hübner, R., die donationes post obitum und die Schenkungen mit Vorbehalt des Niessbrauchs im älteren deutschen Recht, s.a. Untersuchungen zur deutschen Staats- und Rechtsgeschichte.

Hübner, Rud., Gerichtsurkunden der fränkischen Zeit. Verzeichnet v. R. H. 2 Abthlgn. [Aus: „Ztschr. d. Savigny-Stiftg. f. Rechtsgesch."] gr. 8. Weimar, H. Böhlau. n. 9.60
1. Die Gerichtsurkunden aus Deutschland u. Frankreich bis zum J. 1000. (VII, 118 S.) 891. n. 3
2. Die Gerichtsurkunden aus Italien bis zum J. 1150. (IV, 258 S.) 893. n. 6.60

Hübner, Rud., Jacob Grimm u. d. deutsche Recht. M. e. Anh. ungedruckter Briefe an Jacob Grimm. gr. 8. (VIII, 187 S.) Göttingen 895. Leipzig, Dieterich's Verl. n. 3.—; geb. in Leinw. n. 4.—

Hübner, Rud., Grundzüge des deutschen Privatrechts. (IX, 757 S.) gr. 8. Leipzig 908. A. Deichert Nachf. 12.50; geb. 14.—

— der Immobiliarprozess der fränkischen Zeit, s.a. Untersuchungen zur deutschen Reichs- u. Rechtsgeschichte.

Hübner, Rud.: Der Immobiliarprozeß der fränkischen Zeit. Breslau 1893.
(Untersuchungen z. Dt. Staats- u. Rechtsgesch. hrsg. von Gierke. H. 42.)

Hübner, Rud., deutsche Rechtsalterthümer, s.: Grimm, J.

Hübner, T., die Glocke an krummer Schwingungsaxe. Mit 1 lith. Taf. (in Fol.) 8. (6 S.) Bonn 875. Henry. n. — 50

Hübner, T. (Bearb.), s. Schulze, F.: Lehrbuch der Chemie f. Landwirthe. 3. Auflage.

Hübner, Thdr., Antrittspredigt. Gehalten am Sonntage Jubilate, den 17. April 1864, in der Luisenstadtkirche. 1. u. 2. Aufl. Berlin, Moeser. gr. 8. (12 S.) 2½ ngr.

HÜBNER, Theodor: Informationsschrift über Hübners geometrische Meßlatte, zugleich Gebrauchsanweisung zu Aufnahmen und Meßungen in vertikaler und horizontaler Ebene betreffs Höhen-, Längen- und Flächenermittlungen. - Breslau 1903. 104 S.

Hübner, Thdr., christliche Lehre. Hilfsbuch für den evangel Confirmanden-Unterricht. Berlin 866. Moeser. 8. (48 S.) cart. 3 ngr

Hübner, Thdr., das vereinfachte Tangential-System. Seine Verwertg. u. prakt. Anwendbarkeit als neue Aufnahme-Methode beim Feldmessen f. Geometer. Ferner f. Land-, Forst-, Teichwirtschaft u. Straßenbau, zu Längen-, Höhen-, Flächenmessgn. u. Präzisions-Nivellements. Geeignetes Lehrmittel f. d. Anschauungs-Unterricht an höh. Schulen sowie Anleitg. zum Selbstunterricht. Zugleich Gebrauchs-Anweisg. für das Universal-Meßinstrument: Hübner's geometr. Meßplatte. Lehrheft I m. der Normalfigur u. 68 durch Zeichng. erläut. Beispielen nebst e. Anh. über Forst-Taxation. (VIII, 184 S.) Lex. 8. Breslau (910). P. Schimmel. 4. —

Huebner, Theophilus, Conitzensis: De Ciceronis oratione pro Q. Roscio comoedo quaestiones rhetoricae. Regimonti 1906: Hartung. (56 S.) 8°

Königsberg, Phil. Fak., Ref. Heinze, Diss. v. 24. März 1906

[Geb. 12. April 81 Konigsberg i. Pr.; Wohnort. Königsberg; Staatsangeh.: Preußen; Vorbildung: Gymn. Konitz Reife O. 02; Studium: Konigsberg 1, Breslau 3, Konigsberg 5 S.; Rig. 19. Febr. 06.]

Hübner, Viktor (Hrsg.), s. Hübner, Anton: Denkwürdigkeiten der kgl. Stadt Znaim.

Hübner, W. T., s. Quatember.

Hübner, Walter: Die operative Behandlung der hochgradigen Kurzsichtigkeit. Von . Halle a. S.: C. Marhold 899. (26 S.) 8°

= Sammlung zwangloser Abhandlungen aus d. Geb. d. Augenheilkunde. Bd 3, H. 3

— s.: **Beiträge zur Augenheilkunde.**

Blindheit und Blindenwesen. Von Augenarzt Dr. [Walter] Hübner. Halle: Marhold 1909. 38 S. 8°

(Sammlung zwangloser Abhandlungen aus d. Geb. d. Augenheilkunde Bd 8, H. 1)

[illegible] 3

Hübner, *Johannes Paul* Walter [app. Arzt aus Klein-Kreutz]: Ueber Kanalwasserreinigung durch einfaches Sedimentiren ohne fällende Zusätze ... München, Druck v. R. Oldenbourg, 1893; 26 S., 1 Bl. 8.

Halle, Med. Fak., Inaug.-Diss. v. 15. Aug. 1893

Hübner, Walter, a. Bernau i. M.: Der Vergleich bei Shakspere. (Berlin: Mayer & Müller 1908.) (149 S.) 8°

Berlin, Phil. Fak., Ref. Brandl, Diss. v. 8. Febr. 1908

[Geb. 14. Jan. 84 Bernau; Wohnort. Bernau; Staatsangeh.: Preußen; Vorbildung: Friedrichs Realgymn. Berlin Reife O. 02; Studium: Berlin 10 S.; Rig. 7. Nov. 07.]

Hübner, Walter: Der Vergleich bei Shakespere. Von Dr. Walter Hübner. Berlin: Mayer & Müller 1908. VII, 149 S. 8°

[Erschien auch als Inaug.-Diss. Berlin 1908.]

Hübner, Wilhelm

Hübner, W., über **miasmatische Ansteckung** mit specieller Beziehung auf die Entstehung und das Wesen der Pockenkrankheit, nebst Angabe eines specifischen Heilverfahrens gegen die Pocken. Vorgetragen am 13. Septbr. 1878 in der 51. Naturforscher-Versammlung zu Cassel. [Sep.-Abdr.] gr. 8. (19 S.) Hamburg 879, Rudolphi.

Hübner, W., die Cholera heilbar! Wesen u. Heilg. der Cholera, nach anatomisch-physiolog. Grundsätzen bearb. gr. 8. (16 S.) Leipzig 892. L. Wiegand. n. — 75

Hübner, Wilh., die Diphtheritis heilbar! Ueber das Wesen der Diphtheritis und die aus der Erkenntniss derselben sich ergebenden Folgen für die Behandlung dieser Krankheit. Nach den neuesten naturwissenschaftl. Grundsätzen bearb. 8. (X, 28 S.) Zielenzig 883. (Leipzig, Hucke.) *

—— die **Entstehung** und Heilung der epidemischen Krankheiten. Mscr. gr. 8. (36 S.) Zielenzig 870. Hamburg, Rudolphi. *

Hübner, Wilh., Entstehung u. Heilung der epidemischen Krankheiten nach neuesten physiologischen u. naturwissenschaftlichen Grundsätzen. Für den Druck bearb. u. nach den letzten Bestimmgn. des Verf. ergänzt durch Wilh. Hübner. (XI, 118 S.) gr. 8. Dresden 904. H. Schultze. n. 3. —; geb. in Leinw. n. 4. —

Hübner, W., Entstehung u. Heilung der epidem. Krankheiten. Jetzt: Leipzig, Antiquariat Carl Köhler.

Hübner, W, Entstehg u specif. Heilg. d. Pockenkrankheit ohne Narben. gr. 8. (28 S.) Leipzig 897. O. Weber. n. 1. 50

Hübner, W., Entstehung u. spezifische Heilung der Pockenkrankheit ohne Narben. (Neue [Titel-] Ausg.) (28 S.) gr. 8. Berlin [897] (907). Berlinische Verlagsanstalt. 1. 50

Hübner, Wlh., Handbuch für Manns-Kleider-Verfertiger, oder Selbstunterricht im Zeichnen nach d. Maaßeintheilung aus freier Hand schnell zuzuschneiden. Diese Zeichnungsart enthält d. ausgerechneten Dritttheile d. menschlichen Körpers, welche in kurzer Zeit zu erlernen sind. Mit 9 Steint. 8. Bautzen 832. (Leipz. Kummer.) 12 gr

—— über **Heilung** der Pocken und Vaccination. 1. Anhang zu meiner Schrift über „Entstehung und Heilung der epidemischen Krankheiten.“ Mscr. gr. 8. (45 S.) Hamburg 873, Rudolphi.

Hübner, Wilhelm, aus Moers: *Die* **Milchsäure**, ein Beitrag zur Kenntnis ihres Vorkommens und ihrer Bestimmung im Wein. *Bonn 1903: C. Georgi.* (58 S.) 8°

Bonn, Phil. Diss. v. 4. Juli 1903

—— physiologischer **Nachweis** über die Entstehung und das Wesen der Scharlach-, Masern-, Pocken- und Typhus-Krankheit. gr. 8. (22 S.) Ebendas. 874. *

—— die Pockenkrankheit heilbar! Ueber miasmatische Ansteckung mit spezieller Beziehung auf die Entstehung und das Wesen der Pockenkrankheit, nebst Angabe eines specif. Heilverfahrens gegen die Pocken, nach den neuesten naturwissenschaftl. Grundsätzen bearb. 2. verm. und verb. Aufl. gr. 8. (VIII, 34 S.) Leipzig 884, Hucke. *

Huebner, (Joannes Fridericus) Guilelm. *(geb. Zielenzig in d. Mark 6. 10. 1811)*: De prolapsu uteri. Vratislaviae (1841). (31 S.) 8°

Breslau, Med. Diss. v 7 [vielmehr 10.] Apr 1841

Hübner-Thomsen, A. F., über die Anlegung einer evangelisch-luther. Normal-Schule. Ein wohlgemeintes Wort, den evangelisch-luther. Lehrern auf den Kanzeln u. in den Schulen Schleswig-Holsteins zugerufen. 8. (8 S.) Flensburg 849. (Kiel, Schwers.) 2 ngr

Hübner-Trams, Froh und Frei. Gedichte. 1. Aufl. 1858. und 2. Min.-(Titel-)Ausg. 16. (VIII und 282 S.) Berlin (859)60, Janke. geb. —

Hübner-Trams, der Improvisator oder Anweisung für Jedermann mit Hülfe zweier Würfel soviel Gedichte zu fertigen, als es nur irgend beliebt. Ein rhetor. Poesie-Spiel für die gebildete Jugend und deren Freunde entworfen. 1. und 2. Abthl. (Das Sonett. — Die Elegie.) 8. (15 und 9 Bl.) Berlin 854(55,) Plahn'sche Buchh. à Abthl. 7½ Ngr.

—— dass. — 1. Abthl. 3. Aufl. und 3. und 4. Abthl. (Das Sonett. — Die Ballade. — Das Scherzando.) gr. 16. (13, 14 und 15 Bl.) Ebds. 855.

—— der Improvisator oder Anweisung für Jedermann mit Hülfe zweier Würfel so viel Gedichte zu fertigen als es nur irgend beliebt. Ein rhetor. Poesie-Spiel für die gebildete Jugend und deren Freunde. 1. Abthl. 4. Aufl. und 4. Abthl. 2. Aufl. (Das Sonett. — Das Scherzando.) gr. 16. (à Abthl. 14 Bl.) Berlin 856(58), Plahn'sche Buchh. à Abthl. 7½ Ngr.

—— Reise um die Erde vermittelst der schwedischen Fregatte Eugenie in den J. 1851 bis 1853. Aus dem Schwed., nach den durch Ant. v. Etzel gelieferten Uebersetzungen für die Jugend bearb. Mit ill. Bildern (in Holzschn.) 16. (IV und 379 S.) Berlin 856, Janke.

—— olympische Spiele. 1—8. Heft. (à 20 S. Text und 1 Stnt. in Fol.) hoch 4. Berlin 856(57,) Janke. à Lfg. 7½ Ngr.

Inhalt:
Heft 1. Das Krim-Spiel.
" 2. Das Labyrinth zu Clusium.
" 3. Das Trio-Spiel.
" 4. Die Alliirten vor Kronstadt.
" 5. Die Reise durch Deutschland zu Pferde.
" 6. Mandarinen-Spiel.
" 7. Springer- und Läufer-Spiel.
" 8. Das Admiralschiff.

—— der Taschen-Telegraph, oder die Kunst, Jemandes Gedanken zu erfahren. Ein sinnreiches Gesellschafts-Spiel. qu. 16. (9 Bl.) Berlin 856(57,) Janke.

Hübner-Trams, Max Die bildende Kunst beim Gymnasialunterricht. 20 S. Progr. *Charlottenburg* 1880.

Hübnerus enucleatus, bis 52 pensa ex hist. polit. in latin. vert. Brechenmacher. 8. Ulmae. (Lippert, P.) 764. Pressb. 1789. Wigand.

Hubs, Bernh., giebt es e. Leben nach dem Tode? — Giebt es e. Gott? 2 Vorträge, geh. am 10. X. u. 20. XI. 1900. 8. (72 S.) Hamburg 901. C. Boysen. n. 1.—

Hube, Geo., s.: Jesus als Lehrer.

Hubo, Geo., de Demosthenis oratione Ctesiphontea. Dissertatio inauguralis. gr. 8. (32 S.) Göttingen 886, Akadem. Buchh. von G. Calvör. * — 80

—— Originalwerke in der archäologischen Abteilung des archäologisch-numismatischen Institutes der Georg-Augusts-Universität. Festschrift zur Feier des 50jähr. Doctorjubiläums des Directors Herrn Prof. Friedrich Wieseler am 13. Jan. 1887. Im Namen des Institutes verfasst. Lex.-8. (VII, 200 S.) Göttingen 887, (Dieterich'sche Universitäts-Buchh.) * 3 —

Hubo, Geo. Über die Tugend der Alten. gr. 8. (61 S.) Gött. 890, Akadem. Buchhandlg. v. G. Calvör. * — 60

Hübotter, Franz, a. Berlin: (Aus der Universitäts-Augenklinik zu Jena.) Zwei Fälle von seltenen Orbital-Erkrankungen. I. Einseitiger, spontaner, recidivierender, nicht pulsierender Exophthalmus. II. Orbitalphlegmone mit Osteomyelitis der Orbitalknochen und Siebbeinempyem. Berlin 1906: E. Streisand. (46 S.) 8°

Jena, Med. Fak., Ref. Wagenmann, Diss. v. 28. Nov. 1906

[Geb. 5. Dez. 81 Weimar; Wohnort: Berlin; Staatsangeh.: Sachsen-Weimar; Vorbildung: Friedrichs-Gymn. Berlin Reife O. 01; Studium: Jena 1, Berlin 1, Heidelberg 2, Berlin 2, Jena 1, Berlin 1, Jena 1 S.; Coll. 29. Sept. 06; Approb. 2. Mai 07.]

Hübotter, Johann Heinrich (Hildesheim), De obligatione socii innocentis in delictis. Diss. jur. Helmstedt (C. G. Fleckeisen) 12. IV. 1796. 39 S. (6.50) 16250

Hübotter, Wilh., Schlüssel zur englischen Sprache, oder genaue Lehre der richtigen Aussprache des Englischen nach Accent und Laut; nebst einem Anh. über die prosodische Aussprache der gehobenen und der gebundenen Rede aus Murray's English Grammar als Leseübung dienend. gr. 8. (X, 119 S. mit 3 Tab. in Fol.) Altona [Gotha] 869, Haendcke und Lehmkuhl. *

Hubrecht, Ambrosius Arnold Willem

Hubrecht, A. A. W., Fische, s. Bronn's, H. G., Klassen und Ordnungen des Thierreichs.

Furchung und Keimblattbildung bei Tarsius spectrum von A[mbrosius] A[rnold] W[illem] Hubrecht. *Amsterdam: J. Müller 1902.* (113 S.) 4° (8°)
= Verhandelingen d. Kkl. Akademie van Wetenschappen te Amsterdam. Sectie 2. D. 8, No 6. [04. 3633 4

Hubrecht, A. A. W., d. Keimblase v. Tarsius, s.: Festschrift z. 70. Geburtstage v. Carl Gegenbaur.

Normentafeln zur Entwicklungsgeschichte des Koboldmaki (Tarsius spectrum) und des Plumplori (Nycticebus tardigradus) von A[mbrosius] A[rnold] W[illem] Hubrecht, Utrecht, u. Franz Keibel, Freiburg i. Br. Mit e. Vorwort von Franz Keibel. Mit 4 Taf. u. 38 Fig. Jena: G. Fischer 1907. (76 S.) 4°
= Normentafeln z. Entwicklungsgeschichte d. Wirbelthiere. 7. [07. 4180

Die Phylogenese des Amnions und die Bedeutung des Trophoblastes von A[mbrosius] A[rnold] W[illem] Hubrecht. *Amsterdam: J. Müller 1895.* (66 S.) 4° (8°)
= Verhandelingen d. Kkl. Akademie van Wetenschappen te Amsterdam. Sectie 2. D. 4, No 5. [04. 3614 4

Hubrecht, A. A. W., die Säugetierontogenese in ihrer Bedeutung f. die Phylogenie der Wirbeltiere. (V, 247 S. m. 186 Fig.) gr. 8. Jena 909. G. Fischer. 7. —

— Emil Selenka, s.: Menschenaffen. 5. Lfg.

— s.: Studien üb. Entwicklungsgeschichte der Tiere.

Hubrich, Alex., s.: Solotarew, A. M., die Bevölkerung Russlands als Augmentierungsquelle seiner Armee etc.

Die Diätenfrage im Reichstag und das allgemeine Wahlrecht. Vom Standpunkt e. Conservativen beleuchtet durch Dr. iur. Eduard Hubrich, Prof. *Königsberg i. Pr.: Gräfe & Unzer 1902.* (32 S.) 8° [8.] [02. 9703 10

Hubrich, E., Konfessioneller Eid od. religionslose Beteuerung? Rechtshistorisch u. rechtsdogmatisch beleuchtet. gr. 8. (VIII, 196 S.) Leipzig, Dieterich. 1899

— konfessioneller Eid od. religionslose Beteuerung? Rechtshistorisch u. rechtsdogmatisch beleuchtet. gr. 8. (VIII, 196 S.) Leipzig 900. Dieterich. n. 3. —

Hubrich, Eduard, deutsches Fürstentum u. deutsches Verfassungswesen, s. Aus Natur u. Geisteswelt.

Deutsches Fürstentum und deutsches Verfassungswesen. Von Prof. Dr. jur. Eduard Hubrich. Leipzig: B.G.Teubner 1905. (155 S.) 8° [F.u.Ant.]
→ Natur, Aus, u. Geisteswelt. Bdch. 80. 10

Parlamentarische Immunität und Beamtendisciplin. Ein Beitrag z. rechtl. Beleuchtung d. 'Beamtenmassregelung' in Preussen von Dr. Eduard Hubrich. *Berlin: Gose & Tetzlaff 1900.* (63 S.) 8°

... Lectiones cursorias, quas ... Eduardus Hubrich Iur. utr. Dr. de quaestione cui incumbat ex iure communi atque borussico onus reficiendi aedificia ecclesiarum ad docendi facultatem rite impetrandam d. XVI m. Oct. ... habebit, indicit Theodorus Schirmer Iur. utr. Dr. P. P. O. Ord. Iurecons. h. t. Decanus. Regimonti Bor., ex offic. Hartungiana, 1894; 1 Bl. 4.

Hubrich, Ed., das Recht der Ehescheidung in Deutschland. Mit e. Vorwort v. Phpp. Zorn. gr. 8. (VIII, 278 S.) Berlin 891. O. Liebmann. n. 8. —

Hubrich, Ed., d. parlamentarische Redefreiheit u. Disciplin. Auf d. Grundlage v. Rechtsvergleichg. u. Rechtsgeschichte dargest. nach deutschem Recht. gr. 8. (X, 494 S.) Berlin 899. C. Heymann's Verl. n. 9. —

Das Reichsgericht über den Gesetzes- und Verordnungsbegriff nach Reichsrecht. Von Prof. Dr. Eduard Hubrich. Berlin: Struppe & Winckler 1905. (86 S.) 8° [F.]

Die Sprachenfreiheit in öffentlichen Versammlungen nach preußischem Recht. Ein Gutachten z. Polenfrage von Dr. iur. Eduard Hubrich, Prof., Königsberg. *Königsberg i. Pr.: Graefe & Unzer 1903.* (50 S.) 8° [F.] 10

Hubrich, Eduard, preussisches Staatsrecht, s.a. Bibliothek des öffentlichen Rechts.

Preussisches Staatsrecht. Von Dr. Eduard Hubrich, Prof. Hannover: Jänecke 1909. VIII, 248 S. 8°
(Bibliothek d. Öffentl. Rechts. Bd 15.)

— Das Verfahren gegen Geistliche bei Lehrirrungen. Eine kirchenrechtl. Skizze. Dargeboten f. die Verhandlgn. der 6. ordentl. General-Synode der evangel. Landeskirche Preußens zur Vorlage des evangel. Oberkirchenrates betr. die Beanstandg. der Lehre v. Geistlichen. (20 S.) gr. 8. Berlin 909. Verlag der positiven Union. — 60

Hubrich, E., fränkisches Wahl- u. Erbkönigthum zur Merovingerzeit. Inaug.-Diss. gr. 8. (60 S.) Königsberg 880. (W. Koch.) n. 1. —

— **deutsche Worte. I. Was ist konservativ? II. Die nationale Bedeutg. des Zolltarifs. gr. 8. (82 S.) Königsberg 902. Gräfe & Unzer, Buchh.** n.n. — 75

Hubrich, K. F., (†d. 15. März 1808.), s. D. Derodon, Grab, d. Messe.

HUBRICH, Carl (Bernech): Ein Fall von Echinococcus multilocularis der Leber.- München: Lehmann 1892. 15 S.
15.7.1892 - Chr 1892/93,14; Jv 1892/93,206
Diss. Ingolst.-Landsh.-Mchn.

Hubrich, Carl Friedrich (Grimmens.), An in dotem nomen dari possit. Quaestio juris controversi. Präs. Christian Heinrich Breuning. Lpz. (Breitkopf) 10. IX. 1774. 8 S. (4.50) 16186

Hubrich, Louis (Hrsg.), s. Posthorn, Das.

HUBRICH, Max (München): Kalkdegeneration der Gefässe im Gehirn.- 1863. S.377-397,Taf.- S.-Abdr.
31.10.1862 - Urt (Titel: De cerebelli degeneratione quadam.); F 70
Diss.Ingolst.-Landsh.-Mchn.

Hubrich, Otto, Reglement für d. tactische Ausbildung d. russischen Kavallerie und der Kosaken in der Formation zu Fuss. 8. (II u. 74 S.) 75 kr. 1884.

Hubrich, Thdr., de diis Plautinis Terentianisque. Dissertatio inauguralis. gr. 8. (134 S.) Königsberg 883, (Beyer's Verlag.) *

Hubrig, der Evangelist Sung-en-phui, s.: Missionsschriften, neue.

Kaleka Ho-a-ngi-pak, postać świecąca z misyi w Chinie. Napisal F. Hubrig. (Berlin: Buchhandl. d. Berl. ev. Missionsgesellsch. [1901].) (17 S.) 8° [F.]
[Der Krüppel Ho-a-ngi-pak, e. leuchtende Gestalt aus d. China-Mission.]
— Missionsschriften, Polnische, No 6.

Hubrig, F., der Krüppel Ho-a-ngi-pak, e. Lichtgestalt aus der China-Mission, s.: Missionsschriften, neue. Nr. 38.

(Hubrig, J.:) Li-tshyung-yin, ein treuer Zeuge in der chinesischen Mission. (Von J. Hubrig, weil. Missionar in China.) (2. Aufl.) Berlin: Ev. Missionsges. [1899]. (16 S.) 8°
= Missionsschriften, Neue. No 57.

— **Li-tschyung-yin, e. treuer Zeuge in der chinesischen Mission, s.a. Missionsschriften, neue. Nr. 57.**

Hubrig, Jerem., pollt. Betr. üb. Sprüche d. heil. Schr. auf alle Monate u. Tage d. Jahres. 8. Lauban, Drachstädt. 730.

Hubrig, Jeremias Erhard (Wigandstal/Laus.), An homines proprii teneantur redimere servitia domestica seu die Zwangdienste, si ad ea praestanda parati. Quaestio juris controversi. Präs. Christian Heinr. Breuning. Lpz. (Rumpf) 14. II. 1776. 8 S. (4.80) 16187
Gew.: Adolph Traugott v. Gersdorf (Ober- u. Nieder-Rengersdorf ...).

Hübsch, v., Epigrammatographen rc. s. Hüpsch.

Hübsch, A. »Ein Wort der Weihe.« Von — —, Pest, 1857. Dr. von Joh. Herz. (14 S. 8.)

Hübsch, Ad., „Bezalel der Gottberufene." Gedächtnißrede, gehalten am Sabbath: Wajjakhel-Phekude 5625 in der Neusynagoge zu Prag. gr. 8. (22 S.) Prag 865, (Bensinger.) *

Hübsch, Dr. Ad., „Bezalel der Gottberufene." Gedächtnißrede, gehalten am Sabbath: Wajjakhel-Phekude 5625 in der Neusynagoge zu Prag. gr. 8. (22 S.) Prag, Selbstverlag. 1865

Hübsch, Albert, Rechtsprakt.: Jagdrecht des Fürstentums Bayreuth mit Berücksichtigung des deutschen und bayerischen Jagdrechts. Bayreuth 1909: Ellwanger. VI, 83 S. 8°
Erlangen, Iur. Diss. v. 7. Juni 1909, Ref. Sehling

Huebsch, Daniel A., a. New-York: Ralph Cudworth, ein englischer Religionsphilosoph des siebenzehnten Jahrhunderts. Jena 1904: A. Kämpfe. (58 S.) 8°
Jena, Phil. Fak., Ref. Eucken, Diss. v. 23. Juli 1904
[Geb. 12. Jan. 71 New-York; Wohnort: New-York; Staatsangeh.: U. S. Am.; Vorbildung: College of the City of New York Reife 88; Studium: Cambridge 1, Berlin 5, Jena 1 S.; Rig. 23. Juli 04.]

Hübsch, F. L., grosse industriell-merkantilische Encyklopädie, s. Encyklopädie.

Hübsch, F. L.: „Versuch einer Geschichte des böhmischen Handels — in besonderer Beziehung auf die Flusschiffahrt und das Commerzial-Straßenwesen — ferner der Manufakturen etc., aus der Periode der Premysliden, dem Interregnum und den nachfolgenden Lützelburgern", Prag 1849. — Vorh.: Preuß. statistisches Landesamt Berlin.

Hübsch, Geo., Abriß der Geschichte der Erziehung und des Unterrichts unter vorzugsweiser Berücksicht. des deutschen Volksschulwesens. Für den Unterricht an Lehrerseminarien, sowie zur Wiederholung bearb. gr. 8. (VI, 142 S.) Bamberg 887, Buchner'sche Buchh. * 1 80

Hübsch, G., Abriß der Geschichte der Erziehung u. des Unterrichts unter vorzugsweiser Berücksicht. des deutschen Volksschulwesens. Für den Unterricht an Lehrerseminarien, sowie zur Wiederholg. 2. Aufl. gr. 8. (VIII, 144 S.) Bamberg 894. C. C. Buchner, Verl. n. 1. 80; geb. n. 2. 20

Hübsch, G., Abriß der Geschichte der Erziehung u. des Unterrichts unter vorzugsweiser Berücksicht. des deutsch. Volksschulwesens. Für den Unterricht an Lehrerseminarien, sowie zur Wiederholg. bearb. 5. verb. Aufl. (VIII, 175 S.) 8. Bamberg 909. C. C. Buchner's Verl. Geb. 2. 20

Hübsch, *Georg* [in Bamberg]: Das Hochstift Bamberg und seine Politik unmittelbar vor dem ersten Einfalle der Schweden 1631. Unter grundlegender Berücks. d. polit. Verhältnisse d. fränk. Kreises quellenmässig dargest. ... Bayreuth, Druck v. L. Ellwanger, 1894; VIII, 154 S., 1 Bl. 8.
Heidelberg, Phil. Fak., Inaug.-Diss. v. [21. Dez.] 1894

Hübsch, G., d. Hochstift Bamberg u. s. Politik unmittelbar vor d. ersten Einfalle d. Schweden 1631. Unt grundleg. Berücksicht. d. polit. Verhältnisse d. fränk. Kreises quellenmässig dargest. gr. 8. (VIII, 154 S.) Bamberg 895. C. C. Buchner, Verl. n. 2. 50

Hübsch, G. Die Reformen u. Reformbestrebungen auf dem Gebiete der Volksschule im ehemaligen Hochstift Bamberg unter den Fürstbischöfen Adam Friedrich v. Sinsheim [1757—79] u. Franz Ludwig v. Erthal [1779—95]. Quellenmässig bearb. gr. 8. (X, 209 S.) Bamb. 891, Buchner Verlag. * 3 —

— die Reformen u. Reformbestrebungen auf dem Gebiete der Volksschule im ehemaligen Hochstift Bamberg unter den Fürstbischöfen Adam Friedrich v. Sinsheim [1757—79] u. Franz Ludwig v. Erthal [1779—95]. Quellenmässig bearb. gr. 8. (X, 209 S.) Ebd. 894. n. 3. —

Hübsch, Gottlieb [aus Nürnberg]: The Pleasant Comodie of Patient Grissill ... [Erschien vollst. 1893 als Heft XV d. Erlanger Beitr. z. engl. Philol.] Erlangen, k. b. Hof- u. Univ.-Buchdr. v. F. Junge, 1893; 1 Bl., 63 S. 8.
Erlangen, Phil. Fak., Inaug.-Diss. v. 1893

Hübsch, Glieb., the pleasant comodie of Patient Grissill, s. a. Beiträge, Erlanger, zur englischen Philologie u. vergleichenden Litteraturgeschichte.

Hübsch, Heinrich. Ueber griechische Architektur. Mit 5 Kupfertafeln. Heidelberg 1822. 4°.

Hübsch, H., griechische Architectur. Mit 5 Kpft. gr. 4. Heidelb. 822. Mohr. 1 ß 4 gl 2e mit e. Vertheidigung gegen A. Hirt verm Ausg. Mit 5 Kpft. gr. 4. Ebd. 824. Ebd. 1 ß 12 gl Hieraus besonders abgedruckt: Vertheidigung d. griechischen Architectur gegen A. Hirt. gr. 8. Ebd. 824. 10 gl

Hübsch, Heinr., die Architectur u. ihr Verhältniß zur heutigen Malerei u. Sculptur. gr. 8. (XXIV u. 180 S.) Stuttgart 847, Cotta. 1 ß

— über griechische Baukunst, dargestellt (beleuchtet) v. A. Hirt. gr. 4. Berl. 823. Dümmler. 12 gl

Hübsch, H., Bauwerke. Carlsruhe (Veith). Text Fol. Atlas Fol.
Heft 1 u. 2: Façaden u. Grundrisse der Kirchen zu Barmen, Freiburg, Zaisenhausen, Epfenbach, Dürrheim, Rottweil, Stahringen, Waitzen, Bulach, Rottenburg, dann Finanzkanzlei, polyt. Schule u. Landesgestüt zu Carlsruhe u. Zollgebäude am Freihafen zu Mannheim.
2. Folge. Heft 1, 2 u. 3: Die Kunsthalle zu Carlsruhe, die kath. Kirche zu Bulach, die Trinkhalle zu Baden, Pavillon im Museumsgarten zu Carlsruhe, das neue Hoftheater daselbst.

Hübsch, Heinr. Bauwerke. Carlsruhe u. Baden (1838–53). 4 u. Fol.
Heft 1: Waisenhaus zu Frankfurt a. M., Schulhaus, Finanzkanzlei, polytechn. Schule u. Museum zu Carlsruhe, Zollgebäude zu Mannheim u. eine Anzahl Kirchen. — Heft 2. Kunsthalle u. Pavillon im Museumsgarten z. Carlsruhe, kathol. Kirche zu Burbach u. Trinkhalle in Baden. – Heft 3. Hoftheater in Carlsruhe.

— Bauwerke. 2. Folge. (1 u. 2. Hft.) Imp. Fol. (2 Bl. Text u. 12 lith. Taf.) Carlsruhe 852, Veith. (à n. 3 ß) n. 6 ß

Hübsch, Heinr., Bau-Werke. 2. Folge. 3. Heft. Imp.-Fol. (6 Stnt., wovon 1 in Bunt- und 1 in Tondr., und 1 Bl. Text.) Carlsruhe 859, Veith.
1. und 2. Heft. Ebendas. 1852. * 6 Thlr.

— Entwurf zu e. Theater mit eiserner Dachrüstung. Mit 6 Kpft. gr. Fol. Frankf. a. M. 825. Wesché. 2 ß

— in welchem Style sollen wir bauen? Beantwortet. (Dem Dürer Verein gewidmet.) gr. 4. Mit 2 Kpft. Karlsr. 828. Müller. 21 gl

—— die altchristlichen Kirchen nach den Baudenkmalen und älteren Beschreibungen und der Einfluss des altchristlichen Baustyls auf den Kirchenbau aller späteren Perioden. Dargestellt und hrsg. für Architecten, Archäologen, Geistliche und Kunstfreunde. (In 10 Lfgn.) 1—9. Lfg. gr. Fol. (III S. und Sp. 1—80 mit 89 lithogr. und 17 chromolithogr. Taf.) Carlsruhe 858—61, (Veith.) à Lfg. * * 3 Thlr. 13 Ngr. *

Hübsch, Heinr., die altchristlichen Kirchen nach den Baudenkmalen und älteren Beschreibungen und der Einfluss des altchristlichen Baustyls auf den Kirchenbau aller späteren Perioden. Dargestellt und hrsg. für Architecten, Archäologen, Geistliche und Kunstfreunde. 10. Lfg. gr. Fol. (XLIV und Sp. 81—118 mit 9 Stnt., wovon 4 in Buntdr., mit 5 Blatt Erläuterungen.) Carlsruhe 863, (Veith.) * *
Ladenpr. complet * *
1.—9. Lfg. Ebendas. 1858—61. ** 30 Thlr. 27 Ngr.

Hübsch, Dr., Die altchristlichen Kirchen nach den Baudenkmalen und älteren Beschreibungen und der Einfluss des altchristlichen Baustyls auf den Kirchenbau aller späteren Perioden. Carlsruhe 1862. 63 Platten enthaltender Atlas mit Text. Fol.

Hübsch, Heinrich: Vertheidigung der griechisch. Architectur gegen A. Hirt. Heidelberg 1824. 4°
(Sonderabdr. aus: Hübsch: Griech. Architektur.)

— architecton. Verzierungen für Künstler u. Handwerker. 16 Hft. Mit 6 lithogr. Blättern. gr. roy. Fol. Frankf. a. M. 823. Brönner. 1 ß 12 gl

Hübsch, J. G. Ad., Chronik der Stadt u. Vestung Forchheim. Nürnberg 867. (Zeiser.) 8. (XI, 112 S.) n. 22½ ngr.

Hübsch, J. G. Ad., Gesees und seine Umgegend. Ein historischer Versuch. (Mit Titelbild.) 8. Bayreuth 842. (Grau'sche Buchh.) n. 5/12 ß

Hübsch, J. G. Ad., vollständ. Register üb. alle einzelne Lieder u. Verse d. neuen Gesangbuchs f. d. protestant. Kirche d. Königr. Bayern. Zum Handgebr. f. Prediger u. Schullehrer u. alle Freunde d. kirchl. Gesangs ausgearb. 8. (4¼ B.) Sulzbach 832, v. Seidel.

Hübsch, J. G. Ad., der priesterliche Segen der christlichen Kirche. Ein kritisch-historisch-liturgischer Versuch. 8. (X und 78 S. mit 1 Stnt.) Naila 857. (Bayreuth, Giessel.) *

Hübsch, J. G. Ad., s. Tacitus Gespräch über die Redner.

Hülbsch, Johann Georg Gotthelf

— Anfangsgründe d. Trigonometrie. 8. Erf. ... Keyser. 2 K

Hübsch, J. Geo., arithmetica portensis od. Anfangsgr. der Rechenkunst f. d. Pfort. Jug. 4 Thle. 8. Leipzig, Müller. 748.

Joh. Georg Gotthelf Hübsch Arithmetica Portensis, oder Anfangsgründe der Rechenkunst. In ganzen Zahlen, welche der Pförtnerischen Jugend vorgetragen, erklährt, und durch Exempel erläutert nunmehr auf Verlangen, auch andern zu Dienste völlig ausgeführt, mitgetheilt werden. Leipz. 1 Alph. 8. 1748.
Gött. gel. Zeit. 1749 p. 727.
— In Brüchen, mit völliger Ausführung samt einem compendieusen Catalogo der Primzahlen, bis 102000. Leipz. pp. 270. 8. 1749.

— Arithm. Portensis, oder Anfangsgründe der kurzen Rechnung: in Ganzen und Brüchen als der dritte Theil, welche der Pförtnischen Jugend nach einer ganz neuen Einrichtung vorgetragen etc. Pforte, auf Kosten des Authoris, in Commission zu Leipzig. 22 und ein halber Bogen. 1750.

Hübsch, J. G. G., Anfangsgründe d. kurzen Rechnung im Ganzen u. in Brüchen. 8. Erf. ... Keyser. 1 K

Herrn *Andreas Gärtners* Königl. Pohln. und Churfürstl. Sächs. Model-Meisters, Langwierige Lampen, oder sonderbare, ungemeine und durch untrügliche Proben beständigte Erfindung, Lampen auf eine leichte Arth also zuzurichten, dass sie geraume Zeit, und nach Erfordern, Jahr und Tag, ohne ferneres Anrühren, Putzen und Zugiessen einiges Oehls, reinlich, in einer beständiggleichen Flamme, so stark und schwach, als man es verlangt, fortbrennen, auch in seinen neu-inventirten, und hierinnen eröfneten Laternen vor Wind und Wetter gesichert bleiben, mit dessen Bewilligung ihren Gestalten, Eigenschaften und Nutzbarkeiten nach, nebst angehängter Nachricht, von denen Antiquen und einer genauen Untersuchung derer vor immer brennende ausgegebenen Lampen, vorgestellt von *Joh. Ge. Gotlf. Hübschen*, mit zugehörigen Kupfern versehen, und verlegt durch Moritz Bodenehr, Königl. Pohln. und Churfürstl. Sächs. Hof-Kupferstecher. 4. 51 S.

Hübsch, Karl, u. Karl Kohl, der bayerische Jungliberalismus u. die Einigungs-Frage, s. a. Fortschritt-Bibliothek.

Huebsch, Karl, u. Karl *Kohl*, Der bayerische Jungliberalismus und die Einigungs-Frage. Reden. München-Gern (1909). 8°.
(Fortschritt-Bibliothek. H. 1.)

Hübsch, Karl, Assist. an d. Techn. Hochsch. München: Untersuchung einer kinetographischen Verwandtschaft bei speziellen Schleifschiebergetrieben. 1909. 44 S., 2 Taf. 8°
München, Dr.-Ing.-Diss. v. 26. 3. 1909

Hübscher, Chr., das goldene Herz. Lustspiel in 3 Aufzügen. (III, 89 S.) 8. Dresden (907). E. Pierson. 1.—

Hübscher, Chr., Monogramme. Gereimtes u. Ungereimtes. (XI, 140 S.) 8. Dresden 905. E. Pierson. n. 2.—; geb. n. 3.—

— Singsang aus Irgendwo. 2. Taus. (48 S.) 8. Hamm (Westf.) (v. d. Marckstr. 8) 909. Selbstverlag. 1.—; geb. 2.—

Hübscher, Franz, Arzt von Schongau (Kt. Luzern), prakt. Arzt in Gossau (St. Gallen): Klinische und anatomische Beiträge zur Kenntnis der Friedreich'schen Krankheit. (Neurologische Arbeiten unter Leitung von Dr. Veraguth, Zürich.) Leipzig 1909. 34 S. 8°. [1. X. 09.]
Zürich. Univ. Med. Diss. 1909/10.

Hübscher, Franz. Klinische und anatomische Beiträge zur Kenntnis der Friedreich'schen Krankheit. Diss. Med. Univ. Zürich. [Mit Facsimiles und Figuren.] *Kopftitel:* Neurologische Arbeiten unter Leitung von ... Dr. [Otto] Veraguth, Zürich. 34 S. gr.-8. Leipzig, Johann Ambrosius Barth, 1909.

Hübscher, J., deutsches Lesebuch, s.: Holnville, J.

Hübscher, Johannes [aus Schaffhausen (Schweiz)]: „Orlando" die Vorlage zu Pulci's „Morgante" . . . (Aus: Ausg. u. Abh. aus d. Geb. der roman. Philol.) Marburg, Univ.-Buchdr. (R. Friedrich). 1886; 60 S. 8°.
Marburg Phil. Fak., Inaug.-Diss. v. 30. März 1886.

Hübscher, J., „Orlando", die Vorlage zu Pulci's „Morgante", s. Ausgaben und Abhandlungen aus dem Gebiete der romanischen Philologie.

Hübscher, Johann Martin

Hübscher, J. M., Anleitung zur schnellen und leichten Erlernung der Rundschrift, nebst 20 (lithogr.) methodisch geordneten Schreibübungen und Uebungsblättern. qu. gr. 8. (12 S.) Zürich 881, Schulthess. *

Hübscher, J. M., kurze Anleitung zur Taktschreibmethode nebst Uebungsblättern zur deutschen und engl. Schrift und einem Anhange, enth.: die Canzlei-, ronde-, Fraktur-, goth. und röm. Schrift. Für Volksschulen, so wie zum Privat- und Selbstunterricht bearb. qu. 4. (V und 21 S. mit 26 Stnt.) Schaffhausen 848. (Zürich, Höhr.) *

Hübscher, J. M., Anleitung zu einem erfolgreichen Schön- und Schnellschreibunterricht nebst Uebungsblättern zum Taktschreiben, einer Sammlung von Schreibvorlagen in deutscher Currentschrift und einer Beilage, enthaltend: Musterblätter in engl., griech., latein., goth. etc. Schrift. qu. 4. (24 und 58 lithogr. S.) Basel 860, (Schneider.) Thlr. *

Hübscher, J. M., praktischer Lehrgang zu einem erfolgreichen Schreibunterricht. Mit Uebungsblättern in deutscher Currentschrift für das Taktschreiben und einer Beilage enth. Musterblätter in engl., griech., latein., gothischer, fracturer, ronder und stenograph. Schrift. 2. verm. und verb. Aufl. Anleitung zum Gebrauche des Vorlagewerkes. Lex.-8. (22 S.) Zürich 871, Schulthess.
—— dass. — 2., verm. und verb. Aufl. II. 1. und 2. Heft. 60 (lithogr.) Musterblätter für den Schreibunterricht. qu. 4. (à 30 Bl.) Ebendas. 871. à Heft *M* 2,25. *
—— dass. — III. 30 Musterblätter englischer Schrift. qu. 4. (30 Stnt.) Ebendas. 875. *

Hübscher, J[ohann] M[artin]. Praktischer Lehrgang zu einem erfolgreichen Schreibunterricht von J. M. Hübscher, Lehrer ... [in Murten, †]. 3., umgearb. Aufl. Drei Hefte à 25 Blatt. *je* II S. + 25 *lithogr.* Bl. quer-8. Zürich, Schulthess & Co., 1902. [*je* fr. 1.—]

[Heft] I: Übungs- und Musterblätter deutscher Kurrentschrift.
[Heft] II: Musterblätter englischer Kurrentschrift.
[Heft] III: Musterblätter deutscher Kurrentschrift.

—— zweiter theoretisch-praktischer Lehrgang zu einem naturgemäßen Schreibunterricht für Schule und Haus. Zugleich ein Beitrag zur Lösung der Frage: Was ist beim Schreiben zu berücksichtigen, um die Gesundheit zu schonen? gr. 8. (96 S.) Ebendas. 880.

—— methodisch geordnete Schreibübungen zum zweiten theoretisch-praktischen Lehrgang zu einem naturgemässen Schreibunterricht in deutscher und englischer Schrift für Schule und Haus, nebst einer Beilage von Musterblättern in latein., griech., goth., fracturer, ronder und stenogr. Schrift. 2 Hälften. qu. gr. 8. Ebendas. 880. à Hälfte *ℳ 2,20. *
Inhalt:
Hälfte 1. Deutsche Currentschrift. (28 Stnt.)
» 2. Englische, lateinische, griechische, gothische, fracture, ronde und stenographische Schrift. (33 Stnt.)

Hübscher, Dr. Carl [Spezialarzt für Orthopädie und Mechanotherapie in Basel]: Über den Cubitus valgus femininus. Leipzig 1899. 32 S. mit 17 Fig. im Text. 8°. (S.-A. aus Deutsche Zeitschrift für Chirurgie, Bd. 52.)
Basel. Med. Hab.-Schr. 1899, 1900.
Keine offizielle Publikation.

Hübscher, C[arl]. Blutige Lösung der ankylosierten Kniescheibe. Interposition von Magnesiumblech. Separatabdruck aus dem Correspondenz-Blatt für Schweizer Aerzte, 1901, Nr. 24. 4 S. gr.-8. [Basel, Schweighauser.]

Hübscher, C[arl]. Weitere Mittheilungen über die Perimetrie der Gelenke. Von Dr. C. H' ... Basel. ⟨Mit 24 Abbildungen.⟩ (Sonderabdruck [aus] Deutsche Zeitschrift für Chirurgie. Bd. 59.) II S. + S. 487—506. 8. [Leipzig, F. C. W. Vogel, 1901.]

Hübscher, C[arl]. Ueber den Pes valgus. ⟨Nach einem Vortrag, gehalten am 16. Juni 1904 in der Medicinischen Gesellschaft zu Basel.⟩ Mit 5 in den Text gedruckten Abbildungen. Sonderabdruck aus »Zeitschrift für orthopädische Chirurgie«. Band 13. 24 S. 8. [Stuttgart, F. Enke, 1904.]

Die Alkoholfrage. Von Paul Hübscher, Breslau. Brockau i. Schles.: E. Dodeck 1905. (28 S.) 8° [04. 9) 2

Hübscher, Paul (Red.), s. Mitteilungen über den Alkoholismus.

Hübschmann, A[dolf Wilhelm]. Nachrichten über die Familie de Wette. Zusammengestellt und den Familiengliedern gewidmet von A. H'. 8. Jena 1848.

Hübschmann, Arthur: Die obligatorische Mobiliarbrandversicherung in der Schweiz. Naumburg a.S. 1903: Lippert & Co. (51 S.) 8° [Erschien vollst. 1903 als: Wirtschafts- u. Verwaltungsstudien m. bes. Berücks. Bayerns, Bd 17.]
Würzburg, Jur. Diss. v. 1903.

Die obligatorische Mobiliarbrandversicherung in der Schweiz. Von Dr. Arthur Hübschmann. *Leipzig: A. Deichert 1903.* (91 S.) 8° [J.]
— Wirtschafts- u. Verwaltungsstudien mit bes. Berücks. Bayerns. 17. [03. 03]

Hübschmann, C. F., Beschreibung einer neuen bequem eingerichteten elektr. Lampe. Mit 3 Steint. 12. Leipzig, Hartmann. 821.

Hübschmann, C. F., Beschreib. einer neuen bequem eingerichteten elektr. Lampe. Mit 3 Steint. 12. Reutling. 821. (Macken). 9 𝒦

Hübschmann, F., die Blutpumpe. Beschreibung eines Apparates zu örtl. Blutentziehungen. 16. (2 B.) Erfurt 812. [Leipzig, Hartung.]

Hübschmann, F., die Blutpumpe. Beschreibung eines Apparates zu örtlichen Blutentziehungen. 16. Erfurt 812, Hilsenberg. 1/4 ℳ

Hübschmann, Gust., Karte vom Königr. Sachsen nebst kurzer Beschreibung desselben. Für den Gebrauch in Volksschulen bearb. 4. (1 lith. u. color. Karte u. 4 S. Text.) Annaberg 851, Rudolph & Dieterici. n. 1 ℳ

Hübschmann, Gust., Karte vom Königr. Sachsen nebst kurzer Beschreibung desselben für den Gebrauch in Volksschulen. 16. Aufl. qu. 4. (4 S. Text.) Annaberg 869, Rudolph und Dieterici. *

Hübschmann, Gust., Wandkarte von Mittel-Europa, enthalt. die deutsch. Bundesstaaten, die außerdeutschen Länder Oesterreichs u. Preußens, die Niederlande, Belgien u. die Schweiz. gr. Fol. (12 color. Blätter.) Annaberg 815, Rudolph u. Dieterici. 2½ ℳ

Hübschmann, Gust., Wandkarte von Mittel-Europa, enth. das deutsche Reich, das Kaiserth. Oesterreich, die Schweiz, die Königreiche Belgien und Holland. 3. Aufl. 1869, und 4. verb. Aufl. 12 Bl. Fol. Annaberg 874, Rudolph und Dieterici.

Hübschmann, Heinrich

Hübschmann, H., Armeniaca. gr. 8. (S. 69—79.) Strassburg 901. K. J. Trübner. n.n. —50
Sonderabdruck aus: „Strassb. Festschrift z. 46. Versammlg. deutscher Philologen u. Schulmänner".

Hübschmann, Heinrich: Avestastudien. Aus den SMA. 1872. 5. München 1873.

Hübschmann, H., Etymologie und Lautlehre der ossetischen Sprache, s. Sammlung indogermanischer Wörterbücher.

Hübschmann, H., Zur Geschichte Armeniens und der ersten Kriege der Araber. Aus dem Armenischen des Sebêos. Hab. s. a. 44 S. [Lpz. 1875] 1.50

Hübschmann, H., armenische Grammatik, s.: Bibliothek indogerman. Grammatiken.

Hübschmann, H., zur Casuslehre. gr. 8. (VIII, 338 S.) München 875. Th. Ackermann. n. 6. 80

Hübschmann, H., die altarmenischen Ortsnamen. Mit Beiträgen zur histor. Topographie Armeniens u. e. Karte. (IV u. S. 197—490.) gr. 8. Strassburg 904. K. J. Trübner. n. 8.—
Sonderabdruck aus: „Indogerman. Forschgn."

Hübschmann, H., armenische Studien. I.: Grundzüge der armen. Etymologie. 1. Thl. gr. 8. (VI, 102 S.) Leipzig 883, Breitkopf und Härtel. *

Hübschmann, Heinrich: Iranische Studien [A. aus KZ. N. F. IV. 4].

— persische Studien. gr. 8. (III, 287 S.) Strassburg 895. K. J. Trübner, Verl. n. 10. —

—— die Umschreibung der iranischen Sprachen und des Armenischen. gr. 8. (III, 43 S.) Ebendas. 882. *

—— das indogermanische Vocalsystem. gr. 8. (V, 191 S.) Strassburg 885, Trübner. * 4 50

Hübschmann, Hugo (Hrsg.), s. Abendroth, William: Leitfaden d. Physik.

Hübschmann, Hugo [Oberlehrer am K. Gymn. zu Chemnitz]: Die Ringfunktionen und ihre Anwendung auf die elektrostatischen Probleme des Ringes. . . . Chemnitz, Druck v. J. C. F. Pickenhahn & Sohn (1889); 34 S. + 1 Bl. 4°
Leipzig, Phil. Fak., Inaug.-Diss. v. 17. März 1889

Hübschmann, Hugo [Oberl.]: Die Ringfunktionen und ihre Anwendung auf die elektrostatischen Probleme des Ringes. Chemnitz, Druck v. J. C. F. Pickenhahn & Sohn, 1889; 27 S. 4°
Chemnitz, k. G, OP 1889 (506)

Hübschmann, J., Verfassung u. Verwaltungsorganisation d. Städte des Königr. Sachsen, s.: Häpe, G.

Hübschmann, J. Matth., katechet. Fragen. 8 Eisenach Wittekind. 736. Rthlr.

Hübschmann, J. Matth., (†...) geschwinder Hebräer, welcher Danz Grammatik vorlegt. Mit Anh. 8. Eisen. 751. Wittekind. 6 gr

— Interpretes, hebraice, oder Anh. z. Hebräer. Herausg. von J. A. Ch. Zahn. 8. Eisen. 751. Wittekind. 2 gr

— katechet. Moral. 8. Ebend. 738.

— katechetische Philosophie nach d. Logik, Hermenevtik rc 8. Jena, Gollner. 740.

— biblische Tugendschule. 8. Eisenach, Wittekind. 737

Hübschmann, Jh. Fr., († d.28. Sept. 1827.) was haben wir erlebt? oder Denkwürdigkeiten d. Jahre v. 1793—1819. gr. 8. ...

Hübschmann, Johann Jacob (Oelsn./Vogtland), De pertinentiis a praediis sine oneribus separatis. Diss. jur. Präs. Georg Andr. Joachim. Lpz. (Immanuel Titius) 30. I. 1727. 26 S. (6.50) 16259
Mit Widm. v. Präs.

Hübschmann, Clara, Mitau (Kurland): Aus der Privat-Poliklinik für Haut- und Geschlechtskrankheiten von Dr. Heuss, Privatdozent in Zürich. Zur Kenntnis der Aplasia pilorum intermittens (Monilethrix, Spindelhaare). Zürich 1906. 18 + 2 S. 8°. [27. VI. 06.]
Zürich. Med. Diss. 1905/1906.

Hübschmann, Clara. Zur Kenntnis der Aplasia pilorum intermittens (Monilethrix, Spindelhaare). Diss. Med. Univ. Zürich. *Kopftitel:* Aus der Privat-Poliklinik für Haut- und Geschlechtskrankheiten von Dr. [Ernst] Heuss, Privatdozent in Zürich. 19 S. 8. Zürich, Conzett & Cie., 1906.

Hübschmann, Paul: Untersuchungen über die Medulla oblongata von Dasypus villosus. Mit 5 Figuren im Text. Würzburg 1903: (Breitkopf & Härtel in Leipzig). (27 S.) (Aus: Zeitschrift f. wiss. Zool. Bd 75, H. 2.)
Würzburg, Med. Diss. v. 1903.

Hubschmied, J. U., s.: Idiotikon, schweizerisches.

Huby, Vincenz. Betrachtungen über die Liebe Gottes. Aus dem Französischen übersezt von A. R. D. S. S. Klgft., Kleinmayer, 1784. Duodez. 177 S.

Huby, V., Erwägungen vor dem Cruzifixe. Aus dem Französ. getreu übers. 3. Aufl. 16. (48 S.) Aachen 882, (Cremer'sche Buchh.) *

Huby, V., Exerzitien über die Liebe zu Gott und zu unserm Herrn Jesus Christus. Aus dem Französ. 8. (XVIII und 214 S.) Innsbruck 867, F. Rauch.

Huby, V., vor dem Kreuze. Aus dem Französ. 32. (48 S.) Sigmaringen 858, (Liehner'sche Buchh.) *

— vor dem Kreuze. Aus dem Französ. 16. (45 S.) Innsbruck 866, F. Rauch. *

Huc, Evariste Regis

Huc, das chinesische Reich. Deutsche Ausg. 2 Thle. gr. 8. (1. Thl. XX und 243 S.) Leipzig 855(56,) Dyk'sche Buchh.

Huc, Evariste Regis: Das chinesische Reich. Deutsche Ausgabe. Th. 1, 2. Leipzig 1856. XX, 213. VI, 276 S., 1 Krt. 8°.

Huc, Evariste Regis u. Gabet

—— —— Wanderungen durch die Mongolei nach Thibet zur Hauptstadt des Tale Lama. In deutscher Bearbeitung hrsg. von Karl Andree. Neue (Titel-)Ausg. gr. 8. (XXXII und 360 S.) Leipzig (855)65, Senf.

—— —— Wanderungen durch die Mongolei nach Thibet zur Hauptstadt des Tale Lama. 3. (Titel-)Aufl. 8. (XVI, 360 S.) Ebendas. (865)74.

—— und Gabet, Wanderungen durch das chinesische Reich, } s. Hausbibliothek für
—— —— Wanderungen durch die Mongolei nach Thibet, } Länder und Völkerkunde.

Huc u. Gabet, Wanderungen durch das chinesische Reich. In deutscher Bearbeitung hersg. von Karl Andree. Neue (Titel-)Ausg. Leipzig (855) 865. Senf. gr. 8. (XXXII, 364 S.) 1 ℳ

Huc u. Gabet, Wanderungen durch das chinesische Reich. 3. Aufl. 8. (XXXII, 364 S.) Leipzig 874. G. Senf. 2. 50

Huc-Mazelet, J. D., Diss. inaug. de relationibus chimiae cum medicina general. consideratis. 4. Götting. 803. Dieterich. 4 gr

Hucbald, Leben des heiligen Lebuin, s. Geschichtschreiber, die, der deutschen Vorzeit.

Hucbald (von S. Amand). Leben des heiligen Lebuin s. Wilibald. Leben des h. Bonifazius.... Berlin 1863.

Huch, Em., Adoremus Christum! Ein Beitrag zur Huldigungsfeier f. die Jahrhundertwende 1900. 12. (19 S.) Steyl 900. Missionsdruckerei. n. — 20

Huch, Em., bis an die Enden der Erde. Gesammelt u. hrsg. 2 Bde. kl. 8. Frankenstein 903. Neu-Weißensee, H. W. Th. Dieter. 1. 40
1. Mit Illustr. v. Gust. Olms. (124 S.) — 40
2. (IV, 313 S. m. Abbildgn.) 1 —

Huch, E., bis an die Enden d. Erde. — Jetzt: Freiburg i. B., Geschäftsstelle d. Charitasverbandes.

— gehet hin in alle Welt! Gedanken u. Schilderga. f. das Werk der Glaubensverbreitg. im allgemeinen u. die Aufgabe der Gesellschaft des göttl. Wortes u. des Missionshauses „Heiligkreuz" im besonderen. 3. Aufl. 8. (VIII, 310 S. m. Abbildgn.) Frankenstein 899. (Steyl, Missionsdruckerei.) Geb. in Leinw. n. 1. —

— das Haus auf dem Berge. (Js. 2, 2. Matth. 5, 14.) 8. (411 S.) Ebd. 900. Geb. in Leinw. n. 2. —

— eines Gesellen Irrfahrten, s.: Volksschriften, Münchener.

— eines Gesellen Irrfahrten. 8. (98 S. m. Titelbild.) Steyl (902). Missionsdruckerei. Geb. in Leinw. n. — 60

— Platz den Kindern! Ein offenes u. wohlgemeintes Wort zum Schutze der christl. Ehe. 8. (68 S. m. Abbildgn.) Steyl 902. Missionsdruckerei. Geb. in Leinw. n. — 80

Huch, Em., rettet die Ehe u. die Kinder! 4. Aufl. (72 S.) kl. 8. Münster (909). Alphonsus-Buchh. — 45; geb. — 60

Huch, Emm., Im Schatten der Kirche. Christliche Unterhaltungen. Bd. Steyl, Missionsdruckerei, 1898, 8°, 194 S., 1 Mk.

Das Schriftchen bringt 4 Erzählungen von Konversionen, von denen jedoch nur eine (Louise Hoffmann, gest. 1896 zu Berlin) ausführlicher mitgeteilt wird. Daran schließen sich 9 Sittengemälde u. ein Missionsbericht aus China über ein Osterfest in Schenhien. Stimmen a. M.-Laach Bd. 55, S. 343.

Huch, Em., s. a. Im Schatten d. Kirche.

Huch, Em., Unser Glaube ist ein vernünftiger Glaube. Ein Wort zur Bekämpfung des Unglaubens und zur Verteidigung des Glaubens. Steyl, Missionsdruckerei, 1897, 2. Aufl., 194 S., 1 Mk.

— Wanderungen. Mit Illustr. v. Gust. Olms. (192 S.) kl. 8. Frankenstein 903. Neu-Weißensee, H. W. Th. Dieter. — 60
Jetzt: Freiburg: Geschäftsstelle d. Charitasverbandes.

— was hält den Sieg des Kreuzes auf? An der Wende des Jahrhunderts dem gekreuzigten Heilande der Welt zum Jubiläum seiner gnadenreichen Geburt in tiefster Anbetg. u. Liebe gewidmet. 8. (262 S. m. Titelbild.) Ebd. 899. Geb. in Leinw. n. 1. 50

Huch, Er. Ldw. Dn., († d. 16. Nov. 1774.) Aesopus od. Versuch über d. Unterschied zwischen Fabeln u. Mährchen. 8. Wittenb. 769. Zimmermann. 6 gr.

— der kritische Christ. (4 Abhandll.) 8. (Wittenb.) 766. Zimmermann. 4 gr.

— Leben u. Schriften Sam. Lenz. 4. Cöthen 758. Körner. 4 gr.

— Virgilii Horatiique nonnulla loca, a stricturis cel. Baumgartenii, Baylii etc. vindicata. 8. Leipz. 756.

— Philosophie d. Bildhauer, mit e. Nachlese über d. Cherubinen. gr. 8. Brandenb. 775.

— d. Religion des Glaubens entw. 8. Cöthen, Körner. 757.

— d. Religion d. Glaubens entworfen u. mit d. Leben, u. e. Abhandl. Franz Baco's, Grafen v. Verulam, erläutert ꝛc. 8. Cöthen 758. Körner. 5 gr.

— Unterschied d. freien u. mechanischen Mahlerei, prakt. erklärt. gr. 8. Halle 773. Gebauer. 12 gr.

— Versuch über d. Verdienste d. Archilochus um d. Satyre. 8. Wittenb. 767. Zimmermann. 5 gr.

Huch, Felix, a. Braunschweig: Ueber Magenkrebs im jugendlichen Alter. Frankenthal 1904: Göhring. (17 S.) 8°
Heidelberg, Med. Fak., Ref. Erb, Diss. v. 7. März 1905
[Geb. 6. Sept. 80 Braunschweig; Wohnort: Dresden; Staatsangeh.: Braunschweig; Vorbildung: Gymn. Dresden Reife O. 99; Studium: Leipzig 4, Berlin 2, Heidelberg 4 S.; Coll. 23. Juli 04; Approb. 7. Juli 04.]

Huch, Friedrich: Beiträge zur Kenntniss des Cadmiums. München, J. F. Lehmann, 1892; 19 S. 8.
Erlangen, Phil. Fak., Inaug.-Diss. v. 1892

Huch, Frdr., Enzio. Ein musikal. Roman. 1.—6. Tauf. (518 S.) 8. München 911. M. Mörike. 4.80; geb. 6. —

Geschwister. Roman von Friedrich Huch. *Berlin: S. Fischer 1903.* (260 S.) 8° [illegible]

Huch, Frdr., Geschwister. Roman. 2. Aufl. (260 S.) 8. Berlin 903. S. Fischer, Verl. n. 3. 50; geb. n.n. 4. 50

Mao. Ein Roman von Friedrich Huch. Berlin: S. Fischer 1907. (229 S.) 8° [F.] [illegible]

— Peter Michel. Ein Roman. 8. (354 S.) Hamburg 901. A. Janssen. n. 4. —

— dasselbe. 2. u. 3. Aufl. 8. (à 332 S.) Ebd. 902. n. 4. —; geb. n. 5. —

— Pitt u. Fox, s.: Bücher, die, der Rose. 8. Bd.

Huch, Friedrich, aus Braunschweig: Ueber das Drama The Valiant Scot By J. W. Gent, London 1637. *Hamburg 1901: M. Lessmann.* (31 S.) 8° [Ant. u. F.]
Erlangen, Phil. Diss. v. 25. Juli 1900

Träume von Friedrich Huch. Berlin: S. Fischer 1904. (68 S.) 8° [illegible]

Wandlungen. Roman von Friedrich Huch. Berlin: S. Fischer 1905. (185 S.) 8° [illegible]

Huch, Friedrich August (Mansfeld), De jurantis legitima aetate. Diss. jur. German. Präs. Carl Friedrich Walch. Jena (Johann Friedrich Schill) 1. II. 1755. 38 S. (7.—) 16189
Widm. v.: Achaz Ludw. Carl Schmid, Friedrich Wilhelm v. Huyssen (Waldeck).

Huch, Fr. Aug., († d. 29. Nov. 1794.) Versuch e. Literatur d. Diplomatik. 2 Thle. gr. 8. Erl. 792. Palm. 1 Thlr. 8 gr.

Huch, Gregor: Die Organisation der öffentlichen Arbeit im griechischen Altertume. T. 1. Frankenstein i. Schl. 1903: F. Huch. (99 S.) 8°
Leipzig, Phil. Diss. v. [25. Juli] 1903.

Huch, Heinr. Karl Rud., die untrügl. Heilkräfte der Natur, dargestellt in Auszügen aus den medicinischen Geheimschriften der Königl. Leibärzte, Ober-Sanitätsräthe Le Roi u. St. Pierre Le Clerc. Extrahirt. 1r Bd. gr. 8. Altona 838. (Hammerich.) 1½ ₰, fein Pap. 2 ₰

Verzeichniß der Sommerfrischen, Kur- und Badeorte im Harz. Hrsg. im Auftr. d. Harzklubs von dessen beiden Schriftführern H[einrich] C[onrad] Huch u. M. Hoffmann. 2. unverand. Abdr. *Quedlinburg: H. C. Huch 1903.* (24 S.) 8° [04. 9211

Verzeichnis der Sommerfrischen, Kur- und Badeorte im Harz. Hrsg. im Auftr. d. Harzklubs von dessen beiden Schriftführern H[einrich] C[onrad] Huch u. M. Hoffmann. 3. Aufl. Quedlinburg: H. C. Huch 1905. (52 S.) 8° [F.] [05. 98 8

Huch, H. C., u. Max Hoffmann, Verzeichnis d. Sommerfrischen, Kur- u. Badeorte im Harz. Hrsg. im Auftr. des Harzklubs v. dessen beiden Schriftführern. 5. verm. u. verb. Aufl. (IV, 60 S. m. Abbildgn u. 1 Karte.) 8. Quedlinburg 910. H. C. Huch. — 30

Huch, H. C., u. S. Kleemann, Verzeichniss d. Stadt-Bibliothek zu Quedlinburg. Hrsg. im Auftr. d. Stadtbehörden. gr. 8. (XII, 208 S.) Quedlinburg 896. (H. C. Huch.) n. — 50

Huch, Hugo: Ueber einen Fall von Lymphangiectasia congenita cubiti Halle a. S. 1885: Heynemann. 21 S. 8°
Halle-Wittenberg, Med. Diss. v. 31. März 1885
Geb Dingelstädt (Kr Heiligenstadt) 5. 10 1860. V.

Huch, J. E., Unterricht für Anfänger in d. engl. Sprache. 8. Braunschw. 815. Vieweg. 20 ₰

Huch, J. G., & Co.: Probe-Holzschnitte. Braunschweig (Um 1898)

Huch, J. G., & Co.: Die Reproduktions-Technik und ihre Bedeutung für die Jndustrie. Braunschweig (1910)

Huch, Joh. Gtlieb., Auslegung des Evangelii vom ungerechten Haushalter, Lucä 16, 1—9, nebst ein. Predigt u. Andeutungen zur weitern homilet. Benutzung dieser Perikope. gr. 8. (4 B.) Halle 845. (Buchh. des Waisenhauses.) *

Huch, Joh. Glieb., Gelegenheits-Reden bei amtlichen Handlungen gehalten. gr. 8. (V und 58 S.) Waldenburg 861. (Zeitz, Huch.) *

—— das nichtige und vernichtende Wesen des Bösen, eine Theodicee, durch Widerlegung der Julius Müllerschen Schrift vom Wesen und Grunde der Sünde dargestellt. gr. 8. (XX und 223 S.) Zeitz 863, Huch.

Huch, Karl Wilhelm: D i a g n o s t i c a quaedam et pathogenetica in malo hysterico et hypochondriaco observata. Berolini (1853). (27 S.) 8°
Berlin, Med. Diss. v. 12. Juli 1853.

Huch, Käte, Medizinalprakt.: Ueber Ruptur der symphysis ossis pubis in der Geburt. Leipzig 1910: Lehmann. 27 S. 8°
Leipzig. Med. Diss. v. 6. Aug. 1910, Ref. Zweifel
[Geb. 1. Sept 84 Braunschweig; Wohnort: Charlottenburg; Staatsangeh.: Braunschweig; Vorbildung: Realgymn. Karlsruhe Reife Aug. 03; Studium: Zurich 1, Berlin 1, Munchen 1, Jena 2, Berlin 3, Freiburg i. B. 1, Berlin 3 S.; Coll. 10. Aug. 10] [U 10. 2989

Huch, Paul, Gerichtsref.: Der Vollzug der Wandelung nach § 465 B.G.B. *Breslau 1903: Bresl. Genoss.-Buchdr.* (VIII, 74 S.) 8°
Breslau, Jur. Diss. v 1. Dez. 1903

Huch, Ricarda (Frau Ricarda Ceconi), Ausbreitung u. Verfall der Romantik. 8. (III, 368 S.) Leipzig 902. H. Haessel Verl. n. 5. —; geb. n. 6. —

Ausbreitung und Verfall der Romantik von Ricarda **Huch.** 2. Aufl. Leipzig: H. Haessel 1908. (357 S.) 8° [F.]
= **Huch:** Die Romantik. Bd 2. [08. 11768

— Blüthezeit der Romantik. 8. (VII, 400 S.) Ebd. 899. n. 8. —; geb. n. 9. —

Huch, Ricarda. Blüthezeit der Romantik. 2., unveränderte Ausgabe. VI + 400 S. 8. Leipzig, H. Haessel, 1901. [M. 5.—]
[1. Ausgabe:] 1899.

Huch, Ricarda (Frau Ricarda Ceconi), Blütezeit der Romantik. 3. Ausg., 2., durchgeseh. Aufl. (VII, 400 S.) 8. Leipzig 905. H. Haessel Verl. n. 5. – ; geb. n. 6. —

Blutezeit der Romantik von Ricarda **Huch.** 3. Aufl. Leipzig: H. Haessel 1908. (VI, 391 S.) 8° [F.]
— **Huch:** Die Romantik. Bd 1. [08. 16767

Hugo, Richard (d. i. Ricarda·Huch)

—— Der Bundesschwur. Lustspiel m. Benutzg. der histor. Ereignisse in der schweizer. Eidgenossenschaft v. J. 1798. 8. (102 S.) Zür. 890, Orell Füßli Verlag. * 1 60

Huch, Ricarda (Frau Ricarda Ceconi), Fra Celeste u. andere Erzählungen. 8. (III, 278 S.) Leipzig 899. H. Haessel Verl. n. 4. —; geb. n. 5. —

Ricarda **Huch:** Dornroschen, Ein Marchenspiel. Mit Buchschmuck von Heinrich Vogeler. Leipzig: E. Diederichs 1902. (73 S.) 8° [02. 9013 7

— über den Einfluss v. Studium u. Beruf auf die Persönlichkeit der Frau, a.: J a h r e s b e r i c h t d. Vereines f. erweiterte Frauenbildung in Wien.

Huch, Ricarda, Erinnerungen v. Ludolf Ursleu dem Jüngeren. Roman. 8. (344 S.) Berlin 893. Besser. n. 4. —; geb. n. 5. —

[F.] Erinnerungen von Ludolf Ursleu dem Jüngeren. Roman v. **Ricarda Huch.** 2. Aufl. *Berlin: W. Hertz 1897.* (2 Bl, 343 S.) 1 Bd 8. [98. 6013 B

Huch, Ricarda, Erinnerungen v. Ludolf Ursleu dem Jüngeren. Roman. 2. Aufl. 8. (343 S.) Berlin 897. Besser. n. 4. —; geb. n. 5. —

Huch, Ricarda. Erinnerungen von Ludolf Ursleu dem Jüngeren. Roman. 3. [Titel-]Aufl. IV + 344 S. 8. Berlin, Wilhelm Hertz, 1901. [M. 4.—]

Erinnerungen von Ludolf Ursleu dem Jüngeren. Roman von **Ricarda Huch.** 4. Aufl. *Stuttgart & Berlin: J. G. Cotta Nachf. 1903.* (373 S.) 8° [F.] [03. 9780

Erinnerungen von Ludolf Ursleu dem Jüngeren. Roman von Ricarda **Huch.** 7. Aufl. Stuttgart & Berlin: J. G. Cotta Nachf. 1905. (373 S.) 8° [F.] [06. 6901 11

— Erinnerungen von Ludolf Ursleu dem Jüngeren. Roman. 8. Aufl. (373 S.) 8. Stuttgart 906. J. G. Cotta Nachf. n. 4. —; geb. in Leinw. n. 5. —

— Erinnerungen v. Ludolf U r s l e u dem Jüngeren. Roman. 9. u. 10. Aufl. (371 S.) 8. Stuttgart 908. J. G. Cotta Nachf. 4.—; geb. in Leinw. 5. —

— E r z ä h l u n g e n. 3 Tle. 12. Leipzig 897. H. Haessel. à n. 2. —; geb. à n. 2. 80; in 1 Bd. n. 5. —; geb. n. 6. —
1. Der Mondreigen v. Schlaraffis. (153 S.)
2. Teufeleien. (155 S.)
3. Haduvig im Kreuzgang. (112 S.)

— drei E r z ä h l u n g e n. (Der Mondreigen v. Schlaraffis. Teufeleien. Haduvig im Kreuzgang.) Neue Ausg. (in 1 Bde.). (153, 154 u. 112 S.) 12. 8. Leipzig 905. H. Haessel Verl. n. 3. —; geb. n. 4. —

Huch, Ricarda. Evoë! Dramatisches Spiel in 5 Aufzügen. 8. (VII, 159 S.) Berl. 892, Besser. * 2 —; geb. * 3 —

Hugo, Rich., Gedichte. 12. (226 S.) Dresden 891. E. Pierson. n. 4. —; geb. m. Goldschn. n. 5. —

— Gedichte. 8. (VIII, 247 S.) Leipzig 894. H. Haessel. n. 3. —; geb. n. 4. —

— Gedichte. 2. verm. Aufl. (X, 269 S.) kl. 8. Leipzig 908. H. Haessel Verl. 4.—; geb. in Perg. 6. —

Ricarda Huch: Neue Gedichte. Leipzig: Insel-Verl. 1907. (63 S.) 8° [08. 3038 7

— die Geschichten v. Garibaldi in 3 Tln. I. Die Verteidigg. Roms. Roman. 1.—4. Taus. (à 375 S.) 8. Stuttgart 906. Deutsche Verlags-Anstalt. n. 5. —; geb. in Leinw. n. 6. —

— Die Geschichten von Garibaldi in 3 Tln. I u. II. 8. Stuttgart, Deutsche Verlags-Anstalt. à 5.—; geb. in Leinw. à 6. —
I. Die Verteidigg. Roms. Roman. 5. u. 6. Tauf. (375 S.) 907.
II. Der Kampf um Rom. Roman. 1.—4. Aufl. (371 S.) 907. 08.

Ricarda Huch. Der Hahn von Quakenbrück u. andere Novellen. 1.—4. Aufl. Berlin & Leipzig: Schuster & Loeffler 1910. 172 S. 8° [10. 13819

Der Kampf um Rom. Roman von Ricarda Huch. 3. Aufl. Stuttgart & Leipzig: Deutsche Verl.-Anst. 1907. 371 S. 8°
(Huch. Die Geschichten von Garibaldi 2.) A11. 13076

— Gottfried Keller, s.a. Dichtung, die, 9. Bd.

Huch, Ricarda. Gottfried Keller. [Mit 7 Tafeln.] 100 S. 8. Berlin und Leipzig, Schuster & Loeffler, [1904]. (cart. M. 1. 50, geb. 2. 50)
(Die Dichtung. Eine Sammlung von Monographieen, hrg. von Paul Remer. Buchschmuck von Heinrich Vogeler. Band 9.)

Gottfried Keller. Von Ricarda Huch. 4. Taus. *Berlin & Leipzig: Schuster & Loeffler [1904].* (96 S.) 8°
— Dichtung, Die. Bd 9.

Huch, Ricarda. Gottfried Keller. [Mit 7 Tafeln.] 7. Tausend. 100 S. 8. Berlin und Leipzig, Schuster & Loeffler, [1908]. (cart. M. 1. 50. geb. 2. 50)
(Die Dichtung. Eine Sammlung von Monographieen, hrg. von Paul Remer. Buchschmuck von Heinrich Vogeler. Band 9.)

— von den Königen u. der Krone. 1.—5. Aufl. (à 344 S.) 8. Stuttgart 904. Deutsche Verlags-Anstalt. n. 4. —; geb. in Leinw. n. n. 5. —

Das Leben des Grafen Federigo Confalonieri. Von Ricarda Huch. Leipzig: Insel-Verl. 1910. 438 S. 8° [11. 9360

— Der Mondreigen v. Schlaraffis, s.: Hesse's, Max, Volksbücherei.

— der Mondreigen v. Schlaraffis. 12. (152 S.) Ebd. 896. n. 2. —; geb. n. 3. —

Der Mondreigen von Schlaraffia. Von Ricarda Huch. (Neue Ausg.) Leipzig: H. Haessel 1905. (152 S.) 8° [F.]
— Huch: Drei Erzählungen. 1. [08. 731

Huch, Ricarda, (von Braunschweig): Die Neutralität der Eidgenossenschaft besonders der Orte Zürich und Bern während des spanischen Erbfolgekrieges. Zür. Zürcher u. Furrer Dr. [Fäsi u. Beer Verl.] 1892. 2 Bl., 285 S., 1 Bl. 8°.
Zürich, Phil. Diss. [v. 11. März 1892].

—— Die Neutralität der Eidgenossenschaft, besonders der Orte Zürich u. Bern während d. spanischen Erbfolgekrieges. gr. 8. (III, 286 S.) Zürich 892, Höhr u. Fäsi. * 4 —

Das Risorgimento. Von Ricarda Huch. Leipzig: Insel-Verl. 1908. (212 S.) 8° [08. 17920 2

— Die Romantik. 2 Bde. 8. Leipzig 908. H. Haessel, Verl. à 5.—; geb. in Leinw. à 6.—; erh. Pr. à 6; geb. à 7. 50
1. Blütezeit der Romantik 3. Aufl. (VII, 391 S.)
2. Ausbreitung u. Verfall der Romantik. 2. Aufl. (V, 357 S.)

— d. Wick'sche Sammlung v. Flugblättern u. Zeitungsnachrichten in d. Stadtbibliothek Zürich, s.a. Neujahrsblatt, hrsg. v. d. Stadtbibliothek in Zürich.

Huch, Ricarda. Die Wieksche Sammlung von Flugblättern und Zeitungsnachrichten aus dem 16. Jahrhundert in der Stadtbibliothek Zürich. Mit 3 Tafeln.] Njbl. Stadtbibl. Zürich 1895. 4. Zürich.

Seifenblasen. 3 scherzhafte Erzählungen von Ricarda Huch. 1.-3. Aufl Stuttgart & Leipzig: Deutsche Verl.-Anst. 1905. (225 S.) 8°
(Bibliothek zeitgenössischer Autoren.) [08. 733

— Der letzte Sommer. Eine Erzählg. in Briefen. 1.—4. Aufl. (151 S.) 8. Stuttgart 910. Deutsche Verlags-Anstalt. 2.50; geb. 3. 50

Teufeleien. (Teufelei 1. 2 Lügenmärchen.) Von Ricarda Huch. (Neue Ausg.) Leipzig: H. Haessel 1905. (154 S.) 8° [F.]
— Huch: Drei Erzählungen. 2. [08. 731

Huch, Ricarda. Aus der Triumphgasse. Lebensskizzen. [Von] Ricarda Huch. Mit Buchausstattung von E[milie] Mediz-Pelikan. IV + 346 S. 8. Leipzig, Eugen Diederichs, 1902. [M. 3. 50]

— aus der Triumphgasse. Lebensskizzen. (Mit Buchschmuck v. Heinr. Vogeler-Worpswede.) 2. Aufl. 8. (IV, 346 S.) Ebd. 902. n. 4. —; geb. n. 5. —
1. Aufl. Ebd. 902. n. 3.50; geb. n. 4.50.

— aus der Triumpgasse. Lebensskizzen. 6. Aufl. (321 S.) 8. Jena 905. E. Diederichs. n. 4. —; geb. n. 5. —

— Aus der Triumphgasse. Lebensskizzen. 8. Aufl. (321 S.) 8. Jena 908. E. Diederichs. 4.—; geb. 5. —

Die Verteidigung Roms. Roman von Ricarda Huch. 1—3. Taus. Stuttgart & Leipzig: Deutsche Verlagsanst. 1906. (375 S.) 8° [F.]
— Huch: Die Geschichten von Garibaldi. 1. [06. 9310 4

— vita somnium breve. Ein Roman. 2 Bde. Buchschmuck v. Heinr. Vogeler. 8. (337 u. 308 S.) Leipzig 903. Insel-Verlag. n. 7. —; geb. n. 9. —

— Vita somnium breve. Ein Roman. (3. Aufl.) (511 S. m. Titelbild.) 8. Leipzig 906. Insel-Verlag. n. 6. —; geb. in Ldr. n. 8. —

Ricarda Huch. Vita somnium breve Ein Roman. 4. Aufl Leipzig: Insel-Verl. 1909. 510 S. 8° A12. 4627 II

Huch, Rich., d. Urtheil im Prozeß Seidel, s.a. Seidel, Paul.

Das Urtheil im Prozess [Hermann] Seidel. Text mit e. Begleitwort d. Rechtsanw. Dr. Richard Huch. Hrsg. von Dr. Paul Seidel. Braunschweig: A. Limbach 1898. (81 S.) 8° [F.] [07. 13827 4

Huch, Rob., D. Radfahrerfrage v. sozialen Standpunkt. gr. 8. (21 S.) Rheinbach 897. Göttingen, F. Wunder. n. — 50

Huch, Rob., d. Radfahrfrage v. sozial. Standpunkt. gr. 8. (21 S.) Rheinbach 898. Rudolstadt, A. Bock. n. — 60

Die Radfahrerfrage vom socialen Standpunkt v. Robert Huch, Braunschweig. *Rheinbach b. Bonn: Litterar. Bureau 1898.* (21 S.) 1 Bd 8. [98. 101

Huch, Roderich, Referendar in Braunschweig: Aufhebung des Testaments nach dem Bürgerlichen Gesetzbuch. Borna-Leipzig 1906: R. Noske. (VI, 69 S.) 8°
Leipzig, Jur. Fak., Diss. v. 19. Dez. 1906
[Geb. 21. Nov. 80 Braunschweig; Wohnort: Braunschweig; Staatsangeh.: Braunschweig; Vorbildung: Gymn. Martino-Katharineum Braunschweig Reife O. 99; Studium: Genf 1, München 2, Berlin 1, München 5 S.; Rig. 30. Dez. 02.]

Max Gebhard. Eine Studie von Rudolf Huch. Berlin: E. Fleischel & Co. 1907. (293 S.) 8° [F.] [07. 19860

— Hans der Träumer. 8. (383 S.) Leipzig 903. Insel-Verlag. n. 4.—; geb. n. 5.—; in Ldr. n.n. 6.—

— Die Familie Hellmann. Roman. 1. u. 2. Aufl. (530 S.) 8. München 909. G. Müller. 6.—; geb. 7.50

— der Kirchenbau. Lustspiel in 5 Aufzügen. 8. (III, 142 S.) Leipzig 900. Berlin, G. H. Meyer. n. 2.—; geb. n. 3.—

Kobolde im Bauernhaus. Ein Bühnenscherz in 1 Aufz. von Rudolf Huch. *Leipzig & Berlin: G. H. Meyer 1901.* (64 S.) 8° [F.] [01. 3709 11

— Kobolde im Bauernhaus. Ein Bühnenscherz in 1 Aufzuge. Neue [Titel-]Ausg. (64 S.) 8. Ebd. [901] 904. n. 1.—

Komödianten des Lebens. Roman von Rudolf Huch. Berlin: E. Fleischel & Co. 1906. (463 S.) 8° [F.]

— Komödianten des Lebens. Roman. 2. Aufl. (463 S.) 8. Berlin 906. E. Fleischel & Co. n. 6.—; geb. n. 7.50

Krankheit. Ein Drama in 4 Aufz. von Rudolf Huch. Leipzig: Insel-Verl. 1903. (121 S.) 8° [F.] [03. 756

Eine Krisis. Betrachtungen über d. gegenwärtige Lage d. Literatur. Von Rudolf Huch. *München & Leipzig: G. Müller 1901.* (103 S.) 8° [F.] [04. 6879

Huch, Rud., mehr Goethe. 1.—4. Taus. 8. (170 S. m. 1 Bildnis.) Berlin 899. G. H. Meyer. n. 2.—; geb. n. 3.—

— mehr Goethe. 5.—7. Taus. [Titel-Ausg.] (188 S. m. Titelbild.) 8. München [899] 904. G. Müller. n. 2.—; geb. n. 3.—

Preisturnier. Ein Renaissance-Drama in 5 Aufz. von Rudolf Huch. *Leipzig & Berlin: G. H. Meyer 1901.* (135 S.) 8° [01. 3709 11

— Preisturnier. Ein Renaissance-Drama in 5 Aufzügen. 2. [Titel-]Aufl. (135 S.) 8. Ebd. [901] 904. n. 2.—

— Die beiden Ritterhelm. Roman. 2. Aufl. (388 S.) 8. Ebd. 908. 4.—; geb. 5.—

— Die Rübenstedter. Eine Kleinstadt-Sommergesch. (Umschlagzeichnung v. Paul Renner.) (262 S.) 8. Ebd. 910. 3.—; geb. 4.—

Hohe Schule. 2 Novellen von Rudolf Huch. *Leipzig & Berlin: G. H. Meyer 1901.* (136 S.) 8° [F.] [01. 3709 11

— hohe Schule. 2 Novellen. 2. [Titel-]Aufl. (III, 136 S.) 8. Ebd. [901] 904. n. 2.—; geb. n. 3.—

Aus dem Tagebuche eines Höhlenmolches. Von Rudolf Huch. 3., verm. Aufl. Leipzig: H. Haessel 1900. (V, 226 S.) 8° [F.] [00. 737

— aus d. Tagebuche e. Höhlenmolches, s. a. Bibliothek, humoristische.

— dasselbe. s. a.: Schuster, A.

Teufelslist. Eine Gesch. aus alter Zeit von Rudolf Huch. 2. Taus. *Leipzig & Berlin: G. H. Meyer 1900.* (70 S.) 8° [F.] [00. 8010

Huch, Rud., Teufelslist. Eine Geschichte aus alter Zeit. 2. [Titel-]Aufl. (70 S.) 8. München [900] 904. G. Müller. n. 1.—; geb. n. 2.—

Huch, Rud., was liegt denn dran? Lebensbilder. 8. (III, 219 S.) Leipzig 898. H. Haessel. n. 3.—; geb. n. 4.—

Der Frauen wunderlich Wesen. Roman von Rudolf Huch. Berlin: E. Fleischel & Co. 1905. (310 S.) 8° [F.]

Huch, Rud., der Frauen wunderlich Wesen. Roman. 2. Aufl. (310 S.) 8. Berlin 905. E. Fleischel & Co. n. 3.50; geb. n. 5.—

Rudolf Huch. Winterwanderung. Eisgedanken u. Frühlingsahnen. 1. u. 2. Taus. *Leipzig & Berlin: G. H. Meyer 1901.* (256 S.) 8° [F.] [01. 3709 11

— Winterwanderung. Eisgedanken u. Frühlingsahnen. 2. [Titel-]Aufl. (256 S.) 8. Ebd. [901] 904. n. 2.50; geb. n. 3.50

Huch, Wilh., das höhere Dasein auf Erden. Die Lehren des Evangeliums der Arbeit, umfassend: Schöpfg., Sünde, Erlösg., Menschenwürde, Daseinszweck, Reich der Christen, Gesetz, Freiheit, Socialismus, Gottesdienst der Arbeit, Kapital-Götzendienst, Republik, Monarchie u. Staatsschutz im Kampfe ums Dasein. Allen Freunden des Christenthums u. der Naturwissenschaft gewidmet. gr. 8. (180 S.) Helmstedt 891. (Berlin, A.-G. Pionier.) n. 2.20

Huchard, Henri: Allgemeine Betrachtungen über die Arteriosklerose. Von Dr. [Henri] Huchard, Paris. Leipzig: Barth 1909. S. 180–191. 8°
(Sammlung Klinischer Vorträge. N. F. Nr 561.)

Huchard, (H.), allgem. Betrachtungen üb. d. Arteriosklerose, s. a. Sammlung klinischer Vorträge.

Huchard, Herzleiden, s.: Potain.

Die Krankheiten des Herzens und ihre Behandlung (Les Maladies du coeur et leur traitement) von H(enri) Huchard-Paris. Autor. Übers. von Dr. med. Fritz Rosenfeld, Stuttgart. Mit e. Vorw. von Exz. E(rnst) v. Leyden. Leipzig: Barth 1909. X, 217 S. 8° [11. 3597 11

Hucho, Heinr., Gesetze u. Verordngn. betr. d. Ausübg. d. Jagd im Königr. Sachsen, s. a. Meinhold's jurist. Handbibliothek.

HUCHO, Heinrich: Gesetze und Verordnungen betr. die Ausübung der Jagd im Kgr. Sachsen. - Leipzig 1896. 66 S.

Hucho, Herm., nutzbringende Milchwirtschaft im Groß- u. Kleinbetriebe. gr. 8. (VII, 249 S. m. 27 Abb.) Berlin 895. P. Parey. n. 5.—

Hucho, Herm., die Mittel zur Hebung der sächsischen Rindviehzucht. gr. 8. (54 S.) Leipzig 887, H. Voigt. * 1 —
Diss. Leipzig v. 5.2.1887.

Hucho, Hermann: Wesen, Zweck und Ziele der landwirthschaftlichen Statistik und ihre Bedeutung für die landwirthschaftliche Viehhaltung dargestellt mit besonderer Beziehung auf die Rindviehhaltung des Köngreiches Sachsen. . . . Leipzig, Druck v. G. Reusche, 1890; 1 Bl., 72 S. 8°
Leipzig, Phil. Fak., Hab.-Schr. v. 29. Nov. 1890.

Huchown's pistel of swete Susan, hrsg. v. Hans Köster. s.: Quellen u. Forschungen z. deutschen Sprach- u. Kulturgeschichte d. german. Völker.

Huchting, Berth., die Bekämpfung des Anarchismus im 20. Jahrh. Ein Vorschlag zur Abstellg. e. von Jahr zu Jahr immer unerträglicher werd. Notstandes. gr. 8. (IV, 12 S.) Varel 899. Selbstverlag. Nicht im Handel.

Huchzermeier, Paul (geb. am 25 Nov. 1847 in Schildesche Westf.): Die Evolutions- und Involutionsperiode des Organismus in ihrem Verhältnisse zu krankhaften Störungen desselben ... Bonn, Buchdr. v. P. Neusser (1873). 24 S., 1 Bl. 8.
Bonn, Med. Fak., Diss. v. 19 März 1873

Huchzermeyer, s.: Oeynhausen u. seine Indicationen.

Huchzermeyer, zum Winterklima Nordwestdeutschlands. Mit besond. Berücksicht. v. Bad Oeynhausen. gr. 8. (55 S. m. 1 Abbildg., 16 Tab. u. 4 Taf.) Oeynhausen 894. G. Ibershoff. n. 2. —

— üb. Winterkuren in uns. Breiten. [Aus: „Allg. med. Centralzeitg."] gr. 8. (8 S.) Berlin 896. O. Coblentz. n. 1. —

Huchzermeyer, C., ein Enthaltsamkeitsfest ein Gerichtstag für Alle. Predigt. 8. Gütersloh 845. (Berlin, Wohlgemuth.) n. 1/12 ₰

Huchzermeyer, Fritz (geb. Buckel in Westf. 26 12 1844) Ueber Kohlendunstvergiftung Berlin (1868) (32 S.) 8°
Berlin, Med. Diss. v 26. März 1868

Huck, der Infanteriedienst in s. Gesammtheit u. d. allgem. militär. Wissen. Ein Taschenbuch f. Fusstruppen-Unteroffiziere, Gefreite u. Einjährig-Freiwillige, enth. e. geordn. Zusammenstellg. aller Vorschriften, Anleitgn. u. Notizen f. d. inn. u. äuss. Dienst, der Allerhöchsten Bestimmgn. betr. Pensionirg., Civilversorgg., Gebührnisse u Heeres-Einrichtgn., sow. alles dessen, was f. d. Unteroffizier zu seiner weit. Ausbildg. wissenswerth erscheint. gr. 16. (XXX, 512 S.) Münster 895. Coppenrath. Geb. in Leinw. n. 3. —

Huck, A., deutsche Evangelien-Synopse m. Zugrundelegung der Uebersetzung Carl Weizsäckers. Ununterbr. Text m. d. Parallelen im vollen Wortlaute. Unter Beifügg. johanneischer u. außerkanon. Seitenstücke u. der wichtigst. Varianten in d. Ueberlieferg. d. Textes. (XVI, 152 S.) gr. 8. Tübingen 908. J. C. B. Mohr. 3.—; geb. 4.—

Huck, A., Synopse der drei ersten Evangelien. gr. 8. (XVI, 175 S.) Freiburg i/B. 892. J. C. B. Mohr. n. 2.80

Huck, A., Synopse d. drei ersten Evangelien. 2., durch e. Anh. verm. Aufl. gr. 8. (XVI, 191 S.) Freiburg i/B. 896. J. C. B. Mohr. n. 3. —; geb. in Leinw. n.n. 4. —

Synopse der drei ersten Evangelien bearb. v. A. Huck, Pfarrer in Postdorf b. Finstingen in Lothringen. 2., durch e. Anh. verm. Aufl. (Vorr.: H[einr.] Holtzmann.) *Freiburg i. B., Leipzig, Tübingen: J. C. B. Mohr 1898.* (XVI, 191 S.) 1 Bd 8.

Synopse der drei ersten Evangelien. Von A. Huck, Pfarrer. 3., gänzl. umgearb. Aufl. Tübingen: J. C. B. Mohr 1906. (XXXVIII, 208 S.) 8° [06. 1009]

Synopse der drei ersten Evangelien von A. Huck, Pfarrer in Schiltigheim. 4., durchges. u. verb. Aufl. Tübingen: Mohr 1910. XXXVII, 223 S. 8° [11. 3001 6

Huck, Ant., s. Beverley.

Huck, Erwin

Huck, E., der erste Bußunterricht in vollständigen Katechesen, samt Einleitung und Bemerkungen, nach der Methode von Meys „Vollständigen Katechesen". (XXXI, 96 S.) 1885; 2. verb. Aufl. (XXXI, 100 S.) 1886; 3. Aufl. 8. (XXXI, 102 S.) Freiburg i. Br. 888, Herder'sche Verlagsh. * 1 20
geb. ** 1 50

Huck, E. Der erste Bußunterricht in vollständigen Katechesen, samt Einleitg. u. Bemerkgn., nach der Methode v. Meys „Vollständigen Katechesen". 4. verb. Aufl. 8. (XXXVI, 104 S.) Freib. i. Br. 892, Herder. * 1 —; geb. ** 1 30

Huck, E., der erste Bußunterricht in vollst. Katechesen, samt Einleitg. u. Bemerkgn. n. d. Methode v. Meys „vollständ. Katechesen". 5., verb. Aufl. 8. (XII, 147 S.) Freiburg i/B. 898. Herder. n. 1. 20; Einbd. in Halbleinw. n.n.n. — 80

Huck, Erwin, der erste Bußunterricht in vollständigen Katechesen, samt Einleitg. u. Bemerkgn. nach der Methode v. Meys „vollständ. Katechesen". 6. verb. Aufl. (XIV, 149 S.) 8. Freiburg i/B. 905. Herder. n. 1. 40; geb. n. 1. 80

Huck, Frdr., Anleitung z. Gemüsebau, s.: Lehrmeister-Bibliothek.

— reichste Ernten auf Wiese u. Feld od. prakt. Ratschläge zum Futterbau. gr. 8. (32 S.) Ebd. (901). n. — 20

— mein Gärtchen od.: Wie schmücke ich meinen Garten schön u. billig? gr. 8. (24 S.) Ebd. (901). n. — 20

Huck, Frdr., prakt. Gartenbuch, s.: Schneider, Frdr.

— Gedichte üb. Pflanzen u. Blumen. 8. (71 S.) Ebd. (902). 1. 50

Huck, Friedr., der praktische Gemüsegärtner oder die Kunst, einen Gemüsegarten auf die zweckmäßigste und billigste Weise anzulegen und darin mit Leichtigkeit alle bekannten Gemüse zu ziehen. Ein unentbehrl., mit vielen prakt. Winken versehener Rathgeber für jeden Gartenbesitzer. 8. (IV, 51 S.) Saalfeld 878, Wiedemann'sche Buchh. *

Huck, Frdr., die Grassamenzucht. Anleitg. z. Anbau v. Gräsern zwecks der Gewinng. v. Grassamen. gr. 8. (73 S.) Erfurt 897, J. Frohberger. Kart. n. 1.50

— d. Grassamenzucht. Anleitg. z. Anbau v. Gräsern zwecks Gewinng. v. Grassamen. gr. 8. (73 S.) Erfurt 897. Leipzig, Anthor. Kart. n. 1.50

Huck, Friedr., unsere Honig- und Bienenpflanzen, deren Nutzen, Kulturbeschreibung ꝛc. 12. (80 S.) Oranienburg 884, Freyhoff's Verlag. *

Huck, Friedr., unsere Honig- und Bienenpflanzen, deren Nutzen, Kulturbeschreibung ꝛc. 2. verm. Aufl. 8. (106 S.) Oranienburg 887, Freyhoff. * 1 —

(B) Huck, J., unsere Honig- u. Bienenpflanzen. 887. Jetzt: Leipzig, Leipziger Bienenzeitung.

— reicher Hyazinthenflor im Winter. Anleitungen zur Kultur der Hyazinthe in Töpfen, auf Gläsern etc., nebst e. Anh. zum Treiben v. Crocus, Tazetten, Tulpen, Narzissen etc. 8. (32 S. m. Abbildgn. u. 1 farb. Taf.) Erfurt (900). (Berlin, Berolina-Versand-Buchh.) n.—30

Huck, Frdr., unsere besten u. schönsten Cacteen, deren Kultur u. Verwendung. gr. 8. (32 S. m. Abbildgn.) Erfurt (900). (Berlin, Berolina-Versand-Buchh.) n. — 20

— zum Kartoffelbau u. Praktische Ratschläge zum Futterbau. gr. 8. (45 S. m. 1 farb. Taf.) Ebd. (900). n. — 50

— praktische Vogel-Fütterung. Allerlei nützl. Winke zur Beschaffg. e. guten, gesunden Nahrg. f. einheim. u. fremdländ. Stubenvögel. gr. 8. (24 S.) Ebd. (901). n. — 20

Huck, Frdr., Zeitgemässe Worte an den Landwirth, oder wie vermag der deutsche Landwirth die ihn so bedrückende ausländische Konkurrenz auszuhalten u. wie kann er seine Wirthschaft noch rentabler gestalten? 12°. Erfurt (Leipzig, H. Voigt) 1891. 64 S.

Huck, Dr. J. J., d. Grund d. Wechselrechts, nebst e. Darstellung u. Beurtheilung d. bisherigen Hypothesen. Ein deutsch-rechtlicher Versuch. gr. 8. Tübing. 832. Osiander. 8 gK

Huck, Joh. Chrysostomus

Dogmenhistorischer Beitrag zur Geschichte der Waldenser. Nach den Quellen bearb. v. Dr Chrysostomus Huck, Geistl. Lehrer ... zu Baden-Baden ... *Freiburg i. B.: Herder 1897.* (4 Bl., 88 S.) 1 Bd 8.

Huck, J. Chr., Erwiderung auf die Schrift d. protestant. Pfarrverwalters K. L. Spitzer: „Aus Acherns Vergangenheit." Eine krit. Würdigg. (58 S.) 8. Bühl (908). „Unitas." nn — 50

Huck, Joh. Chrysostomus, Ubertin v. Casale u. dessen Ideenkreis. Ein Beitrag zum Zeitalter Dantes. (VII, 107 S.) gr. 8. Freiburg i/B. 908. Herder. n. 2. 80

Huck, Karl, appr. Arzt a. Sitzenkirch: Über congenitale Cystennieren. Freiburg (Baden) 1904: E. Kuttruff. (51 S.) 8°
Freiburg i. B., Med. Fak., Ref. Kraske, Diss. v. 1904
[Geb. 25. Sept. 80 Sitzenkirch, A. Müllheim; Wohnort: Freiburg; Staatsangeh.: Baden; Vorbildung: Gymn. Lörrach Reife Juli 99; Studium: Freiburg 6, Berlin 1, Freiburg 2 S.; Coll. 29. Juli 04; Approb. 13. Juli 1904.]

Huck, L., s.: Kirchenkalender, evang., f. Elsass-Lothr.

Huck, N., s. Huk, N.

Huck, Otto

Huck, O., die Bauconstructionslehre, s.: Uhland's technische Bibliothek.

—— die Constructionslehre. Eine Sammlung von Aufgaben für den Unterricht im Linear-Zeichnen an Real-Schulen, Gewerbeschulen und Baugewerksschulen, sowie zum Selbstunterricht. 1. Abthl.: Die Construktion geradlin. Figuren und Muster. Mit 25 (lithogr.) Taf. qu. Fol. (31 S. mit eingedr. Holzschn.) Halle 869, Knapp. *

Hueck, Alexander: Die Achsendrehung des Auges. 37 S., gbd., Abb.

Dorpat: Kluge 1838

Hueck, Al., Achsendrehung des Auges. Dorpat 838. jetzt Verlag von Michelsen in Leipzig.

— die Bewegung der Krystallinse. Mit 4 lithogr. Tafeln. gr. 4. Dorpat 839. Kluge. 2 ßf

Hueck, Alexander: Die Bewegung der Krystalllinse. 121 S., gbd., Abb., Tab.

Leipzig: Köhler 1841

—— de craniis Estonum comment. anthropolog. Fol. (4 B. u. 3 Stnt.) Dorpati Livon. 838, (Severin.) *

(Hueck, Alexander von): Darstellung der landwirthschaftl. Verhältnisse in Esth- Liv- und Curland. — Lpg: Wiegand 1845. XVIII, 340 S. mit 1 Kt.

Hueck, Alex. (Friedr.), Gerüste d. Anatomie. Eine Uebersicht d. vorzügl. Theile d. menschl. Körpers. gr. 8. (3¼ B.) Riga 833, Frantzen.

—— Lehrbuch d. Anatomie d. Menschen. Mit Hinweis. auf M. J. Webers „anatom. Atlas." 2 Abthln. gr. 8. Riga, Frantzen. [1. (12¾ B.) 833. 1 Thlr. 6 Gr., 2. (14 B.) 835. 1 Thlr. 12 Gr.]

— Lehrbuch der Anatomie des Menschen. Mit Hinweisung auf M. J. Weber's anatom. Atlas. (2 Abthll.) gr. 8. Riga u. Dorpat 833. 35. Kluge. 2½ ßf

Hueck, Alex. (Fr.) Diss. de mutationibus oculi internis respectu distantiae rerum. Mit 2 Tabellen 8. Dorpat 826.

Hueck, Alex. (Friedr.), das Sehen, seinem äußern Processe nach entwickelt. gr. 8. (9¼ B.) Dorpat 830. (Göttingen, Dieterich.)

— das Sehen, seinem äußern Processe nach entwickelt. gr. 8. Dorpat 830. (Kluge.) 5/6 ßf

— über das Studium der Anatomie, in drei Vorlesungen. gr. 8. Riga u. Dorpat 833. Frantzen. ¼ ßf

Hueck, G. v., Ahnentafeln des Geschlechts von Hueck. 1884. 4.

— Stammbaum des Geschlechts von Hueck. 1884. 8.

Hueck, Carl Ferd. v., das Gut Munnalas in Ehstland u. meine Bewirthschaftung desselben in den Jahren 1838 bis 1845. M. besond. Berücksicht. d. landwirthschaftl. Verhältnisse Ehstlands. Nebst e. Karte des Gutes Munnalas u. 47 die dortige Buchführung darstellenden Tafeln. (13 lith. B. auf Schreibp. in e. besond. Hfte.) gr. 8. (14⅝ B.) Reval 845, Kluge's Verl. (Eggers.) *

Hueck, Werner, a. Lüdenscheid i. W.: Beiträge zur Frage über die Aufnahme und Ausscheidung des Eisens im tierischen Organismus. Rostock 1905: Adlers Erben. (107 S.) 8°
Rostock, Med. Fak., Ref. Kobert, Diss. v. 20. Juli 1906
[Geb. 18. April 82 Lüdenscheid; Wohnort: Lüdenscheid; Staatsangeh.: Preußen; Vorbildung: Klostersch. Ilfeld a. Harz Reife O. 00; Studium: Tübingen 2, Rostock 2, München 2, Rostock 3 S.; Coll. 23. Juni 05; Approb. 11. Juli 06.]

Heinrich Huckarde. Lieder der Einsamkeit. Berlin: Sammlung menschl. Dokumente 1908. (177 S.) 8° [F.]
— Sammlung menschlicher Dokumente. Bd. 2. (07. 2408)

Hucke, C., Bericht über die zwölfjährige Wirksamkeit der Ackerbauschule zu Alach. gr. 8. (16 S.) (Erfurt 857, Keyser'sche Buchh.) **

Hucke, D. Ueb. d. Pflege eines wirksamen Glaubens in d. Katechum. 11 S.
Progr. Erfurt k. 1830

Hucke, D. Ueber den Relig.-Unterricht der Kleinen. 14 S. . . . .
Progr. Erfurt k. 1826

Hucke, Jul. Das verwünschte Geld. Währungswirthschafts- u. socialpolit. Untersuchgn. 3. vervollständ. u. verb. Aufl. gr. 8. (VII, 112 S.) Berl. 889, Mitscher u. Röstell. * 3 —
Aus: Börsen-Wochenblatt, besonders abgedruckt.

Hucke, Jul., das Geld-Problem u. die sociale Frage. 4., vollständig umgearb. Aufl. der Schrift „Das verwünschte Geld". 8. (VIII, 279 S.) Berlin 894. Mitscher & Röstell. n. 2. 40

Das Geld-Problem und die soziale Frage. Eine gemeinverständl. Darlegung der im heutigen Geldgebrauche steckenden Ursachen d. sozialen Uebels. Von Julius Hucke. 5. Aufl. *Berlin: Mitscher & Röstell 1903.* (XII, 486 S.) 8° [03. 6785

[J.] Geld-, Bank- u. Börsenschwindel. Von Julius Hucke, Vf. v.: 'D. Geld-Problem u. d. soc. Frage'... *Berlin: Mitscher & Röstell 1896.* (149 S.) 1 Bd 8. [97. 3401

[J.] Die Geld-Verrichtungen in der Preis-, Lohn- u. Zinsgestaltung. Von Julius Hucke, Vf. v.: 'D. Geld-Problem u. d. soc. Frage'... *Berlin: Mitscher & Röstell 1897.* (IV, 204 S.) 1 Bd 8. [97. 3402

Die Handels-Bilanz. Die Obliegenheiten d. Wechsels. Die Valuta. Der Zettelbank-Apparat. 4 nationalökon. Abhandlungen von Julius Hucke. *Berlin: Mitscher & Röstell 1901.* (XIV, 318 S.) 8° [01. 10817

Die Handels-Bilanz und noch vier Abhandlungen. ⟨Die Obliegenheiten des Wechsels. Die Valuta. Der Zettelbank-Apparat. Kritik d. Quellen u. Grundlagen d. heutigen Erwerbes u. Eigentums.⟩ Von Julius Hucke. 2., wesentl. erw. Aufl. Berlin: Mitscher & Röstell 1906. (XVI, 530 S.) 8° [06. 1563

Hucke, Jul., Die Zwickmühle im Gelde oder die Regel de tri des relativen Lohnes. gr. 8⁰. Berlin, Mitscher und Röstell, 1895. VI,72 S.

Hucke, Kurt: Geologische Ausflüge in die Mark Brandenburg. Berlin: Weidmann 1910. 21 S. 4°
Berlin, B. st. R OP 1910 (104) [S 10. 199

Hücke, Joh., Deutsch-böhmische Kürschner-Terminologie. (Názvosloví pro kožešníky.) 8. (11 S.) Prag, *Fr. A. Urbánek. 1883

Huckebein, Hans, rund um Süd-Amerika. Briefe an Tante Lottchen. (888 S. m. Vollbildern.) 8. Leipzig (908). Hildburghausen, Thüringische Verlags-Anstalt. Geb. in Leinw. 5. —

Huckebein, Hans Heinr. v., s.: Käuze, komische.

Hückel, Armand, Lehrbuch der Krankheiten d. Nervensystems f. Studierende u. Aerzte. gr. 8. (VII, 303 S. m. 24 Abbildgn.) Wien 891. F. Deuticke. n. 8. —

Hückel, Armand, die Rolle der Suggestion bei gewissen Erscheinungen der Hysterie und des Hypnotismus. Kritisches und Experimentelles. gr. 8. (72 S.) Jena 888, Fischer. * 1 80

Die Vaccinekörperchen. Nach Untersuchgn an d. geimpften Hornhaut d. Kaninchens. E. experimenteller u. krit. Beitr. z. Frage nach d. Contagium d. Vaccine v. Dr. Armand Hückel, vorm. Privatdoc. an d. Univ. Tübingen. M. 4 lithogr. Taf. *Jena: G. Fischer 1898.* (2 Bl., 148 S., 4 Taf.) 1 Bd 8.
— Beiträge z. patholog. Anatomie u. z. allg. Pathologie. Suppl.-H. 2. [98. 1011

Hückel, Arthur [aus Stuttgart]: Über die Dreiteilung furtum rei ipsius, furtum usus, furtum possessionis .... Tübingen, H. Laupp jr., 1886; 65 S. 8°.
Tübingen, Jur. Fak., Inaug.-Diss. v. 1886.

Hückel, Arthur, über Dreiteilung furtum rei ipsius, furtum usus, furtum possessionis. Diss. Tübingen 1886, Fues' Sort. 8⁰. 65 S.

Hückel, Barth. Edw., († ...) von d. Natur, Wartung, Nutzen, Krankheiten u. Arzneien d. Ziegen u. zahmen Schweine. 8. Frankf. a. M. (1746.) 756. Akad. B. 2 gl.

Hückel, Barthold Ludewig: Abhandlung vom Horn-Vieh, nebst dessen abgestatteten Berichten und Gutachten von der Horn-Vieh-Seuche... Cüstrin (1747). 231 S.

Hückel, Barthold Ludewig: Abhandlung vom Schaf-Vieh, darinnen desselben Natur, Wartung und Nutzen, wie auch Kranckheiten und Artzneyen beschrieben werden. Stargardt 1745. 112 S.

Hückel, Bernh., der Begriff „Strafänderung" u. das Strafgesetzbuch f. das Deutsche Reich. Ein Beitrag zur Geschichte der Entwicklg. der deutschen Strafrechtslehre. 8. (VIII, 118 S.) Stuttgart 892. W. Kohlhammer. n. 2.—

Hückel, Carl, Hüte aus Filz und Seide, s. Bericht über die Weltausstellung in Philadelphia 1876.

Hückelhaven, Johann Balthasar von (Livländischer Adel), **Selecta juris Rigensium cambialis capita explicata, atque observationibus illustrata exhib. Diss. jur. Präs. Jo. Gottlieb Siegel. Lpz. (Breitkopf) 8. VII. 1751. 72 S., tlws. dtsch.** (6.50)
Gew.: Graf v. Brühl. — Widm. v. Präs. 16260

Hückelheim, Johann Ferdinand (Hrsg.), s. Acta apostolorum.

Hückelheim, Joh. F., kathol. Apologetik, s.: Hake, B.

Hückelheim, Joh. F., die Apostelgeschichte. Übers. u. erklärt f. den Unterricht an den höheren Lehranstalten, sowie zur Selbstbelehrg. Mit e. Karte. 8. (V, 165 S.) Paderborn 902. F. Schöningh. n. 1. 60

Hückelheim, Joh[annes] F[erdinand]: Über den Unsterblichkeitsglauben bei den alten Griechen und Römern. S. 3—32. 4. Zweiter Teil. S. 3—31. 4.
Progr. Kgl. Gymn. Laurentianum *Warendorf* 1903 (427). 1905 (434).
§ 1. Einleitung. Das Jenseits nach der Anschauung der alten Griechen. § 2. Der Volksglaube. § 3. Die Mysterien. § 4. Die Philosophen. — Das Jenseits nach den Anschauungen der alten Griechen und Römer. Zweiter Teil. Die Vorstellungen der alten Römer vom Leben nach dem Tode. § 5. § 6. Der Volksglaube der alten Römer. § 7. Der Unsterblichkeitsglaube bei den römischen Philosophen und Gebildeten überhaupt.

Hückelheim, Joh[annes] F.: Über den Unsterblichkeitsglauben bei den alten Griechen und Römern. (T. 1.) *Warendorf 1903: J. Schnell.* (S. 3—32.) 4° [J].
Warendorf, k. G Laurentianum, P 1903 (427)

Hückelheim, Joh[annes] F.: Über den Unsterblichkeitsglauben bei den alten Griechen und Römern. T. 2. Warendorf 1905: J. Schnell. (S. 3—31.) 4° ¶ [Forts. d. P-Beil. 1903.]
Warendorf, k. G Laurentianum P 1905 (434)

Hückelheim, Joh. F., Zweck d. Apostelgeschichte. Eine bibl. Studie. (XIV, 124 S.) gr. 8. Paderborn 908. F. Schöningh. 2. 80

Huckelom J B, für Werkstatt und Schule. Motive auf Grund des Vierecks. (31 T) kl 4° Leipzig (1904)

Der Bau des Kaiserlichen Gesundheitsamtes in Berlin. Von J[ohann] **Hückels.** Mit 6 Taf. *Berlin: W. Ernst & Sohn 1900.* (11 S., 6 Taf.) gr. 2° Aus: Zeitschrift f. Bauwesen. Jg. 1900. [01. 3603

Häcker, Wilhelm: Die Entstehung der Amtsverfassung im Herzogtum Westfalen. Münster: Regensberg 1909. 128 S. 8° ¶ (Aus: Zeitschrift f. vaterl. Gesch. u. Altertumsk. Bd 68, Abt. 2.)
Leipzig, Phil. Diss. v. 17. Sept. 1909, Ref. Lamprecht, Seeliger
[Geb. 6. Aug. 84 Winterberg; Wohnort: Winterberg; Staatsangeh.: Preußen; Vorbildung: Gymn. Arnsberg Reife O. 04; Studium: Bonn 1, Münster 2, München 1, Genf 1, Leipzig 4 S.; Rig. 2. Dez. 08.] [U 10. 3162

Huckert, Egon, zum Ausgleich bei der Reifeprüfung. (32 S.) gr. 8. Dresden 909. C. A. Koch. — 60

Huckert, Egon, die Politik der Stadt Mainz während der Regierungszeit des Erzbischofs Johann II. [1397—1410]. gr. 8. (128 S.) Mainz 878, Faber'sche Buchh. **

[F.] Sammlung socialpädagogischer Aufsätze. Von Dr. Egon **Huckert**, Oberl. ... in Neisse. *Paderborn: F. Schöningh 1898.* (2 Bl., 137 S.) 1 Bd 8. [98. 1741

Huckert, Egon: Zur Statistik der preussischen Studenten. *Neisse (1898): F. Bar.* (32 S.) 8° ¶ (Theil 1.) [F.]
Neisse, RG, OP 1898 (226)

— zur Statistik d. preuß. Studenten. 8. (32 S.) Neisse 898. F. Huch. n. — 50

Huckort, Egon War Erzbischof Johann II von Mainz der Urheber der Tötung Herzogs Friedrich von Braunschweig? 4 (21 S.).
Progr. Rg. *Neisse* 1888 (206).

Huckert, Egon, Welche Bedeutung gebührt der Religion in den sozialen Kämpfen der Gegenwart? gr. 8°. Neisse, F. Huch in Komm., 1892. 25 S.

Huckert, Egon, Welche Bedeutung gebührt der Religion in den socialen Kämpfen der Gegenwart? Neisse, (Huch.) 1893, 8°, 25 S, 30 Pf.
Vgl. Litt. Rundsch. 1893, S. 60. Stimmen a. M.-Laach Bd. 17, S. 615.

Huckert, G., Übungsheft zur Erlernung der gewerblichen Buchführung, s: Widdem, P.

Huckestein, Wilhelm, s.a. Hukestein, Wilhelm.

Huckestein, Wilhelm: [Gymnasialdirektor Dr. Heinrich Vockerodt † 16. August 1905.] S. 3—6. 4.
Progr. Gymn. *Recklinghausen* 1906 (439).

Hucking, Victor, Gerichtsassessor zu Koblenz: Die rechtliche Behandlung des unbefugten Personenwechsels in einer Parteirolle bei anhängigem Civilprozess. Bonn 1906: S. Foppen. (71 S.) 8° [F.]
Bonn, Jur. Fak., Ref. Crome, Diss. v. 21. Dez. 1906
[Geb. 24. April 79 Neustadt i. Westpr.; Wohnort: Koblenz; Staatsangeh.: Preußen; Vorbildung: Gymn. Elberfeld, Koblenz Reife O. 97; Studium: Genf 1, Marburg 1, Bonn 3, Leipzig 1 S.; Rig 7. Dez. 06.].

Hückinghaus, Karl Aug. Gedichte. 12. (IV, 80 S.) Dresd. 889, Pierson. * 1 —; geb. * 2 —

Hückinghaus, Karl August [aus Remscheid]: Die Verstaatlichung der Steinkohlenbergwerke ... (Erscheint vollst. als Heft v d. IV. Bds d. Staatswiss. Studien, hrsg. v. L. Elster.) Jena, G. Fischer, *1892:* 2 Bl., 82 S. 8.
Freiburg i. B., Phil Fak, Inaug.-Diss. v. 1892

Hückinghaus, Karl Aug., die Verstaatlichung der Steinkohlenbergwerke, s. a. Studien, staatswissenschaftliche.

Hucklenbroich, Anton (geb. Hedburg im Rheinl [4 8. 1846]). Thesen Berlin (1870). (2 Bl.) 8° ¶ Die Diss. nach dem Fakultäts-Album über „Melancholia cum stupore", ist nicht nachweisbar.
Berlin, Med. Thes. v 22. Juli 1870

Hucklenbroich, Chr., fröhliche Jugendzeit in Bildern. gr. 4. (15 Bl. m. eingedr. Silhouetten.) Berlin 875. Winckelmann & Söhne. 3. 75

— Träume eines Social-Demokraten. 2 Hefte. 16. Berlin 877, Lorentz. à Heft 75 Pf.
Inhalt:
Heft 1. Das Ministerium des neuen social-demokratischen Volksstaates, wie solches einem Socialdemokraten im Traume erschienen ist. (12 color. Stnt. mit Text.)
„ 2. Die Häuptlinge des neuen social-demokratischen Volksstaates, wie solche einem Socialdemokraten im Traume erschienen sind. 1. Thl. (11 color. Stnt.)

Hucklenbroich, Chr., Träume eines Social-Demokraten. Traum Nr. 1 u. 2. 16. Berlin 881. Lorentz. à — 75
1. Das Ministerium des neuen social-demokratischen Volksstaates, wie solches einem Socialdemokraten im Traume erschienen ist. (12 color. Steintaf. m. Text.)
2. Die Häuptlinge des neuen social-demokratischen Volksstaates, wie solche einem Socialdemokraten im Traume erschienen sind. 1. Thl. (11 color. Steintaf.)

Hucklenbroich, Paul, appr. Arzt a. Horst in Westf.: Über einen Fall von Osteom nebst Mucocele der Stirnhöhle, sowie über einen Fall von Sarkom des Siebbeins. Freiburg i. Br.: Speyer & Kaerner 1905. (55 S.) 8°
Freiburg i. B., Med. Fak., Ref. Axenfeld, Diss. v. 25. Febr. 1905
[Geb. 28 Juni 77 Horst i. W; Wohnort: Coln; Staatsangeh.: Preußen; Vorbildung: Gymn. Dusseldorf Reife O 96; Studium: Wurzburg 4, Munchen 1, Bonn 1, Freiburg i. B. 3 S.; Coll. 8 Juli 04; Approb. 8. Juli 03.]

Hückmann, Fritz, Heimatsklänge. E. Weihnachtsfestspiel. Nebst e. Anh. 8. (43 S.) Schwarzenberg 896. M. Helmert. n. — 50

[F.] Was lehrt Diesterweg über die Berücksichtigung der Individualität? Von Fritz Hückmann, Lehrer in Zottewitz in Sachsen ... *Bielefeld: A. Helmich [1897].* (14 S.) 8.
= Abhandlungen, Pädagogische. N. F. Bd 1, H. 8. [98. 3016

Hucko, Matthias: Bildung der Substantiva durch Ableitung und Zusammensetzung im Altsächsischen. Straßburg i. E. 1904: M. DuMont-Schauberg. (VII, 143 S.) 8°
Straßburg, Phil. Diss. v. 1903

Hucks Gibbs, Henry, Die Doppelwährung, s. Schriften des deutschen Vereins für internat. Doppelwährung.

Huckstädt, Eph. Joa. F. Thdr., († d. 30. Nov. 1823.) Gedichte. 8. Neustrel. 806. Albanus. 20 gr.

Hückstädt, Ernst, der Brief Pauli an die Philipper. Praktisch ausgelegt. gr. 8. (VIII, 107 S.) Altona 902. [M. Hoffmann.] Anklam, A. Schmidt. n. 1. 80

Hückstädt, Ernst. Ehre sei Gott in der Höhe. 20 Festpredigten. gr. 8. (VI, 139 S.) Anklam 889. (Lpz., Buchh. d. Vereinsh.). * 1 60; geb. * 2 —

Huckstädt, Ernst, Friede auf Erden! Trostklänge aus dem Heiligtum des Herrn. Predigten üb. alttestamentl. Perikopen. 1. Bd. Nach dem Tode des Verf. hrsg. v. Walth. Hückstädt. (III, 233 S.) gr. 8. Bremerhaven 903. L. v. Vangerow. n. 5. —

Hückstädt, E., Ueber das pseudotertullianische Gedicht adversus Marcionem. Diss. 1875. 57 S. 1.20

Hückstädt, Ernst., über das pseudotertullianische Gedicht adversus Marcionem. Ein Beitrag zur christlich-latein. Literaturgeschichte d. 4. Jahrh. gr. 8. (58 S.) Leipzig 875. Hinrichs' Verl. n. 1. 20

Hückstädt, Ernst, Geschichte der Stadt Pasewalk von der ältesten bis auf die neueste Zeit. 6 Lfgn. gr. 8. (VIII, 301 S.) Pasewalk 882,83, Schnurr. à Lfg. * 50 Pf. *

Hückstädt, Ernst, die Gotteskindschaft od. d. Menschen Erlösg. — Gottes Verklärg. gr. 8. (IX, 238 S.) Anklam 891. A. Schmidt's Verl. n. 2. 60; geb. n. 3. – ; in Kaliko n. 3. 50; in Prachtbd. n. 4. —

— Jesu nach! Ein Liebeswort an Konfirmanden. gr. 8. (31 S.) Anklam 890. Schmidt's Verl. n. — 15

— Jesu nach! Ein Liebeswort an Konfirmanden. 2. Aufl. 8. (31 S.) Ebd. (902). n.n. — 10

— unsere Kirchgänger. Vorschläge zur Hebg. des Kirchenbesuches u. zur Befruchtg. der Gottesdienste. gr. 8. (71 S.) Stuttgart 894. Greiner & Pfeiffer. n. 1. 20

—— Der Lehrbegriff d. Hirten. Ein Beitrag zur Dogmengeschichte d. 2. Jahrh. gr. 8. (III, 66 S.) Anklam 889. (Lpz., Buchh. d. Vereinshauses.) * 1 20

Hückstädt, E., s.: Verhältnisse, d. geschlechtl.-sittl., der evang. Landbewohner im Deutschen Reiche.

Hückstädt, E.: Die geschlechtlich-sittlichen Verhältnisse..., s. Wittenberg, H.

Hückstädt, Gr., neunzehn Blumen auf Thdr. Körners Grab gesetzt. 8. Hamb. 820. (Herold). 18 ℛ

Huckstaedt, H[ans]. Der Alpenkurort Grindelwald zur Winterszeit. [Mit Illustrationen, 1 Plan und 1 Kärtchen.] 8. Zurich 1892.

Hueckstaedt, H. Der Uterus arcuatus u. seine Beziehungen zu Schwangerschaft und Geburt. Dissertation. Gr. in-8°. 35 S. Bern, Huber & Cie., 1889. — 90

Hueckstaedt, Hans. Der Uterus arcuatus u. seine Beziehungen zu Schwangerschaft u. Geburt. Diss. gr. 8. (35 S.) Bern 889, (Körber). * — 70

Hückstaedt, Carl J., neue und praktische Methode zur Erlernung des Englischsprechens, oder nach der engl. Construction bearb. Uebungen zum wörtlichen Uebersetzen vom Deutschen ins Englische. Enthaltend systematisch geordnete interessante Auszüge aus den Werken der neuesten und berühmtesten engl. Autoren. gr. 8. (124 S.) Hamburg 855, (Th. Riemeyer.)

Hückstädt, Walther, Referendar: Die Haftung des Ratgebers nach gemeinem Rechte und nach dem Rechte des Bürgerlichen Gesetzbuches für das deutsche Reich. Unter Berücks. sonstiger moderner Gesetzgebungen. *Greifswald 1901: J. Abel.* (43 S.) 8° [J.]
Greifswald, Jur. Diss. v. [18. Okt.] 1901

HUCSKO, Basilius: De primatu et iuribus Romani pontificis. — (1845) 114 S. 4° (Handschr.) Diss. 103
Diss. Wien, Univ.

Huczyński: Ueber die Begründung der Kennzeichen der Convergenz u. Divergenz der unendlichen Reihen sowie d. Produkte mit unendlichen Faktorenfolgen. 31 S.–Neu-Sandec, Progr. 1855

Huczyński, M. Ueber die Bildung und Bedeutung der Laute, d. i. articulirter hörbarer Zeichen, und die Verbindung derselben zur menschlichen Sprache. Neu-Sandec, O. G., 1852. Progr.

Hudabiunigg, Karl, d. Buchführung d. Filialen u. deren Einfügg. in d. Buchführg. d. Hauptanstalt. Fol. (60 autogr. S.) Graz (Landhaus) 895. Selbstverlag. n. 2. —

— Buchungen vor u. nach Austritt e. Gesellschafters m. Berücksicht. v. Stamm-Vermögen u. circulir. Vermögen. Fol. (15 autogr. S.) Ebd. 895. n. — 60

Cameralistik und Doppik. Von Karl **Hudabiunigg**, Handelslehrer, Graz. *Leipzig: Handels-Akad. [1897].* (88 S.) 8°
— Zeit- u. Streitfragen aus d. Buchhaltungswissenschaft. [1.] (03. 15534) 3

— nicht realisirte Cours- u. Preis-Differenzen u. ausserordentl. Ereignisse in der Buchhaltung. Fol. (15 autogr. S.) Graz (Landhaus) 895. Selbstverlag. n. — 60

Interessante Fälle im Buchhaltungswesen. Von Karl **Hudabiunigg**, Handelslehrer, Graz. 2. Aufl. *Leipzig: Handels-Akad. [1897].* (88 S.) 8° [J. u. Ant.]
— Zeit- u. Streitfragen aus d. Buchhaltungswissenschaft. [3.] (03. 15537) 3

— Kritik d. v. F. Hügli, Staatsbuchhalter in Bern, dargest. „constanten" Buchhaltg. Fol. (114 autogr. S.) Ebd. 895. n. 3. —

— Staatsbuchhalter Hügli's Kritik meiner Monographie „Die cameralist. Rubrik" u. „der doppische Conto". Graz 1894. Fol. (19 autogr. S.) Ebd 895. n. — 60

— Kritik d. Constanten (Buchhaltung d. Staatsbuchhalter F. Hügli), s.: Zeit- u. Streitfragen aus der Buchhaltungswissenschaft.

— das Rechnungs-Wesen im öffentl. Wirthschafts-Leben. Fol. (10 autogr. S.) Ebd. 895. n. — 40

Hudabiunigg, Karl, die cameralistische „Rubrik" u. der doppische „Conto". Fol. (45 autogr. S.) Graz 894. Selbstverlag. n. 2. —

— die cameralist. „Rubrik" u. d. doppische „Conto". 2. Aufl. Fol. (45 autogr. S.) Ebd. 896. n. 2. —

— die Summe d. tägl. Losung als Ersatz f. Buchhaltg. Fol. (29 autogr. S.) Ebd. 895. n. 1. —

— Unternehmer-Gewinn, Capital-Zins u. Arbeits-Lohn in d. Buchhaltg. Fol. (7 S.) Ebd. 895. n. — 40

— Versuch e. algebraischen Darstellg. d. dopp. Buchhaltung. Fol. (6 autogr. S.) Ebd. 895. n. — 40

Hudaj, Geor., Manuale della lingua arabe volgare colla spiegazione italiana e tedesco e colle pronuzia annessa ad ogni parola araba, s. Hofstetter, Giov.

Huddilston, John Homer

Huddilston, John H.: Greek Art in Euripides, Aischylos and Sophokles. *London: Macmillan & C. 1898.* (119 S.) 8° ¶(Erschien erweitert 1898 im gleichen Verlage u. d. T.: The Attitude of the Greek Tragedians toward Art.) [Umschlagt.]
München, Phil. Diss. v. 1898

Greek tragedy in the light of vase paintings [deutsch]
Die griechische Tragödie im Lichte der Vasenmalerei von John H(omer) **Huddilston**. Neu durchges. Ausg. übers. von Maria Hense. Mit 29 Abb. *Freiburg i. B.: F. E. Fehsenfeld 1900.* (XXIII, 215 S.) 8° [illegible]

Hude, Sen. Hermann von der. Lübeck 1859. V: *Dittmer, G. W.* (Russell XVI, III, 1, 63)

Hude, Bernhard Heinrich von der

v. d. Hude, Brhrd. Hnr., († d. 26. Dec. 1828.) kurzer Abriß d. Reformationsgeschichte bis zum Augsburger Frieden. gr. 8. Lübeck 817. Niemann. 8 gGr.

— kleine deutsche Sprachlehre, zunächst für Töchter- u. Bürgerschulen. Mit e. Anh. fehlerhafter Aufsätze rc. 8. Lübeck 808. 2e A. 813. 3e 819. 4e A. 822. 5e A. 826. 6e A. 830. v. Rohden. 15 gGr.

von der Hude, Bernh. Hnr., kleine deutsche Sprachlehre, zunächst für Töchter- u. Bürgerschulen. Mit e. Anhange fehlerhafter Aufsätze zur richtigen Anwendung der gegebenen Regeln u. zur Vermeidung der gewöhnl. Schreib- u. Sprachfehler. 7e, mit d. 6n gleichlaut. Aufl. 8. Lübeck 835. v. Rohden u. Bruhn. 5/8 Thlr — 8e verb. Aufl. Mit 1 Tab. 8. Ebd. 840. 5/8 Thlr

v. d. Hude, Bernh. Hnr., kleine deutsche Sprachlehre, zunächst für Töchter- u. Bürgerschulen. 9., mit der 8. gleichlautende Aufl. 8. (Mit 1 Tab.) Lübeck 845, v. Rohden'sche B. 5/8 Thlr

v. d. Hude, Bernh. Heinr., kleine deutsche Sprachlehre, zunächst f. Töchter- u. Bürgerschulen. Mit einem Anh. fehlerhafter Aufsätze, zur richtigen Anwendung der gegebenen Regeln u. zur Vermeidung der gewöhnlichen Schreib- u. Sprachfehler. 10. Aufl. 8. (XII u. 260 S.) Lübeck 852, v. Rohden. 18 Ngr.

Hude, H. van der: De d e s c e n s u Christi ad inferos. – Helmst. 1754.

Hude, H. van der, num discipuli Joannis B. fuerint Essaei? Helmst. 1754. 4.

Hude, Heinrich von der (Lübeck), Exercit. histor.-crit. in utrumque Samaritanorum Pentateuchum. Ex. III: De forma Pentateuchi Samaritani externa. Präs. Friedrich Immanuel Schwarz. Wittbg. (Tzschidrich) 4. IV. 1753. 32 S. (4.50) 16190

Hude, Herm. v. der, Gasthöfe höheren Ranges, s.: **Handbuch der Architektur.**

Hude, H. von der, s. Handbuch der Architektur.

—— und J. Hennicke, der Kaiserhof in Berlin. Fol. (10 S. mit 9 Kpfrt. und eingedr. Holzschn.) Berlin 877, Ernst und Korn. cart. *

Hude, H. v. der u. J. Hennicke. Das Lessingtheater in Berlin. Fol. (4 S. m. 6 Kpfrtaf.) Berl. 889, Ernst u. Sohn. cart. * 12 —
Aus: Zeitschr. f. Bauwesen, besonders abgedruckt.

Hude, H. v. d., öffentliches Schlachthaus u. Viehmarkt in Buda-Pest, s.: Hennicke, J.

—— und Hennicke, der Umbau der Neuen Kirche in Berlin. Fol. (6 S. mit Fig. und 7 Kpfrt.) Berlin 883, Ernst und Korn. cart. * 12 —

Hude, Herm. v. der, u. Jul. **Hennicke,** das Central-Hôtel in Berlin. Mit 6 (5 Kpfr. u. 1 chromolith.) Taf. Fol. (7 S.) Berlin 881. Ernst & Korn. cart. n. 12.—

Hude, Karl (Bearb.), s. A r i s t o t e l e s : Der Staat der Athener.

HUDEC, Thomas, Utrum identificare liceat relationem apostoli Pauli ad Gal. 2, 1—10 cum Act. Ap. 15, 1—33. — (1906) IV, 54 Bl. 4° (Handschr.)
Diss. Wien, Univ. Diss. 984

Hudečzek, R. J., Arbeit und Capitalstrug. Geschrieben für das Bürgerthum. 8°. Wien. Selbstverlag des Verf.. 1870.

Hudel, Jos.: L e h r - und Uebungs b u c h für den Unterricht in der allgemeinen Arithmetik und Algebra in der 4. Lateinklasse. 1. Th. 53 S. 8° – Eichstätt, Progr. 1872.

Hüdel, Jos., Lehr- u. Uebungs-Buch f. den Unterricht in der allgemeinen Arithmetik u. Algebra in der vierten Lateinklasse. 1. u. 2. Thl. gr. 8. (IV, 53 u. 69 S.) Eichstätt 872. 73. (Krüll.) à n. 1. —

Hudelfrieder, der, von Weisenheim, s. Schillings-Bücher.

Hudelist, A. F., De cephalalgia. 33 pp. Vindob. 8°. 1772

Hudemann, Diss. de cicuta, mercurio corrosivo et phosphori usu interno. 23 pp Helmst. 4°.
1763

Die Bauernaufstände in Gallien während der römischen Kaiserzeit v. Ernst Eduard **Hudemann.** Ploen. 1872. 4°. Gymn.-Progr. 14 S.

Hudemann, E. E., die Bauernaufstände in Gallien während der römischen Kaiserzeit. gr. 4. (18 S.) Kiel 872. Universitäts-Buchh. in Comm. n. — 80

— Geschichte d. römischen Postwesens während der Kaiserzeit, s. a. Calvary's philolog. u. archäolog. Bibliothek.

Hudemann, E. E. Geschichte des römischen Postwesens während der Kaiserzeit. (Calvary's philolog. u. archäologische Biblioth., Bd. 43.) 8°. Berlin, Calvary, 1875. 2. verm. Aufl. 8°. Berlin 1878.

Hudemann, E. E., Zur Gymnasialreform, besonders mit Bezug auf die Vereinfachung des Gymnasialunterrichtes. gr. 8. (51 S.) Berlin 855, Th. Enslin. *

Hamilcars Kampf auf Hercte und Eryx und der Friede des Catulus v. Ernst Eduard **Hudemann.** Schleswig. 1842. 4°. Gymn.-Pr.

Hudemann, E. E. Das Postwesen der römischen Kaiserzeit. 1. Thl. Die äussere Geschichte desselben. gr. 4°. Kiel (G. v. Maack's Verl.) 1866. (Aus dem Ploener Osterprogramm.)

Hudemann, Das Postwesen der Römischen Kaiserzeit. I. Tl.: Die äussere Geschichte desselben. Pr. 1868. 27 S. 4°. 8.—

Hudemann: Quaestiones Ammianae. 12 S.–Landsberg a/W., Progr. 1864

Hudemann, E. E., Quaestiones Ammianeae. gr. 4. (14 S.) Landsberg a. W. 864, Schäffer und Comp.

Hudemann, [Ernst Eduard]: Ueber Magos Schicksale und die Begebenheiten vor der Schlacht bei Zama. — Schleswig 1845: Taubstummen-Inst. S. 1—14. 4°

Hudemann, E. E., Mago's Schicksale u. die Begebenheiten vor der Schlacht bei Zama. gr. 4. Schleswig 845, Bruhn. n. 8 ngr

(E. E. Hudemann:) Ueber häusliche Zucht. Sendschreiben an Herrn Prof. G. Thaulow in Kiel. o. O. [1853.] 8° [Kopft.] Ausschnitt aus: Zeitschrift f. d. Gymnasialwesen. VIII, 3.

Hudemann, Ludwig Friedrich

Hudemann, L. F., Belustigung des Geistes. 2 Samml. gr. 8. Wism. Berger. 749.

— harmonische Belustigungen d. Geistes. 8. Ebendas. 749.

Hudemann, Ldw. Fr., der Brudermord des Kain. Trspl. 8. Wismar 765. Bödner. 2 gr

— Diocletianus, der Christenverfolger, u. Phädra. 2 Trsple. 8. Wismar 754. Bödner. 5 gr

Hudemann, Ludwig Friedrich: Dissertatio inauguralis prudentiae legislatoriae specimen exhibens, s. Vogt, Franz Ernst (Präs.)

Hudemann, Ldw. Fr., († d. 16. Febr. 1770.) d. großmüthige Friedrich III., König in Dänemark, in e. Heldengedicht. gr. 8. Altona 750. Hellmann. 8 gr

— Gedanken über d. Messias, in Absicht auf d. Religion. 8. Wismar 754. (anonym). Mit s. Namen unt. d. T.: Gedanken von den d. Ehre Gottes u. d. Heile d. Menschen nachtheil. Wirkungen, die aus e. Gedichte entspringen, das wider d. Grundsätze d. göttl. Wortes christl. Religions-Geheimnisse behandelt. 8. o. O. (Hamb.) 754.

— s. Dan. Heinflus, oler Bilches.

— Iphigenia, u. d. Tochter Jephta. Zwei Trsple. 8. Wismar 767. Berger. 7 gr

Hudemann, Ldw. Fr., Isebel u. Athalia. Zwei Trsple. 8. Rostock 753. Bödner.

— Luzifer, ein episches Gedicht. 8. Wism. 765. Berger. 4 gr

— d. Messias, 11r Gesang. 8. ... 764.

— d. auferstandene Messias, e. episches Gedicht. 8. Stückst. 767.

Hudemann, Ludwig Friedrich. Ludew. Fried. Hudemanns, J. U. D. // Proben // einiger // Gedichte // und // Poetischer // Uebersetzungen. // Denen ein Bericht beygefüget worden,// welcher von den Vorzügen der Oper vor // den Tragischen und Comischen Spielen // handelt. // Hamburg, bey Joh. Christoph Kißner, 1732. - Auf dem Titelblatt 1 kleines Kupfer. - 11 Blatt (nicht paginiert) Titelblatt und Vorrede. - 232 Seiten.

— Proben einiger Gedichte u. Uebersetzungen. 8. Hamb. Herold. 732.

— Tod Johannis d. Täufers. Trspl. 8. Wismar 770. Bödner. 2 gr

— zwey Trauerspiele, Iphigenia u. d. Tochter Jephta. 8. Ebend. 767.

Hudemann, Wilhelm Ludwig (Krempe / Holstein). Pöeticam veteram Romanam aeque ac Graecam. Präs. Sebastian Kortholt. Kiel (Bartholt Reuther) Sept. 1703. 40 S. (7.20) 16192

Hüdepohl, C.: Philippus, Alex. M. et Pippinus, Caroli M. parens, inter se comparantur, ut eorum ingenia, mores, res gestae quatenus similia fuerint, eluceant. 15 S. – Osnabrück, Carol., Progr. 1869.

Hüdepohl, Ernst, a. Lübbecke ⟨Westfalen⟩: Weitere Studien zur Chanson de Lion de Bourges. Analyse des Schlußteiles, Text der Joieuse-Tristouce-Episode. ⟨Sage vom Madchen mit der abgehauenen Hand⟩. Greifswald 1906: H. Adler. (108 S.) 8°
Greifswald, Phil. Fak., Ref. Stengel, Diss. v. 1. Aug. 1906
[Geb. 23 Juli 83 Lübbecke; Wohnort: Greifswald; Staatsangeh: Preußen; Vorbildung. Gymn. Minden Reife O. 02; Studium: Greifswald 1, Berlin 1, Greifswald 1, Straßburg 2, Greifswald 3 S., Rig. 1. Marz 06]

Hüdepohl, Ferdinand [approb. Arzt aus Osnabrück]: Ueber den Fieberverlauf bei Pleuritis .... Würzburg, Becker's Univ.-Buchdr., 1888 [sic!]; 31 S. 8°.
Würzburg, Med. Fak., Inaug.-Diss. v. 1887.

Hüdepohl, Ferdinand, über den Fieberverlauf bei Pleuritis. Diss. Würzburg 1887, Stabelsche Univ.-Buchh. 8°. 31 S.

Hudetz, Jos., neue Lösung der Stubenviertel-Frage. (Mit 1 Taf., enth. 2 Situationspläne u. 2 perspectiv. Ansichten.) gr. 8. (24 S.) Wien 894. Volkswirtschaftl. Verl. A. Dorn. n. 1. —

Hudetz, Jos., Projekte für öffentliche Bauten. Fol. (60 Lichtdr.-Taf.) Wien 886, Ad. Lehmann. In Mappe * 60 —

Hudibras, s. Buttler.

Hudibras. Vers. ein. deutsch. Uebers. v. Sam. Buttler. 8. Frankf. 757.

— ein satyr. Ged. wider d. Schwärmer. von Sam. Buttler. gr. 8. Zürich, Orell, Füßli u. Comp. 763.

Hudibras frey verdeutscht . . . Riga 1787. V: *Butler, Samuel.* Ü: *Soltau, Dietrich Wilhelm.* (GGr) (MGT) (BrMm) (Ky)

— — frey verdeutscht, v. Sam. Buttler, m. K. 8. Riga, Hartknoch. 787.

Hudibras; ein Fragment; a. d. Engl. [Leipzig 1788.] V: *Butler, Sam.* Ü: *Andreae, Dietrich Wilhelm.* (MGT)

— — frey übers. von Soltau. gr. 8. Königsb. Nicolovius. 798. Velinpap. m. Kpf.

Hudibras: Helvetischer Hudibras
(1) Eine Wochenschrift (3) Solothurnisches Wochenblatt (5) 13 6 1797 (mit vorausgegangener »Anzeige. Der helvetische Hudibras, eine Wochenschrift mit Kupfern nebst Solothurnischem Intelligenzblatt«) — 11. 8. 1798 (6) 8° (7) Wochenblatt (9) Solothurn Franz Josef Gaßmann (10) Franz Josef Gaßmann der Ältere (11) Franz Josef Gaßmann der Ältere (12) liberal (13) BGSZ 293. 461. 1059. 1060. Altermatt, Leo Die Buchdruckerei Gaßmann AG Solothurn (1939). p 115 (14) So Z O S So St (15) Der Name der Wochenschrift nach dem berühmten burlesken Heldengedicht »Hudibras« des Engländers Samuel Butler Gaßmann selbst nannte sich »Hudibras« Nach dem 5. Stück vom 3 2 1798 mußte das Blatt bis zum 10. 3 1798 der revolutionären Umwälzung wegen das Erscheinen einstellen.

Hudibras, Schweizerischer, (v. Frz. J. Graßmann). 8. Solothurn 797, 98.

Hudibras, P., s.: Indianer-Bücher.

Der Sklaverei entronnen. Wunderbare Rettung 5 engl. Matrosen von P. **Hudibras.** *Berlin: Tessaro-Verl. (1901).* (41 S.) 8° [F.]
= Indianer-Bücher. 10. (1) [03. 1330]

Hübiger, Karl, Reinhold und Helene. Eine Idylle aus Preußens Ostmark. 8. (VII, 84 S.) Leipzig 887, Dürselen. geb. mit Goldschn. * 1 50

Hudl, J. J., tabell. Uebersicht d. Ausweichungen aller Töne d. Octave nach allen Tonarten in 1008 Beispielen zum gründl. Studium d. Harmonie. Fol. Leipz. 811. Breitkopf u. H. 3 ℛ

Hudler, Jh. Ad., Homilien über die sonntägl. Evangelien des ganzen Jahres. 8. Wien 833. Carl Doll. 1½ ℛ

Hudler, Jh. Ad., Homilien über die sonntäglichen Evangelien des ganzen Jahres. 2. verb. Aufl. gr. 8. Wien 842, Carl Doll. 1¼ ℛ

HUDLER, Ludwig (Mittelstetten): Über Capacität und Gewicht der Schädel in der Anatomischen Anstalt zu München.- München: Riedel 1877. 2 Bl.,51 S.
7.8.1876 - Urk (Titel: De calvariae capacitate et pondere.); Chr 1876/77,9
Diss. Ingolst.-Landsh.-Mchn.

Hudler, Ludw., über Capacität und Gewicht der Schädel in der Anatomischen Anstalt zu München. gr. 8. (51 S.) München 877, Literarisch-artist. Anstalt. *

Hudler, S., die Cassinische Curve. 2 Thle. gr. 8. (31; 28 S. mit 2 Stnt.) Budweis 874,85. (Wien, Pichler's Wwe. und Sohn.) * 2 —

Hudler, Wilhelm, a. Monheim (Bayern): Ueber die Behandlung der Bechterew'schen Krankheit mit kalkarmer Nahrung. Leipzig 1908: B. Georgi. (25 S.) 8°
Leipzig, Med. Fak., Ref. Curschmann, Diss. v. 4. Febr. 1908
[Geb. 1. Aug. 80 Monheim; Wohnort: Berlin; Staatsangeh.: Bayern; Vorbildung. Gymn. Freising Reife Juli 00; Studium: München 4, Erlangen 1, München 2, Berlin 1, München 2 S.; Coll. 7. März 08; Approb. S.-S. 07.]

HUDLER, Xaver (Kaisheim): De sanguinis sputo ex pulmone.- Monachii: Zangl 1818. 31 S.,4 Bl.
12.8.1815 - Pe 547; P 57
Diss. Ingolst.-Landsh.-Mchn.

Hudnall, Richard H(enry): A presentation of the grammatical inflexions in Androw of Wyntoun's "Orygynale Cronykil of Scotland". *Leipzig 1898: O. Schmidt.* (96 S.) 8°
Leipzig, Phil. Diss. v. 13 Juni 1898

Hudoffsky, J. C. Ankündigung einer sehr zweckmäßigen u. billigen Fütterung für Pferde. Bienenbüttel 1829. 2 Bl.

Hudsailitarum carmina arabice edita ab J. G. L. Kosegarten, s. Carmina.

Hudson, Johanna. Aus dem Engl. frei übers. von Jenny Dyckhoff. 18. (78 S.) Osnabrück 857, Meinders.

Hudson, E. H. The life and times of Louisa, Queen of Prussia. Extract from the original by E. Wolters. gr. 8. (III, 239 S.) Lpz. 889, Reisland. * 1 80; in Schulbd. * 2 —; eleg. geb. * 2 40

Hudson's Life and times of Louisa Queen of Prussia, deutsche Ausg., s. a. Pfau, Karl Frdr.

Hudson, E. H., Luise, Königin v. Preußen. Nach H.'s Life and times of Louisa, Queen of Prussia, unter Mitwirkg. v. W. Wagner selbständig bearb. v. K. Carl u. K. Fr. Pfau. Rechtmäßige deutsche Ausg. Mit e. Portr. der Königin Luise in Lichtdr. 1. u. 2. unveränd. Aufl. gr. 8. (X, 460 S.) Leipzig 887. [K. F. Pfau.] Th. Knaur. n. 6. —; geb. n. 7. 50
Herabg. Pr.: n. 3. 20; geb. m. Rotschn. n. 4. 50; geb. m. Goldschn. n. 5. 10.

Hudson, Ed. Mac., Commentationes duae juris canonici et romani. gr. 8. (33 S.) Berlin 862, Lüderitz' Verlag. *

— der zweite Unabhängigkeits-Krieg in Amerika. gr. 8. (77 S.) Berlin 862, Lüderitz' Verlag. *

— dass. — 2., durchgeseh. Aufl., verm. durch eine Abhandlung über die Sclaven-Frage. gr. 8. (VIII und 99 S.) Ebendas. 862. *

Hudson, E. M. Der zweite Unabhängigkeits-Krieg in Amerika. (77.) 8. Berlin 1862. — 2. verm. Aufl. (VIII. 99.) 8. ib. 1863. 1,50.

A scientific demonstration of the future life by Thomson Jay **Hudson,** author of 'the law of psychic phenomena', etc. *Leipzig: O. Harrassowitz (1895).* (326 S.) 1 Bd 8. [96. 874]

Hudson, Thomson Jay, das Gesetz der psychischen Erscheinungen. Eine wirksame Hypothese f. das systemat. Studium des Hypnotismus, Spiritismus, der geist. Therapeutik etc. Aus dem Engl. übers. v. Ed. Herrmann. gr. 8. (XV, 357 S.) Leipzig (899). A. Strauch. n. 6. —; geb. n. 8. —

Hudson, Thomson Jay, das Gesetz der psychischen Erscheinungen. Eine wirksame Hypothese f. das systemat. Studium des Hypnotismus, Spiritismus, der geist. Therapeutik etc. Autoris. Uebersetzg. v. Eduard Herrmann. 2. Aufl. (XV, 348 S.) gr. 8. Leipzig (905). A. Strauch. n. 8. 40; geb. n. 10. —; auch in 7 Lfgn. à n. 1. 20

— psychische Heilkunde. Christliche Wissenschaft (christian science), Gebetsheilgn., Mesmerismus, Spiritismus, Hypnotismus, Suggestions-Therapie. gr. 8. (78 S.) Ebd. (902). n. 1. —

— der göttliche Ursprung des Menschen u. sein Beweis durch die Evolution u. Psychologie. Autoris. Uebersetzg. aus dem Engl. v. Eduard Herrmann. (XVI, 255 S.) gr. 8. Ebd. (906). n. 7. 20; geb. n. 8. 50; auch in 6 Lfgn. à n. 1. 20

Hudson-Taylor, J., die blaue Schnur u. andere Bibelstudien. (Aus dem Engl. übers. v. C. P. u. S. R.) (131 S.) 16. Barmen (904). Bonn, J. Schergens. — Gotha, Missionsbuchh. P. Ott. n. — 80; geb. in Leinw. n. 1. 30

Hudson City [NY] Turn-Verein. Festztng für d erste große Fair ... 29 Okt - 7 Nov 1887, Jersey City Heights. Jersey City, 1887.

Hudson County Demokrat: 1876?—1879?
Democratic weekly. Circulation: 1878, 500 (est.). Edited & published by Sydow & Stoiber, 1876—77; by Martin Ruf, 1878—79.
Newark, OH

Hudson County Herold: 1896?—1900?
Independent weekly Circulation: 1900, 600. Edited & published by Andrew Baumann.
Union, NJ

Hudson County Journal: Sept. 19, 1868--1896?

Democratic weekly, strongly pro Tilden. Sub-title: Officielles Organ für Hudson County. Circulation: 1870, 1000 (est.), 1880, 2500 (est.; 1890, 2500. Edited & published by H. D. Gerdts & Otto Stutzbach, 1868-69, by H. D. Gerdts, 1870-71, by Rabe & Bayer, 1872, by Bayer & Kaufmann, 1873--83, by William Kaufmann, 1884-96.
Hoboken, NJ

Hudson County Revue: 1887?—1918?

Independent weekly. Title varies: SONNTAGS JOURNAL, 1887. Part of edition printed under title UNION HILL JOURNAL, 1897. Circulation: 1895, 800; 1910, 700, 1915, 750. Edited by Andrew Baumann, 1887—96, by Gustav Augustat, 1897, by George Herz, 1899-1914, by John A. Eckhardt, 1915—18, published by John Weber, 1887—98, by Michel & Rank, 1899-1918.
Town of Union, NJ

Hudson County Volksblatt: 1868?-1878?

Weekly, 1868--70, semi-weekly, 1871-72, weekly, 1873—75, daily, morning except Sunday, 1876—78. Democratic, 1868-73. Place of publication varies: Jersey City, NJ, 1874—78. For weekly edition, see DIE WACHT AM HUDSON. For weekly edition, see WÖCHENTLICHES HUDSON COUNTY VOLKSBLATT. Circulation: 1780, 1200 (est.), 1875, 700, 1878, 400. Edited & published by Deitz & Timm, 1868?-71, by C. H. Timm, 1872-75?, edited by Otto F. Wegener, 1876, by Hugo Muller, 1877-78; published by Hudson German Publishing Association, 1874--78.
Hoboken, NJ

Wöchentliches Hudson County Volksblatt: 1871?--1876?

Weekly edition of HUDSON COUNTY VOLKSBLATT. Circulation: 1872, 1200.
Hoboken, NJ

Hudson County Wecker: 1888?-1889?

Democratic weekly. Published as part of the edition of NEW JERSEY STAATS-ZEITUNG. Edited & published by H. F. Trapper.
Jersey City, NJ

Hudeloff, J. M. H., Schönschriften z. Gebrauch für Schulen, so wie für jeden, d. eine geschmackvolle u. gewandte Handschrift zu erlernen wünscht. 9 Kpft. schmal gr. 4. Berl. 828. (Natorff u. C.) 10 gr

Hudtwalcker, Elisabeth geb. Moller. Gestorben den 22. Nov. 1804 . . . [Hamb.] o. J. V: *Hudtwalcker, Johann Michael.* (Schr (GGr)

Hudtwalcker (Hudtwalker), Chr. Martin

— Anhang zu Dietrichs Auszuge d. Unterweisung ꝛc. 8. Kopenh. 804. Brummer. 2 gr

Hudtwalker, Chr. Mt., Anleit. zu e. vernünft. Andacht beim heil. Abendmahl. 8. Hamb. 791. 2e A. 793. 3e A. 800. (Campe). 4 gr

Hudtwalker, C. M., Anleitung zu einer vernünft. Andacht beym Genusse des Abendmahls. 8. Hamburg. 800. Ist jetzt Verlag von Hoffmann u. Campe.

— Predigt bei Niederlegung seines Amtes in Kopenhagen. 8. Kiel 810. Hesse. 4 gr

— Predigten. gr. 8. Kopenh. 805. Brummer. 1 Thlr 4 gr

— Predigten u. Casualreden. gr. 8. Lübeck 801. Niemann u. C. 16 gr

— Predigten u. Taufreden. gr. 8. Hamburg, Bohn. 796.

— 4 Predigten u. 2 Taufreden. gr. 8. Hamb. 796. (Campe). 12 gr

HUDTWALCKER, C[HR.] M[ART.], Rede bei der Legung des Grundsteins zum Julien-Stifte zu Itzehoe gehalten d. 18. Junius 1834. Itzehoe. 1834. P.

Lied eines alten Bergschotten. Gesungen am Hochzeitstage der Demoiselle Louise Friederike Herz . . . . (von *Joh. Michael Hudtwalcker*). Hamburg 1772. Anon.-Lex. III. p. 62 (nach Goedeke u. Schröder).

Hutwalker, J. M. Rede gehalten bei der Installirung der neuen Armenkinder-Schule zu Hamburg. *Hamburg.* **1800**.

Hudtwalcker (Hudtwalker), Martin (Moritz?) Hieronymus

— (u. C. Trummer,) Criminalistische Beitr., s. a. Beiträge.

Hudtwalcker, M. H. u. Trummer C. Criminalistische Beiträge. 8. *Hamburg, Perthes und Besser.* **1825**

Hudtwalcker, M. Hieronymus, s. Bemerkungen über Abendroths Wünsche.

– s. Betrachtungen e. Laien über d. evangel. luther. Glaubenssystem.

Mt. Hi. **Hudtwalker** üb. d. Einfluss d. sogen. Mysticism. u. der relig. Schwärmerei a. d. Ueberhandnehmen d. Geisteskrankheiten u. d. Selbstmordes. — *Hamb.*, F. Perthes. 827. 8° 8 gl

Hudtwalcker, M. H., Gedanken über die Einführung von Geschwornengerichten in Criminalsachen in Hamburg. gr. 8. (72 S.) Hamburg 818, Agentur des Rauhen Hauses. ¼ Thlr

– s. Höpfner, D. L.: Predigten.

Hudtwalker, Mor. Hier., über d. öffentl. u. Privat-Schiedsrichter (Diaeteten) in Athen u. d. Proceß vor denselben. gr. 8. Jena 812. Frommann. 1 Thlr

Hudtwalker, M. H., üb. die öffentl. u. Privat-Schiedsrichter (Diaeteten) in Athen u. dem Proceß vor denselben. gr. 8. Jena, Frommann. 813.

Hudtwalcker, M. H., Sendschreiben an einen auswärtigen Freund üb. den in Hamburg bevorstehenden Neubau d. Strafgefängnisse. gr. 8. (4½ B.) Hamburg 842, Perthes-Besser u. Mauke.

Hudtwalcker, M. H., das hamburgische Strafverfahren und seine Reform. Entwurf eines hamburgischen Gesetzes über die Ehescheidung und über das Verfahren in Ehescheidungssachen. Mit Motiven. Mit einem Vorwort über die Verfassungsfrage. 12. (XVIII und 82 S.) Hamburg 856, Agentur des Rauhen Hauses.

– s. Tange, E.: Einige Worte ...

— kurzer Unterricht über d. Hamburgische Vormundschaftsordnung. Für Eltern u. Vormünder, die d. Rechte unkundig sind. gr. 8. Hamb. 831. Nestler u. Melle. 6 gr

Was ist denn Wahrheit? Eine Frage an Pastor Böckel in Hamburg veranlaßt durch dessen Jubelpredigt am 25 Junii 1830 v. einem Hamburger [d. i. Martin Hieronymus Hudtwalcker]. Kiel 1830. 8°

Hudtwalcker, M. H., einige Worte über die Bemerkungen des Hrn. Dr. N. v. Graffen, veranlaßt durch die veränd. Rechtspflege in Hamburg. gr. 8. Hamburg, Perthes u. B. 816.

Hue, Baron, eine biographische Skizze. [Hamb. 1819.] V: *Meyer, Anton Johann Heinrich.* (schr)

Huó, Otto, Die Bergarbeiter. Historische Darstellung der Bergarbeiterverhältnisse von der ältesten bis in die neueste Zeit. Bd. 1. 8°. Stuttgart, J. H. W. Dietz, 1910. VIII,455 S.

Hue, Otto: Die Bergarbeiter. Historische Darstellung der Bergarbeiter-Verhältnisse von der ältesten bis in die neueste Zeit. Bd 1. 2. Stuttgart 1910—1913

Hue, Otto: Mehr Bergarbeiterschutz. E. Streit- u Mahnwort. Bochum (1900) 8°

— Unsere Taktik beim Generalstreik. Vortrag auf der 16. Generalversammlung des Verbandes deutscher Bergarbeiter. 8°. Bochum, H. Haussmann u. Co., 1905.

Hue de Grais, Robert, Graf

Hue de Grais, Graf, Grundriß der Verfassung und Verwaltung in Preußen und dem Deutschen Reiche. 8. (VIII, 104 S.) Berlin 884, Springer. cart. *

Hue de Grais, Graf, Grundriß der Verfassung und Verwaltung in Preußen und dem deutschen Reiche. 2. Aufl. 8. (VIII, 104 S.) Berlin 886, Springer. cart. * 1 —

Hue de Grais, Graf. Grundriß der Verfassung u. Verwaltung in Preußen u. dem deutschen Reiche. 3. Aufl. 8. (VIII, 104 S.) Berl. 892, Springer. cart. * 1 —

[F.] Grundriss der Verfassung und Verwaltung in Preussen und dem deutschen Reiche. Von [Robert] Graf **Hue** de Grais, Kgl. Regiergspräs. 5. Aufl. *Berlin: J. Springer 1898.* (VI, 116 S.) 1 Bd 8. [98. 9550

Grundriss der Verfassung und Verwaltung in Preussen und dem deutschen Reiche. Von [Robert] Graf **Hue** de Grais, Reg.Präs. a. D. 6. Aufl. *Berlin: J. Springer 1901.* (VII, 118 S.) 8° [F.] [01. 871

Grundriss der Verfassung und Verwaltung in Preussen und dem deutschen Reiche. Von [Robert] Graf **Hue** de Grais, Reg.Präs. a. D. 7. Aufl. *Berlin J. Springer 1902.* (VII, 118 S.) 8° [F.] [02. 1c4

Grundriß der Verfassung und Verwaltung in Preußen und dem Deutschen Reiche. Von Graf [Robert] Hue de Grais, Reg.Präs. a. D. 8. Aufl. Berlin: J. Springer 1905 (VII, 123 S.) 8° [F.]

Grundriß der Verfassung und Verwaltung in Preußen und dem Deutschen Reiche. Von Graf [Robert] **Hue** de Grais. 9. Aufl. Berlin: J. Springer 1907. (VII, 124 S.) 8° [F.] [08. 3031

Grundriß der Verfassung und Verwaltung in Preußen und dem Deutschen Reiche. Von [Robert] Graf **Hue** de Grais. 10. Aufl. Berlin: Springer 1910. VII, 126 S. 8° [10. 15893

Hue de Grais, s. Handbuch d. Gesetzgebung...

—— Handbuch der Verfassung und Verwaltung in Preußen und dem Deutschen Reiche. (VIII, 466 S.); 2. Aufl. (VIII, 467 S.) 1882; 3. Aufl. (XII, 467 S.) 1883; 4. Aufl. gr. 8. (XII, 496 S.) Ebendas. 884. geb. *

—— Handbuch der Verfassung und Verwaltung in Preußen und dem deutschen Reiche. 5. Aufl. (XII, 504 S.) 1886; 6. Aufl. gr. 8. (XII, 508 S.) Ebendas. 887. (1888) geb. * 7 —

—— Handbuch der Verfassung u. Verwaltung in Preußen u. dem Deutschen Reiche. 7. Aufl. (XII, 512 S.) 890. 8. Aufl. gr. 8. (X, 517 S.) Ebd. 892.
geb. in Leinw. 7. Aufl. * 7 —; m. Schreibpap. durchsch. * 8 40
8. Aufl. * 7 —; m. Schreibpap. durchsch. * 8 50

— dasselbe. 9. Aufl. gr. 8. (X, 520 S.) Ebd. 893. Geb. in Leinw. n. 7. —; m. Schreibpap. durchsch. n. 8. 50

— dasselbe. 10. Aufl. gr. 8. (XII, 548 S.) Ebd. 895. Geb. in Leinw. n. 7. —; m. Schreibpap. durchsch. n.n. 8. 50

[F.] Handbuch der Verfassung und Verwaltung in Preussen und dem Deutschen Reiche. Von [Robert] Graf **Hue** de Grais, Kgl. Regiergs-präs. 11. Aufl. *Berlin: J. Springer 1897.* (XI, 576 S.) 1 Bd 8. [98. 1407

[F.] Handbuch der Verfassung und Verwaltung in Preussen und dem Deutschen Reiche. Von [Robert] Graf **Hue** de Grais, Kgl. Regiergs-präs. 12. Aufl. *Berlin: J. Springer 1898.* (XI, 584 S.) 1 Bd 8. [98. 1384

Handbuch der Verfassung und Verwaltung in Preussen und dem Deutschen Reiche. Von [Robert] Graf **Hue** de Grais, Reg.Präs. 13. Aufl. *Berlin: J. Springer 1900.* (XI, 624 S.) 8° [F.] [00. 4482

Hue de Grais, Graf, Handbuch der Verfassung u. Verwaltung in Preussen u. dem Deutschen Reiche. 14. Aufl. gr. 8. (XII, 631 S) Berlin, J. Springer. 1901. Geb. in Leinw. 7. 50; u. m. Schreibpap. durchsch. 9. —

Handbuch der Verfassung und Verwaltung in Preussen und dem Deutschen Reiche. Von [Robert] Graf **Hue** de Grais, Reg.Präs. a. D 15. Aufl. *Berlin: J. Springer 1902.* (XI, 644 S.) 8° [F.] [02. 8083

Handbuch der Verfassung und Verwaltung in Preußen und dem Deutschen Reiche Von [Robert] Graf **Hue** de Grais, Reg.Präs. a. D. 16. Aufl. *Berlin: J. Springer 1904.* (XI, 646 S.) 8° [F.] [03. 16020

Handbuch der Verfassung und Verwaltung in Preußen und dem Deutschen Reiche. Von [Robert] Graf **Hue** de Grais. 17. Aufl. Berlin: J. Springer 1906. (XI, 654 S.) 8° [F.] [06. 130 2

Handbuch der Verfassung und Verwaltung in Preußen und dem Deutschen Reiche. Von Graf [Robert] **Hue** de Grais. 18. Aufl. Berlin: J. Springer 1907. (XI, 642 S.) 8° [F.] [07. 2890 6

Handbuch der Verfassung und Verwaltung in Preußen und dem Deutschen Reiche. Von [Robert] Graf **Hue** de Grais, Reg.Präs. a. D. 19. Aufl. Berlin: J. Springer 1908. (XI, 670 S.) 8° [F.] [08. 13419

Handbuch der Verfassung und Verwaltung in Preußen und dem Deutschen Reiche. Von Graf [Robert] **Hue** de Grais. 20. Aufl. Berlin: Springer 1910. XI, 714 S. 8° [10. 4670

Heer und Kriegsflotte ... Von [Robert] Graf **Hue** de Grais, Reg.Präs. a. D. 1. *Berlin: J. Springer 1904.* 8° [F.]
— **Handbuch** d. Gesetzgebung in Preußen u. d. Deutschen Reiche. 3, Bd 1. [04. 637

Kommunalverbände. Gemeinsame Bestimmungen, Landgemeinden u. Gutsbezirke, Städte, Kreise, Provinzen. Von Graf [Robert] Hue de Grais. Berlin: J. Springer 1903. (XIII, 620 S.) 8° [F.]
= Staat, Der Preußische. 3.
= **Handbuch** d. Gesetzgebung in Preußen u. d. Dtsch. Reiche. 4, Bd 3. [03. 4333

Das Deutsche Reich. Reichsverfassung, Reichsangehörigkeit, Reichstag, Reichsbehörden u. Reichsbeamte, Reichsfinanzen, Elsass-Lothringen. Von [Robert] Graf **Hue** de Grais, Reg.Präs. a. D. *Berlin: J. Springer 1901.* (XI, 385 S.) 8° [F.]
— **Handbuch** d. Gesetzgebung in Preussen u. d. Dtsch. Reiche. 1. [01. 12072

Hue de Grais, Graf, Reorganisation der inneren Verwaltung Preußens auf Grundlage der Selbstverwaltg. vom Standpunkte d. pract. Lebens. gr. 8. (III, 94 S.) Berlin 871. Springer's Verl. n. 1. 50

Staatsverfassung und Staatsbehörden. Von [Robert] Graf **Hue** de Grais, Wirkl. Geh. Oberreg.R. Berlin: J. Springer 1903. (XII, 608 S.) 8° [F.]
= Staat, Der Preußische. 1.
= **Handbuch** d. Gesetzgebung in Preussen u. d. Deutschen Reiche 4, Bd 1. [03. 10800

Hue de Grais, Graf, die Weiterführung der preußischen Verwaltungs-Organisation. gr. 8. (38 S.) Berlin 878, Springer. *

Hue de Rotelande's Ipomedon. Ein französ. abenteuerroman d. 12. jahrh. Als anh. zu der ausg. der drei engl. versionen zum 1. male hrsg. v. E. Kölbing u. E. Koschwitz. 8. (X, 189 S.) Bresl. 889, Koebner. * 6 —

Hüeber, die Typhusepidemie in der Deutschhauskaserne zu Ulm 1881/82, nebst einer Übersicht über den dermal. Stand der Typhusfrage. gr. 8. (VIII, 127 S.) Würzburg 884. (Ulm, Frey.) *

Hüeber, Theodor

Hüeber, Th., Catalogus insectorum faunae Germanicae. Hemiptera, Heteroptera. Systematisches Verzeichniss der deutschen Wanzen. gr. 8. (40 S.) Berlin 902. R. Friedländer & Sohn. n. 1.50

Hüeber, Th., catalogus insectorum faunae germanicae: Hemiptera heteroptera. Systemat. Verzeichn. d. deut. Wanzen. Durch Nachtrag verm. neue Ausg. (49 S.) 8. Berlin 910. R. Friedländer & Sohn. 1.80; Nachtrag allein (S. 41—49.) — 80

Hüeber, Thdr., fauna germanica. Hemiptera heteroptera. [Die Halbflügler der Schnabelkerfe: Wanzen.] Systematisches Verzeichnis der bis jetzt in Deutschland gefundenen Wanzen, nebst Angabe ihrer Fundorte, Benenngn. u. Beschreibgn. (1. Hft.) gr. 8. (143 S.) Ulm 891. (Berlin, F. L. Dames.) n.n. 3. —

— dasselbe. (2. u. 3. Hft.) gr. 8. Ulm. (Berlin, R. Friedländer & Sohn.) n.n. 7. — (1—3. = I. Bd.: n.n. 10. —) 2. (S. 145—289.) 892. n.n. 3. —. — 3. (S. 291—520.) 893. n.n. 4. —

Deutschlands Wasserwanzen. Von Theodor Hüeber. Stuttgart 1905: (Grüninger). 85 S. 8° [Umschlagt.]
Aus: Jahreshefte d. Ver. f. vaterl. Naturkunde in Württemberg. 61. [illegible]

Hüeblin, Eug. Anleitung zur Stolze'schen Stenographie. Nach der Systemurkunde bearb. 8. (39 S.) Wetzikon-Zürich 890. (Lpz., Robolsky.) * 1 —

Hüeblin, E. Anleitung zur Stolze'schen Stenographie. Nach der Systemurkunde bearb. In-8°. 39 S. Wetzikon bei Zürich, Verlag des Allgem. schweizer. Stenographen-Vereins (H. Bebie). 1891. 1 —

Hüeblin, Eug., Anleitg. z. Stolze'schen Stenographie. Nach d. Systemurkunde bearb. 2., verb. u. verm. Aufl. 8. (47 S.) Wetzikon 894. (Leipzig, J. H. Robolsky.) n.n. 1. —

Hüeblin, Eug., Stimmen über die Bedeutung der Stenographie. Gesammelt und hrsg. gr. 8. (IV, 51 S.) Wetzikon 888. (Leipzig, Robolsky.) *

—— traité des abréviations de la sténographie française d'après le système Stolze-Michaelis. 8. (15 S.) (Ebendas.) 887. **

Huehuetlapallan, Amerika's große Urstadt in d. Königr. Guatimala. Neu entdeckt v. Capitain Don Antonio del Rio, u. als eine phönizisch-canandische u. carthag. Pflanzstadt erwiesen v. P. F. Cabrera. Mit 17 großen Zeichn. in Steindr. Aus d. Engl. d. H. Berthoud. gr. 8. Meiningen 824. Keyßner.

Huelin y Arssu, Carlos, Diccionario técnico en Español, Francés, Inglés y Alemán. Contiene términos y giros técnicos empleados en las artes, ciencias é industria en general, términos militares y navales. (4. Bd.) (XV, 750 S.) 8. Madrid 910. A. Romo. Geb. in Leinw. 10. —

Huelin y Arssu, Carlos, Technological dictionary in the English, Spanish, German and French languages, containing technical terms and locutions employed in arts, trades, and industry in general, military and naval terms. (XV, 609 S.) 8. Madrid 906. A. Romo. Geb. in Leinw. n. 12. —

— Technisches Wörterbuch in Deutsch, Englisch, Französisch u. Spanisch, enth. die in Handel, Kunst, Handwerk u. Industrie sowohl als auch in Heer u. Seewesen gebräuchl. Wörter u. Ausdrücke. (XV, 720 S.) 8. Ebd. 908. Geb. in Leinw. 10. —

Huell, Aver, Cornelis Troost en zyn Werken. hoch 4. (128 S. m. 8 Kpfrst.) Arnheim 873. Nijhoff en Zoon. n.n. 9. —

Huen, Vict., Généraux d'Alsace et de Lorraine, s.: Girodie, André.

Huerta, José Hernando Maria Saez de la, Gramática de la Lengua Castellana etc. A. u. d. T.: Spanische Sprachlehre für Deutsche, nach d. neuesten u. besten Quellen, mit Annahme der von der spanischen Akademie sanktionirten Orthographie vom J. 1835. gr. 8. Leipzig 836. Magazin für Industr. ¾ ₰

Huerta, José Hern. Maria Saez de la, Gramática de la Lengua Castellana etc. — A. u. d. T.: Span. Sprachlehre f. Deutsche, nach d. neuesten u. besten Quellen, mit Annahme der von d. span. Akademie sanktion. Orthographie v. J. 1835. gr. 8. (8 B.) Grätz 837, Ludewig.

Hüesker, Max, Regierungsrefer.: Zur Lehre von den gesetzlichen und richterlichen Veräußerungsverboten nach dem Bürgerlichen Gesetzbuch. Borna-Leipzig 1910: Noske. VI, 58 S. 8°
Leipzig, Jur. Diss. v. 25. Juli 1910
[Geb. 8. März 83 Wilhelmshaven; Wohnort: Düsseldorf; Staatsangeh.: Preußen. Vorbildung: Gymn. Wiesbaden Reife O. 02; Studium: Freiburg i. B. 1, Kiel 2, Berlin 2, Marburg 4 S.; Rig. 17 Nov. 06.] [illegible]

Huesko, Pietro, die Abentheuerer auf Hispaniola. Aus dem Span. v. W. A. Neumann. 3 Thle. 8. 1. Der Hatto u. der Ajupa. (204 S.) 2. Der Leopard. (212 S.) 3. Die Edeldame. (216 S.) Braunschweig 852, Leibrock. 3 ₰

Huet, photolithographische Reproduction der interessantesten Stiche aus dem Kupferstichwerke des Gilles Demarteau, s. Boucher, François.

Huet und Bert, die neuesten und zweckmäßigsten Verbesserungen in der Anlage und Einrichtung der Dampfbäder, sowie Anweisung dergl. kleinere Apparate für den häusl. Gebrauch auf eine einfache und wenig kostspielige Weise herzustellen. Nebst den nöthigen Baderegeln. Für Unternehmer von Badeanstalten, für Aerzte und Kranke. Nach dem Französ. deutsch bearb. Mit Abbildungen. gr. 8. (68 S. mit 3 Stnt. in gr. 8. und 4.) Quedlinburg 853, Basse. Thlr.

Huet, F., Histoire de la vie et des ouvrages de Bordas-Demoulin. 12. (296 S.) Leipzig 861, A. Dürr. *

Huet, Franc., Recherches historiques et critiques sur la vie, les ouvrages et la doctrine de Henri de Gand, surnommé le Docteur Solennel. (Avec Portrait.) gr. in-8. Gand 838. (Bonn, Marcus.) n. 5/6 ₰

Huet, François, die religiöse Revolution im 19. Jahrhundert. Aus dem Franz. nebst Einleitg. u. Anmerkgn. von M. Hess. Autorisirte Ausg. Leipzig 868. Kollmann. 8. (XXXII, 304 S.) n. 1 ₰ 10 ngr

Huet, K. Busken—, s.a. Busken - Huet.

Huet, Konrad Busken-
s. Glaser, Adolf: Lideweide. 1874.

Huet, Maurice, Holzsäbel, Strohflinten!! Sittenbild aus dem Leben der französ. Armee. Einzige berecht. Übersetzg. v. A. S. Mambo. (238 S.) 8. Leipzig-Oetzsch (906). Verlagsanstalt Lipsia. n 3. —

Huet, Pierre Daniel

— vera demonstratio evangelica. 4. Francf. (Gleditsch, Lips.) 722.

Huet, Pet. Dan., quaestiones Alnetanae de concordia rationis et fidei. 4. Francf. Gross. 719.

Huet, Pierre Daniel. Von der Schwachheit des menschlichen Verstandes. Frankfurt a. M. 1724. Ü: *Gross, Christoph Frdr.* (Myl)

— v. d. Schwachheit des menschlichen Verstandes in Erkenntn. d. Wahrh. 8. Frankf. Groß. 724.

Huet, Daniel, De situ paradisi et navigationibus Salomonis. Graz. 1734, 8°.

Diese beiden Abhandlungen Huets erschienen zu Paris 1691: De la situation du Paradis terrestre. 12°. Vgl. Acta erud. Lips. 1692 p. 207 und 1698: De navigationibus Salomonis. Der Jesuit Peter Schez besorgte davon eine lat. Übersetzung, die er zu Graz 1734 erscheinen ließ.

Huet, Rudolf Hendrik Johan Gallandat: Die Samenbläschen als Virusträger. Jena 1909. 24 S.
Bern, Vet.-med. Diss. v. 1909.
Aus: Centralblatt für Bakteriologie I. Abt. Originale. Bd 52.

Hüetlin, Ernst [aus Staufen]: Beiträge zur Kenntniss des Papaverin's . . . Freiburg i B., Druck d. Fr. Wagner'schen Buchdr., 1886; 70 S. 8°.
Freiburg i. B., Phil. Fak. Inaug.-Diss. v. 1886.

Hüetlin, Gust., der Stadtwald v. Freiburg i/B. Geschichte, Forsteinrichtg. u. Ertragsverhältnisse. gr. 8. (125 S. m. 3 lith. u. chromolith. Taf. in qu. 4.) Freiburg i/Br. 874. Wagner. n. 2. 40

HÜETLIN, Gustav: Der Stadtwald von Freiburg i. Br. Geschichte, Forsteinrichtung und Ertragsverhältnisse. (Umschlagtext: Statistik über den Stadtwald von Freiburg i. B.) - Freiburg i. Br. 1874. 125 S., m. Beil. u. Kt.

Hüetlin, Karl Theodor

Hüetlin, C. Th., Mnemotechnik der Receptologie. Leicht fassl. Anleitg. z. Erlernen d. durch d. Pharmacopoe vorgeschrieb. Maximaldosen auf mnemotechn. Wege. 8. (22 S.) Wiesbaden 895. I. F. Bergmann. n. 1. —

Hüetlin, C. Th., Mnemotechnik der Receptologie. Leicht fassl. Anleitg. zum Erlernen der durch die Pharmocopoe vorgeschriebenen Maximaldosen auf mnemotechn. Wege. 2. verm. u. verb. Aufl. Specielle Berücksicht. der Pharmacopoea germanica ed. IV. 8. (31 S.) Wiesbaden 901. J. F. Bergmann. Kart. n. 1. —

Hüetlin, C. Th., Mnemotechnik d. Receptologie. Leicht fassl. Anleitg. zum Erlernen d. durch d. Pharmocopoe vorgeschrieb. Maximaldosen auf mnemotechn. Wege. 3. verm. u. verb. Aufl. Spezielle Berücksicht. d. Pharmacopoea germanica ed. IV. (31 S.) 8. Wiesbaden 907. J. F. Bergmann. 1. 20

— Rezepttaschenbuch m. Preisangabe d. Medikamente, zusammengest. nach Erkrankgn. der einz. Organsysteme. 12. (XI, 64 S.) Ebd. 895. Kart. u. m. Schreibpap. durchsch. n. 2. —

Hüetlin, Karl Theodor: Die Sarcome der Nasenhöhle. E. Fall v. myelogenem Myxosarcom ausgehend v. d. Pars nasalis d. Stirnbeins ... Freiburg i. B., F. Wagner'sche Buchdr., 1892, 52 S., 2 Taf. 8°
Freiburg i. B., Med. Fak., Inaug.-Diss. v. 1892

Huette, Ch., und Cl. Bernard, Atlas zur operativen Medicin, } s. Bernard, Cl.
— — **Hand-Atlas** der chirurgischen Operationslehre, } s. Bernard, Cl.
— — **Handbuch** der operativen Medicin, } s. Bernard, Cl.

Huette, Ch., und Cl. Bernard, Atlas der chirurgischen Operationslehre, } s. Bernard.
— — **Handbuch** der chirurgischen Operationslehre, } s. Bernard.
— — die operative Medicin, } s. Bernard.

HUF, MAX. Ueber zwei neue Bildungsweisen von Benzenyl-Amidothiophenolen und über Nitrirungsprodukte des Benzenyl-Amidothiophenols und Benzenyl-β-Amido-α-Thionaphtols. (Erlangen) Bonn, 1890. Diss. 29 S.

Hufbeschlag, der. Als Compendium und mit besond. Berücksicht. für die preuß. Artillerie und Cavallerie bearb. (Als Mscr. gedr.) gr. 16. (35 S.) Magdeburg 860, C. Baensch. **

Königliche Militär-Lehrschmiede Berlin. Hufbeschlag unter besonderer Berücksichtigung der geschichtlichen Entwickelung. Verzeichnis der ausgestellten Gegenstände. (Berlin o. J. [1907].) 19 S.

Hufbeschlag, Der Einsiedelsche und der alte deutsche, im Frieden und im Kriege. Beihft z. „Milit.-Wochenblatt". — Berlin 1873.

Hufbeschlag und Hufpflege. Ein Wort an d. Pferdebesitzer u. Hufschmiede... Arnsberg: F. W. Becker 1905. (11 S.) 8° [F.]

Hufbeschlagskunst, die, nach den neuesten Grundsätzen unter Berücksicht. der älteren erprobten Vortheile und mit spezieller Bezugnahme auf die neue Construction der Hufeisen mit abnehmbaren Einsatzstollen sowie die sogenannten Nothhufeisen. Allen Pferdebesitzern und Hufschmieden gewidmet vom Verf. des „Kleinen Stallmeisters" ꝛc. (J. C. G. Klemm.) gr. 8. (44 S. mit 18 lithogr. auf 1 Taf. in gr. Fol. und 2 xylogr. eingedr. Abbild.) Dresden 860, Klemm's Verlag.

Hufeisen, Über, u. Pferdebeschläge. Mit 12 lith. Abbildungen von Hufen und Hufeisen. 8. Ludwigsburg 27. Nast. M. —.75

Hufeland, glücklicher Ehestand, s.: **Meyer, Paul,** die Ehe.

Hufeland, Alfr., 10 Festreden zur Sedanfeier in der Volksschule. Hrsg. v. A. H. gr. 8. (56 S.) Minden i/W. 892, A. Hufeland. n. — 80

Zehn Festreden zum Sedantage in der Schule. Mit e. vollst. ausgeführten Feier, bestehend aus Liedern, Ansprache u. Deklamationen. Hrsg. von Alfred **Hufeland**. 3. verb. Aufl. *Minden: A. Hufeland 1903.* (48 S.) 8° [F.] [04. 3389

Hufeland, Alfr., s. a. Festreden, 10, z. Sedantage in d. Schule.

[*Kupft.*] Viro perillustri, eximio doctori Christophoro Wilhelmo **Hufeland** ... S. P. D. facultatis medicae in regia litt. universitate Fridericia Wilhelmia Rhenana decanus et assessores ordinarii. (*Am Ende:* Dabamus Bonnae, d. 16 Jul. 1833 *etc.*) [Bonnae, typ. C. Georgi 1833.] 2 Bl. 2.

Christophoro Guilelmo Hufelandio Summorum medicinae Honorum Semisaecularia Die XX. [!] Mens. Julii 1833 celebraturo congratulantur sodales clinici medici Vratislaviensis. Vratislaviae (1833). (2 Bl.) 4° *[Lat. Adresse]*

Hufeland's Stammbuch, enthält. 8200 Fac-Similia, welche im Jahre 1833 bei Gelegenheit des Hufeland'schen Jubiläums die ihn gratulirenden Prinzen, Staatsmänner, Professoren, Aerzte rc. gezeichnet haben. (Nebst Glückwunsch am Tage seiner Jubelfeier, 24. Juli 1833.) Fol. Berlin 834. Hirschwald. n. $1^1/_3$ ₰

Hufeland, Christoph Wilhelm (Mitarb.), s. Abhandlungen, Zwei medicinisch-praktische.

Hufeland, C. W., Adresse à tous les médecins sur la nécessité de conserver les noms officinals de médicamens. 8. Berlin, Reimer. 821.

Hufeland, C. W., Ankündigung d. königl. poliklinischen Instituts auf d. Universität in Berlin, nebst d. Gesetzen. 8. Berl. Realschulbuchh. 811.

— Ankündigung d. königl. poliklinischen Instituts auf d. Universität zu Berlin, nebst d. Gesetzen. 8. Berl. 811. Reimer. 6 gr

—— und Darwin's Anleitung zur physischen und moralischen Erziehung des weiblichen Geschlechts, s. Darwin.

— Anleitung zur physischen u. moral. Erziehung d. weibl. Geschlechts. Nach d. Engl. d. E. Darwin. gr. 8. Leipz. 822. Brockhaus. 18 gr

Hufeland, C. W., Anleitung zur physischen u. moralischen Erziehung d. weibl. Geschlechts. Nach E. Darwin bearb. u. m. Zusätzen versehen. Neue wohlfeile Ausg. 2. Aufl. gr. 16. (VII, 120 S.) Berlin 870. Cronbach. — 75

Hufeland, Chrph. Wilh., Anleitung zur physischen und moralischen Erziehung des weiblichen Geschlechts. Nach E. Darwin bearb. und mit Zusätzen versehen. 2. wohlfeile Ausg. 16. (VII, 118 S.) Berlin 873, Cronbach.

Hufeland, Christoph Wilhelm (Hrsg.):

s.: Annalen, Neueste, der französischen Arzneykunde und Wundarzneykunst. Bd 1-2. Leipzig: 1791-93.

Hufeland C. W., neueste Annalen d. franz. Arzneykunde u. Wundarzneykunde. 3 Bde. m. K. gr. 8. Leipz. Böhme. 791-800. (I. 1 Rthlr. 16 gr. II. 1 Rthlr. 12 gr. III. 16-36 à 18 gr.)

— neueste Annalen d. französ. Arzneikunde. 3 Bde. Mit Kpf. gr. 8. Leipz. 791—800. (Knobloch). 5 ₰ 10 gr

— über d. Anwendung d. kalten Wassers in hitzigen Fiebern, s. Journal d. Arzneikunde. Supplement.

Hufeland, Chr. W., Aphorismen u. Denksprüche. Unter Mitwirkg. v. H. Strauss hrsg. v. Otto Rigler. (43 S. m. Bildnis.) 8. Leipzig 910. J. A. Barth. 1. 50

Hufeland, C. W., Armenpharmacopöe entworfen f. Berlin, nebst den Nachrichten v. d. daselbst erricht. Armenkrankenverpflegungsanstalt. 8. Berlin, Realschulbuchh. 810. Rthlr.

Armen-Pharmakopöe entworfen für Berlin nebst der Nachricht von der daselbst errichteten Armenkrankenverpflegungsanstalt. Von C[hristoph] W[ilhelm von] Hufeland. 2., verm. Aufl. Berlin: Realschul-Buchh. 1812. 84 S. 8°

— Armenpharmacopoe, entworfen für Berlin, nebst einer Nachricht von der daselbst errichteten Armenkrankenverpflegungsanstalt. 3te verb. Aufl. 8. Ebend. 818.

Hufeland, C. W. Armenpharmakopöe, entworfen für Berlin, nebst den Nachrichten von der daselbst errichteten Armenkranken-Verpflegungsanstalt. 4te vermehrte Auflage. 8. *Berlin, Reimer.* 1825

Hufeland, Chrstph. Wilh., Armen-Pharmakopöe. Zugleich e. Auswahl bewährter Arzneimittel u. Arzneiformeln. 5. u. 6. Aufl. (à 5 B.) 828, 29., u. 7., sehr verm. A. ($5^1/_4$ B.) 8. Berlin 832, Reimer. à

Hufeland, Chrstph. Wilh., Armen-Pharmakopöe. Zugleich e. Auswahl bewährter Arzneimittel u. Arzneiformeln. 8. Aufl. 8. ($5^1/_4$ B.) Berlin 834, Reimer.

— l'art de prolonger la vie humaine, s. oben Kunst rc.

— l'art de prolonger la Vie humaine, trad de l'allemand sur la IIe Edition. 2 Vol. gr. 8. Jena, Akademische Buchhandl. 799.

- Aufforderung an alle Aerzte Deutschlands u. d. Auslandes für d. Beibehaltung d. officiellen Namen d. Heilmittel. 8. Berl. 815. Reimer. 2 gr Französ. s. oben: *Adresse.*

— u. J. F. A. Göttling, Aufklärung d. Arzneiwissenschaft. 1r Bd. 3 Stcke. gr. 8. Weim. 793, 94. Ind. Compt. 1 ₰

Hufeland, Christoph v. (Hrsg.), s. Aufklärungen der Arzneiwissenschaft aus den neuesten Entdeckungen der Physik, Chemie u.a. Hülfswiss.

— gemeinnützl. Aufsätze zur Beförderung d. Gesundheit, d. Wohlseins u. vernünft. medicin. Aufklärung. 1r Bd. Mit 1 Kpf. gr. 8. Leipz. 794. Göschen. 18 gr

C[hristoph] W[ilhelm von] Hufeland Auszug und Anzeige der Schrift des Herrn Leibmedikus [Johann] Stieglitz über den thierischen Magnetismus [Ausz.] nebst Zusätzen. Berlin: Verl.d.Realschulbuchh.1816. 96 S. 8°

[Umschlagt.:] [Johann] Stieglitz u. (C[hristoph] W[ilhelm von]) Hufeland: Über den thierischen Magnetismus.

— Auszug u. Anzeige von Dr. Stieglitz Schrift über d. thier. Magnetismus. 8. Berl. 816. Reimer. 12 gr

Hufeland, C(hristoph) W(ilhelm):

s.: Auszug aus C(hristoph) W(ilhelm) Hufeland's Journal der practischen Arzneykunde und Wundarzneykunst in alphabetischer Ordnung..Bd 1-6, Wien: 1808

— avis aux mères sur les points les plus import. de l'éducation physique des enfans dans les premières années, trad. de l'allem. 8. Frankf. a. M. 800. Varrentrapp. 8 gr

— über lauwarme Bäder. 12. Frankf. Simon.

— sur les bains tièdes, trad. et augm. de remarques par Wichelhausen. 8. Manh. 803. Schwan u. G. 6 gr

— Bemerkk. d. künstl. u. natürl. Blattern zu Weimar im J. 1788. 8. Leipz. 789. 2e A. 792. 3e A. unt. d. T.: Bemerkk. über d. natürl. u. inoculirten Blattern, Kinderkrankheiten u. s. w. gr. 8. Berl. 798, Rottmann. 2 ℛ 8 gℊ Fein Pap. 3 ℛ 8 gℊ Nachtrag hierzu, oder über die wesentlichen Vorzüge der Inoculation, über verschiedene Kinderkrankheiten u. diätet. Erziehung d. Kinder. 8. Leipz. 792. Göschen. 1 ℛ

Bemerkungen uber die naturlichen und geimpften Blattern zu Weimar im Jahr 1788. Von Christoph Wilhelm [von] Hufeland. Nebst e. Anh. Uber die wesentlichen Vorzuge der Inoculation u. einige andere Kinderkrankheiten. 2. verm. Aufl. Leipzig: Goschen 1793. 590 S. 8°

Hufeland, Christoph Wilhelm: Bemerkungen über die natürlichen und inoculirten Blattern, verschiedene Kinderkrankheiten, und sowohl medizinische als diätetische Behandlung der Kinder. 3.sehr verm.Aufl. 504 S., gbd.

Berlin: Rottmann 1798

— Bemerkung über die naturl. u. inoculirten Blattern ꝛc. 2e Aufl. gr 8. Berlin 798. (Leipzig, Knobloch),

Hufeland, Christoph Wilhelm: Bemerkungen über die natürlichen und inoculirten Blattern, verschiedene Kinderkrankheiten, und sowohl medicinische als diätetische Behandlung der Kinder. 3.sehr verm.Aufl. 358 S., gbd.

Wien: typ.van Ghelen 1799

— Bemerk. üb. d. im J. 1806 u. 7. in Preußen herrsch. Nervenfieber. 8. Berlin, Realschulbuchh. 807.

— Bemerkk. über d. im Jahre 1806 u. 1807 in Preußen herrschenden Nervenfieber. 8. Berl. 807. Reimer. 6 gℊ

Bemerkungen uber das Nervenfieber und seine Complicationen in den Iahren 1796, 1797 u. 1798. Von Christ[oph] Wilh[elm von] Hufeland. Iena: Akadem. Buchh. 1799. 199 S. 8°

— Bemerkk. über d. Nervenfieber u. seine Complicationen in d. Jahren 1796, 1797 u. 1798. 8. Jena 799. (Hennings in Neisse). 12 gℊ

Hufeland, Christ(oph) Wilh(elm): Bemerkungen über das Nervenfieber und seine Komplikationen, in den Jahren 1796, 1797, u.1798. 110 S., gbd.

Wien: mit v.Ghelenschen Schriften 1799

— Bemerkungen üb. d. Brown'sche Praxis. 1r Thl. 8. Tübingen, Cotta. 799.

— üb. d. Beyschlaf, s. Beyschlaf.

—— Bibliothek d. prakt. Heilkunde, s.a. Bibliothek etc.

— Bibliothek d. praktischen Arzneykunde u. Wundarzneykunst. 1r bis 10r Bd. 8. Berlin, Realschulbuchh. 799—803.

— — desselben 11r bis 20r Bd. 8. Ebend. 803—8.

— — Supplementhefte z. 12. 15. 17. 29. u. 20ten Bde. 8. Ebend. (à 6 gr.)

— u. K. Himly, Bibliothek d. praktischen Heilkunde, Jahrg. 1809, 12 Stcke od. 21r und 22r Bd. 8. Ebend.

— — desselben Jahrg. 1810 u. 11, od. 23r bis 26r Bd. 8. Ebd. (d. Jahrg. v. 12 Stcken à 2 Rthlr. 12 gr.)

— — Bibliothek d. prakt. Heilkunde. Jahrg. 1812—814, od. 27r—32r Bd. mit K. 8. Ebend. (Jeder Jahrg. 2 Rthlr. 12 gr.)
(1813 ist Verlag von Wittich daselbst.)

— — Bibliothek d. Heilkunde. Jahrg. 1815, od. 33r u. 34r Bd. 8. Ebend.

— u. C. F. Harles, Bibliothek der Heilkunde 1816 bis 1821, oder 35r bis 46r Band. Jeder Jahrgang in 12 Heften. 8. Ebend.
(von 1816 u. 1817. oder 35r bis 38r Bd. à Jahrgang 2 Thlr. 16 Gr., von 1818 bis 1821. oder 39r bis 46r Bd. à Jahrgang 2 Thlr. 20 Gr.)

— (u. Osann,) Bibliothek d. prakt. Heilkunde. Jahrg. 1822-27. 47r — 53r Bd. 8. Berlin, Reimer. à Jahrg. 2 20

— — u. E. Osann, Bibliothek der practischen Heilkunde. Bd. 69. 2. Stück. Bln. (G. Reimer) Februar 1833. (S. 49—100.) (5.—) 16313
Enth.: Albers, Joh. Christ. (Gumbinnen), Ueber das Wesen der Blattern u. ihre Beziehung zu den Schutzblattern. E. diagnost. Versuch. — Vering, Joseph Ritter v. (Ungarn), Heilart der Gicht. — Kurze litterärische Anzeigen (Besproch.: Swend Bendsen Svendsen). — Akad. Schriften d. Universität zu Berlin. (Darin: Jul. Wilh. Ferd. v. Ehrenberg (Warschau), Wilh. Flume (Lünen/Westf.), Reinhard Bitkow (Saxo-Beruss.), Joh. Just. Rueber (Rheinland), Wilh. Heinr. Alexand. Hellberg (Holstein), Carl Heinr. Fried. Wilh. Schueler (Pommern)).

—— Bibliothek d. pract. Heilkunde. Fortges. v. E. Osann. 73—84. Bd. — (Neue) Bibliothek etc. 53—56. Bd. u. Neue Folge 1—8. Bd. od. Jahrg. 1835—40. à 12 Stücke. 8. Berlin, Reimer. à J. *
Seit 1837 ist E. Osann alleiniger Herausgeber.
Vgl. Bibliothek d. pract. Heilkunde.

Hufeland's, Chrstph. Wilh., Bibliothek der pract. Heilkunde. Fortgesetzt v. E. Osann. 1841. 85. Bd. 2 Abthlgn. (Neue) Bibliothek etc. 57. B. 8. (35⅛ B.) Berlin 841, G. Reimer. *

—— dass. Fortgesetzt v. Fr. A. Augustin. 86. Bd. A. u. d. T.: Die Heilkunde im Jahre 1841. Dargestellt v. Fr. A. Augustin. 8. (30½ B.) Berlin 843, C. H. Jonas's Vrlgsh.*

Hufeland, Christoph Wilhelm, s. Bischof, C. H. E.: Darstellung.

– s. Brühl-Cramer: Über d. Trunksucht.

– s. Buchholz, Fr.: Über d. Schlaf.

Hufeland, Christ. Wilh., Code hygiénique de la table, s. Code.

Hufeland, C. W., conseils aux mères sur l'éducation physique des enfants. Nouvelle édition revue et augmentée d'après la 7. édition allemande. Bern 859. (Blom.) 16. (IV, 156 S.) n. 12 ngr

— Conspectus materiae medicae secundum ordines naturales in us. auditorum. edit. IIda. 8. Berlin, Dümmler. 821.

—— Conspectus materiae medicae sec. ord. natural. in us. auditor. Edit. III et IV. auct. (à 8 B.) 8. Berolini 828, 35, Dümmler. à

— Conspectus morborum secund. ordines naturales, adjunctis characteribus specificis diagnosticis seu. signis pathognomicis. In usum auditorum. 8. Berl. 819. Ed. II. 831. Dümmler. 6 gGr.

Hufeland, Christ(oph) Wilh(elm): Vollständige Darstellung der medicinischen Kräfte und des Gebrauchs der salzsauren Schwererde. 166 S., gbd.

Berlin: Rottmann 1794

Hufeland, Christ(oph) Wilh(elm): Vollständige Darstellung der medizinischen Kräfte und des Gebrauchs der salzsauren Schwererde. 94 S. (S.147 - 240), gbd.

Wien: mit v.Ghelenschen Schriften 1799

Einrichtung und Gesetze der herzogl. medizinisch-chirurgischen Krankenanstalt zu Jena. Von C[hristoph] W[ilhelm von] Hufeland. Jena: Akadem. Buchh. 1799. 55 S. 8°

— Einrichtung u. Gesetze d. Herzogl. medicin.-chirurg. Krankenanstalt zu Jena. 8. Jena 799. (Hennings in Neisse). 4 gGr.

Hufeland, Christ(oph) Wilh(elm): Einrichtung und Gesetze der herzogl.medizinisch-chirurgischen Krankenanstalt zu Jena. 36 S.(S.111 - 146), gbd.

Wien: mit v.Ghelenschen Schriften 1799

Hufeland, C(hristoph) W(ilhelm): Enchiridion medicum oder Anleitung zur medizinischen Praxis. Vermächtniss einer funfzigjährigen Erfahrung. 747 S., gbd.

Berlin: Jonas 1836

Hufeland, C(hristoph) W(ilhelm): Enchiridion medicum oder Anleitung zur medizinischen Praxis. Vermächtniss einer funfzigjährigen Erfahrung. 2.verm.Aufl. 930 S., gbd.

Berlin: Jonas 1836

Hufeland, C(hristoph) W(ilhelm): Enchiridion medicum oder Anleitung zur medizinischen Praxis. Vermächtniss einer funfzigjährigen Erfahrung. 2.Aufl. 930 S., gbd.

Berlin: Jonas 1837

— Enchiridion medicum, oder Anleitung zur medicinischen Praxis. Vermächtniß einer 50jähr. Erfahrung. gr. 8. Berlin 836. Jonas Verlagsbuchh. Subscr.-Pr. 3 1/3 Thlr. — dasselbe Werk. 2e verm. Aufl. gr. 8. Ebd. 836. Subscr.-Pr. 4 Thlr. — 3e verm. Aufl. 4 Lfrgn. gr. 8. Ebd. 837. 4 Thlr. — 4e Aufl. (6e Abdr.) gr. 8. Ebd. 837, 38. 4 Thlr. — 5e Aufl. (7e Abdr.) gr. 8. Ebd. 839. n. 4 Thlr.

Hufeland, C(hristoph) W(ilhelm): Enchiridion medicum oder Anleitung zur medizinischen Praxis. Vermächtniss einer funfzigjährigen Erfahrung. 6.Aufl. 408 S., gbd., Abb.

Berlin: Jonas 1842

Hufeland, C(hristoph) W(ilhelm): Enchiridion medicum oder Anleitung zur medicinischen Praxis. Vermächtniss einer funfzigjährigen Erfahrung. 6.Aufl.(8.Abdruck). 586 S., gbd.

Berlin: Jonas 1842

Hufeland, Christoph Wilh., Enchiridion medicum oder Anleitung zur medicin. Praxis. Vermächtniss einer funfzigjähr. Erfahrung. 9. Aufl. gr. 8. (XIV und 586 S.) Berlin 851, Jonas's Vrlgsh. *

—— Enchiridion medicum oder Anleitung zur medizinischen Praxis. Vermächtniss einer 50jährigen Erfahrung. 10. Aufl. gr. 8. (XIV und 586 S.) Berlin 857, Jonas' Verlagsbuchh. *

Hufeland, Christoph Wilhelm: Erfahrungen über die Kräfte und den Gebrauch der salzsauren Schwererde in verschiedenen Krankheiten. Erfurt 1792. 24 S.

— Erfahrr. über alle Kräfte u. Gebrauch d. salzsauren Schwererde in verschied. Krankheiten. 4. Erf. 792. Keyser. 3 gGr.

— nöthige Erinnerungen an d. Bäder u. ihre Wiederherstellung in Deutschland. 8. Weim. 801. Ind.-Compt. 6 gGr.

v. Hufeland, Ritter Cph. Wlh., Erläuterungen seiner Zusätze zu Stieglitz Schrift über den animal. Magnetismus. 8. Berl. 817. Reimer. 12 gGr.

Hufeland, Christoph Wilhelm, s. F r a n k, Jh. Pt. v.: Behandlung der Krankheiten der Menschen. – dessen Pathologie u. Therapie.

— Generalbericht über d. königl. Charité-Krankenhaus. s. Er. Horn.

Geschichte der Gesundheit nebst einer physischen Karakteristik des jetzigen Zeitalters. ...Von C[hristoph] W[ilhelm von] Hufeland. Berlin: Realschulbuchh. 1812. 55 S. 8°

Chph. Wilh. Hufeland Geschichte der Gesundheit, nebst einer physischen Charakteristik des jetzigen Zeitalters. Eine Vorlesung. Berlin 1812. 8. *Ed. aucta:* Berlin 1813. 8. — *Redit in* Ejusd. kleine medicin. Schriften, Bd. 4. S. 368. — [illegible]

— Geschichte d. Gesundheit, nebst einer physischen Charakteristik d. jetzigen Zeitalters. Vorlesung. 8. Berl. 812. 2e A. 813. Neuer Abdruck. 816. Reimer. 5 gGr.

— über d. Gleichzahl beider Geschlechter im Menschengeschlecht, ein Beitrag zu der höhern Ordnung d. Dinge in d. Natur. 8. Berl. 820. Reimer. 6 gGr.

— Grundriß der Heilmittellehre, zum ersten Male nach der 4n Aufl. des latein. Originals Conspectus materiae medicae mit Zuziehung der neuesten u. wichtigsten Schriften über diesen Gegenstand deutsch bearb., mit besonderer Rücksicht auf Wundärzte, von R. gr. 8. Ulm 840. Ebner. 2/3 Thlr.

—— Grundriß d. Heilmittellehre. Zum ersten Male n. d. 4. Aufl. d. latein. Orig. Conspectus mater. med. mit Zuziehung d. neuesten u. wichtigsten Schriften üb. dies. Gegenstand deutsch bearb. mit besond. Rücksicht auf Wundärzte. Von R. H. R. 8. (6 3/4 B.) Ulm 841, Ebner'sche Buchh.

Hufeland und Cornaro's sichere Grundsätze gesund u. lange zu leben, u. Benj. Franklins zuverlässige Mittel reich zu werden. A. d. Engl. 18. (2 B.) Wien ..., Rohrmann u. Schweigerd. Thlr.

— praktisches Handbuch d. Heilkunde d. Fieber u. Entzündungen. (Aus d. System d. prakt. Heilkunde bes. abgedr.) gr. 8. Jena 819. Frommann. 20 ℊ

Hufeland, allgemeine Hausapotheke. Ausführliche Beschreibung aller Pflanzen, Kräuter, Erden und Salze in Bezug auf ihren Nutzen, ihre Wirkung und Anwendung in medicin. Beziehung, ihre Einsammlung und Aufbewahrung ꝛc., nebst einer Beschreibung der deutschen Heilquellen und ihrer Wirkungen nach den besten Quellen und nach dem neuesten Stande der Heilmittellehre bearb. 15 Lfgn. 8. (686 S.) Neu-Ulm 876—78, Stahl. à Lfg. 50 Pf.

— Hausapotheke. Eine wohlerprobte Auswahl d. besten Hausarzneimittel in lexikalisch-alphabet. Form unter Angabe ihrer Anwendg. gegen viele Krankheiten d. Menschen. (64 S.) 8. Leipzig (910). Ernst. — 60

Hufeland's Haus- u. Reise-Apotheke, s.: Gesundheit, das höchste Gut.

Hufeland, der praktische Hausarzt. Ein zuverläss. Rathgeber bei allen Krankheiten jedes Alters und Geschlechts. Unter vorzügl. Berücksichtigung derjenigen Leiden, welche ihren Ursprung haben in schlechter Verdauung, Verschleimung, Schnupfen ꝛc. Mit Angabe der vorzüglichsten Haus- und Heilmittel und einer Haus- und Reiseapotheke. 8. (VIII und 276 S.) Berlin 866, Mode's Verlag.

— der praktische Hausarzt. Ein zuverläss. Rathgeber bei allen Krankheiten jedes Alters u. Geschlechtes. Unter vorzügl. Berücksicht. derjen. Leiden, welche ihren Ursprg. haben in schlechter Verdaug., Verschleimg., Schnupfen ꝛc Mit Angabe der vorzüglichsten Haus- u. Heilmittel u. e. Haus- u. Reiseapotheke. 7. verm. u. verb. Aufl. 8. (IV, 330 S.) Berlin 873. Mode's Verl. 2. 50

—— der practische Hausarzt. Ein zuverläss. Rathgeber bei allen Krankheiten jedes Alters und Geschlechts. Unter vorzügl. Berücksicht. derjenigen Leiden, welche ihren Ursprung haben in schlechter Verdauung, Verschleimung, Schnupfen ꝛc. und ihren Folgen, wie Hämorrhoiden, Bleichsucht, Appetitlosigkeit ꝛc. Mit Angabe der vorzüglichsten Haus- und Heilmittel und einer Haus- und Reiseapotheke. 8.—10. verm. und verb. Aufl. 8. (IV, 330 S.) Berlin 879, Mode's Verlag.

Hufeland, der practische Hausarzt. Ein zuverläss. Rathgeber bei allen Krankheiten jedes Alters und Geschlechts. Unter vorzügl. Berücksicht. derjenigen Leiden, welche ihren Ursprung haben in schlechter Verdauung, Verschleimung, Schnupfen ꝛc. Mit Angabe der vorzüglichsten Haus- und Heilmittel, und einer Haus- und Reiseapotheke. 11. und 12. verm. und verb. Auf 8. (IV, 330 S.) Berlin 880,82, Mode's Verlag.

Hufeland, Ch. W., der practische Hausarzt. Ein zuverläss. Rathgeber bei allen Krankheiten und jedes Alters und Geschlechts. Unter vorzügl. Berücksicht. derjenigen Leiden, welche ihren Ursprung haben in schlechter Verdauung, Verschleimung, Schnupfen, Husten, Leibesverstopfung ꝛc. Mit Angabe der vorzüglichsten Haus- und Heilmittel und einer Haus- und Reiseapotheke. 13. und 14. verm. und verb. Aufl. 8. (IV, 330 S.) Berlin 885,87, Mode's Verlag. 2 50

Hufeland, der practische Hausarzt. Unter vorzügl. Berücksicht. derjenigen Leiden, welche ihren Ursprung haben in schlechter Verdaug., Verschleimg., Schnupfen, Husten, Leibesverstopfg. ꝛc. Mit Angabe der vorzüglichsten Haus- u. Heilmittel u. e. Haus- u. Reiseapotheke. 17., verm. Aufl. 8. (IV, 330 S.) Berlin 893. S. Mode's Verl. 2. 50

— die drei Heroen d. Heilkunst. 8. Berl. 819.

— s. Hertwig, Dr.: Beiträge.

Hufeland, C(hristoph) W(ilhelm): Die Homöopathie. 44 S., gbd.

Berlin: Reimer 1831

Hufeland, Christian Wilhelm. Eine Selbstbiographie mitgetheilt von Göschen. gr. 8. (64 S.) Berlin 863, G. Reimer.

Aus: Göschen's „Deutscher Klinik", 1863, besonders abgedruckt.

— (u. E. Osann) 1r—12r Jahresbericht d. poliklinischen Instituts. 8. Berl. 811—26. Reimer. 4 ℛ 4 ℊ

— (u. E. Osann), 13r u. 14r Jahresbericht des Königl. poliklinischen Instituts. 8. Berlin 831 u. 36. Reimer. (13r 1/2 ℛ, 14r 5/12 ℛ) 11/12 ℛ

Ideen über Pathogenie und Einfluß der Lebenskraft auf Entstehung und Form der Krankheiten als Einleitung zu pathologischen Vorlesungen von Christ[oph] Wilh[elm von] Hufeland. Jena: Academ. Buchh. 1795. 336 S. 8°

— Ideen über Pathogenie u. Einfluß d. Lebenskraft auf Entstehung u. Form der Krankheiten. gr. 8. Jena 795. (Hennings in Neisse). 1 ℛ 6 ℊ

Hufeland, Christ(oph) Wilh(elm): Ideen über Pathogenie und Einfluß der Lebenskraft auf Entstehung und Form der Krankheiten als Einleitung zu pathologischen Vorlesungen. 178 S., gbd.

Wien: Öhler 1797

Hufeland, Christoph Wilhelm (Hrsg.):

s.: Journal der practischen Arzneykunde und Wundarzneykunst. Bd 1-24, 26, 58-72/1-3 73/1-3, 74-83. Jena, Berlin: 1795-1836

— Journal d. praktischen Arzneykunde u. Wundarzneykunst, 1r bis 20r Bd. nebst dem Universalregister über alle 20 Bde. mit K. 8. Berlin, Realschulbuchh. 795—805.

— — das Universalregister besonders.

— — desselben 21r bis 27r Bd. m. K. 8. Ebend. 805—8.

— u. K. Himly, Journal d. prakt. Heilkunde, Jahrg. 1809. 12 Stck. od. 28r u. 29r Bd. m. K. 8. Ebend.

— — desselben Jahrg. 1810 u. 11. od. 30r bis 33r Bd. 8. Ebend. (d. Jahrg. v. 12 Stck. à 5 Rthlr.)

Hufeland, C. W., u. K. Himly, Journal d. prakt. Heilk. Jahrg. 1812—814. od. 34r—39r Bd. mit K. 8. Ebend. (der Jahrg. von 12 Stck. à 5 Rthlr.)

Hufeland, C. W., u. C. F. Harles, Journal d. prakt. Heilkunde. Jahrg. 1815 od. 40r u. 41r Bd. m. K. 8. Berl. Realschulbuchh.

Hufeland, C. W., Universalregister zum 21n—40n Bnde. Herausgegeben von E. Osann. 8. Berlin, Reimer. 819. Rthlr.

— — u. C. F. Harles, Journal der Heilkunde, Jahrg. 1816 bis 1821. oder 42r bis 53r Bd. Jeder Jahrg. in 12 Heften. Mit Kupf. 8. Ebend.
(von 1816 u. 17. der Jahrg. à 5 Thlr. 8 Gr. und 1818 bis 821. der Jahrg. 5 Thlr. 16 Gr.)

— (u. E. Osann,) Journal d. prakt. Heilkunde (Arzneikunde u. Wundarzneikunde.) Jahrg. 822—27, od. 54r—65r Bd. M. Kpfrn. 8. Berlin, Reimer. à Jahrgg.

— dess. Suppl. zu 1822. A. u. d. T.: Ueber d. äußerl. Anwend. d. kalten Wassers in hitzigen Fiebern. Drei Preisschriften d. Hrn. Fröhlich, Reuß u. Pittschaft, herausg. v. C. W. Hufeland. 8. Berlin 823, Reimer. 1 —

— dass. 2 Supplement-Hefte d. Jahrg. 1824 u. 25. Ebend. à

—— dass. — Universal-Register v. 61 — 80. Bd. Hrsg. v. E. Osann. 8. (31 B.) Berlin 837, Reimer. *
Vgl. Journal d. prakt. Heilkunde.

—- Journal d. prakt. Heilkunde. Fortges. v. E. Osann. 82. u. 83. Bd. — A. u. d. T.: Neues Journal d. pract. Arzneikunde u. Wundarzneikunst. 75. u. 76. Bd. od. Jahrg. 1836, u. 84—93. Bd. — A. u. d. T.: Neues Journal d. pract. Arzneikunde u. Wundarzneikunst. 1—10. Bd. Jahrg. 1837—41. à 12 Stücke. 8. Berlin, Reimer. à J. *

—— dass. — Fortges. v. Fr. Busse. 94. u. 95. Bd. — A. u. d. T.: Neues Journal d. pract. Arzneikunde u. Wundarzneikunst. 11. u. 12. Bd. Jahrg. 1842. 12 Stücke. 8. Berlin, Oehmigke's Buchh. *

—— Journal der pract. Heilkunde. Fortgesetzt v. Fr. Busse. 96—98. Bd. A. u. d. T.: C. W. Hufeland's u. E. Osann's neues Journal der pract. Arzneikunde u. Wundarzneikunst. Fortgesetzt v. Fr. Busse. 13—15. Bd. Jahrg. 1843 u. 44. à J. 12 Hfte. 8. Berlin, Oehmigke's Buchh. à J. *

— u. Harles, neues Journal d. ausländ. medicin. chirurg. Litteratur, s. Journal.

– s. Kant, J.: Von d. Macht d. Gemüths.

— atmosphär. Krankheiten u. atmosphär. Ansteckung. Unterschied v. Epidemie, Contagion u. Infection, ein Beitrag zu d. Untersuchungen über d. Contagiosität d. gelben Fiebers. 8. Berl. 824. Reimer. 8 gr

— von d. Krankheiten d. Ungebornen u. der Vorsorge für d. Leben u. d. Gesundheit d. Menschen vor d. Geburt. 8. Berl. 827. Reimer. 5 gr

— über d. Kriegspest alter u. neuer Zeit, mit besonderer Rücksicht auf das Aderlassen in derselben. 8. Berl. 814. (Reimer). 16 gr

— die Kunst, d. menschliche Leben zu verlängern. gr. 8. Berl. 796. 2e A. 798. Reimer. 16 gr Weiß Pap. 1 rthl 3e Aufl. unt. d. T.: Makrobiotik, oder die Kunst, das menschl. Leben zu verlängern. 2 Thle. gr. 8. Berl. 805. 4e A. 806. 5e A. gr. 12. Ebd. 823. (Reimer). 1 rthl 10 gr Fein Pap. 1 rthl 16 gr Dass. französisch: l'art de prolonger la vie humaine. II Vols. 8. Jena 799. (Hennings in Neisse). 1 rthl 16 gr

Die Kunst das menschliche Leben zu verlängern. Von Christoph Wilhelm [von] Hufeland. Jena: Akadem. Buchh. 1797. XXIV,696 S. 8°

Die Kunst das menschliche Leben zu verlangern. Von Christoph Wilhelm [von] Hufeland. 2., verm. Aufl. Th. 1.2. Jena: Akadem. Buchh. 1798. 8°

Th. 1: XXVIII,336 S.
Th. 2: 448,XXX S.

Hufeland, Chr. W., Die Kunst das menschl. Leben zu verlängern. 2. Aufl. 2 Bde. 186 u. 256 S. Jena 1798. 8°.

Hufeland, Chr. W., die Kunst das menschliche Leben zu verlängern, 2 Thle. gr. 8. Ebend. (a. Hermann in Frankf.) 798. Rthlr. —
Weiß Pap.

Hufeland, Christoph Wilhelm: Die Kunst das menschliche Leben zu verlängern. 2. Aufl. Th. 1 - 2, gbd.

Wien u. Prag: Haas 1798

— die Kunst das menschl. Leben zu verlängern. 2 Thle. 8. Kempten, Kösel. 799.

— d. Kunst, d. menschliche Leben zu verlängern, für d. Bürger u. Landmann, von Dan. Collenbusch. 1r Thl. 8. Schneeb. 801. Verlagsbuchh. 6 gr

— — desselben Werks 4te Aufl. od. Makrobiotik, od. die Kunst das menschliche Leben zu verlängern. 2 Thle. gr. 8. Berl. Wittich. (Realschulbuchh.) 805.
Fein Pap.

— — dasselbe mit lateinischen Lettern u. 1 K. 5te Aufl. gr. 8. Jena, Akadem. Buchh. 806.

Hufeland, Chr. W.: Die Kunst, das menschliche Leben zu verlängern. Leipzig 1888. 311 S. (Meyers Volksbücher. 535—38)

—— die Kunst, das menschliche Leben zu verlängern, s. Meyer's Volksbücher.

Hufeland, C. W., s.: Lavater, J. C., Worte des Herzens.

Hufeland, Ch(ristoph) W(ilhelm): Der praktische Lebensretter bey allen möglichen Gefahren des Lebens, durch welche ein Scheintod bewirkt wird, aus dessen Vernachlässigung oder übeln Behandlung der wirkliche Tod entweder alsogleich, oder doch nach kurzer Zeit gewiß entsteht. Nebst Beschreibung der neu errichteten Rettungsanstalt in Wien, deren gesetzlichen Verfügungen und Belohnungen. Ein Beytrag zur Kunst das menschliche Leben zu verlängern. 88 S., gbd.

Grätz: Ferstl 1805

v. Hufeland, Ritter Cph. Wlh., Lehrbuch d. allgem. Heilkunde. (Aus d. System d. prakt. Heilkunde besonders abgedruckt.) gr. 8. Jena 818. 2e Aufl. 830. Frommann. 1 rthl 12 gr

—— Lehrbuch d. allgem. Heilkunde. 2. Aufl. gr. 8. (19½ B.) Jena 830, Frommann.
Aus dess. „System d. prakt. Heilkunde," besond. abgedruckt.

— Lehrbuch der allgem. Therapie. (Aus dem System der prakt. Heilkunde besond. abgedr.) gr. 8. Jena, Frommann. 818.

Hufeland, C(hristoph) W(ilhelm): Die Lehre von den Heilungsobjekten und ihrer Erkenntniß oder die Jatrognomik. Ein Versuch zur Vereinigung der Aerzte. 92 S., gbd.

Berlin: Reimer 1829
aus: Journal der prakt. Heilkunde, Jan. 1819

—— la macrobiotique ou l'art de prolonger la vie de l'homme hygiène des gens du monde. Nouvelle édition revue, corr. et augm. d'après la septième édit. allem. 2 Vols. 8. (434 S.) Bern 857,58, (Blom.) *

— Makrobiotik, s. oben: Kunst, d. menschl. Leben zc.

Makrobiotik, oder die Kunst das menschliche Leben zu verlängern. Von Christoph Wilhelm [von] Hufeland. 3.,sehr verm.rechtmäßige Aufl. 2 Th. in 1 Bde. Berlin 1820. XX,384 S. 8°

Hufeland, Christoph Wilhelm: Makrobiotik oder die Kunst das menschliche Leben zu verlängern. 5.verm...Aufl. Th.1 - 2, gbd., Abb.

Berlin: Reimer 1823

— Makrobiotik, od. d. Kunst, d. menschl. Leben zu verlängern. 2 Thle. 5te Aufl. gr. 12. Berl. 824, Reimer. 1 Rthlr. 10 gr. weiß Druckp.

—— Makrobiotik, od. die Kunst das menschliche Leben zu verlängern. 6., rechtmäß. Aufl. 8. (32½ B.) Berlin 842, G. Reimer.

Hufeland, Chrph. Wilh., Makrobiotik oder die Kunst das menschl. Leben zu verlängern. 7., durchgeseh. und verb. Aufl. 8. (XVI und 456 S. mit 1 Stnt.) Berlin 853, G. Reimer.

—— Makrobiotik oder die Kunst das menschliche Leben zu verlängern. 8. Aufl. 8. (XV und 456 S. mit 1 Kpfrst.) Berlin 860, G. Reimer.

—— Makrobiotik oder die Kunst, das menschliche Leben zu verlängern. Volks-Ausg. von Alfr. Maury. br. 8. (255 S.) Ebendas. 869.

Hufeland's, Chrph. Wilh., Makrobiotik oder die Kunst das menschliche Leben zu verlängern. Auf's Neue durchgeseh. und mit Anmerkungen verm. von M. Steinthal. 9 Lfgn. gr. 8. (XVI, 325 S. und Suppl. 256 S.) Berlin 871, Staude. à Lfg. 50 Pf.

—— dass. — 5. unveränd. Abdr. gr. 8. (XVI, 325 S.) Ebendas. 873. M 2,50.; geb. *

Hufeland's [Chrph. Wilh.], Makrobiotik oder die Kunst das menschliche Leben zu verlängern. Auf's Neue durchgesehen und mit Anmerkungen verm. von M. Steinthal. 6. Ster.-Aufl. 5 Lfgn. gr. 8. (XVI, 325 S.) Berlin 879, Staude. à Lfg. * 50 Pf. *

Hufeland, Ch. W., Makrobiotik oder die Kunst das menschliche Leben zu verlängern. Auf's Neue durchges. und mit Anmerkungen vermehrt von M. Steinthal. 7. Ster.-Aufl. 10 Lfgn. gr. 8. (XVI, 325 S. und Hartmann, Glückseligkeitslehre, VIII, 267 S.) Berlin 886,87, Staude. à Lfg. * 50 Pf. *

—— dass. — 7. unveränd. Abdr. gr. 8. (XVI, 325 S.) Ebendas. 887. M 2.50.; geb. *
Diesem Abdr. ist Hartmann's Glückseligkeitslehre nicht angefügt.

[L. u. Ant.] Prof. Dr. Christoph Wilhelm Hufeland, Kgl. Preuss. Staatsr. u. Leibarzt. Makrobiotik oder Die Kunst, das menschl. Leben zu verlängern. Volks-Ausg. v. Dr. Alfred Maury, prakt. Arzt ... 5. u. 6. Taus. *Berlin: H. Steinitz (1896).* (228 S., 2 Bl.) 1 Bd 8. [96. 301

— dasselbe, s. a. Universal-Bibliothek.

Hufeland, C. W. Nachricht von der in Berlin errichteten Armen-Knaben-Verpflegungs-Anstalt. *Berlin, Realschule.* 1809.

— Nachr. von d. Zustande d. Krankenhauses d. Charité in Berlin im Jahre 1801. 8. Berl. 802. (Reimer). 2 gr. Dies. v. d. J. 1803, 1804, 1805 u. 1809. Ebd. (Ebd.) (803. 4 gr., 804. 6 gr., 805. 2 gr., 809. 12 gr.) 1 Rthlr. 2 gr.

— Nachricht v. d. Zustande d. Krankenhauses d. Charité in Berlin im Jahr 1801. 8. Berlin, Unger. 802.

— — dieselbe auf d. Jahre 1801. 803. 804. 805 u. 809. Berl. Realschulbuchh. (1801 2 gr. 1803 4 gr. 1804 6 gr. 1805 2 gr. 809. 12 gr.)

Ueber die Natur, Erkenntnißmittel und Heilart der Skrofelkrankheit. ... von Christ[oph] Wilh[elm von] Hufeland. Jena: Academ. Buchh. 1795. XIV, 342 [vielm. 362] S. 8°

Hufeland, Christ(oph) Wilh(elm): Ueber die Natur, Erkenntnissmittel und Heilart der Skrofelkrankheit. Eine von der Kaiserlichen Academie der Naturforscher gekrönte Preisschrift. 2...verm.Aufl. 398 S., gbd.

Jena: Academische Buchhandlung 1797

Hufeland, Christ(oph) Wilh(elm): Ueber die Natur, Erkenntnißmittel und Heilart der Skrofelkrankheit. Eine von der kais.Akademie der Naturforscher gekrönte Preisschrift. 2...verm.Aufl. 194 S., gbd.

Wien: mit v.Ghelenschen Schriften 1798

— über die Natur, Erkenntniß und Heilart der Skrofelkrankheit. 3te Aufl. gr. 8. Ebend. 819.

Hufeland, Christ(oph) Wilh(elm): Pathologie, zu academischen Vorlesungen. Bd 1: Pathogenie. 408 S., gbd.

Jena: Academische Buchhandlung 1799

— Pathologie. 1r Bd. Pathogenie. gr. 8. Jena 799. (Reimer in Berl.) 1 Rthlr. 12 gr.

Hufeland, Christ(oph) Wilh(elm): Pathologie. Zu akademischen Vorlesungen. Bd 1: Pathogenie. 200 S., gbd.

Wien: mit v.Ghelenschen Schriften 1801

—— Pharmacie domestique, s. Pharmacie.

— die Pockenepidemie im Jahre 1823 u. 1824, nebst ihren Resultaten, besond. in Bezieh. auf modificirte Pocken. 8. Berl. 825. Reimer. 8 gr.

Guter Rath [Rat] an Mütter über die wichtigsten Punkte der physischen Erziehung der Kinder in den ersten Jahren. Von Christ[oph] Wilh[elm von] Hufeland. Berlin: Rottmann 1799. 86 S. 8°

— guter Rath an Mütter, über d. wichtigsten Punkte d. physischen Erziehung d. Kinder in d. ersten Jahren. 8. Berl. 799. 2e Ausg. Mit Kpf. 805. 3e Aufl. gr. 12. Basel u. Leipz. 830. Rottmann. 1 Rthlr.

— guter Rath an Mütter, üb. d. wichtigsten Punkte d. physischen Erziehung der Kinder in d. ersten Jahren. 8. Berlin, Rottmann. 803.

Bellnp.

— guter Rath an Mütter über die wichtigsten Punkte der physischen Erziehung der Kinder in den ersten Jahren, nebst einem Unterrichte für junge Eheleute, die Vorsorge für Ungeborene betreffend. 4e verm. rechtmäß. Aufl. gr. 8. Basel u. Leipzig. 836. Rottmann. (Enobloch.) 1 Rthlr.

Hufeland, Christ(oph) Wilh(elm): Guter Rat an Mütter über die wichtigsten Punkte der physischen Erziehung der Kinder in den ersten Jahren nebst einem Unterrichte für junge Eheleute, die Vorsorge für Ungeborne betreffend. 5...Aufl. 225 S., gbd.

Leipzig: Cnobloch 1844

—— guter Rath an Mütter über die wichtigsten Punkte der physischen Erziehung der Kinder in den ersten Jahren nebst einem Unterrichte für junge Eheleute die Vorsorge für Ungeborne betreff. 6., unveränd. rechtmäß. Aufl. 8. (XIV und 225 S.) Leipzig 848, Cnobloch.

—— guter Rath an Mütter über die wichtigsten Punkte der physischen Erziehung der Kinder in den ersten Jahren nebst einem Unterrichte für junge Eheleute die Vorsorge für Ungeborne betreffend. 7., unveränd. rechtmäß. Aufl. 8. (XIV und 225 S.) Leipzig 853, Cnobloch.

—— guter Rath an Mütter über die wichtigsten Punkte der physischen Erziehung der Kinder in den ersten Jahren. Nebst einem Unterricht für junge Eheleute die Vorsorge für Ungeborne betreffend. 8. Aufl. 1858. und 9., rechtmäßige Aufl. Durchgesehen und mit Anmerkungen verm. von L. W. Mauthner Ritter v. Mautstein. 8. (XII und 251 S.) Leipzig 861, Cnobloch. geb.

Hufeland, Christ. Wilh., guter Rath an Mütter über die wichtigsten Punkte der physischen Erziehung der Kinder in den ersten Jahren. Nebst einem Unterricht für junge Eheleute die Vorsorge für Ungeborene betr. 10., rechtmäß. Aufl., durchgesehen und mit Anmerkungen verm. von L. W. Mauthner Ritter v. Mautstein. 8. (227 S.) Leipzig 865, Cnobloch. geb.

—— guter Rath an Mütter über die wichtigsten Punkte der physischen Erziehung der Kinder in den ersten Jahren. Nebst einem Unterricht für junge Eheleute, die Vorsorge für Neugeborene betr. 11. Aufl. bearb. von Jul. Herm. Haake. 8. (XII, 171 S.) Leipzig 869, Cnobloch.

—— dass. — 12. Aufl. 16. (XII, 165 S.) Halle 875, Gesenius. *

geb. mit Goldschn. *

—— dass. — Volks-Ausg. Durchgesehen von Alfr. Maury. 8. (144 S.) Ebendas. 869.

Hufeland, Christ. Wilh. Guter Rat an Mütter üb. die wichtigsten Punkte der physischen Erziehung der Kinder in den ersten Jahren. Nebst e. Unterricht f. junge Eheleute, die Vorsorge f. Ungeborene betr. 13. rechtmäß. Orig.-Aufl. 8. (VIII, 176 S.) Halle 889, Gesenius.
* 1 40; geb. * 2 —

— Dass. im Auszuge für d. Bürger u. Landmann. (Von Jh. Aug. Tittmann.) 8. Dresd. 789. (Weygand in Leipz.) 2 gr.

— — dasselbe im Auszuge f. d. Bürger u. Landmann (v. J. A. Tittmann.) 8. Dresden, Gerlach. (Beger.) 789.

Von dem Rechte des Arztes über Leben und Tod. Von C[hristoph] W[ilhelm von] Hufeland. Berlin: Reimer 1823. 48 S. 8°

Aus: Journal der praktischen Heilkunde.

—— Reiseapotheke, s. Hahnemann.

– s. Scheintod, Über.

— d. Schlaf u. d. Schlafzimmer in Beziehung auf die Gesundheit, nebst e. Anh. das Leben zu verlängern. 8. Wien 803. Gerold. 20 gr.

Hufeland, C(hristoph) W(ilhelm): Kleine medizinische Schriften. Bd 1, 344 S., gbd., 2 Taf.

Berlin: Reimer 1822

— kleinere medin. Schriften. 1r—3r Bd. Mit 2 Kpft. gr. 8. Berl. 822—25. Reimer. 5 Rthlr 18 gr 4r Bd. A. u. d. T.: Neuere vermischte Schriften. 1r Bd. gr. 8. Berl. 828. Reimer. 1 Rthlr 16 gr

—— kleine medizin.-Schriften. Neue Auswahl. 1. Bd. gr. 8. (22 B.) Berlin 834, Veit u. Comp.

— d. Schutzkraft d. Belladonna gegen d. Scharlachfieber, zu fernerer Prüfung aufgestellt. gr. 8. Berl. 826. Dümmler. 1 Rthlr 4 gr

Hufeland, Christoph Wilhelm: System der practischen Heilkunde. Ein Handbuch für academische Vorlesungen und für den practischen Gebrauch. Bd 1: Allgemeine Therapeutic, 517 S., gbd.

Jena u.Leipzig: Frommann 1800

System der practischen Heilkunde. Ein Handbuch... von Christoph Wilhelm [von] Hufeland. Bd 1,2. Jena & Leipzig: Frommann 1800-05. 2 Bde 8°

Bd 1: Allgemeine Therapeutic. 1800.
Bd 2: Spezielle Therapeutic. Abth.1.2.1802-05.
Abth.1: Fieber. Localentzündungen. 1802.
Abth.2: Hautkrankheiten. Vergiftungen. 1805.

— System d. prakt. Heilkunde, e. Handbuch für akadem. Vorles. u. f. d. prakt. Gebrauch. 1n u. 2n Bds. 1e u. 2e Abtheil. gr. 8. Jena 800—6. 2e A. 818—29. Frommann. 5 Rthlr 2r Bd. 2 Abtheill. Therapeutik. ordin. Ausg. gr. 8. Ebd. 807—5. 1 Rthlr 18 gr

Hufeland, Christ(oph) Wilh(elm): System der praktischen Heilkunde. Ein Handbuch für akademische Vorlesungen und für den praktischen Gebrauch. Bd 1 - 2, gbd.

Wien: mit v.Ghelenschen Schriften 1802-1803

— System der praktischen Heilkunde. Ein Handbuch für akademische Vorlesungen und für den praktischen Gebrauch. 1r Bd. Allgemeine Therapeutik. 2te Aufl. gr. 8. Jena, Frommann. 818.

— — 2r Bd. Specielle Therapeutik. 1ste Abth. Fieber. Localentzündungen. 2te Aufl. gr. 8. Ebend. 819.

—— System d. pract. Heilkunde. Ein Handb. f. academ. Vorlesn. u. für d. pract. Gebr. II. Bd. Specielle Therapeutik. 2. Abthl. Hautkrankheiten. Vergiftungen. 2. Aufl. gr. 8. (32½ B.) Jena 828, Frommann.
I. Bd. u. II. Bd. 1. Abthl. 2. Aufl. Ebendas. 1818. 8 Thlr.

Hufeland, Ch. W., über die Trunksucht u. e. rationelle Heilmethode derselben. Geschrieben zur Beherzigg. f. Jedermann. Mit e. Vorwort. 10. Aufl. 8. (64 S.) Berlin 899. H. Steinitz. n. — 75

Hufeland, Chrph Wilh., Praktische Übersicht der vorzüglichsten Heilquellen Deutschlands nach eignen Erfahrungen. Berlin 1815. 8. . . . . (FBA.)
——, —— Karlsruhe 1817. 8. . . . . (D)
——, —— 2. Aufl. Berlin 1820. 12. . . . . (FWJ)
——, —— 3. verm. Aufl. Berlin 1831. . . . . (FWJ)

Praktische Uebersicht der vorzüglichsten Heilquellen Teutschlands nach eignen Erfahrungen. Von Christ[oph] Wilh[elm von] Hufeland. Berlin: Verl.d. Realschulbuchh. 1815. VIII,325 S. 8°

Praktische Uebersicht der vorzüglichsten Heilquellen Teutschlands nach eignen Erfahrungen. Von Christ[oph] Wilh[elm von] Hufeland. 2.,verm.Aufl. Berlin: Reimer 1820. IX,346 S. 8°

— prakt. Uebersicht d. vorzügl. Heilquellen Deutschlands. 8. Berl. 815. Reimer. 1 Rthlr 14 gr 2e A. 820. 1 Rthlr 8 gr 3e A. gr. 12. Ebd. 831. 1 Rthlr 4 gr

—— prakt. Uebersicht d. vorzüglichsten Heilquellen Teutschlands nach eigenen Erfahrn. Hrsg. u. ergänzt v. E. Osann. 4. verm. Aufl. gr. 12. (12½ B.) Berlin 840, Reimer.

— üb. d. Ungewißheit d. Todes u. d. einz. untrügl. Mittel sich von seiner Wirklichkeit zu überzeugen u. d. lebendig Begraben unmöglich zu machen, nebst d. Nachr. eines Leichenhauses, m. 1 K. 8. Weimar. (Anton in Görlitz.) 791.

— über d. Ungewißheit des Todes u. das einzige untrügl. Mittel, sich von seiner Wirklichkeit zu überzeugen u. d. Lebendigbegraben unmöglich zu machen rc. Mit 1 Kpf. 8. Weimar 791. 2e A. 8. Halle 824. Anton. 6 gr

— über d. Ursachen, Erkenntniß u. Heilung der Scrophelkrankheit. gr. 8. Jena 785. 2e A. 797. (Hennings in Neisse). 1 Thlr 4 gr 3e Aufl. gr. 8. Berl. 819. Reimer. 1 Thlr 12 gr

Hufeland, Christ. Wilhelm (Sachsen-Weimar), Usum vis electricae in asphyxia experimentis illustratum. Diss. med. Götting. (Johann Christian Dieterich) 24. VII. 1783. 60 S. (6.50) 16312

— über d. Vergiftung durch Branntwein. 8. Berl. 802. Oehmigke d. J. 2 gr

— die Verhältnisse d. Arztes. 8. Berl. 806. 2e Aufl. 808. Reimer. 8 gr

Hufeland, C. D. Verhältnisse d. Arztes. Z. Beherzig. f. ausübende, bes. angeh. Ärzte. Berlin 1808.

— Verhältniß des Arztes. 8. Berlin, Realschulbuchhdl. 808.

— Verlängerung des menschl. Lebens. Bregenz, Brentano.

— Versuche an Enthaupteten. 8. Berlin, Realschulbuchh.

— Versuche an Enthaupteten. 8. Berl. ... Reimer. 4 gr

— Versuche mit d. Besnardschen Mittel zur Heilung d. Lustseuche. 8. Berl. 813. Reimer. 8 gr

— Versuche mit dem Besnardschen Mittel z. Heilung d. Lustseuche. 8. Ebend. 815.

— Vorschlag, statt d. Blausäure das destillirte Wasser d. bittern Mandeln zu medicin. Gebrauch anzuwenden, nebst Bericht über Versuche über Oleum essent. laurocerasi. 8. Berl. 822. Reimer. 3 gr

— über den Wahnsinn, seine Erkenntniß, Ursache u. Heilung. 8. Berl. 804.

— ein Wort an meine künftige Zuhörer, als Ankündigung meiner Vorlesungen. gr. 8. Jena 793. 2e A. 796. (Hennings in Neisse). 2 gr

— ein Wort an meine künftigen Zuhörer, als Ankündigung meiner Vorlesungen. gr. 8. Ebend. 795.

Hufeland, C(hristoph) W(ilhelm) (Hrsg.):

s.: Wörterbuch, Encyclopädisches, der medicinischen Wissenschaften. Bd 1 - 37, Reg.-Bd. Berlin: 1828 - 1849

Hufeland, E., erstes Rechenbuch. Aufgaben zur Uebung im schriftl. Rechnen mit den Zahlen 1 bis 20 nach concentr. Lehrgange. 8. (IV, 20 S.) Quedlinburg 879, Vieweg's Buchh. * cart. +

Hufeland, Eduard: Theses medicae. Berolini (1814). * Exemplar nicht nachweisbar

Berlin, Med. Thes. v. 11. Aug. 1814

Hufeland, Eduard (geb. Weimar 1790). De usu transfusionis sanguinis praecipue in asphyxia. Berolini 1815. (22 S.) 8° * Nachgeliefert von dem am 11. Aug. 1814 promovierten Verf.

Berlin, Med. Diss. v. 11. Aug. 1814

Hufeland, Fr., über Sympathie. gr. 12. Weimar 811. 2e A. 822. Indust.-Compt. 18 gr

— **Friedrich** (Sachsen-Weimar), Pathologiae atque therapiae haemorrhagiarum adumbrationem. Diss. med. Jena (Goepferdt) 17. VII. 1797. 45 S. (6.—) 16314

Hufeland, Gottlieb

Abhandl. aus d. Civilrecht, als erläut. Handb. zu seinem Lehrb. d. Civilr. *Giessen*, Taschė und Müller. gr. 8. 1r Th. Auch u. d. T.: Ueber d. eigenthüml. Geist. d. röm. Rechts im Allg. u. im Einz., mit Vergleichungen neuer Gesetzgebungen. 815. (2 Thl.) — 2r Th. 1e Abthl. Auch unter d. Tit.: Neue Darstell. der Lehre v. Besitz, vorzügl. durch genauere Feststellung ihres Hauptgesichtspunkts. 816. (1 Thl.) 2r Th. 2e Abthl. u. 3r Th. 817. (20 Gr.)

Hufeland, Gli.: Abriss d. Wissenschaftskunde u. Methodol. d. Rechtsgelehrsamk. zu Vorlesungen. *Jena*, akad. B. 797. gr. 8. (6 Gr.)

— Abriß d. Wissenskunde u. Methodologie d. Rechtsgelehrsamkeit. gr. 8. Jena 797. (Hennings in Neisse). 6 gr

Hufeland, Gli.: Beytrr. z. Bericht. u. Erweit d. posit. Rechtswiss. *Jena*, Cuno's E. 1—5s St. 792—801. (1 Thl. 18 Gr.)

Hufeland, Gottl.: Beyträge zur Berichtigung und Erweiterung der positiven Rechtswissenschaften. Stück 1—5. Jena 1792—1802.

Hufeland, G., Beyträge zur Berichtigung der positiven Rechtswissenschaften, 1s bis 5s Stck. 8. Jena, Stahl. 792—803. (I. 6 gr. II–V. à 9 gr.)

Hufeland, Gli., († d. 18. Febr. 1817.) Beitrr. zur Berichtigung d. positiven Rechtswissenschaften. 1s bis 5s Stck. 8. Jena 792—804. Stahl. 1 Thlr 12 gr

— Darstellung d. wichtigsten Lehren d. Civilrechts. 8. Giessen, Tasche u. Müller. 810.

(hat a. d. Tit.: Pandekten-Compendium od. Lehrbuch d. in den deutschen Ländern geltenden gemeinen od. subsidiar. Civil-Rechts. 1r Bd.)

— Neue Darstellung der Rechtslehre vom Besitz. gr. 8. Ebd. 815. (Ebd.) ½ Thlr

Hufeland, Gli.: N. Darst. d. Rechtslehre vom Besitz, vorzügl. durch genauere Feststellung ihres Hauptgesichtspunkts. (d. Werks üb. d. eigenth. Geist d. röm. Rechts. 2r Th.) *Giess.*, Taschė. 816. gr. 8. (1 Thl.)

Hufeland, Gli.: Einleit. in d. Wissenschaft d. heut. deutschen Privatr., nebst e. Entwurfe e. vollständ. Darstellung derselben. *Jena*, akad. B. 796. 8. (16 Gr.)

— Einleitung in die Wissenschaft d. heutigen deutschen Privatrechts. gr. 8. Jena 796. (Hennings in Neisse.) 16 gl

— Erinnerungen aus meinem Aufenthalte in Danzig, in den Jahren 1808—12. 8. Königsb. 815. (Im. Müller in Leipz.) 18 gl
Nachtrag dazu. 8. Ebd. 815. (Ebd.) 6 gl

— Erinnerungen aus meinem Aufenthalt in Danzig, in d. Jahren 1808—12. 8. Königsb. Nicolovius. 815.

— Nachtrag dazu. 8. Ebend. 815.

Hufeland, Gottl.: Ueber den eigenthümlichen Geist des Römischen Rechts im Allgemeinen und im Einzelnen mit Vergleichungen neuer Gesetzgebungen. Eine Reihe von Abh., welche zugleich als erl. Handbuch über die ungewöhnlichern Darstellungen in dem Lehrbuch des gemein. Civilrechts dienen können. Th. 1. 2. Giessen 1815. 17.

Th. 1. Abhandlungen aus dem Civilrecht als erl. Handbuch zu seinem Lehrbuch. Bd 1. 1814.
„ 2. Abth. 1. Neue Darstellung der Rechtslehre vom Besitz vorzüglich durch genauere Feststellung ihres Hauptgesichtspunkts. 1815.

— über d. eigenthüml. Geist d. röm. Rechts im Allgemeinen u. im Einzelnen, mit Vergleichungen neuer Gesetzgebungen. A. u. d. Tit.: Abhandll. aus d. Civilrecht, als erläuterndes Handb. zu seinem Civilrecht. 1r Thl. gr. 8. Gießen 815. Tasché. 2 ₰ 2r Thl. 1e Abtheil. A. u. d. T.: Neue Darstellung d. Lehre v. Besitz, vorzügl. durch genauere Feststellung ihres Hauptgesichtspunktes. gr. 8. Ebd. 816. 1 ₰ 2r Thl. 2e Abtheil. u. 3r Bd. gr. 8. Ebd. 817. 20 gl (Aus d. 1n Thle. ist apart abgedr.: Abhandl. über d. Geist d. röm. Rechts im Allgemeinen. 12 gl)

Hufeland, Gottlieb: „Neue Grundlegung der Staatswirthschaftskunst, durch Prüfung und Berichtigung ihrer Hauptbegriffe von Gut, Werth, Preis und Volksvermögen; mit ununterbrochener Rücksicht auf die bisherigen Systeme", 2 Teile, Gießen 1807 bis 1813. 2. Auflage ebenda 1819. — Vorh.: (1. Aufl.) Preuß. Staatsbibliothek Berlin, Com. Bibl. Hamburg, UB Breslau, UB Göttingen.

Hufeland, Gli., neue Grundlegung d. Staatswissenschaftskunst ꝛc., durch Prüfung u. Berichtigung ihrer Hauptbegriffe vor Gut, Werth, Preis, Geld ꝛc. 1r Bd. gr. 8. Gießen 807. Tasché. 2 ₰ Neue umgearb. Aufl. 2 Bde. gr. 8. Gießen 819. (Leske in Darmst.) 5 ₰

— neue Grundlage d. Staatswirthschaftskunst ꝛc. 1r Bd. gr. 8. Gießen, Tasché u. Müller. 807.

— neue Grundlegung d. Staatswirthschaftskunst. 2 Bde. neue Aufl. gr. 8. Gieß. Müller. 815.
2. Aufl. auch unt. d. T.: Handbuch ...

Hufeland, Gottl.: „Grundriss der Lehre vom Wechsel-Proteste", aus dem Lateinischen (1799) übersetzt von Johann Michael Edler von Zimmerl, Wien 1800 (Ghelen). — Vorh.: Bücherei der Ind.- u. Handelskammer Leipzig.

Hufeland, Gli.: Grundriss d. Lehre v. Wechselproteste; a. d. Lat. (799) übers. v. J. Mich. Zimmerl *Wien*, Ghelensche Bchdr. 801. 8. (6 Gr.)

— Handbuch d. Staatswirthschaftskunst; od. neue Grundlegung derselben durch Prüfung und Berichtigung ihrer Hauptbegriffe über Guth, Werth, Preis, Geld u. Volksvermögen, mit ununterbrochener Rücksicht auf die bisherigen Systeme. Neue umgearb. Aufl. 2 Bde. gr. 8. Ebend. 819.

Hufeland, Gottl.: Institutionen des gesammten positiven Rechts oder systematische Encyklopädie der sämmtlichen allgemeinen Begriffe und unstreitigen Grundsätze aller in Deutschland geltenden Rechte. Jena 1798.

— 2. Aufl. 1803.

— Institutionen d. gesammten positiven Rechts, oder systemat. Encyklopädie d. sämmtl. allgemeinen Begriffe u. unstreitigen Grundsätze aller in Deutschland geltenden Rechte. gr. 8. Jena ... 2e umgearb. Ausg. 803. (Hennings in Neisse.) 2 ₰

Hufeland, Gli.: Lehrb. d. Gesch. u. Encyklop. aller in Deutschl. gelt. posit. Rechte. *Jena*, akad. B. 1r Th. Einleit. u. Gesch. d. röm. R. 1e Abth. 795. 8. (18 Gr.)

— Lehrb. d. Geschichte u. Encyklopädie aller in Deutschland geltenden positiven Rechte. 1r Bd. 1e Abtheil. gr. 8. Jena 795. (Hennings in Neisse). 18 gl

Hufeland, Glieb, Lehrbuch der Geschichte und Encyklopaedie aller in Deutschland geltenden positiven Rechte. Th. I. Jena 1796. 8. . . . . [illegible]

— Lehrbuch d. Civilrechts, s. unten: Pandekten-Compendium.

— Lehrbuch des in den deutschen Ländern geltenden gemeinen oder subsidiar. Civilrechts. 2 Bde. gr. 8. Ebd. 808 u. 814. (Ebd.) 6 ₰

Hufeland, G., Lehrbuch des in den deutschen Ländern geltenden gemeinen od. subsidiarischen Civilrechts. 2r Bd. gr. 8. Gießen, Tasché. 814.

— d. Lehre vom Gelde u. Geldumlaufe. N. Aufl. gr. 8. Gießen 819. (Leske in Darmst.) 2 ₰ Hbg. Pr. 1 ₰ 12 gl

— die Lehre vom Gelde und Geldumlaufe. Neue Aufl. gr. 8. Gießen, Müller. 820.

— Lehrsätze d. Naturrechts u. d. damit verbundenen Wissenschaften. gr. 8. Jena 790. 2e A. 795. (Varrentrapp in Frankf. a. M.) 1 ₰ 8 gl Hbg. Pr. 20 gl

— — dieselben. gr. 8. Augsb. Doisenberger.

Gli. **Hufeland**'s Lehrsätze d. Naturrechts u. d. damit verbund. Wissenschh. *Jena*, Cuno's E. (790.) 2e umgearb. A. 795. 8° 1 ₰ 4 gl

— — Primae lineae doctrinae de protestatione cambiali. Diss. jur. German. privati. Jena (Fiedler) 25. V. 1799. 52 S. (6.—) 16316

— — Dasselbe. Jena (bibliopolio academico) 1799. 52 S. (6.—) 16317

— Diss. Primae lineae doctrinae de protestatione cambiali. 4. Jena 799. (Hennings in Neisse). 5 gl

— — Primae lineae juris circa pecuniam privati. part. I. — Programma quo praenob. candidati Car. Fr. Adami Burckhardt (Apolda) disputat. inaug. de blasphemia 26. XI. 1803 instituendam indicit. Jena (Frommann & Wesselhoeft) 1803. 22 S. m. Biogr. B.'s. (M.: A. D. Lang.) (5.—) 16318

Hufeland, Gottlieb. s. M o u n i e r : Betrachtungen.

HUFELAND, Gli.: Vorläuf. Nachr. von den juristischen Schätzen der Würzb. Universitätsbibl., besonders des Rechtsbuchs Alarichs u. erste Ausbeute a. d. lezten. *Bamb.* u. *Würzb.*, Göbhardt. 805. 8. (8 Gr.)

— vorläufige Nachricht von d. juristischen Schätzen der Würzburger Universitätsbibliothek, besond. d. Rechtsbuchs Alarichs, u. erste Ausbeute aus dem letztern. gr. 8. Bamb. 805. (Wesché in Frankf.) 8 gl.

Hufeland, Glieb., über die rechtliche Natur der Geldschulden. Ein Gutachten. Auf Verlangen neu hrsg. v. A. H u f e l a n d. gr. 8. (47 S.) Berlin 851, Th. Enslin. n. 6 ngl

HUFELAND, Pandecten-Compend., od. Lehrb. d. in d. deutschen Ländern gelt. gem. od. subsidiar. Civilrechts. *Giessen*, Taschè u. Müller. 2 Bde. gr. 8. 806–14. (6 Thl.)

— Pandekten-Compendium oder Lehrbuch d. gemeinen in den deutschen Ländern geltenden Civilrechts. 2 Bde. gr. 8. Gießen 808–15. Tasché. 6 Thl.

HUFELAND, Gli.: Praecognita jur. Pand. hod., s. Jurisprud. posit. civ. per Germaniam communis. *Jena*, acad. B. 795. gr. 8. (4 Gr.)

HUFELAND: Ueber d. Recht protest. Fürsten, unabänderl. Lehrvorschriften festzusetzen und über solche zu halten, veranlasst durch d. preuss. Religionsedict v. 9. Juli 788. *Frkf.* u. *Jena*, Schmid. 788. 8. (4 Gr.)

— üb. d. Recht protestant. Fürsten unabänderl. Lehrvorschriften festzusetzen u. üb. solche zu halten, veranlaßt durch das königl. preuß. Religionsedikt v. 9. Juli 1788. 8. Frankf. u. Leipz. (Cuno in Jena.) 788.

— **Gottlieb** (Danzig), De legum in pandectis interpretandarum subsidio ex earum nexu et consecutione petendo. Diss. jur. Jena (Heller) 10. IX. 1785. 39 S. (6.—) 16315

– s. T o n n è r e : Prüfung.

Gli. **Hufeland's** Versuch üb. d. Grundsatz d. Naturrechts, nebst e. Anh. *Lpz.*, Göschen. 785. 8° 12gl

— **Johann Friedrich,** De bilis interno et externo usu medico. Diss. med. Präs. Carl Friedr. Kaltschmied. Jena (Tennemann) 15. XI. 1752. 44 S. (6.—) 16319
Gew.: Johann Caspar Müller, Jo. Christoph Hufeland (Tennstad). — Widm. v.: Präs., Jo. Christian Stock, Carl Gotthelf Müller.

Hufeland, W., Bahn frei! s. Goetz, F.

Hufeland, W., Die Turnanstalt der Hauptschule in Bremen, Ihr Zweck, ihre Einrichtung, ihre Bedingungen u. Gesetze, in Gemäßheit der Anordnungen des Scholarchats, Bremen 1844, 31 S., 8°.

Huff, Alb., über Febris recurrens. Nach Beobachtungen i der Epidemie 1883/84 im allgemeinen Krankenhause zu Riga. Inaugural-Dissertation. gr. 8. (61 S. mit 1 lithogr. Curventaf.) Dorpat 884, (Karow.) *

Huff, Mor. v., die allein selig machende Kirche Jesu Christi. Eine Beantwortung der Frage: Können die Heiden, Muhamedaner, Juden und die Irrgläubigen selig werden? gr. 8. (43 S.) Breslau 851. (Leipzig, Hartknoch.) *

Huff, Philipp [Gymnasiallehrer in Essen]: Über den jährlichen und täglichen Gang der erdmagnetischen Kräfte in Tiflis während der Zeit der internationalen Polarexpeditionen 1882 und 1883 .... Essen, Ruhr, Druck v. W. Girardet, 1888; 35 + 1 S. u. 1 Taf. 4°
Göttingen, Phil. Fak., Inaug.-Diss. v. 25. Jan. 1888

Huff, Phpp., über den jährlichen und täglichen Gang der erdmagnetischen Kräfte in Tiflis während der Zeit der internationalen Polarexpeditionen 1882 und 1883. Inaugural-Dissertation gr. 4. (35 S. mit 1 Taf.) Essen 888. (Göttingen, Vandenhoeck und Ruprecht.) *

Huff, Philipp Über den jährlichen und täglichen Gang der erdmagnetischen Kräfte in Tiflis während der Zeit der internationalen Polarexpeditionen 1882 und 1883 4 (S. 3—35, 1 Taf.).
Progr. G *Essen* 1888 (413).

Huff von Steinach, Hubert Joseph, De ardearum venatione vulgo Reiger = Beisse. Diss. jur. Altdorf (Joh. Gg. Meyer) 8. XII. 1738. 40 S., tlws. dtsch. (7.—) 16320
Widm. v.: Joh. Jac. Jantke, Joh. Balthas. Bernhold, G. H. Linck, Joh. Jod. Beck, Gg. Fried. Deinlin, Joh. Jac. Kirsten (dtsch.), C. F. C. v. Ilten, Jo. Nicol. Schwendler, Joh. Heinr. Link (Altdorf).

Huffam, A.(Pseud.), s.a. G e y e r , Anna

Huffam, A. (Anna Geyer), Märchen, der lieben Jugend erzählt. 2. bedeutend verm. Aufl. 8. (126 S. m. Abbildgn.) Dülmen (901). A. Laumann. Kart. 1.—

Hüffel, s.a. H ü f f e l l .

Hüffel, C. G., s. Auszug aus d. rc. Choralbuche.

Hüffel, Wilhelm (Darmstadt)
Experimentaluntersuchungen über die kürzeste Zeit, in welcher sich ein schlußfähiger Thrombus bildet.
Giessen: W. Keller 1869. 25 S. 4°
Diss. med. 26.8.1869. vorh. 26. 7.

HÜFFELL, Adolf (Darmstadt): 50 Fälle von Speiseröhrenkrebs aus dem pathologischen Institut zu München.- München: Wolf 1902. 62 S. Diss. Ingolst.-Landsh.-Mchn.
30.5.1902 - Chr 1901/02,26; Jv 1902/03,306

Hüffell, Adolf (vgl. Hüffelt, Adolf): Über das V e r h ä l t n i s s des modernen Turnens zur hellenischen Gymnastik.
Darmstadt. 1865. 4° 14 S.
Schul-/Univ.-Schrift

Hüffell, Friedr., die Kleinkinderschule von pädagog. Standpunkte aus betrachtet. Ein Beitrag z. Beförderung d. Kleinkinderschulwesens. 16. (4¾ B.) Weilburg 842, Lanz. *

Hüffell, Carl, über den Begriff, das Wesen und Wirken der christlichen Ehe, als Grundlage einer Ehe- und einer Kirchenzucht-Ordnung. Lex.-8. (23 S.) Elberfeld 856, Bädeker'sche Buchh.
Aus: Evangelisches Gemeindeblatt aus und für Rheinland und Westphalen, besonders abgedruckt.

—— über den Beruf der Geschwornen nach Grundsätzen der Strafrechtstheorie der öffentlichen Gerechtigkeit. Sendschrift an den königl. Ober-Staatsanwalt Ritter Hrn. Neuenburg zu Neuwied. gr. 8. (90 S.) Wetzlar 856, Rathgeber.

Hüffell, Karl. Entwurf einer Kameral-Rechnungs-Ordnung. Zum Gebrauche für Gesetzgebungs-Commissionen deutscher Staaten und standesherrlichen Rentkammern, sowie zum Selbstunterricht im Kameral-Rechnungswesen. gr. 8°. Giessen, Ricker, 1834.

Hüffel, C.: De vanitate juramenti purgatorii, in causis crim. *Wetzlar.* 825.

Hüffell, Ludwig: A n t r i t t s p r e d i g t über Apostelgeschichte IV, 32–33. 8°. Friedberg 1817.

Hüffell, Ludw., A n t r i t t s p r e d i g t in d. Schloßkirche zu Carlsruhe, am 20. Sonnt. n. Trin. 1828. 8. (1 B.) Carlsruhe 829, Braun.

Hüffell, Ludwig, s. A p o l o g e t, Der.

—— B r i e f e üb. d. Unsterblichkeit d. menschl. Seele. 1. Aufl. (5 B.), 2., verb. u. mit e. Anh. verseh. A. (8¼ B.) 8. Karlsruhe 832, Müller. à

— Denkschrift d. evangel.-theolog. Seminariums zu Herborn, s. unten: Versuch ꝛc.

— Denkschrift d. evangel.-theolog. Seminariums zu Herborn f. d. J. 1827. gr. 4. Marb. 827, Krieger.

— die gottesdienstl. Eröffnung der evangel.-protestant. Generalsynode im Großherz. Baden am 20. April 1843. gr. 8. Karlsruhe 843, Macklot. ⅛ ß

—— über d. E r r i c h t u n g prakt. Institute z. Ausbild. d. angeh. evangel.-christl. Geistlichen. Eine Vorarbeit f. d. bevorsteh. bad. Generalsynode, u. zugleich allen Regierungen gewid., denen d. Wohl d. protestant. Kirche am Herzen liegt. 8. (2 B.) Karlsruhe 831, Groos.

– s. J o u r n a l, Homiletisches.

— Katechismus d. Glaubens- u. Sittenlehre unserer evangel.-christl. Kirche. 8. Gießen 824. 2e A. 827. Heyer. 4 gl

– s. L u t h e r s geistl. Lieder.

– s. M o n a t s s c h r i f t für Predigerwissenschaften.

Hüffell, Ldw., der Pietismus geschichtl. u. kirchl. beleuchtet mit Beantwortung d. Frage: wie demselben auf die geeignete Weise zu begegnen sei? gr. 8. Heidelb. 846, Groos. n. ⅔ ß

– s. P r a c h t - B i b e l.

— Predigt. Glaube, Hoffnung u. Liebe. 8. Siegm. 811. — Predigt am großen hess. Bußtage 1812. 8. Gießen 812. Heyer. — Die wichtigsten Empfindungen d. Deutschen am Dankfeste für d. gerettete Vaterland. gr. 8. Gießen 814. Heyer. 2 gl — Antrittspredigt über Apostelgeschichte, 4, 32—33. 8. Friedberg 817. — Die Feier d. Reformationsjubelfestes. 8. Burg-Friedberg 817.

—— P r e d i g t bei d. Säcularfeier d. Geburtstages Karl Friederichs. Am 25. Sonnt. n. Trinit. 1828 in d. Schloßkirche zu Karlsruhe geh. gr. 8. (1 B.) Karlsruhe, Groos. 1829

— Predigten. 1e u. 2e Sammlung. gr. 8. Gießen 816 u. 20. Heyer. (1e Samml. 16 gl 2e Samml. 22 gl) 1 ß 14 gl

Hüffel, L., P r e d i g t e n. 1ste u. 2te Sammlung. gr. 8. Gießen, Heyer. 817 u. 821. 1 14
(1ste 16 Gr. 2te 22 Gr.)

— Predigten zu Karlsruhe gehalten. 1e Samml. vom J. 1829. gr. 8. Karlsr. 830. Braun. 1 ß

—— dass. II. Samml. gr. 8. (14 B.) Karlsruhe 833, Groos.

Hüffell, Ludw., P r e d i g t e n, zu Karlsruhe gehalten. III. u. IV. Samml. gr. 8. Karlsruhe, Groos. [III. (17¼ B.) 837. 1 Thlr., IV. (19 B.) 839. 1⅓ Thlr.]
I. Samml. Karlsruhe 830, Braun; II. Samml. Karlsruhe 833, Groos. à 1 Thlr.

—— Predigten auf alle S o n n - u. F e s t t a g e d. Jahres. 2 Thle. gr. 8. Wiesbaden, Schellenberg. [1. (27½ B.) 828., 2. (30 B.) 829. à 1 Thlr. 16 Gr.]

— d. Schule d. Geistlichen, oder Ansichten u. Vorschläge, eine zweckmäß. Erziehung evangel. Geistlichen betreffend. 8. Gieß. 818. Heyer. 8 gl

— d. Staat, d. Kirche u. d. Volksschule in ihrer innern u. äußern Einheit dargestellt. gr. 8. Darmst. 823. Leske. 18 gl

— d. Staat, d. Kirche u. d. Volksschule in ihrer innern u. äußern Einheit dargestellt. gr. 8. Darmst. 824, Leske.

Hüffell, Ldw., Stunden christlicher Andacht. 2 Thle. (Mit 1 Stahlst.) gr. 8. (1. Bd.) Gießen 841, Heyer, Vater. 4 ß

—— die U n s t e r b l i c h k e i t, od. d. persönl. Fortdauer des Menschen nach d. Tode, auf's Neue beleuchtet. 1. Aufl. (9⅓ B.) 836., u. 2., verb. Aufl. gr. 8. (10¾ B.) Carlsruhe 838, Müller'sche Hofbuchh.

— Versuch e. nähern wissenschaftl. Begründung des göttlichen Offenbarung. Denkschr. des evangel.-theol. Seminarius zu Herborn für d. J. 1827. gr. 4. Herborn 827. (Krieger). 10 gl

— d. Lebens Weihe. Ein christl. Erbauungsbuch f. solche Leser, welche Licht u. Wärme gleichmäß. suchen. 8. Gießen 826, Heyer.

Hüffell, Ludw., Wesen u. Beruf d. evangelisch-christlichen Geistlichen, s. a. B i b l i o t h e k theologischer Klassiker.

Hüffel, (Ludw.,) üb. d. Wesen u. d. Beruf d. evangel. christl. Geistlichen. 2 Thle. gr. 8. Gießen 822, Heyer 3 Rthlr. 8 gr. Schweiz. Pap.

— über d. Wesen u. d. Beruf d. evangel.-christl. Geistlichen. 2 Thle. gr. 8. Gießen 822 u. 23. Heyer. 3 ß 8 gl Schweiz. Pap. 4 ß 2e A. 2 Thle. A. u. d. Tit.: Handbuch d. prakt. Theologie in ihrem ganzen Umfange. gr. 8. Ebd. 830 u. 31. 3 ß 8 gl

—— über d. W e s e n u. d. Beruf d. evangel.-christl. Geistlichen. Ein Hülfsb. d. prakt. Theologie in ihr. ganzen Umfange. 2 Thle. 2., völlig umgearb. Aufl. (56 B.) 830., 3., verm. u. verb. A. (58¼ B.) gr. 8. Gießen 835, [Heyer, Vater.] à

—— Wesen u. Beruf des evangel.-christl. Geistlichen. 2 Bde. 4., umgearb. Aufl. gr. 8. (57 B.) Giessen 843, G. F. Heyer's Verlag.

—— Z e i t s c h r i f t f. Predigerwissenschaften, s. Z e i t s c h r i f t ꝛc.

Hüffell, Ludw., Zeugnisse für christl. Glauben und christl. Wahrheit. Predigten in Karlsruhe gehalten. 5. Sammlung. gr. 8. (208 S.) Karlsruhe 847, Groos.
Die 1—4. Sammlung erschien 1830—37. und kostet 4 Thlr. 10 Ngr.

Hüffell, Wilhelm, s.a. Hüffel, Wilhelm.

Hüffell, Wilh., Anatomie u. operative Behandlung der Gebärmutter- u. Scheidenvorfälle, nebst e. Vorwort w. A. Hegar. Mit 26 lith. Abbildgn. (auf 8 Taf. in 8. u. 4.) gr. 8. (51 S.) Freiburg i/Br. 873. Wagner. n. 3. —

Hüffell, Wilhelm: Experimentaluntersuchungen über die kürzeste Zeit, in welcher sich ein schlussfähiger Thrombus bildet. Giessen 1869. 25 S. 4°

Giessen, Med. Diss. v 1869.

Huffelmann, Mart., Schillers Vaterland. Gedenkrede z. 150. Geburtstage Friedrich Schillers; geh. im Familienabend des allgem. deutschen Sprachvereins. (13 S.) 8. Wiesbaden 909. Moritz & Münzel. — 30

Hüffell, Adolf, über das Verhältniß des modernen Turnens zur griechischen Gymnastik (Progr. d. Großherzogl. Gymnas. zu Darmstadt Herbst 1865, S. 3—14). Darmstadt 1865, 12 S., 8°.
Vgl. Hüffell, Adolf.

Hüffer, Alfr. Kriegsfahrten einer preussischen Marketenderin währ. der Feldzüge 1806—1815. Von ihr selbst erzählt. (VIII. 123) 8. 2. Abdr. Münster 1863. 1,00.

Hüffer, Alfr., Pauline v. Mallinckrodt, Stifterin u. Generaloberin der Kongregation der Schwestern der christl. Liebe. Ein Lebensbild. gr. 8. (VII, 430 S. m. Bildnis.) Münster i/W. 892. Aschendorff. n. 4. 50

Pauline von Mallinckrodt, Stifterin und Generaloberin der Kongregation der Schwestern der christl. Liebe. Ein Lebensbild von **Alfred Hüffer**. 2. Aufl. (hrsg. von Georg Hüffer). *Münster i/W.: Aschendorff 1902.* (VII, 428 S.) 8° [F.]

Hüffer, Chrph.: Grundriß zur Vorlesung übers Naturrecht. Münster 1785.

Hüffer, Chr., (179..) Grundriß zu Vorlesungen über d. Naturrecht. 4. Münster 786. Theissing. 8 gl.

Hüffer, Eduard: Anton Felix Schindler. Münster i. W. 1909: Aschendorff. VI, 78 S. 8° ¶(Ersch. auch als Buch ebd.) Leipzig, Phil. Diss. v. 19. Juli 1909, Ref. Riemann, Köster
[Geb. 17. Nov 86 Münster i. W.; Wohnort: Münster; Staatsangeh.: Preußen; Vorbildung: Paulin. Gymn. Münster Reife O. 05; Studium: Münster 4, Straßburg 1, München 1, Leipzig 3 S.; Rig. 25. Juni 09.] [U 09. 2989

Hüffer, Eduard, Anton Felix Schindler, der Biograph Beethovens.(VII.78S.)gr.8.Münst.909.Aschendorff.1.50

Hüffer, Franz

Hüffer, F. Guillem de Cabestanh. Sein Leben und seine Werke. Diss. Göttingen 1869. 32 S.

Hüffer, Frz., der Trobador Guillem de Cabestanh. Sein Leben und seine Werke. gr. 8. (68 S.) Berlin 869, Heimann. [Leipzig, Koschny.] (*M 1,50.) *

Hüffer, Frz., die Poesie in der Musik. Aus dem Engl. übertr. v. E. G. Autoris. deutsche Ausg. Mit e. Vorrede d. Verf. 8. (XIII, 240 S.) Leipzig 875. Leuckart. n. 4. 50

—— Richard Wagner und die Musik der Zukunft. (Titel-Aufl. von: „Die Poesie in der Musik".) 8. (240 S.) Ebendas. 876.

Hüffer, Geo., der heil. Bernard von Clairvaux. Eine Darstellung seines Lebens und Wirkens. 1. Bd.: Vorstudien. gr. 8. (XV, 246 S.) Münster 886, Aschendorff'sche Buchh. *

Hüffer, Georg (Hrsg.), s. Hüffer, Alfred: Paulline von Mallinckrodt, ... 2. Aufl.

Hüffer, Georg (Red.), s. Jahrbuch, Historisches (der Görres-Gesellschaft).

Hüffer, Geo., die Stadt Lyon u. die Westhälfte des Erzbisthums in ihren politischen Beziehungen zum Deutschen Reiche u. zur französischen Krone, von der Gründung des 2. burgund. Königreiches [879] bis zur Vereinigung mit Frankreich [1312]. Eine Habilitationsschrift. gr. 8. (154S.) Münster 878. Aschendorff. n. 1. 50

Korveier Studien. Quellenkrit. Untersuchgn z. Karolinger-Geschichte. Von Prof. Dr. Georg Hüffer in München. *Münster i. W.: Aschendorff 1898.* (X S., 1 Bl., 232 S.) 1 Bd 8. [98. 11567

Hüffer, Geo., das Verhältniss d. Königr. Burgund zu Kaiser u. Reich besonders unter Friedrich I. gr. 8. (112 S.) Paderborn 874. Schöningh. n. 1. 20

Hüffer, Herm., Beiträge zur Geschichte der Quellen des Kirchenrechts und des römischen Rechts im Mittelalter. gr. 8. (X und 148 S.) Münster 862, Aschendorff'sche Buchh.

Hüffer, Herm., ungedruckte Briefe Napoleons aus den J. 1796 u. 1797 im Besitze d. Haus-, Hof- und Staats-Archives in Wien. [Aus: „Archiv für oesterreich. Geschichte".] Lex.-8. (29 S.) Wien 873. Gerold's Sohn in Comm. n. — 40

– Zu Goethes Campagne in Frankreich. —
(Sonder-Abdruck aus dem „Goethe-Jahrbuch" 4. Bd.)
gr. 8. Frankfurt a. M. 1883

Hüffer, Herm., Annette von Droste-Hülshoff und ihre Werke. Vornehmlich nach dem litterar. Nachlaß und ungedr. Briefen der Dichterin. gr. 8. (XIX, 368 S. mit 3 bildl. Beilagen.) Gotha 887, F. A. Perthes. *M 7.—; geb. *

Hüffer, Herm. Annette v. Droste-Hülshoff u. ihre Werke. Vornehmlich nach dem literar. Nachlaß u. ungedruckten Briefen der Dichterin. 2. (Titel-)Ausg. m. 4 bildl Beilagen u. 2 Schriftproben. gr. 8. (XIX, 368 S.) Gotha 890, F. A. Perthes. * 7 —

Hüffer, Herm., Annette v. Droste-Hülshoff u. ihre Werke. Vornehmlich nach d. literar. Nachlaß u. ungedruckten Briefen d. Dichterin. 3. Ausg., bearb. v. Herm. Cardauns. Mit 5 bildl. Beilagen u. 2 Schriftproben. (XX, 339 S.) gr. 8. Gotha 910. F. A. Perthes. 7.—; geb. 8. —

Annette von Droste-Hülshoff und ihre Werke. Vornehml. nach d. literar. Nachlaß u. ungedr. Briefen d. Dichterin. Von Hermann **Hüffer**. Mit 5 bildl. Beil. u. 2 Schriftproben. 3. Ausg bearb. von Hermann Cardauns. Gotha F A. Perthes 1911 XX, 339 S. 8° [10. 17996

Hüffer, Hermann. Der Feldzug der Engländer und Russen in Holland im Herbst 1799 und die Stellung Preussens (Sonderabdruck aus:) „Histor Vierteljahresschrift" 1902 2 Heft
8. Leipzig 1902.

—— Forschungen auf dem Gebiete des französischen und des rheinischen Kirchenrechts nebst geschichtl. Nachrichten über das Bisth. Aachen und das Domkapitel zu Köln. gr. 8. (XVI und 380 S.) Münster 863, Aschendorff'sche Buchh. *

Hüffer, H., Der Frieden von Campoformio. Urkunden und Aktenstücke zur Geschichte der Beziehungen zwischen Österreich und Frankreich in den Jahren 1795—1797. [Quellen zur Geschichte des Zeitalters der französischen Revolution. I. Bd.] Gr.-8°. (CC, 560 S.)
Innsbruck: Wagner 1907.

Hüffer, Hermann. Der Rastatter Gesandtenmord. Separatabdruck „Deutsche Rundschau." 21 Jahrgang. 11. Heft 8. Berlin 1895.

Hüffer, Herm., der Rastatter Gesandtenmord m. bisher ungedruckten Archivalien u. e. Nachwort. [Erweiterter Abdr. aus: „Deutsche Rundschau".] gr. 8. (121 S.) Bonn 896. Röhrscheid & Ebbecke. n. 2. 50

—— das rhein-preußische Gesetz vom 14. März 1845 und sein Verhältniß zu den Pfarrwohnungen. Ein Nachtrag zu der Schrift: Die Verpflichtung der Civilgemeinden zum Bau und zur Ausbesserung der Pfarrhäuser. gr. 8. (VI und 165 S.) Münster 860, Aschendorff'sche Buchh.

Hüffer, Herm., Heinrich Heine. Gesammelte Aufsätze. Hrsg. v. Ernst Elster. (XI, 301 S. m. 1 Bildnis.) gr. 8. Berlin 906. G. Bondi. n. 4.—; geb. n. 5. 50

— Hessen Darmstadt auf dem Rastatter Congress. (Separat Abdruck aus „Westdeutsche Zeitschrift für Geschichte und Kunst".) gr. 8 Trier 1883.

Hüffer, Hermann. Aus den Jahren der Fremdherrschaft. Anhang: Der Grabstein des Burggrafen Heinrich von Drachenfels zu Rhöndorf. Mit 1 Taf. Sonder-Abdruck aus den „Annalen des historischen Vereins". LXI. 8. Bonn 1895.

Hüffer, Herm. Die Kabinetsregierung in Preußen u. Johann Wilhelm Lombard. Ein Beitrag zur Geschichte d. preuß. Staates vornehmlich in den J. 1797—1810. Mit 2 Portr. in Lichtdr. gr. 8. (XXVIII, 579 S.) Lpz. 891. Duncker u. Humblot. * 12 —

Hüffer, Hermann: Erzherzog Karl. Sonderabdruck aus den „Biographischen Blättern." II. Bd. 3. Heft. 8°. Berlin 1896.

Hüffer, Hermann. Der Krieg des Jahres 1799 und die zweite Koalition. 2 Bände. 8. Gotha, Perthes, 1904—1905.
Band 1. Mit Plänen der Schlachtfelder von Stockach, Cassano, an der Trebbia und Novi [4 Tafeln]. XXIV + 472 S. 1904. [M. 10. —]
Band 2. Mit einem Plane des Schlachtfeldes von Zürich [Tafel]. XII + 384 S. 1905. [M. 8. —]

Hüffer, Herm., aus dem Leben Heinrich Heine's. 8. (VIII, 181 S.) Berlin 878, Gebr. Paetel. *M 3.; geb. ** 4 50

Hüffer, Hermann (Hrsg.), s. Lombard, Joh, Wilh.: Briefe aus dem Hauptquartier Friedrich Wilhelms II ...

— Anastasius Ludwig Mencken, der Großvater d. Fürsten Bismarck, u. die Kabinetsregierung in Preußen. Vortrag zum Antritt d. Rektorates. (27 S.) Bonn 890. Strauß, Berl. n. 1. —

Quellen zur Geschichte der Kriege von 1799 und 1800 Aus d Sammlungen d. k u k Kriegsarchivs, d Haus, Hof- u Staatsarchivs u d. Archivs d. Erzherzogs Albrecht in Wien. Hrsg von Hermann Hüffer. Bd 1. 2. *Leipzig: B G. Teubner 1900-01.* 2 Bde 8°
1 Quellen z. Gesch d. Krieges von 1799. 1900.
2 (In 2 H) Quellen z Gesch d Krieges von 1800. Mit 1 Karte u Planen 1900–01 [H 1 mit d Sonder] Hüffer. Die Schlacht von Marengo u d ital Feldzug d J 1800 1900
— Quellen z. Geschichte d Zeitalters d franz Revolution. T. 1, Bd 1. 2
[illegible]

Hüffer, Herm., s.: Quellen zur Geschichte des Zeitalters der französischen Revolution.

Sacram memoriam ... Friderici Gvilelmi III universitatis Fridericiae Gvilelmiae Rhenanae conditoris ... ab eadem universitate d. III m. Avg. a. 1882 ... recolendam victorvmqve renvntiationem e litt. certaminibvs prodevntivm indicit Hermannvs **Hveffer**, ord. ivrecons. h. a. decanvs. — Inest eivsdem dissertatio: Zwei neue Quellen zur Geschichte Friedrich Wilhelms III aus dem Nachlass Johann Wilhelm Lombards und Girolamo Lucchesinis. Bonnae, form. C. Georgi (1882). 27 S. 4.

Hüffer, Herm., die Neapolitanische Republik des Jahres 1799, s. Taschenbuch, historisches.

Alfred von Reumont von Hermann Hüffer. (Cöln: J. & W. Boisserée 1904.) (241 S.) 8°
= **Annalen** d. histor. Vereins f. d. Niederrhein H. 77.
[illegible]

Hüffer, Herm., Alfred v. Reumont. Zur Erinnerg. an das 50jähr. Bestehen des histor. Vereins f. den Niederrhein 1854 bis 1904. (241 S. m. 1 Bildnis.) gr. 8. Cöln 904. J. & W. Boisserée. n. 4. —
Sonderabdr. a.: „Annalen d. hist. Ver. f. den Niederrhein".

Die Schlacht von Marengo und der italienische Feldzug des Jahres 1800 Neue Quellen hrsg von Hermann Hüffer Mit 1 Karte d Umgebung von Genua u 1 Pl d Schlachtfeldes von Marengo *Leipzig B G Teubner 1900* (IV, 190 S.) 8°
— Quellen z Geschichte d Kriege von 1799 u 1800 Bd 2, H 1
— Quellen z Gesch d Zeitalter d franz Revolution T 1, Bd 2 H 1 [illegible]

Hüffer, Hermanus (*geb Münster in Westf 24 3 1830*): De substitutione quasi-pupillari Vratislaviae (1853). (49 S.) 8°
[Verf erlebte die Diplomerneuerung 1903 als Geh Justizrat u Professor in Bonn]
Breslau, Jur Diss v 17 Aug. 1853

Hüffer, Herm., diplomatische Verhandlungen aus der Zeit der französischen Revolution. 1. Bd. Bonn 868. Marcus. gr. 8. n. 2 *ℛ* 15 *ngr.*
Oesterreich u. Preußen gegenüber der französischen Revolution bis zum Abschluß des Friedens von Campo Formio. Vornehmlich nach ungedr. Urkunden der Archive in Berlin, Wien u. Paris. (VII, 490 S.)

— — Ergänzung des 1. Bds. A. u. d. T.: Die Politik der deutschen Mächte im Revolutionskriege bis zum Abschluß des Friedens von Campo Formio. Zugleich als Erwiederg. auf Heinr. v. Sybels Ergänzungsheft zur Geschichte der Revolutionszeit. Münster 869. Aschendorff. gr. 8. (11, 244 S.) n. 1 *ℛ* 5 *ngr.*

— diplomatische Verhandlungen aus der Zeit der französischen Revolution. 2. u. 3. Bd. A. u. d. T.: Der rastatter Congreß u. die zweite Coalition. Vornehmlich nach ungedr. archival. Urkunden. 1. u. 2. Thl. gr. 8. (XXIII, 392 u. XVIII, 360 S.) Bonn 878. 82. A. Marcus. n. 13. — (1—3.: n. 20. 50)

—— diplomatische Verhandlungen aus der Zeit der französischen Revolution. 3. Bd. A. u. d. T.: Der rastatter Congreß und die zweite Coalition. Vornehmlich nach ungedruckten archival. Urkunden. 2. Thl. gr. 8. (XVIII, 360 S.) Bonn 879, Marcus. *
1. und 2. Bd. Ebendas. 1868,78. *M 14,50.

Hüffer, Herm., die Verpflichtung der Civilgemeinden zum Bau und zur Ausbesserung der Pfarrhäuser nach den in Frankreich und in der preuß. Rhein-Provinz am linken Ufer geltenden Gesetzen. gr. 8. (III und 108 S.) Münster 859, Aschendorff'sche Buchh.

Hüffer, Herm., das Zerwürfnis Gustafs III. v. Schweden m. seiner Mutter Luise Ulrike, der Schwester Friedrichs des Großen, u. die Gesandtschaft Anastasius Ludwig Menckens in Stockholm (1777—1782). Unter Mitwirkg. v. Fritz Arnheim dargestellt. [Aus: „Forschgn. z. brandenburg. u. preuß. Geschichte".] gr. 8. (74 S.) Leipzig 893. Duncker & Humblot. n. 1. 40

Hüffer, Hermann. Ueber den Zug Suworows durch die Schweiz im Jahre 1799. (Sonderabdruck aus:) „Mittheilungen des Instituts für österreichische Geschichtsforschung". 21. Bd. 8. (Wien 1899.)

— rheinisch-westphälische Zustände zur Zeit d. französischen Revolution. Briefe des Kurköln. Johann Tillmann v. Peltzer aus d. J. 1795—1798 m. Erläutergn. gr. 8. (115 S.) Bonn 873. Cohen & Sohn. n. 2. —

Hüffer, Ritter Wilhelm (eigentl. H. G.)

— s. 1) Bibel, über, u. liturg. Bibel, 2) Bußpredigten am Ende d. 18. Jahrh. 3) Christ, der betende, am Ende d. 18. Jahrh. 4) J. F. Feddersen, Leben Jesu. 5) Materialien zu e. zu erricht. Armen-Institut.

Hüffer, Ritter Wilh. (eigentlich H. G.). Ueber Armensteuern. 8°. Münster, Aschendorf, 1819.

Hüffer, Wlh., Krankenbuch. Nach der Münsterschen Agende eingerichtet. 3., verb. u. verm. Aufl. 12. (Grobe Schrift.) Münster 842, Aschendorff'sche Buchh. 5/12 ₰

Hüffer, Ritter Wlh., (eigentlich H. G.) neues Krankenbuch. 8. Münst. 794. auch mit Jahrszahl 808. Aschendorf. 8 gl

Hüffer, W. Wie wäre die Betteley allgemein wegzuschaffen. *Münster, Aschendorf* (1817).

Hüffer, Ritter Wilh. (eigentlich H. G.), Wie wäre die Bettelei allgemein wegzuschaffen? 8°. Münster (1818). N. A. Aschendorff, 1819.

(Dan. Huffland). Gründliche Gedanken vom Münzwesen unter denen Kreuzrittern in Preußen. Danzig, 1768.

Huffnagl Carl: Wolfgang Holzer, Münzmeister des Erzherzogtums Oesterreich und Bürgermeister der Stadt Wien.
1896 PN 1029 **Diss. Wien, Univ.**

Königl. griech. Finanzminist. Section f. Berg- u. Hüttenwesen. Über den berg- und hüttenmännischen **Werth** der auf der griechischen Insel Milos vorkommenden Silbererze von **Theodor Huffnor,** k. ung. Bergrath. *Déra 1893: A. Hirsch.* (21 S.) 8° [oo. 17/6

Hueffner, Fridericus *Albertus* [Forestensis]: De Plauti comoediarum exemplis Atticis quaestiones maxime chronologicae ... Gottingae, offic. acad. Dieterichiana typ. expr., 1894; 76 S., 2 Bl. 8.
Gottingen, Phil. Fak., Inaug.-Diss. v. [27. Jan.] 1894

Hüffner, J. u. Fr. W. Mattes, Realienbuch f. Volks-, Bürger- u. Töchterschulen, enth. Geographie, Geschichte, Gesundheitslehre, Naturgeschichte u. Naturlehre. Nach d. Bestimmgn. d. bad. Lehrplanes bearb. 11. verb. Aufl. (IV, 364 S. m. 165 Abb.) 8. Bühl 907. Konkordia. Geb. nn 1.30

Hufgard, Ferd., Saat u. Ernte od.: Unrecht Gut gedeihet nicht, s. a. Esser's, J., Sammlung leicht aufführb. Theaterstücke.

Saat und Ernte oder: Unrecht Gut gedeihet nicht. Schauspiel aus d. Arbeiter- u. Gesellenleben in 4 Aufz. Nach e. Erzählung von Silesia bearb. von F. **Hufgard.** Paderborn: J. Esser [1906]. (32 S.) 8° [F.]
— **Sammlung,** J. Esser's, leicht aufführb. Theaterstücke. H. 92. [07. 189. 6

Huflage, Friedrich, aus Renslage, Pr. Hann.: **Vergleichende Düngungsversuche** mit Torfstreu und Strohdünger. *Roßwein i. S. 1904: A. Haubold.* (95 S.) 8°
Leipzig, Phil. Diss. v. 1904

[J. u. Ant.] **Hufmayr,** *Joseph* Eugen [P., O. S. B. Conventual d. Abtei St. Stephan in Augsburg]: Die pseudocyprianische Schrift De Pascha Computus ... Augsburg, Druck v. Ph. J. Pfeiffer, 1896; 40 S., 1 Bl., 1 Tab. 8.
Würzburg, Phil. Fak., Inaug.-Diss. v. 1896

[J. u. Ant.] **Hufmayr,** *Joseph* Eugen [P., O. S. B.]: Die pseudocyprianische Schrift De Pascha Computus. [= Inaug.-Diss. v. Würzburg 1896.] Augsburg, Druck v. Ph. J. Pfeiffer, 1896; 40 S., 1 Tab. 8.
Augsburg, k. humanist. G St. Stephan, P 1896*

Hufnagel, Wilhelm Friedrich. Ein Lebensbild. [Frankfurt a. M. 1874.] V: *Stricker, Wilhelm.* (Heyd)

Hufnagel, Ed. H. K. W., (✝ d. 29. März 1825.) Animadversiones in colloquium Jesu cum Nicodemo varii argumenti qualescunque speciminis pro loco in candidatorum ordine obtinendo offert. 4. Frankf. a. M. 817.

— s. Gebete, acht kurze ꝛc.

— Handbuch d. alten Geschichte, Erd- u. Länderkunde, für d. mittlern u. obern Klassen d. Gelehrtenschulen. 1e Abtheil. gr. 8. Frankf. 814. Sauerländer. 21 gl

Hufnagel, (E.,) Handbuch d. alten Geschichte, Erd- u. Ländeskunde, f. d. mittlern u. obern Classen d. Gelehrtenschulen. 1ste Abthl. gr. 8. Frkf. 824, Sauerländer.

— s. W. F. Hufnagel, 8 Predigten.

— d. Leben Jesu von Nazareth. 2 Thle Mit 2 Kpf. 8. Frankf. a. M. 820. Sauerländer. 3 ₰

— christl. Rechenschaft von unserer Sehnsucht nach dem ewigen Leben. Eine Predigt gehalten am 1. Ostertage 1820. gr. 8. Frankf. a. M. 820. Sauerländer. 4 gl

Hufnagel, Ed. H. K. W., wir sind unsterblich. Osterpredigt. gr. 8. Frankf. a. M. 818. Sauerländer. 4 gl

Gelnhausen von J. W. G[ustav] Hufnagel, Kantor. *Gelnhausen: F. W. Kalbfleisch 1900.* (VIII, 195 S.) 8°

Hufnagel, Joach. F., hist. in tabulis, od. Tabellen über Hübners hist. Fragen. 6 Thle. Fol. Görlitz, Laurentius. 721–23.

Hufnagel, Johann Jakob

Hufnagel, Jh. Jak., (✝ d. 2. Sept. 1770) Calendarium Willibaldino-ecclesiast., seu schematismus totius cleri et singularum paroch. in dioecesi Eichstett. existentium. Jahrg. 1765—70. 4. Eichst.

— Vade mecum rituale, mappa geographica totius dioeceseos Eichstettensis, special. mappis et serie chronolog. 65 episcop. Eichstett. illustr. 2 Tmi. 4maj. Eichst. 749, 50.

Hufnagel, Karl Friedrich

Hufnagel, C. F., Belehrung d. würtemberg. Gemeinderäthe über d. Pfand-, Prioritäts- u. Executionsgesetz ꝛc. 1e Abtheil. gr. 8. Tübing. 825. 2e A. ... 3e A. 826. 4e A. 828. 1 ₰ 2e Abtheil. 4e ganz umgearb. Aufl. gr. 8. Ebd. 830. Ebd. 1 ₰

HUFNAGEL, K F.: Belehrung der würtemberg. Gemeinderäthe üb. d. Pfand- u. Executions-Gesetz u. üb. d. weitern seit d. 15. April 1825 erschien., mit demselb. in Verbind. stehenden Gesetze, Verordnn. u. instruktiv. Abth. 4e ganz umgearb. Ausg. *Tübingen*, Laupp. (825.) 828. 30. gr. 8. (à 1 Thl. — 2 Thl.)

HUFNAGEL, C. F.: Beleuchtung der in Anseh. d. Saline zu Schwäb-Hall besteh. Rechtsverhältnisse. Mit Beilgn. *Tübingen*, Osiander. 827. gr. 8. (8 Gr.)

Hufnagel, C. F., erläut. Bemerkungen z. württemberg. Strafgesetzbuche, s. Strafgesetzbuch.

—— und C. F. Scheurlen, die Gerichtsverfassungen der teutschen Bundesstaaten, s. Gerichtsverfassungen.

Hufnagel u. Scheurlein. Gerichtsverfassungen der deutschen Bundesstaaten, dargestellt von Geschaftsmännern der einzelnen Staaten. 1829. *Tübingen.*

—— Commentar üb. d. Strafgesetzbuch f. d. Königr. Württemberg, zunächst f. Praktiker, mit besond. Rücksicht auf d. gewählten Oberamtsgerichtsbeisitzer. 2 Bde. gr. 8. Stuttgart, Metzler'sche Buchh. [1. (46⁵/₈ B.) 840. 3⁵/₆ Thlr., 2. (67⁷/₈ B.) 841, 42. 5²/₃ Thlr.]

— dass. III. B. Mit d. Umschlagstitel: Neue Präjudicien der Württembergischen höheren Gerichte, Berichtigungen u. Zusätze zu d. Commentar über das Strafgesetzbuch. 5. Anhang 1. 2. Hälfte. gr. 8. Tübingen 843, 844, Osianders B. 2⁵/₆ fl

—— Mittheilungen aus d. Praxis d. württemberg. Civilgerichte. 2 Hfte. gr. 8. (36³/₄ B.) Tübingen 846, 47, Osiander'sche Bh.

—— dass. — Neue Folge. Nachträge, Inhalts-Verzeichniß und alphabet. Register. gr. 8. (S. XXIX—XXXIV und S. 689—785.) Ebds. 848. *

v. Hufnagel, C. F., Mittheilungen aus der Praxis der württembergischen Civilgerichte. Neue Folge. 2 Hfte. u. Nachträge, Inhalts-Verzeichniß u. alphabet. Register. gr. 8. (XXXIV u. 785 S.) Reutlingen 848, Mäcken. (1. Hft. n. 1⁷/₁₂ fl 2. Hft. n. 1 fl 12 kr Nachträge n. 8 kr) n. 3¹/₁ fl (1. Folge: Tügen 846, Osiander. 1¹/₃ fl)

—— vorläufige Replik rc., s. Replik.

Vorläufige Replik auf d. Einredeschrift d. Prof. (*K. S.*) *Zachariä*, betit.: Die Souveränitätsrechte d. Krone Würtemberg in ihrem Verhältn. zu d. standesherrl. Eigenthums-Rechten d. Fürstl. Gesammthauses Hohenlohe. Von dem Abgeordn. v. Heidenheim. (HUFNAGEL.) *Stuttgart*, Metzler. 836. gr. 8. (6 Gr.)

—— Strafgesetzbuch f. Württemberg, s. Strafgesetzbuch.

Hufnagel CFv, das Strafgesetzbuch für das Königreich Württemberg, mit Anmerkungen vornehmlich aus der Praxis der Gerichte. Tübingen 1845

Hufnagel, Leopold, s. Hufnagl, Leopold

Hufnagel, M., Tagebuch meiner Reise von Heidelberg über Kiel, Kopenhagen rc. in d. Innere d. holländ. Guyana u. von da zurück nach Paramaribo, in d. Jahren 1812—21. 8. Anspach 822. Gassert. 6 kr

Hufnagel, Otto: Kaspar Schlicks letztes Hervortreten in der Politik nebst einem kritischen Beitrag zu dem Fälschungsproblem. Leipzig-Reudnitz 1910: Hoffmann. 97 S. 8° ¶(Kap. 1—3 ersch. auch in: Hufnagel: Kaspar Schlick als Kanzler Friedrich III., in: Mitteilungen d. Inst. f. österr. Geschichtsforsch. Erg.-Bd 2, H. 2.)

Leipzig, Phil. Diss. v. 8. März 1910, Ref. Seeliger, Brandenburg

[Geb. 4. Okt. 85 Frankfurt a. M.; Wohnort: Frankfurt; Staatsangeh: Preußen; Vorbildung: Lessing-Gymn. Frankfurt Reife O. 05; Studium: Heidelberg 4, Leipzig 5 S.; Rig. 20 Juli 09.] [U 10. 3163

Hufnagel, *Karl Friedrich Wilhelm* Viktor [aus Bad Orb (Hessen-Nassau)]: Ueber die Aetiologie der Hernien ... Berlin, Druck v. E. Ebering, *1897*; 28 S., 2 Bl. 8.
Berlin, Med. Fak., Inaug.-Diss. v. 14. Mai 1897

Hufnagel, Wilh., Hilfstafeln zur Berechnung der Gemeindeumlagen auf Grundeigentum, Gebäude u. Gewerbe, Gemeinde-Einkommensteuer u. kirchliche Umlagen. (IV, 185 S.) Lex.-8. Stuttgart 906. J. Heß.
Geb. in Leinw. n. 4. 20

Hufnagel, Wilh., Vorschriften f. d. Vermögensverwaltung u. d. Rechnungswesen d. bürgerl. Gemeinden im Königr. Württemberg. (XIV, 536 S.) gr. 8. Stuttgart 909. J. Heß.
6.20; geb. 7. —

Hufnagel, Wilhelm Friedrich

Hufnagel's, Wlh. Fr., Lebensbeschreibung. 8. Erlang. 791. Palm. 1 kr

— über zeitgemäße Begründung d. geistlichen Macht u. ihr Verhältniß zu d. weltl. gr. 8. Frankf. a. M. 821. Sauerländer. 8 kr

— Betrachtt. zur würdigen Feier d. Abendmahls. 8. Nürnb. 791. (Lauffer in Leipz.) 8 kr

— nova bibliotheca theologica. Vol. I. fasc. I. et II. 8maj. Erlang. 782. 83. Palm. 16 kr

— liturg. Blätter. 2 Bde. in 12 Hften. gr. 8. Erlang. 791—802. Palm. 4 fl 2 kr

— Blicke in d. leidende Herz Jesu, in Predigten. 8. Frankf. a. M. 806. Varrentrapp. 6 kr

Hufnagel, W. F., selecta librorum vet. T. capita hebraice excusa facil. linguam hebr. docendi etc. 8. Nrnb. Zeh. 780. Rthlr.

– s. Charron, Pt.: Über d. Weisheit.

— d. Cherubhim. Anfang u. Ende im Paradiese, nicht Anfang u. Ende d. Cherubhim. Mit 7 Beill. u. 1 Steindr. gr. 8. Frankf. a. M. 821. Varrentrapp. 2 fl 2 kr

— für Christenthum, Aufklärung u. Menschenwohl. 3 Bde. zu 8 Heften. 8. Erlang. 785—800. Palm. 4 fl 20 kr (3r Bd. 26 Stck. A. u. d. T.: Reise von Frankfurt a. M. nach Karlsbad 1798.)

— Einrichtung d. Prediger-Seminariums zu Erlangen in d. J. 1788—90. 8. Erlang. 795. Palm. 2 kr

— Etwas z. d. Bibliotheca Sacra post Iacobi, Le Long et Cel. Börneri iteratas curas etc. continuatio ab. A. G. Masch. gr. 8. Jenae, Frommann.

— drei Fragen über d. Geheimlehre (Mysticismus) ihren Gläubigen, Läugnern u. Zweiflern aufgeworfen in einer Predigt. gr. 8. Frankf. a. M. 822. Sauerländer. 4 kr

— über die deutsche Gesellschaft zur Beförderung reiner Lehre. 8. Erlang. 785. Palm. 6 xr

— üb. d. Glauben d. Christen an d. Dreyeinigkeit. gr. 8. Erlang. Palm. 788.

— über den evangel. Glauben an Gott u. seinen Einfluß auf Menschenliebe. gr. 8. Frankf. a. M. 821. Sauerländer. 2 fl 8 xr

— die Gnade unsers Herrn u. Meisters Jesu, die Liebe Gottes u. d. Gemeinschaft d. heil. Geistes sey mit uns Allen, Amen. Herzlich evangel. Worte am 2. Juni 1822 gesprochen. gr. 8. Nürnb., Bauer u. R. 1¼ xr

— Handbuch d. bibl. Theologie. 1n u. 2n Bds. 1e Abtheil. gr. 8. Erl. 785—91. Palm. 2 fl

— Hauptsätze d. christl. Glaubens- u. Sittenlehre nach Bibelstellen. 8. Frankf. a. M. 797. Varrentrapp (Boselli). 5 xr

– s. Hiob.

— Hiob, neu übers. m. Anm. gr. 8. Erl. Palm. 781. Schreibp.

— Jesus Christus, gestern, heute u. ewig am ersten Tage des 19n Jahrhunderts. gr. 8. Frankf. a. M. 801. Varrentrapp. 6 xr

– s. Justi, K. W.: Blumen.

— Communionbuch, s. Betracht. z. Feyer des Abendmahls.

Hufnagel, Wlh. Fr., († d. 7. Febr. 1830.) von d. Kraft d. Beispiels Jesu zur Bildung d. Kinderherzen; herzl. Worte gesprochen bei Ant. Gruners Vorstellung. 8. Frankf. a. M. 805. Varrentrapp. 6 xr

– s. Lang, G. H.: Passionspredigten.

Laudationem funebrem honori et memoriae Regis dum viveret Potentissimi ac Serenissimi Domini Domini Friderici II Regis Borussorum Electoris Brandenburgici Ducis Silesiae etc. etc. etc. Sacram et die XX. Octobr. 1786 publice habendam civibus academicis indicat Prorector Guilelmus Fridericus Hufnagel D. et P. P. O. Sacro Sanctae Theologiae cum Procancellario et reliquo Senatu Academico. Erlangae Typis Kunstmannianis.

Hufnagel, Wilhelm Friedrich (Schwäb. Hall), Super loco I. Sam. VI, 19. Diss. philos. Erlang. (Wolfgang Walther) 6. IX. 1777. 22 S. (4.50) 16323

— — (Prorector), Memoriam Simonis Gabriel. Succovii (Schwerin) viri dum viveret illustris atque amplissimi sereniss. marggravio nostro a consiliis aulae sanctioribus et matheseos ac physices p. p. o. civibus academicis commendat. Erlang. (Ellrodt) 25. VI. 1786. 36 S. mit Biogr. S.'s. (M.: G. Rosenauer.) (7.—) 16326

— über den Mißbrauch der zehn Gebote. 8. Nördl. 784. Beck. 2 xr

— Moseh, wie er sich selbst zeichnet in seinen 5 Büchern Geschichte. gr. 8. Frankf. 822. Sauerländer; (a. Guilhaumann). 2 fl 4 xr

– s. Mosche, Ch. J. W.: Leben G. C. B. Mosche.

– s. Nachricht v. d. deutschen Gesellschaft.

— geschichtl. Nachweisung, ein Endurtheil über eine Thatsache zu fällen, d. in d. Geschichte d. Menschen u. seines Glaubens aller Zweifel nach nicht entbunden ist. 8. Frankf. 822. Sauerländer. 12 xr

— Predigt dem Andenken Leopolds II. gr. 8. Frankf. a. M. 792. Varrentrapp. 4 xr

— Predigt am Erndt- u. Dankfest zu Frankfurt a. M. 8. Frankf. a. M. 796. Varrentrapp. 3 xr Schrbp. 4 xr

— Acht Predigten über Aussprüche Jesu. Herausg. v. E. Hufnagel. gr. 8. Frankf. a. M. 820. Sauerländer. 12 xr

– s. Predigten, Neue, auf alle Sonn- u. Festtage.

— 6 einzelne Predigten. 8. Erl. 791. Palm. 13 xr Zusammen nur 8 xr

— Predigtentwürfe. 1r—13r Jahrg. 2 Bde. gr. 8. Frankf. a. M. 792—805. Varrentrapp. (à Bd. 20 xr) 21 fl 16 xr

— — **De psalmis prophetias Messianas continentibus. Diss. theol. Präs. Joach. Ehrenf. Pfeiffer. Erlang. (Kunstmann) 13. III. 1783. 26 S. (4.50) 16324**

— — **u. (Respond.) Heinrich Carl Alexander Haenlein, Dasselbe. II. Erlang. (Kunstmann) 16. IV. 1784. 24 S. mit Widm. a. d. Respond. (4.50) 16325**

— — **Disseritur super psalmo XXII. Erlangen (Junge) 1789. 16 S. (3.—) 16327**

— Reise von Frankfurt a. M. nach Karlsbad, s. oben für Christenthum rc.

– s. Religion, Über, u. Protestantismus.

— über d. ersten Religionsunterricht nach d. zehn Geboten. 8. Erl. 784. Palm. 12 xr

– s. Rossi de: De hebraicae typographiae ...

– s. Salomo's hohes Lied.

— Salomos hohes Lied, geprüft, übers. und erläutert. 8. Ebend. 784. Schreibp.

Hufnagel, Wlh. Fr., die Schriften d. Alten Test., nach ihrem Inhalt u. Zweck. 1s Bdchn. 8. Erlang. 784. Palm. 20 xr

— d. Segnende d. wissenschaftl. Amtsthätigkeit d. Jugendlehrers rc. gr. 8. Frankf. a. M. 806. Varrentrapp. 4 xr

— katechet. Sonntagslectionen. I. u. II. 1. 2. 8. Frankf. 797. Jäger. 16 xr

— über d. Verbindlichkeit Gott für seinen Ernteseegen kindlich zu danken. 8. Frankf. a. M. 806. Varrentrapp. 4 xr

— die neuest. Verordnn., welche d. Verhältniß d. Judenschaft in Böhmen zum Staate festsetzen. Ein Beitrag z. Geschichte d. österreich. Gesetzgebung. 8. Frankf. a. M. 797. (Varrentrapp). 20 xr

– s. Vorträge an christl. Festtagen.

— Vorträge an christl. Festtagen, mit kindlichem Sinne gesammelt aus den Papieren eines Predigers. gr. 8. Ebend. 818.

— Wohl d. Menschen, der, wenn Trübsal da ist, Gott sucht. Aus einer Predigt am 1. Epiph. Sonntag d. 7. Jan. 1798. 8. Frankf. a. M. 798. Varrentrapp. 1 ℋ

— Worte über 1. Samuel 12, 24. am 18. Oct. 1816 zur Feier dieses unvergeßlichen Tages. gr. 8. Frankf. a. M. 817. Varrentrapp. 3 ℋ

Hufnagl, Joseph: De obstructione viscerum abdominalium. Tur. ex offic. Mahleri et Weberi 1846. 30 S., 1 Bl. 8°
Zürich, Med. Diss. v. 19. Sept. 1846.

Hufnagl, Leop., Anleitg. z. Führg. d. Tagebuches f. d. forstl. Staatsprüfg. gr. 8. (24 S.) Wien 895. W. Frick. n. 1. —

Hufnagl, Leop., Anleitung zur Führung des Tagebuches f. die forstliche Staatsprüfung. 2. Aufl. (24 S.) gr. 8. Wien 904. W. Frick. n. 1. 20

— die Betriebseinrichtung in kleinen Wäldern, insbes. in Gemeinde- u. Genossenschaftswäldern. gr. 8. (48 S.) Ebd. 898. n. 1. 20

HUFNAGL, Leopold: Die Betriebseinrichtung in kleinen Wäldern, insbesondere in Gemeinde- und Genossenschaftswäldern. - Wien 1898. 48 S. - 2. erw. u. verb. Aufl. u. d. T.: Praktische Forsteinrichtung. Wien, Leipzig 1913. VII, 107 S. - 3. u. 4. verb. Aufl. ebd. 1921. III, 107 S.

HUFNAGL, Leopold: Die Buchenfrage in der österreichischen Forstwirthschaft. - Wien 1899. 79 S.

HUFNAGL, Leopold
Die Buchenfrage in der österreichischen Forstwirtschaft. Ueber Auftrag des Specialcomités für Forstwirthschaft und Holzhandel zur Veranstaltung der Collectiv-Ausstellung in Gruppe IX der Weltausstellung Paris 1900 verfasst von Leopold Hufnagl. Wien. 1901. Verlag des Specialcomités für Forstwirthschaft und Holzhandel. [In Comm. Frick.] Gr.-8°. 79 S. K 2.—

HUFNAGL, Leopold u. R. SCHADINGER: Die Entwicklung des Forstwesens auf der Fürst Karl Auersperg'schen Herrschaft "Herzogthum Gottschee" in Krain von 1848 bis 1898 mit besonderer Berücksichtigung der Verwerthung des Buchenholzes. - Prag 1898. III, 64 S., 1 Kt.

Hufnagel, Leop., zur Gesetzgebung üb. die Ödland-Aufforstung, d. Waldschutz u. die Beförsterung in Österreich. (23 S.) gr. 8. Wien 907. W. Frick. — 80

— Handbuch der kaufmännischen Holzverwertung u. des Holzhandels. Für Waldbesitzer, Forstwirte, Holzindustrielle u. Holzhändler. (VIII, 318 S. m. 28 Abbildgn.) gr. 8. Berlin 905. P. Parey. Geb. in Leinw. n. 8. —

Handbuch der kaufmännischen Holzverwertung und des Holzhandels. Für Waldbesitzer ... Von Leopold **Hufnagl.** 2., neubearb. Aufl. Mit 28 Textabb. Berlin: P. Parey 1907. (X, 339 S.) 8° [F.] 107. 11660

— Handbuch d. kaufmänn. Holzverwertung u. d. Holzhandels. Für Waldbesitzer, Forstwirte, Holzindustrielle u. Holzhändler. 3., neubearb. u. verm. Aufl. (IX, 364 S. m. 28 Abb.) gr. 8. Berlin 910. P. Parey. Geb. in Leinw. 8. —

— der Holzhandel in seinen Grundlagen, Wegen u. Zielen. Eine handelsgeograph. Studie. (93 S.) gr. 8. Wien 908. W. Frick. n. 1. —
Sonderabdruck aus: „Österreich. Vierteljahrsschr. f. Forstwesen".

Hufnagl, Max [Pseud.]
s. Spindler, Karl [Wirkl. Name]

Hüfner, Aug., das Rechtsinstitut d. klösterl. Exemtion in d. abendländ. Kirche in seiner Entwicklung bei d. männl. Orden bis zum Ausgang d. Mittelalters. Diss. (XIII, 124 S.) gr. 8. Mainz 907. Kirchheim & Co. 1.50

Hüfner, Gustav

Hüfner, G. Anleitung zum Gebrauche des Hüfnerschen Spektrophotometers, in seiner neuesten verb. Form ausgeführt von E. Albrecht. Mit 1 Photolithogr. 8. (20 S.) Tüb. 890, Laupp. * — 60

Hüfner, Gustav., Betrachtungen üb. die Wirkungsweise der ungeformten Fermente als theoret. Einleitung in die Lehre von der Verdauung. Vortrag geh. in der physiolog. Gesellschaft zu Leipzig im Jan. 1871. gr. 8. (29 S.) Leipzig 872. Barth. — 75

— über die Entwickelung d. Begriffs Lebenskraft u. seine Stellung zur heutigen Chemie. Akademische Antrittsrede geh. am 10. Juli 1873. Mit erläut. Anmerkgn. gr. 8. (38 S.) Tübingen 873. Fues. n. — 90

Hüfner, Gust., quantitative Spectralanalyse und ein neues Spectrophotometer. gr. 8. (26 S. mit 1 lithogr. Fig.-Taf.) Leipzig 878, Barth. * 1 —
Aus: Journal für praktische Chemie, besonders abgedruckt.

Hüfner, Gust., über den Ursprung u. die Berechtigung besonderer Lehrstühle f. physiologische Chemie. Rede, geh. zur Feier der Eröffng. des physiologisch-chem. Institutes an der Universität Tübingen am 9. VI. 1886. (Wiederabdruck a. d. Beilage d. württ. Staats-Anzeigers v. 30. VII. 1886.) gr. 8. (22 S.) Tübingen 899. F. Pietzcker. n. — 60

Hüfner, Carl Gust., zur vergleichenden Anatomie u. Physiologie der Harncanälchen. Leipzig 866. Pernitzsch. gr. 8. (28 S. mit 1 Kpfrtaf.) n. 6 ngr.

Hüfner, Raph., O. F. M., der Missionar kommt. Worte e. Missionars an d. kathol. Volk vor d. Tagen d. Volksmission. (46 S.) 16. Dülmen (910). A. Laumann — 15

Hüfner, Raph., O. F. M., Organisation d. 3. Ordens. (36 S.) 16. Dülmen (909). A. Laumann. — 25

— Der Tertiar u. seine Regel. Lehr- u. Gebetbuch f. alle Tertiaren d. hl. Franziskus. 1.—2. Taus. (288 S. m. Titelbild.) 16. Ebd. (910). Geb. in Leinw. — 75

— Volksmission u. Missionserneuerung. (94 S.) kl. 8. Ebd. (910). — 75

— Die großen Wahrheiten d. Exercitien u. Missionen im Gebete. (94 S. m. Titelbild.) 16. Ebd. (909). Geb. in Leinw. — 50

Hufschmid, Eduard: Über den Einfluss des verlängerten Marks und des Rückenmarks auf die Pulsfrequenz. Zür. J. H. Tellmann Dr. (1862). 49 S., 1 Bl. 8°
Zürich, Med. Diss. v. 12. März 1862.

Hufschmid, Karl *Julius Lorenz* [pr. Arzt]: Ueber Enterotomie bei Ileus ... Königsberg i. Pr., Druck v. M. Liedtke, 1895; 2 Bl., 59 S., 2 Bl. 8.
Königsberg, Med. Fak., Inaug.-Diss. v. 2. März 1895

Hufschmid, Karl, üb. Entorotomie bei Ileus. Diss. gr. 8. (59 S.) Königsberg 895. (W. Koch) n. 1. —

Hufschmid, Carl, die krankhafte Wucherung der dritten Mandel u. ihr schädigender Einfluß auf die geistige u. körperliche Entwickelung beim Kinde, s.: Vorträge, St. Gallische.

Hufschmidt, der Operette. 8. Frankf. u. Leipz. 772. Eßlinger. (Schäfer).

Hufschmidt, Adolf, Medizinalprakt.: Ueber Cervixmyom mit Totalprolaps, insbesondere über einen in der Universitäts-frauenklinik zu München beobachteten Fall mit totaler Inversion. München 1909: Kastner & Callwey. 28 S. 8°
München, Med. Diss. v. 8. Juni 1910, Ref. Döderlein
[Geb. 20. Sept. 81 Aachen; Wohnort: Siegen i. W.; Staatsangeh.: Preußen; Vorbildung: Realgymn. Siegen Reife O. 04; Studium: Würzburg 4, München 2, Kiel 1, Berlin 1, München 2 S.; Coll. 8. Juni 10; Approb. 25. Mai 10.] [U 10. 3518

Versuch einer Geschichte des oberen Warmetales, insbesondere der Stadt Zierenberg, der Dorfer Dörnberg, Ehlen, Burghasungen ... von Fritz Hufschmidt, Kantor. Mit 1 Karte u. mehreren Abb. Wolfhagen: W. Borner 1905. (XII, 275 S.) 8° [F.]

Hufschmidt, J.: Über die den Ideen der Maurerei am meisten entsprechende, fruchtbarste und zweckmäßigste Art maur. Werkthätigkeit, s. Cramer, B.

Hufschmidt, J., stufenmäßig geordnete algebraische Aufgaben des ersten Grades mit einer od. mehreren unbekannten Größen, durch in Worte gefaßte Schlüsse u. durch Gleichungen auf möglichst verschied. Weise aufgelöst. gr. 8. Essen 841. Bädeker. 3/4 ℔

Hufschmidt, J., Deutschland über Alles! Vorträge, Lieder und Spiele für vaterländ. Schulfeste. 2. veränd. und verm. Aufl. gr. 8. (48 S.) Leipzig 877, Siegismund und Volkening. — 40
Die 1. Aufl. erschien 1872 u. d. T.: Vorträge, Lieder und Spiele für Schulfeste. —

Hufschmidt, J., der kleine Geometer. Handbüchlein beim Gebrauch d. 132 geometr. Aufgaben. gr. 12. (Mit 1 lith. Taf.) Meurs 845, Dolle. n. 1/6 ℔

—— evangel. Gesangbuch f. Schulen 2c., s. Gesangbuch.

— deutsche Geschichte f. Volksschulen. 8. (VIII, 78 S.) Ebend. 873. n. — 60

Hufschmidt, J., Geschichte f. preußische Schulen. 8. (VIII, 96 S.) Arnsberg 873. Grote. n. — 75

Hufschmidt, J., die Gesetze der Rechtschreibung deutscher Wörter sammt ihren Ausnahmen. Ein Büchlein für Alle, welche schnell orthographisch richtig schreiben lernen u. sich der Gesetze ihres Thuns bewußt werden wollen. Elberfeld 866. Bädeker'sche Buchh. 8. (30 S.) n. 2 ngr

Hufschmidt, J., Gutachten über die Lokal-Schulaufsicht, s. Schriften des Liberalen Schulvereins für Rheinland und Westfalen.

—— Gutachten zur Volksschullesebuchsfrage, s. Zur Volksschullesebuchsfrage.

—— methodischer Lehrgang für den Unterricht im Rechtschreiben. Nach der ministeriellen Feststellung vom 21. Jan. 1880 bearb. Ausg. für Lehrer. gr. 8. (IV, 96 S.) Essen 880, Bädeker. *
Ausg. für Schüler. 8. (III, 64 S.) *

— Lesebuch für Elementarschulen, in zweckgemäßer Anordnung für den Unterricht im Lesen und Rechtschreiben. 1r Thl. Das Lesen der Laute, Silben, Wörter u. Wortverbindungen u. die Bezeichnung der Laute. 8. Elberfeld 839. Büschler. n. 1/6 ℔

Hufschmidt, J., Anleitung z. Gebrauch dies. (seines) Lesebuchs. 8. (3 1/4 B.) Elberfeld 838, Büschler'sche Vrlsh.

— das Rechnen m. Zahlen üb. Hundert, sowie m. Zahlen unter Eins u. seine Anwendung auf die decimalen Maße, Gewichte u. Münzen. Eine Anleitung zur schnellen und sicheren Lösung d. Aufgaben d. prakt. Lebens. A. Ausg. f. Lehrer u. zum Selbstunterrichte. 8. (100 S.) Ebend. 871. n. — 60

— dasselbe. B. Ausg. f. Schüler. 8. (56 S.) Ebend. 871. n. — 40

Hufschmidt, J., Seemannsleben, s. Jugend-Bibliothek, herausg. von Nieritz.

Hufschmidt, J., Seemannsleben. Nach dem Engl. 8. (135 S.) Leipzig 855, Voigt und Günther.
Aus: Nieritz, G., Jugendbibliothek 2c., besonders abgedruckt.

— die Sprach- u. Stil-Uebungen für die Mittelklassen der Volksschule, } s.: Haesters, A.

—— stufenmäßig geordnetes Sprach- und Stilübungsbuch für Elementarschüler. 8. (IV und 116 S.) Elberfeld 864, Bädeker'sche Buchh.

— die Stilübungen in d. Volksschule, s.: Haesters, A.

— ausgearbeitete Stil-Uebungs-Aufgaben f. Unter-, Mittel- u. Oberstufe nebst Anleitg. zur Benutzg. derselben, namentlich in der ein- u. zweiklass. Elementarschule. Zugleich Handbuch zu: „Leicht ausführbare Stilübungs-Aufgaben". 8. (120 S.) Unna 875. Leipzig, Siegismund & Volkening. n. — 75

Hufschmidt, Carl: Die Oxydation der methylierten Methyluracile und die Nitrierung des Trimethyluracils. 1905. 34 S. 8°
¶ Vgl. J. Liebig's Annalen d. Chemie. Bd 343.
Hannover, Dr.-Ing.-Diss. v. 2. 2. 1905

Hufschmied, der. Zeitschrift f. das gesammte Hufbeschlagswesen. Red. unter Mitwirkg. hervorrag. Fachgenossen v. A. Lungwitz. 1—4. Jahrg. 1883—1886. à 12 Nrn. (B. m. eingedr. Holzschn.) gr. 8. Dresden, G. Schönfeld's Verl. à Jahrg. n. 3. —

Hufschmied, der. Zeitschrift f. das gesammte Hufbeschlagswesen. Red. unter Mitwirkg. hervorrag. Fachgenossen v. A. Lungwitz. 5.—8. Jahrg. 1887—1890. à 12 Nrn. (B. m. eingedr. Holzschn.) gr. 8. Dresden, G. Schönfeld's Verl. à Jahrg. n. 3. —

Hufschmied, der. Zeitschrift f. das gesammte Hufbeschlagswesen. Red. unter Mitwirkg. hervorrag. Fachgenossen v. A. Lungwitz. 9.—12. Jahrg. 1891—1894. à 12 Nrn. gr. 8. (Bog. m. eingedr. Holzschn.) Dresden, G. Schönfeld's Verl. à Jahrg. n. 3. —

Systematisches Inhaltsverzeichniss sämmtlicher im 1.-10. Jahrg. (1883-92) enthaltenen Artikel u. Notizen. Sst. [1893].

Hufschmied, der. Zeitschrift f. das ges. Hufbeschlagswesen. Red. unt. Mitwirkg. hervorrag. Fachgenossen v. A. Lungwitz. 13.—16. Jahrg. 1895—1898. à 12 Nrn. (à ca. 1 Bog. m. Abb.) gr. 8. Dresden, G. Schönfeld. à Jahrg. n. 3. —

Hufschmied, der. Zeitschrift f. das gesamte Hufbeschlagswesen. Red. unter Mitwirkg. hervorrag. Fachgenossen v. A. Lungwitz. 17.—20. Jahrg. 1899—1902. à 12 Nrn. gr. 8. (IV, 200; IV, 196; IV, 200 u. IV, 216 S. m. Abbildgn.) Dresden. Leipzig, G. Schönfeld. à Jahrg. n. 3. —

— Systemat. Gesamtregister [zu] 1—20. Jahrg. (1883—1902). Leipz.

Hufschmied, der. Zeitschrift f. das gesamte Hufbeschlagswesen. Red. unter Mitwirkg. hervorrag. Fachgenossen v. M. Lungwitz. 21—24. Jahrg. 1903—1906. à 12 Nrn. (260, 266, 280 u. 276 S. m. Abbildgn.) gr. 8. Leipzig. Berlin, R. C. Schmidt & Co. à Jhrg. n. 3. —

Hufschmied, der. Zeitschr. f. d. gesamte Hufbeschlagswesen. Red. unter Mitwirkg. hervorrag. Fachgenossen v. M. Lungwitz. 25.—28. Jahrg. 1907—1910. à 12 Nrn. (IV, 300; V, 332; VII, 164 u. VIII, 180 S. m. Abb.) gr. 8. Hannover, M. & H. Schaper. à Jahrg. 3. —
Erschien bis 1908 noch in Leipzig, bezw. Berlin.

Huf- u. Waffenschmiedegesellen, der, Handwerksgewohnheiten, s.: Volksbücher, Deutsche.

HÜFTHORN, Das, des Eremiten oder die sieben verborgenen Mordkeller. Eine schaudervolle Sage aus den Zeiten des Faustrechts. 2 Bde. Leipzig 1865. 8°. (1 Mk. 50 Pfg. Frz. Teubner, c. 1895.)

Hug Schapler. (Vgl. H u g e Scheppel)
Goed. I, 356.
Ein liepliches lesen vnd ein ! warhafftige Hystorij wie einer (d' da hiess Hug schöpler vn wz metzgers geschlecht) ein gewaltiger küng zu Franckrich ward durch sein grose ritterliche mañheit. vnd als die gesch- | rifft sagt so ist er d' nest gewesen nach Carolus magnus un künig Ludwige.

1794, Nürnberg, Johann Gottfried Stiebner*.
Straßburg Cd 130.664, Weimar*.

1905,* Hamburg, Lucas Gräfe, hrsg. von Hermann Urtel nach der Hs. der Hamburger Stadtbibliothek, 2°. 25 und 111 S. Mit Abbildungen und 6 Tafeln.
Veröffentlichungen aus der Hamburger Stadtbibliothek I.

Hug, A [111.]
s. Ribaux, Adolphe: Geborgen. 1903.

Hug, A[nton]. Soziale Jugendfürsorge. Bericht über den Kursus der «Zentrale für private Fürsorge» in Frankfurt a./M. vom 24. April bis 4. Mai 1907. Erstattet an der Hauptversammlung der städtischen Gemeinnützigen Gesellschaft vom 27. Juli 1907. II + 37 S. 8. St. Gallen, Honegger, 1907.

Hug, Arnold, Aeneas von Stymphalos, ein arkadischer Schriftsteller aus classischer Zeit. gr. 4. (46 S.) Zürich 877. (Leipzig, Teubner.) * 1 20

Hug, Arn., Aeneas von Stymphalos, ein arkad. Schriftseller aus classischer Zeit. Gratulationsschrift der Universität Zürich an die Universität Tübingen zu deren 400jährig. Stiftungsfeier 1877. 46 S. 4. Zürich, Druck von Zürcher & Furrer.

Hug, Arnold, Antiochia und der Aufstand des Jahres 387 n. Chr. Winterthur 1863. Progr.

Hug, Arnold, Antiochia und der Aufstand des J. 387 n. Chr. Ein histor. Versuch. gr. 4. (30 S. mit 1 Stmt.) Winterthur 863. Berlin, Calvary und Comp. *

Hug, Arnold, Aufführung einer griechischen Komödie in Zürich am 1. Jan. 1531. Vortrag, gehalten an der Jahresversammlung des schweizer. Gymnasiallehrervereins den 4. Octbr. 1873. gr. 8. (36 S.) Zürich 874, Höhr. *

Rector universitatis litterarum Turicensis commilitonibus certamina eruditionis propositis praemiis in annos MDCCCLXXII—LXXIII. indicit. Praemissa est Arnoldi Hug commentatio de arte critica in Antiphontis orationibus factitanda. Tur. typ. Zurch. et Furr. 1872. 27 S. 4°.

— Commentatio de Xenophontis Anab. codice C. i. e. Parisino 1640, cui additae sunt duae tabulae lithographae. gr. 4. (24 S.) Turici 878. (Leipzig, Teubner.) * 1 60

Rector universitatis litterarum Turicensis commilitonibus certamina eruditionis propositis praemiis in annos MDCCCLXXI—LXXII. indicit. Praemissa est Arnoldi Hug commentatio de pseudodemosthenica oratione adversus Zenothemin. Tur. typ. Zürch. et Furr. 1871. 27 S. 4°

Universitati litterariae Ludovico-Maximilianeae ante hos CCCC annos conditae sollemnia saecularia kal. Aug. anni MDCCCLXXII. celebranti rite gratulantur universitatis Turicensis rector et senatus. Inest Arnoldi Hug disputatio de Graecorum proverbio: *αὐτόματοι δ' ἀγαθοὶ ἀγαθῶν ἐπὶ δαῖτας ἴασιν.* Tur. typ. Zürch. et Furr. 1872. 1 Bl., 22 S., 1 Bl. 4°.

Hug, Arnold, der Entscheidungsprocess zwischen Aeschines u. Demosthenes. Rede gehalten am 30. Octbr. 1869 zu Zürich. Zürich 870. Höhr. gr. 8. (48 S.) n. 8 ngr.

Hug, Arnold, die zürcherische Hochschule. Vortrag, gehalten im Saale des Stadthauses Winterthur am 19. Octbr. 1884 an der ersten Hauptversammlung des zürcher. Hochschulvereines. gr. 8. (28 S. mit 1 statist. lithogr. Taf.) Zürich 884, Schulthess.

Hug, Arn. Hermann Köchly. Vortrag, gehalten am 6. Okt. 1877 in Aarau. 43 S. 8°. Basel, Schweighauser, 1878.
Oeffentliche Vorträge, Bd. IV, Heft 3.

— Hermann Köchly. Vortrag, gehalten in Aarau am 6. Octbr. 1877 in der Jahresversammlung des Vereins schweizerischer Gymnasiallehrer. gr. 8. (43 S.) Basel 878, Schweighauserische Verlagsh. 1 —

Hug, Arn. Miscellanæ philologica. In-4°, 15 p. Turici, Zürcher & Furrer. 1879.

Hug, Arnold: M i t t h e i l u n g e n aus der Berner-Handschrift des Curtius und kritische Bemerkungen,
in: B e i t r ä g e zur K r i t i k lateinischer Prosaiker.

Hug, Arnoldus (geb. am 26 Mai 1832 in Bach Kant. Zürich): Observationes criticae in Cassium Dionem ... Bonnae, form. I. F. Carthaus (1855). 28 S., 1 Bl. 8.
Bonn, Phil. Fak., Diss. v. 14 März 1855

—— Prolegomena critica ad Aeneae Poliorcetici editionem. 4. (44 S.) Zürich 874. (Leipzig, Teubner.) *

— prolegomena critica ad Aeneae Poliorcetici editionem. 4. (44 S.) Zürich 875. (Leipzig, Teubner.) n. 1. —

Hug, A., Quaestionum Curtianarum p. I. Pr. 1870. 20 S. 4°. 1.20

—— Studien aus dem classischen Alterthum. 1. Heft. gr. 8. (VIII, 200 S.) Freiburg i. Br. 881, Mohr. *

Hug, Arnold, Studien aus dem classischen Altertum. 2. (Titel-) Ausg. gr. 8. (VIII, 200 S.) Freiburg i. Br. 886, Mohr. *

Hug, A., zu den Testamenten der griechischen Philosophen, s. a. Festschrift zur Begrüssung d. XXXIX. Versammlung deutscher Philologen u. Schulmänner, dargeboten von der Universität Zürich.

Hug, A, Zu den Testamenten der griechischen Philosophen. Gel. 1887. 22 S. 4°.

Hug, Ed., der Herr ist mein Hirte. Einfache Lieder üb. den 23. Psalm, den gemischten Chören zur Erbauung. Der christl. Gemeinde u. Familie dargeboten. gr. 8. (16 S.) Zürich (902). (Bonn, J. Schergens.) n. —30

Hug, E[mil]. Graf Stenoleffinsky. Lustspiel. *In vereinf. Stenographie Stolze-Schrey.* 19 S. 8. Wetzikon bei Zürich, Hermann Bebie, 1904. (fr. —. 70)

Hug, E., Graf Stenoleffinsky. Lustspiel. (18 S.) gr. 8. Wetzikon 904. (Leipzig, J. H. Robolsky.) n.n. —50

Hug, Frdr., Anleitung zur geschmackvollen Einrichtung unserer Wohnung. 8. (32 S.) Bern 889. (Michel & Büchler.) n. 1.—

Hug, Gallus Joseph, Christus und die Kirche in unserer Zeit. Erster Teil: Glaube und Kirche. 34 Vorträge. Freiburg (Schw.). Universitätsbuchh., 1898, gr. 8°, VII, 359 S., 2. unveränd. Aufl., 2,50 Mk

Hug, Gall Jos., Christus u. die Kirche in unserer Zeit. 2. Tl. Christus in Menschen- u. Brodsgestalt. 40 Vorträge. 1. u. 2. Aufl. gr. 8. (VIII, 424 S.) Freiburg (Schweiz) 899. Universitäts-Buchh. n. 2.50; geb. n. 3.70

Hug, Gall Jos[eph]. Die gemischten Ehen im Lichte einer Brautwerbung aus uralter Zeit. Separat-Abdruck aus der 6. Aufl. von: Die christliche Familie. Mit oberhirtlicher Approbation. 43 S. 8. Freiburg ⟨Schweiz⟩, ⟨B. Veith⟩, 1902. [fr. —. 40]

Hug, Gall. Jos., die gemischten Ehen im Lichte e. Brautwerbung aus uralter Zeit. 2. Aufl. (43 S.) gr. 8. Freiburg (Schweiz) 903. Universitäts-Buchh. n. —40
Sonderabdruck aus: „Die christl. Familie".

Hug, G. J. Die christliche Familie im Kampfe gegen feindliche Mächte. Vorträge über christliche Ehe und Erziehung. 2. verm. Aufl. Mit Stahlstich. In-8° VIII, 405 S. Freiburg (Schweiz), Universitäts-Buchh. 1896. 3 —; gebd. 4 —

— die christliche Familie im Kampfe geg. feindl. Mächte. Vorträge üb. christl. Ehe u. Erziehg. Mit e. Anh. v. Krankengebeten nach Cochem. 4. Aufl. gr. 8. (XII, 414 S. m. Titelbild.) Ebd. 897. n. 2.50; geb. n. 3.20

Hug, Gall. Jos. Die christliche Familie im Kampfe gegen feindliche Mächte. 5. Aufl. Freiburg, Univ.-Buchhandlung (B. Veith). Br. 3 —, geb. 4
1899.

Hug, Gall Jos[eph]. Die christliche Familie im Kampfe gegen feindliche Mächte. Vorträge über christliche Ehe und Erziehung. Mit einem Anhang von Krankengebeten nach (P. M[artin] v[on]) Cochem. Mit oberhirtlicher Empfehlung. [Mit 2 farbigen Tafeln.] VIII + 460 S. 8. Freiburg ⟨Schweiz⟩, ⟨B. Veith⟩.
6. vermehrte Aufl. 1903. [geb. fr. 4. —]
7. Aufl. ([Pracht-Ausgabe. Mit 3 umrahmten leeren Seiten für] Widmung [und] Familien Chronik.) 1902. [geb. fr. 12.50]

Hug, G. J. Die Lektüre. Gefahren für Familie und Erziehung. In-8°. 32 S. Freiburg (Schweiz), Universitätsbuchh. (B. Veith). 1897. — 25
*** Abdruck aus des Verf. Werk: Die christliche Familie im Kampfe gegen feindliche Mächte.

Hug, Karel Josef, kanovník při dómě ve sv. Havlu, Křesťanská rodina v boji s nepřáteli. Přednášky o křesťanském manželství a křesťanské výchově. S dodatkem modliteb pro nemocné dle Kochema. Dle VI. německého vydání přeložil Emanuel Žák. Nákladem Univ. knihkupectví (B. Veith) ve Fryburce ve Švýcarsku. (Die christliche Familie im Kampfe mit dem Feinde. Vorträge über christliche Ehe und Erziehung.) Gr.-8. (428 S.) eleg. geb. K 3.84
Salzburg: Burič 1904.

Hug, G. J., Rundschreiben Leo XIII. üb. die Arbeiterfrage. Vorträge. 8. (VIII, 135 S.) Ingenbohl 893. (St. Gallen, A. J. Köppel.) n. 1.—

Hug, G. J. Rundschreiben Leo XIII. über die Arbeiterfrage u. das christl. Leben. Vorträge. 2. Aufl. Gr. 8°. XII, 136 S. Freiburg, Universitäts-Buchhdlg. 1898. 1 —; geb. 1 75

— Rundschreiben Leo XIII. üb. die Arbeiterfrage u. d. christl. Leben. Vorträge 2., durchgeseh. Aufl. gr. 8. (XII, 136 S.) Ebd. 899. n. —80; geb. n. 1.40

(Hug, G[ottlieb].) Le Choix d'une profession. Directions données aux parents et aux autorités scolaires et tutélaires. Publiées sous les auspices de la Commission centrale d'examens de l'Union suisse des Arts et Métiers. IV + 16 p. 8. Berne, Büchler & Co., 1901. fr. —. 30; par 10 ex., fr. —. 15 pièce.
Bibliothèque des Arts et Métiers. N° 1.

—— und Ed. Boos, das gewerbliche Lehrlingswesen. Zwei Preisschriften, auf Veranlassung des schweizer. Gewerbevereins bearb. gr. 8. (59 S.) Winterthur 881, Westfehling. *

Hug, Glieb., die Stellung der zürcherischen Volksschule zur gewerblichen Berufsbildung, s.: Weber, G.

Hug, G[ottlieb]. Die Wahl eines Berufes. Wegleitung für Eltern, Schul- und Waisenbehörden. Hrg. von der Centralprüfungskommission des Schweiz. Gewerbevereins. (3. Aufl.) IV + 16 S. 8. Bern, Büchler & Co., 1902. fr. —. 20, Partienweise à —. 10 Q
Schweizerische Gewerbe-Bibliothek. Nr. 1.

Hug, G[ottlieb]. Die Wahl eines Berufes. Wegleitung für Eltern, Schul- und Waisenbehörden. Hrg. von der Zentralprüfungskommission des Schweizer. Gewerbevereins. Verfasst von G. Hug. Revidierte 4. Aufl. IV + 16 S. 8. Bern, Büchler & Co., 1907. fr. —.20, Partienweise à —. 10
Schweizerische Gewerbebibliothek. Nr. 1.

Hug's, Heinr., Villinger Chronik von 1495—1533, s. Bibliothek des litterarischen Vereins in Stuttgart, 164. Bd.

(Hug, [Heinrich].) An den Einsender des in der Beilage zu Nro. 43 der Bündtner-Zeitung unter der Ueberschrift: „Getreues Bild eines Staatsreformers von der Landschaft Basel" eingesandten Aufsatzes. 8. (Zürich 1831.)

Hug, J. A., 6 Lieder f. den schweizerischen Grütliverein. 1. u. 2. Hft. gr. 8. (à 15 S.) Trogen 875. Schläpfer. à — 15

— 12 vierstimmige Lieder f. den Männerchor. op. VIII. gr. 8. (27 S.) Ebend. 874. n. — 65

Hug, J. C.: Aufgaben f. d. geometrichen Unterricht in der Volksschule. Zürich 1853.

Hug, J. C., die Mathematik in systematischer Behandlungsweise. Als Lehrbuch zur Vorbereitung für ein gründlicheres Fachstudium überhaupt sowie insbesond. für den akadem. und polytechn. Unterricht. 1. Bd.: Algebra und algebraische Analysis. Synthetische und analyt. Geometrie. gr. 8. (XXIII und 723 S. mit eingedr. Holzschn.) Leipzig 861, (Engelmann.) Thlr. *

Hug, J. C., die Mathematik der Volksschule. Ein method. Handbuch für einen dem Wesen der Volksschule entsprechenden und alle ihre Stufen umfassenden Unterricht. 1. Thl. gr. 8. (VII und 307 S.) Zürich 854, Schultheß. *

— — 2. Thl.: Geometrie. Ebend. 856. gr. 8. (3 Bl., 250 S.) n. 1 ℛ𝓉.

Hug, J. C., mathematische Mittheilungen enth. Sätze über algebraische und transcendente Gleichungen sowie über die Unmöglichkeit einer neuen rein mathemat. Einheit. gr. 8. (29 S.) Zürich 863. Orell, Füssli und Comp.

Aus: Vierteljahrsschrift der Züricher, naturforschenden Gesellschaft, besonders abgedruckt.

Hug, J. C.: Methodisch gegliederte Rechnungs-Aufgabensammlung. Zürich 1850.

Hug, J. C., Schulbüchlein zur Uebersicht, Wiederholung u. Anwendung des geometrischen Unterrichts in der Volksschule, Realschule u. Ergänzungsschule. 8. (76 S.) Zürich 848, Orell, Füßli & Co. 1/3 ℛ𝓉

Hug, Jacob. Die letzte Eiszeit im nördlichen Teil des Kantons Zürich und den angrenzenden Gebieten. Diss. Phil. [II.] Univ. Zürich von Jakob H'.... [Mit Figuren und 1 Karte.] Separatabdruck aus den «Beiträgen zur geolog. Karte der Schweiz», Neue Folge, Liefg. 15. VI S. + S. 49–97. 4. Bern, Stämpfli & Cie., 1907.

Hug, J[acob]. Geologie der nördlichen Teile des Kantons Zürich und der angrenzenden Landschaften. Mit 1 Übersichtskarte in 1 : 250,000 und 6 Zinkographien [im Text]. XII + 127 S. 4. Bern, Komm. A. Francke, Buchdr. Stämpfli & Cie., 1907. (fr. 6. —)

Beiträge zur geologischen Karte der Schweiz.... Neue Folge, Liefg. 15; des ganzen Werkes Liefg. 45.

Dazu die Spezialkarten in 1 : 25,000: Nr. 34 Andelfingen, Nr. 35 Rheinfall und Nr. 36 Kaiserstuhl —

Hug, J[acob]. [3 Geologische Karten.] Massstab (*2: Maassstab =) 1 : 25000. 3 Bl. fol. Winterthur, Topogr. Anstalt J. Schlumpf; [Bern, Komm. A. Francke, 1905].

[1:] Die Drumlinlandschaft der Umgebung von Andelfingen ⟨K' Zürich⟩ von J. Hug, Sekundarlehrer. Geolog. Aufnahme von J. Hug 1903. ... aus Siegfriedatlas übergedr. Blätter № 52, 54, 65. 526/367 mm [fr. 5. —]

[2:] Geologische Karte des Rheinlaufes unterhalb Schaffhausen. Aufnahme von J. Hug 1902-1904. Ueberdruck aus dem topogr. Atlas der Schweiz, Blätter № 16, 25. .. 498/365 mm [fr. 5. —]

[3:] Kaiserstuhl. Geolog. Aufnahme von J. Hug 1903-1904. Ueberdruck aus dem topogr Atlas der Schweiz, Blatt № 26. .. 304/411 mm. [fr. 3. —]

Beiträge zur Geologie [*d. i.* geologischen Karte] der Schweiz, Neue Folge, Lfg. 15, Spezialkarte N° 34–36.

[Hug, Jacob Christoph.] (Anekdoten aus dem letzten schweizerischen Feldzuge. [Mit 1 Tafel.]) Njbl. Hülfsges. Zürich 1816. 4. [Zürich.]

[Hug, Jacob Christoph.] (Joh[ann] Caspar Hirzel. M. D., Stifter der Hülfsgesellschaft, 1751–1817. [Mit 1 Porträt-Tafel.]) Njbl. Hülfsges. Zürich 1818. 4. [Zürich.]

Hug, J[acob] J[ohann], Tierarzt von Nieder-Uzwil (St. Gallen): Aus der veterinär-medizinischen Abteilung der Universität Zürich. Beiträge zur pathologischen Anatomie und Therapie der Zitzenstenosen des Rindes. Mit 5 Figuren im Text und 3 Tafeln. Zürich 1906. 56 S. 8°. S.-A. a. d. Schweizer-Archiv f. Tierheilkunde Bd. 48. [5. II. 06.]

Zürich. Vet.-med. Diss. 1905/1906.

Vgl. Hug, Johann Jacob.

Hug, J(ohann). Die Elementar- & Experimentalphonetik im Aussprache-Unterrichte der Lebenden Sprachen. [Mit 6 Figuren.] 8

Jahres-Bericht der Kantonalen Industrie-Schule... in Zug. Schuljahr 1901/1902. Zug, Blunschi, (1902). (Programm.) VIII S. + S. 1–58.

Hug, J[ohann]. Französische Laut- und Leseschule. Gekürzte Schülerausgabe. VI + 42 S. 8. Zürich, Orell Füssli, [1905]. [cart. fr. —. 60]

Hug, J[ohann]. Kleine Französische Laut- und Leseschule, mit phonetischen Erläuterungen. Mit einem Begleitwort von Prof. A(ug[uste]) André, ... Lausanne.... XIII + 52 (*wovon 39 Doppel-*)S. 8. Zürich, Orell Füssli, [1905]. (cart. fr. 1. 50)

Hug, Joh. Adam, über die berufliche Fortbildung des Lehrers. Vorgetragen am 15. Mai 1887 in der Versammlung ehemaliger Zöglinge des evangel. Seminars in Unterstraß-Zürich. 8. (30 S.) Zürich 887, Höhr. *

Hug, J[ohann] J[acob]. Beiträge zur pathologischen Anatomie und Therapie der Zitzenstenosen des Rindes. Diss. Vet.-Med. Univ. Zürich. Mit 5 Figuren im Text und 23 auf Taf. I, II u. III. [Sep.-Abdr. aus: Schweizer-Archiv für Tierheilkunde.... Band 48, Heft 1.] *Kopftitel:* Aus der veterinär-medizinischen Abteilung der Universität Zürich. 56 S. 8. Zürich, Orell Füssli, 1906.

Vgl. Hug, Jacob Johann.

Hug, Johann Leonhard

Hug, J L., Bemerkungen über die Aeginetischen Bildwerke. Gel. 1835. 28 S. 4°.

(Hug, J. L.,) Die Briefe des Petrus, Johannes u. Judas nach Codex Passionei in actis et epistolis catholicis G. in epist. Paulin. I. verglichen mit der 2. Griesbachischen Ausgabe. Ztschr. f. d. Geistlichkeit des Erzb. Freiburg 1834, Heft VII, S. 86–103.

Hug, J. L., De antiquitate codicis Vaticani commentatio, qua Albertinae magni Ducatus Zahringo-Badensis Universitatis litterarum nomine initia lectionum publicarum ad 30. April. 1810 indicit. Freiburg, Herder, 8°, 75 Pf. (Fehlt.)

Hug, Joann. Leonh., De coniugii christiani vinculo indissolubili commentatio exegetica. Freiburg, Herder, 1816, 4°, 32 S., 1,10 Mk

De opere sex dierum commentatio, qua praelectionum initium ad diem 30. April. indicit almae Alberto-Ludov. litt. universitati. Freiburg, Herder, 1821, 4°, 24 S., 75 Pf.

— de opere sex dierum. Commentatio. 4maj. Frburg 823. Herder. 6 𝔤𝔤.

Hug, J. L., de Pentateuchi versione Alexandrina commentatio. Friburg. 818. 4. 6 gr.

Hug, Leonh., De Pentateuchi versione Alexandrina commentatio. Freiburg, Herder, 1819, 4°, 20 S., 75 Pf.

— Einl. in d. Büch. d. N. Testam. 1s Heft. gr. 8. Basel, S. Flick. 797.

— Einleitung in d. Bücher d. N. Test. 1s Hft. gr. 8. Basel 798. Flick. (Neukirch). 13 𝔤𝔤

— Einleit. in d. Schriften d. N. Test. 2 Bde. gr. 8. Tübing. 808, 9. 2e A. 821. 3e A. 826. v. Cotta. 3 ℛ𝓉 20 𝔤𝔤

Hug, Joh. Leonh., Einleitung in die Schriften des Neuen Testamentes. Stuttgart, Cotta, 1817, 8°, 2 Teile, XX, 472 u. XII, 531 S., mit 2 lith. Tafeln in 4°, 4. Aufl., 12,60 Mk.
1. Auflage 1808, recens. Kerz. Litt.-Ztg. 1810, Bd. II, S. 118—140; 146—157; 161—170. — 2. Aufl. 1821, recens. (Tüb.) Theol. Quartalschr. 1822, S. 276—300; 461—505. — 3. Aufl. 1826. —

— elogium Engelberti Klüpfelii in alma Albertina Prof Theologiae. 8. Freyburg 812. Herder. 6 gl

— d. Erfindung der Buchstabenschrift, ihr Zustand u. früherer Gebrauch. Mit 1 Kpf. 4. Ulm 801. Wohler. 1 ßf

Hug JL, die Erfindung der Buchstabenschrift, ihr Zustand und frühester Gebrauch im Altertum. (149 S 1 T) 4° Ulm 1801

— Gedächtnißrede auf den großherzogl. geistl. Rath u. Prof. d. Kirchengeschichte Dr. J. A. Schinzinger, bei dessen Todtenfeier in d. Universitätskirche zu Freyburg am 20. Dec. 1827. gr. 8. Freiburg 828. Herder. 6 gl

H(ug), J(oh.) L(eonh.), Die mosaische Geschichte des Menschen von seinem Ursprunge bis zum Entstehen der Völker. Frankfurt und Leipzig, 1793, 8°, 1 Mk.

– s. Geschichte, Mosaische.

Gutachten über das Leben Jesu kritisch bearbeitet von Dr. David Friedrich Strauß. [Tübingen, Osiander, 1835—1836, 2 Bände] Freiburg, Wagner, 1840, gr. 8°. Neue Titelausg. 1854, 2 Teile, 462 S., 2,40 Mk.

Hug, J. L., Gutachten üb. d. Leben Jesu, kritisch bearb. v. Dav. Friedr. Strauß. 2 Thl. gr. 8. (16¼ B.) Freiburg 844, Wagner'sche Buchh.
1. Thl Ebendas. 1840. 25 Ngr.

Hug, J(oh.) L(eonh.), Gutachten über das Leben Jesu, kritisch bearb. von Dav. Friedr. Strauß. Neue (Titel-)Ausg. 2 Thle. gr. 8. (462 S.) Freiburg im Br. 854, Wagner'sche Buchh.

Hug, Johann Leonhard, s. Hannonis periplus.

Hug, Joh. Leonh., Das Hohelied in einer noch unversuchten Deutung. Freiburg, Herder, 1814, 4°, 55 S., 1,50 Mk.

— lucubratio de Oratione Ciceronis pro M. Marcello. 4maj. Frburg 819. Herder. 6 gl

— Rede auf Dr. Ferd. Wanker. 8. Frburg, Herder. 6 gl

— Schutzschrift für seine Deutung d. hohen Liedes u. dessen weitere Erklärung. 8. Frburg 815. Herder. 8 gl

(**Hug, Joh. Leonh.**) Untersuchung über das Alter der Schreibkunst bei den Hebräern und über die später angenommene Schrift um die Zeit der Wiedergeburt des Staates der Judäer. Zeitschrift für die Geistlichk. d. Erzb. Freiburg 1830, Heft IV, S. 1—66.

Hug, J. L., Untersuchungen über den Mythos der berühmten Völker der alten Welt, vorzüglich der Griechen. Mit 3 grossen Kupfertafeln und Vignetten. Freyburg und Konstanz 1812. 4°. (5 Kr. Halm & Goldmann, Wien, 1904.)

Hug, Joh. Leonh., Untersuchungen über den Mythos der berühmteren Völker der alten Welt, vorzüglich der Griechen, dessen Entstehen, Veränderungen u. Inhalt. Mit Kupfern u. Vignetten. Freiburg u. Konstanz, Herder, 1814, gr. 4°, X, 350 S., 10 Mk. (vergriffen).

— Untersuchungen über d. Mythos d. berühmten Völker d. alten Welt, vorzügl. d. Griechen, dessen Entstehen, Veränderungen u. Inhalt. Mit Kpf. u. Vign. gr. 4. Frburg 812. 2e A. ... Herder. 4 ßf 12 gl Hbg. Pr. 3 ßf 8 gl

J. Lh. **Hug** v. Urspr. d. menschl. Erkenntn. in Hins. a. d. Grundss. d. Kant. Philos. *Bas.*, Flick. 796. 8° 12 gl

— vom Ursprung d. menschl. Erkenntniß nach Kant's Grundsätzen. 8. Basel 796. (Neukirch). 12 gl

– s. Zeitschrift für d. Geistlichkeit.

— s. Zeitschrift f. Theologie.

Hug, Jos., Die Korporationsgemeinde Kriens und das Recht des Einzelnen u. einer Genossenschaft. VII u. 288 Stn. 8. Luzern, beim Verfasser. 1873.

Hug, Josef, a. Türkheim ⟨Ob.-Els.⟩: Sitz und Vorkommen überzähliger Brustdrüsen und Brustwarzen beim Weibe. Straßburg i. E. 1908: C. Müh & Cie. (39 S., 2 Taf.) 8°
Straßburg, Med. Fak., Ref. Fehling, Diss. v. 13. März 1908
[Geb. 14. März 81 Egisheim i. E.; Wohnort: Türkheim; Staatsangeh.: Elsaß-Lothringen; Vorbildung: Progymn. Zillisheim, Gymn. Schlettstadt Reife Juli 02; Studium: Straßburg 10 S.; Coll. 21. Febr. 08; Approb. 3. Dez. 07.]

Hug, Carl Friedrich. Mittheilungen aus seinem Leben und aus seinem Nachlasse. Stuttgart 1869. V: *Riecke, Carl von.* (Kat. d. ständ. Bibl. Stuttgart 1907. S. 581.)

Hug, Karl Wilh., Markgraf Hermann V. v. Baden als deutscher Reichsfürst u. Mitbegründer der zähring. Hausmacht. Ein Gedenkblatt aus d. bad. Geschichte. gr. 8 (26 S.) Heidelberg 896. J. Hörning. n. — 75

Hug, Karl Wilhelm: Die Kinder Kaiser Friedrich Barbarossas.... Würzburg, Druck d. Ferdinand Röhrl'schen [sic!] Buchdr., 1890; 1 Bl. + 58 S. u. 1 Taf. 8°
Heidelberg, Phil. Fak., Inaug.-Diss v. [26. Febr.] 1890

Hug, Karl Wilh. Die Kinder Kaiser Friedrich Barbarossas. Diss. gr. 8. (58 S. m. 1 Tab.) Würzb. 890. (Heidelb., Hörning.) * 1 20

— zur Kolonien- u. Flottenfrage. Ein Mahnwort aus der Vergangenheit unseres Volkes. gr. 8. (28 S.) Ebd. 898. n. — 40

Hug, L.

Hug, ..., Tangenten- u. Chordentafeln, berechnet u. eingerichtet zum Behufe von Straßenabsteckungen. 8. Bern 841, Jenni Sohn. ½ ßf

HUG, Math. Aurel (Lindenberg): Dissertatio inauguralis sistens generalia circa venaesectiones.- Monachii: Poessenbacher 1830. 36 S.
11.8.1830 - Urk (Titel: De venaesectione.); F 59
Diss. Ingolst.-Landsh.-Mchn.

Hug, Otto, Beiträge zur Kenntnis der Lias- u. Dogger-Ammoniten aus der Zone der Freiburger Alpen. I u. II. gr. 4. Zürich. (Berlin, R. Friedländer & Sohn. — Basel, Georg & Co.) à n.n. 8. —
I. Die Oberlias-Ammoniten-Fauna v. Les Pueys u. Teysachaux am Moléson. (29 S. m. 6 Taf. u. 6 Bl. Erklärgn.) 893.
II. Die Unter- u. Mittellias-Ammoniten-Fauna v. Blumensteinallmend u. Langeneckgrat am Stockhorn. (39 S. m. 6 Taf. u. 6 Bl. Erklärgn.). 899.
Sonderabdr. a.: „Abhandlgn. d. schweiz. paläont. Gesellsch.“

Hug, Otto [aus Bern, Assist. am geol.-mineral. Inst. zu Freiburg i. B.]: Beiträge zur Stratigraphie und Tektonik des Isteiner Klotzes ... M. 2 Taf. u. 6 Fig. im Text. (Aus: Mitth. d. Bad. geol. Landesanst., Bd III.) Heidelberg, C. Winter's Universitätsbuchh., 1897; 92 S., 1 Taf. m. 1 Erl.-Bl., 1 Kt., 1 kl. Bl. 8.
Freiburg i. B., Phil. Fak., Inaug.-Diss. v. 1897

Hug, Otto [prakt. Arzt von Wuppenau, Thurgau]: Aus dem pathologisch-anatomischen Institut Zürich. Die Beziehungen zwischen Zellpolymorphismus und Entzündung untersucht an einem Fall von figuriertem Rundzellensarkom der Haut. (Mit einer Tafel.) Zürich 1904. 45 S. 8°. [17. V. 04.]
Zürich. Med. Diss. 1903/1904.

Hug, Otto. Die Beziehungen zwischen Zellpolymorphismus und Entzündung, untersucht an einem Fall von figuriertem Rundzellensarkom der Haut. Diss. Med. Univ. Zürich. [Mit 1 Tafel.] *Kopftitel:* Aus dem pathologisch-anatomischen Institut Zürich. 45 S. 8. Zürich, Polygraphisches Institut A.-G., 1904.

Hug, P. Peter s. Hugo.

Hug, Rudolf

Hug, R.: Die demagogischen Umtriebe in den Burschenschaften der deutschen Universitäten. Forts. d. Central-Untersuchungscommission zu Mainz. Leipzig 1831. 93 S. (Geschichte d. geheimen Verbindungen d. neuesten Zeit. 6.)

Hug, Rudo., die Central-Untersuchungs-Commission zu Mainz u. d. demagog. Umtriebe ꝛc., s.a. Geschichte d. geheimen Verbindungen ꝛc., 3. Hft.

Hug, R.: Die Central-Untersuchungs-Commission zu Mainz und die demagogischen Umtriebe in den Burschenschaften der deutschen Universitäten zur Zeit des Bundestags-Beschlusses vom 20. September 1819. Leipzig 1831. 94 S. (Geschichte d. geheimen Verbindungen d. neuesten Zeit. 3.)

HUG, Seraph (München): De diagnosi.- Monachii: Giesser 1837. 24 S.
6.8.1836 - Urk; P 63
Diss. Ingolst.-Landsh.-Mchn.

Hug, Theodor: B e i t r ä g e zur Texteskritik des Arnobius, in: B e i t r ä g e zur K r i t i k lateinischer Prosaiker.

Hug, Theodorus (geb. am 16 Juni 1830 in Buch am Jochel Kant. Zürich): Q. Ennii Annalium librorum VII—IX sive de bellis Punicis fragmenta emendata disposita illustrata ... Bonnae, form. C. Georgii 1852. 2 Bl., 34 S., 1 Bl. 8.
Bonn, Phil. Fak., Diss. v. 6 Aug. 1852

(**Hug,** Theodor, Georg **Finsler,** Fritz **Hunziker**): Zur Geschichte der Zürcherischen Kantonsschule. Festschrift zu Ehren ihres fünfzigjährigen Bestandes. Zür. Zürcher u. Furrer Dr. 1883. 2 Bl., 59 S., 12 Bl. 4°.
Programm der Kantonsschule in Zürich 1883.

Hug, Theod., Zwei Gespräche des Horaz, I, 6 und II, 6, übersetzt und erläutert. Schaffhausen 1862.
Progr.

Hug, Thdr., zwei Gespräche des Horaz, I, 6. und II, 6., übers. und erläutert mit Vorbemerkungen. 4. (19 S.) Schaffhausen 862. (Berlin, Calvary und Comp.)

Hug, Thdr. Lebensskizze, s. Neujahrsblatt, 53., z. Besten d. Waisenh. in Zürich.

Hug, Th. (Dr.). Lebensskizze des verewigten Herrn Prof. Dr. Salomon Vögelin. In-16°, 19 S. Zürich, Zürcher & Furrer. 1880.
*** Separat-Abdruck aus d. „Neuen Zürcher Zeitung".

Hug, Theophil. Ueber einen Fall von Staphylokokkentoxaemie nach Revolverschuss. Ein klinischer Beitrag zur Lehre von der Schusswundeninfektion. Diss. Med. Univ. Zürich. *Kopftitel:* Aus dem Kantonsspital Münsterlingen. Dirig. Arzt Dr. Conrad Brunner. – (Sonderabzug aus Beiträge zur klinischen Chirurgie. Band 33. Heft 2.) II + 32 S. 8. Tübingen, H. Laupp Jr, 1902.

Hug, Viktor, appr. Arzt a. Buttenwiesen: Ueber einen Fall von traumatischer totaler Lähmung des Plexus brachialis. München 1905: C. Wolf. (22 S.) 8°
München, Med. Fak., Ref. v. Bauer, Diss. v. 1. Sept. 1905
[Geb. 14. Juni 81 Buttenwiesen; Wohnort: Donauwörth; Staatsangeh.: Bayern; Vorbildung: Gymn. Neuburg a. D. Reife Juli 00; Studium: München 10 S.; Coll. 1. Sept. 05; Approb. 5. Juli 05.]

Hug frères & Cie., Zurich.... Etrennes Musicales 1901—1902. 24 p. 8. Zürich, Fritz Amberger.

Gebrüder Hug & Co.,... Zürich *u.* Gebrüder Hug & Co.,... Basel. Musikalische Festgeschenke 1902-1903. -- *Und:* Hug frères & Cie.,... Zurich. Etrennes musicales 1902-1903. [Illustriert.] *je* 24 S. 8. Zürich *u.* Zürich - *und* Zurich, Fritz Amberger.

Hug von Hugenstein Antonie: Zur Textgeschichte von Novalis' Fragmenten.
II. 1904 PN 1777 **Diss.** Wien, Univ.

Hugdietrich's Brautfahrt. Eine romant. Liebesgeschichte in 7 Gesängen v. Rideamus. Illustriert v. Herm. Abeling. (67 S.) 4. Berlin (903). Harmonie. n. 2. —; geb. n. 3. —

Hugdieterich's Brautfahrt und Hochzeit. Aus der Oehringer Handschrift zum ersten Male herausg. v. Fd. Fr. Oechsle. gr. 8. Oehringen 834. (Stuttgart, Neff) 3/8 ℔

Hugdietrich's Brautfahrt und Hochzeit. Wieland, der kunstreiche Schmid. Zwei sehr ergötzliche u. abentheuerliche Historien. Mit schönen Figuren. Aus alter Geschrift gezogen u. auf's Neue erzählt von Ottmar F. H. Schönhuth. 12. Reutlingen 844, Fleischhauer u. Spohn. 1 3/4 ngl

Huge Scheppel, s.a. H u g Schapler.

Der **Huge Scheppel** der Gräfin Elisabeth von Nassau-Saarbrucken nach der Handschrift der Hamburger Stadtbibliothek mit einer Einleitung von Hermann Urtel. Hamburg. Lucas Gräfe 1905.
25 S., 57 – 3 Bl.; 6 farb. Taf 2°.
(Veroffentlichungen aus der Hamburger Stadtbibliothek 1)

Hugel, K., das Sool- u. Thermalbad Münster am Stein u. seine Heilmittel f. Ohren-, Nasen- u. Halskrankh. Mit e. Temperaturkurve. (28 S.) 8. Würzburg 907. C. Kabitzsch. — 80

Hugel, Karl [cand. med. aus Neustadt a/d. Hdt.]: Aus d. kgl. Universitätskinderklinik d. Hrn Prof. Dr. v. Ranke in München. [I.] Otitis media purulenta chronica und ihre Folgen. [II.] Beitrag zur Aetiologie des Cholesteatoms ... München, Buchdr. Kastner & Lossen, 1895; 92 S. 8.
München, Med. Fak., Inaug.-Diss. v. 1895

Hugel, Konrad [aus Kronach]: Zwei Fälle maligner Tumoren des Unterhautzellgewebes. . . . Wurzburg, P. Scheiner's Buchdr., 1880; 20 S., 2 Taf. 8°
Würzburg, Med. Fak., Inaug. Diss. v. 1880

Hugel, Theod. Dr. „Zwei Betrachtungen aus dem Gebiete der diophantischen Aufgaben". pg. 3—12. 4°. Mit einem Druckfehlerblatt. Ansbach, C. Brügel & Sohn.
Memmingen, Progr. 1863/64

Hugel, Theodor Dr. „Darstellung von Stereoskopbildern mit Hülfe orthogonaler Coordinaten". pg. 1—13. 4°. Nebst 9 Tafeln. Darmstadt, G. Otto.
Neustadt a.d.Haardt, Progr. 1875/76

Hugel, Th., die regulären u. halbregulären Polyeder. Mit 1 Tab. u. 113 stereosc. Fig. (auf 15 Steintaf. in gr. 4. (20 S.) Neustadt a/d. H. 876. Gottschick-Witter. n. 3. —

— das Problem der magischen Systeme. gr. 4. (V 48 S. m. 12 Steintafeln.) Ebend. 876. n. 4. —

— die Stereoskopie gestützt auf orthogonale Coordinaten. gr. 4. (13 S. m. 18 Steintaf.) Ebend. 876. n.n. 1. 30

UNTER dem Huegel. Eine romantische Novelle. Gedruckt in 500 numer. Expl. ' Mit einer Zeichnung von Aubrey Beardsley. (In Ldrbd. Kr. 7,20.) (7 Kr. 20 H., Ldrbd., F. Lang, Wien, 1906.)

Hügel, Der, bey Kindleben, ein Gesang . . . Gotha 1773. V: *Reichard, Heinrich August Ottocar.* (GGr)

Der Leubinger **Hügel.** Mit 8 Taf. u. 122 Textfig. Halle: O. Hendel 1906. (99 S.) 8°
— **Jahresschrift** f. d. Vorgeschichte d. sächs.-thüring. Länder. Bd 5. 108.1067 8

Antwort auf das von [Heinr.] Künzel an die ger. und vollk. Joh.-Loge „Johannes der Evangelist zur Eintracht im Or. zu Darmstadt" gerichtete Schreiben, wodurch der Unterfertigte aufgefordert wird, die von ihm in offener Loge ausgesprochene Behauptung: „dass die von Künzel verf. Geschichte der genannten Loge mangelhaft sei", der Loge schriftlich oder mündlich nachzuweisen, von [Adolf] Hügel. (Als Ms. gedr. f. BBr. der Loge im März 1873. Darmstadt [1873]: Herbert. 35 S. 8⁰ [Umschlagtit.]
cf. Bh. 16 (1873) S. 143 (J. G. Findel), 167 (A. Hügel).
Tt. 530. 462.

Büchersammlung der Grossloge des Freimaurerbundes „zur Eintracht" in Darmstadt. [Bearb. von Adolf Hügel. Nebst] Nachtr. 1. Darmstadt 1883: Herbert. 8⁰ [Umschlagtit.]
Verz. 30 S. 1883; Nachtr. 1. 2 Bl. 1883.
Tt. 12. 140.

Hügel, A: Kurze Geschichte des deutschen Kalenders nebst Hinweisung auf die Anfertigung eines »immerwährenden Kalenders«. Darmstadt 1887

Geschichtstafel der Grossloge des Freimaurerbundes zur Eintracht. [Unterz.: Adolf] Hügel. [Dat.:] Darmstadt 1878. 1 Bl. 42,7×34,9 cm 4⁰ [Kopftit.] 140.

Als Ms. gedr. Die Grosse Landes-Loge von Deutschland und Br. Schiffmann. [Unterz.: Adolf] Hügel. [Darmstadt 1876: Herbert.] 27 S. 8⁰ [Kopftit.]
Tt. 443. Darstellung der Entstehung der GrLL. u. ihrer Lehre, u. des Vorgehens gegen Schiffmann. 140.

Revision des Statuts des deutschen Grosslogenbundes. Ein Vermittlungsvorschlag der Loge: „Johannes der Evangelist zur Eintracht" in Darmstadt. [Von Adolf Hügel.] Darmstadt 1879: Herbert. 8 S. 8⁰ [Umschlagtit.]
Abgedr. in: L. 2 (1879) S. 181—184. 3.

Wien wie es ist (von *Eduard Maria Hügel* & *Anton Joh. Gross-Hoffinger*). Leipzig 1838 ff.
So im Anon.-Lex. IV. p. 400 (nach: Ein Wiener Stammbuch. Wien 1898. S. 186.)

MIKROSKOP, Ed. (d. i. *Ed. Maria Hügel*), Wien wie es ist. Eine Sammlung von Original-Volksscenen, Anekdoten, Bonmots, Räthseln etc. Ein Seitenst. des Werkchens „Berlin wie es ißt (ist) u. (—) trinkt". Heft 1—3. Leipzig, Scheld u. Comp. (Einhorn) 1838. — Heft 4. Ebd. 1839. 8⁰. Grüne Umschläge. (Mehr nicht ersch.) (1¼ Rthl.) (3 fl., stockfl., Gilhofer & Ranschburg, c. 1888; jetzt theurer!)

(Hügel, Ed. Maria,) † (Mikroskop,) Wien wie es ist, s. Wien.

Hügel, F. Frh. von

— s. Spanien u. d. Revolution.

(**Hügel,** Baron v.) Spanien und die Revolution. 8. Leipzig **1821.**

v. Hügel, Frhr. F., Taschenbuch für d. Infanterie-Officiere im Felde. Taschenf. Stuttg. 821. Metzler. In Futteral. 14 gr

Huegel, F. v. Taschenbuch für den Infanterieoffizier im Felde. Stuttgart 1821. 127 S.

Hügel, Fr. S., der Wiener Dialekt. Lexikon der Wiener Volkssprache. [Idioticon Viennense.] gr. 8. (224 S.) Wien 873. Hartleben. n. 3. 50

Hügel, Frz. Seraph., Beschreibung sämmtl. Kinderheilanstalten in Europa. Nebst einer Anleitung zur zweckmäßigen Organisation von Kinder-Krankeninstituten u. Kinderspitälern, mit Beiträgen zur Geschichte u. Reform sämmtl. Spitäler im Allgemeinen. Lex. 8. (IV u. 548 S. m. 5 Tab. in gr. Fol. u. 1 lith. Taf. in Fol.) Wien 849, Kaulfuß Wwe., Prandel & Co. n. 2⅔ ß

Hügel, Franz Seraph. — Populäre Darstellung der Nothwendigkeit und außerordentlichen Vortheile, welche das National-Anlehen den Völkern Oesterreichs gewährt. Von — —. 8. (12 S.) Wien. Gedruckt bei Anton Schweiger. 1854.

Hügel, Fr. S., die Findelhäuser und das Findelwesen Europa's, ihre Geschichte, Gesetzgebung, Verwaltung, Statistik und Reform. gr. 8. (VIII und 575 S.) Wien 863, Sommer. (F. Klemm.)

Hügel, Fr[anz] S[eraph]: Zur Geschichte, Statistik und Regelung der Prostitution. Social-medicin. Studien in ihrer prakt. Behandlung u. Anwendung auf Wien u. andere Grossstädte. — Wien: Typograph.-literar.-artist. Anstalt 1865. 229 S. 8°

Hügel, F. S., Üb. d. sog. Humanitäts-Anstalten für die Kinder d. unteren Volksklassen. (199 S.) Wien 1851. Gronemeyer.

Hügel, Frz. Seraph., über die socialen Humanitäts-Anstalten f. die Kinder der unteren Volks-Klassen. Säuglings-Bewahranstalten — Kinder-Bewahranstalten — weibl. Arbeitsschulen — Industrieschulen f. Knaben rc. gr. 8. (VIII u. 199 S.) Wien 851, Kaulfuß Wwe., Prandel & Co. 3/4 ₰

Hügel, Baron Frdr. v., The mystical element of religion as studied in Saint Chatherine of Genoa and her friends. 2 vols. (XXIV, 466 u. VI, 422 S. m. 2 Bildnissen.) gr. 8. London 908. (Göttingen, Vandenhoeck & Ruprecht.) Geb. in Leinw. 20 —

Des nördlichen Deutschlands Freymaurer Logen und Logen-Verband. [Gestochen von G. Hügel. Mit 1 Nebenkt.] Ilmenau: [Voigt 1824]. 41,5×25,5 cm. 8° [Stich, kol.]
Kl. 2906, Tt. 376. 193.

Hügel, G[eorg], pract. Arzt: Über Acanthosis nigricans ⟨Dystrophie papillaire et pigmentaire⟩ im Anschluss an einen neuen Fall aus der dermatologischen Universitätsklinik des Hrn Prof. Dr. Wolff. *Strassburg 1898: Strassb. Druckerei u. Verlagsanst.* (30 S.) 8°
Strassburg, Med. Diss. v. 1898

Hügel, H., architectonisches Taschenbuch. Enthltd.: Origininalbeiträge in Grundrissen, Façaden, Durchschnitten etc. mit besond. Berücksicht. der Bau-Gewerke. 1. Abth. Neue Folge des Taschenbuchs für die Baugewerke von Frz. Moises. München 868. Liter.-artist. Anstalt. 8. (240 Steintaf. mit 15 S. Text.) n. 2 ₰ 12 ngr; in engl. Einb. n. 2 ₰ 20 ngr

Hügel, Harry, die Sprache auf der Bühne. Anleitung f. Jedermann u. insbesondere f. Schauspieler, um richtig deutsch u. französisch aussprechen zu lernen; nebst e. Verzeichniß derjen. engl. Namen u. Ausdrücke, welche in Shakespeare's dramat. Werken u. anderen Bühnenstücken vorkommen. gr. 8. (IV, 96 S.) Wien 871. Bermann & Altmann in Comm. n. 2. —

Hügel, Frhr. J. v., und G. F. Schmidt, die Gestüte und Meiereien Sr. Maj. des Königs Wilhelm von Württemberg. Mit Illustr. nach Orig.-Zeichnungen von Friedr. Volz und Jul. Schnorr. hoch 4. (XVI und 228 S. mit eingedr. Holzschn. und 7 Chromolithogr. in 4. und qu. Fol.) Stuttgart 861, Ebner und Seubert. * 4 Thlr.; geb. *

v. Hügel, Frhr. Jh. Aloys, († d. 30. Aug. 1825.), s. v. Strengschwerd.

(v. Hügel, J. A.) Rechtl. Gutachten die Uebergabe der Festung Mannheim an den Reichsfeind betr. 8. Leipzig 1795. 0,50.

(Huegel, J. A. v.) Rechtliches Gutachten, die Ubergabe der Festung Mannheim an den Reichsfeind betr. Von K. Graf v. Strengschwerd. (Pseud.) Regensburg 1795. 8°.

Hügel, Johann Friedrich Wilhelm: D i s q u i s i t i o neuralogiae [!] facialis pathologica. Berolini 1824. (43 S.) 8°
Berlin, Med. Diss. v. 31. Jan. 1824

Hügel, Jh. Zach., († ...) Lieder u. Gesänge über alle Hauptstücke d. christl. Glaubenslehre, mit Kirchenmelodien. 1s Bdchen. 8. Jena 786.

Hügel, Carl Frhr. v., botanisch. **Archiv**, s. **Archiv.**

—— **Enumeratio** plantar., quas in Novae Hollandiae ora austro-occidentali ad fluvium Cygnorum et in sinu regis Georgii collegit. Nr. 1. Lex.-8. (5¾ B.) Vindobonae 837, libr. Beck. *

— Fische aus Caschmir. Beschrieben von Joh. Jak. Heckel. Mit 12 Kpfrtaf., nebst einem Anhange, die Beschreibung u. Abbild. zweier Instrumente zur mathemat. Bestimmung d. Fisch-Profile enthalt. (Mit 1 Kpfrtaf.) 4. Wien 838, Rohrmann. n. 3 ₰

Hügel, Karl von, Das Kabul-Becken und die Gebirge zwischen dem Hindu Kosh und der Sutlej. (Unvollständig) [DWA. II Bd.] [Wien 1848]

v. Hügel, Frhr. Karl, das Kabul-Becken u. die Gebirge zwischen dem Hindu Kosch u. der Sutlej. 2 Abthlgn. [Mit 3 (lith.) Erklarungskarten.] [Aus den Denkschriften der philos.-histor. Cl. der K. Akad. der Wiss. abgedr.] Fol. (112 S.) Wien 850. 52. (Braumuller.) (1: n. 2 ₰ 2: n. 2/3 ₰) n. 2⅔ ₰ (siehe auch: **Denkschriften** der k. Akad. der Wissensch. Philos.-histor. Classe, II u. III. Bd.)

—— **Kaschmir** und das Reich der Sieck. 1—4. Bd. 1. Abthl. gr. 8. Stuttgart, Hallberger'sche Vrlsh. [1. u. 2. (54¾ B., 34 Kpfr.- u. Stahlst. u. Holzsch.) 840. * 8 Thlr., 3. (28¾ B. u. Holzschn.) * 4 Thlr., 4. 1. (15½ B. u. 1 Vign.) 842. * 2⅔ Thlr.] *
Das Ganze wird 4 Bde. bilden.

von Hügel Carl Freiherr Kaschmir und das Reich der Siek Bd. 1. 2. 3 Stuttgart 1840 u. 1841 3 Bde XIV, 365 S., 1 Tf.; 481 S., 2 Tf., 456 S. 8°

— Kaschmir u. das Reich der Siek. In 4 Bdn. 4. Bd. 2. Abthlg. gr. 8. (S. 217—869 m. eingedr. Holzschn., 31 lith. Taf. u. einer Karte in Stahlst. in gr. Fol.) Stuttgart 848, Hallberger's Verl. n. 8 ₰ (cmplt. n. 22⅔ ₰)

Huegel, Carl [aus Oldenburg '(Grh.)']: Die Wirkung des Thyrioidins auf den Stoffwechsel der Kaninchen ... Wurzburg, Druck v. F. Fromme-Etlingers Nachf., 1896; 44 S. 8.
Wurzburg, Med. Fak., Inaug.-Diss. v. 1896

Hügel, L. F. Jos., geschichtliche und systematische Entwicklung und Ausbildung der Perspektive in der classischen Malerei. gr. 8. (97 S. mit 2 Skizzen in Aubeldr.) Würzburg 881, Stuber's Verlagsh. r

Hügel, Ludwig Ferdinand, approb. Arzt aus München: Aus d. k. Universitäts-Kinder-Poliklinik zu München. ⟨Prof.: Dr. C. Seitz.⟩ Ueber Ileus im Kindesalter. *München 1902: C. Wolf & Sohn.* (44 S.) 8°
München, Med. Diss. v. 1902

Hügel, Ludwig Ferdinand [aus Lammersheim (Pfalz)]: Kanalisation und Abfuhr in Wurzburg (Gekrönte Preisschr. der med. Fak. Würzburg f. d. J. 1884/5.) .... Wurzburg, Druck u. Verl. der Stahel'schen Univ.-Buch- u. Kunsthandlung, 1886; 77 S. 8°.
Wurzburg, Med. Fak. Inaug.-Diss. v. 1886.

Hügel, L. F., Kanalisation und Abfuhr in Würzburg. [Gekrönte Preisschrift der medicin. Facultät Würzburg für die J. 1884/85.] gr. 8. (79 S. mit 1 Orientirungsplane.) Würzburg 886, Stahel'sche Universitäts-Buchh. *
Aus: Verhandlungen der physikalisch-medicin. Gesellschaft in Würzburg, besonders abgedruckt.

v. Hügel, Marie Freifrau, geb. v. Fahnenberg, die Flucht nach Lauterburg oder Bilder aus der letzten badischen Revolution. Novelle. 8. (IV u. 243 S.) Stuttgart 851, J. F. Steinkopf. 24 ngl.

— die Stiefschwestern. Eine Erzählung. 3 Bde. 8. (1: XII u. 196 S. 2: 208 S. 3: 220 S.) Ebd. 849, in Comm. 2 ß

Hügel, Maximilian Heinrich Ludwig (Confluo [= Koblenz]), De episcoporum testamenti factione activa eorundemque testamentis sancte ordinandis. Diss. histor.-canon. Präs. Georg Christoph Neller. Trier (Johann Christoph Eschermann) 1761. 26 S. (6.80) 16262
Oppon.: Nicolaus Naunheim (Confluus), Heinrich Ignaz Bender (Ehrenbreitstein). — Gew.: Franz Ludwig Frh. v. Breidbach (Bürresheim).

Hügel, Rich., über Otfried's Versbetonung. Leipzig 869. F. C. W. Vogel. gr. 8. (III. 50 S.) n. 10 ngr

Hügelgrab, Ein deutsches, aus der letzten Zeit des Heidenthums. O. O. [18??]. V: *Lindenschmit, Ludw.* (Zuwachsverz. d. Bibliotheken in Zürich 1898 ff.)

Hügelgräber, Die heidnischen, (gomile) in Krain. Laibach 1879. V: *Deschmann, Carl.* (Zuwachsverz. d. Bibliotheken in Zürich 1898 ff.)

Hugelmann, Karl, das Recht der Nationalitäten in Oesterreich und das Staatsgrundgesetz über die allgemeinen Rechte der Staatsbürger. Zwei Vorträge, gehalten in der jurist. Gesellschaft zu Wien am 25. Novbr. und 16. Dezbr. 1879. gr. 8. (54 S.) Graz 880, Verlagsh. „Styria". *

Hugelmann, Karl, s.: Sammlung der nach gepflogener mündlicher Verhandlung geschöpften Erkenntnisse des k. k. Reichsgerichtes.

Ein Stammbuch aus dem Kreise Karl Leonhard Reinholds. (Jena und Kiel. 1792–1795.) Von Dr. Karl Hugelmann. Wien: Opitz 1910. 54 S. 8°
Erw. aus: Die Kultur. Jg. 1910.

Hugelmann, Dr. Carl. Studien zum österreichischen Verfassungsrechte. I. Lex.-8°. (III, 93 S.) Wien, Manz. fl. –.90. 1886.

Hugelmann, Karl, Studium zum österreichischen Vereins- und Versammlungsrechte. gr. 8. (V, 198 S.) Graz 879, Leuschner und Lubensky. *

Hugelmann, Karl (Hrsg.), s. Zeitschrift, Österreichische, f. Verwaltung.

Hugelmann, Karl, die Centralisation der Amtsbibliotheken in Wien. gr. 8. (19 S.) Wien 887, Manz'sche Hof-Verlags- und Universitäts-Buchh. *
Aus: Oesterreichische Zeitschrift für Verwaltung, besonders abgedruckt.

Hugelmann, Karl Gottfr., die deutsche Königswahl im corpus iuris canonici, s.a. Untersuchungen z. deutsch. Staats- u. Rechtsgeschichte. 98. Heft.

Hugelmann, Karl Gottfried: Die deutsche Königsgewalt im corpus iuris canonici. Breslau: Marcus 1909. XVI, 221 S. 8°
(Untersuchungen z. Deutschen Staats- u. Rechtsgeschichte. H. 98.)

Hügelshauser, J., Novellen aus Nordamerika. Für Diejenigen, welche wissen wollen, wo und wie sich ihre hingeschiedenen Geliebten befinden. 8. (80 S.) Berlin 881, (Steinthal.) *

Hugelshofer, Albert. Ueber Spondylitis, mit besonderer Berücksichtigung des späteren Verlaufs derselben. Diss. Med. Basel. (Sonder-Abdruck aus Jahrbuch für Kinderheilkunde. Bd. 58.) *Kopftitel:* (Beobachtungen aus dem Kinderspital in Basel.) 58 S. 8. Berlin, S. Karger, 1904.

Hügemeyer, G., und F. Riethmüller, Rechenbuch für höhere Mädchenschulen. 3 Bde. gr. 8. M.-Gladbach, Boltze. geb. *
Inhalt:
Bd. 1. Unterstufe. (VI, 140 S.) 883. •ℳ 1,20.
„ 2. Mittelstufe. (IV, 99 S.) 883. •ℳ 1.
„ 3. Oberstufe. (III, 108 S.) 884. •ℳ 1.

Hügemeyer, G., und F. Riethmüller, Rechenbuch für höhere Mädchenschulen. Antworten zum 1.—3. Bd. gr. 8. M.-Gladbach 886, Boltze. **
Inhalt:
Bd. 1. Unterstufe. (31 S.) • 60 Pf.
„ 2. Mittelstufe. (14 S.) •• 50 Pf.
„ 3. Oberstufe. (15 S.) •• 50 Pf.

Hügemeyer, G., u. F. Riethmüller, Rechenbuch f. höh. Mädchenschulen in 9 Hftn. Bearb. nach d. Bestimmgn. d. preuß. Unterrichtsministers v. 31. Mai 1894. gr. 8. Düsseldorf 896. L. Schwann. n.n. 3.45
1.—7. (36, 34, 47, 32, 32, 36 u. 32 S.) à n.n. — 35
8. 9. (46 S. m. Fig. u. 46 S.) à n. — 50

Hügemeyer, G., u. F. Riethmüller, Rechenbuch f. höhere Mädchenschulen in 9 Hftn. Bearb. nach den Bestimmgn. des preuß. Unterrichtsministers vom 31. V. 1894. 1. —3. u. 5.—8. Hft. 2. Aufl. gr. 8. Düsseldorf, L. Schwann. n.n. 2.60
1. (36 S. m. Fig.) 901. n.n. — 35
2. (34 S. m. 1 Fig.) 901. n.n. — 35
3. (32 S.) 901. n.n. — 35
5. (47 S.) 901. n.n. — 35
6. 7. (36 S. m. 3 Fig. u. 32 S.) 900. à n.n. — 35
8. (46 S. m. Fig.) 900. n. — 50

— — dasselbe. Antwortheft. Mittel- u. Oberstufe. gr. 8. Ebd. 897. à n. — 80
Mittelstufe: Hft. 4, 5 u. 6. (32 S.)
Oberstufe: Hft. 7, 8 u. 9. (42 S.)

Rechenbuch für höhere Mädchenschulen in 9 (H. 10: in 10) H. Bearb. nach d. Bestimmungen d. preuß. Unterrichtsminist. v. 31. Mai 1894 von G. Hügemeyer u. F. Riethmüller, Lehrern zu M.-Gladbach. H. 1–10. Düsseldorf: L. Schwann 1903–06. 10 Bde 8° [F.]
1. 2. 3., verb. Aufl. 1903. 3. 4. 4. Aufl. 1906. 5–7. 4. Aufl. 1905. 8. 4. Aufl. 1906. 9. 3., verb. Aufl. 1903. 10. (Erg.H.) 1906. [a4. 8,4]

Hügemeyer, G., u. F. Riethmüller, Rechenbuch f. höhere Mädchenschulen in 9 Heften. Bearb. nach den Bestimmgn. des preuß. Unterrichtsministers vom 31. V. 1894. I.—VIII. Heft. 8. Düsseldorf, L. Schwann. n.n. 4.55
I. 3., verb. Aufl. (39 S. m. Fig.) 903. Kart. n.n. — 55
II. 3., verb. Aufl. (37 S. m. 1 Fig.) 903. Kart. n.n. — 55
III. 3. u. 4. verb. Aufl. (36 S.) 903. Kart. n.n. — 55
IV. 4. Aufl. (41 S.) 906. Kart. n.n. — 55
V. 4. Aufl. (31 S.) 905. Kart. n.n. — 55
VI. 4. Aufl. (38 S. m. 3 Fig.) 905. Kart. n.n. — 55
VII. 4. Aufl. (38 S.) 905. Kart. n.n. — 55
VIII. 3. verb. Aufl. (44 S.) 903. Kart. n. — 70

— — dasselbe in 10 Heften. 10. Heft. (Ergänzungsheft.) (49 S.) 8. Ebd. 906. Kart. n. — 70; Antworten u. Auflösgn. (18 S.) n. — 60

— — dasselbe. Antworten. Mittel- u. Oberstufe. 8. Ebd. n. 1.60
Mittelstufe: Heft 4, 5 u. 6. (31 S.) (905.) n. — 80
Oberstufe: Heft 7, 8 u. 9. (45 S.) 185. n. — 80

Hügemeyer, G., u. F. Riethmüller, Rechenbuch f. höhere Mädchenschulen in 10 Heften. Bearb. nach d. Bestimmgn. d. preuß. Unterrichtsministers v. 31. V. 1894. I., II., IV.—VIII. Heft. 8. Düsseldorf, L. Schwann. Kart. 4.—

I. 4. u. 5. Aufl. (39 S. m. 1 Fig.) 909.	Kart. — 55
II. 4. Aufl. (37 S. m. 1 Abb.) 908.	Kart. — 55
IV. 5. Aufl. (42 S. m. 2 Abb.) 908.	Kart. — 55
V. 5. Aufl. (34 S.) 907.	Kart. — 55
VI. 5. Aufl. (38 S.) 907.	Kart. — 55
VII. 5. Aufl. (33 S.) 907.	Kart. — 55
VIII. 5. Aufl. (44 S. m. Fig.) 908.	Kart. — 70

Hügemeyer, Otto: Über Abschwächung pathogener Schimmelpilze ... Bonn, Druck v. J. F. Carthaus (1888): 28 S. + 1 Bl. 8°
Bonn, Med. Fak., Inaug.-Diss. v. 16. Aug. 1888

Hugen, Christian, s. Huygens, Christian.

Bank- und Kreditwirtschaft des deutschen Mittelstandes. Von Dr. A[lfred] **Hugenberg**. München: J. F. Lehmann 1900. (VIII, 121 S.) 8° [illegible]

Hugenberg, Alfred [Referendar aus Hannover]: Die Besiedelung der norddeutschen Moore. . . . Hannover, Druck v. Carl Küster, 1888; 81 S. 8°
Straßburg, Rechts- u. Staatsw. Fak., Inaug.-Diss. v. 1888

Hugenberg, Alfr., innere Colonisation im Nordwesten Deutschlands, s. a. Abhandlungen aus dem staatswissenschaftlichen Seminar zu Strassburg i/E.

Hugenberg, Dr. Ad., Innere Kolonisation im Nordwesten Deutschlands. (Abhandl. a. d. staatswiss. Seminar zu Strassburg, Heft 8.) gr. 8°. Strassburg 1891.

Hugenberg, E., Mittheilungen über den hannoverschen Wegebau. gr. 8. (VIII, 152 S.) Hannover 877, Meyer. * 2 70

Hugenberger sen., Th., das Puerperalfieber im St. Petersburger Hebammeninstitut von 1845—1859 mit Bezugnahme auf gleichzeitige Verhältnisse in den übrigen Gebärhäusern und dem Weichbilde der Stadt St. Petersburg. Lex.-8 (61 S. mit 5 Tab. und 3 graph. Taf. in Fol.) St. Petersburg 862, Röttger. *
Aus: St. Petersburger medicinische Zeitschrift, besonders abgedruckt

Hugendubel, f.: Jünglingsfest-Predigten.

Hugendubel, apologetische Vorträge, s. Vorträge, apologetische.

Hugendubel, Chr. Heinrich

— deutsches Lesebuch für die untern Abtheilungen der Bürger- und Gelehrtenschulen. In 2 Abthll. gr. 8. Bern u. Chur 835. Dalp. 3/4 ℛ — 2e, neu durchgeseh. u. verm. Aufl. 2 Thle. A. u. d. T.: I. Sammlung auserlesener Gedichte zur Uebung im mündl. Vortrage. II. Sammlung ausgewählter Lesestücke in ungebundener Rede. gr. 8. Ebd. 839. 5/6 ℛ

Hugendubel, Ch. Heinr., Deutsches Lesebuch f. die untern Abtheilungen der Bürger- u. Gelehrtenschulen. 3. neu durchgeseh. u. verm. Aufl. 2 Thle. gr. 8. 1. Sammlung auserlesener Gedichte zur Uebung im mündlichen Vortrage. (XII u. 211 S.) 2. Sammlung ausgewählter Lesestücke in ungebundener Rede. (VI u. 212 S.) Bern 852, Dalp. 1 ℛ

Hugendubel, Ch. Heinr., Lesebuch f. d. reif. Schuljugend d. Cantons Bern. gr. 12. (18 B.) Bern 834, Jenni, Sohn.

Hugendubel, Ch. Heinrich s. Rougemont, Frédéric de: Handbuch der vergleichenden Erdbeschreibung.... Bern. . 1843 *u*. 1848
- Erster Unterricht in der Geographie.... Bern .. 1836 *u*. 1840.

Hugendubel, Ch. H(einr.), erster Unterricht in der Weltgeschichte f. die untern Abtheilungen der Bürger- u. Gelehrtenschulen; od. anschauliche Erzählungen u. Schilderungen aus d. alten u. mittlern Geschichte. gr. 8. (15½ B.) Stuttgart 811, Metzler'sche Buchh.

— kurze Verslehre, s. C. F. Zehender, deutsche Anthologie.

Hugendubel, Heinrich

Hugendubel, H., der christliche Charakter. Vortrag, im evangelisch-theolog. Verein des Kantons Bern gehalten. gr. 8. (16 S.) Basel 886, Detloff's Verlag. *
Aus: Kirchenfreund, besonders abgedruckt.

Hugendubel, H., durch Sturm zur Stille. Gedichte. 12. (XV, 239 S.) Gotha 894. G. Schloeßmann. — Bern, W. Kaiser. Geb. in Leinw. n. 5. —

Hugendubel, H[einrich]. Durch Sturm zur Stille. Gedichte. 2., durchgesehene und vermehrte Aufl. [Mit illustriertem Umschlag.] XVI + 240 S. 8. Konstanz (Deutschland)-Emmishofen (Schweiz), Carl Hirsch, (1902). [geb. fr. 5. —]

— durch Sturm zur Stille. Gedichte. 2., durchgeseh. u. verm. Aufl. (XV, 240 S.) 8. Ebd. (903).
Geb. in Leinw. m. Goldschn. n. 4. —

Hugendubel, H[einrich]. Empfanget nicht vergeblich die Gnade Gottes! Predigt, gehalten am 25jährigen Jubiläum des Herrn Pfarrer Dr. [Eduard] Guder .. in Bern, den 25. April 1880. 8. Bern 1880.

Hugendubel, H[einrich]. Die Freude am Herrn ist meine Stärke. Gedichte. [Mit illustriertem Umschlag.] II + VI + 292 S. 8. Konstanz, Carl Hirsch; Für die Schweiz: Evangelische Buchh., Emmishofen, [1906]. [geb. M. 4. —]

Hugendubel, (H[einrich]). Zum Gedächtnis des Herrn Alexander von Fischer von Reichenbach. Geb. 1. April 1836 — Gest. 11. Dezember 1900. [Mit 1 Porträt-Tafel und 1 Ansicht.] II + 8 S. 8 Biel, Expedition der «Brosamen», 1901.

(**Hugendubel**, [Heinrich, und] Büren, Otto v[on].) Gedächtniss-Reden für Hrn. Grossrath Sam(uel) Steiner, gehalten ... den 22 Januar 1882 ... in Bern. 8. *o. O.*

Hugendubel, H[einrich]. Ein Mann nach dem Herzen Gottes: Friedrich Gerber (1828—1905). Ein Lebensbild. Gezeichnet von H. H'. [Mit 10 Tafeln.] 302 S. 8. Basel, Kober, 1908. [fr. 2. 75, geb. 4. —]

Hugendubel, H[einrich]. Gewissen, Alkohol und Blaues Kreuz. Referat, gehalten an der 23. Delegiertenversammlung des Schweizerischen Vereins vom Blauen Kreuz 29. Oktober 1907 in Bern. 16 S. 8. Bern, Schweizerische Agentur des Blauen Kreuzes, 1907.
Beilage zu Nr. 12 des »Blauen Kreuzes« [Jahrg 11,] 1907.

Hugendubel, Hast du Mich lieb? Predigt, bei Einführung eines Stadtgeistlichen über Joh. 21, 15—19 gehalten. gr. 8. (12 S.) Gotha 882, Schloeßmann.
Aus: Pastoralbibliothek, besonders abgedruckt.

Hugendubel, H., aus der Heimath in die Heimath. Gedichte. 12. (XII, 256 S.) Gotha 890. Schloeßmann. n. 2. 40; geb. n. 3. 20: m. Goldschn. n. 4. —

— **dasselbe. 2., durchgeseh. u. verm. Aufl. 12. (XVI, 264 S.) Ebd. 890. n. 2. 40; geb. n. 3. 20; m. Goldschn. n. 4. —; in Reliefbd. m. Goldschn. n. 5. —**

Hugendubel, H., aus d. Heimath, in d. Heimat. Gedichte. 3., durchgeseh. u. verm. Aufl. 12. (XXII, 264 S.) Gotha 896. G. Schloeßmann. Geb. in Leinw. n. 3. —

Hugendubel, H[einrich]. Aus der Heimat in die Heimat. Gedichte. 4., vermehrte Aufl. [Mit illustriertem Umschlag.] XVI + 272 S. 8. Konstanz (Deutschland)-Emmishofen (Schweiz), Carl Hirsch, (1902). [geb. fr. 5. —]

— aus der Heimat in die Heimat. Gedichte. 4., verm. Aufl. (XVI, 272 S.) 12. Ebd. (903). Geb. in Leinw. m. Goldschn. n. 4. —

Hugendubel, H., siehe: *Kirchenfreund.*

Hugendubel, Heinr., Schillerfeier. Schiller als Heiliger. Volksschauspiel m. Gesang in 3 Aufzügen. Anh.: Schillers Glocke in 6 leb. Bildern. (44 S.) kl. 8. München (905). H. Hugendubel. n. 1. —

Hugendubel, Und als Er nahe hinzu kam, sahe Er die Stadt an, und weinte über sie. Bußtags-Predigt über Luk. 19, 41. gr. 8. (15 S.) Gotha 885, Schloeßmann. *
Aus: Pastoralbibliothek, besonders abgedruckt.

Hugenius, Christian, s. Huygens, Christian.

Hugenott, der, s. Droz.

Hugenotten, die. Große Oper in 5 Acten. Nach dem Französ. des Eug. Scribe von J. F. Castelli. Musik von Giac. Meyerbeer. Vollständ. Gesangstext nach der Einrichtung des k. k. Hofoperntheaters in Wien. (Textbuch.) 8. (90 S.) Wien 884, Künast. **

Hugentobler, Emil. Die Peritonitis tuberculosa bei interner Behandlung. Diss. Med. Univ. Zürich. *Kopftitel:* Aus der medizinischen Klinik in Zürich. Direktor: Herr Prof. Dr. H[ermann] Eichhorst. 56 S. 8. Zürich, A. Markwalder, 1902.

Hugentobler, J., quelques mots sur la méthode d'articulation dans l'enseignement des sourds-muets. gr. 8. (22 S.) Basel 874. Georg. n. 1. —

Hugentobler, Jean, Tierarzt von Henau (St. Gallen): Aus dem veterinär-chirurgischen Institut der Universität Zürich. Die Veränderungen des Hufknorpelfesselbeinbandes und der Zehenbinde, sowie ihre Beziehungen zur Schalenbildung und Verknöcherung der Hufknorpel. Mit 16 Figuren auf Tafel I—IX. Zürich 1907. 76 S. und 3 Tabellen. 8⁰. S.-A. aus „Schweizer-Archiv f. Tierheilkunde. Bd. 49." [22. III. 07.]
Zürich. Vet.-med. Diss. 1906/1907.

Hugentobler, Jean. Die Veränderungen des Hufknorpelfesselbeinbandes und der Zehenbinde, sowie ihre Beziehungen zur Schalenbildung und Verknöcherung der Hufknorpel. Diss. Vet.-Med. Univ. Zürich. Mit 16 Figuren auf Tafel I—IX [und 3 Tabellen]. [Sep.-Abdr. aus: Schweizer Archiv für Tierheilkunde, Band 49, Heft 3 u. 4.] *Kopftitel:* Aus dem veterinär-chirurgischen Institut der Universität Zürich. 76 S. 8. Zürich, Orell Füssli, 1907.

Hugentobler, Rudolf, med. pract. von St. Gallen: Aus der medizinischen Klinik der Universität Zürich. Direktor: Herr Prof. Dr. H. Eichhorst. Ueber Hirntumoren. Nach Beobachtungen auf der Zürcher medizinischen Klinik in den Jahren 1884 bis 1904. [Mit 2 Tabellen.] Zürich 1906. 20 + 2 S. 8⁰. [19. II. 06.]
Zürich. Med. Diss. 1905/1906.

Hugentobler, Rudolf. Ueber Hirntumoren. Nach Beobachtungen auf der Zürcher medizinischen Klinik in den Jahren 1884 bis 1904. Diss. Med. Univ. Zürich. [Mit 2 Tabellen.] *Kopftitel:* Aus der medizinischen Klinik der Universität Zürich. Direktor: Herr Prof. Dr. H[ermann] Eichhorst. 21 S. 8. Zürich, W. Steffen, 1906.

Häger. Geschichte der Kriegsschule in Neisse nebst einem Abriß der Geschichte der Festung Neisse. Berlin 1910. 8⁰.

Hüger, wie es meiner Petition im Reichstage erging. (20 S.) 8. Detmold 904. Meyer'sche Hofbuchdr. n. — 50

Hüger, A., meine Erlebnisse in der Militär-Rechts- u. Offizier-Ehren-Gerichts-Pflege. Eine aktenmäß. Darstellung. gr. 8. (VIII, 114 S.) Berlin 902. Herm. Walther. 1. 80

Hugershoff, Albert [aus Hannover]: Ueber die Einwirkung von Schwefelkohlenstoff auf einige Hydrazoverbindungen, sowie über einige Schwefelkohlenstoff-Derivate des p-Phenetidins ... Hannover, Druck v. W. Riemschneider, 1894; 45 S., 1 Bl. 8.
Heidelberg, Naturw.-math. Fak., Inaug.-Diss. v. [16. Jan.] 1895

Hugershoff, Franz, Preis-Verzeichniss von Apparaten und Geräthen für alle Zweige der reinen und angewandten Chemie. Leipzig 1861.

Hugershoff, [Reinhard], Dr.-Ing.: Die periodischen Fehler barometrisch bestimmter Höhenunterschiede in der inneren Tropenzone. Dresden: Baensch 1910. 59 S. 8⁰
¶ Aus: Mitteilungen d. Vereins f. Erdkunde zu Dresden. Bd 2. 1910/12.
Dresden Te. H., Hab.-Schr. v. S.-S. 1910

Hugershoff, Reinhard: Der Zustand der Atmosphäre als Fehlerquelle im Nivellement. 1907. 71 S. 8⁰
Dresden, Dr.-Ing.-Diss. v. 24. 7. 1907

Hüggelmeyer, Jul., im Feldzuge 1870/71. Feldzugserinnerungen u. Selbsterlebtes e. Einjährig-Freiwilligen des I. hannoverschen Dragoner-Regiments Nr. 9. Dem deutschen Volke erzählt. (VI, 294 S. m. 1 Karte.) gr. 8. Hannover 906. Hahn. n. 3. —; geb. n. 3. 50

Huggenberg, Ernst. Untersuchungen über Phagocytose der Streptokokken. (Opsonine und Bakteriotropine.) Aus der bakteriologischen Abteilung des Hygiene-Institutes der Universität Zürich. Diss. Med. Univ. Zürich. (Sonderabdruck aus dem Centralblatt f. Bakt[eriologie] etc. Abt. I. Originale. Bd. 55. Heft 1.) 24 S. 8. Jena, Gustav Fischer, 1910.

Huggenberg, Rudolf, aus Winterthur: Die Sparkassen und das Sparkassengeschäft (nach schweizerischem Recht.) Affoltern a. A. 1906. VIII + 122 S. 8⁰. [29. I. 06.]
Zürich. Jur. Diss. 1905/1906.

Huggenberg, Rudolf. Die Sparkassen und das Sparkassengeschäft (nach schweizerischem Recht). Diss. Rechtsw. Univ. Zürich. VIII + 122 S. 8. Affoltern a. A., J. Weiss, 1906.

Huggenberger, Alfr., Backfisch-Launen. Lustspiel in 1 Akt. 8. (22 S.) Grüningen 898. J. Wirz. n. — 60

Huggenberger, Alfred. Der Bauernkönig. Schauspiel mit geschichtlichem Hintergrund in einem Vorspiel und 5 Akten. 116 S. 8. Biel, Ernst Kuhn, 1902 (*Umschlag:* 1903). [fr. 1. 50]

— du sollst nicht heiraten. Schwank f. 7 Damen in 1 Akt. 8. (28 S.) Grüningen 900. J. Wirz. n. 1 —

— der Heirats-Vermittler. Lustspiel in 2 Akten. 8. (48 S.) Ebd. 898. n. 1. —

Huggenberger, A., die Junggesellen. Lustspiel in 3 Akten. 8. (72 S.) Zürich 893. C. Schmidt. n. 1 —

— im Kantonnement od. Zweierlei Tuch. Volks- u. Militärbild in 3 Akten. 8. (54 S.) Ebd. 899. n. 1.—

Huggenberger, A., der letzte Landenberg auf Schloß Elgg. Schausp. in 5 Akten aus d. Zeit d. Appenzellerstürme. 8. (111 S.) Biel 897. E. Kuhn. 1. 50

Huggenberger, Alfred. Von den kleinen Leuten. Erzählungen aus dem Bauernleben. Buchschmuck von Hermann Rau. IV + 254 S. 8. Frauenfeld, Huber & Co., 1910. [fr. 4. —, geb. 5. —]

Huggenberger, Alfr. Lieder und Balladen. In-12°. 175 S. Frauenfeld, J. Huber's Verlag. 3 — 1896.

— Ein Mann, ein Wort. Lustspiel in 2 Akten in Zürcher Mundart. 8. (38 S.) Ebd. 898. n. 1.—

— der blaue Montag od. die mißlungene Wette (Zürcher Mundart), s.: Sammlung schweizerischer Dialektstücke.

Huggenberger, A. Der blaue Montag oder die misslungene Wette. In-8°. 43 S. Zürich, Caesar Schmidt. 1893. — 80

Huggenberger, Alfred. Hinterm Pflug. Verse eines Bauern. II + 143 S. 8. Frauenfeld, Huber & Co., [1907]. [fr. 2.—]

— Hinterm Pflug. Verse e. Bauern. 3., durchgeseh. Aufl. (III, 148 S.) kl. 8. Frauenfeld (908). Huber & Co. 1.80; geb. in Leinw. 2. 50

Huggenberger, Alfred. Ölers Rose – Der »blinde Hannes«. Erzählungen. 96 S. 8. Zürich, Jacques Bollmann, November 1905. fr. —. 20
Verein für Verbreitung guter Schriften. (Zürich) No. 60. 1905.

Huggenberger, Alfred. Die Scholle ⟨und drei Gedichte⟩ s. Marti, Fritz. Fortunas Gesinde.
Verein für Verbreitung guter Schriften. Bern, Nr. 81.

Accorde. Lieder von Josef Huggenberger. München: G. Franz 1898. (96 S.) 8° [F.] [07. 8774]

Huggenberger, Jos., Accorde. Lieder. 12. (96 S.) München 898. H. Lukaschik. n. 2. —

Huggenberger, Jos., Accorde. Lieder. 2., verm. Aufl. (Titelzeichnung v. E. L. Hoeß.) 8. (144 S. m. Bildnis.) München 901. H. Lukaschik. n. 2. —; geb. n. 3.—

Huggenberger, Joseph: Die Pflicht zur Urkundenedition nach der Reichscivilprozessordnung und dem Entwurfe eines bürgerlichen Gesetzbuches für das deutsche Reich. Mit einer historischen Einleitung und einem Anhange: Die Archivbenützung. . . . München, Theodor Ackermann, k. Hof-Buchh., 1889; IV + 72 S. 8°
München, Jur. Fak., Inaug.-Diss. v. 1889

[Hugger:] Rechtfertigung der Behauptung, die auf dem letzten Landtag ausgesprochen worden, daß die Lehrerbildung dem Zwecke nicht entspreche. Ulm: Ebner 1836.

Hugger, C. P., s.a. Hugger, Roman.

(Hugger, C. P.,) kurze Anleitung z. Gesang, nach Nägeli, s. Anleitung.

Hugger, C. P. Kurze Anleitung zum Gesang nach Nägeli für Elementarschulen. Ulm 1831.

—— die Elementarschule nach d. Geiste d. Pestalozzischen Methode. 8. (14 B.) Ulm 829, Ebner.

Hugger, Hermann [aus Seekirch (Württemberg)]: Pathologisch-anatomischer Beitrag zur Kenntniss der Hoden-Sarcome. . . . Würzburg, Buchdr. d. „N. Bayer. Landeszeitung", 1888; 17 + 1 S. 8°
Würzburg, Med. Fak., Inaug.-Diss. v. 1888

Hugger, Matthaeus [app. Arzt aus Wellendingen (Württemb.)]: Drei Fälle von infectiöser fieberhafter Gelbsucht . . . München, Druck v. O. Böck, 1892; 17 S. 8.
München, Med. Fak., Inaug.-Diss. v. 1892

Hugger, Roman, s.a. Hugger, C. P.

Hugger, Roman., d. Elementarschule nach d. Geiste d. Pestalozzischen Methode. 8. Ulm 829. Ebner. 15 gl.

— Elementarunterricht im Lesen nach d. Lautmethode, nebst dem ersten Unterricht von Gott. 12. Rotweil ... 2e Aufl. 823. Herder. 2 gl.

— Nachricht an d. deutsche Nation über d. Errichtung eines Erziehungsinstituts. 8. Frburg 815. Herder. 3 gl.

— theoret.-prakt. Sprachlehre für Elementarschulen nach d. Geiste d. Pestalozzischen Methode. 8. Ulm 818. Ebner. 8 gl.

Hugger, Roman., (u. C. Stehle), erster Unterricht zur Buchstabenkenntniß u. im Lesen, nach Stephani. 1e Abtheil. 2e A. 12. Gmünd 814. Ritter. 2 gl.

— u. C. Stehle, Verhältnisse d. Zahl, nach d. Idee d. Pestalozzischen Methode. 1r Thl., welcher d. Kopfrechnen enthält. 8. Gmünd 815. Ritter. 12 gl.

Huggins, Will., Ergebnisse der Spectral-Analyse in Anwendung auf die Himmelskörper. Deutsch mit Zusätzen von W. Klinkerfues. 1. und 2. unveränd. Aufl. 8. (VIII, 82 S. mit 18 Abbild. auf 5 Stnt. in 8. und 4.) Leipzig 868,69, Quandt und Händel. *

Huggins, Will., Ergebnisse der Spectral-Analyse in Anwendung auf die Himmelskörper. Uebersetzt u. m. Zusätzen verm. v. W. Klinkerfues. Mit 20 Abbildgn. (in eingedr. Holzschn.) 3. umgearb. Aufl. 8. (VIII. 84 S. m. 6 Steintaf. in 8. u. 4.) Leipzig 873. Quandt & Händel. n. 2. 25

(Huggler, A[ugust].) Teuerung in der Schweiz. Beiträge zur Illustration der gegenwärtigen Lage der Lohnarbeiter. Hrg. im Auftrage des Gewerkschafts-Ausschusses vom Sekretariat des Schweiz. Gewerkschaftsbundes. Bern... (*Umschlag:* Hrg. vom Schweiz. Gewerkschaftbunde). [Mit Figuren.] 120 S. 8. Bern, Unionsdruckerei ⟨Genossenschaft⟩, 1910. [fr. —. 50]

Hughes und Ansted, Grundzüge der physischen Geographie, s. Reuschle.

Hughes, Annie. Ueber nervöse Störungen bei Oesophaguskrebs. Diss. Med. [Univ.] Zürich. *Kopftitel:* Aus der medizinischen Universitätsklinik in Zürich. — [Mit Figuren.] 55 S. 8. Zürich, Müller, Werder & Cie., 1902.

Hughes, Henry, Atemkuren, m. 115 Rezepten. (III, 58 S.) 21×13 cm. Würzburg 909. C. Kabitzsch. 1. —

— Ueber Atemkuren. (2 S.) Lex. 8. Leipzig 910. B. Konegen. 1. —
Sonderabdruck aus: „Reichs-Med.-Anzeiger".

Hughes, Henry, Bedeutung der Mimik f. den Arzt. 8. (15 S.) Berlin 901. Vogel & Kreienbrink. n. — 60

— Arztliche Beredsamkeit. (IV, 59 S.) 8. Würzburg 909. C. Kabitzsch. 1. —

Hughes, Henry [aus Hamburg]: Die Entstehung der Lederhautberstungen und Aderhautrisse .... (Aus: v. Graefe's Arch. f. Ophthalmologie XXXIII. Bd.) Leipzig, Wilhelm Engelmann, 1887; 58 S. 8°
Würzburg, Med. Fak., Inaug.-Diss. v. 1887

— Ideen u. Ideale. Grundriss e. Weltauffassg. (III, 49 S.) 8. Ebd. 908. 1. —

Hughes, Henry, Lehrbuch der Atmungsgymnastik. Anleitung zur Behandlung v. Lungen-, Herz- u. Unterleibsleiden. gr. 8. (VIII, 166 S. m. 47 Abbildgn.) Wiesbaden 893. J. F. Bergmann. n. 3. —

Hughes, Henry, Lehrbuch der Atmungsgymnastik, m. 117 Abbildgn., 155 Uebgn. u. 30 Rezepten. 2. auf's Doppelte verm. Aufl. (VI, 254 S.) gr. 8 Wiesbaden 906. J. F. Bergmann. n. 4. —

Hughes, Henry, Lehrbuch der schwedischen Heilgymnastik unter Berücksicht. d. Herzkrankheiten. Mit 114 Abb., 100 Uebgn. u. 40 Rezepten. gr. 8. (IX, 340 S.) Wiesbaden 896 J. F. Bergmann. n. 6. —

Hughes, Henry, die Mimik des Menschen auf Grund voluntarischer Psychologie. gr. 8. (XI, 423 S. m. 119 Abbildgn.) Frankfurt a/M. 900. J. Alt. n. 14. —

— allgemeine Perkussionslehre. Die mathematisch-physikal. u. die psycholog. Grundlagen der Perkussion, nebst Beschreibg. einiger neuer Instrumente. gr. 8. (VIII, 140 S. m. 45 Fig.) Ebd. 894. n. 4. —

Hughes, Hugh Price, ethisches Christentum. Frei nach dem Engl. v. Baronin Langenau. Mit e. Vorwort v. Adf. Stöcker. gr. 8. (VII, 109 S.) Berlin 893. Vaterländ. Verlags-Anstalt (H. Oberwinder). n. 1. 20

Hughes, Hugh Price, M. A., soziales Christentum. E. Sammlg. d. hierüber in St. James's Hall, London geh. Predigten. Einzige v. Verf. bewill. deutsche Übertragg. v. Rob. v. Zwingmann u. Carl Krause. 2. [Titel-] Aufl. gr. 8. (XIV, 202 S.) Leipzig (895) 896. Hannov. Münden, R. Werther. n. 3. 50

— der atheistische Schuhmacher, s.: Werther's Volksbibliothek.

— der atheistische Schuhmacher. Ein Blatt aus der Geschichte der West-London-Mission. Einzige, vom Verf. bewilligte deutsche Übertragg. 8. (VII, 71 S.) Leipzig 894. R. Werther. n. — 60

Hughes, James L., Mißgriffe beim Unterricht. Berecht. Übersetzg. nach der amerikan. Ausg. v. Hugo Zell. (XI, 120 S.) 8. München 910. C. H. Beck. Geb. in Leinw. 2. —

Hughes, John Gruffydd Moelwyn: Die cymrischen Triaden, ihr Ursprung und ihr Verhältnis zu den Mabinogion.
Leipzig 1903: Metzger & Wittig. (27 S.) 8°
Leipzig, Phil. Diss. v. [1. Apr.] 1903.

The Concept Action in History and in the Natural Sciences. By Percy **Hughes**. New York: The Macmillan Co; Berlin: Mayer & Müller 1905. (108 S.) 8°
— **Columbia University contributions** to philosophy, psychology and education. Vol. 10, No 3. [07. 11590]

Hughes, T. M., Jenseit der Pyrenäen, s.: Bibliothek, historische, 1 u. 2. Bd.

— das enthüllte Portugal, s.: Bibliothek ausgewählter Memoiren, III.

Hughes, Thomas, Tom Brown's school days. By an old boy. Part I and II. Student's Tauchnitz edition. Mit deutschen Erklärungen von Imman. Schmidt. gr. 8. Leipzig, B. Tauchnitz. [I. (XXXVI, 267 S.) 887. *ℳ 1.70.; cart. *ℳ 1.80.; II. (VI, 196 S.) 888. *ℳ 1.30.; geb. *ℳ 1.40.] * cart. *

Hughes, Th., Tom Brown's School days by an old boy. [Freytag's Sammlung französischer und englischer Schriftsteller.] 8°. (ill. XXIII, 162 S. mit Plänen) geb. K 2.20, hierzu ein Wörterbuch
Wien: Tempsky 1904.

Hughes, Thom., s. a. Brown's, Tom, school-days.

Hughes, Th., Tom Brown's Schuljahre. Von einem alten Rugby-Jungen. Zur Darlegung des gegenwärt. Standes der Erziehung in den oberen Classen Englands. Nach dem Engl. bearb. von Ernst Wagner. Gotha 867. J. Perthes. gr. 8. (VII, 303 S.) 1 ℔

Hughes, Thom., Tom Browns Schuljahre. Von e. alten Jungen. Aus dem Engl. übertr. gr. 8. (III, 284 S. m. 1 Farbendr.) Nürnberg 892. Verlag der Kinder-Garten-laube. n. 2. —; geb. n. 3. —

Hughes, Thom., Tom Browns Schuljahre. Ernstes u. Heiteres aus der Schulzeit. Für die Jugend. Von e. alten Jungen. Aus dem Engl. des H. übertr. 2. [Titel-]Aufl. gr. 8. (III, 284 S. m. 1 Farbdr.) Leipzig [892.] (902). E. Kempe. Geb. in Leinw. 3. —

Was lehrt der Koran uber Jesus Nach Th[omas] P[atrick] **Hughes**. Mit 3 Abb. Potsdam: Deutsche Orient-Mission 1900. 16 S. 8° [Umschlagt]
(Hefte z. christl. Orient. Ser. 2. H. 2.) [10. 1781]

Hughes, Th. P., was lehrt der Koran üb. Jesus?, s. a. Hefte zum Christlichen Orient. II, 2.

Hughes, Thomas Smart

Hughes, Th. S., Reise durch Sicilien und Griechenland nach Janina in Albanien. Nach d. Engl. (A. d. ethnograph. Archiv bes. abgedr.) gr. 8. Jena, Bran. 821.

Hughes Thom. Smart, Reise durch Sicilien u. Griechenland nach Janina u. Albanien. A. d. Engl. gr. 8. Jena 822. Bran. 1 ℔

Hughes'sche Induktionswage, s. Bergmann, Johannes.

Hugi, Bemerkungen über das Leuchten der Firnmassen. (Aus: Archiv f. Chemie und Meteorol., B. 2, H. 3.) (S. 5497)

Hugi, Emil: Die Klippenregion von Giswyl. Zürich 1900. 75 S. 6 Taf. 4°. (S.-A. aus Denkschriften der Schweizer. naturforschenden Gesellschaft, Bd. 36.)
Bern. Phil. Diss. 1899/1900.

Die Klippenregion von Giswyl. Von Dr. Emil Hugi in Bern Mit 6 Taf. *Basel, Genève & Lyon: Georg & Co. in Komm. 1899.* (75 S.) 4°
= Denkschriften, Neue, d. allg. schweiz. Gesellschaft f. d. gesammten Naturwissenschaften. Bd 36, Abth. 2, [•] [illegible]

Hugi, Emil, Dr. Die Klippenregion von Giswyl. In 4°. 76 S. mit 6 Tafeln. (Separat-Abzug aus den Denkschriften der Schweiz. Naturforschenden Gesellschaft. Band XXXVI. 2. 1900.) Basel, Georg & Co. 1900. 7

Hugi, E[mil]. Vorläufige Mitteilungen über Untersuchungen in der nördlichen Gneiszone des zentralen Aarmassives. (Veröffentlicht mit Genehmigung der Schweiz. geologischen Kommission. Separatabdruck aus Eclogæ geologicæ Helvetiæ, Vol. 9, N° 4. Juillet 1907.) II S. + S. 441—464. 8. (Lausanne, Georges Bridel & Cie.)

Hugi. Fr[anz] Jos[eph]. Naturhistorische Alpenreise Vorgelesen der naturforschenden Gesellschaft in Solothurn.... Mit Titelkupfer und Vignette. 2 Kärtchen. 16 Tafeln Profilansichten und 9 Tabellen berechneter Höhenunterschiede. 8 Solothurn, Leipzig 1830.

Hugi, Fr Jos.: Naturhistorische Alpenreise Vorgelesen der Naturforschenden Gesellschaft in Solothurn. Mit Titelkupfer und Vignette, 2 Kärtchen 16 Tafeln Profilansichten und 9 Tabellen berechneter Höhenunterschiede Solothurn 1830 XVI, 378 S. 8°.

Hugi, Fr. Jos., naturhistor. Alpenreise. Vorgelesen d. naturforschenden Gesellschaft in Solothurn. Mit 16 Taf. Profilansichten, 1 Kpf. u. 2 Karten. gr. 8. Solothurn 831. Amiet-Lutiger. (Leipz., Fr. Fleischer). 3 ℛ

Hugi, F. J., die Gletscher u. die erratischen Blöcke. Lex.-8. Solothurn 843, Jent u. Gaßmann. 1¾ ℛ

Hugi, F. J., Grundzüge zu einer allgemeinen Naturansicht für höhere Schulen u. das gebildete Publikum. 1e Abthl., u. d. T.: Die Erde als Organismus. gr. 8. Solothurn 840, Jent u. Gaßmann. 2¼ ℛ

— Grundzüge zu einer allgemeinen Naturansicht für höhere Schulen u. das gebildete Publikum. 1. Abtheil. Die Erde als Organismus. gr. 8. Solothurn 841, Jent u. Gaßmann. 2¼ ℛ

— über das Wesen der Gletscher u. Winterreise in das Eismeer. gr. 8. Stuttgart u. Tübingen 842, Cotta. 1⅙ ℛ

Hugi, Hans Rudolf [von Kiesen]: Begleitkurven eines Punktes in Bezug auf eine Kurve n^{ter} Ordnung. Bern 1900. 35 S. 1 Taf. 4°.
Bern. Phil. Diss. 1899/1900.

Hügi, M., Ueber die Errichtung eines Arbeitsnachweisbureaus für die Stadt Luzern. 8°. Luzern 1895. (Jahresber. des Gewerbevereins der Stadt Luzern, 1894.)

Hugin, F., s. a.: Feodora, Prinzessin zu Schleswig-Holstein.

— Hahn Berta. Erzählung. 3. Tauf. (205 S.) kl. 8. Berlin 908. G. Grote. Kart. 2.—; geb. n 3.—

— Durch den Nebel. Roman. (288 S.) kl. 8. Ebd. 908. 3.—; geb. 4.—

Hugin, F. (Prinzessin Feodora v. Schleswig-Holstein), Wald. 4 Erzählgn. m. eigenem Buchschmuck. (109 S.) gr. 8. Berlin 904. W. Warneck Geb. n. 6.—

Hugin, L. G., der Jugendflug e. Verschollenen. Für Resttage d. Lebens gesammelt. (VIII, 221 S.) 8. München(-Schwabing) 909. E. W. Bonsels & Co. 3.—; geb. n 4.—

Hugin-Munin, die Hube bei Einbeck. Skizzen. 8. (X, 91 S. m. Titelbild.) Einbeck 901. H. Ehlers. n. 1.50

— die drei lustigen Schneider v. Bretzmühl. Schwank in 2 Akten. 8. (46 S.) Ebd. 898. n. 1.—

— Studenten-Streiche. Burschenstück m. Gesang in 3 Akten. 8. (76 S.) Ebd. 899. n. 1.40

— die Verlobung im Forsthause. Waldstücklein m. Gesang in 1 Akt. 8. (27 S.) Ebd. 899. n. —80

— die Werbung. Volksbild in 2 Akten. 8. (48 S.) Ebd. 899. n. 1.—

Hugii, Jac., Artificium transitionum sive de partibus latinae orationis ornate, multipliciter aptissimeque inter se nectendis. Colon. 642. 8. Mogunt. 657. 8. Acc. J. Lipsii Institutio epistolica. Rec. notisq. illustr. G. C. Kirchmaier. Witteb. 671. 12. Ibid. 711. 12.

Hügl, Jos., (†...) nützl. Handbüchlein für jeden nächst sterbenden Christen, d. eines bösen unversehenen Todes nicht sterben will. 8. Ulm 772. Wohler. 5 ℛ

Hugl, Leop., *Lehrer a. d. Unt.-Realsch. am Bauernmarkte in Wien.* Oesterreichs neues Geld. Anleitung, jeden beliebigen Betrag der bisher. österr. Währung sehr leicht und schnell in der neuen auszudrücken etc. *Wien* 1858. *A. Dorfmeister's* Druck u. Verl. 16 S. 16°.

Hugler, der deutsche Bund der Zukunft. Keine Träumereien sondern practisch ausführbare Vorschläge. 8. (VIII und 66 S.) Leipzig 859, Kollmann. *

Hügli, Emil, Dorf Düssel. Eine Satire. 8. (92 S.) Dresden 895. E. Pierson. n. 1.50; geb. in Leinw. m. Goldschn. n. 2.50

Hügli, Emil, Dorf Düssel. Eine Satire. 2. [Titel-]Aufl. (92 S.) kl. 8. Schkeuditz [895] 908. W. Schäfer. 1.50; geb. in Leinw. 2.50

Hügli, Emil. Das Ende. (Erzählung, dem Buche «Untergang» desselben Verfassers entnommen ....) Hrg. vom Verein für Verbreitung guter Schriften. IV + 48 S. 8. (Bern, W. Wälchli,) 1910. fr. —.10
Verein für Verbreitung guter Schriften, Verein Bern. Jugendschrift J 12.

Hügli, Emil. Lockende Fluten. Neue Novellen. 304 S. 8. Schkeuditz bei Leipzig. W. Schäfer. 1910 [M. 3.—. geb. 4.—]

Hügli, Emil, Gedichte. 8. (IV, 175 S.) Zürich 901. C. Schmidt. n. 2.40; geb. n.n. 3.—

Gedichte von Emil Hügli. 2. Aufl. Schkeuditz b. Leipzig: W. Schäfer 1908 (IV, 175 S.) 8° [G.] [illegible]

Hügli, Emil. Die Hochzeitsfahrt, Lachende Geschichten. [Mit illustriertem Umschlag.] 225 S. 8. Schkeuditz bei Leipzig, W. Schäfer, 1908. [M. 2.—, geb. 3.—]

Hügli, Emil. Die Jungfrau. (Eine) Dichtung. [Mit illustriertem Umschlag.] 196 S. 8. Schkeuditz bei Leipzig, W. Schäfer. 1909. [M. 2.—, geb. 3.—]

Hügli, Emil. Lebenslust. Neue Gedichte von E' H'. [Mit illustriertem Umschlag.] 168 S. 8. Schkeuditz bei Leipzig, W. Schäfer, 1907. [M. 2. —, geb. 3. —]

— Rita Roselli. Trauerspiel in 5 Akten. (157 S.) 8. Ebd. 911. 2.—; geb. 3. —

Hügli, Emil [von Bern]: Die romanischen Strophen in der Dichtung deutscher Romantiker. Zürich 1900. VII, 102 S. 8°.
Bern Phil Diss 1900/1901.

Die romanischen Strophen in der Dichtung deutscher Romantiker. Von Dr. Emil Hügli. *Zürich: Zürcher & Furrer 1900.* (VII, 102 S.) 8°
= Abhandlungen hrsg. v. d. Gesellschaft f. deutsche Sprache in Zürich 6. [oo. n 26

Hügli, Emil. Vergangene Tage. Novelle. II + 190 S. 8. Bern, Neukomm & Zimmermann, [1904]. [fr. 2. 50]

Hügli, Emil, vergangene Tage. Novelle. (190 S.) 8. Bern (905). [Neukomm & Zimmermann.] Schkeuditz, W. Schäfer. n. 2. —

Hügli, Emil. Vergangene Tage. Novelle. [Mit Buchschmuck von] M[ax] Honegger. [2. Aufl.] IV + 190 S. 8. Schkeuditz bei Leipzig, W. Schäfer, 1906. [M. 2. —, geb. 3. —]

Hügli, Emil. Um der Liebe willen. Drei Novellen. IV + 169 S. 8. Bern, Neukomm & Zimmermann, 1903. [geb. fr. 3. 50]

Hügli, Emil. Um der Liebe willen. Drei Novellen. [Mit Buchschmuck von] M[ax] Honegger. [2. Aufl.] VI + 169 S. 8. Schkeuditz bei Leipzig, W. Schäfer, 1906. [M. 2. —, geb. 3. —]

Hügli, Emil. Untergang. [Roman. Mit illustriertem Umschlag.] 353 S. 8. Schkeuditz bei Leipzig, W. Schäfer, 1908. [M. 4. —, geb. 5. —]

Hügli, Ferdinand Friedrich, [von Koppigen bei Burgdorf. Kt. Bern]: Das Dämonium des Sokrates. Eine Abhandlung über das Wesen desselben. Bern Rieder u. Simmen Dr. 1864. 51 S. 8°.
Zürich, Phil. Diss. [v. 9. Nov. 1864].

Hügli, Friedrich

Hügli, F., die doppelte Buchhaltung in leichtfasslicher Darstellung. 2. Aufl. gr. 8. (IV, 107 S.) Bern 900. K. J. Wyss. n. 2. —

Hügli, F[riedrich]. Die einfache Buchhaltung in leichtfasslicher Darstellung. 3. Aufl. IV + 70 S. 8. Bern, K. J. Wyss, 1904. [fr. 1. 60]

Hügli, F., die konstante Buchhaltung. gr. 8. (VI, 112 S.) Bern 894. K. J. Wyss. n. 2. —

— Buchhaltungsstudien. gr. 8. (IV, 151 S.) Ebd. 900. n. 3. —

Hügli, F., die Buchhaltungs-Systeme und Buchhaltungs-Formen. Ein Lehrbuch der Buchhaltung. gr. 8. (XII, 678 S. mit über 100 Formularen und 2 Holzschn.) Bern 887, Wyss. *M 8.—; geb. *

— kurze Charakteristik der Buchhaltungs-Systeme. gr. 8. (12 S.) Ebd. 892. n. — 40

— Einführung in die konstante Buchhaltung. (Dr. Ludw. Huberti's moderne kaufmänn. Bibliothek.) gr. 8. (VIII, 62 S.) Leipzig (900). Dr. L. Huberti. Geb. in Leinw. n. 2. 75

—— Die Grundzüge der Buchhaltung in leichtfasslicher Darstellung. 2 Kurse. gr. 8. Ebd. * 3 40
1. Die einfache Buchhaltung. (IV, 70 S.) 888. * 1 40. — 2. Die doppelte Buchhaltung. (IV, 104 S.) 889. * 2 —.

— die Grundzüge der Buchhaltung in leichtfasslicher Darstellung. 1. Kurs: Die einfache Buchhaltg. 2. Aufl. gr. 8. (IV, 70 S.) Ebd. 895. n. 1. 40

Hügli, F., Verwaltung, Kassaführung u. Kontrole im Staatshaushalte d. Kantons Bern. gr. 8. (VII, 227 S.) Bern 874. Dalp. n. 2. —

Hügli, F[riedrich] A[lbert]. Moderne Magie. Mit vierzig Zeichnungen. XII + 228 S. 8. Bern, Neukomm & Zimmermann, [1903]. [fr. 6. —, geb. fr. 7. —]

Hügli, J[ohann]. Wie soll der neue eidgenössische Gewerbeartikel ausgeführt werden? (Separat-Abdruck aus dem «Bund» vom 6. Juli 1908.) 7 S. 8. [Bern, H. Jent.]

Hüglin, Albert: Der Tarifvertrag zwischen Arbeitgeber und Arbeitnehmer. Stuttgart 1906: Union. (VIII, 72 S.) 8°
¶ (Erschien vollst. 1906 als: Münchener volkswirtschaftliche Studien, Stück 76.)
München, Staatswirtsch. Fak., Ref. Brentano, Diss. v. 9. Febr. 1906
[Geb. 27 Febr 84 St Blasien, Wohnort Freiburg i. B.; Staatsangeh.: Baden; Vorbildung Gymn Freiburg i. B. Reife Juli 01, Studium: Freiburg i. B. 2, München 5 S., Rig. 9 Febr 06.]

Der Tarifvertrag zwischen Arbeitgeber und Arbeitnehmer von Albert Hüglin, Dr. d. Staatsw. Stuttgart & Berlin: J. G. Cotta 1906. (XII, 278 S.) 8°
= Studien, Münchener Volkswirtschaftliche. Stück 76. [o4. 10801 4

Hüglin, Jak., s.: Concilium Basiliense.

Hugo [Sachliches Ordnungswort]

Hugo; ein Beitrag zur Würdigung der Herderschen Metakritik. Gotha 1799. V: *Matthiae, August.* (ErGr) (NN)

Hugo. Ein Beitrag zur Würdigung d. Herderschen Metakritik. 8. Gotha 799. Perthes. 9 gr.

Hugo Graf von Almanko, ein Trauerspiel in vier Aufz. Leipz. 1797. V: *Kaffka (Engelmann), Johann Christoph.* (R-N) (GGr)

Hugo, Graf von Almanko. Trauersp. v. Kaffka. 8. Leipzig, Sommer. 797.

Hugo Graf von Ilmanka, Trauerspiel in 4 A. Mannheim 1797. V: *Kahlert, Carl Friedrich.* (GGr 401)
vgl. GGr V, 262.

Hugo, des kleinen, Fabelschatz. Zur belehrenden Aufheiterung für Kinder beiderlei Geschlechts. Mit 17 ill. Kpfrn. 8. Berlin 835. Hasselberg. 1 1/6 ₰

Hugo und Leonce, oder die unfreiwilligen Gelübde; eine wahre Familiengeschichte. 2 Bde. m. 1 K. 8. Erfurt, Beyer u. M. 812. (Otto).

Hugo u. Leonce, od. die unfreiwilligen Gelübde. Eine wahre Familiengeschichte. 2 Bde. 2. Aufl. 12. (16 B.) Leipzig 814. (Literarisches Museum.)

Hugo v. Maltitz u. Kunigunde v. Weißenau. Rittergesch. 8. (11¼ B.) Sondershausen 836, (Eupel.)

Hugo von Rheinberg, ein Trauerspiel von A. Oehlenschläger, herausgeg. von R. Christiani. 8. Göttingen, Deuerlich. 818.

Hugo der Siebente, Graf von Egisheim. Ein historisches Drama a. d. Franz. Regensburg 1781. V: *Ramond de Carbonnières, Louis François Elisabeth.* (GGr)

— der siebende, Graf von Egisheim. Ein historisches Drama, a. d. Franz. 8. Regensb. Montag. 781.

Hugo v. Soran; Skizze nach Rembrandt. 8. Zwickau, Schumann. 805.

Hugo v. Urstein, oder der Geist in den Ruinen; Gemälde aus den Mittelalter. 2 Bdchn., mit 1 ill. Kupf. gr. 12. Leipz. 824, Centr.-Cpt.

Hugo, Victor, geschildert von einem Genossen seines Lebens. Mit noch ungedr. Werken Victor Hugo's u. A. einem Drama in 3 Acten: Inez de Castro. Deutsch von A. Diezmann. Autoris. Uebersetzung. 2 Bde. 8. (XIII und 697 S.) Leipzig 863, Steinacker. Separat-Conto.

Hugo, Victor. Eine biograph. Skizze. 8. (68 S.) Basel 885, Bernheim. *

Hugo, Victor, und seine Zeit, s. Barbou, A.

Hugo von Warnick, Zerstörer des grauen Bundes. 2 Thle. 8°. Wien: K. Haas.

Hugo v. Wildeck, od. das gelös'te Gelübde. Ritterroman a. d. Zeiten d. Vehmgerichte. (M. 1 Abbild.) 8. (16½ B.) Weimar 834, Tantz.

Hugo von Wulfendingen, oder die Zerstörung der Teufelsburg. Eine Rittergeschichte . . . Mannh. 1825. V: *Falckh, J.* (MGT) (Ky)

Hugo v. Wulferdingen, od. d. Zerstörung der Teufelsburg. Eine Rittergeschichte aus den Zeiten d. Kreuzzüge, v. Verf. Welts v. Helmenrodt rc. 8. Manh. 825, Löffler. Rthlr.

Hugo [Verfasser]

Hugonis Ambianensis sive Ribomontensis opuscula. Hrsg. von Joh. Huemer. gr. 8. (XIX, 40 S.) Wien 880, Hölder. *

Hugo le Juge, die Hochzeit der Büßerin, s. Novellen-Sammlung rc.

Hugo vom Meer, Gulat und Dschadra. Gemälde aus Tscherkessien in vier Gesängen. 8. (VIII und 191 S.) Leipzig 848, Brockhaus. *

Hugo vom Meer, [Rich. v. Meerheim,] Gulat und Dschadra. Gemälde aus Tscherkessien in 4 Gesängen. 2., veränd. Ausg. 8. (191 S.) Dresden 860, Meinhold und Söhne. *

Hugo von Montfort, s. Bibliothek des litterarischen Vereins in Stuttgart CXLIII.

Hugo v. Montfort, s. Dichter, ältere tirolische.

Hugo v. Montfort, Lieder, m. den Melodien des Burk Mangolt hrsg. v. Paul Runge. Mit 1 Fksm. (VII, 76 S.) schmal Lex.-8. Leipzig 906. Breitkopf & Härtel. Kart. n. 6. —

Hugo von Reutlingen, s. Bibliothek des litterarischen Vereins in Stuttgart LXXXIX.

Hugo [Spechtshart] von Reutlingen. Flores musice omnis cantus Gregoriani. Hrsg von Carl Beck. Stuttgart 1868

Die Lieder und Melodien der Geissler des Jahres 1349 nach der Aufzeichnung Hugo's (Spechtshart) von Reutlingen. Nebst e. Abhandl. über d. italien. Geisslerlieder von Heinrich Schneegans, Prof., Erlangen, u. e. Beitrage Zur Gesch. der deutschen u. niederländ. Geissler von Heino Pfannenschmid, Archivrath zu Colmar i. E., hrsg. von Paul Runge. Mit 1 Faks. *Leipzig: Breitkopf & Härtel 1900.* (VIII, 221 S.) 4°(8°) [F.] [oo. 668.

Hugo von St. Viktor

— de laude caritatis libellus, ed. Schöpff, } s. Aurora etc.
— epistola ad Joannem, ed. Schöpff, }

Hugo v. St. Victor, d. Lehrbuch, s. a. Sammlung d. bedeutendsten pädagog. Schriften aus alter u. neuer Zeit.

[F.] Hugo v. St. Victor, Das Lehrbuch. Johannes Gerson, Traktat üb. d. Hinführg der Kleinen zu Christus. Übs., eingeleit. u. erläut. v. Joseph Freundgen, Regiergs- ... rat zu Arnsberg. *Paderborn: F. Schöningh 1896.* (2 Bl., 270 S.) 1 Bd 8.
= Sammlung d. bedeutendsten pädag. Schriften aus alter u. neuer Zeit. Bd 23.

—— der Preis der Liebe. Aus dem Latein übers. und historisch eingeleitet von Wilh. Schöpff. Hrsg. vom dresdener Predigtamtscandidatenverein. 8. (24 S.) Dresden 857, [Dietze.] *

Hugo v. St. Viktor. Ausgewählte Schriften, s. Bibliothek der kathol. Pädagogik.

Hugo von Trimberg. Auserlesene Fabeln, Erzählungen und Schwänke ... In erneuter Schreibweise ... hg. Tübingen 1827. H: *Schönhuth, O. F. H.* (DARP)

HUGO'S von Trimberg (1260—1309) auserlesene Fabeln, Erzählungen und Schwänke, nebst Sprüchen, in erneuerter Schreibweise hrsg. (von O. T. H. Schönhuth). Tubingen 1827. 8°. IX u. 59 S. Selten! (5 Mk., Calvary & Co., 1897.)

Hugo's v. Trimberg auserles. Fabeln, Erzählungen u. Schwänke, mit Worterklärung herausg. 8. Tüb. 827. Osiander. 5 gr.

Hugo v. Trimberg, der Renner. Ein Gedicht aus dem XIII. Jahrh., verf. durch Hugo v. Trimberg, Magister u. Rector der Schulen in der Theuerstat vor Bamberg, zum 1. Male hrsg., u. m. Erläutergn. versehen vom histor. Vereine daselbst. 3 Hefte in 1 Bde. Bamberg 1833.34. Fcsm.-Druck. (XI, IV, IV, 274 S. m. 2 Taf.) 4. Berlin 904. Mayer & Muller. n. 20. —

Hugo v. Trimberg, der Renner, s. a. Bibliothek des literarischen Vereins in Stuttgart (Tübingen).

Hugo von Trimberg: Der Renner. Hrsg. von Gustav Ehrismann. Bd 1–4. Tübingen: Litterar. Verein 1908–11. 8°
1. 1908. 2.3. 1909. 4. 1911.
(Bibliothek d. Litterar. Vereins in Stuttgart. 247. 248. 252. 256.)

Discours Sur Le Texte Donné Pour Le Dimanche 10. Septembre 1786. par Mr. Hugo. Pasteur de l'Eglise françoise a Francfort sur l'Oder a Berlin chez Pierre Bourdeaux.

Hugo, A. F., Ulane u. Tambour, s.: Both's Bühnen-Repertoir.

Hugo, (Jean) Abel

—— Geschichte d. Kaisers Napoleon, s. Geschichte &c.

— Geschichte des Kaisers Napoleon. Nach Diktaten u. eigenhänd. Notizen des Kaisers, sowie nach den Schriften, Memoiren, Berichten, militärischen Werken &c. (berühmter Franzosen) bearb. Aus d. Franz. übersetzt von Aug. Schäfer. 5 Lfrgg. Mit Abbildd gr. 8. Stuttg. 833, 34. Scheible. Subscr.-Pr. $1^1/_4$ ℛ︀
— 2e Aufl., s. Geschichte des Kaisers Napoleon, bearb. von Hnr. Elsner. — 3e Aufl., gänzlich umgearb. v. Hnr. Elsner. Mit Napol. Bildn. u. 1 Kpfrtaf. u. Vign. 8. Ebd. 836. $1^1/_4$ ℛ︀
4e Aufl. 840. $1^1/_4$ ℛ︀

— dies. Nach d. franz. Originale neu besorgte u. revid. (Taschen-)

Ausg. A. u. d. T.: Napoleons Lebensgeschichte. 2 Thle. Mit 2 Bildn. u. 1 Facsimile. 16. Ebd. 839, 40. 1 ℛ︀

—— vollständ. Geschichte d. Kaisers Napoleon, mit Samml. seiner sämmtl. Werke. A. d. Franz. übers., u. in Verbind. mit mehr. Gelehrten umfass. bearb. v. Heinr. Elsner. 10 Bde. gr. 8. (351 B. u. 11 Stahlst.) Stuttgart 839, [Scheible, Rieger u. Sattler.]
Hat mit: Geschichte, umfassende, d. Kaisers Napoleon, hrsg. v. Elsner, vgl. dies., gleichen Inhalt.

Hugo, A., Histoire de l'Empereur Napoléon, redigée d'après les notes et dictées de l'Empereur lui même; et les écrits de MM Las-Cases, Bertrand, Montholon, Gourgaud, Antomarchi, Lavalette, Rupp, Savary, Meneval, Fain, Bourienne Thibeaudeau, Real, Bignon, Fleury de Chaboulon etc., les mémoires, rapports, ouvrages militaires des Maréchaux Berthier, Soult, Macdonald, Davoust, Gouvion-Saint-Cyr, Suchet, Grouchy etc. Ornée de 30 Vignettes, p. Charlet. Livr. I. — V gr. in-8. Stuttg 834, 35. Scheible. $1^1/_4$ ℛ︀

Hugo, Albert

Hugo's, A., Jagd-Zeitung. 24.—27. Jahrg. 1881—1884. à Jahrg. 24 Nrn. (à Nr. 2 Bog.) gr. 8. Wien, (Wallishausser'sche Hofbuchh.) à Jahrg. *
Frühere Jahrg. vgl.: Jagd-Zeitung.

Hugo's, A., Jagdzeitung 28. Jahrg 1885. 24 Nrn. (2 B) gr 8. Wien, *Wallishausser'sche Hofbuchh. (A. W Künast Ganzj 8 fl., halbj. 4 fl, viertelj. 2 fl

Hugo's, A., Jagdzeitung. Red. Vict. Grossbauer Edl. v. Waldstätt. 29. Jahrg. 1886. 24 Nr (2 B.) gr. 8°. Wien, Künast. Baar fl. 8 —

Hugo's, A., Jagd-Zeitung. Red.: Vict. Großbauer Edler v. Waldstätt. 30.—33. Jahrg. 1887—1890. à 24 Nrn. (2 B.) gr. 8. Wien, Künast. à Jahrg. n. 14.—

Hugo's, A., Jagd-Zeitung. Red.: Vict. Großbauer Edler v. Waldstätt. 34.—37. Jahrg. 1891—1894. à 24 Nrn. (2 Bog.) gr. 8. Wien, A. W. Künast. à Jahrg n. 14.—

Hugo's, A., Jagd-Zeitung. Red.: Vict. Großbauer Edler v. Waldstätt. 38.—41. Jahrg. 1895—1898. à 24 Nrn. (à ca. 2 Bog. m. Abb.) gr. 8. Wien, A. W. Künast. à Jahrg. n. 14.—

Hugo's, A., Jagd-Zeitung. Red.: Vict. Großbauer Edler v. Waldstätt. 42.—45. Jahrg. 1899—1902. à 24 Nrn. gr. 8. (à ca. 32 S.) Wien, A. W. Künast. à Jahrg. n. 14.—

Hugo's, A., Jagd-Zeitung. Red.: Wahrmund Riegler, Hrsg.: Adph. Künast. 46.—49. Jahrg. 1903—1906. à 24 Nrn. (à 32 S.) Lex.-8. Wien (III, Gärtnerg. 17), Administration. (W. Braumüller.)
Postfrei à Jhrg. n. 17.—

Hugo's, A., Jagd-Zeitung. Red.: Frdr. v. Gagern. 50.—53. Jahrg. 1907—1910. à 24 Nrn. (VII, 742; VI, 734; VI, 730 u. VI, 700 S.) Lex. 8. Wien, W. Braumüller. Postfrei à Jahrg. 8. 50

Hugo, Albert (Red.), s. Zeitung, Österreichische.

Hugo, Alfred von Die geographische Verbreitung der nutzbaren Schellfische und ihre national-ökonomische Bedeutung. 4 (S. 3 —41). Progr. Rsch. *Crefeld* 1888 (446).

Hugo, André, gute Gedanken f. Album, Stammbuch u. dergl., s.: Volksbibliothek, deutsche.

Hugo, André, der Goldkoffer. Eine wahre Geschichte aus Thüringen. 8. (VII, 332 S.) Nürnberg 872. Richter & Kappler. 4. 50

Hugo, André. Hochzeitsbuch, s. Volksbibliothek, Deutsche

Hugo, André, aus dem Schulstaube. Heitere Bilder aus der Lehrer-Trübsal. gr. 16. (156 S.) Leipzig 878, Siegismund und Volkening. * 1 50

— die Spielhölle, s.: Volksbibliothek, neue.

— das Scepter der Wambutti-Zwerge, s.: Volksbücher, Münchener.

Hugo, André. Wald-Else. Novelle. 64 S. 8. Aarburg, Burk's Verlag, 1903.
Schweizer Familien-Bibliothek. Band 14. (fr. —. 20.) [Nr 1.]

Hugo, André: Der Wildschütz, s. Volksbibliothek, Neue.

Hugo, Armed (Hugo Hecht), Dichtungen. (206 S.) 8. Großenhain 906. Baumert & Ronge. n. 2.—; geb. n. 3.—

Hugo, Aug. Lud. de, de glandulis et thymo. 4. Götting. Vandenhök. 747.

Hugo, C 1904 ff [Pseud.]
s.a. Lindemann, Hugo

— Kommunale Arbeiterpolitik. 8°. Berlin, Buchhdlg. Vorwärts, 1905. (Socialdemokratische Gemeindepolitik, Heft 2.)

— Geschichte d. socialist. Bewegg. in Polen, s.: Stegmann, Carl.

— s.: Geschichte, die, d. Sozialismus in Einzeldarstellgn.

Hugo, C., die englische Gewerkvereins-Bewegung. Nach G. Howell's „The conflicts of capital and labour". 8. (VIII, 208 S.) Stuttgart 896. J. H. W. Dietz Nachf. n. 1. 50; geb. 2. —

— Handbuch d. Socialismus, s.: Stegmann, Carl.

— die religiösen kommunist. Kolonien in Nordamerika, — der Sozialismus in Frankreich v. d. Reformation bis z. Revolution, } s.: Geschichte, die, des Sozialismus in Einzeldarstellungen.

Hugo, C., die deutsche Städteverwaltung. Ihre Aufgaben auf den Gebieten d. Volkshygiene, des Städtebaus u. d. Wohnungswesens. gr. 8. (XII, 512 S. m. 1 Plan.) Stuttgart 901. J. H. W. Dietz Nachf. n. 10. —; geb. n. 11. 50

— die deutsche Städteverwaltung, 2. Aufl., s.: Lindemann, H.

[F.] Städteverwaltung und Munizipal-Sozialismus in England v. C. Hugo. *Stuttgart: J. H. W. Dietz 1897.* (XII, 300 S.) 1 Bd 8. [97. 1787

Hugo, C., Städteverwaltung u. Munizipal-Sozialismus in England. Internationale Bibliothek, Jhrg. 1, Nr. 10—15. 8°. Stuttgart, Dietz, 1897.

— Städteverwaltung und Munizipalsocialismus in England. 2. Aufl. Mit einem neuen Vorwort. 8°. Stuttgart, J. H. W. Dietz Nachf., 1906.

— dasselbe, s. a. Bibliothek, internationale.

Hugo, Charles, la bohème dorée. 4 Vols. (Bibliothèque choisie. Vol. 292., 306—308.) 16. (586 S. und Anouchka. Souvenirs des bords du Rhin par J. Tourguenef. Traduit du Russe par M. H. Delaveau 90 S.) Paris 859. [Naumburg, Paetz.]

—— le cochon de Saint Antoine. 3 Vols. 16. (XXVII und 641 S.) Leipzig 857, A. Dürr.

—— une famille tragique. 3 Vols. (Bibliothèque choisie. Vol. 372—374.) 16. (468 S.) Naumburg 861, Paetz.

—— les mémoires terribles d'un martyr monstre. IV. A. u. d. T.: Das gemaßregelte Genie oder: Der göttliche Paria. Lex.-8. (VIII und 176 S.) Berlin 862, (Lassar's Buchh.) *

— les mémoires terribles d'un martyr monstre. IV. A. u. d. T.: Das gemaßregelte Genie oder: Der göttliche Paria. Berlin 862. (Lassar.) Lex.-8. (VIII, 170 S.) n. 1 a℔
Vol. I—III. sind noch nicht erschienen.

—— la tirelire de Thérèse, s. Reybaud, Ch., l'oncle César.

— Baljean. Drama in 2 Abtheilungen mit einem Vorspiel nach Victor Hugo's Roman „Die Armen u. Elenden." Für die deutsche Bühne bearb. von A. Diezmann. Autorisirte Ausg. Leipzig 863. Steinacker. 8. (131 S.) n. 15 ngr

Hugo, Charles Louis

Hugo, C. L., sacrae antiquitates, monumenta historica diplomatica etc. T. I. fol. Stivagii. (Varrentrapp et W. Frcf.) 725.

Hugo, Chr. Fr., († d. 19. März 1774.) theoret. Abhandl. von d. Finanzwissenschaft. 8. Berl. 773. (Reimer). 12 gr

Hugo, C. F., theoretische Abhandlung von der Finanzwissenschaft. 8. Berlin, Realschulbuchh. 773.

— Abhandlungen aus dem Finanzwesen. Berlin 1774.

— s. Danville, Beschreib. d. türk. Reichs.

Hugo, Christ. Frid., diss. de Spiritu Castellionis fatidico. Lips. 763. 4

Hugo, F., album para sellos de correo. Conteniendo todos los sellos de correo, las tarjetas, los sobres y fajas con sello impreso oficialmente. Obra completa subdivisa en 2 partes (1840—1890 y 1890 hasta el dia). Album compuesto segun la ultima edicion del célebre album de Schaubek. Ilustrado con las reproducciones de todos los valores postales que muestran variaciones de tipo, con muchisimos escudos, retratos de regentes, viñetas de las filigranas y con un apéndice. gr. 4. (VI S. 427 Bl. u. VI S. 202 u. 8 Bl.) Leipzig 894. C. F. Lücke. Ausg. I. in 1 Halbleinw.-Bd. 18. 50; Ausg. II. in 2 Bdn. 17. —; 1. Bd. allein 12. —; 2. Bd. allein 7. 50; Ausgabe III. in 2 Leinw.-Bdn. 19. 50; 1. Bd. allein 12. 50; 2. Bd. allein 9. —; Ausg. IV. auf Velinpap. in 2 Leinw.-Bdn. 30. —; 1. Bd. allein 20. —; 2. Bd. allein 12. —; Ausg. V. auf Velinpap. in 2 Halbfrz.-Bdn. m. Goldschn., Schloss u. Metallknöpfen n. 40. —; 1. Bd. allein n. 26. —; 2. Bd. allein n. 19. —; Ausg. VI. auf Velinpap. in 2 Ldr.-Bdn. n. 65. —; 1. Bd. allein n. 40. —; 2. Bd. allein n. 30. —; Ausg. VII. auf Kartonpap. in 3 Ldr.-Bdn. n. 100. —; 1. u. 2. Bd. allein n. 70. —; 3. Bd. allein n. 40. —

Hugo, Ferd. v., die Obliegenheiten d. Nachlaßgerichts nach den Vorschriften d. bürgerlichen Gesetzbuchs u. d. Reichsgesetzes üb. die Angelegenheiten der freiwilligen Gerichtsbarkeit. (VIII, 62 S.) gr. 8. Hannover 907. C. Meyer. 1. 20

Hugo, Ferd. v., systematisches Register zu den Jahrgängen 1867 bis 1890 d. Bundes- u. Reichsgesetzblatts. gr. 8. (VIII, 76 S.) Hannover 891. C. Meyer. n. 2. —

— dasselbe zu den Jahrgängen 1867 bis 1893 des Bundes- u. Reichsgesetzblatts. 2., verm. Aufl. Mit alphabet. Inhaltsverzeichniß u. e. Inhaltsübersicht. gr. 8. (VIII, 91 S.) Ebd. 894. n. 2. —

Uebersicht über die neuere Verfassung des im Jahre 1802 saecularisirten Hochstifts Osnabrück von Ferdinand v. Hugo, Amtsrichter. *Osnabrück: J. G. Kisling 1893.* (VIII, 50 S.) 8° [F.]
— Mitteilungen d. Vereins f. Geschichte u. Altertumskunde d. Hasegaus. H. 2.

Die Vorschriften des Bürgerlichen Gesetzbuches über die Schriftform, die öffentliche Beglaubigung und die gerichtliche oder notarielle Beurkundung, sowie über d. Verpflichtung z. Aufnahme von Bestandsverzeichnissen, zsgest. von Ferdinand v. Hugo, Landger.Dir. *Hannover, Berlin: C. Meyer 1903.* (VIII, 47 S.) 8° [F.] [03. 7108 7

Hugo, Foral, Gedichte. (78 S.) kl. 8. Leipzig 907. Verlag f. Literatur, Kunst u. Musik. 1.50; geb. n 2. 50

HUGO, FR.: Monument der Hochachtung Sr. Hochw., dem ... Herrn P. Jeremias Schober, bei Gelegenheit der am 10 July 1828 bestätigten Wahl zur Provincialwürde ... geäußert vor dem Temesvarer Konvent. Temesvar 1828. Godr. bei Josef Klapka. 4 S. - kl. 4°

Gustavo **Hugoni**, iuris utr. doctori et professori P. O. ... professoris in univ. litt. Georgia Augusta muneris suscepti ... sollennia semisaecularia d. XXIIII Oct. obeunti ... gratulatur ordo iurisconsultorum univ. Frid. Wilh. Rhenanae. Bonnae, typ. C. Georgii 1838. 4 Bl. 4.

Hugo, Gust., Beyträge z. civilist. Bücher-Kenntniß d. letzten 40 Jahre, aus d. „Götting. gelehrten Anzeigen“ u. d. Vorreden, besond. zu d. Theilen d. civilist. Cursus, zusammen abgedruckt u. mit Zusätzen begleitet. Beylage z. „civilist. Cursus“ u. d. „civilist. Magazin.“ 1. u. 2. Bd. 8. Berlin, Mylius.
Bd. 1. 1788—1807. (34½ B.) 828. 1 Thlr. 16 Gr.
„ 2. 1808—1827. (48 B.) 829. 1 Thlr. 20 Gr.

Hugo, Gust., Beiträge zur Kenntniß civilist. Bücher seit 1788. 3. Bd. A. u. d. T.: Letzter Beitrag des Geh. Justiz-Rath Comthur Hugo zu den Götting. gelehrten Anzeigen, Die von Oppermann's Geschichte Derselben u. einiges Aehnliche. 8. (6½ B.) Berlin 844, Mylius'sche Buchh.
1. u. 2. Bd. Ebendas. 1828, 29. 3 Thlr. 15 Ngr.

Hugo, Gustav, s. Brinkmann, H. R.: Erbfolge.

Hugo, Gustav (Baden), Commentatio de fundamento successionis ab intestato ex jure Romano antiquo et novo. Götting. (Johann Christian Dieterich) 4. VI. 1785. 46 S. (6.—) 16329

— de fundamento successionis ab intestato ex jure Romano antiquo et novo, 4 Jun. 1785. ab ord. ictor. praemio ornata. gr. 4. Götting. Dieterich. (et. Vandenhök et R.) 785.

– s. Gibbon: Übersicht d. röm. Rechts.

— Institutionen d. heutigen Römischen Rechts. 8. Berl. 789. Mylius. 5 gr.

Hugo, G., Jus Civile Antejustinianeum, vide Jus Civile.

— Lehrbuch u. Chrestomathie d. class. Pandektenrechts, zu exegetischen Vorlesungen. 1r Bd. 8. Götting. 790. Dieterich. 12 gr.

— Lehrbuch eines civilistischen Cursus. 1r Bd. A. u. d. T.: Lehrbuch d. jurist. Encyklopädie. 8. Berl. 792. 2e A. ... 3e A. 806. 4e A. ... 5e A. 817. 6e A. 820. 7e A. 823. Mylius. 2 Rthlr. 2r Bd. A. u. d. T.: Lehrbuch d. Naturrechts, als einer Philosophie d. positiven Rechts, besonders d. Privatrechts. 8. Ebd. 799. 4e A. 819. 1 Rthlr. 16 gr. 3r Bd. A. u. d. T.: Lehrbuch d. Gesch. d. röm. Rechts bis auf Justinian. 8. Ebd. 799. 2e A. ... 3e A. 806. 4e A. 810. 5e u. 6e A. 818. 7e A. 820. 8e A. 822. 9e A. 824. 10e A. 826. 11e A. in 2 Abtheill. 832. 4 Rthlr. 4r Bd. A. u. d. T.: Lehrbuch d. heutigen römischen Rechts. 8. Ebd. 5e A. 816. 6e A. 820. 7e A. 826. 1 Rthlr. 8 gr. 5r Bd. A. u. d. T.: Chrestomathie von Beweisstellen für das heutige römische Recht. 8. Ebd. ... 2e A. 807. 3e A. 820. 1 Rthlr. 8 gr. 6r Bd. A. u. d. T.: Lehrbuch d. Geschichte d. röm. Rechts seit Justinian. 8. Ebd. 812. 2e A. 818. 3e A. 830. 2 Rthlr. 4 gr. 7r Bd. 802. A. u. d. T.: Erster Vers. e. Chrestomathie von Beweisstellen für d. heutige röm. Recht. ... Zusätze dazu (2e A.) 8. Götting. (812.) Röwer. 2 gr. N. A. A. u. d. T.: Lehrb. d. Digesten, mehr nach Dritttheilen u. Partes als nach Büchern u. Titeln. 8. Berl. 822. Mylius. 14 gr. 2e A. 828. 18 gr.

Hugo, [Gust.]: Lehrbuch eines civilistischen Cursus. Bd 1—7. Berlin. 7 Bde

Bd 1. welcher die jurist. Encyclopädie enthält. Abth. 1. [einz.] Privatrecht. 3. Aufl. 1806.
„ 2. Lehrbuch d. Naturrechts, als einer Philosophie des positiven Rechts. 2. Versuch. 1799.
„ 3. Lehrbuch der Geschichte des Röm. Rechts bis auf Justinian. 9. Aufl. 1824.
„ 4. Lehrbuch des heutigen Röm. Rechts. 2. Versuch. 1799.
„ 5. [u. d. Tit.:] Chrestomathie von Beweisstellen für das heutige Röm. Recht. 2. Ausg. 1807.
„ 6. Lehrbuch der Geschichte des Röm. Rechts seit Justinian oder der jur. u. meist civilist. gelehrten Geschichte. 2. Versuch. 1818.
„ 7. Lehrbuch der Digesten zur Quellen-Kenntniß d. Justinian. Sammlungen. 1821.

— [Spätere Aufl.] Bd 3—6. 4 Bde
Bd 3. 10. Aufl. 1826. Bd 4. 7. Aufl. 1826.
„ 5. 3. Ausg. 1820. „ 6. 3. Versuch. 1830.

Hugo, Gust.: Lehrbuch der jurist. Encyclop.; des Lehrbuchs e. civil. Cursus 1n B. 1e Abth. ***Berl.*****, Mylius. 1e—5e Aufl. 792—816. 6e verm. u. verb. Aufl. 820. (1 Thl. 16 Gr.)**

— Lehrbuch eines civilistischen Cursus, 1r Bd. die Encyclopädie enthalt. 4r Versuch. (a. unt. d. Tit. Lehrbuch der juristischen Encyclopädie.) 8. Ebend. 811.

—— LehrBuch eines civilistischen Cursus. 1. Bd. — A. u. d. T.: LehrBuch d. jurist. Encyclopädie. 8., verm. u. verb., aber auch abgekürzte Ausg. 8. (54¼ B.) Berlin 835, Mylius.

Hugo, Gst.: Lehrb. d. Naturrechts als e. Philosophie d. posit. Rechts; d. Lehrb. d. civil. Cursus 2. Th. s. in d. jurist. Lit. ***Berlin*****, Mylius. 797. 2. Ausg. 799. 3. A. 809. 8. 4. sehr veränd. Ausg. 819. (1 Thl. 16 Gr.)**

Hugo, G. „Lehrbuch des Naturrechts, als einer Philosophie des positiven Rechts“, Berlin 1798. — 4. sehr verm. Ausgabe ebenda 1819.

Hugo, Gst.: Lehrb. d. Gesch. d. röm. Rechts (d. Lehrb. d. civil. Cursus 3r Bd.) ***Berl.*****, Mylius. (1—6e Aufl. 790—819.) 7e m. wiederholter Rücks. auf Gajus sehr veränd. Ausg. 820. 8. (2 Thl. 14 Gr.) 8e auch m. Hülfe ungedr. Ang. sehr veränd. Ausg. 822. (2 Thl. 16 Gr.)**

—— dass. 3. Bd. — A. u. d. T.: Lehrbuch d. Gesch. d. Röm. Rechts, bis auf Justinian. 11., sehr veränd. Aufl. 2 Abthln. 8. (77½ B.) Ebds. 832.

Hugo, Gust., Lehrbuch e. civilist. Cursus. 4r Bd. (h. a. d. Tit. Lehrbuch der Pandekten, od. des heutigen römischen Rechts. 8. Berlin, Mylius 810. Rthlr.

Hugo, Gst.: Civilst. Magazin. ***Berl.*****, Mylius. 1-2. Bd. (790-96. 803-4. 811-12.) 4. Ausg. 823-27. 3r Bd. (798-805. 811-12.) 3e Ausg. 829 4r Bd. 815. 5r Bd. 815-27. 6r Bd. 827-37. (zus. 7 Thl. 12 Gr.)**

— civilistisches Magazin. 1r Bd. 4 Hfte. 2r Bd. 4 Hfte. 790—96. 3r Bd. 4 Stcke. 798 u. 812. 4r u. 5r Bd. à 4 Hfte. u. 6r Bd. 1s—3s Hft. 814—32. 8. Berl., Mylius. (1r Bd. 4e A. 823. 16 gr. 2r Bd. 4e A. 827. 1 Rthlr. 8 gr. 3r Bd. 2e A. 829. 1 Rthlr. 8 gr. 4r Bd. 814. 1 Rthlr. 8 gr. 5r Bd. 817 u. 827. 1 Rthlr. 8 gr. 6r Bd. 1s—3s Hft. 827—32. 1 Rthlr.) 7 Rthlr.

—— civilist. Magazin. 6. Bd. 2. u. 3. Hft. 8. (8½ u. 8 B.) Berlin 830, 32, Mylius. à 8 Gr.
1—5. Bd. à 4 Stcke. u. 6. Bd. 1. Stck. Ebendas. 1816—29. 6 Thlr. 8 Gr.

Hugo, Gust., civilistisches Magazin. 6. Bd. 4. (letzt.) Stück. 8. (13¾ B.) Berlin 837, Mylius.
1—6. Bd. 1—3. Stück. Ebendas. 1814—32. 7 Thlr.

– s. Pauli, Jul.: Sententiarum.

— — De bonorum possessionibus commentatio. Halle (Fried. Wilh. Hund) Mai 1788. 50 S. (6.—) 16330

— Spittler; nebst e. Anmerkk. e. Ungenannten, s. Heeren.

— s. Ulpiani fragmenta.

Hugo, Gust. Wilh., die Grundgesetze u. Verfassungsurkunden, nachgewiesen. gr. 8. (13 B.) Karlsruhe 830, Müller'sche Hfbh.

Hugo, Gust. Wlh., Jahrbücher der Geschichte v. Amerika (1492—1829). gr. 8. Karlsr. 829. Groos. 16 ℊℊ

— Jahrbücher d. neuesten Geschichte, v. 1815 bis 25. gr. 8. Hamb. 826. Fr. Perthes. 18 ℊℊ

Hugo, Gust. Wilh.: Die Mediatisirung d. deutschen Reichsstädte. *Karlsruhe*, Braun. 838. gr. 8. (2 Thl.)

Hugo, Gust. Wlh., über die nicht glossirten Stellen im Justinianischen Codex. 8. Jena 807. (Cnobloch in Leipz.). 3 ℊℊ

Hugo, Gst. W.: Ueber die nichtgloss. Stellen im Justin. Codex. *Jena*. 817. gr. 8. (4 Gr.)

Hugo, Gust. Wilh.: Chronolog. Verzeichniss d. Verfassungsurkunden älterer u. neuerer Zeit. *Heidelberg*, (Mohr.) 827. gr. 4. (6 Gr.)

Hugo, Heino

Hugo, H., der musikalische Accent und im Gesang die Aussprache. Leitfaden für Unterricht und Selbststudium. 16. (35 S. mit 1 Tab. in qu. 8.) Leipzig (861)62, Wengler. *

Hugo, Heino, technische Winke für Sänger und Redner. 8. (IX, 36 S.) Gotha 884, (Ziert'sche Hofmusikh.) *

Hugo, Heinr., die Worte der Wala, aus der Edda einer Erzählung. 1. Abtl. 8. (16 S.) Leipzig 884, Fock. *

Hugo, Heinr. Die Worte der Wala. 12. (16 S.) Lpz. 890, Fock. * — 50

Hugo, Hermann: Alles kriegsmäßig. Schwank aus d. Manöver in 1 Akt. Wustrau: H. Völker [1906]. (33 S.) 8°

'Auf Befehl Seiner Majestät des Kaisers'. Lustspiel in 1 Akt von Hermann **Hugo**. Wustrau: H. Völker [1906.] (27 S.) 8° [F.] 07. 1458

Hugo, Herm., pia desideria, d. i. gottselige Begierden. gr. 8. Bamberg, Göbhard. 760.

— — idem liber, c. praef. I. H. Ernesti, c. fig. 8. Lips. Heinsius. 721.

— — idem liber, c. annotationibus I. A. Groebel. 8. Eisenach. 727.

— — idem liber et Otto Vaen, Liebe Gottes, od. die ihren Gott liebende Seele, vorgestellt in Sinnbildern, a. d. Frz. 8. Regensburg. 743.

Familie Haase auf'n Ausflug. Schwank in 1 Akt aus d. Turnerleben von Hermann **Hugo**. Wustrau: H. Völker [1906]. (19 S.) 8° [F.] 07. 1459

Die Kompagniemutter. Lustspiel in 1 Akt aus d. Soldatenleben von Hermann **Hugo**. Wustrau: H. Völker [1906]. (19 S.) 8° [F.] 07. 146…

Hīmlische Nachtigall, Singend Gottseelige Begierden, Der Büssend-heilig- und verliebten Seel, Nach denen drey Wegen, Der Reinigung, Erleuchtung und Vereinigung Mit Gott. In Hoch-Teutscher Sprach verfaszt, und mit anmuthigen Kupfer gezieret, Durch Jo. Christoph. Hainzmann, Med. D. ... Franckfurt, Verlegts Georg Christoph Weber ... 1730.

'Auf Schleichwegen'. Schwank in 1 Akt aus d. Turnerleben von Hermann **Hugo**. Wustrau: H. Völker [1906]. (18 S.) 8° [F.] 07. 1461

Feldwebel Wichtig. Schwank aus d. Soldatenleben von Hermann **Hugo**. Wustrau: H. Völker [1906]. (18 S.) 8° [F.] 07. 146…

Hugo, James: Statistisches und Klinisches über akuten Gelenkrheumatismus. Breslau, Druck d. Bresl. Gen.-Buchdr., 1893, 39 S, 4 Tab. 8°
Freiburg i. B., Med. Fak., Inaug.-Diss. v. 1893

Hugo, Jos. Ant., Chronik des Marktes u. der Pfarrei Diessen. Nebst: Kurz gefaßter Geschichte des ehemal. regulierten Chorherrnstiftes Diessen. Illustr. v. Ed. Gabelsberger. 4. (186 S.) Diessen 901. J. C. Huber. n. 5. —

v. Hugo, Just. Konr., (✝ d. 8. Juli 1802.) landschaftl. Verfassung des Fürstenth. Calenberg. 8. Hannov. 793. Helwing. 9 ℊℊ

Hugo, K. E. H. v., Geschichte der im Fürstenthum Calenberg begüterten Familie von Hugo. Hannover 1873. 8.

Hugo, Carl, des Hauses Ehre. Drama in 3 Akten. 8. (XVI und 128 S.) Berlin 861, J. Abelsdorff's Verlag. *

— Fibel der Ehre in zwei dramat. Dichtungen. 1. Thl. Brutus u. Lucretia. Drama in 4 Akten. (Als Manuscr.) Lex.-8. Wien 843. (Gerold.) n. 1 ß

Hugo, Karl, die große Fibel in zwei dramat. Dichtungen. 2. Aufl. Lex.-8. Wien 844, Kaulfuß Wwe., Prandel u. Co. n. 2⅓ ß

Hugo, Carl. Der Kaufmann von Marseille. Drama in 5 Acten. 1859. 8. (XIV u. 79 S.) Pest, Wilh. Lauffer's Verlag. 1866. 1 fl.

—— Ludwig der Baier und Friedrich der Schöne. Schauspiel in 5 Akten. 8. (87 S.) Düsseldorf 861, (Schaub'sche Buchh.) *

—— Novelle, s. Skizzen aus der vornehmen Welt.

— Psalmen eines armen Poeten. Lex.-8. Pesth 846. Heckenast. (Leipzig, G. Wigand.) n. 1 ß 18 ngl

Hugo, Carl, ein Ungarkönig. Histor. Drama in 4 Akten. 8. (242 S.) Pesth 847, Heckenast. (Leipzig, G. Wigand.) n. 1⅓ ß

Hugo, Ludolph: De abusu appellationum tollendo, et Camera Imperiali immenso earum cumulo levanda, consultatio. Acc. Herm. Conringii dissertationes tres de judiciis in republica recte ordinandis. Ed. 2., c. praef. Joh. Nic. Hertii. Francofurti ad M. 1706.

Hugo, L., de abusu appellationum tollendo, acced. Herm. Conring. dissert. tres de iudiciis in Republica recte ordinaudis c. praef. I. N. Hertii. 4. Frcf. (Andreä, Nrnb.) 706.

— — De statu regionum Germaniae, et regimine principum summae imperii reip. aemulo, nec non de usu et autoritate juris civilis privati, quam in hac parte juris publici obtinet. Disp. jur. Präs. Heinrich Binn. Helmstedt (Henning Müller) 20. VIII. 1661. 68 Bl. (8.—) 16333

— — Dasselbe. Leipzig 1736. 86 Bl. (7.50) 16334

— **Ludolph Dietrich,** De examine testium extraordinario, cumprimis ad instruendam probationem futuram, vulgo zum ewigen Gedächtniß ad capit. quoniam frequenter. 5. X. ut lit. non contest. & capit. significavit. 41. X. de test. & attestat. Diss. jur. Präs. Johann Werlhof. Helmstedt (Georg Wolfgang Hamm) 23. VI. 1705. 121 S. mit Widm. v. Präs. (7.—) 16335

— — Dasselbe. 1725. 122 S. (7.—) 16336

— — Juris, maxime quo in foro Germani utimur, enucleati, et in succinctas theses memoriales digesti, specimen I. De jure Germanis patrio, universe tali. Präs. Johann Werlhof. Helmstedt (Georg Wolfgang Hamm) 1. VII. 1705. 110 S. (7.—) 16337

Hugo, Ludw., katholische Exegese unter falscher Flagge. (112 S.) gr. 8. Regensburg 906. F. Pustet. n. 1. —

Hugo, O. F., Peter Joseph Schäffer ehemal. Pfarrer zu Köln. Zweifacher Meuchelmörder. Getreu nach den Kriminalacten dargestellt. 2. Aufl. 16. (149 S.) Leipzig 858, O. Wigand. *

Hugo, O[tto], a. Essen: Kristallographische Vergleichung verschiedener Metall-Rhodanide mit den entsprechenden Metall-Haloiden der organischen Basen Chinolin und Pyridin. Stuttgart 1905: E. Schweizerbart. (31 S.) 8° ¶ (Aus: Centralblatt f. Mineralogie. Jg. 1905. No 10 u. 11.)
Münster, Phil. Fak., Ref. Buß, Diss. v. 28. Juni 1905
[Geb. 22. Apr. 78 Essen; Wohnort: Münster i. W; Staatsangeh.: Preußen; Vorbildung: Realgymn. Quakenbrück Reife O. 98; Studium: Marburg 4, Münster 5 S.; Rig. 14 März 05.]

Hugo, P. — Verein und Andachtsübungen zum Troste und Hilfe der armen Seelen im Fegefeuer. Zusammengestellt von — —. Vierte verbesserte und vermehrte Auflage. 8. (60 S.) Wien. Mechitharisten-Buchdruckerei. 1854.

Hugo, Paul [Pseudon.] s. Lutz, Paul Hugo [Zürich].

Hugo, Paul, Luzifer od. das Ringen der Menschen. Eine Trilogie. (V, 159 S.) 8. Dresden 906. E. Pierson. 2. 70

Hugo, P. Peter Unschuldiges Leben und Wandel, Seeliges Ableiben, warhafte Prophezeyhung und grosse Wunder-Zeichen Des Seeligen Nicolai Von der Flüe in Lateinischer Sprach beschriben, und nun ins Teutsche übersetzt. Von R. P. Petro Hugone. S. J. 4. Aufl. [Mit Illustrationen und 1 Tafel.] 8. Lucern 1758.

— **Philipp Conrad** (Hannover), De advocatis. Meditationum ad pandectas specim. 46. Präs. Augustin Leyser. Helmstedt (Hermann Daniel Hamm) 6. VI. 1716. 4 Bl. (4.—) 16338

— — De his qui ab advocatione arcentur. Meditationum ad pandectas specim. 47. Präs. Augustin Leyser. Helmstedt (Hermann Daniel Hamm) 13. VI. 1716. 4 Bl. (3.50) 16339

— — De infamia et levis notae macula. Meditationum ad pandectas specim. 48. Präs. Augustin Leyser. Helmstedt (Hermann Daniel Hamm) 11. VII. 1716. 4 Bl. (3.50) 16340

Hugo, Richard 1897 [Pseud.]
s. Zoozmann, Richard

Hugo, Richard (Pseud.). s.a. Huch, Ricarda

Hugo, S. Thôrr. Dramat. Dichtg. gr. 8. (23 S.) Lpz. 890, Literar. Anstalt, Aug. Schulze. * — 80

Hugo, Fz., die österreichisch deutsche Zoll- u. Handelseinigung. Ein Wort f. Bürger u. Landmann. gr. 8. (62 S.) Meißen 850, Goedsche. 9 ngr

Hugo, Ulrich, a. Thiede b. Braunschweig: Beiträge zur Kenntnis einiger nitrierter Derivate des Cumarons. Rostock 1906: C. Hinstorff. (49 S.) 8°
Rostock, Phil. Fak., Ref. Stoermer, Diss. v. 15. Jan. 1906
[Geb. 18. März 80 Aschersleben; Wohnort: Thiede; Staatsangeh.: Preußen; Vorbildung: Gymn. Wolfenbüttel Prima-Reife M. 99; Studium: Braunschweig T.H. 2, Stuttgart T.H. 4, Rostock 6 S.; Rig. 11. Jan. 06.]

Hugo, Victor

— - s. Hartmann, K. A. M. — Schmeding, G.

Hugo, Victor, s.: Bücher der Weisheit u. Schönheit.

Hugo, Vikt., s.: Indianer-Bücher.

— moderne Schriftsteller und Dichter des Auslandes, s. Schriftsteller.

Hugo, Victor: Angelo, tyran de Padoue, s. Répertoire du Théatre franç. No. 147.

— Angelo, tyran de Padoue, drame en 3 journées. gr.in-8. Berlin 835. Schlesinger. 1/3 ℛ — s. auch Théâtre français moderne.

Hugo, Victor, Angelo, tyran de Padoue, drame en trois journées. Publié par J. Louis. Avec des notes explicatives. 5. édition. 16. (128 S.) Leipzig 852, Friese. n. 1/6 ℛ

Hugo, Victor, Angelo, Tyrann von Padua, s. Universal-Bibliothek Nr. 1147.

— Angelo, Tyrann von Padua. Drama in 4 Akten. Frei bearb. von Siegm. Saphir. 8. Pesth 836. (Heckenast.) 5/6 ℛ

Hugo, Vict., die Armen u. Elenden, s.: Romane, d. besten, der Weltliteratur. VI. Serie.

Hugo, Vict., die Armen und Elenden. Roman. Deutsch von A. Diezmann. Autoris. Uebersetzung. Einzig rechtmäß. Orig.-Ausg. in deutscher Sprache. 10 Bde. 8. (LIV und 3330 S.) Leipzig 862, Steinacker. Separat-Conto. à Bd. * 1 Thlr. *

Auswahl aus Victor Hugo. Erklart von Dr. Oskar Weißenfels, Prof. in Berlin. Berlin: Weidmann 1905. (IX, 248 S.) 8°
(Weidmannsche Sammlung franz. u. engl. Schriftsteller.) (05. 8:85

Hugo, Vict., Auswahl seiner Gedichte f. die oberen Klassen höherer Lehranstalten. Hrsg. v. A. Kühne. gr. 8. (XI, 79 S.) Berlin 876. Weidmann. — 75

Hugo, Victor, Auswahl von 40 Gedichten, s. Poètes français.

—— Eine chronologisch geordnete Auswahl seiner Gedichte, mit Einleitung und Anmerkungen zum Gebrauch in den obern Klassen höherer Lehranstalten. In 3 Heften hrsg. von K. A. Mart. Hartmann. gr. 8. Leipzig 884, Teubner. [1. Heft. (IX, 92 S.) M 1,20.; 2. und 3. Heft. (IV, 115; IV, 128 S.) à M 1,50.]

— Bídníci. Z francouzského přeložil V. Vávra-Haštalský. 5 toma. Prag 863, 64. Kober. 8. (VII, 464; 408; 357; 504; 360 S.) n. 6 ₰ 4 ngr

Hugo, Victor: Ruy Blas, s. Répertoire du Théatre franç. No. 195.

—— Ruy Blas, s. Théâtre français.

—— Ruy Blas, Drame en 5 actes. gr. in-12. (7½ B.) Leipzig 838, Brockhaus et Avenarius. *
Vgl. Répertoire du Théâtre fr. — Théâtre franç. mod.

— Ruy Blas, s. Universal-Bibliothek Nr. 1205.

—— dass. — Trauerspiel in 5 Acten. Metrisch übers. von Herm. v. Löhner. 8. (130 S.) Leipzig 881, Mutze. *

— Ruy Blas. Drama in 5 Acten. Für die Bühne eingerichtet u. in Prosa frei bearb. v. Karl Bleibtreu. 8. (62 S.) Wien 902. Neue Literaturanstalt. n. 1. —

— Lucrèce Borgia, Drame. gr in-8. Stuttg. 834. Scheible, jetzt Gaul u. Tonger in Cöln. ½ ₰

— la même, s. auch Théâtre français moderne Série II. Livr. 12., et Repertoire du Théâtre française No. 110

—— Lucrezia Borgia, s. Universal-Bibliothek Nr. 2404.

—— Lucrezia Borgia. Drama. A. d. Franz. übertr. v. † Theod. Hell gr. 8. (4 B.) Dresden 833, Arnold.

—— dass. a. d. Franz. v. P. H. Külb. gr. 12. (5⅓ B.) Mainz 833, Kupferberg.

(Hugo, Victor)
Bug-Jargal. Erzählung aus den Zeiten der Neger-Empörung auf Sanct Domingo. Vom Verf. des Han d'Islande. Aus dem Franz.
München: Lindauer 1826. 348 S, 8°

— Bug-Jargal. 1791. 16. Leipzig 845, Bamberg. n. ⅓ ₰

— die Burggrafen. Trilogie, metrisch übersetzt von Aug. Schrader. 8. Hamburg 845, Schuberth u. Co. ½ ₰

Hugo, Victor: Les Burgraves, s. Répertoire du Théatre franç. 2. Série, No. 33.

— Chefs-d'oeuvre poétiques, s. Chefs-d'oeuvre.

—— les contemplations. 2 Vols. (Autrefois 1830—1843. — Aujourd'hui 1843—1856.) gr. 8. (464 S.) Paris 856. (Leipzig, Gerhard.)

—— les contemplations. 2 Tomes. 2. édit. 8. (464 S.) Leipzig 862, Gerhard.

Hugo, Viktor, Cromwell. Drama, übersetzt von J. B. Werner. gr. 8. Frankf. 830. Friedrich. 1 ₰ 18 ₰

—— Cromwell. Drama, übers. v. J. B. Werner. gr. 8. (32 B.) Frankfurt a. M. 830, [Verlags-Magazin.]

—— Dreiundneunzig. Roman in 3 Bdn. Aus dem Französ. von Ludw. Schneegans. Einzig autoris. deutsche Ausg. 3 Bde. gr. 8. (235; 196; 220 S.) Straßburg 874, Wolff. *

—— die Elenden. Deutsch von L. v. Alvensleben. 5 Abthlgn. in 2 Bde. gr. 8. (1958 S.) Wien 862, Manz' Verlag. *

—— dass. — 10 Bde. gr. 8. (1978 S.) Berlin 863, Hasselberg'sche Verlagsh.

—— dass. — Deutsch von Wilh. Schroers. 10 Bde. gr. 16. (1394 S.) Mülheim a. d. R. 863, Bagel.

— die Elenden. Uebers. v. G. A. Volchert. 2 Bde. 8. (825, 12 u. 703, 14 S.) Berlin 896. J. Gnadenfeld & Co. n. 6. —

Die Elenden Roman von Victor Hugo. Bd 1. 2. *(Berlin: Vorwärts 1898.)* 2 Bde 8° [Ant u. F.]
— Stunden, In freien. Jg 2. Halbjahresbd 2.

—— das höchste Erbarmen. Uebers. von Wiln de Bach. gr. 8. (IV, 79 S.) Prag 880, (Mercy.) *

Hugo, Victor, les feuilles d'automne. 8. Stuttg. 831. Hoffmann. 15 ₰

— les feuilles d'Automne. 8. Stuttgart 831, ist Verlag v. Brodhag. ⅝ ₰ — Ausg. in 16. Ebd. ¼ ₰

Hugo, Vict., Friedens-Manifest an die Völker Europa's. Einzige rechtmäß. deutsche Ausg. 1. u. 2. Aufl. Berlin 867. R. Lesser. 8. (64 S.) 6 ngr.

— Ymbert Galloir, der Schweizer-Jüngling in Paris. Nach d. Franz. von Victor Amad. Coremans. gr. 12. Bern 834. Jenni, Sohn. 7 ₰

— Gedichte, hrsg. v. K. A. Mart. Hartmann, s.: Hartmann's, K. A. Mart., Schulausgaben. Nr. 28.

Ausgewählte Gedichte von Victor Hugo. In Uebertragungen hrsg. von Fritz Gundlach. *Berlin: Selbstverl. 1903.* (205 S.) 8° [F.] [03. 14641

— lyrische Gedichte. Deutsch von Fd. Freiligrath. 8. (Mit d. Verf. Portr.) Frankf. a/M. 845, Sauerländer. n. 1⅓ ₰

—— Der Glöckner v. Notre Dame. Roman. Neu u. vollständig ins Deutsche übertr. v. Paul Heichen. 2 Bde. 8. (IV, 676 S. m. Bildnis.) Ebd. 892. * 4 —; geb. * * 4 75

— Der Glöckner v. Notre-Dame. Roman in 8 Büchern u. e. Vorwort. Ins Deutsche übertr. u. m. Einleitg. versehen v. Philipp Wanderer. (663 S. m. Bildnis.) 8. Berlin (907). A. Weichert. (Urspr. Pr. 3. —)

— dasselbe. Illustrierte Ausg. Ins Deutsche übertr. v. Bruno Richter. (400 S.) 8. Berlin (909). Schreiter. 2.—; geb. 3. —

—— Han von Island, n. d. Franz. ins Deutsche übertr. v. W. Laubner. 3 Thle. 8. (49½ B.) Meißen 830, Klinkicht u. Sohn.

— Hernani, s. Théâtre franç. 6. Série, No. 3.

— Hernani, s. Théâtre franç. en vers. I. Série, No. VI.

— dass., französisch, s. Théâtre français moderne Série I. Livr. 8; auch Répertoire du Théâtre française No. 56.

— Hernani, hrsg. v. J. H. Lange, s.: Théâtre français.

— Hernani ou l'honneur Castillan. Drama en cinq actes. 16. Dessau 830 Ackermann 6 gl.

— dass. mit einem Wörterbuche, zum Schulgebrauche. gr. 8. Berlin 836. Schlesinger. 5/12 rf

— Hernani, hrsg. v. Alb. Benecke u. R. Holzapfel, s.a. Théâtre français.

Hernani Par Victor Hugo Mit Anm z Schulgebr hrsg von Albert Benecke Prof [Nebst] Anmerkungen [&] Wörterbuch Bielefeld & Leipzig Velhagen & Klasing 1901 3 Bde 8°
Sammlung Velhagen u Klasings, franz u engl Schulausgaben Théâtre franç Lfg 61 B

Hernani. Par Victor Hugo. Mit Anm. z. Schulgebr. hrsg. von Albert Benecke, Prof. [Nebst] Anh. Bielefeld & Leipzig: Velhagen & Klasing 1904. 2 Bde 8°
— Sammlung, Velhagen & Klasings, französ. u. engl. Schulausgaben. Théâtre franç. Ausg. B. Lfg 61. ⟨Doppelausg.⟩ (04. 1092) 6

Hugo, Victor, Hernani, od. d. kastilian. Ehre. Drama. Metr. übers. v. J. B. Werner. 8. (9 B.) Darmstadt 830, Leske. Thlr.

— dass., nach d. Franz. frei bearb von K. L. W. v. Klinger. 8. Leipzig 830. (Schreck).

—— dass. — od. castilianische Ehre. Drama in 5 Aufz. N. d. Franz. frei bearb. v. K. L. W. v. Klinger. 8. ... Pesth 830, [Heckenast.]

—— Hernani, romant. Trauerspiel. Für d. deutsche Bühne bearb. v. K. H. Hermes. 8. (8½ B.) Leipzig 831, Dyk.

—— dass. — od. d. kastil. Ehre. Ein histor.-romant. Drama in 5 Akten. A. d. Franz. übers. v. J. C. J. Müller. 8. (5½ B.) Merseburg 833. (Leipzig, Franke.)

—— dass. — od. castilian. Ehre, romant. Drama in 5 Aufz. N. d. Franz., mit besond. Hinsicht auf deutsche Bühnen, v. Friedr. Peucer. 8. (11 B.) Leipzig 834, Hartmann.

— Hernani oder die castilianische Ehre. Trauerspiel in 5 Aufzügen. Wortgetreu in deutsche Prosa übers. nach H. R. Mecklenburg's Grundsätzen von R. L. 3 Hfte. 32. (132 S.) Berlin 878. 79. H. R. Mecklenburg. à n. — 25

— Hernani oder die castilianische Ehre. Trauerspiel in 5 Aufzügen. Wortgetreu in deutsche Prosa übers. nach H. R. Mecklenburg's Grundsätzen von R. L. 3 Hefte. 32. (163 S.) Berlin 878,79, H. R. Mecklenburg. à Heft * 25 Pf. * — 75

— dasselbe. s.: Universal-Bibliothek.

— der König amüsirt sich, s.: Universal-Bibliothek.

—— eine Königslaune. [„Le Roi s'amuse."] Trauerspiel in 5 Acten. Metrisch übers. von Herm. v. Löhner. gr. 8. (114 S.) Leipzig 881, Mutze. *

Hugo, Viktor, Der Korsar aus Liebe. Erzählung. — Der schöne Pecopin und die schöne Baldur. Legende. Aus dem Französischen von A. Wolf. kl. 8. (216 S.) Wien, Bachmann. 1865. 80 kr.

—— la légende des siècles. 1. Série: Histoire. — Les petites épopées. Tome 1 et 2. gr. 8. (XIX und 542 S.) Leipzig 859, A. Dürr. *

—— Marion de Lorme, s. Bücher-Schätze.

—— Marion de Lorme, s. Haus-Bibliothek.

— Marion de Lorme, s.: Répertoire du théâtre Français à Berlin, Nr 62.

—— dass. — s. Universal-Bibliothek Nr. 1448.

—— Marion de Lorme, Drame (en vers). 8. (14 B.) Stuttgart 831, [Scheible.]

— Marion de Lorme. Drama. 8. Stuttg. 831. Hoffmann. 12 gl.

— Marion de Lorme. Drame, 8. Stuttgart 831. jetzt Cöln, Gaul u. Tonger. 3/8 rf

—— Marion de Lorme. Drama in 5 Aufz. A. d. Franz. v. Kathinka Halein. gr. 12. (8½ B.) Mainz 833, Kupferberg.

Hugo, Vict., der lachende Mann. Autorisirte Uebersetzung von Geo. Büchmann. 4 Bde. 8. (XI, 316; VII, 256; IV, 255; IV, 341 S.) Berlin 869, F. Duncker. [Stuttgart, Krabbe.] *

— die Meer-Arbeiter. Roman. Aus dem Französ. Einzige rechtmäß. deutsche Orig.-Ausg. 3 Bde. Berlin 866. Janke. 8. (VIII. 940 S.) 4 rf 15 ngr

— — 3 Bde. Autoris. Ausg. Wien 866. Hartleben's Verlag. 8. (322, 320 u. 202 S.) n. 2 rf 20 ngr

—— die Miserabelen. 10 Bde. 8. (2504 S.) Berlin 862, Reichardt und Zander.

—— les misérables. Edition autorisée par l'auteur. 10 tomes. 8. (XLIX und 3185 S.) Leipzig 862, Steinacker. Separat-Conto. à Tom. * 1 Thlr. 15 Ngr. *

— Moïse sur le Nil et L'Enfant, hrsg. v. Heinr. Saure, s.: Auteurs français modernes vol. III.

— Morceaux choisis, erklärt v. F. J. Wershoven, s.: Textausgaben französischer u. englischer Schriftsteller.

'Aus dem Morgenlande' ⟨Les Orientales⟩. Gedichte von Victor Hugo. In d. Deutsche übertr. von Hildegard Stradal. *Kassel: Th. G. Fisher & Co. 1903.* (VIII, 158 S.) 8° [Ü. u. Ant.] (04. 3708) 4

Hugo, Victor. Napoleon der Kleine. 1. u. 2. Aufl. Hamb. 1852. Ü: *Savoye, Hnr. Jos. Carl.* (Scheffer, Die Preuss. Publizistik im J. 1859. Leipzig 1902. S. 14.)

— Napoleon der Kleine. Nach der französ. Orig.-Ausg. getreu in's Deutsche übertragen. 1. u. 2. Aufl. Hamburg 852. Heller. 8. (310 S.) 15 ngr.

— — Aus dem Französ. übers. von H. J. K. Savoye. Gera 852. Kanitz. 16. (VI, 317 S.) n. 15 ngr.

— — Aus dem Französ. von Ludw. Fort. 3 Hefte. Bremen 852. Kühtmann u. Co. 8. (2 Bl., 292 S.) n. 20 ngr.

—— Napoleon der Kleine. Aus dem Französ. 3. Ausg. 8. (VIII, 314 S.) Bremen 870, Kühtmann und Comp. *

— historische Notizen aus der Zeit in der ich lebte. Uebertr. von Osc. Marschall v. Bieberstein. Mit Portr. u. Fcsm. gr. 8. (XVIII, 264 S.) Leipzig 900. H. Schmidt & C. Günther. n. 6. —; geb. n. 7. 50

— Notre-Dame, s. Bibliothèque économique Chefs-d'oeuvre de prosadeur, Vol. VI.

Hugo, Victor: Notre-Dame de Paris. II Tomes. 8° Stuttg. 1831. Hoffmann.

—— Notre-Dame de Paris. Roman historique. 2 Vols. 8. (43 B.) Stuttgart 831, [Scheible.]

— Notre-Dame v. Paris, s.: Meyer's Volksbücher.

—— Notre-Dame in Paris, s. Universal-Bibliothek Nr. 1911—1916.

— die Kirche Notre-Dame zu Paris. Historisch-romant. Erzählung. Nach der 4ten französ. Original.Ausg. übers. von Th. Weis. 3 Bde. 8. Quedlinb. 831. Basse. 3 ℛ 16 gr.

(Hugo, Victor)

Notre-Dame von Paris. Deutsch von Franz Kottenkamp. Th. 1-3.
Frankfurt a.M.: Sauerländer 1836. 232 S. 8°

— die Kirche Notre-Dame zu Paris. Historisch-romant. Erzählg. Nach der 4. französ. Original-Ausg. übers. v. Thdr. Weis. 2 Bde. (2. wohlfeile Ausgabe.) gr. 8. (IV, 199 u. 175 S.) Quedlinburg 871. Basse. n. 3. —

[J.] Victor Hugo, Notre Dame von Paris. Neubearb. Übs. v. Franz Kottenkamp. M. d. Bilde d. Dichters. *Halle a. S.: O. Hendel [1898].* (v S., 1 Bl., 368 S., 1 Portr.) 1 Bd 8.
= Bibliothek d. Gesamtlitteratur d. In- u. Auslandes. No 1131 1137.
96. 8977

— Notre-Dame v. Paris. 2 Bde. schmal 8. (174 u. 208 S.) Berlin (902). C. Messer & Co. n. 4. —

Hugo, Vict., By order of the king. [L'Homme qui rit.] A romance of English history. From the French. Authorized continental edit. In 2 vols. gr. 16. (VIII, 339; VI, 298 S.) Leipzig 870, B. Tauchnitz. à Vol. (*ℳ 1,50.) *ℳ 1,60.

—— les Orientales, suivi de onze pièces nouvelles. gr. in-12. (10½ B.) Stuttgart 831, [Brodhag.]

Hugo, Victor, Oeuvres. XIII Vol. 8. Berlin 836—38, [Gaellius'sche Buchh.] Einzeln à ⅔ Thlr., zusamm. Thlr.
Vol. I—VIII. Romans. VIII Vol.
Vol. I. Bug-Jargal. 1791.
- II. Le dernier jour d'un condamné.
- III—V. Notre-Dame de Paris. 3 Ts.
- VI—VIII. Han d'Islande. 3 Ts.
- IX—XI. Poésie. III Vol.
Vol. I. Les chants du crépuscule.
- II. Les feuilles d'automne.
- III. Les voix intérieurs.
- XII., XIII. Théâtre. II Vol.
Vol. I. Hernani ou l'honneur Castillan, et Marion de Lorme.
- II. Lucrèce Borgia, et le Roi s'amuse

Hugo, Vict., Oeuvres. Romans. I. Bug Jargal. 1791. 8. Berl. 836. Natorff et Comp Subscr.-Pr. ½ ℛ, einzeln ⅔ ℛ

— les mêmes. (Vol. VIII.) Romans. IV. Han d'Islande. 1. — 3. 8. Berlin 837. Natorff et Comp. n. 1½ ℛ — (Vol. IX.) Poésie. I. Les chants du crépuscule. 8. les mêmes 837. n. ½ ℛ — (X. et XI.) Poésie. II. et III. Les feuilles d'automne. — Les voix intérieures. 8. les mêmes 837. à n. ½ ℛ — (Tome XII.) Théâtre. I. Hernani ou l'honneur Castillan, et Marion de Lorme. 8. les mêmes 838. n. ½ ℛ — (XIII.) Théâtre. II. Lucrèce Borgia, et le Roi s'amuse. 8. les mêmes 838. n. ½ ℛ

Hugo, Victor, oeuvres complètes, s. Bibliothèque des classiques français.

— Poésies, s. le Parnasse.

—— Poésies. Choix: Odes et Ballades. Orientales et Ballades. Feuilles d'automne. Chants du crépuscule. Voix intérieures. Rayons et Ombres. II Ts. 8. (17⅛ B.) Berlin 841, Schlesinger.

Preface de Cromwell p. Victor Hugo. F. d. Zwecke d. Schule verkürzt u. erkl. v. Dr. O[scar] Weissenfels, Prof. ... in Berlin. *Berlin: R. Gaertner 1896.* (vi S., 1 Bl., 96 S.) 1 Bd 8.
= Schulbibliothek französ. u. engl. Prosaschriften aus d. neueren Zeit. Abt. 1. Bdch 27.
97 8051

— über die Preßfreiheit. Eine Rede, gehalten am 7. Juli 1850 in der franz. Nationalversammlung. [Abdr. aus der „Westdeutschen Zeitung."] 12. (22 S.) Köln 850, Eisen'sche Sort.-B. in Comm. n. ¹⁄₁₂ ℛ

Hugo, Victor

Ein Rheinmährchen.

s. Carlén, E.: Tutti Frutti. 1845.

Hugo, Victor: Le Roi s'amuse, s; Répertoire du Théatre franç. No. 112.

— le Roi s'amuse. Drame en cinq actes. gr. in-8. Berlin 833. Schlesinger. ½ ℛ

— le roi s'amuse. Drame en cinq actes. gr. in-8. Berlin 842, Schlesinger. n. ⅓ ℛ

HUGO, Victor, Der Roman der kleinen Violette. Zum ersten Male aus d. Französ. übertragen von Fritz Mauthner (ps.). München 1909. Privatdruck. 8°. (Mk. 15—.)
188 S. (incl. Vor- u. Haupttit., 2 Bll. Vorw. u. 2 Bll. Verz. erotischer Neuheiten). Nur in einer einmaligen Auflage von 750 in der Maschine numer. Expll. hergestellt. — Pariser lesbische Liebschaften in ziemlich fader und reizloser Darstellung, so dass man an Hugo's Autorschaft zweifeln muss.

Hugo's, Vict., sämmtliche Romane. Neueste u. vollständ. Uebersetzg. v. Paul Heichen. 1.—28. Lfg. 8. (à 2—3 Bog.) Berlin 892. 893. Geragonne & Co. à — 20

— ausgewählte Schriften, deutsch bearb. von Fr. Seybold. 6 Bde. in 27 Lfrgg. Mit dem Bildniß Victor Hugo's in Stahl. Taschen-Ausg. Stuttgart 835, 36. Rieger u. Comp. 3⅜ ₰ — 1r Bd., in 5 Lfrgg.: Notre-Dame, oder d. Liebfrauenkirche zu Paris. 2 Thle. 1835. 22½ ℊ — 2r Bd., in 3 Lfrgg.: Lucretia Borgia. Maria Tudor. Angelo, Tyrann von Padua. 1835. 13½ ℊ — 3r Bd., in 6 Lfrgg.: Bug Jargal. Han, der Isländer. 1835. 1⅛ ₰ — 4r Bd., in 5 Lfrgg.: Der König macht sich lustig. Marion de Lorme. Der letzte Tag eines Verurtheilten. 1835. 22½ ℊ — 5r Bd., in 5 Lfrgg.: Cromwell 1836. 22½ ℊ — 6r Bd., in 3 Lfrgg.: Literatur und Philosophie, in vermischten Aufsätzen. 1836. 13½ ℊ

— dies. N. Ausg. mit einer Einleitung von Hnr. Elsner. 1r Bd. 1e — 7e Lfrg. Mit dem Portrait Vict. Hugo's in Stahlstich. 8. Stuttgart 838. Rieger u. Comp. à ¼ ₰

—— William Shakespeare. Deutsch von A. Diezmann. Autoris. Ausg. gr. 8. (III und 305 S.) Leipzig 864, Steinacker. Separat-Conto.

Hugo, Victor, 1793. Illustrirte Ausg. [Deutsch von L. Schneegans.] 12 Lfgn. gr. 8. (516 S. mit eingedr. Holzschn.) Leipzig 879, Thiel. à Lfg. * 50 Pf.; compl. * ℳ 6.; geb. * 8 —

—— dass. — Illustrationen [mit kurzem verbind. Text]. gr. 8. (52 Holzschntaf. mit eingedr. Text.) Ebendas. 880. * 2 50

Hugo, Victor, 1793. (Histor. Roman aus d. Französ.) Mit vielen prächtigen (meist blattgrossen) Holzschnitten verschied. Künstler. Leipzig, Fr. Thiel, 1880. Imp.-8°. Reichvergold. Orig.-Prachtb.
516 S., 1 Bll. Inh. Jede Seite m. rothen Randleisten.

— 1793. 2. Aufl. Lex.-8. (520 S. m. Abbildgn.) Berlin 894. Neufeld & Henius. Geb. in Leinw. n. 8. —

[Ant. u. F.] Siebenzehnhundert93 v. Victor Hugo. *Berlin: Vorwärts [1897].* (3 Bl., 378 S.) 1 Bd 8. [98. 80]

— s. Skizzen aus der vornehmen Welt.

— meine Söhne. Aus dem Franz. v. Ludwig Schneegans. Einzige autoris. deutsche Ausgabe. 8. (40 S.) Straßburg 874. Wolff. n. 1. —

Der entlassene Sträfling. Eine Erzählung nach d. Leben von Viktor Hugo. *Berlin: Tessaro-Verl. (1901).* (64 S.) 8° [F.]
— Indianer-Bücher. 31. [03. 13310]

— Strahlen u. Schatten (Les rayons et les ombres.) Gedichte. In d. Deutsche übertr. v. Hildegard Stradal. (Autoris. deutsche Ausg.) 8. (VIII, 185 S.) Leipzig 897. Breitkopf & Härtel. n. 3. —; geb. n. 4. —

Hugo, Vict., s. Tag, der letzte, e. Verurtheilten.

—— der letzte Tag eines Verurtheilten. A. d. Franz. 12. (13½ B.) Stuttgart 829, [Brodhag.]

— der letzte Tag eines Verurteilten. Aus dem Franz. übers. v. Paul Linsemann. Mit e. Einleitg. v. Arth. Berthold. 3. u. 4. Taus. 8. (158 S.) Berlin (900). H. Steinitz. n. 2. —

— Thaten u. Worte. Gesammelte Reden. 1. u. 2. Bd. Autoris. deutsche Ausg. gr. 8. Stuttgart 876. Auerbach. n. 13. 20
1. Vor dem Exil. 1841—1851. (XXXVI, 439 S.) n. 7. 20
2. Während d. Exils. 1852—1870. (XXXIV, 338 S.) n. 6. —

— Thaten u. Worte. Gesammelte Reden. 3. Bd.: Seit dem Exil. 1871—1876. Autoris. deutsche Ausg. gr. 8. (II, XXXV, 210 S.) Berlin 877. Abenheim. n. 3. 60 (1—3.: n. 16. 80)

—— Maria Tudor, s. Universal-Bibliothek Nr. 2566.

— Marie Tudor. Drama in 3 Tagesräumen. Aus d. Franz. übers. v. Th. Hell. gr. 8. Dresd. u. Leipzig 834. Arnold. 5/12 ₰

— dass. Aus d. Franz. übers. v. M. Tenelli. gr. 12. Gotha 834. Müller. ⅔ ₰

— dass. Aus d. Franz. von P. H. Külb. gr. 12. Mainz 834. Kupferberg. 5/12 ₰

Hugo, Victor: Marie Tudor, s. Répertoire du Théatre franç. No. 122.

— le même, s. auch Théâtre français moderne, Série III. Livr. I—IV.

— le même. Drame en 3 Journées. gr. in-8. Berlin 834. Schlesinger. ½ ₰

— Marie Tudor. Drame. gr. in-8 Stuttgart 834. Scheible; jetzt Gaul u. Tonger in Cöln. ½ ₰

—— Valjean. Drama in 2 Abtheilungen mit einem Vorspiel nach Vict. Hugo's Roman „Die Armen und Elenden." Für die deutsche Bühne bearb. von A. Diezmann. Autoris. Ausg. 8. (131 S.) Leipzig 863, Steinacker. Separat-Conto. *

— Jean Valjean, publié par Emile de Sausé, s.: Collection des auteurs célèbres. IV.

— Aus der Verbannung, s.: Bibliothek, Europäische, 654—658. u. 850. Bd.

Hugo's, V., Werke, s.: Collection Spemann.

— klassische Werke, deutsch bearb. v. Fr. Seybold. 6 Bde., in 14 Lfrgg. Mit dem Bildn. Victor Hugo's in Stahl. 8. Stuttgart 835, 36. Rieger u. Comp. 5¼ ₰ — 1r Bd., in 2 Lfrgg.: Notre-Dame, od. d. Liebfrauenkirche zu Paris, Roman. 1835. 1 ₰ — 2r Bd., in 2 Lfrgg.: Lucretia Borgia, Trauerspiel. Maria Tudor, Trauerspl. Angelo, Tyrann v. Padua, Trauerspiel. 1835. 1 ₰ — 3r Bd., in 3 Lfrgg.: Bug Jargal, Roman. Han, der Isländer, Roman. 1835. 1½ ₰ — 4r Bd., in 3 Lfrgg.: Der König macht sich lustig, Trauerspiel. Marion de Lorme, tragisches Zeitgemälde. Der letzte Tag e. Verurtheilten. 1836. 1½ ₰ — 5r Bd., in 3 Lfrgg.: Cromwell, ein Trspl. 1836. 1½ ₰ — 6r Bd.: Literatur und Philosophie, in vermischten Aufsätzen. 1836. ½ ₰

Hugo, Vict., sämmtl. Werke. 1r Bd. Biographie u. Charakteristik Victor Hugo's. — Der König amüsirt sich. — Hernani. Mit dem Bildniß des Verf. 16. Frankfurt a. M. 835. Sauerländer. ⅜ ₰ — 2r u. 3r Bd. A. u. d. T.: Han von Island. Uebersetzt von Adrian. 2 Thle. 16. Ebd. 835. ¾ ₰ — 4r Bd. A. u. d. T.: Der letzte Tag eines Verurtheilten. Uebersetzt von W. Wagner. — Mirabeau. Von A. Lewald. — Voltaire, v. Walt. Scott, de La Mennais, Lord Byron. Von E. Beurmann. 16. Ebd. 835. ⅜ ₰ — 5r Bd.: Angelo, Tyrann v. Padua. Deutsch v. Ed. Duller. 16. Ebd. 835. ⅜ ₰ — 6r Bd.: Maria de Lorme. Deutsch von O. L. B. Wolff. — Lucretia Borgia. — Maria Tudor. Deutsch von Geo. Büchner. 16 Ebd. 835. ⅜ ₰ — 7r Bd. A. u. d. T.: Bug Jargal. Deutsch v. H. Laube. — Ymbert Galloix. — Dovalle. Deutsch von E. Beurmann. 16. Ebd. 836. ⅜ ₰ — 8r Bd. A. u. d. T.: Cromwell. Drama. Deutsch v. F. Kottenkamp. 16. Ebd. 836. ⅜ ₰ — 9r Bd. A. u. d. T.: Oden u. verm. Gedichte. Deutsch v. Fd. Freiligrath. 16. Ebd. 836. ⅜ ₰ — 10r Bd. A. u. d. T.: Zur Literatur u. Philosophie. Deutsch v. E. Beurmann. — Claude Gueux. Deutsch v. W. Wagner. 16. Ebd. 836. ⅜ ₰ — 11r Bd. A. u. d. T.: Herbstblätter. Deutsch v. H. Fournier. — Dämmerungsgesänge. Deutsch v. Fd. Freiligrath. 16. Ebd. 836. ⅜ ₰ — 12r Bd. A. u. d. T.: Innere Stimmen. Deutsch v. O. L. B. Wolff. 16. Ebd. 838. ⅜ ₰ — 13r u. 14r Bd. A. u. d. T.: Notre-Dame von Paris. Deutsch v. Frz. Kottenkamp. 2 Thle. 16. Ebd. 836. ¾ ₰ — 15r Bd. A.

u. d. T.: Notre-Dame von Paris. Deutsch v. Frz. Kottenkamp. 3r Thl. 16. Ebd. 836. $\frac{3}{8}$ ℛ — 16r Bd. A. u. d. T.: Orientalen u. Balladen. Deutsch v. O. L. B. Wolff. 16. Ebd. 838. $\frac{3}{8}$ ℛ — 17r Bd. A. u. d. T.: Ruy Blas. Drama in 5 Handlungen. Deutsch v. G. Dräxler-Manfred. 16. Ebd. 839. $\frac{3}{8}$ ℛ
» 18., 19. Der Rhein. Briefe an einen Freund. Deutsch v. E. Dräxler-Manfred. 2 Thle. (43 B.) 842.

—— sämmtl. Werke, übers. v. Mehreren. 25 Bde. (13—25. Bd. od. Neue Folge 1—13 Bd.) Mit H's. Bildn., Stahlst. 16. Stuttgart 839—43, [Scheible, Rieger u. Sattler.] Einzeln à $\frac{1}{3}$ Thlr., zusamm.

Bd. 1. Notre-Dame.
» 2. Bug-Jargal.
» 3. Lucretia Borgia.
» 4. Maria Tudor.
» 5. Angelo.
» 6. Der König macht sich lustig.
» 7. Marion de Lorme.
» 8. Der letzte Tag eines Verurtheilten.
» 9. Cromwell.
» 10. Han der Isländer.
» 11. Hernani.
» 12. Literatur u. Philosophie.
» 13—14. Oden u. Balladen. Uebers. v. H. Elsner. (28 B.)
» 15. Die Orientalen. Uebers. v. F. W. Dralle. (13¼ B.)
» 16. Herbstblätter. Uebers. v. F. W. Dralle. (10¾ B.)
» 17. Dämmerungsgesänge. Uebers. v. F. W. Dralle. (9¾ B.)
» 18. Innere Stimmen. Uebers. v. F. W. Dralle. (8¾ B.)
» 19. Lichter u. Schatten. Uebers. v. H. Elsner. (6⅛ B.)
» 20. Ruy Blas. Uebers. v. W. Dralle. (11⅛ B.)
» 21—23. Der Rhein. Briefe an einen Freund. Uebers. v. F. W. Dralle. 3 Thle. (13, 12¾ u. 15 B.)
» 24. Esmeralda. Studien üb. Mirabeau. Die Rückkehr d. Kaisers. Uebers. v. H. Elsner. (9⅛ B.)
» 25. Die Burggraven. Uebers. v. H. Elsner. (10 B.)

—— sämmtliche Werke, übers. von Mehreren. (3., revid. Aufl.) 60 Lfgn. oder 21 Bde. gr. 16. (1. und 2. Bd. 450 S., 3. Bd. 176 S., 4—9. Bd. VIII und 1261 S., 10. Bd. 176 S., 11—15. Bd. 681 S., 16. Bd. 160 S., 17. und 18. Bd. 532 S., 19. Bd. 428 S., 20. Bd. 585 S., 21. Bd. 367 S. mit Portr. in Stahlst.) Stuttgart 858—62, Rieger'sche Verlagsbuchh. à Lfg. 3 Ngr.

—— sämmtliche poetische Werke. Deutsch von Ludw. Seeger. 12 Lfgn. oder 3 Bde. gr. 16. Stuttgart 860—62, Rieger'sche Verlagsbuchh. à Lfg. 6 Ngr.

Inhalt:
Bd. 1. Die Weltlegende. (1. Serie.) (428 S.)
» 2. Oden und Balladen. (585 S.)
» 3. Herbstblätter. Lieder der Dämmerung. Innere Stimmen. Strahlen und Schatten. (367 S. mit Portr. in Stahlst.)

—— über das Zweikammer-System, s. Montalembert.

Hugolins, des Stadtorganisten zu Yps, Morgenläufe und Abendruhe, herausg. v. Peter Blau. 2 Thle. 8. Leipzig, Sommer. 803. (à 16 gr.)

Hugon de Basse, élémens de mythologie, avec l'analyse des poëmes d'Ovide, d'Homère et de Virgile. 12. Par. et Strasb. König. 784—89.

Hugonin, Abr.: Dissertatio medica inauguralis de apoplexia. Basel, med. Diss. 1704.

Hugonin, Abr.: Dissertatio inauguralis medica theoretico-practica de thorace phlegmonode. Basel, med. Diss. 1712.

Hugonnai, Gräfin Vilma, aus [Teteny,] Ungarn. Das erste Hundert Croup-Operationen in Zürich. Zür. Orell Füssli Cie Dr 1878 3 Bl. III, 108 S., 2 Tab., 1 Bl. 8°.
Zürich, Med. Diss. [v. 3. Febr. 1879].

Hugonnet, F., Betrachtungen über die Reiterei der jetzigen Armeen mit besond. Berücksichtigung Frankreichs. Aus dem Spectateur militaire in's Deutsche übertr. von einem Generalstabs-Offizier. gr. 8. (40 S.) Berlin 863, Schlesier.

Hugo's Tagblätter an Mar. 8. Hamburg, Hoffmann und Campe. 821.

Hugo-Salus-Heft. Inh.: Hugo Salus v. Paul Wertheimer. Gedichte v. Hugo Salus. Prag ('02). 32 S. (Dt. Dichtg u. Kunst. 3.) (Sammlg gemeinnütz. Vortr. 280/81.)

Hugot u. Wunderlich, Flötenschule, mit 3 dazu gehörigen Supplementen. Leipz., Kühnel; (a. Breitkopf u. H.) 2 ℛ

Hugot und Wunderlich. Floetenschule. Neue Auflage. Leipzig.

Hugo, ..., Philosophie d. Bildhauer, mit e. Nachlese über Cherubinen. 8. Brandenb. 775. (Hessenland in Magdeb.) 16 gr.

Hugson, Thomas, der kleine Katechismus für christ-kathol. Kinder. gr. 12. Frankfurt 837. Andräische Buchh. $\frac{1}{6}$ ℛ

Hugsvinnsmál. Eine altisländ. Übersetzg. der Disticha Catonis. Hrsg. v. Hugo Gering. (Festschrift der Universität Kiel zur Feier des Geburtsfestes Sr. Maj. des Kaisers u. Königs Wilhelm II.) (XIV, 39 S.) gr. 8. Kiel 907. (Lipsius & Tischer.) — 60

Hugue, A., Vollständiges praktisches Handbuch für Pferdeliebhaber und Rossärzte etc. 8. (105 S.) Hamburg 800. Herold. M. 1.

Hugue, vollständiges praktisches Handbuch für Pferdeliebhaber und Roßärzte rc. 8. Hamburg, Vollmer. 800.

Huguenel, E., Beitrag zur Erklärung der Erdbeben u. der schlagenden Wetter. gr. 8. (56 S.) Potsdam 893 (R. Hachfeld.) n. 1. —

Huguenel, Gust. Adolph (geb. Potsdam 2. 4. 1815) De laesionibus ac terebratione capitis. Berolini (1841) (28 S.) 8°
Berlin, Med. Diss. v. 30. Juli 1841

Huguenet, Jules, über den Asphalt, s. a. Schauplatz neuer, der Künste u. Handwerke, 154 Bd.

Huguenet, J. über den Asphalt, dessen Vorkommen, Beschaffenheit, Darstellung als Asphaltmastix; sowie über seine Benutzung als natürlicher Mörtel, besonders zu Fußböden, Trottoirs und Dächern. Aus dem Französischen von C. Hartmann. Weimar. 1847.

Mathematische Beyträge [Beiträge] zur weitern Ausbildung angehender Geometer. Von v. Huguenin. Königsberg: Goebbels & Unzer 1803. VIII, 300 S. 8°

v. Huguenin, ..., mathemat. Beiträge zur weitern Ausbildung angeh. Geometer. Mit 2 Kpft. 4. Königsb. 803. Unzer. 2 ℛ 8 gr.

—— Ist in der Frage der Abschaffung des Impfzwanges mit Ja oder Nein zu stimmen? Vortrag, gehalten den 5. Juni im alten Schützenhaus in Zürich. gr. 8. (40 S.) Zürich 880, Trüb'sche Buchh.

—— dass. — 2. Aufl. gr. 8. (40 S.) Zürich 882, Schröter. **

Huguenin, Impfen oder Nichtimpfen? Ist in der Frage der Abschaffung des Impfzwanges mit Ja oder Nein zu stimmen? 2. Aufl. Mit einem Anhang: Kindersterblichkeit und Schutzpockenimpfung. Ein Wort zur Zeit von Gust. Custer. gr. 8. (42 S.) Zürich 884, Schröter. *

Huguenin, Adèle (wirkl. Name), s. Combe, T. (Pseud.)

Huguenin, Bélisaire. Ein Hodenadenom mit bedeutenden knorpeligen Einsprengungen, Drüsencanälen und epidermoidalen Heerden. Diss. Med. Bern. ([Mit 3 Tafeln. — Separatabdruck aus Rudolf] Virchow's Archiv [für pathologische Anatomie und Physiologie ...], Bd. 167. [1902.]) 32 S. 8. Berlin, Georg Reimer, 1902.

Huguenin, David, Catholicae religionis veritas. Köln 1703, 8°.
Über diese vortreffliche Apologie der kath. Religion sowie über die Person ihres Verfassers s. Räß, Die Konvertiten seit der Reformation, Bd. 9, S. 1—8.

Huguenin, Gustav, Med. Dr.: Pathologische Beiträge. A. Die marantische Sinusthrombose. B. Zur Pathologie der acuten Exantheme. Zür. J. Schabelitz Dr. 1868. VIII, 84 S. 8°.
Zürich, Med. Fac., Habilitationsschrift.

Huguenin, Gust., pathologische Beiträge. Zürich 869. Verlags-Magazin. gr. 8. (VIII. 84 S.) n. 15 ngr.

Huguenin, G. L'eau thermale de Weissenbourg en Suisse (Oberland bernois). Son action thérapeutique dans les maladies des bronches et des poumons. In-8°. 104 p. 1893. Bienne, Imprimerie Albert Schüler.

Huguenin, G[ustav]. L'eau thermale de Weissenbourg.... Son action thérapeutique dans les maladies des bronches.... 8. Berne 1898.

Huguenin, Prof. Dr. u. Dr. Kottmann. Expertengutachten über die Organisation der Krankenanstalt in Aarau. Gr. in-8°, 8 S. Aarau, H. R. Sauerländer. 1887.

Huguenin, G[ustav]. Fauna insectorum helvetiae: Diptera. Familie Tipulidae Schiner. ([Mit Figuren und Anhang:] Nachträge von V v[on] Röder ... zur Gattung Anisomera Mg....) [Beilage zu den Mittheilungen der schweizerischen entomologischen Gesellschaft.] 8. Schaffhausen 1888.

Huguenin, Gust., Handbuch der Krankheiten des Nervensystems, s. Handbuch der speciellen Pathologie und Therapie.

Huguenin, [Gustav]. Nachtrag zu Dr. [Heinrich] Schnyder's Broschüre über Weissenburg. 8. Basel 1889.

— allgemeine Pathologie der Krankheiten d. Nervensystems. Ein Lehrbuch f. Aerzte u. Studirende. 1. Thl. Anatomische Einleitg. Mit 130 (eingedr.) Holzschn. gr. 8. (VI, 296 S.) Zürich 873. Zürcher & Furrer. n. 9. —

— über Sinnestäuschungen, s. a. Vorträge, öffentliche, geh. in der Schweiz.

Huguenin G, über Sinnestäuschungen. (Vorträge, Öffentliche II, 12) Basel 1874

Huguenin, Gustav, von Zell. Ct. Zürich: Ueber die Trachomdrüsen oder Lymphfollikel der Conjunctiva. Meilen D. Grossmann Dr. 1865. 30 S., 1 Bl. 8°.
Zürich, Med. Diss. v. 22. April 1865.

Huguenin, G., die Wirkung der Therme v. Weissenburg [Schweiz, Berneroberland] in den Krankheiten der Bronchien u. Lungen. gr. 8. (89 S.) Basel 890. (B. Schwabe.) n. — 80

Huguenin, H. U., s. Noodt, Ger., J. C. et Antecess. scholae in digestorum etc.

Huguenin, John. Einrichtung, Repassage und Reparatur der Taschen-Repetieruhren. Von John Huguenin, Lehrer ... in Genf. Autorisierte Übersetzung nach der 2. durchgesehenen und vermehrten Aufl. des französischen Originals von M[ichael] Loeske, Berlin. Mit 12 Abbildungen auf [6] Tafeln. 76 S. 8. Bautzen, Emil Hübner, 1903. [M. 4. —]
Schlagwerke und Repetitionen. Hilfsbuch für Praktiker. Heft 2.

Huguenin, O., Episodes de l'internement en Suisse de l'armée Bourbaki en 1871. Croquis. 6 Bll. in Lichtdruck. Zürich, H. Appenzeller. 1874.5. —

(Huguenin, Oscar. Der Schulmeister von Lignières. Ein Erzählung ... von Oskar H'. Übersetzt von Elise Ebersold und R[osa] Käser....) 315 S. 8. [fr. 3.—]
Bergkristalle.... Serie II. Band 6/7. ... Biel, Ernst Kuhn, 1904.

Huguenin, Raoul. Von der zivilrechtlichen Haftung aus der Verletzung immaterieller Rechtsgüter bei Tötungen und Körperverletzungen nach schweizerischem Recht. Diss. Jur. Bern. 134 S. 8. Bern, Lierow & Cie., 1909.

Hugues, A., Der Unterricht in der Veterinärmedizin, wie er ist und wie er sein müsste. (86 S.) Leipzig 86. (Dürselen, Wiesbaden.) M. 4.50

Hugues, der Unterricht in der Veterinärmedizin, s. a. Vorträge f. Thierärzte. Ser. 8. H. 2.

Hugues, M.-André (Hrsg.), s. Alphons Maria von Liguori bzw. Liguori, Alfonso Maria de:
Der Beruf zum Ordensstande (u. a. theologische Werke).

Hugues, M.-André: Die Andacht zur seligsten Jungfrau in Beispielen oder die Vortrefflichkeit der Gebete und frommen Uebungen zur Verehrung Mariens dargestellt in einer grossen Zahl von Musterbildern, Begebenheiten und beglaubigten Wundern. Zum Nutzen der Katecheten, Prediger und Vorsteher der Muttergottesbruderschaften und zur Erbauung für den frommen Katholiken. 2 Bde.

Hugues, M.-André: Der Christ auf dem Kreuzwege, oder Sechzehn Kreuzwegandachten. Ein Gebetbuch für andächtige Verehrer des bittern Leidens Christi. Herausgegeben von einem Priester der Congregation des allerh. Erlösers. Dritte verbesserte und mit Liedern vom Leiden Jesu Christi vermehrte Auflage. Mit Erlaubniss geistlicher Obrigkeit. Dülmen o.J. 464 S. 16°

Hugues, M.-André: Leben und Thaten der Heiligen Gottes. Eine Legenden-Sammlung für das katholische Volk. Neu herausgegeben und vermehrt mit ausführlichen Belehrungen über die Feste des Herrn und der allerseligsten Jungfrau Maria, von einem Priester aus der Versammlung des allerheiligsten Erlösers. Gülpen 1840. 12 Bde. 12°

Hugues, M.-André: Das bittere Leiden und Sterben unsers Herrn Jesu Christi. Ein Gebet- und Betrachtungsbuch für die heilige Fastenzeit. Nebst Mess-, Beicht- und Kommuniongebeten. Neu aus dem Italienischen übersetzt und herausgegeben von einem Priester aus der Versammlung des allerheiligsten Erlösers. Vierte verbesserte Auflage. Mit einem Stahlstiche. Regensburg 1892. 624 S. 8°

Hugues, M. A., C. ss. Red., s. Liguori, Alphons Maria v., vollständiges Betrachtungs- u. Gebetbuch.

Hugues, M. A., s. Liguori, sämmtl. Werke.

Hugues, M.-André: Der heilige Alphonsus Maria v. Liguori, Bischof von St. Agatha der Gothen und der von demselben gestiftete Orden der Redemptoristen kurz dargestellt. Nebst einigen Andachtsübungen zu Ehren der Heiligen und dem Bildnisse der Heiligen. (Der Erlös ist bestimmt für den Bau einer Klosterkirche der Redemptoristen zu Maria-Hamikolt.) Mit Genehmigung geistlicher Obrigkeit. Münster 1857. 72 S. 12°

Hugues, M. A., der heil. Alphonsus Maria v. Liguori, Bischof von St. Agatha der Gothen und der von demselben gestiftete Orden der Redemptoristen. Kurz dargestellt. Nebst einigen Andachtsübungen zu Ehren des Heiligen. 12. (72 S. mit lithogr. Portr.) Münster 857, Aschendorff'sche Buchh.

Hugues, M. A., die Klosterfrauen Maria Victoria und Marianna Josepha [Gräfinnen v. Welsersheimb]. Zwei Lebensbilder aus dem beschaul. Orden der Redemptoristinnen. Nebst Mittheilungen über die Entstehung, Verbreitung und Einrichtung dieses Ordens. 12. (XII, 204 S.) Freiburg i. Br. 883, Herder'sche Verlagsh. ℳ 1.; geb. *

Hugues, M.-André: Die Menschwerdung und die Kindheit unsers Herrn Jesu Christi. Ein Gebet- und Betrachtungsbuch für die heilige Adventszeit. Nebst Mess-, Beicht- und Kommuniongebeten. Aus dem Italienischen übersetzt und herausgegeben. Dritte verbesserte Auflage. Mit einem Stahlstiche. 1860. 8°

Hugues, M.-André: Uebung der Liebe zu Jesus Christus. Eine kurze Anleitung zur christlichen Vollkommenheit. Aus dem Italienischen übersetzt und mit Andachtsübungen vermehrt von einem Priester der Versammlung des allerheiligsten Erlösers. Mit einem Anhange der die gewöhnlichen Andachtsübungen enthält. Zweite verbesserte Auflage. Mit einem Stahlstiche. Regensburg 1866. 18°

Hugues, M.-André: Der Weg des Heils. Erwägungen über die vier letzten Dinge und über verschiedene Punkte des geistlichen Lebens. Gefolgt von Betrachtungen für achttägige geistlichen Uebungen. Nebst Mess-, Beicht- und Kommuniongebeten. Neu aus dem Italienischen übersetzt und herausgegeben. Mit einem Stahlstiche. Zweite verbesserte Auflage. Regensburg 1852. 8°

Hugues, Th.

Hugues, T., erbaul. u. belehr. Betrachtungen üb. d. Gebet d. Herrn. Erbauungsbüchlein f. christl. Leser. 8. (11½ B. u. Titelign.) Celle 832, Schulze. — 12

Hugues, Th., Entwurf einer vollständ. gottesdienstlichen Ordnung zum Gebrauch für evangel.-reformirte Gemeinden. Zunächst den confoederirten reform. Gemeinden in Niedersachsen gewidmet, von einem Gutachten der theolog. Facultät zu Marburg begleitet, der Synode der Confoederation vorgelegt. gr. 4. Celle 816, Schulze. n. ⅚ ℛ

Hugues, Th., die Conföderation der reformirten Kirchen in Niedersachsen. Geschichte u. Urkunden. gr. 8. (122 S.) Celle 873. Schulze'sche Buchh. n. 2. —

—— über Missions-Vereine, s. Nachricht v. d. Bildung rc.

— Unionsgedanken. Ein Friedensruf an beide evangel. Kirchen. 8. Ebend. 843. n. ⅙ ℛ

— das Verfahren der reform. Synode Niedersachsens in d. Streitsache des Hrn. Pastor Geibel u. der reform. Gemeinde zu Braunschweig, erläutert. gr. 8. Hamb. 832. Campe. 12 gr

Huguet, A. M., die Andacht zur heiligen Eucharistie in Beispielen. Oder die Vortrefflichkeit der Gebete und Uebungen zu Ehren des allerheiligsten Altarssakraments, dargethan durch eine große Zahl authent. Wunder und Erlebnisse, meistens aus der Jetztzeit. Aus dem Französ. 8. (548 S.) Regensburg 864, Manz.

Huguet, A. M., die Andacht zum allerheiligsten Herzen Jesu in Beispielen. Oder die Vortrefflichkeit der Gebete und Andachtsübungen zu Ehren des allerheiligsten Herzens Jesu, nachgewiesen durch viele Beispiele und Wunder aus dem Leben der Heiligen unserer Zeit. Aus dem Französ. von einem Priester der Diöcese Rottenburg. 8. (351 S.) Regensburg 863, Manz.

Huguet, die Andacht zum heil. Joseph in Beispielen, oder Vortrefflichkeit der Gebete und Tugendübungen zu Ehren dieses heil. Patriarchen, dargethan in einer großen Menge von bewährten Wundern, Musterbildern und Charakterzügen rc. Aus dem Französ. übers. 8. (248 S.) Regensburg 861, Manz. Thlr. –

—— die Andacht zur seligsten Jungfrau in Beispielen. Oder: Die Vortrefflichkeiten der Gebete und frommen Uebungen zur Verehrung Mariens, dargelegt in einer großen Zahl von Musterbildern, Begebenheiten und beglaubigten Wundern. Zum Nutzen der Katecheten, Prediger und Vorsteher der Muttergottesbruderschaften und zur Erbauung für jeden frommen Katholiken. Aus dem Französ. 2 Thle. 8. (VIII und 898 S.) Regensburg 859, Manz.

Huguet, die Andacht zur seligsten Jungfrau in Beispielen. Aus dem Französ. 2 Tle. 2. neu durchgearb. Aufl. 8. (423; 493 S.) Regensburg 887, Verlags-Anstalt.

Huguet, A. M., Andacht der sieben Sonntage zu Ehren der Schmerzen und Freuden des heil. Joseph. Mit vollkommenem Ablaß für jeden Sonntag. Uebers. von einem Priester der Diöcese Breslau. 16. (95 S. mit 1 Titelbilde in Stahlst.) Regensburg 882, Manz. * *

—— die Barmherzigkeit der seligsten Jungfrau in Beispielen. Nach neuen Erweisen unserer Lieben Frau zum Troste ihrer Kinder. Ein nützliches Werk für Religionslehrer, Prediger, Vorstände von Bruderschaften rc. Aus dem Französ. 8. (252 S.) Regensburg 860, Manz.

—— Betrachtungen über das allerheiligste Altarssacrament, s. Handbücher für das priesterliche Leben.

Huguet, A. M., der Geist Pius IX. oder die schönsten Züge aus dem Leben dieses großen Papstes. Deutsch bearb., mit Anmerkungen u. Zusätzen u. mit einer histor.-polit. Skizze: Der Papst-König. verm. von Sincerus. Wien 866. Mechitharisten-Congregations-Buchh. gr. 8. (XLI, 430 S. mit 1 Holzschntaf.) 1 ℛ 10 ngr

—— die Herrlichkeiten Pius IX. und die großen Feste in Rom im J. 1867. 8. (IX und 392 S.) Schaffhausen 868, Hurter'sche Buchh.

Huguet, A. M., Herrlichkeiten und Tugenden des heiligen Joseph, des Vorbildes der innerl. Seelen, oder Betrachtungen für den Monat März und alle Mittwoche des Jahres. Aus dem Französ. übers. gr. 16. (XX und 363 S. mit 1 Stahlst.) Schaffhausen 856, Hurter'sche Buchh. Thlr.

—— Herrlichkeiten und Tugenden des heil. Joseph, des Vorbildes der innerlichen Seelen, oder Betrachtungen für den Monat März und alle Mittwoche des Jahres. Aus dem Französ. übers. 2., verb. Aufl. 16. (XX und 335 S. mit 1 Stahlst.) Schaffhausen 860, Hurter'sche Buchh.

— Herrlichkeiten u. Tugenden des heil. Joseph, des Vorbildes der innerlichen Seelen, oder Betrachtgn. für den Monat März u. alle Mittwoche des Jahres. Aus dem Französ. übersetzt. 3., verb. Aufl. Mit e. Stahlst. Schaffhausen 869. Hurter. 16. (XX, 320 S.) 21 ngr

—— Herrlichkeiten und Tugenden des heil. Joseph, des Vorbildes der innerlichen Seelen, oder Betrachtungen für den Monat März und alle Mittwoche des Jahres. Aus dem Französ. übers. 4. verb. Aufl. 8. (XX, 264 S. mit 1 Stahlst.) Ebendas. 883.

— Macht des heil. Joseph oder Uebungen der Frömmigkeit u. neue Betrachtgn. zur Ehre des heil. Joseph auf alle seine Feste während des Monats März, nebst e. großen Anzahl von Gebeten u. Beispielen. Nach der 6. verb. Aufl. aus dem Franz. übers. von Jos. Lennartz. Ebd. 868. 16. (VI, 480 S. mit 1 Stahlst.) 21 ngr

—— die Macht der seligsten Jungfrau in Beispielen. Oder: Neue Zeugnisse ihrer Liebe und Gewalt. Ein Hilfsbuch für Katecheten, Prediger und Pfarrbibliotheken. Aus dem Französ. 8. (288 S.) Regensburg 860, Manz.

— Marien-Monat für innerliche Seelen oder das Leben der seligsten Jungfrau als Vorbild der innerlichen Seelen. Nach der 5. Aufl. aus dem Französ. übers. von einem Priester der Diöc. Rottenburg. Schaffhausen 858. Hurter. 16. (2 Bl., 432 S. u. 1 Stahlst.) 27 ngr

— — Marien-Monat für innerliche Seelen, oder das Leben der sel. Jungfrau als Vorbild der innerl. Seelen. Nach der 5. Aufl. aus dem Französ. übers. von Joh. Ev. Göser. 2., verb. Aufl. gr. 16. (III und 398 S. mit 1 Stahlst.) Schaffhausen 862, Hurter'sche Buchh.

Huguet, A. M., Marien-Monat für innerliche Seelen, oder das Leben der seligsten Jungfrau als Vorbild für innerl. Seelen. Nach der 5. Aufl. aus dem Französ. übers. von Joh. Ev. Göser. 3. verb. Aufl. 16. (III, 358 S.) Regensburg 878, Manz. 2 70

— Meß-Buch für fromme Seelen, mit Meßandachten auf jeden Tag der Woche, nebst der Erklärg. der wichtigsten heil. Gebräuche beim vor- u. nachmittäg. Gottesdienst. Vom Verfasser autorisirte Uebersetzg. nach der 2. verm. Aufl. Ebend. 870. 16. (XII, 342 S. mit 1 Stahlst.) n. 20 ngr

Huguet, A. M., Monat des allerheiligsten Herzens Jesu, s.: Bibliothek f. innerliche Seelen.

Huguet, P. A., Monat des allerheiligsten Herzens Jesu für innerliche Seelen, mit einer Betrachtung auf den ersten Freitag eines jeden Monats und einer Auswahl von Ablässen u. Gebeten. A. d. Franz. übs. 2. Aufl. mit 1 Stahlstich. 12. Schaffhausen, Fr. Hurter. 1871 1. 90.

Huguet, A. M., die Perlen des heil. Franziskus von Sales oder die schönsten Gedanken des Heiligen über die Liebe zu Gott, mit einer Auswahl von Gebeten. Uebersetzt von F. Milden. gr. 16. (XXIII, 196 S. mit 1 Stahlst.) Schaffhausen 870, Hurter'sche Buchh. [Regensburg, Manz.] *

Huguet s.: Sales, des hl. Frz. v., Trostgedanken.

—— Schatzkästlein für Marien-Kinder, oder: Die Vorzüge der Andacht zu Unserer Lieben Frau, nachgewiesen durch bewährte Offenbarungen, Beispiele und Wunder. Zum Nutzen der Katecheten und Prediger, und zur Erbauung für jeden frommen Katholiken. Aus dem Französ. 2 Bde. 8. (645 S.) Regensburg 860, Manz.

—— der Schild der Kinder Mariens, s. Bibliothek für innerliche Seelen.

—— der Triumph Pius' IX. in den Prüfungen von 1848 bis 1867. 8. (VIII, 318 S.) Schaffhausen 868, Hurter'sche Buchh. [Regensburg, Manz.]

Huguet, Trostgedanken in den Prüfungen u. Versuchungen des inneren Lebens, s.: Sales, Frz. v.

— die christliche Vollkommenheit in Beispielen. Autorisirte Uebersetzg. Ebend. 869. gr. 8. (XII, 555 S.) 1 ₰ 12 ngr

— Wirkungen des heiligen Sakramentes des Altars, oder die gläubige Seele geheiligt durch den öftern Empfang der heiligen Kommunion. Aus dem Französ. Schaffhausen 860. Hurter. 16. (XII, 520 S.) 27 ngr

— Wirkungen d h. Sacraments d. Altars od. die gläub. Seele geheiligt durch den öftern Empfang der h. Kommunion. 2. Aufl. gr. 16. (XI, 538 S.) Schaffhausen 871. Regensburg, Manz. 2. 70

(Ode) A son Altesse Sérénissime le Prince de la Tour et Taxis en l'honneur de son jour de naissance, le 22. février 1809. [Unterz.:] C. Huguier. [Regensburg 1809.] 2 Bl. 8°. [Kopftit.]
„Ravi par tes divins accordes" … 21.

Huguier G. Entwürfe für Schmiedeeisen und andere Metallarbeiten im Stile des Rokoko. (30 T) fol Berlin 1889

Hugyetz, E., Beschreibung des Festungs-Artillerie-Materials, s. Handbuch für die k. k. Artillerie.

Hüh! Wöchentl. Unterhaltungsblatt f. d. Angehörigen d Droschkenkutscher-Standes. Hrsg. u. verantwortl. Red. Otto Pupke. [1.] 1908, No 1–5. [Mehr nicht erschienen.] Berlin: O. Pupke 1908. (Getr. Pag.) 2° [F.] 1o8. 1970

Huhle, …, (Subinspektor in Wolfenb.) s. Versuch e. katechet. Einleitung in jeden Katechismus.

Huhle, E., Taschenbuch für Zollbeamte, Handel- u. Gewerbtreibende. Der Vereins-Zolltarif für die Jahre 1846, 1847 u. 1848; das amtl. Waarenverzeichniß; Tabellen üb. Taravergütung rc. 8. Zittau 846. (Schöps'sche Buchh.) n. 12 ngl

Huhle, Emil

Huhle, E . Kleine Billardschule ⟨Carambolage-Spiel⟩. Mit 23 Abbildungen. 36 S. 8. Rorschach, Verlag Paul J. Kober (Druck Siegbert Schnurpfeil, Leipzig-Reudnitz), [1905]. (M. —.25)

Huhle, Emil, unsere Jungens vor Paris, s.: Staberow, Paul.

— Kirchengeschichte, s.: Miniatur-Bibliothek.

— deutsche Kulturgeschichte, s.: Miniatur-Bibliothek.

— die Kunst des Schnellrechnens. (46 S.) 8. Leipzig (906). E. Schnurpfeil. n. — 30

Huhle, Emil, die ersten Lieder. (168 S.) 8. Straßburg 910. J. Singer. Geb. 3. 50

— deutsche Mythologie, s.: Miniatur-Bibliothek.

— Philosophie, s.: Miniatur-Bibliothek.

Huhle, Emil, das neue Reichstagswahlrecht. 8. (32 S.) Leipzig 896. O. Gracklauer. — 50

Huhle, Fritz, Referendar: Die Aufhebung der Annahme an Kindesstatt nach dem bürgerlichen Gesetzbuche für das Deutsche Reich. Leipzig: Wigand 1910. 59 S. 8°
Leipzig, Jur. Diss. v. 30. Juli 1910
[Geb. 17. Okt. 85 Dresden; Wohnort: Dresden; Staatsangeh.: Sachsen; Vorbildung: Kreuz-Gymn. Dresden Reife O. 05; Studium: Freiburg i. B. 1, Leipzig 1, München 1, Leipzig 1, Freiburg i. B. 1, Leipzig 3 S.; Rig. 28. Jan. 09.] [U 10. 2714

Huhmann, Bruno, Arzt aus Berlin: Zwei Fälle von Röntgendermatitis aus der chirurgischen Klinik zu Jena. *Jena 1903: Frommann.* (31 S.) 8°
Jena, Med. Diss. v. (26. Mai) 1903

Huhn, A. v., der Kampf der Bulgaren um ihre Nationaleinheit. Politisch-militär. Geschichte der bulgarisch-rumel. Ereignisse im J. 1885. Mit 1 Kartenskizze. 8. (X, 321 S.) Leipzig 886. Duncker & Humblot. n. 6. –

Huhn, A. v., aus bulgarischer Sturmzeit. Eine authent. Darstellg. d. Handstreichs v. Sofia u. seiner Folgen. gr. 8. (XI, 302 S.) Leipzig 887. Duncker & Humblot. n. 5. 60

Huhn, A. F., von der Bedeutung des evangel. Predigtamtes. Predigt bei Eröffnung der Synode der Reval'schen Stadtgeistlichkeit am 13. Novbr. 1844 geh. gr. 8. Reval 845, Kluge. (Eggers.) 1/6 ₰

Huhn, A. F., Bereitung zum Tische des Herrn in Buß-, Beicht- u. Abendmahls-Predigten u. Reden. 2. Aufl. Reval 868. Kluge. 8. (IV 304 S.) n. 24 ngr.

Huhn, A. F., der Bund eines guten Gewissens mit Gott. Bundesschließung. Bundeserneuerung. Bundesmahnung und Bundesstärkung. gr. 8. (IV, 223 S.) Reval 868, Kluge's Verlag. *
geb. *M 4.; geb. mit Goldschn. *
geb. in Leder mit Goldschn. *

Huhn, A. F., Christus und die Samariterin. Eine Geschichte aus der Seelsorge des Erzhirten in 3 Predigten über Joh. 4, 4—29. gr. 8. (III und 60 S.) Reval 851, Kluge's Verlag. *

Huhn, A. F., Fest-Büchlein. Predigten auf alle Festtage des Kirchenjahres. gr. 8. (IV und 304 S.) Reval 861, (Kluge's Verlag.) *

Huhn, A. F., Friedensklänge aus dem Evangelio in Kriegszeit. Zwölf Predigten. gr. 8. (VI und 143 S.) Reval 854, Kluge's Verlag. *

Huhn, A. F., Gebetbüchlein für Jung und Alt auf Grundlage des kleinen Lutherschen Katechismus. Nebst einem Anh. von Gebeten über Schriftstellen und Gebeten für Missionsstunden. gr. 8. (III und 220 S.) Reval 864, Kluge's Verlag. * 24 Ngr.; geb. *
Mit Goldschn. * 1 Thlr. 8 Ngr.; in Leder geb. mit Goldschn. *

—— eine Gebetsschule nach dem dritten Hauptstücke des kleinen Luther'schen Katechismus in Predigten. gr. 8. (VII, 199 S.) Ebendas. 870. *M 2,40.; geb. *
geb. mit Goldschn. *
geb. in Leder mit Goldschn. *

—— „Ich glaube an Jesum Christum, Gottes eingeborenen Sohn, unseren Herrn." Sieben Predigten über diese Worte des zweiten Glaubens-Artikels nach dem kleinen Luther'schen Katechismus. gr. 8. (III und 96 S.) Reval 851, Kluge's Verlag.

—— aus dem inwendigen Leben. Aphorismen. 1. Aufl. 1864. * 28 Ngr. und 2. Aufl. gr. 16. (203 S.) Reval 868, Kluge's Verlag. *

Huhn, A. F., aus dem inwendigen Leben. Aphorismen. 3. Aufl. 8. (203 S.) Reval 877, Kluge's Verlag. *M 3.; geb. * 4 50

—— die christliche Lehre nach dem kleinen lutherschen Katechismus. 1. Bd.: Die allgemeine Einleitung und die Sittenlehre nach dem 1. Hauptstücke des Katechismus. 1. Bd. (4 Hefte.) und 2. Bd. 1. Heft oder 5. Heft. gr. 8. (1. Bd. XVI und 308 S. und 2. Bd. II und S. 1—78.) Reval 854—56, Kluge's Verlag. [1. Heft * 12 Ngr., 2. Heft * 20 Ngr., 3. Heft * 15 Ngr., 4. und 5. Heft à * 12 Ngr.] *

—— „Nahet euch zu Gott, so nahet er sich zu euch." Bereitung zum Tische des Herrn in Buß-, Beicht- und Abendmahls-Predigten und Reden. gr. 8. (IV und 220 S.) Reval 860, Kluge's Verlag. *

Huhn, A. F., „Nahet euch zu Gott, so nahet er sich zu euch". Bereitung zum Tische des Herrn in Buß-, Beicht- und Abendmahls-Predigten und Reden. 2. Aufl. 8. (IV, 304 S.) Reval 868, Kluge's Verlag. *
geb. in Lwd. *
geb. mit Goldschn. *
geb. in Leder mit Goldschn. *

Huhn, A. F. „Nahet euch zu Gott, so nahet er sich zu euch." Bereitg. zum Tische d. Herrn in Buß-, Beicht- u. Abendmahls-Predigten u. Reden. 3. Aufl. 8. (IV, 275 S.) Reval 889, Kluge. * 2 40
geb. * 3 40; m. Goldschn. * 3 60

— Predigten über die heil. zehn Gebote nach Luthers kleinem Katechismus. gr. 8. Reval 841. (Eggers.) 1 ₰ — 2. unveränd. Aufl. gr. 8. Ebend. 842. 1 ₰

— Predigten üb. die heil. zehn Gebote nach Luthers kl. Katechismus. 3. unveränd. Aufl. gr. 8. (VIII u. 258 S.) Ebd. 848. 1 ₰

—— Predigten über die heiligen zehn Gebote nach Luthers kleinem Katechismus. 4., unveränd. Aufl. gr. 8. (VIII und 212 S.) Reval 856, Kluge's Verlag.

—— Predigten über den ersten Glaubens-Artikel nach dem kleinen Luther'schen Katechismus. gr. 8. (VI und 156 S.) Reval 851, Kluge's Verlag. -

—— Predigten über die Leidensgeschichte unseres Herrn und Heilandes. gr. 12. (VI und 426 S.) Reval 854, Kluge's Verlag. *

Huhn, A. F., Predigten über die Leidensgeschichte unseres Herrn und Heilandes. 2. Aufl. 8. (IV, 368 S.) Reval 886, Kluge. *M 3.—; geb. *
geb. mit Goldschn. *

—— Predigten auf alle Sonn- und Festtage des Jahres. 1. Lfg. Enthaltend 17 Predigten vom 1. Advent bis zum 3. Sonnt. nach Epiphan. gr. 8. (III und 159 S.) Reval 856, Kluge's Verlag. *

—— Predigten auf alle Sonn- und Festtage des Jahres. 2. Lfg.: 4. Sonntag nach Epiphan. bis Palmsonntag. gr. 8. (III und 158 S.) Reval 857, Kluge's Verlag. *

—— dass. — 3—5. (Schluß-)Lfg.: Gründonnerstag bis Gedenktag der Verstorbenen. gr. 8. (XVI und 522 S.) Ebendas. 857. à Lfg. * 24 Ngr. *
1. Lfg. Ebendas. 1856. * 24 Ngr.

—— Predigten auf alle Sonn- und Festtage des Jahres. In 5 Lfgn. 2. Aufl. gr. 8. (XXIII und 839 S.) Reval 861, Kluge's Verlag. *

—— Predigten über das heilige Vater-unser nach Luthers kleinem Katechismus. 2., unveränd. Aufl. gr. 8. (VIII und 143 S.) Reval 850, Kluge's Verlag. -

—— Predigten über das heilige Vater-Unser nach Luthers kleinem Katechismus. 3. unveränd. Aufl. gr. 8. (VIII, 143 S.) Ebendas. 868. *
geb. *M 3.; mit Goldschn. *

Huhn, A. F., Samenkörner. Meditationen. gr. 16. (VII, 184 S.) Leipzig 872. J. Naumann. n. 2. —

— sammelt d. übrigen Brocken. 18 Predigten. 8. (230 S.) Ebend. 873. n. 3. —

—— der verlorne Sohn. Fünf Betrachtungen über Lucas 15, 11—32. gr. 8. (6 B.) Reval 842. (Koppelson.) *

—— der verlorene Sohn. Fünf Betrachtungen über Lucas 15, 11—32. 2., unveränd. Aufl. gr. 8. (96 S.) Reval 850, Kluge's Verlag. *

—— Sonntagsbüchlein. Predigten auf alle Sonntage des Kirchenjahres. 2 Abthlgn. gr. 8. (VIII und 604 S.) Reval 863, Kluge's Verlag. *

—— gelegentliche Vorträge. gr. 8. (III und 171 S.) Reval 867, Kluge's Verlag. *

—— das Werk des heil. Geistes. Predigten über den dritten Glaubensartikel nach Luthers kleinem Katechismus. gr. 8. (IV und 168 S.) Reval 848, Kluge's Verlag.

Huhn, Adalbert

Huhn, Adb., dem Andenken des hochgebornen Hrn. Grafen Ludwig zu Arco-Zinneberg. Rede, gehalten im kathol. Casino München am 30. Novbr. Abends 8 Uhr. gr. 8. (22 S.) München 883, Stahl.

— Robert Emmet. Eine Erzählg. aus der Geschichte Irlands. 8. (159 S. m. 1 Holzschntaf.) Ebend. 874. 1. 50

Huhn, Adb., Festpredigt bei Gelegenheit d. 16. Generalversammlung des allgem. Cäcilienvereins. gr. 8. (15 S.) Regensburg 901. F. Pustet. — 20

Huhn, Adb., die neuere Geschichte der Ehescheidung. Vortrag, zu Augsburg am 18. Novbr. 1890 geh. gr. 8. (18 S.) München 890. J. J. Lentner. n. — 30

— Geschichte des Spitales, der Kirche u. der Pfarrei z. hl. Geiste in München. 2 Abtlgn. gr. 8. Ebd. n.n. 9. —; geb. in 1 Leinw.-Bd.: n.n. 10. 50
1. (1204—1790.) Mit 3 Illustr. u. 4 Situationsplänen. (VIII, 272 S.) 891. n. 4. 50
2. (1790—1893.) Mit 4 Illustr. u. 1 Situationsplan. (S. 273—570.) 893. n. 4. 50

— das Gewissen — unsere Rettung. Rede, geh. am Schlusse der 22. General-Versammlg. der deutschen Katholiken in Breslau. gr. 8. (15 S.) Amberg 872. Habbel. — 10

Huhn, Adalb., Döllinger's alte und neue Hoffnungen. Rede geh. bei der 1. polit. Versammlung d. Münchener Katholikenvereins „Concordia" am 20. September 1874. gr. 8. (23 S.) München 874. Stahl. n. — 20

Huhn, Adb., das 50jähr. Jubiläum d. St. Vinzentius-Vereines in München. Festrede, geh. am 8. Dezbr. 1895 im großen Museums-Saale. gr. 8. (16 S.) München 895. J. J. Lentner. n. — 20

— der Kampf in Spanien u. seine Bedeutung. Rede zur 4. Stiftungsfeier d. kathol. Männervereins im Ries, am 2. Febr. 1875. gr. 8. (40 S.) München 875. Stahl. n. — 40

— eine Ministerantwort im Lichte der Wahrheit. gr. 8. (III, 60 S.) Freiburg i. Br. 871. Herder. n. — 60

Huhn's, Adalb., ausgewählte Predigten u. Reden. I. Bd. 1 u. 2. Tl. u. II. Bd. 8. München, J. J. Lentner. n. 5. 20; geb. in Leinw. n. 6. 60
I. 1. Sakramentspredigten. 1. Tl. Das Geheimnis des Glaubens u. das Geheimnis der Bosheit. Sakramentspredigten. Nach stenograph. Aufzeichngn. hrsg. v. Pet. Graßl. 1. u. 2. Aufl. (VIII, 76 S.) 905. n. 1. —; geb. in Leinw. n. 1. 40
2. Dasselbe. 2. Tl. Altarssakrament u. Tugend. 20 Sakramentspredigten. Nach stenograph. Aufzeichngn. u. Manuskripten hrsg. v. Pet. Graßl. (VII, 146 S.) 905. n. 1. 50; geb. in Leinw. n. 2 20
II. Fastenpredigten in 3 Cyklen. Mit Anh.: Exerzitien-Vorträge f. Männer. Hrsg. v. Pet. Graßl. (VII, 247 S.) 906. n. 2. 40; geb. in Leinw. n. 3. —

Huhn's, Adalb., ausgewählte Predigten u. Reden. III. Bd. 8. München 909. J. J. Lentner. 1.50; geb. 2. —
III. Seele Christi heilige mich! 14 Predigten üb. das Gebet des hl. Ignatius. Nach stenograph. Aufzeichngn. 4. Aufl. (109 S.)
I. u. II. Bd. Ebd. 905.06. 5.20; geb. 6.60

— die Priesterweihe. 3 Primizpredigten, geh. am 8., 15. u. 22. Juli 1894 in der St. Michaels-Hofkirche zu München bei der Primizfeier der hochwürd. Herren Jos. Notz, Geo. Schlickenrieder u. Ant. Greil. gr. 8. (47 S.) Ebd. 894. n. — 50

— die St. Maximilian-Kirche in München. Festschrift zur Feier der Einweihg. dieser Kirche am Sonntag 6. X. 1901. Der Pfarrgemeinde dargeboten. gr. 8. (30 S. m. 1 Abbildg.) München 901. J. J. Lentner. n. — 40

— Seele Christi heilige mich! 14 Predigten üb. das Gebet des hl. Ignatius. Geh. in der St. Jakobskirche am Anger in München. Nach stenograph. Aufzeichngn. 2. u. 3. Aufl. (128 S. m. Bildnis.) 8. München 904. 905. Münchener Volksschriften-Verlag. n. 1. 50; geb. in Leinw. n. 2. —

— eine Stunde beim hl. Geiste. Betrachtgn. u. Gebete. 16. (36 S.) Ebd. 897. n. — 20

— eine Stunde beim hl. Geiste. Betrachtungen u. Gebete. 2. Aufl. 16. (36 S.) Ebd. 902. n. — 20

—— Das Vermächtniß d. hl. Bonifatius an die Deutschen. Predigt, geh. bei der großen Wallfahrt der deutschen Katholiken z. Grabe d. hl. Bonifatius am 7. Juni 1892. 1. Aufl. (18 S.); 2. Aufl. 8 (19 S.) Fulda 892, Fuldaer Actien-Druckerei. — 15

Huhn, Adolf, aus Barmen: Beiträge zur Kenntniss aromatischer Carbodiimide und Guanidine. Elberfeld S. Lucas Dr. 1886. 52 S. 8°.
Zürich, Phil. Diss. [v. 6. Febr. 1886].

Huhn, Benjamin Gottfried

— — De judiciis denunciatoriis Saxonicis, Rüge=Gerichte dictis. Exercitat. academ. Präs. Gustav Heinrich Mylius. Lpz. (Langenheim) 28. II. 1737. 55 .S (6.—) 16343
Widm.-Bl. mit Wappen (Bernigeroth sc. Lips.) an: Johann Christian v. Hennicke (Marschwit).

Huhn, Benjamin Gottfried (Leipzig), Observationes selectas ad tit. pandectarum de justitia et jure. Präs. Augustin Leyser. Wittbg. (Eichsfeld) 6. III. 1736. 8 S. (3.50) 16342

Huhn, Ch. G., Anw. u. Regeln z. Billardspielen. 8. Leipz. Schwickert. 791.

Huhn, Chr., († d. 13. Dec. 1784.) s. 1) Ordnung des Heils. 2) G. Benigna.

Huhn, Christian(us) August(us): De rite cognoscenda et curanda systematis fibrosi inflammatione. Halis Saxonum (1820): Grunert. 23 S. 8°
Halle-Wittenberg, Med. Diss. v. 16. Febr 1820
Geb. Hettstedt 9. 11. 1893 [vielmehr: 1793]. V.

Huhn, Christian Gottfried

Huhn, C. G., de apparitione angeli Christum confortantis. Lips. 1747. 4.

Huhn, C. G., de conjuge Pauli. Lips. 1738. 4.

Huhn, Christian Gottfried, Das verlohrne und wiedergefundene Kleinod des Friedens wurde in einer Dankpredigt aus Luc. 2, 41—52 vorgestellet. Leipzig 1746. 4. (20 Seit.)

Huhn, Christian Wilhelm

Huhn, Chr. W. Nichts neues u. nichts altes od. Beschreibung der Belagerung Wiens 1683. 8. Breslau 1717 — Raritäten od umständliche Beschreibung, was 1683 vor, bey u. in Belagerung Wien v. 7. Julii bis 12. Sept vorgefallen. Wien 1783. 2.00.

Huhn, Christian Wilhelm. Raritäten, oder umständliche Beschreibung, was anno 1683 von, bei und in der denkwürdigen türkischen Belagerung Wien vom 7. July bis 12. September täglich vorgefallen. 8. Wien 1783.

Huhn, C. W., Raritäten, od. Beschr. v. d. Belag. Wiens. 8. Wien, Rösle. 783.

Maurer - Liebe. Gedicht von F[eod.] Loewe comp. v. E. Huhn. o. O. u. J. 2 Bl. 4° [Kopftit.]
Mit Noten: „Lasst Brüder uns die Liebe preisen, . . .“ 430.

Liebe und Leben. Gedichte von Ernst Huhn. *Paderborn: F. Schöningh [1902].* (VII, 164 S.) 8° [J.]

Huhn, Eugen H. Th.

Huhn, Eugen, Album d. Haupt- u. Residenzstädte, s. Album.

Huhn, E. H. Th., die Arbeiter-Verführer der Gegenwart. Standrede an die deutschen Arbeiter jeden Standes. gr. 8. (86 S.) Frankfurt a. M. 863, Heß. *

Huhn, Eug., das Großherzogthum Baden, s. Baden.

Huhn, Eugen, das Großherzogthum Baden in alphabet. Folge nach allen seinen größern u. kleinern Orten, Weilern, Höfen, Zinken, Bergen, Seen, Flüssen, Bächen rc. beschrieben, mit Angabe der Geschichte der einzelnen Orte u. aller ihrer Merkwürdigkeiten, der Einwohnerzahl, Künste, Gewerbe rc., sowie mit Einreihung der Biographien der ausgezeichnetern Badener u. der Geschichte der vorzüglichern adel. Geschlechter Badens. Mit 14 Stahlst., 1 Stammtaf. u. Plänen. 1.—14. Liefg. 4. Karlsruhe 841—44, Macklot. (à 1/3 ℛ) 3 2/3 ℛ

Huhn, E. H. Th., Baden-Baden, das Murgthal, Renchthal, Wildbad und Umgebungen. gr. 16. (IV, 201 S. mit 1 Stnt. in qu. gr. Fol.) Lahr 868, Schauenburg. geb. *

—— topographisch-statistisch-historisches Comptoir-, Amts-, Post-, Reise- und Zeitungs-Lexikon von Deutschland, eine vollständ. deutsche Landes-, Volks- und Staatskunde. Wohlfeilste Ausg. 6 Bde. Mit Meyers Atlas von Deutschland in 24 Karten, Kpfrst. in qu. Imp.-4. Hildburghausen 845—49, Bibliographisches Institut. (Leipzig, Gebhardt und Reisland.) [1. (VIII und 1226 S.) 2. (1056 S.) 3. (1000 S.) 4. (960 S.) 5. (1152 S.) 6. (1200 S.)] *

Huhn, Eug., topograph.-statist.-histor. Comptoir-, Amts-, Post-, Reise- u. Zeitungs-Lexikon von Deutschland, eine vollständige deutsche Landes-, Volks- u. Staatskunde. Wohlfeilste Ausg. 6 Bde. od. 101 Lfgn. 1. Bd. 19 Lfgn., 2. Bd. 17 Lfgn., 3. Bd. 16 Lfgn., 4. Bd. 15 Lfgn., 5. Bd. [illegible] Lfgn., 6. Bd. 21 Lfgn. Lex.-8. (1: VIII u. 1226 S. 2: 1056 S. 3: 1000 S. 4: 960 S. 5: 1152 S. 6: 1024 S. Mit Meyer's Atlas von Deutschland von 24 in Kpfr. gest. Karten in qu. Imp. 4 als Prämie.) Hildburghausen 845—49, Bibliograph. Institut. (Leipzig, Gebhardt & Reisland.) (à Lfg. n. 3 1/2 ℛ) n. 12 ℛ 18 ℊ

Huhn, Eugen H. Th. Deutsch-Lothringen. Landes-, Volks- und Ortskunde. — Stg.: Cotta 1875. XII, 565 S.

—— Finanzwissenschaft. Volksthümliche Darstellung der Lehre vom Staats- und Gemeindehaushalt. gr. 8. (428 S.) Leipzig 865, Grunow. *

—— Geschichte der deutschen Literatur. Von der ältesten bis auf die neueste Zeit. gr. 8. (VI und 634 S.) Stuttgart 851(52,) J. B. Müller.

—— Geschichte Lothringens, s. Bibliothek für Wissenschaft und Literatur.

Huhn, Dr Eugen H. Th. Geschichte Lothringens. Mit genealogischen Tabellen und historischen Karten. (Bibliothek für Wissenschaft und Literatur 24. 25. Bd. Historische Abtheilung. 6. 7 Bd.) (2 Bde.) 8. Berlin 1877.

Huhn, Eug. H. Th., Geschichte Lothringens. 2 Bde. Mit genealog. Tab. u. histor. (lith.) Karten. 2. (Titel-) Ausg. gr. 8. (X, 401 u. III, 428 S.) Berlin 879. Th. Hofmann. n. 12. —

—— Handbuch der Volkswirthschaftslehre und Volkswirthschaftspolitik. Für das deutsche Volk dargestellt. 2 Abthlgn. gr. 8. Leipzig 863, Grunow. *

Inhalt:

Abthl. 1. Allgemeine Volkswirthschaftslehre. Volksthümliche Darstellung der Grundlagen der Volkswirthschaftslehre. (296 S.) * 1 Thlr 5 Ngr.
2. 1. Bd. Volkswirthschaftslehre der Urproductionen. Volksthümliche Darstellung der Volkswirthschaftslehre des Ackerbaues, der Jagd, Fischerei, Viehzucht und Forstwissenschaft. (268 S.) * 1 Thlr.
2. 2. Bd. Volkswirthschaftslehre der Gewerbe und des Handels (460 S.) * 1 Thlr. 25 Ngr.

—— dass. — 2. Ausg. 18 Lfgn. gr. 8. (1026 S.) Ebendas. 865. à Lfgn. 7 1/2 Ngr. *

Huhn, Eug., Heidelberg und seine Umgebungen. Ein Führer für Fremde und Einheimische und Gabe freundl. Erinnerung an alle seine Musensöhne. 3., verb. und verm. Aufl. Lex.-8. (56 S. mit 10 Stahlst.) Darmstadt 854, Lange. *

— topographisch-statistisch-historisches Lexikon von Deutschland, eine vollständige deutsche Landes-, Volks- u. Staatskunde. Mit Ansichten, Städteplänen u. Karten. 1. Bd. 1.—20. Liefg. Lex.-8. (Mit 1 Plan u. 17 Stahlst.) Hildburghausen 845, Bibliogr. Instit. (Leipzig, Gebhardt u. Reisland.) à n. 7 ℊ

Huhn, Eugen, Topographisch-statistisch-historisches Lexikon von Deutschland, eine vollständige Deutsche Landes-, Volks- und Staatskunde. Mit Ansichten, Städteplänen und Karten. Bd. 1—6. Hildburghausen 1845—47. Lex.-8. . . . . (BPA.; HC.)
——, —— Dasselbe. Wohlfeilste Ausg. 6 Bde. Mit J. Meyers Atlas von Deutschland von 24 in Kupfer gestochenen Karten in qu.-Imp. 4. als Prämie. Hildburghausen 1848—53. Lex.-8. . . . . (D.)

—— Carl Mathy, großherzogl. badischer Staatsminister der Finanzen und Präsident des Staats- und Handelsministeriums. Ein Lebensbild. Zugleich ein Beitrag zur Geschichte der deutschen Bewegungsjahre. gr. 8. (IV, 164 S.) Tauberbischofsheim 868, Lang.

Huhn, E. H. Th., die Odenwald-Eisenbahn, ein Theil der europäischen West-Ostbahn vom Kanal bis zur unteren Donau. Eine staatswirthschaftl. Beleuchtung sowohl dieser Eisenbahn, als auch des Eisenbahnwesens überhaupt. gr. 8. (IV und 60 S.) Mannheim 857, Bender. *

—— Politik. Grundzüge der prakt. Staatskunst. gr. 8. (616 S.) Leipzig 865, Grunow. *

—— das Königreich Preußen geographisch, statistisch und topograph. dargestellt. 1. Bd.: Brandenburg und Sachsen. (1. Heft.) A. u. d. T.: Der Regierungsbezirk Frankfurt a. d. O. der preuß. Prov. Brandenburg. gr. 8. (87 S.) Neustadt a. d. Orla 849, Wagner.

—— dass. — 1. Bd.: Provinzen Brandenburg und Sachsen. (2. Heft.) A. u. d. T.: Der Regierungsbezirk Magdeburg der preuß. Provinz Sachsen. gr. 8. (VI und 93 S.) Ebds. 848.

—— dass. — 4. Bd.: Provinzen Rheinprovinz und Westphalen. (1. Heft.) A. u. d. T.: Der Regierungsbezirk Aachen der preuß. Rheinprovinz. gr. 8. (66 S.) Ebds. 848.

— s. Prozeß des Prinzen Ludwig Napoleon Bonaparte.

—— poet. Schriften. 1. Gedichte. gr. 8. (10½ B.) Karlsruhe 841, Macklot.

Huhn, E. H. Th., allgemeines und deutsches Staatsrecht. Volksthümliche Darstellung. gr. 8. (594 S.) Leipzig 865, Grunow. *

—— Statistik. Vergleichende Darstellung der Macht- und Kulturverhältnisse aller Staaten der Erde. gr. 8. (754 S) Leipzig 865, Grunow. *

—— Völkerrecht. Volksthümliche Darstellung. gr. 8. (332 S.) Leipzig 865, Grunow. *

HUHN, E. H. Th.: Volkswirtschaftslehre der Urproduktionen. Volksthümliche Darstellung der Volkswirthschaftslehre des Ackerbau's, der Jagd, Fischerei, Viehzucht und Forstwirtschaft. - Leipzig 1863. 268 S. - (Handb d. Volkswirthsch. u. Volkswirthschaftspolitik f. d. dtsch. Volk Abt. II, 1)

Huhn, F. W., die Griffe und die Chargirung mit dem Zündnadelgewehr in ihrer Zerlegung für die erste Ausbildung des einzelnen Mannes. Verfaßt und durch 62 Abbild. erläutert. 8. (84 S. mit eingedr. Holzschn.) Berlin 860, Dümmler's Verlagsbuchh. *

Huhn, F. W., die Griffe und die Chargirung mit dem Zündnadelgewehr in ihrer Zerlegung, für die erste Ausbildung des einzelnen Mannes. Verfaßt und durch 62 Abbild. in Holzschn. erläutert. 3. Aufl. 1862. * 6 Ngr. und 4. Aufl. 8. (34 S.) Berlin 867, Kortkampf.

Huhn, F. W., die Griffe und die Chargirung mit dem Zündnadelgewehr in ihrer Zerlegung für die erste Ausbildung des einzelnen Mannes. Durch 62 Abbild. (in eingedr. Holzschn.) erläutert. 5. Aufl. 8. (34 S.) Leipzig und Berlin 870, Luckhardt'sche Verlagsh.

Huhn, Friedrich: Die Unzulänglichkeitseinrede des Erben. Hamburg 1909: Berngruber & Henning. VIII, 68 S. 8°
Heidelberg, Jur. Diss. v. 11. Aug. 1909, Ref. Endemann
[Geb. 13 Juni 82 Hamburg; Wohnort: Hamburg; Staatsangeh.: Hamburg; Vorbildung: Johanneum Hamburg Reife M. 01; Studium. Munchen 3, Heidelberg 2, Rostock 1, Jena 2 S.; Rig 11. Juni 09] [U 09. 1812

Huhn, Herm. Frid. Rob. (geb. Danzig 27. 10. 1832): De varicibus extremitatum inferiorum. Berolini (1857). (31 S.) 8°
Berlin, Med. Diss. v. 23. Apr. 1857

Huhn, J., und F. Seibel, Vögleins Aufenthalt in Feld und Wald, s. Seibel, F.

— **Johann Christian** (Aschersleben), Observationes nonnullae medico-chirurgicae in India Orientali collectae. Specim. med. Erlang. (Walther) April 1774. 20 S. (4.50) 16344

Huhn, Joh. Gottlob (Neufreistadt) [Auctor]
Dissertatio inauguralis medico-chirurgica de cancro occulto et apperto, cum observationibus nonnullis.
Giessae 16. Sept. 1784: Braun. (2), 38 S. 4°
pro gradu utriusque medicinae doctoris ... rite obtinendis.

Huhn, Josef

— Metaphysik des Rechts u. d. Pflicht. 8. Mannheim, Löffler. 798.

— die Stabilität d. Arztes, durch d. Begriff des Lebens, nebst Charakterzügen sr. Gränzen d. Psychologen u. Physikers. 8. Manh. ... Loffler. 2 ℛ

Huhn, Jos., einzig möglicher Standpunkt reiner Originalideen e. Anfangstheorie d. Mathematik. gr. 8. München 801. (Weber). 1½ ℛ Hbg. Pr. 8 ℛ

Huhn, J., einzig möglicher Standpunkt reiner Originalideen e. Anfangstheorie der Mathematik. gr. 8. München. (Mayr in Salzburg.) 801.

Huhn, K., ausgesandt zum Dienst. Nachrichten aus der Arbeit d. Bibelhauses. (40 S. m. Abbildgn.) 8. Freienwalde 907. (Frankfurt a/M., Verlag Orient.) — 30

Huhn, K., Gethsemane. Ein Blick in's Heiligtum. Mit e. Vorwort v. Otto Stockmayer. 2. Aufl. (4.—6. Taus.) gr. 8. (42 S) Stuttgart (902). Buchh. des deutschen Philadelphia-Vereins. n. — 30

Huhn, K., Gethsemane. Ein Blick ins Heiligtum. Mit e. Vorwort v. Otto Stockmayer. 2. Aufl. (4.—6. Taus.) (42 S.) 8. Stuttgart (903). Buchh. des deutschen Philadelphia-Vereins. n. — 30

— Gethsemane. Ein Blick in's Heiligtum. Mit e. Vorwort v. Otto Stockmayer. 3. Aufl. (7. u. 8. Taus.) (43 S.) 8. Stuttgart (907). Buchh. des deutschen Philadelphia-Vereins. — 30

Huhn, Nikolai v., Ansichten u. Erfahrungen über den Leinbau. Zusammengestellt im Interesse praktischer u. denkender Landwirthe. Mit 1 lith. Tafel. Görlitz 861. Heyn (Remer) in Comm. gr. 8. (30 S.) 7½ ngr.

Huhn, Otto von: Commentatio de regeneratione partium mollium in vulnere. Gottingae (1787:) Dieterich. 60 S. 4°
Göttingen, Med. Preisschr. v. 4. Juni 1787

— Commentatio de regeneratione partium mollium in vulnere. 4 maj. Götting. (787). Dieterich; (u. Vandenhöck u. R.) 12 ℛ

— Diss. inaug. sistens observationes quasdam medicas et chirurgicas. 4. Götting. 788.

v. Huhn, Otto H., s. Gedichte des Jakobstädtsch. ꝛc.

v. *Huhn*, Ritter Otto I., observation. medicar. ac-chirurgicarum fasciculus. Cum tab. aen. 8 maj. Götting. 788. Dieterich. 3 ℛ

Huhn's, Fräulein Paulinchen, Briefe an ihre Freundin Fräulein Laura Niedlich. 8. (III, 308 S.) Leipzig 893. O. Lenz. n. 3. —; geb. n. 4. —

Huhn, Seb., Vorbilder christlicher Frauen und Mütter. Aus den Lebensbeschreibungen der Heiligen zusammengestellt. 16. (IV, 208 S.) Dülmen 885, Laumann'sche Verlagsh. cart. *

Huhn, Th., neue Gelegenheits-Gedichte für die Jugend. Gedichtet von mehreren Lehrern. 16. (80 S.) Sommerfeld 869, (Mertsching.) *

Huhn, Thdr., Klänge der Natur. 17 Lieder für die Jugend mit Begleitung des Pianoforte, in Musik gesetzt. Erfurt (857.) Körner's Verlag. 4. (24 S.) n. 10 ngr.

Huhn, Thdr., 20 dreistimmige Schullieder, die auch zweistimmig gebraucht werden können. gr. 8. (22 S.) Erfurt 864, Körner's Verlag. *

Die Bibel als Ganzes. Namen u. Umfang, Sammlung, Textgestalt, Hs. u. Uebers. der Bibel, bibl. Archäologie, israelit.-jüd. Geschichte bis z. Barkochba-Aufstande 135 nach Chr. Von Dr. phil. Eugen Hühn, Pfarrer. Tübingen: Mohr 1904. VIII, 132 S. 8°
(Hühn Hilfsbuch z. Verständnis d. Bibel. H. 1.) [11. 1775 II

Hühn, Eug., Einführg. in die biblischen Bücher. Altes Testament. 1. Heft. Die 5 Bücher Moses u. das Buch Josua (Der Hexateuch). (IV, 96 S.) kl. 8. Tübingen 909. J. C. B. Mohr. — 80

Geschichte Jesu und der ältesten Christenheit bis zur Mitte des 2 Jahrhunderts. Von Dr. phil. Eugen Hühn, Pfarrer. Mit 1 Zeittaf. Tübingen: Mohr 1905. IV, 158 S. 8°
(Hühn. Hilfsbuch z. Verständnis d. Bibel. H. 4.) [11. 1778 II

Hühn, Eug., Hilfsbuch zum Verständnis der Bibel. 4 Hefte. kl. 8. Tübingen, J. C. B. Mohr. n. 3. 60; in 1 Bd. geb. n. 4. —
1. Die Bibel als Ganzes. Namen u. Umfang, Sammlg., Textgestalt, Handschriften u. Uebersetzgn. der Bibel, bibl. Archäologie, israelitisch-jüd. Geschichte bis zum Barkochba-Aufstande 135 nach Chr. (VIII, 132 S.) 904. n. — 80
2. Das Alte Testament nach Inhalt u. Entstehung. (VII, 132 S.) 904. n. — 80
3. Das Neue Testament nach Inhalt u. Entstehung. (IV, 176 S.) 904. n. 1. —
4. Geschichte Jesu u. der ältesten Christenheit bis zur Mitte des 2. Jahrh. Mit e. auf das Alte u. Neue Testament bezügl. Zeittafel. (IV, 158 S.) 905. n. 1. —

Hühn, Eug., Johann Friedrich der Großmütige, Kurfürst v. Sachsen, s.: Für die Feste u. Freunde des Gustav-Adolf-Vereins.

Hühn, Eugen [cand. theol.]: Psalm 90 commentiert nach dem Urtexte mit besonderer Berücksichtigung der aram. Paraphrase .... Jena, Frommannsche Buchdr. (Herm. Pohle), 1886; 51 S. 8°.
Jena, Phil. Fak., Inaug. Diss. v 1886.

Hühn, Eugen, Psalm 90 commentiert nach dem Urtexte mit besonderer Berücksichtigung der aram. Paraphrase. Diss. Jena 1886, G. Neuenhahn. 8°. 51 S.

Das Alte Testament nach Inhalt und Entstehung. Von Dr phil. Eugen **Hühn**, Pfarrer. Tübingen: Mohr 1904. VII, 132 S. 8°
(Hühn: Hilfsbuch z. Verständnis d. Bibel. H. 2.) [11. 1776 II

Das Neue Testament nach Inhalt und Entstehung. Von Dr. phil. Eugen **Hühn**, Pfarrer. Tübingen: Mohr 1904. IV, 176 S. 8°
(Hühn: Hilfsbuch z. Verständnis d. Bibel. H. 3.) [11. 1777 II

Hühn, Eug., die messianischen Weissagungen d. israelitisch-jüd. Volkes bis zu d. Targumim, historisch-krit. unters. u. erläut., nebst Erörterg. d. alttestamentl. Citate u. Reminiszenzen im Neuen Testamente. Mit e. Vorwort v. Paul W. Schmiedel. 1. Tl. Die messian. Weissaggn. d. israelitisch-jüd. Volkes. gr. 8. (XIV, 165 S.) Freiburg i/B. 899. J. C. B. Mohr. n 3. 60

Hühn, Eug., die messianischen Weissagungen des israelitisch-jüdischen Volkes bis zu den Targumim, historisch-kritisch untersucht u. erläutert, nebst Erörterg. der alttestamentl. Citate u. Reminiszenzen im Neuen Testamente. Mit einem Vorwort v. Paul W. Schmiedel. 2. Tl. Die alttestamentl. Citate u. Reminiscenzen im Neuen Testamente. gr. 8. (XI, 300 S.) Tübingen 900. J. C. B. Mohr. n. 6. —
1. Tl. Ebd. 899. n. 3. 60.

Hühn, Otto: Social-politische Briefe etc. von (Otto) Humanus (d. i. Otto Hühn). H. 1. [Mehr nicht erschienen.] Berlin: 'Union' [um 1894] (114 S.) 8°

Huhndorf, Jul., Anleitung zur Anlage von Süßwasseraquarien, sowie zur Pflege und Wartung deren Bewohner und Pflanzen ꝛc. Mit Preisangabe. 8. (19 S. mit Abbild.) Breslau 886, (Preuß und Jünger.) *

Huhndorf, Udalr., institut. philosophiae rational. in usum discentium. 8. Augsb. 747.

Hühnefeld, Johanne, die erfahrene Landwirthin in Aufbewahrung, Behandlung, Verpackung u. Versendung der Butter, des Schmalzes und der Milch ꝛc. Mit einer Beschreibung einer ganz neuen Methode bei der Behandlung der Tonnen u. mehreren nutzbaren Belehrungen für den Hausstand, so wie eine Anleitung, wie Seereisende für lange Reisen Milch u. Rahm frisch erhalten können. gr. 8. Hamb. 839. Herold. 1/4 ℛ

Hühnefeld, Oscar, die Indigofabrikanten. 8. (51 S.) Quedlinburg 847, Basse. 1/3 ℛ

Hühnefeld, Oscar, die Indigoküpen. Oder Anweisung zur Anstellung und Führung aller älteren und neu erfundenen warmen und kalten Küpen. 8. (99 S. mit 4 Stnt.) Quedlinburg 847, Basse. Thlr.

—— keine warme Küpe mehr! Oder: Gründliche Anweisung zu einer einfachen Lösung des Indigo und mit dieser Lösung Wolle, Seide, Baumwolle und Leinen zu färben, wodurch die bisher warmen und kalten Küpen entbehrlich werden. Nebst anderen neuen Erfindungen in der Küpenführung. 8. (25 S.) Quedlinburg 847, Basse.

Hühner, Paul, aus Strehlen (Reg.Bez. Breslau) Vergleichende Untersuchungen über die Blatt- und Achsenstructur einiger Australischer Podalyrieen-Gattungen. (Gastrolobium, Pultenaea, Latrobea, Eutaxia u. Dillwynia.) Mit 1 Taf. *Cassel 1901: Gebr. Gotthelft.* (76 S.) 8° ¶ (Aus Botan. Centralblatt, 1901, Beih. Bd 11, H 3.)
Erlangen, Phil. Diss. v 26. Febr. 1901

Vergleichende Untersuchungen über die Blatt und Achsenstructur einiger australischer Podalyrieen-Gattungen (Gastrolobium, Pultenaea, Latrobea, Eutaxia und Dillwynia). Von Paul **Hühner** aus Strehlen *Cassel: Gebr Gotthelft 1901.* (S. 144–217.) 8°
= Beihefte zum Botanischen Centralblatt Bd 11, H. 3.

Hühnerauge, das illustrirte. Ein Lehr-, Trost- u. Heilbüchlein für das hinkende Jahrhundert von Dr. Katzenberger. Mit 18 Holzschn. (im Text.) Leipzig 858. Wengler. 16. (XIV, 96 S.) n. 10 ngr.

v. Hühnerbein's, (General,) humoristisch-militärisches Definitorium. Herausgeg. von Norbert Hürte. 2. Aufl. kl. 8. Hamburg 840, Verlags-Compt. 1/4 ℛ — Vergl. Definitorium.

Hühnerhof, der, oder die ökonomische Benutzung des Federviehes durch seine Erziehung, Wartung und Behandlung in allen Krankheiten. Mit 1 Kupf. 8. Berlin, Christiani. 820.

Der *Hühnerhof* od. die ökonomische Benutzung d. Federviehes durch seine Erziehung, Wartung u. Behandlung in allen Krankheiten. Berl. 1820. 157 S. 1 Tvl.

Der Hühnerhof, oder ökonomische Benützung des Federviehs, durch seine Erziehung, Wartung und Behandlung. Augsburg 1823

Hühnerhof, der, od. d. ökonom. Benutzung d. Federviehes durch seine Wartung u. Pflege. 2te Aufl. Mit 1 Kpf. 8. Berl. 823. Christiani in Hamb.

Hühnerhof, Der, oder die ökonomische Benutzung des Federviehes durch seine Erziehung, Wartung und Behandlung in allen Krankheiten. Mit 1 Kpfr. 2. verb. Auflage. 8. Berlin (20.) 23. Klemann. M. 1.50

Hühnerhof, der. Eine vollständ. u. deutliche Anweisung, die Hühner zu erziehen, zu warten, zu einem überaus reichlichen Eierlegen zu bringen, zu mästen rc. 12. Nordhausen 843, Fürst. 1/3 ₰

Hühnerhof, der. Eine vollständige und deutliche Anweisung für Hausfrauen in der Stadt und auf dem Lande, die Hühner zu erziehen, zu warten, zu einem überaus reichlichen Eierlegen zu bringen rc., kurz: den höchstmöglichsten Nutzen von ihnen zu ziehen. Nebst Belehrungen über alle Krankheiten der Hühner, deren Verhütung und Heilung, so wie über die besten Aufbewahrungsmethoden der Eier. 8. Aufl. 8. (89 S.) Plauen 860, Schröter. *

Hühnerhof, der. Eine vollständ. und deutl. Anweisung für Hausfrauen in der Stadt und auf dem Lande, die Hühner zu erziehen, zu warten, zu einem überaus reichl. Eierlegen zu bringen rc. kurz: den höchstmöglichsten Nutzen von ihnen zu ziehen. Nebst Belehrungen über alle Krankheiten der Hühner, der Verhütung und Heilung, so wie über die besten Aufbewahrungsmethoden der Eier. 4. Aufl. 8. (89 S.) Plauen 861, Schröter. *

Hühnerhof, der. Eine vollständ. und deutl. Anweisung für Hausfrauen in der Stadt und auf dem Lande, die Hühner zu erziehen, zu warten, zu einem überaus reichl. Eierlegen zu bringen, zu mästen, zu kapaunen, zu poularden, kurz: den höchstmögl. Nutzen von ihnen zu ziehen. Mit Belehrungen über alle Krankheiten der Hühner, deren Verhütung und Heilung, sowie über die besten Aufbewahrungsmethoden der Eier. Nebst einem Anh. über die Hühnerzucht im Großen, über künstl. Ausbrütung der Eier, über die vortheilhaftesten Hühnerracen und über die Zucht der Truthühner. 5. Aufl. (114 S.) 1873, und 6. verm. Aufl. 8. (120 S.) Plauen 875, Schröter's Verlag.

Hühnerhof, der. Eine vollständige und deutliche Anweisung für Hausfrauen in der Stadt und auf dem Lande, die Hühner zu erziehen, zu warten, zu einem überaus reichl. Eierlegen zu bringen rc. Mit Belehrungen über alle Krankheiten der Hühner, deren Verhütung und Heilung, sowie über die besten Aufbewahrungsmethoden der Eier. Nebst einem Anhang über die Hühnerzucht im Großen, über künstl. Ausbrütung der Eier, über die vortheilhaftesten Hühnerracen und über die Zucht der Truthühner. 7. verm. Aufl. 8. (122 S.) Plauen 878, Schröter's Verlag. * 1 —

Hühnerhof, der. Eine vollständ. und deutl. Anweisung für Hausfrauen in der Stadt und auf dem Lande, die Hühner zu erziehen, zu warten, zu einem überaus reichl. Eierlegen zu bringen, zu mästen, zu kapaunen, zu poularden, kurz: den höchstmögl. Nutzen von ihnen zu ziehen. Mit Belehrungen über alle Krankheiten der Hühner, deren Verhütung und Heilung, sowie über die besten Aufbewahrungsmethoden der Eier. Nebst einem Anhang über die Hühnerzucht im Großen, über künstl. Ausbrütung der Eier, über die vortheilhaftesten Hühnerracen und über die Zucht der Truthühner. 8. verm. Aufl. 8. (122 S.) [Plauen 880]. Ilmenau, Schröter's Verlag.

Hühner-Racen, die, m. 15 naturgetreuen Abbildgn. verschiedener Stämme (auf 14 Holzschntaf.) Von e. Hühnerologen. gr. 16. (16 S.) Kiel 876. (Lipsius & Tischer.) n. 1. 60

Hühnerzeitung, s. Tauben- und Hühnerzeitung.

Die **Hühner- und Pfauenzucht** in ihrem ganzen Umfange; oder vollständige Anweisung z. Erziehung u. Pflege d. Hühner u. Pfauen. Heilung ihrer Krankheiten etc. Ulm 1827. 149 S.

Hühner- u. Pfauenzucht, die, in ihrem ganzen Umfange. 8. Ulm 827, Ebner.

Hühnlein, F., Führer durch Bayreuth u. nächste Umgebung unter besond. Berücksicht. des Bühnen-Festspielhauses. [Aus: „H., Führer durch Bayreuth u. Umgegend".] 12. (76 u. 11 S. m. Abbildgn., 1 Ansicht u. 1 Plan.) Bayreuth 889. H. Heuschmann jun. n. 1. —

— Führer durch Bayreuth u. Umgegend unter besond. Berücksicht. des Bühnen-Festspielhauses. (Ausg. B.) 12. (X, 828 S. m. Abbildgn., 1 Lichtdr., 1 Plan, 2 Karten u. 1 Panorama.) Ebd. 889. Geb. in Leinw. n. 2. 75

Hühns, Rob. (geb. Prenzlau 26. 7. 1846) Syphilis der Neugeborenen. Berlin (1871). (31 S.) 8°
Berlin, Med. Diss. v. 20. Dez. 1871

Huhs, Enno: Über einen Fall scheinbar multipler primärer Carcinome. Freiburg i. B. 1904: U. Hochreuther (33 S.) 8°
Freiburg i. B., Med. Diss. v. 1904

Hui und Pfui zum neuen Jahr. Verlag von S. Löwenherz. 1 Bl. Fol.
Flugblatt. Berlin, 1848/49.

Huibel

— s. a. **Hubel, Hübel.**

Huibel, Heinrich Ferdinand, Problema juris feudalis num ob renovationem simultaneae investiturae a proximiore simultanee investito omissam, consolidatio feudi temporaria, existente successionis casu, locum habeat. Diss. jur. Lpz. (Büttner) 18. IV. 1782. 32 S. (5.—) 16345
Gew.: August Friedrich Frh. v. Ende (Rehmsdorff, Crimtzschen).

Huiking, Oskar, Referendar: Schadensersatz- und Bereicherungsansprüche des Dritteigentümers bei Pfändung körperlicher Sachen. Borna-Leipzig 1910: Noske. VI, 32 S. 8°
Leipzig, Jur. Diss. v. 22. Jan. 1910
Geb. 22 Nov. 84 Unna; Wohnort Bonn; Staatsangeh. Preußen; Vorbildung: Kgl. Gymn. Bonn Reife O. 03. Studium: Genf 1, München 3, Bonn 2 S.; Rig. 21 Juli 09.] [U 10. 3745

Huilier, s.a. L'Huilier

— **Elémens d'Algèbre. II Tom. gr. 8. Leips. Hinrichs.**

— — **le même. II Tom. 8. Paris et Strasbourg, Treuttel et W.** 805.

Huilier, Elementar-Algebra. 2 Thle. gr. 8. Tübingen, Cotta. 800. 801.

— **principior. calculi differential. et integralis expositio element. 4. maj. Tubing. Cotta.** 795.

— Exposition élémentaire des principes des Calculs supérieurs, (q. a. remp. le prix) 4. Berl. Acad. Handl. 786.

— Polygonométrie ou de la mesure des figures rectilignes, et abrégé d'isopérimétrie élém. av. fig. gr. 4. Paris. (Cotta, Tubing.) 789.

Huilier, de relatione mutuâ capacitatis et términor. figurarum geometr. consider. s. de maximis et minimis, c. fig. 4. Warsch. Gröll. 783. Rthlr.

Huillard-Bréholles, J. L. A., Chronicon Placentinum, s. Chronicon Placentinum.

Huillard-Bréholles, J.-L.-A., Historia diplomatica Friderici II., s. Historia.

Huisbibliotheek, homoeopathische. Nr. 26 und 27. 16. Leipzig, Dr. W. Schwabe. *

Inhalt:

Nr. 26. De cholera en hare snelle en zekere genezing door de Homoeopathie. Volgens de nieuwste en beste ervaringen saamgesteld door een homoeopathisch arts. Naar de 7. duitsche uitgave in het hollandsch vertaald door H. Merckens. (25 S.) 887. * 50 Pf.

» 27. De aanwending van de voornaamste geneesmiddelen voor uitwendig gebruik in de homoeopathie. Benevens eene handleiding voor de behandeling van wonden, kneuzingen, verstuikingen, verrekking, branden vorstwonden, uit het duitsch vertaald door H. Merckens. (91 S.) 888. * 80 Pf.

Vgl.: Hausbibliothek, homöopathische.

[F.] Huisgen, Franz (Hubert) [Dr.]: Geschichte der Untersuchungen und Theorieen über die durch die Schwerkraft hervorgerufenen Bewegungserscheinungen der Pflanzenteile. Köln, Druck, Gebr Brocker, 1891; S. 3—19; 4⁰

Köln, OR u. VS sowie Fortbildungs-S, P 1891 (471)

Huisgen, Frz., Grundriß der Naturgeschichte, s.: Schilling, Sam.

— deutsche Schulflora, s.: Cossmann, Heinr.

Huisgen, Franz (geb. am 4 März 1853 in Lechenich Kr. Euskirchen): Untersuchungen über die Entwicklung der Placenten ... Bonn, Druck v. C. Georgi 1873. 26 S., 1 Bl. 8.

Bonn, Phil. Fak., Diss. v. 23 Dez. 1873

Huisinga, Petr. Jh., dissertatio medica inauguralis de Erysipelate vero quod dicitur. 8 maj. Groningae 844. (Leer, Praetorius et Seyde.) n. 3/8 ß

Huisken, A. G., geometrisches Aufgabenbuch für Elementarschulen, sowie für Real-, Bürger-, Gewerbe- und Ackerbauschulen. Mit 130 Fig. gr. 8. (VII und 168 S. mit 4 Stnt. in qu. Fol.) Hannover 855, Hahn'sche Hofbuchh.

— Antwortenheft dazu. gr. 8. (IV und 20 S.) Ebds. 855.

Hülsken, Carl Hermann, Dissertationes inaugurales. Rector Philipp Wilhelm Graf v. Boineburg. Präs. Johann Philipp Streit. Erfurt (Grosch) 14. V. 1709. 14 Bl. (6.80) 16265

I. De legibus. II. De matrimonio. III. De legitimatione liberorum.

Huisking, Paul, a. Osnabrück: Über Extrauterin-Gravidität. Freiburg (Baden) 1906: E. Kuttruff. (43 S.) 8°

Freiburg i. B., Med. Fak., Ref. Krönig, Diss. v. 1906

[Geb. 29. Mai 81 Osnabrück; Wohnort: Iburg; Staatsangeh.: Preußen; Vorbildung: Gymn. Osnabrück Reife O. 01; Studium: Kiel 2, München 1, Berlin 2, Freiburg i. B. 4 S.; Coll. 2. März 06; Approb. 5. Febr. 06.]

Huisman, H: System »De Muralt«. 1. Deich- und Dünenverkleidung. 2. Deicherhöhung, 3. See- und Stranddammen aus armiertem Beton. Berlin 1910

Die Nordseeinsel Borkum einst und jetzt von B. Huismann, Hauptlehrer Leer M. Wilkens 1897. (146 S.) 8° [F.] [07. 616]

Huismann, Johann: Über das a-Isomethylheptenon und seine Derivate. Hildesheim 1903: A. Lax (58 S.) 8⁰

Göttingen, Phil. Diss. v. [29 Febr] 1904

Huismans, Johannes, aus Leer Über die Entfernung von Fremdkörpern aus Trachea und Oesophagus. *Bonn 1899: C. Georgi.* (30 S.) 8°

Bonn, Med. Diss. v [26.] Juli 1899

Huismans, L. [app. Arzt] Über die Ausgänge der tuberkulösen Coxitis. (Aus Beitr z. klin Chir VIII Bd. I H.) Tübingen, Verl d. H Laupp'schen Buchh., 1891, 1 Bl 38 S. 8°

Heidelberg, Med Fak., Inaug Diss v 14. Jul 1890

Huison, Thomas Theses medicae Berolini (1813) (2 Bl.) 4°

Berlin, Med. Thes. v 18. Febr 1813

Hult, C., De priorum Pythagoreor. doctr. et scriptis. Diss. 1873. 119 S. 2.50

Das Skilaufen. Von F[ritz] Huitfeldt, Kristiania Mit Abb. Berlin F Manning 1907. (59 S.) 8° [07. 5379]

Huizinga, Engbert: Ein Sitzbecken Haarlem Erven F. Bohn 1901. (38 S.) 8⁰

Freiburg i. B., Med. Diss. v 1901

Huk, M. E., fort m. dem Morschen! Ein radicaler Vorschlag. 8. (16 S.) Leipzig 895. W. Friedrich. n. — 50

Huk, N., Volks-Arzneibücher. 4 Hefte. 1.—3. Aufl. 8. Leipzig 873,74, Kasprowicz. *

Inhalt:

Heft 1. Unfehlbare Erkenntniß und Heilung der gefährlichsten und langwierigsten (innerlichen) Gebrechen und Krankheiten ohne Aerzte und Apotheker. (IV, 67 S.) * ℳ 1,50.

» 2. Unfehlbare Erkenntniß und Heilung der gefährlichsten und langwierigsten (äußerlichen) Gebrechen und Krankheiten ohne Aerzte und Apotheker. (VIII, 138 S.) * ℳ 2,50.

» 3. Unfehlbare Erkenntniß und Heilung der galanten Gebrechen und Krankheiten ohne Aerzte und Apotheker. (46 S.) * ℳ 1,50.

» 4. Kunst das menschliche Leben unfehlbar zu verlängern ohne Aerzte und Apotheker. Untrüglicher Rathgeber für die Jungen und die Alten. (69 S.) * ℳ 1,50.

Huk, N., das Ganze der Volksarznei in 4 Abtheilgn. 4., wohlfeile Ausg. 8. (321 S.) Leipzig 875. Kasprowicz. n. 2. 50

Hüle, Frida, Frau Fama. Novellen. 8. (III, 296 S.) Dresden 900. E. Pierson. n. 4. —; geb. n. 5. —

Hüle, Frida (Frau Frida Körner), entsühnter Kuß. Novellen. (V, 308 S. m. Bildnis.) 8. Dessau 905. Dessauer Verlagshaus. n. 4. —; geb. n. 5. —

Hukestein, Wilhelm, s.a. Huckestein, Wilhelm.

Hukestein, Wilh. Sophocles quam sententiam et qua arte in Aiace fabula persecutus sit. 19 S. Progr. *Recklinghausen* 1876.

HULA, Eduard

Römische Alterthümer von Dr. Eduard Hula. Mit 1 Plane der Stadt Rom und 60 Abbildungen. Wien und Prag. 1901. Tempsky. Gr.-8°. IV, 120 S. Geb. K 2.40

Hula, Ed., römische Altertümer. Mit 1 Plane der Stadt Rom u. 60 Abbildgn. gr. 8. (IV, 120 S.) Leipzig 901. G. Freytag. Geb. n. 2. —

— u. Horak Hugo: Über die Anlage und Einrichtung eines archäologischen Schulcabinettes. 8. Brünn II. St. G. 95. Progr.

Hula, Ed., u. Emil **Szanto**, Bericht üb. e. Reise in Karien. (Vorgelegt v. d. z. Verwaltg. d. Widmg. d. regier. Fürsten Johann v. u. zu Liechtenstein einges. Commission f. archäologische Erforschg. Kleinasiens.) [Aus: „Sitzungsber. d. k. Akad. d. Wiss."] Lex.-8. (36 S.) Wien 894. C. Gerold's Sohn. n. — 90

Hula, E., Z. Geschichte d. Collegiums d. Arvalbrüder. S.-A. Pr. O. J. 6 S.

Hula, E., Eine attische Künstlerinschrift auf Gold. S.-A. O. J. 16 S.

Hula Eduard: Quaestiones Servianae.
1889 PN 558 Diss. Wien Univ.

Hula, Eduard Die Toga der späteren Kaiserzeit. 8 (S. 1—17).
Progr. K. k. zweites deutsches Oberg. *Brünn* 1895.

Hula, Hugo: Über die Anlage ..., s. Horak, Hugo

Hulakovský, J. Einiges aus der Lautlehre des Französischen. (In böhm. Sprache.) Wittingau, G., 1876. 9 S. Progr.

Hulákovsky, Joan. M., Abbreviaturae vocabulorum, usitatae in scripturis praecipue latinis medii aevi, tum etiam slavicis et germanicis, collectae, et ad potiorem usum archivariorum, diplomatarum, bibliothecariorum, aliorumque vetustatis indagatorum editae. Et. s. t.: Abkürzungen von Wörtern, wie sie vorzüglich in latein. Handschriften des Mittelalters vorkommen, mit beigefügten slaw. und deutschen dergl. Schriftzügen. 4. (XV und 88 lithogr. S.) Prag 852, (Neureutter.) *

Hulanicki, Władisław, die leprösen Erkrankungen der Augen. (Nach Beobachtgn. aus der St. Petersburger Augenheilanstalt u. der Leprosorien zu Dorpat u. Riga.) Diss. gr. 8. (128 S. m. 1 Abbildg.) Jurjew (Dorpat) 892. (E. J. Karow.) n. 3. —

Analytische Entdeckungen in der Verwandlungs- und Auflösungs-Kunst der höhern Gleichungen von *Adam Ehregott Leberecht Hulbe*, Berlin und Stralsund, bey Gottlieb August Lange. gr. 8. 136 Seit. 1794.

Hulbe, A. E. L., analyt. Entdeckungen in den höh. Gleichungen. gr. 8. Berlin. 794. Ist jetzt Verlag v. Reimer.

Hulbrock, Adb., e. Erinnerung an Hoffmann v. Fallersleben, — zum Würfelspiel, } s.: Studien, kleine.

Hülcker, Osc., Vorlagen für Glasmalerei. gr. 4. (16 Stnt. mit Anleitung 2 S.) Berlin 887, (Rosenbaum und Hart.) In Leinw.-Mappe *

Huld, Frid. Car. Ludov. (geb. Sagan 26. 5. 1842) De diabete mellito.
Berolini (1867). (32 S.) 8°
Berlin, Med. Diss. v. 5. Febr. 1867

Hulda das schöne Wasserfräulein oder die Saal-Nixe. Nebst Anhang über Sitten u. Gebräuche deutscher Vorzeit. Leipzig 1804. V: *Vulpius, Christian August.* (BGE III², 352) »Rudolstadt 1804« (Ky) (MGT)

Hulda oder die Nymphe der Donau eigentlich die Saalnixe genannt. Leipzig 1804. So der richtige Titel des in II, 10131 verzeichneten Romans von Vulpius. Eine früher (1800) erschienene Titelauflage lautet: Hulda, das schöne Wasserfräulein. Vgl. oben und Jb. d. Samml. Kippenberg 6 (1926), S. 87. (DARP) (BGE III², 352/353) (stadtBiblBerlin IX, S. 60)

Hulda, od. d. schöne Wasserfräulein; oder: Hulda, die Nymphe d. Donau; oder: die Saalnixe, (von Chr. A. Vulpius). 8. Leipz. 804. Rein.

Hulda, ein Taschenbuch für das Jahr 1818, siehe H. Doering.

Hulda. Ein Taschenbuch auf das Jahr 1818. Hrsg. v. Heinrich Doering. Mit 1 Titelkupfer.
Jena Schreiber

HULDA, die schöne Friseuse. (c. 1872.) (c. 40 xr. Halm, Wien. 1873, Anz. 6, Beibd.)

HULDA, die schöne Hannoveranerin. Selbstbekenntnisse einer armen Prostituierten. Neustadt, J. Wagner, 1859. 8°.

HULDA, die schöne Hannoveranerin. Selbstbekenntnisse einer armen Prostituierten. Hamburg 1860. 2. Auflage. 12°. 48 S.

Hulda, die Spinnerin am Creuze. Eine romant. Volkssage, von C. Marsch. 8. Wien, Haas. 818.

Hulda, die Spinnerin am Kreuz. Eine Sage aus Österreichs Vorzeit. Wien 1890. V: *Hellbach, Raphael.* (EB)

HULDA und Witichar, oder die Liebe in heiligen Mauern. Eine (zahme) Geschichte aus d. 12ten Jahrhunderte. Mit TKpf. Riga u. Leipzig, bey Wilh. Chrn. Andr. Müller, 1798. 12°.
Tit., 3 Bll. Zuschr. (an Wilhelm Magnus Frhrn. v. Pahlen) u. 280 SS.

— u. Witichar, od. die Liebe in heiligen Mauern; e. Gesch. a. d. 12ten Jahrh. 8. Riga, Müller. (Meinshausen.) 798.

Huldat, Recherches chimiq. sur l'Encre, son altérabilité etc. 8. Strasb. König. 805.

Hulde, Friedr., vom Danewerk bis Alsen. Zum 29. Juni 1865. Ein Gedenkblatt für alle wackere Preußen, in 4 Liedern. Wittenberg 865. (Herrosé.) 16. (7 S.) n. 1½ ngr.

Huldeberg (Huldberg), Dn. Erasmus von

D. E. ab Huldberg opuscula mathematica curiosa. Jenae. 4. (10 gr.) 1710.
— quartum edita et in unum collecta a *G. Guil. de Lage.* Lips. Haer. Lankis. 4. 1714.
— ibid. 4. 1727.

— — idem liber. 4. Lips. Gleditsch. 700.

v. Huldeberg, Dn. Erasm., († . . .) opuscula mathematica 4. Leipz. 770. (Brockhaus). 10 K

Hulden, Thdr. v., der gute Ton bei der Tafel. gr. 8. (160 S.) Wien 895. Manz. — Leipzig, J. Klinkhardt. n. 3. —

Huldenwang, Neue Turnhalle, erbaut i. J. 1893 am Jahnplatz zu Worms, 2 Bl.

Hulder. – Maximilian Hulder u. Prascha, s. Nicolai, Karl.

Hulder, . . ., (psdn u. wahrscheinlich mit M. Hulter identisch,) Eduard u. Mathilde, od. die belohnte Tugend. Ein Lesebuch für d. Jugend. Mit 5 ill. Kpf. 8. Leipz. ... Magazin f. Ind. 20 K

Hulderich, N., Nachrichten von Irrthümern der Maler in Entwerfung der bibl. Geschichte. Leipz. 1723 8.

Huldericus: Erbauliche Nachrichten von allerhand Irrthümern derer Mahler so sie in Entwerffung der Biblischen Geschichte Alten und Neuen Testaments zu begehen pflegen. Frankfurt und Leipzig 1723

Huldericus Pelargus

s.: Storch, Johann

Huldermann, B., die Subventionen der ausländischen Handelsflotten u. ihre Bedeutung f. die Entwicklung der Seeschiffahrt. Hrsg. auf Veranlassg. der Hamburg-Amerika-Linie u. des Vereins Hamburger Rheder. (71 S.) gr. 8. Berlin 909. E. S. Mittler & Sohn. 1. 50

Das Wesen und die Endziele der stenographischen Bewegungen. Von Bernhard Huldermann. Vortrag, geh. auf d. dritten Bezirksvers. d. 'Mecklbg. Bezirks f. Vereinf. Stenogr.' 1895 in Schwerin *Hamburg: J. V. Peters 1895* (16 S.) 1 Bd 8.

Huldermann, F. Über Versicherungswesen im allgemeinen mit besonderen Beziehungen auf die Personenversicherung und ein deutsches Reichversicherungsgesetz. Hannover 1891.

Anonym: „Ueber die Huldigung", o. O. 1786. — Vorh.: Preuß Staatsbibliothek Berlin.

Über die **Huldigung**. (v. H. Dn. Hermes). Breslau: Löwe 1786. 8°

Huldigung, Die, ein dramatischer Prolog vorgestellt auf dem . . . Nationaltheater zu Salzburg . . . [Salzburg] 1806. V: *Weissenbach, Alois.* (GGr) (Hr)

Huldigung, Eine altdeutsche. [Berlin 1795]. V: *Nachtigal, Johann Carl Christian.* (MGT)

— Baierns, s. Baiern.

Huldigung der Berge am Geburts- und Namens-Feste König Ludwigs von Baiern, 1837. München [1837.] V: *Lichtenauer, Ant.* (Bücher-Samml. d. hist. Ver. v. u. f. Oberbayern. Münch. 1867.)

Huldigung und Krönungsfeier, Böhmische, I. I. M. M. Franziskus II. Röm. Kaisers, Königs in Ungarn und Böhmen, Erzherzogs in Österreich etc. und Theresiens Durchlauchtigsten Gemahlin etc. Im August 1792. Leitmeritz. V: *Mosig, Anton Franz August.* (GGr VI/726, Nr. 12/2) (Biblport)

Huldigung zur hohen Feier des siebenhundertjährigen Regierungs-Jubilaeums des Herrscherhauses Wittelsbach. — Vom Lyceum. — 1880, Passau. — S. 2—9.

Progr. Passau, K. Lyzeum

Huldigung zur Feyer des 4ten Novembers 1824. Wien [1824]. V: *Cibbini, Ant.* (EB)

Huldigung, die, der Flora, s. Reich der Flora.

Huldigung den Frauen. Ein Taschenbuch v. J. F. Castelli f. d. Jahre 1823—26. 1r—4r Jahrg. Mit Kupf. 16. Leipz. Ind. Compt. à 1 Rthlr. 8 gr. 5 Rthlr. 8 gr. Jetzt nur

— dass. f. d. J. 1827 u. 28. 5r u. 6r Jahrg. Mit Kupf. 16. Wien, Tendler u. v. M. 1827, 1 Rthlr. 16 gr. 1828, 2 Rthlr.

Huldigung den Frauen. Ein Taschenbuch f. d. J. 1829—36. Hrsg. v. J. F. Castelli. 7—14. Jahrg. Jeder m. 6 Kpfr. 16. (25½, 22, 21½, 20, 22, 23¼, 24. u. 25 B.) Wien, Tendler. à

1—4. Jahrg. 1823—26. Leipzig, Industrie-Compt., hrbgs. Pr. à 8 Gr. — 5. u. 6. J. 1827, 28. Wien, Tendler., hrbgs. Pr. à 16 Gr. Auch die spätern Jahrge. sind im hrbgs. Pr. zu erhalten.

Huldigung den Frauen. Taschenb. f. d. J. 1837—42. Hrsg. v. J. F. Castelli. 15—20. Jahrg. Jed. m. 6 Kpfrn. 16. Wien, Tendler u. Schaefer. [837. u. 38. à * 2 Thlr., 39—41. à * 2⅓ Thlr., 42. * 2⅓ Thlr.] *

Huldigung den Frauen. Taschenbuch für d. Jahr 1843—47. Hrsg. v. J. F. Castelli. 21—25. Jahrg. Jed. J. m. 5 Stahlst. 16. Wien [Tendler u. Comp. [21. (26 B.) 22. (26⅜ B.) 23. (22 B.) 24. (21 B.) 25. (22 B.) 21—24. J. à * 2 Thlr. 15 Ngr., 25. * 2 Thlr. 20 Ngr.] *

Huldigung den Frauen. Taschenbuch für das J. 1848. Hrsg. von J. F. Castelli. 26. Jahrg. 8. (298 S. und 6 Stahlst.) Wien 847, Tendler und Comp. *

Huldigung den Frauen. Ein (neues) Taschenbuch f. d J. . . . . Hg.: J.J.F. Castelli.

1823. 1 Bl., VI, 266 S. M. 6 Stahlst.
1824. 1 Bl., VIII, 342 S. u. 1 Bl. M. 6 Stahlst.
1825. 1 Bl., VI, 387 S. M. 6 Stahlst.
1826. 1 Bl., IV, 238 S. u. 1 Bl. M. 6 Stahlst.
1827. 1 Bl., 368 S. u. 3 Bl. M. 6 Stahlst.
1828. 3 Bl., 452 S. M. 6 Stahlst.
1829. 1 Bl., 384 S. M. 6 Stahlst.
1830. 1 Bl., XXXII, 318 S. M. 6 Stahlst.
1831. 1 Bl., XXXII, 312 S. M. 6 Stahlst.
1832. 1 Bl., XXII, 310 S. u. 1 Bl. M. 6 Stahlst.
1833. 1 Bl., II, 1 Bl., 346 S. M. 6 Stahlst.
1834. 1 Bl., II, 2 Bl., 366 S. M. 6 Stahlst.
1835. 4 Bl., 371 u. 5 unbez. S. M. 6 Stahlst.
1836. 1 Bl., XX, 1 Bl., 382 S. u. 1 Bl. M. 6 Stahlst.
1837. 4 Bl., 426 S. M. 6 Stahlst.
1838. 3 Bl., 367 S. M. 6 Stahlst.
1839. 9 Bl., 402 S. M. 6 Stahlst.
1840. 2 Bl., XIV, 364 S. u. 2 Bl. M. 6 Stahlst.

1841. 9 Bl., 398 S. u 1 Bl. M. 6 Stahlst.
1842. 8 Bl., 378 S. u. 1 Bl. M. 6 Stahlst.
1843. 8 Bl., 400 S. M. 6 Stahlst.

1844. 7 Bl., 405 u. 3 unbez. S. M. 6 Stahlst.
1845. 8 Bl., 334 S. u. 1 Bl. M. 5 Stahlst.

1846. 9 Bl., 312 S. u. 1 Bl. M. 6 Stahlst.
1847. 10 Bl., 327 S. u. 3 unbez. S. M. 6 Stahlst.
1848. 8 Bl., 284 S. u. 2 Bl. M. 6 Stahlst.

Leipzig u. Wien. Goed. VIII, 107, 253.

Huldigung den Frauen. Ein Taschenbuch v I[gnaz] F[ranz] Castelli für das Jahr .. Mit Kupf. ([u.] Stahlst. [v Bl[asius] Höfel, Leop[old] Beyer, C[arl] Mahlknecht, C[arl] Kotterba [u. a.]).
Leipzig Industrie Compt. (1829 ff.: Fr. Tendler, 1839 ff.: Tendler &Schaefer) [1825—1844]. 16° (1842 ff.: 8°)
[Kupf - spater Stahlst.-Tit.]
3/1825 VI, 387 S., 1 Titelkupf., 5 Kupfertaf.
Darin S. 206: Friedr Ruckert: Neue Liebschaften. Erstdr.
8/1830 XXXII, 318 S., 1 Titelkupf., 5 Kupfertaf.
Darin S. 237 Friedr Rückert Die beiden Monde. Erstdr.
16/1838: 2 Bl., 367 S., 1 Titelbild, 5 Taf.
17/1839: 8 Bl., 402 S., 1 Titelbild, 5 Taf.
18/1840: XIV, 364 S., 2 Bl., 1 Titelbild, 5 Taf.
23/1844: 7 Bl., 405 S., 1 Bl., 1 Titelbild, 4 Taf.

HULDIGUNG dem Genius des weiblichen Geschlechts. Ueber die Würde, die Pflichten, die Rechte und die Bildung des weiblichen Geschlechts. Mit Titelkpfr [S(chnorr) v. K(arolsfeld) del., Boettger Dresd. sc.] Breslau bei August Schall. O J. (1801). Kl 8⁰ (In Breslau, Kgl. u Univ.-Bibl.)
In Briefen VIII—300 S. (incl. S. 280 ff Verlagscatalog d. Firma).
Kritik der Titel. Halle 1804. 8⁰ S. 166

Huldigung des würdigsten und schönen Geschlechts, in 200 Epigrammen ... Stuttgart 1817. V: *Haug, Johann Christoph Friedrich.* (EE) (GGr)

Herrmann: **Huldigung** dem geliebten Br. Herrmann bei der Feier seines funfzigjährigen Maurer-Jubiläums am 16. Mai 1856 dargebracht von seinen Mitbrüdern. [Gotha 1856.] 2 Bl. 8⁰ [Umschlagtit.]
Gedicht: „Jubelgreis reich' uns die Hand!" 65.

Huldigung Joseph dem Zweiten. Wien 1781. V: *Wiser, J. S.* (Biblport)

Huldigung am erfreulichen Jubiläumstage Anton Peters Fürsterzbischofs. Von A. Z. Prag 1781. V: *Zitte, Augustin.* (GGr VI/729, Nr. 16/3)

Huldigung die, der Künste, v. Fr. Schiller. 8. Tübing. Cotta. 805.

HULDIGUNG freier Liebe. O. O. 1798. 8⁰. Rar!
Bibl. Mehnert III. p. 187

Huldigung des k. k. priv. bürgl. Scharfschützenkorps bei der Allerhöchsten Anwesenheit Ihrer Majestät Kaiserin Elisabeth Amalie Eugenie auf der Schützen-Insel im Juni 1854. 8. (2 Blätt.) Prag. K. K. Hofbuchdruckerei von Gottlieb Haase Söhne. 1854.

Huldigung dem Verdienste. Zur funfzig jaehrigen Dienst-Jubelfeyer des [Br.] Friedr. Leop. Klipstein am Abend des 30. Juli im Gesellschaftshause gesungen. Darmstadt 1818: Stahl. 2 Bl. 4⁰ [Umschlagtit.]
Kantate ohne Noten: „Hell glänzt das Mahl . . ." Vgl. Nr 3313.

Huldigung des tyrolischen Volkes von ihrem Geliebtesten Monarchen Kaiser Franz I. den 30. März 1816. Innsbruck 1816. V: *Mayr, Jos. Philipp Benitius (Benizzi) Maria.* (Margr) (Biblport)

Huldigung dargebracht der Wahrheit und den Manen des Herrn Feldmarschalls Grafen von Lascy. Lausanne 1811. O. O. [Zürich 1812]. V: *Dietrichstein, Frz. Fürst.* (WBL VI/322) (Fideicomissbibliothek Wien 1/3652) (Ky 3/211) (Biblport)

Huldigung, dargebracht d. Wahrheit u. den Manen des Hrn. Feldmarschalls Grafen v. Lacy. 8. Zürich, Orell u. Comp. 812.

Will, Nic.: **Huldigung** dem Bruder Nic. Will bei der Feier seines fünfzigjährigen Maurer-Jubiläums am 18. Merz [!] 1869 dargebracht von seinen Mitbrüdern. [Schweinfurt 1869.] 2 Bl. 8⁰. [Umschlagtit.]
„Jubelgreis reich uns die Hand!" . . . 21.

Huldigung der Universität Wittenberg an ihrer dritten Stiftungsfeier geleistet. Ein Epos in zwei Gesängen. Den 18. Oct. 1802. Wittenberg. V: *Reck, Joh. Steph.* (Erman & Horn, Bibliogr. d. dtsch. Universitäten. 2. Leipz. u. Berl. 1904.)

Huldigungen Ihren Majestaeten Anton und Theresia König und Konigin von Sachsen am 16ten October 1827 dargebracht. von der Bergstadt Annaberg und Buchholz Dresden. Steindruck u. Verlag von J. H. G. Rau [1827?]. [Umschlagtit.]
7 Taf. in kol. Lithogr 2⁰

Huldigungen der Freude, des Edelmuthes und der Zufriedenheit. Arnstadt 1799. V: *Vogel, Johann Ludwig Andreas von.* (Ky) (MGT) (GGr) (NN)

— d. Freude, des Edelmuthes, u d. Zufriedenheit, (v. Ldw. Vogel). 8. Arnst. 799. Langbein; (Hildebrandt). 12 K

— dem Genius des weibl. Geschlechts, über würd. Pflichten rc. desselben. 8. Hamb. 799, Verlagsgesellschaft. 21 K

Huldigungen des Ober-Donau-Kreises, bei der Anwesenheit Sr. Majest. d. Königs Ludwig dargebracht. Im August 1829. Gedichtet von *Julius Frhrn. v Ecker v Eckhoffen.* Gezeichnet von Prof. *(Frz. Mich.) Veith* u. Architekt *Kuber* (lithogr. von *Fr. Hanfstaengl*). Hrsg. von Buch- u. Kunsthändler *Schlosser.* (2 Thle. in 1 Bde.) Augsburg, J. A. Schlosser, 1829—30. Gedr. b. Albr. Volkhart. Gr. Fol. Hldrb. m. Schwarzdrucktit. auf Deckel.

I 2 Bll., 30 S. II Reise Ihrer königl. Majestäten (Ludwig u. Therese) vom 28. Aug. bis 4. Septbr 1829. 3 Bll., 24 S (à 2 Col.); S. 24—25 Beschreibung der 12 (allegor.) Abbildgn. (Paar. Lech. Wertach Schmutter. Zusamm, Mindel, Güns, Rott, Iller, Donau, Bodensee, die Gebirge) nebst dem (obigem Expl. fehlenden) Umschlagbogen.

Huldigungen des Ober-Donau-Kreises bei d. Anwesenheit des Königs. 3 Bde. Mit 18 Kpf. Fol. Augsb. 830—32. Schlosser. 2 Thlr. 8 gr. Velinp. 3 Thlr.

Huldigungs-Adresse zur Vermählung des Kronprinzen Rudolf mit der Prinzessin Stephanie von Belgien. 12 fl. 50 kr. ord.

Wien: Perles 1881.

Huldigungs-Adressen an Se. Hoh. Herzog Friedrich VIII. von Schleswig-Holstein aus dem Herzogth. Holstein. Eingegangen seit dem 20. Novbr. 1863. gr. 8. (XXII und 90 S.) Kiel 864, Schwers'sche Buchh.

Huldigungs-Adressen an Se Hoheit Herzog Friedrich VIII von Schleswig-Holstein aus dem Herzogthum Schleswig. Eingegangen seit December 1863. Kiel, Schwers 1864. XVIII 40 S 8.

Huldigungs-Banderium, das, vom 8. Juni 1896, verewigt in Wort u. Bild. Unter d. Red. v. Stanisl. Timár hrsg. v. Jul. Lauroncic. (Deutsch u. ungarisch.) qu. gr. 4. (II, 34 S.) Budapest 896. W. Kunosy & Sohn. n 1 60

Huldigungsbrief, der, der Herren v. Wedel für die Söhne Kaiser Karl's IV., Wenzel, Siegmund und Johann, und den Markgrafen Johann von Mähren. Ausgestellt auf dem Tage zu Guben am 28. Mai 1374. Fol. (4 S. mit 1 Lichtdr.-Taf. in gr. Fol.) Leipzig 886, (B. Hermann.) *

Huldigungsfahrt, Die, der deutschen Studenten zum Fürsten Bismarck... Berlin 1895. V: *Siemering, W.* (Erman & Horn, Bibliogr. d. dtsch. Universitäten. Leipzig u. Berlin 1904—05. III, 305.)

Huldigungsfahrt, die, d. deutschen Studenten zum Fürsten Bismarck am 1. Apr. 1895. Hrsg. vom Ausschuß der deutschen Studentenschaft. 4. (40 S. m. Abb., Bildnis u. 14 Taf.) Berlin 895. J. Becker. n. 1.—; geb. in Leinw. n. 2.—

Huldigungsfeier

— die, ein Beitrag z. Geschichte der Luftfahrt rc. 8. Hamb. 803. Nestler. 4 gr.

Huldigungsfeier, die, Sr. Hochsel. Maj. Friedrich Wilhelm III. am 6. Juli 1798 zu Berlin. Von e. Augenzeugen. gr. 8. ($2\frac{1}{4}$ B.) Berlin 840, Stange. (?) $\frac{1}{6}$ Thlr., m. Bildn.

— der Pfalzgrafschaft 1803. Mit Kpf. 8. Manh., Kaufmann. 12 gr. Schrbp. 16 gr. Velinp. 1 Thlr.

Huldigungsfeier auf Veranlassung des vom Durchl. Herzogs [!] von Sachsen-Altenburg Friederich der Loge Archimedes zu den drei Reissbretern zu Altenburg ertheilten Protectoriums in derselben veranstaltet den 31. Jan. 1827. Gedr. als Ms. f. Brr. Altenburg [1827]: Hofbuchdr. 39 S. 8⁰ [Umschlagtit.]

Abgedr. in: AZ. 1827—1831 S. 179—217. Bericht. Reden von J. F. Pierer, Chr. F. H. Sachse.

Huldigungsfeier der Provinz Westphalen am 18. Oct. 1815. 8. Münster 816. Aschendorff. 8 gr.

Huldigungsfeierlichkeiten Friedrich Wilhelm III. in Berlin u. Königsberg. 8. Leipz. 798. Wienbrack. 4 gr.

Huldigungsfest, das, der Blumenkönigin. Ein Festgeschenk f. die Jugend von einer Freundin derselben. Nebst einem Anhang von Gedichten. 16. (86 S.) Königsberg 852, Koch. n 12 Ngr.

Huldigungsfest, Das, des Handwerks. Wien 1895. V: *Lichtblau, Adolph.* (EB)

Huldigungs-Festzug der Stadt Wien zur Feier der silbernen Hochzeit Ihrer Majestäten des Kaisers Franz Joseph I. und der Kaiserin Elisabeth. [27. April 1879.] Mit Zustimmung des Gemeinderathes der Haupt- und Residenzstadt Wien hrsg. 50 Taf. mit illustr. Text von Osc. Berggruen. 10 Lfgn. qu. Fol. (à Lfg. 5 Bl. in Heliogravure) Wien 880, Gesellschaft für vervielfältigende Kunst.)

à Lfg. ℳ 6.
Luxusausg. auf Whatmanpap.
Leinwandmappen
Ledermappen

Huldigungs-Festzug der Stadt Wien zur Feier der silbernen Hochzeit Ihrer Majestäten des Kaisers Franz Joseph I und der Kaiserin Elisabeth (27 April 1879) Herausgegeben von dem Gemeinderathe der k k Reichshaupt- und Residenzstadt Wien. Wien 1881. Im Selbstverlage des Gemeinderathes der Stadt Wien.
Text Tit 2 Bl 43 S 16 Taf 2° Atlas 37 Taf. gr 2°

Huldigungs-Gesang der g. u. v. ⊔ Joseph zur Einigkeit. Nürnberg am 19./XII. 5804. [Nürnberg 1804.] 2 Bl. 8⁰ [Umschlagtit.]

Ohne Noten: „Schliesst die Maurer-Kette, Brüder, . . .“ 165.

Huldigungslied, Unser. [Halberstadt 1798.] V: *Fischer, Gottlob Nathanael.* (ML)

Huldigungslieder, Fünf, nach sehr bekannten Melodien . . . Berlin 1786. V: *Burmann, Gottlob Wilh.* (JL)

Huldigungspredigten, fünf, bei d. förml. Thronbesteigung des Königs von Westphalen, Hieronymus Napoleon, von Brohm, Hanisch u. Jani. gr. 8. Stend. 808. Franzen u. Gr. 9 gr. Sind auch einzeln zu haben.

Huldigungsreden, Zwei, gehalten in der evangelisch-lutherischen Kirche zu Essen . . . Duisburg u. Essen 1805. V: *Hummel, C. M. & Bernhard Christian Ludwig Natorp.* (Ky)

Huldigungsreden, zwei, gehalten in der evangel.-luther. Kirche zu Essen am 24. Juli 1803, (v. C. M. Hummel u. B. C. L. Natorp). 8. Duisb. u. Essen 805. Bädeker. 4 gr.

Huldigungsreise eines Rheinländers in den Octobertagen des Jahres 1840. . . . Magdeburg 1841. V: *Döring, Carl August.* (ADB) (GGr IX, 435)

Huldigungs-Reise eines Rheinländers in den Octobertagen des Jahres 1840. Wahrheit u. Dichtung. gr. 8. Magdeburg 841, Heinrichshofen. 1/2 rf

Huldigungsreisen des Königs Friedrich Wilhelm III. gr. 8. Berl, 798. W. Oehmigke; (Sander). 4 gr.

Huldigungstag, Der. [Halberstadt 1798.] V: *Fischer, Glob Nathanael.* (ML)

Huldreich, G., Jungfer Lorenz. Eine märkische Volkssage. Mit einer erläut. Einleitung. (Mit einem Anhange: Legende von der Jungfrau u. dem Fisch in der Nicolai Kirche zu Tangermünde. Von Bornemann.) 8. Tangermünde 842, Doeger. n. 1/3 rf

Huldricus, Frid. Salomo, Gymnasii Turicensium Carolini novum cursum magn. rectoris Jo. Jacobi Hottingeri auctoritate rite indicit. — Accedit index lectionum publicarum atque privatarum. Zürich (Orell, Fuessli & Co.) 1810. 16 S. (3.—) 16346

— — Dasselbe. Rector Georg Gesner. Zürich (Orell, Fuessli & Co.) 1811. 18 S. (3.—) 16347

Huldricus, I. Iac., gentilis obtrectator, s. de calumniis gentilium in Iudaeos comment. 4. Zürich, Orell. 744.

Huldricus, J. J., de calumniis a gentilibus in primaevos Christianos sparsis, in eisd. Gentilis obtrectator Tigur 1744 4

Huldricus, Rod. (Resp.) De sensu vitali, s. Rahn, Jo. Hen. (Praes.)

Huldschiner, Gottfried: Über das Pendeln parallelgeschalteter Drehstromgeneratoren. 1906. 71 S. 8° ¶ Auch bei Enke in Stuttgart u. als: Sammlung elektrotechn. Vorträge. Bd 9, H. 7/8.
München, Dr.-Ing.-Diss. v. 21. 3. 1906

Huldschiner, Gottfr., über das Pendeln parallelgeschalteter Drehstromgeneratoren. Mit 17 Abbildgn. u. 6 Kurventaf. im Text. (III, 71 S.) Lex.-8. Stuttgart 906. F. Enke. n. 2.40
Sonderabdruck aus: „Sammlg. elektrotechn. Vorträge."

Huldschiner, Rich., s. a.: Mir.

Einsamkeit. Die Geschichte e. reinen Thoren von Richard **Huldschiner.** Umschlagzeichn. von Carl Moser Hamburg: Janssen 1901 161 S. 8° [11. 7118 2

(H) **Huldschiner, Rich.,** Einsamkeit. 901. — Fegefeuer. 902. Jetzt: Berlin, E. Fleischel & Co.

HULDSCHINER, Richard (Gleiwitz): Elephantiasis vulvae nebst einem Beitrag zur Statistik der in den Jahren 1884 bis Dezember 1895 (!) in der Münchener Frauenklinik behandelten Neubildungen der vulva.- (München) 1895. 44 S.,1 Tab.
11.3.1895 - Chr 1894/95,21; Jv 1894/95,202
Diss. Ingolst.-Landsh.-**Mchn.**

Huldschiner, Richard [aus Gleiwitz]: Elephantiasis vulvae nebst e. Beitr. z. Statistik der in d. Jahren 1884 bis Dezember 1895[!] in d. Münchener Frauenklinik behandelten Neubildgn d. vulva .. [o. O.], Selbstv. d. Vfs, 1895; 44 S., 1 Tab. 8.
München, Med. Fak., Inaug.-Diss. v. 1895

— Fegefeuer, s.: **Volksbücher der deutschen Dichter-Gedächtnis-Stiftung.**

Fegefeuer Ein Roman aus d. Bergen von Richard **Huldschiner** Hamburg Janssen 1902 262 S. 8° A 19 13586

— **Die Nachtmahr.** Roman. (260 S.) 8. München (910). A. Langen. 3.50; geb. n 5.—; in Halbfrz. 6.50

Arme Schlucker Novellen von Richard **Huldschiner** Berlin: E. Fleischel & Co. 1905. (225 S.) 8° [F.] [05. 7244

— **Das adlige Schützenfest.** Erzählung. (181 S.) 8. Berlin 908. E. Fleischel & Co. 3.—; geb. 4.50

Die stille Stadt. Roman von Richard **Huldschiner.** *Berlin: E. Fleischel & Co. 1904.* (223 S.) 8° [F.] [04. 4150

— **Starkenberg.** Roman. (228 S.) 8. Ebd. 908. 3.—; geb. 4.50

Huldschinskysche Hüttenwerke Aktiengesellschaft, Bahnhof Gleiwitz. Abt. Bandagenwalzwerk u. Räderfabrik. — (Gleiwitz) 1903 (:Schönwolff). 57 S. quer-4°

Huldschinsky, Ernst, aus Gleiwitz (Schles.): **Eine neue Methode zur quantitativen Trennung des Nickels vom Kobalt und Zink sowie Studien über die Trennung des Kobalts vom Zink.** *Berlin (1903): G. Schade.* (43 S.) 8°
Berlin, Phil. Diss. v. 28. Mai 1902

Huldschinsky, Ernst, die Narren, s.: **Zamacoïs, Miguel.**

Huldschinsky, Carl, Pract. Arzt, Schöneberg b. Berlin. **Aus d. Universitäts-Hautklinik zu Freiburg i. B. Ein Beitrag zur Kenntniss der multiplen Dermatomyome.** *Berlin 1901: E. Wertheim.* (46 S.) 8°
Freiburg i. B., Med. Diss. v. 1901

Huldschinsky, Kurt: Über die herzhemmende Digitalinwirkung. Leipzig 1908: F. C. W. Vogel. (12 S.) 8°
Straßburg, Med. Fak., Ref. Schmiedeberg, Diss. v. 6. Mai 1908
[Geb. 24. Nov. 83 Gleiwitz, Wohnort: Straßburg i. E.; Staatsangeh.: Preußen, Vorbildung: Franz. Gymn. Berlin, Kaiserin-Augusta-Gymn. Charlottenburg Reife; Studium München 1, Bonn 2, Berlin 3, Straßburg 4 S.; Coll. 28. Febr. 08, Approb. 29. Juni 07.]

Die Sammlung Oscar **Huldschinsky.** Hrsg. von Wilhelm Bode. Berlin 1908 Imberg & Lefson. 54 S., 50 ungez. Taf. gr. 2°

Hulek, s.: **Jahresbericht des Gewerbeaufsichtsbeamten f. Reuß Ält. L.**

Hulesch Wilhelm: Geschichte Altmanns, Bischof von Passau.
II. 1880 PN 100 **Diss.** Wien, Univ.

Hulett, George A(ugustus): Der stetige Übergang fest-flüssig. Leipzig: W. Engelmann 1899. (37 S.) 8° (Aus: Zeitschrift f. physikal. Chemie, Bd 28, H. 4.)
Leipzig, Phil. Diss. v. [16. Mai] 1899

Huleu, J. G., **tractatus historico-asceticus de S. Eucharistiae sacramento, sive Jesus per adorationem perpetuam S. S. sacramenti de injuriis vindicatus. gr. 12. Mainz 784. (Müller). 1 ß 4 gr**

Hulewitz, **Alex. Gabr. von Wojudina, († d. 26. Dec. 1772.) synopsis chronologiae sacrae annor. 4034. 8. Frankf. a. M. 757. Braun. 6 gr**

Hülf, L. J., neue Methode f. Multipliziren, Dividiren u. Quadriren. Nach dess. unlängst zu Paris erschien. Werke: Le calcul sans chiffres," leichtfaßl. bearb. Lex.-8. (2½ B.) Wien 837, (Heubner.) *

— die Rechenkunst nach neuen u. kürzern Methoden, nebst deren Anwendung anstatt der Logarithmen, zur schnellen Auflösung sowohl kommerzieller, als auch finanzieller, ökonom., statist. u. m. a. Rechnungsfragen, die bisher mit Hülfe der Logarithmen aufgelöst werden mußten. Zum Gebrauche bei seinen außerordentl. Vorlesungen über „neue u. kürzere Rechnungsmethoden" an der k. k. Universität zu Wien, u. zugleich für den Selbstunterricht bearb. 2 Bde. gr. 8. Wien 841. (Beck's Universitäts-Buchh.) n. 4 ß

Hülf, L. J., Versuch einer systematischen Bezeichnung und Entzifferung genealog. Verhältnisse. Lex.-8. (Mit 1 Tab.) Wien 842, Mechitaristen-Congreg.-Buchh. ½ ß

Hülfe. . . Hülfs . . . s. a. Hilfe. . ., Hilfs . . .

Hülfe! Hülfe! Ein Ausruf d. luther. Religionslehrer an gute Fürsten u. edle Menschen. Dringende Bitte u. bescheidene Vorschläge, d. drückende Lage d. evangel. Religionslehrer betreffend, (v. Wlh. Gli. Georgi). 8. Halle 802. Reinicke u. C. 10 gr

Hülfe! Hülfe! E. Ausr. d. luther. Religionslehr. an gute Fürsten rc. 8. Halle, Ruff. 802.

Hülfe: 1900- Indianapolis, IN
Monatliche Kirchenzeitung; published by Gutenberg Co.

Die Hülfe: 1908 - 1916. St. Louis, MO
Published by Eden Publishing House.

— die alte, d. Böhmen u. Mähren rc. 8. Prag 808. Schönfeld. 14 gr

Erste ärztliche **Hülfe** bei plötzlichen Erkrankungen und Unfällen. In Verbindung mit ... Bearb. u. hrsg. von Prof. Dr. George Meyer in Berlin. Mit 5 Abb. *Berlin: A. Hirschwald 1903.* (XVI, 438 S.) 8° (01. 3005)

Erste ärztliche **Hülfe** bei plötzlichen Erkrankungen und Unfällen. In Verbindung mit ... bearb. u. hrsg. von Prof. Dr. George Meyer in Berlin. 2. Aufl. Mit 4 Abb. *Berlin: A. Hirschwald 1905.* (XVI, 466 S.) 8°

Eine **Hülfe** oder ein Hindernis; welches von beiden? Von C. H. M. (Übergekl.: *Altenwerde i. W.: Ch. Schatz [1891].*) (8 S.) 8° [Umschlagt. F.] (91. 7313 6)

— die, in d. Noth, od. d. hölzerne Kreuz. Eine Erzählung v. Verf. d. Ostereier (Chph. Schmid). 12. Ulm 826. Ebner. 2 gr

Hülfe u. Rath f. in d. Liebe Ausschweifende und Venerische. 8. Joachim. 801.

Hülfe für Schleswig-Holstein! Ein Neujahrsgruss an unsere lieben Landsleute. 1. u. 2. Aufl. Hannover. 1864. 8°.

— sichere, f. alle diejen., welche an Unterleibsbeschwerden u. schlechter Verdauung leiden, (v. C. W. Westphal). 2e Aufl. 8. Quedlinb. 823. Basse. 9 gr

Hülfe, sichere, für alle Diejenigen, welche an Unterleibsbeschwerden u. schlechter Verdauung leiden. Nebst den nöthigen Recepten. Von einem prakt. Arzte. 2. Aufl. 8. Quedlinburg 842, Basse. ⅜ ß

— sichere, f. alle Diejenigen, welche an Unterleibsbeschwerden u. schlechter Verdauung leiden. Nebst den nöthigen Recepten. Von einem prakt. Arzte. 3. Aufl. 8. (59 S.) Quedlinburg 851, Basse. ⅜ ß

— sichere, f. diejen., welche an Verschleimung d. Halses, d. Lunge u. d. Verdauungswerkzeuge leiden (v. C. W. Westphal.) 2te Aufl. 8. Quedlinb. 823, Basse.

Hülfe, sichere, für Männer, welche durch zu frühen oder zu häufigen Genuß, oder auch auf unnatürliche Weise, oder wegen vorgerückten Alters rc. geschwächt sind, und sich durch Beistand eines untrügl. Mittels wieder zu voller Manneskraft stärken wollen. Von einem prakt. Arzte rc. 8. (64 S.) Weimar 851, Jansen und Comp.

Hülfe, sichere, für Männer, welche durch zu frühen oder zu häufigen Genuß, oder auch auf unnatürliche Weise, oder wegen vorgerückten Alters, oder durch Krankheiten geschwächt sind, und sich durch Beistand eines untrüglichen Mittels wieder zu voller Manneskraft stärken wollen. Von einem prakt. Arzte und großherzogl. sächs. Medicinalbeamten. 2., unveränd. (Titel-)Ausg. 8. (64 S.) Weimar (851) 57. [Leipzig, Deckmann.]

Hülfe, die sicherste, bei Krankheiten. Ganz kurze, aber doch ausführl. und verständl. Beschreibung der Naturheilmethode des Natur-Arztes Joh. Schroth nebst einem Anh.: Beschreibung und Behandlung der häut. Bräune und Gehirnentzündung (hitzige Gehirnwassersucht) der Kinder nach dieser Methode, bis zum Eintreffen des Arztes von einem alten Militairarzte. 8. (28 S.) Stendal 865, Franzen und Große. *

Hülfe, trostreiche, so die armen Seelen im Fegfeuer rc. 8. Rom 835. (Marburg) Garthe. 1/12 ß

Hülfe, unerwartete,. Schausp. v. Ehlers. 8. Hannov. Hahn. 796.

[Umschlagt.:] Die Wienert'sche **Hülfeleistung** durch H. Ludwig Dahmen, Elberfeld ... Zsstellg der Berichte üb. Heilerfolge des H. Dahmen ... *(Elberfeld): Bockmühl & Dee [1885].* (30 S.) 1 Bd 8. (97. 3801)

Der **Hülfensberg** in Wort und Bild. Heiligenstadt: F. W. Cordier [1905]. (32 Bl.) quer-8° [F.] (06. 2887 3)

Hülferuf der Heidenwelt an das kathol. Deutschland. Ein Wort der Liebe über die Missionen unter den Heiden an alle Freunde des Reiches Gottes auf Erden. gr. 12. Neuburg a. d. D. 842, Brechter. 6 ngl

Hülferuf: Der Hülferuf der deutschen Jugend
① Herausgegeben und redigirt von einigen deutschen Arbeitern ③ Der volkstümliche Handwerker (handschriftliche Zeitung) ④ Die junge Generation ⑤ September 1841—November 1841 ⑥ 8° ⑦ Monatsblatt ⑧ Genf: J. G. Fick (September/Oktober); Bern: Hallersche Buchdruckerei (November ⑪ Wilhelm Weitling ⑫ kommunistisch ⑬ BGSZ: 1124 (S. 90—93), 1128 (S. 134—136) ⑭ Ge: P ⑮ Am 1. 12. 1841 wurde Weitling aus Genf ausgewiesen.

Hülfsruf, der Landschulen und deren Lehrer, in Form bescheidener Wünsche ausgesprochen und allen Gönnern u. Beförderern der Volksschulen gewidmet v. mehrern Schullehrern des Großherzogthums Weimar. (Das Ergebniß einer Schullehrer-Conferenz.) 8. Eisenberg 833. Schöne. 1/4 ₰

Hülfsruf, ein, aus Sachsen. Berlin 866. G. Reimer gr. 8 (16 S.) 2½ ngr.

Hülfreich, Erdmann, s.a. Ehrenfels, Joh. Markus R von, u Judtmann, Joh Mark R von.

Hülfreich, Erdm., (Joh. Mark. Ritter Judtmann v. Ehrenfels,) Anweis. zur Bienenzucht in Korben, Magazinen u. Lagerstöcken. Nach seinen hinterlass. Papieren f. Bauersleute bearb., (von Pastor ... Meinhoff). gr. 8. Leipz. 805. (Cnobloch). 16 gl.

Hülfreich, Erdmann (= Johann Marcus Ritter von Ehrenfels). Anweisung zur Bienenzucht ... Leipzig 1805. II: *Meinhof, Frdr. Gottlieb.* (Ky)

Hülfreich, Erdm., Anweis. z. Bienenzucht, als des Unterr. f. Bauersl. ꝛc. 3r Thl. gr. 8. Leipz. Schlegg. 805.

Hülfreich, E., Anweisung zur Bienenzucht in Körben, Magazinen und Lagerstöcken, ohne Künsteley. Wohlf. Ausg. gr. 8. Leipzig, Schlegg. 821.

— auf Erfahrung gegründete Anweis. zur Bienenzucht. Mit Kpf. 8. Hamb. 805. (Herold jun.) 10 gl.

— Anweis. z. Bienenzucht. m. K. Hamb. Vollmer. 805.

Hülfreich, Erdm. (Joh. Mark. Ritter Judtmann v. Ehrenfels), Handbüchlein f. Bauersleute, worinnen enth. e. gründl. Unterricht üb. d. Acker-, Wiesen- u. Gartenbau, üb. d. Vieh- u. Bienenzucht u. üb. d. Weinbau etc. 8. Wien, 1791 4. Aufl. 1809. (Doll.) — 12⅓

— Handbüchlein üb. Acker-, Wiesen- u. Gartenbau. 8. Ebend. 794.

Hülfreich, Erdmann (= Joh. Mark. Ritter Judtmann von Ehrenfels): „Erfahrne Hausmutter auf dem Lande . . . , zur Belehrung für Bauerweiber und Töchter, die auch gute Hausmütter werden wollen", Hamburg o. J. (Herold jun.), Leipzig 1802 (Cnobloch); neue wohlfeile Ausgabe Leipzig 1821 (Schiegg).

— erfahrne Hausmutter auf dem Lande. 8. Hamburg, Vollmer.

— erfahrne Hausmutter auf d. Lande, in Beschreibung d. Wirthschaften f. Frau ꝛc. (Aus d. landwirthschaftl. Schriften apart abgedr.) gr. 8. Leipz. 802. (Cnobloch). 10 gl. Wohlf. Ausg. 821. (Ebd.) 8 gl.

— erfahrne Hausmutter auf d. L. in Beschr. d. Wirthsch. f. Frau ꝛc. als d. Unterr. f. Bauerl. 2r. gr. 8. Leipz. Schlegg. 802.

— erfahrne Hausmutter auf dem Lande. Wohlfeile Aufl. 8. Ebend. 821.

Hülfreich, Erdmann (= Joh. Mark. Ritter Judtmann von Ehrenfels): „Kurzgefaßter praktisch-ökonomischer Rathgeber, wie das Land auf die vorzüglichste Art zu bewirthschaften und die landwirthschaftlichen Geschäfte aufs Vortheilhafteste zu verrichten sind", Leipzig o. J. (Joachim). Neue Auflage ebenda 1820.

Hülfreich E. [= J. M. Judtmann v. Ehrenfels]: Kurz gefasster monathlich-praktisch-ökonomischer Rathgeber wie das Land auf die vorzüglichste Art zu bewirthschaften ... Leipz. [1801]. 140 S.

Hülfreich's zuverläss. Rathgeber im Winter, od. auf Erfahrung gegründ. Unterr., wie Winterkrankheiten verhütet u. geheilet werden können ꝛc. 8. Pirna ... 3e Aufl. ... Friese. 12 gl.

— landwirthschaftliche Schriften f. Bauersleute. 8. Leipz. Schiegg.

Hülfreich, Erdmann (= Johann Mark. Ritter Judtmann v. Ehrenfels): „Landwirthschaftliche Schriften für Bauersleute", Leipzig 1808 (Cnobloch).

Hülfreich, Erdmann (= Joh. Mark. Ritter Judtmann von Ehrenfels): „Zu allen Zeiten brauchbares Taschenbüchlein, enthaltend 200 Geheimnisse für Stadt- und Landwirthe", Neub. 1805 (Leipzig, Joachim).

Hülfreich, Erdmann, Unterricht für Bauersleute von Krankheiten der Pferde, des Hornviehes, der Schafe u. Schweine. (II.) 8. Leipzig (767.) 20. Er. Fleischer. M. — .75

— Unterricht für Bauersleute v. den Krankheiten d. Pferde, des Hornviehes, der Schaafe u. der Schweine. 8. Leipz. 790. 2e A. 793. Fr. Fleischer. 6 gl.

Huelfreich, Erdmann: Unterricht für Bauersleute von den Krankheiten der Pferde, des Hornviehs, der Schaafe und Schweine. 2. neu umgearb. u verm. Aufl. Leipzig 1793. 165 S.

— Unterr. für Bauersleute, über die Zucht u. Wartung, wie auch üb. die Erkenntniß u. Heilung der Krankheiten d. Pferde, des Hornviehes, d. Schaafe u. der Schweine. 8. Wien ... 7e Aufl. 810. At. Doll. 10 gl.

— Unterricht für Bauersleute, w. m. gefährliche Zufälle und Krankheiten d. Gartenfrüchte u. s. w. erkennen, verhüten u. heilen kann. 8. Wien, Doll. 807.

— Unterricht f. Bauersleute, wie man gefährl. Zufälle u. Krankheiten d. Feld- u. Gartenfrüchte etc. erkennen, verhüten u. heilen kann. 8. Ebend. 1807 — 12⅓

Hülfreichin, Erdmuthe: „Unterricht für Hausmütter in ihren Geschäften, welche sie in der Küche, in der Speisekammer, im Garten und im Viehstalle zu besorgen haben; ein Gegenstück zu Erdmann Hülfreich", Wien 1795 (Doll); 2. verm. Auflage ebenda 1800; 3. Auflage ebenda 1807.

Hülfreichin, Erdmuthe: „Wirthschaftskalender für Hausmütter, in welchem ihre Geschäfte in der Küche, im Garten, Felde, Viehstalle, beym Geflügel, und auch andre häusliche Geschäfte durch alle Monate im Jahre angezeigt und erklärt werden", Wien 1797 (Doll) (Leipzig, Liebeskind in Komm.).

Hülfreich, P, 44 Mittel u. Recepte, wie Ratten, Mäuse u. Maulwürfe z. fangen u. gänzl. auszurotten sind. 8. Kitzingen, 1825. Gundelach. (Nürnberg, Lotzbeck.) — 3¾

— gründl. heilender Pferde- u. Viehdoctor. 8. Marktbreit 824. (Kitzingen, Gundelach). 8 gl.

— sorgfältig geprüfter Wanzen-Vertilger. 8. Kitzing. 824. Gundelach. 3 gl.

Hülfsagende zu den Hauptgottesdiensten, enthltd. vollständige, nach den Kirchenzeiten geordn. Liturgien für alle Sonn- u. Festtage des Kirchenjahres, auf Grund der Kirchenagende für die preuß. Lande u. der Kirchenagende für Pommern. Ducherow 868. (Buchh. des Lehrer-Waisenhauses. -- Berlin, E. Beck.) 4. (130 S.) n. 1 ₰

Hülfs-Berechnungs-Tabellen, 20, f. Gold- u. Silberarbeiter, um bei allen Mischungen sogleich das richtige Resultat zu finden; mit einigen geprüften Färbe-Recepten (von Carl Rienecker). Nebst einem Anhang. 8. (IV u. 52 S.) Quedlinburg 848, Ernst. ⅓ ₰

Hülfsbote, der. Quartalschrift f. Prediger d. Evangeliums. Hrsg.: H. Liebig. 5. Jahrg. 1885. 4 Nrn. (1½ B.) gr. 8. Stettin 885. H. Liebig, Johannisstr. 4. n. 1. 20

Hülfsbote, der. Quartalschrift f. Prediger des Evangeliums. Hrsg.: H. Liebig. 6.—9. Jahrg. 1886—1889. à Jahrg. 4 Nrn. (à Nr. 1½ B.) gr. 8. Stettin, H. Liebig, Johannisstr. 4. à Jahrg. 1. 20

Hülfs-, s. Hilfs-Buch ꝛc.

Hülfsbuch. (Enthaltend Verfassung und Behörden des Deutschen Reiches, Preußens und Oesterreichs i. J. 1848.) O. O. (1848). 176 S. 8

— allgem., f. Handels- u. Geschäftsleute, in besond. Beziehung auf das Zoll- u. Mauthwesen der verschied. deutschen Staaten, namentlich der Königr. Baiern u. Würtemberg. Oder: vollst. systemat. geordn. Handbuch der im Königr. Baiern eingeführten Zollgesetze u. Verordnn. ꝛc. gr. 4. Speyer 830. Kolb. 1 ₰ 3 gr

—— allgem., f. Handels- u. Geschäftsleute, in besond. Bezieh. auf d. Zoll- u. Mauthwesen d. verschied. teutschen Staaten, namentl. d. Königr. Bayern u. Württemberg. Oder: Vollständ. systemat. geordnetes Handbuch d. im Königr. Bayern eingeführten Zollgesetze u. Verordnungen. Mit besond. Berücksichtigung d. Rheinkreises. Nebst vollständ. Angabe d. zu erheb. Ein- u. Ausgangszölle ꝛc. ꝛc. gr. 4. (12 B.) Speyer 830, [Neidhard.] Der beigefügte Anhang enth.: Vergleichung d. altbayer., rheinbayer., württemberg., preuß. u. großhrzgl. hess. Fuß-, Holz-, Ellen-, Flüssigkeits-, Getreidemaße u. Gewichte.

— — allgemeines, für alle Stände. 12 Bändchen. gr. 8. Stuttgart, Schubkrafft.

Hülfsbuch oder Anweisung, vorzüglich für den Bürger und Landmann, in Hinsicht der Gesundheit, hauptsächlich bey verschiedenen äußeren Zufällen; nebst zwey Anhängen ꝛc. 8. Neustadt a. d. O., Wagner, 819.
Vgl. Hülfsbuch f. d. Bürger...

— üb. die Anwendung der Stempelgesetze bei öffentl. u. besondern Verhandlungen in den preuß. Staaten ꝛc. gr. 8. Zeitz 816. Webel. 8 gr

Hülfsbuch zum Betriebe der Gymnastik und des Bajonetfechtens für Offiziere und Unteroffiziere der deutschen Infanterie. Von v. S. 1.—6. verb. Aufl. Nebst einem Anh. 1870—74. * 25 Pf.; und 7. verb. Aufl. 32. (36 S.) Nordhausen 875, (Eick.) *

S., v. Hülfsbuch zum Betriebe der Gymnastik und des Bajonnetfechtens für Offiziere und Unteroffiziere der deutschen Infanterie. 3. Aufl. Nebst einem Anhang. 16. Nordhausen 1871.

—— zum Betriebe des Turnens und des Bajonetfechtens für Offiziere und Unteroffiziere der deutschen Infanterie. Von v. S. 8., nach den neuesten Vorschriften vollständig umgeänd. Aufl. 32. (36 S.) Nordhausen 877, (Eick.) — 30

—— zum Betriebe des Turnens und des Bajonettfechtens für Offiziere und Unteroffiziere der deutschen Infanterie. Von v. S. 9.—11. nach den neuesten Vorschriften vollständig umgeänd. Aufl. (35 S.) 1883; 12. Aufl. 32. (40 S.) Nordhausen 884, Eigendorf's Buchh.

Hülfsbuch zum Betriebe des Turnens und des Bajonettfechtens für Offiziere und Unteroffiziere der deutschen Infanterie. Von v. S. 13. Aufl. (42 S.) 1885; 14. nach den neuesten Vorschriften vollständig umgeänd. Aufl. 32. (44 S.) Nordhausen 887, Koppe. cart. * — 30

—— zum Betriebe d. Turnens u. d. Bajonettfechtens f. Offiziere u. Unteroffiziere der deutschen Infanterie. Von v. S. 15. Aufl. (42 S.); 16. Aufl. 32. (43 S.) Nordh. 890, Koppe. cart. * — 30

[F.] Hülfsbuch zum Betriebe des Turnens und des Bajonettfechtens f. Offiziere u. Unteroffiziere der deutschen Infanterie. Von v. S. 22. Aufl. Nach d. neuesten Bestimmgn bearb. v. H. *Nordhausen: Koppe 1897* (43 S.) 1 Bd 8.

[F.] Hülfsbuch zum Betriebe des Turnens und des Bajonettfechtens f. Offiziere u. Unteroffiziere d. deutschen Infanterie. Von v. S. 23. Aufl. Nach d. neuesten Bestimmgn bearb. v. H. *Nordhausen: J. Koppe 1899* (41 S.) 1 Bd 8

Hülfsbuch zum Betriebe des Turnens und des Bajonettirens f. Offiziere u. Unteroffiziere d. deutschen Infanterie. Von v. S. 24. Aufl. Nach d. neuesten Bestimm. bearb. von H. *Nordhausen: J. Koppe 1902.* (45 S.) 8° [F.]

Hülfsbuch zum Betriebe des Turnens und des Bajonettirens für Offiziere u. Unteroffiziere der deutschen Infanterie. Von v. S. 25. Aufl. Nach d. neuesten Bestimmungen bearb. von H. Nordhausen. J. Koppe 1904. (50 S.) 8° [F.]

Hülfsbuch zum Betriebe des Turnens und des Bajonettfechtens der Infanterie. Zusammengestellt nach den neuesten Vorschriften zum prakt. Gebrauch und zum Anhalt von B. 16. (36 S.) Torgau 878, (Jacob.) cart. — 40

—— zum Betriebe des Turnens der Truppen zu Pferde. Für die Unteroffiziere bearb. nach den Vorschriften vom 17. Septbr. 1878. 1. Aufl. * 30 Pf.; 2. Aufl. 24. (40 S.) Potsdam 879, Döring. * — 25

Hülfsbuch zum Betriebe d. Turnens der Truppen zu Pferde. Für Unteroffiziere u. Mannschaften bearb. nach den Vorschriften vom 17. Septbr. 1878 u. der kriegsministeriellen Verfügg. vom 28. Aug. 1883. 4. Aufl. 32. (39 S.) Potsdam 893, E. Döring. n. — 30

Hülfsbuch f. den Bürger u. Landmann, in Hinsicht auf d. Gesundheit, hauptsächl. bei verschied. äußern Zufällen, von (J. H. Bauer). 8. Neust. 819. Wagner. 15 gr Hbg. Pr. 12 gr
Vgl. Hülfsbuch oder Anweisung...

Hülfsbuch, chronologisches. Alter und neuer Kalender für Jahrtausende, ausgehend vom J. 4899 vor Chr. Geb. 8. (42 S.) Mittelwalde 883, Hoffmann. *

— u. Cours-Erklärungen für den Handel mit Staats-, Eisenbahn- u. andern öffentl. Papieren mit namentlicher Berücksichtigung der Berliner Börse, enth. Angaben zur Berechnung der gangbarsten Papiere an den Haupt-Börsenplätzen Europa's. Von einem praktischen Kaufmanne. 8. (27 S.) Berlin 852, Plahn'sche Buchhandlung [Nitze.] n. 8 ₰

— zum ersten u. zweiten Cursus des griech. Elementarbuchs von Fr. Jacobs; bestehend in e. Uebersetzung desselben, mit histor. u. mytholog. Erläuterungen für d. Lehr- u. Selbstunterricht. 1r Thl. 8. Leipz. 808. 2e Aufl., (v. J. K. Weichert) 817. 3e A., (v. G. F. W. Große) 821. 16 gr 2r Thl., oder 3r Cursus 1e Abtheil. Auch u. d. T.: Fr. Jacobs Attila; ins Deutsche übersetzt (v. Weichert u. Große). 3e Aufl. 817. 20 gr 3r Thl., od. 4r Curs. 2e Abtheil. Auch u. d. T.: Fr. Jacobs Sokrates; ins Deutsche übersetzt ꝛc. 820. 20 gr 4r Thl. Auch u. dem T.: Fr. Jacobs Blumenlese; nebst Fr. Thiersch lyr. Anhange zu derselben in deutscher metr. Uebersetzung. 811. 1 ₰ Steinacker. Alle 4 Thle. 3 ₰ 8 gr

Hülfsbuch z. Elementarbuch d. griech. Sprache v. Fr. Jacobs, bestehend in einer Uebersetzung desselben. 2r Thl. 3e Aufl. 8. Leipz. 823, Steinacker. — 20

Hülfsbuch zum griech. Elementarbuche v. Friedr. Jakobs, f. d. Lehr- u. Selbstunterr. 4. Thl. — A. u. d. T.: Fr. Jakobs griech. poet. Blumenlese nebst Friedr. Thiersch lyrischem Anhange zu ders. in deutschen metr. Uebersetzungen. 2. Aufl. 8. (13½ B.) Leipzig 854, Steinacker.
1. Thl. 3. Aufl. 1821, 2. Thl. 3. Aufl. 1817, 3 Thl. 1820. (v. J. K. Weichert u. G. F. W. Grosse.) Ebendas. 2 Thlr. 8 Gr.

— zum ersten u. zweiten Cursus des lateinischen Elementarbuchs von Fr. Jacobs u. Döring. (Herausg. von Jh. K. Weichert). (2r Curs. A. u. d. T: Aufgaben zum Uebersetzen aus d. Deutschen ins Lateinische, in e. Samml. verdeutschter interess. Stellen aus d. besten röm. Schriftstellern.) 8. Chemnitz 812. Starke. 1r Curs. 14 ℊ 2r Curs. 16 ℊ 1 ℛ 6 ℊ

Hülfsbuch, englisch-französisch-deutsches. Ein unentbehrl. Begleiter für Reisende und nothwendiges Handbuch zur leichten und gründl. Erlernung der Conversation in diesen 3 Sprachen. — Guide de la conversation française, anglaise et allemande. — 8., verb. Aufl. 8. (VII und 295 S.) Leipzig 867, Ph. Reclam jun. cart.

Hülfsbuch zur practischen Erlernung der englischen Sprache für den deutschen Seemann. 8. (V und 104 S.) Bremen 855, Strack. *

Hülfsbuch zur schnellen Ermittlung von Taglöhnen. Sammlung von Tabellen, mittelst welcher ohne Berechnung die Verdienstbeträge zu ermitteln sind, die einem Arbeiter bei einem Taglohne von 20 Neukreuzern bis 2 Gulden für 1 bis 40 Arbeitstage und für jedes Zehntel dieser Tage gebühren. Tägliche Arbeitszeit: 10 Stunden. Zusammengestellt in den Bureaux der k. k. pr. österreich. Staats-Eisenbahn-Gesellschaft. Lex.-8. (IV und 37 S.) Wien 859, F. Manz. *

Hülfsbuch beim Gebrauche d. Bibel, enth. e. allgem. Einleit. in d. Bibel, u. e. histor. Einleit. in d. einzelnen bibl. Bücher, mit vollständ. Angabe ihres Inhalts. Nebst e. kurzgefaßten bibl. Geographie u. Alterthumskunde. Für Lehrer u. gebild. Bibelfreunde. Mit e. Vorr. v. Fr. G. Fd. Schläger. gr. 8. (31½ B.) Leipzig 810, Wienbrack. Thlr.

— beim Gebrauch d. Kirchenagende in den königl. Preuß. Staaten. Enthält d. vollst. Festtags-Liturgien, sämmtl. Sonn- u. Festtags-Perikopen rc. gr. 4. Potsd. 826. Horvath. 16 ℊ

— Reise- u. Taschenbuch, gemeinnütziges. 8. Frankf. a. M. 795. Görling. 10 ℊ

— für die Hand der Kinder beim Unterrichte in der Geschichte, Geographie, Naturgeschichte, Naturlehre u. Sprachlehre. Zusammengestellt u. bearb. v. prakt. Lehrern. gr. 8. (39 S.) Lippstadt 874. Rempel. — 30

Hülfs- und Handbuch für Offiziere und Unteroffiziere der preußischen Infanterie zum Gebrauch bei Ausbildung der Mannschaft in der Gymnastik und im Bajonetfechten. In tabellar. Form zusammengestellt und bearb. von einem preuß. Offizier. 3.—5. Aufl. 16. (VIII, 98 S.) Potsdam 872,73, Döring. *

Hülfs- und Handbuch für Offiziere und Unteroffiziere der preußischen Infanterie zum Gebrauch bei Ausbildung der Mannschaft im Turnen und Bajonettfechten. Nach den Allerhöchsten Vorschriften vom 6. April 1876 in tabellar. Form bearb. von einem preuß. Offizier. 7. und 8. Aufl. 16. (VI, 138 S.) Potsdam 877,78, Döring. * — 60

—— zur Heranbildung von Unterführern für den Exerzir- und Schießdienst, sowie für das Gefecht, enth.: Auszug aus dem Exerzir-Reglement und aus der Schießvorschrift für die Infanterie, nebst einer Instruktion über das Verhalten im Feuer. Zusammengestellt von O. 16. (84 S.) Berlin 888, Mittler und Sohn. * — 40

—— für den Infanterie-Unteroffizier zum Gebrauch bei Ausbildung der Mannschaft im Turnen und Bajonettfechten. Zusammengestellt nach den bis 9. Nov. 1882 ergangenen Bestimmungen. 1. und 2. Aufl. 24. (56 S.) Potsdam 884, Döring. *

—— für den Infanterie-Unteroffizier zum Gebrauch bei Ausbildung der Mannschaft im Turnen und Bajonettfechten. Zusammengestellt nach den Vorschriften über das Turnen vom 27. Mai 1886 und das Bajonettfechten vom 9. Novbr. 1882. 3. und 4. Aufl. 16. (55 S.) Potsdam 886,87, Döring. * — 30

Hülfsbuch f. den Infanterie-Unteroffizier zum Gebrauch bei Ausbildung der Mannschaft im Turnen u. Bajonettiren. Zusammengestellt nach den Vorschriften üb. das Turnen v. 27. Mai 1886 u. der Bajonettir-Vorschrift v. 15. Aug. 1889. 5. u. 6. Aufl. 16. (56 S.) Potsd. 890,92, Döring. * — 30

[F.] **Hülfsbuch** für den Infanterie-Unteroffizier zum Gebrauch bei Ausbildung der Mannschaft im Turnen und Bajonettiren. Zsgest. nach d. Vorschriften über d. Turnen v. 24. Oct. 1895 u. d. Bajonettir-Vorschrift v. 15. Aug. 1889. 8. Aufl. *Potsdam: E. Döring's Erben 1896.* (64 S.) 1 Bd 8. [56. 4637

[G.] **Hülfsbuch** für den Infanterie-Unteroffizier zum Gebrauch bei Ausbildg d. Mannschaft im Turnen u. Bajonettiren. Zsgest. nach den Vorschr. üb. d. Turnen v. 24. Oct. 1895 nebst Nachtr. u. d. Bajonettir-Vorschr. v. 15. Aug. 1889. 9. Aufl. *Berlin: R. Schröder 1898.* (65 S.) 1 Bd 8.

—— zur Instruction des preuß. Infanteristen. 8. (4¾ B.) Berlin, Posen u. Bromberg 830, Mittler.

Hülfsbuch, kleines arithmetisches z. Gebrauch beim Rechnen-Unterrichte. 8. Berlin 820. (H. Schultze.) 1 ℊ

— kleines, beim ersten Unterr. in der latein. Sprache, für die 6te Klasse des Lyceums zu Celle, (v. L. Miller). gr. 8. Celle 829. Schulze. 4 ℊ

— für Lehrer, welche Bendixens method. Rechenbuch benutzen, s. J. Bendixen.

— beim Lesenlernen, nach strenger Stufenfolge. 2e, verb. u. mit 1 Vorschriftenblatt verm. Aufl. 8. Leipzig 833. (Serig.) 1½ ℊ geb. 2½ ℊ

Hülfsbuch beim Lesenlernen nach strenger Stufenfolge. 3. verb. u. mit e. Vorschriftblatt verm. Aufl. Leipzig 841, Serig. 2 nℊ geb. 3 nℊ

— f. Leute die gerne lange leben und gesund bleiben wollen 8. Linz. (Eurich, a. Liebeskind in Leipz.) 806.

— medicinisches. Grätz, Ferstl.

Hülfsbuch für den Pionier-Unteroffizier. Aus dienstl. Veranl. gedr. *Berlin: A. Bath 1896.* (2 Bl., 111 S., 2 Taf.) 1 Bd 8. [56. 8333

— prakt., für Stadt- u. Landprediger bei allen Kanzel- u. Altargeschäften, in extemporirbaren Entwürfen üb. alle Fest-, Sonn- u. Feiertägl. Evangelien u. Episteln u. über freie Texte. 6 Bde. gr. 8. Leipz. 820—22. Er. Fleischer. 8 ℛ 16 ℊ

—— für den Realien- und sprachlichen Unterricht in der Volksschule. (80 S.) 1882. * 30 Pf.; 2. Aufl. 8. (II, 112 S.) Ebendas. 883. *

Hülfsbuch f. alle Rechtsverhältnisse d. bürgerl. Lebens, z. Belehrung eines Jeden üb. Gesetzgebung u. Rechtspflege in den kgl. preuß. Staaten, alphabet. geordnet, durch Formulare verdeutlicht u. durch Beispiele erläutert aus der Praxis v. Groschuff, Heinsius, Straß rc. Hrsg. unter Redact. v. Frz. Rössel. Hft. I—III. (A—Ausfertigung.) Lex.-8. (à 5 B.) Berlin 842, Hübenthal u. Comp. Thlr. à

Hülfsbuch für alle Rechtsverhältnisse des bürgerl. Lebens, zur Belehrung eines Jeden über Gesetzgebung und Rechtspflege in den k. preuß. Staaten, alphabet. geordnet, durch Formulare verdeutlicht und durch Beispiele erläutert aus der Praxis der Justizräthe rc. Groschuff, Heinsius, Straß u. A. Hrsg. unter Redakt. von Franz Rössel. A. u. d. T.: Juristisches Conversations-Lexikon oder Encyklopädie der gesammten preuß. Rechtswissenschaft. 4—30. Lfg. (Ausfertigung — Z.) Lex.-8. (1. Bd. S. 241—757, 2. Bd. 806 S. und 3. Bd. 828 S.) Berlin 842—47, [Weidle.] à Lfg. 7½ Ngr.
1—3. Lfg. Ebendas. 1842. 22½ Ngr.

—— f. Referendare in der ersten Zeit des Vorbereitungsdienstes. Zugleich e. Einführg. in den Strafprozeß f. Kandidaten der Rechtswissenschaft. 1. u. 2. Aufl. 8. (VI, 106 S.) Friedeb. Nm. 889, Wundermann. * 1 60

— f. unstud. u. ungeübte Religions-Lehrer, ist 2r Titel d. W.: Inbegriff d. Religions-Lehre.

—— für den Religions-Unterricht. Zusammengestellt durch die dazu gewählte Kommission der Stettiner Lehrer. 1.—3. Aufl. (64 S.) 1876—79. * 20 Pf.; cart. * 25 Pf.; 4. Aufl. 8. (64 S.) Stettin 883, Nagel. cart.

—— für den evangelischen Religionsunterricht in Volksschulen. 1.—4. Aufl. 8. (56 S.) Berlin 866—68, (Beck.) * *

— für den evangelischen Religionsunterricht in Volksschulen. 7. Aufl. 8. (56 S.) Berlin 872. Beck. n. — 35

—— für den Religionsunterricht in evangelischen Schulen. gr. 8. (64 S.) Berlin 866, Uthemann und Müller. *

—— für Schüler in Volksschulen. Hrsg. von der Konferenz bremischer Landschullehrer. gr. 8. (XII, 318, 116 S.) Bremen 885, Rühle und Schlenker. geb. * 1 80

Hülfsbuch für Sonntags Schul Lehrer 1888 New York, NY

— d. französ. Sprache, z. Einleit. in ihre Elemente, v. C. A. Z(oller). gr. 8. Stuttg. 822. Metzler. 7 gl.

— für den Sprech-, Schreib- u. Lese-Unterricht in der Elementarklasse einer Volksschule, mit Anwendung des wechselseitigen Unterrichts. (Mit Vorwort vom Superint. Frobenius.) 8. Langensalza 844. (Sondershausen, F. A. Eupel.) n. ¼ Thlr.

[F.] Hülfsbuch zum Studium der Pandekten insbes. zu Dernburg's Pandekten u. z. Einführg in d. bürgerl. Gesetzb Von e. Verwaltgsbeamten. 2., verm. u. verb. Aufl. Abth. 1 *Berlin: H. W. Müller 1897* 8.
197. 8319

— tabellar., f. Müller u. Bäcker rc. 8. Würzb. 807. Stahel. 6 gl.

— z. Uebersetzen aus d. Französ. ins Deutsche. gr. 8. Passau 804. (Nürnb.), Stein. 1 Thlr.

— z. Uebers. a. d. Franz. ins Deutsche. m. Noten. gr. 8. Passau. (Palm, Erl.) 805.

— z. gedrängten Uebersicht d. neuesten französ. Geschichte von der Revolution bis z. Frieden 1801. 2 Thle. 8. Berl. 802. (Wienbrack in Leipz.) 1 Thlr. 16 gl. Velinp. 2 Thlr. 16 gl.

Hülfsbuch z. gedrängt. Uebers. d. neuest. franz. Gesch. v. d. Revolut. bis z. Frieden 1801. 2 Thle. 8. Breslau, Schall. 802.

— f. die der Rechte Unkundigen bei Führung d. Processe; nebst e. Anleit. bei Erbsonderungen rc. gr. 8. Leipz. 810. (Cnobloch). 20 gl.

Hülfsbuch für den Unteroffizier betr. exerzirmässig. Ausbildung der Rotte und Gruppe. *Altona 1901 H. W. Kahner* (7 S.) 8.

—— für Unteroffiziere aller Waffen zur Selbstbelehrung in den mannichfachsten Fällen des Militairlebens. Mit einem Croquis und Signaturen (in eingedr. Holzschn.). Nach amtl. Quellen. 8. (223 S.) Berlin 868, Schlesier. *

—— für den ersten Unterricht im Französischen. I. Thl.: Abécédaire français von G. A. Eberhard. 2. Abdr. der 3., verm. und gänzl. umgearb. Ausg. 8. (IV und 61 S.) Leipzig 849, H. Fritzsche.

—— dass. — 2. Thl. A. u. d. T.: Les jeunes enfants. Entretiens instructivs et contes moraux et amusants suivis de poésies mêlées par Aug. Albrecht. 8. (VI und 119 S.) Ebdf. 849.

— für den ersten Unterricht in der französischen Sprache 2 Theile. Leipzig 860. H. Fritzsche. 8. 10 ngr.
Inhalt: 1. Abécédaire français par G. A. Eberhard. 4. édit. (61 S.) 4 ngr. — 2. Belehrende Unterhaltungen, moralische Erzählungen u. Poesien, mit einem Verzeichniß von Wörtern nach Sätzen geordnet. A. u. d. T.: Les jeunes enfants. Entrétiens instructifs et contes moraux et amusants suivis de poésies mêlées par Aug. Albrecht, 2. édit. (V, 119 S.) 6 ngr.

—— für den geographischen Unterricht. Zunächst für die Vorschulklassen des Magdalenen-Gymnasiums. 8. (44 S.) Breslau 869, Aderholz' Buchh. cart. **

— bei dem geographischen, geschichtlichen, naturgeschichtlichen, physikalischen u. deutschen Unterrichte in Volksschulen. Im Auftrage d. Pestalozzi-Vereins „Göttingen“ bearb. v. H. Wegener, Chr. Voigt, H. Schaper, A. Eggers, C. F. v. Hofen. gr. 8. (XII, 128 S.) Hannover 877 Helwing's Verl. n. — 70

—— für den Unterricht in der Geschichte, Geographie und Naturkunde in der Volksschule. 8. (IV, 78 S.) Osnabrück 882, Wehberg.

zum Unterrichte in der deutschen Sprache. gr. 8. Rostock u. Schwerin 841, Stiller'sche Hof-Buchh. (Oberjean u. Otto.) n. ½ Thlr.

—— für den Unterricht in der deutschen Sprache. Nach dem von Seite des hohen k. k. Unterrichtsministeriums vorgeschriebenen Lehrplane für Volks- und Töchterschulen bearb. von einem prakt. Schulmanne (Jak. Spitzer.) 1. und 2. Schuljahr, 3. Schuljahr und 4. Schuljahr. 1. und 2. Heft. 8. (IV und 23, 111 und 60, 93, IV und 60 S.) Wien 855, Mayer und Comp. [1. und 2. Schuljahr * 4 Ngr., 3. Schuljahr * 6 Ngr., 4. Schuljahr. 1. Heft. * 8 Ngr., 4. Schuljahr 2. Heft. * 6 Ngr.] *

— f. den sprachlichen Unterricht in der Volksschule. Mit e. Wörterverzeichnisse. 3., verb. Aufl. 8. (48 S.) Aachen 887. A. Jacobi & Co. n. — 20
Vgl. Hülfsbüchlein...

— f. kathol. Volksschullehrer, zur Erweiterung der im neuen allgem. Lesebuch enthalt. Lehrgegenstände. 8. Bresl. 806. J. F. Korn. 16 gl.

Hülfsbücher für die gerichtliche Praxis Hrsg von Dr Willibald Peters, Reichsger R. 1. *Berlin: O. Haring 1900.* 8° [F.] 101. 80557

Hülfsbücher für die gerichtliche Praxis. Hrsg von Wilibald Peters. Berlin.

1 Voß Die Vollstreckungsthätigkeit des Amtsgerichts mit Ausschluß der Zwangsvollstreckung in das unbewegliche Vermögen. 1900

2 Boschan Wilh Das Eltern- u. Vormundschaftsrecht in der gerichtlichen Praxis. 1900

3. Delius, (Hans). Die gerichtliche Praxis in Strafsachen. 1900.

4. Badstübner Paul Die Zwangsvollstreckung in das unbewegliche Vermögen in der gerichtlichen Praxis nach dem Reichsgesetz über die Zwangsversteigerung und die Zwangsverwaltung vom 27 März 1897 1902.

5. Schellhas. Paul Die Konkurssachen in der gerichtlichen Praxis. 1902.

6. Marwitz, W Das Urtheil in bürgerlichen Rechtsstreitigkeiten nach der CPO. für das Dt Reich in der Fassung vom 20. Mai 1898. 1902

7. 8. Boschan. Wilh.. Die Nachlaßsachen in der gerichtlichen Praxis.

Th. 1. Der Erbschein und das Recht der Erbfolge. 1903

„ 2. Die gesamte Thätigkeit des Nachlaßgerichts. 1905.

9. Brand, A.: Die Grundbuchsachen in der gerichtlichen Praxis. 1904.

10. Brand, A.: Die Registersachen in der gerichtlichen Praxis. 1906.

11. Fischer. L(ouis). Die bürgerlichen Rechtsstreitigkeiten nach der CPO des Dt. Reiches. 1906.

Hülfsbüchlein zur Belehrung über die neuen Maße und Gewichte. Mit Tabellen und 6 dem Text beigefügten Holzschn. Leichtfaßlich bearb. für die Mannschaften des preuß. Heeres, insbesondere für Soldatenschulen. 1. und 2. Aufl. 16. (32 S.) Potsdam 872, Döring. *

Hülfsbüchlein beim Bibellesen. gr. 8. Schleswig 820. Taubst.-Inst. 2 gr

Hülfs-Büchlein für Buchdrucker und Schriftsetzer sowie für Factoren, Correctoren und Verlagsbuchhändler. (Anh. zur Agenda für Buchdrucker.) 1. Aufl. 1867. * 5 Ngr. und 2. Aufl. gr. 16. (50 S.) Leipzig 867, Waldow. * 6¼ Ngr.; cart.

—— für Buchdrucker und Schriftsetzer, sowie für Factoren, Correctoren und Verlagsbuchhändler. 3. Aufl. 8. (58 S.) Leipzig 872, Waldow. cart.

Hülfsbüchlein f den Bürger u Landmann, enth. eine Verdeutschung u. Erläuterung der in den gerichtl. Acten u. in der Gerichtssprache vorkommenden latein Ausdrücke, alphabetisch geordnet von L(övenskiold). [Mit dem Umschlagstitel: Verdeutschung u. Erleuterung rc] 8. (VI u. 82 S.) Itzehoe 849, Claussen. n. 6 ngr

— in Choleragefahr. Eine Volksschrift zur Belehrung über Ursachen, zweckmäßigste Verhütung u. Behandlung der Cholera nach den neuesten Erfahrungen. 1- 3., unveränd. Aufl. Leipzig 866. Förster's Selbstverlag. 8. (32 S.) 1 ngr

Hülfsbüchlein f. Fabrikanten und Fabrikenunternehmer, enth. e. Anweis. Fabrikenrechn. zu führen rc. gr. 8. Berlin, Müller. 805.

— für Fabrikanten u. Fabrikenunternehmer, enth. e. Anweis. Fabrikenrechnung zu führen rc. gr. 8. Berl. 805. (Stuhr). 12 gr

— gemeinnützl., für Schenk- u. Landwirthe, Handels- u. Gewerbsleute. 8. Karlsr. 830. Braun. 8 gr

Hülfsbüchlein f. die Haus- u. Landwirthschaft. Neue Ausg. 12. Wien 819. Tendler. 6 gr

— f. Jagdliebhaber, Scheibenschützen, Landsturmmänner u. Büchsenmacher; oder die Kunst, Schießgewehre zu untersuchen, die Fehler derselben zu entdecken u. sie mit leichter Mühe zu verbessern. 8. Gotha 817. Reyher. (Leipz., Steinacker). 6 gr

— f. Kinderlehrer u. Schulmeister. 8. Lpz. 815. (W. Nauck). 6 gr

—— für Landwirthe und Bauern. Enth.: Behandlung der Bäume, Holztabellen, Trächtigkeitskalender rc. Von einem erfahrnen Landwirthe. 12. (24 S.) Amriswil 865, (Häberlin.) *

Hülf- und Lehrbüchlein für den Landmann bey Abschaffung des Wetterleuchtens, welches zeiget, wie man sich und das Seinige vom Blitze schützen könne, desgleichen wie man von Blitz getroffene Leute vom Tode retten solle. 2. Aufl. Innsbruck [ca. 1790]. V: *Leichharding, Joh. Nep. von.* (MARGR) (BIBLPORT)

Hülfsbüchlein für die Liturgen und Organisten in den Brüdergemeinen, enth. ein Verzeichniß der in denselben bei den gottesdienstl. Versammlungen gebräuchl. Musikstücke mit beigefügten Namen der Componisten. Im Auftrag der Synode 1862. 4. (IV und 67 S.) Gnadau 865. (Leipzig, H. Schultze.) *

— neues, zum schnellen u. sichern Auffinden, wie hoch ein Stein, Pfund, Loth, Stück zu stehen kommt, wenn Centner, Stein, Pfund, Schock so u. so viel kostet u. umgekehrt rc. 8. Magdeb. 826. Creutz. 8 gr

Hülfsbüchlein, nothwendiges, zur Vergleichung des neuen Silbergeldes gegen Courant u. Münze, — des Courants gegen n. Silbergeld u. Münze rc. 12. Berlin 821. (H. Schultze.) 1 gr

Hülfsbüchlein, Nützliches, um d. schädl. Vergessenheit d Regeln d Lesens, Schön- u Rechtschreibens vorzubeugen. 8° Münster 1821, Aschendorf

Vgl Hülfsbüchlein, um d schädl Vergessenheit ... vorzubeugen

Hüfsbüchlein für Pflege-Vereine bei Armen und Kranken. gr. 8. (48 S.) Altona 853. (Hamburg, Perthes-Besser und Mauke.) *

Hülfsbüchlein beim Religions-Unterrichte in der Elementarschule. Enthaltend eine Sammlung von Sprüchen, Kinderliedern, Gebeten und Luthers Katechismus. Nebst einem Anhang von Volksliedern. Hrsg. von einer Lehrer-Conferenz. 8. (IV und 92 S.) Schwelm 859, Scherz. *

—— beim Religions-Unterrichte in der Elementarschule. Enth. eine Sammlung von Sprüchen, Kirchenliedern, Gebeten rc. Hrsg. von einer Lehrer-Conferenz. 2., mit Berücksichtigung des Lehrplans von Dr. Saalborn umgearb. Aufl. 8. (IV und 76 S.) Schwelm 867, Scherz. *

— für den ersten Religionsunterricht zunächst für die obere Elementarklasse der allgem. Bürgerschule zu Leipzig bestimmt. 3. umgearb. Aufl. von Arnold, die Religion des Kindes. Leipzig 856. Barth. gr. 8. (32 S.) 3 ngr

—— für den ersten Religionsunterricht zunächst für die obere Elementarklasse der allgemeinen Bürgerschule zu Leipzig bestimmt. 4., neu durchgeseh. Aufl. von Arnold, die Religion des Kindes. gr. 8. (36 S.) Leipzig 861, Barth.

—— erstes, zu Stolzes deutscher Schnellschrift. (Von J. C. Dänıker.) 8. (16 S.) (Berlin 857, Mittler und Sohn.) *

—— zweites, zu Stolzes deutscher Schnellschrift. (Von J. C. Däniker.) 8. (11 S.) Berlin 857, Mittler und Sohn. *

— für Schüler, enth. Luthers kleinen Katechismus, Verzeichniß d. Inhalts der Bibel, das Ein mal Eins von 1 bis 20, Maß- u. Gewichtstabellen u. dergl. m. 6. Aufl. 8. (23 S.) Brandenburg 872. Müller. n. — 10

Hülfs-Büchlein f. Schüler, enth. Luther's kleinen Katechismus, Verzeichniß d. Inhalts der Bibel, das Ein mal Eins von 1 bis 20, Maß- u. Gewichts-Tabellen u. dergl. mehr. 7. Aufl. 8. (23 S.) Brandenburg 879. Haeckert. n. — 10

Hülfsbüchlein für die evangel. Sonntagsschulen in Württemberg. (60 S.) Esslingen 1888. A. Lung. Kart.

— um der schädl. Vergessenheit d. Regeln des Lesens, Schön- u. Rechtschreibens, d. Verfert. schriftl. Aufsätze, wie auch des Rechnens vorzubeugen, nach Overberg's Anweisung. 8. Münst. ... 3e Aufl. 814. N. Aufl. 821. Aschendorff. 6 𝔨
Vgl. Hülfsbüchlein, Nützliches, ...

Hülfsbüchlein für den sprachlichen Unterricht in der Volksschule. Mit einem Wörterverzeichnisse. 2. und 3. verb. Aufl. 8. (48 S.) Aachen 885,87, A. Jacobi und Comp.
Vgl. Hülfsbuch...

Hülfs-Büchlein bei Verfertigung schriftl. Aufsätze, s. Aufgaben f. Schule ꝛc.

Hülfsbüchlein, wohlfeilstes, bei dem orthogr. Unterrichte; den Schülern in die Hände zu geben. 2. Aufl. 8. Schneeberg 843, Rentzsch. n. 1/12 ℔

Hülfsgenossenschaft (Die). Sozialpolitische Zeitschrift, insbesondere für Krankenkassen jeder Art, für Berufsgenossenschaften und Vereinigungen zur Hebung der wirtschaftlichen Lage. Red. Hiller. 1. Jhrg. 1885. 2. Jhrg. 1886/87, 12 Nrn. gr. 8⁰. Leipzig, A. Duncker.

Hülfs-Hand-Wörterbuch, kleines, Deutsch-Französisch u. Französisch-Deutsch, f. den Handel in Taback u. Cigarren. Enth. die gebräuchlichsten techn. Ausdrücke u. Wortwendgn. 12. (61 S.) Brem. 891, (Kühtmann). cart. * 5 —

Hülfshoff, s. Hülshoff.

Hülfs-Kalender, s. Schreib- und Hülfs-Kalender.

Hülfs- und Schreib-Kalender, altenburgischer, für die J. 1856 und 1857. Hrsg. von Rich. Glaß. 1. und 2. Jahrg. 8. Altenburg, Schnuphase'sche Buchh. [1. Jahrg. (IV und 260 S.) * 17½ Ngr., 2. (III und 260 S.) ** 14 Ngr.] *

Hülfs- und Schreib-Kalender, altenburgischer, für die J. 1858—62. Hrsg. von Rich. Glaß. 3—6. Jahrg. gr. 16. (à Jahrg. III und 260 S. mit 1 lithogr. Karte in qu. Fol.) Altenburg, Schnuphase'sche Buchh. à Jahrg. geb. ** Durchschossen ** 17½ Ngr.; in Leinw. geb. **

Hülfs- und Schreib-Kalender, Altenburgischer, für die J. 1863—65. Hrsg. von Rich. Glaß. 8.—10. Jahrg. gr. 16. (à Jahrg. ca. III und 250 S.) Altenburg, Schnuphase'sche Hofbuchh. à Jahrg. ** 14 Ngr.; geb. ** Durchschossen ** -

—— —— dass. — für die J. 1866—68. 11.—13. Jahrg. gr. 16. (à Jahrg. ca. III und 250 S.) Ebendas. geb. à Jahrg. **

Hülfs- und Schreib-Kalender, altenburgischer, für die J. 1869—1872. Hrsg. von Rich. Glaß. 14.—17. Jahrg. gr. 16. (à III, 250 S.) Altenburg, Schnuphase'sche Buchh. à Jahrg. ** Durchschossen ** Mit landwirthschaftl. Tagebuche **

—— für Geometer, s. Termin-, Tagebuch- und Hülfs-Kalender.

Hülfskalender für Helfer und Helferinnen an evangelischen Sonntagsschulen und Kindergottesdiensten auf das J. 1889. Hrsg. von F. Westphal und W. Reinhard. 1. und 2. Aufl. 16. (104 S.) Cöthen, Schriften-Niederlage des evangel. Vereinshauses. geb. * — 50

Hülfskalender f. Helfer u. Helferinnen an evangel. Sonntagsschulen auf d. J. 1890—1893. Hrsg. v. F. Westphal u. W. Reinhard. 2.—5. Jahrg. 16. (à Jahrg. ca. 125 S.) Cöthen, Schriften-Niederlage d. evangel. Vereinshauses. geb. à Jahrg. ** — 40

—— für die schweizerischen Landwirthe, s. Schreib- und Hülfs-Kalender.

Hülfs- und Schreib-Kalender, landwirthschaftlicher, auf die J. 1848—52. 1—6. Jahrg. für pract. Landwirthe. Mit Anhang: Landwirthschaftl. Verhältnisskunde und Chronik. 8. Berlin, Besser's Vrlgsh. [1. Jahrg. (190 S. und 72 S.) 2. (368., VI und 74 S.) 3. (168., IV und 69 S.) 4. (VIII, 366 und 80 S.) 5. (VIII und 526 S.) 6. (VIII und 492 S.)] à Jahrg. * -
Der 1—3. Jahrg. wurde von Alex. Lengerke und O. Mentzel, der 4. Jahrg. von F. W. Quandt, der 5. und 6. Jahrg. von Will. Loebe und Quandt herausgegeben. Die ersten vier Jahrg. wurden auch u. d. T.: Hülfs- und Schreib-Taschenbuch, landwirthschaftliches, ausgegeben.

—— —— landwirthschaftlicher, auf die J. 1853 und 1854 für prakt. Landwirthe. Hrsg. von William Löbe und F. W. Quandt. 6. und 7. Jahrg. 8. (VIII und 492 S., VIII und 510 S.) Berlin, Besser's Verlag. à Jahrg. * -

—— —— dass. — auf die J. 1855 und 1856. Hrsg. von C. Schneitler und F. W. Quandt. 8. und 9. Jahrg. Mit eingedr. Holzschn. 8. Ebds. [1855. (VIII und 679 S.) 854., 1856. (XII und 532 S. mit 1 Stnt.) 855. à Jahrg. * 22½ Ngr.] *

—— —— dass. — auf das J. 1857 für prakt. Landwirthe. Hrsg. von C. Schneitler. Landwirthschaftliche Chronik von F. W. Böttcher. 10. Jahrg. 2 Thle. 8. (XIV und 668 S. mit eingedr. Holzschn. und 1 Stnt.) Berlin 856, Besser's Verlag. * -

Hülfs- und Schreib-Kalender, landwirthschaftlicher, auf die J. 1857 und 1858 für praktische Landwirthe. Hrsg. von Jos. Arenstein und C. Schneitler. 10. und 11. Jahrg. à 2 Thle. 8. (à Jahrg. XIV und 518 S. mit eingedr. Holzschn. und 1 lithogr. Tab. und Anhang: Landwirthschaftliche Chronik. 84 S.) Berlin, [Franz Duncker.] In Leinw. geb. à Jahrg. * - In Leder geb. à Jahrg. * -
Ist nicht fortgesetzt worden.

Hülfs- und Schreibkalender

—— —— polytechnischer, auf das J. 1858. Hrsg. von W. Lindes. 2 Thle. 16. (466 S.) Berlin, Huber. geb. * - Durchschossen *

—— —— dass. — Auf das J. 1859. Hrsg. von W. Lindes. 16. (352 S.) Berlin, [Seehagen.] geb. * -
Ist nicht fortgesetzt worden.

Hülfs- und Notiz-Kalender, postalischer, für das J. 1871. Hrsg. von Gust. Lüdemann. 1. Aufl. * ℳ 1., und 2. Aufl. 8. (IV, 805 S.) Leipzig und Berlin 870, Luckhardt'sche Verlagsh. *
geb. * ℳ 1,50. und *

Hülfs- und Notiz-Kalender, postalischer, für die J. 1872—1880. Hrsg. von Gust. Lüdemann. 8. (à Jahrg. IV, 305 S.) Berlin, Luckhardt'sche Verlagsh.
Jahrg. 1872 und 1873 à * M 1.75.; geb. *
Jahrg. 1874—1880 à M 2.; geb.

Hülfs- und Schreibkalender

—— —— praktischer landwirthschaftlicher, auf das J. 1864. gr. 16. (232 S.) Berlin, Barthol und Comp. geb. *
In Leder geb.
Ist nicht fortgesetzt worden.

Hülfs- und Schreibkalender

—— —— s. Hilfs- und Schreib-Kalender.

Hülfs- u. Schreib-Kalender f. Gärtner u. Gartenfreunde. Hrsg. v. K. Koch. 2 Thle. 8. Jahrg. 1855—60. Berlin, Bosselmann.
d. Jahrg. — 25

—— —— für Gärtner und Gartenfreunde auf die J. 1855 und 1856. Unter Mitwirkung von P. Fr. Bouché sen., v. Fabian, C. Fintelmann, G. A. Fintelmann, Legeler, Lucas, L. Mathieu und Morsch hrsg. von Carl Koch. (à Jahrg. 2 Thle.) Mit eingedr. Holzschn. 8. Berlin, K. Wiegandt. [1. (CCIV und 224 S.) 2. (CCXIII und 262 S.)]
à Jahrg. *

—— —— für Gärtner und Gartenfreunde auf die J. 1857—62. 3—8. Jahrg. Hrsg. von Carl Koch. 2 Thle. 16. Berlin, [Wiegandt und Hempel.] [3. Jahrg. (CCX und 242 S. mit 1 Tab., 1 Karte in Holzschn. und 1 Stnt. in qu. gr. 4.) 4. (CCX und 225 S. mit eingedr. Holzschn., 1 Tab., 1 Holzschnt und 1 Stnt. in qu. 4.) 5. (CCIX und 264 S.) 6. (CCXI und 241 S.) 7. (CCVII und 256 S.) 8. (CCXVI und 281 S. mit eingedr. Holzschn.)] geb. à Jahrg. Thlr. *

—— —— für Gärtner und Gartenfreunde auf die J. 1863—65. 9.—11. Jahrg. Hrsg. von Karl Koch. 2 Thle. 16. [9. Jahrg. (490 S. mit eingedr. Holzschn.) 10. (XI und 495 S.) 11. (VI und 476 S.)] Berlin, Wiegandt und Hempel.
geb. à Jahrg. *
Ist nicht fortgesetzt worden.

Hülfs- und Schreibkalender für Hebammen und Krankenpflegerinnen. 1878. Im Auftrage des Geschäftsausschusses des deutschen Aerztevereinsbundes hrsg. von L. Pfeiffer. 8. (160 S.) Weimar Böhlau. geb.

—— —— für Hebammen. 1879. Im Auftrage des deutschen Aerztevereinsbundes hrsg. von L. Pfeiffer. 2. Jahrg. 8. (130 S.) Ebendas. geb.

—— —— dass. — 1880. 3. Jahrg. (Ausg. A.) gr. 16. (XII, 110 S.) Ebendas. geb. *

—— —— dass. — 1880. Ausg. B. (für das Königr. Preußen) bearb. von Abegg. 8. (XXIV, 110 S.) Ebendas. geb. *

Hülfs- und Schreibkalender für Hebammen 1881—1885. Im Auftrage des deutschen Aerztevereinsbundes hrsg. von L. Pfeiffer. 4.—8. Jahrg. (Ausg. A.) 12. (à Jahrg. ca. 139 S.) Weimar, Böhlau. geb. à Jahrg.

Hülfs- und Schreibkalender für Hebammen 1881—1885. Im Auftrage des deutschen Aerztevereinsbundes hrsg. von L. Pfeiffer. 4.—8. Jahrg. (Ausg. B.) für das Königr. Preußen, bearb. von Abegg. 12. (à Jahrg. ca. 139 S.) Weimar, Böhlau. geb. à Jahrg. *

Hülfs- und Schreibkalender für Hebammen. 1886—1889. Im Auftrage des deutschen Aerztevereinsbundes hrsg. von L. Pfeiffer. 9.—12. Jahrg. (Ausg. A.) 8. (à Jahrg. ca. 139 S.) Weimar, Böhlau. geb. à Jahrg. * 1 —

—— —— dass. — 1886—1889. Ausg. (B.) für das Königr. Preußen, bearb. von Abegg. 9.—12. Jahrg. 8. (à Jahrg. XX, 139 S.) Ebendas. geb. à Jahrg. * 1 20

Hülfs- u. Schreibkalender f. Hebammen. 1891. Im Auftrage des deutschen Aerztevereinsbundes hrsg. von L. Pfeiffer. 14. Jahrg. (Ausg. A.) 8. (LVIII, 91 S.) Weimar, Böhlau. geb. n. 1.—

— — dasselbe. Ausg. (B.) f. das Königr. Preußen, bearb. v. Abegg. 8. (LXXX, 91 S.) Ebd. geb. n. 1.20

Hülfs- und Schreibkalender

—— —— für Lehrer auf die J. 1871 und 1872. 5. und 6. Jahrg. Hrsg. von J. G. Kutzner. gr. 16. (CXVI, 142; CXVI, 261 S.) Leipzig, Siegismund und Volkening. à Jahrg. *
geb. *

—— —— dass. — auf das J. 1873. 7. Jahrg. Begründet von J. G. Kutzner, fortgesetzt von Ernst Wunderlich. Mit der Biographie und dem Portr. Kutzner's (in Holzschn.). 16. (CXX, 160 S.) Ebendas. 872. cart. * M 1.; geb. *

—— —— dass. — auf das J. 1874. 8. Jahrg. Mit der Biographie und dem Portr. Dr. W. U. Jütting's (in Stahlst.). 16. (CXXVI, 136 S.) Ebendas. 873. geb. *

—— —— dass. — auf das J. 1875. 9. Jahrg. Mit dem Portr. Dr. F. A. W. Diesterwegs (Stahlst.). 16. (CXXVI, 136 S.) Ebendas. 874. geb. *
Erscheint in Ausgaben für Sachsen, für Norddeutschland und für Süddeutschland.

—— —— für Lehrer auf das J. 1876. 10. Jahrg. Begründet von J. G. Kutzner, fortges. von Ernst Wunderlich. Mit dem Portr. J. H. Pestalozzi's (in Stahlst.). gr. 16. (CXXVIII, 127 S.) Leipzig, Siegismund und Volkening. geb. *
Fortsetzung f. Kutzner's Hülfs- und Schreibkalender für Lehrer.

—— —— für Lehrer auf das J. 1880. (1. Jahrg.) Mit 1 (Holzschn.-)Portr. von Frz. Baco. Hrsg. von Kolbe und Elschner. gr. 16. (216 S. mit 1 lithogr. Eisenbahnkarte.) Magdeburg, Graefe. geb. *

Hülfs- und Schreibkalender

—— —— für preußische Volksschullehrer. Hrsg. von J. G. Kutzner. 1861. 1. Jahrg. 16. (CXXXIV und 178 S.) Hirschberg, Rosenthal'sche Buchh. *

—— —— dass. — 1862. 2. Jahrg. gr. 16. (VI und 276 S.) Berlin, C. Heymann. * -

—— —— für preußische Volksschullehrer. Hrsg. von J. G. Kutzner. 1863 und 1864. 3. und 4. Jahrg. gr. 16. (VI und 295 S., IV und 276 S.) Berlin, C. Heymann.
cart. à Jahrg. * -
Ist nicht fortgesetzt worden.

Hülfs- und Schreibkalender

—— —— verbesserter landwirthschaftlicher, auf das J. 1851. Hrsg. von O. Mentzel und Alex. v. Lengerke. gr. 16. (XIV und 208 S. Mit dem Anhange: Landwirthschaftl. Verhältnisskunde und Chronik, (113 S.) Berlin 850, Wiegandt und Grieben. Thlr. * -

Hülfs- und Schreib-Kalender, verbesserter landwirthschaftlicher, auf das J. 1852. Hrsg. von O. Mentzel und Alex. v. Lengerke. gr. 16. (XIV und 317 S.) Nebst Gratis-Beilage: Das Buch der Fortschritte auf dem gesammten Gebiete der Landwirthschaft während der letzten 10 Jahre. In Verbindung mit mehreren anderen Männern vom Fach bearb. und hrsg. von E. Segnitz. 8. (S. 1—64.) Berlin 851, Wiegandt und Grieben. -

—— —— verbesserter landwirthschaftlicher, auf die J. 1853 und 1854. Hrsg. von O. Mentzel und Alex. v. Lengerke. 2 Thle. gr. 16. Berlin, Wiegandt und Grieben. [1853. (XXVIII und 560 S.) 852., 1854. (CCL und 392 S.) 853. à Jahrg. * 22½ Ngr.] *
Die Fortsetzung vgl.: Mentzel und v. Lengerke.

[Ernst] (O[swald]) Mentzel und [Alexander] v[on] Lengerke's Verbesserter landwirthschaftlicher Hülfs- und Schreib-Kalender auf das Jahr ... Hrsg. v. [Ernst] O[swald] Mentzel ... u. ... [F.] Luedersdorff ...
Berlin: Gust. Bosselmann [1857—1859]. 8°
[Rückent.:] Landwirthschaftl[icher] Kalender für . .
1857 Thl 2: [1857.] 3 Bl., 398 S.
1859 Thl 2: [1859.] 2 Bl., 363 S., 1 Bl.

Hülfskassen, die unter staatlicher Aufsicht stehenden gewerblichen, f. Arbeitnehmer [m. Ausschluss der sog. Knappschaftskassen] u. die Versicherung gewerblicher Arbeitnehmer gegen Unfälle im preussischen Staate. Bearb. im Auftrage d. Ministers f. Handel, Gewerbe u. öffentl. Arbeiten. gr. 4. (XIV, 310 S.) Berlin 876. Verl. d. k. statist. Bureaus. n. 8.—

Hülfs- u. Unterstützungskassen. Fürsorge f. Kinder u. Jugendliche, s. a. Schriften der Centralstelle f. Arbeiter-Wohlfahrtseinrichtungen.

Hülfs- u. Unterstützungskassen. Fürsorge für Kinder und Jugendliche. Vorberichte und Verhandlungen der Konferenz vom 21. u. 22. April 1893. (Schriften der Centralstelle f. Arbeiter-Wohlfahrtseinrichtungen, Nr. 4.) gr. 8⁰. Berlin 1893.

Hülfskomite. Das H der Stadt Zürich für Glarus an seine Geber. 4. (Zürich 1861.)

Hülfsmittel, s. v. Leichdornen, Warzen und Schwielen zu befreyen rc. 8. Leipzig, Joachim. 805.

Hülfsmittel für astronomische Bestimmungen, zusammengestellt vom Centralbureau der europäischen Gradmessung. ca.1868

Hülfsmittel für Bibelkunde, Geschichte, Naturgeschichte, Geographie, deutsche Sprache und Rechnen nebst Volksliedertexten und einem Anhang, enthaltend den luther. Katechismus, Gebete und die Unterscheidungslehren der evangel. von der röm. Kirche. 1. Aufl. 1860. und 2., verb. und mit einer geograph. Uebersicht des heil. Landes verm. Aufl. Für Schüler in Volksschulen bearb. 12. (48 S.) Potsdam 860. ![Berlin,] Schlesier. **

Hülfsmittel für Bibelkunde, Geschichte, Naturgeschichte, Geographie, deutsche Sprache und Rechnen, nebst Volksliedertexten und einem Anh., enth. den luther. Katechismus, Gebete und die Unterscheidungslehren der evangel. und der röm. Kirche. 3.—6., verb. Aufl. 8. (48 S.) Berlin 862—67, Schlesier. cart. **

Hülfsmittel für Bibelkunde, Geschichte, Naturgeschichte, Geographie, deutsche Sprache und Rechnen nebst Volksliedertexten und einem Anh., enth. den luther. Katechismus, Gebete und die Unterscheidungslehren der evangel. von der röm. Kirche. 7.—9. verb. Aufl. 8. (48 S.) Berlin 869,72,74, Schlesier. cart. **

Hülfsmittel für Bibelkunde, Geschichte, Naturgeschichte, Geographie, deutsche Sprache und Rechnen, nebst Volksliedertexten und einem Anhang, enth. den luther. Katechismus und Gebete. 10. vielfach verb. Aufl. gr. 16. (48 S.) Berlin 876, Schlesier. cart. **

—— dass. — 11. vielfach verb. Aufl. 8. (48 S.) Berlin 879, Liebel'sche Buchh. cart. **

Hülfsmittel für Bibelkunde, Geschichte, Naturgeschichte, Geographie, deutsche Sprache und Rechnen, nebst Volksliedertexten und einem Anhang, enthaltend den lutherischen Katechismus und Gebete. 12. und 13. vielfach verb. Aufl. 8. (47 S.) Berlin 881,83, Liebel'sche Buchh. cart. **

Hülfsmittel f. Bibelkunde, Geschichte, Naturgeschichte, Geographie, deutsche Sprache u. Rechnen, nebst Volksliedertexten u. e. Anh., enth. den Lutherischen Katechismus u. Gebete 14. u. 15., verb. Aufl. gr 8. (48 S.) Berlin 887. 889. Liebel. cart. n.n. — 25

Hülfsmittel f. Bibelkunde, Geschichte, Naturgeschichte, Geographie, deutsche Sprache u. Rechnen, nebst Volksliedertexten u. e. Anh., enth. den luther. Katechismus u. Gebete. 16. verb. Aufl. 8. (48 S.) Berl. 892, Liebel. cart. ** -- 25

Hülfsmittel für Bibelkunde, Geschichte, Naturgeschichte, Geographie, Deutsche Sprache u Rechnen nebst Volksliedertexten u. e Anh. enth. d. Luther Katechismus u. Gebete 18. verb. Aufl. Berlin: Liebel 1898 (48 S.) 8⁰
Dass. 19 verb Aufl. Ebda 1902 (48 S.).

Hülfsmittel, üb. die, zu Erlernung u. beständ. Erhaltung einer genauen Kenntniß u. schnellen Uebersicht d. Würtemb. Gesetze. 8. Hall 816. (Schmeißer).

Hülfsmittel, Von der Kgl. Regierung bekannt gemacht, wider die Hornviehseuche. Aus den Jahren 1745, 1756 u. 1775.

Hülfsmittel, über die, Kennzeichen, Genüsse u. Hoffnungen wahrer Jünger Christi. Eine kleine Erfahrungsmittheilung für Liebhaber des Wortes am Kreuz, von e. Kreuzgenossen. 8. 823. Zürich, Hanke. 1/6 Thlr.

— zum Kopf- u. Tafelrechnen für Schüler. Beilage zu dem Rechnungsbuch von Hnr. Reiser. 5. Aufl. 8. Reutlingen 844, Enßlin u. Laiblin. 1/24 Thlr.

— neu erfundene prakt. bewährte, z. Vertilgung d. Ratten, Hamster, Haus- u. Fledermäuse, ingleichen f. Erdflöhe, Schnecken u. Brand im Weizen. (Von K. A. Kupfer.) Mit 1 Kpft. 8. Lpz. 824. Rein. 8 gGr.

Hülfsmittel, neu erfundenes u. sehr einfach bewährtes, z. Vertilgung d. Gartenraupen, wenn solche auf d. Obstbäumen erscheinen, sie rein v. d. Bäumen herunter z. bringen. (Von C. A. Kupfer). 8. Leipzig, 1822. 2. Aufl. 1831. (Franke.) — 2½

— neu erfundenes sehr einfach bewährtes, zur Vertilgung d. Gartenraupen, wenn solche auf den Obstbäumen erscheinen, sie rein von den Bäumen herunterzubringen. (Von K. A. Kupfer.) 2e Aufl. 8. Leipz. 831. (Franke). 2 gGr.

— neu erfundenes, sehr einfach bewährtes, zur Vertilgung der Gartenraupen rc. 2e veränd. Aufl. 8. Leipzig 831. (Melzer.) 1/12 Thlr.

— für d. Orientiren. Mit 2 Steintaf. 4. Berl. 825. Mittler. 6 gGr.

— praktisch bewährte, zur Vertilgung der Feldmäuse. (Von K. A. Kupfer.) 2e unveränd. Aufl. 8. Leipz. 831. Franke. 2 gGr.

Hülfs-Mittel, praktisch-bewährte, zur Vertilgung der Feldmäuse. 2e Aufl. 8. Leipzig 831. (Melzer.) 1/12 Thlr.

Hülfsmittel zum evangelischen Religionsunterricht begründet von ⟨†⟩ Gymn.Dir. Prof. M[athias] Evers ⟨Barmen⟩ u. ⟨†⟩ Gymn.Dir. Prof. Dr. F[ranz Chr.] Fauth ⟨Höxter⟩. 5. Aufl., neu bearb. von Hermann Marx, Prof. H. 1. Berlin: Reuther & Reichard 1907. 8° [F.] 107. 17790

Hülfs- und Rettungsmittel f. Ertrunkene, Erfror. rc. 8. Grätz. (Reinicke, Leipz.) 793.

Hülfs- u. Rettungsmittel für Ertrunkene, Erfrorne, Erstickte u. Erhenkte. (Von Gilb. Baur.) 8. Augsb. 782. Rieger. 3 g

— für den Uebergang zur Reichswährung in Süddeutschland. Die bezügl. Gesetzesbestimmgn. Tabellen zur Umrechng. aller Geldbeträge nach süddeutscher Währg. in Reichswährg. u. umgekehrt. Wurftabelle der größeren Reichsmünzen. Erklärung d. Gebrauches der Tabellen. gr 8. (16 S.) München 874. Lindauer. n. — 20

— dasselbe. Plakat. gr. Fol. Ebend. 875. n. — 20

Hülfsquelle d. Tugend, ist d: Lesekabinet z. Nutzen u. Vergnügen 7c.

Anonym „Ueber die Hülfsquellen Sachsens unter den gegenwärtigen Umständen", Leipzig 1810. — Vorh.. Com. Bibl. Hamburg.

Hülfsquellen, die, Sachsens unter d. gegenwärtigen Umständen. 8. Leipz. 810. Göschen. 6 g

Hülfsrechner, der allezeit fertige, in Kattungeschäften d. Kauf- u. Verkaufes nach tabellar. Uebersicht d. Ellenwerthes 2c. 8. (3 B.) Zittau 834, Birr. Hrbgs. Pr.

Hülfsrechner der allezeitfertige, in Kattungeschäften. 8. Zittau 836. Birr. $^1/_6$ ß

Hülfstabelle zur Berechnung des Interesse in Augsburger Rechnungs-Auszügen. Fol. Ulm 841, Wagner's Verl. $^1/_8$ ß

— zur Berechnung des Interesse in Rechnungs Auszügen und des Disconto. Fol. Ebend. 841. $^1/_8$ ß

Hülfs-Tabellen zu den revidirten Abschätzungs-Grundsätzen der schlesischen Landschaft von 1883. gr. 8. (271 S.) Breslau 885, (Korn.) *

— 8 —

— oder Anweis. für Kaufleute, Banquiers 2c., s. Taschen-Riscontro.

—— zur Berechnung der Preise für die bisher in Preussen, Hannover, Braunschweig etc. gebrauchten Längen-Maasse [Ellen] in Mètres, auf Grund des Bundesgesetzes vom 17. Aug. 1868. 8. (16 S.) Braunschweig 870, Wagner'sche Buchh. *

— zur Bestimmung des Kubikinhaltes runder Hölzer in Kubikmetern mit zwei Decimalstellen für 0,2 bis 35 Meter Länge bei 1 bis 130 Centimeter Durchmesser. München 870. Lindauer. br. 8. (IV, 63 S.) n. 12 ngr.

Hülfstabellen zur Bestimmung d. Kubikinhaltes runder Hölzer in Kubikmetern m. 2 Decimalstellen f. 0, 2 bis 35 Meter Länge bei 1 bis 130 Centimeter Durchmesser. 2. unveränd. Aufl. gr. 8. (VI, 36 S.) München 872. Lindauer. n. 1. 20

Hülfstabellen zur Bestimmung des Kubikinhaltes runder Hölzer in Kubikmetern mit zwei Dezimalstellen für 0,2 bis 35 Meter Länge bei 1 bis 130 Zentimeter Durchmesser. 3. unveränd. Aufl. gr. 8. (63 S.) München 883, Lindauer'sche Buchh.

Hülfs-Tabellen zur Bestimmung der Preise aller in den Verkehr kommenden Artikel von altem Gewicht wie vom Scheffelmasse in das neue Landes- u Zollgewicht, nebst Berechnung der Preise jedw. Quantität. Plieningen 1860

Hülfstabellen, unumgänglich nothwendig zu Hahnemanns reiner Arzneimittellehre. 1r—6r Bd. der ersten Ausg gr. 4. Prag 827. Enders. 3 ß

Hülfstabellen, technische, für hamburgisches Maass und Gewicht berechnet, nebst Anhang. Hrsg. von der hamburg. Gesellschaft zur Verbreitung mathemat. Kenntnisse. 8. (VI S. und 38 Tabellen.) Hamburg 850, (Nolte und Köhler.) **

Hülfstabellen, technische, für hamburgisches Maass und Gewicht berechnet, nebst Anhang von geograph. und phys. Daten in Bezug auf Hamburg. Hrsg. von der hamburg. Gesellschaft zur Verbreitung mathemat. Kenntnisse. Neue Ausg. 8. (VI S. und 88 Bl.) Hamburg 860, O. Meissner. *

—— technische. Hrsg. von der hamburger Gesellschaft zur Verbreitung mathemat. Kenntnisse. 8. Aufl. Mit graph. Maassvergleichungen. 8. (56 S. mit 1 Stnt.) Hamburg 872, O. Meissner. geb. *

Hülfstafel zur Berechnung der, durch das Finanz-Gesetz vom 13. Septbr. 1843 für die J. 1844 u. 1845 ausgeschriebenen neuen Grundsteuern, nach Höhe 9 ₰ von jeder Steuer-Einheit, unter Berücksichtigung der bestehenden Anordnung: Bruchpfennige von $^1/_2$ u. mehr für einen ganzen Pfennig, unter $^1/_2$ aber gar nicht zu rechnen. kl. Fol. Bautzen 841, Reichel. 2 ng

Hülfstafel zur Bestimmung der Mittagsbreite in Nord- und Ostsee zwischen den Parallelen von 50° N bis 60° N für 1862. gr. 8. (4 S.) Bremen 862, Strack. *

Hülfstafel zur schnellen u. leichten Reduktion d. Franken u. Centimen in Preuß. Courant u. umgekehrt. Fol. Magdeb. 809. Creutz. 2 g

Hülfstafeln, arithmet., f. Cameralbeamte u. Privatökonomen, od. Zeit u. Mühe ersparende Resultatentabellen bei Einnahme- u. Ausgabe-Berechnungen in Geld- u. Naturalien, (v. . Mühlreiter). 8. Gmünd 808. (Schönbrod in Elwang.) 8 g 2e Aufl. 12. Stuttg. 815 auch 818. Steinkopf. 18 g

Anonym „Arithmetische Hülfstafeln für Cameralbeamte und Privatökonomen, oder Zeit und Mühe sparende Resultatentabellen bei allerhand Geld-Einnahmen und -Ausgaben und -Berechnungen, zum öffentlichen und Privatgebrauch", 2. verm. und verb. Auflage, Stuttgart 1816 (Steinkopf).

Hülfs-Tafeln zur Ausführung der Maaß- u. Gewichtsordnung d. norddeutschen Bundes beim Forst- u. Bauwesen d. Großherzogth. Sachsen. gr. 8. (69 S.) Weimar 871 Böhlau. geb. n. 2. —

— zur Berechnung des körperl. Inhaltes u. des Werthes des Bau- u. Werkholzes nach dem Decimalmaaße. (Von H. Toser u. C. W. Pabst.) 8. Darmst. 820. Leske 1 ß 8 g Fein Pap. 1 ß 16 g

Hülfstafeln zur Berechnung specieller Störungen enth. die rechtwinkl. Ekliptical-Coordinaten und die vom Orte des gestörten Körpers unabhäng. Theile der störenden Kräfte für die Planeten Venus, Erde, Mars, Jupiter, Saturn, Uranus und Neptun von 1830 bis 1864. Publication der astronom. Gesellschaft. I. gr. 4. (VI und 81 S.) Leipzig 865, Engelmann. *

Hülfstafeln zu Interessen-Berechnungen v. jeder Capitalsumme in jeder Münzsorte, nach jedem Zinsfuße u. auf jede Zeit, das Jahr zu 365 Tagen gerechnet. 4. ($3^1/_2$ B.) Gotha 836, Müller.

Hülfstafeln zu Interessenberechnungen von jeder Capitalsumme, in jeder Münzsorte, nach jedem Münzfuß u. auf jede Zeit. 4. Gotha 841, Müller. $^1/_4$ ß

— beim Rechnenunterr., besond. in preuß. Schulen 2c. 1 Bl. Fol. Prenzlau 822. Ragoczy. 1½ g

— beim Rechnenunterrichte, besond. in preuß. Schulen. Als Anh. zu jedem Schul- u. Rechnenbuche. 2 Bl. Fol. Prenzlau 822. Ragoczy. 2 gl

Hülfstafeln beim Rechnenunterrichte (das Ein mal Eins) etc. Prenzlau, jetzt Kalbersberg. 1/12 ℛ︀

—— beim Rechnen-Unterricht, besonders in preußischen Schulen. Als Anh. zu jedem Schul- oder Rechnenbuche. gr. 8. (13 S.) Brandenburg 868, Wiesike.

— für alle Stände, besond. für Kaufleute u. Rechnungsführende, bericht. von K. (F. C. Königstein). gr. 8. Marb. 796. Krieger. 1 ℛ︀

—- zur Umrechnung preussischer Morgen in Hektare. Direct brauchbar für 1 bis 5000 Morgen. 1. Aufl. (30 S.) 1880. *ℳ 1.; 2. Abdr. 16. (30 S.) Ebendas 881.

Hülfstafeln zur Umrechnung der auf einem preussischen Morgen von irgend einem Bodenproduct geernteten Scheffel oder Pfunde in Kilogramm auf einen Hektar. 1. Aufl. (31 S.) 1880. *ℳ 1.; 2. Abdr. 16. (31 S.) Berlin 881, Allgemeine Verlags-Agentur.

— zur Umwandlung der neuen Holzmasse in altes Mass. Zum Gebrauch f. Holzkäufer, Holzhändler etc. 16. (4 S.) Rathenow 871. Haase. — 15

— z. Vergleichung d. französ. im Königr. Westphalen eingef. Geldes m. deutsch. Gelde im 20 u. 24 Guld. Fuß, qu. Fol. Gotha, Becker.

— A. zur Verwandlung der Acker- u. Feldmesser-Qu.-Ruthen in Hektar, Ar u. Qu.-Meter, B. zur Verwandlung der Hektar u. Ar. in Acker u. Feldmesser-Qu.-Ruthen. Hrsg. vom königl. Sächs. Finanzministerium. Beigedruckt ist die Verordng., die Anwendng. d. Längen- u. Flächenmasses bei Grundstückstheilgn. betr. vom 21. Novbr. 1871. 2. Aufl. gr. 8. (50 S.) Dresden 872. (v. Zahn's Verl.) n. 1. —

Hülfstafeln. A) zur Verwandlung der Acker und Feldmesser-Qu.-Ruthen in Hektar, Ar und Qu.-Meter, B) zur Verwandlung der Hektar und Ar in Acker und Feldmesser-Qu.-Ruthen. Hrsg. vom königl. sächs. Finanz-Ministerium. Beigedruckt ist die Verordnung, die Anwendung des neuen Längen- und Flächenmaasses bei Grundstückstheilungen betr., vom 21. Novbr. 1871. (Neue Aufl.) gr. 8. (50 S.) Dresden 877, (Heinrich.) **

Hülfs- u. Schreib-Taschenbuch, landwirthschaftliches, auf das J. 1850 f. prakt. Landwirthe. Hrsg. v. O. Mentzel u. Alex. v. Lengerke. 8. (168 S. Mit dem Anh.: Landwirthschaftliche Verhältnisskunde u. Chronik. IV u. 69 S.) Berlin, Besser's Verlag. In Leder geb. n. 11/12 ℛ︀

Bündner. Hülfsverein für arme Knaben, die ein Handwerk erlernen wollen. Bericht über die Thätigkeit. Vom 1. Januar 1901 bis zum 31. Dezember 1902. II + 16 S. 8. Chur, Manatschal Ebner & Cie., 1903.

Der Evangelisch-kirchliche Hülfsverein. Nachrichten aus s. Arbeit, f. d. Mitglieder des Vereins hrsg. v. Engeren Ausschuß. Mai 1897–August 1900 [10 Nr. Mehr nicht ersch.] (Berlin: Hülfsverein) 1897–1900. 4° [Kopft.] Hr. 3136

Hülfswissenschaften, die historischen im Grundrisse, oder kurze u. faßliche Darstellung der Chronologie, Genealogie, Diplomatik u. Sphragistik, Heraldik, Numismatik etc. 8. Wien 819. Rehm. (Fr. Fleischer in Leipz.) 1 ℛ︀ 8 gl

Hülfswissenschaften, die histor., im Grundrisse etc. 8 Wien 823, Bauer.

Hülgerth, Heribert. Ein Jägergulden. Jagdl. Humoresken, Skizzen u. Gedichte. gr. 8. (128 S.) Brünn 891, Knauthe. * 2 --

HÜLGERTH, Heribert

(F) Die neue Jobsiade. Ein komisches Heldengedicht von Heribert Hülgerth. Wien. 1901. Seidel & Sohn. 8°. IV, 183 S. K 2.40

Hülgerth, Heribert, der Kostüm-Ball der Hunde. Ein Faschingsbericht aus dem XXI. Jahrh. (15 S.) gr. 8. Wien (905). K. Mitschke. n. — 40
Sonderabdruck aus: „Der Jagdfreund".

Hülgerth, Heribert, „Kunterbunt" für Jäger und Jagdfreunde. 8. (V, 105 S.) Wien 888, Künast. * 60

Hülgerth, Heribert, Simsons letzte Liebe. E. Dichtg. 8. (95 S.) Wien 898. L. W. Seidel & Sohn. n. 2. —

— Lieutenant Lucullus. Eine humorist. Dichtg. aus dem österreich.-ungar. Soldatenleben. 8. (III, 186 S.) Wien 894. L. W. Seidel & Sohn. n. 2. —

Hülgerth, Heribert, Franz Rákóczy I. Tragödie in 5 Acten. 12. (147 S.) Leipzig 882, Friedrich. *

— Timur-Khan. Der Roman e. Pferdes. 12. (III, 168 S.) n. 2. —
Wien: Seidel 1896.

HÜLGERTH, Heribert

(F) Waldeszauber und Jägerlatein. Gedichte, Erzählungen und Skizzen von Heribert Hülgert. Wien. 1900. Seidel & Sohn. 8°. 79 S. fl. —.80

Hulisch, Alfred [aus Neustadt-Gödens (Hannover)]: Die progressive Paralyse der Irren beim weiblichen Geschlecht ... Berlin, Buchdr. v. G. Schade, *1893*; 30 S., 1 Bl. 8.
Berlin, Med. Fak., Inaug.-Diss. v. 25. Juli 1893

Hulisch, Max [aus Neuss a. Rh.]: Über Myositis fibrosa specifica. Berlin, Buchdr. v. G. Schade, *1891*; 27 S., 2 Bl. 8°
Berlin, Med. Fak., Inaug.-Diss. v. 25. Jul. 1891

Hull, Charles Henry [aus Ithaka, New-York]: Die Deutsche Reichspacketpost ... [Erschien vollst. 1892 als 3. Heft d. 8. Bds d. Samml. nationalök. u. statist. Abh. d. staatswiss. Sem. zu Halle.] Halle a. S., *G. Pätz'sche Buchdr., Naumburg a. S.*, 1892; VIII, 70 S., 1 Bl. 8.
Halle, Phil. Fak., Inaug.-Diss. v. [15. Juli] 1892

Hull, Charles Henry, die deutsche Reichspacketpost, s. a. Sammlung nationalökonom. u. statist. Abhandlungen d. staatswissenschaftl. Seminars zu Halle a/S.

Hull, Dr. Charles Henry. Die deutsche Reichspaketpost. Sammlung nat.-ök. u. stat. Abhdl. des staatswiss. Sem. zu Halle a. d. S., Bd. 8, Heft 3. gr. 8°. Jena, Fischer, 1892.

Hüll, Fritz: Zur Methodik der Embryotomie. Breslau 1909: Breslauer Genossensch.-Buchdr. 37 S. 8°
Breslau, Med. Diss. v. 25. Sept. 1909, Ref. Küstner
[Geb. 1 Sept. 84 Magdeburg; Wohnort: Breslau; Staatsangeh.: Preußen; Vorbildung: Domgymn. Magdeburg Reife O. 03; Studium: Breslau 2, Tübingen 1, Breslau 7 S.; Coll. 30. Juli 09; Approb. 22. Juli 09.] [U 10. 571

Hüll, Johs., Canossa und seine Bedeutung für die Gegenwart. Lex.-8. (75 S.) Berlin 877, van Muyden. *

Hüll, Johs., Dichtungen eines pfälzischen Poeten. 12. (X, 481 S.) Leipzig 881, Reißner. *ℳ 4.; geb. *

Hüll, Johannes (Red.), s. Museum, Pfälzisches.

Hüll, Johs., Franz v. Sickingens Nachkommen. Nach älteren und neueren Quellen. gr. 8. (IV, 69 S. mit 1 Bilde der Ebernburg nach einer alten Zeichnung.) Ludwigshafen 886, Lauterborn. * 1 50

Hull, J., Franz von Sickingens Nachkommen. Ludwigshafen 1887. 8.

Hüll, Johs., Schwert u. Harfe. Gedichte. 16. (180 S.) Berlin 871. Lipperheide. n. 2. 25

—— Wächterrufe. Neue Gedichte. 16. (120 S.) Stuttgart 877, Greiner'sche Verlagsh. geb. mit Goldschn.

Hulla, Der vergnuegte, oder das verstossene Ehe-Weib ingleichen die wieder gefundene Liebste und Tochter. Ein Lust-Spiel in Einer Abhandlung. Aus d. Frantzös. ins deutsche übersetzt. Franckfurt u. Leipzig 1748. V: *Lesage, Alain René.* (BGE III[3], 353)

Hulle, Hulle, Humoreske von Roth-Weiß. 12. (17 S.) Rathenow 887, Babenzien. ** — 25

Hülle, Ernst

Hülle, E (Hrsg.), s. Anzeiger, Evangelisch-kirchlicher, v Berlin. Jge. 24-42.

Hülle, E. (Hrsg.), s. Anzeiger, Evangelisch-lutherischer, von Berlin.

Hülle, E.(Hrsg.), s. Anzeiger, Kirchlicher von Berlin.

Hülle, E., die Bergpredigt. Ein Erbauungsbuch zur Förderg. d. Schriftverständnisses. gr. 8. (IV, 270 S.) Bremen 876. Müller. n. 2. —

— das Familienleben im Lichte d. Evangeliums. 8. (IV, 176 S.) Berlin 875. Hauptverein f. christl. Erbauungsschriften. n. 1. 60

Hülle, Ernst, Gott grüße Dich. D. Kirchenjahr in Wort u. Bild. M. 8 (farb.) Kunstblättern u. zahlr. Illustr. 4. (188 S.) Berlin 896. Verl. d. christl. Zeitschriftenvereins. Geb. in Leinw. m. Goldschn. n. 5. —

—— die kirchlichen Handlungen in den Berliner Gemeinden. Kirchenstatistische Untersuchungen. gr. 8. (48 S. mit 6 Tab.) Berlin 877. (Leipzig, Buchh. des Vereinshauses.) *

Hülle, E., das Heil in Christo. Ein Wegweiser für die Glaubenslehre und eine Gabe zur Konfirmation. 8. (VII, 413 S.) Bielefeld 882, Velhagen und Klasing. *
geb. mit Goldschn. *

Die Hohenzollern und ihr Staat. Ein Jubiläumswort z. 200jähr. Bestehen d. Königr. Preussen am 18. Jan. 1901 von Ernst Hülle. *Berlin: (Christl. Zeitschriftenver.) 1900.* (27 S.) 8° [Ant. u. F.]
— Zeitfragen. Vaterlands-Verein No 8. [01. 9033

— s.: Hundert-Bilder-Bibel.

— die socialdemokrat. Jugend-Litteratur. Vortrag, geh. auf d. Versammlg. d. Freunde d. christl. Zeitschriftenvereins. 8. (24 S.) Ebd. 896. — 25

Hülle, E. (Red.), s. Jünglingsblatt, Berliner.

Hülle, E. (Red.), s. Kaiser-Zeitung.

Hülle, E., die augsburgische Confession. Für die Gemeinde erklärt. gr. 8. (67 S.) Bremen 874, Müller's Verlag. *

Die Könige von Preussen in ihrer Fürsorge für ihr Volk. Eine Festschrift z. 200jähr. Jubil. d. Königr. Preussen von Ernst Hülle. Mit 50 Ill. *Berlin: Schriftenvertriebsanst. 1900.* (192 S.) 8° [F.]
— Volksbücher, Neue. Bdch. 64. [00. 9415

—— das innere Leben. Betrachtungen zur Erbauung und Belehrung. 2 Abthlgn. gr. 8. Berlin, Evangel. Bücher-Verein. [1. Abthl. (IV, 172 S.) 877. *ℳ 1,50.; 2. Abthl. (IV, 147 S.) 878. *ℳ 1,10.] *

Hülle, E.(Red.), s. Sonntagsblatt, Berliner evangelisches.

Hülle, E., Sonntagsbuch. Betrachtungen üb. die Sonntagsevangelien. 8. (VI, 190 S.) Bremen 875. Müller's Verl. n. 1. 50

— die kirchliche Statistik v. Berlin. Die Unterlagen, die Verwerthg. u. die Resultate der Berliner Kirchen-Statistik gr. 8. (41 S.) Berlin 876. (Leipzig, Buchh d. Vereinsh.) n.n. 1. 25

— der evangelische Verein f. kirchliche Zwecke in Berlin in seiner geschichtl. Entwickelg. u. seinem gegenwärtigen Bestande. gr. 8. (IV, 46 S.) Berlin 873. Beck in Comm. n. — 40

— dasselbe. Hrsg. im Auftrage d. evangel. Vereins zum 25. Vereins-Jahresfeste. gr. 8. (132 S.) Ebend. 874. n. 1. 25

Hülle, E. (Red.), s. Welt, Aus aller.

Hülle, Franz W.

Hülle, Fr. W., Schnellstahl u. Schnellbetrieb im Werkzeugmaschinenbau. (IV, 128 S. m. 256 Fig.) Lex. 8. Berlin 909. J. Springer. 5. —
Sonderabdr. a.: „Werkstattstechnik".

Hülle, Fr. W., die Werkzeugmaschinen u. ihre Konstruktionselemente. Ein Lehrbuch zur Einführung in den Werkzeugmaschinenbau. (X, 278 S. m. 326 Fig.) gr. 8. Berlin 906. J. Springer. Geb. in Leinw. n. 8. —

Die Werkzeugmaschinen und ihre Konstruktionselemente. Ein Lehrbuch z. Einführung in d. Werkzeugmaschinenbau von Fr[anz] W. Hülle, Ing., Oberl. 2., verb. Aufl. Mit 590 Textfig. u. 2 Taf. Berlin: J. Springer 1908. (XI, 410 S.) 8° [08. 11787

Hülle, Gerh., Namenverzeichniss u. genaue Beschreib. d. auserlesenen Sammlung v. Nelken od. Grasblumen. 8. Bremen, 1790.

Hülle, Hedw., geb. Hoffmeier, Erstlinge d. Frühlings. 8. Brem. 822.

Hülle, geb. Hoffmeier, Hedwig, Herbstrosen. In vermischten Gedichten. 2 Bde. — 2. Bd. a. u. d. T.: Seraphine. Ein Roman in Briefen. 8. (20¾ u. 21 B.) Bremen 828, 30, Heyse. à 1½ Thlr.

— s. Homer's Irrfahrten d. Odysseus.

—— das Kranzbinden. Eine Samml. v. Kranzbinden- u. Polterabendscenen, nebst einigen andern Festgedichten. 12. (4½ B.) Bremen 835, Heyse.

—— Poesien, Gedanken u. Bilder, nebst Uebertragungen. gr. 8. (11 B.) Gera 836, [Kanitz.]

Hülle, Hedwig, geb. Hoffmeier, Poesien, Gedanken und Bilder, nebst Uebertragungen. gr. 8. Gera 836. Scherbarth. ¾ ℳ

Hülle, Hermann [cand. theol.]: Die Toleranzerlasse römischer Kaiser für das Christentum bis zum Jahre 313 .. Berlin, Druckerei d. Sonntagsbl., 1895; 1 Bl., 108 S., 1 Bl. 8.
Greifswald, Theol. Fak., Inaug.-Diss. v. 6. Juli 1895

Hülle, J., üb. die Unzertrennlichkeit des Glaubens u. der Tugend. 8. Göttinq. 803. Schröder. 3 gr.

Hülle, Carl [Pseud.], s.a. S c h i n d l e r , Johann Carl Gottlob

Hülle, Karl, (Jh. Karl Glo. Schindler), der finstere Mann. 8. Leipz. 799. (Kühn). 1 ℳ

— Ferdinand v. Wogenfels. 2 Bde. 8. Leipz. 799. (Kühn). 1 ℳ 6 gr

Hulleman, J. G., Bedenkingen tegen de echtheid van den zoogenamten Πέπλος van Aristoteles. S.-A. 1858. 25 S. 4°.

Hulleman, J. G., Diatribe in T. Pomponium Atticum. Acc. scriptor. fragmenta. 8maj. (14½ B.) Trajecti ad. Rh. 838, van der Post jun. (Lipsiae, libr. Weidmann.) *

Hulleman, J. G., Disputatio critica de Annalibus Maximis. 8. (86 S.) Amsterdam 855, Seijffardt'sche Buchh. *

Hulleman, J. G., Oratio de litterarum, praesertim latinarum, apud Romanos studiis, Nerva, Trajano imperatore. Hab. 1858. 46 S. 1.—

Hulleman, J. G., De vita et scriptis Jubae Maurusii. Gel. 1845. 86 S.

Hullemann, Jan. Gerard., s. Duridis Samii quae supersunt. — Ptolemaei Eordaei etc.

Huellemann, Karl Valentin Andreae als Pädagog. I. Teil. 22 S.
Progr. Thom. *Leipzig* 1884.

Hüllemann, Karl, Valentin Andreae als Pädagog. 1. Tl. gr. 4. (22 S.) Leipzig 884, (Hinrichs'sche Buchh.) *

Huellemann, Karl [Dr.]: Valentin Andreae als Paedagog. II. Tl. [Forts. d. P-Beil. 1884.] Leipzig, Druck v. A. Edelmann, 1893; 1 Bl., 28 S. 4.
Leipzig, Thomas-G, OP 1893 (540)

Huellemann, Karl. Valentin Andreae als Paedagog. II. Tl. Progr. gr. 4. (28 S.) Leipzig 893. (J. C. Hinrichs' Sort.) n. 1. 20 (I u. II.: n. 2. 20)

Hüllen, A. van, Leitfaden für den Unterricht im Schiffbau an den Lehranstalten der kaiserl. deutschen Marine, gleichzeitig als Lehrbuch zum Selbststudium und zur Benutzung bei Vorlesungen an techn. Hochschulen. gr. 8. (VIII, 425 S. mit 95 eingedr. Fig.) Kiel 888, Lipsius und Tischer. geb. * 10 —

Huellen, Adolf van, prakt. Arzt. Aus d. Kgl. hygien. Universitätsinstitut zu Königsberg i. Pr. Ein **Beitrag** zur Biologie des Tuberkelbacillus mit besonderer Berücksichtigung der Hesse'schen Angaben. *Königsberg i. Pr. 1901: O. Kümmel.* (71 S.) 8°
Königsberg, Med. Diss. v. 21. Dez. 1901

Huellen, Emil van, prakt. Arzt. Aus d. bakteriol. Anstalt d. Stadt Danzig. Ein **Beitrag** zur Formaldehyddesinfektion. *Königsberg i. Pr. 1901: O. Kümmel.* (24 S., 18 Tab.) 8°
Königsberg, Med. Diss. v. 21. Dez. 1901

Hüllen, Matthias (geb. am 21 Febr. 1852 in Dieblich Landkr. Koblenz) Vokalismus des Alt- und Neu-Sicilianischen. Bonn, Univ.-Buchdr. v. C. Georgi 1884. 2 Bl., 62 S., 1 Bl. 8.
Bonn, Phil. Fak., Diss. v. 29 Mai 1884

Huller Berthold: Bezeichnungen für „Tenne" und „Heuschober" in den französischen Dialekten.
II. 1910 PN 2975 **Diss.** Innsbruck Univ.

Tria capita paedagogiae catholicae, ex sanctorum Patrum voluminibus collecta, et ad studiosae juventutis commodum in ordinem concinnata a Georgio Huller. — 1839. Ibid. — 2. 3. 8.
Progr. Neustadt a./S.

Huller, Georg, Die Idee des Göttlichen in der Wissenschaft und die sog. freie Wissenschaft. Würzburg (?), 1863.

Sancti Aquilini vita, versibus descripta a Georgio Huller. — 1838. Herbipoli, typis Bonitas vid. — 2. 9. 19. (412 Hexam.)
Progr. Neustadt a./S

Huller, Geo., Sancti Aquilini Herbipolensis et Sancti Chiliani Franconum Apostoli vita versibus celebrata. 12maj. (2⅔ B.) Aschaffenburgi 841, Pergay.

Huller, Geo., ausgewählte Volkspredigten. Hrsg. aus dessen nachgelassen.n Schriften v. Jos. Huller. 1—3. Jahrg. gr. 8. Augsburg 871—73. Schmid's Verl. 9. —
1. 2. Predigten auf die Sonntage u. Feste d. kathol. Kirchenjahres. (III, 304 u. 302 S.) à 2. 70
3. Festreden m. reicher Auswahl v. Marienpredigten. (375 S.) 3. 60

Huller, Geo., Votum zur Reform des deutschen Schulwesens in Bayern. gr. 8. (52 S.) Bambera 865, Buchner'sche Buchh. *

Huller, Gg. Ant., die juristische Persönlichkeit der katholischen Domcapitel in Deutschland und ihre rechtliche Stellung. Eine gekrönte Preisschrift. gr. 8. (VIII und 285 S.) Bamberg 860, Buchner'sche Buchh.

Huller, L., die Teufelsmühle am Wienerberg, s. Theater-Repertoir, Wiener.

Hüller, Bad Driburg in seinen Heilwirkungen skizzirt. 2. neu bearb. Aufl. gr. 8. (V, 52 S.) Berlin 873. Enslin. n. 1. —

Hüller, die Indicationen Driburgs, nebst einem Bericht über die von 1872—1881 behandelten Krankheitsfälle. gr. 8. (V, 56 S.) Paderborn 882, F. Schöningh. *

Hüller, Franz: Ein B e i t r a g zu Adalbert Stifters Stil.
Prag, Phil. Diss., 1908/1909

Hüller, Friedrich August (Trattlau/Oberlaus.), Natur- und Gesellschaftsprinzip in Rousseaus Pädagogik. Diss. philos. Lpz. (Emil Stephan) 1898. 130 S. mit Biogr. (7.—) 16266

Hüller, Frdr. Aug., Natur- u. Gesellschaftsprinzip in Rousseaus Pädagogik. Diss. gr. 8. (VII, 129 S.) Leipzig-Plagwitz 898. (Leipzig, E. Gräfe.) n. 2. —

Hüller, Georg. a. Schweinfurt: Beiträge zur vergleichenden Anatomie der Polemoniaceen. (Burg b. M 1906 · A. Hopfer.) (75 S.) 8°

Erlangen, Phil. Fak., Ref. Solereder, Diss. v. 29. Jan. 1907

[Geb. 6 Sept 79 Schweinfurt; Wohnort: Erlangen Staatsangeh. Bayern Vorbildung: Gymn. Schweinfurt Reife 98, Studium: I H München 4, I m Erlangen 7 S., Rig. 8 Mai 06.]

Hueller, (Carolus Theodorus) Oswaldus *(geb Kottbus 1 11 1832)* De apoplexus meningum cerebralium Vratislaviae (1856) (40 S.) 8°

Breslau, Med. Diss. v. 15 März 1856

Hüllersheim, W u. Th[eodor] Hosemann. Erinnerungen an Teplitz Badesaison 1833 Berlin o J
Tit. 4 Bl. in Lithogr. gr 2
Die Lithogr. zeigen bekannte Kurgäste auf der Promenade

Hülleſſem, Katharina v., Gnadenwege. Erzählungen u. Skizzen. 8. (IV, 100 S.) Berlin 893. Wiegandt & Grieben. n. 1. --

Hülleſſem, Katharina v., Gnadenwege. Erzählungen u. Skizzen. 2. verm. Aufl. m. e. Bilde der Verf. (VII, 136 S.) 8. Berlin 908. Vaterländ. Verlags- u. Kunſtanſtalt. n. 2. —; geb. in Leinw. n. 3. —

Hulley, Jos., s.: Andenken an die Schatzkammer d. Domes zu Trier

Hulley, Joſ., der Trierer Dom vor 100 Jahren. Vortrag, geh. in der Verſammlg. der Geſellſchaft f. nützl. Forſchgn. am 11. III. 1901 in Trier. gr. 8. (66 S. m. Abbildgn.) Trier 901. Paulinus-Druckerei. n. — 40

Hulley, Joſ. Kurze Geſchichte der Wallfahrt zum h. Rock in Trier im J. 1891 1.—10. Tauſ. 8. (160 S. m. Illuſtr.) Trier 891, Paulinus-Druckerei. * — 35

—— Kirchliche Tagzeiten u. Meßgebete zur Verehrung d. hl. Rockes. Aus dem Brevier u. Meßbuch der Diözeſe Trier in dtſchr. Ueberſetzg. hrsg. 16. (71 S.) Ebd. 891. * — 35

Hydriatria Carolina, das ist: Kurtze Beschreibung, was das weitberuhmte Kayser Carols-Bad vor kostliche Mineralien mit sich fuhret... Durch Wenceslaum Hullingern (Hullinger)...zum 1.mal hrsg. ...anietzo aber...auf das neue an das Licht gebracht. Carols-Bad: Becher 1748. 66 S. 8°

Hülling(s)hof(f), Fulg.

Hüllinghoff, F., antiquitas confessionis privatae ex vetustissimis Patrum scriptis defensa. Monaster. 1789. 8.

Hüllingshoff, P. F., antiquitas confessionis privatae. 8. Münst. Perrenon. 789.

Hullinghof, Fulg., practica instructio circa administrationem praecip. Sacrament. poenitentiae et Eucharistiae. 8. Münster 798. Coppenrath; a. Aschendorf. 6 gr.

Hullmann, A., Konkursordnung für das Deutſche Reich nebſt dem Einführungsgeſetze vom 10. Febr. 1877 erläutert, ſ. Juſtizgeſetze, die, für das deutſche Reich mit Erläuterungen.

Hullmann, A.: Konkursordnung für das Deutsche Reich nebst dem Einführungsgesetze vom 10. Febr. 1877. Nordlingen 1879.
(Die Justizgesetze f. d. Dt. Reich mit Erl. von Hauck u. a. Bd 2.)

Hullmann, A., die Reform des Grunderbrechts im Herzogthum Oldenburg. Mit einem Geſetzentwurf. gr. 8. (79 S.) Oldenburg 870, Stalling's Verlag. *

Hullmann, (Gerhard), Charte von der Jade. Unter Benutzung der von Schrenk vorgenommenen trigonometr. Ortsbestimmungen u. der v. Wolcken aufgenommenen Charte vom Jader Meerbusen, aufgenommen u. gezeichnet in den J. 1843 — 1845. 41" hoch u. 26" br. Oldenburg, Stalling. 1½ ℛ︁

Hullmann, Karl

Hullmann, K., mathematiſche Abhandlungen. I. Die Reihen. II. Die Dreiteilg. d. Winkels. III. Das delische Problem. gr. 8. (52 S. m. Fig.) München 897. J. A. Finſterlin Nachf. n. 1. 60

Hullmann, K., die Gay-Lussac'sche Formel. Eine Abhandlung. gr. 8. (39 S.) Oldenburg 886, Hintzen. * 1 —

Hullmann, Carl, das Grundgeſetz der Materie. Ein Beitrag zur Erweiterung der rationellen Phyſik. br. 8. (IV und 91 S. mit eingedr. Holzſchn.) Oldenburg 863, Stalling's Verlag. *

Hullmann, Carl, die repulſive Kraft des Aethers. Ein Beitrag zur Erweiterung der deduktiven Phyſik. 4. (III, 18 S.) Jever 869, Mettcker und Söhne. *

— eine Kritik des Meters und Entwicklung eines neuen geographiſchen Syſtems. Oldenburg 861. Schulze. gr. 8. (29 S. u. 1 lith. Taf. in Fol.) n. 4 ngr.

—— der Foucaultsche Pendelversuch. Eine krit. Untersuchung der Drehung der Schwingungsebene. gr. 8. (42 S.) Oldenburg 878, Schmidt's Verlag. *

— der Raum u seine Erfüllung. Eine Abhandlg. zur Licht- u. Wärmelehre. gr. 8. (IV, 60 S.) Berlin 884. Weidmann. n. 2. —

Hullmann, Karl Das Wesen der Materie 16 S G *Oldenburg* 1877
Progr

Hullmann, K., die Wiſſenſchaft u. ihre Sprache. Eine zeitgemäße Abhandlg. gr. 8. (40 S.) Leipzig 894. F. Hirt & Sohn. n. — 60

HÜLLMANN. Geschichte des Vereins der Aerzte im Reg.-Bezirk Merseburg und im Herzogthum Anhalt von 1842—1892. Zur Feier des fünfzigjährigen Jubiläums im Auftrage des Vereins geschrieben. Halle a. S 1892. Druck von Ehrhardt Karras. 8°

Hüllmann, der Glycerintampon in der Gynaekotherapie. gr. 8. (23 S.) Neuwied 887, Heuser's Verlag. * 1 —
S.-A.aus:Frauenarzt.

Hüllmann, die Stadt Halle a/S. im Jahre 1891, s.: Staude.

—— zur Therapie der Chlorose. gr. 8. (13 S.) (Ebendas.) 887. — 75
aus: Frauenarzt, besonders abgedruckt.

Hüllmann. Üb. obligat. Ventilationsvorricht. i. Neubauten. (Vortr.) Magdebg 1889

Hüllmann, Georg (Hrsg.), s. Salchow, Gust.Ad. Numantias.

Hüllmann, Gustav: Gegenwart und Zukunft im Beruf der Landwirthschafts-Beamten. Eine zeitgemässe Betrachtung. Berlin [1902] · R. Schnürpel. (32 S.) 8°

Hüllmann, Gustavus: Monographia de carcinomate renum. Halis Saxonum (1847): Colbatzki. 34 S. 8°
Halle-Wittenberg, Med. Diss. v 18. März 1847
Geb. Schraplau (Seekr. Mansfeld) 30. 4. 1824. V.
Verf. erlebte die Diplomerneuerung 1897 als Geheimer Sanitätsrat in Halle a. d. S.

Hüllmann, Karl Dietrich

— Anfänge der griechischen Geschichte. gr. 8. Königsb. 814. Unzer. 1 ℛ 8 gℓ

Hüllmann, C. D. (facult. art. in acad. Regiomontana h. t. decanus), De Apolline civitatum auctore. Diss. crit. quam auspic. ominibus nascenti academiae Vratislaviensi atque primo in ea facultatis artium decano viro longe celeb. Joh. Gottl. Schneidero gratulabundus dedicavit. Königsberg (Nicolov) 1811. 23 S. (6.—) 16267

Hüllmann, Ritter Karl Diet., Epistola gratulat. de Apolline civitatum auctore. Königsb. 811. (Kummer in Lpz.) 6 gℓ

— — De Cercopibus atque Cyclopibus. Cöln (J. P. Bachem) 1826. 15 S. (5.—) 16270

— **Carl Dietrich,** De consualibus. — Finito academiae Borussicae Rhenanae anno primo quum rectoris magistratum depositurus esset scrips. Bonn (Marcus / Kupferberg) 1819. 15 S. (5.—) 16269

— üb. Luthers Denkmal. 8. Frankf. a. d. O. 805. Acad. Buchh. (Sander in Berl.) 4 gℓ

— — über Luthers Denkmal. 8. Frankfurt a. d. O. 805. Jetzt Flittner.

Hüllmann, Karl Dietr., griech. Denkwürdigkeiten. gr. 8. (13½ B.) Bonn 840, Marcus.

— Entwurf e. bessern Behandlung d. europ. Staatengeschichte. (Auch u. d. T.: Geschichte v. Dänemark rc.) gr. 8. Warschau 796. Wilke. 1 ℛ 6 gℓ

Hüllmann, Ritter Karl Dietrich „Kurzer Entwurf der Encyklopädie der Staatswissenschaften, als Leitfaden bei Vorlesungen", o. J. (wahrscheinlich nur als Ms. gedruckt).

Hüllmann, Ritter Karl Dietr. Deutsche Finanzgeschichte des Mittelalters. gr. 8°. Berlin, Duncker u. H., 1805.

Hüllmann, Karl Dietr. (geb. 1765, † 1846, Prof. d. Gesch. zu Frankf. a. d. O., dann zu Bonn), *Deutsche Finanz-Geschichte des Mittelalters.* Berlin, bei Heinr. Frölich. 1805. 8⁰. Gleichzeit. Hfrzb.
XII—254 S. (incl. 2 Bll. Err.). Vergriffen u. geschätzt wie sein Hauptwerk „Städtewesen des Mittelalters" 4 Thle. Bonn, Marcus, 1825—29. Gr. 8⁰.

— an Freunde geistr. Unterhalt. 8. Berl. Lange. 795.

— an Freunde geistreicher Unterhaltung. 8. Frankf. a. d. O. 795. Ist jetzt Verlag von Reimer in Berlin.

— Geschichte von Dänemark rc., s. unten: Entwurf rc.

Geschichte von Dänemark, nach einem vorangeschickten Entwurfe einer besseren Behandlung der europäischen Staatengeschichte v. Karl Dietrich Hüllmann. Warschau. 1796. 8°

Hüllmann, Ritter Karl Dietr. Geschichte der Domainen-Benutzung in Deutschland. Eine gekrönte Preisschrift. gr. 8°. Frankfurt a. O. 1807. (Sander in Berlin.)

— Geschichte d. Domainenbenutzung in Deutschland, Preisschrift, gekrönt v. d. Königl. Societät d. Wissenschaften zu Göttingen. gr. 8. Ebend. 807.

Hüllmann, K. D., Geschichte des byzant. Handels bis zum Ende der Kreuzzüge. (Preisschrift, gekrönt von der kgl. Societät der Wissenschaft zu Göttingen.) Frankfurt a/O. 1808. 8°.

— Geschichte d. Byzantinischen Handels bis zu Ende d. Kreuzzüge. Eine gekr. Preisschrift. gr. 8. Frankf. a. d. O. 808. (Sander in Berl.) 12 gℓ

— — Geschichte des Byzantischen Handels rc. gr. 8. Frankf. a. d. O. 808. Ist jetzt Verl. v. Flittner.

— Gesch. d. Mongolen bis 1206. gr. 8. Berlin, Hartmann. (a. Steinacker in Leipz.) 796.

Hüllmann, Carl Diet., Geschichte des Ursprungs d. deutschen Fürstenwürde. gr. 8. (17¼ B.) Bonn 842, Marcus.

HÜLLMANN, Karl Dietrich: Geschichte des Ursprungs der Regalien in Deutschland. Ein Nachtrag zu des Verfassers Deutscher Finanzgeschichte des Mittelalters. - Frankfurt/Oder 1806. 78 S.

Hüllmann, Ritter Karl Dietr. Geschichte des Ursprungs der Regalien in Deutschland. gr. 8°. Frankfurt a. d. O. 1806. (Sander in Berlin.)

Hüllmann, Carl Dietrich: „Geschichte des Ursprungs der Stände in Deutschland", 3 Teile in 3 Bänden, Frankfurt a. M. 1806 bis 1808. — Vorh.: Bibl. des Kammergerichts Berlin — Ob. 390 — Dasselbe, Neuauflage Leipzig 1817, vorh. Preuß. Staatsbibliothek Berlin. — Dasselbe in vollständiger Umarbeitung, Bonn 1830, vorhanden: Preuß. Staatsbibliothek Berlin.

— Geschichte des Ursprungs der Stände in Deutschland. 3 Thle. gr. 8. Frankf. a. d. O. 806—8. (Lauffer in Leipz.) 3 ℛ 12 gℓ 2e Ausg. größtentheils ein neues Werk. gr. 8. Berl. 830. (Sander). 2 ℛ 12 gℓ

— Geschichte d. Ursprungs d. Stände in Deutschland. 3 Thle. gr. 8. Frankf. Academ. Buchh. 806—8.

Hüllmann, Carl D.: „Geschichte des Ursprungs der Stände in Deutschland", 2. völlig umgearbeitete Auflage, Berlin 1830. — Vorh.: Com. Bibl. Hamburg.

—— Römische Grundverfassung. gr. 8. (29 B.) Bonn 832, Marcus.

— Handbuch d. Geschichte von Schweden. 1r Thl. gr. 8. Warschau 797. Wilke. 1 ℛ

—— Handelsgeschichte d. Griechen. gr. 8. (17½ B.) Bonn 839, Marcus.

—— Ius pontificium d. Römer. gr. 8. (10¾ B.) Bonn 837, Marcus.

Hüllmann, Ritter Karl Dietr., Lehrbuch der Erdbeschreibung. 2 Thle. gr. 8. Braunschw. 792—94. Schulbuchh. 2 ℛ 20 gℓ

HÜLLMANN, Karl Dietrich 1765 - 1846
Lehrbuch der Erdbeschreibung für den dritten und letzten Lehrgang von Karl Dietrich Hüllmann ...
Erster [- Zweiter] Theil.
Zur allgemeinen Schul-encyklopädie gehörig.
Braunschweig: Schulbuchhandlung. 1793 [- 1794]. 8°
Stadtbibliothek Braunschweig

Hüllmann, Karl Dietr. Staatswirthschaftlich-geschichtliche Nebenstunden. gr. 8°. Bonn, Marcus, 1843.
Inhalt: 1. Ländereien, insonderheit fürstliche. 2. Besteuerung der Landwirthschaft. 3. Geldwesen und Banken.

De origine Damii. Ad celebranda academiae Borussicae Rhenanae primordia scripsit C[arolus] D[itericus] **Hüllmann** ... Bonnae, ex off. P. Neusseri 1818. 15 S. 4. ¶ In Komm. bei Marcus in Bonn.

— Plan zu Vorlesungen üb. die Staaten u. Kulturgeschichte des Alterthums. 8. Frankf. a. d. O. 807. Acad. Buchh.

— Plan zu Vorlesungen üb. die Verfassungsgeschichte der Deutschen. 8. Frankf. a. d. O. 807. Acad. Buchh.

— de re argentaria veteris et medii aevi dissertatio historico-critica. 4. Königsb. 811. (Kummer in Leipz.) 5 gr.

— de re argentaria veteris et medii aevi dissertatio historico-critica. 4. Königsb. Nicolovius. 811.

— Staatsrecht des Alterthums. gr. 8. Köln 820. Bachem. 2 Rthlr. 6 gr.

—— Staatsverfassung d. Israeliten. gr. 8. (14¼ B.) Leipzig 834, Brockhaus.

Hüllmann, Carl Dietrich. „Städtewesen des Mittelalters", 4 Teile in 4 Bänden, Bonn 1826 bis 1829 — Vorh.: Bibl. des Kammergerichts Berlin — Bc 4133. (Inhalt: 1. Teil: „Kunstfleiss und Handel", 1826, 2. Teil „Grundverfassung", 1827, 3. Teil: „Gemeinheitsverfassung", 1828, 4. Teil: „Bürgerleben", 1829).

—— Staedtewesen d. Mittelalters. 3. u. 4. (letzt.) Thl. gr. 8. Bonn, Marcus.
Thl. 3. Gemeinheitsverfassung. (38½ B.) 828. 2 Thlr. 12 Gr.
4. Burgerleben. (26 B.) 829. 1 Thlr 12 Gr.
1. u. 2. Thl. Ebendas. 1825. 27. 4 Thlr.

— Theogonie üb. d. Urspr. d. Relig. d. Alterthums. 8. Berl. Realsch. 804.

— Theogonie üb. den Ursprung d. Religion des Alterthums. 8. Berl. 804. Reimer. 1 Rthlr. 8 gr.

Hüllmann, Ritter Karl Dietr., Historische und staatswirthschaftliche Untersuchung über die Naturaldienste der Gutsunterthanen und die Verwandlung derselben in Gelddienste. 8°. Berlin, Nicolai, 1803.

Hüllmann, Carl Dietrich: „Historische und staatswissenschaftliche Untersuchungen über die Naturaldienste der Gutsunterthänigen nach fränkisch-deutscher Verfassung und die Verwandlung derselben in Gelddienste", Berlin und Stettin 1803 (Nicolai). — Vorh.: Bibl. des Kammergerichts Berlin — Ec. 1164 — und Preuß. Staatsbibliothek Berlin.

— Urgeschichte d. Staats. gr. 8. Königsb. 817. Unzer. 18 gr.

Hüllmann, Carl Dietrich. „Ursprünge der Besteuerung", Köln 1818 (Bachem). — Vorh.: Preuß. Staatsbibl. Berlin, Com. Bibl. Hamburg, StB Nürnberg.

—— Ursprünge d. Kirchenverfassung d. Mittelalters. gr. 8. (14 B.) Bonn 831, Marcus.

—— Ursprünge d. röm. Verfassung. Durch Vergleichungen erläutert. gr. 8. (11 B.) Bonn 835, Marcus.

Hüllmann, Karl Dietr., Historisch-etymologischer Versuch über den Keltisch-Germanischen Volksstamm. Berlin 1798. 8. . . . . (D.)

— hist. etymol. Vers. üb. d. Keltisch-German. Volksstämme. 8. Berlin, Lange. 798.

— histor.-etymolog. Versuch üb. die Keltisch-German. Volksstämme. 8. Berl. 798. (Reimer). 14 gr.

— histor.-krit. Versuch üb. die Lamaische Religion. gr. 8. Berl. 796. Hartmann; (a. Steinacker in Leipz.) 4 gr.

Hüllmann, Karl Dietr., Würdigung des Delphischen Orakels. gr. 8. Bonn 837. König u. van Borcharen. 11/12 Rthlr.

Hüllweck, *Adolf* [Dr.]: Adverbiale Bestimmungen zwischen Subjekt und Prädikat im Französischen. Zerbst, Druck v. O. Schnee, 1897; I—XVII S. 4.
Zerbst, herz. Francisceum, OP 1897 (712)

Hüllweck, Adolf [aus Dessau]: Ueber den Gebrauch des Artikels in den Werken Alfreds des Grossen .... Dessau, Druck v. L. Reiter (1887); 3 Bl. + 58 S. + 1 Bl. 8°.
Berlin, Phil. Fak., Inaug.-Diss. v. 26. Febr. [handschr.] 1887.

Hüllweck, Adf., über den Gebrauch des Artikels in den Werken Alfred des Grossen. Inaugural-Dissertation. gr. 8. (58 S.) Halle 887, (Niemeyer.) * 1 60

Hüllweck, Carl, Führer durch die Violoncell-Litteratur, s.: Roth. Phpp.

Hulme, John E., a. Mottram ⟨Manchester, England⟩: Über krystallinisch-flüssige Substanzen. Halle a. S. 1907: C. A. Kaemmerer & Co. (39 S.) 8°
Halle, Phil. Fak., Ref. Volhard, Diss. v. 4. Okt. 1907
[Geb. 3. Sept. 59 Mottram; Wohnort: Halle a. S.; Staatsangeh.: England; Vorbildung: Immatr.-Examen of London Univ. 93; Studium: Munic. School of Techn. Victoria Manchester Univ. 10, Univ. Halle 4 S.; Rig. 10. Juni 07.]

Hulme, Nathaniel: Abhandlung von dem Kindbetterinnenfieber. (A Treatise on puerperal fever. Dt.) Übers. und mit einigen Zusätzen vermehret. 141 S., gbd.

Leipzig: Junius 1772

— Abhandl. von d. Kindbetterinnenfieber; aus d. Engl. mit Zusätzen. gr. 8. Leipz. 772. (Brockhaus).

Hulme, N., Anz. e. Mittels wid. d. Blasen u. Nierenstein ꝛc. 8. Leipz. Fritsch. 778.

— Heilart des Steins, Scorbuts, Podagra, a. d. Engl. gr. 8. Wien, Camesina. 781.

— neue, leichte u. sichere Heilungsart des Steins, Scorbuts, Podagras ꝛc. u. Vernichtung d. im menschl. Körper entsteh. Würmer; aus d. Engl. ins Latein. übers. v. J. Ingenhouß. Aus d. Latein. ins Deutsche übers. (von X. J. Lippert). 8. Wien 781. (Heubner). 8 gr.

Hulme, Nathanael. Neue, leichte und sichere Heilungsart des Steins, Scorbuts, Podagras . . . A. d. Latein. ins Deutsche übersetzt. Wien 1781. Ü: *Lippert, Xaver Joseph.* (EngM) (MGT) (Ky)

— nova, tuta facilisque methodus curandi calculum, scorbutum, podagram etc. Latina sermone donata a J. Ingenhouss. 8 maj. Leyd. 778.

Hulme, Nathanael, Versuche und Bemerkungen über das Licht, welches verschiedene Korper von selbst ausstromen. (Zweite Vorlesung, gehalten in der Konigl. Soc. zu London.) (Zusammengezogen aus den Philosoph. Transact for the year 1801) (Ann. der Physik, B. 12, St. 3, J 1802, St. 11.) (S. 5362)

Hulme, Th., Reise durch die vereinigten Staaten in Rücksicht auf Colonisation. s. Gemälde von dem Vorgebirge der guten Hoffnung.

Hulme, William Henry [B. A. aus Nashville Tenn. U. S. A.]: Die Sprache der altenglischen Bearbeitung der Soliloquien Augustins ... Darmstadt, G. Otto's Hof-Buchdr., 1894; VIII, 99 S. 8.
Freiburg i. B., Phil. Fak., Inaug.-Diss. v. 1894

Hulme, William Henry, B. A., die Sprache der altenglischen Bearbeitung d. Soliloquien Augustins. Diss. gr. 8. (VIII, 99 S.) Darmstadt 894. (Freiburg i/B., C. Troemer.) 1.20

Hulot, H. L., epist. consolatoria ad catholicos Rhemenses etc. c. versione gall. 8. maj. Ultraj. (Coppenrath, Münster.) 795.

Hüls, Pet., Aphorismen üb. Predigt u. Prediger, s.: Hettinger, Frz.

Hüls, P., Betstunden zur Verehrung d. allerheil. Altarsakramentes. Auf Anordng. d. Hochw. Hrn. Bischofs Hermann hrsg. u. erweitert zu e. Gebet- u. Andachtsbuche. 16. (XL, 694 S. m. 1 Stahlst.) Münster i/W. 892. Regensberg. 1.50; geb. n. 2.—; n. 2.25; n.n. 2.50; n. 3.—; n. 3.50 u. n.n. 4.50

Hüls, Pet., Gott meine Hülfe! Gebet- u. Erbauungsbuch, besonders f. Verehrer des allerh. Sakramentes. gr. 16. (III, 694 S. m. 1 Stahlst.) Münster 899. Regensberg. n. 1.20

— **das hl. Vaterunser,** dem christl. Volke ausgelegt in 18 Vorträgen. 8. (VII, 264 S.) Ebd. 898. n. 2.40; geb. n. 2.80

— das hl. Vaterunser, dem christl. Volke ausgelegt in 18 Vorträgen. 3. Aufl. 8. (VII, 264 S.) Ebd. 899. n. 2.40

Hüls, Rich., über d. Ausschreitgn. d. stenograph. Reklame, s.: Zeit- u. Streitfragen, stenographische.

Hüls von Ratsberg, Georg Christian, Singularia ad legem majestatis itemque de silentio in hoc crimine. Diss. jur. Präs. Nicolaus Hieronymus Gundling. Halle (Chn. Henckel) Juli 1720. 12 Bl., 249 S. (15.—) 16272

Hülsbaumer, Catechismus romanus enucleatus, in quest. redactus et amplificatus etc. 8. Münst. Aschendorff. 771.

Hülsberg, Bruno, Gerichtsassessor a. Berlin: Das Pfandrecht des Vermieters nach dem Burgerlichen Gesetzbuch ⟨§§ 559 bis 563 B.G.B.⟩. Berlin 1907: W. Pilz. (VIII, 54 S.) 8°
Rostock, Jur. Fak., Ref. Bernhoft, Diss. v. 10. April 1907
[Geb. 31 Mai 77 Berlin, Wohnort Hammerstein, Staatsangeh.: Preußen; Vorbildung Gymn. Neustettin Reife M. 97, Studium: Berlin 3, Marburg 1, Konigsberg 2 S., Rig. 20. Febr. 07.]

Das Pfandrecht des Vermieters nach dem Burgerlichen Gesetzbuch ⟨§§ 559–563 B.G.B.⟩. Von Dr iur (Br[uno]) **Hülsberg,** Ger Ass. Berlin Struppe & Winckler 1907 (VIII, 54 S.) 8°
[Erschien auch als Inaug.-Diss. Rostock 1907.] [08. 7282]

Hülsberg, Robert [aus Köln a/Rh.]: Über die Einwirkung von Phosphorsulfochlorid auf die sekundären aliphatischen Amine ... Rostock, C. Hinstorffs Buchdr., 1896; 63 S. 8.
Rostock, Phil. Fak., Inaug.-Diss. v. [31. Juli] 1896

Hulsch, Wilh., Goslar. Ein Kaiserſang. (VI, 103 S.) 8. Leipzig (910). O. Maier. 1.60; geb. in Leinw. 2.25

Hülse, Bruno, Referendar: Der Irrtum im Beweggrunde bei der Erbeseinsetzung und bei dem Vermächtnis. Bunzlau 1904: C. A. Voigt. (119 S.) 8°
Rostock, Jur. Fak., Ref. Matthiass, Diss. v. 20. Aug. 1904
[Geb. 21 Okt. 78 Bunzlau, Schlesien, Wohnort Bunzlau, Staatsangeh.: Preußen; Vorbildung Gymn. Guben Reife O. 99; Studium: Breslau 4 Munchen 1, Berlin 1 S.; Rig. 19. Apr. 04.]

Hülse, Ernst, Einiges über Chorioidealrupturen. Inauguraldissertation. gr. 4. (18 S.) Kiel 878, (v. Maack's Buchh.) *

— **Johann Joachim** (Hamburg), Momenta quaedam variolarum vaccinarum illustrans. Specim. med. Präs. Curt Sprengel. Halle (Jo. Christ. Hendel) 19. VI. 1801. 28 S. (6.—) 16274
Gew.: Nicolaus Wolter Hellmann (Hammoniensi).

Hülse, W., Freihandel und Schutzzoll in Anwendung auf die Verhältnisse des Herzogth. Lauenburg; insbesond. in Beziehung zu einem Eisenbahnbau von Lübeck nach Büchen. gr. 8. (30 S.) Hamburg 849, (Nestler und Melle.) *

Hülsebeck [Schlagwort]

Hülsebeck, s.: Geologische Karten. Preussen. 126.

Hulsebos, C. A., de educatione et institutione apud Romanos. gr. 8. (222 S.) Utrecht 875. Kemink & Zoon. n. 4.60

Hulsebosch, L. M. Q. van Ledden: Makro- und mikroskopische Diagnostik der Menschlichen Exkremente
Mit 255 naturgetr. Abb. auf 43 Taf. in Lichtdr. Berlin J. Springer 1899 (VIII, 96 S., 43 Taf.) 4°

Huelsebusch, Frid. (geb. Steele a. d. Ruhr 7. 9. 1811): De cristibus. Berolini (1843). (28 S.) 8°
Berlin, Med. Diss. v. 29. Apr. 1843

Hülseman, Georg Friedrich (Darmstadt), De codicillis absque testibus validis. Disp. jur. Präs. Justus Henning Böhmer. Halle (Christian Henckel) Sept. 1707. 46 S. (6.80) 16275

— — Dasselbe. Halle (Christian Henckel) 1720. 48 S. (6.50) 16276

— — Dasselbe. Halle (Christian Henckel) 1723. 48 S. (6.50) 16277

— — Dasselbe. Halle (Christian Henckel) 1724. 48 Seiten. (6.50) 16278

— — Dasselbe. Halle (Christian Henckel) 1728. 48 S. (6.50) 16279

— — Dasselbe. Halle (Christian Henckel) 1732. 48 S. (6.50) 16280

— — Dasselbe. Halle (Christian Henckel) 1736. 48 S. (6.50) 16281

Hulsemann, Heinrich Ernst (Sachsen-Gotha'scher Hofadvocat), De variis fori controversiis. Disp. jur. Präs. Samuel Stryk. Halle (Chr. Henckel) Sept. 1706. 40 S. (6.—) 16348

Hülsemann, Geschichte des Infanterie-Regiments v. Voigt-Rhetz, s.: Kuhlers.

— Erster Nachtrag zur Offizier-Stammliste d. Infanterie-Regiments v. Voigts-Rhetz (3. hannov.) Nr. 79. Im Auftrage des Regiments zusammengestellt. Abgeschloss. am 1. VI. 1907. (45 S.) gr. 8. Berlin 907. E. S. Mittler & Sohn. 1. 50

Hülsemann, Reden f. Meister u. Gesellen bei Aufrichtung von Gebäuden. 12. (VI u. 38 S.) Elberfeld 847, (Iserlohn) Bädeker 1/4 ß

Hülsemann, B. Geschichte des Königl.-Hannoverschen 4. Infanterie-Regiments und seiner Stammkörper, von der ersten Errichtung der Letzteren bis zum J. 1848, unter vorzügl. Berücksichtigung der Feldzüge von 1813, 1814, 1815 und des Schleswig-Holsteinschen Feldzuges von 1848. gr. 8. (VIII und 144 S.) Hannover 863, Helwing'sche Hofbuchh.

Hülsemann, Friedrich (Schuldirektor zu Osterode a. Harz), De codice fabularum Aviani Lunensi, nunc primum collato. — Obiter quaedam disputantur de fide fabularum Phaedri et Aviani. Göttingen (J. F. Danckwerts) 1807. 44 Seiten (6.—) 16282
Vgl. Hülsemann, Heinr. Chrph. Friedr.

Hülsemann's, Fr., Vollständige griechische Sprachlehre, oder umgearbeitete Märkische Grammatik. Leipzig 802. 2 Bände 8. 3 rthlr. 12 gr.

Hülsemann, Guillaume, s. H ü l s e m a n n , Wilhelm.

Hülsemann, Gustav [aus Soest] Ueber einen Fall von progressiver neurotischer Muskelatrophie ... Berlin, Buchdr v. G. Schade, *1892*; 28 S., 2 Bl. 8.
Berlin, Med. Fak., Inaug.-Diss. v. 12. März 1892

Hülsemann, Hans, appr Arzt: Aus d. Kgl. chir. Klinik zu Greifswald. Ein Fall von Chondrosarkom der Scapula. Greifswald (1910): Adler. 30 S. 8°
Greifswald, Med. Diss. v. 27. April 1910, Ref. Payr
[Geb. 21 März 79 Soest; Wohnort. Bromberg; Staatsangeh.: Preußen; Vorbildung. Gymn Soest Reife O 00, Studium. Gießen 1, Berlin 10 S.; Coll. 18. März 10 Approb 20. März 07] [U 10. 1574

Hülsemann, Heinrich Christoph Friedrich, s.a H ü l s e m a n n , Friedrich.

Hülsemann, Heinrich Christoph Friedrich, s. C i c e r o : Acad – Ueber d Geist d. Gesetze – Oratio pro Archia

Hülsemann, Hnr. Cph. Fr., de codice fabular. Aviani Lunensi, nunc primum collato. 8 maj. Götting. 807. (Vandenhöck u R.) 4 gr

s. E u r i p i d i s Jon.

— **Heinr. Christoph Fried.** (Rector des Johanneums zu Lüneburg), De indole philosophica M. T. Ciceronis ex ingenii ipsius, et aevi rationibus rite aestimanda. Lüneburg (Stern) 1799. 28 S. (6.—) 16283

— de indole philosophica M. T. Ciceronis, ex ingenio ipsius et aevi rationibus rite aestimanda. 4. Lüneb. 799. (Hahn in Hannov.) 4 gr

— Psalm. I. et II. quos varietate lectionis et perpetua annotatione illustrav. etc. 8 maj. Jena 793. (Schmid). 3 gr

— Psalm. I. et II. quos varietate lectionis et perpetua annotatione illustravit etc. 8. maj. Iena, Stahl. 793.

— vollst. griech. Sprachlehre, mit 2 Kpft. Mit Bemerkk. von ... Reiz, ... Ilgen rc., mehr. Anhänge u. einem Register. 3 Bde. 8. Leipz. 802. Schwickert. 3 ß 12 gr

Hülsemann, Hnr. Cph. Fr., Versuch einer pragmat. Geschichte d. Johannis- u. Rathsschule zu Lüneburg; mit histor. u. diplomat. Beilagen. 4. Lüneb. 807.

— üb. das Wahre, Gute u. Schöne, s. Plato, 3 Dialogen.

— üb. d. W a h r e , Gute u. Schöne. 3 Dialogen d. Plato Theatens rc. 2 Thle. 8. Ebend. 807.

— **Heinrich Georg** (Stade), Observationes ad statuta Stadensia de anno 1279. Diss. histor.-jurid. Götting. (Johann Friedrich Röwer) 12. V. 1820. 102 Seiten (10.—) 16284
Vgl. Hülsemann, Johann Georg.

Hulsemann, H. G., observationes ad Statuta Stadensia de anno 1779. 4maj. (Göttingae, Vandenhöck et R. in c.) 820.

Hülsemann, Hermann: Der preuß. K r e i s t i e r a r z t als Veterinärpolizeibeamter, s. W i t t l i n g e r , Karl

Hülsemann, Hermann: Über Viehversicherung. Berlin 1899. 140 S. 8°.
Bern. Phil. Diss. 1898/99.

Hülsemann, die Vieh-Versicherung, ihr Wesen, ihre Aufgabe, ihre Organisation. gr. 8. (VIII, 140 S.) Berlin 899. R. Schoetz. n. 2. —

Hülsemann, Johann

H ü l s e m a n n , I., de auxiliis gratiae. 4. Lips. 706.

— — (Pastor d. Nicolaikirche Leipzig), De veteris et novi testamenti natura. Lpz. (Joh. Martin Burgkmann) 1714. 48 Bl. (7.50) 16286

Hülsemann, Johann Georg (vgl. H ü l s e m a n n , Heinr. Georg)

— über die Bedeutung der Diplomatik für die neuere Geschichte. Vorlesungen, gehalt. in Göttingen 1820. gr. 8. Götting. 820. Vandenhoeck u. R. 16 gr Auch u. d. T.: Ueber die Bedeutung der Diplomatie für die neuere u. neueste Geschichte. 1r Thl.

— Geschichte der Demokratie in d. vereinigten Staaten v. Nordamerika. gr. 8. Götting. 823. Vandenhoeck u. R. 1 ß 16 gr

(Hülsemann, J. G.,) Jahrbücher d. Literatur, s. Jahrbücher rc., Jahrg. 1828.

HÜLSEMANN, J. Geo.: Observationes ad statuta Stadensia de a. 1779. Diss. inaug. *Gottingae.* (Vandenhoeck et Ruprecht.) 820. 4maj. (12 Gr.)

Hülsemann, W.

— christl. Erbauungsbuch f. deutsche Krieger aller Confessionen. 3e Aufl. 8. Hamm 821. Schulz. 8 gGr

Hülsemann, W., die Glaubenseinheit der Lehrer der evangelischen Kirche in unserer Zeit, eine Synodalpredigt. gr. 8. Hamm 818. Schulz. 3 gGr

— die Preuß. Kirchenagende in Hinsicht auf die evangel. Kirche überhaupt u. auf die evangel. Kirche Westphalens insbesondere. gr. 8. Essen 825. Bädeker. 10 gGr

Hülsemann, W., Rede bei J. F. Mollers Gedächtniß-feier am 7. Mai 1814. 8. Dortmund, Mallinckrodt. 814.

— Rede bei J. F. Mollers Gedächtnißfeier am 7. Mai 1814. 8. Dortmund 814. (Wundermann in Hamm.) 4 gGr Hbg. Pr. 2 gGr

— Siegesfahnen d. Deutschen. Ein Andachtsbuch f. deutsche Krieger. gr. 8. Dortmund 817. (Wundermann in Hamm.) 10 gGr

Hülsemann, Wilhelm: Die Abtei von Echternach Zur Inauguration des St Joseph-Pensionates in der Benediktinerabtei in Echternach Grevenmacher Esslen [1898] 4 S 4°

Hülsemann, Wilh., Christus u. d. Sünderin am Jakobsbrunnen, od. d. Weg z. lebend. Quelle. Betrachtn. u. Gesänge. gr. 8. (27½ B. u. Titlkpfr.) Leipzig 837, Köhler.

— die Geschichte d. Auferweck. d. Lazarus, Leben u. Tod, im Lichte d. göttl. Offenbarung, dargest. in Betrachtn. u. Gesängen. gr. 8. (17½ B.) Leipzig 835, Köhler.

— evangel. Haus-Postille, od. christl. Betracht. u. Gesänge für häusliche Andacht z. Beförderung wahrer Frömmigkeit u. Seelenruhe. 2 Bde. gr. 8. Düsseldorf 827—29. Schaub. 2 Rthlr 8 gGr

Hülsemann, Wilh., evangel. Haus-Postille. 2 Thle. 2., wohlf. Ausg. gr. 8. (55½ B.) Düsseldorf 844. [Leipzig, Otto Klemm.]

Hülsemann, Wlh., evangel. Haus-Postille. 2 Thle. 2. wohlf. Ausg. gr. 8. Düsseldorf 841, Schaub. 1⅓ Rthlr

Hülsemann, Wilhelm: Die Placenta-praevia-Fälle der Marburger Frauenklinik Marburg, Univ-Buchdr '(R Friedrich)'. 1897, 41 S., 1 Bl 8°
Marburg, Med. Fak., Inaug.-Diss. v 3. Aug. 1897

— Predigten u. Gesänge üb. d. Episteln d. Sonn- u. Festtage d. Kirchenjahres. 2 Bde. gr. 8. (43½ u. 37 B.) Leipzig 838, Köhler. à 1⅓ Thlr.

Hülsemann, Wilh., St. Willibrordus-Büchlein, enth. das Leben des Heiligen, sowie besond. Gebete zu seiner Verehrg. u. zur Wallfahrt nach Echternach. Außerdem die gewöhnlich. christl. Gebete. 16. (252 S. m. 1 Farbdr.) Dülmen (901). A. Laumann. Geb. in Leinw. n. — 75
Echternach: P.Klüsserath i.Komm.

Hülsemann, Wilh., St Willibrord. Gedicht zur ersten Oktav-Feier des Heiligen in der Diözese Luxemburg. Mit bischöflicher Genehmigung. Echternach Klüsserath 1900 52 S 8°

Hülsen, Herr v., u. das deutsche Theater. Von e. Eingeweihten. gr. 8. (40 S.) Berlin 874. Staude. n. 1. —

Hülsen, von

— Die Bedeutung der öffentlichen Feuerversicherungs-Anstalten in Deutschland für den Feuerschutz. Für die Allgemeine Ausstellung auf dem Gebiete der Hygiene und des Rettungswesens zu Berlin 1882 83.

Hülsen: Über die Curve cos my = k cos mx 11 S u Fgt Naumburg, Progr 1859

Hülsen Discussion zweier Curven. 17 S. Figurent.
Naumburg, Progr. 1849

Hülsen, v Über den Einfluß d Krankenkassengesetzes v 15 6 1883 auf d ländl Verhältnisse,
s. Maltzahn, H v

Hülsen: Die Elemente der harmonischen Theilung grader Linien 35 S und Figt Naumburg, Progr 1868.

v. Hülsen. Das Feuerlösch- und Rettungswesen in Deutschland. Ausgestellt zur Brüsseler 1876er Internationalen Ausstellung für Gesundheitspflege und Rettungswesen.

Hülsen, v., die öffentlichen Feuerversicherungs-Anstalten in Deutschland, s.a. Zeitschrift d. königl. preuss. statist. Bureaus.

Hülsen, v., und H. Brämer, Die öffentlichen Feuerversicherungsanstalten in Deutschland u. ihre rechtliche Stellung gegenüber den Privat-Feuerversicherungs-Gesellschaften. Ist Zschr des k preuss. stat Bur Erg-H. 3. Berlin 1874. 4

Hülsen Ueber einige transcendente Curven. Nebst 1 Figurentafel. 18 S.
Progr Naumburg 1841

(v. Hülsen.) Der Soldatenfreund Von einem Königl. Preussischen Schützen Offizier 8 Breslau 1818 1,00

Hülsen, v, die Tyrannei d. mobilen Kapitals u. die Sozialdemokratie, s.a. Sammlung theologischer u. sozialer Reden u. Abhandlungen.

Hülsen, v., Die Tyrannei des mobilen Kapitals und die Sozialdemokratie (Samml. theol. u. soz. Reden u. Abhdl., 3. Serie, 10. 12. Liefer) 8° Leipzig, Wallmann, 1892.

Hülsen, Aug. Ldw., (†...) Prüfung d. Preisfrage: welche Progressen hat die Metaphysik seit Leibnitz u. Wolf gemacht. gr. 8. Altona 796. Hammerich. 16 gGr

Hülsen, B., s.: Wochenschach, deutsches.

Hülsen, B Th Über die Bewegungen eines v 2 festen Punkten angez Punktes. 1869 8° Diss. Rostock

Wanderungen über Französische Schlachtfelder des Krieges 1870/71. Vortrag, geh zu Berlin 1907 von [Bernhard] v **Hülsen**, Major im Generalstabe d. Gardekorps. Mit 3 Skizzen. Berlin: E. S. Mittler & Sohn (1908). (S. 35–52). 8° [G.]
= **Militär Wochenblatt.** 1908, Beih. 1, [2]

Vgl. Hülsen, Walter v.

Ein Halbjahrhundert westpreußischer Diakonie Geschichte d. Diakonissen-Krankenhauses f. Kinder u. Erwachsene ⟨Westpreuß. Diakonissen-Mutterhaus⟩ zu Danzig, 1857–1907 mit 7 Portr als Beilage u. 50 Abb., verf v Bruno v **Hülsen**, Pastor Danzig Selbstverl. d. Diakonissenhauses 1907. (344 S.) 4° [G.]

Hülsen, Bruno v., „Hausbrot". Ein Jahrgang neuer Evangelien-Predigten über die von der Eisenacher Konferenz deutscher evangel. Kirchenregierungen zusammengestellten neuen Evangel.-Perikopen. gr. 8. (VIII, 373 S.) Leipzig 901. G. Strübig. n. 4. —; geb. in Leinw. n.n. 4. 75; auch in 8 Lfgn. à n. — 50

Hülsen, Bruno v., „Hausbrot". Ein Jahrgang neuer Evangelienpredigten üb. die v. der Eisenacher Konferenz deutscher evangel. Kirchenregierungen zusammengestellten Evangelien-Perikopen. 2. durchgeseh. Aufl. (VIII, 358 S.) gr. 8. Leipzig 905. G. Strübig. n. 4. —; geb. n. 5. —
Erschien auch in 8 Lfgn. à n.n. — 50.

Hülsen, Bruno, Lehrbuch der Elementar-Mathematik, s.: Haller v Hallerstein, F. Baron.

Hülsen, B. u. Coler. Niedere Mathematik m. Anwendungen u. Beispielen. Zum Gebrauch auf den königl. Kriegsschulen bearb. Auf Veranlassg. der General Inspection d. Militär-Erziehungs- u. Bildungswesens. gr. 8. (VI, 263 S. m. 192 Abbildgn.) Berl. 892, Mittler u. Sohn. * 3 —; geb. 3 50

— „Seelenfrieden!" Ein Jahrgang neuer Epistel-Predigten über die von der Eisenacher Konferenz deutscher evang. Kirchenregiergn. zusammengestellten neuen Epistel-Perikopen. (VIII, 412 S.) gr. 8. Ebd. 904. n. 5. —; geb. n. 6. —
Erschien auch in 7 Lfgn. à n. — 60.

Hülsen, Bruno v., Vater-Wege. Ein Jahrgang neuer Predigten üb. die v. der Eisenacher Konferenz deutscher evang. Kirchenregiergn. zusammengestellten alttestamentlichen Bibelabschnitte. (XI, 369 S.) gr. 8. Leipzig 911. G. Strübig. 4.—; geb. 5. —

Hülsen, Carl, s. H ü l s e n , Karl.

Hülsen, Christian

Hülsen, C., Die Abfassungszeit der capitolin. Fasten. S.-A. 1889. 10 S.

Hülsen, C., Additamenta ad acta fratrum orvalium. S.-A. O. J. 85 S. u. 1 Taf.

Hülsen, Chr., u. P. **Lindner,** die Alliaschlacht. Eine topograph. Studie. Lex.-8. (33 S.) Rom 890. Loescher & Co. n. 2. 40

Huelsen, Christian, die **Ausgrabungen** auf d. Forum Romanum 1898—1902. gr. 8. (99 S. m. Abbildgn. u. 4 Taf.) Rom 902. (Loescher & Co). n.n. 4. —
Sonderabdruck aus: „Mittlgn. d. archäol. Inst., röm. Abtlg."

Huelsen, Christian, die **Ausgrabungen** auf dem Forum Romanum 1902—1904. (119 S. m. Abbildgn. u. 4 Taf.) Lex.-8. Rom 905. Loescher & Co. 4. —
Sonderabdr. aus: „Mittlgn. d. archäolog. Inst., röm. Abtlg."

Huelsen, Ch., die neuesten **Ausgrabungen** auf dem Forum Romanum. Nachtrag zu d. Werke: Das Forum Romanum. 2. Aufl. (1905.) (30 S. m. 20 Abbildgn. u. 1 Taf.) kl. 8. Rom 910. Loescher & Co. nn — 80

— **Bilder** aus der Geschichte des Kapitols. Ein Vortrag. Lex.-8. (31 S. m. Abbildgn.) Ebd. 899. n.n. 1.25

— s.: **Codex Escurialensis.**

Huelsen, C., Varronianae doctrinae quaenam in Ovidii Fastis vestigia extent. Diss. 1880. 51 S. 1.20

Huelsen, Chrn., Varronianae doctrinae, quaenam in Ovidii fastis vestigia extent. gr. 8. (51 S.) Berlin 880, Weidmann'sche Buchh. *

Hülsen, C., Sopra un edifizio antico gia esistente presso la chiesa di S. Adriano foro Romano. S.-A. 1885. 34 S. u. 2 Taf.

Huelsen, Ch., formae urbis Romae antiquae, s.: Kiepert, H.

— u. O. **Paulus,** Forum romanum, s.: Launitz, Ed. v. der, Wandtafeln zur Veranschaulichung antiken Lebens.

— das Forum Romanum. Rekonstruktion nach Angaben u. m. Erläutergn. v. Ch. H. qu. Fol. (2 Ansichten in Phototyp., nebst 2 Bl. Text m. 6 eingedr. farb. Plänen u. 1 Abbildg.) Rom 892. Spithoever. Kart. n.n. 2. —

Hülsen, Christian: Das F o r u m Romanum. Seine Geschichte u. s. Denkmäler. Mit 3 Pl. u. 109 Textabb.
Rom: Loescher & Co. 1904. (VII, 219 S.) 8°

Ch[ristian] **Huelsen.** Das Forum Romanum, seine Geschichte u. s. Denkmäler. 2. verb. Aufl. Mit 4 Taf. u. 131 Textabb. Rom: Loescher & Co. 1905. (XII, 244 S.) 8° [06. 8206 5

— Jahresbericht üb. neue Funde u. Forschungen z. Topographie d. Stadt Rom 1887 bis 1889. S.-A. 1889. 65 S.
— f. 1889—1890. 1891. 78 S.

— neue **Inschriften** vom Forum Romanum. Lex.-8. (28 S. m. 6 Abbildgn. u. 1 Plan.) Leipzig 902. Dieterich. n. 3. 20
Sonderabdruck aus: „Beiträge zur alten Geschichte".

— s.. **Inscriptiones** urbis Romae latinae.

—— Inscriptiones urbis Romae latinae, s. **Corpus** inscriptionum latinarum.

Hülsen, C., Caecilia Metella. S.-A. O. J. 9 S.

Hülsen, Christian Ein Monument des vatikanischen Museums 4 (S 3—12, 1 Taf). **Progr.** Prg. *Gross-Lichterfeld* 1887 (76).

— Osservazioni sull' Architettura dell tempio di Giove capitolino. S.-A. 1888. 6 S. u. 1 Taf. —.90

Hülsen, Chrn., das Septizonium des Septimius Severus. 46. Programm zum Winckelmannsfeste der archäolog. Gesellschaft zu Berlin. gr. 4. (37 S. mit 4 Lichtdr.-Taf. und eingedr. Fig.) Berlin 886, G. Reimer. * 3 60

· Il sito e le iscrizioni della schola Xantha sul foro Romano. S.-A. 1888. 25 S. u. 1 Taf.

Ch[ristian] **Huelsen.** Die Thermen des Agrippa. Ein Beitrag z. Topographie d. Marsfeldes in Rom. Mit 4 Taf. u. 13 Textabb. Rom: Loescher 1910. 43 S. 8° [10. 15186

— La tomba di Romolo. S.-A. 1900. 19 S.

— Topographie der Stadt Rom im Alterthum, s.: **Jordan,** H.

Wandplan von Rom. Romae veteris tabula in usum scholarum descripta mit 2 Spezialpl. Urbis incrementa regionatim discripta, Urbis pars media duplici maioris tabulae modulo descripta, von **Christian Huelsen.** 4 Bl. Massst. 1 4250. *Berlin: D. Reimer 1901* (4 Kartenbl. je 63 × 84 cm.) quer-gr 2° [Umschlagt.] [farbig] [02. 10255

Romae veteris tabula in usum scholarum descripta a Christiano **Huelsen.** (1 4,250.) 1901 Ed. altera emendatior prodit a. 1905. (G. Tognetti del.) (In 4 Bl.) [Mit 2 Nebenpl.] Berolini D. Reimer 1905. (1 Kartenbl. in 4 Bl. Blattgröße je 90×70 cm.) [lith.] [kol.]
[Umschlagt.] Wandplan von Rom von Chr. Huelsen. [05. 7564

Hülsen, Elisab. v., ein Kind des Glücks. Erzählung f. junge Mädchen. Mit Titelbild. (219 S.) 8. Berlin (909). Berl. Jugendhort. Geb 4. —

[Hülsen, Iohannes Henricus Fridericus Guilelmus] *Aristotelis de in tellectu agente et patiente doctrina 30 Bl. 4° (2°)
Halle-Wittenberg, Phil. Diss. v 7 Aug. 1857
Geb. [Kotzen (Kr Westhavelland) 9 9 1831]

Hülsen, Friedr Korrespondenz zwischen Leibniz und der Konigin Sophie Charlotte 18 S **Progr.** *Charlottenburg* 188 .

Hülsen, F., Simonis Magi vita doctrinaque imprimis ex Hippolyti *Κατὰ πασῶν αἱρέσεων* libro illustrantur. Pr. 1868. 24 S. 4°

Hülsen: De Simonis Magi vita atque doctrina. 24 S Charlottenburg, Progr 1868.

Hülsen, Geo. v., monita confessarii imprimis pro directione. 8. Gedani. 749.
Vgl. Hülsen von Eckeln, Geo. Nic.

Hülsen, Gust. Adph. v., das Gefängnißwesen in Preußen. 1. und 2. Aufl. 8. (VIII, 123 S.) Berlin 878, C. Heymann's Verlag. *

Maurerischer Nachlass des Br. Heinr. Carl Hülsen († Sept. 1892) gewidmet den BBrn. seiner geliebten Loge „Eugenia z. gekr[önten] Löwen" Or. Danzig von seinem Sohne Jul. R. W. Hülsen. Danzig [1894]: Groening. 143 S. 8°
Aufnahme-Reden, Rede am Joh.fest, i. d. Trauerloge, Begrüssung besuchender Brr., Dankreden. 23.

Hülsen, Helene v., Alma, s.: Reiselectüre.

Hülsen, Helene v., Bilder aus der modernen Welt. gr. 8. (280 S.) Berlin 882, Plahn'sche Buchh. *
geb. mit Goldschn. *

— Ebba, s.: Reiselectüre.

Hülsen, Helene v., Einst und Jetzt. Drei Erzählungen. gr. 8. (VII, 294 S.) Berlin 886, Plahn. * 4 50
geb. mit Goldschn. * 6 —

—— Elimar. Roman. 2 Bde. (243; 203 S.) ℳ 7,50.; 2. Aufl. 8. (272 S.) Berlin 880, Janke. *

Hülsen, Helene v. Erinnerungen an e. Heimgegangenen [Prof. Adf. Schottmüller]. 8. (56 S.) Berl. 890, Eckstein Nachf. * 1 —

— ohne Flitter. Novellen. gr. 8. (295 S.) Berlin 877. Plahn. 4. —; geb. n. 5. 25

—— Pater Florentin, s. Reiselectüre.

Hülsen, Helens von (Hrsg.), s Hülsen, Karl Wilh. Unter Friedrich d Gr.

—— „Unter zwei Königen". Erinnerungen an Botho v. Hülsen, General-Intendant der königl. Schauspiele. Gesammelt und hrsg. gr. 8. (363 S. mit Portr. und 2 Beilagen.) Berlin 888, Eckstein Nachf. * 5 —
geb. in Calico **ℳ 6.50.; in Halbfrz. ** 7 50

— — Drei Lebens-Episoden. [Ein Königsidyll. Ein Dichterheim. Ein Drama.] 8. (139 S.) Ebd. 892. * 3 —; geb. ** 4 50

—— In Licht und Schatten. Novellen und Erzählungen. gr. 8. (348 S.) Ebendas. 879. ℳ 4.; geb. *

— — Nemesis. (Roman.) gr. 8. (233 S.) Berlin 883, Janke. *

Hülsen, Helene v.,
—— Novellen und Skizzen, } s. Helene.

— Traum u. Wahrheit. Roman. gr. 8. (310 S.) Berlin 874. v. Decker. 6. —

—— Ungesucht — gefunden, s. Helene.

— aus eigener Wahl, s.: Reiselectüre.

— aus alter u. neuer Zeit, } s.: Helene.

v. Hülsen, Henriette, s. v. Seldt, Amalie

v. Hülsen, Henriette, s. Amal. v. Selt.

Hülsen, Jul., s.: Baudenkmäler, die, in Frankfurt.

Hülsen, Jul., der Stil Louis Seize im alten Frankfurt. Aussen-Architektur: Ganze Fassaden u. Einzelheiten. (45 Taf. m. 11 S. Text.) 41×33 cm. Frankfurt a/M. 907. H. Keller. In Mappe 36. —

— dasselbe. Innen-Architektur: Ganze Fassaden u. Einzelheiten. (30 Lichtdr.-Taf. m. 9 S. Text.) 40×32 cm. Ebd. 907. In Mappe 24. —

— Die alte Mainbrücke vom künstler. Standpunkt, s.: Mainbrücke, die alte, in Frankfurt.

Hülsen, Jul Das Thurn u Taxissche Palais in Frankfurt am Main (S.-A aus „Die Baudenkmäler in Frankfurt a M ") Frankfurt a M 1898 8°

Stein-Masken an Baudenkmälern Alt-Frankfurts. Hrsg. von **Julius Hülsen.** Frankfurt a M H. Keller 1905. (3 Bl., 30 Taf.) 2° [05. 5494]

Hülsen, Karl von

—— ein Bild unserer Tage. Offenes Sendschreiben an die preuß. Volksvertreter. 8. (15 S.) Danzig 848, Homann's Kunsthandl.

Hülsen, C. v., Gedichte. 8. (7 B.) Altenburg 846, (47,) Helbig.

— Liebe und Chimäre. Novelle. 8. (203 S.) Altenburg 848, Helbig.

—— de Pio IX. Commentatio. 12. (12 S.) Danzig 847, Homann's Kunsthandl. *

—— ein Preußenwort. 8. (16 S.) Danzig 848, Homann's Kunsthandl.

Hülsen, Carl Graf v., An Preußens Volk. Danzig, L. G. Homann, 1849 16 S. 8°.

Hülsen, Carl Graf von. Ein deutsches Wort Danzig, L. G Homann, 1848 16 S 8°

—— Zeitinteressen. 2 Hfte. gr. 8. Altenburg, Helbig. [1. (2⅙ B.) (2⅙ B.) 844, 2. (3¾ B.) 46. à 7½ Ngr.]

Hülsen, Carl Aug., Zuruf Gottes an alle seinwollende christliche Völker der Erde und ihre alleinige Hülfe in der heutigen Noth. Niedergeschrieben in und durch den Geist Gottes von Seinem Knechte 1850. gr. 8. (III und 68 S.) Berlin 851, J. A. Wohlgemuth. **

Hülsen, Carl Wilhelm. Unter Friedrich dem Grossen. Aus den Memoiren des Aeltervaters 1752—1773. Herausgegeben von Helene v Hülsen. 8. Berlin 1890.

— s.a. Unter Friedrich dem Großen.

Hülsen, Richard

Hülsen, R. André Chénier. Die Ueberlieferung seiner „Œuvres poétiques". Berlin, Soph.-G., 1885. 26 S. 4. Progr

Hülsen, Rich., André Chénier. Die Überlieferung seiner ‚Oeuvres poétiques'. 4. (26 S.) Berlin 885, Gaertner's Verlag. * 1 —

Hülsen, Walt. v., das deutsche u. das französische Exerzier-Reglement f. die Infanterie im Auszuge zum Gebrauche bei der Gefechtsausbildung. (127 u. VI, 67 S.) kl. 8. Berlin 908. Vossische Buchh. — 80

Schema oder Selbsttätigkeit? Gedanken über d. Gefecht u. d. Ausbildung von Walter v Hülsen, Major Mit 9 Skizzen. Berlin R Eisenschmidt 1906. (59 S.) 8° [F.] [of 1100

Wanderungen üb. französ. Schlachtfelder des Krieges 1870/71, s.. Militär-Wochenblatt 1908. Beiheft 1.
Vgl.Hülsen, Bernhard v.

Yorck als Erzieher unseres Heeres. Vortrag, geh. zu Berlin 1908 v Walter v Hülsen, Oberstlt. Berlin E S. Mittler & Sohn (1908). (S. 436-451) 8° [Umschlagt. F.]
== Militär-Wochenblatt. 1908, H 11 12, [1] [of 17993

Hülsen (od. Hulzen) von Eckeln, Geo. Nic., s. *Monita* generalia.
Vgl.Hülsen, Georg v.

Hülsenbeck, Fr., das römische Kastell Aliso an der Lippe nachgewiesen u. aufgefunden. Mit 2 (lith. u.) color. Karten (in qu. gr. 4.) 8. (176 S.) Paderborn 873. Schöningh. n. 2. 40

Hülsenbeck, Fr Die Theodorianische Bibliothek zu Paderborn Kurze Geschichte und Statistik derselben nebst Verzeichnis der darin vorhandenen Handschriften, Inkunabeln und seltenen Werke 27 S Progr. *Paderborn* 1877

Hülsenbeck, F Die Gegend der Varusschlacht nach den Quellen und Lokalforschungen. 45 S u. Karte Progr. *Paderborn* 1878

Hülsenbeck, Fr Kritische Studien zu den Oden des Horaz 15 S. Progr. *Paderborn* 1882

Hülsenbeck, Fr Die Wohnsitze der germanischen Marsen. 30 S 4° - Paderborn, Progr 1871

Hülsenbeck, Herm. Karl, Der Psalm 29 nach dem Urtext philologisch-kritisch bearbeitet, mit besonderer Rücksicht auf die LXX u. Vulgata. Jena, 1867

— Der 68. Psalm (Vulg. 67. Exurgat Deus) nach dem Litteralsinn im hebräischen Grundtext charakterisiert und erläutert. Münster, 1872, 20 S., Gymnas.-Progr.

Hülsenbeck, Josef

Hülsenbeck: De glossematis veris et falsis in Taciti agricola 21 S 8° - Teschen kth. Progr 1858

Hülsenbeck: Ueber Plato's G o r g i a s und Phaedrus. 7 S - Iglau, Progr 1869

Hülsenbeck, Jos. Ueber die Scene in Soph. Aias v 646-692. 7 S. - Iglau OG, Progr 1870.

Hülsenbeck, Carl [aus Witten a. d. Ruhr]: Beiträge zur Kenntnis des Ortho- und Ana-amido-chinolins (Halogenalkylate u. Verseifungen) .. Freiburg i. B., Universitätsbuchdr. v. Ch. Lehmann, 1896; 52 S., 1 Bl. 8.
Freiburg i. B. Phil. Fak. Inaug.-Diss. v. 1896

Hulshoff Pol, J.
s. Pol [10. 10502

Hülshoff, „Handbuch des gesamten Münzwesens in Europa", Neuwied 1829

Hülshoff, A. W · L e h r b u c h d prakt Rechenkunst für Schulen. 2 Bde 8° Wiesbad. 1811 - 13 (Schellenberg).
Dass. s a H ü l s h o f f , W L

Hülshoff, Allard. Discours sur les penchans ... traduit du Hollandois ... Berlin 1769. Ü: *Castillon, Frédéric de.* (BrMm)

Hülshoff, Allard, wahres System d. Natur; aus d. Holländ. v. A. F. E. Jacobi. 8. Braunschw. 774. Schröder.

Hülshoff, Heinrich (geb. am 15 Juni 1859 in Marten Landkr. Dortmund): Ueber nervösen Schnupfen . Bonn, Hauptmann'sche Buchdr. 1885. 31 S. 8.
Bonn, Med. Fak., Diss. v. 25 Juli 1885

Hülshoff, W., s. Oosterwyk-Hülshoff.

Hülshoff, W. L., Lehrbuch d. prakt. Rechenkunst für Schulen. 2 Bde. gr. 8. Wiesb. Schellenberg. 811—13.
Dass.s.a.:Hülshoff,A.W.

Hülshov, David, RECREATIO // METRICA, // VARIA // Ana- & Epigrammata // non adeò insipida & feculen- //ta continens & offe- //rens, // Succisivè // Exercitata et conscripta // A // DAVIDE HÜLSHOVIO. // Hunc ego quem tenuem vobis disc, doc, laborem // Dextrâ non laevâ tangite, quaeso, man. // TREMONIAE, // Typis JOHANNIS FREDERICI RÜHL... // Anno Salutis 1701. - 88 Seiten.

Hulsii, L., Beschr. d. oriental. u. ostind. Schifffahrten. 26 Thle. m. K. 4. Frankft.

Hülskamp, Frz., 1000 gute Bücher, den Katholiken deutscher Zunge zu Festgeschenken empfohlen. Weihnachten 1882. 1. und 2. Aufl. 8. (100 S.) Münster 883, Theissing'sche Buchh. *

Hülskamp, Frz., 1000 gute Bücher, den Katholiken deutscher Zunge empfohlen. 3. Aufl., fortgeführt bis zur Gegenwart. Weihnachten 1883 8. (IV, 102 S.) Münster 884. Theissing. n. — 80

Hülskamp, Frz., die Generalversammlungen der katholischen Vereine Deutschlands, s. Broschüren, zeitgemäße.

Hülskamp, Frz., s.u. Handweiser, litterar.

Litterarischer Handweiser, zunächst für alle Katholiken deutscher Zunge. Herausgegeben und redigiert von Franz Hülskamp. Münster, Theissing. 1862—1894. gr. 4°, 31 Jahrgang, à 24 Nummern, zusammen 780—790 Spalten, 4 Mk.

Hülskamp, Frz., Jubellieder nach bekannten Volksweisen zum 50jährigen Bischofs-Jubiläum Sr. Heiligkeit Papst Pius IX., ausgewählt aus dessen Sammlung deutscher Piuslieder. 1.—20. Aufl. 16. (15 S.) Münster 877, Fahle.

— die Kunst, Bücher zu lesen, s.: Keiter, Heinr.

—— s. Meisterwerke unserer Dichter.

— Piusbuch. Papst Pius IX. in seinem Leben u. Wirken geschildert. 2. Aufl., sorgfältig revid., dann stereot. Münster 870. Russell. gr. 8. (VI, 272 S. mit eingedr. Holzschn. u. 6 Holzschntaff.) n. 1 Thlr

— — dasselbe. Lebens-Abschnitt vom Beginn d. Concils bis zur Jetztzeit bearb. v. W. Molitor. [Ergänzungsbuch zum Piusbuch. 1. u. 2. Aufl.] gr. 8. (46 S.) Ebend. 874. n. 1. —

—— dass. — 3. stark verm. Aufl. 1.—6. Heft. Lex.-8. S. 1—256 mit eingedr. Holzschn. und 6 Holzschntaf.) Ebendas. 873. à Heft 50 Pf.

—— und W. Molitor, Piusbuch. Papst Pius IX. in seinem Leben und Wirken. 3. stark verm. Aufl. 7. und 8. Heft. Lex.-8. (S. 257—320 mit eingedr. Holzschn. und 4 Holzschntaf.) Ebendas. 873. à Heft 50 Pf.

—— —— dass. — 4. Aufl., fortgeführt bis zur Gegenwart. gr. 8. (VIII, 320 S. mit eingedr. Holzschn. und Holzschntaf.) Ebendas. 875. *

geb. mit Goldschn. *

—— kleines Piusbuch. Eine kurze Darstellung des glorreichen Lebens und Wirkens unseres heil. Vaters Pius IX. für das kathol. Volk. Mit 1 Titelbild (Holzschntaf.) und vielen in den Text gedr. (Holzschn.-)Illustr. 1. und 2. unveränd. Aufl. (179 S.) 3.—6. verm. und verb. Aufl. gr. 16. (185 S.) Münster 876, Russell's Verlag. cart. 75 Pf.; geb.

—— deutsche Pius-Lieder. Zur Feier des 30jähr. Papst-Jubiläums gesammelt und ausgewählt. 5.—9. bericht. Aufl. 16. (63 S.) Münster 876, Fahle. *

—— Rede über die jüngsten Fortschritte, die dringendsten Bedürfnisse u. die nächsten Aufgaben der kathol. Presse Deutschlands, geh. auf der 17. Generalversammlung der kath. Vereine Deutschlands zu Trier (12. Sept. 1865).

Abgedruckt in den „Verhandlungen" derselben (Trier 1866) u. im Münsterichen Sonntagsblatte 1865, Nr. 44.

Hülskamp, Franz, Rede über den Zustand, die Mängel u. die Aussichten der kathol. Presse Deutschlands, gehalten auf der 15. Generalversammlung der kathol. Vereine Deutschlands zu Frankfurt a. M. (September 1863).

Abgedruckt in den amtlichen „Verhandlungen" derselben (Frankfurt 1863) u. auszugsweise im Münsterschen Sonntagsblatt 1863, Nr. 41.

Hülskamp, Franz (Hrsg.), s. Rohrbacher: Universalgeschichte d. kath. Kirche.

—— die Siege der Kirche im 18. Jahrh. Nach einem Vortrage gr. 8. (23 S.) Münster 872, Russell's Verlag.

Aus: Zeitgemäße Broschüren, besonders abgedruckt.

Hulskotter, C., gedenket unserer Toten. Entwürfe zu Grabdenkmalen, Gedenktafeln, Grabkissen, Kriegerdenkmalen etc., nebst den erforderl. Details und erläut. Text, sowie einer reichen Auswahl für Grabdenkmale passende Schriftvorlagen, in vertieften, wie erhabenen Schriftgattungen. Entworfen und gezeichnet nach dem Verhältnisse des goldenen Schnittes. 30 (lithogr.) Taf. qu. gr. 4. (1 S. Text.) Weimar 884, B. F. Voigt.

Hülskötter, C., gedenket unserer Toten. Entwürfe zu Grabdenkmalen, nebst d. erforderl. Details u. erläut. Text, sow. e. reichen Auswahl pass. Schriftvorlagen in vertieften, wie erhab. Schriftgattgn. 2., verm. u. verb. Aufl. qu. gr. 4. (30 Taf. m. 1 Bl. Text.) Weimar 896. Leipzig, B. F. Voigt. 4. —

Hülskötter, C., Hülfsmittel gegen Uebertheuerung nach Einführung der Mark-Rechnung. 1.—3. Aufl. gr. 16. (8 S.) Münster 875, Fahle. *

Hülsmann: Ueber die Einrichtung von Schüler-Bibliotheken – Duisburg, Progr. 1855.

Hülsmann, A., C. Ss. R., der Weg der Heiligkeit, systematisch dargestellt m. den Worten der Nachfolge Christi v. Thomas a Kempis. Nach der latein. Ausg. v. G. Hefer, S. J. u. E. Amort, C. Reg. Mit e. Anh. v. Gebeten. 16. (544 S. m. farb. Titel u. 1 Farbdr.) Trier 901. (Loewenberg) n. —80; geb. von n.n. 1. — bis n.n. 5.—
(N.Disteldorf)

Hülsmann, Amandus (Mark/Westf.), De antagonismo. Diss. chir.-med. Bln. (August Petsch) 31. XII. 1827. 24 S. mit Biogr. (M.: Ch. Rentrop.) (6.50) 16287

Oppon.: N. Decker, E. Mundt, H. Boenten. — Gew.: Franz Heinrich Henke (Iserlohn), Friedrich Bovermann (Witten).

Hülsmann, Aug. 3 Fälle v. chronischem Hydrocefalus nach abgelaufener Meningitis cerebrospinalis epidemica. Diss. gr. 8. (19 S.) Kiel 889, (Gnevkow u. v. Gellhorn). * — 80

Hülsmann, Aug. Wilh., Abschieds-Predigt geh. am 1. Sonnt. nach Trinit. d. 14. Juni 1846. gr. 8. (1½ B.) Elberfeld 846, Hassel.

Hülsmann, Aug. Wilh., Gesetze rc. für das Elementar-Schulwesen in Berg und Düsseldorf, s. Sammlung d. Gesetze, Verordnungen u. Bekanntmachungen rc. im vormal. Großh. Berg.

—— Predigt. Selig sind, die nicht sehen u. doch glauben. gr. 8. (1½ B.) Elberfeld 828, (Becker.)

—— Predigt am Confessionsfeste, s. Jubelfeier.

Hülsmann. Aug. Wilh., Würdigung des von d. Hrn. Pfarr. Sander zu Wichlinghausen abgegeb. theolog. Gutachtens üb. das v. Ed. Hülsmann hrsg. exeget. Handb. f. prakt. Theologen. gr. 8. (3 B.) Elberfeld 836, Schönian'sche Buchh. *

Hülsmann, Ed. (I.), Shakspeare. Sein Geist und seine Werke. Ein Führer für die Leser und Freunde des Dichters. 1. Aufl. (VIII und 230 S.) und 2. Aufl. gr. 16. (VIII und 243 S.) Leipzig 856, O. Wigand. *

Hülsmann, Ed., Shakspeare. Sein Geist und seine Werke. Ein Führer für die Leser und Freunde des Dichters. 3. (Titel-) Aufl. gr. 16. (VIII und 243 S.) Leipzig (856)60, O. Wigand.

Hülsmann, Eduard

Hülsmann, Ed. (II.), die Grund- und Glaubenssätze der evangelischen Kirche oder der substantielle Gehalt ihres Bekenntnisses zusammengestellt und erläutert. gr. 8. (44 S.) Bonn 852, Habicht.

Hülsmann, Ed., Prediger-Bibel, od. exeget. Handbuch f. prakt. Theologen. I. Bd., welcher d. drei ersten Evangelien enthält. gr. 8. (36¼ B.) Stuttgart 835, [Beck u. Fränkel.]

—— die wahrhaft. Predigt v. Christo kann nur aus e. gläub. Herzen stammen. Eine Synodalpred. gr. 8. (1 B.) Hagen 836. (Elberfeld, Becker.) *

—— Predigten aus (seinem Nachlasse). gr. 8. (XV und 104 S.) Elberfeld 856, Bädeker'sche Buchh.

(Hülsmann.) Predigten aus dem Nachlasse des verewigten Pfarrers E. Hülsmann in Lennep. Elberfeld 857. Bädeker. gr. 8. (XV, 104 S.) 15 ngr.

Hülsmann, H.

Hülsmann: Untersuchung über die Anzahl d. Normalen, die von einem in der Ebene eines Kegelschnittes gegebenen Punktes an denselben gezogen werden können und über die Quadranten und Zweige des Kegelschnittes, in denen die Fusspunkte der Normalen zu liegen kommen. 22 S., 1 Figt. -- Düsseldorf, Progr. 1864.

Hülsmann, Heinrich: Geschichte der Verfassung der Stadt Münster von den letzten Zeiten der fürstbischöflichen bis zum Ende der französischen Herrschaft 1802—1813. Münster 1905: Regensberg. (90 S.) 8° [F.] ¶[Ersch. in: Zeitschr. für Gesch. u. Altertumskunde Westfalens Bd 63.]
Münster, Phil. Fak., Ref. Erler, Diss. v. 7. Febr. 1905
[Geb. 10 Aug 79 Lubeck, Wohnort: Munster i W.; Staatsangeh., Lubeck; Vorbildung Gymn. Meppen Reife O. 99; Studium. Munster 11 S.; Rig. 18 Nov 04.]

Hülsmann, J. Abhandlung über den Unterricht in der deutschen Sprache und Literatur. 24 S. . . .
Duisburg, Progr. 1842

Hülsmann, J., Beiträge zur christl. Erkenntniß, s. a. Hollenberg, W. A.

Hülsmann, J. Beiträge zur christlichen Erkenntniß f. die gebildete Gemeinde. Aus Aufzeichngn. u. Briefen. Neue verm. Ausg. Mit biograph. Charakteristik u. dem Bildniß d. Verf. gr. 8. (VIII, 603 S.) Braunschw. 890, Schwetschke u. Sohn. 4 —; geb. 5 20

Hülsmann, J., Grundzüge d. christl. Religionslehre f. d. Unterricht in d. obersten Klasse gelehrter Schulen. gr. 8. (7⅞ B.) Essen 846, (17,) Bädeker. *

Hülsmann, J. Rede, gehalten am 15. October 1846 über Zustand und Entwicklung unsers kirchlichen Lebens. 8 S.
Duisburg, Progr. 1847

Hülsmann, J. Von dem Wesen und der nothwendigsten Art gemeinnütziger bürgerl. Thätigkeit, und von d. freien fröhlichen Ausübung ders. Festrede am Geburtstage Sr. Majestät 1838. 9 S.
Progr. Duisburg 1838

Hülsmann, J. H., zur Charakteristik der üb. das v. Eduard Hülsmann hrsg. exeget. Handbuch f. prakt. Theologen erschien. Schriften u. d. in Nr. 22 u. 23. d. diesjähr. evangel. Kirchenzeitung enthalt. Aufsatzes. gr. 8. (4⅙ B.) Barmen 836, Langewiesche.

Huelsmann, J. H. H.: Theoria normalium curvarum II. ord. 1860. 8°. Diss. Greifswald

Hülsmann, Ign., der Gesang und das Orgelspiel in der feierlichen heiligen Messe. 8. (56 S.) Münster 869, Aschendorff'sche Buchh.

Hülsmann, Johann Fr.

— Anleit. zu e. gründl. Erkenntniß des Christenthums, f. Kinder. 8. Duisb. u. Essen 802. Bädeker. 8 gl.

Hülsmann, J. F., Erläut. d. Catechism. Lutheri, s. a. Luther.

Hülsmann, Jh. Fr., Luthers kleiner Katechismus, erläutert. 8. Essen 796. Bädeker. 6 gl.

Huelsmann, Carl Joseph (Warendorf/Westf.), De diabete. Diss. med. Bln. (Friedlaender) 2. V. 1837. 32 S. mit Biogr. (M.: C. Braband.) (5.—) 16288
Oppon.: G. Schrakamp, G. Husham, F. Nicolay. — Gew.: Johann Heinr. Schmuelling (Münster).

Hülsmann, Ludwig, a. Weitmar, Gerichtsreferendar in Altona: Der Gegenstand des Rechtsschutzes, mit besonderer Berücksichtigung des Strafrechts. Wandsbek-Hamburg 1907: A. B. Ueberwasser. (70 S.) 8° [F.]
Erlangen, Jur. Fak., Ref. Allfeld, Diss. v. 3. Okt. 1907
[Geb. 22. Marz 83 Weitmar (Westfalen); Wohnort: Altona; Staatsangeh.: Preußen; Vorbildung: Gymn. Altona Reife O. 02; Studium: Freiburg i. B. 3, Berlin 1, Kiel 2 S.; Rig 26. Juli 07.]

Hülsmann, R., Aufgepaßt, — auf dem Katzensteinhorn, — Rotkehlchen, — Schuld u. Sühne, — Verloren u. Wiedergefunden, s.: Edelweiß.

Hülsmann, R., Deklamationen f. evang. Jungfrauen-Vereine. Gedichte u. Festspiele. 12. (48 S.) Cöthen 896. Dessau, Buchhandlg. d. Vereinshauses. n. — 80

Huelsmann, Rich. (Aug.): Nonnulla afferuntur de oesophagotomia. Berolini (1849). (29 S.) 8°
Berlin, Med. Diss. v. 5. Dez. 1849

Hülsmeyer, Const., Dichterei. 8. (159 u. VI S.) Dresden 899. E. Pierson. n. 2. 50; geb. n. 3. 50

Hülsmeyer, C[onstantin]: Staats-Bordelle. Prakt. Lösung d. Prostitutionsfrage. Dringende Vorstellungen an Behörden, Ärzte, Parlamentarier u. Publicum. — Hagen i. W.: Risel (1892). 127 S. 8°

Hülsmeyer, Lambert: Über den Krebs der Zunge und des Bodens der Mundhöhle ... Würzburg, Buchdr. d. „N. Bayer. Landeszeitung". 1888. 31 S. 8°
Würzburg, Med. Fak., Inaug.-Diss. v. 1888

Die Börsengeschäfte in rechtlicher und volkswirtschaftlicher Beziehung. Von Eugen Hülsner. *Berlin: Puttkammer & Mühlbrecht 1897.* (2 Bl., 102 S.) 1 Bd 8. [97. 3565]

Hülß, Heinrich, Kurzer Überblick über die Geschichte des „Turnvereins zu Hof, e. V." (gegr. 3. 4. 1861), 60 S., 8°.

Hülße, Friedr., die Einführung der Reformation in der Stadt Magdeburg. gr. 8. (IX, 188 S.) Magdeburg 883, Creutz'sche Buchh. *

Hülße, Friedr. Die Stadt Magdeburg im Kampfe f. den Protestantismus während d. J. 1547—1551, s. Schriften f. das deutsche Volk.

Hülße, F., Sagen der Stadt Magdeburg. gr. 8. (IV, 774 S.) Magdeburg 887, Rathke. geb. * 8 —

Hülsse, Fr Historische Tradition der Katastrophe der Stadt Magdeburg im Jahre 1631. 36 S. Progr. Päd. *Magdeburg* 1877

Hülsse, Judenfeind-
s. **Judenfeind.**

Hülße, Julius Ambrosius

Hülsse, Jul. Ambros., über d. Berechnung v. Beobachtn. durch d. Methode d. kleinsten Quadratsummen. gr. 4. (2 B.) Leipzig 841, [Voß.] *

Hülsse, Jul. Ambros., u. A. Weinlig, polytechnisches Centralblatt, s. Centralblatt.

Hülße, Julius Ambrosius, s. Gregory, O.: Mathematik.

Hülsse, J. A., die Kammgarn-Fabrikation. (Abdr. aus dem 3. Supplem.-Bde. zu J. J. R. v. Prechtl's technologischer Encyclopädie.) Mit 13 Kpfrtaf. (in Fol.) Stuttgart 861. Cotta. gr. 8. (VIII, 171 S.) n. 1 ℛ 6 ngr.

Hülsse, J., Ueber Kranken- und Versorgungscassen für die weniger bemittelten Bevölkerungsklassen. (Programm der Kgl. polytechn. Schule u. der Kgl. Baugewerkenschule zu Dresden.) 4°. Dresden 1856.

—— allgem. Maschinen-Encyclopädie, s. Maschinen-Encyclopädie.

Hülße, J(ul. Ambros.), Referat über Maschinen, s. Bericht der Beurtheilungs-Commission bei der Industrie-Ausstellung in München.

Hülsse, J(ul.) A(mbros.), Sammlung mathematischer Tafeln, s. a. Sammlung.

Hülsse, Dr. J A. Sammlung mathematischer Tafeln. Als neue, völlig umgearbeitete Auflage von Vega's grösseren logarithmisch-trigonometrischen Tafeln. Stereotyp-Ausgabe. 8. Leipzig 1849.

Die Königliche polytechnische Schule ⟨technische Bildungsanstalt⟩ zu Dresden während der ersten 25 Jahre ihres Wirkens geschildert von Prof. Dr. (**Julius Ambrosius**) **Hülsse.** Zum Besten des neu begründeten Reisestipendienfonds gedr. Dresden: Schönfeld in Comm. 1853. 54 S. 4°

Hülsse, J. A., die königliche polytechnische Schule (technische Bildungsanstalt) zu Dresden während der ersten 25 Jahre ihres Wirkens geschildert. Dresden 854. Schönfeld in Comm. gr. 4. (1 Bl., 54 S.) n. 15 ngr.

Hülsse, Jul. Ambr., die Sterblichkeitsverhältnisse in Leipzig, verglichen mit denen in Berlin, in den Belgischen Städten, im Königreiche Sachsen u. in Frankreich. Mit 7 Tabell. u. 3 Steindrucktafeln. gr. 4. Leipzig 839. Voß. n. 2/3 ℛ

Hülsse, Jul. Ambr., Tafeln zur Vergleichung der gebräuchlichsten Maasse u. Gewichte. [Abdr. aus der Sammlung mathemat. Tafeln v. Vega. 2. Aufl.] hoch 4. (16 S.) Leipzig 852, Weidmann. n. 1/3 ℛ

— die Technik der Baumwollenspinnerei, ihr Fortschreiten in den letzten 25 Jahren und ihr gegenwärtiger Zustand. Mit 24 Kpfrtaf. (in qu. Fol.) (Abdr. aus dem Suppl. zu Prechtl's technolog. Encyklopädie.) Stuttgart 857. Cotta. gr. 8. (XV, 335 S.) n. 2 ℛ. 4 ngr.

Hülsse, J. A., die Technik der Baumwollenspinnerei, ihr Fortschreiten in den letzten 25 Jahren und ihr gegenwärtiger Zustand. (Abdr. der Artikel Baumwolle und Baumwollenspinnerei aus den Suppl. zu Prechtl's technolog. Encyklopädie.) 2., unveränd. Abdr. gr. 8. (XI und 340 S. mit 25 Kpfrt. in qu. Fol.) Stuttgart 863, Cotta'sche Buchh. *

Hülße, J. A., die Unterstützungscasse für landwirthschaftl. Arbeiter, s. Unterstützungscasse.

– s. Vega, G v: Logarithm. Handbuch.

—— die einfache u. zusammengesetzte Zinsrechnung, mit ihrer Anwend. auf Rechn. v. Interessen, Discont, Zahlungstermine, mittl. Zahlungen, Zeit- u. Leibrenten, Lebensversichern. u. Schuldtilgung behandelt. 4. (4 1/2 B.) Leipzig 836. Voss.

Hülssner, d. Reinigg. d. Kanalwässer, s.: Ludwig.

Hülssner, neue Schulhäuser, s.: Ludwig, L.R.A.

Hülst, v., Leben der Mutter Maria Theresia [Theodelinde Debouché], Stifterin der Congregation der sühnenden Anbetung in Paris. Autoris. Uebersetzung von einem Mitgliede des Kapuzinerordens. gr. 8. (V, 231 S.) Augsburg 888, Literar. Institut von Dr. M. Huttler. * 2 40

Hülst, Ferdinand v.: Die Bedeutung der Bankgesetznovelle vom 7. Juni 1899 für Reichsbank und Privatnotenbanken und ihre Wirkung. Münster ⟨Westf.⟩ 1907: Westf. Vereinsdruckerei. (79 S.) 8° [F.]

Münster, Rechts- u. staatsw. Fak., Ref. v. Heckel, Diss. v. 14. Jan. 1908

[Geb. 6. Juni 78 Legden, Kr. Ahaus (Westfalen); Wohnort: Münster i. W.; Staatsangeh.: Preußen; Vorbildung: Gymn. Meppen Reife O. 99; Studium: München 3, Berlin 5 S.; Rig. 8. Nov. 07.]

Hülster, A., das französische Konkordat, s.: Broschüren, Frankfurter zeitgemäße. XXIV, 7.

Das Zeugnis der Kirchenväter Die Kernpunkte d. christl. Glaubens-, Sitten- u. Gnadenlehre dargest. in Zitaten aus d. Väterschriften. Von Aloys **Hülster,** Rektor Paderborn F Schöningh 1906. (XI, 246 S.) 8° [F.] [07. 14008

Hülster, Aloys, das Zeugnis der Kirchenväter. Die Kernpunkte der christl. Glaubens-, Sitten- u. Gnadenlehre dargestellt in Zitaten aus d. Väterschriften. (XI, 246 S.) 8. Paderborn 907. F. Schöningh. 2. 20

Hülster, Ant., die Seelenlehre, gegründet auf Wissenschaft und Erfahrung, in durchgängiger Uebereinstimmung mit der Schriftanschauung. 8. (XIII, 417 S.) Cleveland, O. 877. (Philadelphia, Schäfer und Koradi.) geb. *

Hülstett, Georg Karl Anton

Hülstett, G. K. A. Ueb. d. nordwestl. Durchfahrt, oder wieweit und wiefern kennen wir jetzt den Nordrand des Festlandes von Amerika. 8 S.

Progr Düsseldorf 1838

Hülstett, Geo. Karl Ant., s. Sammlung ausgewählter Stücke aus d. Werken deutscher Prosaiker rc.

Hülstett, Geo Karl Ant., Sammlung ausgewählter Stücke aus den Werken deutscher Prosaiker u. Dichter, zum Erklären u. mündl. Vortragen in den verschied. Klassen der Gymnasien. 1 Thl.: Für die beiden unteren Klassen. 2 Abthlg: Für die fünfte Klasse 6. unveränd. Aufl. gr 8. (XVI u 272 S.) Leipzig 851, Fr. Fleischer. ½ ₰ — 1. Thl. 1 Abthlg.: Für die 6. Klasse. 7 verb Aufl. gr 8. (XXVI u. 221 S.) Ebd 848. ½ ₰ — 2 Thl: Für die beiden mittleren Klassen 1 Abthlg: Für die vierte Klasse. 4 unveränd. Aufl. gr 8. (XXIV u. 392 S.) Ebd 851 ⁵⁄₆ ₰

Hülstett, Geo. Carl Ant., Sammlung ausgewählter Stücke aus den Werken deutscher Prosaiker und Dichter, zum Erklären und mündlichen Vortragen in den verschied. Klassen der Gymnasien hrsg. 1. Thl.: Für die beiden unteren Klassen. 1. Abthl.: Für die sechste Klasse. 8., verb. Aufl. gr. 8. (XX und 220 S.) Leipzig 855, Fr. Fleischer. Thlr.

Hülstett, Georg Carl Anton. Sammlung ausgewählter Stücke aus den Werken deutscher Prosaiker und Dichter... 1. Th. 8. Aufl. Leipzig 1855. H: *Münch, Peter.* (Ky)

Hülstett, Geo. Karl Ant., Sammlung ausgewählter Stücke aus den Werken deutscher Prosaiker und Dichter, zum Erklären und mündl. Vortragen in den verschiedenen Klassen der Gymnasien. 2. Thl.: Für die beiden mittleren Klassen. 2. Abthl. Für die 3. Klasse. 3., sorgfältig durchgeseh., verb. und verm. Aufl. gr. 8. (XXII und 386 S.) Leipzig 865, F. Fleischer.

Hülstett, Geo. Karl Ant., ausgewählte Stücke für Gymnasien, s. Sammlung ausgewählter Stücke.

Hülswitt, Ign., Tagebuch e. Reise nach d. verein. Staaten u. d. Nordwestküste v. Amerika. 8. (24 B.) Münster 829, Coppenrath.

Hult, Joh Ferd

Hult, J. F., C. Taciti de origine situ moribus ac populis Germaniae, suethice redditus et et annotationibus illustratus. Diss. 1868. 80 S.

Hult, Joh. Ferd., Cornelii Taciti de origine situ moribus ac populis Germaniae liber suethice redditus et annotationibus illustratus. Dissertatio academica. gr. 8. (80 S.) Stockholm 866, (Samson und Wallin.) *

***Hultén,* Andr., de eclipsi lunari in diem XI. Julii a. 1825 incidentem pro meridiano Gryphisw. computata. 4. Greifsw: 805.**

Hültenschmidt, A(lexander), aus Dortmund **Über Pyrrolidin-β-carbonsäuren.** *Bonn 1904: C. Georgi.* (86 S.) 8°
Bonn, Phil. Diss. v 8. Febr. 1904

Hültenschmidt, Walther, Referendar aus Dortmund **Der Einfluß** des Wechsels in der Person des Gläubigers durch Abtretung auf die dem Schuldner zustehenden Einwendungen nach gemeinem Recht und Bürgerlichem Gesetzbuch. *Borna Leipzig 1904: R Noske* (IX, 60 S.) 8°
Leipzig. Jur Diss v 1904.

Hulter, M., Eduard u. Mathilde, od. d. belohnten Tugenden. Ein Leseb. f. d. Jugend. M. 5 ill. Kpfr. 16. (10½ B.) Leipzig 828, Magazin f. Ind.
Vgl. Hulder.

—— die Wunderinseln, od. Karl u. Richards Irrfahrten auf unbekanntem Meere, u. merkwürd. Begebenheiten auf e. wüsten Eilande, unt. wilden Riesen, e. guten Zwergvölkchen, d. Meerwilden, auf e. schwimm. u. d. glückl. Insel, so wie ihre Rückkehr. Ein Leseb. f. gute Kinder. M. 6 ill. Bild. 8. (10 B.) Leipzig 830, Magazin f. Ind.

Hülter, Carl, Chronika van Iserliaun, s.: Uhlmann-Bixterheide.

Hülter, Carl, westfälische Dichtung der Gegenwart, s.: Uhlmann-Bixterheide.

Unner'm krümder Kreone. Eine Erzählung aus d. Zeit d. Königr Westfalen in plattdeutscher Mundart von Carl **Hülter** Leipzig O. Lenz (1898). (XIV 176 S.) 8° [F.]
= **Bibliothek** niederdeutscher Werke. Bd 30. [07. 9765]

'Aus einem Mai' u. andere Gedichte von Carl **Hülter** Dresden & Leipzig E. Pierson 1895. (102 S.) 8° [Ant. u. F.] [07. 8723]

— vom Stamm der Eiche. Westfalenbuch. 12. (VII, 298 S. m. Titelbild.) Essen 901. G. D. Baedeker. Geb. in Leinw. m. Goldschn. n. 3.—

Hultgren, E. F., Statistische Untersuchungen des Distisichons m. Einl. v. Drobisch. S.-A. 1872. 28 S. 1.—

Hultgren, E. O. u. Osk. A. Andersson, Studien zur **Physiologie u. Anatomie der Nebennieren. Von der schwed. Gesellschaft der Ärzte gekrönte Preisschrift. gr. 8. (248 S. m. 6 Taf.) Leipzig 899. Veit & Co. n. 14.—**

Untersuchung über die Ernährung schwedischer Arbeiter bei frei gewählter Kost von E[rnst] O. **Hultgren** u Ernst Landergren. Mit 3 Taf. Stockholm: Samson & Wallin 1891 (135 S.) 8°
= **Skrifter** utg. af Lorénska stiftelsen. No 4. [07 9103]

Deutsche Dichtungen in lateinischem Gewande. Von Friedrich Karl **Hultgren.** Leipzig Giesecke & Devrient 1907. XII, 181 S. 8° [10. 13760]

Hultgren, Frid. C Observationes metricae in poetas elegiacos Graecos et Latinos. P I 37 S. – Leipzig Nicolai-G, Progr 1871

Hultgren, C., Observat. metricae in poetas elegiacos Graecos et Latinos. 2 Tle. Pr 1871/72. 37. 34 S. 4°. 4.—

Hultgren, F. K. Rede über Dante's Charakter. **Leipzig,** Nicolai-G., 1861. 18 S. Progr.

Hulth, J. M., bibliographia Linnaeana Matériaux pour servir à une bibliographie Linnéenne. Partie I. Livr. I. (V, 170 S. m. 9 Fksm.-Taf.) Lex. 8. Uppsala 907. (Berlin, R. Friedländer & Sohn.) nn 10. —

van Hulthem, Ch., s. Bibliotheca Hulthemiana.

Hultier, Ferd., französ. Sprachlehre z. öffentl., Privat- u. Selbst-Unterrichte; od. Anleit., nach d. neuesten Lehrmethode in fünfzig wohlgeordn. Lectionen gründl. französ. schreiben u. sprechen zu lernen. 8. (31½ B.) Wien 840, Volke.

Hültier, Ferd., französische Sprachlehre zum öffentlichen, Privat- und Selbst-Unterrichte; oder Anleitung, nach der neuesten Lehrmethode in 50 wohlgeordneten Lectionen gründlich französisch schreiben und sprechen zu lernen. Mit Benützung der besten über französ. Literatur bestehenden Lehrbücher bearb. 2. (Titel-)Aufl. 8. (XII und 492 S.) Wien 851, Braumüller.

Hultier, Ferd., französische Sprachlehre zum öffentlichen, Privat- und Selbst-Unterrichte. Eine Anleitung in sechzig Lectionen, nach einer bewährten leichtfaßl. Lehrmethode, die französ. Sprache gründlich schreiben und sprechen zu lernen. 3. Aufl. 1854. und 4., verb. und bedeutend verm. Aufl. gr. 8. (XVI und 464 S.) Wien 855(56,) Braumüller. *

Hultier, Ferd., französische Sprachlehre zum öffentlichen, Privat- und Selbst-Unterrichte. Eine Anleitung in 60 Lectionen, nach einer bewährten leichtfaßl. Lehrmethode, die französ. Sprache gründlich schreiben und sprechen zu lernen. 5., verb. und bedeutend verm. (Titel-)Aufl. gr. 8. (XVI und 464 S.) Wien (856)58, Braumüller's Verlags-Conto. *

Hultkranz, J. Wilh., das Ellenbogengelenk u. seine Mechanik. E. anatom. Studie. gr. 8. (III, 151 S. m 21 Fig. u. 4 Taf.) Jena 897. G. Fischer n. 7.—

Hultsch, Friedrich

— Conjectanea in Polybium. S.-A. 1890. 12 S.

Hultsch, F., De Damareteo argenteo Syracusanorum nummo. Pr. 1882. 36 S. u. 1 Taf. 4°. 1.50

Hultsch, Frdr., die Elemente d. ägypt. Theilungsrechnung. 1. Abhandlg. [Aus: „Abhandlgn. d. k. sächs. Gesellsch. d. Wiss."] Lex.-8. (192 S.) Leipzig 895. B. G. Teubner. n. 8. —

—— zur Erinnerung an Dr. Chrn. Ernst Aug. Gröbel, Rektor der Kreuzschule. Gedächtnißrede, in der Aula der Kreuzschule gehalten am 28. Jan. 1884. 8. (31 S.) Dresden 884, v. Zahn und Jaensch. *

Die Gewichte des Altertums. Nach ihrem Zshange dargest. v Friedrich Hultsch, *Leipzig: B. G. Teubner 1898* (XII, 205 S.) 4.(8.)
— Abhandlungen d. Kgl. Sächs. Gesellschaft d. Wissenschaften. Philol.-histor. Classe. Bd 18. No II. [98. 8549

Hultsch, Friedr., Heraion und Artemision, zwei Tempelbauten Joniens. Ein Vortrag. gr. 8. (52 S.) Berlin 881, Weidmann'sche Buchh. *

Hultsch, F., griechische Metrologie, s. Griechenland.

Hultsch, Friedr., griechische und römische Metrologie. gr. 8. (XI und 327 S.) Berlin 862, Weidmann'sche Buchh. *

Hultsch, F., Griech. u. röm. Metrologie rec. W. Christ. S.-A. 1865. 28 S.

—— griechische und römische Metrologie. 2. Bearbeitung. gr. 8. (XIV, 745 S.) Ebendas. 882. *

—— dass. — s. Handbibliothek, philologische.

Die Ptolemäischen Münz- und Rechnungswerte von Friedrich Hultsch. *Leipzig: B. G. Teubner 1903.* (60 S.) 4°(8°)
— Abhandlungen d. K. Sächs. Gesellschaft d. Wiss. Philol.-Hist. Kl. Bd 22, No 3.

Hultsch, Fr., s. Pappi Alexandrini collectionis quae supersunt.

Poseidonios über die Grösse und Entfernung der Sonne. Von Friedrich Hultsch. *Berlin: Weidmann 1897.* (48 S.) 4.
— Abhandlungen d. Kgl. Gesellschaft d. Wissenschaften zu Göttingen. Phil.-hist. Klasse. N. F. Bd 1. No 5. [97. 959

— F. O., Quaestiones Polybianae I. Pr. 1859. 25 S. 4°.
— — II. Pr. 1869. 21 S. 4°.

Hultsch, Fr., Quaestiones Polybianae, pars II. gr. 4. (21 S.) Dresden 869, (Schönfeld's Verlag.) *

Hultsch, Friedr., Scholien zur Sphaerik des Theodosius. Lex.-8. (66 S. mit 22 Fig.) Leipzig 887, Hirzel. * 3 60
Aus Abhandlungen der k. sächs. Gesellschaft der Wissenschaften, besonders abgedruckt.

Hultsch, Frdr., Scholien z. Sphaerik d. Theodosius. Lex.-8. (66 S. m. 22 Fig.) Leipzig 897. [Hirzel.] B. G. Teubner. n. 3. 60; ermäss. Pr. n. 1. 80

—— s. Scriptorum metrologicorum reliquiae.

Hultsch, F., Die Sphärik des Theodosios und einige unedirte mathemat. Texte. S.-A. 1885. 16 S.

— die erzählenden Zeitformen b. Polybios. I.—III. Abhandlg. Lex.-8. (210, 121 u. 100 S.) Ebd. 891—93. n. 14. 60; ermäss. Pr. n. 7. 30

Hultsch, Karl: Ein Beitrag zur Theorie des Hodographen der Planeten- und harmonischen Bewegung. Berlin: Trenkel 1910. 48 S. 8°
Greifswald, Phil. Diss. v. 18. Juli 1910, Ref. Engel
[Geb. 18. Juli 83 Kötzschenbroda, Wohnort Kötzschenbroda; Staatsangeh.: Sachsen; Vorbildung. Realgymn. Dresden Reife M. 03; Studium: Dresden Techn. Hochsch. 9, Greifswald 4 S.; Rig. 28. Febr. 10.] [U 10. 1619

Hultschin [Schlagwort]

Hultschin, s.: Deutschland. Uebersichtskarte.

Hultzsch, Eugen

Hultzsch, E., s.: Annambhatta's Tarkasamgraha.

Hultzsch, E., the Baudhâyanadharmaśâstra, s. Abhandlungen für die Kunde des Morgenlandes.

— s.: Bhâskara, des Laugakshi, Tarkakaumudî.

Hultzsch, E., s.: Madana, Pârijâtamañjarî or Vijayaśrî.

Hultzsch, Eug., Prolegomena zu den Vasantarâja Çâkuna, nebst Textproben. gr. 8. (88 S.) Leipzig 879, Breitkopf und Härtel. *

— s.: Zeitschrift der deutschen morgenländ. Gesellschaft.

Hultzsch, J. Th., Hilde. E. Mär aus alten Zeiten. gr. 8. (116 S.) Halle 897. C. A. Kaemmerer & Co. n. 1. 50; geb. in Leinw. n. 2. 50

Hultzsch, J. Th., Irene. Ein Frühlingstraum in 8 Gesängen. 8. (44 S.) Halle 894. C. A. Kaemmerer & Co. n. — 60

Hultzsch, J. Th., Spielmanns Liebe u. Leid. Aus d. Leben e. fahrenden Sängers. 8. (46 S.) Halle 896. C. A. Kaemmerer & Co. n. — 75; geb. in Leinw. n 1. 60

Hultzsch, J. Th., im Luch. Ein Roman aus der Ostmark. (180 S.) 8. Halle 909. C. A. Kaemmerer & Co. 2.50; geb. in Leinw. 3. —

— Märchen. (Umschlag: Märchen u. Lieder.) (VI, 104 S.) 8. Ebd. (910). 1.80

— der Paria. gr. 8. (55 S.) Ebd. 898. n. 1. —; geb. in Leinw. n. 1. 80

Rheinzauber. J. Th. Hultzsch. Halle a. S.: C. A. Kaemmerer & Co. 1907. (91 S.) 8° [G.] [08. 8417 B

Hultzsch, Lothar: Zur Geschichte der Naturwissenschaften im 19. Jahrhundert. Putbus 1908: Decker. S. 115—122. 8°
Putbus, k. Pd, in Festschr. z. Einweihung d. neuen Gymn.-Gebäudes, P 1908 * [S 08. 207

Hultzsch, P., eine Sammlung von 800 praktischen und erprobten Vorschriften für die gangbarsten, nicht officinellen pharmaceut. Handverkaufs-Artikel, nebst einem Anhang, betr. die Zusammensetzung der bekannteren Geheimmittel. Uebersichtlich zusammengestellt. 1. und 2. Aufl. gr. 8. (46 S.) Bernburg 881, (Schmelzer's Hofbuchh.) **

Hultzsch, *Julius* Theodorus [Saxo-Borussus]: De elocutione Diodori Siculi. De usu aoristi et imperfecti. Pars 1 ... Halis Sax., form. Kaemmererianis, 1893; 1 Bl., 5—96 S., 1 Bl. 8.
Halle, Phil. Fak., Inaug.-Diss. v. [8. Jan.] 1894

Hultzsch, Theodor: Höfisches Leben zur Zeit Homers. Gelsenkirchen 1909: Münstermann. 40 S. 8°
Gelsenkirchen, RG i. E. P 1909 (497) [S 09. 216

Hultzsch, Theodor: Hofisches Leben zur Zeit Homers. 40 S. 8.
Progr. Realgymn. i. E. *Gelsenkirchen* 1909 (497).
I. Allgemeine Fragen. II. Die Zeit des griechischen Rittertums, ihre Lebensweise, ihre religiösen Vorstellungen. III. Namen und Personen. IV. Der Sänger und sein Lied. V. Die höfische Erziehung und die Frauen.

Hultzsch, [Theodor]. [Prolog zur Feier des 100jährigen Todestages Schillers.] S 18. 4. **Progr.** Realprogymn. *Gelsenkirchen* 1906 (452).

Hultzsch, Theodor, Dr: Die erzählenden **Zeitformen** bei Diodor von Sicilien. *Pasewalk 1902: H. Gnädig.* (S. 3—12.) 4° ¶(Forts. d. Diss. Halle 1893: De elocutione Diodori Siculi. De usu aoristi et imperfecti.)
Pasewalk, st. PG m. Realabt., OP 1902 (150)

Hulzen, Gerard v., Vagabunden. (Zwervers.) Einzig berecht. Übersetzg. nach der 3. Orig.-Aufl. v. E. Charlet. (211 S. m. Bildnis.) 8. Leipzig 907. Maas & van Suchtelen. 8.—; geb. 4.—

Hulzen v. Eckeln, Geo. Nic., s. Hülsen v. Eckeln, Geo. Nic.

Human, Theodor Friedrich Gottfried Reinhardt, weil. Rektor des Lyceums zu Saalfeld u. s. w., s.: Schriften des Vereins f. Meiningische Geschichte u. Landeskunde.

Human, Alfred. Über Dichlorhydrochinondisulfosäure und über Azoxybenzaldehyde. Diss. Phil. Basel. 50 S. 8. Basel, Walz & Miéville, 1904.

Human, Armin, Herzog Bernhard II. Erich Freund. Geb. 17. XII. 1800, gest. 3. XII. 1882, regier. Herzog v. S. Meiningen-Hildburghausen, vom 17. XII. 1821 bis 20. IX. 1866. Ein Gedenkblatt zur Feier des 17. XII. 1900. gr. 8. (22 S.) Hildburghausen (900). F. W. Gadow & Sohn. n.n. —10

Human, Armin Arthur Schopenhauers Charakter und Philosophie. Ein Essai. 4 (S. 5—42).
In: Festschrift z. Feier des 50j Amtsiubil. des G. Hofrat E. Rittweger.
Progr. Herz. G. Georgianum *Hildburghausen* 1894.
Nicht im Tauschverkehr

Human, A., Chronik von Ebenhards. Festschrift zur Feier des 25jähr. Amtsjubiläums des Hrn. Pfr. H. Jlgen in Ebenhards. gr. 8. (50 S.) Hildburghausen 880, (Gadow und Sohn.) **

Human, Armin, Chronik der Stadt Hildburghausen, s.a. Schriften des Vereins f. sachsen-meining. Geschichte u. Landeskde. 59. Heft.

Chronik der Stadt Hildburghausen. Neubearb. von Dr. Armin **Human**, Superint. Mit Stadtpl. u Abb. (T. 1) Hildburghausen 1908: Gadow. 8°
(Schriften d. Vereins f. Sachsen-Meiningische Geschichte u. Landeskunde. H. 59.) [09. 7487 3

Human, (Rud.) Arnim, Chronik der Stadt, der Diözese und des Herzogt. Hildburghausen. (1. Bd.) Chronik der Stadt Hildburghausen. gr. 8. (XII, 702 S. mit Stadtplan und Abbild. der bemerkenswertesten öffentl. Gebäude.) Hildburghausen 886(888), Kesselring'sche Hofbuchh. ** 5 —

— Chronik von Kloster Veilsdorf. Eine Quellenstudie. 8. (V, 144 S.) Ebendas. 882 *

— der Dunkelgraf v. Eishausen. Erinnerungsblätter aus dem Leben eines Diplomaten. 1. Tl. Mit Abbild. der Portr. des Dunkelgrafen und des Schlosses von Eishausen (in Stahlst.). 8. (132 S.) Hildburghausen 883. Kesselring'sche Hofbuchh. *

— der Dunkelgraf von Eishausen. Erinnerungsblätter aus dem Leben eines Diplomaten. 2. Tl. 8. (131 S. mit Abbild. des Siegels und Wappens der Dunkelgrafen, Damenportrait und der Grabstätte der Gräfin.) Ebendas. 886. * 1 20
1. Tl. Ebendas. 1883. * M 2.40.

Human, Archidiak. Pfr. Dr. A., Das Ehrenamt des Gemeindewaisenrates im Herzogtum Sachsen-Meiningen. (16 S.) Hildburghausen 1901. J. W. Gadow u. Sohn.

— Gebetbüchlein für die Hausandacht evangelisch-lutherischer Christen. [2. Tl. d. Konfirmandenbüchleins.] 12. (64 S.) Hildburghausen 890. Gadow & Sohn. n.n. —15

Human, Armin, Gedächtnisrede auf Fürst Otto v. Bismarck. Bei d. Trauerfeier am Sonnabend, d. 6. VIII. 1898, abends 8 Uhr im Kaisersaale v. Hildburghausen geh. gr. 8. (12 S. m. 1 Bildn.) Hildburghausen 898. F. W. Gadow & Sohn. —15

Human, (Rud.) Armin, die Geistesfreiheit vom Herrn im Gottesreich. Predigt über 2. Corinther 3, 17. Zur Verständigung über das Wesen der evangelisch-protestant. und der römisch-kathol. Kirche gehalten am V. p. Trinit. 21. Juli 1867 Nachmittags in der Stadtkirche zu Hildburghausen. gr. 8. (14 S.) Hildburghausen 867, Kesselring'sche Hofbuchh.

— Geschichte der herzogl. Hofbuchdruckerei von Hildburghausen. Im Auftrage des gesammten Personals der Anstalt zum 2. Säcularfest derselben am 15. Jan. 1883 verf. gr. 8. (20 S.) Hildburghausen 883, Gadow und Sohn. *

[J.] Geschichte der Juden im Herzogtum S.-Meiningen-Hildburghausen. '([Th.] 1.)' Von Dr. A(rmin) **Human.** *Hildburghausen: Kesselring 1898.* 4. (8.)
= **Schriften** d. Vereins f. Sachsen-Meining. Geschichte u. Landesk.* H. 30. [98. 9979

Human, Armin. Geschichte d. Postwesens v. Hildburghausen. Denkschrift zur Weihe d. neuen Postgebäudes am 1. Juli 1892. 8. (52 S. m. 1 Ansicht.) Hildburgh. 892, Gadow u. Sohn. —40

— Geschichte der Schützengilde v. Hildburghausen. Festschrift zum 14. Aug. 1892. gr. 8. (92 S. m. 1 Abbildg.) Ebd. 892. n. —60

Human, Armin: Hofrat Gottlieb Jacob, s. Schriften des Vereins f. Sachsen-Meiningische Geschichte u. Landeskunde.

– Professor Max Kleemann, s. Schriften des Vereins f. Sachsen-Meiningische Geschichte u. Landeskunde.

— d. französ. Colonie in Hildburghausen, s.: Geschichtsblätter d. deutschen Hugenotten-Vereins.

– D. französ. Kolonie in Hildburghausen, s. Schriften des Vereins f. Sachsen-Meiningische Geschichte u. Landeskunde.

— Konfirmandenbüchlein zu Dr. Martin Luthers kl. Katechismus u. z. Spruchbuch des Predigervereins Hildburghausen-Themar. Nach kirchlich-bewährten Quellen verf. 4. Aufl. 8. (68 S.) Ebd. (899). n. —20

— Konfirmanden-Büchlein zu Dr. Martin Luthers kleinem Katechismus u. dem religiösen Lernstoff f. die evangel. Schulen des Herzogt. Sachsen-Meiningen. Nach kirchl.-bewährten Quellen verf. 5. Aufl. (72 S.) 8. Hildburghausen (907). F. W. Gadow & Sohn. — 25

—— Konfirmandenbüchlein zum Spruchbuch des Prediger-vereins Hildburghausen-Themar. Nach kirchl. bewährten Quellen verf. 8. (32 S.) Hildburghausen 888, Gadow und Sohn. * — 10

—— Konfirmandenbüchlein zum Spruchbuch d. Predigervereins Hildburghausen-Themar. Nach kirchl. bewährten Quellen verf. 2. Aufl. 8. (44 S.) Ebd. 889. 10
2. Tl. u. d. T.

– - Gebetbüchlein f. die Hausandacht evangel. luther Christen. 12. (64 S.) Ebd. 890. * — 15

— Konfirmandenbüchlein zum Spruchbuch d. Prediger-vereins Hildburghausen Themar. Nach kirchlich-bewährten Quellen verf. 3. Aufl. 8. (44 S.) Ebd. 893. n. — 10

– Konfirmation d. Centgerichtes Römhild durch Kaiser Maximilian a. 1498, s. Schriften des Vereins f. Sachsen-Meiningische Geschichte u. Landeskunde

– E Kontrajagd bei Naundorf a. 1824, s. Schriften des Vereins f. Sachsen-Meiningische Geschichte u. Landeskunde

– Landeschronik auf d. J 1895 u 1896, s. Schriften des Vereins f Sachsen-Meiningische Geschichte u. Landeskunde

Liturgie für evangel.-lutherischen Gemeindegottesdienst. Unter musikal. Redaktion von Friedrich Anschütz, Sem.Lehrer a.D., verf. von [Rudolf] Armin Human, Pfarrer. Hildburghausen: F.W. Gadow & Sohn 1900. (405 S.) 8° [4. 1904

— Liturgie f. Kindergottesdienst u. Christenlehre. 8. (16 S.) Ebd. 894. n.n. — 10

— u. Fr. Anschütz, dasselbe Orgelstimme dazu. gr. 8. (10 S.) Ebd. 894. n. — 20

—— die Lutherfeier der Stadt Hildburghausen am 10. und 11. Novbr. 1883. Ein Gedächtnisblatt. 8. (34 S. mit Luther's Holzschn.-Bild.) Ebendas. 884. *

– Carl Joseph Meyer u. d Bibliograph Institut v Hildburghausen-Leipzig, s. Schriften des Vereins f Sachsen-Meiningische Geschichte u. Landeskunde

Human, A., evangelischer Religions-Unterricht. Für Schul-Oberclassen, den Confirmanden-Unterricht und kirchl. Katechesen. II. Bibelkunde. Kirchengeschichte. Leben und Lehren der Kirche. gr. 8. (28 S.) Hildburghausen 877, Schwessinger. *
Der I. Thl. ist nicht erschienen.

— evangelischer Religions-Unterricht. Für Schul-Oberclassen, den Confirmanden-Unterricht u. kirchl. Katechesen. II. Bibelkunde. Kirchengeschichte. Leben u. Lehren der Kirche. gr. 8. (28 S.) Ebend. 881. n. — 60
Der I. Thl. ist noch nicht erschienen.

– D. Sedans-Jubelfeier im Herzogt. S.-Meiningen am 1. u. 2. Septbr. 1895 u. d. große Zeit v. 1870/71, s. Schriften des Vereins f. Sachsen-Meiningische Geschichte u. Landeskunde.

Stiftungen und Vermächtnisse der Diözese Hildburghausen. Von Superint. Dr. A[rmin] Human. ⟨1.⟩ Hildburghausen: F. W. Gadow & Sohn 1906. 8° [F.]
— Schriften d. Vereins f. Sachsen-Meiningensche Geschichte u. Landeskunde. H. 54. [07. 091

– Johann Peter Uz u. dessen Freunschaftsverhältnis m. Hofadvokat Rat Johann Peter Grötzner, s. Schriften des Vereins f. Sachsen-Meiningische Geschichte u. Landeskunde.

– Weltreise Johann Caspar Röhrigs v Birkenfeld bei Hildburghausen in d J 1768-1776, s. Schriften des Vereins f Sachsen-Meiningische Geschichte u Landeskunde

Human, Arthur· Der deutsch-russische Handels- und Schiffahrts vertrag vom 20 März 1894 (Leipzig Duncker & Humblot 1899 (37 S.) 8°
(Aus: Schmollers Forschungen, Bd 17, H 3)
Berlin, Phil. Diss. v 2. Aug. 1899

Der Deutsch Russische Handels und Schiffahrtsvertrag vom 20. März 1894 Von Arthur Human Leipzig Duncker & Humblot 1900 (91 S.) 8°
= Forschungen Staats- u socialwissenschaftl Bd 17 H 3

Human, Carl Otto (Glitzberg), De conditionibus quibus ileotyphus fiat recidivus. Diss. med. Präs. Theodor Ruete. Lpz. (Breitkopf & Härtel) 23. X 1860. 24 S. mit Biogr. (M.: F. Loebner.) (4.50) 16351
Oppon.: L. Thomas, P. Jacobi.

Humana; e. Zeitschr. f. Menschenkunde u. Menschenwohl; h. v. (K. H.) **Dzondi.** (1e Abth. Inneres des Menschen. 2e Abth. Aeusseres d. M.) 1r Jahrg. N. 1-23. 2r J. N. 24-68. *Halle*, (Anton in C.) 833-34. gr 4° m. Abbildd. 2 ß u. 4 ß

Humaniora. Beiträge zur Geschichte der franz Revolution. Erstes bis achtes Stück. 3 Bde 1796—98.

Humaniora
⑤ 1796—1798 ⑧ Zürich (?) ⑮ Angeführt von BGSZ 12, p. 19, dürfte jedoch in Leipzig gedruckt sein BGSZ 99 (p. 164, Nr 42).

Humaniora. Leipzig 1796—98.
V: *Usteri, Paul.* (Ky) (MGT)

Humaniora, (v. P. Usteri). 8 Stücke, mit Kpf. gr. 8. Leipz. 796—98, Schmidt.

Humaniora. Jahrbuch für Freidenker. Hrsg. von S. Liebmann. 1. Jahrg. 1868. gr. 8. (141 S.) Mannheim 867, (Löffler.) *

Humanismus, der, das Prinzip der Freimaurerei. Eine Denkschrift. gr. 8. (25 S.) Leipzig 881, Findel.

Der Humanist Jahrgang 1 - 3, no 5, Sept 21 1851 - Oct 16 1853.
Weekly Sub-title Ein Organ für die Freien Gemeinden und Freien Schulen, die Pflegerinnen der Humanität Quarto, enlarged to small folio, Jan. 1853 each issue 8 pages, then 4 pages paged continuously
Established & published by Georg Ludwig Eduard Schroeter and edited by him until June 1853 from Jan. 1853, published by an Aktiengesellschaft
Milwaukee, WI

Humanitas. Eigenthümer u. Hrsg.: F[ranz] J[ul.] Schneeberger, Sigm. Schlesinger, Rud. Scherer. Verantw. Red.: Rud. Scherer. Jg. 1. 2. Wien 1870—1871. 4° [Kopftit.]
cf. U. 1 (1871) S. 46—47 (A. Strasser).
Tt. 174. Nur einzelne Hefte lagen vor. Die Zeitschr. vertrat die Interessen der Frmrei dem grossen Publikum gegenüber. Nach Taute erschien dazu als Beil. „Der Zirkel" s. Nr 645. 439.

Humanitas. Zeitschrift für Versöhnung der Wissenschaft und Religion und zur Verbreitung von Menschenthum und Sittlichkeit. Hrsg. unter Mitwirkung geschätzter Pädagogen und Humanisten von Th. Schlitz. 1. Bd. 6 Hefte. (à 4 Bog.) gr. 8. Neuwied 879, (Heuser'sche Buchh.)

Humanitat. Organ pro tut interesi humanitar e internazional. Red.: H. Molenaar. Jahrg. 1909. 4 Nrn. (à 8 S.) Lex. 8. Leipzig, O. Wigand. — 80
Erscheint nicht mehr.

Humanität, über, Gegenst. üb. Kotzebue v. Adel. gr. 8. Lpz. Voß. 793.

Humanität, die. Monatsschrift f. Gemeinnützigkeit, f. Förderg. öffentl. Wohlfahrts- u. Wohlthätigkeits-Bestrebgn., Fachblatt f. Armen- u Krankenwesen, sowie f. Gesundheitspflege, Archiv f. die Gesammtinteressen des Frauen-Arbeits-, Erwerbs- u Vereinslebens, u. als solches Fortsetzg. der Zeitschrift „Die Frau im gemeinnütz. Leben". Hrsg. v. Ant. Pfeiffer u. Amélie Sohr. 6. Jahrg. Octbr. 1892—Septbr. 1893. 12 Nrn. (à ca 2 Bog.) gr. 4. Reichenberg i/B., Administration. n. 8. —

Humanität, die. Monatsschrift f. Gemeinnützigkeit, f. Förderg. öffentl. Wohlfahrts- u. Wohlthätigkeits-Bestrebgn., Fachblatt f Armen- u. Krankenwesen, sow. f. Gesundheitspflege, Archiv für d. Gesammtinteressen d. Frauen-Arbeits-, Erwerbs- u. Vereinslebens, u. als solches Fortsetzg. d. Zeitschrift „Die Frau im gemeinnutz. Leben" Hrsg v. Ant. Pfeiffer u. Amélie Sohr. Red : Ant. Pfeiffer 9.—12 Jahrg Octbr. 1895—Septbr 1899. à 12 Nrn (Bog.) gr. 4. Reichenberg i/B, Administration. à Jahrg. n. 4. —
Kann auch halbjährlich bezogen werden.

Humanität, die. Monatsschrift f. Gemeinnützigkeit, f. Förderg. öffentl. Wohlfahrts- u. Wohlthätigkeits-Bestrebgn. Hrsg. u. red. v. Ant. Pfeiffer. 12.—14. Jahrg. Octbr. 1898—Septbr. 1901. à 12 Nrn. Fol. (à ca. 8 S. m. Abbildgn. u. Taf.) Reichenberg i/B., Administration. à Jahrg. n. 4. —

— dasselbe. 15. u. 16. Jahrg. Octbr. 1901—Septbr. 1903. à 12 Nrn. Fol. (à ca. 8 S.) Ebd. à Jahrg. 3. 50

Humanität, die. Monatsschrift f. Gemeinnützigkeit, f. Förderung öffentl. Wohlfahrts- u. Wohltätigkeits-Bestrebgn. Mit der Beilage: Blätter f. Krankenhausverwaltung. Hrsg. u. red. v. Ant. Pfeiffer. 17. u. 18. Jahrg. Oktbr. 1903—Septbr. 1905. à 12 Nrn. (à ca. 8 S. u. 8 S. in gr. 8.) Fol. Reichenberg i/B., Administration. (Nur direkt.) à Jhrg. n. 3. 50

Humanität, die Monatsschrift f. Gemeinnützigkeit f. Förderg. öffentl. Wohlfahrts- u. Wohltätigkts.-Bestrebgn. Mit d. Beilage: Blätter f. Krankenhausverwaltg. Hrsg. v. A. Pfeiffer 19 Jahrg. Okt. 1905—Sept. 1906. 12 Nrn. 4. Reichenberg i/B, Administration. 3. 50.

Humanität, die. Monatsschrift f. Gemeinnützigkeit, f. Förderg. öffentl. Wohltahrts- u. Wohltätigkts.-Bestrebgn. M. d. Beilage: Blätter f. Krankenhausverwaltg. Hrsg. v. A. Pfeiffer. 20. Jahrg Okt 1906—Sept. 1907. 12 Nrn. 4. Leipzig, Fritsche u. Schmidt. ». —

Humanität, Religion und Christenthum. Ein Beitrag zur Erörterung der in dem Eklekt.·. Bunde obschwebenden Prinzipienfrage von der ger. u. vollk. Loge Carl zum aufgehenden Lichte im Or. von Frankfurt. Ms. f. Brr Frmr. Frankfurt a. M. 1844: Brönner. 28 S. 8° [Umschlagtit.] 193. 358 a.

Humanitäts-Schriften des neuen Berliner Tierschutz-Vereins. Nr. 1: Der wissenschaftliche Unwerth der Vivisektionen in allen ihren Arten von Rich. Nagel. 8. (80 S.) Berlin 881, (F. Lobeck.)
Nicht weiter erschienen.

Humanitäts-Zeitung, allgemeine Organ f. die Interessen der allgemeinen Humanitätspflege, sammtl. humanitärer u. Frauen-Vereine. Redig. v. Rich. Wilh. Soukup. Chefredact.: M. E. Weiser 4. Jahrg. 1889. 24 Nrn. (Bog.) Fol. Wien, Weiser. 4 —

Humanité, l', ou le tableau de l'indulgence. Drame en 5 Actes. 8. Lausanne, Pott. 773. -

Der 'Mittellandkanal' als Bindeglied einer einheitlichen Wasserwirtschaft Nordwest Deutschlands, nebst e. Übersichtskarte. Von **Humann,** Ingen. *Hannover 1903 Gebr. Janecke.* (42 S.) 8° [F.]
— **Sammlung** von Schriften z. Kanalfrage. 1902, No 2.

Die Talsperren und ihre Einwirkung auf die allgemeine Wasserwirtschaft in Deutschland, insbesondere im Wesergebiete. Von **Humann,** Ingen., u. [E.] Abshoff, Ingen. Mit 1 Karte u. 2 Tab. Jena H Costenoble 1905. (57 S.) 8° [05. 4373

Humann: Über die Ursachen und über die Mittel zur Bekämpfung der häufig wiederkehrenden unzeitigen Überschwemmungen Hannover 1903· Gebr Jänecke (42 S)8°
= Sammlung von Schriften z Kanalfrage 1903 No 5.

Zur Beurteilung mittelalterlicher Kunstwerke in Bezug auf ihre zeitliche und örtliche Entstehung (Verf. Georg **Humann.**) (*München 1901 Meisenbach, Riffarth & Co.*) (37 S.) 8° [Kopft] [01. 4697 6

Die Beziehungen der Handschriftornamentik zur romanischen Baukunst. Bearb. von Georg **Humann.** 96 Fig. Strassburg J. H. E. Heitz 1907 (99 S.) 8°
— **Studien** z. deutschen Kunstgeschichte H. 86. [07 11431

— **Zur Geschichte der karolingischen Baukunst,** s. a. Studien zur deutschen Kunstgeschichte.

Zur Geschichte der karolingischen Baukunst Von Georg **Humann** Mit Fig. [1] Strassburg Heitz 1909-11 8°
(Studien z deutschen Kunstgeschichte H 120 149) A 12 4714

Humann, Geo., die Kunstwerke der Münsterkirche zu Essen. 72 Lichtdr.-Taf. Hrsg. von dem Kirchenvorstande der kathol. St. Johannis-Pfarrgemeinde in Essen. Beschrieben v. H. (VI S. Text.) gr. Fol. Nebst Text (XII, 403 u. 37 S. m. Abbildgn.) Lex.-8. Düsseldorf 904. L. Schwann.
In Leinw.-Mappe, Text geh. n. 75. —; geb. n. 77. —

Humann, Geo. Der Westbau d. Münsters zu Essen. Aufgenommen, gezeichnet u. erläut. gr. 4. (II, 44 S. m. 3 lithogr. Taf. u. 22 Abbildgn. im Text.) Essen 890, (Baedeker). 5 30

GEORG HUMANN Der Westbau des Münsters zu Essen Aufgenommen gezeichnet und erläutert (Herausgegeben mit Unterstützung des Historischen Vereins für Stadt und Stift Essen) Mit 3 Tafeln und 24 Figuren im Text Essen 1890 Selbstverlag des Verfassers 4°

Humann, Johann Jakob, s. Hirtenbrief

Humann, Jh. Jak., Lehr- u. Gebetbuch für kathol. Christen. 2e A. Mainz 827. Wirth.

Humann, Joh. Jac., Lehr- u. Gebetbuch f. kathol. Christen. 6. Aufl. 8. (26 B., 1 Stahlst. u. gest. Ttl.) Mainz 838, Kirchheim, Schott u. Thielmann.

Humann, J. J., Lehr- u. Gebetbuch f. kathol. Christen. 7. Aufl. 8. (26 B., 1 Stahlst. u. Ttl. in Gold- u. Farbendr.) Mainz 844, Kirchheim, Schott u. Thielmann.

—— Predigten. Hrsg. v. Freunden u. Verehrern d. Verewigten. Mit d. Biographie u. d. Bildn. d. Verf. gr. 8. (28½ B.) Mainz 836, Kirchheim, Schott u. Thielmann.

Altertümer von Hierapolis hrsg. v. Carl **Humann,** Conrad Cichorius, Walther Judeich, Franz Winter. M. 61 Abb. u. 1 Stadtpl. *Berlin: G. Reimer 1898.* (XII, 202 S., 1 Pl.) 1 Bd 4.(8.)
— Jahrbuch d. Kais. Deutschen archäolog. Instituts Ergänzgsh. 4.[98.5046

Humann, Carl (Hrsg.), s. a. Altertümer von Hierapolis

Humann, C., s. Ergebnisse, die, der Ausgrabungen zu Pergamon.

Humann, C., die Ergebnisse der Ausgrabungen zu Pergamon 1880—1881, s. Conze, A.

Humann, Carl, Magnesia am Maeander. Bericht üb. die Ergebnisse der Ausgrabgn. der J. 1891—1893. Die Bauwerke bearb. v. Jul. Kohte. Die Bildwerke bearb. v. Carl Watzinger. (Königl. Museen zu Berlin.) Mit 14 Taf. u. 231 Abbildgn. im Text. (VII, 228 S.) 4. Berlin 904. G. Reimer. Geb. in Leinw. n.n. 35. —

Humann, Karl u. Otto Puchstein. Reisen in Kleinasien u. Nordsyrien, ausgef. im Auftrage der k. preuss. Akademie der Wissenschaften. hoch 4. (VII, 424 S.) Nebst e. Atlas, enth. 3 Karten v. Heinr. Kiepert, 5 Pläne u. 48 Lichtdr.-Taf. (in Mappe). Fol. Berl. 890, D. Reimer. * 60 — ; Textbd. (m. 3 Karten) allein. * 20 —

Humann, Ls., Katechismus des Arbeiterrechts. Die reichsgesetzl. Bestimmgn. üb. Arbeitszeit — Sonntagsruhe — Lohnzahlg. — Arbeitsvertrag — Kontraktbruch — Kündigung — Entlassung — Arbeiterausschuß — Arbeitsbücher — Arbeitszeugnisse — Koalition — Arbeiterschutz — Kinder- u. Frauen-Beschäftigg. — Fabrikinspektoren, gesammelt, systematisch geordnet u. in leichtfaßl. Weise erläutert. 8. (47 S.) Flöha 899. A. Peitz & Sohn. —60

Humann, Paul, Dipl.-Ing. a. Bochum: Über den Energieverbrauch im Dielektrikum bei hohen Wechselspannungen. München 1906: R. Oldenbourg. (98 S.) 8°
Bonn, Phil. Fak., Ref. Kayser, Diss. v. 25. Juli 1906
[Geb. 24. Febr. 76 Bochum i. W.; Wohnort: Mülheim a. Rh.; Staatsangeh.: Preußen; Vorbildung: Realgymn. Mülheim a. Rh. 1892 Obersekunda. Zugelassen mit minist. Genehmigung; Studium: Darmstadt T.H. 1, Karlsruhe T.H. 8, Bonn 2 S.; Rig. 9. Mai 06.]

Humanus, s. a. Eberhardt-Humanus, Ernst.

Humanus, s.: Deutsch-Afrika u. die deutschen Katholiken.

Humanus, s.: Entwicklung, die naturgemässe, d. Menschen u. Goethe's Faust.

Humanus, lebendig begraben, s.: Nimm u. lies.

Humanus, der Sclavenhandel in Afrika und seine Greuel, beleuchtet nach den Vorträgen des Cardinals Lavigerie und Berichten von Missionaren und Forschern. Mit Portr. des Cardinals Lavigerie und dessen Denkschrift an die Katholiken Deutschlands. 8. (64 S.) Münster 888, (H. Schöningh.) * — 60

Humanus, s.: Soldaten-Misshandlungen?

Soldaten-Mißhandlungen. Von Humanus. Berlin: Continent [1905]. (63 S.) 8°
= Continent, Broschüren-Folge. No 13. 1+5. 11419

— s.: Spir, African, e. Philosoph der Neuzeit.

— s.: L'Union fait la force.

Humanus, Versuche aus d. Gebiete d. Staatswissensch., s. a. Versuche.

Humanus, (psdn.), Versuche aus d. Gebiete d. Staatswissenschaften, 2 Hefte. A. u. d. T.: 1) über Gymnasien als allgemeine, gelehrte Bildungsschulen, mit Rücksicht auf Baiern. Nebst einleit. Bemerkk. über Menschenwesen, Erziehung u. Schulen, überhaupt. 2) Ueber Landesverschönerung, als Gegenstand d. Staatsvorsorge. Nebst e. vorbereit. Abhandl. über den Menschen, d. Familie u. den Staat. 8. Augsb. 830, 31. Wolfhart. à 8 gl

Humanns, Otto (Pseud.), s. Hühn, Otto (wirkl. Name).

Humanus, P. C. [Hartong] Musicus theoretico-practicus bey welchem anzutreffen I. Die demonstrativische Theoria Musica II. Die methodische Clavier-Anweisung. Nürnberg 1749.

Humar, Josef. Die neue Steuergesetzgebung in Bayern. E. Ratgeber in d. wichtigsten Steuerfragen d. Reiches, d. Staates u. d. Gemeinde. Mit bes. Berücks. aller auf d. Hausbesitz u. Gewerbebetrieb lastenden Abgaben u. Pflichten. München (1910). 8°

Humber, Eduard, od. die Folgen allzurascher Handlungen, von Just. Freyer. 2 Bde. 8. Berl. Nicolai. 803. Rthlr.

Humbert. Angriff auf die feindl. Stellung bei Bliescastell, 26. Sept. 1793, nebst dem Gefecht bei Bickingen 17. Nov. 1793.

Humbert. Über die wissenschaftliche Begründung des Wunders. Vortrag im philomath. Verein zu Oppeln, gehalten 2. Februar 1867. Daselbst, Clar, 1867 u. 69. 1 u. 2. Aufl., 44 S., gr. 8°, 1 Mk.
Recens. v. Zukrigl, Theol. Quartalschr. 1867, S. 465—7

Humbert, das Bild der Bilder. Vortrag über die Sixtinische Madonna. 16. (IV, 48 S.) Berlin 869, Rauh.
cart. mit Goldschn.
Mit Photogr. der Sixtina

Humbert. Geistliche, humoristische, komische u. andere Erinnerungen an 14 bedeutende zeitgenössische deutsche Männer, nebst 87 Denkmalen gleichen Charakters. gr. 8. (120 S.) Graudenz 892, Gaebel. 2 —

— 70 geistliche, humoristische u. komische Denkmale. II. Folge der geistl., humorist., kom. u. anderen Erinnergn. an 44 bedeut. zeitgenöss. deutsche Männer, nebst 87 Denkmalen gleichen Charakters. gr. 8. (IV, 89 S.) Ebd. 893. n. 1. 60

Humbert, Mlle., Adele Huguenin s.: Combe, T.

v. Humbert. Charte vom Kurfürstenthum Hessen. Nürnberg und Hersfeld. 4 Bl. K. Ff.

v. Humbert, ..., Charte von Kurfurstenthum Hessen. 4 Bl. in Kpfrst. gr. Fol. Cassel 819, Luckhardt. n. 1 1/2 ℛ︀

Humbert. Lager der Kaiserl. u. Preuss. Armee bey Longwy 20.—29. Aug 1792, nebst Bombardement der Festung.

Humbert. Lager-Plan der Preuss. Armee bei Riebenach. v. 22.—29. Juli 1792.

Humbert. Lager-Plan des Preuss. Corps d'Armée bey Pollich d. 30. Juli 1792.

— Lettres d'un Officier Ingénieur sur quelques Sujets de Fortification et de Géometrie pratique. av. fig. 4. Berlin, Lange. 736.

v. Humbert. Plan der denkw. Belagerung der Festung Mainz unter Sr. kgl. Maj. v. Preussen 1793. 1:20000. Mit den vorhergegangenen Positionen bei Wickert und Hochheim.

v. Humbert. Plan der Stadt Hersfeld und Umgegend. 1 Bl. 1. Ff.

Humbert. Plan des Überfalls bei Sierk 1792.

v. Humbert und Martelleur. Plan der Umgegend von Hanau. 1:40000. Hanau 1837. 1 Bl. 1. Ff.

— Réflexions sur un écrit de M. le Capit. Glaser, intitulé: Lettre à trois demandes etc. 8. Berlin, Lange. 737.

Humbert, Abraham von

Neue Anweisung zum praktischen Gebrauch des Nivellirens mit der ordentlichen Wasserwaage, worinnen zugleich eine richtige Anleitung gegeben wird, wie man sich dieses Instruments recht bedienen soll, alles aus eigner Erfahrung gezeiget von M. *de H.* (*Major de Humbert*) Berlin zu finden bey A. Haude, und J. C. Spener 8. 48 S. (4 Gr.)

v. *Humbert*, Abrah., († d. 12. Jan. 1761.) l'art du génie pour l'instruction des gens de guerre. 8. Berl. 755. 1 ₰ 8 𝔤𝔤

— nouveau traité du nivellement. 8. Berl. 750.... 4 𝔤𝔤

— Unterricht d. zur ganzen Kriegskunst gehör. Wissenschaften. 1r Thl., mit Kpf. 8. Bernb 756. Görner. 1 ₰

Humbert, Aimé, l'école normale suisse. gr. 8. (28 S.) Bern 875. Jent & Reimert. n. 60

Humbert, Aimé, schweizerische Normal-Schule. gr. 8. (27 S.) Bern 875. Jent & Reinert. n. — 60

Humbert, A., Schweizer. Normal-Schule. 27 Stn. gr. 8. Zürich, S. Höhr. —. 80

Humbert, Alois

Humbert, A., mémoire sur les animaux vertébrés du terrain sidérolith. du canton du Vaud, s.: Materiaux pour la paléontologie suisse.

Humbert, Alois, und F.-J. Pictet, Monographie des Chéloniens, s. Pictet, F.-J.

Humbert, Aloïs. Myriapodes des environs de Genève. Oeuvre posthume collationnée et publiée par *Henri de Saussure*, d'après les notes et les dessins laissés par l'auteur. Avec le portrait d'A. Humbert et 14 planches. In-8°. 92 p. Genève et Bâle, Georg & Co., 1893. 25 —
*** Tirage à part des mémoires de la Société de physique et d'histoire naturelle de Genève. XXXII. 1.

Humbert, C., französische Deklamirübungen. Charakterbilder aus Molière und andere mustergültige Stücke in Poesie und Prosa. Gesammelt und mit Anmerkungen begleitet. gr. 16. (IV und 245 S.) Bielefeld 862, Velhagen und Klasing. * —

Humbert, C. v., Planetensystem. 3 lith. Bog. Imp.-Fol. Hanau 837, König. *

—— ein verschollenes Werk von Karl Fr. Becker: Die Dichtkunst aus dem Gesichtspunkte des Historikers betrachtet. gr. 8. (33 S.) Berlin 880, Friedberg und Mode. *
Aus: Central-Organ für die Interessen des Realschulwesens, besonders abgedruckt.

Humbert, C. H. Le Phormion de Térence et les fourberies de Scapin de Molière. Elberfeld, R., 1859. 18 S 4. **Progr.**

von Humbert, C. J. Anweisung zur Situationszeichnung Eine Erläuterung der Karten- und Plankaraktere (Herausgegeben von Friedrich Meinert) Mit 12 illuminirten Kupfertafeln Halle 1801 44 S. 8°

Humbert, C. J. von, Anweis. zum Situationszeichnen. n. K. gr. 8. Halle, Schimmelpfennig. 804.

v. Humbert, C. J., Anweis. z. Situationszeichnen, mit Erläuterr. d. Karten- u. Plan-Charaktere. Mit 13 ill. Kpft. gr. 8. Halle 804. 3e A., mit Erläuterung v. F. Meinert. gr. 8. Potsd. 806. Horvath. 1 ₰ 20 𝔤𝔤

Humbert, C. J. v., k. preuss. Ingenieur Lieut. Anweisung zur Situations Zeichnung. Eine Erläuterung der Karten- und Plan-Charaktere. Mit 12 Kupfertafeln. 2. Aufl. 8. Potsdam 1805.

von Humbert, C. J. Anweisung zur Situationszeichnung Eine Erläuterung der Karten- und Plankaraktere Dritte vermehrte Auflage Mit 15 illuminirten Kupfertafeln (Herausgegeben von Friedrich Meinert.) Potsdam 1808. 99 S. [Taf. fehlen.] 8°

— Anweis. zum Situationszeichnen m. Erl. d. Chart. u. Plan-Charaktere m. illumin. Kupf. gr. 8. Potsdam, Horvath. 809.

Humbert, C. J. v., Anweisung zur Situationszeichnung, eine Erläuterung d. 15 illum. Kupfert. v. F. Meinert, 3te verm. Aufl. gr. 8. Potsd. Horvath. 815.

Humbert, C. J. v Definitionen der gesammten Kriegswissenschaften. 1 Hft. Definitionen der Arithmetik. 2. Hft. Definitionen der Geometrie 8. Magdeburg 1810.

v. Humbert, C. J., Definitiones d. gesammten Kriegswissenschaften. 2 Hefte, mit 1 Kpft. gr. 8. Magdeb. 810. Heinrichshofen. 9 𝔤𝔤

Humbert, Charles

Sind wir verteidigt? A. d. Franzöf. von E. v. Kraatz. Berlin 1907 300 S

Sind wir verteidigt? ⟨Sommes-nous défendus?⟩ von Charles **Humbert**, Senator. Autor. Übers. aus d. Franz. von E. v. Kraatz. Leipzig, Berlin, Paris: Grethlein & Co. [1908]. (300 S.) 8° [F. u. Ant.] [08. 13480

Humbert, *Clas* Die Gesetze des französischen Verses. Ein Versuch sie aus dem Geiste des Volkes zu erklären mit besonderer Rücksicht auf den Alexandriner 8 (33 S.).
Progr. G u Rg *Bielefeld* 1888 (329)

Humbert, C., die Gesetze des französischen Verses. Ein Versuch, sie aus dem Geiste des Volkes zu erklären, mit besond. Rücksicht auf den Alexandriner und Molières Misanthrope. gr. 8. (IV, 55 S.) Leipzig 888, Seemann. * 1 50

Humbert, Clas Fr. Jacobs über Molière und die Klassiker aus dem Zeitalter Ludwigs XIV. I. Molière. 24 S.
Progr. *Bielefeld* 1879.

[F.] **Humbert,** Clas [Prof. Dr.]: Über den Idealismus des Helden in Skakspeares Hamlet. ([Umschlagt.:] „Über Shakspeares Hamlet".) Bielefeld, Druck v. Velhagen & Klasing, 1897; 3—16 S. 4.
Bielefeld, G u. RG, P 1897 (358)

Humbert, Claas, Prof. Dr Zu Molières Leben und Werken und zu Shakspeares Hamlet. *Bielefeld 1899: Velhagen & Klasing.* (28 S.) 4°
Bielefeld, G u. RG, OP 1899 (366)

— Molière in England. Bielefeld, G. u. R., 1874. 22 S. 4. **Progr.**

Humbert, C., Molière, Shakspeare und die deutsche Kritik. gr. 8. (XX, 511 S.) Leipzig 869, Teubner. *

Humbert, Clas [Prof. Dr., Oberl.]: Nochmals das e muet und der Vortrag französischer Verse. Zur Vervollständigung, zur Aufklärung und zur Abwehr. (Forts. d. P-Beil. 1888: Die Gesetze d. franz. Verses. . . .) Bielefeld, Druck v. Velhagen u. Klasing, 1890; 81 S. 8°
Bielefeld, G u. RG, P 1890

—— lustige Puppen-Tragödie vom sich selbst entleibenden Lindau, oder Schiller, Lessing, Goethe, Molière und — Hrn. Dr. Paul Lindau's „Frische Wissenschaftlichkeit auf dem Markte des Lebens". gr. 8. (VII, 92, 31 S.) Bielefeld 885, Helmich. * 2 50

Humbert, Clas Schiller, Lessing, Goethe Moliere und Herr Dr Paul Lindau. Goethe über Moliere nebst einigen Bemerkungen von Lessing und Schiller 31 S 8. *Bielefeld* 1885
Vgl des Verf Lustige Puppentragödie vom sich selbst entleibenden Lindau oder Schiller Lessing, Goethe, Moliere und — Herrn Dr P Lindau's „Frische Wissenschaftlichkeit auf dem Markte des Lebens" (VII, 92 u. 31 SS) 8 Bielefeld 1885, Helmich. 2 Mk 50 Pf.

Progr.

Humbert, C., Deutschlands Urteil über Molière. gr. 8. (XII, 208 S.) Oppeln 883, Franck's Buchh. *

Humbert, C., **Englands Urtheil über Molière, den einzigen Nebenbuhler Shakspeare's und den grössten Komiker aller Zeiten.** 8. (XII, 131 S.) Bielefeld 878, Gülker und Comp. *

—— **Englands Urteil über Molière, den einzigen Nebenbuhler Shakespeare's und den grössten Komiker aller Zeiten. 2. (Titel-)Aufl. gr. 8. (XII, 124 S.) Leipzig 884, A. Krüger.**

Humbert, C., Don Manuel, oder: Des Helden Standbild. Trauerspiel. (Den Bühnen gegenüber Mscr.) 12. (106 S.) Breslau 857. [Oppeln, Clar.] Thlr.

Humbert, Edouard

Humbert, Ed., Dans la Forêt de Thuringe. Voyage d'étude. hoch 4. (V und 499 S. mit eingedr. Holzschn. und 8 Holzschnt.) Genf (861)62. Leipzig, Brockhaus' Sortiment und Antiquarium. *

Humbert. Edouard H 1823-1889 Notice nécrologique et souvenir [Avec portrait hors texte] 8 s l [1890].

Humbert, Eugen (Berlin), De paralysi nervi facialis. Diss. med.-chir. Bln. (Nietack) 23. VI. 1834. 36 S. mit umfangr. Literatur u. Biogr. (M.: C. Pauli.) (6.—) 16352
Oppon.: K. Jericho, J. Kohn, K. Walther.

Humbert, Felix: Der vaginale Kaiserschnitt in der Strassburger Universitats-Frauenklinik. Strassburg 1909: Mül. 109 S. 8°
Straßburg, Med. Diss. v. 26. Juni 1909, Ref. Fehling
[Geb. 17 Aug 81 Metz, Wohnort Straßburg, Staatsangeh. Elsaß Lothringen, Vorbildung Gymn Montigny Reife Sommer 01, Studium Straßburg 11 S, Coll 23 Juli 08, Approb Sommer 07] [U 09. 3802

Humbert, Fernand Über die Erfolge der Gastro-Enterostomie bei 32 Fällen von benignen Magenaffektionen. Diss. Med. Bern. *Kopftitel*: Aus der Chirurgischen Klinik von Prof. [Theodor] Kocher, in Bern. 59 S. 8. Bex, Oppliger & Jeanrichard, 1902

Humbert, Fred Gesch d Dten v Alton u Umgegend, vorgetragen in der Alton Turnhalle am 4ten Juli 1876 Alton, Ill. 1876 [?].

Humbert, G., **landwirthschaftliche Reiseerinnerungen aus England und Schottland.** gr. 8. (IV, 77 S.) Jena 877, [Dufft.] Fischer. *

—— **agrarstatistische Untersuchungen über den Einfluss des Zuckerrübenbau's auf die Land- und Volkswirthschaft,** s.a. **Sammlung nationalökonom. und statist. Abhandlungen.**

Humbert G, uber den Einfluss des Zuckerrübenbaues auf die Land- und Volkswirtschaft. (Samml. nationalökon. u statist. Abhandl. her. von Conrad I, 1) Jena 1877

Humbert, Geo., Herr v. Liebig und die Stickstoff-Theoretiker. Ein Vermittlungsversuch aus der Praxis heraus. Berlin 858. Gaertner. gr. 8. (IX, 90 S.) 15 *ngr.*

Humbert, Hugo, aus Bielefeld **Delisle** de la Drévetière, sein Leben und seine Werke. Ein Beitrag zur Geschichte d. Nouveau Théâtre italien in Paris. *Berlin: W. Gronau 1904.* (68 S.) 8° ¶(Aus Zeitschr f französ. Sprache u. Litt. Bd 27, H. 1.)
Straßburg, Phil. Diss. v 1902

Humbert, Jean

Humbert, J., **Anthologie Arabe.** voyez: **Anthologie Arabe.**

Geschichte der Loge Carl und Charlotte zur Treue im Or.·. Offenbach a. M. 1812—1882. Nach protokollarischer Ueberlieferung verf. von Jean Humbert. Offenbach a. M. 1883: Forger. VIII, 57 S. 8°

Tt. 530a.

Humbert, Jean, Guide de la Conversation Arabe, ou Vocabulaire Français-Arabe, cont. les termes usuels. classes par ordre de matiers, et marques des signes-voyelles. gr. in-8. Paris 838. (Bonn, Marcus.) n. 1½ ℛ

Humbert, Maurice. Etude sommaire sur la philosophie du droit. Thèse. In-8°, 150 p. Lausanne (Bâle, H. Georg).

Humbert, Pierre Auguste

Humbert, (Missionär,) Gedanken üb. d. wichtigsten Wahrheiten unserer heil. Religion, u. üb. d. vorzügl. Pflichten d. Christen. Getreu nach d. Franz. 2te Aufl. gr. 12. Wien 827, Wallishausser.

Humbert, Gedanken über die wichtigsten Wahrheiten unserer heil Religion und über die vorzüglichsten Pflichten des Christen Getreu nach d Französ. Wien, Mechitaristen, 1831, 8°, 3 Aufl

Humbert, **Gedanken üb. d. wichtigsten Wahrheiten uns. heil. Religion u. üb. d. vorzügl. Pflichten d. Christen.** Getreu nach d. Franz. deutsch hrsg. v. d. Versammlung d. allerheil. Erlösers 3. Aufl. gr. 12. (20 B.) Wien 832, (Mechitaristen-Congreg.-Buchh.)

—— **Gedanken über die wichtigsten Wahrheiten der Religion und über die vornehmsten Pflichten des Christenthums.** Neue verm. Ausg. Aufs Neue aus dem Französ. übers. 8. (436 S.) Regensburg 818, Manz.

Humbert, **Gedanken über die wichtigsten Wahrheiten unserer heiligen christkathol. Religion und über die vorzüglichsten Pflichten des Christen.** Nach der neuesten französ. Ausg. übers., und mit einem Anhange von Morgen-, Abend-, Meß-, Beicht- und Communion-Andachten verm. von Mich. Sintzel. gr. 12. (VIII und 652 S.) Sulzbach 848, v. Seidel'sche Buchh.

Humbert. Gedanken über die wichtigsten Wahrheiten unserer heil. Religion und über die vorzüglichsten Pflichten der Christen. Nach dem Französischen von der Versammlung des Allerheiligsten Erlösers herausgegeben. 9. Auflage. 8. (XII und 451 S.) Wien, K. Ueberreuter, 1853.

Humbert, *Missionär u. Superior der Mission im Kirchensprengel Besançon.* Gedanken über die wichtigsten Wahrheiten unserer heiligen Religion und über die vorzüglichsten Pflichten des Christen. Getreu nach dem Französ., deutsch herausg. von der Versamml. des allerh. Erlösers A. M. X. Aufl. *Wien* 1858. Druck u. Verl. v. *K. Ueberreuter.* VIII, 452 S., 8°.

Humbert, najpoglavitniše resnice svete vere v premišljevanje dane. Poslovenil Peter Cisej. (Die wichtigsten Glaubenspredigten und Denksprüche.) gr. 8. (X und 448 S.) Klagenfurt 859, (Leon'sche Buchh.) *

Humbert, Unterrichte üb. die wichtigsten Wahrheiten der Religion u. die vornehmsten Pflichten d. Christenthums. Nach der neuesten französ. Ausg. übers. 2., sorgfältig verb u. vielfach verm. Aufl. 8. (XXIV. 531 S.) Regensburg 875. Manz. 3. 30

Humbert, Pierre Auguste.
Unterricht über die wichtigsten Wahrheiten der Religion. Regensburg 1875. Ü: *Schneider, Joseph.* (Jes)

Humbert, René, Les troupes de la confédération du Rhin, s.: Lienhart.

Humbert, René, les uniformes de l'armée française, s.: Lienhart.

Humbert, Therese, neue Vorlagen f. Holzbrand u. Kerbschnitzerei, s.: Holzbrand-Vorlagen, neue.

Humbert de Superville, D. P. G., Essai sur les signes inconditionnels dans l'art. (En trois livres: Le principe. — L'art. — L'application. Et Appendice: La statuaire comme art absolu. — Notes. — Revision. Avec un tableau synoptique. Edition maintenant complète, avec une seule Planche coloriée figurant le principe.) gr. in-Fol. (Mit vielen Holzschnitten.) Leyde 827 (— 830), van der Hoek. (Leipzig, Rud. Weigel.) n. 5 ₰

Humbertclaude, Henri: Erasme et Luther, leur polémique sur le libre arbitre. Paris. XXIII + 297 S. 8°.
Freiburg i. Schw. Theol. Diss. 1909/10.

Humblot, Paolo, un genero e sua suocera. Commedia in 1 atto. 12. (35 S.) München 885, (Buchholz und Werner.) ** — 50

Humbold, Rob., Kampf u. Sieg, od. Betrachtn. üb. d. Ereignisse uns. Zeit, mit Rückblicken auf d. Vergangenheit. 1. Thl.: Kampf. — A. u. d. T.: Die Lutherbrille f. Vergangenheit u. Gegenwart, od. Kampf u. Sieg in Bezug auf Papismus, Jesuitismus, Nationalismus u. Absolutismus. Zur Ermunterung d. Trägen, z. Befestigung d. Wankenden, z. Beruhigung d. Verzagten hrsg. 1. Thl.: Kampf. gr. 8. (16 B.) Leipzig 833, Hartmann.

Humboldt. Monatsschrift für die gesammten Naturwissenschaften. Hrsg. von G. Krebs. 1.—3. Jahrg. 1882—1884. à Jahrg. 12 Hefte. hoch 4. (à Heft 48 S. mit eingedr. Holzschn.) Stuttgart, Enke. à Heft *M 1.; à Jahrg. *

Humboldt. Monatsschrift für die gesamten Naturwissenschaften. Hrsg. von G. Krebs. 4. und 5. Jahrg. 1885 und 1886. à Jahrg. 12 Hefte. hoch 4. (à Heft ca. 48 S. mit eingedr. Holzschn.) Stuttgart, Enke. à Heft *M 1.—; à Jahrg. * 12 —
—— dass. — Hrsg. von Otto Dammer. 6. und 7. Jahrg. 1887 und 1888. à Jahrg. 12 Hefte. hoch 4. (à Heft 48 S. mit eingedr. Holzschn.) Ebendas. à Heft *M 1.—; à Jahrg. * 12 —
Seit 1887 mit der Zeitschrift „Kosmos" vereinigt.

Humboldt. Monatsschrift f. die gesamten Naturwissenschaften. Hrsg. v. Otto Dammer. 8. u. 9. Jahrg. 1890 u. 1891. à Jahrg. 12 Hefte. hoch 4. (à Heft ca. 50 S. m. eingedr. Holzschn.) [Stuttg., Enke.] Braunschw., Vieweg u. Sohn. à Heft * 1 —; à Jahrg. * 12 —
Nicht weiter erschienen, mit d. Naturwissenschaftl. Rundschau (s. d.) verschmolzen.

Humboldt, Alexander v., s.: Foerster, W.

— s.: Rau, H.

Humboldt, Alexander von. 32. (344 S. und H.'s Portr. in Stahlst.) Cassel 853, Balde. *
Vgl.: Bibliothek, neueste naturwissenschaftliche.

Humboldt, Alexander von. Mit Portrait (in Stahlst.) 853. — (Neue Ausg.) Sondershausen 855. Neuse. 16 (344 S.) n. 15 ngr

Alexander von Humboldt. Ein Nachruf (Deutsche Vierteljahrsschrift 1860. Heft 1 Nr 89 S 29—328) Stuttgart u. Tübingen 1860. 38 S. 8°

—— Zum 14. Septbr. 1869, seinem 100jähr. Geburtstage. Als Erinnerungsblatt für das deutsche Volk. 1.—4. Aufl. Mit 2 Portr. und einer Ansicht der Grabstätte Humboldt's in Tegel (in eingedr. Holzschn. und 1 Holzschntaf.). gr. 8. (32 S.) Leipzig 869, (Hartmann.) *

K., A. Alexander v Humboldt; biog Erinngsblätter z 100. Geburtstags-feste Humboldts NY 1869

Humboldt, Alexander v. Eine wissenschaftl. Biographie im Verein m. R. Avé-Lallemant, J. V. Carus, A. Dove, H. W. Dove, J. W. Ewald, A. H. R. Grisebach, J. Löwenberg, O. Peschel, G. H. Wiedemann, W. Wundt bearb. u. hrsg. v. Karl Bruns. 3 Bde. Mit 3 Portr. Humboldt's (in Stahlst.) gr. 8. (XX, 481; VII, 552 u. III, 314 S.) Leipzig 872. Brockhaus. n. 30 —; geb. n. 32. —

—— und das Judenthum, s. Kohut, Adph.

Humboldt, Wilh. v., s.: Bruchmann, K.

Humboldt, Wilhelm v., s.: Steinthal, H.

Humboldt, Wilhelm von. 32. (260 S. und H.'s Portr. in Stahlst.) Cassel 853, Balde. *

Humboldt, Gebrüder v. Fünf Briefe an Johann Reinhold Forster. Nebst e. Anh. Hrsg. v. Fritz Jonas. gr. 8. (48 S.) Berl. 889, Oehmigke's Verlag. * 1 50

Humboldt, Alexander von

—— Rede zu seiner Gedächtnißfeier, s. Abhandlungen des naturwissenschaftlichen Vereins zu Magdeburg.
Vgl.: Bastian, A. — Bernstein, A. — Briefwechsel. — Ule, Otto.

— s.: Ingen-Houss, Joh.

Humboldt, (Friedr. Heinr.) Alex. v., Abhandlung üb. einige wichtige astronom. Positionen Guiana's, s. Schomburgk.

Humboldt, (Fr.) Alex. v., Ansichten der Natur. 1 Bd. 12. Tübingen Cotta. 808.

— — dass. französ. 8. Ebend. 808.

Humboldt A. v.: Ansichten d. Natur m. wissenschaftlichen Erläuterungen. Bd. 1 Tübing 1808. 334 S.
— — 2. verb. u. verm. Aufl. 2 Bd. (1 Vol.). Stuttg. u. Tübing. 1826. (434) S.

— Ansichten d. Natur, mit wissenschaftl. Erläuterungen. 2 Bde. 2te Ausg. 16. Stuttg. 826, v. Cotta.

v. Humboldt, (Friedr. Heinr.) Alex., Ansichten der Natur, mit wissenschaftl. Erläuterungen. 2 Bde. 3. verb. u. verm. Ausg. 8. (1. Bd. XVIII u. 362 S. 2. Bd. IV u. 407 S.) Stuttgart 849 Cotta. 2²/₃ ₰

Humboldt, Alex. v. Ansichten der Natur m. wissenschaftlichen Erläuterungen. Beide Tle. in 1 Bde. 8. (XII, 852 S.) Stuttg. 890, Cotta Nachf. * 1 25; geb. * 1 80
—— dass. — s. Bibliothek d. Gesamt-Litteratur. — Meyer's Volksbücher. — Universal-Bibliothek.

Humboldt, (Friedr. Heinr.) Alex. v., Ansichten der Natur, s. Volksbibliothek, deutsche.

Humboldt, (Friedr. Heinr.) Alex. v., Ansichten d. Pflanzen-Geographie, im Auszuge hrsg. v. Stirbes. 12. (5 B.) Berlin 827, Nortmann. (?)

von Humboldt [illegible] Cotta

von Humboldt, Alexander Friedrich Alexander von Humboldts Aphorismen aus der chemischen Physiologie der Pflanzen Aus dem Lateinischen übersetzt von Gotthelf Fischer Nebst einigen Zusätzen von Dr u Prof Hedwig und einer Vorrede von Christian Friedrich Ludwig Leipzig 1794 XX 208 S 8°

— Aphorismen aus d. chem. Physiologie d. Pflanzen; aus d. Latein. v. G. Fischer; nebst Zusätzen v. J. Hedwig u. e. Vorrede v. C. F. Ludwig. gr. 8. Leipz. 794. Voß. 18 gr.

Humboldt, Alex. v., Auswahl aus seinen Werken. Schulausg. mit Anmerkungen von G. Beesenmeyer. 12. (XVIII, 182 S.) Stuttgart 880, Cotta'sche Buchh. cart. *

von Humboldt, Alexander Ueber den Bau und die Wirkung der Vulkane in verschiedenen Erdstrichen Gelesen in der Akademie der Wissenschaften am 24 Januar 1823. (Abhandlungen der Königlichen Akademie der Wissenschaften zu Berlin Physikalische Klasse 1822 1823 S. 137 155) Berlin 1823 19 S 4°

— über den Bau u. d. Wirksamkeit d. Vulkane in verschied. Erdstrichen. 8. Heidelb. 824. (Aus Leonhard's Jahrbuch besond. abgedruckt.)

Humboldt, von, Geognostische und physikalische Beobachtungen über die Vulkane des Hochlandes von Quito Zweite Abhandlung (10. Mai [illegible] Gesammtsitzung der Akademie; (Aus den Verhandl der Königl Preuss Akad der Wissensch zu Berlin)

Mineralogische Beobachtungen über einige Basalte am Rhein. Mit vorangeschickten, zerstreuten Bemerkungen über den Basalt der ältern und neuern Schriftsteller. [Verf.: Alexander von Humboldt.] Braunschweig: Schulbuchh. 1790. 126 S. 8°

— s. Beobachtt. über Basalt.

Humboldt A. v.: Beobachtungen aus der Zoologie u. vergleichenden Anatomie, gesammelt auf einer Reise nach den Tropen-Ländern d. neuen Kontinents in den Jahren 1799–1804 v. A. v. Humboldt u. A. Bonpland. Bearb. u. herausg. v. dem ersteren. Tübing. 1806. 212 S., 14 Tvl. (3 kol.) i. 1 Vol. Fol.

— u. Bonpland, Beobachtt. aus d. Zoologie u. vergleichenden Anatomie, gesammelt auf e. Reise nach d. Tropenländern d. neuen Continents, in d. J. 1799—1804. Mit 7 Kpf. gr. 4. Tübing. u. Paris 807, 9.

—— und W. Lichtenstein, amtl. Bericht üb. d. Versamml. deutscher Naturforscher in Berlin, s. Bericht etc.

Alexand. v. Humboldt u. H. Lichtenstein amtlicher Bericht über die Versammlung deutscher Naturforscher und Aerzte zu Berlin im September 1828. Nebst einer lithographirten Sammlung eigenhändiger Namen-züge der Theilnehmer Berlin 1829. 4. Accedunt pagg. 40 lithogr.

von Humboldt, [illegible]

— Lichtenstein, Link, Rudolphi, Weiß, Bericht über d. naturhistor. Reisen d. Hrn. Ehrenberg u. Hemprich durch Aegypten ꝛc. in d. J. 1820—25 gr. 4. Berl. 826. Dümmler. 8 gr.

— (Lichtenstein, Link, Rudolphi, Weiß,) Bericht üb. d. naturhistor Reisen d. Hrn. Ehrenberg u. Hemprich durch Aegypten ꝛc. in d. J. 1820—26. gr. 4. Berl. 827, Dümmler.

Humboldt, Fr. Alex. von, Brasilien, in histor. statistischer und naturhistor. Hinsicht dargestellt. m. K. Hamb. Bollmer. Rthlr. - illum. -

—— Briefe an Chrn. Carl Josias Frhr. v. Bunsen. 8. (212 S.) Leipzig 869, Brockhaus. *

Humboldt, A. v., Briefe zwischen A. v. Humboldt und Gauss, s. Briefe.

—— Briefe an Varnhagen v. Ense aus den J. 1827 bis 1858. Nebst Auszügen aus Varnhagen's Tagebüchern, und Briefen von Varnhagen und Andern an Humboldt. 1—5. Aufl. gr. 8. (XXIII und 400 S.) Leipzig 860, Brockhaus. *

Humboldt Alexander von Briefe an Varnhagen von Ense aus den Jahren 1827 bis 1858 Nebst Auszügen aus Varnhagens Tagebüchern und Briefen von Varnhagen und Anderen an Humboldt herausgegeben von Ludmilla Assing [illegible] Leipzig [illegible] Brockhaus 1860 XXIII 400 S 8

— Briefe an Varnhagen von Ense aus den Jahren 1827 bis 1858. Nebst Auszügen aus Varnhagen's Tagebüchern, und Briefen von Varnhagen und Andern an Humboldt 1–5. Aufl Leipzig 861 Brockhaus. gr 8 (XXIII, 400 S) n. 3 Rthlr

Humboldt, Alex. v., Briefe an seinen Bruder Wilhelm. Hrsg. von der Familie v. Humboldt in Ottmachau. 8. (VII, 228 S.) Stuttgart 880, Cotta'sche Buchh. *

Humboldt's, (Friedr Heinr.) Alex. v., Briefwechsel mit H. Berghaus, s. Briefwechsel.

von Humboldt [illegible] 1863 3 Bde

Humboldt, Alex. v., Briefwechsel mit H Berghaus aus den Jahren 1825–58 2. Ausg Jena 1869 3 Bde 8°

von Humboldt [illegible] Berlin

—— Briefwechsel und Gespräche mit einem jungen Freunde. Aus den J. 1848—56. gr. 8. (X und 141 S.) Berlin 861, [Franz Duncker.] * 25 Ngr.; geb. **

—— Briefwechsel und Gespräche mit einem jungen Freunde. Aus den J. 1848 bis 1856. 2. Aufl. 8. Berlin 869, F. Duncker. [Stuttgart, Krabbe] *

— conspectus longitudinum et latitudinum geographicarum, per decursum annorum 1799 ad 1804 astronomia observatarum. Calculo subjecit J. Oltmanns. 4maj. Cassel 808. Thurneysen. 1 Rthlr 8 gr. Velinp. 2 Rthlr 16 gr.

— s. Cotta, über Spinatsaphien

— Cosmos. Essai d'une description physique du Monde; trad. par H. Faye 1 partie. gr 8. (38 B.) Paris 846. (Leipzig, Brockhaus u. Avenarius.) *

— de distributione geographica plantarum secundum coel. temperiem et altitudinem montium prolegomena. 8maj. Parisiis, Bibl. graec. lat. german. 817.

— de distributione geographica Rautarum secundum coeli temperiem et altitudinem montium 8. Paris 817.

von Humboldt, [illegible] der Abweichung der Sonne auf den [illegible] Journal für Chemie [illegible] 1818 [illegible] 1818, 11 S. 8°

Humboldt, Al(exander) von: Einleitung, oder Ideen zu einer Geographie der Pflanzen, nebst einem Naturgemälde der Tropenländer... von A. von Humboldt und Aimé Bonpland. Tübingen u. Paris: 1807

s.: Humboldt, A. von: Ideen zu einer Geographie der Pflanzen, nebst einem Naturgemälde der Tropenländer... von A. von Humboldt und A. Bonpland.

— essai geognostique sur le gisement des roches dans les deux hemisphères. Geognost. Versuch über d. Lagerung d. Gebirgsarten in beiden Erdhälften. Deutsch bearb. v. K. Cäs. v. Leonhard. gr 8. Paris u. Strassb. 823. Levrault. 2 Rthlr

— évaluation numérique de la population du nouveau continent, considerée sous les rapports de la différence des cultes, des races et des idiomes; extrait d'une lettre adressée à Mons. de Coquerel. 8. Paris 825.

— de naturali familia graminum. 8. Paris 817.

— florae Freibergensis prodromus etc., c. tabb. (IV.) aen. 4maj. Berl. 793. Rottmann. 2 ℛ 8 gℓ

HUMBOLDT, (Fred.) Alex. v.: Florae Fribergensis specimen plantas cryptogamicas praesertim subterraneas exhibens. Accedunt aphorismi ex doctrina physiologiae chemicae plantarum. - Berolini 1793. 188 S., 4 Taf.

Humboldt, (Friedr. Heinr.) Alex. v., Fragmente e. Geologie u. Klimatologie Asiens. A. d. Franz., mit Anmerkn., 1 Karte u. 1 Tab. (gr. Fol.) verm. v. Jul. Loewenberg. M. 2 Karten (Fol.) gr. 8. (17¼ B.) Berlin 832. List. Thlr.

von Humboldt, Alexander: A. v. Humboldt's Fragmente einer Geologie und Klimatologie Asiens. Aus d. Französ. [illegible] mit Anmerkungen, einer Karte und einer [illegible] vermehrt von Julius Löwenberg. Mit zwei Karten und einer Tabelle. Berlin 1832. VIII, [illegible] S. 8°.

von Humboldt, Alexander: Ueber die unterirdischen Gasarten und die Mittel ihren Nachtheil zu vermindern. Ein Beytrag zur Physik der praktischen Bergbaukunde. Braunschweig 1799. VIII, [illegible] S. [illegible] 8°.

— über d. unterirdischen Gasarten u. d. Mittel, ihren Nachtheil zu vermindern. Mit 3 Kpft. gr. 8. Braunschw. 799. Vieweg. 1 ℛ 8 gℓ

—— astronom. u. hypsometr. Grundlagen d. Erdbeschreibung, s. Oltmanns, J.

von Humboldt, Alexander: Ueber die Haupt-Ursachen der Temperatur-Verschiedenheit auf dem Erdkörper. Gelesen in der öffentlichen Versammlung der Königlichen Akademie der Wissenschaften zu Berlin am 3. Julius 1827. Berlin 1827. 24 S. 4°.

— über d. Hauptursachen d. Temperaturverschiedenheit auf den Erdkörper. Vorlesung. gr. 4. Berl. 827. (Dümmler). 8 gℓ

Humboldt, Alexander von. s. Hertha.

Humboldt-Perlen. Ein Demantkranz aus Alex. v. Humboldt's Leben und Schriften. Nebst einer chronolog. Uebersicht seines Lebens, ein Verzeichniß seiner zahlreichen Werke und einem Portr. A. v. Humboldt's nach dem von ihm selbst entworfenen Spiegelbilde (in Holzschn.). 16. (94 S.) Leipzig 869, Wartig. geb.

Humboldt, Al(exander) von: Ideen zu einer Geographie der Pflanzen, nebst einem Naturgemälde der Tropenländer. Auf Beobachtungen und Messungen gegründet, welche vom 10ten grade nördlicher bis zum 10ten Grade südlicher Breite, in den Jahren 1799, 1800, 1801, 1802 und 1803 angestellt worden sind von A. von Humboldt und Aimé Bonpland. Bearb. und hrsg. von dem ersteren. 182 S., gbd., Abb.
Tübingen: Cotta } 1807
Paris: Schoell }
(Humboldt, A. von: Reise von A. von Humboldt und A. Bonpland. Abth. 1: Allgemeine Physik, und historischer Theil der Reise. Bd 1)

von Humboldt, Alexander: Ideen zu einer Geographie der Pflanzen. Mit erläuternden Zusätzen und Anmerkungen. (S.-A.: Archiv für Welt-, Erd- und Staatenkunde. Bd 1. Heft 3.) Wien 1811. 67 S. 8°.

Humboldt, Alex. von, Ideen zu einer Geographie der Pflanzen, mit erläuternden Zusätzen u. Anmerkungen. gr. 8. Wien, Gerold. 811.

von Humboldt, Alexander: Ideen zu einer Physiognomik der Gewächse. Tübingen 1806. 28 S. 8°.

— Ideen einer Physiognomik d. Gewächse. gr. 8. Tübing. 806. v. Cotta. 4 gℓ

Humboldt, Alexandre de, Introduction pour les oeuvres de M. Arago. Potsdam 1853.

Humboldt's, Alex. v., Jugendbriefe an Wilhelm Gabriel Wegener, hrsg. v. Alb. Leitzmann. gr. 8. (IX, 126 S.) Leipzig 896. Berlin, B. Behr's Verlag. n. 2. 50

[F.] Jugendbriefe Alexander v. Humboldts an Wilhelm Gabriel Wegener hrsg. v. Albert Leitzmann. *Leipzig: G. J. Göschen 1896.* (IX, 126 S.) 1 Bd 8. [96. 6769

Humboldt's, Alex. v., Kosmos, s.: Bücher der Weisheit u. Schönheit.

— Kosmos, s.: Natur-Bibliothek.

—— dass. — s. Volksbibliothek, deutsche.

Humboldt, Alex. v., *Kosmos*. Entwurf einer physischen Weltbeschreibung. 4 Bde. Stuttgart u. Tubingen, Cotta, 1845—58. Gr. 8°. Ppbde.
Die schöne grossgedruckte Original-Ausgabe. 1: XVI 493 S. 2: 1 Bl., 544 S. 3: 1 Bl., 644 S. 4: 1 Bl., 649 S., 1 S. Err.

Humboldt, (Friedr. Heinr.) Alex. v., Kosmos. Entwurf einer physischen Weltbeschreibung. 2. und 3. Bd. gr. 8. Stuttgart, Cotta'sche Buchh. [2. (544 S.) 847. 2 Thlr. 20 Ngr., 3. (2 Abthlgn.) (IV und 645 S. mit 1 Tab. in qu. gr. 4.) 851. 3 Thlr. 6 Ngr.] Thlr.
1. Bd. Ebendas. 1845. 2 Thlr. 20 Ngr.

Humboldt, Alex. v., Kosmos. Entwurf einer physischen Weltbeschreibung. 4. Bd. Stuttgart 858. Cotta. gr. 8. (1 Bl., 650 S.) 3 ℛ 6 ngr

—— Kosmos. Entwurf einer physischen Weltbeschreibung. 5. Bd. gr. 8. (1297 S.) Stuttgart 862, Cotta'sche Buchh.
1.—4. Bd. Ebendas. 1845—58. 11 Thlr. 22 Ngr.

Humboldt, Alex. v. Atlas zu Alex. v. Humboldt's Kosmos in 42 Tafeln mit erläuterndem Texte. Herausgegeben von Traugott Bromme. Fol. Stuttgart 1851.

—— Kosmos. Entwurf einer phys. Weltbeschreibung. Mit einer biograph. Einleitung von Bernh. v. Cotta. Jubiläums-Ausg. zum 14. Septbr. 1869. 4 Bde. gr. 16. (XL, 507; 535; 645; 690 S.) Stuttgart 869, Cotta'sche Buchh. *
—— dass. — Neue Taschen-Ausg. 4 Bde. gr. 16. (XVI, 323; 348; 432; 537 S.) Ebendas. 870. (*ℳ 8,40.) *

—— Kosmos. Entwurf e. physischen Weltbeschreibung. 4 Bde. 8. (XII, 349; 366; 466; 575 S. m. Portr.) Stuttg. 889, Cotta Nachf. * 5 — geb. in 2 Bde. * 6 —

— Kosmos. Rys fizycznego opisu świata. Przełożyli J. Baranowski i L. Zejszner. Tom. I. Wydanie drugie poprawione. — Przełożył Hipolit Skrzyński. Tom II i III. gr. 8. (1. Bd.: LXXX u. 550 S. 2. Bd.: IV u. 560 S. 3. Bd.: IV u. 600 S.) Warszawa 851. 52, Natanson. (à Bd. u. 3⅓ ℛ) n. 10 ℛ

von Humboldt, Alexander: Ueber die isothermischen Linien. (Nach dem Auszuge in den Annales de Chimie et de Physique. T. V. S. 102 übersetzt von Dr. Fabri.) (Schweiggers Journal für Chemie u. Physik. Bd. 25. S. 254—268.) (Nürnberg 1819.) 15 S., 3 Tf. 8°.

— Melastomatologia, sive descriptio Melastomatis et generum affinium. Cum tabb. aen. Fasc. I—VII. Fol. maj. Cassel u. Paris 808.

—— Memoiren, s. Memoiren.

(von Humboldt, Alexander): Memoiren Alexander von Humboldt's. Bd 1. 2. Leipzig [1861]. 2 Bde. XV, 640; 370 S. 8°.

— Mexiko oder Neu-Spanien, in histor., statistisch. u. naturhistor. Hinsicht dargestellt. 8. mit K. Hamb. Vollmer. illum.

— monographies des mélastomes. Livr. I.—XXIV. Fol. Paris 806—22. (à 10 ℛ 16 ℊ) 256 ℛ

— nivellement barométrique fait dans les régions équinoctiales du nouveau continent de 1799 à 1803, toutes les mésures ont été calculées par J. Oltmanns Fol. Paris 809. (Tübing., v. Cotta). 7 ℛ 12 ℊ

— Notizen von seinen Reisen in der Kordillere der Anden und von seinen physikalischen Beobachtungen in Quito und Mexiko 1804.

— observations sur quelques phénomènes peu connus, qu'offre le goître sous les tropiques, dans les plaines et les plateaux des Antes. 8. Paris 824.

[Humboldt, Alexander v.]: Pennsylvanien in historischer, statistischer und naturhistorischer Hinsicht. *Ein interessantes Lesebuch für die Jugend. Hamburg und Altona: Gottfried Vollmer 1805 S. 236, ill.*
= *Alexander v. Humboldts Reisen um die Welt und durch das Innere von Südamerika. Interessantes Lesebuch für die Jugend. Vom Verfasser von Cooks Reisen um die Welt. [F. W. v. Schütz.] Bd. VI.*

v. Humboldt, Alex., et Charl. Degenhardt, Pétrifactions recueillies en Amérique. Décrites par Leop. de Buch. Mit 2 Kpfrtaf. gr. Fol. Berlin 839. Dümmler. n. 3 ℛ

Humboldt, Al(exander) von: Plantes équinoxiales, recueillies au Mexique, dans l'île de Cuba, dans les provinces de Caracas, de Cumana et de Barcelone; aux Andes de la Nouvelle Grenade, de Quito et du Pérou, et sur les bords du Rio-Negro, de l'Orénoque et de la rivière des Amazones par A. von Humboldt et A(imé) Bonpland. Tom. 1 - 2, gbd., Abb.

Paris: Schoell }
Tubingue: Cotta } 1808
(Humboldt, A. von: Voyage de Humboldt et (A.) Bonpland. Sixième partie, botanique. Tom. 1)

— pohledy na přírodu se vědeckými výklady. Ze 3. původního vydání na česko přeložil Vojtěch Šafařík. Wien 863 Gorischek. gr. 8. (VIII, 366 S.) n. 1 ℛ 18 ngr.

v. *Humboldt*, Ritter (Fr. Hnr.) Alex., rapport verbal fait à l'académie royal des sciences: séance du 9. Mai 1825 sur le tableau des corps organisés fossiles par Mons. Defrance. 8. Paris 825.

— rapport verbal sur le flore du Brésil méridional de Mons. Aug. de St. Hilaire, fait à l'acad. des sciences, dans la séance du 19. Sept. 1825. 4. Paris 825.

von Humboldt, Alexander Rede bei der Aufstellung der Büste des Geh Medicinalrathes Professor Dr Lichtenstein in dem Zoologischen Museum am 26 April 1852 Berlin 1852 9 S 4°

— Rede, gehalten bei d. Eröffnung d. Versammlung deutscher Naturforscher u. Aerzte in Berlin am 28. Sept. 1828. gr. 4. Berl. 828. (Dümmler). 4 ℊ

— Reise in d. Aequinoctial-Gegenden, s. Kabinets-Bibliothek, Edinburger. 7r u. 8r Thl.

— Reise in die Aequinoktial-Gegenden des neuen Continents, s.: Natur-Bibliothek

—— dass. — s. Volksbibliothek, deutsche.

— Reise in die Aequinoctial-Gegenden, s. Wimmer, G. A.

—— Reise in d. Aequinoctial-Gegenden d. neuen Continents, f. d. Jugend bearb., s. Bibliothek naturhistor. Reisen etc., 1—4. Bdchn.

— Dies., für d. Jugend bearb., s. Taschenbuch d. neuen Entdeckungsreisen. 2r Bd.

von Humboldt Alexander und Aimé Bonpland Reise in die Aequinoctial-Gegenden des neuen Continents in den Jahren 1799 1800 1801 1802 1803 und 1804 Th 1 6 Stuttgart und Tubingen 1815—1832 6 Bde. 8°

Humboldt, Fr. Alex. v., Reisen nach d. Equinoctial-Gegenden d. neuen Continents. 1r Thl. gr. 8. Tübing. Cotta. 815.

— Reisen nach den Aequinoctialgegenden d. neuen Continents. 2r u. 3r Bd. gr. 8. Stuttgart, Cotta. 818—20. à 2 Thlr.

— u. A. Bonpland, Reise in d. Aequinoctial-Gegenden des neuen Continents in d. J. 1799—1804. 4r u. 5r Thl. gr. 8. Stuttg. 822—27, v. Cotta.
(Alle 5 Thle. 13 Rthlr. 16 gr.)

—— und Aimé Bonpland, Reise in d. Aequinoctial-Gegenden d. neuen Continents in d. J. 1799, 1800—1804. 6. Thl. (2 Hälften.) gr. 8. Stuttgart, Cotta. [1. (20 B.) 829. 1 Thlr. 16 Gr., 2. (14¼ B. u. 1 B. Tab. qu. gr. Fol.) 832. 1 Thlr. 12 Gr.]
1—5 Thl. Ebendas. 1815—27. 13 Thlr. 16 Gr.

—— Reise in die Aequinoctial-Gegenden des neuen Continents. In deutscher Bearbeitung von Herm. Hauff. Nach der Anordnung und unter Mitwirkung des Verf. 8 Lfgn. oder 4 Bde. gr. 8. Stuttgart 859. 60, Cotta'sche Buchh. [1. Bd. (XIII und 403 S.) 2. Bd. (416 S.) 3. und 4. Bd. (847 S. mit 1 chromolithogr. Karte in qu. gr. Fol.)] à Lfg. * 15 Ngr. *

—— Reise in die Aequinoktial-Gegenden d. neuen Kontinents. In deutscher Bearbeitg. v. Herm. Hauff. Nach der Anordng. u. unter Mitwirkg. d. Verf. Einzige v. A. v. H. anerkannte Ausg. in deutscher Sprache. 4 Bde. 8. (XII, 298; 304; 294; 304 S.) Ebd. 889.
* 5 —; geb. in 2 Bde. 6 —

— u. Bonpland, Reise nach den Tropenländern d. neuen Continents: Ideen zu einer Geographie d. Pflanzen d. Tropenländer, mit 1 Karte. gr. 4. Stuttg. 807. v. Cotta. 9 ℛ 8 ℊ Schrbp. 12 ℛ Velinp. ill. 13 ℛ 4 ℊ

Humboldt, Al(exander) von: Reise von A. von Humboldt und Aimé Bonpland. Abth. 1: Allgemeine Physik, und historischer Theil der Reise.

Tübingen: Cotta }
Paris: Schoell } 1807
Bd 1: Humboldt, A. von: Einleitung, oder Ideen zu einer Geographie der Pflanzen, nebst einem Naturgemälde der Tropenländer...von A. von Humboldt und A. Bonpland. 1807

— G. Ehrenberg und G. Rose, Reise nach dem Ural, dem Altai und dem Kaspischen Meere, auf Befehl Sr. Maj. des Kaisers von Rußland im Jahre 1829 ausgeführt. — Mineralogisch-geognostischer Theil u. histor. Bericht der Reise von G. Rose. A. u. d. T.: Mineralogisch-geognostische Reise ꝛc. v. G. Rose. 1r Bd. Reise nach dem nördl. Ural und dem Altai. Mit (8) Kpfr., (2) Karten u. Holzschn. gr. 8. Berlin 837. Sander. 6 ℛ

— G. Ehrenberg u. G. Rose, Reise nach dem Ural, dem Altai u. dem Kaspischen Meere, auf Befehl Sr. Maj. des Kaisers von Rußland im Jahre 1829 ausgeführt. Mineralogisch geognost. Theil u. histortscher Bericht der Reise. — A. u. d. T.: Mineralogisch geognost. Reise nach dem Ural, dem Altai u. dem Kaspischen Meere, von Gust. Rose. 2. Bd. Reise n[illegible]ch dem südl. Ural u. dem Ka[illegible]pischen Meere, Ueber[illegible] Mineralien u. Gebirgsarten des Ural. Mit (1) Kupf., (2) Karten u. Holzschn. gr. 8. Berlin 8[illegible], [illegible] J. ([illegible]. Reimer.) [illegible] (1. 2: 16½ [illegible])

— u. Bonpland, Reise nach den Wendekreisen in d. J. 1799—1804. Ein Auszug aus ihren Memoiren von J. C. Delametheri[illegible]. Aus d. Französ. 8. Erfurt 805. (Otto). 8 gr.

— und Bonplants Reise nach den Wendekreisen in den Jahren 1799 — 1804. Auszug von Delamauthrie. 8. Erfurt, Beyer und M. 806.

—— Reisen in Amerika u. Asien, s. Loewenberg, Jul.

— Reisen in Amerika und Asien. Eine Darstellung seiner wichtigsten Forschungen von Jul. Löwenberg. 1. u. 2. Bd. 2. Aufl. (Mit Kupf. u. Kart.) gr. 12. Berlin 842, 43, Hasselberg. à 1⅓ Thlr.

—— Reisen u. Forschungen. Eine gedrängte Erzähl. seiner Wanderungen in d. Aequinoctial-Gegenden Amerikas u. im Asiat. Rußland. Nebst e. Zusammenstell. seiner wichtigsten Untersuchungen rc. v. W. Macgillivray. (A. d. Engl. übers. Mit mehr. Abbild. u. 1 Karte d. Orinoco.) gr. 12. (19 B.) Leipzig 833, Baumgärtner.

Humboldt, (Friedrich Heinrich) Alexander Baron von. Reisen um die Welt und durch das Innere von Süd-Amerika ... Hamburg 1805—22. H: *Schütz, Frdr. Wilh. von.* (Ky)

— Reisen um d. Welt u. durch d. Innere von Süd-Amerika. Interessantes Lehrbuch für d. Jugend. Vom Verfass. von Cook's Reisen (F. W. v. Schütz). 6 Bde, mit Kpf. 8. Hamb. 805—22. (1r u. 2r Bd. 2e A. 810, 15.) (Herold jun.) 4 Thlr. 6 gr.

— Reisen um die Welt, vom Verf. von Cooks Reisen. m. K. 8. Hamb. Vollmer. 805.
illum.

— Reisen um die Welt, vom Verf. von Cooks Reisen, mit K. 5r Thl. 8. Ebend. 811.
Auch unt. d. Titel:
Paraquay u. Tukuman, in histor.-statist. rc. Hinsicht.

— — desselben Buchs 6r Thl. 8. Ebend. 812.
Auch unt. d. Titel:
Pensylvanien, in hist.-statist. Hinsicht.

— Reisen um die Welt u. durch das Innere von Südamerika. 2r Thl. mit ausgemalt. K. neue sehr verm. Aufl. 8. Hamb. Vollmer. 815.
Auch unt. d. Titel:
Peru, in histor.-statist. naturhist. Hinsicht.

— s. Schomburgk, Rob. H., Reisen in Guiana rc.

— kleinere Schriften. 1. Bd.: Geognostische und physikalische Erinnerungen. Mit einem Atlas, enthltd. Umrisse von Vulkanen aus den Cordilleren von Quito und Mexico (2 Bl. u. 12 Kpfrtaf. in qu. Fol.). Stuttgart 853. Cotta. gr. 8. (2 Bl., VIII, 475 S. u. 5 Tab. in Fol.) 4 Thlr.
Hieraus der Atlas apart:

—— Umrisse von Vulkanen aus den Cordilleren von Quito und Mexico. Ein Beitrag zur Physiognomik der Natur. qu. gr. 4. (12 Kpfrt. mit 1 Bl. Text.) Ebds. 853.

von Humboldt, Alexander Ueber die bei verschiedenen Völkern üblichen Systeme von Zahlzeichen und über den Ursprung des Stellenwerthes in den indischen Zahlen. Vorgelesen in einer Klassen-Sitzung der Königl. Academie der Wissenschaften zu Berlin, am 2. März 1829. Berlin 1829 27 S. 8°

— Tables hypsométr. fol. Tüb. Cotta. 809.

— Umrisse von Vulkanen aus den Cordilleren von Quito und Mexico. Ein Beitrag zur Physiognomik der Natur. Ebend. 853. (12 Taf., Titel u. Dedication in Kpfrst.) qu. Fol. 1 Thlr. 15 ngr.

—— krit. Untersuchungen üb. d. histor. Entwickel. d. geograph. Kenntnisse von d. Neuen Welt u. d. Fortschritte d. naut. Astronomie in d. 15. u. 16. Jahrh. A. d. Franz. übers. v. Jul. Ludw. Ideler. 1. u. 2. Bd. à 3 Lfgn. u. 3. Bd. 1. Lfg. gr. 8. Berlin, Nicolaische Buchh. [1. (35¼ B.) 836., 2. (33 B.) 839., 3. 1. (B. 1—12.) 839. à L. ⅚ Thlr.]

—— kritische Untersuchungen über die historische Entwickelung der geograph. Kenntnisse von der neuen Welt und die Fortschritte der nautischen Astronomie in dem 15. und 16. Jahrhundert. Aus dem Französ. übers. von Jul. Ludw. Ideler. 3. Bd. 2. Lfg. (Schluss und Register über das ganze Werk.) gr. 8. (S. 193—316.) Berlin 851(52.) Nicolaische Buchh. *
1—3. Bd. 1. Lfg. Ebendas. 1836—39. 5 Thlr. 20 Ngr.

—— dass. — Neue wohlf. Ausg. mit vollständ. Namen- und Sachregister. 3 Bde. gr. 8. (1406 S.) Ebds, 851(52.)*

(von Humboldt, Alexander und Graf Georg von Cancrin: Im Ural und Altai. Briefwechsel zwischen Alexander von Humboldt und Graf Georg von Cancrin aus den Jahren 1827—1832 Leipzig 1869. XV 170 S 8°

— — Briefwechsel mit Graf G. v. Cancrin, s. Im Ural und Altai.

—— Ueber e. Versuch, den Gipfel d. Chimborazo zu ersteigen, s. Bibliothek d. Gesamt-Litteratur.

— geognost. Versuch üb. d. Lagerung d. Gebirgsarten in beiden Erdhälften, deutsch bearb. v. Carl Cäs. v. Leonhardt. gr. 8. Straßb. 822 u. 823, Levrault.

von Humboldt, Alexander Geognostischer Versuch über die Lagerung der Gebirgsarten in beiden Erdhälften Deutsch bearbeitet von Karl Cäsar Ritter von Leonhard. Strassburg 1823. VIII. 383 S 8°

von Humboldt Friedrich Alexander Versuch über den politischen Zustand des Königreichs Neu-Spanien, enthaltend Untersuchungen über die Geographie des Landes, über seinen Flächeninhalt und seine neue politische Eintheilung über die Staatseinkünfte und die Masse edler Metalle, welche seit der Entdeckung von America, gegen Osten und Westen nach dem alten Continent übergeströmt ist. Bd 1 2. 3, 4, 5 Tübingen 1809—1814 2 Bde 8°
— Bd 1 2, 3. Mit einer Karte von Mexico. Bd. 4, 5. Mit drei Karten. Tübingen 1809—1814 3 Bde 8°

— Versuch über den polit. Zustand des Königr. Neu-Spanien. 3 Bde. gr. 8. Stuttg. 810—15. v. Cotta. 11 Thlr. 18 gr. Velinp. mit Atlas 51 Thlr. 12 gr.

Versuche über die electrischen Fische. Von Alexander von Humboldt. Aus einem Briefe an den Präsidenten Frh. von Dachroeden, Rom, im Aug. 1805. Erfurt: Beyer & Maring 1806. 30 S. 8°

(= Neue physikalische Abhandlungen der Akademie nützlicher Wissenschaften zu Erfurt. 1805,1.)

— Versuch über d. elektrischen Fische. gr. 8. Erf. 808. (Otto). 4 gr.

Humboldt, Alexander von: Versuche über die gereizte Muskel- und Nervenfaser nebst Vermuthungen über den chemischen Process des Lebens in der Thier- und Pflanzenwelt. Bd 1 - 2, gbd., Abb.

Posen: Decker
Berlin: Rottmann } 1797

von Humboldt, Alexander Versuche über die gereizte Muskel- und Nervenfaser nebst Vermuthungen über den chemischen Process des Lebens in der Thier- und Pflanzenwelt Bd 1 Mit Kupfertafeln Bd 2. Posen und Berlin 1797 2 Bde. 495 S 8 Ff 468 S 8°

— Versuche über d. gereizten Muskel- u. Nervenfasern, oder Galvanismus, nebst Vermuthungen über den chemischen Proceß d. Lebens in d. Thier- u. Pflanzenwelt. Mit Blumenbachs Anmerkt. 2 Thle, mit 8 Kpf. gr. 8. Berl. 797—99. Rottmann. 4 Thlr. 20 gr. Velinp. 8 Thlr. 12 gr.

von Humboldt Alexander Versuche über die chemische Zerlegung des Luftkreises und über einige andere Gegenstände der Naturlehre Mit zwei Kupfern. (III. 258 S., 2 Tf. 4 Th. Braunschweig 1799 8°

— Versuch über d. chem. Zerlegung d. Luftkreises u. über e. Gegenstände d. Naturlehre. Mit 2 Kpf. 8. Braunschw. 799. Vieweg. 1 ℛ 4 gℊ

von Humboldt, Alexander Ueber zwei Versuche den Chimborazo zu besteigen. Berlin 183? [ ] S 8°

— u. J. F Gay-Lussac, das Volumgesetz gasförmiger Verbindungen, s. a. Ostwald's Klassiker der exakten Wissenschaften.

Humboldt A v, u JF Gay-Lussac das Volumgesetz gasförmiger Verbindungen. (Ostwald's Klassiker der exakten Wissenschaften 42) Leipzig 1893

Humboldt, Alex. v., von Coruma nach Cumana, s.: Quellen.

— et Bonpland, voyage. Ire partie. Physique générale et relation historique du voyage. Sect. I. Essai sur la geographie des plantes; avec 1 carte. 4. Paris 807. 10 ℛ Velinp. av. carte color. 20 ℛ Livr. II.—IV. et T. III. 811—25... Atlas pittoresque ou vue des Cordillèras. Livr. I.—VII. tab. I.—LXVI.... IIde partie. Zoologie et anatomie. Vol. I. Recueil d'observations de zoologie et d'anatomie comparee, Livr. I.—VI. 4. Paris 807. u. ff. 30 ℛ Velinp. 46 ℛ Livr. VII.—XII.... IIIme partie. Essai politique sur le royaume de la nouvelle Espagne, avec Atlas Livr. I.—VII. 809. u. ff. 91 ℛ Velinp. 119 ℛ IVme partie. Astronomie et magnetisme. II Vols. Recueil d'observations astronomiques, d'opérations trigonométriques et de mésures barométriques etc. Livr. I.—VIII. 808. u. ff 56 ℛ Velinp. 99 ℛ 8 gℊ Vme partie. Essai sur la basigraphie géologique. I. Vol.... VIme partie. Botanique. Plantes equinoxiales, recueillies au Mexique, dans l'Isle de Cuba, dans les provinces de Caraccas, de Cumana et de Barcelonne etc. Livr. I.—XIII. Fol. 806—8. 115 ℛ 8 gℊ Auch latein., s. K. S. *Kunth.* — Mimoses et autres plantes legumineuses. T. I.—V. (36 Livr.) 817—25.

— et A. Bonplant Voyage. fol. maj. Paris, Schoell, et Tübingen, Cotta.

— — Sect. I. Physique générale. relation historique et Atlas pittoresque.

Humboldt, Al(exander) von: Voyage de Humboldt et (Aimé) Bonpland. Sixième partie, botanique.

Paris: Schoell } 1808
Tubingue: Cotta }
Tom.1: Humboldt, A.von: Plantes équinoxiales, recueillies au Mexique, dans l'île de Cuba...par A.von Humboldt et A.Bonpland. 1808

Voyage [aux régions équinoxiales du nouveau continent] de (Alexandre de) Humboldt et (Aimé) Bonpland. P. 6. Paris: Schoell; Tubingue: Cotta 1808-09. 2°

P.6: Botanique. T.1-[3.] 1808-09.
T.1: 1808.
T.2[u.d.T.]: Humboldt: Plantes équinoxiales. 1809.
[T.3:] 1809.

Humboldt, Alex. v., ausgewählte Werke. 36 Lfgn. gr. 16. Stuttgart 874. Cotta. à — 50
1—7. 16—20. 22. 23. 26—31. u. 36. Kosmos. Entwurf e. phys. Weltbeschreibg. Mit e. biograph. Einleitg. von Bernh. v. Cotta. (1. Bd. XX, 323, 2. Bd. 348, 3. Bd. 432 u. 4. Bd. 536 S.)
8—15. 21. 24. 25. 32. 33. Reise in die Aequinoctial-Gegenden d. neuen Continents. In deutscher Bearbeitg. v. Herm. Hauff. (1. Bd. 257, 2. Bd. 290, 3. Bd. 253 u. 4. Bd. 288 S.)
34. 35. Ansichten der Natur. (S. 193—377.)

Humboldt, Alex. v. Gesammelte Werke 30 Lfgn. 8 Stuttg. 889, Cotta Nachf. à Lfg. 50, 15 — geb. in 6 Bde. 18 —
1—4. Kosmos (1 Bd. 349 S m Portr 2 Bd 366 S 3 Bd 166 S , 4 Bd 475 S.)
5.—8. Reise in die Aequinoctial-Gegenden des neuen Kontinents. In deutscher Bearbeitg. v. Herm. Hauff. Nach der Anordng. u. unter Mitwirkg. d. Verf. Einzige v. A. v. Humboldt anerkannte Ausg. in deutscher Sprache 4 Bde. (XII, 298, 304, 294, 304 S.)
9 Aus A. v. H.'s Versuch üb. den politischen Zustand d. Königr. Neuspanien 1 Tl. (XII, 312 S.)
10 — dass. — 2. Tl u. Pittoreske Ansichten der Kordilleren u. Monumente amerikanischer Völker (264 S.)
11. Ansichten der Natur m. wissenschaftlichen Erläuterungen. (XII 362 S.)
12. Aus A. v. H.'s Versuch üb. den politischen Zustand der Insel Cuba [Im Auszuge] u. A. v. H. Ein Lebensabriß. (336 S.)

Humboldt, Alex. v., Die englische und die deutsche Wissenschaft 1816

Humboldt, (Friedr. Heinr.) Alex. v., Central-Asien. Untersuchungen üb. die Gebirgsketten u. die vergleichende Klimatologie. Aus d. Franz. übers. von Wilh. Mahlmann. 2 Bde. (9 Hfte.) gr. 8. (73 B., 9 Tab. u. 1 Karte.) Berlin 843, 44, Klemann.

von Humboldt, Alexander Central-Asien. Untersuchungen über die Gebirgsketten und die vergleichende Klimatologie. Aus d. Franz. übers. u. durch Zusätze vermehrt herausgeg. von Wilhelm Mahlmann. Mit einer Karte und 14 Tabellen. Bd 1. Th 1. 2. Bd. 2. Th 1. 3. Berlin 1844. 2 Bde. (VI, 688 S. 3 Tf. 1 Krt. XII, 198 S. 6 Tf.) 8

Humboldt, Heinr. v., drei Schöpfungsfragen und christl. Antworten. Ein Ruf aus der Zeit. Aus Manuscripten. gr. 8. (18 S. und 1 Stnt.) Leipzig 849, Spamer. *

Humboldt, Karoline, neue Briefe, hrsg. v. Alb. Leitzmann, s. a. Haym, Rudolf, zum Gedächtniss.

Rudolf Haym zum Gedächtniss. Neue Briefe von Karoline v. Humboldt hrsg. u. erl. von Albert Leitzmann *Halle a. S.: M. Niemeyer 1901.* (152 S.) 8° [01. 12188 S

Humboldt, Karoline v., Briefe an Alexander v. Rennenkampff, s. Stauffer, Albr.

[F.] Briefwechsel zwischen Karoline v. Humboldt, Rahel Varnhagen u. [Karl August] Varnhagen [v. Ense] hrsg. v. Albert Leitzmann. *Weimar: H. Böhlaus Nachf. 1896.* (IX, 221 S.) 1 Bd 8. [96 6908

Humboldt, Karoline, s. a. Briefwechsel.

Humboldt, Karoline von Wilh. u. Karoline v. Humboldt in ihren Briefen, s. Humboldt, Wilhelm von

Humboldt, Wilhelm v., Abhandlungen über Geschichte und Politik, s. Bibliothek, historisch-politische.

Humboldt, Wilhelm von Abhandlungen über Geschichte und Politik Mit einer Einleitung versehen von L. B. Förster. Berlin, L. Heimann 1869. XXXVI 94 S 8

Humboldt, Wilh. v., Ansichten über Aesthetik und Literatur. Seine Briefe an Christian Gottfried Körner. [1793—1830.] Hrsg. von F. Jonas. 8. (XIII, 190 S.) Berlin 879, Schleiermacher. * ℳ 8.; geb. mit Goldschn. *

Humboldt, Wilhelm von, s. Aeschylos Agamemnon

Wilhelm von Humboldt, Über die Aufgabe des Geschichtschreibers, Abh. Berl. 1822.

Sechs ungedruckte Aufsätze über das klassische Altertum v. Wilhelm v. Humboldt hrsg. v. Albert Leitzmann. *Leipzig: G. J. Göschen 1896.* (LIV, 214 S.) 1 Bd 8.
— Litteraturdenkmale, Deutsche, d. 18. u. 19. Jahrhunderts. No 58 62. [96. 6609

— Berichtigungen u. Zusätze zum ersten Abschnitte d. 2ten Bdes d. Mithridates über d. Cantabrische oder Baskische Sprache. gr. 8. Berl. 817. Voß. 12 gℊ (Vergl. auch Adelung's Mithridates).

Humboldt, (Carl) Wilhelm Baron von. Briefe an eine Freundinn [Charlotte Diede]. Leipzig 1847. H: *Bacheracht, Therese von geb. v. Struve.* (schr)

— Briefe an eine Freundin (Charlotte Diede). Mit e (lith.) Facsimile 2 Thle gr 8 (739 S.) Leipzig 847, Brockhaus. n 1 ℛ 12 ngr 2. unveränd Aufl 2 Thle. gr 8 (676 S.) Ebd 848 n. 1 ℛ 12 ngr 3 Aufl 2 Thle gr 8. (XLVI u 693 S.) Ebd 849 n 1 ℛ 12 ngr geb n 5 ℛ — 4. Aufl 2 Thle gr 8 (XLVI u 693 S.) Ebd. 850 n 1 ℛ 12 ngr geb n ℛ

Humboldt, Wilh. v., Briefe an eine Freundin. 5. Aufl. 2 Thle. Mit 1 (lith.) Facsimile. Leipzig 853. Brockhaus. 16. (XXX, 502; XXII, 404 S.) n. 4 ℛ. 12 ngr

— — (Ausg. in 8.) Mit 1 (lith.) Facsimile. Ebend. 853. (XXIV, 381; XXII, 312 S.) n. 4 ℛ. 12 ngr

— — 6. Aufl. 2 Thle. Mit 1 (lith.) Facsimile. Ebend 856. 16. (XXXVIII, 525; XIV, 379 S.) n. 4 ℛ. 12 ngr

Humboldt, (Carl) Wilh. v., Briefe an eine Freundin. Ausg. in 1 Bde. 8. (XXXI und 531 S. mit 1 lithogr. Facs.) Leipzig 860, Brockhaus. geb. *

Humboldt, (Carl) Wilh. v., Briefe an eine Freundin. 2. Aufl. der Ausg. in 1 Bde 8. (XXXI und 504 S. mit 1 lithogr. Facs.) Leipzig 864, Brockhaus. * 2 Thlr ; geb. mit Goldschn *

—— Briefe an eine Freundin. 3. und 4. Aufl. der Ausg. in 1 Bde. 8. (XXX, 504 S. mit 1 lithogr. Facs.) Leipzig 870,74, Brockhaus. * ℳ 6.; geb. *

—— dass. — Mit einer Einleitung versehen von Fr. v. Hohenhausen. 8. (XXIX, 416 S.) Berlin 881, Cronbach. * geb. *

Humboldt, Wilh. v., Briefe an eine Freundin. 11. Aufl. Mit 1 Facs., neuem Vorwort und Sach- und Namenregister. 8. (XLIV, 513 S.) Leipzig 883, Brockhaus. geb.

Humboldt's, Wilh. v., Briefe an eine Freundin. Neue Ausg. mit einer Einleitung von Fr. v. Hohenhausen. 2. Aufl. 8. (XXIX, 416 S.) Berlin 886, Cronbach. geb. mit Goldschn. 6 —

Humboldt, Wilh. v. Briefe an e. Freundin. 12. Aufl. Mit 1 Facsim., neuem Vorwort u. Sach- u. Namenregister. 8. (XLIV, 513 S.) Lpz. 891, Brockhaus. 4 50; geb. 6 —

Humboldt, Wilh. v., Briefe an eine Freundin. (513 S.) Leipzig 1897 F. A. Brockhaus.

— Briefe an e Freundin. 13. Orig.-Aufl. Mi e. Fcsm., 3 Abb., neuem Vorwort u. Sach- u. Namenreg. 8. (LVIII, 513 S.) Leipzig 898. F. A. Brockhaus. 4. 50; geb. m. Goldschn. 6. —

With v **Humboldt**s Briefe an eine Freundin. Neue Ausg mit e Einl von [Else Felicitas] Fr[eein] v Hohenhausen 3. durchges Aufl. *Berlin S. Cronbach 1903.* (XXIX, 416 S.) 8° [F] 04 09 11

Humboldt, Wilh. v., Briefe an e. Freundin. 14. Orig.-Aufl. Mit 1 Fcsm., 3 Abbildgn., Vorwort u. Sach- u. Namenregister. (LVIII, 513 S.) 8. Leipzig 905. F. A. Brockhaus. n. 4. 50; geb. n. 6. —

— Briefe an e. Freundin. Zum ersten Male nach den Originalen hrsg. v Alb. Leitzmann. 2 Bde. (Titel- u. Einbandzeichng. v. F. H. Ehmcke.) (XX, 405 u. 426 S. m. Bildnis u. 1 Fksm.) 8. Leipzig 909. Insel-Verlag. 6.— ; geb. in Leinw. 8.—; in Ldr. 10. —

—— dass. — s. Collection Spemann.

— dasselbe, s.: Meyer's Volksbücher.

—— dass. — s. Universal-Bibliothek Nr. 1861—1865.

Humboldt, Wilh. v., Briefe an Friedrich Heinrich Jacobi. Hrsg. u. erläutert v. Alb. Leitzmann. gr. 8. (VIII, 142 S.) Halle a/S. 892. M. Niemeyer. n. 3. —

— u. E. M. Arndt, Briefe an Johanna Motherby. Herausg. v. H. Meisner. (238 S. m. Bildn.) Ebd. 1892.

— u. Ernst Moritz Arndt, Briefe an Johanna Motherby. Mit e. Biographie Johanna Motherby's u. Erläutergn. hrsg. v. Heinr. Meisner. 8. (VII, 238 S. m. Bildnis in Lichtdr.) Leipzig 893. F. A. Brockhaus. n. 3 50; geb. n.n. 4. 50

— Briefe an Georg Heinrich Ludwig Nicolovius, hrsg. v. R. Haym, s.: Quellenschriften zur neueren deutschen Literatur- u. Geistesgeschichte.

— Briefe an F. G. Welcker, herausg. von R. Haym. Berlin 859. Gaertner. gr. 8. (X, 154 S.) n. 28 ngr

— Briefwechsel m. Schiller, s. u. Briefwechsel.

Humboldt, Wilh. v., Briefwechsel, s: Schiller, Frdr. v.

Briefwechsel zwischen Wilhelm v. **Humboldt** und August Wilhelm Schlegel. Hrsg von Albert Leitzmann. Mit e. Einl. von B[erthold] Delbrück Halle a S. M Niemeyer 1908 (XVIII, 303 S.) 8° 08 13421 3

Humboldt, (Karl) Wilh. v., über d. Dualis. Vorlesung. gr. 4. (4 B.) Berlin 828, (Dümmler.)

—— über d. unt. d. Namen Bhagavad-Gítá bekannte Episode d. Mahá-Bhárata. Vorles. gr. 4. (8 B.) Berlin 826, (Dümmler.)

—— Epistula, a Carolo Diltheyo edita et illustrata. 4. (17 S.) Göttingen 881, (Dieterich'sche Verlagsh.) *

— Grenzen der Wirksamkeit des Staates, s.· Vorkämpfer deutscher Freiheit.

Wilhelm v **Humboldt** in seinen Briefen Ausgewählt u. eingeleitet von Dr Karl Sell Mit 2 Bildn Leipzig & Berlin Teubner 1909 IV. 164 S. 8°
(Deutsche Charakterkopfe Bd 7)

— u. Caroline v. **Humboldt** in ihren Briefen. Hrsg. von Anna v. Sydow. 1. u. 2. Bd. gr. 8. Berlin, E. S. Mittler & Sohn. n. 15.50; geb. n. 18. —
1. Briefe aus der Brautzeit 1787—1791. 1.—3. Taus. Mit den Nachbildgn. zweier Briefe. (Je XXIII, 488 S.) 906. n. 9. —, geb. n. 10. —
2. Von der Vermählg. bis zu Humboldts Scheiden aus Rom 1791—1808. Mit 2 Bildnissen. (VIII, 307 S.) 907. n. 6. 50 geb. n. 8. —

Wilhelm und Caroline v. **Humboldt** in ihren Briefen. Hrsg von Anna v Sydow (3. Aufl.) Bd 1. Berlin. E.S. Mittler & Sohn 1906. 8° [F.] 06 10 11

Wilhelm und Caroline v. **Humboldt** in ihren Briefen. Hrsg. von Anna v. Sydow. (4. Aufl.) Bd 1. Berlin: E.S. Mittler & Sohn 1906. 8° [F.] (s. a. m. b.)

— u. Caroline v. **Humboldt** in ihren Briefen. Hrsg. von Anna v. Sydow. 1. 3. u. 4. Bd. gr. 8. Berlin, E. S. Mittler & Sohn. 28.—; geb. 32. —
1. Briefe aus der Brautzeit 1787—1791. 6. Aufl. Mit den Nachbildgn. zweier Briefe. (XXIII, 488 S.) 910. 9.—; geb. 10. —
3. Weltbürgertum u. preuß. Staatsdienst. Briefe aus Rom u. Berlin-Königsberg 1808—1810. Mit 2 Abbildgn. (XV, 496 S.) 909. 9.—; geb. 10. —
4. Federn u. Schwerter in den Freiheitskriegen. Briefe von 1812—1815. Mit 2 Bildn. (XI, 589 S.) 910. 10.—, geb. 12. — Bd. 2. Ebd. 907. 6.50; geb. 8.—.

Humboldt, Wilh. v., Ideen zu einem Versuch, die Grenzen der Wirksamkeit des Staates zu bestimmen, s. Universal-Bibliothek Nr. 1991 und 1992.

—— Ideen zu einem Versuch, die Gränzen der Wirksamkeit des Staats zu bestimmen. gr. 8. (XXVIII und 189 S.) Breslau 851, Trewendt und Granier.

—— ein Ineditum, s. Studien, romanische.

Humboldt, (Karl) Wilh. v., über d. Kawi-Sprache auf d. Insel Java, nebst e. Einleit. üb. d. Verschiedenheit d. menschl. Sprachbaues u. ihren Einfluss auf d. geistige Entwickel. d. Menschengeschlechts. 3 Bde. gr. 4. Berlin, (Dümmler.) [1. (96¾ B.) 836. * 5 Thlr., 2. u. 3. (... B.) 840. * 12⅔ Thlr.] *

—— Lichtstrahlen aus seinen Briefen an eine Freundin, s. a. Maier, Elisa.

Humboldt, W. v., Lichtstrahlen aus seinen Briefen an eine Freundin, an Frau v. Wolzogen, Schiller, G. Forster und F. A. Wolff. Mit einer Biographie Humboldt's von Elisa Maier. 6. Aufl. 8. (X, 265 S.) Leipzig 881, Brockhaus. geb. in Leinw. mit Goldschn.

– s. Pindars 2te Olympia.

von **Humboldt**, Wilhelm Prüfung der Untersuchungen über die Urbewohner Hispaniens vermittelst der vaskischen Sprache Berlin 1821 VIII, 192 S. 8°

— — Prüfung der Untersuchungen über die Urbewohner Hispaniens vermittelst der Vaskischen Sprache. gr. 4. Berlin, Dümmler. 821.

— Rom, eine Elegie. gr. 8. Berlin, Haude u. Spener. 806.

v. Humboldt, (W.,) Rom. Ein Gedicht. 2r unveränd. Abdr. gr. 8. Berl. 824, Dümmler.

—— über Schiller u. d. Gang seiner Geistesentwicklung, s. a. Briefwechsel zwischen Schiller rc.

— über Schiller u. den Gang seiner Geistesentwickelung, s. a. Grosse, Emil, zum deutschen Unterricht.

Über Schiller und den Gang seiner Geistesentwickelung von Wilhelm v Humboldt. (Hrsg Prof. Dr. Emil Grosse, Königsberg Pr.) *Berlin: Weidmann 1902.* (42 S.) 8° [F.]
— Grosse. Zum deutschen Unterricht. II. 3.

— Ausgewählte philos. Schriften, s. a. Bibliothek, philosoph.

Wilhelm v. **Humboldts** ausgewählte philosophische Schriften. Hrsg. von Johannes Schubert Leipzig: Dürr 1910. XXXIX, 222 S. 8° (Philosophische Bibliothek. [Neue Ausg.] Bd 123.)

Humboldt, Wilh. v., **gesammelte Schriften.** Hrsg. v. der königl. preuss. Akademie der Wissenschaften. I.—V. u. X.—XII. Bd. Lex.-8. Berlin, B. Behr's Verl. n. 67. —; geb. n. 85. —
I. 1. Abtlg.: Werke. Hrsg. v. Alb. Leitzmann. 1. Bd. 1785—1795. (VII, 438 S.) 903. n. 8. —; geb. n. 10. —
II. Dasselbe. 2. Bd. 1796—1799. (V, 407 S.) 904. n. 8. —; geb. n. 10. —
III. Dasselbe. 3. Bd. 1799—1818. (V, 378 S.) 904. n 8. —; geb. n. 10. —
IV. Dasselbe. 4. Bd. 1820—1822. (V, 441 S.) 905. n. 9. —; geb. n. 11. —
V. Dasselbe. 5. Bd. 1823—1866. (V, 481 S.) 906. n. 10. —; geb. n. 12. —
X. 2. Abtlg.: Politische Denkschriften. Hrsg. v. Bruno Gebhardt. 1. Bd. 1802—1810. (VI, 302 S.) 903. n. 6. —; geb. n. 8. —
XI. Dasselbe. 2. Bd. 1810—1813. (V, 331 S.) 903. n. 6. —; geb. n. 8. —
XII. Dasselbe. 3. Bd. 1815—1834. 2 Hälften. (V, 606 S.) 904. n. 12. —; geb. n. 16. —

Humboldt, Wilh. v., gesammelte Schriften. Hrsg. v. der königl. preuss. Akademie d. Wissenschaften. VI. u. VII. Bd. à 2 Hälften u. VIII. Bd. Lex. 8. Berlin. Zehlendorf, B. Behr's Verl. 33.—; geb. 41. —
VI. 1. Abtlg. Werke. Hrsg. v. Alb. Leitzmann. 1827—1835. 2 Hälften. (V, V, 618 S.) 907. à 6.—; geb. à 8. —
VII, 1. Dasselbe. VII. Bd. 1. Hälfte. Einleitung zum Kawiwerk. (V, 351 S.) 907. 7.—; geb. n 9. -
VII, 2. Dasselbe. VII. Bd. 2. Hälfte. Paralipomena. (S. 353—678.) 908. 7.—; geb. 9. —
VIII. Dasselbe. VIII. Bd. Übersetzungen. (V, 272 S.) 909. 7.—; geb. 9. —

Humboldt, Wilh. v., Sonette. Berlin 853. G. Reimer. 16. (XXII, 352 S. mit Portr. in Stahlst.) n 1 *ℳ* 20 ngr

Tagebuch v. seiner Reise nach Norddeutschland im J. 1796, s. a. Quellenschriften zur neueren deutschen Literatur- u. Geistesgeschichte.

Humboldt, Wilh. von, Tagebuch W. v. H.'s von seiner Reise nach Norddeutschland im J. 1796. Herausg. von A. Leitzmann. Berlin 1894. 8.
A. u. d. T.: Quellenschr. z. neu. deut. Lit.- u. Geistesgesch. III.

— Universalität, s.: Erzieher zu deutscher Bildung.

— über die Verschiedenheiten d. menschlichen Sprachbaues, s.: Calvary's philolog. u. archäolog Bibliothek.

—— über d. Verschiedenheit d. menschl. Sprachbaues u. ihren Einfluss auf d. geist. Entwickelung d. Menschengeschlechts. gr. 4. (65¾ B.) Berlin 836, (Dümmler.) *

Humboldt, Wilhelm von, Über die Verschiedenheit des menschlichen Sprachbaues und ihren Einfluss auf die geistige Entwickelung des Menschengeschlechts. Mit erläuternden Anmerkungen und Excursen sowie als Einleitung Wilhelm von Humboldt und die Sprachwissenschaft. Von A. F Pott. Band 1. 2. [= Pott, Wilhelm von Humboldt und die Sprachwissenschaft.] Berlin 1876.

—— über die Verschiedenheit des menschlichen Sprachbaues und ihren Einfluss auf die geistige Entwickelung des Menschengeschlechts, mit erläut. Anmerkungen und Excursen, sowie als Einleitung: Wilhelm v. Humboldt und die Sprachwissenschaft, hrsg. und erläutert von A. F. Pott. 2. Aufl. Mit Nachträgen von A. F. Pott und Personen-, Sach- und Wort-Registern von A. Vaníček. 2 Bde. 8. (DLXI, IV, 569 S.) Berlin 880, Calvary und Comp. *

—— dass. — Hrsg. und erläutert von A. F. Pott. Mit Personen-, Sach- und Wort-Registern von A. Vaníček. 8. (Titel-) Ausg. 8. (IV, 569 S.) Ebendas. 883. *

v. Humboldt, Ritter (Karl) Wilh., ästhet. Versuche. 1r Thl. gr. 8. (Braunschw.) 799. Vieweg. 1 *ℳ* 16 *gl*

— ästhetische Versuche über Goethe's Hermann und Dorothea. 3. Aufl. Mit einem Vorwort von Herm. Hettner. Braunschweig 861. Vieweg & Sohn. gr. 8. (XXIII, 203 S.) n. 1 *ℳ* 10 ngr

—— ästhetische Versuche über Goethe's Hermann und Dorothea. 4. Aufl. Mit einem Vorwort von Herm. Hettner. gr. 8. (XXV, 203 S.) Braunschweig 882, Vieweg und Sohn. *

— über d. Verwandtschaft d. Ortsadverbien mit den Pronomen in einigen Sprachen. Gelesen in d. königl. Academie d. Wissenschaften d. 17. Dec. 1829. an 4. Berl. 830. (Dümmler). 8 gl

Humboldt, W v., Ueber die Verwandtschaft der Ortsadverbien mit dem Pronomen in einigen Sprachen. Gel. 1830. 26 S. 4°. 2.—

— vocabulaire de la langue Taïtienne, s. Buschmann, J. Ch. E., aperçu de la langue des Iles Marquises et de la langue Taïtienne.

Humboldt, (C.) W. von. Gesammelte Werke. Berlin 1841—52. H: *Brandes, Carl.* (BrMm)

—— gesammelte Werke. 1—4. Bd. gr. 8. Berlin, Reimer. [1., 2. (51 B.) 841., 3., 4. (52 B. u. 1 Kpfrt.) 843 à * 2 Thlr.] *

Humboldt, (Carl) Wilh. v., gesammelte Werke. 5. Bd. gr. 8. (27½ B.) Berlin 846, G. Reimer. *
1—4. Bd. Ebendas. 1841—43. * 8 Thlr.

Humboldt's, Wilh. (Carl) v., gesammelte Werke. 6. und 7. Bd. gr. 8. Berlin, G. Reimer. [6. (X und 630 S.) 848. * 2 Thlr. 20 Ngr., 7. (VIII und 488 S.) 852. * 2 Thlr.] *
1—5. Bd. Ebendas. 1841—46. * 10 Thlr. 10 Ngr.

—— sprachphilosophische Werke. Hrsg. und erklärt von H. Steinthal. 2 Hälften. Lex.-8. Berlin, Dümmler's Verlagsh. [1. Hälfte. (S. 1—256.) 883. * ℳ 6.; 2. Hälfte. (S. 257—699.) 884. * ℳ 12.] *

Aus der **Humboldt-Akademie**. Dem Generalsekr. Herrn Dr. Max Hirsch zu s. 70. Geburtstage gewidmet von d. Dozentenschaft. (Vorr.: Hermann Hausen.) *Berlin: Weidmann 1902.* (x, 284 S.) 8° [03. 1947

Humborg, Franciscus: Quaestiones Euripideae. Qua ratione in Euripidis trimetris iambicis sententiae cum versibus pugnent. Borna 1909: Noske. 89 S. 8°
Münster, Phil. Diss. v. 6. Nov. 1909, Ref. Kroll
[Geb. 27. Nov. 85 Aurich; Wohnort: Aurich; Staatsangeh.: Preußen; Vorbildung: Gymn. Aurich Reife O. 05; Studium: Freiburg i. B. 1, Berlin 3, Münster 5 S.; Rig. 24. Juli 09.] [U 10. 3777

Humbourg. Joh. Nep. Edler v. s. Humburg, Joh. Nep. Edler v.

Erläuterung des eingetreten gewesenen Missverhältnisses zwischen der Loge Ludwig zur Treue in Giessen und mir F[r. Frh.] v. Humbracht daselbst. [Giessen 1846.] 31 S. 8° [Umschlagtit.] 65.

Humbracht, J. Max., Vortrefflichkeit des deutschen Adels in Stammtaf. und Wappen. Fol. Frkft. 707.

Humbracht, Malwine v., s. †Ernesti, Luise.

Humbracht, Reinhart Friedrich (Frankfurt/M.), Fridericus V. comes Palatinus Rheni et elector affectans regnum Bohemiae. Präs. Jo. David Koeler. Altdorf (Jod. Wilh. Kohles) 30. V. 1716. 68 S. mit Widm. v. Präs. u. 1 Tfl. Abb. (6.50) 16354

— — Dasselbe. Ed. II. 69 S. ohne Widm. (6.50) 16355

— — Theses ex jure publico et feudali. Präs. Euchar. Gottl. Rink. Altdorf (Jod. Wilh. Kohles) 22. IX. 1718. 8 Bl. (4.—) 16356

Humbrecht, Evchen, s. a. H. L. Wagner.

Humbrecht, Eva, oder Ihr Mütter merkts Euch! Ein Schauspiel in fünf Aufzügen. Frankfurt a. M. 1779. V: *Wagner, Heinrich Leopold.* (GGr)

Humbrecht, Evchen; oder: ihr Mütter merkts euch. Schauspiel. 8. Frankf. Brönner. (a. Gebhardt u. K.) 779. -

Der Hamburger Humbug: 1892--?
Humorous monthly, published in English and German. Edited & published by F T Neuhoffer.
Hamburg. IN

Humburg, F. H., Spruchbuch zur biblischen Geschichte mit vollständig ausgedrucktem Text für untere und mittlere Klassen höherer Bürgerschulen und Gymnasien, sowie für höhere Töchterschulen. 8. (IV und 48 S.) Stettin 859, Graßmann's Verlag. *

HUMBURG Edler Johann Nepomuk von. Entwurf zur Auferziehung v. Waisenkindern u. Findlingen. Heubner, Wien 1785

Humbourg, Entw. z. Auferziehung des Waisleins und Fündlings. gr. 8. Wien, Hörling (a. Camesina). 785. Rthlr.

Observationes de hydrocelis cura radicali Johannis Nepom[ucis] ab Humbourg [Ritter von Humburg]. Vindobonae 1761: Trattner. 79 S. 8°

— Observat. de hydrocelis cura radicali. 8. maj. Vien. Trattner. 762.

Humburg, Otto [aus Berlin]: Über die elektromagnetische Drehung der Polarisationsebene einiger Säuren u. Salze in verschiedenen Lösungsmitteln ... Berlin, Druck v. G. Zahn & H. Baendel, Kirchhain N.-L., 1893; 1 Bl., 36 S., 1 Bl. 8.
Berlin, Phil. Fak., Inaug.-Diss. v. 12. Juli 1893

Hume, David und Rousseau, J. J.: „Abhandlung über den Urvertrag, nebst einem Versuch über die Leibeigenschaft; herausgegeben von G. H. Merkel", 2 Teile, Leipzig 1797 (Wienbrack).

Hume's u. Rousseau's Abhandl. üb. d. Urvertrag, nebst e. Versuch üb. Leibeigenschaft v. Garl. **Merkel.** *Lpz.*, Gräff. 797. 8° 1 ß 16 gl

Hume, Dav., nationalökonomische Abhandlungen, s. a. Bibliothek, historisch-politische.

Hume, D. Nationalökonomische Abhandlungen, übersetzt von H. Niedermüller. Leipzig 1877.

D. **Hume's** vier Abhandll.: die natürl. Geschichte d. Religion; v. d. Leidenschaft; v. Trauerspiel; v. d. Grundregel d. Geschmacks, übers. v. F. Gbr. **Resewitz.** *Quedlinb.* u. *Lpz*, Biesterfeld. 759. 8° 8 gl

Hume, D. Vier Abhandlungen; a. d. Engl. . . . Quedlinburg u. Leipzig 1759. Ü: *Resewitz, Friedrich Gabriel.* (Ky) (MGT)

Über die Affekte (Of the passions). Über Moral (Of morals) von David **Hume**. Mit Zugrundlegung e. Übers. von Frau J[ürgen] Bona Meyer deutsch mit Anm. u. e. Index von Theodor Lipps. Hamburg & Leipzig: L. Voss 1906. (VI, 307 S.) 8°
= **Hume**. Traktat über d. menschl. Natur (Treatise on human nature). T. 2

Hume, Dav., Alfred the Great, s. Bibliothek gediegener und lehrreicher Werke der englischen Litteratur.

Hume, Dav., Anfänge u. Entwicklung der Religion. Deutsch m. e. Einleitg. v. Wilh. Bolin. (V, 101 S.) 8. Leipzig 909. W. Engelmann. 2.—

— s. Apuleji discours.

— Apulejus, Discurs. (zu den vier Philosophen gehör.) 8. Glogau, C. F. Günther.

Hume, David, s. Bandow, K., History of Charles I.

— King Charles I., hrsg. v. Wilh. Knörich, s.: Authors, English.

— dasselbe, s: Schulbibliothek, französische u. englische.

Hume, D., Oliver Cromwell, s.: Sammlung gediegener u. interessanter Werke der englischen Literatur.

Dialoge über natürliche Religion. Über Selbstmord u. Unsterblichkeit d. Seele. Von David **Hume**. Ins Deutsche übers. u. mit e. Einl. vers. von Dr. Friedrich Paulsen, Prof. 3. Aufl. Leipzig: Dürr 1905. (165 S.) 8°
= **Bibliothek**, Philosophische. [Neue Ausg.] Bd 36.

— Discours polit. trad. p. le Banc. II T. 8. Dresd. (Volmer, Hamb.) 755.

— Discours polit. trad. par le Banc. II Tom. 8. Dresd. 755. (Herold jun. in Hamb.)

Elisabeth, Königin von England, eine unterhaltende Lebensbeschreibung . . . . nach *Hume* frei bearb. (von Carl Heinr. Ludw. Pöllitz). Leipzig 1803. 8°.
Anon.-Lex. II. p. 19 (nach Meusel, Pohler u. Kayser).

Hume, David, Queen Elizabeth, hrsg. v. Wilh. Knörich, s.: Authors, English.

Hume, David. Queen Elizabeth, s. Schulbibliothek, Französische u. englische

— über d. menschl. Erkenntniß, s. dess. verm. Schriften 2r Th.

— Essays on Suicide and the immortality of the Soul, with remarks by the Editor. 8. Basel. (Tourneysen in Cassel.) 799.

— essays on Suicide and the immortality of the Soul, with remarks by the editor. 8. Basel 799. (Levrault in Strassburg). 10 gr

— Essays and treatises. IV Vol. gr. 8. Bas. Tourneisen. 792.

— — le même liv. V Vol. gr. 8. Bas. (Tourneisen, Cassel.) 792.

— Essays and treatises on several subjects, hrsg. v. G. Budde, s.: Schriftsteller, englische, aus d. Gebiet der Philosophie usw.

Hume, D., the foundation of english liberty, s. Schulbibliothek, französische und englische

— Geschichte von Großbritannien, m. e. Engländ. Anmerk. 6 Thle. gr. 4. Breslau, Meyer. 762—71. (1r—3r à 2 Rthl. 4r—6r à 1 Rthlr. 12 gr.)

— Geschichte von Großbritannien. Aus d. Engl. (von Jh. Jak. Dusch). 2 Bde. 4. Berl. 762—63. (Gosohorsky). 4 Thlr

Hume, David. Geschichte von England von dem Einfalle des Julius Cäsar bis auf die Thronbesteigung Heinrichs des VII. A. d. Engl. Breslau u. Leipzig 1767—71. Ü: *Dusch, Joh. Jacob.* (ML)

— Geschichte von England. Aus d. Engl. von Jh. Jak. Dusch, mit e. Engländers Anmerkk. 4 Bde. (A. u. d. T.: Geschichte von England. 1r—6r Bd.) gr. 4. Bresl. 767—71. (Gosohorsky). 6 Thlr 12 gr

— Geschichte von England bearb. von A. G. Meißner. 2 Thle. 8. Leipz. 777, 80. Dyck. 1 Thlr 12 gr Schrbp. 1 Thlr 18 gr

— Geschichte von England. a. d. Engl. v. Timäus. 2 Bde. gr. 8. Lüneburg, Herold und Wahlstab. 804—7. (à 2 Rthlr. 12 gr.)
Velinp. (à 4 Rthl.)

Hume, Dav. Die Geschichte Englands. 1. Von den ältesten Zeiten bis zur normann. Eroberg. 1. Bd. Wortgetreu nach H. R. Mecklenburgs Grundsätzen aus dem Engl. übers. v. R. F. 1. Heft. 32. (64 S.) Berl. 891, H. R. Mecklenburg. * — 25
— dass. — 5. Bd. Abschn. 38—44: Elisabeth. 1. Heft. 32. (64 S.) Ebd. 891. * 25 —
— dass. — 6. Bd. Abschn. 50—59: Karl I. 1. Heft. 32. (64 S.) Ebd. 890. * — 25

— dasselbe, s.: Rauch's English readings.

D. **Hume's** Gespräche üb. d. natürl. Religion; a. d. Engl. (v. K. Gf. **Schreiter**) nebst e. Gespr. üb. d. Atheismus v. E. Platner. *Lpz.*, Weygand. 781. 8° 1 Thlr

Hume, D. Gespräche über die natürliche Religion; a. d. Engl. . . . Leipzig 1781. Ü: *Schreiter, Carl Gottfried.* (ErGr) (ErschDL) (MGT) (Ebert)

— üb. den Glauben, oder Idealismus u. Realismus, von Jacobi. gr. 8. Breslau. (Wohler, Ulm.) 795.

Hume, David: History of Charles I. and of the Commonwealth, s. Schulbibliothek, Französ. u. engl.

—— **History** of Charles I., king of England, and of the Commonwealth. Hrsg. und mit einem kurzgefassten Kommentar versehen von K. Bandow. 2. Aufl. 8. (III, 156 S.) Berlin 880, Simion. *
Aus: History of England, besonders abgedruckt.

Hume, David. The History of England. From the Invasion of Julius Caesar to the Revolution in 1688. A new Ed. 12 vol. 8. Basil 1789

— history of England XII Tom. 8maj. Basel 789—90. Thurneysen. (Ettingerin Gotha). 12 ₰

— — Continuation s. **Smollet.**

—— **History** of England. Erklärt von Otto Petry. 1. und 2. Thl. gr. 8. Berlin 879, Weidmann'sche Buchh. [1. Thl. [x—1216.] (310 S.) ℳ 2,70.; 2. Thl. [1216—1547.] (253 S.) ℳ 2,25.] 4 95

—— **History** of England. Erklärt von Otto Petry. 3. (Schluss-) Tl. [1547—1689.] gr. 8. (268 S.) Berlin 880, Weidmann'sche Buchh.
1. und 2. Tl. Ebendas. 1879. ℳ 4,95.

— An inquiry concerning human understanding, s.: **Schriftsteller**, englische, aus dem Gebiete der Philosophie usw.

Hume, D. Leben der Königinnen Maria und Elisabeth. Breslau 1770 - -71. Ü: *Ekkard, Friedrich.* (MGT)

D. Hume üb. d. menschl. Natur, a. d. Engl. nebst krit. Versuchen v. L. H. **Jakob.** *Halle*, Hemmerde u. Schwetschke. 790-91. 3 Bde. 8° 3 ₰ 12 gr

— die vier Philosophen, aus d. Engl., mit Anmerkk. von ... Formey. 8. Glogau 768. C. F. Günther. 5 gr

—— The reign of Queen Elizabeth, s. **Authors**, English. — **Schulbibliothek**, französ. u. engl

—— the **Reign** of Queen Elizabeth, s. **Rauch's** English Readings.

Hume, David: „Vollkommene Republik, frei nach dem Englischen von Chr Aug. **Fischer**", Leipzig 1799 (Kühn).

—— **Richard** the Lion-Hearted, s. **Bibliothek** gediegener und lehrreicher Werke der englischen Litteratur.

Hume, D. Vermischte Schriften über die Handlung ... a. d. Engl. Hamb. 1754. Ü: *Pistorius, Hermann Andreas.* (Ky) (ML)

— vermischte Schriften; aus d. Engl. (v. H. A. Pistorius). 4 Thle. 8. Hamb. 754 u. ff. 1 ₰ 8 gr (3r Thl. A. u. d. T.; Sittenlehre. 756.)

Hume, D. Sittenlehre der Gesellschaft ... Hamb. 1756. Ü: *Pistorius, Hermann Andreas.* (Ky) (ML)

— **Traktat** üb. d. menschl. Natur (treatise on human nature). 1. Tl. Üb. d. Verstand. Übers. v. E. Köttgen. D. Übersetzg. überarb. u. m. Anmerkgn. u. e. Reg vers. v. Thdr. Lipps. gr. 8. (VIII, 380 S.) Hamburg 895. L. Voss n. 6. —

— **Traktat** über die menschliche Natur (treatise on human nature). Ein Versuch die Methode der Erfahrg. in die Geisteswissenschaften einzuführen. In deutscher Bearbeitg. m. Anmerkgn. u. e. Sachregister hrsg. v Thdr. Lipps. I. u. II. Tl. gr. 8. Hamburg, L. Voss. à n. 6. —
I. Ueber d. Verstand. 2. durchges. Aufl. (VIII, 380 S.) 904.
II. Buch II. Ueber die Affekte (of the passions). Buch III. Ueber Moral (of Morals). Mit Zugrundelegg. e. Uebersetzg. v. Frau J. Bona Meyer. Deutsch m. Anmerkgn. u. e. Index v. Thdr. Lipps. (VI, 397 S.) 906.

—— eine **Untersuchung** über die Principien der Moral. Deutsch hrsg. und mit einem Namen- und Sachregister versehen von Thom. Garrigue Masaryk. 8. (VI, 167 S.) Wien 883, Konegen. *

— eine **Untersuchung** in Betreff d. menschlicher Verstandes, s.: **Bibliothek**, philosophische.

— Untersuchungen über den menschl. Verstand; aus d. Engl. von W. G. Tennemann, nebst e. Abhandl. über d. Skepticismus von C. L. Reinhold. 8. Jena 793. (Hennings in Neisse). 1 ₰

. **D. Hume** üb. d. menschl. Verstand, a. d. Engl. v. W. Gli. **Tennemann**; nebst e. Abh. üb. d. philosoph. Skepticismus v. K. Lh. **Reinhold.** *Jena*, akad. B. 793. 8° 1 ₰

—— eine **Untersuchung** in Betreff des menschlichen Verstandes. Uebersetzt, erläut. und mit einer Lebensbeschreibung Hume's versehen von J. H. v. Kirchmann. 3. Ausg. 3. (X, 214 S.) [Leipzig 880, Koschny.] Heidelberg, Weiss Verlag. *

Hume, David, e. **Untersuchung** üb den menschlichen Verstand. Deutsch v. C. **Nathanson.** 8. (223 S.) Leipzig 893. P. Friesenhahn. Kart. n. 2. —

Eine Untersuchung über den menschlichen Verstand [Enquiry concerning human understanding, deutsch] von David **Hume.** 5. durchges. Aufl. Leipzig: Dürr 1902. (163 S.) 8°
— **Bibliothek**, Philosophische. [Neue Ausg.] Bd 35. 06. 6446 11

— eine **Untersuchung** über den menschlichen Verstand. Deutsch v. C. Nathansohn. 2. verb. Aufl. (III, 198 S.) 8. Leipzig 908. B. Elischer Nachf. Kart. n. 2. —

Eine Untersuchung über den menschlichen Verstand [An enquiry concerning the human understanding]. Von David **Hume.** 6. Aufl. Hrsg. von Raoul **Richter.** Leipzig: Dürr 1907. (VIII, 223 S.) 8°
— **Bibliothek**, Philosophische. [Neue Ausg.] Bd 35. 07. 4781

— Untersuchung üb. den menschlichen Verstand. Deutsch v. Carl Vogl. (Kröners Volksausg.) (IV, 92 S.) gr. 8. Leipzig (910). A. Kröner. 1. —

Hume, D. Untersuchungen über den Selbstmord; a. d. Engl. ... Hannover 1781. Ü: *Dörrien, David Ludolf.* (Ky)

— Untersuchungen über den Selbstmord; aus d. Engl., mit laufenden Anmerkk. u. e. Anh. (von D. L. Dörrien). 8. Hannov. 781. Ritscher. (Hahn). 14 gr

Über den Verstand [Enquiry concerning human understanding]. Von David Hume. In deutscher Bearb. mit Anm. u. e. Sachreg. hrsg von Theodor Lipps. 2. durchges. Aufl. *Hamburg & Leipzig: L. Voß 1904.* (VIII, 380 S.) 8°
— Hume: Traktat über d. menschl. Natur (Treatise on human nature). T. 1. [04. 13889 3

Hume, D. Philosophischer Versuch über die menschliche Erkenntniss; a. d. Engl. . . . Hamb. u. Leipzig 1755. Ü: *Sulzer, Johann Georg.* (ML)

Hume, David: „Essays moral and political", Edinburg 1742 3. Ausg. London 1748 bis 1753. — Dasselbe deutsch: „Moralische und politische Versuche, mit Anmerkungen", 4 Teile, Hamburg 1754 bis 1766.

Hume, David· „Politische Versuche. Von neuem aus dem Englischen übersetzt, nebst einer Zugabe von Christian Jacob Kraus", Königsberg 1800. — „Neue, nach den hinterlassenen Papieren des Uebersetzes vermehrte Auflage", Königsberg 1813, vorh.: Büch. der Industrie- und Handelskammer Leipzig.

— polit. Versuche, von Neuem aus d. Engl. übersetzt, nebst e. Zugabe von Krauß. 8. Königsb. 800. N. A. 814. Nicolovius. (Leop. Michelsen in Leipz.) 1 *f* 16 *K* (A. u. d. Tit.: C. J. Krauß, vermischte Schriften. 7r Bd.)

— vie, par lui-même, trad. de l'anglais 12. Leipz. 777 (W. Vogel).

Hume, David (Scoti), summi apud suos philosophi, de vita sua acta, liber singularis; nunc primùm latinè redditus. o. O. 1787. 12 S. (6.50) 16357

—— William the Conqueror, s. Bibliothek gediegener und lehrreicher Werke der englischen Litteratur.

—— William the Conqueror and Queen Elisabeth, s. Schullektüre, französische und englische.

Hume, David: „Politische Zweifel, allen Partheyen gewidmet" Deutsche Uebersetzung von Chr. Aug. Fischer, Leipzig o. J. 2. Auflage Leipzig 1790 (Kühn).

— polit. Zweifel, v. Fischer. 8. Leipzig, Kühn. 799.

Hume, Fergus W., das Geheimnis e. Fiakers, s.: Lutz' Kriminal- u. Detektiv-Romane. 18. Bd.

Hume, Fergus W., d. Geheimnis e. Fiakers, s.: Sammlung ausgew. Kriminal- u. Detektiv-Romane.

— das Geheimniß d. Haideschänke. Kriminal-Roman. Autoris. Bearbeitg. v. Th. Eicke. 8. (142 S.) Berlin 898. J. Gnadenfeld & Co. n. 1. —

Hume, Fergus W.: Das Geheimniss der Haideschänke. Kriminal-Roman. Autor. Bearbeitung von Dr. Th. Eicke. Berlin: J. Gnadenfeld & Co. [1899]. (142 S.) 8°

Das Geheimnis der Klippe. Roman von Fergus Hume. Aus d. Engl. übers. von J. Cassirer. Neurode, Hamm, Speyer: W. W. E. Klambt [1907]. (135 S.) 8° [F.]
— Zehnpfennig-Bibliothek, Moderne. Jg. 6, Bd 3. [08. 7093 2

— Das Karfunkel-Armband, s.: Sammlung in- u. ausländischer Sensations-, Criminal- u. Detectiv-Romane.

Das Karfunkel-Armband. Kriminal-Roman von Fergus Hume. Autor. Übers. von C[lara] Weßner. Bd 1. *Erfurt: F. Bartholomäus [1903].* 8° [F.]
— Kriminal, Collection. No 47. [03. 9744

— das Karfunkel-Armband. Kriminal-Roman. Autoris. Uebersetzg. v. C. Weßner. 2 Tle. in 1 Bd. (220 S.) 8. Erfurt (903). F. Bartholomäus. . 20

Hume, Fergus W.: Der rätselhafte Mord in Piccadilly (The Piccadilly Puzzle.) Kriminal-Roman. Deutsch von Egon Berg. 3.-4. Taus. Berlin: R Jacobsthal [1901] (218 S.) 8°
= Kriminal- u. Detektiv-Romane, Moderne. Bd 22.

Die schwarze Nelke (The black carnation). Kriminal-Roman von Fergus Hume. Aus d. Engl. Deutsch von M[arie] Walter. Autor Uebers. *Berlin: R. Jacobsthal [1903].* (256 S.) 8° [F. u. Ant.]
— Kriminal- u. Detektiv-Romane, Moderne. 32. [04. 10565

Ring und Dolch. Feuilletonerzählung von Fergus Hume u. Robert v. Wissow. *Erfurt: F. Bartholomäus [1903].* (136 S.) 8° [F.]
— Kriminal, Collection. No 46. [03. 9743

— verwehte Spuren, s.: Engelhorn's allgemeine Roman-Bibliothek.

Hume, Jak., Abriß d. gegenwärt. Zustandes von Großbritannien ein Handbuch für Reisende, nebst Nachr. von d. Handlung, der Staatsverhältnissen u. d. Interesse dieses Reichs; aus d. Engl übers. von Hrn. v. Gerstenberg. 8. Kopenh. 771. Rothe. 10 *K*

Humelauer, Albert von, s. Hummelauer, Albert von

Humelet, Carl Bertram (Riesenburg/Preuss.), Observatio de carie ossium capitis. Diss. med.-chir. Bln. (Friedlaender) 31. VIII. 1835. 36 S. mit Biogr. (M.: D. Rost.) (6.—) 16359
Oppon.: A. Burow, R. Marty, R. Leistner. — Gew.: Friedrich Rost (Schachenhoff), Carl Schlewe (Riesenburg). — Krankengesch. d. Ludwig Hoffmann (Berlin).

Humenyánszky, Rud., Adalb. v. Rheberich u. **Geo. Zima,** slowakische Militärsprache. Ein Handbuch f. den Vorgesetzten im Verkehr m. den Untergebenen. Im Auftrage des Regimentskommandos verf. (148 S.) kl. 8. Wien 910. L. W. Seidel & Sohn. 1. 60

Huemer, Adalb., de Pontii Meropii Paulini Nolani re metrica, s. a.: Dissertationes philologae Vindobonenses. VII, 1.
Vgl. Huemer, Stephan.

Huemer, A, De Pontii Meropii Paulini Nolani re metrica. Diss. 1908. 78 S.

Huemer Eduard: Beziehungen zwischen Sir W. Scotts „The Lord of the Isles" und John Barbours „History of Robert Bruce". Diss. Wien, Univ.
H. 1894 PN 825

Huemer, Frz., verwaiste Blüten. Gedichte. Hrsg. v. M. Holthausen. 8. (VII, 119 S. m. Bildn.) Dresden 898. E. Pierson. n. 2. —; geb. n. 3. —

Huemer, Frz. Seraph. Aus dem Glücksrad d. Lebens. Aphorismen. 12. (IV, 114 S.) Stuttg. 889, Levy u. Müller. * 1 80; geb. * 2 50

Huemer, Frz. Der junge Poet. Lustspiel in 1 Act. 12. (39 S.) Wien 892, Frick. * 1 —

Huemer, Geo., die Pflege der Musik im Stifte Kremsmünster. Cultur-histor. Beitrag zur 11. Säcular-Feier. gr. 8. (VII, IV, 140 S.) Wels 877, Haas. * 2 —

Huemer, Johann

Huemer, J., Analekten z. lateinischen Anthologie. S.-A. 1880. 10 S.

Huemer, Joh. Mittellateinische Analekten. 20 S. 8. G IX Bez. *Wien* 1882.
Progr

Huemer, J., Mittellatein. Analecten. Pr. 1882. 20 S. 1.50
Enth. 3 Gedichte: die Legende v. Martyrium d. thebäischen Legion und 2 Gedichte üb. die Zerstörung Trojas.

Huemer, J., Cruindmeli sive Fulcharii ars metrica. Ein Beitrag z. Gesch. d. karoling. Gelehrsamkeit 1883. 52 S. 2.—

- Ein Bücherverzeichnis aus dem XIII. Jahrh. s. Studien, Wiener Jg. 7

Huemer, Johann. Aus alten Bücherverzeichnissen, s. Studien, Wiener Jg. 7

Huemer, Dr. Joh., Die Epitomae des Grammatikers Virgilius Maro nach dem Fragmentum Vindobonense 19556. (Aus d. Sitzb. d. phil.-hist. Cl. d. k. Akad. d. Wissensch. XCIX. Bd. II. Heft, S. 509, besonders abgedruckt.) gr. 8. (53 S.) geh. in Comm. 40 kr. Wien: Gerold's Sohn 1882.

- Verlegene Formen, s. Studien, Wiener. Jg. 10.

Huemer, J, Z. Geschichte d. mittellateinischen Dichtung. — Hugonis Ambianensis sive Ribomontensis opuscula. 1880. 40 S. 8.—

Huemer, *Johann* Zur Geschichte der mittellateinischen Dichtung. Heinrici Augustensis Planctus Evae. 8 (S. 3 – 24). K k. Staatsg. im II. Bezirke *Wien* 1891
Progr.

—— über ein Glossenwerk zum Dichter Sedulius. Zugleich ein Beitrag zu den grammat. Schriften des Remigius von Auxerre. Lex.-8. (49 S.) (Ebendas.) 880. **
aus: Sitzungsberichte der k. Akademie der Wissenschaften, besonders abgedruckt.

Huemer, *Johann* Regierungsrath Dr Johann Hauler Ein Gedenkblatt. 8 (S 14 22) **Progr.** Staatsg im II Bezirk *Wien* 1889

Huemer, Johann (Hrsg.), s. Horatius, Carmina selecta.

- Iter Austriacum I. s. Studien, Wiener Jg. 9

Huemer, J., das Registrum multorum auctorum des Hugo v. Trimberg. Ein Quellenbuch zur latein. Literaturgeschichte d. Mittelalters. [Aus: „Sitzungsber. d. k. Akademie d. Wiss."] Lex.-8. (48 S.) Wien 888. (Tempsky) n. — 80

Huemer, J., Gallische Rhythmen und gallisches Latein. S.-A. s. a. 12 S.

- Latein Rhythmen d. Mittelalters I. S A 1883. 10 S.

—— Rhythmus über die Schlacht auf dem Marchfelde [1278]. Lex.-8. (7 S.) Wien 885, (Gerold's Sohn.) **
Aus Archiv für österreichische Geschichte, besonders abgedruckt.

Huemer, Joh. Untersuchungen über den jambischen Dimeter bei den christlich-lateinischen Hymnendichtern der vorkarolingischen Zeit. 46 S. 8. **Progr.** G. IX. Bez. *Wien* 1876.

— Untersuchungen über die ältesten lateinisch-christlichen Hymnen. Mit einem Anhang von Hymnen. gr. 8. (75 S.) Wien: Gerold's Sohn 1879. * 2 —

Huemer, J.: Untersuchungen über die ältesten lat. christlichen Rhythmen. 66 S. – Wien IX., Progr. 1879.

Huemer Johann: De Sedulii poetae vita et scriptis commentatio. **Diss.** Wien, Univ.
1877 PN 91

Huemer, Johs., de Sedulii poetae vita et scriptis commentatio. gr. 8. (IV, 123 S.) Wien 878, Hölder. * 3 60

Huemer, J., s.: Zeitschrift f. d. österr. Gymnasien.

Huemer, Kamillo

— Auf die Probe kommt's an. Referat üb. die Frage der Mittelschulreform, erstattet in der ausserordentl. Versammlg. des Vereines „Mittelschule f. Oberösterreich u. Salzburg" in Linz am 18. I. 1908. (16 S.) gr. 8. Wien 908. A. Hölder. — 40
Sonderabdruck aus: „Österr. Mittelschule".

Huemer, Camillo, zwischen zwei Feuern. Schauspiel in 5 Akten. 8. (94 S.) Wien 896. (Linz, B. Fink.) 1. 80

Der Geist der altklassischen Studien und die Schriftstellerwahl bei der Schullektüre. Von Dr. Kamillo **Huemer**. Wien & Leipzig: C. Fromme 1907. (79 S.) 8° [c4. 14037

Huemer, Camillo. Die Genesis d. Entschlusses in den Tragödien d. Euripides u. Sophokles od. üb. den objektiven Charakter der griech. Tragödie. Eine ästhet. Studie. gr. 8. (76 S.) Lps. 889, Fock. * 1 20

— Die sittlichen Ideale der deutschen Jugend. (V, 112 S.) 8. Wien 909. A. Pichler's Wwe. & Sohn. 2. 10

Die Maturitätsprüfung in ihrem Verhältnis zu Gymnasium, Universität und Publikum. Vortrag geh. im Ver. 'Mittelschule f. Oberösterreich u. Salzburg' in Linz 1904, von Dr Kamillo **Huemer**, Prof. in Salzburg. Wien: A Hölder 1905. (24 S.) 8°
Aus Österr Mittelschule. Jg 19, H. 1 2. [c5. 7708

Huemer, Kamillo (Hrsg.), s. Plato Chrestomathie.

Huemer, Kamillo, Chrestomathie aus Platon nebst Proben aus Aristoteles. 1. Tl. Einleitung u. Text. (XXXI, 151 u. 91 S.) gr. 8. Wien 910. C. Fromme. Geb. in Leinw. u. geh. 3. —

Huemer, Camillo: Die Sage von Orest in der tragischen Dichtung. 8 (S. 3 - 34). **Progr.** K k. Staats-G. *Linz* 1896.

Huemer Stephan: De Pontii Meropii Paulini Nolani re metrica. **Diss.** Wien Univ.
D: Selbstverlag, 1897.
1897 PN 1040
Vgl. Huemer, Adalbert.

Hume's, Dav., Geist, von Chr. A. Fischer. 18 Bdchen, Politik 8. Leipz. 795. Kühn. 16 gr

Humfrey, J. G., Versuch eines neu angenommenen Fortifikations-Systems zur Vertheidigung d. Rhein-Grenze, welches mehr oder minder bei allen vorzügl. Werken dieser Art, die auf dem Continent jetzt gebaut werden, befolgt wird: Exemplifiziert durch ein vollständiges Memoire über die Festung Coblenz, und beleuchtet durch Pläne u. Durchschnitte der Werke dieses Platzes. (London 1838.) In das Deutsche übertragen von Fr. Reinhard. Mit 5 Steindr. Lex.-8. Nürnberg 842, Riegel u. Wießner. 1 1/3 ng

Humfrey, J. G. Versuch eines neu angenommenen Fortifikations-Systems zur Verteidigung der Rhein-Grenze; exemplifiziert durch ein vollständ. Memoire über die Festung Koblenz. In das Deutsche übertr von F. Reinhard. Mit Taf. u. Pl. Nürnberg 1842 99 S.

Humhal, Franz, die Natur unseres Denkens in ihrem metaphys. Dunkel mit dem Lichte der Logik beleuchtet. gr. 8. (12 S.) (Prag 847. Gotha, Baumann und Comp.)

Huml, G. A., lyrische Gedichte. gr. 8. Bregenz 807.

Humler, Frz. Lamb., (†...) kurzer Begriff von d. allerhöchsten Range, Titel u. Wappen d. röm. Kaisers. gr. 8. Prag 770. Ghelen. 8 kr

Humm, H., Religion, Moral, Naturwissenschaft. Ein Mahnruf f. das Wissen, gegen das Glauben. 8. (88 S.) Leipzig 874. Mentzel. n. 1. 20

Hummel, die Eine Wochenschrift. Unter Mitwirkung Mehrerer hrsg v. Ed. Pelz. 1 Jahrg. 1851. 12 Hfte. od. 52 Nrn. Lex. 8. (B.) New-York. (Leipzig, Matthes.) n. 4 ℳ

Hummel, Johann Heinrich, Dekan zu Bern. (1611—1674.) Ein Lebens- und Charakterbild aus dem 17. Jahrh., nach handschriftl. Quellen bearb. und hrsg. von (Wilh. Fetscherin) auf Veranstaltung des histor. Vereines des Kantons Bern und unter Mitwirkung der bern. Künstlergesellschaft. Neujahrsblatt 1856. gr. 4. (IV und 40 S. mit 1 lithogr. Portr.) Bern 856, Huber und Comp. *

Hummel, s.: Aus der deutschen Litteratur.

Hummel, der gute Kamerad, s.: Klaß, v.

Hummel, Schettra auf der Reise nach Ungarn und Italien. Reisebilder. Aus ihren Tagebüchern zusammengestellt. 2 Bdchn. gr 8. (III und 452 S.) Ravensburg 863, Dorn'sche Buchh.

Hummel, Albrecht (Dn.)

— Beitrr. zur Berichtigung u. Erweiterung des positiven Rechts. 1r Thl. gr. 8. Gießen 804. Tasche. 1 ℳ 4 kr (A. u. d. T.: Berichtigung d. gewöhnl. Theorie, über d. Arten, Verbindlichkeiten aufzuheben).

Hummel, Alb.; Beytrr. z. Bericht. u. Erweit. d. posit. Rechts. *Giessen*, Tasché u. Müller. 1r Th. 804. gr. 8. (1 Thl. 4 Gr.)

— Berichtigung der gewöhnl. Theorie über die Arten, Verbindlichkeiten aufzuheben nach römischem u. heutigem Rechte. gr 8. (Gießen 804. Leipzig, Fr. Fleischer.) 1 1/6 ℳ

Hummel, Alb.: Berichtig. d. gewöhnl. Theorie üb. d. Arten, Verbindlichkk. aufzuheben, nach röm. u. heut. Rechte. *Giess.* Tasché. 804. gr. 8. (1 Thl. 4 Gr.)

— Einleit. in d. gesammte positive Recht 2c. 2 Bde, s. oben Encyklopädie d. positiven Rechts, 1r Bd., 1e u. 2e Abthl.

Hummel, Alb.: Elementarlehre der gesammten Rechtswiss.. *Giessen*, Müller. 805. gr. 8. (1 Thl. 8 Gr.)

— Elementarlehre d. gesammten Rechtswissenschaft. gr. 8. Gießen, Tasché. 805.

Hummel, Albr. (Dn.) Encyclopädie des gesammten positiven Rechts. 1r Bd. A. u. d. T.: Einleitung in das gesammte positive Recht. gr. 8. Gießen 804. (Leipzig, Fr. Fleischer.) 3 5/6 ℳ — 2r Bd. in 3 Abthll. A. u. d. T.: Propädeutik zur gründl. Kenntniß des heutigen positiven Rechts. 2 Bde. in 3 Abthl. gr. 8. Ebd. 805, 806. 8 ℳ — 3r Bd. in 2 Abthl. A. u. d. T.: Geschichte des Verfalls des positiven Rechts 2c. In 2 Abth. gr. 8. Ebd. 806. 3 1/6 ℳ

Hummel, Alb.: Encyklopädie d. ges. posit. Rechts. *Giessen*, Müller. 8. Bd. I. Abth. 1. 2. Einleit. in das ges. pos. Recht. 804. (1 Thl. 20 Gr.) B. II. Abth. 1. 2. 3. Propaedeutik z. gründl. Kenntn. d. heut. pos. Rechts od. Handb. d. Rechtsgeschichte. 805. (8 Thl.) Bd. III. Abth. 1. 2. Geschichte d. Ausbildung und d. Verfalls des positiv. Rechts. 806. (3 Thl. 4 Gr.) Bd. IV. Abth. 1. Encyklop. d. heut. positiven Rechts. Periode v. Consulat Napoleons bis zur Auflösung des deutschen Reiches. 813. (1 Thl. 12 Gr.)

Hummel, Alb: Encyclop. d. heut. posit Rechts. 1e Abth.; wiss. u. histor. Vorkenntnisse. *Giess.*, Müller. 813. gr. 8. (1 Thl. 12 Gr.)

— Geschichte d. partiellen Ausbildung d. positiven Rechts 2 Bde, s. oben Encyklopädie.

Hummel, Albr., Geschichte der partiellen Ausbildung des positiven Rechts u. des dadurch vorbereiteten Verfalls. Th. 1. 2. Giessen 1805. 2 Bde
(Hummel Encyklopädie des gesammten positiven Rechts. Bd 3, Abth. 1 2.)

— Handbuch d. Rechtsgeschichte, s. oben Encyklopädie.

Hummel, Alb.: (Encyklopaedie d. gesammt. pos. Rechts. 1r—3r Bd.) Handb. d. Rechtsgesch., e. Commentar über *Hugo*. *Giess.*, Tasché und Müller. 805—6. 3 Bde. gr. 8.

— Propädeutik des gesammten positiven Rechts 2c. 3 Bde, s. oben Encyklopädie.

— Verfall d. positiven Rechts. 2 Bde. (ist der Encyklop. des posit. Rechts 3n Bds 1e u. 2e Abth.)

Hummel, Albr. (Dn.) über den gegenwärt. Zustand d. Gelehrten-Republik u. d. academ. Lehranstalten. 8. Berl. 802. Unger. 12 kr

Hummel, Alex., üb. Somnambulismus, Hellsehen u. thierischen Magnetismus. Nach Forbes: British and foreign medical Review bearb. gr. 8. (5 B.) Wien 846, Kaulfuss Wwe. Prandel u. Comp. *

Hummel, Ant., Bakschisch. Eine Orientreise üb. Sizilien nach Ägypten, Palästina, Syrien u. Konstantinopel. (454 S.) 8. Ravensburg 907. F. Alber. 3.20, geb. 4.—

Hummel, Ant., bis Algier u. Lourdes. E. Reise durch Frankreich. gr. 8. (235 S.) Ravensburg 898. Dorn. n. 1. 40

Hummel, Ant., bis Algier u. Lourdes. Eine Reise durch Frankreich. 2. Aufl. gr. 8. (242 S.) Ravensburg 899. Dorn. n. 1. 60

Hummel, Rheinlande u. Niederlande u. Rom u. Italien. Zwei Reisebeschreibgn. 12. (IV. 76 u. 135 S.) Ravensburg 892. (D. Maier.) n. 1 —

— Rheinlande — Niederlande u. Rom — Italien. Zwei Reisebeschreibgn. 2. Aufl. gr. 8. (216 S.) Ebd. 898. n. 1. 40

Hummel, August

Hummel, A., Anfangsgründe der Erdkunde. Vorstufe zum Grundriß der Erdkunde. gr. 8. (48 S. mit 13 in den Text gedr. Kartenskizzen.) Halle 877, Anton. * — 25

Hummel, A., Anfangsgründe der Erdkunde. In method. Bearbeitung. Ausg. A. [Für einfache Schulverhältnisse.] 2. verb. Aufl. gr 8. (48 S. mit 13 in den Text gedr. Kartenskizzen.) Halle 885. Anton. *

Anfangsgründe der Erdkunde v. A[ugust] Hummel M. 12 in d. Text gedr. Kartensk. Ausg. A (Für einfache Schulverhältnisse.) 3., verb. Aufl. Halle E. Anton 1898 (48 S.) 1 Bd 8.

—— Anfangsgründe der Erdkunde. In method. Bearbeitung. Ausg. für einen einjähr. Vorbereitungskursus. gr. 8. (32 S. mit 12 in den Text gedr. Kartenskizzen.) Halle 881, Anton.

Hummel, A. Anfangsgründe der Erdkunde. In method. Bearbeitg. Ausg. B. [Für e. einjähr. Vorbereitgskursus.] 2. umgearb. Aufl. gr. 8. (40 S.) Halle 888, [Heynemann'sche Buchdr.] Anton. * — 25

—— Anfangsgründe der Naturlehre für Volksschulen. In method. Bearbeitung. gr. 8. (48 S. mit 50 erläut. eingedr. Holzschn.) Ebendas. 881.

Anfangsgründe der Naturlehre f. Volksschulen In method. Bearbeitg. 2 verb. Aufl. gr. 8. (64 S. m. 42 Holzschn.) Halle 889, Anton * — 40

Hummel, A., s: Anleitung zur Schreibung u. Aussprache der geographischen Fremdnamen.

[A.] Bilder aus der Weltkunde f. d. reifere Jugend v. August Hummel. M. 6 Farbendr. v. F. Flinzer, O. Strutzel u. zahlr. Abb. im Text. Glogau C. Flemming (1897) (VIII, 105 S., 6 Taf.) 1 Bd 8

Hummel, A., Charakterbilder aus deutschen Gauen, Städten und Stätten, s. Dorenwell, K.

Hummel, A., kleine Erdkunde für Volks- und Bürgerschulen. In drei konzentrisch sich erweiternden Kursen. 2., umgearb. Aufl. 8. (95 S.) Halle 872, Anton. *

—— dass. — Nach heuristisch-entwickelnder Methode und in drei konzentr. Kursen. 3.—5. Aufl. Ausg. A. gr. 8. (68 S.) Ebendas. 873—75. *

—— dass. — Ausg. B. gr. 8. (82 S.) Ebendas. 873. *

— kleine Erdkunde für Volks- und Bürgerschulen. Nach heuristisch-entwickelnder Methode und in drei konzentr. Kursen. Ausg. A. 6.—8. Aufl. gr. 8. (72 S.) Ebendas. 876,77. * — 35

— kleine Erdkunde. Nach heuristisch-entwickelnder Methode und in drei sich erweit. Kreisen. Ausg. A. 9.—12. verb. Aufl. gr. 8. (84 S. mit 17 in den Text gedr. Kartenskizzen.) Ebendas. 877—79. * — 35

— dass. — Ausg. B. 3. Aufl. (82 S.) 1873; 4. Aufl. (93 S.) 1877; 5. verb. Aufl. gr. 8. (100 S. mit 17 in den Text gedr. Kartenskizzen.) Ebendas. 879. — 50

—— kleine Erdkunde. In 3 sich erweiternden Kursen. Ausg. A. 13. und 14. verb. Aufl. (94 S. mit 17 in den Text gedr. Kartenskizzen.) 1880. * 35 Pf.; 15. und 16. verb. Aufl. (104 S. mit 19 in den Text gedr. Kartenskizzen.) 1881,82. * 40 Pf. und 17.—20. Aufl. gr. 8. (108 S. mit 19 in den Text gedr. Kartenskizzen.) Ebendas. 881—84.

—— dass. — Ausg. B. 6. verb. Aufl. (100 S. mit 17 in den Text gedr. Kartenskizzen.) 1879. * 50 Pf.; 7. und 8. verb. Aufl. gr. 8. (112 S. mit 19 in den Text gedr. Kartenskizzen.) Ebendas. 881,82.

—— kleine Erdkunde. In 3 sich erweit. Kreisen. Ausg. A. [Ohne Aufgaben.] 21.—26. unveränd. Aufl. gr. 8. (104 S. mit 19 in den Text gedr. Kartenskizzen und 1 Holzschn.) Halle 885—87, Anton. *

—— dass. — 22. und 24.—26. Aufl. Mit Anhang: Landeskunde des Königr. Sachsen. gr. 8. (104 S.; Anhang 24 S.) Ebendas. 885—87. *

—— dass. — Ausg. B. 9. und 10. Aufl. gr. 8. (112 S. mit in den Text gedr. Landschaftsbildern und 1 Holzschn.) Ebendas. 888. * 50 Pf.; mit Anhang (24 S.) *

—— dass. — Ausg. B. Mit Aufgaben. 11. Aufl. gr. 8. (120 S. mit in den Text gedr. Landschaftsbildern und 1 Holzschn.) Ebendas. 888. *

—— dass. — Ausg. A. 27.—29. Aufl. gr. 8. (112 S. mit 18 in den Text gedr. Kartenskizzen und 1 Holzschn.) Ebendas. 888,89. *

— dasselbe. Ausg. A. 30.—32. Aufl. gr. 8. (100 S.) Ebd. 890. n — 40

— kleine Erdkunde Ausg. A. 35. Aufl. gr. 8. (100 S.) Ebd. 892. — 40

— dass. — Mit Anh. Landeskunde d. Königr. Sachsen, bearb. von Schreyer. 3. Aufl. gr. 8. (100, 24 S.) Ebd. 890. * — 52

—— dass. — Ausg. B. Mit Aufgaben. Mit 27 Landschaftsbildern u. e. Holzschn. 16. Aufl. gr. 8. (124 S.) Ebd. 891. * — 60

—— dass. — Mit Anh.: Landeskunde d. Königr. Sachsen, bearb. von Schreyer. Mit 19 in den Text gedr. Kartenskizzen u. 1 Holzschn.) 12. Aufl. gr. 8. (144 S.) Ebd. 889. * 72

— kleine Erdkunde. Ausg. A. 37 Aufl. gr. 8. (104 S.) Halle 896. E. Anton. n — 40

— dasselbe. Ausg. B. 20 Aufl. 28 erläut. Holzschn. gr 8 (128 S.) Ebd. 898 n — 60; m. Anh.: Landeskunde d. Königr. Sachsen (128 u. 24 S.) n — 72

Hummel, A., kleine Erdkunde. Ausg. A. 39. Aufl. gr. 8 (104 S. m. Abbildgn.) Halle 899. Leipzig, F. Hirt & Sohn. n. — 40

Hummel, A., kleine Erdkunde. Nach dem Tode des Verf. bearb. v. A. Koch. Ausg. B. 23. Aufl. Mit 32 erläut. Holzschn. gr. 8. (128 S.) Halle 901. Leipzig, F. Hirt & Sohn. n. — 60; kart. n. — 80; m. Anh.: Landeskunde des Kgr. Sachsen. (128 u. 24 S.) n. — 72; kart. n.n. — 90

Hummel, Aug., kleine Erdkunde. Nach dem Tode des Verf. bearb. v. A. Koch. Ausg. A. (Ohne Bilderanh. u. Aufgaben.) 42. Aufl. (IV, 96 S.) 8. Leipzig 907. F. Hirt & Sohn. — 60; m. Anh.: Landeskunde des Königr. Sachsen v. W. Schreyer. 8., durchgeseh. Aufl. (IV, 96 u. 24 S.) — 70

— dasselbe. Ausg. B. Mit 1 Farbentaf.: „Die Hauptformen der Erdoberfläche", e. Anh. v. 26 Bildern nebst Erklärg. dazu u. 231 Aufgaben. 26. Aufl. (IV, 96 u. 32 S.) 8. Ebd. 907. — 80; m. Anh.: Landeskunde des Königr. Sachsens v. W. Schreyer. 8., durchgeseh. Aufl. (IV, 96, 32 u. 24 S.) — 90

—— Experimentierkunde. Anleitung zu physikal. und chem. Versuchen in gehobenen Volksschulen, Präparandenanstalten, höheren Töchterschulen ꝛc. [im Anschluß an den „Leitfaden der Naturlehre"]. gr. 8. (X, 89 S.) Ebendas. 887 *

Hummel, Aug., über traumat. Gefass-Blutungen u. deren Stillung durch Natur u. Kunst. Inaug.-Abhandl. gr. 8. (13¾ B.) Kitzingen 838. [Nürnberg, Zeh'sche Buchh.]

Hummel, A., kleine Geographie in Ueberblicken u. Lebensbildern. 6. Aufl. der „Anfangsgründe der Erdkunde", u. zugleich als Vorstufe zu Hummel-Kochs Grundriß der Erdkunde. Bearb. v. A. Koch. Mit e. Anh. u. 20 Abbildgn. (64 S.) gr. 8. Leipzig 904. F. Hirt & Sohn. n. — 60

— kleine vaterländische Geschichte. In drei konzentr. Kursen. Ein Leitfaden für preuß. Volksschulen. Mit einer geschichtl. (lithogr.) Uebersichtskarte von Deutschland (in qu. gr. 4.). 7.— 12. verb. Aufl. gr. 8. (54 S.) Ebendas. 876—78. * — 30
geb. * — 40

—- kleine vaterländische Geschichte. In 3 sich erweiternden Kursen. Ein Leitfaden für preuß. Volksschulen. Mit 1 geschichtl. (lithogr. und color.) Karte des preuß. Staates. 13.— 19. Aufl. (64 S.) 1880—82; 20.—22. Aufl. gr. 8. (63 S. mit 4 lithogr. und color. Geschichtskarten.) Ebendas. 883,84. *

—— kleine vaterländische Geschichte. In 3 sich erweit. Kreisen. Ein Leitfaden für preuß. Volksschulen. 23.—28. Aufl. gr. 8. (64 S. mit 4 Geschichtskarten.) Ebendas. 885—87. *

— kleine vaterländische Geschichte. In 3 sich erweit. Kreisen. Ein Leitfaden f. preuß. Volksschulen. 31. Aufl. gr. 8. (64 S. m. 4 Karten.) Ebd. 888. n. — 30

—— kleine vaterländische Geschichte f. preuß. Volksschulen. 34. Aufl. gr. 8. (112 S. m. 4 Geschichtskarten.) Ebd. 891. * — 50

— kleine vaterländ. Geschichte f. preuß. Volksschulen. M. 4 Geschichtskarten. 35. Aufl. gr. 8. (112 S.) Ebd. 895. n. - 60

— vaterländische Geschichte f. preußische Volksschulen. In 88. Aufl. neu bearb. v. Fel. Osner. (144 S. m. 5 farb. Karten.) 8. Ebd. 907. — 75

—— Grundriß der Erdkunde für Mittelschulen und verwandte Lehranstalten. gr. 8. (IV, 163 S.) Ebendas. 878. * 1 —

—— Grundriß der Erdkunde. 2. verb. Aufl. gr. 8. (VIII, 188 S. mit 50 eingedr. Kartenskizzen und Abbild.) Ebendas. 882. *

—— Grundriß der Erdkunde. Mit 10 erläut. Holzschn. 3. verb. Aufl. gr. 8. (IV, 198 S.) Ebd. 892. * 1 50

— Grundriß d. Erdkunde. M. 11 erläut. Holzschn. 4., verb. Aufl. gr. 8. (IV, II. 202 S.) Ebd. 896. n. 1. 50

— Grundriß der Erdkunde. Mit 11 erläut. Abbildgn. 5. Aufl., hrsg. v. A. Koch. gr. 8. (VI, 201 S.) Leipzig 901. F. Hirt & Sohn. n. 1.50; geb. in Leinw. n. 2.—

— Grundriß der Erdkunde. Nach dem Tode des Verf. bearb. v. A. Koch. 6. durchgeseh. Aufl., erweitert durch e. Namenregister. Mit 14 erläut. Abbildgn. (VI, 215 S.) gr. 8. Ebd. 905. Geb. in Leinw. n. 2.—

— Grundriß der Erdkunde. Nach dem Tode des Verf. bearb. v. A. Koch. 7., durchgeseh. u. erweit. Aufl. Mit 14 Abbildgn. zur mathemat. Geographie, 2 Farbentaf. u. e. Anh. m. 71 Bildern. (VI, 214, 48 S. u. 48 Sp.) gr. 8. Ebd. 908. Geb. 2. 50

— Uebungsheft z. Grundriß d. Erdkunde. gr. 8. (II, 16 S.) Ebd. 897. n. — 20

—— methodischer Grundriß der Naturgeschichte für Mittelschulen und verwandte Lehranstalten. 2 Thle. gr. 8. Ebendas. 880. à Thl. * M 1. *

Inhalt:
Thl. 1. Thierkunde. (IV, 184 S. mit 200 erläut. eingedr. Holzschn.)
„ 2. Pflanzenkunde. (IV, 160 S. mit 167 erläut. eingedr. Holzschn.)

—— Grundriß der Naturgeschichte. In method. Bearbeitung. 1. und 2. Tl. 2. verb. Aufl. gr. 8. Ebendas. *

Inhalt:
Tl. 1. Tierkunde. (IV, 183 S. mit 210 erläut. Holzschn.) 886. * M 1.40.
„ 2. Pflanzenkunde. (IV, 156 S. mit 165 erläut. Holzschn.) 885. * M 1.20.

—— Handbuch der Erdkunde. Ein Hausbuch des geograph. Wissens. 17 Lfgn. gr. 8. (X, 1344 S. mit eingedr. Holzschn.) Leipzig 873—76, Gebhardt's Verlag. à Lfg. * M 1. *

—— Hilfsbuch für den Unterricht in der Erdkunde. gr. 8. (VIII, 400 S. mit 8 lithogr. Taf. Abbild.) Ebendas. 885. *

Hummel, A. Hilfsbuch für den Unterricht in der Naturgeschichte. Zum Zweck der Vertiefung u. Belebg. des naturgeschichtl. Unterrichts bearb. gr. 8. (VII, 533 S.) Halle 890, [Heynemann'sche Buchdr.] Anton. * 4 80
Wurde ausgegeben in 8 Lfgn. à * — 60.

— Landes-(Heimats-)Kunde der Provinzen Sachsen, Schlesien, Brandenburg, Rheinprovinz, s. a. Landes-(Heimats-)Kunden, deutsche.

—— kleine Landeskunde der Prov. Brandenburg mit Einschluß der Nachbargebiete. gr. 8. (32 S. mit 5 Karten im Text.) Leipzig 878, Peter's Verlag. ** — 25

—— kleine Landeskunde der Rheinprovinz mit Einschluß der Nachbargebiete. gr. 8. (32 S. mit 7 Karten im Text.) Ebendas. 878. cart. ** — 25

— kleine Landeskunde der Rheinprovinz m. Einschluß der Nachbargebiete. 2., verb. Aufl. gr. 8. (32 S. m. 7 eingedr. farb. Karten.) Leipzig 887. E. Peter. n.n. — 25

—— kleine Landeskunde der Prov. Sachsen mit Einschluß der Nachbargebiete. gr. 8. (32 S. mit 7 chromolithogr. Karten im Text.) Ebendas. 877. ** — 25

—— kleine Landeskunde der Prov. Schlesien mit Einschluß der Nachbargebiete. gr. 8. (32 S. mit 6 Karten im Text.) Ebendas. 878. cart. ** — 25

—— das Leben der Erde. Blicke in ihre Geschichte, nebst Darstellung der wichtigsten und interessantesten Fragen ihres Natur- und Kulturlebens. Ein Volksbuch. Lex.-8. (VII, 424 S. mit 75 Holzschn.-Illustr. und 1 Karte in Farbendr. in qu. gr. 4.) Leipzig 870, Fr. Fleischer. M 6.; geb.
—— dass. — s. Volks-Kosmos.

— Lederstrumpf. Bilder u. Scenen aus dem ferne Westen. Nach James Fenimore Cooper der reiferen Ju gend erzählt. Mit 10 Bildern in Farbendr. nach Aquarellen v. H. Leutemann. 2. Aufl. gr. 8. (772 S.) Eben 874. 8. 7

— Lederstrumpf. Bilder und Scenen aus dem fernen Westen. Nach James Fenimore Cooper der reiferen Jugend erzählt. Mit 10 Bildern in Farbendr., nach Aquarellen von Jak. Leisten. 3. Aufl. gr. 8. (772 S.) Leipzig 877, Gebhardt's Verlag. geb. 9 —

— methodischer Leitfaden der Naturgeschichte f. Volksschulen. In 3 Stufen [vier Kursen.] gr. 8. Halle 875. 76 Anton. n. 1. -
1. Thierkunde. Mit 62 erläut. (eingedr.) Holzschn. 2. verb. Aufl. (72 S.) n. —
2. Pflanzenkunde. Mit 51 erläut. (eingedr.) Holzschn. (61 S.) n. —
3. Mineralienkunde. Mit 22 (eingedr.) erläut. Holzschn. (32 S.) n. —

—— methodischer Leitfaden der Naturgeschichte für Volksschulen. In 3 Stufen. gr. 8. Halle, Anton. * 1 —

Inhalt

Stufe 1. Thierkunde. 2. und 3. verb. Aufl. (72 S. mit 62 erläut. eingedr. Holzschn.) 1876,77, 4. verb. Aufl. (80 S. mit 93 erläut. eingedr. Holzschn.) 1878, 5. verb. Aufl. (80 S. mit 90 erläut. eingedr. Holzschn.) 879. * 40 Pf.
" 2. Pflanzenkunde. 2. und 3. verb. Aufl. (64 S. mit 54 erläut. eingedr. Holzschn.) 1876,77, 4. verb. Aufl. (72 S. mit 72 erläut. eingedr. Holzschn.) 1878, 5. verb. Aufl. (72 S. mit 70 erläut. eingedr. Holzschn.) 879. * 40 Pf.
" 3. Mineralkunde. 2. und 3. verb. Aufl. (32 S. mit 22 erläut. eingedr. Holzschn.) 877.78. * 20 Pf.

—— methodischer Leitfaden der Naturgeschichte für Volksschulen. 3 Hefte. gr. 8. Ebendas.

Inhalt:

Heft 1. Tierkunde. 6. und 7. verb. Aufl. (102 S. mit 134 erläut. Holzschn.) 880,81; 8.—10. verb. Aufl. (104 S. mit 134 erläut. Holzschn.) 882—84. * 50 Pf.
" 2. Pflanzenkunde. 6. und 7. verb. Aufl. (92 S. mit 101 erläut. Holzschn.) 880,81; 8.—10. verb. Aufl. (96 S. mit 102 erläut. eingedr. Holzschn.) 882—84. * 50 Pf.
" 3. Mineralienkunde. 4. und 5. verb. Aufl. (32 S. mit 22 erläut. Holzschn.) 881,82. * 20 Pf.

—— Leitfaden der Naturgeschichte. In method. Bearbeitung. 3 Hefte. gr. 8. Ebendas. *

Inhalt:

Heft 1. Tierkunde. 11.—13. Aufl. (104 S. mit 134 erläut. Holzschn.) 885,86; 14. und 15. Aufl. u. d. T.: Lehre vom Menschen. Tierkunde. (108 S.) 888. * 50 Pf.

Hummel, A., Leitfaden der Naturgeschichte.

Heft 2. Pflanzenkunde. 11. und 12. Aufl. (96 S. mit 105 erläut. Holzschn.) 885,86; 13. Aufl. (96 S. mit 102 erläut. Holzschn.) 887 und 14. und 15. Aufl. (100 S.) 888. * 50 Pf.
3. Mineralienkunde. 6. verb. und 7. Aufl. (32 S. mit 21 erläut. Holzschn.) 885,88. * 20 Pf.

— Leitfaden der Naturgeschichte. In method. Bearbeitg. 3 Hfte. Mit erläut. Holzschn. gr. 8. Halle a/S., Anton. n. 1 20

1. Lehre v. Menschen. Tierkunde. 15. Aufl. (108 S.) 888. n. — 60
2. Pflanzenkunde. 14. Aufl. (100 S.) 887. n. — 60
3. Mineralienkunde. 7. Aufl. (32 S.) 887. n. — 20

—— Leitfaden der Naturgeschichte. In method. Bearbeitg. 1.—3. Heft. gr. 8. Halle, Anton. * 1 40

1. Lehre vom Menschen. Tierkunde. 18. Aufl. (128 S. m. 153 erläut. Holzschn.) 891. * — 60. — 2. Pflanzenkunde. 18. Aufl. (112 S. m. erläut. Holzschn.) 892. * — 60. — 3. Mineralkunde. 9. Aufl. (32 S. m. 14 erl. Holzschn.) 890. * — 20.

— Leitfaden der Naturgeschichte. In method. Bearbeitg. 3 Hfte. gr 8. Halle a/S. 890. E. Anton. n. 1. 40

1. Lehre vom Menschen. Tierkunde. 19. Aufl. (128 S. m. 153 erläut. Holzschn.) 893. n. — 60
2. Pflanzenkunde. 18. Aufl. 112 S. m. erläut. Holzschn.) 891. n. — 60
3. Mineralkunde. 9. Aufl. (32 S. m. 14 erläut. Holzschn.) 890. n. — 20

— Leitfaden der Naturgeschichte 3 Hfte. gr. 8. Ebd. n. 1. 40

1. Lehre v. Menschen. Tierkunde. M. erläut. Holzschn. 21. Aufl. (126 S) 897. n. — 60
2. Pflanzenkunde. M. 110 erläut. Holzschn 19. Aufl. (112 S) 893. n. — 60
3. Mineralkunde. M. 18 erläut. Holzschn 10. Aufl. (20 S.) 897. n — 20

— Leitfaden der Naturgeschichte. Unter steter Berücksicht. des Zusammenhanges zwischen Körperbau u. Lebensweise neu bearb. v. R. Werner. 1. u. 2. Hft. gr. 8. Ebd. à n. — 60

1. Lehre vom Menschen. Tierkunde 23.—24. Aufl. (128 S. m. Abbildgn.) 901.
2. Pflanzenkunde. Mit erläut. Holzschn. 21.—22. Aufl. (120 S.) 899.

— Leitfaden der Naturgeschichte. 2. Heft: Pflanzenkunde. 23. Aufl., unter steter Berücksicht. des Zusammenhanges zwischen Pflanzenbau u. Pflanzenleben neu bearb. von R. Werner. Mit 64 erläut. Abbildgn. (121 S.) gr. 8. Ebd. 904. Kart. n. 1. —

— Leitfaden d. Naturgeschichte. 1. u. 3. Heft. 8. Ebd. 1.35

1. Lehre vom Menschen. — Tierkunde. Unter steter Berücksicht. des Zusammenhanges zwischen Körperbau u. Lebensweise neu bearb. v. R. Werner. Mit 3 Farbentaf. u. 93 Textbildern. 25. Aufl. (128 S.) 909. Kart. 1. —
3. Mineralkunde unter besond. Berücksicht. der chemischen Zusammensetzung, der Gewinng. u. Verwertg. der Mineralien neu bearb. v. R. Werner. 12. Aufl. (32 S. m. 17 Abbildgn.) 910. — 35

—— Leitfaden der Naturlehre. In method. Bearbeitung. gr. 8. (VIII, 136 S. mit 97 erläut. Holzschn.) Halle, 887, Anton. *

— Ludwig der Springer, s.: Meinhold's illustrirt Groschenbibliothek.

Hummel, A., kleine Naturgeschichte für zwei- bis vierklassige Volksschulen. Nach gruppir. Methode. gr. 8. (71 S. mit 77 erläut. eingedr. Holzschn.) Halle 877, Anton. * — 40

—— kleine Naturkunde für Volksschulen. In method. Bearbeitung. 2. und 3. verb. Aufl. gr. 8. (IV, 112 S. mit 127 erläut. eingedr. Holzschn.) Ebendas. 880,82. *

—— kleine Naturkunde für Volksschulen. In method. Bearbeitung. 4. verb. Aufl. gr. 8. (128 S. mit 91 erläut. Holzschn.) Ebendas. 888. *

— kleine Naturkunde f. Volksschulen. M. erläut Holzschn 6., verb. Aufl. gr. 8. (144 S.) Ebd. 897. n. — 75

— kleine Naturkunde. Eine Auswahl schulmäßig bearb. Stoffe aus allen Zweigen des naturkundl. Unterrichts in der Volksschule v. R. Werner. Mit 58 erläut. Abbildgn. 7., neu bearb. Aufl. (144 S.) 8. Ebd. 908. 1. —

—— Sigismund Rüstig oder die Schiffbrüchigen auf der Koralleninsel. Eine Robinsonade. Nach Freder. Marryat der deutschen Jugend erzählt. Mit 6 Illustr. in Farbendr., gezeichnet von Heinr. Leutemann, und einer (chromolithogr.) Karte. gr. 8. (IV, 608 S.) Leipzig 872, Gebhardt's Verlag. geb.

—— Sigismund Rüstig oder die Schiffbrüchigen auf der Koralleninsel. Eine Robinsonade, nach Frederick Marryat der deutschen Jugend erzählt. 2. durchgeseh. und verb. Aufl. Mit 6 Illustr. in Farbendr. gezeichnet von H. Leutemann und 1 (chromolithogr.) Karte. 8. (IV, 540 S.) Leipzig 882, Gebhardt's Verlag. geb.

Hummel A, Schulatlas zum Unterricht in der Erdkunde. 29 K. 4° Leipzig

— Schulatlas. Neue Auflage. (40 S) 4° Stuttgart (1897)

— Thesen üb. die Anwendung der heuristisch-entwickelnd Methode auf den Unterricht in der Erdkunde. 8. (14 S.) Halle 874. Anton. —

[Umschlagt.:] [A.] Übungsheft zum Grundriss der Erdkunde v. A[ugust] Hummel, Seminarl. *Halle: E. Anton 1897.* (16 S.) 1 Bd 8. (97.7504

Hummel, A., physikalische u. chemische Unterhaltungen, s. a. Ule, O.

Hummel, A., physikalische u. chemische Unterhaltungen, s. a. Volks-Kosmos.

Ule O u A Hummel, physikalische u chem. Unterhaltungen. 4° Leipzig 1873

— kleiner Volksschulatlas. Neue Auflage. (15 S) 4° Stuttgart (1897)

—— der Waldläufer. Bilder und Scenen aus dem fernen Westen. Nach Gabr. Ferry der reiferen Jugend erzählt. Mit 6 Bildern in Farbendr., entworfen von Heinr. Leutemann. 1. Aufl. (IV, 450 S.) 1869. ℳ 6,75., und 2. Aufl. br. 8. (IV, 467 S.) Leipzig 875, Gebhardt's Verlag. cart.

—— der Waldläufer. Bilder und Scenen aus dem fernen Westen. Nach Gabr. Ferry der reiferen Jugend erzählt. Mit 6 Bildern in Farbendr. nach Aquarellen von Heinr. Leutemann. 3. Aufl. gr. 8. (IV, 467 S.) Leipzig 879, Gebhardt's Verlag. geb. 7 50

Hummel, Bernhard Friedrich

— Abhandl. von d. Geschichtskunde d. alten Deutschen. (Im Namen d. Altdorf. deutschen Gesellschaft.) Fol. 767.

Hummel, Bernhard Friedrich, s. B a u e r , J A · Bibliotheca

— Beitr. zur Geschichte d. Schwäb. Bundes u. des Bauernkriegs. A. u. d. T.: Briefe u. Urkunden zu d. Lebensgeschichte Göz von Berlichingen, (nach d. Verfass. Tode v. C. F. K. Hummel herausg.). 8. Fürth 792. Gener. 8 gr

Hummel, Bernhard Friedrich (Hrsg.), s.a. B r i e f e u. Urkunden zu d. Lebensgeschichte Göz v. Berlichingens.

Hummel, B. F. Beschreibung entdeckter Alterthümer in Deutschland. Nürnberg 1792. H: *Hummel*, *C. F. K.* (Ky) Berlichingen. Fürth 1792. H: *Hummel*, *C. F. K.* (Ky)

Hummel, B. F., Beschreibung entdeckt. Alterthümer in Deutschland. gr. 8. Nrnb. Grattenauer. 792.

Hummel, B. F., Beschreibung entd. Alterthümer in Deutschland. gr. 8. Nürnberg. 792. Jetzt Eichhorn auch Lauffer in Leipzig.

Hummel, Bernh. Frdr., Bibliothek der deutschen Alterthümer, systematisch geordnet und mit Anmerkungen versehen. Nürnberg (später Leipzig) 1787. 8. Zusätze und Verbesserungen zu der Bibliothek d. d. Alterth. Ebda 1791. 8.

— Bibliothek d. deutschen Alterthümer, systemat. geordnet. gr. 8. Nürnb. 787. Eichhorn. (Lauffer in Leipz.) 1 ₰ 8 gr Zusätze u. Verbesserungen. gr. 8. Ebd. 791. (Ebd.) 12 gr

— Bibliothek der deutsch. Alterth., mit Zus. und Verbess. gr. 8. Nrnb. Grattenauer. 787—91.

— neue Bibliothek von seltenen u. sehr seltenen Büchern u. kleinen Schriften. 12 Stücke in 3 Bden. 8. Nürnb. 775—82. Schneider. 2 ₰ 12 gr

Hummel's, B. F., Neue Bibliothek von seltenen Büchern. Nürnb. 776-80. 3 B. (12 St.) 8. 2 rthl. 12 gr

s. C i c e r o Commentariolum.

— celebr. viror. e p i s t o l a e ined. LX. 8. ibid. 777.

— e p i s t o l a r u m hist. eccles. saec. XVI. a celeb. viris scr. semicent. I, et II. 8. maj. Halle, Gebauer. 778-80. (I. 6 gr. II. 8 gr.)

- s. G o t t w a l d , Chr · Bemerkungen über d. Biber und Schildkröten.

s. H a n d b u c h d. alten Erdbeschreib

(**Hummel** Bernhard Friedrich, Paul Jakob **Bruns** und Theodor Jakob **Ditmar**): Handbuch der alten Erdbeschreibung zum Gebrauch der eilf grossern Danvillischen Landkarten aus den besten Quellen verfasst. Bd 1. Th 1 2 (Historische Geographie von Europa.) Von Bernhard Friedrich Hummel. 1785. Bd 2. Th. 1 (Historische Geographie von Asien.) Von Paul Jakob Bruns. 1785. Bd. 2. Th. 2. (Historische Geographie von Africa und dem dazu gehörigen Aegypten.) Von Theodor Jakob Ditmar. 1786. Bd. 1 - 2. Nürnberg 1785-1786. 3 Bde. 8°

s. K ö h l e r , J D Disquisit

— Compendium d. deutschen Alterthümer. gr. 8. Nürnb. 788. (Eichhorn; a. Hahn in Hannov.) 20 gr

— Lebensgeschichte d. Frau Pflegerin S. M. v. Wölckern. Fol. Altdorf 773

s. L e b e n s g e s c h i c h t e Schärtlein's v Burtenbach

s. M u s a r u m remissio

s. S e c r e t a r i u s

Hummel, C., die Eisenbahn von Berbach nach der Rheinschanze, s. G. H. Strauss

Hummel, C. F. K., s: B. F. Hummel, Beschreib. u. dess. Beitr.

Hummel, C. M., Huldigungsreden, s. Huldigungsreden.

Hummel, Carl, s. H u m m e l , Karl

Hummel, Chr. Glo Imm., d. Musikus, oder von d. gründl. Erlernung d. Musik. 8. Hildburgh. 803. (Gr. Fleischer; a. Taubert in Leipz.) 12 gr

Hummel, C. G. J., der Musikus, oder von Erlern. d. Musik. 8. Hildburgh. Hanisch. 803.

— s. Aufsätze zur Geographie im Gellertschen Lesebuche.

Hummel, Dietr., Salzbrunn im Sommer 1846. Kleine Ergänzungen z. Zemplin'schen Brunnenschrift. 8. (4¹/₄ B.) Leipzig 846, (47.) (Literar. Museum.) *

Hummel, E., Organismus und Methode des Unterrichts in der Realschule. gr. 4. (27 S.) Göttingen 860. (Vandenhoeck und Ruprecht's Verlagsb.) **

Hummel, E., 100 P r ü f u n g s a u f g a b e n f. die Einjährig-Freiwilligen u. Offiziersaspiranten des Trains. (IV, 144 S.) 8. Berlin 910. E. S. Mittler & Sohn. 3. —

Hummel, E., synchronistische Tabelle d. deutschen Kaiser rc., s.: Diebold. F. X.

— T a s c h e n b u c h f. den Train- u. Verpflegungsoffizier im Felde u. im Manöver, zugleich Anleitung f. das Verpflegungskriegsspiel. Mit Abbildgn. u. Skizzen im Text. (XX, 134 S.) kl. 8. Ebd. 910. Geb. in Leinw. 2.50

Hummel, E., Luthers Verklärung in 13 Blättern, n. Text. q. Fol. Berl. Realschulbuchh.

Hummel, E., Luthers Verklärung, in 13 Blättern, nebst Text. qu. Fol. Berl., Reimer. 4 ₰

Hummel, E. Quintiliani vita. Pr 1843. 34 S 4°

Hummel, *Edgar* [app. Arzt]: Zur Entstehung der Aktinomykose durch eingedrungene Fremdkörper ... (Aus: Beitr. z. klin. Chir., Bd XIII Heft II.) Tübingen, H. Laupp'sche Buchh., 1895; 2 Bl., 11 S. 8.
Tübingen, Med. Fak., Inaug.-Diss. v. 1895

Hummel, Emil, Beiträge zur Flora des Marxstädter Kantons der wolgadeutschen Republik. 112 S., 6 Bildtafeln, 1 Karte des Marxstädter Kantons mit deutschen Kolonien

Hummel, Ferd., Armeemärsche in Liedern. Die Melodien der berühmtesten deutschen u. altpreuß. Armeemärsche m. volkstüml. Dichtgn. f. das deutsche Volk u. Heer, ein- u. mehrstimmig eingerichtet u. bearb. Im Allerhöchsten Auftrage Sr. Maj. Kaiser Wilhelms II. Ausg. I. (einstimmig): Für die Soldatenchöre. (80 S.) qu. 16. Berlin (905). [Dr. H. Ratge.] Leipzig, Breitkopf & Härtel. n. — 50; geb. — 75

Hummel, Ferd., Armeemärsche in Liedern. Die Melodien der berühmtesten deutschen u. altpreuß. Armeemärsche m. volkstüml. Dichtgn. f. das deutsche Volk u. Heer, ein- u. mehrstimmig eingerichtet u. bearb. Im Allerhöchsten Auftrage Sr. Maj. Kaiser Wilhelms II. Ausg. II (vierstimmig); Für die Männerchöre. (127 S.) qu. 16. Berlin (906). [Dr. H. Ratge.] Leipzig, Breitkopf & Härtel. n. 1. –; geb. 1. 25

– dasselbe. Ausg. IIIa. (einstimmig): Für die Schulchöre. (80 S.) qu. 16. Ebd. (906). n. — 50; geb. — 75

— dasselbe. Ausg. IIIb. (mehrstimmig): Für die Schulchöre. (111 S.) qu. 16. Ebd. (906). n. — 80; geb. 1. —

Hummel, Ferdinand, Armeemärsche in Liedern, D. Melodien d. berühmtesten dtschn. u. altpreuß. Armeemärsche f. Klavier zu zwei Händen eingerichtet, Ausgabe IV, Berlin, 31 S., 8°.

Die Beichte Opernmysterium. Dichtung von Axel Delmar [d. i. A. v. Demandowski]. Musik von **Ferdinand Hummel**. Op. 69. Volkst. Klav.-Ausz. mit Scenerie. *Leipzig: E. Eulenburg (1901).* (66 S.) 4°

Frieden auf Erden! Eine musikal.-illustrierte Kalendergeschichte in 3 Bild. von Marx Möller. Musik von Ferdinand **Hummel**. Op. 110. [Textbuch.] Berlin: Harmonie (1909.) 23 S. 8°

Johannisnacht. Ein Märchenspiel von Marx Möller Musik v **Ferdinand Hummel**. In d. Einrichtung d. Königl. Schauspielhauses zu Berlin. *Berlin: B. Scheithauer (1901).* (20 S.) 4°
— Schauspiel-Musiken. [2.]

Hummel, Ferd., das hl. Lachen. Märchen-Schwank von Ernst v. Wildenbruch. Musik v. F. H. Op. 50. Vollständiges Textbuch der Melodramen u Gesänge, sowie Gesamtverzeichnis aller im Werke enth. Musiknummern. 12. (22 S.) Leipzig 892. C. F. W. Siegel. n. — 40

Hummel, Ferd., Mara Oper in 1 Aufz. Dichtg. v. Axel Delmar. Musik v. H. Textbuch. 8. (22 S.) Berlin (893). E. Bote & G. Bock. — 50

Hummel, Ferdinand: M a r a . Oper in 1 Aufz. Dichtung von Axel Delmar [d. i. Axel v. Demandowski]. Musik von –. [Textbuch.] Berlin: E. Bote & G. Bock [1894] (22 S.) 8°

Mara. Opera in 1 atto Musica di **Ferdinando Hummel.** Parole di Axel Delmar [d. i. Axel v Demandowski]. (Versione ritm. di F Tonolla.) [Textbuch.] *Berlino. E. Bote & G. Bock 1895.* (20 S.) 8°

— die Najaden, s.: Schaefer, Alb.

Hummel, Ferdinand: S c h l a r a f f e n l a n d , Märchenschwank in 3 Akten v Ludwig Fulda. Musik von – In d. Einrichtung d. Königl. Schauspielhauses zu Berlin. Berlin. B. Scheithauer (1901). (34 S.) 4°
= Schauspiel-Musiken. [1]

Hummel, Ferd. J., der Felsen Petri und die Pforten der Hölle, oder: Wie wird es dem Papst jetzt ergehen? Eine für Jedermann gegenwärtig höchst wichtige Frage mit einer sehr interessanten Antwort, aus Liebe hier dem Volke zur Beruhigung mitgetheilt. Wien 860. Mechitharisten-Congreg.-Buchhdlg. in Comm. gr. 8. (65 S.) n. 6 ngr

Hummel, Ferd. J., der Felsen Petri und die Pforten der Hölle, oder: Wie wird es den Papst jetzt ergehen? 4. Aufl. gr. 8. (72 S.) Wien 861, (Mechitharisten-Congregations-Buchh.) *

—— Pius IX. Leben und Wirken Sr. Heiligkeit des gegenwärtig regierenden Papstes, von dessen Jugend auf bis auf die Gegenwart in sehr interessanten histor. Zügen frei und offen dargestellt. gr. 8. (VIII und 140 S. mit dem Portr. des Papstes in Holzschn.) Wien 862, (Mechitharisten-Congregations-Buchh.) *

—— dass. — 2. Thl.: Das lebendige Porträt des römischen Papstes Pius IX in interessanten histor. Zügen dargestellt. 2. Aufl. 8. (157 S.) (Ebendas.) 863. *

Hummel, Fr., die Verbindlichkeit der Zehentbesitzer zur Erhaltung und Herstellung von Kirchen, Pfarr- und Kaplanei-, Meßner- und Schulhäusern, nebst deren bezügl. Zubehörden, als: Kirchhöfen, Thürmen, Orgeln, Glocken rc. Mit besond. Rücksicht auf die Baulasten-Abfindungen dargestellt nach den Grundsätzen des gemeinen kathol. und protestant. Kirchenrechtes, den Bisthums-Observanzen und der württemberg. Gerichts-Praxis. 8. (XIII und 99 S.) Stuttgart 854(55,) (Lindemann.) *

Hummel, Franz

Hummel, Frz., die englische Aussprache in systematischer Darstellung, hauptsächlich nach Sonnenburg und Gesenius. [Eine Ergänzung zu jeder engl. Grammatik.] gr. 8. (19 S.) Weimar 881, Böhlau. *

Hummel, Frz. Die englische Aussprache in systematischer Darstellung. [Eine Ergänzg. zu jeder engl. Grammatik.] 2. verm. u. verb. Aufl. gr. 8. (24 S.) Weim. 891, Böhlau. * — 40

—— Auswahl französischer Gedichte in stufenmäßig aufsteigender Folge. Mit deutschen Übertragungen. gr. 8. (X, 119 S.) Gotha 882, Schloeßmann. *

Hummel, Franz (Hrsg.), s. L a R o c h e f o u c a u l d , François de. Mémoires.

Hummel, Franz [Dir. Dr.]: Zur Pflege der Aussprache im neusprachlichen Unterrichte. Magdeburg, Druck v. E. Baensch jun., 1897; 1 Bl., 18 S. 4.
Magdeburg, st. R, OP 1897 (282)

Hummel, Franz [aus Posen]: Geologisch-agronomische Studien im Bereich des westlichen Ufers der Regnitz bei Erlangen. Posen, Buchdr. v. E. Schmaedicke, 1897; 82 S., 1 Bl., 1 Taf., 1 Tab. 8.
Erlangen, Phil. Fak., Inaug.-Diss. v. 22. Juli 1896

Hummel, Franz Das Verhältnis des „Ortnit" zum „Huon de Bordeaux" 43 S. 2°
Halle-Wittenberg, Phil. Diss. v. 4. Mai 1875
Geb. [Grosskugel (Saalkr.) 9. 8. 1850]
Ersch. teilweise verändert in: Archiv f. d. Studium der neueren Sprachen u. Literaturen. Bd 60. Braunschweig 1878. S. 295—342.

Hummel, F. Der Wert der neueren Sprachen als Bildungsmittel. Weimar, Rg., 1879. 22 S. 4. Progr.

Hummel, Frl. Frida, s. a. Kronoff, Frida v.

Besenfrieder Ein Spiel f. Kinder in 1 Aufz. von Frida von Kronoff [d. i. Frida Hummel]. *Berlin: E. Bloch [1898]* (12 S.) 8° [F.]
— Kinder-Theater, Ludwig Blochs. No 54. [01. 4597

Das Erntefest. Sommerfestspiel von Frida v. Kronoff [d. i. Frida Hummel]. *Berlin: E. Bloch [1898].* (12 S.) 8° [F.]
— Kinder-Theater, Ludwig Blochs. No 55. [01. 4598

Faulinchen. Ein Spiel f. Kinder in 1 Aufz. von Frida v Kronoff [d. i. Frida Hummel]. *Berlin: E. Bloch [1898]* (17 S.) 8° [F.]
— Kinder-Theater, Ludwig Blochs. No 57. [01. 4600

Hummel, Frida, Prinz Karnevals Flucht. Aufführung zum Schluss der Wintersaison von Frida von Kronoff [d. i. Frida Hummel]. Berlin: E. Bloch (1898). (16–24 S.) 8°
= Fastnachts-Bühne. H. 86. [2.]

Prosit Neujahr! Ein Märchenspiel in 1 Aufzug von Frida v. Kronoff [d. i. Frida Hummel]. *Berlin: E. Bloch (1898).* (13 S.) 8° [F.]
— Kinder-Theater, Ludwig Blochs. No 65. [03. 3373

Hummel, Frida Prinz Karnevals Sieg Von Frida von Kronoff [d i. Frida Hummel]. Berlin: E. Bloch (1898). (15 S.) 8°
= Fastnachts-Bühne. H. 86. [1]

Auf schwankem Stege. Eine Erzählung f. d. Volk von Frieda v Kronoff [d. i. Frieda Hummel], mit Vorw von G(ottlieb) Fischer, Pastor, Essen. *Barmen: Elim [1901].* (64 S.) 8° [F.] [01. 5955 5

Junker Uebermut. Weinlese-Festspiel f. Kinder in 1 Aufz. von Frida v. Kronoff [d. i. Frida Hummel]. *Berlin: E. Bloch [1898].* (16 S.) 8° [F.]
— Kinder-Theater, Ludwig Blochs. No 56.

Die Weihnachtspost. Ein Spiel f. Kinder in 1 Aufz. von Frida v. Kronoff [d. i. Frida Hummel]. *Berlin: E. Bloch [1898].* (9 S.) 8° [F.]
— Kinder-Theater, Ludwig Blochs. No 60. [01. 4603

Der Weihnachtstraum. Kurzes Stücklein f. Kinder in 1 Aufz. von Frida v Kronoff [d. i. Frida Hummel]. *Berlin: E. Bloch [1898]* (8 S.) 8° [F.]
— Kinder-Theater, Ludwig Blochs. No 59. [01. 4602

Die Wunderkur Ein Spiel f. Kinder in 1 Aufz. von Frida v. Kronoff [d. i. Frida Hummel]. *Berlin: E. Bloch [1898].* (18 S.) 8° [F.]
— Kinder-Theater, Ludwig Blochs. No 58. [01. 4601

Hummel, Friedr. Die Bedeutung der Schrift v. Carl Schwarz üb. das Wesen der Religion f. die Zeit ihrer Entstehg. u. f. die Gegenwart. Beitrag zur Behandlg. d. religionsphilosoph. Problems. Gekrönte Preisschr. gr. 8. (XII, 175 S.) Braunschw. 890, Schwetschke u. Sohn. * 3 —

Hummel, Frdr., d Bedeutung d. Schrift von Carl Schwarz üb. d Wesen d. Religion f. d Zeit ihrer Entstehg. u. f. d. Gegenwart. E. Beitrag zur Behandlg. d. religionsphilosoph. Problems. Gekrönte Preisschrift. 2 (Titel-)Aufl. gr. 8. (XII, 175 S.) Braunschweig (890) 895. Berlin, C. A. Schwetschke & Sohn n. 2. —

—— Johann Amos Comenius, der letzte Bischof der böhm. Brüderkirche, der Begründer der neueren Lehrkunst. 1. u. 2. Aufl. gr. 16. (32 S.) Barm. 892, Klein. * — 20

—— dass. — s. Für die Feste u. Freunde d. Gustav-Adolf-Vereins.

Hummel, Frdr., Stoffe zu Aufsätzen aus dem Erfahrungskreise des Schülers, nach den Jahreszeiten geordnet, nebst e. Anh. erzähl. Abschnitte f. Lehrer u. Lernende. gr. 8. (XII, 211 S.) Stuttgart 902. A. Bonz & Co. n. 1. 80

Hummel, Frdr., Stoffe zu Aufsätzen m. Briefen dazu. Aus dem Erfahrungskreise des Schülers, nach Jahreszeiten geordnet f. Schulen u. Lehranstalten. 2. neu bearb. Aufl. (VIII, 210 S.) 8. Stuttgart 909. A. Bonz & Co. 1. 80; geb. 2. 40

-- was giebt d. evang. Protestantismus d. ihm zugehör. Völkern bis heute vor d. römisch-kathol. Völkern voraus?, s.: Flugschriften d. Evang. Bundes.

Hummel, Lic. Frdr., Was lässt sich zur Pflege einer gediegenen, echt volksthümlichen Bildung in den Arbeiterkreisen thun? Ein Aufruf zu einer Organisation der Volksbildung. Gekrönte Preisschrift. gr. 8°. Aarau, Sauerländer u. Co., 1893.

— was läßt sich zur Pflege e. gediegenen, echt volkstümlichen Bildung in den Arbeiterkreisen thun? Ein Aufruf zu e. Organisation der Volksbildg. Von der königl. Akademie gemeinnütziger Wissenschaften zu Erfurt gekrönte Preisschrift. 8. (VIII, 127 S.) Heilbronn 893. E. Salzer. n. 1. 60

Hummel, G., üb. Motorelektrizitätszähler, s. a. Sammlung elektrotechn. Vorträge.

Hummel G über Motorenelektrizitätszahler (Slg elektr. Vortr. I, 9) Stuttgart 1898

Hummel, G. L., Kultur-Skizzen aus China. gr 8. (67 S.) Berlin 900. Gose & Tetzlaff. n. 1. 50

— **Georg Friedrich** (Bebenhausen), De jure decimatoris universalis ex mente juris canonici et protestantium ecclesiastici. Diss. jur. Präs. Christian Ferdinand Harpprecht. Tübing. (Bauhof & Franck) 27. VIII. 1754. 88 S. (6.80) 16363
Gew.: Johann Heinrich v. Harpprecht.

Hummel, Glob. Fr., ei der tauseb! Schwäbische Gedichte. Illustriert v. Ferd. Link. (66 S.) 8. Altensteig 910. W. Rieker. Geb. in Leinw. 1. 40

Hummel, Glob. Frdr., Waldschulmeisters Freuden u. Leiden. (VIII, 187 S.) kl. 8. Stuttgart (904). Glaser & Sulz. n. 1. 80; geb. n. 2. 50

Hummel, Gust., systematische Zeichenschule für Bürger-, Real- und Gewerkschulen nach den Anforderungen des Gewerbewesens ausgearb. und gezeichnet. 1.—5. Heft. qu. 4. (à 12 Stnt.) Langensalza 865—67, Schulbuchh. von Greßler. [1. Heft 6 Ngr., 2. Heft 7½ Ngr., 3. Heft 9 Ngr., 4. und 5. Heft à 12 Ngr.]

Hummel, H., Neger Nig oder Herr Heinrich Schmitz in Kamerun. Ein lehrreiches Buch f. Braut- u. Kaufleute, junge Neger u. ähnliche. Mit Bildern v. K. Storch. (66 S.) gr. 8. Köln 904. Kölner Verlagsanstalt u. Druckerei. 1. 50

Hummel, H., u. F. Specht, d. Stempelsteuergesetz v. 31. VII. 1895 nebst Ausführungsbestimmgn., d. Erbschaftssteuer-, Wechselstempel- u. Reichsstempelgesetz. Kommentar f. d. prakt. Gebrauch. (In 3 Lfgn.) 1. Lfg. gr. 8. (IV u. S. 1—226.) Berlin 897. J. Guttentag. n. 5. —

Hummel, H., u. F. Specht, das Stempelsteuergesetz vom 31. VII. 1895 nebst Ausführungsbestimmungen, dem Erbschaftssteuer-, Wechselstempel- u. Reichsstempelgesetz. Kommentar f. den prakt. Gebrauch. 2. u. 3. Lfg. gr. 8. (S. 225—710.) Berlin 899. 901. J. Guttentag. n. 11. 50

Hummel, H., u. F. Specht, das Stempelsteuergesetz vom 31. VII. 1895 nebst Ausführungsbestimmungen, dem Erbschaftssteuer-, Wechselstempelsteuer- u. Reichsstempelgesetz. Kommentar f. den prakt. Gebrauch. 4.—6. Lfg. (XXIII u. S. 711—1392.) gr. 8. Berlin 904—906. J. Guttentag. n. 13.50 (Kplt. n. 30. —; geb. in Halbfrz. n. 32.50)

Hummel, Herm., die Lage der Privatbeamten in Deutschland, s.a. Flugschriften der deutschen Volkspartei. 11

Hummel, Herm., Die Lage der Privatangestellten in Deutschland. E. Vortr. Kaiserslautern 1908. 8°.
(Flugschriften d. Deutschen Volkspartei. Nr. 11.)

Hummel, jr., Herm., Lies!! u. der Erfolg ist Dein. „Assekuranz". (20 S.) kl. 8. Augsburg (905). (M. Rieger.) n. — 50

Hummel, Herm., lies u. der Erfolg ist Dein. Wichtig f. den modernen reisenden Kaufmann u. Versicherungsbeamten. 2. verb. u. verm. Aufl. (39 S.) 8. Berlin 907. H. Bermühler. 1. —

Hummel, Hieron., O. F. M., Leo XIII. Der Jubilar auf dem päpstl. Throne. Kurzes Lebensbild des Papstes, zu seinem Jubeltage zusammengestellt. (93 S. m. 1 Bildnis.) 12. München 903. J. J. Lentner. n. — 50

Hummel, J., Erkenntniß Gottes und sein selbst 2c. 8. Frkf. Fleischer. 754.

— Erstlingslicht des künftigen neuen Himmels u. d. n. Erde. 8. Berleb. Hauk. 730.

Hummel J., opuscula med.-chimica. 8. Frankf. 755. (Fr. Fleischer in Leipz.) 6 K

— de podagra atque scorbuto et topiarium hermetico-Chymic. III Pts. 8. Buding. Stohr. 738. 39.

Hummel, J., Selico. Oper nach Florian. 8. Wien 805. Armbruster. 4 K

— die Siegesfeyer, eine Cantate. 8. Wien, Rehm. 799.

Hummelius, J
Tapiarii hermetico-chemici partem alteram præstat Olympus Astralis; ex quo, ceu quarto chemicorum regno, elementi primi excipiendi vires, modus atque dexteritas solis, quibus prospera de sophorum enucleando diademate ridet fortuna, chemicis duobus maxime et curiosis gratis rursum exhibetur laboribus. Francofurti ad Mœnum, 1739. 8vo.

Liberii Candidi (d. i. *J. B. Hummel*) epistola familiaris ad *J. F. Herelium*. Alethopili (Suobaci) 1768. Kl. 8°.
Weller, Lex. Ps. u. fing. Dr. — Selten!

Hummel, J. C., Quaestiones de Prodico Sophista. Diss. 1847. 66 S.

Hummel, J Ferd., s. Hummel, Ferd. J.

Hummel, J G[eorg]. Urkunden-Verzeichniss des Stadt-Archives und des Museums zu Bregenz. Zusammengestellt von J G H'. [Beilage zu Schriften des Vereins für Geschichte des Bodensee's und seiner Umgebung Heft 13–15.] 4 (Lindau [1884–1886].)

— I. H. E. O. (Lehrer am Gymnas. Götting.), De theologia Socratis in Xenophontis de Socrate commentariis tradita. Diss. philos. Götting. (Georg Kuebler / Heinrich Carl Seemann) 1839. 48 S. (6.—) 16367
Gew.: Car. Ferdinand Ranke (Rector d. Gymnas. Götting.).

Hummel, J. J., die Färberei und Bleicherei der Gespinnstfasern. Deutsche Bearbeitung von Edm. Knecht. gr. 8. (VIII, 379 S. mit zahlreichen in den Text gedr. Holzschn.) Berlin 888, Springer. geb. *

Hummel, J. J., die Färberei u. Bleicherei der Gespinnstfasern. Deutsche Bearbeitg. v. Edm. Knecht. Mit zahlreichen in den Text gedr. Holzschn. 2., verm. Aufl. gr. 8. (VIII, 420 S.) Berlin 891. J. Springer. Geb. in Leinw. n. 8. —

Hummel, Jak., um Kreuz u. Krone, s.: Schaffstein's Volksbücher.

— Jo. Christoph Fridem. (Jena), De judiciis duodecimviralibus populorum septemtrionalium et Germaniae. Diss. jur. German. Präs. Christian Gottlieb Buder. Jena (Jo. Christ. Crocker) 4. V. 1743. 44 S. (6.20) 16366

Hummel, Johannes, Referendar in Delitzsch. Die Konvaleszenz und Evaneszenz der Rechtsgeschäfte im Bürgerlichen Gesetzbuch für das Deutsche Reich. *Borna-Leipzig 1903: R. Noske.* (XII, 103 S.) 8°
Leipzig, Jur. Diss. v. 1903

Hummel, Joh. Bapt., biblische Geschichte, Religionslehre u. Gebethe f. katholische Taubstumme. Zum Gebrauche in Taubstummen-Instituten u. Schulen. gr. 8. (VIII u. 231 S.) Würzburg 852, Stahel in Comm. baar n. 1/3 ß

Hummel, Johann Erdmann

Hummel, Joh. Erdm., Anleitung z. Projections- od. geometr. Zeichnen. Nebst ein. Anhange der nöthigsten Constructionen krummer Linien, hauptsächl. in Bezug auf d. Praktische bearb. Zum Unterricht f. Kunst- u. Gewerkschulen, wie auch zum Selbstunterricht. gr. 8. (13¾ B. u. 16 Kpfrt.) Berlin 844, Dümmler. Thlr.

Hummel, Joh. Erdm., geometr.-prakt. Construktion d. Schatten, f. Architekten u. and. zeichn. Künstler. M. 24 Kpfrt. qu. Fol. 8. (11 B.) Berlin 830, Herbig.

— geometr.-praktische Construction der Schatten, f. Architekten u. a. zeichnende Künstler. Wohlf. Ausg. 8. (11 B. u. 24 Kpfrt.) Berlin 842, Herbig. *

— d. freie Perspektive, erläutert durch prakt. Aufgaben u. Beispiele, hauptsächl. für Maler u. Architekten. 2 Thle, mit 2 Heften (51) Kpft. in gr. 4. 8. Berl. 824 u. u. 25. Herbig. 8 ß 6 K

Hummel, J. E. Die freie Perspektive erläutert durch praktische Aufgaben und Beispiele, hauptsächlich für Maler und Architekten Zweite Auflage Mit 27 Kupfertafeln. 2 Bde. Berlin 1833 8° und 4°.

— die freie Perspektive, erläut. durch prakt. Aufgaben u. Beispiele, hauptsächl. f. Maler u. Architekten. 1. Thl. Die Linienperspektive. 2., unveränd. Ausg. M. 27 Kpfrt. (qu. gr. 4.) 8. (15½ B.) Berlin 834, Herbig.
2. Thl. Ebendas. 1825. 4 Thlr. 12 Gr.

— die freie Perspective, erläutert durch praktische Aufgaben u. Beispiele, hauptsächl. f. Maler u. Architecten. 2. Thl. 2., verm. Aufl. gr. 12. (10⅓ B. u. 25 Kpfrt.) Berlin 842, Herbig. *
1. Thl. Ebendas. 1834. * 3 Thlr. 20 Ngr. Beide Theile nur * 6 Thlr. 10 Ngr.

— die Säulenordnungen nach Vitruv, mit einigen Säulenordnungen von den vorzüglichsten alten Monumenten zusammengestellt, und deren Abweichungen mit ersteren verglichen, nebst e. Anhange d. Tempelgattungen. Mit e. Anweisung, wie solche nach richtigen Verhältnissen konnen gezeichnet werden. Mit 30 Kpfrtaf. gr. 4. Berlin 840. Dümmler. 3 ₰

Hummel, Joh. Nepom., ausführl. theoret.-pract. Anweisung z. Piano-Forte-Spiel, v. ersen Elementar-Unterr. an bis z. vollkomm. Ausbild. Orig.-Aufl. Fol. (111 B., d. Verf. Bildn., u. Ttlbl. u. Privileg.-Verzeichn. in Kpfrst.) Wien 828, Haslinger.

Hummel, J. N. Ausführliche theoretisch-praktische Anweisung zum Piano-Forte-Spiel. 2. Auflage. [1. 2. 3. Theil.] Wien.

[Gesänge.] Zur Logenfeyer des dritten Sept. 1825. [Von Joh. Wolfg. v. Goethe. Komp. von Joh. Nepomuk Hummel.] [Weimar 1825.] 2 Bl. 8⁰ [Kopftit.]
3 Gesänge ohne Noten.

Hummel, J. N., funfzig leichte ein- u. zweistimm. Lieder, versch. Componisten, f. d. Schuljugend. 4. Aufl. gr. 8. (3½ B.) Schleusingen 838, Glaser. *

Hummel, J. N., 50 leichte ein- und zweistimmige Lieder verschiedener Componisten für die Schuljugend. 7. Aufl. 8. (IV und 53 S.) Meiningen 852, Brückner und Renner.

Ebbes vun Meenz. Humorist. Dichtungen von Josef Hummel. Straßburg i. E.: J. Singer 1905. (48 S.) 8° [illegible]

Hummel, Isabella, s.: Jugendblätter f. Unterhaltg. u. Belehrg.

— Weiß u. Rot, s. u. Bachem's Jugend-Erzählungen. 6.

Weiss und Rot Erzählung aus d. Leben zweier Kinder zur Zeit d. Krieges gegen d. Pequot-Indianer. Von Isabella Hummel. Mit 4 Orig.-Abb. *Köln a. Rh.: J. P. Bachem [1899].* (125 S.) 8° [5.]
— Jugend-Erzählungen, Bachem's. [o.]

Hummel, Karl [Dr.]: Über Beständigkeit und Wechsel unter den Ausfuhrerzeugnissen der Insel Cuba seit ihrer Entdeckung durch Chr. Columbus. *Linz a. Rh., Buchdr. d. Rhein- u. Wied-Zeitg, 1897;* 3—18 S. 4.
Linz a. Rh., k. PG, OP 1897 (466)

HUMMEL, Karl: Ein Fall von Lungenwurmkrankheit bei einer Ziege, compliciert durch Lungentuberkulose.- München: Kastner & Lossen 1898. 19 S.
18.2.1897 - Chr 1896/97,20; Jv 1897/98,213 (Prom.-Datum: 1898)
Diss. Ingolst.-Landsh.-Mchn.

Hummel, Dr. Karl —. Physische Geographie. Von — —. Gratz. 1855. Druck von A. Leykam's Erben. (188 S. 8.)

Hummel, Carl, physische Geographie. gr. 8. (188 S.) Graz 855. Wien, [Wallishausser's Hoftheater-Druckerei.] *

Hummel, Carl v., k. und k. Hauptmann Kreuz und Schwert Gedenkblätter der k. und k. Militär-Geistlichkeit. 1. Th.
8. (Baden 1898.)

Hummel, Karl von: Landungen und ihre Abwehr. (Siehe auch „Danzer's Armeezeitung" vom 27. März 1902. Nr. 13.) 8⁰ Wien 1902. 19 S.

Hummel, Carl, noch ein Wort über Versicherungswesen, besonders die Lebensversicherung. 8. (31 S.) München 883. (Kaiserslautern, Gotthold's Verlag.)

Hummel, Carl, System der Mathematik. 1. Thl. Die Arithmetik. gr. 8. (13 B.) Wien. (Laibach, Lercher.) *

—— dass. — 2. Thl.: Die Geometrie. gr. 8. (85 S. mit eingedr. Holzschn.) Wien 848, (Gerold, Verlag.) *

Hummel, Carl, System der Mathematik. 1. Thl.: Die Arithmetik. 2., neu bearb. Aufl. gr. 8. (V und 112 S.) Wien 851, Sollinger's Witwe. *

Hummel, K. v. Truppentransporte zur See Wien 1902 43 S.

—— der moderne Versicherungs-Schwindel, hier besonders die Lebensversicherung, nicht wie sie von den Schönfärbern bis jetzt immer dargestellt wurde, sondern was sie ist und wie sie betrieben wird. Mittheilungen aus prakt. Erfahrungen, von höchster Wichtigkeit für Versicherte und solche, die es werden sollen. 8. (24 S.) München 883. (Ebendas.)

Hummel L. Dampfmaschinenlehre. (Weitzel, Schule d. Masch. 15) Leipzig 1898

Hummel, L., d. Dampfmaschinenlehre, — d. Festigkeitslehre, } s. u. Weitzel, Karl Geo., d. Schule des Maschinentechnikers.

Hummel L. Festigkeitslehre. (Weitzel, Schule d. Maschinentechn. 8) Leipzig 1894

Hummel, L., die Festigkeitslehre, s.: Stade, Frz., die Schule des Bautechnikers. 7. Bd.

— d. Festigkeitslehre u. ihre Anwendg. auf d. Maschinenbau, s.: Rebber, Wilh.

Hummel, Leonhard, aus Meinheim Möller-Barlow'sche Krankheit. *Erlangen 1903: E. Th. Jacob.* (33 S.) 8°
Erlangen, Med. Diss. v. 21. Juli 1903

Hummel, Marie, für frohe Stunden. Aufführungen, Spiele u. Tänze f. Polterabende, Hochzeiten u. f. sonst. Fest- u. Feiertage. (108 S.) kl. 8. Leipzig-Gohlis 908. B. Volger.
1. 50

HUMMEL, Michael (Oppau): Ueber Diabetes mellitus.- München: Wolf 1849. 1 Bl., IV, 36 S.
9.7.1849 - Urk (Titel: De diabete mellito.); F 67
Diss. Ingolst.-Landsh.-Mchn.

— Otto Emil (Grimma), Die Unterrichtslehre Benekes im Vergleiche zur pädagogischen Didaktik Herbarts. Diss. philos. Lpz. (C. Grumbach) o. J. [1877.] 64 S. mit Biogr. (5.—) 16368

Hummel, Otto Em. [aus Grimma]: Die Unterrichtslehre Beneke's im Vergleich z. pädagogischen Didaktik Herbarts Leipzig, Druck v. C. Grumbach (1885): 62 + 2 S. 8°.
Leipzig, Phil. Fak., Inaug. Diss. v. 24. Okt. 1885.

Hummel, O. E., die Unterrichtslehre Benekes im Vergleiche zur pädagogischen Didaktik Herbarts. gr. 8. (63 S.) Leipzig 885, Brandstetter. *

Hummel, Paul, Kreistierarzt: Aus d. Abt. f. Tierhygiene d. Kaiser Wilhelms-Inst. f. Landw. zu Bromberg (Vorsteher: Meißner). Vergleichende Untersuchungen über die im Darme der Pferde vorkommenden Knoten und geschwürsartigen Veränderungen mit besonderer Berücksichtigung der Rotzkrankheit. Mit 5 Abb. auf Taf. 1—3. Berlin 1908: Schumacher. 35 S. 8° ¶(Aus: Archiv f. wissensch. u. prakt. Tierheilkunde. Bd 34.)
Gießen, Veterinär-Med. Diss. v. 19. Sept. 1908, Ref. Olt
[Geb. 13. März 63 Großkugel; Wohnort: Nakel a. d. N., Staatsangeh.: Preußen; Vorbildung: Gymn. Bromberg Reife O 07; Studium: Berlin Militär-Roßarztsch. 9 S.; Rig. 20. Febr. 08.] [U 09. 1153

— Paul (Warth/Württemberg), Locale Circulationsstörungen und deren diagnostische Bedeutung. Diss. med.-chir. Bln. (Vogt's Buchdruckerei [E. Ebering]) 20. XII. 1892. 39 S. mit Biogr. (5.—)
Oppon.: Drewes, Mayer, Lempp. 16369

Hummel, Rich. Naturgemäße Zahnpflege. Die wichtigsten Regeln üb. Pflege u. Erhaltg. der Zähne, nebst e. Anh.: Ueber künstl. Zähne. 12. (20 S.) Lauban 892, (Köhler). * — 30

Hummel, Rich., naturgem. Zahnpflege. D. wichtigsten Regeln üb. Pflege u. Erhaltg. d. Zähne, nebst e. Anh.: Ueb. künstl. Zähne. 12. (16 S.) Dresden 897. G. A. Kaufmann. n. — 30

Hummel, Rudolf Karl Jos. [aus Frankfurt a. M.]: Die Mainzölle von Wertheim bis Mainz bis z. Ausgange d. fünfzehnten Jhs m. bes. Berücks. d. Zollverhältnisse v. Frankfurt a. M. ... (Aus: Westdeutsche Zeitschr. Jg. 1892. Der Rest erscheint ebd.) Trier, F. Lintz'sche Buchdr., 1892; 41 S., 2 Bl. 8.
Bonn, Phil. Fak. Inaug.-Diss. v. 8. Juli 1892

Hummel, Sophie. Ausführliche Anleitung zum Zuschneiden und Zusammenfügen der geschnittenen Theile von Tisch-, Bett- und Leibwäsche. Stuttgart, Verlag der Chr. Belser'schen Verlagshandlung [1873]
Tit., 2 Bl., 124 lithogr. S. m. Abb., 10 Taf. in Lithogr. 4°

Hummel, Sophie, ausführliche Anleitung zum Zuschneiden u. Zusammenfügen der geschnittenen Theile v. Tisch-, Bett- u. Leibwäsche, f. den Unterricht u. Hausgebrauch. 62 Taf. Schnittmuster in Fol. m. 1 Supplement, die wichtigsten Schnittmuster in natürl. Größe enth. Fol. (124 lith. S.) Stuttgart 874. Belser. n. 10. —

Hummel, Theodor, Entwurzelt. Verlag des VDA-Wirtschaftsunternehmen

Hummel, Thdr. Wlh. Edw., über die Resection im Oberarm-Gelenk. Eine der medizin. Fakultät zu Würzburg vorgelegte Abhandlung. Mit 3 Steintaf. gr. 4. Würzburg 832. (Göttingen 833. Kübler.) 1/3 ₰

Hummel Walter: Die ältesten Karten Ungarns.
H. 1907 PN 2295 Diss. Wien, Univ.

Hummelauer, Albert von

Humelauer, Albert v. Ein Beitrag zur Valuta-Frage. Klgft., v. Kleinmayr, 1862. 19 S.

Hummelauer, Alb. v., die Dresch-Maschine zu Magyar-Atad in Somogy. Roy.-4. (4 B. u. 4 Stnt.) Pesth 839, Kilian u. Comp. •

v. Hummelauer, Albert, von den Ursachen des Zustandes der arbeitenden Klasse, u. den Mitteln, denselben, den Erfordernissen des geselligen Seins entsprechend, zu verbessern. Ein Beitrag zu einer künftigen Organisation der Arbeit. gr. 8. (IV u. 77 S.) Klagenfurt 849, Leon in Comm. 1/2 ₰

— Ueber die Verarmung der ackerbauenden Klasse. Ein Versuch. 8°. Wien, Kupffer u. Singer, 1836.

Hummelauer, Franz v., Die assyrisch-babylonischen Altertümer und die Bibel. Stimmen a. M.-Laach Bd. 4 (1873), S. 57—69 u. 142—59.
Vgl. auch F. Vigouroux, La Bible et les découvertes modernes en Palestine, en Egypte et en Assyrie. Paris 1879, 3 vols.

Hummelauer, Franc. de, S. J., Commentarius in Exodum et Leviticum, — dasselbe in Genesim, } s.: Cursus scripturae sacrae.

**Hummelauer, Franc. de, S. J., Commentarius in librum Iosue,
— Commentarius in Deuteronomium,
— Commentarius in Numeros,** } s.: Cursus scripturae sacrae.

Hummelauer, Fr. de, Commentarius in libros Judicum et Ruth. Paris, Lethielleux (Regensburg, Pustet), 1888, gr. 8°, 408 S., 5,20 Mk.

**Hummelauer, F. de, commentarius in libros Iudicum et Ruth,
— commentarius in libros Samuelis,** } s. a. Cursus scripturae sacrae.

Hummelauer, Franc. de, Commentarius in libros Samuelis sive I. et II. Regum. Paris, Lethielleux, 1886, gr. 8°. 472 S., 6 Mk.
Gehört zum Cursus Scripturae s., S. 209. Recens. (Mainzer) Katholik 1886, Bd. 2, S. 659 ff.

Hummelauer, Francisc. de, S. I., Commentarius in librum primum Paralipomenon, s.: Cursus scripturae sacrae. VII.

Hummelauer, Franciscus de, S. I., s.: Cursus scripturae sacrae.

Exegetisches zur Inspirationsfrage. Mit bes. Rücks. auf d. Alte Testament. Von Franz v. Hummelauer, S. J. *Freiburg im Br.: Herder 1904.* (X, 129 S.) 8°
= Studien, Biblische. Bd 9, H. 4.

— s.: Ignatii de Loyola meditationum et contemplationum puncta.

— s.: Loyola, S. Ignatii de, meditationum contemplationum puncta.

Nochmals der biblische Schöpfungsbericht. Von Fr. v. Hummelauer S. J. *Freiburg i. B.: Herder 1898.* (VII S., 1 Bl., 132 S.) 8.
= Studien, Biblische. Bd III. H. 2. [98. 3430

— das vormosaische Priesterthum in Israel. Vergleichende Studie zu Exodus u. 1. Chron. 2—8. gr. 8. (VII, 106 S.) Freiburg i/B. 899. Herder. n. 3. —

Hummelauer, F. von, Der biblische Schöpfungsbericht. Ein exegetischer Versuch. Freiburg, Herder, 1877, gr. 8°, 152 S., 1,90 Mk. (Viertes Ergänzungsheft zu d. Stimmen aus Maria-Laach.)
Recens. von Lüdtke, Litter. Rundsch. 1877, S. 491—494. Katholik 1878, Bd. 1, S. 99 ff.

Huemmeler, Joh. Christian (Warendorf/Westf.), De odontalgia ejusque curatione. Diss. med.-chir. Bln. (Nietack) 4. XI. 1833. 32 S. mit Biogr. (M.: F. Spielmeyer.) (6.50) 16290
Oppon.: Carl Rave, Jos. Bierbaum, Fried. Moeller. — Gew.: B. Fried. Wemer (Priester zu St. Hedwig, Berlin).

HUMMELN, Die, im Bienenstocke des Staats. Hildesheim, Gerstenberg, 1799. 8⁰. (10 gr.) (6 Mk. E. Frensdorff, 1903.)
Seltene Schrift uber Ehe Ehelosigkeit, Liebe etc — Ersch. II. 1 1823.

Hummelsheim, Eduard [aus Köln] Über Hernia umbilicalis Bonn, Univ.-Buchdr. v. Carl Georgi, 1890; 30 S. + 1 Bl. 8⁰
Bonn, Med. Fak., Inaug.-Diss. v. [7. Jun.] 1890

Hummer, Maurus, die kleinen Tagzeiten zu Ehren des heil. Vaters Benedikt, für alle Verehrer des Heiligen, besonders für die Oblaten seines heil. Ordens. 16. (VI, 204 S. mit 1 Bild.) Salzburg 888, Pustet.
geb. in Leinw. *

Hummer, Paul: Die biblische Geschichte in Sonetten Luxemburg. St Paul-Ges. 1897. 182 S 8⁰

Hummer, Paul, die biblische Geschichte in Sonetten. gr. 8. (182 S.) Luxemburg 897. Rodingen, Lehrer P. Hummer.
n.n. 1. —

Hummer, Paul: Die Luxemburger Kinderspiele Grosses Spielbuch für die Schuljugend des Luxemburger Landes und ihre Lehrer Eine Sammlung der Kinderspiele wie sie in unserem Lande gespielt werden Mit vielen in den Text gedruckten Figuren. Nebst Anhang über praktische Turnkunst Gesammelt und herausgegeben. Luxemburg: Brück 1886. 142 S 4⁰

Hummer, Paul: Ein Ordensstern dem Hrn. Schulinspektor J. Heinen von Ettelbrück im Jahre 1896 Ettelbrück: Wilh Schmitt (1896). 1 S. 4⁰

Hummer, Paul. Luxemburger Volks- und Jugendbibliothek I. Band Ons Heméсht oder Bilder aus Luxemburg Enthaltend eine kurze Uebersicht der Luxemburger Landesgeschichte, ausführliche Beschreibung der ereignissvollen Daten derselben, Michel Lentz und seine Lieder und eine Touristik der Luxemburger Heimat. Eine Festschrift zum 50jährigen Jubiläum der Luxemburger Unabhängigkeit, sowie zum feierlichen Einzug S. Kgl. Hoheit Grossherzog Adolf in Luxemburg. Echternach. Burg 1891 VIII, 263 S. 8⁰

Hummer, Paul: Der Zauber des Titelberges. Eine Phantasie. Luxemburg: St. Paulus-Druck. 1885. 168, 4 S. 8⁰

Huemmer, Frz., d. Leben Jesu, nach d. Harmonie d. Evangelien. 6 Bdchn. 8. Wien 807. M. Doll. 1 fl 8 K Mit neuem Titel: kurze Frühlehren auf alle sonn- u. festtägl. Evangelien aus d. Lebens- u. Leidensgeschichte Jesu. 2 Bde. 8. Ebd. 825. 1 fl 8 K

Hümmer, Friedrich Karl

Hümmer, die hl. Berge. Sechs Fasten-Vorträge, geh. im Dom zu Würzburg. 1. u. 2. Aufl. gr. 8. (à IV, 91 S.) Würzburg 900. Göbel & Scherer. n. 1.20

Hümmer, Frdr. Karl, unter dem Kreuze des Herrn. 5 Fastenpredigten nebst e. Predigt zum Jahrestage der Einweihg. der Domkirche zu Bamberg. (VIII, 120 S.) gr. 8. Regensburg 907. Verlagsanstalt vorm. G. J. Manz. 2. —

HÜMMER, Friedrich Karl: Des hl. Gregor von Nazianz, des Theologen, Lehre von der Gnade. Eine dogmatisch-patristische Studie.- Kempten: Kösel 1890. VIII,143 S.
1.6.1889 - Chr 1888/89,16; Jv 1889/90,218
Diss. Ingolst.-Landsh.-Mchn.

Hümmer, F. K., das v. Furstbischof Julius gestiftete Seminarium nobilium (k. adelige Julianum) zu Würzburg. Jubiläums-Festgabe. (VIII, 180 S. m. 4 Taf.) Lex.-8. Würzburg 905. (V. Bauch.) n.n. 4.50

Das von Fürstbischof Julius gestiftete Seminarium nobilium (k. adelige Julianum) zu Würzburg. Jubil.-Festgabe von Domkapitular Dr F(riedrich) K(arl) **Hümmer** Würzburg 1905 H Stürtz. (VIII, 180 S.) 4⁰ [05. 13,486

Hümmer, J., das Forstrügeverfahren im rechtsrheinischen Bayern. Systematisch dargestellt. (VIII, 102 S.) gr. 8. München 908. J. Schweitzer Verl. 2.80

Hümmer, W., ohne Mode. 20 weibl. Aktstudien nach der Natur. Für Künstler u. Kunstfreunde. (20 Taf.) Leipzig (902). [A. Schumann.] G. Fock Verl. In Leinw.-Mappe, kleine Ausg., schmal gr. 8. 4. —; mittlere Ausg., Fol. 8. —; grosse Ausg., gr. Fol. Stuttgart (902). 30. —; Chinaausg., gr. Fol. 40. —
Im Deutschen Reiche verboten

Hümmerich und **Fröhlich.** Das Militärsanitätswesen in Spanien. 2 Abhandl Berlin 1886 und 1898.

Vasco da Gama und die Entdeckung des Seewegs nach Ostindien. Auf Grund neuer Quellenuntersuchgn dargest. v Dr Franz **Hümmerich.** M. 1 Photograv. u. 3 wiss. Beil. *München: C. H. Beck 1898.* (XIV S., 1 Bl., 203 S., 1 Portr.) 1 Bl 8. [98. 5064

Hümmerich, Franz, Dr.: Zur Methode des literaturgeschichtlichen Unterrichtes in der Oberklasse. (Hof 1905: Mintzel.) (39 S.) 8⁰
Hof, k. human. G P 1905*

Hümmerich, Frz., zur Methode des literaturgeschichtl. Unterrichts in der Oberklasse. Progr. (39 S.) 8. Hof 905. (G. A. Grau & Co.) n.n. 1. —

Hümmerich, Franz Zur Methode des literaturgeschichtlichen Unterrichtes in der Oberklasse. 39 S. 8. Progr. K. hum. Gymn. *Hof* 1905.
1 Die Bestimmungen über den literaturgeschichtlichen Unterricht an den Gymnasien in Württemberg, Bayern, Österreich und Preußen. 2. Der Umfang des literaturgeschichtlichen Unterrichts und die methodischen Fragen.

Hümmerich, *Johannes* Franz *Heinrich:* Quellenuntersuchungen zur ersten Indienfahrt des Vasco da Gama ... München, Druck d. Akad. Buchdr. v. F. Straub, 1897; 41 S. 8.
München, Phil. Fak., Inaug.-Diss. v. 1897

Hümmerich, *Johannes* Franz *Heinrich* [Dr.]: Quellenuntersuchungen zur ersten Indienfahrt des Vasco da Gama. [= Inaug.-Diss. v. München 1897.] München, Druck d. Akad. Buchdr. v. F. Straub, 1897; 41 S. 8.
München, k. Maximilians-G, P 1897*

Hümmerich, Phil. (geb. Münster in Nassau 26. 6. 1850) Ueber somnambule Zustände im Anschluss an Epilepsie und verwandte Störungen. Berlin (1873). (31 S.) 8⁰
Berlin, Med. Diss. v. 12. Febr. 1873

Hummitzsch, Christian Friedrich (Meissen), De jure primariarum precum uxoribus ordinum imp. competente. Diss. jur. publ. German. Präs. August Friedrich Schott. Lpz. (Langenheim) 8. VIII. 1770. 28 S. (6.—) 16370
Gew.: Camillo Marcolini. — Widm. v. Präs.

Ein Festspiel der Feuerwehr in e. Cyclus von 10 lebenden Bildern, mit verbind. poet. Texten nebst Anleitung von John. **Hummler.** Saulgau: Selbstverl. [1894]. (18 S.) 8⁰ [J.] [96. 19998

Hummler, John, der Occultismus. Das Seelenleben des Menschen. Populärer Vortrag üb. Hypnotismus, Somnambulismus, Spiritismus u. verwandte Gebiete an der Hand der neuesten Forschgn. 1.–4. Taus. 8. (39 S.) Saulgau 900. (H. Unterhofer.) n. —60

Hummler, John., vollständiger wissenschaftlicher Vortrag üb. Weltsprache, üb. ihre Nützlichkeit u. Notwendigkeit, nebst Geschichte der Entwicklg., unter Anführung verschiedener Probleme, m. besond. Berücksicht. u. grammatikal. Erläuterg. d. Schleyer'schen Volapük. (2. Aufl.) 12. (50 S.) Saulgau 892. (H. Kitz.) n. — 50

Hümmling [Schlagwort]

Hümmling. Kreis. s.: Osnabrück, Reg.-Bez.

Hummrich, Joh. Alex., das Tonharmoniewesen u. seine Gesetze. Akustisch-musikwissenschaftl. Studie zur Lösg. der Konsonanz-, Dissonanz- u. Tonverwandtschaftsfrage. Für das Lehrfach der Musiktheorie sowie f. den allgem. Musik- u. Schulunterricht bearb. (VIII, 94 S.) gr. 8. Waltershausen (910). J. Waitz. (Nur direkt.) nn 3. 50

Hummrich, Wilh., fürchtet Gott, ehret den König. Zeitpredigten zu Kaisers Geburtstag u. zum Sedantage. (105 S.) gr. 8. Gr.-Lichterfelde-Berlin 910. E. Runge. 1. 80

Humnicki, Vincenz [aus Busko (Polen)]: I. Über das Schicksal des Cholesterins im tierischen Organismus. II. Über das Verhalten des Salols sowie des Distearylsolcylglycerids im Organismus. (Quantitative Untersuchungen.) Freiburg (Schweiz) 1898. 41 S. 8°.
Freiburg. Mathem.-naturw. Diss. 1898/99.

Humor. Blätter für Witz und Satire. Redact.: Ed. Jost. 1. Jahrg. Juli 1885—Juni 1886. 52 Nrn. (à Nr. 2 Bog. mit Illustr.) Fol. Leipzig, Dürselen. *

—— dass. — 2. Jahrg. Juli—Decbr. 1886. 26 Nrn. (à Nr. 2 Bog. mit Illustr.) Fol. Ebendas. *
Nicht weiter erschienen.

Humor. 1.—4. Bd. kl. 8. Nürnberg, J. Kracklauer. à Bd. —50; geb. 1. —
Hirschberg-Jura, Rud., unglaubliche Geschichten. (191 S.) (910.) (Bd. 4.)
Poeck, Wilh., Planeten-Pleite. Humoristisch-satirischer Roman aus dem J. 1900 u. bald. (190 S.) (910.) (Bd. 1.)
Skowronnek, Fritz, die Sedanschlacht v. Kerschken. Humorist. Roman. (174 S.) (910.) (Bd. 3.)
Zeitler, Rud., lustige Jägergeschichten. (191 S.) (910.) (Bd. 2.)

HUMOR, Alter deutscher. Sammlung der besten Schwänke vom 13. bis 17. Jahrhundert. Herausgegeben von O. Denk. Mit 134 Nachbildungen alter Holzschnitte. Regensburg 1910. 4°.

Der **Humor** in der Apotheke Gesammelt von Pharmaceuten. *Berlin: O. Georgi [1901]* (80 S.) 8° [F.] [02. 078]

Humor, der, in der Apotheke. Gesammelt v. Pharmaceuten. 8. (80 S.) Berlin (901). [Verlag der litterar. Agentur.] Steglitz, H. Priebe & Co. n. 1. —

— des Auslands, s.: Bücher, die, des deutschen Hauses.

—— Berliner, vor Gericht. Nach der Wirklichkeit aufgenommen in den Berliner Gerichtssälen. 8. (VI, 151 S.) Berlin 886, Steinitz. *M 1.50.; geb. *

—— dass. — Neue Folge. 8. (VII, 152 S.) Ebendas. 887. * geb. *

Humor, Berliner, vor Gericht. 1.—7. Sammlg. 8. Berlin, H. Steinitz' Verl. à n. 1. 50
1. 5. Taus. (160 S.) 893.
2. Berliner Humor vor Gericht. Nach der Wirklichkeit aufgenommen in den Berliner Gerichtssälen. Neue Folge. (169 S.) 893.
3. Lustiger Berliner Pitaval. Neuer Humor vor Gericht im Berliner Dialect. (IV, 160 S.) 893.
4. Allerlei Ulk aus den Berliner Gerichtssälen. (160 S.) 893.
5. Das lachende Berlin. Heitere Scenen aus Berliner Gerichtssälen. (III, 156 S.) 890.
6. Der richtige Berliner im Gerichtssaal. (162 S.) 892.
7. Berlin, wie es weint u. lacht. Heitere Scenen aus den Berliner Gerichtssälen. (IV, 160 S.) 894.

Berliner **Humor** vor Gericht. Heitere Scenen aus d. Berliner Gerichtssälen. Neue Ausg (10. Taus.) Berlin H Steinitz (1905). (112 S.) 8° [F.] [06. 470]

—— in Bildern. gr. 8. (48 S. mit eingedr. Holzschn.) Leipzig 884, Kröhl.

—— in Bildern. 2. Bdchn. gr. 8. (S. 49—96 mit eingedr. Holzschn.) Reudnitz-Leipzig 885. (Leipzig, Milde.)
1. Bdchn. [Leipzig, Kröhl.] Ebendas. 1884. * 50 Pf.

—— der im Buchhandel. Ein Vademecum für lust. und traur. Buchhändler. gr. 8. (VIII, 248 S.) Augsburg 887, Schmidt's Sortiment. geb. **

— deutscher. 1.—10. Bd. 8. Berlin, Laverrenz. à Bd. n. 1. —
1. Berliner Allerlei. Humoresken, Skizzen u. Satiren v. G. H. Schneideck. (121 S.) 887.
2. Lerche's wilde Geschichten. Humoresken- u. Satiren-Cyklus v. H. Rosenthal. (74 S.) 887.
3. Originale. Humoristische Federzeichngn. von J. Thorning. (93 S.) 887.
4. Beim Kommiß. Humoresken, Witze, Anekdoten u. Gedichte aus dem Soldatenleben. Hrsg. v. Hauptm. a. D. Muckebold Hurrah. Mit Titelbild u. Illustr. v. G. Brand u. H. Goetze. (106 S.) 888.
(4). Platzpatronen. Humoristisches aus dem Soldatenleben, hrsg. v. V. Laverrenz. 2. Aufl. Mit Titelbild u. Illustr. von H. Goetze. (VII, 106 S.) 889.
5. Im Bann der Disziplin. Militärische Humoresken von V. Laverrenz. 4. Aufl. (111 S.) 889.
6. Unter Kameraden. Militärische Humoresken v. V. Laverrenz. (99 S.) 889.
7. Einjährigen-Liebe. Militärische Humoresken v. V. Laverrenz. (141 S.) 889.
8. Weidmannsheil! Heitere Geschichten von der Wildbahn von H. Häntschke. (112 S.) 889.
9. Am Biwakfeuer. Manöver- u. Garnisongeschichten aus Elsaß-Lothringen v. O. Elster. (124 S.) 889.
10. Der Adonis d. Regiments. Militär-Humoreske von W. v. Tanndorff. (125 S.) 890.

— deutscher. 1. Abth.: Schleswig-holstein. Humor. Hrsg. v. Alb. Johannsen. 4 Lfgn. 2. Taus. 8. (1 Bd. VIII, 152 S. u. 2. Bd. VIII, 152 S.) Husum (899). (Garding, H. Lühr & Dircks.) à n. — 50; (kplt. n. 2. —; geb. in Leinw. n. 2. 80)

Deutscher **Humor**. Mit ... Orig.Ill. von W. A. Wellner. (Vorr.: K[arl] E[rnst] K[natz].) Bd 1 2. Berlin & Leipzig: Buchverl. fürs Deutsche Haus 1908. 2 Bde 8° [F.]
— **Bücher**, Die, d. Deutschen Hauses. Reihe 1. Bd 17. 24. [08. 379]

—— deutscher und fremdländischer. 12. (128 S.) Leipzig 886, Werther. *

— deutscher, aus Österreich. 1. u. 2. Bd. 8. Linz, E. Mareis. à n. 1. —
1. Das Lied vom Protzen Kilian. Ein heiterer Sang aus der Ostmark. Von Krackowizer. (88 S.) (901.)
2. Aus'n Mühlviertl. Gedichte (Umschlag: Lustige Vorträge u. G'sangl'n). Von Ant. Eibner. (115 S.) (901.)

— deutscher, aus Oesterreich. 3. Bd. 8. Linz 899. Zentraldruckerei vorm. E. Mareis. n. 1. —
Mit Schellen u. Pritsche. Von Zdenko Anderle. (213 S.)

—— deutscher, in Poesie. Illustrirt von Osk. Pletsch, J. Füllhaas u. A. 1. Aufl. (V, 186 mit eingedr. Holzschn.) 1869. *M 3., und 2., bedeutend verm. und verschönerte Aufl. gr. 8. (IV, 216 S. mit eingedr. Holzschn.) Leipzig 872, Amelang's Verlag. geb. *

[Umschlagt.:] [F.] Deutscher Humor und Witz. *(Berlin: Dr. v. Ullstein & C. [1896?].)* (16 S.) 1 Bd 8. [56. 6770

Humor, deutscher, in Wort und Bild. Text-Auswahl von Aug. Sturm. Illustr. von Grot Johann, O. Pletsch, P. Thumann u. A. 3. Aufl. gr. 8. (V, 192 S. mit eingedr. Holzschn.) Leipzig 883, Amelang's Verlag. geb. *

— Dortmunder. 1. u. 2. Bdchn. schmal gr. 8. Dortmund (901). C. L. Krüger. à n. — 60
1. Tante Wurzel u. ihr Kaffeekränzchen. Von Klaus Thomä. (62 S.)
2. Was sich das niederdeutsche Volk erzählt. Von Karl Prümer. (79 S.)

— in allen Ecken. I. Bd. Eine Sammlung der besten Couplets u. Soloszenen v. Aletter, Fink, Heinze u. a. (60 S.) 8. Leipzig (909). C. Glaser. 1. —

Humor, dem, eine Gasse. Nr. 1—4. 12. Wien 890. Herm. Winkler. à — 20
1. Das Herz. Eine anatom. Studie. 2. Aufl. (6 S.)
2. 3. Das Falliasement. Eine dramat. Ehestands-Scene. — Unsere Classiker im modernen Gewande, od. „Abgekürzte Dichter". 1. Serie. (14 S.)
4. Theodor u. Geraldine, od.: Die nach vielen Hindernissen glücklich durchgeführte Vereinigg. zweier Liebenden. Eine schauerl. Ballade in Prosa, gedichtet nach e. wahren Begebenheit v. J. Chr. Hungerl. (8 S.)

Humor, dem, e. Gasse. Hrsg.: Herm. Winkler. 1. Reihe. 5. u. 6. Hft. 12. Wien, C. Daberkow. à n. — 20
5. Allerlei Flammen. Im Lichte unserer Zeit geschildert v e. gebildeten Laternenanzünder. 2. Aufl. (7 S.) 891.
6 Untreue u. Vergeltung. Potpourri aus: Schiller, Goethe, Uhland, Bürger, Geibel u. A. (6 S.) 891

— dasselbe. 2. Reihe. 6 Hfte. [der ganzen Reihe 7.—12. Hft.] 12. Ebd. à n. — 20
1. 2. Meine populäre Naturgeschichte. Sehr frei nach v. Miris. 1. Dosis. Im Anh.: Das Mäschen vor dem Fenster. (15 S.) 891.
3. 4. Die Hosen d. Vaters u. andere schöne Sachen. (14 S.) 892.
5. Daniel in der Lehmgrube. Von Einem aus dem Sachsenlande. Aussprüche v. berühmten u. unberühmten Leuten. Tugendhafte Anekdotenkouplets. (12 S.) 892.
6. Der Spruch Götz v. Berlichingens. Walter Raleigh. Paunzerl u. Salzstangerl. (12 S.) 892.

— dasselbe. 3. Reihe. Nr. 1—3 (der ganzen Folge Nr. 13—15). 12. Ebd. 894. à — 20
Die Klabriaspartie v. A. Bergmann. 1. u. 2. Aufl. (45 S.)

HUMOR, Dem, eine Gaſſe. Allerhand Schelmereien; ein großer Nachteil; Die Geſchichte vom Schnautzen; allerlei Flammen, im Lichte unſerer Zeit geſchildert von einem gebildeten Laternenanzünder. Daberkows Verlag und Verlag Hermann Winkler, Wien (1892—95). 8°.

Humor und Ernst des deutschen Kriegers im J. 1866. Piquante, humorist. und interessante Züge des Soldatenlebens aus dem letzten deutschen Kriege. Ein Gedenkblatt für das deutsche Volk. 1.—4. Aufl. 16. (48 S.) Wittenberg 866, Herrosé.

—— und Ernst des deutschen Kriegers im J. 1870. Piquante, humorist. und ernst-interessante Züge des Soldatenlebens aus dem Franzosenkriege. Ein Gedenkblatt für das deutsche Volk. 16. (64 S.) Wittenberg 870, Herrosé. *

Humor im Felde. Heiteres aus dem deutsch-französischen Kriege von 1870. 1. Heft. 5. Aufl. 8. (64 S.) Leipzig 870,71, Hartknoch. *
—— dass. — 2. Heft. 8. (64 S.) Ebendas. 871. *

Humor, graphischer. Illustr. humor. Halbmonatsschrift f. die graph. Gewerbe. Red.: Paul Herrmann. 2. Jahrg. Oktbr. 1899—Septbr. 1900. 24 Nrn. gr. 4. (à ca. 12 S.) Berlin. (Leipzig, S. Schnurpfeil.) n. 2. 40
Vergl.: Typographen-Brüder, die Abelen.

— ist die Würze des Lebens! 1.—3. Heft. 8. Leipzig, O. Dietrich. à — 50
1. 2. (Je) 20 der neuesten u. besten Orig.-Couplets, Soloscenen u. Witze. Von Bernh. Marx. (à 32 S.) (905.)
3. 20 der neuesten u. besten Orig.-Kouplets u. Soloscenen. Von Osk. Saldow. (45 S.) (906.)

— juristischer, s.: Bibliothek des Humors.

Humor, Kärntner. Zeitschrift für Volkshumor. Klgft., Bertschinger, 1903. Nr. 1. (N. m. e.)

Humor, der, in Kraft und Stoff oder die exacten Ungereimtheiten der modernen Realphilosophie in unexacten Reimen der Geisteskraft und dem gesunden Menschenverstande des deutschen Volkes gewidmet von einem Freunde der Naturwissenschaften und Wahrheit. gr. 8. (91 S.) Darmstadt 856, Lange.

Humor im Kriege. Berlin 1894. V: *Roor, Jürgen.* (Berl)

— u. Laune. Eine Sammlung ausgewählter Anekdoten enth. witz. Einfälle, geistreiche Antworten, beiß. Abfertiggn. ꝛc. Für die Freunde e. harmlosen Heiterkeit zusammengestellt v. Jocosus, dem Jüngsten. 16. (IV, 236 S.) Mainz 872. Kupferberg. 1. —

—— und Laune in Wort und Bild. Jahrg. 1888. 24 Nrn. (à Nr. ½ Bog.) gr. 4. Gotha, J. Jonas. *

Humor, Der, und die Literatur. [Luzern 1908.] V: *Hürbin, Joseph.* (BBull schw 17, S. 156)

— neuer, aus dem Gerichtssaal. 8. (160 S.) Berlin (899). H. Steinitz. n. 1. —

Neuer Humor aus dem Gerichtssaal. *Berlin: H. Steinitz [1900].* (160 S.) 8° [F.] [00. 8184

HUMOR, Paprizierter. Ein Buch zum Totlachen. Herausgegeben von E. Laetitius. Leipzig, M. Wendel, 1910. 8°.
Verb. d. Ldg. I Berlin 11 J. 1381/08.

— der, im Reichstage. Von Anselmus Facetus. 1. Hft. Reichstag d. Norddeutschen Bundes. 8. (58 S.) Berlin 876. A. Schindler. n. — 60

— u. Satire. 1. u. 2. Bd. 16. Leipzig 875. 76. C. A. Koch. à n. 1. —
1. Die Darwin'sche Theorie in Umwandlungs-Versen v. Darwinsohn. (80 S.)
2. Die sociale Revolution im Thierreiche. Komisches Epos aus der Gegenwart v. F. Essenther. 63 S.)

— u. Satire. 1. u. 2. Hft. 8. Braunschweig. Salzgitter, E. Schlegel. (Nur direkt.) à n. — 50
1. Geistreiche Apergus e. gebildeten Butterblume u. kritische Repliken e. alten schrulligen Doctrinärs od. Frau Leontodon taraxacum u. Dr. Chenopodium Bonus Henricus. Ein Dialog üb. moderne Kunst u. verwandte Materien, nach authent. Referate in Versen bearb. u. m. e. Bilde geziert. Von K. Ehren. 1. u. 2. Aufl. (46 resp. 48 S.) (901.)
2. Allerlei Ver- u. Impertinenzen od. Frau Leontodon taraxacum u. Dr. Chenopodium Bonus Henricus in der Sommerfrische. Ein modernes Waldgespräch nebst e. unmodernen Epistel in Versen, sowie e. Titelbilde. Von K. Ehren. (58 S.) (901.)

Humor in d. Tierwelt. Lust. Bilder aus d. Leben d. Thiere aller Zonen v. Th. Grätz, Th. Th. Heyne, A. Hengeler, A. Oberländer, E. Reinicke u. A. 4. (104 S.) München 895. Braun & Schneider. n. 1. 50; kart. n. 2. —

— unser, s.: Humor, Dortmunder.

Humor, von dem, was d. Menschen, nennen. 2 Thle. gr. 8. Frburg 7?9, 2e A. ... Wagner. 9 ℋ

Humor, Wiener, Sammlung von meist neuen und humoristischen Vorträgen für Damen und Herren. Neue Serie. 6. Heft. (Der ganzen Folge 31. Heft.) 8. (I. Bd. S. 241—252 und II. Bd. S. 1—32) —.30
Wien: Stern 1889.

Humor, Wiener, Unterhaltungs-Blatt für Jedermann. Herausgeber O. L. Augusta. Redacteur U. F. Umgeher. II. Jahrg. 1895. 52 Nummern. 4. (Nr. 40) 4.–, pro Semester 2.–, pro Quartal 1.—, Nummer aparte —.10
Wien: Rob.Weiss 1895.

Humor, Wiener, Unterhaltungs-Blatt für Jedermann. Herausgeber: Kamus u. Strezek. Zweiter Jahrgang. 1895. Nr. 46. Pro Quartal 1.—
Wien: R.Weiss 1895.

— u. **Witz.** Vom Guten das Beste aus älterer u. neuerer Zeit. Eine sorgfält. Auswahl erheiternder Gedichte u. Vorträge f. Haus u. Welt. Nebst e. Anleitg., richtig zu deklamieren. 1. Auswahl. (2 Thle. in 1 Bd.) 1. u. 2. Aufl. 12. (68 u. 77 S.) Leipzig 893. G. A. Kaufmann. n. 1.—

— u. **Witz.** Vom Guten d. Beste aus ält. u. neuerer Zeit. E. sorgfält. Auswahl erheit. Gedichte u. Vorträge f. Haus u. Welt. Nebst e. Anleitg., richtig zu deklamieren. 1. Auswahl. (2 Thle. in 1 Bd.) 3. (Titel-)Aufl. 12. (68 u. 77 S.) Leipzig (893) 896. G. A. Kaufmann. n. 1.—

Humor, Witz u. Laune, od.: Tres faciunt Collegium. Ausgewählte humoristische Original- u. gesammelte Vorträge, sowie Dialoge, Couplets u. scenische Darstellungen nebst Anleitung zur Declamation u. Mimik. Hrsg. v. Ed. Bloch. 32. (VI u. 159 S.) Grimma 852, Bloch's Selbstverl. 5/12 ℛ

HUMOR, Paulus Satyricus, Michel Jammerlings Kreuz- und Querzüge 1849. Sehr selten!
Weller, Lex Ps. p. 263.

Humor-Bacillen. 3. Jahrg. 1893. 52 Nrn. (Bog. m. Abbildgn.) gr. 4. Berlin, Kochstr. 44/45. W. Gebauer. n. 10.—

HUMORELES, Isidor (ps.), Mazzes for Lachhüngerige. (Jüdische Schwänke.) 1885. (l. c.)

Humoresken. 1. Bdchn.: Vor Gericht und Polizei. — Bei Advokaten. — Vom Theater. 16. (96 S.) [Leipzig 880.] Wien, H. Engel. *

Humoresken. Berlin 1893. V: *Kielland, Alex.* (Berl)

Humoresken, akademische, aus der Zeit des Penalismus. Von Uhrig. 8. (80 S. mit Illustr.) Würzburg 885, (Hertz.) *
Vgl.: Uhrig, Adam Jos., Hermes, d. Salamander Famulus.

Humoresken aus dem Eltern-, Kinder- und Lehrerleben. Nr. 1 und 2. 8. Langensalza, Schulbuchh. von Greßler. à Nr. 75 Pf. * 1 50
Inhalt:
Nr. 1. Reinhold, Karl, das Vorexamen. Pädagogische Humoreske zur Wiederanfrischung erschöpfter Arbeitskräfte. 2. Aufl. (80 S.) 879.
„ 2. Ludwig, F. G., in den Ferien. Humoreske aus dem Eltern-, Kinder- und Lehrerleben. (VI, 104 S.) 880.

—— und Erzählungen von Ew. Aug. König, A. v. Winterfeld, Friedr. Friedrich, Carl Zastrow, Ad. Beneke u. A. 5.—12. Sammlung. 8. (80; 80; 80; 79; 80; 80; 79; 79 S.) Mülheim 878,79, Bagel's Verlagsh. à Sammlung * 50 Pf. * 4 —
1.—4. Sammlung s. König, Ew. Aug.

—— und Erzählungen von Ew. Aug. König, A. v. Winterfeld, Friedr. Friedrich, Carl Zastrow, Ad. Beneke u. A. 13.—18. Sammlung. 8. (79; 79; 80; 80; 80; 79 S.) Mülheim 880—83, Bagel's Verlag. à Sammlung *
—— —— dass. — 1.—4. Sammlung. 2. Aufl. 8. (80; 80; 80; 79 S.) Ebendas. 883. à Sammlung *

Humoresken, illustr., f. Reise u. Haus. 1.—4. Bd. 8. (à 64 S.) München 894. Zeitungs-Verlag d. Reise-Onkel. à — 50
1. Herr Pieske im Harem u. andere Humoresken. — 2. Die Geheimbündler u. andere Humoresken. — 3. Chicago u. Ostende u. andere Humoresken. — 4. Der Unheimliche u. andere Humoresken.

Humoresken, landwirthschaftliche, ein Gedenkbuch für seine Freunde von Laurentius a Fronteserena. Lex.-8. (3¾ B.) Frankfurt a. M. 842, Hermann'sche Buchh. *

Humoresken, ostpreußische. Nr. 1. gr 8. (16 S.) Rastenburg 872. Schlemm in Comm. — 15

Humoresken, preisgekrönte, aus d. Wochenschrift „Splitter", s.: Eckstein's humorist. Bibliothek.

Humor- und Zither-Journal:
Formed by union of Der Flaneur and Omaha Zither-Journal, and published in the middle 1880s. Edited by Paul Lobel, and Julius T. Festner.
Omaha, NE

Humorist, der, eine Samml. klein. Erzähl., Anekdoten u. Schwänke v. A. Kuhn. 1r Bd. 8. Berlin, Kunst- u. Ind. Compt. 810.

Humorist, der, od. d. angenehme Unterhaltung zu allen Zeiten u. bey jeder Gelegenheit. Eine vorzügl. Auswahl größtenth. wahrer Ereignisse, wirkl. Begebenheiten, edler Handlungen, amüsanter Erzähln., Geschichten, Gespräche, Anekdoten u. Charakterzüge; ernsten, tragischen, wunderbaren, erheiternden, launigen, witzigen, scherz- u. spaßhaften Inhaltes; aus d. ältesten u. neuesten Zeit. I. Hft. A. u. d. T.: Antihypochondriacus, prosaischer Anekdotenkranz oder Auswahl neuer scherzlaunig-unterhaltender Geschichten u. Erzählungen. 8. ... Bamberg 833, Drausnick.

—— der, e. Wochenschr. z. Beförderung guter Zeit. Hrsg. v. C. Geisheim. 1. Jahrg. 1833. 52 Nrn. (Bog.) Nebst Anzeiger. gr. 8. Breslau 833, Graß, Barth u. Comp.
Vgl. Hausfreund, der, v. Geisheim.

— der, eine Zeitschrift für Scherz und Ernst, Kunst, Theater, Geselligkeit und Sitte. Herausg. u. redigirt von M. G. Saphir. 1r—4r Jahrg. 1837—1840. à 208 Numm. Mit den Beilagen: Kunst- u. Industrieblatt. — Nachträgliches Ergänzungsblatt. Imp.-4. Wien, (Wolcke.) (à J. n. 10½ ℛ) 42 ℛ

Humorist, der, eine Zeitschrift für Scherz u. Ernst, Kunst, Theater, Geselligkeit u. Sitte. Herausgeg. u. redigirt von M. G. Saphir. 5.—10. Jahrg. 1841—1846. à 208 Numm. (½ Bog.) Mit artist. Beilagen u. Beiblatt: Der Wiener Bazar. Roy.-4. Wien. (Wolke's Buchh.) à n. 10½ ℛ

Humorist, der, v. M. G. Saphir. 7—11. Jahrg. 1843—47. Mit d. Monatsbeil.: Der wiener Bazar u. später Volksgarten. gr. 4. Wien. (Volke's Bh.) [7. (260 Nrn.) 8—11. (à 312 Nrn.) à Jahrg. *

1—6. Jahrg. 1837—42. Ebendas. à J. * 10 Thlr. 15 Ngr.

Humorist, der. Eigenthümer und Redakt.: M. G. Saphir. 12—15. Jahrg. 1848—51. à Jahrg. 312 Nrn. (½ Bog.) Imp.-4. Wien, (Kaulfuß Witwe, Prandel und Comp., Volke's Sohn.) 12—14. Jahrg. à * 9 Thlr. 15 Ngr., 15. Jahrg. *

Humorist und Wiener Punch, Red., Eigenthümer M. G. Saphir, Druck Leopold Grund. 17. Jahrgang. 4. 2spltg. Erscheint wöchentlich 6mal, 12 fl. jährlich. 1853.

Humorist, der. Redig. von M. G. Saphir. 16—22. Jahrg. 1852—58. à Jahrg. 312 Nrn. (½ Bog.) Mit „Montagsblatt" 52 Nrn. (½ Bog. mit eingedr. Holzschn.) gr. 4. Wien, (Prandel und Ewald.) à Jahrg. * *

Montagsblatt apart à Jahrg. * *

Humorist, der, e. Auswahl d. Schönsten u. Besten aus d. bekanntesten humorist. Schriften d. Deutschen u. Britten. (Letzt. nach d. besten Uebersetzn.) Nebst lebensgeschichtl. Umrissen d. Verfr. Hrsg. v. M. Lefrank. 8. (12 B.) Berlin 838, Natorff u. Comp. (?)

Der Humorist : 1879?–1890?

Humorous weekly. Small folio, each issue 8–16 pages. Edited & published by Wolf & Co. by Henry Hermanns, 1882–84; edited by R. Dietzius, 1885–86; by Anton Scheben, 1887–88; by Anton Scheben & Dr. E. Chambers, 1889; published by Henry Hermanns, 1885–89; edited & published by Henry Hermanns, 1890. Circulation: 1885, 10,000; 1890, 13,500.
St. Louis, MO

Humorist : Jahrgang 1, no. 1, Feb. 2, 1884

Weekly. Sub-title: Der Erheiterung gewidmet. Quarto, 8 pages. Edited & published by L. Willstaedt.
Atchinson, KS

Der Humorist : 1884?–1890?

Humorous weekly. Large quarto, each issue 8 pages. Edited & published by M. Schnitzer.
New York, NY

Humorist, der. 1.—3. Bd. 8. Berlin 890. Verlag des Humorist. à n. 1.—

1. Flüchtlinge! und andere Humoresken von Adf. Thiele. 2. Tausend. (121 S.)
2. Historietten und Schwänke von Weisflog, Spindler, Langbein, E. T. A. Hoffmann, Th. v. Kobbe und Fr. Laun. (120 S.)
3. Hobelspähne. Kleine Humoresken v. Kurt Kurz. (112 S.)

—— der, auf der Eisenbahn. Eine Sammlung von 350 der drolligsten Anekdoten zur Unterhaltung auf Reisen ꝛc. Hrsg. von A. Bierglas. 3. Aufl. 1858. und 4. Aufl. 16. (109 S.) Berlin 860, Reymann.

Humorist, der, auf der Eisenbahn. Eine Sammlung von 350 der drolligsten Anekdoten zur Unterhaltung auf Reisen und zur Erquickung aller Freunde des Scherzes. Hrsg. von A. Bierglas. 5. Aufl. 16. (109 S.) Berlin 866, Reymann.

Humorist, der, in der Gesellschaft als Festgeber oder Gast, bei Landpartien oder geselligen Wintervergnügungen ꝛc. Hrsg. von F. W. Kunstmann. 32. (VIII und 274 S.) Grimma 852. [Wurzen,] Verlags-Comptoir.

Humorist, new-yorker. Illustrirte Wochenschrift für Humor, Satyre, Kunst und Belletristik. Hrsg. und redig. von M. Cohnheim und O. Brethauer. 1. Bd. (Jahrg. 1858.) 52 Nrn. (à 2 Bog.) Fol. New-York 859. (Philadelphia, Schäfer und Koradi.) Thlr. *

—— der schwäbische, herausg. u. redigirt von Karl Theod. Griesinger. 1r u. 2r Jahrg. 1839 u. 1840. à 156 Numm. gr. 4. Stuttgart, Fritz. (à n. 3 ₰) 6 ₰

Humorist, der vortreffliche. 40 äußerst originelle Couplet-Vorträge, drast. Solo-Scenen u. wirkungsvolle Duetts. 8. (88 S.) Mühlhausen i/Th. (902). G. Danner. n. —60

Humoristen, amerikanische. 1. und 2. Bd. gr. 8. Leipzig 874, Grunow. à Bd. *

Inhalt:

Bd. 1. Aldrich, Thom. Barley, Prudence Palfrey und andere Leute. In's Deutsche übertragen von Mor. Busch. (VI, 378 S.)
" 2. Twain, Mark, Jim Smiley's berühmter Springfrosch u. dergl. wunderliche Käuze mehr. Im Silberland Nevada. In's Deutsche übertragen von Mor. Busch. (406 S.)

Humoristen, amerikanische. 3.—13. Bd. 8. Leipzig, Grunow. * 66 —

Inhalt:

Bd. 3. Aldrich, Thom. Bailey, die Geschichte eines bösen Buben und drei andere schöne Historien. Ins Deutsche übertr. von Moritz Busch. (301 S.) 875. * M. 6.
" 4. Twain, Mark, die Arglosen auf Reisen. Ins Deutsche übertr. von Mor. Busch. (406 S.) 875. * M. 6.
" 5. —— die neue Pilgerfahrt. Ins Deutsche übertr. von Mor. Busch. (395 S.) 875. * M. 6.
" 6. 7. —— und Charles Dudley Warner, das vergoldete Zeitalter. Roman. Ins Deutsche übertr. von Mor. Busch. 2 Thle. (315, 352 S.) 876. à * M. 6.
" 8. Adeler, Max, fern vom Weltgetümmel oder Leben in einem wunderlichen Eckchen. Ins Deutsche übertr. von Mor. Busch. (XIV, 351 S.) 876. * M. 6.
" 9. 10. Auswahl aus Artemus Ward's Schriften. Ins Deutsche übertr. von Mor. Busch. 2 Bde. (XVI, 247, 251 S.) 876. à * M. 6.
" 11. Twain, Mark, die Abenteuer Tom Sawyers. Ins Deutsche übertr. von Mor. Busch. (314 S.) 876. * M. 6.
" 12. —— Skizzenbuch. Ins Deutsche übertr. von Mor. Busch. (467 S.) 877. * M. 7,50.
" 13. Aldrich, Thom. Bailey, die Königin von Saba. Nebst anderen Erzählungen. Ins Deutsche übertr. von Mor. Busch. (233 S.) 877. * M. 4,50.

Humoristen u. Novellisten, amerikanische, s.: Sternbanner-Serie.

Deutsche Humoristen. Eine Auswahl humorist. Erzählungen. Bd 1. *Hamburg-Großborstel. Deutsche Dichter-Gedächtnis-Stiftung 1903.* 8° [5]
— Hausbücherei d. Deutschen Dichter-Gedächtnis-Stiftung. Bd 3. [04. 4132

Humoristen. Deutsche H'. Band 2: Clemens Brentano (Die mehreren Wehmüller...), E(rnst) Th(eodor) A(madeus) Hoffmann (Die Königsbraut ...), Heinrich Zschokke (Die Nacht in Brczwezmcisl). 224 S. 8. Hamburg-Grossborstel, Verlag der Deutschen Dichter-Gedächtnis-Stiftung, 1904. (geb. M. 1. —)

Hausbücherei der Deutschen Dichter-Gedächtnis-Stiftung. Band 4.

Humoristen, deutsche, aus alter und neuer Zeit. In einer Auswahl und mit litterar. Einleitungen hrsg. von Jul. Riffert. 1.—4. Bd. 8. Altenburg, Bonde. à Bd. *

Inhalt:

Bd. 1. Franz v. Gaudy. (184 S.) 881.
" 2. Matthias Claudius. (159 S. mit Portr. in Holzschn.) 882.
" 3. Carl Weisflog. (192 S.) 882.
" 4. Ludwig Börne. (VIII, 167 S.) 883.

Humoristen, die, in der Westentasche, od.: Was soll ich declamiren? Ein Potpourri heiterer Dichtungen u. Vorträge. 10 Bdchn. 32. (à circa 64 Seit.) Hamburg 843—46, Berendsohn. à Bdchn. * 2½ Ngr. *

Von dem 3. u. 4. Bdchn. erschien bereits d. 2. u. v. 1. Bdchn. d. 3. Aufl.

Humoristen, die, in der Westentasche, oder: Was soll ich declamiren? 1—22. Bdchn. 32. (à Bdchn. 64 S.) Hamburg 847—52, Berendsohn. à Bdchn. * 2½ Ngr. *

Das 1. Bdchn. erschien bereits in 5. Aufl.

Humoristen, die, in der Westentasche, oder: Was soll ich declamiren? 23. und 24. Bdchn. 32. (127 S.) Hamburg 853, B. S. Berendsohn. à Bdchn. * 2½ Ngr. *

1—22. Bdchn. Ebendas. 1847—52. * 1 Thlr. 25 Ngr.

—— dass. — 1. Bdchn. 6. Aufl., 9. Bdchn. 3. Aufl., 13. und 14. Bdchn. 2. Aufl. 32. (à 64 S.) Ebds. 853. à Bdchn. * 2½ Ngr. *

Humoristen-Brevier. Hrsg. von P. Gisbert unter Mitwirkung von Gerh. v. Amyntor, A. W. Gellrich, Curt Laßwitz ꝛc. 1. und 2. Heft. 8. (à 92 S.) Leipzig 879, A. Krüger. à Heft * M 1. * 2 —

Humoristen Brevier. Hrsg. von P. Gisbert. 3. (Schluß-)Heft. Mit Beiträgen von Wilh. Anthony, P. Gisbert, Sacher-Masoch ꝛc. 8. (94 S.) Leipzig 880, A. Krüger. *
1. und 2. Heft. Ebendas. 1879. à * ℳ 1.

Humoristica, s. Bergson's Eisenbahnbücher.

Humoristica. Scherzgedichte. Mainz 1873. V: *Schleyer, Johann Martin.* (EB)

Humoristica. Scherzgedichte f. alle Stände v. Bruder Hilarius Frohsang 16. (VIII, 128 S.) Mainz 873. Kupferberg. 1. 20

Humoristica. Lustige Blätter zur Erheiterung für die Familie und Jedermann, mit Illustr. (in eingedr. Holzschn.). 1. Jahrg. 1. Bd. gr. 8. (32 S.) Leipzig 877, Schönherr. — 60
Nicht weiter erschienen.

—— für Salon und Waggon. Skizzen und Schilderungen aus dem berliner Leben von G. A. B. 1.—3. Bdchn. gr. 16. (132 S., 131 S. und 127 S.) Berlin 863,67, Grothe. à Bdchn. * 10 Ngr *

Humoristica aus der Schule. Eine Sammlg. alter u. neuer scherzhafter Orig.-Episoden aus dem Schul- u. Lehrerleben Gesammelt u. hrsg. v. e den Humor lieb. Schulmann des Rheinlandes. gr. 8. (46 S.) Neuwied 900 Heuser's Verl. — 60

Humoristicon. Illustrirtes Familienblatt. III. Band (Jahrg. 1881 = 24 Liefgn.) Liefg. 7. à 15 kr. ord.
Wien: Administration d. "Humoristicon".

—— Illustrirtes Familienblatt. 4. Bd. Jahrg. 1882. 24 Hefte. (à Heft 2 Bog. mit eingedr. Illustr.) gr. 4. Ebendas. Einzeln à Heft *
—— dass. — Redact.: Aug. Citter. 5. Bd. Jahrg. 1883. 24 Hefte. (à Heft 2 Bog. mit eingedr. Illustr.) gr. 4. Wien, Expedition. (W. Wolfrum.) *
Einzeln à Heft *

Humoristicon in Bild und Wort für die lachende Welt. 1. Jahrg. 1879. 24 Hefte. (à 2½ Bog. mit eingedr. Illustr.) gr. 4. Wien, Czerny à Heft 20 Pf. * 4 80
Nicht weiter erschienen.

Humoristicon in Bild und Wort für die lachende Welt. 2. und 3. Bd. 1880 und 1881. à Jahrg. 24 Hefte. (à Heft 2—2½ Bog. mit eingedr. Illustr.) gr. 4. Wien, Leutgeb. à Bd. *
Einzeln à Heft *

Humoristisches nach jeder Richtung [illegible] Erinnerung an die VII. Deutsche [illegible] München, Fb. Höpfner, o. J. 8° [illegible]
[illegible] Das Wasserkopha [illegible]

Humoristisches nach jeder Richtung. Ein Auszug aus Gemming's „Poetische Verbrechen". 8. (16 S.) München 880, Höpfner's Buchh.

—— in Wort und Bild. gr. 16. (148 S. mit vielen eingedr. Holzschn.-Illustr.) Würzburg 879, Woerl. geb. *

Humoristisches a. d. guten alten Zeit. Bruchstücke aus geograph. Lehrbüchern f. Kinder. 1733—1760. 2. Aufl. gr. 8. (IV, 64 S.) Hamburg 893. J. Schlotke — 60

Witze, Illustrirte, von Ernst Humorl mit Federzeichnungen von K. Alic, H. Schließmann, Zadnik, Koiel u. A. 8. 1. Bändchen (160 S.), 2. Bändchen. (160 S.) geh. à 60 kr.
Teschen: Feitzinger 1881.

Humor- und Witzsprudel, neuester, für Freunde der Narrheit und ungeheuren Heiterkeit. 8. (56 S. mit vielen eingedr. Bildern.) Oberhausen 881, Spaarmann. *

Humpel, D., s. A. Portal, Unterricht über d. Behandlungsart ꝛc.

Humpel, J. G., de abdomine cantharidibus exulcerando, in Cholerae morbi curatione remedio. Commentatio. 8maj. Wien 830. (Beck). 6 gl.

Humpel, M. C., statistische Tableaus über die Bewegung der Bevölkerung, über die wichtigsten Lebensmittelpreise, über die Erwerb-, Einkommen- und Hauszinssteuer-Verhältnisse in der k. k. Reichs-, Haupt- und Residenzstadt Wien, vom J. 1810—1861. Hrsg. von A. Hensinger. gr. 8. (23 S. mit 2 Tab. in qu. gr. Fol.) Wien 869, Braumüller. — Herzfeld und Bauer. *

Hümpel, Ernestus (Dr. phil. et cand. rev. min.): De errore christologico in epistolis Ioannis impugnato eiusque auctore. Quaestio historico-critica ... Erlangae, typ. F. Iunge typogr. aulae reg. Bavar. et univ. Erlang., 1897: VI, 78 S., 1 Bl. 8.
Erlangen, Theol. Fak., Inaug.-Diss. 1897

Hümpel, *Johann Ludwig* Ernst (cand. theol. aus Borstorf (Kr. Herzogt. Lauenb.)): Nicetas, Bischof von Remesiana. E. litterarkrit. Studie z. Geschichte d. altkirchl. Taufsymbols ... (Aus: N. Jahrb. f. deutsche Theol., Bd. IV Heft 3 u. 4.) Bonn, Univ.-Buchdr. v. C. Georgi. 1895: VI, 122 S., 1 Bl. 8.
Erlangen, Phil. Fak., Inaug.-Diss. v. 15. März 1895

Humpeler, Louis, der Grossvenediger, s.: Gipfelführer, alpine.

Humperdinck, Hans Mar. Gleckrecht v. der, od. die neue Ritterzeit. Komische Oper in 3 Akt. von Aug. von Kotzebue, s. Kotzebue, Opernalmanach

Humperdinck, Engelb., Dornröschen, s. a. Ebeling-Filhès.

Dornröschen Märchen in 1 Vorspiel u. 3 Akten von E. B. Ebeling-Filhes (d. i. Elisabeth Ebeling u. Bertha Lehmann-Filhes) Mus. von Engelbert **Humperdinck** Klavier-Ausz. mit Text von Alfred Brüggemann u. Philipp Rodelberger *Leipzig: M. Brockhaus 1902* (120 S.) 4° [illegible]

Humperdinck, Engelb., d. sieben Geislein. Märchenspiel f. d. Kleinen v. Adelheid Wette, Musik v. H., illustr. v. Herm. Vogel (Clavier-Auszug.) gr. 4. (26 S. m. Titel in Heliograv.) Magdeburg 896. Heinrichshofen's Verl. 4. 60

Humperdinck, Engelb., Hänsel u. Gretel. Märchenspiel in 8 Bildern v. Adelheid Wette. Musik v. E. H. 16. (89 S.) Elberfeld 894. S. Lucas. — 60

Hänsel und Gretel Märchenspiel v. E(ngelbert) **Humperdinck** (Paraphrase f. Violine u. Klavier v. E(mil) Kross) *Mainz: B. Schott's Söhne 1895* (7, 3 S.) 2 Bde. [illegible]

Die Heirat wider Willen Komische Oper in 3 Aufz. frei nach e. Lustspiel des A. Dumas von E(ngelbert) **Humperdinck** Klav.-Ausz. mit Text von Alfred Brüggemann u. Fritz Zech Leipzig M. Brockhaus 1905. (353 S.) 4° [illegible]

Humperdinck, Engelb., die Heirat wider Willen. Komische Oper in 3 Aufzügen, frei nach einem Lustspiel des A. Dumas. (Textbuch.) (78 S.) 8. Leipzig 905. M. Brockhaus. n. — 80

— deutsches Kinderliederbuch, s.: Wette, Adelheid.

Königskinder. Musikmärchen in 3 Bild. Musik von Engelbert Humperdinck. Text von Ernst Rosmer [d. i. Elsa Bernstein]. [Textbuch.] Berlin: S. Fischer; Leipzig: M. Brockhaus (1910). 99 S. 8° [11. 11329

— s.: Sang u. Klang im 19./20. Jahrh.

— Sang u. Klang fürs Kinderherz. Eine Sammlg. der schönsten Kinderlieder, hrsg. v. H., ausgewählt v. Vict. Blüthgen u. E. H. Strassburger. (Farbige) Bilder v. Paul Hey. (64 S.) 31×23,5 cm. Berlin 909. Neufeld & Henius. Kart. 4.—; geb. in Leinw. 6.—

— Joseph Haydn's Symphonie in Es-dur, s.: Musikführer, der.

— s.: Symphonien u. symphon. Dichtungen, d. beliebtesten.

— Trifolium, s.: Leiffmann, Mor.

Bübchens Weihnachtstraum. Ein melodramat. Krippenspiel f. Schule u. Haus. Dichtung von Gustav Falke. Musik von Engelbert Humperdinck. [Text u.] Klavierausz. Gross-Lichterfelde. R. Reibenstein 1906. (VIII, 22 S.) 4° [Umschlagt.] [06. 18899

Humperdinck, Gustav

Humperdinck: Ueber die frei rhythmische Dichtung Göthes. – Progr. Siegburg 1859.

Humperdinck, G[ustav]: Für Frauen-Arbeit in der Schule. Gegen Herrn Kreis-Schulinspektor W. Cremer's „Frauen-Arbeit in d. Schule". — Essen: Bädeker 1884. 21 S. 8°

—— deutsche Grammatik für höhere Lehranstalten und zum Selbstunterricht. gr. 8. (XVI, 117 S.) Ebendas. 884. *

Humperdinck, G. Die deutsche Grammatik an höheren Lehranstalten und die wissenschaftliche Pflege unserer Sprache. Nebst einem grammatischen Exkurse. 20 S. Progr. Siegburg 1876.

Humperdinck: Ueber Gymnasialbildung, insbesondere der Sprachunterricht als Mittel derselben, als Vorrede. – Siegburg, Progr. 1858.

Humperdinck, Gust., auf d. Lebenswanderschaft. Gedichte. 8. (VIII, 132 S.) Köln 883. A. Ahn. n. 1. –; geb. in Leinw. n. 1. 50

Humperdinck, G. De accusativi natura atque indole. Siegburg, Pg., 1865. 13 S. 4. Progr.

Humperdinck, G. Die Sprachlaute, physiologisch und sprachwissenschaftlich betrachtet. Siegburg, Pg., 1869. 20 S. 4 und 1 Tafel. Progr.

Humperdinck, G., die Sprachlaute, physiologisch und sprachwissenschaftlich betrachtet. 4. (23 S. mit 1 lithogr. Taf.) Siegburg 870. (Berlin, Calvary und Comp.) *

— Die Vocale und die phonetischen Erscheinungen ihres Wandels. Siegburg, Pg., 1874. 43 S. Progr.

—— die Vocale und phonetischen Erscheinungen ihres Wandels in Sprachen und Mundarten. Eine physiologisch-sprachwissenschaftl. Untersuchung. gr. 8. (45 S.) Siegburg 874. (Bonn, Behrendt.)

Humperdinck, Gust., über den Vortrag epischer und lyrischer Dichtungen. Mit zahlreichen kommentierten Musterstücken für monolog. und dialog. Vortrag, wie auch für chorische Aufführungen. gr. 8. (VIII, 176 S.) Köln 886, Du Mont-Schauberg'sche Buchh. * 3 20

Humpert, Friedrich Die Flora Bochums. 4 (1 Bl., 57 S.). Progr. G. *Bochum* 1887 (327)

[F.] Leitfaden der Chemie und Mineralogie für Gymnasien v. F[riedrich] Humpert, Oberl. M. 32 in d. Text gedr. Fig. *Berlin: L. Simion 1896.* (VI, 47 S.) 1 Bd 8. [96. 3358

Humpert, F., Leitfaden der Chemie u. Mineralogie für Gymnasien. 2. Aufl. gr. 8. (VI, 48 S. m. 32 Fig.) Berlin 900. L. Simion. Kart. n. — 60

Humpert, Paul, O. M. J., im Banne der Freiheit, s.: Theaterbibliothek.

— Lucius, s.: Theaterbibliothek.

Humpert, Phil (geb Menden in Westf 25 8 1840) De tabe dorsuali Berolini (1866) (32 S.) 8°
Berlin, Med. Diss. v. 11 Juni 1866.

Humpert, Philippus (geb. 1814 in Menden Westf.): De civitate Homerica ... Bonnae, typ. F. Baaden 1839. VI, 46 S. 8.
Bonn, Phil. Fak., Diss. v. [9 März] 1839

Humpert, Philipp Über den sauerländischen Dialekt im Hönnethale. 48 Spalten u. 1 Karte II. Teil. 35 S G *Bonn* 1876. 1878 Progr.

Humpert Quaestiones geographicae de Lycia. 16 S. u. Karte.
Bonn, Progr. 1848

Humpert, Philippus (geb. 1814 in Menden Westf.): Theses controversae, quas una cum dissertatione De civitate Homerica ... defendet. Bonnae, impr. F. Baaden (1839). 2 Bl. 8.
Bonn, Phil. Fak., Thes. v. 9 März 1839

Humpert, Th., Herzenskämpfe. Bekenntnisse u. Mahnungen. (49 S.) 8. Stuttgart 904. Strecker & Schröder. n. — 80

— der Musiker u. seine Ideale. (44 S.) gr. 8. Ebd. 908. n. — 60

Humpf, Gustav, a. Eschwege: Beiträge zur Geschichte des bestimmten Artikels im Französischen. Marburg 1904: R. Friedrich. (VI, 64 S.) 8°
Marburg, Phil. Fak., Ref. Wechssler, Diss. v. 16. Dez. 1904
[Geb. 17. Febr 81 Eschwege; Wohnort: Marburg; Staatsangeh.: Preußen; Vorbildung: Gymn. Büdingen Reife O 00, Studium: Marburg 3, Berlin 2, Marburg 3 S.; Rig. 29. Juni 04.]

Humpf, Hermann [aus Eschwege]: Die Methoden der Prolapsoperationen in der Göttinger Universitäts-Frauenklinik ... Göttingen, Druck d. Dieterichschen Univ.-Buchdr., 1895; 27 S. 8.
Göttingen, Med. Fak., Inaug.-Diss. v. [17. Juli] 1895

Der Tannhauser. Tragödie in 5 Akten von Julius Felix Humpf Berlin-Friedenau: Bureau Fischer 1910. 100 S. 8° [10. 17011

Humphrey, Edith. Über die Bindungsstelle der Metalle in ihren Verbindungen und über Dinitritodiäthylendiaminkobaltisalze. Diss. Phil. [II.] Univ. Zürich. 74 S. 8. Zürich, A. Markwalder, 1901.

Humphrey, W(illiam) A(lvara), B. A., F. G. S. a. York, England: Über einige Erzlagerstätten in der Umgebung der Stangalpe. Mit zwei Tafeln (Nr. VIII und IX) und einer Zinkotypie im Text. Wien 1905: Brüder Hollinek. (20 S.) 4° ¶ Aus: Jahrbuch der k. k. geolog. Reichsanstalt, 1905, Bd 55, H. 2.

München, Phil. Fak., Ref. v. Groth, Diss. v. 12. Juli 1905

[Geb. 8. Nov 76 York, England; Wohnort: York; Staatsangeh.: England; Vorbildung University of the Cape of Good Hope, Bachelor of Arts Dez. 02; Studium: Kapstadt 2, München 4 S.; Rig. 3. März 05.]

Calvary. A tragedy of sects. By **'Rita'** [d. i. Eliza Margaret J. Humphreys]. Copyright ed. In 2 vol. Vol. 1. 2. Leipzig: Tauchnitz 1910. 8°
(Collection of British authors. Tauchnitz Ed. Vol. 4178/9.) (11. 8801

Prince Charming. A fantastic episode in court dress. By **'Rita'** [d. i. Eliza Margaret J. Humphreys]. Copyright ed. Leipzig: Tauchnitz 1906. 280 S. 8°
(Collection of British authors. Tauchnitz Ed. Vol. 3872.) (11. 8651

The pointing Finger By **'Rita'** [d. i. Eliza Margaret J. Humphreys]. Copyright ed. Leipzig: Tauchnitz 1907. 278 S. 8°
(Collection of British authors. Tauchnitz Ed. Vol. 3952.) (11. 8710

The House called Hurrish. By **'Rita'** [d. i. Eliza Margaret J. Humphreys]. Copyright ed. Leipzig: Tauchnitz 1909. 358 S. 8°
(Collection of British authors. Tauchnitz Ed Vol. 4140.) (11. 8859

The Jesters. By **'Rita'** [d. i. Eliza Margaret J. Humphreys]. Copyright ed. Leipzig: Tauchnitz 1904. 335 S. 8°
(Collection of British authors. Tauchnitz Ed. Vol. 3722.) (11. 8446

Queer Lady Judas. By **'Rita'** [d. i. Eliza Margaret J. Humphreys]. Copyright ed. In 2 vol. Vol. 1. 2 Leipzig: Tauchnitz 1905. 8°
(Collection of British authors. Tauchnitz Ed Vol 3819/20.) (11. 8611

A Man of no importance. By **'Rita** [d. i. Eliza Margaret J. Humphreys]. Leipzig: Tauchnitz 1907. 295 S. 8°
(Collection of British authors. Tauchnitz Ed. Vol. 3992.) (11. 8745

The Masqueraders. By **'Rita'** [d. i. Eliza Margaret J. Humphreys]. Copyright ed. In 2 vol. Vol. 1. 2. Leipzig: Tauchnitz 1905. 8°
(Collection of British authors. Tauchnitz Ed. Vol. 3799—3800.) (11. 8507

The Millionaire Girl, and other stories. By **'Rita'** [d. i. Eliza Margaret J. Humphreys]. Copyright ed. Leipzig: Tauchnitz 1908. 288 S. 8°
(Collection of British authors. Tauchnitz Ed. Vol. 4043.) (11. 8762

Souls. A comedy of intentions. By **'Rita'** [d. i. Eliza Margaret J. Humphreys]. Copyright ed. Leipzig: Tauchnitz 1903. 303 S. 8°
(Collection British authors. Tauchnitz Ed. Vol. 3663.) (11. 8301

Humphreys, M. W., Quaest. metricae de accentus momento in versu heroico. Diss. 1874. 30 S. 1.20

Humphreys, Mitchell, aus Lynchburg, Virginia U. S. A. **Dauer und Chronologie der Inkaherrschaft.** *Rostock 1903: Adlers Erben.* (71 S.) 8°
Rostock, Phil. Diss. v [25. Nov.] 1902

Humphry, Charl., der engl. Zeichenmeister. Od. d. neuesten Methoden, Erfindungen u. Verbessern. im Zeichnen, Tuschen, Coloriren, Malen u. Farbenbereiten. Mit deutschen Zusätzen u. Bemerkn. verm. v. Aug. Müller. 1. Aufl. M. 71 Abbild. Stndr. (6¹⁄₂ B.) 831., 2. A. M. 73 Abbild. (auf 2 Bog. Stndr. Fol.) (7 B.) 8. Quedlinburg 832, Basse. à

Humphry, G. M., Fuß und Hand des Menschen. Nach der engl. Orig.-Ausg. von C. Hennig. 8. (VIII und 184 S. mit 84 in den Text gedr. Abbild. in Holzschn.) Leipzig 862, Abel. *

Humpoletz, Löwy

Humpoletz, L., *Volksschullehrer.* Gemeinnützige Anweisung zu verschiedenen im Geschäftsleben häufig vorkommenden Rechnungen mit der neuen österreichischen Währung etc. *Prag* 1858. *Friedr. Rohlíček.* 44 S 2 Bl. 16°.
18 kr.

Humpoletz, Löwy, erheiternde Auswahl d. Wissenwürdigsten aus d. Gebieten d. Geographie, Naturgeschichte, Physik, Arithmetik u. Chemie; dargest. in interess. Fragen mit d. entsprech. Antworten u. arithmet. Auflösn.; zur unterhalt. Belehr. f. d. gebild. Jugend. In e. gründl. u. leichtfaßl. Manier bearb. 2., durchaus verb. u. vielseitig verm. Aufl. 8. (10 B. u. 1 Stnt.) Prag 839, (Kronberger u. Rziwnatz.) *

—— 365 Fragen aus d. Gebieten d. Geographie, Naturgeschichte, Naturlehre, Arithmetik u. Chemie, mit d. entsprech. Antworten u. arithmet. Auflösn. z. belehr. Unterhalt. f. d. gebild. Jugend. Nebst e. Anh. v. kl. moral. Erzähln. In e. gründl. u. leichtfaßl. Darstell. bearb. 8. (11 B.) Prag 835, (Kronberger u. Rziwnatz.) *

Humpoletz, L., der schnell und sicher rechnende Geschäftsmann. Eine richtige, tabellar. Darstellung des umgewandelten prager Längen- und Flächenmaßes, des Hohlmaßes für trockene und flüssige Waaren in das nun gesetzlich eingeführte wiener Maß, nebst den gegenseitig variirenden Preis-Tabellen von Schnitt-, Gewichts-, Körner- und Eimer-Waaren. 16. (29 S.) Prag 857, Schalek. *

Humpoletz, Löwy, Handbuch der Arithmetik, in ein. gründl. u. leichtfaßl. Darstellung m. vorzügl. Rücksicht auf prakt. Anwendung. Zum Unterricht so wie zur Selbstbelehrung, besond. z. Besten der sich dem Handelsstande widmenden Jugend. gr. 8. (30⁵⁄₈ B.) Prag 844. (Kronberger.) *

—— gemeinnützige Zinseszinsen-Tabelle von 1 bis 100 Jahren, zu 2, 3, 4, 5 und 6 Prozent, genau und verläßlich berechnet; zur leichten Befriedigung eines wichtigen Bedürfnisses in der Berechnung zusammengesetzter Interessen nebst mehreren verschiedenartigen Interessen- und Diskonto-Rechnungen, zur genauen Gebrauchsanweisung benannter Tabelle. Zum Gebrauche in verschiedenen Geschäften des bürgerl. Lebens. 8. (15 S.) Prag 857, (Dominicus.) *

Humser, Emma, Geschenke v. Kinderhand, s.: Beschäftigungsbücher. kleine. f. Kinderstube u. Kindergarten. 4.

Erstarrte Menschen. Ein Schauspiel in 3 Akten von Ludwig Huna. *Berlin: E. Block [1902].* (98 S.) 8° [S.] (11. 8030

Huna, Ludw., lockere Vögel. 4 Schelmenspiele. (Tandaradei. Der Kuß. Die Mutter. Ein Rettungsmittel.) (Bibliothek moderner Dramen.) (128 S.) 8. Berlin-Ch. (908). Vita. 2. —

Hunauld, Unters. der Knochen des Schädels. Mit Taf. Brl. 4°. 1730

Hunaeus, G. Geognostische Karte der Provinz Hannover Hannover, 1881

Hunäus, G. Chr. C., die Ellipse u. Hyperbel in ihrer Anwend. auf d. Dioptrik. gr. 4. (2³⁄₄ B. u. 1 Figt.) Clausthal 839, Schweigersche Buchh. (Lpz., Hinrichs)

Hunäus, G. Chr. K., die geometrischen Instrumente der gesammten praktischen Geometrie, deren Theorie, Beschreibung und Gebrauch. Nebst einem Anhang über die wichtigsten Ausgleichungen der prakt. Geometrie nach der Methode der kleinsten Quadrate, ausgeführt an praktisch-geodät. Aufgaben. 3 Hefte. Lex.-8. Hannover 862—64, Rümpler. [1. Heft. (I—IV und S. 1—134.) * 1 Thlr. 6 Ngr., 2. Heft. (V—VII und S. 135—402 mit 3 Holzschntaf. in gr. 4. und Fol.) * 2 Thlr. 12 Ngr., 3. Heft. (XII—XVIII und S. 403—672 mit eingedr. Holzschn. und 3 Holzschntaf. in gr. 4. und Fol.) * 1 Thlr. 22 Ngr.] *

Hunäus, G. Chr. K., die geometrischen Instrumente der gesammten praktischen Geometrie, deren Theorie, Beschreibung und Gebrauch. Nebst einem Anhang über die wichtigsten Ausgleichungen der praktischen Geometrie nach der Methode der kleinsten Quadrate, ausgeführt an praktisch-geodät. Aufgaben. 2. Ausg. Lex.-8. (XVIII, 672 S. mit 290 eingedr. Holzschn. und 6 Holzschntaf. in gr. 4. und Fol.) Leipzig 882, Baumgärtner's Buchh. *

—— Lehrbuch d. reinen Elementar-Mathematik z. Gebr. in Gymnasien u. techn. Lehranstalten, nebst e. Anh., welcher e. Samml. v. techn. Aufgaben enthält. 1. u. 2. Bd. (od. 3 Abthln.) gr. 8. Darmstadt, Leske.

A. u. d. Ttln.:

Bd. 1. Lehrbuch d. reinen allgem. u. besond. Arithmetik f. Schulen. (31 B.) 835. 2 Thlr. 6 Gr.

: 2. Abthl. 1. Lehrbuch d. ebnen Geometrie u. ebenen Trigonometrie f. Schulen. (24 B. u. 5 Figtaf.) 836. 2 Thlr.

: 2. Lehrbuch d. körperl. Geometrie, d. sphär. Trigonometrie u. d. Kegelschnitte f. Schulen. (23¾ B. u. 7 Figtaf.) 838. 1 Thlr. 6 Gr.

Hunäus, G. Chr. C., Lehrbuch der prakt. Geometrie zum Gebrauch an höh. technischen Lehranstalten. gr. 8. (XIV und 411 S. mit 15 Kpfrt. in qu. Fol.) Hannover 848, Helwing'sche Hofbuchh. *

Hunaeus, G. Chr. K., Lehrbuch der praktischen Geometrie. 2. umgearb. und verm. Aufl. gr. 8. (XX, 539 S. mit 211 eingedr. Holzschn.) Hannover 868, Rümpler. *

Hunäus, G. Chr. K., Lehrbuch der practischen Geometrie. Zum Gebrauche an höheren technischen Lehranstalten. 2. umgearb. und verm. Aufl. Neue Ausg. 8. (XX, 539 S. mit 211 eingedr. Holzschn.) Leipzig 882, Baumgärtner's Buchh. *

Hunaeus, Georg, a. Lübeck: Aus d. Kgl. chirurgischen Univ.-Klinik zu Kiel. Über einen Fall von Bauchdeckenactinomycose. Lübbecke 1906: Fr. Werneburg. (21 S.) 8°
Kiel, Med. Fak., Ref. Helferich, Diss. v. 12. April 1907
[Geb. 10. Apr. 82 Lübeck; Wohnort: Lübeck; Staatsangeh.: Lübeck; Vorbildung: Gymn. Katharineum Lubeck Reife O. 01; Studiem: Marburg 1, Kiel 3, Straßburg 1, Leipzig 1, Kiel 3 S.; Coll. 13. Juli 06; Approb. 1 Apr. 07.]

Hunaeus [Herm.], der Umbau des Welfenschlosses in Hannover für die Technische Hochschule, mit einer Einleitung von Launhardt. Fol. (36 S. mit 6 Stnt. und 2 Lichtdr.) Hannover 879, Schmorl und v. Seefeld. *
Aus: Zeitschrift des Architekten- und Ingenieur-Vereins zu Hannover, besonders abgedruckt.

Hunaeus, Paul, über gechlorte Acrylsäuren und über einige dem Chloralid analoge Körper. Inaugural-Dissertation. gr. 8. (49 S.) Marburg 877. (Göttingen, Vandenhoeck und Ruprecht's Verlag.) *

Hunca Stefan: Matthias von Janow. Diss. Wien, Univ. II. 1907 PN 2274

Hunci, D i v j i, pred mestom Meziborom. Povest iz 10. stoletja. Svobodno po nemškem poslovenjena. V Celovcu, Sigmund (Liegel, typ. Pichler in Wien), 1853. 103 S.

Huncke, Ernst, aus Hirschberg i. Schl. Die **Entwickelung** von Einkommensteuer und Einkommen in England in den letzten zwanzig Jahren. *o. O. (1903.)* (3 Bl.) 8° ¶[Nur Titelblatt, Widmung, Vita u. Thesen.]
Breslau, Phil. Diss. v. 19. Dez. 1903

Huncke, Ernst, a. Hirschberg i. Schl.: Die Entwicklung von Einkommensteuer und Einkommen in England in den letzten zwanzig Jahren. Stuttgart 1904: Union Deutsche Verlagsgesellschaft. (77 S.) 8° ¶[Nachträglich geliefert, vgl. 1903/4 Breslau Nr 90.]
Breslau, Phil. Fak., Ref. Wolf, Diss. v. 19. Dez. 1903
[Geb. 1 Jan. 81 Dohms, Kr. Sagan; Heimatsort: Hirschberg; Staatsangeh.: Preußen; Vorbildung: Gymn. Hirschberg, Reife M. 00; Studium: Breslau 7 S., Rig. 25 Nov 03.]

Hunckel, G. E i s e n b a h n k a r t e zwischen Hannover und Bremen. Bremen. 1 Bl.

Wander-Karte von Bremen und Umgegend. Entworfen u. gez. von G. Hunckel, Bremen. Maassst. 1 : 100,000. 3. verb. Aufl. 1902. *Bremen: J Morgenbesser 1902.* (1 Kartenbl. 51 × 70 cm.) gr. 2° [kol.]

Hunckler, Prêtre Dr. Abbé, Histoire des Saintes d'Alsace. gr. in 8. Strasbourg et Paris 837. Levrault. 2⅛ ℳ

Hunczovsky, Johann (Nepomuk): Anweisung zu chirurgischen Operationen. Für seine Vorlesungen bestimmt. 312 S.

Wien: Graffer 1785

Hunczovsky, Johann (Nepomuk): Anweisung zu chirurgischen Operationen. Für seine Vorlesungen bestimmt. 2.verm.und verbess.Aufl. 340 S., gbd.

Wien: Gräffer 1787

Hunczovsky, Johann (Nepomuk): Anweisung zu chirurgischen Operationen. Für seine Vorlesungen bestimmt. 3.verm.Aufl. 344 S., gbd.

Wien: Blumauer 1794

Hunczovsky, Johann (Nepomuk): Anweisung zu chirurgischen Operationen. 4...verm.Aufl. 340 S., gbd.

Wien: Binz 1808

— Anweis. zu chirurg. Operationen. gr. 8. Wien 4e A. 808. Binz. (Liebeskind in Leipz.) 1 ℳ 16 ₰

Hunczowsky, Jh., († d. 4. April 1798.) medicin.-chirurg. Beobachtt. über d. neuere Geschichte d. Chirurgie in d. k. k. Staaten. 4. Wien 783. Gräffer. 3 ₰

Hunczowsky, J., medic. chirurg. Beobachtungen über die neuere Gesch. der Chirurgie in d. K. K. Staat. 4. Wien, Gräffer. 783.

Hunczovsky, Johann (Nepomuk): Medicinisch-chirurgische Beobachtungen auf seinen Reisen durch England und Frankreich, besonders über die Spitäler. 325 S., gbd., Abb.

Wien: Gräffer 1783

— u. J. A. Schmidt, Bibliothek d. neuesten medicin.-chirurg. Literatur. 3 Bde u. 4n Bdes 1s Stück. gr. 8. Wien 791—93 Blumauer. 7 ℳ 6 ₰

Hunczovsky, J(ohann Nepomuk) (Hrsg.):

s. a. Bibliothek der neuesten medicinisch-chirurgischen Literatur für die kais. königl. Feldchirurgen, hrsg. von J.(N.) Hunczovsky und J(ohann) A(dam) Schmidt. Bd 1 - 3. Wien: 1789 - 1792

Hunczowsky, J., Erläuterung d. chirurg. Lehrsätze d. Hippokrates. Aus d. Ital. des Genga. gr. 8. Leipz. Sommer. 777. Rthlr.

Hunczovsky, Johann (Nepomuk) (Übers.):

s. a. Genga, Bernardino: Erläuterung der chirurgischen Lehrsatze des Hippokrates. (In Hippocratis aphorismos...commentaria. Dt.) Wien: 1777

Hunczovsky, Johann (Nepomuk): Ueber die neuere Geschichte der Chirurgie in den k.k.Staaten. Eine Rede, gehalten am 8ten November 1787, als die k.k.Josephinische medicinisch-chirurgische Akademie zu Wien den Gedächtnißtag ihrer Stiftung und Uebersetzung zum zweytenmale feyerte. 27 S., gbd.

Wien: Graeffer 1787

Hunczovsky, Joh(ann Nepomuk) (Übers.u.Comm.):

s.: Hamilton, R(obert): Über die Pflichten der Regimentschirurgen. (The Duties of a regimental surgeon considered, with observations on his general qualifications. Dt.) Wien: 1790

Hunczowsky, Johann

s.: Hunczovsky, Johann

Hund [Sachliches Ordnungswort]

Hund, der, seine Eigenschaften rc., s. Viehzucht, die englische.

Hund, der. Seid freundlich gegen die Thiere. Hrsg. vom Wupperthaler Thierschutz-Verein. 8. (24 S. mit eingedr. Holzschn.) Elberfeld 869, (Lucas.)

Hund, der. Organ f. Züchter u. Liebhaber reiner Racen. Mit Illustr. u. Beiträgen hervorrag. Kenner. Red.: R. v. Schmiedeberg. 1. Bd. April 1876 — März 1877. 24 Nrn. (B.) Fol. Leipzig, Jenne. 6. —

—— dass. — 2. und 3. Bd. April 1877—März 1879. à Jahrg. 24 Nrn. (Bog) Fol. Leipzig, Jenne. à Jahrg.

—— dass. — 4. Bd. April—Decbr. 1879. 39 Nrn. (à 1—1½ Bog. mit eingedr. Holzschn.) Fol. Ebendas.

—— Organ für Züchter und Liebhaber reiner Racen. Redact.: R. v. Schmiedeberg. 5. und 6. Bd. Jahrg. 1880 und 1881. à Jahrg. 52 Nrn. (à Nr. 1—1½ Bog. mit eingedr. Holzschn.) Fol. Leipzig, Jenne. à Jahrg. *

—— dass. — 7. Bd. Jahrg. 1882. 52 Nrn. (à Nr. 1—1½ Bog. mit eingedr. Holzschn.) Fol. Leipzig, Wolff. *

—— dass. — Von Freunden des Hundes hrsg. unter Mitwirkung hervorragender Kynologen. 8. und 9. Bd. Jahrg. 1883 und 1884. à Jahrg. 52 Nrn. (à Nr. 1—1½ Bog. mit eingedr. Holzschn.) Fol. Ebendas. à Jahrg. *

Hund, der. Organ für Züchter und Liebhaber reiner Racen. Von Freunden des Hundes hrsg. unter Mitwirkung hervorragender Kynologen. 10. Bd. Jahrg. 1885. 52 Nrn. (à Nr. 1—1½ Bog. mit eingedr. Holzschn.) Fol. Leipzig, Wolff. * 9 —
—— dass. — 11.—13. Bd. Jahrg. 1886—1888. à Jahrg. 24 Nrn. (Bog. mit eingedr. Holzschn.) Fol. Blasewitz, Wolff. à Jahrg. * 6 —

Hund, der. Organ f. Züchter u. Liebhaber reiner Racen. Hrsg. unter Mitwirkg. hervorrag. Kynologen. 14.—16. Bd. Jahrg. 1889—1891. à Jahrg. 24 Nrn. (à Nr. 1 Bog. m. eingedr. Holzschn.) Fol. Blasew. b. Dresd., Wolff. à Jahrg. * 6 —
Nicht weiter erschienen.

Hund, der. Seine Nahrung und Pflege im gesunden und kranken Zustande. Hrsg. von W. S. 8. (33 S.) Hamburg 881, J. F. Richter. *

Der Hund Unabhängige kynologische Zeitschrift für Oesterreich-Ungarn und Deutschland. Herausgeber Franz H. Pleban IV. Jahrgang. 1900. Wien. 1900. Beck. 4°. erscheint in 24 Nrn. compl. K 6.—

Hund, der. Unabhängige kynolog. Zeitschrift f. Oesterreich-Ungarn u. Deutschland. Hrsg.: Frz. X. Pleban. 4.—6. Jahrg. Oktbr. 1900—Septbr. 1903. à 24 Nrn. gr. 4. (à ca. 16 S. m. Abbildgn.) Wien, F. Beck. à Jahrg. n. 5. 50

Hund, der. Kynologische Zeitschrift m. Kurzhaar-Mitteilungen u. e. jagdl. Rundschau f. Oesterreich-Ungarn. Hrsg. u. Red.: Frz. X. Pleban. 7.–9. Jahrg. Oktbr. 1903—Septbr. 1906. à 24 Nrn. (à 16 S. m. Abbildgn.) gr. 4. Wien (Huber & Lahme Nachf.) à Jhrg. n. 5. 50

Hund, der. Illustrierte kynolog. Zeitschrift. Red.: Adf. Frank. 11. Jahrg. Oktbr. 1907—Septbr. 1908. 36 Nrn. (à ca. 16 u. 16 S.) Lex. 8. Wien, Huber & Lahme Nachf. 8. —

—— der, des Gärtners. Komische Oper in 1 Aufzuge. Text von Lockroy und Cormon. Deutsch von Ed. Mautner. Musik von Alb. Grisar. Für das k. k. Hofoperntheater in Wien. 8. (16 S.) Wien 884, Künast. * — 40

Der | getreue Hund, | welcher, | um seinen Herrn zu retten, | sich auf furchtbare Weise verteidigt. | Oldenburg. | Schnellpressendruck von Büttner & Winter.
o. J., 4 Bl. n. n., 180 × 115.
LBO Bänkelsängerlit. III, 126.

Hund und Katze oder Miez und Rollo. Aus dem Engl. nach einer wahren Begebenheit erzählt. 8. (96 S.) Plauen 879, Neupert. cart. *

Hund, der tolle, oder nimm dich in Acht! ein nützliches u. angenehmes Spiel f. Kinder u. Erwachsene, mit 12 color. Charten. Leipz. Indust. Comt. 812.

Der Wunderbahre Hund, Oder Der durch List und Boßheit eines bösen Weibes in einen Hund verwandelte Amts-Schößer .... Aus dem Pohlnischen ins Teutsche übersetzet Von C. P. B. Anno 1733. 8°. (In Berlin: Yu 4381.)

— — Dasselbe. Köln a. Rhein, Chr. Everaerts. o. J. (c. 1790). 8°. (In Berlin: Yu 4391.)

Hund [Verfasser]

Hund, Andreas, aus Kappelrodeck: Colmar vor und während seiner Entwickelung zur Reichsstadt. Mit 1 Karte. *Strassburg 1899: Ch. Müh & Co.* (VIII, 85 S.) 8°
Strassburg, Phil. Diss. v. 1898

Hund, Andr., Colmar vor u. während seiner Entwickelung zur Reichsstadt. Mit e. Karte. gr. 8. (VIII, 85 S.) Strassburg 899. Schlesier & Schweikhardt. n. 2. 40

Hund, Christian Gottlieb

— — (Löbau/Laus.) u. **Christoph Wolf** (Görlitz), Disquisitio num usus jurisjurandi in civitatibus Christianis sit probandus. Lpz. (Langenheim's Erb. & Klaubarth) 5. VII. 1780. 42 S. (6.—) 16374

Hund, Christian Gottlieb: Reprehensa tortura insontibus calamitosa sontibus favorabilis nec reip. necessaria, s. Caesar, Carl Adolf

— M. Christian Gottlieb, De restitutione et compensatione damni illati non temere urgenda. Diss. theol. Präs. Johann Gottfried Koerner. Lpz. (Langenheim's Erb. & Klaubarth) 27. IV. 1780. 48 S. (6.50) 16373
Gew.: Friedrich Gottlob v. Berlepsch (Henningsleben).

— Friedrich August (Koenigstein/Misn.), Morbi epizootici felibus anno 1797. fatalis historia. Diss. med. chir. Präs. Salomon Constantin Titius. Wittbg. (Tzschiedrich) 16. XII. 1800. 20 S. (5.50) 16377
Gew.: Johann Gottfried Leonhardi.

HUND, J H · Beschreibung einer höchst einfachen Baumethode, wie Landgebäude mit Ersparung alles Sohl-, Stender- und Riegelholzes wohlfeil und dauerhaft erbaut werden können Liegnitz 1810
Vgl.Hundt,J.H.

Hund, J. Joach., bibl. Denk- und Singelust. 8. Schleiz, Anton. 724.

Hund, John Briefe aus Wisconsin Wausau Wis 1905

Hund, Carl August (Gommern), Observationes de filio patris aut matris curatore. Ad legum I. §. I. D. de curator. furios et aliis. Präs. Christoph Ludw. Crell. Wittbg. (Scheffler) Sept. 1754. 38 Seiten. (6.—) 16371

Hund, a Salcemoe Wigulaei, metropolis Salisburg. Fol. Regensb. 719.
- Vgl.Hundt,Wig.

Hund-Radowsky, Hartwig von, s. Hundt-Radowsky, Hartwig von.

HUND und Kazen Allmanach (sol), Erster und Neuer, auf das Jahr MDCCLXXXVII (1787)
Mit ergötzl. Titelkupfer (A. W Küffner del. et sc) u. 1 gefalt. „Stammtafel der Hunde" (ebenfalls in Kpf. gest.). O. O. 8°. 32 S.
Rares Curiosum, von Interesse für jeden Freund des Hunde-Sports. Das urgelungene Titelkupfer stellt eine Hundeschaar in einer Dorfstrasse dar, im Vordergrunde sehr ungenirt eine Hunde-Schäferscene

Hündchen, mein gutes. gr. 16. (8 S. m. z. Tl farb. Abb.) Konstanz 895. C. Hirsch. n. — 10

— unsere, s.: Jugend-Bücherei, farbig illustr.

Hündchen, unsere. (Ausgestanzt.) 12. (8 S. m. z. Tl. farb. Bildern.) Stuttgart 898. K. Loewe. — 25

— **unsere.** gr. 8. (12 S. m. z. Tl. farb. Bild.) Ebd. (894). — 40

Hündchen-Geschichte, eine. Seinen lieben kleinen Neffen und Nichten erzählt von Onkel Ernst (F. Hoffmann). gr. 4. (22 S. mit eingedr. ill. Holzschn.) Berlin 867, Kießling. cart.

Hunde, für die, oder d. große Hundelied an Sonnin. 8. Bresl. 811. Max u. C. 4 gr

Vom Hunde und der Hundswuth. Von einem Mitgliede des Thierschutzvereines für Kärnten. 8. (20 S.) geh. 15 kr.
Klagenfurt:v.Kleinmayr 1882.

Hunde und Katzen. Erzählungen u. Anekdoten als Beitrag z. Charakteristik dieser beiden Hausthiere. Ludwigsburg 1827. VIII. 128 S.

— u. Katzen. Erzählungen u. Anekdoten, als Beitr. zur Charakteristik dieser Thiere. 8. Ludwigsb. 827. (Nast). 9 gr

Hunde u. Katzen Erzählungen u. Anekdoten als Beiträge zur Charakteristik dieser beiden Hausthiere. 827. jetzt Berendsohn in Hamburg. 3/8 rthl

Hunde-, Katzen-, Hühner- u. Vögelarzt, der wohlerfahrene etc. gr. 16. Grimma 844, Verl.-Compt. 3 ngr

Hündeborg. Siehe Walch.

[F. u. Ant.] **Hundeck,** Paul. Quaestiones Lysiacae. Luckau, Druck d. Entleutnerschen Buchdr., 1893; 1 9 S. 4.
Luckau, K G, P 1893 (82)

HUNDE-Comodie, Neueromantische (Motto) Magdeburg. Creutz sche Buchhandlung (In Commission.) 1836. 8° 48 S Rarissime!
Unter den auftretenden Personen auch Goethe und Schiller

Hundefreund, der. Illustr. kynolog. Wochenschrift. Red: F. Bertram. 1. Jahrg. Aug. 1897/98. 52 Nrn. (à ca. 2 Bog) hoch 4. Leipzig. Dr. F. Poppe. n. 6. —

Hunde- u. Geflügelfreund. Organ f. Angebot u. Nachfrage. Fachzeitschrift f. Hunde- u. Geflügelliebhaber. Red.: Johs. Briest. Jahrg. 1891. 26 Nrn. (Bog.) gr. 4. Halberstadt, (F. Schimmelburg). n. 2. —

Hundefreund, der kleine, s. den kleinen Buffon 5r.

Hunde-Geschichten, allerlei. Sechs prächt. Farbendr.-Bilder mit Versen von Miris. gr. 4. (7 S.) Eßlingen 877, Schreiber. cart. *

Hundegeschichten, lustige. 4. (24 S. m. farb. Abbildgn.) München (902). Braun & Schneider. n. 1. —

Hundegespräche über die theatralische Vorstellung der Hund des Auboi de Mont Didier oder der Wald bei Boudy. Beherrscht von einem Spitzel. O. O. Wien 1816. V: *Perinet, Joachim.* (GGr V/334, Nr. 52) (DARP) (BiblPort)

Hundeiker, Elias Gerh. Jul., der Fanatismus in der christl. Kirche seit Arnold v. Tongern u. Jacob Hoogstraten, bis auf Rupps Ausweisung aus der 5. Hauptversammlung d. Gustav-Ad.-Vereins zu Berlin 1846. Zum Spiegel f. unsere Zeit dargestellt in einzelnen Bildern. 12. (28 B.) Wolfenbüttel 846, (17,) Holle'sche Buchh. *

— der Dekan Göz zu Gnadenberg mit seinem Freiherrn von Wiesau vor dem Gerichte des gesunden Menschenverstandes, der Geschichte u. der heiligen Schrift. Eine kritische Beleuchtung der, gegen Dr. Bretschneider's Freiherrn von Sandau gerichteten Schmähschrift „der Freiherr von Wiesau." gr. 8. Neustadt u. Schleiz 840. Wagner. 3/4 rthl

—— Herzenserhebungen in religiösen Gesängen, z. häusl. Erbau. f. Gebildete. gr. 12. (11½ B. u. ½ B. Musikbeil.) Magdeburg 835. Bühler'sche Buchh.

Hundeiker, Johann Peter

Hundeiker, Jh. Pt., biblische Feierstunden, s. Stunden d. Andacht zur Beförderung d. wahren Christenthums. 9r u. 10r Bd.

Hundeiker, Jh. Pt., häusl. Festbuch f. gebildete Genossen d. heil. Nachtmahls. 2 Thle, mit Musikbeilagen v. Schneider, Bach u. Hellwig. gr. 8. Leipz. 821. Cnobloch. 3 ꝛß

— häusl. Gottesverehrungen rc. 8. Hildesh. 784. N. A. 2 Thle. gr. 8. Berl. 788. 3e Aufl. 797. Vieweg in Braunschw. 1 ꝛß 8 ꝗ

— 120 Lieder für gebildete Genossen d. heil. Nachtmahls. 2 Thle, mit Musikbeilagen. (Aus obigem Festbuche besond. abgedruckt.) gr. 8. Ebd. 821. 1 ꝛß

— Privatfibel, oder Uebung im Lesen. 8. Braunschw. 791. Schulbuchh. 8 ꝗ

Hundeiker, (J. P.,) Strahlen d. Lichts rc., s. Strahlen.

— Weihgeschenk. Erweckungen zur Andacht in den heil. Tagen d. Einsegnung u. d. ersten Abendmahlsfeier. gr. 8. Elberf. 823. Schaub. 1 ꝛß 12 ꝗ

— Strahlen d. Lichts, aus den heil. Hallen d. Tempels d. Wahrheit u. Erkenntniß rc. gesammelt. gr. 8. Leipz. 824. Cnobloch. 1 ꝛß 12 ꝗ

Hundeiker, J. P., Weihgeschenk. Erweckungen zur Andacht in d. heiligen Tagen der Einsegnung u. der ersten Abendmahlsfeier gebildeter junger Christen. Eigenes u. Fremdes. 2., wohlf. Ausg. gr. 8. (23 B.) Düsseldorf 844, [Leipzig, Otto Klemm.]

Hundeiker, Julius

— Henning Braband, oder d. Schrecken d. Bürgermeisterherrschaft in Braunschw. Eine Begebenheit aus den ersten Jahren d. 17ten Jahrh., hist.-romant. dargestellt. 8. Braunschw. 824, Meyer.

— Herzog Friedr. Ulrich vor Braunschw., ein hist.-romat. Gemälde als Fortsetzung u. Seitenstück zu Henning Braband. 8. Braunschw. 826, Meyer.

— die Guelphenbraut. Ein histor. Roman aus d. Zeiten des Kampfes der Guelphen und der Ghibellinen in Italien. 8. Bremen 827, Heyse.

Hundeiker, (J.,) Alexander v. Oberg, ein hist.-romat. Gemälde aus den ersten Jahren der Hildesheim. Stiftsfehde. 2 Thle. 8. Braunschw. 825, Meyer.

Hundeiker, W Theodor

—— und G. E. Plate, französ. Lesebuch, s. Lesebuch.

Hundeiker, W. Th., u. G. E. Plate, französ. Lesebuch. Eine Samml. zweckmäß. geordn. u. lehrr. Lesestücke z. Unterr. in d. französ. Sprache. Mit e. vollständ. Wörterbuche. 1. Thl. 3., verb. Aufl. v. Geo. Ernst Plate. Zunächst f. d. Vorschule u. d. 3. Classe d. Handelsschule in Bremen. gr. 8. (40½ B.) Bremen 835, Heyse. Thlr. *
2. Thl. Ebendas. 1836. 1 Thlr. 18 Gr.

—— u. G. E. Plate, franz. Lesebuch. Eine Samml. zweckmäßig geordneter u. lehrreicher Lesestücke zum Unterr. in d. französ. Sprache. Mit e. vollständ. Wörterbuche. 1. Thl. 4., verb. u. verm. Aufl. v. G. E. Plate. gr. 8. (39⅜ B.) Bremen 843, Heyse. *

Hundeiker, W. Th., und G. E. Plate, französisches Lesebuch. Mit einem vollständ. Wörterbuche. 1. Thl. 5. Aufl. von Geo. Ernst Plate. Zunächst für die Vorschule und die 3. Classe der Handelsschule in Bremen. gr. 8. (VII und 469 S.) Bremen 850, Heyse. Thlr. *

Hundeiker, W. Th., und G. E. Plate, französisches Lesebuch. Mit einem vollständ. Wörterbuche. 1. Thl. 6. Aufl. von Geo. Ernst Plate. Zunächst für die Vorschule die dritte Classe der Handelsschule in Bremen. gr. 8. (VII und 430 S.) Bremen 855, [Heyse's Verlag.] *

Hundeiker, W. Th., und G. E. Plate, französisches Lesebuch. Mit einem vollständ. Wörterbuch. 1. Thl. 7. Aufl. gr. 8. (VII und 431 S.) Bremen 865, Heyse's Verlag. *

— französ. Lesebuch. 2. Thl., s. Plate, G. E., Recueil de beaux morceaux de la literature contemporaine.

Hundeiker, W. Thdr., († d. 21. Febr. 1828.) new english reading book etc. Vol. I. Prose. A. u. d. T.: neues engl. Lesebuch. Eine Samml. zweckmäßig geordn. Lesestücke zum Unterricht in d. engl. Sprache. 1r Thl. gr. 8. Bremen 827. 2e A., verb. v. E. Kellner, 832. Kaiser. 1 ꝛß 16 ꝗ

Hundeiker, W. Th., new engl. Reading Book etc. Vol. I. Prose — A. u. d. T.: Neues engl. Lesebuch. Eine Samml. zweckmäß. geordn. u. lehrr. Lesestücke z. Unterr. in d. engl. Sprache. Mit e. vollständ. Wörterbuche. 1. Thl. 3., verb. Aufl. v. E. Kellner. gr. 8. (44¼ B.) Bremen 838, Kaiser.

— new english reading book, consisting of a choice variety of selections in prose and poetry. Vol. I. Prose. For the use of younger classes. — Neues englisches Lesebuch. Eine Samml. zweckmäßig geordneter u. lehrreicher Lesestücke zum Unterrichte in der engl. Sprache. Mit einem vollständ. Wörterbuche. 1. Thl. 4. Aufl. 841. 5. verb. Aufl. v. N. J. Lucas. gr. 8. Bremen 845, Heyse. 1⅔ ꝛß

Hundeiker, W. Th., neues englisches Lesebuch. Eine Sammlung zweckmäßig geordneter und lehrreicher Lesestücke zum Unterrichte in der engl. Sprache. Mit einem vollständ. Wörterbuche. 1. Thl 6., verb. Aufl. von N. J. Lucas. A. u. d. T.: New english reading book, consisting of a choice variety of selections in prose and poetry. Vol. 1. Prose. For the use of younger classes. The 6 edition improved. by N. J. Lucas. gr. 8. (XII und 564 S.) Bremen 851, Heyse. *

Hundeiker, W. Th., neues englisches Lesebuch. Eine Sammlung zweckmäßig geordneter und lehrreicher Lesestücke zum Unterrichte in der engl. Sprache. Mit einem vollständ. Wörterbuche. 1. Thl. 7., verb. Aufl. von N. J. Lucas. A. u. d. T.: New english reading book consisting of a choice variety of selections in prose and poetry. Vol. I.: Prose. 7. Edition, improved by N. J. Lucas. gr. 8. (VIII und 559 S.) Bremen 857, Heyse's Verlag. *

Hundekehle-Paulsborn [Schlagwort]

Hundekehle-Paulsborn, s.: Berlin.

Hundeliebhaberei, die. Eine gemeinnützige Besprechung. 8. (15 S.) München 886, (Rieger'sche Universitäts-Buchh.) * — 20

Hundeluft [Schlagwort]

Hundeluft, s.: Geologische Karten. Karte (Preussen).

Hundeluft, s.: Preussen. Messtischblätter.

Hunde-Markt, der. Anzeiger f. d. An- u. Verkauf v. Hunden aller Art. 1. Jahrg. Apr.—Dezbr. 1895. 34 Nrn. (Bog.) gr. 4. Dortmund. H. Middendorf. n. 6. —

— dasselbe. 2. u. 3. Jahrg. 1896—1897. à 52 Nrn. (Bog.) gr. 4. Ebd. à Jahrg. n. 3. —

— dasselbe. 4. Jahrg. 1898. 52 Nrn. (Bog.) Fol. Ebd. n. 5. —
Kann auch vierteljährlich bezogen werden.

Hunde-Markt, der. Anzeiger f. den An- u. Verkauf von Hunden aller Rassen. 5.–8. Jahrg. 1899—1902. à 52 Nrn. Fol. (à ca. 6 S.) Nebst: Illustr. Unterhaltungsblatt. hoch 4. (à Nr. 4 S.) Dortmund, H. Middendorf. à Jahrg. 5. —

Hunde-Prozeß, e. siebenjähriger. Ein lehrreicher Beitrag zur ‚Rechtsprechg.' unserer Zeit auf Grund des § 228 B. G.-B. Eine Warng. f. alle Waidgenossen, Sportsleute usw. Kritische Betrachtgn. v. E. E. (71 S.) gr. 8. Berlin 908. Herm. Walther. 1. —

Die **Hundert.** 1 Muenchen v Weber 1909. 8°

Hundert, Erstes, Distichen. Ein neues Taschenbuch für Freunde des Scherzes und der Satyre. Nicht von Falk. Germanien [Frankfurt a. d. O.] 1806. V: *Krug, Wilhelm Traugott.* (BGE II[a], 52)

Hundert, Ein halbes, neuer Fabeln durch L. M. v. K. . . . Zürich 1744. V: *Meyer (Meier) von Knonau, Johann Ludwig.* H: *Bodmer, Joh. Jac.* (MN) (JL) (GGr) (Bächtold, Litt. d. Schweiz. Frauenfeld 1892. S. 178.)

Hundert, Ein halbes, Prophezeihungen auf 1756. Deutschland [Hamburg] 1755. H: *Loewen, Johann Friedrich.* (Wr) (ML)

HUNDERT, Das Tolle. Hundert Zeitungsausschnitte unfreiwilligen erotischen Humors, in Zinkätzung nach den Originalen reproduziert, mit einem Begleitwort von Dr. L. H. Privatdruck. (870 Expll. à Mk 10—; Luxus-Ausgabe [30 Expll.] Mk. 20—)

Aus d. Prospekt „Die gespreizte Redeweise bestraft sich selber dadurch, daß sie zweideutig und komisch wird. Man kann das täglich an den Anzeigenteilen der Zeitungen merken, nur muß man darauf aufpassen. Man wird dabei noch außerdem durch die erotischen Bocksprünge des Setzerteufels erheitert werden. Hundert solcher Scherze, über die man sich um den Atem lacht, sind hier gesammelt. Ein Beispiel: Zwei junge Bautechniker annoncieren, daß sie die ehrbare Bekanntschaft zweier jungen Damen suchen. Der Setzerteufel grinst über die ehrbare Absicht und macht aus den Bautechnikern Bauchtechniker. Und so mit ununterbrochener Steigerung fort durch dans ganze „Tolle Hundert". Damit die Authentizität der Ausschnitte nicht angezweifelt werden kann, wurden sie nach den Originalen klischiert und im Register bibliographisch gewissenhaft beschrieben. Nur in einigen ganz wenigen Fällen ließ sich die Herkunft eines Ausschnittes nicht mehr feststellen."

Confiscirt 1912, laut Ztschr. f. Bücherfr., N. F., Jahrg. III 1912. Heft 11 S. 418.

Hundert, A[dalbertus]: De rerum materia quam vocant Platonica commentationis particula. 39 Bl. 8° (4°)

Halle-Wittenberg, Phil. Diss. v. 6. Juni 1851

Geb. Berlin 16. 4. 1822. V.

Ersch. überarb. u. d. T.: De Platonis altero rerum principio. Cleve 1857: Koch. 21 S. 8° (4°) Gymn.-Progr

Hundert-Bilder-Bibel. Hrsg. v. Ernst Hülle. Biblische Geschichten. Das alte Testament in 45 Bildern. — Neues Testament. Das Leben des Heilandes f. die Kinderwelt in 58 Bildern. 4. (95 u. 120 S.) Berlin (899). Schriftenvertriebsanst. Geb. in Leinw. n. 2. —; m. Goldschn. n. 3. —

Hunderteins-Spiel, oder gründl. Anleit., dieses Spiel nach allen Regeln 2c. zu erlernen. 12. Wien 824. Haas. 10 kr

[Umschlagt.] [Ant. u. ...] Zur 100jähr. Geburtstagsfeier Sr. hochsel. Maj. weiland Kaiser Wilhelms I. Die **Hundert Jahr-Feier**. Aufführgn z. 22. März 1897. *Berlin E. Bloch [1897]* (1, 18, 18, 18, 18, 18, 18, 19, 19, 8 S.) 1 Bd 8.

Zur **Hundertjahrfeier** des Geschäftshauses Gerold am 7. März 1904 — (Berlin 1904 O. Elsner.) 5 Bl., 7 Taf. 8°

Hundertjahrfeier, die, der schlesischen Gesellschaft f. vaterländische Cultur. (125 S.) gr. 8. Breslau 904. (G. P. Aderholz.) n. 2. —
Sonderabdruck aus: „Die schles. Gesellsch. f. vaterl. Cultur".

Hundertjahr-Feier der Gründung des Amts-Blattes [des Kantons Wallis] 4 Sept. 1903. [Sion 1904.] V: *Oggier, Gust.* (Zuwachsverz. d. Bibliotheken in Zürich 1898 ff.. 8.) (BBullschw 4, 1904.)

Hundertjahrfeier, Die, der Koeniglichen Technischen Hochschule zu Berlin . . . Berlin 1900. V: *Meyer, Alfr. Gotthold.* (Berl) (Stadtbibl. Frankf. a. M. Kat. der Neueren Bestände.)

Hundertjahrfeier, die, der königl. technischen Hochschule zu Berlin 18.—21. X. 1899 Fol. (210 S. m. Abbildgn.) Berlin 900. W. Ernst & Sohn. Geb. in Halbleinw. n. 5. —

Zur **Hundertjahrfeier** der Musikinstrumenten-Fabrik C. W. Moritz, Hoflieferant, Berlin W., Bülow-Straße 13. 1. April 1908. (Berlin-Schöneberg 1908 Langenscheidt.) (20 S.) 4° [F.] 08. 5439

Richard Rothes **Hundertjahrfeier**. Denkschrift des Rothe-Denkmal-Komitees nebst d. bei d. Enthüllung der Rothe-Büste am 9. Febr. 1899 von [Ludwig] Lemme, [Friedr.] Wielandt u. König in d. Peterskirche zu Heidelberg geh. Reden. Heidelberg. G. Koester 1899. (44 S.) 8°

Hundertjahr-Gedenkfeier, die, auf dem Jenaer Schlachtfelde am 14. X. 1906. (Hrsg. v. Ernst Pilz.) (69 S. m. 3 Abbildgn. u. 5 Taf.) 8. Jena 906. H. W. Schmidt. n. 1. —

Hundertmarck, Emil: Nach fünfzig Jahren. Festbericht z. Feier d. 50jähr. Bestehens d. Friedrich Wilhelm-Victoria-Stiftung zu Insterburg v. Vorsitzenden d. Verwaltungsrats Superint. [Emil] Hundertmarck. Insterburg 1908. (Quandel). 25 S. 8°

Nach zwei Jahrhunderten. Ein Rückblick in d. Vergangenheit u. e. Wort f. d. kommenden Zeiten d. lieben ev.-reform. Gemeinden in Ost- u. Westpreussen gewidmet von [Emil] **Hundertmarck**, Superint. Insterburg, im Febr. 1901. *Insterburg 1901: Ostpr. Tagebl.* (21 S.) 8° [F.] 01. 10

Hundertmarck, nach zwei Jahrhunderten. Ein Rückblick in die Vergangenheit u. e. Wort f. die komm. Zeiten, den lieben evangelisch-reform. Gemeinden in Ost- u. Westpreußen gewidmet. 2. Aufl. gr. 8. (21 S.) Insterburg 901. J. Krauß Nachf. n. — 50

Hundertmarck, Ernst *Johannes Martin* [aus Pretzsch]: Über das Verhalten der Körpertemperatur bei Vaccinierten ... Halle a. S., Druck v. Wischan & Wettengel, 1894; 30 S., 1 Bl. 8.
Halle, Med. Fak., Inaug.-Diss. v. 22. Dez. 1894

Hundertmarck, Karl Friedrich, s. H u n d e r t m a r k , Karl Friedrich

Hundertmarck, Walther: Die Anfänge des Eisenbahnwesens in Thüringen. Halle ⟨Saale⟩ 1910: Hohmann. 76 S. 8°
Erlangen, Phil. Diss. v. 21. Juni 1910, Ref. v. Eheberg
[Geb. 15. Okt. 77 Seehausen; Wohnort: Halle a. S.; Staatsangeh.: Preußen; Vorbildung: Gymn. Hoxter Reife M. 99; Studium: Halle 5, Freiburg i. B. 1, Tübingen 1, Heidelberg 2, Erlangen 1 S.; Rig. 29. Juni 09.] [U 10. 868

E. HUNDERTMARK, Die Wasser Insterburgs. Vortrag gehalten in der Alterthums-Gesellschaft am 6. Mai cr. Insterburg. 1881. Druck der Insterburger Vereinsdruckerei. 8o.

Hundertmark, H. El.

— **Abhandl. einig. unheilb. Krankheiten.** 8. Lpz. Breitkopf. 740.

Hundertmark, H. El., Cur der Gicht und d. Podagre. 8. Lpz. Schuster. 719.

—**Natur und Cur der Venusseuche.** 8. Leipz. Schuster. 740.

Hundertmark, J., De imperatore Pertinace. Diss. 1888. 88 S.

Hundertmark, J. A., welche Pflichten wir dann auf uns haben, wenn dem Vaterlande mögl. Gefahren drohen. Predigt. 8. Torgau 831. Wienbrack. 2 gr.

Carl Friedrich Hundertmarks [Hundertmark] Kurzer und grundlicher Bericht von dem rechten Gebrauch und thatigen Wirkung seiner besondern und schon längst mit ... bekannten Arzeneyen. o.O. 1746. 55 S. 8°

— Diss. Osteo-steatomatis casus rarior. 4. Leipz. 757.

***Hundertmark*, Karl Fr., (✝ d. 8. Mai 1762.) Diss. de mercurii vivi et cum salib. mixti efficacitate. 4. Leipz. 754. Gleditsch.** 8 gr.

— Diss. de Enemate. 4. Leipz. 755.

Hundertmark, Karl Friedrich: Exercitatio de principibus diis artis medicae tutelaribus. 46 S. (S. 3-48), gbd.

Lipsiae: 1735
(Opuscula ad medicinae historiam pertinentia Bd 1,1)

Exercitatio de princibus diis artis medicae tutelaribus apud veteres Graecos atque Romanos. Auctore Carolo Frid[erico] Hundertmarck [Karl Friedrich Hundertmark]. Lipsiae 1735: Langenheim. 36 S. 8°

Hundertmark, Karl Friedrich) Dissertatio de artis medicae per aegrotorum apud veteres in vias publicas et templa expositionem incrementis. Von Karl Friedrich) Hundertmark und Johann) Benedikt Carpzov. 80 S. (S. 157-236), gbd.

Lipsiae: 1739
(Opuscula ad medicinae historiam pertinentia. Bd 1,3)

Karl Friedrich Hundertmark

Artis medicae per aegrotorum apud veteres in vias publicas et templa expositionem Incrementa. [Resp.:] Iohannes Benedictus Carpzov [1720-1803]. Lipsiae 1739: Breitkopf. 62 S. 4°

Leipzig, Phil. Disp. v. 30. Okt. 1739

2. Aufl. u. Hundertmark: Liber singularis de incrementis artis medicae per expositionem aegrotorum apud veteres in vias publicas et templa.

Caroli Friderici Hundertmark. Liber singularis de incrementis artis medicae per expositionem aegrotorum apud veteres in vias publicas et templa. Ed. altera auctior et em. Lipsiae: Gleditsch 1749. 78 S. 4°

[Erschien zuerst u.d.T.:] Hundertmark: Artis medicae per aegrotorum apud veteres in vias publicas et templa expositionem Incrementa. Phil. Disp. Leipzig 1739.

— Diss. de scabie artificiali. 4. Leipz. 758.

Hundertmark, Carl Friedrich, De sulphuris anodyni specie ex vini vitriolique oleis commixtis oriunda varia exponens ad orationem qua munus artem medicam. Lpz. (Jo. Gottl. Imm. Breitkopf) 10. VII. 1748. 32 S. (6.—) 16381

Hundertmark, W., s. Frauen vor'

Hundert-Millionen-Schwindel, der Pariser, der Madame Humbert. gr. 8. (68 S.) Leipzig (902). Lpz. Verlags-Comptoir. n. — 50

Hundertpfund, Liberat, die Malerei auf ihre einfachsten u. sichersten Grundsätze zurückgeführt. Eine Anweisung mit ganzen Farben alle Halbtöne u. Schatten ohne Mischung zu malen. Mit 3 lith. Taf. u. 24 lith. Farbendrücken. 8. (139 S. m. 1 Tab. in qu. Fol.) Augsburg 847. Walch. 1½ ₰

Hundert und Eins, humoristisches. Enthaltend: Travestieen, berliner und wiener Jokositäten, Schwänke u. dgl. m. 16. (231 S.) Mülheim a. d. Ruhr 855, Reymann's Buchh. *

Hundert und Eins, humoristisches. Enthaltend: Travestien, berliner und wiener Jokositäten, Schwänke, Schnurren, Humoresken u. dergl. m. (Neue Ausg.) 16. (322 S.) Berlin 859, Reymann. *

Hundert und Eins, humoristisches. Enth.: Travestien, Berliner und Wiener Jokositäten, Schwänke rc. 5. Aufl. 16. (222 S.) Berlin 866, Reymann. *

Hundert und Eins, Münchener, von C. F. München 1840—41. V: *Daxenberger, Sebastian.* (EngG) (Mitth. A. Rosenbaum.)

Hundert und Eins, Münchener, von C. F. München 1840–41. V: *Daxenberger, Samuel.* (EngG)

Hundert und Eins, münchener, v. C. F. 1. u. 2. Hft. 8. (7¾ u. 7 B.) München 840, 41, Franz. à

Hundert und Eins, Russisches, enthaltend Erzählungen und Novellen nach Russischen Originalen . . . Berlin 1835—36. Ü: *Nasakin, Friedrich von.* (GGr)

—— und Eins, russisches, enth. Erzähln., Novellen, Mährchen, Schildern. russ. u. morgenländ. Sitten rc. Nach russ. Origin. v. N—k—n. 1. u. 2. Bdchn. gr. 12. (13⅓ u. 12½ B.) Berlin 835 36. Stuhrsche Buchh. n

Hundesattler, s. Hundssattler

Hundeshagen, Bernhard

Hundeshagen, Bhrd., Ansichten von der Universitäts-Stadt Bonn mit ihren nahen u. fernen Umgebungen, neu aufgenommen. In Kupfer gestochen von Besnard, Bovinet, C. F. Grünewald, E. Rauch, C. Rauch, de Saulx, J. J. Wagner u. a.m. 3e Lfrg. ... 4e Lfrg. gr. 4. Bonn 834. Habicht. 1 Rthlr — dass. 24 Blätter in qu 8. Ebd. 834. In Etuis 3 Rthlr jetzt (837.) n. 2 Rthlr

Hundeshagen, Bhrd., 10 maler. Ansichten von Bonn u. deren nächsten Umgebungen; nach d. Natur gezeichnet. In Kupfer gestoch. von C. F. Grünewald, E. u. C. Rauch u. J. J. Wagner. 1e u. 2e Liefer. gr. 4. Bonn 830, 32. Habicht. 4 Rthlr 10 gGr Einzelne Blätter 8 gGr

Hundeshagen, Bernhard. Die Belagerung und Entsetzung der Stadt Hanau im dreissigjährigen Kriege. Ein Beitrag zur Geschichte jener Zeiten, nebst einer Schilderung des Jahrfestes dieser Begebenheiten vom 13. Juni 1811 (Mit 2 Bildern.) 8. Hanau 1812.

— d. Belagerung u. Entsetzung d. Stadt Hanau im 30jähr. Kriege, nebst Schilderung d. Jahresfestes dieser Begebenheit d. 13. Juni 1811. 8. Hanau 812. (Frankf., Hermann). 8 gGr

— artistisch-topograph. Beschreib. des Panoramas der Stadt Frankfurt am M. mit K. 12. Ebend. 813.

— d. Stadt u. Universität Bonn am Rhein, mit ihren Umgebungen u. 12 Ansichten (in Kupferstich) dargestellt, nebst Titelvign. gr. 8. Bonn 832. Habicht. 2 Rthlr 16 gGr ohne Kpf. 1 Rthlr 12 gGr

— Einleit. u. Uebersicht d. Encyklopädie d. Bauwesens. Nebst 1 Tab. u. Anhang, mit Abbild. d. Templer-Kapelle zu Cobern. 8. Bonn 820. 2e A. 829. (Habicht). 16 gGr

—— der Heilbrunnen u. Badeort Godesberg bei Bonn am Rheine. gr. 12. (5⅔ B.) Köln 833, Ritzefeld.

Hundeshagen, B., der alten gothischen Kapelle zu Frankenberg Grundriß, Aufriß und Durchschnitt rc. m. K. gr. Fol. Frankf. Hermann. 808.

— Friedrich I. Barbarossa, Pallast in d. Burg zu Gelnhausen. Eine architektonische Kunde vom Adel der von Hohenstaufen, mit 13 K. gr. Fol. Wiesbaden, Verfass. 813.

Hundeshagen, B., Kaiser Friedrichs I. Barbarossa Pallast in der Burg zu Gelnhaußen. Eine Urkunde vom Adel der v. Hohenstaufen u. der Kunstbildung ihrer Zeit. Historisch und artistisch dargestellt. 2te Aufl. mit 13 Kupferabdrücken. gr. Fol. Mainz, Kupferberg auch Weber in Bonn. 819. Rthlr.
Velinpapier 1

— Kaiser Friedrichs I. Barbarossa Pallast in d. Burg zu Gelnhaußen. Eine Urkunde vom Adel der v. Hohenstaufen u. d. Kunstbildung ihrer Zeit. Histor. u. artist. dargestellt. Mit 13 Kupferabdr. gr. Fol. Mainz 2e A. 819. 2e (3e) A. 832. Bonn, (Habicht). 6 Rthlr 20 gGr Velinp. 10 Rthlr (NB. Die 1e Aufl. wurde in u. mit d. Druckerei zerstört u. kam deshalb nicht ins Publikum).

— s. Panorama von Frankfurt a. M.

Hundeshagen, Dr B. Topographisch-architectonischer Plan der Stadt Bonn am Rheinstrom. Bonn. 1 Bl. K.

— Samml. für altdeutsche Kunst, s. Fr. Hnr. v. d. Hagen.

Hundeshagen, F., Vorschläge zu einer praktischeren Fassung der Ergebnisse v. technischen Wasser-Analysen u. rationelle Formeln zur Bestimmung u. Berechnung des jeweils zweckmässigsten Verfahrens f. die technische Reinigung der Betriebswässer. Vortrag, geh. auf der XII. ordentl. Hauptversammlung des Verbandes selbständ. öffentl. Chemiker Deutschlands, e. V., am 19. bis 22. IX. 1907 in Goslar (Harz). (22 S.) Lex. 8. Plauen 907. (Leipzig, Buchh. G. Fock.)
Sonderabdruck aus: „Zeitschr. f. öffentl. Chemie".

Hundeshagen, Franz

Hundeshagen, Frz., zur Synthese des Lecithins. Inaugural-Dissertation. gr. 8. (41 S.) Leipzig 883. (Liebisch.) * 1 —

Hundeshagen, Frdr., die deutsche Auswanderung als Nationalsache, insbesondere die Auswanderung des Proletariats. Eine Denkschrift an die hohe Reichsversammlung. gr. 8. (IV u. 63 S.) Frankfurt a. M. 849, Brönner. 8 Ngr

Hundeshagen. Friedrich, Das deutsche Parlament. Ein Wort an das deutsche Volk und seine Vertreter in Frankfurt a. M. Frankfurt a. M., Brönner, 1848. IV, 27 S. 8°.

Dasselbe. I. 2. Abdruck, a. a. O. IV, 36 S. 8°.

(Hundeshagen, Friedrich), Die Reform und nicht die Republik. Ein Wort an das deutsche Volk und zunächst an die Bewohner Badens. Frankfurt a. M., Brönner, 1848. 16 S. 8°.

— siehe a. Reform, die, u. nicht die Republik.

Hundeshagen, Johann Balthasar

— s. Beschreib. v. Hanau-Münzenberg.

— Erdbeschreib. d. Grafschaft Hanau, Hessencassel. Antheils. 8. Cassel 778.

Hundeshagen, Jh. B. Vide: Grund (Der wahre) etc.

Hundeshagen, Jh. Balth., († d. 22. Juni 1800.) kurze Untersuchung d. Trennung d. Landgrafschaften Hessen u. Thüringen. 4. Cassel 756.

Hundeshagen, Johann Christian

Hundeshagen, Jh. Chr., Anleit. zum Entwerfen von Bauholz-Anschlägen. Mit Kpf. gr. 8. Hanau 817. 2e A., mit 2 Kpf. gr. 8. Tübing. 818. Laupp. 21 gGr

HUNDESHAGEN Christian: Anleitung zum Entwerfen von Bauholz-Anschlägen und zur zweckmäßigsten Aufarbeitung, Verwendung und Ersparung des Holzes, besonders des Eichenholzes, für Forstmänner bearbeitet Hanau 1818 VI, 109 S . m. Tab u Abb 2 Aufl Tübingen 1818 95 S , 5 Tab. 2 Taf

— Aufschlüsse, abgenöthigte, über seine öffentl. Verhältnisse während d. letzten 6 Jahre. ...

Hundeshagen, Joh. Chrst., Beiträge z. gesammt. Forstwissenschaft, s. Beiträge.

Hundeshagen, Johann Christian „Beiträge zur gesammten Forstwissenschaft", 1 und 2 Band, je 3 Hefte, 3. Band, 1 Heft, Tübingen 1824—1832 (Laupp).

HUNDESHAGEN, Johann Christian (Hrsg.): Beiträge zur gesammten Forstwissenschaft. - Tübingen 1825-1845. 3 Bd. - 1. Bd., H. 1: 1825. 191 S. H. 2: 1825. 161 S. - 2. Bd., H. 1: 1825. 136 S. H. 2: 1827. 247 S. H. 3: 1829. 180 S. - 3. Bd., H. 1: 1833. 220 S. H. 2: 1845. 190 S. hrsg. v. Joh. Ludw. Klauprecht

— Beiträge zur gesammten Forstwissenschaft. Fortgesetzt von J. L. Klauprecht. 3. Bd. 2. Hft. gr. 8. Ebend. 842. $1^{1}/_{6}$ ℛ

Hundeshagen, Johann Christian: „Forstliche Berichte und Miscellen. Eine Zeitschrift in zwanglosen Heften", 2 Hefte, Tübingen 1830, 1832 (Laupp).

Hundeshagen J. C.: Die Bodenkunde in land- u. forstwirthschaftl. Beziehung. Tübing. 1830. 280 S.
(= Lehrb. d. Land- u. forstwirthschaftl. Naturkunde. Abth. 3).

HUNDESHAGEN, Johann Christian: Encyclopädie der Forstwissenschaft, systematisch abgefaßt. - Tübingen 1821. 2 Abt. i. e. Bd. - I. Abt. XXVI, 504 S. II. Abt. XVIII, S. 505-841, XXIX Tab. - 2. Aufl. ebd. 1828 u. 1831. 3 Abt. - I. u. II. Abt. 1828. 599 S. u. 378 S. III. Abt. a. u. d. T.: Lehrbuch der Forstpolizei. 1831. 420 S. - 3. Aufl. ebd. 1835-1840. hrsg. v. Johann Ludwig Klauprecht. 3 Abt. - I. Abt.: Forstliche Produktionslehre 1835. 564 S. - II. Abt.: Forstliche Gewerbslehre 1837. 368 S. - III Abt.: Lehrbuch der Forstpolizei 1840. 459 S. - 4. Aufl. ebd. 1842-1859. Hrsg. v. Johann Ludwig Klauprecht. 3 Abt. - I. Abt. 1842. 608 S. - II. Abt.: 1843. 400 S. - III. Abt.: 1859. 517 S.

Hundeshagen, Jh. Chr „Encyklopädie der Forstwissenschaften systematisch abgefasst", 1. und 2. Abteilung, Tübingen 1821 (Laupp), 2. Auflage in 3 Abteilungen, ebenda 1828—1831 (3. Abteilung auch u. d. T.. „Lehrbuch der Forstpolizei", Tübingen 1831). — Vorh. (2. Auflage) UB Bonn. — Kc 273.

—— Encyclopädie d. Forstwissenschaft, systemat. abgefaßt. 1. u. 2. Abthl. gr. 8. Tübingen, Laupp. [1. 2., verb. Aufl. (40 B.) 828., 3., nach d. Tode d. Verf. hrsg. A. v. J. L. Klauprecht. ($37^{1}/_{2}$ B.) 835. à 2 Thlr. 20 Gr., 2. ($24^{1}/_{4}$ B.) 828. 1 Thlr. 16 Gr]

Hundeshagen, Joh. Chrst., Encyclopädie d. Forstwissenschaft, systemat. abgefaßt. 1—3. Abthl. 3. u. 4., verb., nach d. Verf. Tod. hrsg. Aufl. v. J. F. Klauprecht. gr. 8. Tübingen, Laupp'sche Buchh.
A. u. d. Tiln.:
Abthl. 1. Forstliche Productionslehre. 3. Aufl. ($37^{1}/_{2}$ B.) 835. 2 Thlr. 20 Gr., 4. A. (41 B.) 842. 3 Thlr.
" 2. Forstliche Gewerbslehre. 3. Aufl. (24 B.) 837. 1 Thlr. 16 Gr.
" 3. Lehrbuch d. Forstpolizei. 3. Aufl. (29 B.) 840. 2 Thlr. 3 Gr.

—— Encyclopädie der Forstwissenschaft, systematisch abgefaßt. 4., verb., nach des Verfass. Tod hrsg. Aufl. v. J. L. Klauprecht. 2. Abthl. A. u. d. Tit.: Forstliche Gewerbslehre. gr. 8. (26 B.) Tübingen 843, Laupp'sche Buchh. Thlr.
Die 1. u. 3. Abthlg. sind noch nicht erschienen.

Hundeshagen, J. Ch., Encyclopädie der Forst-Wissenschaft, systemat. abgefaßt. 4., verb. nach des Verf. Tode hrsg. Aufl. von J. L. Klauprecht. 3. Abthl. A. u. d. T.: Lehrbuch der Forst-Polizei. 4., verb. Aufl. gr. 8. (XXI und 518 S.) Tübingen 859, Laupp'sche Buchh.
1. und 2. Abthl. 4. Aufl. Ebendas. 1842,43. 5 Thlr.

—— Encyclopädie d. Landwirthschaft, systemat. abgefaßt. Nach d. Verf. Tode hrsg. v. J. L. Klauprecht. 2. Abthl. — A. u. d. T.: Landwirthschaftl. Gewerbslehre. gr. 8. (15 B.) Gießen 839, Ferber.

Hundeshagen, Johann Christian· „Die Forstabschätzung auf neuen wissenschaftlichen Grundlagen, nebst einer Charakteristik und vergleichenden Untersuchung aller bisherigen Forsttaxations-Methoden", 2 Abteilungen; 1. Abteilung: „Forstmaterialabschätzung", 2 Abteilung. „Waldwerthberechnung", Tübingen 1826 (Laupp).

HUNDESHAGEN, Johann Christian: Die Forstabschätzung auf neuen, wissenschaftlichen Grundlagen, nebst einer Characteristik und Vergleichung aller bisher bestandenen Forsttaxations-Methoden. - Tübingen 1826. XV, 428 S. 2 Abt. - 2. verm. u. verb. Aufl. ebd. 1848. XIX, 483 S. 2 Abt. hrsg. v. Johann Ludwig Klauprecht

Hundeshagen, J. Chr., die Forstabschätzung auf neuen wissenschaftlichen Grundlagen. 2. verm. u. verb. Aufl., von J. L. Klauprecht. In 2 Abthlgn. (in 1 Bd.) gr. 8. (XX u. 483 S.) Tübingen 847, Laupp. $2^{1}/_{3}$ ℛ

HUNDESHAGEN, Johann Christian: Landwirthschaftliche Gewerbslehre. - Giessen 1839. 220 S. Nach d. Verf. Tod hrsg. v. Joh. Ludw. Klauprecht. (=2. Abt. v. Verf.'s "Encyclopädie der Landwirthschaft")

Hundeshagen, Johann Christian „Ueber die Hackwaldwirthschaft überhaupt und ihre Einführung in Württemberg insbesondere", Tübingen 1821 (Laupp)

HUNDESHAGEN, Johann Christian: Über die Hackwaldwirthschaft überhaupt und ihre Einführung in Württemberg insbesonders. Eine Rechtfertigungsschrift. - Tübingen 1821 VIII, 75 S.

Hundeshagen J. C.: Lehrbuch d. Forstpolizei. (2. umgearb. Aufl.). Tübing. 1831. 420 S.
(=: Encyclopädie d. Forstwissenschaft .. Abth. 3). 574. (I 1. Aufl. kun en Del af Abth. 2). 574.
— — 3. verb. nach d. Verf.s Tod. herausg. Aufl. v. J. L. Klauprecht. Sst. 1840. 459 S.
(= Do). 574.

J. C Hundeshagen,
Lehrb. d. Forstpolizei. 4 Aufl. v. J. L. Klauprecht. Tüb. 1860.

HUNDESHAGEN, Johann Christian: Lehrbuch der land- und forstwirthschaftlichen Naturkunde. - Tübingen 1827-1840. 4 Abt. - Abt. 1: Encyclopädie der Naturkunde. A. u. d. T.: Versuch einer allgemeinen Einleitung in die Naturwissenschaft, besonders in die vier Naturreiche. 1827. 228 S. - Abt. 2: Die Anatomie, der Chemismus und die Physiologie der Pflanzen. 1829. 372 S. - Abt. 3: Die Bodenkunde in land- und forstwirthschaftlicher Beziehung. 1830. 280 S. - Abt. 4: Die Lehre vom Klima. Ein Nachlaß, bearb. v. Johann Ludwig Klauprecht. Karlsruhe 1840. 172 S.

—— Lehrbuch d. Forst- u. landwirthschaftl. Naturkunde. 1. Abthl. Encyclopädie d. Naturkunde. — A. u. d. T.: Versuch e. allgem. Einleit. in d. Naturwissenschaft, besond. in d. vier Naturreiche. gr. 8. ($15^{1}/_{4}$ B.) Tübingen 827, Laupp.

—— dass. 2. Abthl. — A. u. d. T.: Die Anatomie, der Chemismus u. d. Physiologie d. Pflanzen. gr. 8. ($24^{1}/_{2}$ B.) Ebds. 829.

—— dass. 3. Abthl. — A. u. d. T.: Die Bodenkunde. gr. 8. (18 B.) Ebds. 830.

—— Lehrbuch d. land- u. forstwirthschaftl. Naturkunde. 4. Abthl. Ein Nachlaß, bearb. v. J. L. Klauprecht. — A. u. d. T.: Die Lehre v. Klima. gr. 8. ($11^{1}/_{4}$ B.) Karlsruhe 840, Groos.
1—3. Abthl. Tübingen 827—30, Laupp. 3 Thlr. 14 Gr.

Hundeshagen J. C.: Die Lehre v. Klima in land- u. forstwirthschaftl. Beziehung. Ein Nachlass. Bearb. v. J. L. Klauprecht. Karlsruhe 1840. 172 S.
(= Lehrb. d. land- u. forstw. Naturkunde Abth. 4).

Hundeshagen, Joh. Christian. „Methodologie und Grundriß der Forstwissenschaft", Tübingen 1819 (Laupp).

HUNDESHAGEN, Johann Christian: Methodologie und Grundriss der Forstwissenschaft. - Tübingen 1819. 46 S.

Hundeshagen J. C.: Forstliche Produktionslehre. 4. Aufl. v. J. L. Klauprecht. Tüb. 1842. 608 S.
(Tidligere Udg.: Encyclopädie d. Forstwirtschaft 1).

Hundeshagen, Johann Christian: „Prüfung der Cotta'schen Baumfeldwirthschaft nach Theorie und Erfahrung", Tübingen 1820 (Laupp).

HUNDESHAGEN, Johann Christian: Prüfung der Cottaischen Baumfeldwirthschaft nach Theorie und Erfahrung. - Tübingen 1820. 76 S

Hundeshagen, Jh. Chr. Ueber die grossen Verluste am National-Vermögen und Einkommen des Grossherzogthums Hessen in Folge der Universalmauthen und des Mauthvereines mit Preussen; nebst allgem. Warnungen hinsichtlich einer deutschen Nationalmauth und zweckdienlichen Vorschlägen statt der letzteren. A. u. d. T.: Die Staatskräfte des Grossherzogthums Hessen. gr. 8°. Tübingen, Laupp, 1833.

Hundeshagen, Johann Christian: „Die Waldweide und Waldstreu in ihrer ganzen Bedeutung, für Forst-, Landwirtschaft und Nationalwohlfahrt", Tübingen 1830 (Laupp).

HUNDESHAGEN, Johann Christian: Die Waldweide und Waldstreu in ihrer ganzen Bedeutung für Forst-, Landwirthschaft und Nationalwohlfahrt. - Tübingen 1830. VIII, 238 S.

Hundeshagen, Joh. Chr.: „Zeitbedürfnisse in politischer, administrativer und gewerblicher Beziehung, oder staatswissenschaftliche Beiträge", 1. (einziges) Heft, Tübingen 1832 (Laupp).

Hundeshagen, Joh. Chr.: „Zeitbedürfnisse in politischer, administrativer und gewerblicher Beziehung, oder staatswissenschaftliche Beiträge", Heft 1 (Inhalt: 1. „Ueber Ablösung der Grundlasten"; 2. „Regressunfähigkeit des Landmannes"; 3. „Der Werth des Maschinenwesens"; 4. „Gewerbslehranstalten und Gewerbevereine"), Tübingen 1832. — Vorh.: Preuß Staatsbibliothek Berlin.

HUNDESHAGEN, Johann Christian: Zeitbedürfnisse in politischer, administrativer und gewerblicher Beziehung oder staatswissenschaftliche Beiträge. - Tübingen 1832. IV, 201 S.

Hundeshagen, K., Einführung in die ärztliche Praxis vom Standpunkte der praktischen Interessen des Aerztestandes, unter eingeh. Berücksicht. der Versicherungsgesetze u. der allgemeinen Gesetzgebung. Für Studierende der Medizin u. junge Aerzte. (IV, 301 S.) gr. 8. Stuttgart 905. F. Enke. n. 6. —; geb. in Leinw. n. 7. —

Hundeshagen, Karl, üb. die Wirkung d. Chloroforms auf Mikroorganismen. Diss. gr. 8. (80 S.) Jena 893. (H. Pohle.) n.n. 1. 60

Hundeshagen, Karl Bernhard

Hundeshagen, Carl Bernh., der badische Agendenstreit. Aktenstücke sammt einem erläuternden Vorwort. gr. 8. (LXIV und 68 S.) Frankfurt a. M. 859, Brönner. *

Hundeshagen, K. B., Beiträge zur Kirchenverfassungsgeschichte und Kirchenpolitik insbesond. des Protestantismus. 1. Bd. Lex.-8. (XXIII und 546 S.) Wiesbaden 864, Niedner. *

Hundeshagen, Carl Bernh., die Bekenntnißgrundlage der vereinigten evang. Kirche im Großherzogth. Baden. Eine histor. Untersuchung als Beitrag zum Bad. Landeskirchenrecht u. zur Gesetzgebungspolitik der evangel. Kirche Deutschlands, sammt Vorwort u. Beilagen. gr. 8. (XXX u. 203 S.) Frankfurt a. M. 851, Brönner. n. 22 ngl

Hundeshagen. C[arl] B[ernhard]. Ueber den Einfluss des Calvinismus auf die Ideen vom Staat und staatsbürgerlicher Freiheit. Rede zur Feier des Jahrestages der Eröffnung der Hochschule in Bern, gehalten am 15. November 1841. 8. Bern 1842.

Hundeshagen, Karl Bernh., über den Einfluß des Calvinismus auf die Ideen vom Staat u. staatsbürgerl. Freiheit. Feier-Rede. gr. 8. Bern 842. (Huber u. Comp.) n. 8¾ ngl

Hundeshagen. Carl Bernhard. ... Epistolas aliquot ineditas Martini Buceri. Joannis Calvini. Theodori Bezae aliorumque ad historiam ecclesiasticam Magnae Britanniae pertinentes [emisit] Carolus Bernardus H. (Progr. Univ. Bern.) 4. Bernae 1840.

— epistolas aliquot ineditas Mart. Buceri, Joan. Calvini, Thdr. Bezae aliorumq. ad hist. ecclesiasticam magnae Britanniae pertinentes. Dissert. 4 maj. Bern 841. (Auber et Co.) n. ½ ℛ

— s. Epistolas aliquot ineditas Martin. Buceri etc.

Hundeshagen, Carl Bernh., über die Erneuerung des evangelischen Aeltesten- und Diaconenamts. Eine Ansprache an die Vereinigung von Aeltesten und Diaconen aus den Kirchen des mittelrhein. Deutschlands am 7. Juni 1854 zu Auerbach gehalten. gr. 8. (III und 76 S.) Heidelberg 854(55,) Akademische Anstalt für Literatur und Kunst.

—— sechs Jahre in der Separation. Antwortschreiben an einen Freund im badischen Lande. gr. 8. (30 S.) Heidelberg 867, K. Groos.

Hundeshagen, Dr. C. B., Der Communismus und die asketische Socialreform im Laufe der christl. Jahrhunderte. (In „Theologische Studien und Kritiken von Ullmann und Umbreit", 1845.)

Hundeshagen, C. B., die Conflikte des Zwinglianismus, Lutherthums u. Calvinismus in der bernischen Landeskirche von 1532—1558. Nach meist ungedruckten Quellen dargestellt. Lex.-8. (26 B.) Bern 842, Jenni, Sohn.

—— das badische Konkordat in seiner Rückwirkung auf die Rechtsstellung des evangelischen Religionstheiles im Großherzogth. Baden beleuchtet. gr. 8. (49 S.) Carlsruhe 860, Gutsch.
Aus: Evangel. Kirchen- und Volksblatt für Baden, besonders abgedruckt.

Hundeshagen. Carl Bernhard. Der selige ... Professor Johann Ludwig Samuel Lutz in Bern ([1785]–1844): ein theologisches Charakterbild. Gezeichnet in einer am 21. Oktober 1844 ... zu Bern gehaltenen Gedächtnissrede. 8. Bern 1844.

—— über die Natur und die geschichtliche Entwicklung der Humanitätsidee in ihrem Verhältniß zu Kirche und Staat. Eine akadem. Festrede. gr. 8. (72 S.) Berlin 853, Wiegandt und Grieben. *

— das Princip der freien Schriftforschung in seinem Verhältnisse zur Kirche u. den Symbolen. Ein Vortrag, gehalten am 18. Juni 1851 vor der Pastoralconferenz in Durlach. [Abdr. aus der Allgem. Kirchenzeitung.] gr. 8. (IV u. 40 S.) Darmstadt 852, Leske. n. ⅙ ℛ

—— der deutsche Protestantismus, s. Protestantismus.

[Hundeshagen, Karl Bernh.,] Der deutsche Protestantismus, seine Vergangenheit und seine heutigen Lebensfragen im Zusammenhang der gesammten Nationalentwicklung beleuchtet von einem deutschen Theologen. 3. Aufl. Frankfurt a. M. 1850. 8.
(8E3.)

—— das Recht der einzige Weg zur Wiederherstellung des Kirchenfriedens. Entwurf eines Antrages an die bevorstehende badische Generalsynode. Lex.-8. (23 S.) Heidelberg 861, K. Groos. *

—— Revision der Einreden wider die Rechtsbeständigkeit der reformatorischen Bekenntnisse in der vereinigten evangel. Kirche des Großherzogth. Baden. Ein Votum der hochw. Generalsynode zu den Akten gegeben. Lex.-8. (IV und 56 S.) Heidelberg 855, Akademische Anstalt für Literatur und Kunst. *

Hundeshagen Carl Bernhard s. Schneckenburger. Matthias. und Hundeshagen Carl Bernhard.

Hundeshagen's, Karl Bernh., ausgewählte kleinere Schriften u. Abhandlungen. Nach seinen handschriftl. Verbessergn. u. Ergänzgn. neu hrsg. v. Theod. Christlieb. 1. u. 2. Abth. gr. 8. Gotha 874. 75. F. A. Perthes. n. 19. —
1. Zur christl. Cultur- u. innern deutschen Zeitgeschichte. (VIII, 421 S.) n. 8. —
2. Zur Geschichte, Ordng. u. Politik der Kirche. (XVI, 624 S.) n. 11. —

Hundeshagen, Carl Bernhard (Giessen)
Ueber die mystische Theologie des Johann Charlier von Gerson.
Leipzig 1834. 88 S.
(Sonderdruck aus: Zeitschrift für die historische Theologie, Bd 4.)
Diss. lic. theol. Giessen 6.5.1833. vorh. 12.

Hundeshagen, Carolus Bernardus
De Agobardi archiepiscopi lugdunensis vita et scriptis. Commentatio pertinens ad historiam ecclesiasticam seculi IX. Pars I. Agobardi vitam continens.
Giessae 1831. 94 S.
Diss. phil. 21. Okt. 1831. vorh. 26. Δ

Hundeshagen, Car. Bern., de Agobardi Archiepisc. Lugdun. vita et scriptis. Comment. pertinens ad histor. eccles. saeculi IX. Pars I. Agobardi vitam cont. 8 maj. (6 B.) Giessae 831. (Tübingae, Laupp.)

—— der Weg zu Christo. Vorträge im Dienst der innern Mission vor Gliedern der evangel. Christenheit aus den gebildeten Ständen gehalten. 1. und 2. Abdr. gr. 8. (VIII und 350 S.) Frankfurt a. M. 853, Brönner. *

Hundeshagen, C. B., wie können wir d. Geschichte d. Kirche im Allgem. u. uns. protestant. Kirche insbesond. z. Hebung d. christl. Sinnes u. Lebens prakt. benutzen? gr. 8. (2¼ B.) Basel 841, Schneider.

Hunde-Sport, der. Organ für Züchter und Liebhaber reiner Racen. Hrsg. unter Mitwirkung hervorrag. Künstler und Kynologen. Redig. von E. Otto-Kreckwitz. 1. Jahrg. 1886. 52 Nrn. (à Nr. 1½ Bog. mit Illustr.) Fol. München, (Fritsch.) * 10 —
—— dass. — Organ für Züchter und Liebhaber reiner Rassen. Redact.: E. v. Otto-Kreckwitz. 2. Jahrg. 1887. 52 Nrn. (à Nr. 1½—2 Bog. mit Illustr.) Fol. München, (F. Arnold.) * 10 —
Ausg. auf Kpfrdr.-Papier * 16 —
—— dass. — Redact.: Frhr. v. Amerongen. 3. Jahrg. 1888. 52 Nrn. (à Nr. 2 Bog. mit Illustr.) Fol. München. (Leipzig, Ehrlich.) * 10 —
Ausg. auf Kpfrdr.-Papier * 16 —

Hunde-Sport, der. Organ f. Züchter u. Liebhaber reiner Rassen. 4.—7. Bd. 1889—1892. à Bd. 52 Nrn. (à Nr. 2 Bog. m. Illustr.) hoch 4. Münch. (Lpz., Ehrlich.) à Bd. * 10 —
Auf Kupferdruckp. à Bd. * 16 —
Forts.unt.d.T.:Hundesport u.Jagd.

Hunde-Sport, der. Kynolog. Centralblatt. Offic. Organ d. oesterr. Hundezucht-Vereines, oesterr.-ungar. Erdhund-Club, Kurzhaar-Club Wienerboden etc. Hrsg. v. Paul Gerin. Red.: Adf. Trenkle. 2. Jahrg. Aug. 1896—Juli 1897. 24 Nrn. (à ca. 24 S.) hoch 4. Wien (R. Weis). n. 8. —; auf starkem Velinpap. n. 12. —
Erscheint seit 1. Decbr. 1898 u. d. T.: „Weidwerk u. Hundesport".

— **u. Jagd.** Red.: E. v. Otto-Kreckwitz. 8. u. 9. Bd. 1893. 1894. à 52 Nrn. (2 Bog. m. Illustr.) hoch 4. Ebd. à Jahrg. n. 10. —; auf Kupferdruckpap. n. 16. —
Vorh.unt.d.T.:Der Hundesport.

Hunde-Sport u. Jagd. Red.: E. v. Otto-Kreckwitz. 10.—13. Bd. 1895—1898. à 52 Nrn. (à ca. 2 Bog. m. Abb.) hoch 4. München, J. Schön.
à Jahrg. n. 10. —; auf Kupferdruckpap. n. 16. —

Hunde-Sport u. Jagd. Red.: E. v. Otto-Kreckwitz. 14.—17. Bd. 1899—1902. à 52 Nrn. hoch 4. (à ca. 16 S. m. Abbildgn. u. Taf.) München, J. Schön.
à Jahrg. postfrei n.n. 10. —
Die Ausg. auf Kupferdruckpap. (à Jahrg. n.n. 16. —) hat mit dem 16. Jahrg. zu erscheinen aufgehört.

Hunde-Sport u. Jagd. Hrsg. u. Red.: E. v. Otto. 18.—21. Bd. Jahrg. 1903—1906. à 52 Nrn. (à ca. 24 S. m. Abbildgn. u. Taf.) hoch 4. München, J. Schön.
Postfrei à Jhrg. n.n. 10. —
Die Bde. 18 u. 19 sind E. C. W. Sandré mitredig.

Hundesport u. Jagd. Hrsg. u. Red.: E. v. Otto. 22.—25. Bd. 1907—1910. à 52 Nrn. (à ca. 20 S. m. Abbild. u. Taf.) 30,5×21,5 cm. München, J. Schön.
Postfrei à Jahrg. nn 10. —

Hunde-Sport-Zeitung, illustr. österr.-ungar. Hrsg. u. Red.: Gust. Tichy. 1 Jahrg. März 1895—Febr. 1896. 24 Nrn. (à ca. 2 Bog.) hoch 4. Wien (F. Beck). n. 12. —

Hunde-Stamm-Buch, V—VII. deutsches. Hrsg. v. dem Verein zur Veredelg. der Hunderacen f. Deutschland. 8. (104, 111 u. 128 S.) Hannover 884—86. (Schmorl & v. Seefeld.) cart. à n.n. 5. —

Hunde-Stamm-Buch, VIII.—XI. deutsches. 8. (127, 151, 207, 190 S. m. 2 Taf.) Hannover 887—890. Schmorl & v. Seefeld. geb. à n.n. 5. —

Hunde-Stamm-Buch, deutsches. XII—XV. 8. (270, 187, 180, 259 S.) Hannover 891—894. Schmorl & v. Seefeld Nachf. Geb. in Leinw. à n.n. 5. —

Hunde-Stamm-Buch, deutsches. XVI—XIX. gr. 8. (198, 255, 290 u. 288 S.) Hannover 895—898. Schmorl & v. Seefeld Nachf. Geb. in Leinw. à n.n. 5. —

Hunde-Stamm-Buch, XX. u. XXI. deutsches. 8. (239 u. 298 S.) Hannover 899. 900. [Schmorl & v. Seefeld Nachf.] Berlin, P. Parey. Geb. in Leinw. à n.n. 5. —; ermäss. Pr. à n.n. 3. —

— dasselbe. XXII u. XXIII. Hrsg. v. der Delegirten-Commission. 8. (243 u. 69 u. 194 S.) Berlin 901. 902. P. Parey. Geb. in Leinw. à n. 3. —

Hunde-Stamm-Buch, XXIV—XXVII, deutsches. Hrsg. von der Delegirten-Commission. 8. Berlin, P. Parey. Geb. in Leinw. à n. 3. —
XXIV. (78 u. 234 S.) 903. — XXV. 1 D bis 1010 D. (LXXXIII, 225 S.) 904. — XXVI. 1 E bis 1385 E. (XCI, 319 u. 64 S.) 905. — XXVII. 1 F bis 1272 F. (XCIV, 296 S.) 906.

Hunde-Stamm-Buch, deutsches. XXVIII.—XXXI. Bd. Hrsg. v. der Deligirten-Commission. 8. Berlin 907—10. P. Parey. Geb. in Leinw. à 3. —
XXVIII. 1 G bis 1273 G. (LXXII, 270 u. 71 S.) 907.
XXIX. 1 H bis 1241 H. (XCVIII, 278 S.) 908.
XXX. 1 I bis 1808 I. (CXIII, 407 S.) 909.
XXXI. 1 K bis 1572 K. (145, 41 u. 222 S.) 910.

— österreichisches. Hrsg. v. dem österreich. Hundezuchtvereine in Wien. 2. Bd. 1884. 8. (95 S.) Wien 885. (F. Beck.) geb. n. 3. —

— österreichisches. Hrsg. v. dem österreich. Hundezuchtvereine in Wien. 3.—7. Bd. 1885—1889. 8. (IV, 96 S. m. 3 genealog. Tab.; IV, 62 S. m. 1 Stammtaf.; IV, 52; IV, 78; IV, 57 S.) Wien, (F. Beck). geb. à n. 2.—

Hunde-Stammbuch, österreichisches. Herausgegeben von dem Oesterreichischen Hunde-Zucht-Vereine in Wien. VIII. Band. 1890. 8. (64 S.) In Leinwand geb. Ebda.

Hundestammbuch, Oesterreichisches. Herausgegeben von dem österreichischen Hundezucht-Vereine in Wien. IX. Band. 1891. (64 S.) Cart. —.50, in Lwdbd. Ebda.

Hunde-Stammbuch,.. Herausgegeben von dem österreichischen Hundezucht-Vereine in Wien. X. Band. 1892. (84 S.) Geb. Ebda.

Hunde-Stammbuch, Oesterreichisches. Herausgegeben von dem österreichischen Hundezucht-Vereine in Wien. XI. Band. 1893. 8. (63 S.) In Comm. Ebda.

Hundestammbuch, Oesterreichisches. Herausgegeben vom österr. Hundezucht-Vereine in Wien. XII. Band. 1894. 8. (73 S.) Ebda. 1.—

Hundestammbuch, Oesterreichisches. Herausgegeben vom österr. Hundezucht-Vereine in Wien. XIII. Band. 1895. 8. (112 S.) In Comm. Ebda. * 2.—

— dasselbe, Fortsetzg., s.: Jahrbuch, österreich. kynol.

Hunde-Stamm-Buch, österreichisches Hrsg. v. dem österreich. Hundezucht-Vereine in Wien. 16.—19. Bd. 1898 u. 1900—1902. 8. Wien, F. Beck. Kart. n. 9.—
16. Von Nr. 2699—3066. (99 S.) 898. n. 2.—
17. Von Nr. 3067—3377. (96 S.) 900. n. 2.—
18. Von Nr. 3378—3592. (119 S.) 901. n. 3.—
19. Von Nr. 3593—3996. (VI, 105 u. XX S. m. 6 Tab.) 902. n. 2.—
Vergl.: Jahrbuch, österreichisches kynologisches.

— österreichisches. Hrsg. v. dem österreich. Hundezucht-Vereine in Wien. 20—23. Bd. 8. Wien, F. Beck. Kart. à n. 2.—
20. Jänner 1903. Von Nr. 3996 bis Nr. 4764. (VI, 164 S. m. 15 Tab.) 903. — 21. Jänner 1904. Von Nr. 4765 bis Nr. 5035. (VI, 125 S. m. 15 Tab.) 904. — 22. 1905. Von Nr. 5036 bis Nr. 5523. (VI, 139 S. m. 11 Tab.) 905. — 23. 1906. Von Nr. 5524 bis Nr. 5939. (VI, 133 S. m. 13 Tab.) 906.

— österreichisches. Hrsg. vom österreich. Hundezucht-Verein in Wien unter der Red. des österreich. Kynologen-Verbandes in Wien. III. Reisnerstrasse 42. 24.—27. Bd. 1907—1910. 8. Wien, F. Beck. Kart. 8.50
24. 1907. Von Nr. 5940 bis Nr. 6437. (VI, 142 S. m. 16 Tab.) 907. 2.—
25. 1908. Von Nr. 6438 bis Nr. 6726. (IV, 136 S. m. 13 Tab.) 908. 2.—
26. A. 1909. Von Nr. 1 A bis Nr. 914 A. (III, 204 S. m. 9 Tab.) 909. 2.—
27. B. 1910. Von Nr. 1 B bis Nr. 752 B. (III, 132 S. m. 10 Tab.) 910. 2.50

Hundestammbuch, schweizer. Im Auftrage der schw. kynologisch. Gesellschaft unter Mitwirkung der Stammbuchkommission herausgeg. vom Schriftführer. Heft I. In-8°, 133 S., mit Abbild. Zürich, Orell Füssli & Cie. 1884. 4 —

—— schweizerisches. Im Auftrage der schweizer. kynolog. Gesellschaft unter Mitwirkung der Stammbuchcommission hrsg. vom Centralpräsidenten. 2. Heft. 1886. gr. 8. (120 S.) Zürich, Orell, Füssli und Comp., Verlag. * 4 —
1. Heft. Ebendas. 1884. *M 4.—.

— schweizerisches. Im Auftr. der schweiz. kynolog. Gesellschaft unter Mitwirkg. d. Stammbuchkommission hrsg. v. Max Siber. III.—V. Hft 1889. 1892. 1893. gr. 8. (102; 192; VII, 228 S. m. Illustr.) St. Gallen, Zollikofer'sche Buchdr. à n.n. 3. 20

— schweizerisches. Im Auftrage der schweiz. kynolog. Gesellschaft hrsg. III. u. VI. Bd. gr. 8. St. Gallen, Zollikofer'sche Buchdr. (Nur direkt.) n.n. 7. 05
III. 1889. Unter Mitwirkung der Stammbuchkommission hrsg. v. Th. Künzli. (IV, 102 S. m. 3 Taf.) 889. n.n. 2. 25
VI. 1896. Hrsg. v. Max Siber. Mit 139 Illustr. u. 6 kolor. Taf. Nr. 779—1328. (X, 407 S.) 896. n.n. 4. 80

Hundestammbuch. Schweizerisches Hunde-Stammbuch. Im Auftrage der Schweizer. kynologischen Gesellschaft hrg. von Max Siber, Winterthur, und E(rwin) Thommen, Waldenburg. Band 7. Eintragungen: von 1329 bis 1982. Mit 45 [*d. i.* 47] Illustrationen [wovon 3 Tafeln]. X + 192 S. 8. Zürich, Komm. Albert Müller (Zollikofer'sche Buchdr., St. Gallen), 1901. [fr. 4.—]

— schweizerisches. Im Auftrage der schweizer. kynolog. Gesellschaft hrsg. v. Erwin Thommen. VIII. u IX. Bd. gr 8. Zürich (A. Müller's Verl.) à n.n. 4.—
VIII. Eintragungen: von Nr. 1983 bis Nr. 2406. (101 u. 14 S. m. 42 Abbildgn.) 904.
IX. Eintragungen: von Nr. 2407 bis Nr. 2864. (94 S. m. 47 Abbildgn.) 905.

— schweizerisches. X.—XII. Bd. gr. 8. Zürich, (A. Müller's Verl.). à nn 4.—
X. Im Auftrage der schweizer. kynolog. Gesellschaft hrsg. v. Erwin Thommen. Eintragungen: Nr. 2818, 2865 bis 3225 u. 3233. (135 S. m. 47 Abbildgn.) 907.
XI. Hrsg. v. der schweizer. kynolog. Gesellschaft u. bearb. v. W. Tschudy, Stammbuchführer. Eintragungen Nr. 3234 bis u. m. Nr. 3740. (XXIV, 103 S. m. 35 Abbild. [z. Tl. auf Taf.].) 908.
XII. Hrsg. v. d. schweiz. kynolog. Gesellschaft u. bearb. v. W. Tschudy, Stammbuchführer. Eintraggn. No. 3741 bis u. m. No. 4280. (VI, 184 S. m. 53 Abbild. z. Tl. auf Taf.) 909.

Hundezucht u. Sport. Zeitschrift f. Kynologie u. Waidwerk. Verbunden seit 1. IV. 1905 m. „Westdeutsche Jagdzeitg." u. seit 1. I. 1906 m. „Der Jäger u. sein Hund". Verantwortlich: Fritz Lucas. Schriftleiter des „Weidwerk": Otto Luban. 9. Jahrg. 1907. 52 Nrn. (à ca. 16 S. m. Abbild.) Lex. 8. Essen-Ruhr, Buchdruckerei u. Verlagsanstalt F. Lucas. nnn 4.—
Nicht durch den Buchhandel zu beziehen.

Hündgen, Franz

Hündgen, F. Kritische Ausgabe des altprovenzalischen Boëthiusliedes unter Beifügung eines Commentars. Diss. Münster 1883. 32 S.

Hündgen, Frz., das altprovenzalische Boëthiuslied, unter Beifügung einer Uebersetzung, eines Glossars, erklärenden Anmerkungen sowie grammat. und metr. Untersuchungen hrsg. gr. 8. (VIII, 223 S.) Oppeln 884, Franck's Buchh. *

Hundhausen: Speisewasser-Reiniger der Maschinenfabrik Grevenbroich, s. Langen

HUNDHAUSEN, Friedrich (Traben): Pankreasapoplexie und Fettgewebsnekrose.- München: Kastner & Lossen 1901. 34 S.
8.3.1901 - Chr 1900/01,20; Jv 1900/01,239
Diss.Ingolst.-Landsh.-Mchn.

Hundhausen, Joh., zur Atombewegung. Kritik u. Neues. (54 S.) gr. 8. Leipzig 903. J. A. Barth. n. 1. 20

Ein Grundgesetz des Geschehens. Von Dr J. **Hundhausen.** Als Vorläufer e. grösseren Werkes zunächst als Ms. gedr. Düsseldorf [1908]. F. Dietz. (32 S.) 8° [Umschlagt.] [08. 18304 2

Hundhausen, Johs., das Motiv im Strafrecht. Inaugural-Dissertation. gr. 8. (45 S.) Zürich 877. (München, Th. Ackermann.) *

Hundhausen, Ludw., Editionen des neutestamentlichen Textes u. Schriften zur neutestamentlichen Textkritik seit Lachmann. Litt. Handw. 1882

I. Lachmann als neutestam. Textkritiker, S. 321—326.
II. Editionen griech. Codices u. alter Versionen, S. 353—358 u. 389 392.
III. Die kritischen Editionen Tischendorfs, S. 421—424.
IV. Andere in Deutschland erschienene Editionen u. Schriften, S. 451 454
V Englische Schriften u. Editionen. Die Arbeiten v. Tregelles, S. 513—518.
VI. Die Ausgaben von Westcott und Hort, S. 585—590.
VII. Schriften über Konjektural Emendation. Die Ausgabe der englischen Revisions Gesellschaft, S. 655—658.
VIII. Die in den letzten Jahren in Deutschland gedruckten Ausgaben, Seite 683--690 u. 721—726.

(Hundhausen, Ludw.,) Das Luthermonument zu Worms im Lichte der Wahrheit. Gedanken u. Thatsachen zur Beantwortung der Frage. Kirche oder Protestantismus? Dem deutschen Volke gewidmet von einem deutschen Theologen. Mainz. Kirchh. 1868, gr. 8°. VII, 267 S., 2 Mk.

Recensi. Wiener Allg. Littztg 1868, S. 394—5. Chilianeum Bd. 1 (1869), N. F. S. 137 Theol. Quartalschr. 1869 S. 696—701 (J. Peters). Katholik 1868, Bd 2 S. 765 ff.

—— Dasselbe u. d. T Kirche oder Protestantismus? Dem deutschen Volke zum 400jährigen Lutherjubiläum gewidmet von einem deutschen Theologen Dritte Aufl. der neu durchgearbeit. u. vielfach verm Schrift „Das Luthermonument im Lichte der Wahrheit" Da' 1883, gr 8°, VIII, 377 S., 4 Mk

Recensi. Katholik 1883, Bd 2 S. 353 7 Litt. Handw 1883, S. 691 (Römstedt). Linzer Th pr. Quartalschr. 1884, S 434—5

Hundhausen, Ludw. (Jos.) die beiden Pontificalschreiben d. Apostelfürsten **Petrus. Eine Festschrift** zur Erinnerg. an das 25jähr. **Papst-Jubilaeum d.** heil **Vaters** Pius IX. 1. Bd. Das erste Pontificalschreiben d. Apostelfürsten **Petrus. Wissenschaftliche u. prakt. Ausleg. d. 1. Briefes d. heil. Petrus im Geiste der Kirche u. im Hinblik auf den Geist der Zeit. gr. 8. (X, 483 S.) Mainz 873. Kirchheim.** 7. —

Hundhausen, Ludw. (Jos.), die beiden Pontificalschreiben des Apostelfürsten Petrus. Wissenschaftliche und prakt. Auslegung der beiden Briefe des heil. Petrus im Geiste der Kirche und im Hinblick auf den Geist der Zeit. 2. Bd. A. u. d. T.: Das zweite Pontificalschreiben des Apostelfürsten Petrus. Eine Festschrift zur Feier der Erhebung des heil. Vaters Leo XIII. auf den Stuhl des heil. Petrus. gr. 8. (482 S.) Mainz 878, Kirchheim. *

1. Bd. Ebendas. 1873. ℳ 7.

Hundhausen, Martin [app. Arzt aus Eckenhagen (Rheinpreussen)]: Über traumatische Aphasie. . . . Würzburg, Becker's Univ.-Buchdr., 1890; 1 Bl., 32 S., 1 Bl. 8°

Würzburg, Med. Fak., Inaug. Diss. v 1890

Hundhausen, Thdr., Baumgreise, s.: Schulze's Zehnpfennigbücher in vereinf. deutscher Stenographie.

Hundhausen, Thdr., wir sind nicht Sozialdemokraten! Antwort auf die Broschüre: „Sind wir Sozialdemokraten?" gr. 8. (48 S.) Berlin 891. H. Brieger. — 60

Hunding. Schausp. in 5 Akten. 8. Frankf. Zesler. (a. Diez) 795.

Hundinger, Georg, aus Weisenheim am Sand: **Der Religionsunterricht an den Jesuitengymnasien.** *Berlin: Reuther & Reichard 1900.* (72 S.) 8° [F.]

Erlangen, Phil. Diss. v. 27. Juli 1898

Hundius, Otto, Telegraphen-Schlüssel, s.: Staudt, Wilh.

Hundius, Paul *Arthur Hugo Rudolf*: Katalog der Lehrer-Bibliothek des Realgymnasiums zu Gera. Supplement: Die Erwerbungen der Jahre 1885—1896 umfassend. 8 (46 S.).

Progr. Städt. Rg. mit Vsch. *Gera* 1897

Nicht im Tauschverkehr.

Hundius, Paul Katalog der Lehrer- und Schülerbibliothek des Realgymnasiums zu Gera. 80 S. 8. Progr. Rg. *Gera* 1885.

[F.] Leitfaden der Tonica-Do-Methode (Tonic Sol-Fa) f. d. Schulgebrauch. Nach d. Engl. v J. Spencer Curwen bearb. u. m. deutschen Liedern vers. v. Agnes **Hundoegger.** (Ausg. f Lehrer.) *Hannover: G Meyer (1897).* (54 S., 1 Bl.) 1 Bd 8. [98. 19190

Hundoegger, Agnes, Leitfaden der Tonika-Do-Methode (Tonic Sol-Fa) f. d. Schulgebr. Nach d. Engl. v. J. Spencer Curwen bearb. u. m. deutschen Liedern vers. gr. 8. (55 S.) Hannover 898. C. Meyer. n. 1. 50

Hundoegger, Agnes, Uebungsbuch zum Leitfaden der Tonika-Do-Methode. Für den Schulgebrauch zusammengestellt. (55 S.) 8. Hannover 906. C. Meyer. n. — 50

Huendorf, Moritz Ueber Kaiserschnitt. Halle (1867). Lipke. 34 S. 8°

Halle-Wittenberg. Med. Diss. v. 1 Nov 1867

Geb. Lützkendorf (Kr Querfurt) 24. 4. 1841. V

Hündorf, Paul [aus Geiselröhlitz]: Die Steinhauer-Zunft zu Obernkirchen. Ein Beitrag zur Geschichte des Zunftwesens . . . Halle a. S., Plötz'sche Buchdr. (R. Nietschmann), 1887. 2 Bl. + 76 S. + 1 Bl. 8°

Halle, Phil Fak., Inaug.-Diss. v 18. Okt. 1887

Hündorf, Paul, die Steinhauer-Zunft zu Obernkirchen. Ein Beitrag zur Geschichte des Zunftwesens. Diss. Halle 1887, Lippertsche Buchh. 8°. 76 S.

Hundrich, B., die Prozeß-Vorschriften in Verwaltungsstreitsachen. 1. und 2. Aufl. gr. 8. (13 S.) Berlin 878,79, C. Heymann's Verlag. *

Hundrich, L., über Bildungsstufen junger Juristen auf der Universität, in der Auscultatur, im Referendariat und im Richteramte. 8. (IV und 119 S.) Berlin 856(57,) C. Heymann.

Hundrich, (G.) L. (F.) Darstell. u. Ansichten aus d. Gebiete d. Rechtswissenschaft u. d. Justiz-Verwaltung. gr. 8. Quedlinb. 819. Basse. 1 ℛ 10 gℊ

—— über Ehen und Scheidungen in älterer und neuerer Zeit, mit Hinsicht auf die neue preuß. Gesetzgebung. gr. 8. (VII und 88 S.) Breslau 855, Korn. *

— Materialien über Justizverwaltung. Nebst e. Geschäftsplan f. preuß. Gerichtsbeamte. 8. Quedlinb. 817. Basse. 22 gℊ

Hundrich, L.: Materialien über Justizverwaltung nebst e. Geschäftsplane für Preußische Gerichtsbeamte. Quedlinburg u. Leipzig 1815.

— s. Napoléon, code de pénal.

Hundrup, F. E., Real-Lexicon over de Homeriske Digte. Til Brug for Disciplene i de lærde Skoler udarbeidet. gr. 8. (IV u. 360 S.) Kjøbenhavn 848, Reitzel. n. 1 ⅓ ℛ

Hunde-Anekdoten. Eine Lektüre für Hundeliebhaber. 12. Wien 826. Mausberger. 6 gℊ

Hundsbeck, Fr., goldener Familien- u. Hausschatz od. Sammlg. 72 nützl., bisher als Familien-Vermächtniß bewahrter u. m. Erfolg angew. erprobter Mittel a. d. Nachlasse m. im 93. Lebensjahre gestorb. Großvaters. 16. Tausf. 12. (122 S.) Luzern 896. E. Redwig. n. 3. —

Hundsdörffer, Georg Ernst Wilhelm, pract. Arzt **Beiträge** zur Lehre von der Selbstentwicklung. *Königsberg i. Pr. 1900: H. Jaeger.* (39 S.) 8°
Königsberg, Med. Diss. v 28. Juli 1900

HUNDS-GESPRACH zwischen Hündgen Harlequin, und einem Pudelhunde Maccabaeer. Hundsfeld. 1728.
Weller, fing. Druckorte. — Rar!

Hunds-Gräfin, Die. Wien 1880. V: ***Wittmann, Hugo.*** (EB)

Über den sogenannten Cimonischen Frieden. — Von Augustin Hundsmann, Stdl. — 1874. München, F Straub. — S. 3—39 .
Progr. München, Ludwigsgymnasium

Hundsattler, Der, oder Scenen aus dem Leben eines Bösewichts . . . Eisenberg 1805. V: *Bornschein, Johann Ernst Daniel.* (BGE) (Ky) (MGT) (NN) (GGr)

Hundsattler, der, od. Scenen aus d. Leben eines Bösewichts. 8. Eisenb. Schöne. 806.

Hundesattler, der, oder Scenen aus dem Leben eines Bösewichts rc. 2te Aufl. 8. Eisenberg, Schöne. 811.
Rthlr.

Hundsattler, der, oder Scenen aus d. Leben eines Bösewichts. 3te umgearb. Aufl. 8. Eisenberg, Schöne. 821.

Hundsattler, der, oder: Szenen aus dem Leben eines Bösewichts. Ein Beitrag zur Gallerie menschl. Teufel Herausg. von dem Verfasser des Romans: Coronato der Schreckliche. 4e gänzlich umgearb. Aufl. 8. Eisenberg 837. Schöne. 1 1/3 ₰

Hundstags-Nachrichten, neueste. Hundstags-humoristisch-satyrisches Volksblatt f. jedermann u. jed. Ort in Deutschland, Oesterreich, der Schweiz, England, Rußland, Frankreich u. Amerika. Chef-Red.: Seb. M. Hegenbarth. (4 S.) 48×32,5 cm. Dresden (908). G. Herrlich. —10

Hundstags-Nummer, grüne, 1909. Hundstags-humoristisch-satyr. Ferien-, Reise- u. Familien-Nummer, m. humorist. Berichten aus Verkehrs- u. Touristen-Orten, Bädern usw. Chef-Red.: Seb. M. Hegenbarth. (4 S. m. Abbildgn.) 48×32 cm. Ebd. —10

Hundswuth, die, deren Verhütung u. Heilung. Zusammenstellung der vom K. Sächs. Ministerium des Innern neuerdings veröffentlichten Belehrungen über die Hundswuth. 8. (23 S.) Leipzig 847, O. Klemm. n. 4 ngr

Hundt, Christian

Hundt, Chr., über die Darstellung optisch aktiver Tropasäure u. optisch aktiver Atropine. Ein Beitrag zur Aufklärg. der Beziehgn. zwischen Atropin u. Hyoscyamin. Aus dem chem. Institute der Universität Kiel. Inaug.-Diss. gr. 8. (27 S.) Kiel 890. (Altona, Harder's Sort.) n. 1.50

Hundt, E., 25 evangel. Trau-Scheine. M. Bibelsprüchen u. Liederversen. 2. Aufl. Fol. Halle 895. R. Mühlmann's Verl. n. 2. —

Hundt, F., Diktate in Aufsatzform, s.: Gertz, H.

Hundt, Ferdinand. Elegie an der Bahre Sr. Excellenz Gabriel Garzie Moreno's. Präsident der Republik Ecuador. Cincinnati: Pustet, 1875. GSP

--Festpredigt, geh bei d 26 Feier des Dten Römisch Kath Cent-Vereins in Covington, Ky, am 25 Sept 1881 Cinci, 1881

--Der heilige Joseph. Gedicht in sieben Gesängen. Cinci, 1877

--Dem heiligen Vater Richmond, Ind, 1871

Hundt, Friedr., kurze und faßliche Anleitung zur Erlernung der englischen Aussprache, verbunden mit Conjugationen und den zum alltäglichen Gebrauch nöthigsten Wörtern. Bautzen 857. Reichel. 8. (1 Bl., 92 S.) 7½ ngr

Hundt, Fr., kurze und faßliche Anleitung zur Erlernung der englischen Aussprache, verbunden mit Conjugationen und den zum alltäglichen Gebrauch nöthigsten Wörtern. 8. (92 S.) Bautzen 858, Reichel.

Hundt, Friedrich Hektor Graf

—— **Beiträge zur Feststellung der historischen Ortnamen in Bayern und des ursprünglichen Besitzes des Hauses Scheyern-Wittelsbach. gr. 4. (79 S.) München 868, (Franz'sche Buchh.)** *
Aus: Abhandlungen der k. Akademie der Wissenschaften, besonders abgedruckt.

Hundt, Friedr. Hect. Graf, das Cartular des Klosters Ebersberg. Aus dem Fundationsbuche des Klosters unter Erörterung der Abtreihe, dann des Ueberganges der Schirmvogtei auf das Haus Scheyern-Wittelsbach, sowie des Vorkommens von Mitgliedern dieses Hauses. gr. 4. (82 S.) München 879, (Franz'sche Buchh.) **
Aus: Abhandlungen der k. bayer. Akademie der Wissenschaften, besonders abgedruckt.

Hundt, F. Graf, Das Edelgeschlecht der Waldecker auf Pastberg, Holnstein, Miesbach und Hohenwaldeck bis zum Beginne des 13. Jahrhunderts. Mit Stammtfl. Oberbayer. Archiv. 31. Bd. München 1871. 8 S. 99—141. Auch S.-A.

Hundt, Frdr. Hektor Graf, das Edelgeschlecht der Waldecker auf Pastberg, Holnstein, Miesbach u. Hohenwaldeck bis zum Beginne d. 13. Jahrh. [Aus „oberbayer. Archiv."] gr. 8. (44 S.) München 871. (Th. Ackermann.) — 75

— Fund römischer Denare bei Niederaschau. Beigegeben ist die Bewerthung von Antoninianen von den Funden bei Klugham u. bei Regensburg. [Aus: Oberbayerisches Archiv.] München 866. (Ackermann.). Lex.-8. (16 S.) n. 5 ngr

Hundt, Graf Friedr. Hekt., der Fund von Reihengräbern bei Gauting in seiner Beziehung zu Tit. XIX c. 8. der Leges Bajuwariorum. [Aus: Sitzungsberichte der k. bayer. Akad. d. Wiss.] Ebend. 867. gr. 8. (8 S. mit 1 Steintaf. in 4.) 5 ngr

Hundt, Frdr. Hektor Graf, das *Hofgesinde der Fürstbischöfe von Freising in Mitte d. XIII. u. im XIV Jahrhunderte.* (Sep.-Abdr. aus d. 35. Bde. d. Oberbayer. Archivs.) München 1876. Imp.-8°. 19 S. Cart.*)

—— das Hofgesinde der Fürstbischöfe von Freising in Mitte des 13. und im 14. Jahrh. Lex.-8. (19 S.) München 876, (Th. Ackermann.) *

— die antiken Münzen d. historischen Vereines v. u. f. Oberbayern, dann der Fund röm. Denare in Niederaschau. gr. 8. (VIII, 87 S.) Ebend. 871. n. 1. 40

Hundt, F. H. Graf über die Römerstraßen des linken Donauufers in Bayern
München 1861 16 S

Hundt, Fr. Hect. Graf (k. Kämmerer, Ministerialrath etc.), Kloster Scheyern, seine ältesten Aufzeichnungen, s. Besitzungen. Ein Beitrag zur Geschichte d. Hauses Scheyern-Wittelsbach. (S.-A. aus d. Abhdlgn. d. k. b. Akad. d. Wiss. III. Cl. IX. Bd. II. Abth. S. 205–339.) München 1862. 4° Ppb.
135 S. 1 S. Err. 1 Stammtaf. in qu. Fol., 1 Bl. hdschr. Inh.-Anz.

—— Kloster Scheyern, seine ältesten Aufzeichnungen, seine Besitzungen. Ein Beitrag zur Geschichte des Hauses Scheyern-Wittelsbach. gr. 4. (140 S.) München 862, (Franz'sche Buchh.) *
Aus: Abhandlungen der k. bayer. Akademie der Wissenschaften, besonders abgedruckt.

—— bayrische Urkunden aus dem XI. und XII. Jahrh.: Die Schirmvögte Freisings. Seine Bischöfe bis zum Ende des XII. Jahrh. — Beiträge zu Scheyern-Wittelsbach'schen Regesten. gr. 4. (108 S.) München 878, (Th. Ackermann — Franz'sche Buchh.) *
Aus. Abhandlungen der k. bayer. Akademie der Wissenschaften, besonders abgedruckt.

Hundt, Friedr. Hekt. Graf, über die *bayrischen Urkunden aus der Zeit der Agilolfinger* Mit Registern über d. vorkommend. Personen u. Orts-Namen. (S.-A. aus d. Abhandl. d. k. b. Akad. d. W III. Cl. XII. Bd. I. Abth.) München 1873. 4°. Hsrsb.
144 S. u. 1 Bl. Inh. Err. u. Zusätze. Lat. Lett.

— über die bayrischen Urkunden, aus der Zeit der Agilolfinger. Mit Registern üb. die vorkomm. Personen- u. Orts-Namen. [Aus: „Abhandlgn. d. k. bayer. Akad. der Wiss."] gr. 4. (144 S.) Ebend. 874. n. 3. 60

— die Urkunden d. Bisth. Freising aus der Zeit der Karolinger. Nachträge, Erörtergn., Berichtiggn. Die Bischöfe u. kirchl. Würdenträger d. karoling. Zeitraums in den Urkunden d. Bisth. Freising. [Aus: „Abhandlgn. d. k. bayer. Akad. d. Wiss."] gr. 4. (II. 120 S.) Ebend. 875. n. 2. —

—— Urkunden des 10. und der 1. Hälfte des 11. Jahrh. aus dem Bisthum Freising. Lex.-8. (79 S.) München 875, (Th. Ackermann.) *
aus: Oberbayerisches Archiv für vaterländische Geschichte, besonders abgedruckt.

Hundt, F. H., die Urkunden des Klosters Indersdorf, s. Archiv, oberbayerisches, für vaterländische Geschichte.

Die *Urkunden des Klosters Indersdorf* Gesammelt u. regestirt (sic) von *Frdr. Hector Grafen Hundt* . . . Hrsg. von dem histor. Vereine von u. für Oberbayern, als Festgabe am Schlusse des 1. Vierteljahrhunderts s. Bestehens. 2 Bde. m. 10 Siegel-Tafeln u. Registern. (1 vol.) München 1863–64. Gr. 8°. Hübsch. Ppb.
I 4 Bll XXVI–400 S., 10 Taf. II 2 Bll., 508 S.

Hundt, Fritz, Burg Hohlenfels in Geschichte u. Sage, nebst e. kurzen Beschreibg. 12. (29 S. m. Ansicht.) Wiesbaden 894. (J. G. Birlenbach.) n.n. — 25

Hundt, Georg, approb. Arzt aus Dramburg: Aus d. pathol.-anat. Institute zu Kiel. Über scheinbaren Selbstmord bei akuter Erkrankung. *Kiel 1901: Schmidt & Klaunig.* (12 S.) 8°
Kiel, Med. Diss. v. [20. Mai] 1901

Hundt, Gustavus [Cotheniensis]: De M. Annaei Lucani comparationibus . . . . Cothenis Anhaltinorum, form. descr. P. Schettler, 1886; 48 S. + 1 Bl. 8°.
Halle, Phil. Fak., Inaug.-Diss. v. [25. Okt.] 1886.

Hundt, Gustav, Dr.: Über einige 'Philosophische Versuche' des Johann Nicolas Tetens. *Dessau 1901: C. Dünnhaupt.* (S. 1–13.) 4°
Dessau, herz. Friedrichs-G, OP 1901 (746)

Hundt, J. E., Anleitung zur Erlernung d. Französischen. Ein Leitfaden zum Selbstunterricht. 1. u. 2. Hft. 8. (IV, 152 S.) Mühlhausen 876. Förster. à n. — 80

Hundt, J. Ueber das französische Pronomen in syntaktischer Beziehung. Mühlhausen i. Th., G., 1868. 62 S. 4.
Progr.

Hundt, J. H., Beschreib. e. höchst einfachen Methode, wie Landgebäude mit Ersparung alles Sohl-, Stender- u. Riegelholzes wohlfeil u. dauerhaft erbaut werden können. Bekannt gemacht von F. Chr. L. Karsten. Mit 1 Kpf. 8. Liegn. 811. Kuhlmey. 5 gr.
Vgl. Hund, J. H.

Hundt, Jos., Tabelle neuesten Systems — ohne Rubrikkreuzungen — zur schnellsten Kubierung v. Laub- u. Nadelholz in Längen bis 34 Meter; von 0,5—16 bzw. 21 Meter in ½ Metern u. geraden Dezimetern. 10—100 Ctm. Durchmesser. 3 Blatt. Je 51×36 cm. Schalding (904). (Passau, M. Waldbauer.) Auf Leinw. n. 2. —

— Tabellen neuesten Systems zur Kubierung v. Stamm- u. Blochholz aller Art. In Längen von 1—34 Meter u. Durchmessern v. 10—90 Ctm. 1 Blatt. 32,5×50 cm. Ebd. (904). n. 1. —

— Universal-Schnellkubierungs-Tabelle neuest. Systems — ohne Rubrikkreuzungen — zur Kubierung v. Rundholz aller Art. In Längen bis 36 Meter; von 0,5—31 Meter in Abstufgn. v. ½ Meter u. geraden Dezimetern. Durchmesser von 10—130 Ctm. 4 Blatt. (3 Bl. je 81,5×36,5 cm. u. 1 Bl. 42×36,5 cm.) Ebd. (904). Auf Leinw. n. 4. —

Hundt J.: Universal-Tabelle neuesten Systems — ohne Kreuzungsrubriken z. Kubirung v. Rundholz aller Art . . 3 Blätter. Passau. U. A. Fol

HUNDT, Mathias (Venningen): Ueber Abdominaltyphus.- München: Giesser 1841. 31 S.
9.7.1839 - Urk; P 64 (= Hund)
Diss. Ingolst.-Landsh.-Mchn.

Hundt, Otto, a. Olpe ⟨Westf.⟩: Die deutsche Eisenblechfabrikation und die Kartellbildungen in dieser Industrie. Heidelberg 1907: Hörning & Berkenbusch. (126 S.) 8°
Heidelberg, Phil. Fak., Ref. Rathgen, Diss. v. 29. Jan. 1907
[Geb. 10. Aug. 84 Olpe; Wohnort: Olpe; Staatsangeh.: Preußen; Vorbildung: Gymn. Arnsberg Reife O. 03; Studium: München 2, Berlin 3, Heidelberg 1 S.; Rig. 14. Nov. 06.]

Hundt, Paul, aus Olpe ⟨Westf.⟩. Über Adnexerkrankungen bei Uterusmyomen. *Erlangen (1901): F. Junge.* (51 S.) 8°
Erlangen, Med. Diss. v. 4. März 1898

Hundt, Paul Fr. Ed., Aachener Handfibel. 1. Abth. in Kurrentschrift. — 2. Abth. in Druckschrift. Geordnet nach d. analytisch-synthet. Leselehrart unter Berücksichtigung d. Lautir- u. Schreiblesemethode. Aachen 854. (Mayer.) gr. 8. (1 Bl., 16 lith. S.; 1 Bl., 16 S.) Jede Abth. nn. 1½ ngr

— Gebrauchsanweisung dazu. Ebend. 854. 8. (48 S.) nn. 2½ ngr

Hundt, Rob., Bergarbeiter-Wohnungen im Ruhrrevier. Hrsg. v. dem Verein f. die bergbaul. Interessen im Oberbergamtsbez. Dortmund. Lex.-8. (III, 84 S. m. Abbildgn. u. 14 Taf.) Berlin (902). J. Springer. n.n. 5.—

Hundt, R., Verwertung des Abdampfes in Niederdruck-Turbinen-Anlagen auf Bergwerken. Essen-Ruhr, 1906. 14 S. mit 14 Abb.

Hundt, Rudolf: In welchem Umfange kann die Geschichte der französischen Sprache auf dem Gymnasium behandelt werden? Dramburg, Druck v. T. Kämpf, 1890; S. 3—19; 4°
Dramburg, l. G, P 1890

Hundt, R. Shakspeares Sturm und Sommernachtstraum. Dramburg. G., 1878. 17 S. 4. Progr.

Hundt, Th., s. Beschreibung der Bergreviere Siegen I, Siegen II, Burbach und Müsen.

Hundt, Waldem. v., die brasilianische Provinz Sta Catharina, in ihrer Bedeutung für deutsche Kolonisation, für Handel und Großcapital geschildert nach eigenen Feststellungen. 12. (XV, 136 S. mit dem Bilde des Verf. und 1 Karte.) Gera 887, Genschel. * 2 —

Hundt, Wiguleus. Leben, kl. Werke u. Briefwechsel, s. Mayer, Manfr.
Vgl. Hund, Wig.

Hundt und Alt-Grottkau, Walter Freiherr von: Vertragsschluß ohne Annahmeerklärung gegenüber dem Antragenden nach früherem und heutigem Recht. Neiße 1905: F. Bär. (VI, 77 S.) 8°
Leipzig, Jur. Fak., Diss. v. 6. April 1905
[Geb. 30. Aug. 80 Breslau; Wohnort: Neiße; Staatsangeh.: Preußen; Vorbildung: Ritterakademie Liegnitz Reife O. 00; Studium: Freiburg i. B. 1, Leipzig 1, München 1, Leipzig 1, Breslau 2 S.; Rig. 31. Juli 03.]

(Hundt von Hafften, mecklenb. Premierlieut.) Armee und Staat. Von einem norddeutschen Officier. (2 Bde) 8. Rostock 1857.

Hundt v. Hafften. Militar.-politische Berichte aus Frankreich über die französ. Armee und das französ. Volk 8. Berlin 1858. — 2. verm. Aufl. (XVI. 234) 8. ib. 1860. 3,00. — Neue Ausg. (XX. 234) 8 ib 1870. 1,50.

(Hundt von Hafften, mecklenb. schwerinsch. Prem.-Lieut.) Militärisch politische Berichte aus Frankreich. Von einem norddeutschen Officier. 8. Berlin 1859.

Hundt v. Hafften, militärisch-politische Berichte aus Frankreich. 2., durch einen Rückblick auf den letzten Krieg verm. Aufl. gr. 8. (XVI und 234 S.) Berlin 860, F. Schneider. *

Hundt v. Hafften-Turowo, militairisch-politische Berichte über die französische Armee u. das französische Volk. Neue Ausg. Berlin 870. Weber's Verl. gr. 8. (XX, 234 S.) n. 15 ngr.

Hundt v. Hafften, von dem Geiste der Verfassungen in Frankreich, Belgien, England, Nordamerika, Schweiz, Italien und Preußen. gr. 8. (III und 274 S.) Berlin 865, Hickethier. *

Hundt von Hafften, militairische Grundsätze, dem Berufe und dem Leben entnommen. Rostock 858. Leopold. gr. 8. (85 S.) 15 ngr.

— ideelle Rechte und reelle Bedürfnisse. Humanistische und politische Studien. 1. Thl. gr. 8. (VIII und 299 S.) Berlin 863, Reichardt und Zander. *

— dass. — 2. Thl.: Reelle Bedürfnisse. gr. 8. (V und 409 S.) Ebendas. 864. *

— der Standpunkt unserer Armee, der Verfassung und sich selbst gegenüber. Militairische Aufsätze mit einem polit. Vorwort. 2., verb. Aufl. gr. 8. (III und 204 S.) Berlin 862, Reichardt und Zander. -

Der Standpunkt unserer Armee, der Verfassung u. sich selbst gegenüber 2 verb Aufl Berlin 1862. 204 S.
4. verb. Aufl. 1862.

Hundt von Hafften, Verhältniß der Prov. Posen zum preuß. Staatsgebiete, s. a. Verhältniß, das.

H[undt] v. H[afften]: Das Verhältniß der Provinz Posen zum Preußischen Staatsgebiete. Berlin 1870

— Versuch eines Programms für den ersten Kongreß norddeutscher Landwirthe. gr. 8. (24 S.) Posen 868, Merzbach. *

Hundt zu Lautterbach, R. Grf von. Das 6. Chevaulegers-Regiment Prinz Albrecht von Preußen 1803—1903. Zur Feier des 100jähr. Bestehens des Regiments Mit Portr. u Abb. Bayreuth 1903. 113 S

HUNDT-MEIXNER, Auguste
(F) Der Gänsebub und andere Erzählungen von Auguste Hundt-Meixner. Mit einem Titelbild. [Ambros' Bücherei 25.] Wien. [1901.] Pichler's W. & S. 8°. 95 S. Geb. K —.80

Hundt-Meixner, Auguste, der Gänsebub u. andere Erzählungen, s. a. Bücherei f. die Jugend. 25. Bdchn.

— für lustige kleine Leute. Heitere Verse u. humorvolle Gelegenheitsgedichte in oberbayer. u. schwäb. Mundart zum Deklamieren f. Kinder. 8. (32 S.) München 903. M. Kellerer. n. — 40

(F) Hundt-Meixner, A., In der Umfuhr und andere Erzählungen. [Ambros' Bücherei 26.] 8°. (92 S.) geb. K 1.—
Wien: Pichler 1904.

Hundt-Meixner, Auguste, in der Umfuhr u. andere Erzählungen, s. a. Bücherei f. die Jugend. 26. Bdchn.

Hundt-Radowsky, (Joh.) Hartwig von

Hundt-Radowsky, (Jh.) v. Auch ein Wort über die westphälischen Domainenveräusserungen im Kurfürstenthum Hessen. 8°. (Leipzig, Joachim, 1818.)

— üb. Hrn. Regierungsrath Gräveli's Werk: Neueste Behandl. eines Preuß. Staatsbeamten 2c. Leipz. 819. Klein. 10 gl.

v. Hundt-Radowsky, (Jh.) Hartwig, Blumenkränze, s. a. Bibliothek wohlf. Unterhaltungsschriften. 19s u. 20s Bdchn.

v. Hundt-Radowsky, Hartw., Blumenkränze. 1r, 2r Kranz. 8. Leipz. 818—20. Klein. 2 ß

— Blüthen des Lebens. 1e Samml. 8. Berl. 807.

Hundt-Radowsky, Hartwig (Vf. des „Judenspiegels" u. des „Neuen „Judenspiegels"), der *Christenspiegel*, od. Betrachtungen über unmittelbare Offenbarungen, über Jesus Lehre u. Christenthum. 3 Bdchn. (in 1 Bde.). Stuttgart, bei Carl Hoffmann. 1830. 8°. Ppb.
1 VIII—2.2 S. 2 1 Bl., 114 S. 3 221 S Interess. u. selten!

Hundt-Radowsky, (Joh.) Hartwig v., der Christenspiegel, od. Betrachtungen üb. unmittelb. Offenbarungen, üb. Jesus Lehre u. Christenthum. 3 Bdchn. 8. (37½ B.) Stuttgart 830, [Weise.]

Hundt-Radowsky, Hartwig v., Kotzebues Ermordung in Hinsicht ihrer Ursachen u. ihrer wahrscheinlichen literarischen Folgen f. Deutschland, Berlin 1819, VI u. 50 S., 16°

— A. v. Kotzebue's Ermordung, in Hinsicht ihrer Ursachen u. ihrer wechselseitigen, literar. Folgen für Deutschland betrachtet. 8. Berl. 819. Petri. 8 gr

— der Erzähler, e. Unterhaltungsschrift. 2 Thle. 8. Berl. 818, 819. Hayn. 3 rf 16 gr

HUNDT-RADOWSKY, Hartwig v., Scherzhafte Erzahlungen. (Motto aus Klopstock, 4 Versz.) St. Gallen, 1821 Bei Huber und Compagnie. 8° Zahm.

238 S. (incl. Tit u 1 Bl Widm.), 1 weisses Bl — 1 Roschen, oder der Lotteriegewinn. 2. Lieschen, od. die Blumenfreunde. 3. Gundelchen und Jettchen. od. der kleine Irrthum. 4. Dorettchen Strahlen, od. der höfliche Postmeister 5. Adolph Noltinger und Luise Wallner

v. Hund-Radowsky, (H.,) scherzhafte Erzählungen. Neue wohlf. Ausg. 8. St. Gallen 827, Huber u. C.

— mein Glaubensbekenntniß u. meine Schicksale im Freistaate Appenzell-Außerrhoden. 8. Ravensburg 829. Grabmann u. Knapp 1/6 rf

— Harfe u. Speer. 8. Berl. 815. Nauck. 8 gr

Hundt v Radowsky Hartwig geb. 1759 auf d. Gute Schliewen b. Schwerin, † 15. Aug. 1835 zu Burgdorf im Kanton Bern), die *Judenschule*, oder gründl. Anleitg., in kurzer Zeit ein vollkommener schwarzer od. weisser Jude zu werden. Nebst e. Angebinde f. den Wurtenbergischen (!) Abg., Herrn *Weber* von Künzelsau, uber den *Nachdruck*. 3 Bücher (in 1 vol). Mit 1 (drast.) TKpf. (*Jos. Hutter* sc). Jerusalem, in d. neuen Buchhandlg., 5582—83. (1822—23.) Kl. 8°. TKpf. etw ausgebess., sonst sehr schönes Expl. in eleg. Hpgmtb.

I 9 Bll., XVI—326 S. Zuschr. dat. Aarau, d. 21. Febr. 1822. II 444 S. III 367 S.

Eine andre Ausgabe dieses freimüthig-derben Buches hat dasselbe TKpf u. dieselbe Seitenz. aber auf d. Tit. fehlen die Worte „Nebst etc" u. die Angabe des TKpfs. wahrend unten steht „London bei James Griphi. 1823." — Der Anhang enth. e satyr. Apologie des Nachdrucks.

— die Judenschule, od. gründl. Anleitung, in kurzer Zeit ein vollkommener schwarzer od. weißer Jude zu werden. Mit einem Anhange. 8. London (Aarau) 822. 3 Thle., mit 1 Kpf. 16. Reutling. 822. Mäken. 1 rf 20 gr

— Judenspiegel. Ein Schand- u. Sittengemälde alter u. neuerer Zeit. 8. Sondersh. 819. Voigt in Ilmenau. 18 gr

—, *Judenspiegel.* Ein Schand- u. Sittengemälde . . (1 Wort unleserl.) neuer Zeit. (Motto „Und das Land ward verderbet von dem Ungezieser" Moses II. Cap. 8. V 2.) Würzburg, Stahel, 1819. Kl. 8°. Titelbl. aufgez. u. etw. beschäd. Hsaffianb.

148 S. (incl. XIV S nebst 1 Bl Inh.) „Dem Saamen Abrahams freundlichst gewidm. v. Grattenauer d Zweiten"

, *Neuer Judenspiegel* od. Apologie der Kinder Israels. (Motto Welche Religion ich bekenne? — Keine von allen, die Du mir nennst! — Und warum keine? — Aus Religion. Schiller.) Cannstadt, gedr. bei C. F. Richter. 1828. 8°. Ppb.*), wie neu.

1 Bl., VI—254 S. Inh. (ausser Einleit. u. Schluss) Ueber d. Ursachen des Unglaubens u. des geistigen u. sittl. Verderbens der Juden. — Ueber bürgerl., sittl. u. geistige Verbesserung der Juden. – Freimüthige Bemerkungen über einige Reden u. Verhandlgn. in der Württembergischen Ständeversammlung von 1828 hinsichtl. d. Judengesetzes u. besonders in Beziehung auf Mosaismus und Talmudismus.

— neuer Judenspiegel, od. Apologie der Kinder Israels. 8. Cannstadt 828. (Hoffmann in Stuttg.) 1 rß

—— neuer Judenspiegel, od Apologie d. Kinder Israels. 8. (16½ B.) Cannstadt 828 (Stuttgart, Weise) 1 —

— Mehr als zehn Worte gegen Ein Wort des Hrn. Generallieut. von Diericke über den preußischen Adel, nebst einigen Bemerkungen uber den Adel im allgem. 8. Leipzig, Klein. 818.

— — Nachtrag zu Obigem. 8. Ebend. 820.

—— Polen u. seine Revolution. 1. Bd. — A. u. d. T.: Polen in seiner tiefsten Erniedrigung; od. Rußlands frühere Politik in Hinsicht auf Polen. gr. 8. (23¼ B.) Stuttgart 831, Schweizerbart.

—— dass. 2. Bd. — A. u. d. T.: Polen in seiner Erhebung. gr. 8. (22½ B.) Ebds. 831.

— s. Fr. Chr. Schäffer, d. gesegnete Reformation.

v. Hund-Radowsky, (Hartwig,) d. Schuhkrafftiade, od. ausführl. Bericht, warum Herr Ludw. Schuhkrafft z. Roggweil von mir Schläge bekommen, u. was sich weiter zugetragen hat. gr. 8. Altdorf 824. (Keller in Ebnat) Rthlr.

—— der Schweizerspiegel, ein Angebinde f. Schweizer u. Nicht-Schweizer, f. Regenten u. Völker, f. Geistliche, Pfaffen u. Laien. 8. (21½ B.) Stuttgart 831, Schweizerbart.

—— die sieben Todsünden d. Liberalen. 8. (4 B.) Burgdorf 834. (Leipzig, Köhler.)

— Truthähnchen; ein satyr.-kom. Roman. 8. Merseb. 819. Gr. Kuin in Leipz. 1 rf

HUNDT-RADOWSKY, Hartwig von. Truthähnchen. Ein satyrisch-komischer Roman. Motto: Kuller, Kuller, Kuller! (Kolorierte Vignette.) »Der starke Geist«! Und dös ist der Sohn! Frontispiz: Porträt Ulrich von Huttens. Merseburg 1820. 8°. 195 S. und 1 S. Anzeigen.

Selten!

Hundt-Radowsky, H. von. „Ueber die grosse preussische Verschwörung und meine Verhältnisse zu den Verschworenen, und über geheime Verbindungen im Allgemeinen — Eine Rechtfertigungsschrift und ein politisches Glaubensbekenntniss", Germanien 1819 — Vorh. Preuß. Staatsbibliothek Berlin.

— über d. große preuß. Verschwörung, über meine Verhältnisse zu den Verschwornen u. über geheime Verbindungen im Allgemeinen Eine Rechtfertigungsschrift u. ein polit. Glaubensbekenntniß. gr. 8. Sondersh. 819. Voigt in Ilm. 10 gr

Hundt-Radowsky, H., Wiechart oder Bruchstücke aus dem Leben eines alten Demagogen. 3 Bde. 8° Liestal 1835.

Hundtrisser, Bened., meditationes quotid. 8. Augsb. Wolf. 765.

Hune, Bernh., Über vorgeschichtliche Alterthümer Meppen 1879. 4.
Progr. Gymn. Meppen. (D.)

Hune, Bernh. Über Pfahlbauten und Steindenkmäler. 26 S. *Meppen* 1878.
Progr.

Hune, Bernh. Eine Schulrede [zum fünfundzwanzigjährigen Amtsjubiläum des Direktor Wilken am 25. Okt. 1875] nebst erläuternden Bemerkungen. 23 S. Progr. *Meppen* 1876.

Hüne, Untersuchungen üb. bakterícide Immunität u. Phagocytose, s.: Neufeld, F.

Hüne, Albr., Darstellungen aller Veränderungen des Negersclavenhandels, von dessen Ursprunge an bis zu seiner gänzlichen Auflösung. 2 Thle. gr. 8°. Göttingen, Röwer, 1820.

Hüne, Alb.: Vollständige histor.-philos. Darstellung aller Veränderungen des Negersclavenhandels von dessen Ursprunge an bis zu seiner gänzl. Aufhebung. Göttingen 1820. 2 Bde
Th. 1. Entstehung u. Wachsthum des Sclavenhandels
„ 2. Abschaffung des Sclavenhandels.

Hüne, Albr., Geschichte von Großbritannien, s. a. Cabinets-Bibliothek d. Gesch., II. Abthl., 4. u. 5. Bd.

— Geschichte von Großbritannien. 1s. 2s Bdchen. 12. Erfurt 829, 31. (Hennings u. Hopf). 8 gr (s. auch Kabinetsbibl. II 4r Bd.)

Hüne, A., Geschichte d. Königr. Hannover u. Hrzgth. Braunschweig, s. a. Taschenbibliothek, histor.

—— Geschichte d. Königr. Hannover u. Hrzgth. Braunschweig. Mit e. Vorr. v. A. H. L. Heeren. 2. Thl. 1. Abthl. gr. 8. (35 B.) Hannover 829, Hahn.
1. Thl. Ebendas. 1824. 2 Thlr. 16 Gr.

Hüne, Alb., kurzgefaßte Geschichte des Königreichs Hannover u. Herzogthums Braunschweig, s. Bibliothek, histor.

Ueber die Dinosaurier der aussereuropaeischen Trias. Von Dr F(riedrich) v **Huene.** Mit 16 Taf. u. 102 Abb. Jena G Fischer 1906. (60 S.) 4°
— **Abhandlungen,** Geologische u. palaeontol. N. F Bd 8, H. 2. [06. 8649

Huene, Frdr. v., die Dinosaurier der europäischen Triasformation, s. a. Abhandlungen, geolog. u. paleontolog.

Die Dinosaurier der europäischen Triasformation mit Berücks. d. aussereuropäischen Vorkommnisse. Von Friedrich v. **Huene.** Text Taf. Jena: Fischer 1907–08. 4°
(Geologische u. paläontolog Abhandlungen. N F Suppl. Bd 1) [10. 11623 6

1. Ein ganzes Tylosaurus-Skelett. 2. Ein primitiver Dinosaurier aus Elgin. 3. Neubeschreibung von Dasyceps Bucklandi. Von Friedrich v. **Huene** in Tübingen. Mit 2 Klapptaf., 3 Taf. u. 34 Fig. Jena: Fischer 1910. 46 S. 4°
(Geologische u. palaeontol. Abhandlungen N F Bd 8, H 6.) [10. 7037

Huene, F(riedrich) von, Dr **Übersicht** über die Reptilien der **Trias.** Mit 9 Taf. u. 78 Abb. im Text. *Jena: G. Fischer 1902.* (84 S.) 4° ¶ (Aus Geol. u Paläont Abh N F Bd 6. H 1)
Tübingen, Naturw Hab.-Schr v 1902

Übersicht über die Reptilien der Trias. Von Friedrich v **Huene** Mit 9 Taf. u 78 Abb. *Jena G Fischer 1902.* (84 S.) 4°
— **Abhandlungen,** Geologische u palaeontologische N F Bd 6 H 1

Hüne, Jo. Heinrich Ludwig (Osnabrück), **Selectas observationes forenses. Diss. jur. Präs. Heinrich Brokes. Jena (Jo. Fried. Schill) 31. VIII. 1748. 16 S., meist dtsch. (5.50)** **16291**

Huene, Joh. v., der Brief des Paulus an die Philipper ausgelegt. Mit Vorwort v. W. Arnold. (IV, 111 S.) 8. Basel 907. Kober. 1.20; geb. in Leinw. 1. 60

Hüne, Karl: Über Hufschlagverletzungen des Auges. Leipzig-Reudnitz 1898 A Hoffmann. (28 S) 8°
Jena, Med. Diss. v. (30. Nov.) 1898

Hüne, Wilhelm, approb. Arzt aus Nordhausen a. H. Ueber die quantitative **Bestimmung** der Oxalsäure im menschlichen Harn. *Nordhausen 1901: E. Strecker.* (28 S.) 8°
Göttingen, Med. Diss. v [21 Mai] 1901

Hüne, Wilh., über die quantitative Bestimmung der Oxalsäure im menschlichen Harn. Diss. gr. 8. (27 S.) Nordhausen 901. (Göttingen, Vandenhoeck & Ruprecht.) **n. — 60**

Hüneberg, Albert, aus Volkmarsen, Rechtsanwalt zu Hamm i. W Der **Einfluss** der Eröffnung und Beendigung des Konkurses auf das Anfechtungsrecht und die Anfechtungsansprüche der Konkurs-Gläubiger. *Hamm i. W. (1901): E. Griebsch.* (41 S.) 8°
Erlangen, Jur Diss. v 31 März 1901

Hunecke, W., das Kloster Lilienthal u. d. Gemeinde Falkenhagen. Festschrift z. Feier d. vollend. Restauration u. d. 400jähr Jubiläums d ehem. Klosterkirche zu Falkenhagen, 650 Jahre nach d Gründg d. Klosters. 8. (83 S. m. 1 Abb.) Detmold 897. (Hinrichs) n. 1. 50

Hünecke, Georg, a. Bockenem (Provinz Hannover): Zur **Anatomie der Pleurothallidinae.** Heidelberg 1904: Heidelberger **Verlagsanstalt** (75 S.) 8°
Heidelberg, Naturw.-math. Fak., Ref. Pfitzer, Diss. v. 11. Jan. 1905
[Geb. 25. Juni 72 Bockenem (Prov Hannover); Wohnort: Bockenem; Staatsangeh.: Preußen; Vorbildung Andreasgymn. Hildesheim bis IIb.; Studium: Berlin 3, Heidelberg 4 S., Rig. 28. Jan. 04.]

Dispositionen für deutsche Aufsätze. Für Obertertianer u. Abiturienten. Bearb. von G. **Hünecken.** Kattowitz & Leipzig: C. Siwinna [1906]. (138 S.) 8°
— **Schülerbibliothek,** Goldene. Bd 18/19. [07. 16909 2

Hünecken, G., Dispositionen deutscher Aufsatzthemata. (162 S.) 12. Heidelberg 903. (A. Wolff.)
Geb. in Leinw. n. 4. –

Hünefeld's chemische Analyse des Grünberger Mostes. Nebst Bemerkungen über die Wirkung und Anwendung des Traubensaftes von **Schirmer.** 3. Aufl. 12. (24 S.) Grünberg 864, (Weiß.)

Hünefeld, E., Römer 5, 12—21. Von neuem erklärt. gr. 8. (36 S.) Leipzig 895. G. Strübig. n. — 75

Hünefeld, E., die Versuchungsgeschichte nach ihren geschichtlichen Grundlagen untersucht. gr. 8. (81 S.) Berlin 880, Schleiermacher. *

Hünefeld, Friedr. Ludw., Anweisung durch e. neue Methode d. Gewächse naturgetreu, mit Beibehaltung ihrer Stellungen, Ausdehnungen u. Farben auf e. leichte Weise zu trocknen u. aufzubewahren. (Aus Erdmann's „Journal" abgedr.) gr. 8. (2½ B.) Leipzig 831, Barth.

Huenefeld, F. L., die Blutproben vor Gericht u. das Kohlenoxyd-Blut in Bezug auf die Asphyxie durch Kohlendunst. gr. 8. (VI, 66 S.) Leipzig 875. Veit & Co. n. 1. 20

Hünefeld, Fr. Ldw., Chemie u. Medicin in ihrem engeren Zusammenwirken, oder Bedeutung der neueren Fortschritte der organischen Chemie für erfahrungsmäßige u. speculative ärztliche Forschung, als vollständige Lehrschrift für die Studien der organ. Chemie überhaupt, insbesond. aber für die im Gebiete der Medicin u. Pharmacie, sowie für die Fortschritte der Heilmittellehre. In 2 Büchern (Bänden). gr. 8 Berlin 841, Th. Enslin. 4 ₰

Hünefeld, Fr. Ldw., physiolog. Chemie d. menschl. Organismus, zur Beförderung d. Physiologie u. Medicin, u. für seine Vorlesungen entworfen. 2 Thle. gr. 8. Bresl. 826—27. (L. Voß in Leipz.) 3 ₰ 12 gr

— d. Chemie d. Rechtspflege. oder Lehrbuch d. polizeil.-gerichtl. Chemie. 3 Tabellen in gr. qu. Fol. u. gr. 4 u. 1 Kpft. in gr. Fol. gr. 8. Berl. 832. Th. Enslin. 3 ℛ 9 g.

HÜNEFELD, FRIEDRICH LUDWIG.
Chemie (Die) der Rechtspflege oder Lehrbuch der polizeigerichtlichen Chemie Berlin, 1832. pp. xxxii–603, 8vo.

—— der Chemismus in d. thier. Organisation. Physiolog.-chem. Untersuchungen d. materiellen Veränderungen od. d. Bildungslebens im thier. Organismus, insbesond. d. Blutbildungsprocesses, der Natur d. Blutkörperchen u. ihrer Kernchen. Ein Beitr. z. Physiologie u. Heilmittellehre. Gekr. Preisschr. gr. 8. (17 B. u. 1 Stnt.) Leipzig 840, Brockhaus.

Chemismus (Der) in der thierischen Organisation. Physiologisch-chemische Untersuchungen der materiellen Veränderungen oder des Bildungslebens im thierischen Organismus, insbesondere des Blutbildungsprocesses, der Natur der Blutkörperchen und ihrer Kernchen. Ein Beitrag zur Physiologie und Heilmittellehre. Gekrönte Preisschrift. Leipzig, 1840. pp. xvi–269, 8vo. Plate.

— u. Ferd. Picht, Rügens metallische Denkmäler d. Vorzeit, vorzugsweise chemisch bearbeitet etc. Mit Abbildd. gr. 8. Leipz. 827. Voß. 12 g.

— Diaetetik. gr. 8. (VIII, 157 S.) Ebend. 875. n. 4. —

Hünefeld, Friedr. Ludwig, Meditationes de juribus et potestate parentum eorumque auctoritate et officio circa religionem liberorum ex jure sacro profanoque, occasione capit. I. part. I. Fürstl. Sächs. Gothl. Landes = Ordn. tit. II. Von Pflantzung d. reinen Lehre / u. wahren Gottseligkeit in die kleine Kinder / ehe sie zur Schule geschicket werden / concinnatae & publici juris factae. Jena (Joh. Adolph Müller) 1701. 142 S. (8.50) 16292
Gew.: Heinrich u. Otto Carl Grafen v. Calenberg (Muscau, Wetesingen . . .). — Widm. v.: Adrian Beier, Salomon Franck (dtsch.).

Hueneleld, Fridericus Ludovicus *(grb Müncheberg in d Mark 1799)* De vera chemiae organicae notione ejusque in medicina usu additis de vi arsenici in corpora organica mortua experimentis. Vratislaviae (1822). (60 S.) 8° *[Im Buchhandel 1822 bei Graß. Barth & Ko. in Breslau — Verf. erlebte die Diplomerneuerung 1872 als Prof in Greifswald]*
Breslau, Med. Diss. v. 27 Nov. 1822

— de vera chemiae organicae notione ejusq in medicinae usu additis de VI. arsenivi in corpora organica mortua experimentis dissertatio inaug.-chemico-med. 8 mai. Breslau 823, Grass, B. u. C.

—— die Radesyge, od. d. Scandinavische Syphiloid. Aus scandinav. Quellen dargest. gr. 8. (9 B. u. ¼ B. Tab.) Leipzig 828, Voss.

— uber das academ. Studium der Naturwissenschaften, vorzügl. das der Chemie. Ein Beitrag zu zeitgemäßen Betrachtungen über Veränderungen im academ. Unterricht, (mit Bezugnahme auf die Schrift des Prof. Liebig: Ueber das Studium der Naturwissensch. etc. gr. 8. Greifswald 843. (Bamberg.) n. ⅓ ℛ

Hünefeld, J. H. C., (T...), s. Antwort, d., ob. Unterredung zwischen Paulus, Sokrates u. Zöllner.

Hunefeldt, J. G., dubia passionalia. Rost. 1713. 4.

Huencke, August [appr Arzt aus Driburg in Westphalen]: Ueber die Operation des Ektropion durch Transplantation von Epidermis . . . . München, Druck v. M. Ernst, 1888; 1 Bl. + 29 S. 8°
Strassburg, Med. Fak., Inaug.-Diss. v. 1888

Hueneke, Johann Friedrich Christian (Isselhorst b. Bielefeld), De chlori usu medico. Diss. med. Bln. (August Petsch) 11. X. 1826. 24 S. mit Biogr. (6.50) 16294
Oppon.: G. Lichtenauer, M. Geisler, L. Nisle. — Gew.: J. N. Rust.

Hünemörder, Frdr., deutsche Marine- u. Kolonialgeschichte im Rahmen e. Geschichte der Seefahrt u. des Seekrieges. In Tabellenform kurz zusammengestellt. (277 S.) 8. Kiel 903. R. Cordes. Geb. in Leinw. n.n. 2.75

Hünenschloss, Das, am Histerberg oberhalb Bakedorf. Vortrag gehalten 1893 im Verein für Geschichte des Fürstenthums Schaumburg-Lippe. Bückeburg 1903. V: *Weiss, Reinhard.* (Berl 1904, S. 760)

Hüner, Richard

Hüner, R., Bestimmgn. üb. Annahme, Ausbildg u. Laufbahn d. Militäranwärter bei d. kaiserl. Reichspost- u. Telegraphenverwaltg. Zum Gebr. d. d. kgl. Militärbehörden m. Ausnahme derer d. Königr. Bayern u. Württemberg. Nach amtl. Quellen zusammengest. gr. 8. (16 S.) Reichenbach 894. (Berlin, Liebel.) n. — 40

— der Postanwärter. E. Hand- u. Hilfsbuch f. Militäranwärter z. Vorbereitg auf d. Prüfg. z. Dienst d. d. kaiserl. Reichspost- u. Telegraphenverwaltg., nebst Bestimmgn. üb. d. Eintritt u. d. weit. Laufbahn d. Militäranwärter im Post- u. Telegraphendienst. gr. 8. (XI, 264 S.) Ebd. 895 Geb. n. 2. 50

— der Post- u. Telegraphen-Anwärter. Ein Hand- u. Hülfsbuch für Militäranwärter z. Vorbereitg. auf d. Vorprüfg., sow. auf d. während d. Probedienstjahres bei d. Reichs-Post- u. Telegraphen-Verwaltg. abzuleg. Prüfgn., nebst Bestimmgn. üb. d. Eintritt u. d. weit. Laufbahn d. Militäranwärter im Post- u. Telegraphendienst. 2., verb. u. verm. Aufl. gr. 8. (XII, 291 S.) Ebd. 898. Geb. n. 3. —

Hüner, R., der Post- u. Telegraphen-Anwärter. Ein Hand- u. Hülfsbuch f. Militäranwärter zur Vorbereitg. auf die Vorprüfg., sowie auf die während des Probedienstjahres bei der Reichs-Post- u. Telegraphen-Verwaltg. abzuleg. Prüfgn., nebst Bestimmgn. üb. den Eintritt u. die weitere Laufbahn der Militäranwärter im Post- u. Telegraphendienst. 3. verb. u. verm. Aufl. gr. 8. (XII, 313 S) Berlin 901. Liebel. Geb. n. 3. —

Der Post- und Telegraphenanwärter. Ein Hand- u. Hilfsbuch f. Militäranwärter z. Vorbereitung auf d. Vorprüfung, nebst Bestimmungen über d. Eintritt u. d. weitere Laufbahn d. Militäranwärter im Post- u. Telegraphendienst. Bearb. von R[ichard] Hüner, Ober-Postassist. 4., wesentl. veränd. Aufl. Berlin: Liebel 1905. (VIII, 296 S.) 8° [F.] [06. 6000

[F.] Sach-Register zur Allgemeinen Dienstanweisung für Post u. Telegraphie d. Deutschen Reichspost- u. Telegraphen-Verwaltung. Bearb. von R. Hüner, Ober-Postassist. 3. verb. u. vervollst. Aufl. *Berlin: P. Kittel 1895.* (221 S.) 1 Bd 8. [97. 4030

— Sach-Register; s. a. Dienstanweisung, allgem., f. Post u. Telegraphie.

— Termin-Kalender f. Beamte d. kaiserl. Reichspost- u. Telegraphen-Verwaltung auf d. J. 1896. 1. Jahrg. Fol. (114 S. m. Löschpap. durchsch.) Berlin, P. Kittel. Geb. in Leinw. n. 2. —

Hünerbein, Charlotte von [wirkl. Name], s.a Eden, Karla [Pseud.]

Samuel, der wilde Jager u. andere Humoresken von C. Eden (C. v Ende) [d. i. Charlotte v. Hünerbein]. Mulheim a. d. Ruhr: J. Bagel [1905]. (128 S.) 8° [F.]
[06. 1904

HÜNERFAUTH, Georg (Eisenach): Klinische Beiträge zur Basedow'schen Krankheit.- München: Kastner & Lossen 1898. 46 S.
14.7.1898 - Chr 1898/99,11; Jv 1898/99,215
Diss.Ingolst.-Landsh.-Mchn.

Hünerfauth, Geo., habitual constipation and its treatment with electricity, massage, and water. 8. (59 S.) Wiesbaden 886, Bergmann. *ℳ 2.—.; geb. * 2 70

—— Geschichte der Massage, s. Sonder-Abdrücke der „Deutschen Medizinal-Zeitung".

—— Handbuch der Massage. Für Studirende und Aerzte. gr. 8. (VI, 265 S. mit 33 Abbild. im Text.) Leipzig 887, F. C. W. Vogel. * 6 —

—— über die habituelle Obstipation und ihre Behandlung mit Electricität, Massage und Wasser. gr. 8. (IX, 50 S.) Wiesbaden 885, Bergmann. * 1 60

Hünerfauth, Geo. Über die habituelle Obstipation u. ihre Behandlung m. Electricität, Massage u. Wasser. 2. neu bearb. Aufl. gr. 8. (X, 47 S.) Wiesb. 890, Bergmann. * 1 60

—— Rheumatismus u. Gicht u. deren Behandlung m. Elektricität. Massage u. Wasser. gr. 8. (III, 103 S.) Ebd. 890. 2 —

Hünerfauth, Geo., Stoffwechselkuren. Allgemeinverständlich dargestellt. (52 S.) gr. 8. Homburg (904). L. Staudt. n. 1. —

— Trink- u. Badekuren zu Hause. Ein Nachschlagebuch f. Aerzte. (159 S.) kl. 8. Leipzig 906. G. Thieme. Kart. n. 2. 80

Hünerfeld, Josef, Referendar in Hirschberg i. Schl.: Über die gesetzlichen und richterlichen Veräußerungsverbote des römischen und des heutigen Rechts. Breslau 1905: (C. Hinstorff, Rostock.) (136 S.) 8°
Breslau, Jur. Fak., Ref. Leonhard, Diss. v. 17. Juli 1905
[Geb. 19. Mai 79 Glatz i. Schl.; Heimatsort Glatz; Staatsangeh. Preußen. Vorbildung: Gymn. Glatz Reife O. 99; Studium: Tübingen 1, Berlin 1, München 1, Breslau 3 S.; Rig. 18 Juli 02.]

Hünerhoff, August [aus Bielefeld]: Über die komischen „vilain"-Figuren der altfranzösischen chansons de geste ... Marburg, Univ.-Buchdr. (R. Friedrich), 1894: 50 S., 1 Bl. 8.
Marburg, Phil. Fak., Inaug.-Diss. v. [21. März] 1894

Hünerhoff, Heinr., üb. Perforation der Gallenblase infolge v. Cholelithiasis. Diss. gr. 8. (24 S.) Göttingen 892. (Vandenhoeck & Ruprecht.) n. — 60

Hünerkoch, Jh. Nikl. Ldw., theoret. u. prakt. Anweis. zur Erlernung d. deutschen Sprache, s. unter deutsche Sprachlehre.

Hünerkoch, (L.,) neueste Erdbeschreibung, verbunden mit Welt- u. Naturgeschichte. gr. 8. Bremen 825, Kaiser.

— prakt. deutsche Sprachlehre. 8, Leipz. 801. Göschen. 1 ₰ 8 ℊ
2e verb. Aufl. unt. d. T.: theoret. u. prakt. Anleit. zur Erlernung d. deutschen Sprache, mit e. kleinen Wörterbuche. 8. Bremen 805 (Kaiser). 1 ₰

Hünerkoch, L., Anweis. zu Erlern. d. deutsch. Sprache. 8. Bremen, Müller. 805.

Hünerkoch, L., vergleichende Sprachlehre; oder Regeln zur Erlernung der deutschen, französ. u. engl. Sprache. gr. 8. Hannover, Gebr. Hahn (in Comm.) 818.

— vergleich. Sprachlehre, oder Regeln zur Erlernung d. deutschen, französ. u. engl. Sprache. gr. 8. Hannov. 818 (Kaiser in Bremen).

Hünerkoch, Johann Wilhelm

— d. Geiz u. d. Banquet Heliogabali, nebst e. Anh. von drei Gesprächen 2c. 8. Köthen 753.

Hünerkoch, Jh. Wlh., († d. 6. März 1773.) latein.-deutsches Wörterbüchlein u. deutsches Spruchbüchlein für Kinder 2c. 8 Köthen u. Dessau 757. Görner. 4 ℊ

Hünermann, Joh. Bapt. Ein mechanisches Problem. 4 (S. 3 — 30)
Progr. Höh. Bürgersch. *Hechingen* 1887 (460)

Hünermann, Joh. Bapt., ein mechanisches Problem. 4. (30 S.) Hechingen 887. (Tübingen, Fues.) * 1 50

Hünermann, Karl (Ernst) [geb. [illegible] im Rheinl. [illegible] 1860]: Ueber Pachydermie und Geschwulstbildung auf den Stimmbändern. Berlin (1881). (30 S.) 8
Berlin, Med. Diss. v. 12. Aug. 1881

Hünersdorf, Ludwig: Anleitung zu der natürlichsten und leichtesten Art Pferde abzurichten ... Nebst e. Anh., wie diese Anleitung auf d. Abrichtung d. Cavaleriepferdes u. d. gemeinen Reiter anzuwenden ist. Marburg 1790. XIV, 579 S.

Hünersdorf, Ldw., († d. 12. Sept. 1812.) Anleit. zu d. natürl. u leicht. Art, Pferde abzurichten. 8. Marb. 791. 4e A. 819. 5. A., mit 2 Kpf. 826. Krieger. 1 ₰ 12 ℊ Schrbp. 2 ₰ — 16 Kpf. dazu in Fol. 705. 15 ₰

Hünersdorf, Ludwig, Anleitung zu der natürlichsten und leichtesten Art, Pferde abzurichten, u. e. Anh., wie diese Anleitung auf d. Abrichtung d. Kavalleriepferdes u. d. gemeinen Reiter anzuwenden ist, 3. verm. Aufl., Marburg 1805, XX u. 547 S., 2 Taf., 8°.

Hünersdorf, L., Anleit. Pferde abzurichten. 8. Marburg, Krieger. 805.
Schreibp.

Hünersdorf, L., Anleitung zu der natürlichsten und leichtesten Art Pferde abzurichten. Nebst e. Anhange, wie die Anleitung auf die Abrichtung des Cavalleriepferdes und dem gemeinen Reiter anzuwenden ist. 6e Aufl. Mit Titelkpfr. 8. Cassel 840. Krugers Verlagsh. 1½ ₰

Huenersdorf, L. Anleitung zu der natürlichsten u. leichtesten Art, Pferde abzurichten. Mit Taf. Kassel 1840. 148 S.

Hünersdorf, Ludw., Anleitung Pferde abzurichten. — Bemerkungen u. Noten hierzu, s. Loiset, Bapt.

Hünerwadel, Heinrich, med. pract. aus Lenzburg (Ct. Aargau): Aus der medicinischen Klinik des Hrn. Prof. Dr. Eichhorst in Zürich. Ueber cerebrale Hemiplegien aus unbekannten Ursachen; über uraemische Hemiplegien und Hemiplegien in Folge von Hirnödem. Uster-Zür. A. Diggelmann Dr. 1892. 70 S., 1 Bl. 8°
Zurich Med. Diss. [v. 28. Juli 1892

Hünerwadel, Unsrem Freunde [Samuel] G[ottlieb] H., der Theol. Kand., aus Lenzburg im Berner Gebiet, zum Abschied von der Universität Tübingen [überreichte poetische Ansprache]. Tübingen, den 28. Merz 1797. 8. [Tübingen.]

Hünerwadel, G., Synodalpredigt, gehalten nach geendigter Säcularfeier d. Reformation im Münster zu Bern, d. 11. Juni 1828. gr. 8. Bern, Jenni. 3 gr.

Hünerwadel, Samuel Gottlieb.] Ein paar Worte der Liebe, gesprochen am Grabe des sel. Herrn Pfarrer (David) Müslin's. Den 28. November 1821. 8. Bern.

Hünerwadel, Walth., Forschungen zur Geschichte des Königs Lysimachos v. Thrakien. Diss. gr. 8. (VIII, 131 S.) Zürich 900. (Leipzig, Buchh. G. Fock.) n. 2. 50

Huneus, Wilhelm, Volontärassist. am path. I. Inst. d. Univ. Marburg, aus Niedenstein: Aufsteigende Sepsis in partu und in puerperio, die Hauptursache der puerperalen Selbstinfektion. *Marburg 1903: (Becker & Renner, Cassel).* (34 S.) 8°
Marburg, Med. Diss. v. 20. Juni 1903

Hunfalvy, Joh., Pesth und Ofen, s. Pesth und Ofen.

Hunfalvy, Johann, Ungarn und Siebenbürgen in malerischen Original-Ansichten. Gezeichnet von Ludwig Rohbock. 3 Bde. Mit 204 Stahlstichen. 8. (I: 367, II: 522, III: 174 S.) Pest, Gebr. Lauffer. 1865.
In Leinwand geb. mit Goldschnitt und reichvergoldeten Decken 42 fl.
— — Dasselbe. Prachtausgabe 4. 88 fl. 83 kr.
In Leinw. mit Goldsch. und reich vergoldeten Decken. 100 fl.

Hunfalvy, Joh., s. Ungarn und Siebenbürgen.

Hunfalvy, Johannes: Die klimatischen Verhältnisse des ungarischen Ländercomplexes. (S. A.: Zeitschrift der österr. Gesellschaft für Meteorologie. Jahrg. 2. 1867.) Wien 1867. 16 S. 8°

Hunfalvy, Paul, neuere Erscheinungen der rumänischen Geschichtsschreibung, beleuchtet. gr. 8. (V, 252 S.) Teschen 886, Prochaska. * 6 —

Hunfalvy, Paul, Ethnographie von Ungarn. Mit Zustimmung des Verf. ins Deutsche übertragen von J. H. Schwicker. gr. 8. (XVI, 446 S.) Budapest 877. (Leipzig, Haessel.)

Hunfalvy, Paul, Jos. Lad. Pičs. Der nationale Kampf gegen das ungarische Staatsrecht, besprochen. gr. 8. (V, 93 S.) Teschen 883, Prochaska. *

Hunfalvy, Paul, Reise in den Ostseeprovinzen Rußlands. Frei aus dem Ungar. gr. 8. (VII, 260 S.) Leipzig 873. Duncker & Humblot. n. 5. —

Hunfalvy, Paul (Hrsg.), s. Revue, Ungarische.

—— die Rumänen und ihre Ansprüche. gr. 8. (V, 367 S.) Ebendas. 883. *

—— die Ungarn oder Magyaren, s. Völker, die, Oesterreich-Ungarns.

—— Vámbéry's Ursprung der Magyaren, besprochen. gr. 8. (V, 65 S.) Teschen 883, Prochaska. *

Hunfalvy, Paul: Die Völker des Ural und ihre Sprachen. Vortrag in der Ungarischen Geographischen Gesellschaft. Uebersetzung des im 3. Hefte der „Földrajzi Közlemenyek" (Jahrg. 16. 1888) erschienenen Aufsatzes. ([S. A.] Ungarische Revue. Jahrg. 8. 1888.) Budapest 1888. 56 S. 8°

Hünfeld [Schlagwort]

Hünfeld, s.: Preussen. Messtischblätter.

Volkstümliche Bildersprüche, anschaulich an's Licht gestellt von den zwei Chinesen Hung und Hang. 2. Zehntaus. Fürstenwalde, J. Seyfarth [1905]. (7 S.) 8° [F.]

Hungar, die Bestimmungen des allgemeinen deutschen Handelsgesetzbuches alphabetisch geordnet zum Handgebrauch für Geschäftsleute und Juristen. (In 12—15 Lfgn.) 1. Lfg. gr. 8. (64 S.) Reichenbach 862, Richter'sche Buchh.
Nicht weiter erschienen.

Hungar, Jos., neuestes natürliches Traumbuch. Nach den besten Quellen bearb. und berichtigt. 12. (39 S.) Magdeburg 849, Quednow.

Hungar, Karl Ferdinand

(Hungar, K. F.), Allgemeine Betrachtungen über Wohlwollen, Sympathie u. Freundschaft. Ein Beitrag zu ihrer Karakteristik. 318 S. 1. Th. Lpz. 1784. 8°.

— über Wohlwollen, Sympathie, Freundschaft rc. gr. 8. Leipz. 784. Compt. f. Liter. 18 gr.

— über d. Natur d. Wahrheit. 8. Dresd. 786. Walther. 12 gr.

Hungar, Karl Fd., († d. 9. April 1804.) d. Sohn d. Natur, oder Briefe über Eudämonismus od. menschl. Glückseligkeit, in Beziehung auf d. krit. Moralsystem. 2 Bde. gr. 8. Leipz. 802 u. 4. Dyck. 3 rß

***Hungardi* Janos Elete et Viselt Bolgai. 8. Wien 778. Trattner. 3 gr.**

Hungari, Anton: Abendfreuden, s. Volksbibliothek, Katholische.

Hungari, A., Abend-Freuden. Erzählungen zur lehrreichen Unterhaltung für kathol. Christen. 8. (320 S. mit 1 Stahlst.) Regensburg 865, Manz.

Hungari, A., katholischer Anekdoten-Schatz zur Unterhaltung und Belehrung für alle Stände. 1. Bd. A. u. d. T.: Heilige Denksteine. Ein kathol. Anekdoten-Büchlein rc. 8. (XIX und 554 S. mit 1 Holzschnt.) Frankfurt a. M. 853, Sauerländer's Verlag.

—— dass. — 1. Bd. A. u. d. T.: Heilige Denksteine. Ein kathol. Anekdoten-Büchlein. 2., verb. und verm. Aufl. gr. 8. (XIX und 608 S. mit 1 Holzschnt.) Frankfurt a. M. 861, Sauerländer's Verlag. Thlr.

—— dass. — 2. Bd. A. u. d. T.: Tugend-Garben. Ein kathol. Anekdoten-Büchlein rc. 8. (XV und 500 S. mit 1 Holzschnt.) Ebds. 855.

Hungari, A., katholischer Anekdoten-Schatz zur Unterhaltung und Belehrung für alle Stände. 3. Bd. A. u. d. T.: Kreuzes-Früchte. Ein kathol. Anekdoten-Büchlein rc. br. 8. (XV und 560 S. mit 1 Holzschnt.) Frankfurt a. M. 856, Sauerländer's Verlag. Thlr.

Hungari, A., katholischer Anekdoten-Schatz zur Unterhaltung und Belehrung für alle Stände. 4—7. (Schluß-)Bd. br. 8. Frankfurt a. M., Sauerländer's Verlag. à Bd. 1 Thlr. 5 Ngr. geb. à Bd. 1 Thlr. 10 Ngr.

Inhalt:

Bd. 4. Schule der Weisheit. Ein kathol. Anekdoten-Büchlein ꝛc. (XV und 560 S. mit 1 Holzschnt.) 857.
" 5. Pilger-Gaben. Ein kathol. Anekdoten-Büchlein ꝛc. (XV und 560 S. mit 1 Stahlst.) 857.
Bd. 6. Friedliche Stunden. Ein kathol. Anekdoten-Büchlein ꝛc. (XV und 568 S. mit 1 Stahlst.) 858.
" 7. Licht und Schatten. Ein kathol. Anekdoten-Büchlein ꝛc. (XV und 568 S. mit 1 Stahlst.) 859.
1—3. Bd. Ebendas. 1853—56. 3 Thlr. 15 Ngr.

Hungari, Anton: Gute Aussaat, s. Volksbibliothek, Katholische.

—— gute Aussaat. Erzählungen zur lehrreichen Unterhaltung für kathol. Christen. 8. (320 S. mit 1 Stahlst.) Regensburg 867, Manz.

—— Ave-Maria-Glöcklein. Erbauliche Unterhaltungen für die Marien-Feste im kathol. Kirchenjahre. 8. (VIII und 748 S. mit 1 Stahlst.) Frankfurt a. M. 864, Sauerländer's Verlag.

Hungari, Anton: Brosamen f. die Seele, s. Volksbibliothek, Neue katholische.

Hungari, A., Christodora. Ein Festgeschenk für katholische Christen. Mit 1 Stahlstich. 8. Frankfurt a. M. 840. Sauerländer. 1⅓ ₰ — In mit Gold verziertem gepreßt. Leder-Einband n. 2 ₰

—— deutscher Dichter-Frühling, s. a. Dichter-Frühling, deutscher.

— deutscher Dichter-Frühling der neueren und neuesten Zeit. 2 Bde. Ebend. 854. 16. (XXXVI, 688; XX, 688 S.) 3 ₰.

— deutscher Dichter-Frühling der neueren und neuesten Zeit. 2. Aufl. Ebend. 862. 16. (XXVIII, 688 S.) 2 ₰

Hungari, A., Dom der Heiligen zur Ehre der allerheil. Dreifaltigkeit. Vollständ. kathol. Gebet- u. Andachts-Buch aus den Schriften u. Lebens-Akten d. Heiligen. Nebst 6 Stahlst. gr. 8. Frankfurt a/M. 844, Sauerländer. n. 2⅔ ₰

Hungari, A., Dom der Heiligen zur Ehre der Allerheiligsten Dreifaltigkeit. Vollständigstes kathol. Gebet- u. Andachts-Buch aus d. Schriften u. Lebens-Akten der Heiligen. 2. wohlf. Ausg. gr. 8. (VIII u. 1240 S. m. 1 Stahlst.) Frankfurt a. M. 850, Sauerländer. 2 ₰

—— der Dom der Heiligen zur Ehre der allerheiligsten Dreifaltigkeit. Vollständigstes kathol. Gebet- und Andachts-Buch aus den Schriften und Lebens-Akten der Heiligen. 3. Aufl. gr. 8. (VIII und 1240 S. mit 6 Stahlst. und lithochrom. Titel.) Frankfurt a. M. 856, Sauerländer's Verlag.

— einsam im Hausgärtchen, s. Volksbibliothek, katholische.

—— Einsam im Hausgärtchen. Erzählungen zur lehrreichen Unterhaltung für kathol. Christen. 8. (317 S. mit 1 Stahlst.) Regensburg 863, Manz.

– Erbauliches u. Beschauliches, s. Volksbibliothek, Neue katholische.

— fröhliche Ernte. Erzählungen zur lehrreichen Unterhaltung für kathol. Christen. Gesammelt u. herausg. Mit 1 Stahlst. Regensburg 868. Manz. 8. (320 S.) 20 nгр.

—— dass. — s. Volksbibliothek, katholische.

— Fasten-Predigten, gehalten in der kathol. Pfarrkirche zu Rödelheim, bei Frankfurt a/M. gr. 8. Ebd. 843. 1½ ₰

—— fern dem Weltgeräusch, s. Volksbibliothek, katholische.

— Fest- u. Fasten-Predigten, gehalten in der kathol. Pfarrkirche zu Rödelheim. 1. Thl. 1. Reihe. u. 2. Thl. gr. 8. Mainz 843, 45, Wirth. (à 1 ₰) 2 ₰

— dass. 2 Thle. (in 1 Bde.) 2. Aufl. gr. 8. Ebend. (846) 847. 2 ₰

—— Festtags-Predigten, geh. in d. kathol. Pfarrkirche zu Rödelheim. gr. 8. (20 B.) Frankfurt a. M. 841, Sauerländer.

—— religiöse Gedichte. 2., durchgeseh. Aufl. 16. (VII und 368 S.) Frankfurt a. M. 863, Sauerländer's Verlag. geb.

—— mein Geleit zur Ewigkeit. Ein Andachts- und Gebet-Büchlein für alle Stände. (Auszug aus dem Tempel der Heiligen.) 32. (XII und 276 S. mit 1 Stahlst.) Frankfurt a. M. 850, Sauerländer's Verlag.

— in ehrbarer Gesellschaft, s. Volksbibliothek, neue katholische.

—— Gottes-Blumen aus dem deutschen Dichtergarten, s. a. Gottes-Blumen.

— Gottes-Blumen aus dem deutschen Dichtergarten. Eine Festgabe religiöser Lieder und Betrachtungen. 2. verm. Aufl. 2 Bde. Ebend. 856. 16. (XXIV, 576; XX, 576 S. u. 2 Stahlst.) 2 ₰.

—— Gottes-Blumen aus dem deutschen Dichtergarten. Eine Festgabe religiöser Lieder und Betrachtungen. 2 Bde. 3., verm. Aufl. 16. (XL und 1192 S. mit 2 Stahlst. nach L. Richter.) Frankfurt a. M. 867, Sauerländer's Verlag. geb. mit Goldschn. *

—— Heiligen-Glöcklein. Erbauliche Unterhaltungen für die Heiligen-Feste im kathol. Kirchenjahre. 8. (VIII und 816 S. mit 1 Stahlst.) Frankfurt a. M. 865, Sauerländer's Verlag.

— Herz-Erquickung, s. Volksbibliothek, katholische.

— mein Himmel im Gebete. Vollständ. Gebet- u. Andachtsbuch f. die kathol. Jugend. (Mit 1 Stahlst. u. vielen Vign.) 12. Ebend. 842. ½ ₰ — dass. in gepreßt. Einband u. mit Goldschnitt n. 1⅙ ₰ — 2. Aufl. Mit 1 Stahlst. 12. Ebend. 843. ½ ₰ in Lederband n. 1 ₰ — 4. verm. Aufl. Mit 1 Stahlst. 12. Ebend. 844. ½ ₰ — 5. verm. Aufl. Mit 1 Stahlst. 12. Ebend. 845. ½ ₰

—— Himmels-Stimmen in Erzählungen f. d. kath. Jugend. gr. 12. (12½ B. u. Titelbld.) Mainz 842. [Frankfurt a. M., Sauerländer's Verl.]

—— Himmels-Stimmen in Erzählungen für die katholische Jugend. 2., verb. Aufl. 8. (IV und 283 S. mit 1 Holzschnt.) Frankfurt a. M. 852, Sauerländer's Verlag.

— Jesus Christus, der gute Hirt. Ein Andachtsbuch für kathol. Christen. Mit Stahlstich. 16. Frankfurt a. M. 840. Sauerländer, 1 ₰ — Geb. in gepreßt. Saffian mit Goldschn. u. in Futteral n. 1½ ₰

— Jesus Christus, der gute Hirt. Ein Beicht- und Kommunion-Büchlein für kathol. Christen. 2., umgearb. Aufl. gr. 16. (XIV und 404 S. mit 1 Stahlst.) Frankfurt a. M. 860, Sauerländer's Verlag.

– Im stillen Kämmerlein, s. Volksbibliothek, Neue katholische

— Kapelle der Heiligen zur Ehre Gottes. (Auszug aus dem Dome der Heiligen.) Vollständ. kathol. Gebet u. Andachtsbuch. Nebst 1 Stahlst. kl. 8. Frankfurt a/M. 845, Sauerländer. 7/12 ß — In Sarsenet geb. n. 1 ß — In Kalbleder geb. n. 1 5/6 ß

— Kapelle der Heiligen zur Ehre Gottes. (Auszug aus dem Dome der Heiligen.) Vollständiges kathol. Gebet- und Andachtsbuch. 2. Aufl. 8. (V und 368 S. mit 1 Stahlst. und 2 Chromolithogr.) Frankfurt a. M. 850, Sauerländer's Verlag.

— Kapelle der Heiligen zur Ehre Gottes. (Auszug aus dem Dome der Heiligen.) Vollständiges kathol. Gebet- und Andachtsbuch. 3. Aufl. 16. (III und 340 S. nebst 1 Stahlst. und 3 Chromolithogr.) Frankfurt a. M. 857, Sauerländer's Verlag.

— Kloster-Geschichten. Katholisches Unterhaltungs-Büchlein für alle Stände. 2 Bde. 8. Schaffhausen, Hurter'sche Buchh. [Regensburg, Manz.] [1. Bd. (III, 471 S.) 868. ℳ 3,60.; 2. Bd. (448 S.) 869. ℳ 3,40.]

— Kornähren. Eine Sammlung von Parabeln zur Unterhaltung und Belehrung für alle Stände. br. 8. (XIV und 560 S. mit 1 Stnt.) Frankfurt a. M. 855, Sauerländer's Verlag.

— Legenden-Flur aus dem deutschen Dichtergarten, s. Legenden-Flur.

— Legenden-Flur aus dem deutschen Dichtergarten Eine religiöse Festgabe. Ebend. 853. 16. (XXI, 624 S. u. 1 Kpfrst.) 1 ß. 18 ngr

— unter der alten Linde, s. Volksbibliothek, katholische.

— unter der alten Linde. Erzählungen zur lehrreichen Unterhaltung für kathol. Christen. 8. (331 S. mit 1 Stahlst.) Regensburg 863, Manz.

— Marien-Preis. Erbauliche Unterhaltungen für die Nachmittage oder Abende an den Festen der heil. Gottesgebärerin. Frankfurt a. M 866. Sauerländer's Verlag. 8. (VII. 804 S. mit 1 Stahlst.) 1 ß 12 ngr

— auf der Moosbank, s. Volksbibliothek, katholische.

— auf der Moosbank. Erzählungen zur lehrreichen Unterhaltung für kathol. Christen. 8. (327 S. mit 1 Stahlst.) Regensburg 863, Manz.

— Muster-Predigten der katholischen Kanzel-Beredsamkeit, s. Muster-Predigten.

— Muster-Predigten der katholischen Kanzel-Beredsamkeit Deutschlands aus der neueren und neuesten Zeit. Gewählt und hrsg. 3. gänzlich umgearb. Aufl. 1.—22. Lfg. gr. 8. (1. Serie. 4 Thle. 540; 496; 504; 644 S.; 2. Serie. 5. Thl. 511 S.; 6. Thl. S. 1—128.) Mainz 873—76, Kirchheim. à Lfg. ℳ 1,20

Hungari, A., Muster-Predigten der katholischen Kanzel-Beredsamkeit Deutschlands aus der neueren und neuesten Zeit. 3. gänzlich umgearb. Aufl. 23.—48. Lfg. gr. 8. (6. Bd. S. 129—634; 7. Bd. 499 S.; 8. Bd. 508 S.; 9. Bd. 508 S.; 10. Bd. 511 S.; 11. Bd. 508 S.; 12. Bd. S. 1—256.) Mainz 876—79, Kirchheim. à Lfg. *ℳ 1,20. *
1.—22. Lfg. Ebendas. 1873—76. à *ℳ 1,20.

Hungari, A., Muster-Predigten der katholischen Kanzel-Beredsamkeit Deutschlands aus der neueren und neuesten Zeit. 3. gänzlich umgearb. Aufl. 49.—66. Lfg. gr. 8. (12. Bd. S. 257—508; 13. Bd. 506 S.; 14. Bd. 512 S.; 15. Bd. 496 S.; 16. Bd. S. 1—508.) Mainz 880—84, Kirchheim. à Lfg. *ℳ 1,20. *

— heilige Opfer des Herzens. Andachtsbuch für kathol. Frauen u. Jungfrauen. Mit 1 Stahlstich. 12. Mainz 837. Wirth. 3/4 ß — In gepreßt. Einb. mit Goldschn. n. 1 1/2 ß

— heil. Opfer des Herzens. Andachtsbuch für kathol. Frauen u. Jungfrauen. 2. Ausg. Nebst 1 Stahlst. 12. Mainz 842, Wirth. 2/3 ß — In gepreßt. Einband m. Goldschn. n. 1 1/3 ß

— heilige Opfer des Herzens. Andachtsbuch für kathol. Frauen und Jungfrauen. 5. Aufl. 1863. und 6., umgearb. Aufl. 16. (XVI und 488 S. mit 1 Stahlst.) Frankfurt a. M. 867, Sauerländer's Verlag.
in Leder geb. mit Goldschn. * 2 Thlr.; * 2 Thlr. 12 Ngr.; *

— Osterglöcklein. Erbauliche Unterhaltungen für den Osterfestkreis im kathol. Kirchenjahre. 8. (VII und 708 S. mit 1 Stahlst.) Frankfurt a. M. 862, Sauerländer's Verlag.

— Pfingstglöcklein. Erbauliche Unterhaltungen für den Pfingstfestkreis im kathol. Kirchenjahre. 8. (VIII und 744 S. mit 1 Stahlst.) Frankfurt a. M. 863, Sauerländer's Verlag.

Hungari, Anton, s. Predigten u. Anreden bei der ersten Abendmahlfeier.

Hungari, Anton, s. Predigten, Eucharistische

— christl. Reden auf Sonn- u. Festtage, geh. in d. St. Ignatiuskirche zu Mainz. Erbauungsb. f. kathol. Familien. gr. 8. (25 B.) Mainz 839, Wirth.

— Rosen u. Dornen in Erzähln. f. kathol. Familien. 8. (23 B.) Mainz 839, Kupferberg.

— Sinniges und Gemüthliches. Erzählungen zur lehrreichen Unterhaltung für kathol. Christen. 8. (320 S. mit 1 Stahlst.) Regensburg 865, Manz.

— geistige Sommerfrische. Erzählungen zur lehrreichen Unterhaltung für kathol. Christen. 8. (320 S. mit 1 Stahlst.) Regensburg 864, Manz.

— — s. Volksbibliothek, katholische.

Hungari, A., Sonntags-Nachmittags ꝛc., s. Volksbibliothek, katholische.

— Sonntags-Nachmittags. Erzählungen zur lehrreichen Unterhaltung für kathol. Christen. 8. (320 S. mit 1 Stahlst.) Regensburg 864, Manz.

Hungari, A., im Stoppel-Felde. Erzählungen zur lehrreichen Unterhaltung für kathol. Christen. 8. (320 S. mit 1 Stahlst.) Regensburg 865, Manz.

—— Tempel der Heiligen zur Ehre Gottes. Vollständ. kathol. Gebet- u. Andachtsbuch. 1. Aufl. (44½ B.) 842 u. 2., verm. Aufl. 8. (42¾ B. u. 4 Stahlst.) Frankfurt a. M. 855, Sauerländer's Verl. ñ

—— Tempel der Heiligen zur Ehre Gottes. Vollständ. kathol. Gebet- und Andachtsbuch. 3., verm. Aufl. gr. 16. (VIII und 630 S. mit 4 Stahlst. und 2 chromolithogr. Bl.) Frankfurt a. M. 848, Sauerländer's Verlag.

—— Tempel der Heiligen zur Ehre Gottes. Vollständiges kathol. Gebet- und Andachtsbuch. 4., verm. Aufl. gr. 16. (VIII und 630 S. mit 4 Stahlst., 2 chromolitogr. Blättern und lithochrom. Titel.) Frankfurt a. M. 854, Sauerländer's Verlag.

—— Tempel der Heiligen zur Ehre Gottes. Vollständiges kathol. Gebet- und Andachtsbuch. 5., verm. Aufl. 1857. 27 Ngr. und 6., verm. Aufl. gr. 16. (VIII und 627 S. nebst 3 Stahlst. und 4 Farbendr.-Blättern.) Frankfurt a. M. 859, Sauerländer's Verlag.

—— Tempel der Heiligen zur Ehre Gottes. Vollständiges kathol. Gebet- und Andachtsbuch. 7., verm. Aufl. gr. 16. (VIII und 635 S. mit 3 Stahlst. und 4 Farbendr.-Blättern.) Frankfurt a. M. 867, Sauerländer's Verlag.

— Theomela. Kathol. Andachtsbuch in Liedern und Betrachtungen. Bevorwortet von M. A. Nickel. Mit 1 Stahlstich. gr. 12. Mainz 837. Kirchheim, Schott u. Thielmann. 7/12 ℔

— nach der Vesperglocke, s. Volksbibliothek, katholische.

—— nach der Vesperglocke. Erzählungen zur lehrreichen Unterhaltung für kathol. Christen. 8. (328 S. mit 1 Stahlst.) Regensburg 864, Manz.

— Vorzeit u. Gegenwart, } s.: Volksbibliothek, neue katholische.

—— gedeihliches Wachsthum. Erzählung zur lehrreichen Unterhaltung für kathol. Christen gesammelt und hrsg. 8. (820 S. mit 1 Stahlst.) Regensburg 868, Manz.

—— dass. — s. Volksbibliothek, katholische.

—— Weihnachtsglöcklein. Erbauliche Unterhaltungen für den Weihnachtsfestkreis im kathol. Kirchenjahre. 8. (XII und 690 S. mit 1 Stahlst.) Frankfurt a. M. 860, Sauerländer's Verlag.

Hungaria: 1886– 1890
Weekly. Published in English and German, in the interests of German-speaking Hungarians. Large quarto, each issue 10 pages. Edited by Julius Schwartz, & published by Hungaria Publishing Co., 1886—90.
New York, NY

Hungaria liberrima et securissima, sive de regne et rege Hun. 8. Pest, Eggenberger.

Dr. Heinze's Anklageschrift „Hungarica" im Lichte der Wahrheit. — Pressburg und Lpz.: Stampfel 1882. 151 S.

Das magyarische Ungarn und der Dreibund v. Hungaricus München: J. F. Lehmann 1899. (2 Bl., 61 S.) 1 Bd 8. [99-1933]

Hungaricus, s. Ungarn, das magyarische, u. der Dreibund.

Hungarus dis-interessatus et ideo verus patriota. S. l. 1790. V: *Okolicsányi, Jos.* (Pk)

Hungarus dis-interessatus opusculum suum . . . principis regii Leopoldi Alexandri . . . palatini benignitati carmine elegiaco dedicat . . . Posonii 1791. V: *Okolicsányi, Jos.* (Pk)

Hungarus pro lege, ex lege pro rege et patria. S. l. 1790. V: *Okolicsányi, Jos.* (Pk)

Hungary. With 210 illustr. by J. Weber and 7 maps. [Gesamtausg. der betr. Nrn. in „Illustrated Europe".] 8. (VII, 548 S.) Zürich 891. Art. Institut Orell Füssli, Verl. Geb. in Leinw. n 9. —

Hungary To and through H. 10 Parts (Illustrated Europe No 117–127 129 132 167) 8. Zurich ([18]89 [18]95).
Die einzelnen Hefte s. u. d. Titeln Kenedi Geza, and Gerlai, Wilhelm. From the Danube to the Quarnero. — Krauss Ferdinand and Sziklay Johann Through West Hungary — Siegmeth Carl: The Hungarian Eastern Carpathians From Oderberg to Budapest — From Vienna Oderberg and Budapest to the High Tatra — South Hungary Through S. H. — Steinacker Edmund The Hungarian System . — Sziklay Johann. Through the Hungarian Plain — Transylvania Highland The T. H. — Vienna. From V. to Budapest via Bruck-on-Leitha

Hungelmann, Dr Carl, die Centralisation der Amtsbibliothek n. in Wien 1887 II [Aus: „Oesterr Zeitschr f. Verwaltung". gr. 8° (19 S.) Wien, Manz fl. — 20.

Hunger (Der deutsche) und die deutschen Fürsten. 1 Aufl. 1847 2 Aufl. 1848.

Der deutsche Hunger und die deutschen Fürsten. Flugblatt (1848). 4 S. 8.

Hunger, Eindrücke aus dem heil. Lande zur Osterzeit 1865. Vortrag, gehalten in Moers am 18. Janr. 1866. Moers 866 (Spaarmann.) 8. (24 S.) n. 3 ngr

Hunger, Adam Gottfried (Wittenberg), Rusticum in sermone veteris exemplo Latii declaratum. Präs. M. Johann Friedrich Guhling (Chemnitz). Wittbg. (Wwe. Gerdes) Juni 1726. 40 S. (6.50) 16384

HUNGER, Anton (Pottenmeisling): Abhandlung über die Erlöschung der auswärtigen Lehen in den Staaten der Rheinischen Konföderation.- Landshut, Thomann 1808. 40 S.
1808 a Kal 1809
Diss.Ingolst.-Landsh.-Mchn.

Hunger, Carl, s. Hunger, Karl.

Hunger, E., Lehrbuch der englischen Sprache f. Handels- u. Gewerbeschulen, s.: Uebe, Fr.

Hunger, Emil [aus Börnichen]. Der Cidstreit in chronologischer Ordnung. . . Leipzig-Reudnitz, Druck v O. Schmidt, 1891; 89 S., 1 Bl. 8°
Leipzig, Phil. Fak., Inaug. Diss. v [15. Jul.] 1891

Hunger, Emil, der Cidstreit in chronologischer Ordnung. Diss. gr. 8. (89 S.) Leipzig-Reudnitz 891. (Leipzig, G. Fock.) n. 1. 50

Hunger, Ernst Hugo Über einige vivipare Pflanzen und die Erscheinung der Apogamie bei denselben. 24 S. u. 2 Taf. Rg. *Bautzen* 1882. Progr.

Hunger, Ernst Hugo [Oberlehrer an d. Realschule zu Bautzen]: Ueber einige vivipare Pflanzen und die Erscheinung der Apogamie bei denselben . . Bautzen, Verl. v. Ed. Rühl, 1887; 63 S. 8°
Rostock, Phil. Fak., Inaug.-Diss. v. 28. März 1887

Hunger, F. W., Fibel für den ersten Anschauungs-, Lese- und Schreibunterricht. Bilder von F. Th. Schilbach. 1. Aufl. 1864. und 2. Aufl. br. 8. (80 S. mit eingedr. Holzschn.) Hildburghausen 867, Nonne. *

Hunger, F. W., Fibel für den ersten Lese- und Schreibunterricht. Bilder von F. Th. Schilbach. Annaberg 864. (Hildburghausen, Nonne.) 8. (80 S.) nn. 5 ngr

Hunger, F. W., Fibel für den ersten Elementar-Unterricht. 3.—6. Aufl. br. 8. (88 S. mit eingedr. Holzschn.) Hildburghausen 868—74, Thüringische Schulbuchh. [Kesselring'sche Hofbuchh.] *

Hunger, F. W., Fibel für den ersten Elementar-Unterricht. 9. unveränd. Doppelaufl. gr. 8. (93 S. mit eingedr. Illustr.) Hildburghausen 875—78, Kesselring'sche Hofbuchh. *
geb. *

Hunger, F. W., Fibel für den ersten Elementarunterricht. 10. und 11. Doppelaufl. [Mit neuer Orthographie.] (94 S. mit Illustr.) 1881; 12. Doppelaufl. gr. 8. (96 S. mit Illustr.) Hildburghausen 882, Kesselring'sche Hofbuchh. *
geb. *

Hunger, F. W., Fibel für den ersten Elementarunterricht. 13. Ster.-Doppelaufl. gr. 8. (96 S. mit Illustr.) Hildburghausen 885, Kesselring'sche Hofbuchh. * 40 Pf.; geb. * — 50

Hunger, F. W., Fibel f. den ersten Elementarunterricht. 14. Ster.-Doppelaufl. gr. 8. (96 S. m. Bildern.) Frankfurt a/M 889. Kesselring. n. — 40; geb. n. — 50

Hunger, F. W. Fibel nach der gemischten synthetischen Schreiblesemethode. 15. Doppelaufl. [351.—400. Tausf.] gr. 8. (120 S. m. Abbildgn.) Frankf. a. M. 892, Kesselring. * — 40; geb. * — 50

Hunger, F. W., Fibel nach der gemischten synthetischen Schreiblesemethode. Schreibschrift nach Henze. 450. Tausf. gr. 8. (120 S. m. Abbildgn.) Frankfurt a/M. 894. Kesselring. n. — 40; geb. n. — 50

Hunger, F. W, Fibel nach d. gemischten Schreiblesemethode. Schreibschrift n. Henze. 56.—60. Aufl. (551—600. Tausf.) gr. 8. (120 S. m. Abb.) Frankfurt a/M. 898. Kesselring. n. — 40; geb. n. — 50

Hunger, F. W., Fibel nach der gemischten Schreiblesemethode. Schreibschrift nach Henze. 61.—68. Aufl. (601.—680. Tausf.) gr. 8. (120 S. m. Abbildgn.) Frankfurt a/M. (900—902). Kesselring. n. — 40; geb. n.n. — 50

— dasselbe. Neubearb. unter Mitwirkg. v. Fachgenossen. Schreibschrift nach den „Musterblättern" v. F. O. Thieme. Bilder nach Zeichngn. v. F. A. Flinzer. 2 Tle. gr. 8. Ebd. Geb. à n.n. — 40
I. (87 S.) 901. — II. (Lesebuch f. das 2. Schulj.) (83 S.) 902.

— dasselbe A, I. 75. Aufl. (740—750. Tausf.) (12 S.) 8. Ebd. 905. n. — 40; geb. n.n. — 50

Hunger, F. W., Fibel nach der gemischten Schreiblesemethode. (Ausg. A, II. Alte Fibel.) Schreibschrift nach Henze. Bilder v. Kullmann. 76. Aufl. (751—760. Tausf.) In neuester Rechtschreibg. (120 S.) 8. Frankfurt a/M. 906. Kesselring. n. — 40: geb. n.n. — 50

Hunger, F. W., Fibel nach der gemischten Schreiblesemethode. (Ausg. A. Alte Fibel. Schreibschrift nach Henze.) Bilder v. Kullmann. 77. Aufl. (761.—770. Tausf.) In neuester Rechtschreibg. (120 S.) 8. Frankfurt a/M. 907. Kesselring. — 40; geb. n — 50

— dasselbe. Ausg. B in 2 Tln. In neuester Rechtschreibg. Neu bearb. unter Mitwirkg. v. Fachgenossen. gr. 8. Ebd. à n. — 30; geb. n.n. — 40; in 1 Bd. geb. n.n. — 70
I. 1. Schulj. Schreibschrift nach O. Thieme. Bilder v. F. Flinzer u. A. Wild. 4. Aufl. (88 S.) 905.
II. 2. Schulj. 2. Aufl. (96 S.) 903.

— dasselbe. Ausg. C in 1 Tle. In neuester Rechtschreibg. (124 S.) gr. 8. Ebd. 903. n. — 40; geb. n.n. — 50

— dasselbe. (Ausg. C in e. Tle. Schreibschrift nach Thieme.) Neubearb. unter Mitwirkg. v. Fachgenossen. Bilder v. F. Flinzer u. A. Wild. 3. Aufl. (126 S.) 8. Ebd. 907. — 40; geb. n — 50

— biblische Geschichten für Unterklassen von Bürger- und Volksschulen. Anhang zu des Verf. Lesebuch für Unterklassen von Bürger- und Volksschulen. 8. (IV und 48 S.) Hildburghausen 867, Nonne.

— biblische Geschichten f. Unterklassen v. Bürger- u. Volksschulen. Anhang zu d. Verf. Lesebuch f. Unterklassen v. Bürger- u. Volksschulen. 2. bedeutend. erweit. Aufl. gr. 8. (VI, 54 S.) Ebend. 875. n. — 25

— biblische Geschichte für Unterklassen von Bürger- und Volksschulen. Anhang zur Unterstufe des vom Verf. herausgegebenen Lesebuches für deutsche Bürger- und Volksschulen. 3. unverand. Aufl. gr. 8. (58 S.) Ebendas. 877. *
geb. *

— biblische Geschichten für Unterklassen der Bürger- und Volksschulen. 4.—6. Aufl. [Mit neuer Orthographie.] gr. 8. (VIII, 64 S.) Ebendas. 879—81. * 20 Pf.; geb. *

— biblische Geschichten für Unter- und Mittelklassen der Volksschule. 7. erweit. Aufl. gr. 8. (VIII, 89 S.) Ebendas. 885. * 40 Pf.; geb. * — 55
Als Anhang zu den Lesebüchern * — 25

— biblische Geschichten f. Unter- u. Mittelklassen der Volksschule. 8. [Ster.-]Aufl. gr. 8. (X, 92 S.) [Hildburgh. 889]. Frankf. a. M., Kesselring. * — 40; geb. * — 55; als Anh. zu d. Lesebüchern * — 25

— biblische Geschichten f. Unter- u. Mittelklassen der Volksschule. 10 (Ster.-)Aufl. gr. 8. (X, 92 S.) Ebd. 894 n. — 40; geb. in Halbleinw. n. — 50; als Anh. zu den Lesebüchern n.n. — 25

— biblische Geschichten f. Unter- u. Mittelklassen d. Volksschule. 12., unveränd Aufl. gr. 8. (X, 92 S.) Ebd. 898. n. — 40; geb. n. — 50

— biblische Geschichten f. Unter- u. Mittelklassen der Volksschule. 17. Aufl. In neuester Rechtschreibg. gr. 8. (X, 96 S.) Ebd. (902). n. — 40; geb. n.n. — 50

— biblische Geschichten f. Unter- u. Mittelklassen der Volksschule. 21. u. 22. Aufl. In neuester Rechtschreibg. (X, 96 S.) 8. Ebd. (906). n. — 40; als Anh. zu Hungers Lesebuch n.n. — 25; geb. n. — 50

— Biblische Geschichten f. das 1. u. 2. Schulj. Neubearb. v. Emil Zeißig. (VI, 50 S. m. Abbild.) 8. Ebd. 907. Kart. — 35

— Lesebuch für Unterklassen von Bürger- und Volksschulen. 2. und resp. 3. Schuljahr. Mit Anh.: Biblische Geschichten. 8. (VIII und 98 S. und Anh. IV und 48 S.) Hildburghausen 867, Nonne. *
Anhang apart *

— Lesebuch f. deutsche Bürger- u. Volksschulen. 1. Thl. Unterstufe. Ausg. A. m. bibl. Geschichten. 2., bedeutend erweit. Aufl. 8. (XX, 148 S.) Ebend. 872. n. — 40

—— dass. — 2. Thl.: Mittelstufe. gr. 8. (VIII, 184 S.) Ebendas. 872. *

— dasselbe. 2., verm. u. verb. Aufl. gr. 8. (VIII, 192 S.) Ebend. 876. n. — 85

—— dass. — 1. Thl.: Unterstufe. 3. zu einem 2jähr. Kursus erweiterte Aufl. gr. 8. (X, 118; VI, 54 S.) Hildburghausen 875, Kesselring'sche Hofbuchh. *

— dasselbe. 3. Thl. Oberstufe. gr. 8. (VII, 456 S.) Ebend. 876. n. 1. 60

—— Lesebuch für deutsche Bürger- und Volksschulen. 3 Thle. Ausg. A. mit Anhang. 4. Aufl. gr. 8. Ebendas. *

Inhalt:
Thl. 1. Unterstufe. 4. und 5. Aufl. (VIII, 144 S. und Anhang: Biblische Geschichten 64 S.) 878. * 60 Pf.
" 2. Mittelstufe. 2. Aufl. (VIII, 192 S.) 876. * 85 Pf.
" 3. Oberstufe. 2. Aufl. (VII, 456 S.) 876. * ℳ 1.60.

—— dass. — 3 Thle. Ausg. ohne Bilder. gr. 8. Ebendas. *

Inhalt:
Thl. 1. Unterstufe. 5. Aufl. (VIII, 144 S.) 878. * 50 Pf.
" 2. Mittelstufe. 2. Aufl. (VIII, 192 S.) 876. * 85 Pf.
" 3. Oberstufe. 2. Aufl. (X, 453 S.) 876. * ℳ 1,60.

—— Lesebuch für deutsche Bürger- und Volksschulen. 3 Thle. Ausg. A. mit Anhang. gr. 8. Ebendas. *

Inhalt:
Thl. 1. Unterstufe. 6. Aufl. (VIII, 168 S.; Anhang: Biblische Geschichten 64 S.) 881. * 80 Pf.
" 2. Mittelstufe. 3. Aufl. (VIII, 224 S.) 881; 4. Aufl. (VIII, 231 S.) 884. * 85 Pf.
" 3. Oberstufe. 3. Aufl. (X, 453 S.) 881. * ℳ 1,60.

Hunger, F. W., Lesebuch für deutsche Bürger- und Volksschulen. 3 Tle. Ausg. B. ohne Bilder. gr. 8. Hildburghausen, Kesselring'sche Hofbuchh. *

Inhalt:
Tl. 1. Unterstufe. 6. und 7. Aufl. (VIII, 168 S.) 881,82. * 60 Pf.
" 2. Mittelstufe. 3. Aufl. (VIII, 224 S.) 881. * 85 Pf.
" 3. Oberstufe. 3. Aufl. (X, 453 S.) 881. * ℳ 1,60.

—— Lesebuch für deutsche Bürger- und Volksschulen. 1.—3. Tl. [vierteilige Ausg.] gr. 8. Ebendas. 885,86. * 2 60

Inhalt:
Tl. 1. Unterstufe. 7. und 8. Aufl. (VIII, 171 S.; Anhang: Biblische Geschichten 64 S.) * 50 Pf.
" 2. Mittelstufe. 5. Aufl. (VIII, 224 S.) * 75 Pf.
" 3. Oberstufe. I. 4. Aufl. (VIII, 479 S.) * ℳ 1.35.

—— dass. — 4. Tl., s. Engel, M. E.

—— Lesebuch f. deutsche Volksschulen. 1. u. 3. Tl. gr. 8. Frankf. a. M. 890, Kesselring. geb. * 2 45
1. Unterstufe. 9. unveränd. Aufl. (VIII, 206 S.) * — 75.
3. Oberstufe I. 5. unveränd. Aufl. (VIII, 480 S.) * 1 70.

— Lesebuch f. deutsche Volksschulen. Ausg. A in 4 Tln. 1. u. 2. Tl. gr. 8. Ebd. n. 1. 25; geb. n.n. 1. 75; m. Anh.: Biblische Geschichten geb. n.n. 2. 20
1. Unterstufe. 11. Aufl. (XVI, 200 S.) 893. n. — 50; geb. n.n. — 75; m. Anh.: Biblische Geschichten. (X, 92 S.) geb. n.n. — 95
2. Mittelstufe. 7. Aufl. (XVI, 271 S.) 894. n. — 75; geb. n.n. 1. —; m. Anh.: Biblische Geschichten. (X, 92 S.) geb. n.n. 1. 25

— dasselbe. Ausg. B in 3 Tln. gr. 8. Ebd. n. 2. 60; geb. n.n. 3. 45; m. Anh. zum 1. u. 2. Tl. geb. n.n. 3. 90
1. Unterstufe. 11. Aufl. (XVI, 200 S.) 893. n. — 50; geb. n.n. — 75; m. Anh.: Biblische Geschichten. (X, 92 S.) geb. n.n. — 95
2. Mittelstufe. 7. Aufl. (XVI, 271 S.) 894. n. — 75; geb. n.n. 1. —; m. Anh.: Biblische Geschichten. (X, 92 S.) geb. n.n. 1. 25
3. Oberstufe. 3 Aufl. (XIV, 506 S.) 894. n. 1. 35; geb. n.n. 1. 70

— dasselbe. Ausg. C in 2 Tln. gr. 8. Ebd. n. 2. 15; geb. n.n. 2. 80
1. Unterstufe. 4., nach den Quellen bericht. Aufl. (XVI, 336 S.) 893. n. — 80; geb. n.n. 1. 10
2. Oberstufe. 3. Aufl. (XIV, 506 S.) 894. n. 1. 35; geb. n.n. 1. 70

— Lesebuch f. deutsche Volksschulen. Ausg. A in 4 Tln. Ausg. B in 3 Tln. 1. u. 2. Tl. gr. 8. Ebd. 898. n. 1. 25; geb. n.n. 1. 75
1. Unterstufe. 16., unveränd. Aufl. (XXI, 200 S.) n. — 50; geb. n. — 75
2. Mittelstufe. 10., unveränd. Aufl. (XXI, 271 S.) n. — 75; geb. n.n. 1. —

— dasselbe. Ausg. C in 2 Tln. 1. Tl. Unterstufe. 6., unveränd. Aufl. gr. 8. (XXVIII, 336 S.) Ebd. 898. n. — 80; geb. n.n. 1. 10

— dasselbe. Ausg. B in 3 Tln. 3. Tl. Oberstufe. Ausg. C in 2 Tln. 2. Tl. Oberstufe. 6., unveränd. Aufl. gr. 8. (XX, 506 S.) Ebd. 898. n. 1. 35; geb. n.n. 1. 70

— Lesebuch f. deutsche Volksschulen. Ausg. A in 4 Tln. 2. u. 3. Tl. gr. 8. Ebd. (900). n. 2. 10; geb. n.n. 2. 70
2. Mittelstufe (zugleich Ausg. B, 2. Tl.). 11. Aufl. (XXI, 275 S.) n. — 75; geb. n.n. 1. —
3. Oberstufe I. 6., unveränd. Aufl. (VIII, 480 S.) n. 1. 35; geb. n. n. 1. 70

— dasselbe. Ausg. B in 3 Tln. 2. u. 3. Tl. gr. 8. Ebd. (900). n. 2. 10; geb. n.n. 2. 70
2. Mittelstufe (zugleich Ausg. A, 2. Tl.). 11. Aufl. (XXI, 275 S.) n. — 75; geb. n.n. 1. —
3. Oberstufe (zugleich Ausg. C, 2. Tl.). 8. Aufl. (XX, 512 S.) n. 1. 35; geb. n.n. 1. 70

— dasselbe. Ausg. C in 2 Tln. 8. Aufl. gr. 8. Ebd. (900). n. 2. 15; geb. n.n. 2. 80
1. Unterstufe. (XXVIII, 345 S.) n. — 80; geb. n.n. 1. 10
2. Oberstufe (zugleich Ausg. B, 3. Tl.). (XX, 512 S. m. 2 eingedr. Bildnissen.) n. 1. 35; geb. n.n. 1. 70

— dasselbe. Ausg. B in 3 Tln. III. Tl. Oberstufe. Ausg. C in 2 Tln. II. Tl. Oberstufe. 9. Aufl. In neuester Rechtschreibg. (XX, 530 S.) gr. 8. Ebd. (903). n. 1. 30; geb. in Halbldr. n.n. 1. 70

— dasselbe. Ausg. C in 2 Tln. 1. Tl. Unterstufe. 10. Aufl. In neuester Rechtschreibg. (XXVIII, 347 S.) gr. 8. Ebd. 903. n. — 80; geb. in Halbldr. n.n. 1. 10; m. Anh.: Biblische Geschichten. (XXVIII, 347 u. X, 96 S.) Geb. in Halbldr. n.n. 1. 35

— Lesebuch f. deutsche Volksschulen. Ausg. A in 4 Tln. Ausg. B in 3 Tln. 1. u. 2. Tl. In neuester Rechtschreibg. 8. Ebd. n. 1. 25; geb. n.n. 1. 75
1. Unterstufe. 21. u. 22. Aufl. (XXI, 208 S.) 906. n. — 50; geb. n.n. — 75
2. Mittelstufe. 15. u. 16. Aufl. (XXI, 276 S.) 906. n. — 75; geb. n.n. 1. —; m. Anh.: Biblische Geschichten. (XXI, 276 u. X, 96 S.) 906. Geb. n.n. 1. 25

— dasselbe. Für das 3. u. 4. Schulj. neu bearb. v. W. Schreyer u. L. Bartsch, Piersig u. Wünschmann. (XVI, 272 S.) gr. 8. Ebd. 906. n. — 85; geb. n.n. 1. 10

— Lesebuch f. deutsche Volksschulen. Für das 5.—8. Schulj. neubearb. v. W. Schreyer, L. Bartsch, M. Wünschmann. gr. 8. Ebd. 908. nn 2.55; geb. nn 3. 25
5. 6. (XV, 446 S. m. 1 Farbdr.) nn 1.25; geb. nn 1. 60
7. 8. (XV, 448 S. m. 1 Farbdr. nn 1.30; geb. nn 1. 65

— Lesebuch für einfache Volksschulen. 2 Tle. Mit neuer Orthogr. gr. 8. Ebend. 881. 82. n.n. 2. 60
1. Unterstufe. (VIII, 288 S.) n.n. — 80; geb. n.n. 1. —
2. Oberstufe. (XI, 516 S.) n. 1. 80

— Lesebuch f. einfache Volksschulen. 1. Tl. Unterstufe. 2. Aufl. gr. 8. (XII, 290 S.) Hildburghausen 886. Kesselring. n n — 80

— Lesebuch für einfache Volksschulen. In 2 Tln. gr. 8. Ebd. n. 2. 80
1. Unterstufe. 3. Aufl. (XII, 290 S.) 889. n. — 80
2. Oberstufe. 2. Aufl. (XI, 458 S.) 888. n. 1. 50

Hunger, Fritz, du, weißt du, wo das war . . . (XI, 144 S.) 8. Dresden (907). E. Pierson. 2.—; geb. n 3. —

Hunger, Fritz, erste Wege. Lieder u. Gedichte. (IV, 99 S.) 8. Dresden 906. E. Pierson. n. 1. 50; geb. n. 2. 50

— **Gottlob Gottwalt** (Schellenberg. Mont.), Observationes ad successionem feudalem in Saxonia electorali spectantes. Präs. Gotthelf Friedrich Lochmann. Lpz. (Langenheim) 22. XII. 1767. 36 S. mit Widm. v. Präs. (6.—) 16386

Hunger, Johannes: Becherwahrsagung bei den Babyloniern. Nach 2 Keilschrifttexten aus d. Hammurabi-Zeit
Leipzig 1903: A. Pries. (58 S.) 8⁰
Erschien vermehrt 1903 als. Leipz. semitist. Studien, Bd 1, H.1
Leipzig, Phil Diss. v [2. Juni] 1903

Becherwahrsagung bei den Babyloniern nach zwei Keilschrifttexten aus der Hammurabi-Zeit. Von Johannes Hunger, cand. theol. *Leipzig: J. C. Hinrichs 1903.* (80 S.) 8°
= Studien, Leipziger semitistische. 1, 1.

Hunger, J., Katechismusergötzlichkeit. 5 Thle. 8. Dresden, Gerlach. 716.

H[unger], J[ohann]. Biblisches Real-Lexicon, In welchem nicht allein alle Länder, Städte, und Gegenden, Thiere Mineralien, Gewichte, Maas, Ellen und Müntzen, Sondern auch Viele andere nachdenckliche Wörter und Redens-Arten, Glaubens-Articul, Gleichnisse in Summa Alles was zur Erklärung dunckler und schwerer Schrifft-Stellen A. und N. Testaments etwas beytragen kan, enthalten ist. Nebst einer Vorrede G. S. Greens. Chemnitz, C. Stößel, 1721 4° *Gestoch. Frontispiz,* Titel, 10 Bl. 2544 Spalten. Berieb. Ldbd. d. Z. m. 2 Schließen.

Originalausgabe dieses erstaunlich inhaltsreichen Wörter- und Sachlexikons. Der belesene Verfasser gibt zu Anfang ein Verzeichnis der ca. 200 von ihm benutzten Werke.

— biblisches Reallexikon. 4 Thle. 4. Chemnitz. 733.

Hunger, Johs., babylonische Tieromina nebst griechisch-römischen Parallelen, s. Mitteilungen der vorderasiatischen Gesellschaft. 14. Jahrg. 3. Heft.

Hunger, Johannes: Babylonische Tieromina nebst griechisch-römischen Parallelen. Berlin: Peiser 1909 178 S. 8⁰
(Mitteilungen d. Vorderasiat. Gesellschaft. 1909. 3.)

Hunger, Joh. Friedr., das Röm. Erbrecht. gr. 8. (34 B.) Erlangen 834, Palm'sche Vrlsbuchh.

Hunger, Johann Gf

Hunger, J. G. Denkwürdigkeiten zur Finanzgeschichte von Sachsen; oder neubearbeitete Geschichte der Abgaben in den chursächsischen Staaten. gr. 8⁰. Leipzig, Weygand, 1789.

Hunger, J. G., „Denkwürdigkeiten zur Finanzgeschichte von Sachsen", Leipzig 1790. — Vorh.. Preuß. Staatsbibl. Berlin.

Hunger, J. G.: „Kurze Geschichte der Abgaben", Dresden 1782, 1783.

— Geschichte der Abgaben, besonders in Sachsen. gr. 8. Dresden, Gerlach. (a. Feind in Leipz.) 785.

— s. a. Geschichte d. Abgaben.

Hunger, Johann Gf, s. Thrasybulus

[*S.*] **Hunger,** Carl (geb. am 21 Mai 1852 in Wien): Zur Geschichte Papst Johanns XXIII .. Bonn, Univ.-Buchdr. v. C. Georgi 1876. 2 Bl. 8. ¶ Nur Titelbl., Vita u. Thesen.
Bonn, Phil. Fak., Thes. v. 10 Aug. 1876

[*S.*] **Hunger,** Carl (geb. am 21 Mai 1852 in Wien): Zur Geschichte Papst Johanns XXIII ... Bonn, Univ.-Buchdr. v. C. Georgi 1876. 52 S., 1 Bl. 8.
Bonn, Phil. Fak., Diss. v 10 Aug. 1876

Die Kettenregel theoretisch und practisch erläutert von *Carl Hunger*, der Gottesgelehrsamkeit Beflissener. Halle. Auf Kosten des Verfassers. Zu haben bey Herrn Dost an der Waage, und beym Verfasser, wohnhaft beym Herrn Kaufmann Rothe in der Märkerstrasse. 36 Seit. 4.
1793.

Hunger, K., Kettenregel, erläut. 4. Hamb. 796. Vollmer. Kal

Hunger, Karl Benj. Glo., († d. 23. Nov. 1803.) d. letzte Nacht Jesu u. sein Todestag; e. Wink zur würd. Vorbereitung zum heil. Abendmahl, für gebild. Christen. 8. Bresl. 800.

Hunger, *Karl Gottlob* Mitteilungen über eine handschriftliche Coss und die damit verbundene Sammlung algebraischer Aufgaben. (Umschlagtitel: Mitteilungen über verbundene Aufgabensammlung, mit zwei lithographierten Tafeln. Ein Beitrag zur Geschichte der Algebra.) 4 (28 S.).
Progr. G. Georgianum *Hildburghausen* 1887 (650).

Hunger, Carl Glob., Schulgrammatik der französischen Sprache für die oberen Klassen höherer Lehranstalten. gr. 8. (VIII und 320 S.) Saalfeld 865, Niese.

Hunger, K. G., Die arithmetische Terminologie der Griechen als Kriterium für das System der griech. Arithmetik. Pr. 1874. 27 S. 4°. 1.20

Hunger, Max

Hunger, M., Fischerinnen-Reigen, s.: Kostüm-Reigen.

Hunger, Max, Flaggen-Reigen f. 64 Kinder, s.: Reigensammlung.

— Gärtnerinnen-Reigen, s.: Kostüm-Reigen. Nr. 5.

— Humoristischer Müller-Reigen, s.: Kostüm-Reigen.

— Ein Wintertag in der Großstadt, s.: Kostüm-Aufführungen.

Hunger, Oskar, die Einführung der Reformation in Chemnitz. Eine Denkschrift zur 300jähr. Jubelfeier am 31. Octbr. 1839. 2e Aufl. Mit Luthers Bildn. 8. Chemnitz 839. Gordsche u. Comp. 1/12 ℛ

Hunger, Paul: Über halbseitige Abkömmlinge der as. Dimethylbernsteinsäure. Bonn 1909: Broch & Schwarzinger. 63 S. 8°
Bonn, Phil. Diss. v 14. Aug. 1909, Ref. Anschütz
[Geb. 16. Nov. 85 Cöln; Wohnort: Cöln; Staatsangeh.: Preußen; Vorbildung: Friedrich-Wilhelm-Gymn. Cöln Reife O. 04; Studium: Bonn 2, Berlin 3, Bonn 5 S.; Rig. 28. Juli 09.] [U 10. 386

Hunger, Paul (geb Cöln a Rh 31 5 1853) Ueber einen merkwürdigen Fall von Blasenstein bedingt durch einen in die Blase eingedrungenen Holzsplitter Berlin (1878) (31 S.) 8°
Berlin: Med Diss v 2 März 1878

Hunger, R., der Schulkampf im Bez. Dippoldiswalde in den J. 1900—1910. Ein modernes Jesuitenstück im evangel. Sachsen. (97 S.) gr. 8. Leipzig 911. Dörffling & Franke. 1. —

Hunger, Rudolf, a. Bautzen: Die Schwemmlandküste des Arno. Versuch der Begrenzung eines Küstensaumes nach innen. Leipzig 1906: C. G. Naumann. (135 S.) 8°
Leipzig, Phil. Fak., Ref. Weule, Credner, Diss. v. 9. Mai 1906
[Geb. 2. März 82 Bautzen; Wohnort: Bautzen; Staatsangeh.: Sachsen; Vorbildung: Gymn. Bautzen Reife O. 00; Studium: Leipzig 9 S.; Rig. 20. Dez. 04.]

Hunger, Sebastian

Hunger, S. Alpenbahn und Lokalbahn in Graubünden. In-8°, 12 S. Chur, Jul. Rich (J. M. Albin's Nachfolger). 1888. — 25

Hunger, Seb. (Advokat). Chur-Thusis-Bellaluna. Graubündner Centralbahn. In-8°, 24 S. Chur, Buchdruckerei von Gebr. Casanova (Kollenberger'sche Buchhandlung). 1883. — 50

Hunger, S. Denkschrift an die hohen Bundesbehörden betreff. Subventionirung der Graubündner Centralbahn. Gr. in-8°, 22 S. Chur, Jul. Rich (J. M. Albin's Nachfolger). 1888. — 50

Hunger, Seb., Eisenbahnen in Graubünden, neue Wege z. Volkswohlfahrt. 15 Stn. 8. Chur. Druck von Gebr. Casanova. 1875.

(Hunger, Sebastian.) Gesuch an den Grossen Rat von Graubünden um Bildung einer politischen Gemeinde Sculms. Rechtsgeschichte der Nachbarschaft Sculms. (1904 Januar 31.) 52 S. 8. Chur, A.-G. Bündner Tagblatt, 1904.

(Hunger, Sebastian.) Klage des Hofes Camana gegen die Gemeinde Safien betreffend Wald-Eigenthum. (An das Bundesgericht. 1901 März 2.) 49 S. 8. Chur, A.-G. Bündner Tagblatt, 1901.

Hunger, S. Memorial an den Tit. Schweiz. Bundesrath zu Handen der h. Bundesversammlung betr. Verlängerung der Conzession für eine Eisenbahn Chur-Thusis-Filisur. In-8°, 16 S. Chur, Jul. Rich. 1888. — 30

(Hunger, Sebastian.) Replik des Hofes Camana auf die Vernehmlassung der Gemeinde Safien betreffend Wald-Eigenthum. (An das Bundesgericht. 1903 April 17.) 74 S. 8. Chur, Druck der A.-G. Bündner Tagblatt, 1903.

Hunger, Sebast. Centrum od. Peripherie? Bündnerische Eisenbahnpolitik. gr. 8. (20 S.) Chur 889, (Rich). * — 50

Hunger, Wilhelm, geb. zu Amsterdam, Holland: Ueber die Funktion der oberflaechlichen Schleimbildungen im Pflanzenreiche. *Leiden 1899: E. J. Brill.* (80 S.) 8°
Jena, Phil. Diss. v. (2. Aug.) 1898

(Hungerbühler, [Hugo].) Die Bekleidung und Ausrüstung unserer Infanterie. ⟨Nach dem Schlussprotokoll der «Kommission für Reform der Bekleidung und Ausrüstung der Infanterie».⟩ Sonderabdruck aus der «Schweizerischen Monatschrift für Offiziere aller Waffen» [Jahrg. 20,] 1908 [№ 6]. 9 S. 8. [Frauenfeld, Huber & Co.]

Hungerbühler, H. (Red.), s. Blätter, Schweizerische militärische.

Hungerbühler, Hugo. Étude critique sur les traditions relatives aux origines de la Confédération suisse. Mémoire couronné par la Section des Sciences morales et politiques de l'Institut National Genevois. 8. Genève et Bâle 1869.

Hungerbühler, Hugo. Vom Herkommen der Schwyzer. (Eine wiederaufgefundene Schrift aus dem XV. Jahrhundert, mit Erlauterungen und kritischen Untersuchungen, hrg. von Dr. H. H. (Mitteil. Vaterl. Gesch. St. Gallen. Neue Folge. Heft 4.) 8. St. Gallen 1871.

Hungerbühler, H[ugo]. Zur fünfhundertsten Jahresfeier der Schlacht am Stoss. Vortrag, gehalten am 18. Juni 1905, auf dem Stoss, vor dem Historischen Verein und dem Offiziersverein von St. Gallen, sowie vor Vertretern der Offiziersvereine beider Appenzell und des Rheintals. Sonderabdruck aus der «Schweiz. Monatschrift für Offiziere aller Waffen» [Jahrg. 17, 1905. № 7, Juli]. II + 23 S. 8. Frauenfeld, Huber & Co.

Hungerbühler, H., die schweizerische Infanterietaktik u. das neue deutsche Exerzirreglement f. die Infanterie. Vergleichend-krit. Betrachtgn. gr. 8. (III, 107 S.) Frauenfeld 889. Huber. n. 1. 60

Hungerbühler, H., elementare Karten- und Terrainlehre, nebst einer Anleitung zum feldmäss. Croquiren und einer kurzen Militärgeographie der Schweiz. 12. (VIII, 104 S. mit 64 zinkogr. Fig.) St. Gallen 883, Huber und Comp. cart.

Hungerbühler, H., elementare Karten- und Terrainlehre, nebst einer Anleitung zum feldmäss. Croquiren und einer kurzen Militärgeographie der Schweiz. 2. Aufl. 12. (VII, 104 S. mit 64 zinkogr. Fig.) St. Gallen 885, Huber und Comp. cart. * 1 20

—— die schweizerische Militärmission nach dem serbisch-bulgarischen Kriegsschauplatze. Aus dem Berichte an den schweizer. Bundesrat. gr. 8. (IV, 192 S. mit 1 Uebersichtskarte des Kriegsschauplatzes, 5 Plänen von Gefechtsfeldern, 2 Taf. Befestigungsdetails und anderen Beilagen.) Frauenfeld 886, Huber. * 5 —

Hungerbühler, H., siehe: *Monatsschrift*, schweiz., für Offiziere aller Waffen.

Hungerbühler, H[ugo]. Wo schlug man sich am Morgarten am 15. November 1315? Kleiner Beitrag zur Denkmal-Platzfrage. ⟨Mit einem Situationskärtchen....⟩ Sonderabdruck aus der «Schweizerischen Monatschrift für Offiziere aller Waffen» [Jahrg. 20.] 1908. 17 S. 8. [Frauenfeld, Huber & Co.]

Hungerbühler, Johann Matthias

Hungerbühler, J. M., die Antwort der Reaktion auf die Sozialfrage u. der schweizer. Demokratismus. Eröffnungsrede des Präsid. der St. Gallisch-Appenzellischen gemeinnütz. Gesellschaft, an der Hauptversammlung zu Heiden, den 2. Sept. 1850. (Aus den Verhandlungen abgedruckt.) 8. (48 S.) St. Gallen 850, Huber & Co. n. 6 ngr.

Hungerbühler, J. M., Denkschrift über den Uferschutz am Rhein, s. Denkschrift.

Hungerbühler, Johann Matthias: Das St. Gallische Eisenbahnwesen. St. Gallen 1846.

—— der toggenburger Fabrikant, s. Fabrikant.

—— Geschichtliches über das St. gallische Armenwesen. Ein Beitrag zur Geschichte des Armenwesens der östl. Schweiz. 8. (VI und 144 S.) St. Gallen 853, Huber und Comp.

—— Industriegeschichtliches über die Landschaft Toggenburg. Ein Beitrag zur Industriegeschichte der östl. Schweiz. 8. (IV und 132 S. mit 2 Tab. in 4. und Imp.-4.) St. Gallen 852, Huber und Comp.

Hungerbühler, J. M., über das öffentliche Irrenwesen in der Schweiz. Mit einem Antrag an die Hauptversammlung der schweiz. gemeinnützigen Gesellschaft vom Septbr. 1846. Mit 5 lith. Taf. 8. St. Gallen, Heiter u. Comp. 3/4 ng

—— über das öffentliche Irrenwesen in der Schweiz. Mit einem Antrag an die Hauptversammlung der schweizer. gemeinnützigen Gesellschaft vom Sept. 1846. 8. (118 S. und 5 Taf. in Fol.) St. Gallen 847, Huber und Comp.

— zwei Kabinetsstücke über die St. Bartholomäusnacht und Fürstabt Joachim von St. Gallen. St. Gallen 858. (Scheitlin u. Zollikofer.) 8. (30 S.) n. 4 ngr

(Hungerbühler JM), über Klagen des Handwerkerstandes, ihre Ursachen und die Mittel, denselben abzuhelfen. St. Gallen 1849

Hungerbühler, J[ohann] M[atthias]. Dr Gabriel Rusch's (1794–1856) Leben und Wirken. Eine biographische Skizze (SA.) 8. St Gallen 1856.

— das Lotterieunwesen in den Kantonen Appenzell und St. Gallen, s.a.Lotterieunwesen.

Lotterieunwesen (Das) in den Kantonen Appenzell und St. Gallen. Aus den Verhandlungen der St. Gallisch-Appenzellischen gemeinnützigen Gesellschaft etc. abgedr. (Von J. M. Hungerbühler.) 8°. St. Gallen, Huber u. Co., 1854.

[Hungerbühler, Johann Matthias] Tessin und die graubündnerschen Gemeinden Puschlav und Brus im Verband mit den lombardischen Diöcesen Mailand und Como, die Bestrebungen und Lostrennung von denselben (° Umschlag Die Trennung von T., P. und B. von den lomb. Bisthümern M. und C.) und deren Anschluss an ein schweizerisches Bisthum (° Umschlag an schweizerische Bisthumssprengel). Ein Beitrag zur Beleuchtung der Trennungsfrage 8. St Gallen 1860.

—— Carl Wegelin, der St. gallische Stiftsarchivar und Geschichtschreiber Toggenburgs. Eine biograph. Skizze. 8. (28 S.) St. Gallen 858, Scheitlin und Zollikofer. *

Hungerbühler, Matthias, Tierarzt: Aus d. pathol. Inst. d. Tierärztl. Hochsch. in Stuttgart. Vorstand Lüpke. Über Muskeltuberkulose bei Mensch und Haustieren, mit besonderer Berücksichtigung der sogenannten knotigen Muskeltuberkulose (Pseudotuberkulose) des Rindes. Stuttgart 1910: (Grüninger). 52 S. 8°
Gießen, Veterinär-Med. Diss. v. 21. Juni 1910, Ref. Olt
[Geb. 27. Febr. 83 Weigheim; Wohnort: Wehingen; Staatsangeh.: Württemberg; Vorbildung: Gymn. Ehingen Reife Juli 04; Studium: Stuttgart Tierärztl. Hochsch. 8 S.; Rig. 6. Mai 10.] [U 10. 1210

Hungerbühler, Max. Studien an Gyrocotyle und Cestoden. Ergebnisse einer von L[eonhard] Schultze ausgeführten zoologischen Forschungsreise in Südafrika. Diss. Phil. Basel. Mit 2 Tafeln [nebst Erklärungen]. (Sonderabdruck aus: Jenaische Denkschriften, Bd. 16. Schultze, Forsch' in S', Bd. 4, Liefg. 3.) IV + 26 S. 4. Jena, Gustav Fischer, 1910.

Hungerbühler, Max, Studien an Gyrocotyle u. Cestoden, s.a. Denkschriften der medicinisch-naturwissenschaftlichen Gesellschaft zu Jena. XVI. 3.

Hungerbyler, M. D., de oleo ricini medicamento purgante anthelminthico praestantissimo. C. fig. 8maj. Frburg 780. Wagner. 4 gl

Hungerbyhler, De Oleo ricini, medicamento purgante, et anthelmintico praestantissimo. Francofurti et Lipsiae: Bayrhoffer 1791. 61 S. 8°

Hungerford, Margaret. The coming of Chloe, s.a. Collection of British authors.

The Coming of Chloe. By Mrs. [Margaret] Hungerford. Copyright ed. Leipzig: Tauchnitz 1897. 286 S. 8°
(Collection of British authors. Tauchnitz Ed. Vol. 3239.) [11. 8190

— a born coquette, — Nora Creina, s. Collection of British authors.

Nora Creina. A novel. By Mrs. [Margaret] Hungerford. Copyright ed. In 2 vol. Vol. 1. 2. Leipzig: Tauchnitz 1893. 8°
(Collection of British authors. Tauchnitz Ed. Vol. 2916/17.) [11. 7961

— verschwundene Diamanten. Roman. Autoris. Uebersetzung v. Ludw. Wechsler. 8. (272 S.) Mannheim 891. J. Bensheimer's Verl. n. 3. —

— the duchess, s.: Collection of British authors.

The professor's Experiment. By Mrs. [Margaret] Hungerford. Copyright ed. In 2 vol. Vol. 1. 2. Leipzig: Tauchnitz 1896. 8°
(Collection of British authors. Tauchnitz Ed. Vol. 3102/3.) [11. 8096

– The professor's experiment, s.a. Collection of British authors.

— Lady Verner's flight, s.a. Collection of British authors.

Lady Verner's Flight. By Mrs. [Margaret] Hungerford. Copyright ed. Leipzig: Tauchnitz 1893. 286 S. 8°
(Collection of British authors. Tauchnitz Ed. Vol. 2879.) [11. 7931

— a little Irish girl, s.: Library, the English.

A lonely Girl. By Mrs. [Margaret] Hungerford. Copyright ed. Leipzig: Tauchnitz 1897. 271 S. 8°
(Collection of British authors. Tauchnitz Ed. Vol. 3188.) [11. 8131

– A lonely girl, s.a. Collection of British authors.

The three Graces. A novel. By Mrs. [Margaret] Hungerford. Copyright ed. Leipzig: Tauchnitz 1895. 287 S. 8°
(Collection of British authors. Tauchnitz Ed. Vol. 3065.) [11. 8070

– The three Graces, s. Collection of British authors.

A conquering Heroine, and 'When in doubt'. By Mrs. [Margaret] Hungerford. Copyright ed. Leipzig: Tauchnitz 1893. 269 S. 8°
(Collection of British authors. Tauchnitz Ed. Vol. 2903.) [11. 7931

– A conquering heroine and „When in doubt", s.a. Collection of British authors.

The Hoyden. A novel. By Mrs. [Margaret] Hungerford. Copyright ed. In 2 vol. Vol. 1. 2. Leipzig: Tauchnitz 1894. 8°
(Collection of British authors. Tauchnitz Ed. Vol. 2956/7.) [11. 7989

– The Hoyden, s.a Collection of British authors.

— die wilde Hummel, s.a. Kürschner's Bücherschatz

[F.] Die wilde Hummel. Roman v. Mrs. [Margaret] Hungerford. Autoris. Übs. . . M. Ill. v. Emil Ranzenhofer. *Berlin, Eisenach, Leipzig: H. Hillger [1898].* (127 S.) 1 Bd 8.
— Bücherschatz, Kürschners. No 78. [98. 4710

Hungerford, Mrs., April's Lady, s.: Library, the English.

An unsatisfactory Lover. By Mrs. [Margaret] **Hungerford.** Copyright ed. Leipzig: Tauchnitz 1894. 261 S. 8°
(Collection of British authors. Tauchnitz Ed. Vol. 3010.) [11. 8007

– A unsatisfactory lover, s.a Collection of British authors.

Lovice. By Mrs. [Margaret] **Hungerford.** Copyright ed. Leipzig: Tauchnitz 1897. 295 S. 8°
(Collection of British authors. Tauchnitz Ed. Vol. 3210.) [11. 8166

– Lovice, s.a. Collection of British authors.

Hungerford, Mrs., The O'Connors of Ballinahinch, s.: Library, the English, vol. 180.

— lady Patty, } s.: Library, the English.

A Point of conscience. By Mrs. [Margaret] **Hungerford.** Copyright ed. In 2 vol. Vol. 1. 2. Leipzig: Tauchnitz 1896. 8°
(Collection of British authors. Tauchnitz Ed. Vol. 3117/8.) [11. 8105

– A point of conscience, s.a. Collection of British authors.

— a mad prank and other stories, s.a. Collectio[n] of British authors.

A mad Prank, and other stories. By Mrs [Margaret] **Hungerford.** Copyright ed. Leipzig: Tauchnitz 1893. 264 S. 8°
(Collection of British authors. Tauchnitz Ed. Vol. 2936.) [11. 7078

Hungerford, Mrs., Prinzeßchen, s. Kürschner's Bücherschatz.

Prinzeßchen. Erzählung von Mrs. [Margaret] **Hungerford.** Autor Übertr. von P Wollmann Berlin, Leipzig H Hillger [1907]. (127 S.) 8° [F.]
— **Bücherschatz,** Kürschners. No 538. [07. 15355

The Red House Mystery. A novel. By Mrs. [Margaret] **Hungerford.** Copyright ed. Leipzig: Tauchnitz 1894. 279 S. 8°
(Collection of British authors. Tauchnitz Ed. Vol. 2979.) [11. 8003

– The red house mystery, s.a. Collection of British authors.

Die Schwiegertochter. Roman von Mrs. [Margaret] **Hungerford.** Genehmigte Uebertragung von F. Helmy. *Köln: J. P. Bachem [1902].* (347 S.) 8° [F.]

— her last throw, and a little rebell, s.: Library the English.

A Tug of war. A novel. By Mrs. [Margaret] **Hungerford.** Copyright ed. Leipzig: Tauchnitz 1895. 287 S. 8°
(Collection of British authors. Tauchnitz Ed. Vol. 3079.) [11. 8080

– A tug of war, s.a. Collection of British authors.

— nor wife nor maid, s.: Library, the English.

Peter's Wife. A novel. By Mrs. [Margaret] **Hungerford.** Copyright ed. In 2 vol. Vol. 1. 2. Leipzig: Tauchnitz 1895. 8°
(Collection of British authors. Tauchnitz Ed. Vol. 3029/30.) [11. 8040

– Peter's wife, s.a. Collection of British authors.

Hungerjahr, Das, 1817. St. Gallen 1818. V: *Zollikofer, Ruprecht.* (zuwzür 13, 1909, II, S. 131)

v **Hungerkhausen, Heinr** Epaminondas und Gustav Adolph. 8 München 1813.

v. Hungerkhausen, Hnr., Epaminondas u. Gustav Adolph, eine Parallele. 8. Nürnb. 813. Stein. 12 gr

Hungerl, Joh. Chr. Theodor u. Geraldine, s. Humor, dem, e. Gasse.

Hungerland, Heinz, s.: **Philologiae novitates.**

Runen und Rhythmen. Lyrische Dichtungen u. Uebertragungen aus fremden Zungen von Heinz **Hungerland.** Kiel: Cordes 1910. 368 S. 8° [11. 2104 8

Hungerland, Heinz, das wissenschaftliche Studium der deutschen Sprache u. Literatur. Ein Wegweiser f. Studierende. (45 S.) kl. 8. Lund 906. (Heidelberg, O. Ficker.) n. 1. 12

Hungerland, Heinz, aus Bremen **Zeugnisse zur Vǫlsungen- und Niflungensage aus der Skaldendichtung ⟨8.—16. jh.⟩** T. 1: Zeugnisse aus den Anfängen und der Blütezeit der Skaldendichtung bis zur isländischen Frührenaissance ⟨8. 13. jh.⟩. *Lund 1903: Berling.* (43 S.) 8° ¶ (Aus Arkiv for nordisk filologi. 20. ny följd 16.) — [Erschien vollst. ebenda.]
Kiel, Phil. Diss. v. [25. Apr.] 1903

Hungeroether, Karl, Referendar in Pirna: Die Ehrenannahme nach der deutschen Wechselordnung. Borna-Leipzig 1906: R. Noske. (VIII, 54 S.) 8°
Leipzig, Jur. Fak., Diss. v. 3. Dez. 1906
[Geb. 16. Sept. 81 Königsee; Wohnort: Pirna; Staatsangeh.: Sachsen u. Schwarzburg-Rudolstadt; Vorbildung: Gymn. Rudolstadt i. Th. Reife M. 01; Studium: Leipzig 3, München 1, Berlin 2, Leipzig 2 S.; Rig. 1. Aug. 05.]

Hungerpest,

— die, in Oberschlesien. Beleuchtung oberschlesischer u. preuß. Zustände. 8. (172 S.) Mannheim 848, Hoff. (Frankfurt a. M., St. Goar.) 12 ngr

Hungerpest, Die oberschlesische. Mit amtlichen Zahlen. . . . Leipzig 1848. V: *Simon, August Heinrich.* (ADB)

Hungerpest, Die oberschlesische, mit amtlichen Zahlen . . . Leipz. 1848. V: *Matthes, Benno.* (EB)

Hungerpest, die oberschlesische Mit amtlichen Zahlen. Eine Frage an die Preuß. Regierung. 8. (16 S. m. 1 Tab. in 4.) Leipzig 848, Blum & Co. (Friese) 3 ngr

Hungerpest, die oberschlesische. Mit amtlichen Zahlen. Eine Frage an die preuß. Regierung. 8. (16 S. und 1 Tab. in 4.) Leipzig 848, [Matthes.] Thlr.

Gegen die Hungerpolitik. Gr.-8°. (88 S.) * K —.80
Wien: Wiener Volksbuchh. 1908.

Hungersnoth, die, in der Eifel. Getreue Darstellung der Nothlage. (15 S.) * 10 Pf.; 2. Aufl. gr. 8. (15 S.) Leipzig 883, Milde.

Hungersnoth, Die, im böhmischen Erzgebirge. Prag 1843. V: *Liebich, Christoph.* (EB)

Hungersnoth, die, im böhmischen Erzgebirge, ihre Ursachen, ihre Folgen, ihre Abhülfe. Eine Betrachtung m. Rücksicht auf jene Erwerbsquellen, welche Land- u. Forstwirthschaft, Futterbau u. Viehzucht bieten. gr. 12. (3 B.) Prag 843, Borrosch u. André. * —

Hungersnot, die große, u. Pest in Indien. E. Beschreibg. d. entsetzl. Zustände, welchen e. halbe Million Menschen in 6 Monaten z. Opfer fielen. gr. 8. (15 S. m. 2 Abb.) Wytikon-Zürich 897. G. Schilde. — 15

(Vignette *Denkmal*, 42 47) Die schreckliche Hungersnoth, unter der arbeitenden Klasse, durch den Krieg in Amerika und England, 1862
Kol Mulhausen, gedruckt bei J P Risler
o J, (1862). 1 Bl zweiseitig bedruckt, 280 · 230.
Arch. Bas-Rhin, Strasbourg F 211

Hungerthurm, Der, oder Edelsinn und Barbarei der Vorzeit. Schauspiel in drei Akten. Wien 1805. V: *Gleich, Joseph Alois.* (WBL) (Ky) »1806« (NN)

— der, oder Edelsinn u. Barbarei d. Vorzeit. Schspl. in 3 A. (von Jos. Al. Gleich). 8. Wien 805. Wallishausser. 6 ℊ

Hungerthurm, Der, in Pisa; ein Schauspiel. Chur u. Lindau 1769. V: *Bodmer, Johann Jacob.* (Ky) (ML) (GGr) (JL) (BrMm)

Hungerthurm, der, zu Pisa. Trspl. (von J. J. Bodmer). 8. Lindau 770. Otto. 3 ℊ

Hunglinger, A. M.

— Abbildungen u. Beschreib. herumziehender Krämer von Constantinopel, nebst andern Stadteinwohnern u. Fremden aus Aegypten, d. Barbarei u. d. Archipelagus; nach d. Natur gezeichnet. 1s u. 2s Heft. Fol. Wien 803. Degen. 9 ℛ Mit ill. Kpf. 48 ℛ

— — dieselbe. Fol. Wien, Rehm. 799. m. illum. K.

Hunglinger, A. M., Cris de Constantinople dessinés d'apres nature à Pera. Avec la description. Cah. I. et II. Fol. Wien 803. Degen. 9 ℛ 12 ℊ

— Mekka, d. Mutter d. Städte, mit d. Abbild. derselben in Fol. 4. Wien 804. Degen. 2 ℛ 12 ℊ Dass. französ. 2 ℛ 12 ℊ Der Plan allein 1 ℛ 16 ℊ

— — dies. Beschr. m. Abbild. Wien, Rehm.

Hunglinger, J., Taschenbuch für Zollbedienstete, s. Taschenbuch.

Hunglinger, J., der deutsche Zolltarif in seinen einzelnen Positionen durch den Wortlaut d. amtlichen Waarenverzeichnisses, die hiezu erschienenen Verordgn. u. e. technolog. Anh. f. Zollbeamte, Kaufleute, Fabrikanten etc. erläutert. gr. 8. (IV, 268 S.) Nürnberg 875. v. Ebner in Comm. n. 5. —

Hungrigen (An die) und Nackten. Flugblatt. 8°. London (?) s. a.

Hungry, Remedies of beauty, oder Rezepte f. die Toilette junger Damen und Herren ꝛc. a. d. Engl. 8. Berl. Oehmigke d. jüng. 805. ——

Hungs, Bern. Wilh., prakt. Anweisung feine Branntweine u. Liqueure wohlf. u. ohne Mühe selbst zu bereiten, od. 55 Rezepte d. beliebt. deutschen, französ. u. italien. Liqueure. Aus dess. Nachlaß. gr. 12. (2 B.) Aachen 838, [Düsseldorf,] Roschütz u. Comp.

Hungurvaka s. histor. primor. quinque Skalholtensium in Islandia Episcopor. etc. 8maj. Kopenh. 778. Schubothe. 1 ℛ 6 ℊ (Gyldendal). 1 ℛ 8 ℊ

Hüni, Anna. Zum Sprachunterricht der Elementarschule. Von A' H', Lehrerin in Zürich. Illustrationen von J[acob] Billeter, ... Basel. 38 S. 8. Zürich, Schulthess & Co., 1904. [cart. fr. — . 60]

Hüni, E., drei Novellen. 8. (246 S.) Zürich 882. Schmidt. n. 3. —

Hüni, E., drei Novellen. Volksausg. 8. (246 S.) Zürich 887, Caesar Schmidt. * 1 —

Hüni, Ernst. Über die Oxydation des Phytols. Promotionsarbeit Polyt. Zürich. [Mit Figuren.] 112 S. 8. Zürich, Jean Frey, 1910.

Hüni, J H · Einlösungstarife für die alten Schweizer- und Zürcher-Münzen. Zürich.

Hüni, Johann Jakob

Hüni, J. J., Blätter von Horgen. Beitrag zur Kenntniß des zürcher. Volkslebens. gr 8. (IV u. 312 S. m. 1 lith. Taf.) Zürich 849, Orell, Füßli & Co. n. 1 ℛ

Hüni, Conrad Bleuler-, s. Bleuler-Hüni.

Hüni, Robert: Über Syphilis der Schädelknochen. Horgen C. Weiss Dr. 1856. 30 S., 1 Bl., 1 Taf. 8°
Zürich, Med. Diss. v. 23. Juli 1856.

Hunia. Wochenschrift für ungarische Mode, Literatur, Kunst und öffentliches Leben. Verantwortlicher Redacteur: Carl Horischezky. Hauptmitarbeiter: Wilhelm Siegmund. 52 Nrn. 4. Mit Kunstbeilagen und jährlich 4 color. Stahlstichprämien. Pest, Werfer. 1861. 10 fl.

Hünich, L. A., Bestimmung der Esperschen Abbildungen europäischer Schmetterlinge nach Ochsenheimer, Treitschke und Heydenreich. gr. 4. (X und 36 S.) Leipzig 854, T. O. Weigel. *

Hünichen, F., die ersten Anfangsgründe im Blumenzeichnen. Eine Reihenfolge methodisch geordneter Vorlegeblätter zum Blumenzeichnen für Stadt- u. Landschulen wie zum Selbstunterricht. 1. u. 2. Hft. qu. 4. (à 12 lith. Bl.) Eisleben 852, Kuhnt. (à 1/4 ℛ) 1/2 ℛ

—— Vorlegeblätter zum Blumenzeichnen. Eine Reihenfolge methodisch geordneter Vorlegeblätter zum Blumenzeichnen für höhere Töchterschulen, Stadt- und Landschulen wie zum Selbstunterricht hrsg. 1—3. Heft. gr. 4. (28 lithogr. Bl.) Eisleben 854, Kuhnt'sche Buchh. à Heft 10 Ngr.

[F.] Hüniger, Hermann: Der Philosoph Karl Christian Friedrich Krause als Mathematiker. Eisenberg, P. Kaltenbach, 1894; 32 S. 4.
Eisenberg, herz. Christians-G, OP 1894 (688)

Hüningen, Die Festung, von ihrer Anlage bis zu ihrer Schleifung. Basel 1816. V: *Lutz, Marc.* (Pr)

Hüningen, Festung die, von ihrer Anlage bis zu ihrer Schleifung. Eine geschichtl. Darstellung ihres die Stadt Basel begrenzenden Daseyns. 2te Auflage. 8. Basel, Flick. 816.

Hüningen, die Festung, von ihrer Anlage bis zu ihrer Schleifung. Eine geschichtl. Darstell. ihres d. Stadt Basel begrenzenden Daseyns. 2e Aufl. 8. Basel 816. (Neukirch). 9 gl.

Hüninger, A. Maculae solares. 1880—85.
Hüninger. A. Protuberantiae solares 1884—85.

Geschichte der evangelischen Gemeinden Claswipper und Wipperfürth v. F. Hunke, Pastor in Wipperfürth ... *Selbstv. d. Vfs.; Hückeswagen: Dr. v. Forster & Welke 1891.* (71 S.) 1 Bd 8. [94. 7346

Hunke, Leopold, aus Frankfurt a. M.: Ueber die Einwirkung von tertiären Aminen auf Tetrachlor-p-Kresolpseudobromid. *Marburg 1904: Köster & Schell.* (54 S.) 8°
Marburg, Phil. Diss. v. [1. Aug.] 1904

Huenke, (Car.) Frid. (geb. Mesentz 29. 10. 1832) De phosphatum terreorum in urina quantitate. Berolini (1856). (28 S.) 8°
Berlin, Med. Diss. v. 6. Aug. 1856

Hunkel, Ernst: Fürst Bismarck und die Arbeiterversicherung. Erlangen 1909: Junge. 122 S. 8
Erlangen, Phil. Diss. v. 14. Juni 1909, Ref. v. Eheberg
[Geb. 10. Aug. 85 Lindenfels; Wohnort: Erlangen; Staatsangeh.: Hessen; Vorbildung: Gymn. Worms Reife O. 04; Studium: Bonn 2, Prag Deutsche Univ. 1, Berlin 2, Tübingen 4, Erlangen 1 S.; Rig. 14. Mai 09.] [illegible] '89 830

Hunkel, Ernst, Fürst Bismarck u. die Arbeiterversicherung. (V, 122 S.) 8. Erlangen 909. (Hamburg, Buchh. des deutsch-nationalen Handlungsgehilfen-Verbandes.) 1. 50

Hunkel, Ernst, Fürst Bismarck und die Arbeiterversicherung. 8°. Erlangen 1910. (Hamburg, Buchhdlg. des deutschnationalen Handlungsgehilfen-Verbandes.)

Der Verein Deutscher Studenten zu Berlin. Wesen, Ziele, Geschichte. Von Dr. phil. Ernst Hunkel. 2. Aufl. Berlin: V. D. St., Deutsche Kanzlei [in Komm.] 20 S. 8°
(Deutsch-akadem. Schriften. H. 1.) A 13. 10017

Hunkele, Jos., Scriptura universalis. Versuch einer lautgetreuen und kurzen gemeinsamen Schrift für alle Völker. gr. 8. (32 S. mit 25 autograph. Taf.) Paderborn 866, (Schöning.) *

Hunkeler, Hans. Die Buebechilbi im Luzerner Hinterland. (Separat-Abdruck [aus:] Schweizerisches Archiv für Volkskunde.... Jahrg. 10. Heft 4.) II S. + S. 250—261. 8. Basel, Verlag der Schweiz. Gesellschaft für Volkskunde, 1906.

([Hunkeler], Hans.) J(ohann) G(eorg) Krauer (1792 1845), der Dichter des Rutli-Liedes. ([Mit Portrat-Tafel und] Beilagen.) 8. Luzern 1893.

[Hunkeler, Hans.] J(ohann) G(eorg) Krauer (1792 1845), der Dichter des Rutli-Liedes, und seine Zeit. ([Mit Portrat-Tafel und] Beilagen.) 2., vermehrte Aufl. 8. Aarau 1896.

Hunkeler, M(artin). Geschichte der Gemeinden Menznau ‹Geis-Menzberg› und Werthenstein ‹Schwanden›, mit besonderer Berücksichtigung der dortigen Wallfahrt. ‹Separatabdruck aus dem «Luz(erner) Volksblatt». [Jahrg. 22. 1907 u. 23. 1908].› [Mit 7 Tafeln.] II + 144 S. 8. Sursee, Huber, 1908. [fr. 1. 20]

Franc(iscus) Josep(hus) Hunkemoller: De Vagina et utero duplici. Berolini ([illegible]:) deusler. 30 S. 8°

Berlin, Med. Diss. v. 7. Juli 1878

Hunkemoeller, Friedrich Bernhard: De glandularum in homine obvenientium structura penitiori. Berolini (1856). (28 S.) 8°
Berlin, Med. Diss. v. 7. Okt. 1856

Hünken, Alyda, Juanita. Erzählung. (89 S.) 12. Quedlinburg 904. P. Deter. Geb. in Leinw. m. Goldschn. n. 2. —

Hunkler. Geschichte der Stadt Colmar u. d. umliegenden Gegend 8. M. Pl. Colmar 1838 5,00.

Hunkler, Th. Fr. Xaver

Hunkler, (Th. F. X.), der Abend eines schönen Lebens. Erzählung f. d. Jugend. gr. 12. (3 B. u. Ttlkpfr.) Wien, Grund. -

—— das hölzerne Bein. Erzählung f. d. Jugend. gr. 12. (2 B. u. Ttlbild.) Wien 846, Grund.

—— Bertha, od. der Feuerschirm. Erzählung f. d. Jugend. gr. 12. (2 B. u. Ttlbild.) Wien, Grund.

—— die zwei Brüder. Erzählung f. d. Jugend. gr. 12. (1½ B. u. Ttlkpfr.) Wien, Grund.

—— Cäcilia, die junge Organistin. Erzählung f. d. Jugend. gr. 12. (1½ B. u. Ttlkpfr.) Wien Grund.

—— Christian, der junge Lehrer. Erzählung f. d. Jugend. gr. 12. (2 B. u. Ttlbild.) Wien, Grund.

Hunkler, Christian der junge Lehrer. Erzählung für die Jugend. 8. (39 S. mit 1 Holzschntaf.) Wien 864, Gorischek's Universitäts-Buchh. cart. *

—— Christoph der Rechthaber; u. Justine, od.: Die treue Tochter. Erzählungen f. d. Jugend. gr. 12. (7 B. u. Ttlbild.) Wien 846, Grund. -

—— die Dankbarkeit. Erzählung f. d. Jugend. gr. 12. (1 B.) Wien, Grund. -

—— Ehre deine Eltern. Erzählung f. d. Jugend. gr. 12. (1½ B.) Wien, Grund. -

—— der Eigendünkel. Erzählung f. d. Jugend. gr. 12. (1½ B.) Wien, Grund. -

—— die Ergebenheit im Unglücke. Erzählung f. d. Jugend. gr. 12. (2 B.) Wien, Grund. -

—— der Findling. Erzählung f. d. Jugend. gr. 12. ($1\frac{2}{3}$ B. u. Ttlbild.) Wien, Grund.

Hunkler, (Th. F. X.,) Gottesfurcht u. Menschenfurcht. Erzählung f. d. Jugend. gr. (1 B.) Wien, Grund. Thlr.

—— Isidor, od. Treue u. Liebe. Erzählung f. d. Jugend. gr. 12. ($1\frac{1}{2}$ B. u. Ttlkpfr.) Wien 846, Grund.

—— Leben d. heil. Odilia, Stifterin d. Klosters Hohenburg im Elsasse. Erzählung f. d. Jugend. gr. 12. ($2\frac{2}{3}$ B. u. Ttlkpfr.) Wien 840, Grund.

Hunkler, Th. F. Xav., Leo der Neunte und seine Zeit. gr. 8. (XVI und 302 S. mit lithogr. Portr. und 2 Tab. in qu. gr. Fol.) Mainz 851, [Kirchheim.]

—— die Lilie d. Thales. Erzählung f. d. Jugend. gr. 12. ($1\frac{3}{4}$ B. u. Ttlkpfr.) Wien 840, Grund.

—— die Macht d. kindl. Liebe. Erzählung f. d. Jugend. gr. 12. (3 B. u. Ttlkpfr.) Wien 837, Grund.

—— Margaretha, d. ungehorsame Tochter. Erzählung f. d. Jugend. gr. 12. (2 B.) Wien 846, Grund.

—— Mathias, der Unbarmherzige. Erzählung f. d. Jugend. gr. 12. ($1\frac{1}{6}$ B.) Wien 840, Grund.

—— die Milchschwestern. Erzählung f. d. Jugend. gr. 12. ($2\frac{1}{2}$ B. u. Ttlkpfr.) Wien 837, Grund.

—— die Neugierde. Erzählung f. d. Jugend. gr. 12. (1 B.) Wien, Grund.

—— Recht u. Unrecht. Erzählung f. d. Jugend. gr. 12. (2 B. u. Ttlbild.) Wien, Grund.

—— der Rosenkranz. Erzählung f. d. Jugend. gr. 12. (2 B. u. Ttlbild.) Wien, Grund.

—— der kleine Savoyer. Erzählung f. d. Jugend. gr. 12. ($1\frac{1}{6}$ B.) Wien, Grund.

—— die Selbstüberwindung. Erzählung f. d. Jugend. gr. 12. (1 B.) Wien, Grund.

—— der Spaziergang. Erzählung f. d. Jugend. gr. 12. ($1\frac{1}{2}$ B. u. Ttlkpfr.)

—— der gedemüthigte Stolz. Erzählung f. d. Jugend. gr. 12. ($2\frac{1}{3}$ B. u. Ttlkpfr.) Wien, Grund.

—— der Vater d. Armen. Erzählung f. d. Jugend. gr. 12. ($1\frac{2}{3}$ B. u. Ttlkpfr.) Wien, Grund.

—— der Veilchenstrauß. Erzählung f. d. Jugend. gr. 12. (1 B.) Wien, Grund.

—— dass. mit der Erzählung: der Spaziergang. gr. 12. ($2\frac{1}{2}$ B. u. Ttlkpfr.) Wien 838, Grund.

—— die Verschwiegenheit. Erzählung f. d. Jugend. gr. 12. (1 B.) Wien, Grund.

—— Was aus d. Menschen werden kann. Erzählung f. d. Jugend. gr. 12. ($1\frac{1}{6}$ B.) Wien, Grund.

—— Was hat die Menschheit der Religion Jesu zu verdanken? gr. 8. (13 B.) Rottenburg 844, Gack. -

Hunkler, Th. Fr. X., Was hat die Menschheit der Religion Jesu zu verdanken? Rottenburg, Gack, 1845, 8, 2.50 Mk.

—— der Zöllner. Erzählung f. d. Jugend. gr. 12. ($1\frac{1}{3}$ B.) Wien, Grund.

Hünlich, Anleitung zur Unterscheidung v. Textilmaterialien. (45 S.) 8. Gera 910. (Zittau, A. Graun. — Papiermühle, Gebr. Vogt.) nn — 80

Hünlich, Carl: Ueber die Leuchtdauer des Oeffnungsfunkens des Inductoriums . . . Leipzig, Druck v. Metzger & Wittig, 1887, 17 S. + 1 Bl. u. 1 Taf. 8°

Leipzig, Phil. Fak., Inaug. Diss. v. 10. Febr. 1887

Hünlich, Carl, über die Leuchtdauer des Oeffnungsfunkens des Inductoriums. Diss. Leipzig 1887, Gustav Fock. 8°. 17 S. mit einer Taf.

Hünlin, David, s. Anmerkungen über d. Geschichte d. Reichsstädte.

(Hünlin, D.,) Anmerkungen über die Geschichte der Reichsstädte, vornehmlich der Schwäbischen, von ihrer ursprünglichen Beschaffenheit, Regimentsverfassung, öfteren Bündnisse und der dadurch erlangten Macht im Römischen Reiche; von dem ehemaligen Wohlstande ihrer Gewerbe und den mancherley Ursachen des gegenwärtigen Verfalls derselben; als ein Beytrag zur allgemeinen Geschichte von Schwaben. 2 Thle. Ulm 1775. gr 8.

Hünlin, Dav. († d. 25. Mai 1783.) Beschreib. d. Bodensees, nach seinem verschied. Zustande in d. ältern u. neuern Zeiten. gr. 8. Ulm 783. Wohler. 10 K

– s. Geschichte, Allgem. von Schwaben

– s. Staats- u. Erdbeschreib., Vollständ.

—— Neue und vollständige Staats- und Erdbeschreibung des Schwäbischen Kreises und der in und um denselben gelegenen Oesterreichischen Land- und Herrschaften, insgemein Vorder- oder Schwäbisch Oesterreich genannt. O. O. 1780. 8. (D.)

Hunn, C. Die Praxis d. Firmenschreibers. Vorlagen f. Druck-, Cursiv- u. Zierschriften in allen Stylarten. gr. Fol. (40 lithogr. Taf. m. 4 S. Text.) Berl. 889, [Claesen u. Comp.]. Hessling u. Spielmeyer. * 15 —

—— dass. — 2. verm. Aufl. 5 Lfgn. Fol. (45 lithogr. Taf. m. 2 Bl. Text.) Ebd. 890. à Lfg. * 3 20; in Mappe * 16 —

Hunn, C., die Praxis d. Firmenschreibers. Vorlagen f. Druck-, Cursiv- u. Zierschriften in allen Stylarten. Beispiele f. Darstellg. ders. in Text u. Schildern, Embleme, Kartuschen, Bänder u. Wappen. M. erläut. Text üb. Form, Eintheilg., Verhältn. u. Arrangements d. Schriften. Z. prakt. Gebrauch f. Schildermaler, Schriftenfabrikanten, Kalligraphen etc. 3. Aufl. Fol. (45 lith. Taf. m. 2 Bl. Text.) Berlin 895. M. Spielmeyer. In Mappe n. 10. —

Hunn, C., die Praxis des Firmenschreibers. Vorlagen f. Druck-, Cursiv- u. Zierschriften in allen Stylarten. Beispiele f. Darstellg. derselben in Text u. Schildern, Embleme, Kartuschen, Bänder u. Wappen. Mit erläut. Text üb. Form, Eintheilg., Verhältnisse u. Arrangement der Schriften. Zum prakt. Gebrauch f. Schildermaler, Schriften-Fabrikanten, Kalligraphen etc. 4. verm. Aufl. Nebst e. Anh.: Moderne Plakat-Schriften. 2 Halbbde. Fol. (à 25 lith. Taf. m. III, 2 u. 4 S. Text.) Berlin 899. M. Spielmeyer. In Mappe à n. 8. —

Hunn, Karl, a. Altdorf (Baden): Quellenkritische Untersuchungen zur Petershauser Chronik. Freiburg i. Br. 1905: Charitas-Druckerei. (87 S.) 8°
Freiburg i. B., Phil. Fak., Ref. Finke, Diss. v. 1905
[Geb. 20. Jan. 82 Altdorf; Wohnort: Freiburg i. B.; Staatsangeh.: Baden; Vorbildung: Realgymn. Ettenheim Reife 01, Studium: Freiburg i. B. 6, Heidelberg 1 S., Rig. 6. Mai 05.]

Hunn, Nikolaus, s. Hunnius, Nikolaus.

Huenn, R. Die kurpfalz- u. königlich-bayerischen Ordonnanz-Märsche u. Signale v. 1782—1823, für Pianoforte. München 1892. 35 S. 4°

Hünnebeck, Wilhelm, Ref. in Bochum: Die Mahnung. (Nach Bürgerlichem Gesetzbuche.) Borna-Leipzig 1906: R. Noske. (IX, 60 S.) 8° [F.]
Leipzig, Jur. Fak., Diss. v. 15. Jan. 1906
[Geb. 2. März 77 Bochum; Wohnort: Bochum, Staatsangeh.: Preußen; Vorbildung: Gymn. Burgsteinfurt Reife O. 98; Studium: Tübingen 3, Berlin 1, Göttingen 3 S.; Rig. 19. Juli 05.]

Hünnekes, Heinrich

Hünnekes, kleine Beiträge zur Erklärung u. Kritik d. Thukydides. [1. Theil.] 4. (50 S.) Cleve 872. (Berlin, Weber.) n. 1. —

Huennekes, Heinr., Quaestiones Thucydidiae. Dissertatio philologica. gr. 8. (63 S.) Münster 869, (Theissing'sche Buchh.) *

Hunnemann, Th., s. Aikin, Uebersicht d. wichtigsten Thatsachen.

Hünnemeier. Franz [Dr., approb. Arzt aus Munster i. W.]: Über Herniotomie im Kindesalter. Munster i. W., gedr. v. Joseph Krick (1887), 23 S. 8°.
Würzburg, Med. Fak., Inaug. Diss. v. 1887.

Hünnemeier, Franz, über Herniotomie im Kindesalter. Diss. Würzburg 1887, Stahelsche Univ.-Buchh. 8°. 23 S.

HUNNENSTEIN, Eugen v., Am Meeresftrande. Erlebniffe einer polnifchen Gräfin. O. O. u. J. (um 1900). 8°.
Verb. d. Ldg. Dresden A. V. 367/02.

Hünner, Carl, Unsere liebe Frau, in 32 Vorträgen zur Verehrung vorgestellt. 1. und 2. verb. Aufl. gr. 8. (359 S. mit Titelbild in Farbendr.) Regensburg 882,83, Pustet. *

Hünner, Carl, Unsere liebe Frau, in 32 Vorträgen zur Verehrung vorgestellt. 3. verb. Aufl. gr. 8. (359 S. mit Titelbild in Farbendr.) Regensburg 887, Pustet. * 2 50

Hünner, Carl, S. J., unsere Liebe Frau in 32 Vorträgen zur Verehrung vorgestellt. Neu hrsg. v. Ed. Fischer, S. J. 4. Aufl. (367 S. m. 1 Farbdr.) 8. Regensburg 905. F. Pustet. n. 2. 50; geb. in Halbldr. n. 3. 20

Hünner, Karl, S. J., Gottes Wille geschehe! Vorbereitungen auf krit. Tage f. Alte, Kranke u. Gesunde. Hrsg. v. Wenzel Lerch, S. J. (654 S. m. Abbildgn., 4 Farbdr., 5 Stahlst. u. 9 Taf.) kl. 8. Einsiedeln 908. Verlagsanstalt Benziger & Co. Geb. in Leinw. 4. 80

— Krank geworden. Gute Ratschläge. Hrsg. u. bearb. v. Wenzel Lerch, S. J. (64 S.) kl. 8. Warnsdorf (909). A. Opitz. — 20

Hunnius, Aegidius, Josephi comoediae (ed. Marpurgi 1584) pars I. et II. edita ab Ed. Schroeder. Pars I. Gel. 1898. 42 S. 4°. 1.—
- - Pars II. Gel. 1899. 33 S. 4°. 1

— Thesaurus apostolicus s. comm. in Epist. N. Test. et Apocalyps. a Feustking ed. Fol. Vitteb. Zimmermann. 705.

— — evangelicus s. comm. in Evangel. a Feustking ed. fol. ibid. 706.

Hunnius, Anton Christian, s. Anton, Junker

MOMUS UND APOLLO, Monatsschrift (verfasst von *Anton Christian Hunnius*). 2 Hefte (soviel ersch.). Amsterdam (Gotha, Ettinger) 1794. Höchst selten!
Anon.-Lex III p. 156 (nach Kayser), Weller, fing. Dr.

Hunnius, Ant. Chr., s. a. Momus u. Apollo.

– s. Natur, Liebe u. Abentheuer

NATUR, Lieb' und Abentheuer. Eine drollichte (freie) Geschichte (von *Ant. Chrn. Hunnius*). Abdera, 1788. Gedruckt auf Kosten der jungen Wittwe des Verfassers. (Weissenf., Severin.) 8°. (2 fl. 24 xr. Scheible, vor 1870, jetzt theurer!)
Tit. m. Vign. u. 254 SS. Selten!

Hunnius, Ant. Chr., s. Taubstumme, der.

Abhandlung uber die Ursachen und Heilung der Ruhr und deren Complicationen. Von Franz Wilhelm Christian Hunnius. Jena: Voigt 1797. 209 S. 8°

— Abhandl. über d. Ursachen u. Heilung d. Ruhr. 8. Jena 797. (Brockhaus in Leipz.) 16 gr.

— Abhandl. üb. die Ursachen und Heilung der Ruhr. 8. Leipz. Gleditsch. 798.

Der Arzt für Schauspieler und Sanger. Von Fr[an]z Wilh[elm] Christ[ian] Hunnius. Weimar: Verl.d.Industrie-Compt. 1798. 184 S. 8°

— Einschränkungen d. neuest. Bearb. d. Brown'schen Erregungstheorie. 8. Weimar 799. (Henning in Greiz). 18 gr.

Hunnius, Franz Wilhelm Christian: Einschränkungen der neuesten Bearbeitungen der Brownischen Erregungstheorie. 186 S., gbd.

Weimar: Gädicke 1799

Hunnius, Frommhold, die ev.-luth. Kirche Rußlands. 8. (VI, 132 S.) Leipzig 877. J. Naumann. n. 1. 60

Hunnius, Frommhold, die evangel.-luther. Kirche Rußlands. 8. (VI, 162 S.) Leipzig 877, J. Naumann. *

Hunnius, Frommhold, das Leben Fénélons. 8. (XIV, 158 S.) Gotha 873, F. A. Perthes. *

Hunnius, G. L., Predigten zur Feier d. Friedens. gr. 8. Hannov. 814. Hahn. 4 gr.

Hunnius, Herm., Beiträge zur Kenntniss des Acetophenons. Inaugural-Dissertation. gr. 8. (46 S.) Göttingen 878, (Vandenhoeck und Ruprecht's Verlag.) *

Hunnius, H., zur Symptomatologie der Brückenerkrankungen und über die conjugirte Deviation der Augen bei Hirnkrankheiten. gr. 8. (91 S. mit 6 eingedr. Holzschn.) Bonn 881, Cohen und Sohn. *

HUNNIUS, Hermann (Grossneuhausen/Sachsen): Ueber die therapeutische Wirkung des Pilocarpius bei Augenkrankheiten. Mittheilungen aus der Königlichen Augenklinik zu München.- München: Gottes-winter & Mössl 1879. 15 S.
6.2.1879 – Urk (Titel: De effectu therapeutico pilocarpini in ophthalmiatria adhibiti.); Chr 1878/79,11
Diss.Ingolst.-Landsh.-Mchn.

Hunnius, Herm. Gottfr. Aegid., der Bekenntnißstand der weimarischen Landeskirche. Eine Rückantwort an Herrn Pfr. Nicolai in Markvippach. gr. 8. (20 S.) Weimar 869, Böhlau. *

Hunnius, Herm., Missionspredigt, gehalten am Missionsfeste Sonntag den 25. Septbr. 1859 in Schillingstedt bei Cölleda. gr. 8. (16 S.) Jena 859, Frommann. *

—— zur kirchlichen Verfassungsfrage im Großherzogthum Weimar. gr. 8. (III, 73 S.) Ebendas. 869. *

Hunnius, Herm. Gfrd. Aegidius, wer will uns scheiden v. der Liebe Gottes? Festpredigten. gr. 8. (VII, 106 S.) Weimar 872. Böhlau. n. 1. 50

Hunnius, Carl: Das syrische Alexanderlied. Göttingen 1904: Dieterich. (31 S.) 8° ¶ (Der Rest ersch. später in einer semitistischen Zeitschrift.)
Göttingen, Phil. Fak., Ref. Wellhausen, Diss. v. 9. Nov. 1904
[Geb. 29. Juli 73 Maholm; Wohnort: Maholm; Staatsangeh.: Rußland; Vorbildung: Gymn. Libau Reife O. 93; Studium: Dorpat 9, Straßburg 5, Göttingen 4 S.; Rig. 25. Okt. 04.]

Hunnius, Carl, s. a. Alexanderlied, das syrische.

Hunnius, Carl, Gedichte. gr. 8. (IV, 274 S.) Leipzig 898. (Riga, Jonck & Poliewsky) Geb. n. 4. —

Hunnius, Carl, Gedichte. gr. 8. (IV, 274 S.) Leipzig 898. Th. Rother. Geb. n. 4. —

Hunnius, Carl, Gedichte. 2., verb. u. verm. Aufl. (X, 197 S.) 12. Leipzig 903. C. F. Amelang. n. 3. —; geb. in Seide n. 3. 50

— König Gustav V. Adolfs Vikingerfahrt nach Reval. Eine Dichtg. in 3 Gesängen m. mytholog. u. histor. Anmerkgn. (40 S.) gr. 8. Leipzig-Gohlis 909. B. Volger. — 80

Heimatstimmen. Ein baltisches Jahrbuch (mit Ill.). Hrsg von Carl Hunnius u. Viktor Wittrock Reval: F Kluge 1904. (IV, 327 S.) 8° [5.-] [05. 05]

— s. a. Heimatstimmen.

Hunnius, Carl, Luther, der Schöpfer der protestantischen Schule, als Knabe und Schüler. Rede, am 10. Novbr. 1886 gehalten in der Realschule zu Mitau. gr. 8. (18 S.) Riga 887, Stieda's Verlag. * — 60

Hunnius, Carl, Natur u. Charakter Jahve's nach den vordeuteronomischen Quellen d. Bücher Genesis — Könige. Diss. gr. 8. (63 S.) Strassburg 902. (J. H. E. Heitz.) n. 2. —

— Rudolph v. Procházka. Ein deutscher Tondichter aus Böhmen. Litterarische Skizze. 8. (102 S. m. 1 Bildnis.) Leipzig 902. R. Wöpke. n. 1. 50

(B) — Rud. v. Procházka. 902. Jetzt: Leipzig, A. König.

Hunnius, K.: Restauration d. Staats- u. Kirchenrechts. Ein metapol. Vers. *Leipz.*, Böhme. 832. 8. (9 Gr.)

Hunnius, Carl, Restauration d. Staats- u. Kirchenrechts. Ein metapolit. Versuch. 8. (7¼ B.) Leipzig 832, Hartmann.

K. Hunnius: Restauration d. Staats- u. Kirchenrechts; e. metapolit. Versuch. *Lpz.*, Hartmann (J. Geuther.) 832. 8° 9 gl

— zu höheren Sternen. Ein Strauß religiöser Lyrik. (XII, 198 S. m. Titelbild.) 8. Stuttgart 903. Greiner & Pfeiffer. Geb. in Leinw. m. Silberschn. n. 4. —

Hunnius, Karl Abrah., Diss. inaug. de morbo Siehi vel (blaue Blätter) nominato, carbunculo quondam Esthoniae rusticis endemio. 8maj. Dorpat 824.

Hunnius, Luise, Blüthen am Wege. Gedichte. 16 (VII, 135 S.) Weimar. 871. Böhlau. n. 1. 60

Hunnius, Nikolaus

Hunn, N., demonstratio ministerii Lutherani div. 8. Konb. 708.

Hunnius, Epitome Credendorum, od. Inhalt d. christl. Lehre. 8. Wittenberg, Zimmermann. 738.

Hunnii, Nicolai, Epitome Credendorum od. Inhalt der ganzen christl. Lehre, so viel einer davon in seinem Christenthum zu seiner Seelen Seligkeit zu wissen u. zu glauben bedürftig. Frankfurt u. Leipzig 1625. A. u. d. T.: Gründliche u. allgem. faßl. Darlegung der Glaubenslehre der evang.-luther. Kirche. Hrsg. v. Heinr. Brandt. 8. (32 B.) Altdorf 844. (Nördlingen, Beck'sche Buchh.) * —

Hunnius, Nicol., epitome credendorum. Containing a concise and popular view of the doctrines of the Lutheran Church. (First edited in 1625.) Translat. from the german by Paul Edw. Gottheil. gr. 8. (X und 207 S.) Nuremberg 847, (Korn.) *

Hunn, N., Erklärung der Majestät Gottes. 8. Frankf. 715.

—— Glaubenslehre der evangelisch-luther. Kirche. Mundgerecht gemacht dem Volk unserer Zeit. 2., verb. Aufl. gr. 8. (XII und 505 S.) Nördlingen 850, Beck'sche Buchh.

Hunnius, des alten Nikolaus, Glaubenslehre der evangelisch-lutherischen Kirche. Ein Lehrbuch für theolog. Lehranstalten und zum Selbstunterricht für jeden gebildeten Laien. Von neuem für das Bedürfnis unserer Zeit bearb., mit Anmerkungen und Einleitung versehen von Friedr. Bauer. 3. verb. Aufl. gr. 8. (LXXIX, 418 S.) Nördlingen 870, Beck'sche Buchh. *

Hunnius, Wilhelm, Referendar: Der Beginn der Rechtsfähigkeit des Menschen nach dem Bürgerlichen Gesetzbuche und dem bisherigen Rechte unter besonderer Berücksichtigung der Vitalitätsstreitfrage des gemeinen Rechts. Borna-Leipzig 1908: Noske. VI, 53 S. 8°
Heidelberg, Jur. Diss. v. 1908, Ref. Heimsheimer
[Geb. 7 Okt. 81 Hildesheim; Wohnort Hannover; Staatsangeh.: Preußen; Vorbildung: Gymn. Andreanum Hildesheim Reife O. 00; Studium: Freiburg i. B. 1, Berlin 1, Göttingen 5 ; Rig 29. Jan 08.] [U 09. 1813

Hunnius-Weißenfeld, v. Zur Hebung d. Formobstbaues. gr. 8. (71 S. m. 4 S. Tab.) Dorpat 892. (Reval, Wassermann). 2 40
Aus: Balt. Wochenschr. f. Landwirthschaft etc., besonders abgedruckt.

Hunold, Balthasar — Gedichte von —. Innsbruck, 1856. Druck und in Commission der Wagnerschen Buchhandlung. (83 S. kl. 8.)

Hunold. Balthasar, Gedichte. (Zum Besten der Verunglückten in Glarus.) 16. (127 S.) Innsbruck, F. Rauch. 1861 1 fl.

Hunold, Balthas. Lyrische Gedichte. 8. (26 S.) Innsbruck, J. Witting 1853.

Hunold, Balth., wache Träume. Gedichte. 4., verm. Aufl. gr. 16. (159 S.) Innsbruck 864, (C. Rauch's Buchh.) *

Hunold, Balthasar, wache Träume. Gedichte. 5. verm. Aufl. gr. 16. (256 S.) Innsbruck 875. Wagner. n. 2. —; geb. n. 3. 20

Hunold, Christian Friedrich, s.a. M e n a n t e s [Pseud.]

MENANTES (d. i. *Christian Friedr. Hunold*, geb. 29. Sept. 1681 in Wandersleben, Reg.-Bez. Erfurt, † 6. Aug. 1721 zu Halle a/S.), Die Liebens-Würdige ADALIE. In einer annehmlichen und wahrhafftigen Liebes-Geschichte Der Galanten Welt zu vergönnter Gemühts-Ergetzung Heraus gegeben Von MENANTES. Mit allegor. Titelkpfr. (unsign.) u. typ. Ornament. Hamburg, Verlegts Gottfried Liebernickel, Buchh. im Dohm, 1702. 8⁰. (In Breslau, Kgl. u. Univ.-Bibl. Lit. teut. III 8⁰ 137.)
— — Dasselbe. Ebd., Fickweiler. 1714. 8⁰. (In Breslau, l. c. 139, mit Beibd.) (6 Mk. J. Halle, München, c. 1905.)
— — Dasselbe. Mit Titelkpfr. Ebd., C. W. Brandt, 1731. 8⁰. (5 Mk. 50 Pfg. K. W. Hiersemann, Lpz., 1905.)
§ — — Dasselbe (mit veränd. Titel). Mit Titelkpfr. Ebd. 1752. 8⁰. (3 Mk. Jos. Jolowicz, Posen, 1889; jetzt theurer!)
Alle 4 Ausgaben rar!

[—] Die Allerneueste Art Zur Reinen und Galanten Poesie zu gelangen. Allen Edlen und dieser Wissenschaft geneigten Gemüthern, Zum Vollkommenen Unterricht, Mit Überaus deutlichen Regeln, und angenehmen Exempeln ans Licht gestellet, Von MENANTES. Hamburg, J. W. Fickweiler, im Dom, 1722. 8⁰. *Allegor. Titelkupfer (die Poesie mit 3 Putten mit Musikinstrumenten)*, 23 Bl. 602 S. Pgt. d. Z. (etwas restauriert, da ein Beiband entfernt).

FdF. 1728. H.-G. IV, 499. Goedeke (III, 335) zitiert eine frühere u. eine spätere Ausgabe. Dieses „für die Kenntnis vom Stand der damaligen Theorie interessante", auch wegen seines Inhalts wichtige Buch ist eigentlich eine von *Erdmann Neumeister* (1671—1756) verfaßte Poetik, die Hunold zunächst ohne Erlaubnis Neumeisters mit einigen Zusätzen und Veränderungen und einer wichtigen Vorrede herausgab. Da sie aber in mehreren Auflagen erschien, ist es wahrscheinlich, daß Neumeister (der wohl als hoher Kirchenmann seinen Namen nicht im Zusammenhang mit diesem Buche genannt wissen wollte) später seinen Segen dazu gab

Hunold, Christian Friedrich (pseud. Menantes). Die allerneueste Art zur reinen und galanten Poesie zu gelangen. Hamburg 1742. H: *Neumeister, Erdmann.* (ML)

[Hunold, Christian Friedrich, Pseudonym:] Menantes. Die Allerneueste Art Höflich und Galant zu Schreiben, Oder Auserlesene Briefe, In allen vorfallenden, auch curieusen Angelegenheiten, nützlich zu gebrauchen, Nebst einem zulänglichen Titular- und Wörter-Buch Von MENANTES. Hamburg, G. Liebernickel, 1705. 8⁰. 9 Bl. (ohne Frontispiz), 668 S. 16 Bl. 95 S. (S. 65—80 übersprungen), 109 S. (ohne das letzte leere). Titel in Rot und Schwarz. Leicht ben. HPgt. d. Z.

Zweite (?) Ausgabe Goed. II, 335, 12, 3 (1. Ausg. von 1702). Faber du Faur (Ausg. von 1709 und 1710 mit gleicher Kollation). „Included are not only specimens of letters for private and public occasions, but also bills for sale, deeds of gift, etc . . ."

Die Allerneueste Art höflich und galant zu Schreiben, Oder Auserlesene Briefe, In Allen vorfallenden, auch curieusen Angelegenheiten, nützlich zu gebrauchen, Vierdte Auflage. Nebst einem zulänglichen Titular- und Wörter-Buch von Menantes. Hamburg, bey Johann Wolffgang Fickweilern, im Dohm, 1710.
Der Allerneuesten Art Höflich und Galant zu Schreiben, Oder Auserlesener Briefe, Andrer Theil In vielen vorfallenden, auch curieusen Angelegenheiten mit Nutzen zu gebrauchen, Von Menantes. Hamburg, bey Gottfried Liebernikkels Seel. Wittwe im Dohm 1709.
Der Teutschen Curiosité In fremden Wörtern, Die In Briefen und in der Conversation vorkommen, von Menantes. Hamburg, im Fickweilerischen Buchladen.

— — [Dasselbe Werk]. Vierdte Auflage. Hamburg, J. W. Fickweiler, 1710. 8⁰. *Titelkupfer*, 9 Bl. 668 S. 16 Bl. 109 S. 1 (leeres) Bl. Holzdeckelbd. mit etwas benutztem Pgtüberzug, Einbd. d. Z.

FdF. 1367. Auch diese Ausgabe enthält am Schluß unter eigenem Titel das Wörterbuch „Der Teutschen Curiosité . . .".

— — [Dasselbe Werk]. Hamburg, J. W. Brandt, im Dom, 1735. 8⁰. *Allegor. Titelkupfer*, 23 S. 607 S. Etwas berieb. Ldbd. d. Z. mit beschäd. Rv.

H.-G. IV, 500. Inhaltlich gleich der vorigen Nr. Vorrede ebenfalls von 1706.

M e n a n t e s (= Christian Friedrich Hunold): „Die Allerneueste Art höflich und galant zu schreiben, Oder Auserlesene Briefe, In Allen vorfallenden, auch curieusen Angelegenheiten, nützlich zu gebrauchen", Hamburg (1702 ?). — 5. Auflage, nebst „einem zulänglichen Titular- und Wörterbuch", Hamburg 1713, vorh.: Büch. der Industrie- und Handelskammer Leipzig.

— — Dasselbe. Ebd. 1724. 8⁰. (Citirt Vogel.)
—— Dasselbe. Ebd. 1725. 8⁰. (12 Mk. Jos. Baer & Co., 1911.)
—— Dasselbe. Mit Titelkpfr. Ebd. 1728. 8⁰. (In Warmbrunn.) (8 Mk. Jos. Baer & Co., 1888; 15 Mk. Gust. Fock, Lpz., 1907.)
—— Dasselbe. Ebd., bey Chrn. Wilh. Brandt, 1729. 8⁰. (Citirt Vogel.)
— — Dasselbe. Mit Titelkpfr. Ebd. 1730. 8⁰. 3 Bog. Vorst. u. 607 S. (6 Mk. Baer & Co., 1883.)
— — Dasselbe. Mit Titelkpfr. Ebd. 1735. 8⁰. (10 Mk., schönes Expl. in Prgtbd., Jos. Baer & Co., 1911.)
—— Dasselbe. Ebd. 1742. 8⁰. (In Cassel, Landesbibl.)
Anon.-Lex. II. p. 306 (nach Meusel).

—— G r a e s s e, trésor IV, 484 schreibt *Hunold* folgenden Roman zu: Philanders und anderer Hohen Persohnen merkwürdige Begebenheiten in einem Roman vorgestellet. Franckf. 1722. 8⁰. Rar!

— — Bemühung, Die Edle, müssiger Stunden, In Galanten, Verliebten, Sinn- Schertz- und Satyrischen Gedichten, Von *Menantes*. Hamburg, Verlegts Gfr. Liebernickel, Buchh. im Thum. 1702. 8⁰. (Auch in Hamburg, Stadtbibl., u. in Göttingen: P. 3330.)
4 Bll. Vorst. u. 233 SS. Einige der lascivsten Gedichte erschienen als 2 Neudrucke. (S. d. folg. Titel.)
Unter diesem Titel nur diese Ausgabe erschienen. Goedeke, l. c. 2 vermischt den Titel mit der unten angezeigten größeren Sammlung.

BRIEFE, Auserlesene, aus denen galantesten u. neuesten Frantzös. Authoribus ins Hochteutsche übersetzt von M e n a n t e s (Chrn. Friedr. H u n o l d). Frantzös. u. teutsch. 2. Aufl. Hamburg, Gottfried Liebernickels Wwe. 12⁰. Wwe. 12⁰.
Lpz. O. M. V. 1709. F. 3a. — Ed. I. c. 1705?

— — — — Auserlesene neue Briefe. 2 Thle. Halle 1735. 8⁰. (18 ggr.)

— — Frühling der Liebe. Erotisches Gedicht. (Sehr üppig.) — Als er Amalie im Bade sah. Sonnet. O. O. u. J. (Köln, Franz Teubner, 1890; Druck von Elias Neuwald in Budapest.) Kl. 8⁰. 16 S. (incl. Tit. m. Bordüre, auf dessen Rucks. Teubner'scher Verlag).

Sinnreiche und Erbauliche Gedancken, bey Betrachtung der himlischen und irrdischen Schatzbarkeiten, aus dem Frantzösischen des berühmten Herrn le Noble übersetzet, und nebst einer Vorrede an das Licht gestellet von Menantes. Leipzig, verlegts Johann Friedrich Braun 1715

Gedichte.
——, Auserlesene und theils noch nie gedruckte, unterschiedener Berühmten und Geschickten Männer zusammengetragen und nebst seinen eigenen an das Licht gestellt von M e n a n t e s (d. i. Chrn. Friedr. H u n o l d). I. Bd. I.—X. Stück. Halle 1718. — II. Bd. XI.—XX. Stück. Ebd. 1719. — III. Bd. XXI.—XXVII. Stück. Ebd. 1720. (Soviel ersch.) 8⁰. Cplt. rar!
Waldberg p. 26. — Frei von Anstössigkeiten

Auserlesene und (pts. 2-27: theils) noch nie gedruckte Gedichte unterschiedener Berühmten und geschickten Männer zusammen getragen und nebst seinen eigenen an das Licht gestellet von Menantes ... Erstes(-Sieben und Zwanzigstes) Stück. Halle im Magdeburgischen. 1718-21. In Verlegung der Neuen Buchhandlung ....

[HUNOLD, CHRISTIAN FRIEDR.] Auserlesene und theils noch nie gedruckte Gedichte unterschiedener Berühmten und geschickten Männer zusammen getragen und nebst seinen eigenen ans Licht gestellet von MENANTES. 11. — 20. Stück [in 1 Bde.] Halle, Neue Buchhandlung, 1719. 8⁰. *Frontispiz (Herkules auf den Scheideweg zugehend)*, 7 Bl. 814 S. 8 Bl. Leicht fleck. HPgt. d. Z. 150.—

G. III. 276. 3. H.-G. II. 518-19. Diese Anthologie — in insgesamt 27 Stücken erschienen, von denen hier die 10 mittleren Teile vorliegen — ist eine der wichtigsten Produkte des Vielschreibers Menantes, da sie Vieles sonst Ungedruckte enthält

— — Gedichte, Galante, Verliebte und Satyrische. Von *Menantes*. 2 Thle. Hamburg, Fickweiler, 1704. 8°. (8 Mk., „289 S." [?], Ludw. Rosenthal, 1906.)
TKpf., 13 Bll. Vorst. u. 275 fortl. gez. SS. Goedeke hat d. Jahrzahl 1703. (?)
— — Dasselbe. Dritte Auflage. Ibid. 1711. 8°. (In Breslau, Stadtbibl.)
— — Dasselbe. Ibid. 1729. 8°. (In Warmbrunn.)

Hunold, Christian Friedrich, Theatralische /// Galante // Und // Geistliche // Gedichte /// Von // Menantes. // HAMBURG /// bey Gottfried Liebernickel im Dom. // 1706. - 7 Blatt (nicht paginiert) Titelblatt und Vorrede. - 241 S. und 60 S. und noch 4 Blatt (nicht paginiert) Register.

— — Dasselbe. Ebd. 1710. 8°. (Citirt Vogel.)
— — Dasselbe. Ebd. 1715. 8°. (Citirt Goedeke.)
— — Dasselbe. Mit Titelkpfr. Ebd., Fickweiler, 1722. 8°. (In Warmbrunn.) (15 Mk. Jos. Baer & Co., 1893; 12 Mk. Adolf Weigel, c. 1905.)
8 Bll. u. 271 S. Nicht bei Goedeke.
— — Dasselbe. Ebd. 1729. 8°. (Citirt Vogel.)

— —, Vorrede zu M. S. von Kuntsch geist- und weltlichen Gedichten, Halle (1720. siehe Margarethe Susanne von Kuntsch.

— — Lettres choisies des meilleurs & plus nouveaux Auteurs François, Trad. en Allemand par Menantes. Auserlesene Brieffe, aus denen galantesten und neuesten frantzös. Autoribus, Ins Hochdeutsche übersetzet. Mit Titelkpfr. Hamburg, Gottfr. Liebernickel, 1704. 12°. (In Wolfenbüttel.)
— — Dasselbe. Mit Titelkpfr. Ebd., J. W. Fickweiler, 1714. 12°. XVI u. 795 S. (5 Mk. Taussig, Prag, 1904; 12 Mk. Adolf Weigel, c. 1905.)
— — Dasselbe. Ebd. 1731. 12°. (12 ggr.)

— — Höfe, Der Europaeischen, Liebes(-) Und Helden-Geschichte, Der Galanten Welt zur vergnügten Curiosité ans Licht gestellet von *Menantes*. (2 Thle.) Mit Titelkpfr. Hamburg, Bey Joh. Wolffg. Fickweiler, Buchh. im Dohm, 1715. 8°.
8 Bll. Vorst., 528 SS. u. S. 529—1216. Th. 1 zuerst gedr. Hamburg, Liebernickel, 1705. (Goedeke hat „1704".) — Rep. ibid. 1709. 8°.
— — Dasselbe. Ebd. 1718. 8°. (In Carlsruhe: Ko 589.)
— — Dasselbe. Ebd., Bey Johann Wolffgang Fickweiler und Christian Wilhelm Brandt, 1724. 8°. 3 Bll. u. 1142 S. (In Berlin, Magistratsbibl.)

— — Dasselbe. (2 Thle.) Hamburg, b. Chrn. Wilh. Brandt, 1729. 8°.
2048 fortl. pag. SS. Enth. Alles, was die Ausgabe von 1715 auf ihren 1216 SS. hat, auch S. 500 den Titel: „andere Abtheilung". Von dieser giebt es auch Drucke ibid. 1728; ibid. 1734.
— — Dasselbe. 3 Thle. Mit 2 Kpfrn. Ebd. 1734—47. 8°. (In Warmbrunn.)
Der zweite und dritte Theil nicht von Hunold, sondern von *Johann Georg Hamann*, dem Fortsetzer der „Asiatischen Banise" (s. *Ziegler*).
— — Dasselbe. 2 Thle. Ibid. 8°.
(O. M. V. 1735. F 3a.)
— — Dasselbe. Th. 3. Ibid. 1740. 8°. (6 Mk., 3 Thle.: „1709 bis 40", ca. 3000 S., Oswald Weigel, 1883; jetzt viel theurer!)
Bei manchen completen Ausgaben findet sich noch ein „Schlüssel" der fingirten Namen.

Der Europäischen Höfe Liebes- und Helden-Geschichte Der Galanten Welt Zur Vergnügung ans Licht gestellet, Von Menantes. Erster (-Dritter) Theil. Hamburg, Bey Christian Wilhelm Brandt, 1729, 1728, 1740.

Die Beste Manier In honnéter Conversation, Sich höflich und Behutsam aufzuführen, Und in kluger Conduite Zu leben. Aus recht schönen Frantzösischen Maximen, und eigenen Einfällen verfertiget Von Menantes. Hamburg, Bey Johann Wolffgang Fickweiler, Buchh. im Dom, 1713.

Die Manier höflich und wohl zu Reden und zu Leben, So wohl Mit hohen, vornehmen Personen, seines gleichen und Frauenzimmern, Als auch, Wie das Frauenzimmer eine geschickte Aufführung gegen uns gebrauchen könne, Ans Licht gestellet von Menantes ... Hamburg, Bey Johann Wolffgang Fickweilern, Buchhändlern im Dohm, 1710. Gedruckt mit Spieringischen Schrifften.

— — Die Manier, höflich und wohl zu reden und zu leben So wohl mit hohen, vornehmen Personen seinesgleichen und Frauenzimmer Als auch wie das Frauenzimmer eine geschickte Aufführung gegen uns gebrauchen können. Hamburg 1716. 8°. Titel roth u. schwarz. 576 S. Frühes Komplimentirbuch. (Titel correkt?)
Martin Breslauer's Berliner Oct.-Auction, 1910, no. 1969.

— — MENANTES Academische Neben-Stunden allerhand neuer Gedichte, Nebst Einer Anleitung zur vernünftigen Poesie. (Großes typ. Ornament.) Mit Titelkpfr. (J. G. M. sc., unten Sinnspruch: Refert cum luce labores.) Halle und Leipzig, verlegts, Johann Friedrich Zeitler. 1713. 8°. (In Berlin: Yk. 491; auch in Göttingen: P. 3330.) (5 Mk., unbeschn., Völcker, 1906; 15 Mk., etw. wurmst., Jos. Baer & Co., 1911.)
Titel (roth u. schwarz), 10 Bll. Vorr. (unterz. *Christian Friedrich Hunold*, sonsten *Menantes)*, S. 1—68 Einleitung zur Teutschen Poesie, S. 69—335 Text, 5 Bll. Reg.
— — Dasselbe. Andere Auflage. Halle und Leipzig, Verlegts Joh. Friedr. Zeitlers Wittwe, 1726. 8°. (In Berlin, Magistratsbibl.; auch in Göttingen.)
11 Bl. u. Einleitung 78 S. Darnach 335 S. nebst 5 Bl. Reg.

— Die Phantasie in (!) Lieben. Derb-satyrisches Gedicht (in 24 sechszeil. Str.). Ibid. eod. a. Kl. 8°. 15 S. (incl. Titel mit Bordüre). Auf Titelrücks. u. der letzten (unbez.) S. Teubner'sche Verlagsanz.

— — Pritschmeister, Der Thörichte, Oder: Schwermende Poete, In einer lustigen Comoedie. Wobey zugleich eine Critique Ueber eines Anonymi (Warnecke's-Wernicke's) Ueberschrifften, Schäffer-Gedichte und unverschämte Durchhechelung der Hofmanns-Waldauischen Schrifften, Auf sonderbare Veranlassung, allen Liebhabern der reinen Poesie zu Gefallen ans Licht gestellet. Von *Menantes*. Coblentz, Bey Peter Marteau dem Jüngern (Hamburg, Gottfr. Liebernickel) 1704. 8°. (Auch in Göttingen und in Hamburg, Stadtbibl.) (8 Mk., mit der Adresse „Cölln, Bey Peter Marteau den (!) Jüngern, Jos. Baer & Co., 1893; jetzt höher!) 7 Bogen. Rar!

Der thörichte Pritschmeister, oder schwermende Poete, in einer lustigen Comoedie. Wobey zugleich eine Critique über eines Anonymi Ueberschrifften, Schäffer-Gedichten, und unverschämte Durchhechelung der Hofmanns-Waldauischen Schrifften. (Vf. *Chrn. Friedr. Hunold* = *Menantes* ps.) Cölln, Bey Peter Marteau dem Jüngern, 1704. 8°. 4 Bll. u. 104 S. (12 Mk. Adolf Weigel, Leipzig 1905.)
„Originaldruck der beühmten Satyre auf Christian Wernicke."

— — Roman, Satyrischer, In Unterschiedlichen, lustigen, lächerlichen und galanten Liebes-Begebenheiten. Von *Menantes*. Die zweite unveränderte Edition. Nebst einem Anhang genannt: Die Lindenfeldische Fama. Hamburg, Verlegts Benj. Wedel. 1719. 8°. (1 Rthl. Stargardt, Berlin; jetzt viel theurer!)
— — Dasselbe. Nürnberg, b. Joh. Dan. Taubers seel. Erb. 8°. (O. M. V. 1710. G 2a.)
— — Dasselbe. Ebd. 1717. 8°. (Citirt Vogel.)
— — Dasselbe (Nachdruck). Franckfurt u. Leipzig 1726. 8°.
Bratring's Bibl. p. 64.

— — Dasselbe (Nachdruck), titulo Satyrischer Roman oder allerhand wahrhaffte, lustige, lächerliche und galante Liebesbegebenheiten. Ausgefertiget von *Menantes*. Denen als ein Anhang (von *Corvinus*) die Lindenfeldische (Leipziger) Fama und allerhand Urtheile von neuen Büchern beygefüget sind. Zu finden, in der Franckfurter und Leipziger Messe 1732 8°.

TKpf., 3 Bll. Vorst., 256 SS. u. 40 SS. Anhang, welcher S. 24 sq. 7 Stücke Auszüge neuer Bücher enthält, deren erotische Titel im 7. Stücke fingirt sind.

— — Dasselbe. Hamburg 1732. 8°. (Citirt Vogel.)
— — Dasselbe. Ebd. 1744. 8°. (Citirt Derselbe.)

— — Welt, Die Verliebte u. Galante. In vielen annehmlichen u. wahrhafften Liebes-Geschichten, welche sich in etlichen Jahren her in Teutschland zugetragen. Curieusen Gemüthern zu beliebter Ergetzung, itzo in zweyen Theilen ans Licht gestellet von *Menantes*. Mit TKpfr. Hamburg, Gfr. Liebernickel, 1707. 8°. (7 Mk. 50 Pfg. Jos. Jolowicz, Posen, 1907.) (Th. 1 in Carlsruhe: Qb 1511.)

1 Alph. 13 Bog. — Th. 1 zuerst gedr. ibid. ap. eund. 1701. (Bibl. Ludovici, bibliop. Vitemb. 1705, Goedeke hat „1700" [?]; die folgenden Drucke kennt er nicht.); rep. ibid. 1702. 16 Bog. Mit poet. Widm. „an das galante und annehmliche Frauenzimmer".

— — Dasselbe. 2 Thle. Hamburg, b. Joh. Wolffg. Fickweilern im Thum. 1715. 8°.
— — Dasselbe. 2 Thle. Ibid., b. Chrn. Wilh. Brandt. 1729. 8°. (Citirt Vogel.)

[**HUNOLD,** Chriſtian Friedrich.] Die verliebte und galante Welt, in vielen annehmlichen und wahrhafften Liebes-Geſchichten ... ans Licht geſtellet von Menantes. Hamburg, Chriſtian Wilhelm Brandt, 1730. 2 Teile in 1 Bd. 8°. 7 unnumer. Bl., 192 und 192 S. Mit Titelkupfer. Rotſchnitt.

Nicht bei Goedeke, der nur die Ausgabe von 1700 nennt (Bd. III, S. 335; 12, 1.).

— — Dasselbe. 2 Thle. Mit Titelkpfr Ibid. 1749. 8° (In Frankfurt a. M. Auct. Germ. 422, stark beschädigt.)

TKpf 7 Bll., 192 u. 192 SS. — Alle Ausgaben selten

Zeitvertreib,
— —, Ernsthaffter, sinnreicher und satyrischer, aus dem Frantzösischen übersetzet und ans Licht gestellet von Menantes (d. i. Chrn. Frdr. Hunold). Halle 1720

— — Dasselbe. Ebd. 1725.

Vogel, Herm., Chrn. Frdr. Hunold (Menantes). Inaug Diss. Lucka. S. A. (ca. 1895). S. 55, ohne Formatsangabe

Hunold, G. E., alt. u. n. Amtmann. 8. Halle, Kümmel. 716.

Hunold, Geo., die heilige Armut. Schauspiel in 3 Aufzügen. (51 S.) 8. Neustadt a/H. (909). D. Meininger. 1. —

— Die verliebten Frauen. Romanesken. (VII, 143 S.) 8. Ebd. 911. 3. —

— „Für Heidelberg mein Leben!" Roman. 2. Tauf. (292 S.) 8. Wismar 909. [H. Bartholdi.] Leipzig, E. Ungleich. 4.—; geb. 5. —

— Die Leuchte Hamburgs. Roman. (340 S.) 8. Leipzig (910). E. Ungleich. 4.—; geb. 5. 20

Die Leuchte Hamburgs. Roman von Geo Hunold. Leipzig: Ungleich [1911 ?]. 2 Bl., 340 S. 8°.

Recens: Lt. 2 (1911) S. 32 (Rackhorst); BayrBbl. 11 (1910/11) S. 274; H. 22 (1911) S. 83 (Neumann).

Die „Leuchte Hamburgs" ist Friedr. Ludw. Schröder. Roman aus seinem Leben, in dem er als „Meister der Humanität" gefeiert wird.

— Palm. Roman e. deutschen Buchhändlers. (347 S.) 8. Wismar 910. [H. Bartholdi.] Leipzig, E. Ungleich. 4.—; geb. in Leinw. 5. —

— Rheineszauber. Ein Sang vom deutschen Rhein. (187 S.) 8. Karlsruhe 908. G. Braun'sche Hofbuchdr. Geb. 3. 20

Hunold, Geo., die Rose vom Dilsberg. Ein Sang vom Neckar. (98 S.) 8. Karlsruhe 905. G. Braunsche Hofbuchdr. n. 2. —; geb. n. 2. 80

Die Vortheile der Invalidenversicherung. Zum prakt. Gebr. f. Versicherte zsgest. u. erl. von G[ustav] **Hunold**, Sekr. im Reichs-Versicherungsamt. *Berlin: A. W. Hayn's Erben 1903.* (56 S.) 8° [F.]

Hunold, Hugo Franz

— — B. l. s. Erfurt (Joh. Heinrich Grosch) 30. VI. 1720. 4 Bl. mit Biogr. v. Friedrich August Groschupff (Schneeberg; M.: A. Ch. v. Fischer.) (4.—) 16391

— — B. l. s. Erfurt (Joh. Heinrich Grosch) 22. IX. 1720. 4 Bl. mit Biogr. v. Georg Raphael Kistmacher (Pyritz/Pomm.; M.: M. Schuttin.) (4.—) 16392

— — B. l. s. Erfurt (Joh. Heinrich Grosch) 1720. 4 Bl. mit Biogr. v. Joh. Gottlob Seyler (Ragewitz b. Grimma; M.: B. E. Moesch.) (4.50) 16393

— — B. l. s. Erfurt (Joh. Heinrich Grosch) 1721. 4 Bl. mit Biogr. v. Johann Philipp Strahl (Erfurt; M.: M. M. Bauer.) (4.50) 16394

— — Lectori benevolo s. p. d. Erfurt (Grosch) 1724. 4 Bl. mit Biogr. v. M. Johann Michael Teutscher (Leipzig; M.: C. Bartholomäi.) (4.50) 16395

— — Lectori benevolo s. p. d. Erfurt (Grosch) Juni 1724. 4 Bl. mit Biogr. v. Johann Caspar Schumann (Gotha; M.: A. C. Stras. (4.50) 16396

— — Lectori benevolo s. p. d. Erfurt (Grosch) 13. VIII. 1724. 4 Bl. mit Biogr. v. Joh. Friedrich Pierer (Monstabio-Osterland.; Altenburg; M.: J. M. Fritsch) (4.50) 16397

— — Lectori benevolo s. p. d. Erfurt (Grosch) 5. XI. 1724. 4 Bl. mit Biogr. v. Nicol. Benjamin Struve (Ebleben/Thür.; M.: S. C. Kayser.) (4.50) 16398

— — Lectori benevolo s. p. d. Erfurt (Grosch) 5. XI. 1724. 4 Bl. mit Biogr. v. Gottlieb Tittel (Döbrae/Misnia; M.: E. H. Fiedler.) (4.50) 16399

— — Lectori benevolo s. p. d. Erfurt (Grosch) 1724. 4 Bl. mit Biogr. v. Johann Friedrich Fleischer (Hayna [= Grossenhain]; M.: D. Kaestner.) (4.50) 16400

— — Lectori benevolo s. p. d. Erfurt (Grosch) 12. XI. 1724. 4 Bl. mit Biogr. v. Christian Friedrich Nebershausen (Plauen i. V.; M.: A. D. Helbig.) (4.50) 16401

— — Lectori benevolo s. p. d. Erfurt (Grosch) 1725. 4 Bl. mit Biogr. v. Christian August Hiepen (Sangerhausen; M.: Ch. E. Gueinz.) (4.50) 16402

— — Lectori benevolo s. p. d. Erfurt (Grosch) 29. IV. 1725. 4 Bl. mit Biogr. von Joh. Michael Tieffenthal (Mügeln; M.: C. Appermann.) (4.50) 16403

— **Joachim** (Erfurt) u. (Respond.) **Valentin Petz**, De concordatis Germaniae, cum positionibus controversis ex utroque jure. Erfurt (Hering) 22. V. 1737. 52 S. (6.50) 16404

Hunold, Loth., der Todeskandidat, s.: Lorange, Geo.

Nachricht, Curieuse, von denen heut zu Tag grand mode gewordenen Journal-Quartal und Annualschriften, von *M. P. H.* (d. i. *Marcus Paul Hunold*). Freyburg (Jena) 1716.

Anon.-Lex. III p. 182 (nach Mylius u. Weller). — Selten!

[F.] Übungs- und Lesebuch für Arends'sche Stenographen. Verf. v O Hunold, Mitgl. d. Lehrer-Prüfgskomm. f Arends'sche Stenographen. *Berlin F. Schulze 1895.* (1 Bl., 14 S., 10 Bl. Taf.) 1 Bd 8. [96. 4638

Hunold, Ph., († d. 19. Febr. 1808.) Annalen d. Kuhpocken-Impfung zur Verbannung d. Blattern. 4 Hefte. gr. 8. Fürth 802 u. 3. (Campe in Nürnb.) 2 Rthlr.

— über Anwendung u. Nutzen d. Oels, s. W. C. Faust.

— de pessariis c. tab aen. 8. maj. Marb. Krieger. 790.

Hunolt, Franz

Hunolt, Frz., Fastenpredigten. Bearb. von F. H. 1. und 2. Cyklus. 8. Paderborn, Schöningh. à Cyklus 7½ Ngr.

Inhalt:

Cyklus 1. Die 7 Hauptsünden. (84 S.) 866.
" 2. Von der Erziehung der Kinder. (85 S.) 867.

Hunolt, Frz., Fastenpredigten. Bearb. von F. H. 1.—8. Cyklus. 8. Paderborn, Schöningh.

Inhalt:

Cyklus 1. Die sieben Hauptsünden. 2. Aufl. (84 S.) 873. 75 Pf.
" 2. Von der Erziehung der Kinder. (85 S.) 867. 75 Pf.
" 3—5. I. Beweggründe zur Buße. II. Das Sakrament der Buße. III. Mittel zu einem bußfertigen Leben. (VI, 249 S.) 869. ℳ 2,10.
" 6—8. I. Pflichten der Kinder, Herrschaften und Dienstboten. II. Pflichten der Eheleute. III. Der Tod Jesu. (III, 258 S.) 869. ℳ 1,80.

Hunolt, Frz., Fastenpredigten. 2. Cyklus. Von der Erziehung der Kinder. 2. Aufl. 8. (84 S.) Paderborn 880, F. Schöningh. *

—— dass. — 3., 4. und 5. Cyklus. I. Beweggründe zur Buße. II. Das Sakrament der Buße. III. Mittel zu einem bußfert. Leben. 2. Aufl. 8. (V, 248 S.) Ebendas. 883. *

1. Cyklus. Ebendas. 1873. * 75 Pf.

Hunolt, Frz., Fastenpredigten. 6.—8. Cyklus. 4. Bd.: I. Pflichten der Kinder, Herrschaften und Dienstboten. II. Pflichten der Eheleute. III. Der Tod Jesu. 2. Aufl. 8. (III, 251 S.) Paderborn 886, F. Schöningh. * 1 80

1.—5. Cyklus. Ebendas. 1873—83. * ℳ 3.60.

Hunolt, Frz., auserles. Predigten. Zeitgemäß bearb. v. e. kathol. Geistlichen. 4 Bde. gr. 8. Köln, J. G. Schmitz. à 5/6 Thlr.

Bd. 1. Einen vollständ. Jahrg. v. Predigten auf alle Sonntage d. Kirchenjahres enth. 1. u. 2. Aufl. (à 21 B.) 836, 38.
" 2. Einen vollständ. Jahrg. v. Predigten auf die Festtage d. Kirchenjahres enth. (18½ B.) 837.
" 3. Einen 2. vollständ. Jahrg. v. Predigten auf alle Sonntage d. Kirchenjahres enth. (22½ B.) 839.
" 4. Einen 2. vollständ. Jahrg. v. Predigten auf die Festtage d. Kirchenjahres enth. (22 B.) 840.

Hunolt, Frz., auserlesene Predigten. Zeitgemäß bearb. von ein. kath. Geistlichen. 1. Bd., enth. ein. vollständ. Jahrg. v. Predigten auf alle Sonntage d. Kirchenjahres. 3. Aufl. gr. 8. (21 B.) Cöln 846, J. G. Schmitz.

2—4. Bd. (1. Aufl.) Ebendas. 1837—40. à 25 Ngr.

Hunolt's, Franz, auserlesene Predigten. Zeitgemäß bearb. von einem kathol. Geistlichen. 2. Bd., enth. einen vollständ. Jahrg. von Predigten auf die Feste des Kirchenjahres. 3. Aufl. gr. 8. (VIII und 287 S.) Köln 848, J. G. Schmitz.

— drei Predigten zu Ehren d. hl. Nährvaters Joseph, Schutzpatron der kathol. Kirche. 8. (34 S.) Münster 871. Nasse's Verl. n. — 50

Hunolt, F. Drei Predigten zu Ehren d. hl. Nährvaters Joseph, Schutzpatron der katholischen Kirche. Frei bearb. nach F. H. 2. Aufl. 8. (34 S.) Paderb. 891, F. Schöningh. * — 50

Hunolt, Frz., christl. Sittenlehre in Predigten für Prediger. In 5 Abtheill. 8. Köln 812—18. Matthieu. 2 Rthlr.

Hunolt, Franz, S. J. Christliche Sitten-Lehr Uber die Evangelische Wahrheiten Dem Christlichen Volck In Sonn- und Feyrtäglichen Predigen vorgetragen … Dritter Theil. Büssender Christ In sechs und sibentzig Predigen Auf alle Sonn- und mehriste Feyr-Täg Des Jahrs eingerichtet. Zweyte Auflag. Augsburg & Würzburg, M. Veith, 1748. Fol. 20 Bl. 728 S. Abgenutzter und leicht beschäd. Ldbd. d. Z.

De B.-S. IV. 526.

— christl. Sittenlehre über d. evangel. Wahrheiten in Sonn- u. Festtags-Predigten. 6 Thle. Fol. Augsb. 773. Veith. (à 2 Rthlr.) 12 Rthlr.

— christl. Sittenlehre über d. evangel. Wahrheiten, dem christl. Volke in Sonn- u. Festtägl. Predigten vorgetragen. 19 Bde. Neueste Aufl. 8. Köln 791—98. J. G. Schmitz. 10 Rthlr.

—— christl. Sittenlehre über die evangel. Wahrheiten. In Sonn- u. Feiertagspredigten eingetheilt. Neu hrsg. v. Weltpriestern der Seckauer-Diöcese. 1—7. Bd. Neue Aufl. gr. 8. (303¾ B.) Grätz 842, 43, Kienreich. à Bd. 2 Thlr. Thlr.

Inhalt:

Christlicher Lebensstand. 2 Abthl. Neue Aufl. — Der böse Christ. — Der büßende Christ. — Der gute Christ.

—— christl. Sittenlehre der evangel. Wahrheiten, dem christl. Volke in sonn- u. festtäglichen Predigten vorgetragen. Neue Ausg. 1—3. Abthl. u. 4. Abthl. 1—3. Thl. (od. 1—15. Thl.) gr. 8. Regensburg, Manz. 10

A. u. d. Titln.:

Abthl. 1. Christlicher Lebensstand. In 76 Predigten. Sammt Sachregister. 4 Thle. (81½ B.) 842, 43. 2 Thlr. 26¼ Ngr.
" 2. Der böse Christ. In 76 Predigten. Mit Sachregister. 4 Thle. (86 B.) 843, 44. 3 Thlr. Einzeln à Bd. 22½ Ngr.
" 3. Der büßende Christ. 76 Predigten. Mit Sachregister. 4 Thle. (67¾ B.) 845, 46. 2 Thlr. 15 Ngr.
" 4. Der gute Christ. 1—3. Thl. (59¼ B.) 846, 47. 2 Thlr. 3¾ Ngr.

—— christliche Sittenlehre der evangel. Wahrheiten, in sonn- und festtägl. Predigten vorgetragen. Neue Ausg. 4 Abthl. 4. Thl. und 5. und 6. (letzte) Abthl. à 4 Bde. gr. 8. Regensburg, Manz.

Abthl. 4. Der gute Christ. 4. Thl. (266 S.) 847. 15 Ngr.
" 5. Das letzte Ende der Christen. 4 Thle. [Thl. 1. 2. (598 S.) à 17½ Ngr., 3. 4. (654 S.) à 18¾ Ngr. 848.] 2 Thlr. 12½ Ngr.
" 6. Vorbild der Christen. 4 Thle. [1. (348 S.) 18¾ Ngr., 2. (260 S.) 15 Ngr., 3. und 4. (616 S.) 848. à 18¾ Ngr.] 2 Thlr. 11¼ Ngr.

—— dass. — Generalregister zu obigem Werke. gr. 8. (152 S.) Ebds. 848.

1—4. Abthl. 1—3. Thl. Ebendas. 1842—47. 10 Thlr. 14¼ Ngr.

Hunolt, Franc., christliche Sittenlehre der evangelischen Wahrheiten. Eine Sammlung von 456 populären Sonn-, Festtags- und Gelegenheits-Predigten über alle Verhältnisse des Lebens. Gehalten zu Trier. Ganz vollständig nach der ursprüngl. Orig.-Ausg. mit den Randglossen und einem neu gearb., ausführl. allgem. Sachregister über alle Materien des Gesammtwerkes. 1—3. Bd. 2., sorgfältig überwachte und vielfach verb. Aufl. Lex.-8. Gratz 855, Kienreich's Verlag. (Leipzig, Haessel.) à Bd. * 1 Thlr. 10 Ngr. Thlr. *

Inhalt:

Bd. 1., 2. Christlicher Lebensstand. 2 Abthlgn. (XXII und 648 S.)
" 3. Der Christ. 1. Abthl. (VI und 368 S.)

Hunolt, P. Franciskus —, Priester aus der Gesellschaft Jesu. Christliche Sittenlehre der evangelischen Wahrheiten. Eine Sammlung von 456 popularen Sonn-, Festtags- und Gelegenheits-Predigten über alle Verhältnisse des Lebens. Gehalten in der Domkirche zu Trier von weiland Ganz vollständig nach der ursprünglichen Original-Ausgabe mit den Randglossen und einem neugearbeiteten, ausführlichen, allgemeinen Sachregister über alle Materien des Gesammtwerkes. Zweiter Band. Christlicher Lebensstand. Zweite Abtheilung.

Worin von den Pflichten der Eltern gegen ihre Kinder, was deren Seele und deren Zeitliches betrifft, von den gegenseitigen Pflichten der Vorgesetzten und Untergebenen, von dem Stande der Reichen und Armen, so wie von der Zufriedenheit und dem guten Gebrauche der Zeit eines Jeden in seinem Stande eine Predigt gehalten wird. Zweite, sorgfaltig uberwachte und vielfach verbesserte Auflage. Gratz. 1855. Papier, Druck und Verlag von J. A. Kienreich. VI, 346 S. 8.)

Hunolt, Franc., christliche Sittenlehre der evangelischen Wahrheiten. Eine Sammlung von 456 populären Sonn-, Festtags-, und Gelegenheits-Predigten über alle Verhältnisse des Lebens. Gehalten zu Trier. Ganz vollständig nach der ursprüngl. Orig.-Ausg. mit den Randglossen und einem neu gearbeiteten, ausführl. allgem. Sachregister über alle Materien des Gesammtwerkes. 4—11. Bd. 2., sorgfältig überwachte und vielfach verb. Aufl. Lex.-8. Gratz, Kienreich. (Leipzig, Haessel.) à Bd. * 1 Thlr. *

Inhalt:

Bd. 4. Der böse Christ. 2. Abthl. (VI und 348 S.) 856.
" 5., 6. Der büßende Christ. 2 Abthlgn. (XII und 848 S.) 857.
" 7. Der gute Christ. 1. Abthl.: Von den vorzüglichsten einem Christen geziemenden Tugendwerken. (VI und 436 S.) 858.
" 8. Der gute Christ. 2. Abthl.: Von den vorzüglichsten einem Christen geziemenden Tugendwerken. (VI und 394 S.) 858.
" 9. Das Ende der Christen. 1. Abthl.: Von den vier letzten Dingen. (VI und 374 S.) 859.
" 10. Das Ende der Christen. 2. Abthl.: Von den vier letzten Dingen, Schluß. (VI und 400 S.) 860.
" 11. Vorbilder der Christen. 1. Abthl.: Vom Leben und Sterben Jesu Christi, von dem Beispiele Mariens und der Heiligen. (366 S.) 860.

1—3. Bd. 2. Aufl. Ebendas. 1855. * 4 Thlr.

—— christliche Sittenlehre der evangelischen Wahrheiten. Eine Sammlung von 456 populären Sonn-, Festtags- und Gelegenheits-Predigten über alle Verhältnisse des Lebens. Gehalten in der Domkirche zu Trier. Ganz vollständig nach der ursprüngl. Orig.-Ausg. mit den Randglossen und einem neu gearb., ausführl., allgemeinen Sachregister über alle Materien des Gesammtwerkes. 13 Bde. 8., genau revid. unveränd. Aufl. gr. 8. Graz 871,72, Kienreich. (Leipzig, Hässel.) *

Inhalt:

Bd. 1. 2. Christlicher Lebensstand. 2 Abthlgn. Worin von den Pflichten der Christen überhaupt, von den besondern Pflichten in verschiedenen Ständen, von den Pflichten der Kinder gegen ihre Eltern 2c. gehandelt wird. (XVI, 302; VI, 346 S.) * ℳ 7,60.
3. 4. Der böse Christ. 2 Abthlgn. Von den sieben Haupt- und anderen daraus entstehenden Sünden wider Gott und den Nächsten. (VI, 368; VI, 348 S.) à * ℳ 3,60.
" 5. 6. Der büßende Christ. 2 Abthlgn. Von der Tugend und dem Sakramente der Buße, und von allem dem, was zur christlichen Bußfertigkeit und Besserung des Lebens gehört. (VI, 411; VI, 437 S.) à * ℳ 3,60.
" 7. 8. Der gute Christ. 2 Abthlgn. Von den vorzüglichsten einem Christen geziemenden Tugendwerken. (VI, 436, VI, 394 S.) à * ℳ 3,60.
" 9. 10. Das Ende des Christen. 2 Abthlgn. Von den vier letzten Dingen. (VI, 374, VI, 400 S.) à * ℳ 3,60.
" 11. 12. Vorbilder der Christen. 2 Abthlgn. Vom Leben und Sterben Jesu Christi, von dem Beispiele Mariens und der Heiligen. [Der 12. Bd. enthält zugleich das vollständ. Materien-Sachregister.] (VI, 360; VIII, 326 S.) à * ℳ 3,60.
" 13. Vollständiges General-Register. (125 S.) * ℳ 1,60.

Hunolt, Frz., christliche Sittenlehre der evangelischen Wahrheiten, dem christl. Volke in Sonn-, Festtags- und Gelegenheits-Predigten vorgetragen. Vollständige, dem Originale getreue Ausg. mit Randglossen und einem Sachregister über alle Materien des Gesammtwerkes. 12 Bde. und Generalregister. 2. verb. Aufl. gr. 8. (600; 680; 668; 680; 536; 592; 656; 556; 584; 635; 582: 723, 111 S.) Regensburg 878, Manz. *

Hunolt, Frz., christl. Sittenlehren in Predigten. Für Prediger u. Jeden, der sich selbst erbauen will. Umgearb. u. verb. v. J. F. Waldeck. 2 Bde. gr. 8. Köln 814. Rommerskirchen. 2 ₰ 4 gr

Hunrath, über Heidenthum und Christenthum. Zwei Predigten auf Grund von Apostelgeschichte Cap. 17, Vers 15—34 gehalten in der evangel. Kirche zu St. Johann an den Sonntagen Lätare und Judica 1866. gr. 8. (31 S.) Saarbrücken 866, (Möllinger.)

Hunrath, Geo., die Quellen Strabo's im 6. Buche untersucht. gr. 8. (44 S.) Kassel 879, Kay. *

Hunrath, Karl Aufgaben zum Rechnen mit Systemzahlen. 20 S. Progr. *Hadersleben* 1882.

Hunrath, Karl Über das Ausziehen der Quadratwurzel bei Griechen und Indern. 35 S. Progr. *Hadersleben* 1883.

Hunrath, Karl, die Berechnung irrationaler Quadratwurzeln vor der Herrschaft der Decimalbrüche. gr. 8. (56 S.) Kiel 881, Lipsius und Tischer. *

Hunrath, Karl Algebraische Untersuchungen nach Tschirnhausens Methode. 22, 21, 24 SS. *Glückstadt* 1876. *Hadersleben* 1881 1885 Progr.

Hunrich, Beherrscher d. Vandalen, u. seine Freunde. 2 Th. Wien, Wallishäuser. 806.

Hunrich(s), J Wilhelm Anton

J. W. A. Hunrich's praktische Anleitung zum Deich - Siel - und Schlangenbau. Bremen bey Förster 2 Bde. 8. 1770-71.

Hunrich, J. W., Anleit. z. Deich- Siel- und Schlängenbau. 2 Thle. mit K. gr. 8. Bremen, Müller. 770, 71.

Hunrichs, J. W. A., praktische Anleitung zum Deich-, Siel- und Schlengenbau. gr. 8. Bremen. 771. Ist jetzt Verlag v. Heyse.

— — Zusätze zu Obigem. gr. 8. Ebend. 782. Jetzt Ebend.

— Entwurf d. Deichrechts in Oldenburg u. Delmenhorst. gr. 8. Bremen 768. Müller. 12 gr

Hunrichs, J. W. A. Comitatuum Oldenburg et Delmenhorst pro recentissimo statu uti est sub regno potentissimi regis Friderici V Nürnberg 1761. 1 Bl. c. K.

Hunsals, *Karl Maximilian* Paul [aus Memel]: Ueber den Hydrazidoacetaldehyd '(Hydrazinoäthanal)' ... Berlin, A. W. Schade's Buchdr., 1894; 31 S. 8.
Berlin, Phil. Fak., Inaug.-Diss. v. 25. Juli 1894

Hunsche, Karl, approb. Arzt aus Linha Nova, Brasilien (Aus d. pathol. Institute zu Kiel.) Das Vorkommen des Demodex folliculorum am Augenlide und seine Beziehung zu Liderkrankungen. *München: J. F. Lehmann 1900.* (12 S.) 8°
Kiel, Med. Diss. v. [15. Nov.] 1900

Hunsdiecker, Rob. [Dr. med. aus Cöln a. Rh.]: Das Lungenparenchym bei Bronchiectasie. Würzburg, Buchdr. Josef Seelmeyr, 1889; 32 S. 8°
Würzburg, Med. Fak., Inaug.-Diss. v. 1889

Hünseler, F (Hrsg.), s. Schwann, Theodor: Mikroskop Untersuchungen über die Übereinstimmung in d. Struktur der Tiere u. Pflanzen.

Hünseler, Fritz, a. Frechen-Cöln: Beiträge zur Kenntnis der Verbindungen von Metallrhodaniden mit organischen Basen. Borna-Leipzig 1905. R. Noske. (85 S.) 8°
Münster, Phil. Fak., Ref. Salkowski, Diss. v. 28. Juni 1905
[Geb. 10 Nov. 79 Frechen-Cöln; Wohnort: Münster i. W.; Staatsangeh.: Preußen; Vorbildung: Gymn. Münstereifel Reife O. 01; Studium: Bonn 1, Münster 1, Halle 1, Berlin 1, Münster 4 S.; Rig. 6. Mai 05.]

Hünseler, Peter (geb. am 5. Febr. 1838 in Merheim Rgbz. Köln): Ueber Diabetes mellitus ... Bonn, Druck v. F. Krüger 1867. 27 S., 2 Bl. 8.
Bonn, Med. Fak., Diss. v. [10. Aug.] 1867

Hunsicker, Abraham (vgl. Hunzinger, Abraham)

— Eine Darstellung der Ereignisse und Summarium von Ansichten ueber Moral und Religion wie dieselben mit einer gewissen Ausschließung aus der Mennoniten-Gemeine verbunden sind. *Geschrieben zu Trappe, Montgomery County, Pa. Philadelphia, Pa.: George S. Harris 1851. 15 S.*

Hunsinger und **W. Brauns**, Entfernungskarte des Fürstenth. Schaumburg-Lippe. 1:80,000. Autogr. gr. Fol. Bückeburg 885, Frommhold. *ℳ 1.—; color. *

Hunsinger Entfernungskarten des Regierungs-Bezirks Minden. 1:80000. Minden 1883. 9 Bl. 4.

Hunsinger, Friedr., eine kleine Betrachtung über einen großen wissenschaftlichen Irrtum in der Lehre von der Wärme und dem Lichte. Begründung einer Theorie über das Wesen und die Wirkungen der Wärme und des Lichtes, sowie der Theorie der Aggregatzustände und der Elasticität der Körper. gr. 8. (16 S.) Minden 888, Hufeland. * — 50

Hunsinger, Karl Ldw., Abhandlungen aus dem Gebiete der Feldmeßkunst. Mit 3 Figurentaf. gr. 8. Friedberg 845, Bindernagel. n. 22 ngl

Hunsinger, Karl Ludw., über den Bau von Eisenbahnen in Oberhessen, insbesond. eine Bahn von Gießen nach Fulda und eine Zweigbahn von Friedberg nach Hungen. gr. 8. (28 S. mit 1 lithogr. Kärtchen in Fol.) Friedberg 862, Bindernagel und Schimpff. *

Hunsinger, K. L., Geschlechtsregister der Familie Hunzinger. Darmstadt 1853. 8.

Hunsinger, Karl Ludw., zur Synodalfrage. Gedanken eines Weltlichen üb. die der evang. Kirche im Großherzogth. Hessen zu gebende Verfassung. gr. 8. (16 S.) Friedberg 848, Bindernagel. 3 ngl

Hunsrück(en) [Schlagwort]

Hunsrück, s.: Mosel.

Hunsrücken, s.: Radfahrerkarten.

Hunt, Mrs. Alf. W., the leaden Casket, s. Asher's Collection of English Authors.

Hunt, Mrs. A. W., self-condemned, s. Asher's Collection of English Authors.

Hunt, Ant. Frz. B., einige Worte an Herrn Friedr. Gessel, evangel. Prediger zu Thorn, über einzelne Stellen seiner letzten Weihnachtspredigt. 8. Thorn 845. (Marienburg, Dormann.) n. 1/6 ℛ

Hunt. Artur. S., s.: Oxyrhynchia. hellenica.

Hunt, A. S., Greek papyri, s.: Grenfell, B. P.

Hunt, Frl. Chandos Leigh, Inoculation und Vaccination sind einerlei. Vortrag vom 2. Octbr. 1877 in der Deverel-Kirche zu London, mit Vorwort vom Baron C. Dirckinck-Holmfeld. gr. 8. (16 S.) Hamburg 877. (Berlin, Grieben.)

Hunt, J. Commentationis de Plutarchi vita Periclis. P. I. 14 S.
Progr. Glogau k. 1829

Hunt, J. De Cosmogonia Ovidii (Nebst Vergleichung mit den früheren Cosmogonien.) 22 S. . . . .
Progr. Leobschütz 1838

Hunt's, John, Missionar auf den Fidschi-Inseln, Leben, s.: Lelièvre, M.

Hunt, (James Henry) Leigh

Hunt, L., die Liebesmähr von Rimini, s.: Universal-Bibliothek.

Hunt, Thomas, Anleitung zur Behandlung der Hautkrankheiten für Aerzte und Studirende. Aus dem Engl. deutsch bearb. von Emil Rich. Pfaff. gr. 8. (IX und 230 S.) Plauen 860, Neupert. *

Hunt, Violet, kein Herz (a hard woman), s.: Engelhorn's allgemeine Romanbibliothek. XIX. 13. 14.

Hunt, Violet, the human interest, s. a. Collection of British authors.

The human Interest. A study in incompatibilities. By Violet **Hunt**. Copyright ed. Leipzig: Tauchnitz 1900. 287 S. 8°
(Collection of British authors. Tauchnitz Ed. Vol. 3409.) [11. 8313

Hunt, Violet, white rose of weary leaf, s. a. Collection of British authors.

White Rose of weary leaf. By Violet **Hunt**. Copyright ed. In 2 vol. Vol. 1. 2. Leipzig. Tauchnitz 1908. 8°
(Collection of British authors. Tauchnitz Ed. Vol. 4038/9.) [11. 8779

— The wife of Altamont, s.: Collection of British authors.

Hunt, W., der Sinnspruch d. Ringes, s.: Familienfreund.

Hunt, William, the American war of independence, bearb. v. Weber, s.: Schulbibliothek, französische u. englische.

Hunt, William Morris

Hunt, W. W., kurze Gespräche üb. Kunst. Autor. Uebersetzg. v. A. D. J. Schubert. 8. (IV, 188 S.) Straßburg 897. J. H. E. Heitz. n. 2. —

Hunt, William Morris, kurze Gespräche üb. Kunst. Autoris. Uebersetzg. v. A. D. J. Schubart. 2. verb. Aufl. m. 13 Abbildgn. 8. (VII, V—X, 180 S.) Straßburg 900. J. H. E. Heitz. n. 2. 50

— Künstler-Leben. Autoris. Uebersetzg. v. A. D. J. Merkel-Schubart. 8. (VII, 161 S.) Ebd. 902. n. 2. 50

Hunte [Schlagwort]

Hunte, s.: Seekarten.

Hunteln, Thdr. Jul., über u. gegen d. neue Religionsverfassung u. Religionsfreiheit d. Reformirten in d. Unterpfalz. 1r Bd. 8. Mahh. 781. Schwan u. G. 12 gr

Huntemann, zur Fauna und Flora der Insel Arngast im Jadebusen, s. Abhandlungen hrsg. vom naturwissenschaftl. Verein zu Bremen.

Huntemann, J., kurze Anleitung zur Kultur des Moor-Bodens. Nach Erfahrgn. aus der Praxis dargestellt. (40 S.) 8. Oldenburg 904. (Bültmann & Gerriets.) n.n. — 50

Huntemann, Ulricus, O. F. M., Regelbüchlein u. Ceremonial f. die Mitglieder des III. Ordens vom hl. Franziskus, s.: Stephinsky, Ed.

Huntemüller, Otto, a. Hoya a. d. Weser: Vernichtung der Bakterien im Wasser durch Protozoen. München 1906: R. Oldenbourg. (16 S.) 8° ¶ [Aus: Archiv für Hygiene Bd 54, 1905.]

München, Med. Fak., Ref. Gruber, Diss. v. 28. Sept. 1905

[Geb. 13. Dez 78 Hoya; Wohnort: Hoya; Staatsangeh.: Preußen; Vorbildung: Gymn. Adolfinum Bückeburg Reife O. 00; Studium: München 4, Freiburg i. B. 1, München 5 S.; Coll. 28. Sept. 05; Approb. 21 Aug. 05.]

Hünten, A., zur neuen Prozeß-Gesetzgebung. Geschwornengerichte und Staats-Anwaltschaft. gr. 8. (16 S.) Elberfeld 870, Bädeker'sche Buchh. *

Hünten, Emil, die Waffengattungen des preussischen Heeres. (8) lithogr. Bilder in Farbendr. nach Originalzeichnungen. Fol. Düsseldorf 858, [Elkan und Comp.] *

Hünten, François. Clavier-Schule. Méthode de piano. Op. 60. 4. Auflage. Mayence, Anvers et Bruxelles.

Hünten, Julius [Assistenzarzt am Kölner Bürgerhosp.]: Die operative Behandlung der gynaekologischen Beckenexsudate ... Saargemünd, Strassb. Druckerei u. Verl.-Anst., Filiale Saargemünd, 1891; 16 S. 8.

Giessen, Med. Fak., Inaug.-Diss. v. 1894

Hunter, A., Grundsätze e. vernünftigen Feldbaues; aus d. Engl. von B. v. Salis. Mit 2 Kpf. gr. 8. Altona 799. Hammerich. 8 gr

Hunter, G., lettre sur les preuves d'infanticide. gr. 8. ... (Leipz., Hinrichs). 4 gr

Hunter, J., Beob. üb. d. Wasserscheu. Lpz. 8°. 1796

Hunter, J D.

Hunter, ..., Denkwürdigkeiten, s. W. A. Lindau, d. Gefangene unter d. Wilden.

Hunter, J. D., d. Gefangene unter den Wilden, oder Denkwürdigkeiten seines Aufenthalts unter den Wilden in Nordamerika. Aus d. Engl. übers. v. W. A. Lindau. 3 Thle. 8. Dresd. 824. (Barth in Leipz.) 2 rß 20 gr

Hunter, (J. D.) d. Gefangene unter d. Wilden, od. Denkwürdigk. seines Aufenthalts unter d. Wilden in Nordamerika, übers. v. W. A Lindau. 3 Thle. 8. Dresden 824, Hilscher.

Hunter, James, über d. nachtheil. Einfluß d. künstl. Beleuchtung auf d. Auge, so wie üb. einige Mittel, durch welche sich d. Nachtheile d. Lampen vermeiden od. vermindern lassen. A. d. Engl. gr. 12. (3 B. u. 9 eingedr. Holzsch.) Weimar 841, Landes-Ind.-Comptoir.

John Hunter's [On the venereal Disease. Deutsch:] Abhandlung uber die venerieche Krankheit. Aus d. Engl. Leipzig: Weidmann 1787. XVI, 688 S. 8°

— Bemerkk. über d. Bau rc. d. Wallfische, s. Beitrr. zur Naturgeschichte d. Wallfische.

— Bemerkk. über d. Krankheiten d. Truppen in Jamaika u. d. besten Mittel, d. Gesundheit d. Europäer in dem dasigen Klima zu erhalten. Aus d. Engl. gr. 8. Leipz. 792. Weidmann. 16 gr

John Hunter's [Observations on certain parts of the animal oeconomy, Ausz. Deutsch:] Bemerkungen uber die thierische Ökonomie. Im Ausz. übers. u. mit Anm. versehen von K[arl] F[riedrich] A[ugust] Scheller. Braunschweig: Culemann 1802. 306 S. 8°

Hunter, John, Bemerkungen uber die Thierische Oekonomie. Uebersetzt u. mit Anmerkungen versehen von K. F. A. Scheller. gr. 8. Braunschweig 802. (Leibrock.) 1⅓ rß

— Bemerk. üb. die thierische Oekonomie, im Ausz. übers. mit Anm. v. K. F. A. Scheller. 8. Braunschw. Pluchart. 802.

— Bemerkk. über d. thierische Oekonomie, im Auszuge übers., mit Anmerkk. von K. F. A. Scheller. 8. Braunschw. 802. N. A. 813. Pluchart. 1 rß 8 gr

Hunter, John: Natürliche Geschichte der Zähne und Beschreibung ihrer Krankheiten. (The natural History of the human teeth; explaining their structure, use, formation, growth, and diseases. Dt.) Th. 1-2, 312 S., gbd., 8 Taf.

Leipzig: Weidmann & Reich 1780

— historia natural. dentium. 4. Dord. 773. Lat. et belg. per P. Boddaert. C. fig. 4 maj. Haag 780. ... 4 rß

— hist. nat. dentium etc. vertit. Boddaert. c. fig. 4. maj. Lps. Gleditsch. 775.

— histor. Nachrichten von den merkwürdigsten Ereignissen auf Port-Jackson u. den Nordfolkeinseln. Aus d. Engl. 2 Bde, mit Kpf. u. Karten. gr. 8. Nürnb. 794. Schneider u. W. 4 rß (A. u. d. T.: Bibliothek d. Reisen. 19r, 20r Bd.)

Hunter, John. Historische Nachrichten von den merkwürdigsten Ereignissen auf Port Jackson . . . A. d. Engl. . . . Nürnberg 1794. Ü: *Balbach, Johann.* (EngG) (MGT)

— Reise nach Neu-Süd-Wallis, nebst histor. Nachrr. von den Vorfällen zu Port-Jackson ꝛc. Aus d. Engl. übersetzt mit Anmerkk. von J. R. Forster. Mit Kpf. u. Kart. gr. 8. Berl. 791. Voß. 1 ℛ 12 ℊ (Bergl. Magazin d. Reisebeschreibb. 11r Bd.)

Hunter, John: Versuche über das Blut, die Entzündung und die Schußwunden. Nebst einer Nachricht von dem Leben des Verfassers. (A Treatise on the blood, inflammation and gun-shot wounds. To which is prefixed a short account of the author's life by Everard Home. Dt.) Hrsg. mit Anmerkungen von E(rnst) B(enjamin) G(ottlieb) Hebenstreit. Bd 1 - 2/$_{1-2}$, gbd.

Leipzig: Sommer 1797 - 1800

Hunter, Jh., Versuch über d. Blut, d. Entzündung u. d. Schußwunden ꝛc. Aus d. Engl., mit Anmerkk. von E. B. G. Hebenstreit. 3 Bde, mit Kpf. gr. 8. Leipz. 797—800. (W. Rauck). 3 ℛ 12 ℊ

Hunter's, John, sammtl. Werke pract. Inhalts nach der neuesten engl. Ausg. v. Palmer u. der franz. v. Richelot, deutsch bearb. v. Braniss. — I. Bd.: Abhandlung von d. venerischen Krankheit mit Noten v. Babington, Ricord u. E. J. Berend. 4 Lfgn. Mit 9 (lith.) Taf gr. 8. (XXIV u. 810 S.) Berlin 848, Adolf & Co. (1 u. 2. Lfg. à 1 ℛ 3 u. 4. Lfg. 1 3/4 ℛ) 3 3/4 ℛ — II. Bd.: Abhandlung üb. Blut-Entzündung u. Schusswunden. Mit Anmerkungen von (J. F.) Palmer u. B. Langenbeck. 4 Lfgn. gr. 8. (X u. 953 S.) Ebd. 850. (à 1 ℛ) 1 ℛ (I. II. 7 3/4 ℛ)

Hunter's, John, Werke practischen Inhalts nach der neuesten engl. Ausg. von Palmer und der französ. von Richelot, deutsch bearb. von Braniss. Mit Anmerkungen von Babington, F. J. Behrend, Langenbeck, Palmer und Ricord. 2 Bde. 2., wohlf. (Titel-)Ausg. gr. 8. (XXXV und 1764 S. mit 8 Stnt. in 4.) Berlin (847)58. 59, Adolf und Comp. Thlr.

Hunter (M.) und Rosenbusch (H.). Ueber Monchiquit, ein camptonitisches Ganggestein aus der Gefolgschaft der Eläolithsyenite. Wien. 8. (Sep.-Abdruck a. d. Min. u. petr. Mitth. 1890.)

Hunter, Mary. Lehrreiches Leben des Britten Georg Fitzroy, oder der augenblickliche Eindruck; a. d. Engl. Leipzig 1793. Ü: *Wichmann, Christian August.* (Ky) (MGT)

Hunter, Maria, Leben des Britten Georg Fitzroy, od. der augenblickl. Eindruck; aus d. Engl. (von Chr. A. Wichmann). 2 Bde. 8. Leipz. 793. Weygand.

Hunter, Randolph, wie gewinne ich neue Lebensfreude, Selbstvertrauen u. Energie? Untrügliche Methoden zur Selbstheilg. der Gemütsdepression, Schwermut, Zerfahrenheit, Schüchternheit, Gedächtnisschwäche u. Selbsterziehung zur Willenskraft u. imponier. Sicherheit im Auftreten. 1. u. 2. Aufl. 8. (à 96 S.) Leipzig (900. 902.) A. F. Schlöffel. n. 1. 75

Hunter, Randolph, wie gewinne ich sympathisches Aeußere u. imponierende Umgangsformen? Eine Anleitg. zur Korrektur persönl. Mängel u. Fehler. (112 S.) 8. Leipzig (908). A. F. Schlöffel. n. 2. 50

Hunter, Rob., das Elend der neuen Welt. Autoris. Übersetzg. v. Alb. Südekum. (XII, 255 S.) 8. Berlin (908). Concordia. 2. —

Hunter R. d. Elend d. neuen Welt. Deutsch v. A Südekum. (255 S) Berlin (1909)

Hunter, William: Bemerkungen über die bey schweren Geburten empfohlene Zertheilung der Schaambeine (Reflections on dividing the symphysis of the ossa pubis. Dt.) (und James Vaughans Nachricht von einem Kaiserschnitt (An account of the Caesarian section. Dt.)), nebst des Herrn (Jean Baptiste) Jumelins Abhandlung über eben dieselbe Materie. 57 S., gbd., 3 Taf.

Leipzig: Weidmann & Reich 1779

Hunter, Wlh., medic.-chirurg. Beobachtt. u. Heilmethoden; aus d. Engl., mit Zusätzen von K. G. Kühn. 2 Thle, mit 6 Kpf. gr. 8. Leipz. 784, 85. Weygand. 1 ℛ 16 ℊ

— anatom. Beschreib. d. schwangern menschl. Uterus. Aus d. Engl., mit Anmerkk. von L. F. Froriep. gr. 8. Weim. 802. Industr.-Compt. 10 ℊ

— Betrachtt. über d. Operation d. Durchschneidung d. Knorpel d. Schooßbeine, mit 2 Kpf. Aus d. Engl. v. Jh. St. Hausmann. 8. Götting. 783. Dieterich. 4 ℊ Hbg. Pr. 2 ℊ

Hunter, William. Kurze Nachrichten von dem Königreich Pegu . . . A. d. Engl. . . . Hamburg 1787. Ü: *Ebeling, Chph Daniel.* (EngG)

— kurze Nachrr. von d. Königreiche Pegu ꝛc. Aus d. Engl. gr. 8. Hamb. 787. Bohn. (Campe). 8 ℊ

Hunter, W. Reisen durch Frankreich, die Türkei bis Wien; a. d. Engl. Leipzig 1798. Ü: *Gruber, Joh. Gottfried.* (Ky)

— Reisen durch Frankreich, d. Türkei bis Wien; aus d. Engl. (v. J. G. Gruber). gr. 8. Leipz. 798. Baumgärtner. 18 ℊ

— Reisen d. Frankreich, Türkey bis Wien, aus d. Engl. gr. 8. Lpz. Baumgärtner. 800.

— — dies. in and. Uebers. s. neue europäischen Reisen ꝛc.

— Vorlesungen für Frauenzimmer über d. schwangere Gebärmutter, mit 1 Kpf. Aus d. Engl. 8. Leipz. 795. Baumgärtner. 8 ℊ

— Vorlesungen über die schwangere Gebärmutter, a. d. Engl. 8. Lpz. Baumgärtner. 800.

Huntingburg Signal Jhrg. 1 - 47 No 10, May 11 1867 - Apr 23, 1914 Huntingburg, IN
Weekly Independent 1867 - 68 Democratic supporting Tilden, 1869 - 1914

Huntingdon Bote 1834 Huntingdon, PA

Der Huntingdon Courier: Feb. 12, 1834 - 1835? Huntingdon, PA
Weekly Edited & published by Jacob Hoffman & Co.

Huntington, Edward V(ermilye), aus New York. Über die Grund-Operationen an absoluten und complexen Grössen in geometrischer Behandlung. *Braunschweig 1901: F. Vieweg & Sohn.* (XVII, 63 S.) 8°
Strassburg, Math.-naturw. Diss. v. 1904

Huntington, J. V., Alban. Geschichte eines jungen Puritaners, — Im Walde, } s. Bibliothek, amerikanische.

Huntley, Florence, das grosse psychologische Verbrechen. Das zerstör. Naturprinzip im individuellen Leben. Autoris. Übersetzg. von Eduard Herrmann. (344 S.) gr. 8. Leipzig (907). A. Strauch. 8.40; geb. 10.—

Hunyady, ein Trauerspiel in 5 Aufz. von Freih. Ven. v. Püchler. 8. Wien. (Leipzig, Liebeskind in Comm.) 819.

Hunyady, Eug. v., über die fundamentalen Eigenschaften der algebraischen Curven und eine Eintheilung der Linien 3. und 4. Ordnung. Inaugural-Dissertation. gr. 4. (47 S.) Göttingen 864. (Vandenhoeck und Ruprecht.) *

Hunzaches, oder die Räuber auf der Schellenburg. Vorfall aus dem 16. Jahrhunderte in Jägerndorf. Jägerndorf, 1857. Gedr. bei Karl Petschner. (43 S. 8.)

HUNZELDATHA, Curiöse Neujahrsgedanken u. Wünsche beim Farrnbacherbier. O. O. 1789. 8 S. 4°. (4 Mk. Jos. Baer & Co., 1912.) Sehr selten!

Hunziker, Emil, Meine Konversion, oder: Gründe, die mich bewogen haben, zur kath. Kirche überzutreten. Imprenta Esperanza 1877. 8°, 40 S.
Entstammt der Feder eines schweizerischen Protestanten, der in Buenos-Ayres durch die Hilfe eines deutschen Missionars zur kath. Kirche sich zurückwandte. Das Schriftchen wurde auch ins Span. übers. u. sah mehrere Auflagen.

Hunziker, Fr., Trauer-Rede beim Begräbnisse v. Johann Caspar Appenzeller, s.: Furrer, K.

Hunziker, Friedr. Der elementare Sprachunterricht an Hand der H. R. Rüegg'schen Sprach- u. Lehrbücher f. die schweizerischen Volksschulen. 8. (26 S.) Zürich 891, Art. Inst. Orell Füßli, Verlag. * — 80

Hunziker, Fr(itz): Das schweizerische Eisenbahnnetz in seinen Anfängen und seiner Entwicklung. [Zür. Zürcher u. Furrer Dr. 1877] 1 Bl., 19 S. 1 Beilage. 4°
Programm der Kantonsschule in Zürich 1877

Hunziker, Fritz: Zur Geschichte der Zürcherischen Kantonsschule, s. Hug, Theodor.

(H[unziker], F[ritz].) Heinrich Hirzel (1818–[1871]), Pfarrer ... in Zürich. Nekrolog. SA. 8. Zürich 1871.

Hunziker, G[ottfried]. Soll ich eine Schreib-Maschine kaufen? Wegweiser für Kaufleute und Private. 81 S. 8. Zürich, Orell Füssli, (1904). [fr. 1.—]

Hunziker, H., Predigten bei Einführung einiger Pfarrer in d. Claß Nydau. 8. Bern 788. Haller. 9 K

Hunziker, Hans. Der Absinth und seine Gefahren. Separatabzug aus der Intern[ationalen] Monatsschrift [zur Erforschung des Alkoholismus und Bekämpfung der Trinksitten. Jahrg. 16,] Nr. 4-5, 1906. 11 S. 8. [Basel, Friedrich Reinhardt.]

Hunziker, Hans, prakt. Arzt aus Reitnau (Kanton Aargau). Aus dem pathologisch-anatomischen Institut in Zürich. Beitrag zur Lehre von den intraventrikulären Gehirntumoren. Leipzig 1906. 30 S. 8°. S.-A. a. „Deutsche Zeitschr. f. Nervenheilkunde" Bd. 30. Heft 1/2. [3. I. 06.]
Zürich. Med. Diss. 1905/1906.

Hunziker, Hans. Beitrag zur Lehre von den intraventrikulären Gehirntumoren. Diss. Med. Univ. Zürich. [Mit Figuren. Sep.-Abdr. aus: Deutsche Zeitschrift für Nervenheilkunde. Band 30, Heft 1/2.] *Kopftitel:* Aus dem pathologisch-anatomischen Institut in Zürich. 30 S. 8. Leipzig, August Pries, 1906.

Hunziker, Hans, und Pfister, Rudolf. Über Knochenbildung in Strumen. (Mit Tafel 2.) Sonderabdruck aus der Deutschen Zeitschrift für Chirurgie Band 82. Ausgegeben April 1906. II S. + S. 83—95. 8. Leipzig, F. C. W. Vogel, 1906.

Hunziker, Heinrich. Über die unmittelbaren und späteren Resultate der künstlichen Frühgeburt, eingeleitet wegen Beckenenge. Diss. Med. Basel. [Sep.-Abdr. aus Beiträge zur Geburtshilfe & Gynäkologie... . Bd. 9, Heft 1.] 56 S. 8. Leipzig, Georg Thieme, 1904.

Hunziker, Jakob. Pestalozzis Armenschule auf Neuhof. Eine kleine dramatische Gabe zu seiner 150jährigen Geburtsfeier. Kl. in-8°. 40 S. Aarau, Emil Wirz. 1896. · 1 —

Hunziker, J[acob]. Die Bewegung der deutsch-französischen Sprachgrenze in der Westschweiz. SA. 8. (Berlin 1892.)

Hunziker, J., französisches Elementarbuch. 1. Thl. (XX, 246 S.) 1882; 2. Aufl. gr. 8. (XVI, 250 S.) Aarau 884, Sauerländer's Verlagsh. *

Hunziker, J., französisches Elementarbuch. 2. Tl. 1. und 2. Abschn. 8. Aarau, Sauerländer. [1. Abschn. (VIII, 111 S.) 885. * M 1.—; 2. Abschn. (VI, 128 S.) 886. * M 1.20.] * 2 20
1. Tl. Ebendas. 1884. * M 2.—.

Hunziker, J., französisches Elementarbuch. Wörterverzeichnis. 8. (79 S.) Aarau 887, Sauerländer. cart. *

Hunziker, J. Französisches Elementarbuch. 1. Tl. 3. umgearb. Aufl. gr. 8. (XV, 202 S.) Aarau 889, Sauerländer u. Comp. * 2 —
2. Tl. 1. u. 2. Abschn. Ebd. 1885,86. * 2 20.

Hunziker, J. Französisches Elementarbuch. I. Theil. 4. Aufl. Gr. in-8°. XV, 210 S. Aarau, H. R. Sauerländer & Co. 1894. 2 —

— dasselbe. Praktische Winke zur Behandlung. (Vortrag, geh. am 30. Juni in der Fachlehrerversammlg. in Brugg.) gr. 8. (11 S.) Ebd. 894. n. — 20

Hunziker, Jak., französ. Elementarbuch. 1. Tl. u. 2. Tl., 1. u. 2. Abschn. gr. 8. Aarau, H. R. Sauerländer & Co. n n. 5. 50
I. 5., unveränd. Aufl. (XV, 210 S.) 898.
Geb. in Leinw. n n. 2. 50
II. 1. 2. Aufl. (IV, 113 S.) 897. Kart. n. 1. 20
II. 2., Neue umgearb. Aufl. (IV, 122 S.) 898. Kart. n. 1. 80

Hunziker, J[acob]. Französisches Elementarbuch. Teil 1. Von Dr. J. Hunziker, [†] Lehrer an der aarg. Kantonsschule. 6. unveränderte Aufl. XVI + 210 S. 8. Aarau, H. R. Sauerländer & Co., 1903. [geb. fr. 2. 50]

Hunziker, J. Grammatikalisches aus unedirten Missiven Heinrichs IV. von Frankreich. Aarau, Kantonssch., 1870. 20 S. 4. Progr.

Hunziker, J., Grammatikalisches aus unedirten Missiven Heinrichs IV. von Frankreich. gr. 8. (20 S.) Aarau 870, Sauerländer's Verlag.

Hunziker, J[acob]. Ueber traditionelle Haustypen als Gegenstand ethnologischer Forschung. [SA.] 8. ([Aarau] 1887.)

Hunziker, Jak., die Hochzeit auf Toggenburg. (Der „Toggenburger" 1. Tl.) Schauspiel m. Gesang. Kompositionen v. F. Speidel. 8. (II, 36 S.) Aarau 894. E. Wirz. n. 1. —

Hunziker, J., das Jahrzeitenbuch der Leutkirche v. Aarau. gr. 8. (119 S.) Aarau 872. Sauerländer. n. 1. 60

[Hunziker, Jacob.] Jugenderinnerungen eines alten Schulmeisters. In Aargauer Mundart. 8. Aarau 1887.

—— Augustin Keller. Ein Lebensbild, dem aargauischen Volke gewidmet. gr. 8. (IV, 88 S.) Aarau 883, Sauerländer's Verlagsh. *

— Landvogtsgeschichten aus dem bernischen Unteraargau. [Aus: „Vom Jura zum Schwarzwald".] gr. 8. (57 S.) Aarau 893. H. R. Sauerländer & Co. n. 1. 40

Hunziker, J., la maison suisse d'après ses formes rustiques et son developpement historique. Traduction française par Fréd. Broillet. 1. partie: Le Valais. gr. 8. (XII, 248 S. m. Abbildgn.) Lausanne 902. Payot & Co. — Aarau, H. R. Sauerländer & Co. n. 10. —; geb. n. 12. —

— la maison suisse d'après ses formes rustiques et son développement historique. Traduotion française par Fréd. Broillet. 2. et 3. partie. gr. 8. Lausanne, Payot & Co. — Aarau, H. R. Sauerländer & Co. n. 21. —; geb. n. 25. 60

2. Le Tessin. (XII, 173 S. m. Abbildgn.) 904. n. 9. —; geb. n. 11. 20

3. Les Grisons y compris Sargans, Gaster et Glaris. Avec 82 vues autotypiques et 307 esquisses de plans. (VI, 360 S.) 906. n. 12. —; geb. n. 14. 40

1. Ebd. 902. n. 10. —; geb. n. 12. —.

Hunziker, J[acob]. La maison suisse d'après ses formes rustiques et son développement historique, représentée par le Dr J. H'. Traduction française par Fréd[éric] Broillet, architecte. 4e partie: Le Jura; comprenant la Suisse romande, à l'exception du Bas-Valais, les Ormonts et le Pays d'Enhaut. Avec 59 vues autotypiques et 70 plans et dessins. Publié par le prof. D^r C[onstanz] Jecklin. X + 142 p. gr.-8. Lausanne, Payot & Cie; Aarau, H. R. Sauerländer & Cie, 1907. [fr. 8. —, relié 10.80]

Hunziker, J[acob]. La maison suisse d'après ses formes rustiques et son développement historique, représentée par le Dr J. H'. Traduction française par Fréd[éric] Broillet, architecte. 5e partie: La maison du plateau suisse ⟨comprenant le haut pl' s' depuis la Sarine jusqu'à la Thur, avec la partie allemande du Jura⟩. (Volume) 1°: Relations de voyage. Publié par le recteur D^r C[onstanz] Jecklin. [Illustré.] VIII + 271 p. gr.-8. Lausanne, Payot & Cie; Aarau, H. R. Sauerländer & Cie, 1909. [fr. 15. —, relié 18. —]

Hunziker, J. Die Mordnacht zu Brugg. Ein Schauspiel mit Liedern, mit Komposition von *F. Speidel.* In-8°. 46 S. Brugg, „Effingerhof". — 50
1891.

Hunziker, Jb., die Mordnacht zu Brugg. Schauspiel m. Liedern. Gesänge m. Klavierbegleitg. komp. v. F. Speidel. 3. Aufl. (Schweizerische Volksbühne.) (50 S.) kl. 8. Aarau (906). E. Wirz. 1. —

Hunziker, J[acob]. Ernst Ludwig Rochholz (1809–[1892]). [Necrolog. A. Progr.] 4. (Aarau 1893.)

Hunziker, J. Ernst Ludwig Rochholz. Gr. in-4°. 54 S. Aarau, H. R. Sauerländer & Co. 1 60
1893.

Hunziker, Jakob: Schweiz. Mit einer Sprachenkarte. München 1898: J. F. Lehmann. 63 S. [Der Kampf um das Deutschtum. 10. Heft.]

— Schweiz, s. Kampf, d., um d. Deutschtum.

— das Schweizerhaus, nach seinen landschaftlichen Formen u. seiner geschichtlichen Entwicklung dargestellt. 1. u. 2. Abschn. gr. 8. Aarau, H. R. Sauerländer & Co. n. 19. —; geb. n. 24. —

1. Das Wallis. (XII, 240 S. m. Abbildgn.) 900. n. 10. —; geb. n. 12. 60

2. Das Tessin. (XII, 169 S. m. Abbildgn.) 902. n. 9. —; geb. n. 11. 20

Hunziker, J[acob]. Das Schweizerhaus nach seinen landschaftlichen Formen und seiner geschichtlichen Entwicklung dargestellt von Dr. J. H'. Abschnitt 3: Graubünden, nebst Sargans, Gaster und Glarus. Mit 82 Autotypien und 307 Grundrissen und Skizzen. Hrg. von Prof. Dr. C[onstanz] Jecklin. VI + 335 S. gr.-8. Aarau, H. R. Sauerländer & Co., 1905. [fr. 14. —, geb. 16. 80]

Hunziker, J[acob]. Das Schweizerhaus nach seinen landschaftlichen Formen und seiner geschichtlichen Entwicklung, dargestellt von Dr. J. H'. Abschnitt 4: Der Jura ⟨umfassend die französische Schweiz, mit Ausnahme des Unterwallis, der Ormonts und des Pays d'Enhaut⟩. Mit 59 Autotypien und 70 Grundrissen und Skizzen. Hrg. von Prof. Dr. C[onstanz] Jecklin. X + 138 S. gr.-8. Aarau, H. R. Sauerländer & Co., 1907. [fr. 7. —]

Hunziker, J[acob]. Das Schweizerhaus nach seinen landschaftlichen Formen und seiner geschichtlichen Entwicklung, dargestellt von Dr. J. H'. Abschnitt 5: Das dreisässige Haus ⟨umfassend die schweizerische Hochebene von der Saane bis zur Thur, mit dem deutschen Jura⟩. Abteilung 1: Reisebericht. Hrg. von Rektor Dr. C[onstanz] Jecklin. [Mit vielen Abbildungen.] X + 252 S. gr.-8. Aarau, H. R. Sauerländer & Co., 1908. [fr. 14. —]

Hunziker, J[acob]. Das Schweizerhaus nach seinen landschaftlichen Formen und seiner geschichtlichen Entwicklung, dargestellt von Dr. J. H'. Band 6, enthaltend: Abschnitt 5, Das dreisässige Haus ⟨umfassend die schweizerische Hochebene von der Saane bis zur Thur, mit dem deutschen Jura⟩. Abteilung 2. Übersicht. Abschnitt 6. Das schwäbische Haus ⟨Nordostschweiz⟩. Hrg. von Rektor Dr. C[onstanz] Jecklin. [Mit vielen Abbildungen.] IV + 112 S. gr.-8. Aarau, H. R. Sauerländer & Co., 1910. [fr. 6. —]

Hunziker, Jak. Die Sprachverhältnisse der Westschweiz. Aarau: Sauerländer 1896. 32 S.
[Aus: Schweiz. Rundschau.]

— Diethelm v. Toggenburg. (Der „Toggenburger" 2. Tl.) Trauer-Spiel. 8. (II, 47 S.) Aarau 894. E. Wirz. n. 1. —

Hunziker, Jacob. Argovias Wiegenfeier. Kleines Centenarfestspiel für Dörfer von Jakob Hunziker. 40 S. 8. Aarau, Emil Wirz (Rombach, J. Hunziker-Byland), 1903. (fr. —. 60)

Hunziker, J., Aargauer Wörterbuch in der Lautform der Leerauer Mundart. Im Auftrage der Kantonalkonferenz verfaßt. gr. 8. (CXXXIX, 331 S. mit 2 lithogr. Lauttab.) Aarau 877, Sauerländer's Verlag. * 6 —

Hunziker, Karl, Bemerkungen über die Revision des bernischen Armenwesens, enthaltend: Die Prüfung und Feststellung ihrer Grundsätze und veranlasst durch die Schrift: „Der Landammann an alle Mitglieder des Grossen Rathes der Republik Bern, von E. Fellenberg". gr. 8°. Burgdorf, Langlois, 1834.

— Die Landsassen, ihre Interessen und ihre Bedürfnisse; ein Beitrag zur Entwickelung und Feststellung der wahren Grundsätze für das Armenwesen des Landes und seine Revision. gr. 8°. Bern, Jenni, 1834.

— die Landspitäler, ihre Bedeutung und Beziehung zum Armenwesen des Landes. Ein Beitrag zur richtigen Würdigung der wahren Interessen seiner Revision. gr. 8. Burgdorf 834. Langlois. 1/2 ℳ

Hunziker, Otto

— Bilder zur neueren Geschichte der schweizerischen Volksschule. Unter Mitwirkung zahlreicher Schulmänner aus verschiedenen Kantonen herausgegeben. (Gleichzeitig Fortsetzung der „Geschichte der schweizerischen Volksschule".) 1. Liefg. Gr. in-8°, S. 1—64. Zürich, F. Schulthess. 1888. 1 20

Hunziker, O., Dr. Bilder zur neueren Geschichte der schweizerischen Volksschule. Unter Mitwirkung zahlreicher Schulmänner aus verschiedenen Kantonen herausgegeben. (Gleichzeitig Fortsetzung der „Geschichte der schweizer. Volksschule".) 2. Liefg. Gr. in-8°, S. 65—128. Zürich, F. Schulthess. 1888. 1 20

Hunziker, O., Dr. Bilder zur neueren Geschichte der schweizerischen Volksschule. Unter Mitwirkung zahlreicher Schulmänner aus verschiedenen Kantonen herausgegeben. (Gleichzeitig Fortsetzung der „Geschichte der schweizer. Volksschule".) 3. Liefg. (Schluss), S. 129—228. Zürich, F. Schulthess. 1888. 1 20

Hunziker, O. Blätter zur Geschichte der zürcherischen Schulsynode 1834—1884 zur Feier des fünfzigjährigen Bestandes derselben dargebracht vom Archivbureau der schweizerischen permanenten Schulausstellung in Zürich. Mit dem Bildnis von Bürgermeister Hirzel. In-8°, 71 S. Zürich, Druck von J. Schabelitz. 1893.

Hunziker, O[tto]. (Johann Amos) Comenius und [Johann Heinrich] Pestalozzi. Festrede, gehalten von O. H' *s.* Comenius-Feier in Zürich. 13. März 1892. Zürich [1892].

Hunziker, O., Comenius u. Pestalozzi, s. Magazin, pädagogisches.

Zeitgenössische **Darstellungen** der Unruhen in der Landschaft Zürich 1794–1798. Hrsg. v. Dr. O[tto] Hunziker. *Basel: A. Geering 1897.* (2 Bl., XXIII, 358 S., 1 Bl.) 1 Bd 8.
— **Quellen** z. Schweizer Geschichte Bd 17. [97. 3163

Hunziker, O. Denksprüche aus Pestalozzis Schriften. In-16°. 96 S. Zürich, Hofer & Burger. 1 — 1896.

— s. a. Denksprüche aus Pestalozzis Schriften.

Hunziker, O., die Entwicklung der staatlichen Volksschule der Schweiz seit 1830. Mit Lebensbildern. Unter Mitwirkg. zahlreicher Mitarbeiter hrsg. [Geschichte der schweizer Volksschule, 3. Bd.] gr. 8. (IV, 379 S.) Zürich 882. Schultheß. n. 6. —

— O., siehe: *Fortbildungsschule.*

Hunziker, Otto, die Fortbildungsschulen, m. besond. Berücksicht. der im Ktn. Zürich bestehenden Verhältnisse. Referat. 24 Stn. 8. Zürich, Druck v. J. Herzog. 1872.

— Geschichte d. Schweizerischen gemeinnützigen Gesellschaft. (Im Auftr. d. Gesellschaft bearb.) gr. 8. (IV, 259 S.) Zürich 897. Zürcher & Furrer. n 3. —

Hunziker, O(tto), und Wachter, R(ud[olf]). Geschichte der Schweizerischen gemeinnützigen Gesellschaft 1810—1910. Von der Ges' hrg. zur Feier ihres hundertjährigen Bestehens. Im Auftrage der Ges' bearb. bis 1896 von Professor Dr. O. H', ergänzt bis zum Zentenarjahr von R. W', Sekretär .... [Mit 22 Tafeln.] VIII + 343 + 1 S. 8. Zürich, Zürcher & Furrer, 1910. [geb. fr. 3. —]

Hunziker, O., Geschichte d. schweiz. Volksschule in gedrängter Darstellg., mit Lebensabrissen d. bedeut. Schulmänner u. um das schweiz. Schulwesen bes. verdienter Personen bis zur Gegenwart. 3 Bde. (1054 S.) Zürich 1881/82. Schulthess.

—— **Geschichte** der schweizerischen Volksschule in gedrängter Darstellung, mit Lebensabrissen der bedeutenderen Schulmänner und um das schweizer. Schulwesen besonders verdienter Personen bis zur Gegenwart. Unter Mitwirkung zahlreicher Mitarbeiter hrsg. 13 Lfgn. oder 3 Bde. gr. 8. Zürich 882, Schultheß. à Lfg. *ℳ 1,20. +

Inhalt:
Bd. 1. Vorgeschichte und Anfänge des Volksschulwesens in der Schweiz. (296 S.) *ℳ 4.
" 2. Die Uebergangszeit [Helvetik, Mediation und Restauration] des Volksschulwesens der Schweiz. (396 S.) *ℳ 6.
" 3. Die Entwicklung der staatlichen Volksschule der Schweiz seit 1830. (379 S.) *ℳ 6.

Hunziker, O., Geschichte der schweizerischen Volksschule in gedrängter Darstellung m. Lebensabrissen der bedeutenderen Schulmänner. Unter Mitwirkg. zahlr. Mitarbeiter hrsg. 2., durch e. Anh. verm. u. ergänzte Ausg. (In 8—9 Lfgn.) 1.—6. Lfg. gr. 8. (1. Bd. III, 296; 2. Bd. 396 S. u. 3. Bd. S. 1—128.) Zürich 887. Schultheß. à — 60

Hunziker, O., Dr. Geschichte der schweizer. Volksschule in gedrängter Darstellung, mit Lebensabrissen der bedeutenderen Schulmänner, bis zur Gegenwart. Unter Mitwirkung zahlreicher Mitarbeiter herausgegeben. 2. durch einen Anhang vermehrte und ergänzte Ausgabe. 6. u. 7. Liefg. Gr. in-8°. (Bd. III, S. 1—256.) Zürich, Fr. Schulthess. 1887. à 1 50

Hunziker, O., Dr. Geschichte der schweizerischen Volksschule in gedrängter Darstellung, mit Lebensabrissen der bedeutenderen Schulmänner, bis zur Gegenwart. Unter Mitwirkung zahlreicher Mitarbeiter herausgegeben. 2., durch einen Anhang vermehrte und ergänzte Ausgabe. 8. (Schluss-) Liefg. Gr. in-8°, S. 257–371 u. Personen-Register 8 S. Zürich, F. Schulthess. 1 50 1??8.

Hunziker, Otto Zur Geschichte des Zofingervereins. Zürich 1868

— schweizerischer pädagogischer Jahresbericht von 1883. gr. 8. (IV, 78 S.) Ebendas. 884. *

Hunziker, O[tto] Der Memorialhandel und der Stafnerhandel. 1794 1795 Vortrag, gehalten an der Gedächtnisfeier zu Stäfa, 7 Juli 1895 im Auftrag der Gemeinnützigen Gesellschaft des Bezirkes Meilen. 8 Stäfa 1895.

Hunziker O[tto]. [Johann Heinrich] Pestalozzi. französischer Bürger Sonderabdruck aus den „Festgaben für [Max] Büdinger" 8 Innsbruck 1898.

— Pestalozzi u. Fellenberg. gr. 8. (80 S.) Langensalza 879. Beyer & Söhne. n. 1. —

Hunziker, O[tto] ([Johann] Heinrich) Pestalozzi. [Biographische Skizze.] 8 Lausanne 1896.

— Heinrich Pestalozzi, 1746–1827. Eine biograph. Skizze Mit e. Portr. Pestalozzis in Lichtdr. Z. Pestalozzifeier, 12. Jan. 1896, aus d. Verf. „Geschichte der Schweizer. Volksschule" nach d. gegenwärt. Stand der Pestalozziforschgn. revidirt. gr. 8. (VIII, 64 S.) Zürich 896 F Schulthess. n. 1. —

— s.: Pestalozziblätter.

[Hunziker, O[tto]] Das Pestalozzi-Stübchen in Zürich. (Übersicht der im P.-St. ausgestellten Gegenstände.) 8. Zürich 1882

[Hunziker O[tto]] Das Pestalozzistübchen in Zürich. [Übersicht der im P. ausgestellten Gegenstände, sowie Erklärungen.] (Mit einem Bilde des Neuhof [Tafel].) ⟨SA⟩ 8. Zürich 1886.

Hunziker, O. Das Pestalozzistübchen in Zürich. Mit der Ansicht des Neuhofs. Kl. in-8°. Zürich, Fr. Schulthess. 1886. — 80

Hunziker O[tto] Pestalozzi-Studien [Nr] 1 SA 8 Aussersihl 1891.
In dieser Form nicht fortgesetzt.

Hunziker, Otto, zur Regierung und Christenverfolgung des Kaisers Diocletianus und seiner Nachfolger 303–313. gr. 8. (178 S.) Leipzig 868, Teubner. *
Aus: Untersuchungen zur römischen Kaisergeschichte, besonders abgedruckt.

Hunziker. O[tto]. (Jean-Jacques) Rousseau und (Johann Heinrich) Pestalozzi. Vortrag. 8. Basel 1885.
(Oeffentliche Vorträge gehalten in der Schweiz. Band 8. Heft 11.)

Hunziker, O. Rousseau u. Pestalozzi. Vortrag. In-8°. Basel, Schwabe. 1885. 1 —

Hunziker, O., siehe: *Schularchiv*, Schweiz.

Hunziker, Otto (Hrsg.), s. Schulwesen, Das schweizerische.

Hunziker, O., zur Seminarfrage. Separatabdruck aus der Schweizer. Zeitschrift für Gemeinnützigkeit. 8. Zürich, Herzog. 1872. —. 40

Hunziker O[tto] Die Staatsumwälzung des Jahres 1798 im Kanton Zürich. Akademischer Vortrag. gehalten am 3. November 1892 .. in Zürich. (SA) 8. Zürich.

— die Uebergangszeit [Helvetik, Mediation u. Restauration] d. Volksschulwesens der Schweiz. Mit Lebensbildern. Unter Mitwirkg. zahlreicher Mitarbeiter hrsg. [Geschichte der schweizer. Volksschule, 2. Bd.] gr. 8. (404 S.) Zürich 882. Schulthess. n. 6 —

— Vorgeschichte u. Anfänge des Volksschulwesens in der Schweiz. Mit Lebensbildern. Unter Mitwirkg. zahlreicher Mitarbeiter hrsg. [Geschichte der schweizer. Volksschule, 1. Bd.] gr. 8. (304 S.) Zürich 882. Schulthess. n. 4. —

Hunziker, O[tto], [von Bern, Professor und Rector der Industrieschule Zürich]. Wallenstein als Landesherr insbesondere als Herzog von Meklenburg. [Wissenschaftl. Beilage z. Progr. der Kantonsschule in Zürich 1875]. [Zür Zürcher u. Furrer Dr. 1875.] 1 Bl., 33 S. 4°
[Zürich Phil Diss. v. 6. Nov 1875].

Hunziker, O., Wallenstein als Landesherr, insbesondere als Herzog v. Meklenburg. 8. (100 S.) Zürich 875. Schmidt. n. 2. —

— Joh. Jakob Wehrli, s.: Wehrli.

Hunziker. O., siehe: *Zeitschrift*, schweizer., für Gemeinnützigkeit.

Hunziker, O., siehe: *Zeitschrift, Schweizer. pädagog.*

(Hunziker, Rudolf.) Dr. Ulrich Aeschlimann, Professor an den Höheren Stadtschulen in Winterthur. Geboren am 4 April 1855 in Gondiswil. Gestorben am 17. Oktober 1910 in Mailand. Separatabdruck aus dem »Neuen Winterthurer Tagblatt« vom 4 November 1910. 18 S. 8. Winterthur, Buchdr W. 1910.

Die elfte Ferienreise des Gymnasiums und der Industrieschule Winterthur. Von Dr Rudolf **Hunziker.** (Mit 11 Bild.) Winterthur 1907: Ziegler. 46 S. 8°
Erw aus Jahresbericht d. Gymnasiums u. d Industrieschule Winterthur 1906/07 [illegible]

Hunziker. Carl Rudolf von Bern und Zürich Die Figur der Hyperbel in den Gedichten Vergils. Mit einer einleitenden Untersuchung über Wesen und Einteilung der Hyperbel. Berl. Mayer & Müller 1896. 1 Bl IV 163 S. 8°
Zürich. Phil. Diss. 1 S. v 14 März 1896

Hunziker, Rudolf. Jeremias Gotthelf und J(ohann) J(akob) Reithard in ihren gegenseitigen Beziehungen. Mit dreizehn ungedruckten Briefen Gotthelfs und drei Bildern [Porträt-Tafeln]. 169 S. 8.
Ausg. A: (Wissenschaftliche Beilage zum Progamm des Gymnasiums und der Industrieschule Winterthur. Schuljahr 1903/1904.) Winterthur, Buchdr. Geschwister Ziegler, 1903.
Ausg. B: Zürich, [Verlag] Schulthess & Co., 1903. [fr 4. –]

Hunziker, Rudolf. Hadlaub. Lyrische Oper in drei Aufzügen von Georg Haeser. Einführung in Dichtung und Musik. Nach der Orchesterpartitur verfasst von Dr. Rudolf Hunziker. Mit 29 in den Text gedruckten Notenbeispielen. II + 51 S. 8. Zürich, Schulthess & Co., 1903. [fr. 1. 50]

Hunziker, Rudolf. Paul Heyse am Gardasee (Zum 80 Geburtstag des Dichters, 15 März 1910.) Separatabdruck aus dem »Boten vom Gardasee« 1910 N 24 II + 19 S. 8. Salò, Gio. Devoti, 1910

Hunziker, Rud., antike Lyrik, s.: Ermatinger, Emil.

Hunziker, Rudolf. Zur Musikgeschichte Winterthurs. (Mit acht Bildern [Tafeln].) Separatabzug aus dem Festheft zur zehnten Tagung des Vereins Schweizerischer Tonkünstler, Winterthur 26. und 27. Juni 1909. 54 S. 8. Winterthur, Geschwister Ziegler, 1909.

(H[unziker], R[udolf].) Zur Orgelweihe in Beuggen am 6. Januar 1901. (Separatabdruck aus dem «Monatsblatt von Beuggen» Nr. 2, 1901.) 6 S. 8. [Basel, M. Werner-Riehm.]

Hunziker, Rudolphus, Helveto-Culmensis: De sassaparillae radice. Tur. typ. Or. Fuessl. et soc. 1835. 1 Bl., 21 S. 8°.
Zürich. Med. Diss. v. 14. März 1835.

Hunziker, Rudolf. J[ohann] J[acob] Reithard als Essayist. Mit einem Bilde Reithards [Tafel]. Sonder-Abdruck aus dem Zürcher Taschenbuch auf das Jahr 1903. II S. + S. 95--141. 8. Zürich, Berichthaus, 1903.

Hunziker, Rudolf (Hrsg.), s. Sophocles: Philoktetes. 1903.

Hunziker, Rudolf. Vier Weihnachtsgespräche für Kinder. 30 S. 8. Basel, Kober, 1901. [fr. —. 25]

Hunziker. Prof. Fritz H'-Meyer. geb. 11. Juli 1845, gest. 18. Juni 1908. Worte der Erinnerung, gesammelt für seine Familie und seine Freunde. [Mit 1 Porträt-Tafel.] 49 S. 8. Zürich-Selnau, Gebr. Leemann & Cie., 1908.

Hunziker-Schinz, Carl. Aufzeichnungen unseres lieben Vaters K' H'-Sch' von Zürich [*d. i.* Bern] und Aarau, Geb. 28. April 1806, Gest. 23. Febr. 1865. (... Blätter aus der Familiengeschichte.) Zur Erinnerung an ihn als Manuskript gedruckt auf die Feier seines ⟨101.⟩ Geburtstages 1906. ([Hrg. von] O[tto] Hunziker.) II + 42 S. 8. Zürich-Selnau, Gebr. Leemann & Co., 1906.

Hunziker-Springer, Hermann, Fabrikant von Aarau. Worte der Erinnerung. In-8°, 16 S. Aarau, Sauerländer. 1886.

Hunziker-Thommen, Marie. Endliches und Ewiges. Gedichte. [Mit Vignetten.] IV + 178 S. 8. Aarau, H. R. Sauerländer & Co., 1901. [geb. fr. 3. 60]

Hunzinger, Abraham (vgl. Hunsicker, Abraham)

Hunzinger. Ab., Das Religions-, Kirchen- und Schulwesen der Mennoniten oder Taufgesinnten wahr und unpartheiisch dargestellt und mit besonderen Betrachtungen über einige Dogmen versehen. 8°. Speyer. Kolb. 1830.

Hunzinger, Abr., das Religions-, Kirchen- u. Schulwesen d. Mennoniten od. Taufgesinnten; wahr u. unpartheil. dargest. u. mit besond. Betrachtn. üb. einige Dogmen, u. mit Verbesserungs-Vorschlägen versehen. 8. (14¾ B.) Speyer 830, [Neidhard.]

Hunzinger, August Wilhelm

Hunzinger, A. W., zur apologetischen Aufgabe der evangelischen Kirche in der Gegenwart. (75 S.) 8. Leipzig 907. A. Deichert Nachf. 1.50

Hunzinger, A. W., die unvergängliche Bedeutung der Bibel. Vortrag. (24 S.) gr. 8. Schwerin 908. F. Bahn. n. — 40
Sonderabdruck aus: „Allg. ev.-luth. Kirchenztg."

Hunzinger, A. W., Buddhismus u. Christentum. Vortrag, geh. auf der kirchl. Konferenz f. Meckl. Strelitz am 27. VI. 1900. [Aus: „Der alte Glaube."] gr. 8. (31 S.) Güstrow 900. Opitz & Co. n. — 50

— die Bühne als moralische Anstalt. Optimismus od. Pessimismus? Naturgesetz u. Wunderglaube. Brennende Fragen im Lichte der Ewigkeit. Vorträge. gr. 8. (48 S.) Schwerin 902. F. Bahn. n. — 80

Das Christentum im Weltanschauungskampf der Gegenwart, s.a. Wissenschaft u. Bildung.

Das Christentum im Weltanschauungskampf der Gegenwart. Von Dr. A[ugust] W[ilhelm] **Hunzinger**, Prof. Leipzig: Quelle & Meyer 1909. 154 S. 8°
(Wissenschaft u. Bildung. 54.) [09. 9994]

— das Einzigartige am Christentum. Vortrag, geh. am 16. II. 1904 im Cyklus der Marienstiftsvorträge zu Braunschweig. Nach e. stenograph. Aufnahme nach dem System Stolze-Schrey. (12 S.) gr. 8. Braunschweig 904. J. Neumeyer. n. — 40

— das Evangelium u. der moderne Mensch. (30 S.) 8. Schwerin 906. F. Bahn. n. — 50

— s.: Festschrift zur Begrüßung der XI. allgem. evangelisch-lutherischen Konferenz.

— brennende Fragen im Lichte der Ewigkeit. 12 Vorträge. (IV, 48, 72, 70 u. 83 S.) 8. Schwerin 905. F. Bahn. Geb. in Leinw. n. 4. —

Hunzinger, [August Wilhelm], Lic. Dr., in Leipzig: Das Furchtmotiv in der katholischen Busslehre von Augustin bis Petrus Lombardus. Naumburg a. S. 1906: Lippert. (77 S.) 8° ¶(Erscheint vollst. als: Lutherstudie II Abt. 1 bei A. Deichert, Leipzig.)
Leipzig, Theol. Fak., Hab.-Schr. v. 1906

Der Glaube Luthers und das religionsgeschichtliche Christentum der Gegenwart. Von Lic. Dr. A[ugust] W[ilhelm] **Hunzinger**, Privatd. Leipzig: A. Deichert Nachf. 1907. (30 S.) 8° [07. 6164]

— der unbekannte Gott. Aus der Natur zu Gott. Der Sinn des Lebens. Brennende Fragen im Lichte der Ewigkeit. (3. Folge.) Vorträge. (70 S.) gr. 8. Ebd. 903. n. 1. —

— Gott! Welt! Mensch! Eine Weltanschauungsskizze. (V, 73 S.) 8. 1.50
Leipz.: Deichert 1909.

— Jesus Christus u. seine Gottheit, s.: Wort, das, sie sollen lassen stahn!

— üb. unsere Kraft. Vortrag. 1. u. 2. Aufl. gr. 8. (à 30 S.) Ebd. 901. n. — 50

Die religiöse Krisis der Gegenwart. 10 zeitgemäße u. zwanglose Artikel f. gebildete Christen von Dr. A[ugust] W[ilhelm] **Hunzinger**, Prof. Leipzig: Deichert 1910. VI, 190 S. 8° [10. 14714]

— persönliches Leben, Die entscheidende Stelle im Menschen. Das Auge. Brennende Fragen im Lichte d. Ewigkeit. (2. Folge.) Vorträge. gr. 8. (III, 72 S.) Ebd. 902. n. 1. —

— Lutherstudien. I. Heft u. II. Heft. 1. Abtlg. gr. 8. Leipzig 906. A. Deichert Nachf. n. 4. 85
I. Luthers Neuplatonismus in der Psalmenvorlesg. v. 1513—1516. (X, 111 S.) n. 2. 25
II. 1. Das Furchtproblem in der kathol. Lehre v. Augustin bis Luther. (IV, 127 S.) n. 2. 60

— Mehr Vertrauen zu den Lebenskräften der Reformation, s.: Reden, 4. geh. in den Volksversammlungen bei der 23. Tagung des evangelischen Bundes.

— Die religionsgeschichtliche Methode, s. a. Zeit- u. Streitfragen, biblische. IV, 11.

Die religionsgeschichtliche Methode. Von Lic. Dr. A[ugust] W[ilhelm] Hunzinger, Prof. 5. Taus. Gr. Lichterfelde-Berlin: Runge 1908. 30 S. 8°
(Biblische Zeit- u. Streitfragen. Ser. 4. H. 11.) 1909. 18192 II

— Der Monismus Haeckels. Ein Vortrag. (20 S.) 8. Altenburg 909. St. Geibel. — 75

Hunzinger, A. W., Naturwissenschaft, Philosophie, Christentum. (49 S.) gr. 8. Schwerin 904. F. Bahn. n. — 90
Sonderabdruck aus: „Der alte Glaube".

Hunzinger, A[ugust] W[ilhelm], Dr.: Luthers Neuplatonismus in der Psalmen-Vorlesung von 1513—1516. Naumburg a. S. 1905: Lippert & Co. (72 S.) 8° ¶ (Ersch. vollst. als: Lutherstudien H. 1 Leipzig, A. Deichert).
Rostock, Theol. Fak., Ref. Walther, Diss. v. 11. März 1903
[Geb. 27. März 71 Drellutzow, Mecklenburg-Schwerin; Wohnort: Rostock; Staatsangeh.: Mecklenburg-Schwerin; Vorbildung: Gymn. Parchim Reife O. 91; Studium: Greifswald 2, Rostock 4 S.; Rig. 12. Mai 03.]

Probleme und Aufgaben der gegenwärtigen systematischen Theologie. Von Lic. Dr. A[ugust] W[ilhelm] Hunzinger. Leipzig: A. Deichert Nachf. 1909. (109 S.) 8° [F] 1908. 14616

— Religion als persönliches Leben u. Erleben. Eine Antwort auf die Frage: Totes Dogma — od. lebend. Glaube? In 4 Vorträgen. (75 S.) gr. 8. Dresden 909. Niederlage des Vereins zur Verbreitg. christl. Schriften. 1. —

Hunzinger, Aug[ust] Wilh[elm], aus Rostock: Die diocletianische Staatsreform. Ein Beitrag zur röm. Kaisergeschichte. *Rostock 1899: Adler's Erben.* (98 S.) 8°
Rostock, Phil. Diss. v. [20. Dez.] 1898

— s. Theologie, die, der Gegenwart.

— historische Theologie, s.: Grützmacher, Geo.

dasselbe, s.: Walter, Joh. v.

— Der apologetische Vortrag, seine Methodik u. Technik. (IV, 51 S.) gr. 8. Leipzig 909. A. Deichert Nachf. 1.20; kart. n 1. 50
Aus: Innere Mission im evang.Dtld.

— der Welt-Ursprung. Die Welt ohne Gott. Wer war Jesus? Brennende Fragen im Lichte der Ewigkeit. (4. Folge.) Vorträge. (33 S.) gr. 8. Ebd. 903. n. 1. 20

Hunzinger, Karl

(Hunzinger, C.), s. Der Herr ist mein Hirte.

Hunzinger, C., der Herr ist mein Hirte, s. Herr, der, ist mein Hirte.

Hunzinger, Karl, Rechtfertigung und Glaubensleben. Ein pastoraltheolog. Vortrag mit Bezug auf die kirchl. Zeitfragen. gr. 8. (130 S.) Hannover 868, Meyer. *

Hunzinger, Ludw. Bilderbuch zur dritten Bitte. 8. (VIII, 143 S.) Brem. 889, Müller. * 1 80; geb. ** 2 80

— Der Schönste der Menschenkinder. Ein herzlich Wort an Hrn. v. Egidy, und alle, die seine „Ernsten Gedanken" gelesen haben. gr. 8. (64 S.) Rostock 891, Stiller. * 1 —

Hunzinger, Ludw. Heinr., d beste Dorf, s.: Zukunft, die, d. Landbevölkerg.

— der Einjährig-Freiwillige u. die neue Heeres-Verfassung. E. Wort an alle deutschen Landsleute, insonderh. d. hoh. Reichstag. 8. (18 S.) Berlin 895. (Vaterländ. Verlags-Anstalt.) n. — 40

Hunzinger, Past. **Ludw. Heinr.**, Gräfin Schimmelmann u. Gottes Wort. Zwei Vorträge. (32 S.) Rostock 1896. H. Warkentien.

— Gräfin Schimmelmann u. Gottes Wort. 2 Vorträge. 2. Aufl. gr. 8. (32 S.) Rostock 896. (H. Warkentien.) n. — 60

Hunzinger, W., kurze Betrachtungen üb. die Episteln d. Kirchenjahres. gr. 8. (VI, 176 S.) Eisleben 890. Christl. Verein im nördl. Deutschland. Geb. n. 1. 28

— Hausandachtsbuch f. lutherische Gemeinden. Tägliche Morgenandachten nach der Ordng. d. Kirchenjahres. gr. 8. (VII, 640 S.) Schwerin 893. F. Bahn. n. 2. 40; geb. in Leinw. n. 3. —; m. Goldschn. n. 4. 50

Hunzinger, W., Hausandachtsbuch f. lutherische Gemeinden. Tägliche Morgenandachten nach der Ordng. des Kirchenjahres. 2. verm. Aufl. gr. 8. (VIII, 654 S.) Ebd. 896. Geb. in Leinw. n. 3. —; m. Goldschn. n. 4. 50